电力工程设计手册

01 火力发电厂总图运输设计
02 火力发电厂热机通用部分设计
03 火力发电厂锅炉及辅助系统设计
04 火力发电厂汽轮机及辅助系统设计
05 火力发电厂烟气治理设计
06 燃气-蒸汽联合循环机组及附属系统设计
07 循环流化床锅炉附属系统设计
08 火力发电厂电气一次设计
09 火力发电厂电气二次设计
10 火力发电厂仪表与控制设计
11 火力发电厂结构设计
12 火力发电厂建筑设计
13 火力发电厂水工设计
14 火力发电厂运煤设计
15 火力发电厂除灰设计
16 火力发电厂化学设计
17 火力发电厂供暖通风与空气调节设计
18 火力发电厂消防设计
19 火力发电厂节能设计

20 架空输电线路设计
21 电缆输电线路设计
22 换流站设计
23 变电站设计

24 电力系统规划设计
25 岩土工程勘察设计
26 工程测绘
27 工程水文气象
28 集中供热设计
29 技术经济
30 环境保护与水土保持
31 职业安全与职业卫生

电力工程设计手册

火力发电厂总图运输设计

中国电力工程顾问集团有限公司
中国能源建设集团规划设计有限公司 编著

Power Engineering Design Manual

中国电力出版社

内 容 提 要

本书是《电力工程设计手册》系列手册中的一个分册，适用于采用直接燃烧方式、燃用固体化石燃料（燃煤）的火力发电厂工程总图运输设计。为便于使用，书中包含了部分燃气-蒸汽联合循环电厂总图运输设计的内容，燃油电厂总图运输设计时也可参考使用。为使设计人员了解火力发电厂的工艺系统特点，以及对应总图运输设计的特殊性，本书对火力发电厂工程中的相关工艺系统作了简单介绍。

本书编撰注重参考性与实用性，根据国家和行业的现行设计规范、规程和标准进行编写，系统地介绍了火力发电厂总图运输设计的基本原则和设计方法，涵盖了火力发电厂总体规划、厂区总平面布置、厂区竖向布置、厂区管线综合布置、交通运输、厂区绿化规划等各设计阶段的主要工作内容、设计要点及深度等。同时，书中还汇总了大型火力发电厂各个功能分区的模块及厂区总平面布置的设计经验与实例，提供了大量的常用数据、公式和图表，供总图设计人员快速查阅。

本书概括了火力发电厂总图运输专业主要设计技术内容，是火力发电厂总图运输专业设计人员的必备工具书，可供从事火力发电厂总图运输专业的设计人员和火力发电项目管理、工程施工与设计监理人员使用，亦可供高等院校相关专业师生参考使用。

图书在版编目（CIP）数据

电力工程设计手册．火力发电厂总图运输设计 / 中国电力工程顾问集团有限公司，中国能源建设集团规划设计有限公司编著．—北京：中国电力出版社，2019.6

ISBN 978-7-5198-2435-8

Ⅰ．①电…　Ⅱ．①中…　②中…　Ⅲ．①火电厂－总图运输设计－手册　Ⅳ．①TM7-62②TM621.1-62

中国版本图书馆 CIP 数据核字（2018）第 218260 号

出版发行：中国电力出版社
地　　址：北京市东城区北京站西街 19 号（邮政编码 100005）
网　　址：http://www.cepp.sgcc.com.cn
印　　刷：北京盛通印刷股份有限公司
版　　次：2019 年 6 月第一版
印　　次：2019 年 6 月北京第一次印刷
开　　本：787 毫米×1092 毫米　16 开本
印　　张：26.75
字　　数：977 千字　3 插页
印　　数：0001—1500 册
定　　价：200.00 元

《火力发电厂总图运输设计》
编 写 组

主　　编　武一琦

参编人员　（按姓氏笔画排序）

王一增　田健君　史东瑞　成　韩　刘开华　李　罡

李　超　杨　程　张　彬　张小虎　张世浪　高　青

郭剑辉　彭　兢　褚　敏　谭跃盛

《火力发电厂总图运输设计》
编辑出版人员

编审人员　郑艳蓉　彭莉莉　韩世韬　李慧芳　张运东

出版人员　王建华　邹树群　黄　蓓　朱丽芳　陈丽梅　马素芳

王红柳　赵姗姗　单　玲

序言

改革开放以来，我国电力建设开启了新篇章，经过40年的快速发展，电网规模、发电装机容量和发电量均居世界首位，电力工业技术水平跻身世界先进行列，新技术、新方法、新工艺和新材料得到广泛应用，信息化水平显著提升。广大电力工程技术人员在多年的工程实践中，解决了许多关键性的技术难题，积累了大量成功的经验，电力工程设计能力有了质的飞跃。

电力工程设计是电力工程建设的龙头，在响应国家号召，传播节能、环保和可持续发展的电力工程设计理念，推广电力工程领域技术创新成果，促进电力行业结构优化和转型升级等方面，起到了积极的推动作用。为了培养优秀电力勘察设计人才，规范指导电力工程设计，进一步提高电力工程建设水平，助力电力工业又好又快发展，中国电力工程顾问集团有限公司、中国能源建设集团规划设计有限公司编撰了《电力工程设计手册》系列手册。这是一项光荣的事业，也是一项重大的文化工程，彰显了企业的社会责任和公益意识。

作为中国电力工程服务行业的“排头兵”和“国家队”，中国电力工程顾问集团有限公司、中国能源建设集团规划设计有限公司在电力勘察设计技术上处于国际先进和国内领先地位，尤其在百万千瓦级超超临界燃煤机组、核电常规岛、洁净煤发电、空冷机组、特高压交直流输变电、新能源发电等领域的勘察设计方面具有技术领先优势；另外还在中国电力勘察设计行业的科研、标准化工作中发挥着主导作用，承担着电力新技术的研究、推广和国外先进技术的引进、消化和创新等工作。编撰《电力工程设计手册》，不仅系统总结了电力工程设计经验，而且能促进工程设计经验向生产力的有效转化，意义重大。

这套设计手册获得了国家出版基金资助，是一套全面反映我国电力工程设计领域自有知识产权和重大创新成果的出版物，代表了我国电力勘察设计行业的水平和发展方向，希望这套设计手册能为我国电力工业的发展作出贡献，成为电力行业从业人员的良师益友。

汪建平

2019 年 1 月 18 日

总前言

电力工业是国民经济和社会发展的基础产业和公用事业。电力工程勘察设计是带动电力工业发展的龙头，是电力工程项目建设不可或缺的重要环节，是科学技术转化为生产力的纽带。新中国成立以来，尤其是改革开放以来，我国电力工业发展迅速，电网规模、发电装机容量和发电量已跃居世界首位，电力工程勘察设计能力和水平跻身世界先进行列。

随着科学技术的发展，电力工程勘察设计的理念、技术和手段有了全面的变化和进步，信息化和现代化水平显著提升，极大地提高了工程设计中处理复杂问题的效率和能力，特别是在特高压交直流输变电工程设计、超超临界机组设计、洁净煤发电设计等领域取得了一系列创新成果。“创新、协调、绿色、开放、共享”的发展理念和全面建成小康社会的奋斗目标，对电力工程勘察设计工作提出了新要求。作为电力建设的龙头，电力工程勘察设计应积极践行创新和可持续发展理念，更加关注生态和环境保护问题，更加注重电力工程全寿命周期的综合效益。

作为电力工程服务行业的“排头兵”和“国家队”，中国电力工程顾问集团有限公司、中国能源建设集团规划设计有限公司（以下统称“编著单位”）是我国特高压输变电工程勘察设计的主要承担者，完成了包括世界第一个商业运行的 1000kV 特高压交流输变电工程、世界第一个 ±800kV 特高压直流输电工程在内的输变电工程勘察设计工作；是我国百万千瓦级超超临界燃煤机组工程建设的主力军，完成了我国 70%以上的百万千瓦级超超临界燃煤机组的勘察设计工作，创造了多项“国内第一”，包括第一台百万千瓦级超超临界燃煤机组、第一台百万千瓦级超超临界空冷燃煤机组、第一台百万千瓦级超超临界二次再热燃煤机组等。

在电力工业发展过程中，电力工程勘察设计工作者攻克了许多关键技术难题，形成了一整套先进设计理念，积累了大量的成熟设计经验，取得了一系列丰硕的设计成果。编撰《电力工程设计手册》系列手册旨在通过全面总结、充实和完善，引导电力工程勘察设计工作规范、健康发展，推动电力工程勘察设计行业技术水平提升，助力电力工程勘察设计从业人员提高业务水平和设计能力，以适应新时期我国电力工业发展的需要。

2014 年 12 月，编著单位正式启动了《电力工程设计手册》系列手册的编撰工作。《电力工程设计手册》的编撰是一项光荣的事业，也是一项艰巨和富有挑战性的任务。为此，编著单位和中国电力出版社抽调专人成立了编辑委员会和秘书组，投入专项资金，为系列手册编撰工作的顺利开展提供强有力的保障。在手册编辑委员会的统一组织和领导下，700 多位电力勘察设计行业的专家学者和技术骨干，以高度的责任心和历史使命感，坚持充分讨论、深入研究、博采众长、集思广益、达成共识的原则，以内容完整实用、资料翔实准确、体例规范合理、表达简明扼要、使用方便快捷、经得起实践检验为目标，参阅大量的国内外资料，归纳和总结了勘察设计经验，经过几年的反复斟酌和锤炼，终于编撰完成《电力工程设计手册》。

《电力工程设计手册》依托大型电力工程设计实践，以国家和行业设计标准、规程规范为准绳，反映了我国在特高压交直流输变电、百万千瓦级超超临界燃煤机组、洁净煤发电、空冷机组等领域的最新设计技术和科研成果。手册分为火力发电工程、输变电工程和通用三类，共 31 个分册，3000 多万字。其中，火力发电工程类包括 19 个分册，内容分别涉及火力发电厂总图运输、热机通用部分、锅炉及辅助系统、汽轮机及辅助系统、燃气-蒸汽联合循环机组及附属系统、循环流化床锅炉附属系统、电气一次、电气二次、仪表与控制、结构、建筑、运煤、除灰、水工、化学、供暖通风与空气调节、消防、节能、烟气治理等领域；输变电工程类包括 4 个分册，内容分别涉及架空输电线路、电缆输电线路、换流站、变电站等领域；通用类包括 8 个分册，内容分别涉及电力系统规划、岩土工程勘察、工程测绘、工程水文气象、集中供热、技术经济、环境保护与水土保持、职业安全与职业卫生等领域。目前新能源发电蓬勃发展，编著单位将适时总结相关勘察设计经验，编撰有关新能源发电方面的系列设计手册。

《电力工程设计手册》全面总结了现代电力工程设计的理论和实践成果，系统介绍了近年来电力工程设计的新理念、新技术、新材料、新方法，充分反映了当前国内外电力工程设计领域的重要科研成果，汇集了相关的基础理论、专业知识、常用算法和设计方法。全套书注重科学性、体现时代性、强调针对性、突出实用性，可供从事电力工程投资、建设、设计、制造、施工、监理、调试、运行、科研等工作的人员使用，也可供电力和能源相关教学及管理工作者参考。

《电力工程设计手册》的编撰和出版，凝聚了电力工程设计工作者的集体智慧，展现了当今我国电力勘察设计行业的先进设计理念和深厚技术底蕴。《电力工程设计手册》是我国第一部全面反映电力工程勘察设计成果的系列手册，且内容浩繁，编撰复杂，其中难免存在疏漏与不足之处，诚恳希望广大读者和专家批评指正，以期再版时修订完善。

在此，向所有关心、支持、参与编撰的领导、专家、学者、编辑出版人员表示衷心的感谢！

《电力工程设计手册》编辑委员会

2019年1月10日

前言

《火力发电厂总图运输设计》是《电力工程设计手册》系列手册之一。

火力发电厂总图运输设计的主要内容有厂址选择、总体规划、总平面布置、竖向布置、交通运输、管线综合布置、施工组织大纲及“五通一平”、环境与绿化、招标与投标等，是一项政策性和技术性很强的综合性工作，是电力基本建设工作的主要组成部分。火力发电厂的厂址选择是否正确，总平面布置是否合理，交通运输是否短捷，管线规划是否顺畅，对基建投资、建设速度、运行的经济性和安全性、环境保护及电厂的扩建前景都有决定性的影响。实践证明，凡是重视前期工作，厂址选得好，总平面布置工艺系统合理、布置紧凑的，不仅有利于工程建设的实施，而且可以降低工程投资，获得较大的经济效益。无数经验和教训说明，厂址选择中遗留的先天性问题，后天是很难克服和改正的。因此，要完成好基本建设任务，就必须按照基本建设程序，扎扎实实地做好前期论证工作，择优选择厂址，进行总平面布置的多方案比较和优化设计，而总图运输设计的厂址选择、总体规划、总平面与竖向布置、交通运输、管线综合布置、施工组织大纲及“五通一平”等项设计是最主要的环节之一。

本书的编制内容是按照 GB 50660《大中型火力发电厂设计规范》中与总图运输设计专业有关内容相吻合的原则，在《火力发电厂厂址选择与总图运输设计》（2006版）基础上，集 DL/T 5032《火力发电厂总图运输设计规范》及本书编制过程中的调研报告于一体的总图运输设计专业的经验总结。

本书结合近十几年来我国具有代表性的燃煤火力发电厂 50~80MW、100MW 级、200MW 级、300MW 级、660MW、1000MW 级，燃气-蒸汽联合循环电厂 B 级、6F 级、E 级、9F 级、H 级，以及生物质（垃圾、秸秆）电厂的厂区总平面布置及各功能分区平面布置的实际工程，体现了我国火力发电厂各工艺系统及各功能分区平面布置的特点，客观反映了我国火力发电厂总图运输设计中的优化设计成果及存在的问题，并给予科学、合理的评价。为更好地满足我国电力工业发展的需要，适应国家提出的“走出去”和“一带一路”发展战略的要求，总图运输设计人员既要认真学习和总结我国火力发电厂总平面布置的设计经验，同时也要按照引进、消化、吸收、再创新的原则，重视对国外先进技术的学习，强化创新意识，提升技术进步能力，进一步提高电厂总平面布置设计水平。

本书系统地介绍了火力发电厂总图运输设计的基本原则和设计内容，涵盖了火力发电厂总体规划、总平面布置、竖向设计、管线综合布置、交通运输、绿化规划等各设计阶段的主要工作内容、设计要点及深度等，以突出总图运输设计要求为主，辅以简明、扼要、通俗、易懂的工艺系统流程说明，同时还附有大型火力发电厂各个功能分区的模块及总平面布置的设计实例，汇总了大量的常用数据、公式和图表，供总图运输设计人员快速查阅，对火力发电厂的总图运输设计起到非常重要的指导和借鉴作用。

本书主编单位为中国电力工程顾问集团有限公司，参加编写的单位有中国电力工程顾问集团东北电力设计院有限公司、中国电力工程顾问集团华东电力设计院有限公司、中国电力工程顾问集团中南电力设计院有限公司、中国电力工程顾问集团西北电力设计院有限公司、中国电力工程顾问集团西南电力设计院有限公司、中国电力工程顾问集团华北电力设计院有限公司。本书由武一琦担任主编，由武一琦、李超编写第一章；高青、史东瑞、彭虓、郭剑辉、田健君、王一增、张彬、张世浪、谭跃盛编写第二章；武一琦、彭虓、刘开华、褚敏、史东瑞、张彬、郭剑辉、王一增、张世浪、高青、成韩、张小虎、谭跃盛、田健君编写第三章；刘开华、郭剑辉、张彬、杨程、谭跃盛、成韩、史东瑞、武一琦编写第四章；张世浪、谭跃盛、刘开华、褚敏、田健君编写第五章；武一琦、张彬、刘开华、史东瑞、褚敏、田健君编写第六章；李罡编写第七章。

本书是火力发电厂总图运输专业设计人员、工程技术人员的必备工具书，可供火力发电工程投资方、监理人员使用，也可供高等院校相关专业师生参考使用。

《火力发电厂总图运输设计》编写组

2019年1月

目录

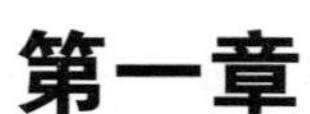

综　　述

火力发电厂总图运输设计是集机务、电气、热控、土建、输煤、除灰、水工、化学、暖通、环保、技经、施工组织以及勘测、岩土、送电等多个专业于一体的综合设计技术，是发电厂整个设计工作中重要的组成部分，是在设计中贯彻国家方针政策、体现先进技术水平的重要环节。总图运输设计人员需要从全局出发，全面、辩证地考虑各种工艺系统需要，主动地与有关专业密切配合，共同研讨，通过多方面的技术经济比较和优化设计，推荐占用土地少、工程投资省、建设速度快、运行费用低，有利于施工、检修维护以及扩建的最合理方案。

火力发电厂总图运输设计专业的主要工作内容是根据不同的建厂外部条件和自然地形地质情况以及周边环境，结合具体工艺系统需要，做好全厂总体规划、厂区总平面布置、厂区竖向布置、厂区管线综合布置、交通运输、厂区绿化规划等项工作。

第一节　概　　述

进行火力发电厂总图运输设计需满足以下要求：一是要遵循国家的法律、法规和相关产业政策要求以及规程、规范；二是要了解火力发电厂的各个工艺系统流程，掌握各个工艺系统之间的关系；三是要综合考虑建厂外部条件和自然地形地质情况以及周边环境等因素；四是要掌握总图运输设计工作应遵循的主要原则、设计工作基本程序、设计内容及深度要求，以及各专业之间的内部和外部配合工作，做到使火力发电厂的平面与竖向布置、地上与地下管线、铁路（或水路）与公路、环境与生态、内部与外部等方面的协调统一。

一、火力发电厂工艺系统流程简介

火力发电厂是利用煤、石油、天然气、生物质等作为燃料生产电能的工厂，它的基本生产过程是：燃料燃烧把水加热成蒸汽、过热蒸汽，过热蒸汽压力推动汽轮机旋转，汽轮机带动发电机旋转，发电机发出电能。其能量转换过程也是相同的，即将燃料的化学能转变成热能，热能转换成机械能，机械能转变成电能。

我国目前火力发电厂的类型主要有燃煤发电厂、燃气-蒸汽轮机联合循环发电厂以及生物质（垃圾、秸秆）发电厂。

（一）燃煤火力发电厂生产工艺流程

燃煤火力发电厂的主要生产工艺流程如图 1-1 所示。

典型的燃煤火力发电厂的生产工艺主要由以下系统组成：

（1）运煤系统。燃煤火力发电厂的煤炭供应有多种渠道。根据煤源地距电厂的距离，以及通过技术经济论证后确定的最佳运输方式，燃煤可以采用海上运输、铁路运输、公路运输或皮带运输等方式运入电厂。煤炭运输入厂后要选择适宜的卸煤装置（如翻车机、铁路或汽车卸煤沟），将其卸到煤场或其他厂内储煤装置。电厂内上煤（输煤）系统通过皮带将储煤场（装置）内的原煤转运到燃烧装置。在此过程中，根据不同类型燃烧装置的要求，需对原煤进行破碎、制粉、炉前储存及入炉配送等。燃煤火力发电厂运煤系统的主要工艺流程如图 1-2 所示。

（2）燃烧系统。燃料在锅炉等燃烧装置内燃烧后释放出热量，持续加热汽水系统，以确保热力系统循环做功。燃煤燃烧后的灰渣落入炉膛下面的渣斗内，通过除渣系统排至锅炉体外的渣仓中。炉内高温热烟气沿锅炉的水平烟道和尾部烟道流动，通过热回收装置回收热量后进入除尘器；通过除尘器装置分离出粗、细灰，与锅炉底渣一起通过干式或湿式灰渣处理系统排入储灰场，或排入灰渣综合利用装置进行再利用。通过脱硝、除尘和脱硫后的洁净烟气在引风机的作用下通过烟囱排入大气。

燃煤火力发电厂燃烧系统的主要工艺流程如图 1-3 所示。

（3）汽水系统。汽水系统是由锅炉、汽轮机、凝汽器、高/低压加热器、除氧器、凝结水泵和给水泵等组成，包括汽水循环、化学水处理和冷却系统等。水

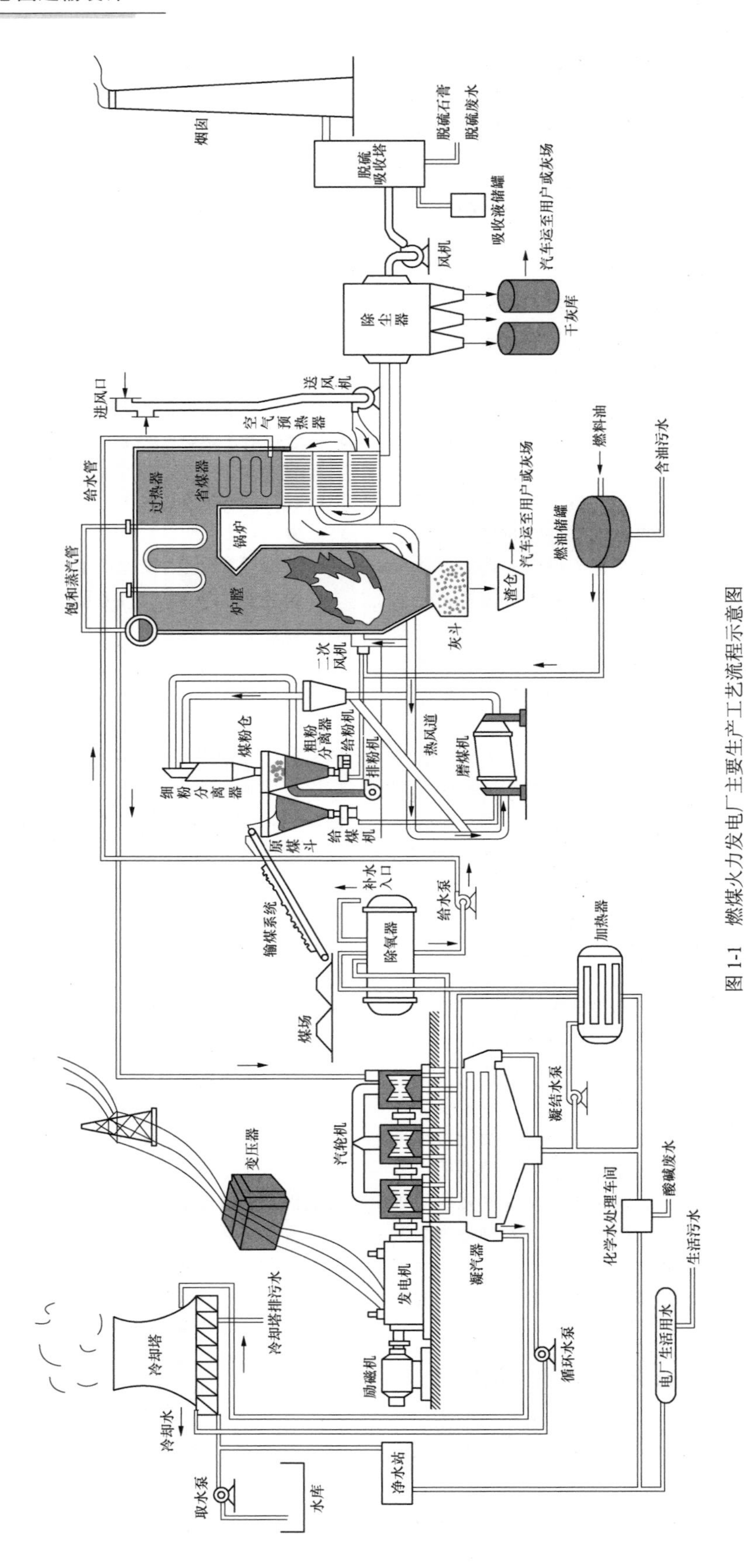

图 1-1　燃煤火力发电厂主要生产工艺流程示意图

在锅炉中被加热成蒸汽，再经过热器进一步加热后成为过热蒸汽，然后通过主蒸汽管道进入汽轮机。蒸汽在汽轮机内不断膨胀做功，推动汽轮机的叶片高速转动，汽轮机带动发电机以及励磁系统将机械能转变成电能。为了进一步提高其热效率，通常都从汽轮机的某些中间级后抽出做过功的部分蒸汽，用以加热给水。

燃煤火力发电厂汽水系统的主要工艺流程如图1-4所示。

（4）电气系统。电气系统是由发电机及励磁系统、

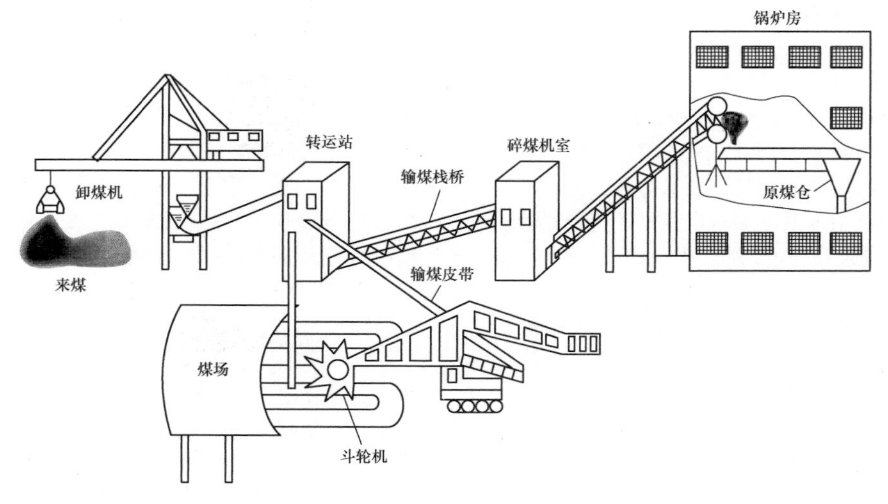

图 1-2　燃煤火力发电厂运煤系统主要工艺流程示意图

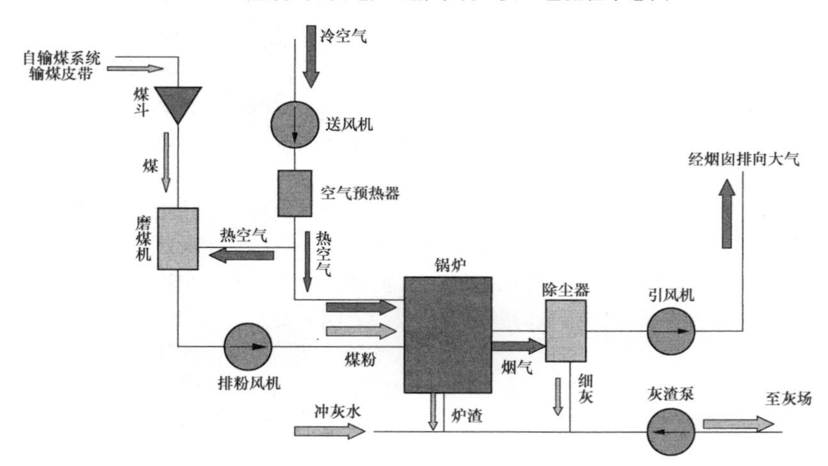

图 1-3　燃煤火力发电厂燃烧系统主要工艺流程示意图

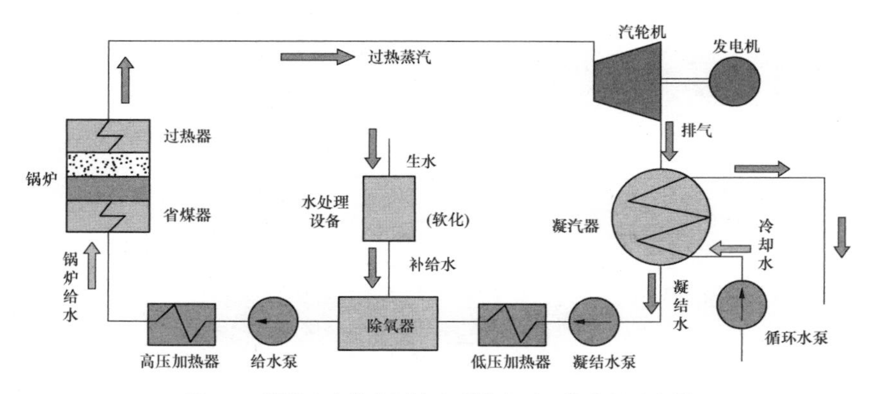

图 1-4　燃煤火力发电厂汽水系统主要工艺流程示意图

主变压器、高压配电装置、厂用电系统等组成。励磁系统向发电机转子提供直流励磁电流，蒸汽驱动汽轮发电机转子旋转产生旋转磁场，从而在定子线圈感应出电压及电流。电流一路经主变压器升压后通过高压配电装置送至电网；另一路经厂用变压器降压供应厂用电系统。电气系统的主要工艺流程如图 1-5 所示。

（5）控制系统和信息系统。对现代火力发电厂，为保证其安全可靠运行，火电厂通常设置安全、可靠、先进的控制系统，如 DCS 或 PLC 等，实时地对电厂主辅机设备进行监视和控制；设置安全、先进的信息系统，如 SIS 和 MIS 等，对全厂生产、运行和管理数据进行记录、处理和分析，辅助生产管理与经营决策。火力发电厂控制系统结构示意图如图 1-6 所示。

（二）燃气-蒸汽联合循环电厂生产工艺流程

燃气-蒸汽联合循环电站的种类很多，目前应用最多、技术上最成熟的是燃用天然气或液体燃料的常规燃气-蒸汽联合循环。联合循环机组主要由燃气轮机、余热锅炉、汽轮机、发电机以及相应的辅机系统组成。

燃气-蒸汽联合循环电站的主要生产流程是：空气在压气机中被压缩后与燃气在燃烧室内混合，再进入燃气轮机通过膨胀将热能转化为机械能，驱动发电机发电。同时燃气轮机的排气进入余热锅炉加热给水，产生蒸汽驱动汽轮机做功，带动发电机发电。燃气轮机和蒸汽轮机是两个动力输出设备。联合循环电站机组根据燃料的不同，配有油区或天然气调压站等辅助设施。

燃气-蒸汽联合循环电站的循环水冷却系统、化学水处理系统以及废水处理系统基本与燃煤火力发电厂相同，不再赘述。

与常规的燃煤电厂相比较，联合循环发电厂以其热效率高、启动时间短、所需冷却水量少、占地面积小、建设周期短、环保效益明显，可有效地调整电力需求峰值等诸多优点而备受世界各国的重视。

燃气-蒸汽联合循环电站的主要工艺流程如图 1-7 所示。

（三）生物质电厂生产工艺流程

生物质发电是利用生物质所具有的生物质能进行的发电，是可再生能源发电的一种。生物质能指有机物中除矿物燃料以外的所有来源于动植物的能源物质，包括木材、森林废弃物、农业废弃物、水生植物、油料植物、城市和工业有机废弃物、动物粪便等。生物质发电的主要燃料为农林废弃物秸秆及生活垃圾，焚烧锅炉一般采用层燃炉或循环流化床锅炉。根据燃料的灰渣比不同，灰渣比较低的采用层燃炉，灰渣比较高的采用循环流化床锅炉。

生物质垃圾发电厂的主要工艺流程如图 1-8 所示。

二、总图运输设计的主要原则

火力发电厂总图运输设计应遵循的主要原则是：

（1）全面贯彻落实国家的基本建设方针和相关产业政策，体现先进的技术水平，进行多方案的技术经济比较和优化论证，有效控制工程造价，确保设计成果“安全、可靠、经济、适用、符合国情”，满足可持续发展要求。

（2）树立全局观念，深入调查研究，正确处理国家与地方、工业与农业、近期与远期、主体设施与辅助设施的关系，努力提高工程项目的社会效益和经济效益。

（3）积极推广应用国内外先进技术，采用成熟可靠的新材料、新工艺、新布置，促进技术进步和产业升级，努力提高工程设计技术水平。

（4）贯彻节约集约用地的基本国策，合理利用土地，提高土地利用率；尽量利用建设用地、未利用地和劣地，最大限度地少占或不占农用地；注意避免大量的拆迁，减少场地开拓工程量，保护生态环境。

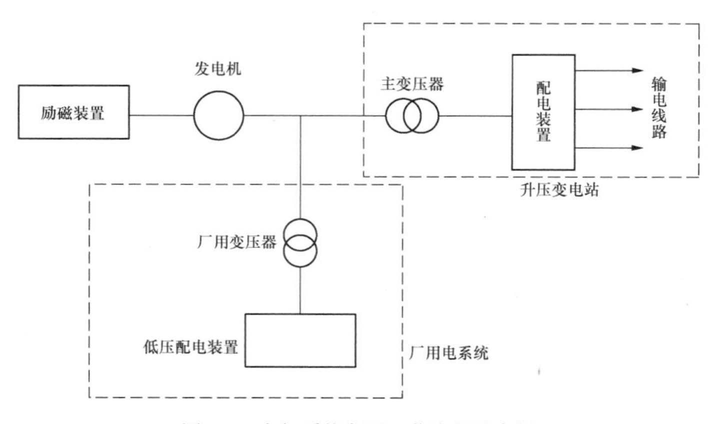

图 1-5 电气系统主要工艺流程示意图

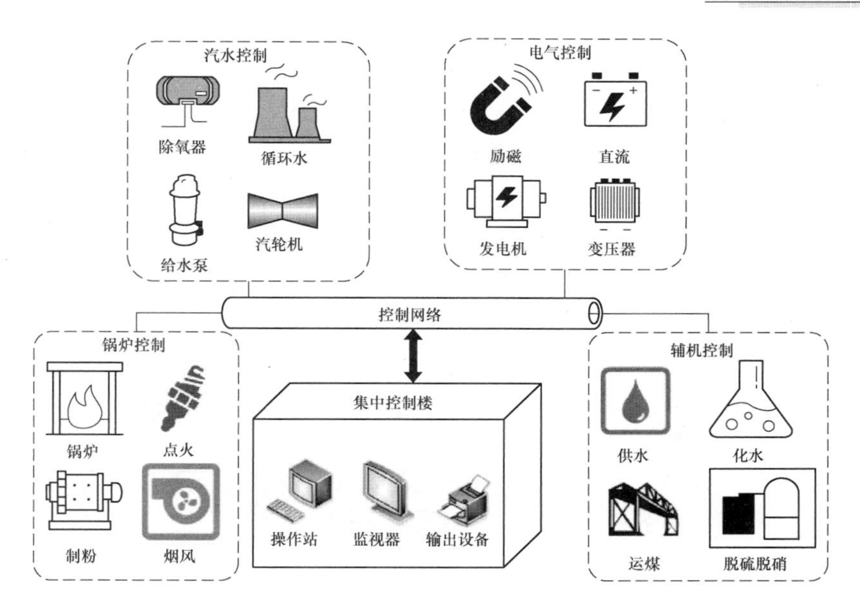

图 1-6　火力发电厂控制系统结构示意图

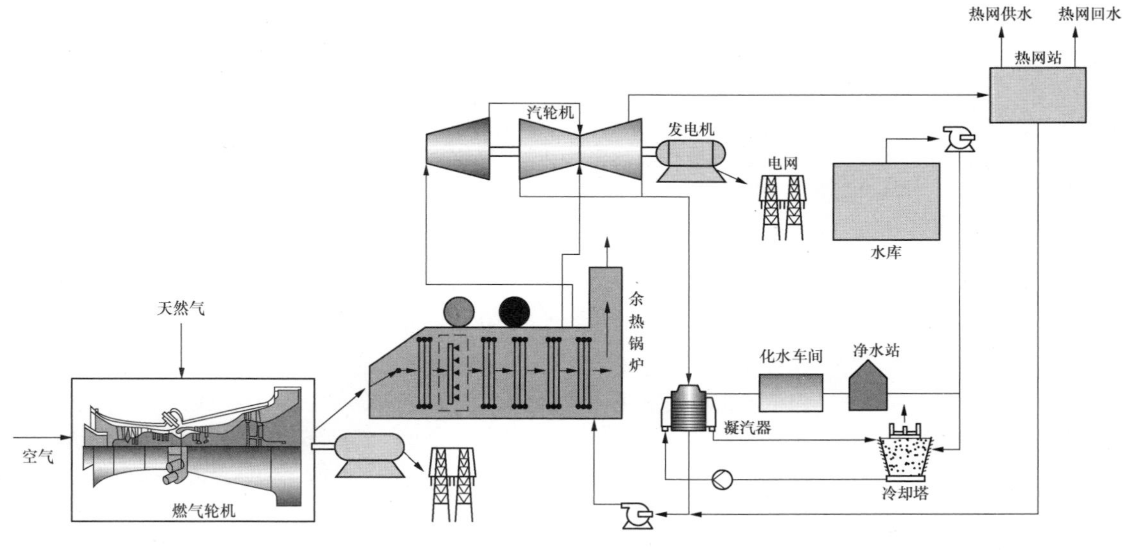

图 1-7　燃气-蒸汽联合循环电站主要工艺流程示意图

（5）严格执行国家环境保护政策，采取有效措施，减少烟气、废水、灰渣、噪声等对环境的影响。

（6）提高整体设计水平，总体规划和总平面布置要因地制宜、统筹兼顾、科学分区、合理布置、协调一致、有利施工、缩短工期、方便检修。

（7）通过技术经济比较，合理选择运输方式，优化设计方案，降低工程造价，节省运行费用。

三、总图运输设计各阶段的划分

（一）总图运输设计各阶段的划分

总图运输设计专业参加火力发电厂整个勘测设计的全过程，整个过程主要划分为初步可行性研究、可行性研究、初步设计、施工图设计、施工配合、竣工图、设计回访总结、项目后评价八个阶段，可根据各工程具体条件确定。

（二）总图运输设计各主要阶段的区别和联系

1. 初步可行性研究阶段与可行性研究阶段的区别及联系

初步可行性研究阶段与可行性研究阶段的主要工作是落实厂址的外部条件，这两个设计阶段有以下区别和联系。

（1）区别。

1）工作的范围和深度方面。初步可行性研究阶段工作的范围较广、深度较浅，基本以收集、分析、整

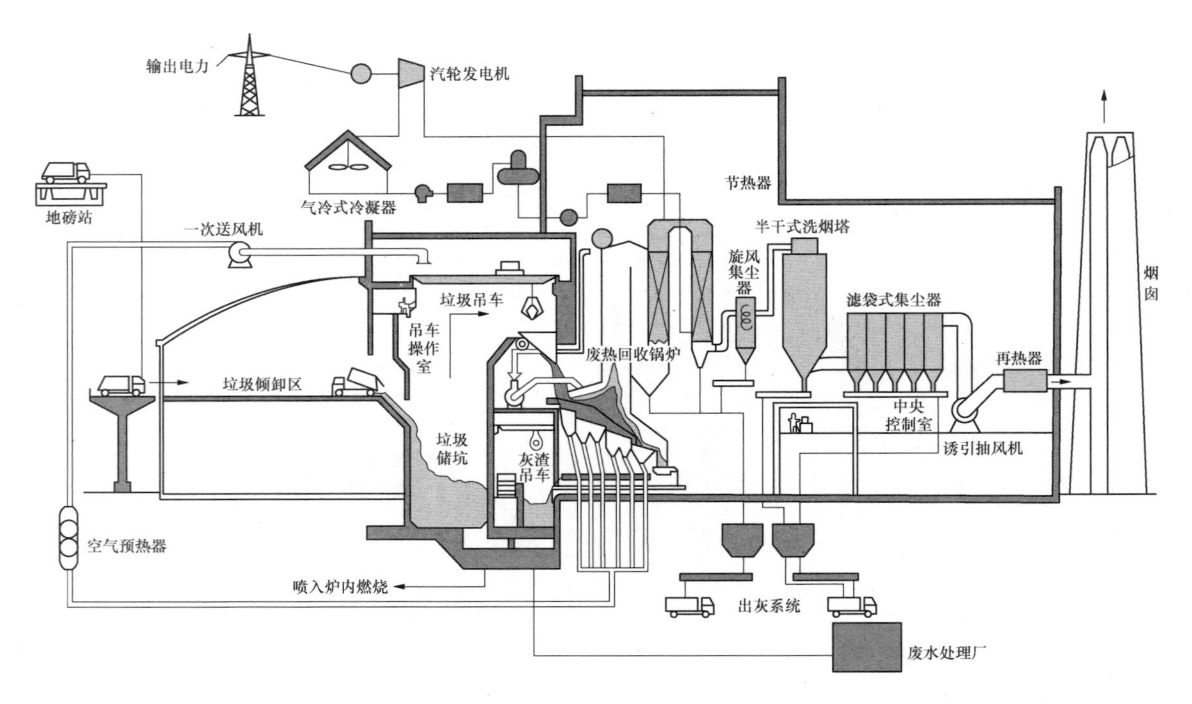

图 1-8 生物质垃圾发电厂主要工艺流程示意图

理资料为主；可行性研究阶段的工作范围基本限定，内容的深度、广度更详尽，需进一步进行调查、收资、勘测和试验工作，对建设的必要性、技术的可行性和经济的合理性作深入的分析、论证和评价。

2）工作的目的方面。初步可行性研究阶段仅要求从众多厂址中推荐 2 个及以上的厂址（热电联产或煤电一体化项目也可能选择 1 个厂址方案）进入可行性研究阶段，初步落实建厂条件，争取不出现颠覆性问题；可行性研究阶段要求从初步可行性研究阶段推荐的 2 个及以上的厂址中确定 1 个厂址，要求完全落实建厂条件，不仅其技术条件应该满足工程要求，要求投资估算相对准确，还要取得相应行政主管部门的批复文件。

（2）联系。初步可行性研究阶段为可行性研究阶段的工作创造条件，但在初步可行性研究阶段不要求解决可行性研究阶段才能够解决并要求解决的问题；可行性研究是在初步可行性研究的基础上，进一步落实各项建厂条件。初步可行性研究阶段主要对多个厂址条件及在电力系统中的地位进行评述；可行性研究则要详细论证电厂建设的必要性，厂址在技术上的可行性和经济上的合理性，落实建厂条件，全面阐明工程项目能够成立的根据。

2. 可行性研究阶段与初步设计阶段的联系

可行性研究阶段是项目前期工作的最后一个环节，是项目投资的前期论证工作，重点是落实建设条件、确定厂址，提出建设规模、机组选型意见，提出初步的总平面、竖向布置方案和主要工艺方案，提出建设进度、投资估算和经济效益分析等，做出项目是否可行的最终结论。可行性研究阶段的成果为项目投资决策服务，也是编制项目申请报告的依据。

从初步设计阶段开始，工程项目进入实施阶段，初步设计是项目准备阶段最重要也是最关键的工作，是项目开工的主要条件之一，重点是确定工程项目建设的具体方案和投资规模，并为施工准备和生产准备提供条件。初步设计阶段的成果为下阶段设计服务，是施工图设计的依据。

在前期工作中，项目核准机构对项目核准的批复意见、审定的可行性研究报告和接入系统、用地预审、环境保护、水土保持、水资源论证及取水许可申请，以及供热规划等各单项报告及批复意见等，都是开展初步设计的依据。在初步设计工作中，均应按有关批复意见贯彻落实。

3. 初步设计阶段与施工图阶段的区别及联系

（1）区别。主要体现在两个设计阶段的重点工作方面。初步设计阶段的重点工作是确定主要设计原则、编写主辅机技术条件、进行现场勘测工作、编制工程概算；施工图阶段是根据初步设计阶段确定的主要设计原则，提供具体加工制造、建筑物施工和设备及管道安装的详细图纸，如系统图、总图、布置图、详图等，提出设备材料清册和规格要求，进行各项计算，编制工程预算等。

（2）联系。审定的初步设计是主要辅机招标、主要施工单位招标及编制施工图的依据。在施工图设计中，应贯彻执行初步设计阶段确定的设计原则。

4. 施工图阶段与施工配合阶段的区别及联系

（1）区别。主要体现在两个设计阶段的工作内容方面。在施工图阶段已经完成满足现场施工要求的全部施工图；在施工配合阶段，主要是进行工程的设计交底、设计变更、质量监督和工地服务。

（2）联系。现场施工的依据是施工图，在施工配合阶段，工地代表要给现场施工人员解释设计意图及施工注意事项等，使现场施工实现设计预期的要求。

5. 施工配合阶段与竣工图阶段的区别及联系

（1）区别。施工配合阶段的主要任务是为现场施工服务，在施工配合阶段因设计错误或考虑不周，或者应施工、运行或项目法人的要求等原因，会发生对施工图设计的更改。竣工图阶段的主要任务是根据施工配合阶段现场产生的施工图更改文件，对原施工图进行修改。

（2）联系。施工配合阶段产生的设计变更文件与施工图设计文件、图纸具有同等效力，是竣工图阶段编制文件的依据。

第二节 总图运输设计内容及深度

总图运输设计专业参加的设计过程可分为前期论证和设计两个部分，前期论证阶段为初步可行性研究、可行性研究；设计阶段为初步设计、施工图设计、竣工图设计。除此以外，还有施工配合、设计回访、项目后评价。

一、初步可行性研究阶段的主要设计内容

（一）初步可行性研究的作用和任务

初步可行性研究是新建工程项目建设中的一个重要环节，是从国家电力发展规划、电力产业政策、区域资源优化配置及地区电力发展规划和市场需求研究，电网结构、资源情况（包括一次能源和水资源）和运输系统的现状与规划、环境状况等方面进行分析，在几个地区或指定地区分别调查可能建厂厂址的条件，并对可能造成厂址条件改变的颠覆性因素进行论证；经过对多个厂址方案进行技术和经济比较，择优推荐出2个或以上可能建厂的厂址方案作为开展可行性研究的厂址方案。初步可行性研究报告编制完成3年未进行可行性研究的项目，应对建厂外部条件进行全面的复查和调整，并编制补充初步可行性研究报告。

初步可行性研究的任务是：论证建厂的必要性；进行踏勘调研、收集资料，必要时进行少量的勘测和试验工作，对可能造成厂址条件改变的颠覆性因素进行论证，初步落实建厂的外部条件；新建工程应对多个厂址方案进行技术和经济比较，择优推荐出2个或以上可能建厂的厂址方案（热电联产或煤电一体化项目也可能选择1个厂址方案）作为开展可行性研究的厂址方案；对位于城市（镇）规划区内的新建热电联产或分布式能源项目，以及位于工业园区内的新建煤电一体化或煤电联营项目，可根据城市（镇）规划和工业园区规划的要求，选择1个可能的厂址方案进行论证。提出电厂规划容量、分期建设规模及机组选型的建议；提出初步投资估算与经济效益分析。

（二）初步可行性研究报告的编制依据

初步可行性研究报告的编制依据主要是：国家和地方的中、长期电力发展规划，地区城市及工农业发展规划，地方政府各主管部门的选址意见，现行国家及行业有关规程、规定和规范，项目法人对初步可行性研究报告编制的委托函。若为在老厂位置上进行扩建，应执行各级主管部门对原厂址的有效性批复意见。

（三）初步可行性研究的主要工作步骤

初步可行性研究的主要工作步骤有：

（1）接受任务。受项目法人的委托，接受任务后开展初步可行性研究工作。

（2）准备工作。准备工作包括组成设计项目组、编制准备工作及现场踏勘工作大纲等。

（3）踏勘调研。收集、核实有关建厂条件和各项资料；根据收集到的资料和有关部门的意见拟订几个厂址方案和现场踏勘范围；进行现场踏勘，进一步收集资料；项目法人取得有关部门对各种建厂条件的同意或意向性文件。

（4）综合研究。对收集到的原始资料和现场踏勘获得的资料进行分析和处理；论证建厂的必要性；初步落实建厂外部条件；对电厂规划容量提出建议；根据厂址条件及轮廓进度，通过分析提出投资估算；研究工程设想的初步可行性，并作为各方案技术和经济比较的基础，择优推荐出2个或以上建厂地区的顺序及可能建厂的厂址（也有可能是1个厂址）与规模；提请当地政府领导主持汇报会议，听取有关初步可行性研究工作汇报和推荐意见，协调各部门意见，对厂址排序提出建议，并形成会议纪要。

（5）编制文件。在现场踏勘和初步方案研究的基础上，编制初步可行性研究报告。

（6）出版文件。出版初步可行性研究报告文件。

（7）报告审查。项目法人委托有资质的单位对初步可行性研究报告进行审查。

（8）立卷归档。将初步可行性研究阶段形成的成品文件和原始文件、材料立卷归档。

（四）初步可行性研究阶段的主要工作内容及深度

1. 初步可行性研究阶段的主要工作

根据各工程具体条件，初步可行性研究阶段的主要工作包括输电系统规划设计、燃料来源、交通运输（铁路、公路或码头）、电厂水源、水文气象、岩土工程、装机方案论证等。一般按初步可行性研究总报告和各专题报告分卷册编制出版。当有多个设计单位参加初步可行性研究报告编制时，应明确其中一个为主体设计单位。主体设计单位应对提供给其他各参加设计单位的原始资料的正确性负责，对相关工作的配合、协调和归口负责；负责将外委单项研究报告文件的主要内容及结论性意见经确认后归纳到初步可行性研究报告中。

2. 初步可行性研究总报告的主要内容及深度

初步可行性研究总报告的主要内容及深度如下：

（1）概述。说明任务依据、项目概况、工作过程及工作组织等。

（2）电力系统。叙述电力系统的现状及电力发展规划；电力负荷预测及电力电量平衡，推荐机组年利用小时；说明本项目在电力系统中的作用及建设规模；说明电厂与电力系统连接方案的设想，出线电压等级、方向和回路数；从电力系统的角度说明本项目建设的必要性。

（3）供热系统。如该工程有供热功能，需说明供热系统的现状、发展和区域（或企业）的热力规划或热电联产规划；收集或预测近、远期热负荷的大小和特性；初步确定热电厂的供热介质和供热范围，并初步确定供热参数和供热量；对机组选型提出初步建议，并说明存在的主要问题及对下阶段工作的建议；从满足供热需求方面说明本项目建设的必要性。

（4）燃料供应。说明燃料来源及资源情况，取得燃料供应原则协议，并说明存在的主要问题及对下阶段工作的建议；说明燃料品质及燃料消耗量，初步确定燃料的运输方式和运距。

（5）建厂条件。

1）厂址概述。说明各厂址所在地区概况、厂址地理位置、厂址附近自然环境、城镇规划、厂址地形地貌、文物古迹、地下矿藏资源、军事设施及机场，厂址按规定的设计重现期的江、河洪水位（或高潮位）和最高内涝水位等情况，提出厂址拟用地规模、用地现状及类型，以及与土地利用总体规划的关系等，厂外设施与厂区的距离及厂址范围内初步的拆迁量和土石方工程量。

2）交通运输。说明厂址周围的铁路、水路和公路的现状、规划情况和运输条件，存在的主要问题及对下阶段工作的建议。必要时委托有资质的单位对电厂大件设备运输进行专题论证。当采用铁路运输时，应论述铁路运输能力和相邻线路的技术标准、专用线接轨站和接轨点、专用线建设标准和长度、电厂所需燃料运输引起铁路技术改造的内容，并应取得铁道部门原则同意接轨的文件。当采用铁水联运时，应论述铁路运输通道的距离及运力，可能的燃料中转港情况及能力，航道、煤码头的建设条件和建设规模及存在的主要问题，并应取得海事及航管主管部门原则同意使用航道和建设码头的文件。当采用公路运输时，应论述厂址附近的公路情况、电厂所需燃料运输引起公路技术改造的内容、是否需要建设燃料运输专用公路。

3）水文气象。充分收集当地水文气象资料和进行现场踏勘，统计分析各厂址的水文气象条件，绘制风玫瑰图，对水源、内涝、防洪（潮）、波浪、河床（岸滩）演变等影响建厂的主要水文气象条件提出估算成果与定性的分析判断，对推荐的各厂址方案提出存在的主要问题及对下阶段工作的建议。

4）电厂水源。说明各厂址的供水水源及水质、冷却方式、冷却水量和补给水量。各供水水源须取得水行政主管部门原则同意使用该水源的文件，并初步明确允许取水量。充分收集各供水水源的水文资料，当地现状、近期及远期工农（牧）业、城市居民生活和其他等用水量情况，水资源利用规划，水利工程现状及规划等资料，分析现状及规划情况下，设计保证率枯水年份电厂用水的可靠性，经初步比较，提出推荐的供水水源方案、存在的主要问题及对下阶段工作的建议。当电厂用水与工农（牧）业及城市用水有矛盾时，提出解决矛盾的初步方案和意见。

5）贮灰场。说明各厂址可供选择的贮灰场情况，包括贮灰场用地面积、容积、存灰年限，灰场与各厂址的距离、交通情况、相对高程，灰场拟用地规模、用地现状及类型、与土地利用总体规划的关系及拆迁工程量，按规定设计重现期的山洪流量、洪水位或最高内游水位及灰场的暴雨总量，拟建灰场坝址的工程地质及水文地质条件。

6）厂址区域稳定与工程地质。收集分析区域稳定、地震、地形、地貌、水文地质、矿产资源、文物古迹及当地的工程地质与岩土工程等资料，通过现场踏勘，进一步了解地质构造、地基土的性质、不良地质现象、地下水情况、压覆矿藏及压覆文物古迹的可能性。分析区域构造断裂与历史地震资料，以及场地的岩土性质和不良地质现象，对场地的稳定性和厂址的工程地质条件、地基类型，以及环境地质问题做出基本评价，提出是否适宜建厂与下阶段尚应查清和解决的问题。

7）环境保护。叙述厂址所在地区的环境现状；说明地方环境保护主管部门的意见和要求；根据国家环境保护的有关法规、规定，结合当地气象、地形、地貌、周围环境和电厂煤、灰、水等条件，以及灰渣综合利用的情况，进行环境影响综合分析，初步预测工程对环境可能造成的影响，并提出拟采取的环境保护及治理措施的初步设想、存在的主要问题及对下阶段工作的建议。

（6）工程设想。叙述电厂规划容量及分期建设规模、机组容量、机组参数与机炉类型的选择，以及建设进度的初步设想；论述电厂总体规划、输煤、除灰、供水、岩土工程、供热、电气主接线等与初步投资估算有关的初步设想；说明脱硫、脱硝拟采用的工艺方式；脱硫剂、脱硝还原剂的来源、运输、制备及储存；副产品的初步处理方式等内容。

（7）厂址方案与技术经济比较。论述各厂址方案的优缺点；对各厂址方案的规划容量和本期规模进行技术经济比较，包括电厂与送出工程的投资与运行费用，对厂址方案进行初步的排序。

（8）初步投资估算与经济效益分析。按现行《火电工程限额设计参考造价指标》或《电力工程建设投资估算指标》等与基建项目有关文件，对推荐厂址方案进行初步投资估算；按现行的电力建设项目经济评价有关文件对推荐厂址方案进行财务评价，分析测算经济效益，并对总投资、年利用小时及燃料价格等要素变化进行敏感性分析。必要时可进行其他风险分析。

（9）结论及存在的问题。综述建厂的必要性，对各厂址方案是否具备建厂条件和经济上是否合理做出结论，新建工程应对各厂址方案进行综合择优排序，推荐2个及以上厂址方案作为开展可行性研究的厂址方案；论述推荐厂址方案存在的主要问题及对下阶段工作的建议。

（10）附件。初步可行性研究报告的附件有：具有管理权限的地方政府原则同意建厂的文件；土地主管部门原则同意厂址（包括厂区、水源地、交通运输设施、灰场）用地的文件；城市规划部门原则同意选址的文件；海洋与渔业及港航主管部门原则同意使用岸线的文件；水行政主管部门原则同意取水的文件；燃料产销集团同意供应燃料的原则协议；环保部门原则同意建厂的文件；其他具有管理权限的主管部门原则同意的文件（包括机场、军事设施、压覆矿藏、文物保护、水产保护、铁路接轨及承运、航运码头、航道、脱硫剂供应、灰渣综合利用、供热等）；利用城市再生水时，还应取得与污水处理部门的供水协议及地（市、盟）级污水处理主管部门的文件。

（11）附图。

1）多个厂址的总体规划图（1:50000）：包括厂址地理位置、厂区位置及范围、水源、交通运输、灰场位置及周边环境（如机场、自然保护区）条件等。

2）各厂址的总体规划图（1:10000）：包括厂区、水源、交通运输、灰场位置等，附厂址技术经济指标。

二、可行性研究阶段的主要设计内容

（一）可行性研究的作用和任务

可行性研究对项目的投资决策起着决定性的作用。可行性研究成果是投资方进行投资决策的重要依据；审定的可行性研究报告是编制项目申请报告的依据之一；在项目核准后，审定的可行性研究报告又是进行主机招标及开展初步设计的依据。因此，可行性研究是基本建设程序中为项目决策提供科学依据的一个重要阶段，火力发电厂新建、扩建或改建工程项目均需进行可行性研究，编制可行性研究报告。可行性研究报告编制完成后3年尚未核准的项目，应对建厂外部条件进行全面的复查和调整，并编制补充可行性研究报告。

可行性研究的任务是：论证建厂的必要性和可行性；新建工程应有2个及以上的厂址，并对拟建厂址进行同等深度的全面技术经济比较，提出推荐意见；对于位于城市（镇）规划区内的新建热电联产或分布式能源项目，以及位于工业园区内的新建煤电一体化或煤电联营项目，可根据城市（镇）规划和工业园区规划的要求，选择1个拟选厂址进行论证，进行必要的调查、收资、勘测和试验工作。落实环境保护、水土保持、土地利用、接入系统、热负荷、燃料、水源、交通运输（含铁路专用线、码头及运煤专用公路等）、贮灰场、区域稳定及岩土工程、脱硫吸收剂与脱硝还原剂来源及其副产品处置等建厂外部条件，并应进行必要的方案比较。对推荐厂址的总体规划、厂区总平面规划及各工艺系统提出工程设想，论证并提出主机技术条件。投资估算应能满足控制概算的要求，并进行造价分析。财务评价所需的原始资料应切合实际，利用外资项目的财务评价指标，应符合国家规定的有关利用外资项目的技术经济政策。

（二）可行性研究报告的编制依据

可行性研究报告的编制依据主要是：初步可行性研究报告及审查意见；各单项设计审查意见；政府及行业主管部门的相关文件；近期电力发展规划；现行国家及行业有关规程、规定和规范；若为扩建工程时，老厂的原始设计资料；可行性研究勘测设计合同。

（三）可行性研究的主要工作步骤

可行性研究的主要工作步骤为：

（1）接受任务。受项目法人的委托，与项目法人签订合同。

（2）准备工作。准备工作包括组成设计项目组，研究任务的文件和要求、初步可行性研究报告和审查文件，提出工作范围、主机（主设备）选型及计划进度的初步意见；各专业编写准备工作和现场踏勘工作大纲；根据工作大纲的要求收集资料。

（3）现场踏勘及厂址汇报会。向当地政府有关部门汇报任务；进行现场踏勘，对收集的资料进行深入分析，研究建厂初步方案，落实建厂条件；项目法人取得有关部门原则性同意文件；提出下一步工作意见；在调查收资和综合研究的基础上进行技术经济比较，提出对推荐厂址总体规划的初步意见及存在问题，提请当地政府主持并召集有关部门参加汇报会议，听取可行性研究工作组的汇报，协调解决各部门的意见，进一步落实建厂条件，并形成会议纪要。

（4）勘测工作、环境影响评价及接入系统、水土保持、铁路专用线（或码头）、水资源论证、地震安全性评价、地质灾害危险性评估等相关部分的可行性研究或专题报告。由项目法人委托，并与项目可行性研究工作同步进行，其中勘测报告（含工程地质、水文、气象）应在总报告前完成。

（5）编制文件。在现场踏勘和现场初步方案研究的基础上，编写项目设计计划；各专业进行设计方案研究论证，通过多方案技术经济比较进行优选，确定主要设计方案；组织验收、确定推荐方案；各专业编制设计文件，提出工程量及投资估算；进行经济分析和评价；编制可行性研究报告，校审并签署设计文件，提出质量评定意见。

（6）出版文件。出版可行性研究报告文件。

（7）报告审查。项目法人委托有资质的单位对可行性研究报告进行审查。

（8）立卷归档。将可行性研究阶段形成的成品文件和原始文件、材料立卷归档。

（四）可行性研究阶段的主要工作内容及深度

1. 可行性研究阶段的主要工作

根据各工程具体条件，可行性研究阶段的主要工作包括：接入系统设计，供热机组厂内热网、铁路专用线（或码头）可行性研究报告编制，工程测量、水文（气象）勘测、岩土工程勘测、水文地质详查，地质灾害危险性评估，地震安全性评价，水资源论证，水库、防洪影响评价，环境影响评价，水土保持评价，模型试验，提出推荐厂址、电厂总规划和各专业工程设想、大件运输方案、投资估算及经济评价等。一般按可行性研究总报告和各专题报告分卷册编制出版。当有多个设计单位参加可行性研究报告编制时，应明确其中一个为主体设计单位。主体设计单位应对提供给其他各参加设计单位的原始资料的正确性负责，对相关工作的配合、协调和归口负责，并负责将各外委单项可行性研究报告或试验研究报告等主要内容及结论性意见，经确认后归纳到发电厂可行性研究总报告中。

2. 可行性研究总报告的主要内容及深度

在可行性研究阶段，总图运输设计专业不仅要掌握本专业的主要内容，而且也宜了解其他相关专业的工作内容以及项目单位应取得的支持性文件，有利于协调配合。以下列出了可行性研究阶段相关专业的主要内容：

（1）概述。说明项目概况及编制依据、研究范围与分工、建厂外部条件及主要设计原则、工作简要过程及主要参加人员等。

（2）电力系统。阐述电力系统概况，进行电力负荷预测、电力电量平衡及分析；根据系统规划、市场分析，论述项目建设的必要性；说明项目与系统的连接、系统对项目主接线的要求等。

（3）供热系统。如该工程有供热功能，需说明本项目所在地区供热热源分布、供热方式及热网概况，当地环境的基本现状及存在的主要问题；根据城市供热规划及热电联产规划，说明项目在当地（或区域）供热规划中的位置、承担的供热范围及供热现状、与其他热源的关系；按工业和民用分别阐述供热范围内现状热负荷、近期热负荷、规划热负荷的大小和特性，说明热负荷的调查情况及核实方法；确定热电厂的供热介质、供热参数和供热量；拟定厂内供热系统，并对系统进行相应的描述，提出主要设备选择意见；说明本项目与备用和调峰锅炉的调度运行方式，并说明存在的主要问题及对下阶段工作的建议；说明对配套的城市供热管网和工业用汽输送管网的建设要求。

（4）燃料供应。根据项目法人取得的燃料供应协议文件，收集有关燃料储量、产量、供应点及数量，燃煤煤质、气质或油质资料、价格、运输距离及方式等资料，论述燃料来源及燃料品质分析；对于燃用天然气的电厂，应说明与厂外天然气管线接口的位置和参数（管径、压力等）；当电厂建成投产初期采用其他燃料过渡时，应对过渡燃料进行相应的论证；根据本期工程拟采用的燃料品质资料及机组年利用小时数，计算单台机组、本期建设机组和电厂规划容量机组的小时、日、年消耗量；对燃煤电厂锅炉点火及助燃用燃料的品种、来源及运输方式进行论证并落实。

（5）厂址条件。

1）厂址概述。说明厂址地理位置及该区的人文状况和社会经济简况，厂址（含水源、灰场、铁路专用线或码头、进厂或运灰道路等）所在区域的地形地貌、用地类型及面积、拆迁工程内容和工程量、工程地质、地震基本烈度、地下矿藏资源、水文气象、出线走廊、厂区自然地面标高等情况，厂址区域设计重现期的江、河洪水位（或高潮位）和最高内涝水位等情况，以及厂址与城市规划、开发区、居民区、名胜古迹、文物保护区、自然保护区、大中型工矿企业、河流、湖泊、水库、铁路、公路、机场、通信设施、军事设施等的关系及可能存在的相互影响。

2）交通运输。对于燃煤电厂，结合煤源情况，对电厂燃煤运输可能采取的运输方式（单独或联合）进行多方案的技术经济比较，经论证提出推荐方案。当采用铁路运输时，说明厂址附近国家或地方企业铁路线的现状及规划情况，电厂运煤铁路专用线的接轨站及可能引起的改造情况等；当采用水路运输时，说明厂址附近水路运输现状及规划情况，电厂运煤航道及卸煤专用码头的位置、等级、类型和泊位数等；当采用公路运输时，说明厂址附近公路现状及规划情况，由电厂至附近路网新建运煤专用公路的长度和等级。对于燃用天然气、液化天然气（LNG）、燃油的电厂，说明其采用的运输方式和接卸设施等条件。对电厂大件设备运输条件需进行分析论证。

3）水文及气象。收集厂址和厂址地区详细的水文、气象资料，必要时应设临时观测站获取相关资料。分析说明各工程点的设计洪（潮）水位，必要时分析说明相应浪爬高；受内涝影响时分析设计内涝水位；在河道管辖区内兴建建（构）筑物时，需编制防洪影响评价报告。工程点位于河道或岸边时，需进行设计河段河床演变的查勘与分析，判别河床和岸边的稳定性。提出气压、气温、湿度、降水、蒸发、风及其他有关气象要素的特征值；空冷机组尚需提出特殊的气象要素。在上述工作的基础上编制水文气象专题报告，作为设计的依据。

4）电厂水源。在掌握可靠和充分的资料基础上，必要时通过技术经济比较，提出电厂拟采用的供水水源和冷却方式（直流、循环、空冷等），并根据冷却水需水量及补充水需水量，说明各厂址的供水水源。需编制水资源论证报告，并取得水行政主管部门批复的取水许可申请书。

根据拟采用水源（如江河地表水、海水、城市再生水、矿井排水等）的特点，分析论证水源条件及落实情况．对采用直流冷却的电厂，需根据取、排水构筑物的布置和水功能管理的要求，论证温排水的影响。

5）贮灰场（含脱硫副产品）。说明各厂址方案可供选择的贮灰场及贮灰方式；说明各贮灰场与对应厂址的方位、距离，各灰场地形地貌、用地类别、库容及拆迁量；说明水文及工程地质条件、建坝材料储量、运距及运输等灰场的建设条件。说明电厂年灰渣及脱硫副产品弃物量，提出规程要求储存年限的用地面积、堆灰高度和库容，并提出贮灰场分期建设使用的方案和意见；对以热定电的城市热电厂，需按热电联产有关规定设置事故备用灰场。若利用前期工程已建成的灰场时，尚应简述前期工程灰渣量、灰场的设计及运行情况，说明现有灰场储存全厂灰渣及脱硫副产品弃物时的储存年限；说明灰场用地、压覆矿产资源、有无文物及军事设施等文件的落实情况。

6）地震、地质及岩土工程。对厂址的地震地质和工程地质等方面的区域地质背景资料进行研究分析，确定厂址区域地质构造发育程度，查明厂址是否存在活动断裂，以及危害厂址的不良地质现象，对其危害程度和发展趋势做出判断，并提出防治的初步意见。对可能影响厂址稳定的地质问题进行研究和预测，对于有可能导致地质灾害发生或地质灾害易发区的工程，需委托有资质的单位进行地质灾害危险性评估工作，提出场地稳定性和适宜性的评价意见，并在主管部门备案。需确定厂址区域的地震动参数及相应的地震基本烈度。初步查明厂区的地形地貌特征，进行现场工程地质钻探工作，按有关的工作深度规定编写工程地质报告，提出主要建（构）筑物地基方案建议。

7）环境保护与水土保持。进行厂址环境现状分析，说明项目污染物排放量。按国家颁布的有关环境保护法令、政策、标准和规定，提出项目建设对于防治措施的原则及污染物排放的控制指标，对发电厂建设的环境影响进行预测。根据环境影响报告书和水土保持方案的批复意见，调整环境治理和水土保持措施。

8）土地利用。描述电厂拟选厂址与土地利用总体规划的关系，拟用地现状，厂址所需永久用地和施工期间所需临时租地的规模、类型，以及需征用土地情况等，占用耕地的，需提出对拟征土地进行补充耕地的初步方案。按国家颁布的有关土地政策、法令、标准和规定，提出电厂工程建设项目对用地的需求规模、测算方法、成本估算、时序安排等，并对是否符合土地利用总体规划或拟调整规划和占用耕地的情况，以及补偿标准和资金落实等情况进行说明。

9）厂址比较与推荐意见。根据建厂的基本条件和电力系统的要求，对 2 个及以上厂址方案进行综合技术经济比较，并提出推荐厂址意见和规划容量的建议。

（6）工程设想。总图运输设计要完成全厂总体规划、厂区总平面规划及厂区竖向规划，进行必要的技术经济比较，提出推荐意见。

1）全厂总体规划：应对厂址进行厂区位置方案论证，提出推荐意见，并进行规划容量及本期建设规模的全厂总体规划，包括用地范围，需使用的水域和岸线，防排洪规划，铁路专用线、进厂及运灰道路的引接及路径，专用码头、水源地、贮灰渣场、施工区和施工单位生活区的规划布置，取排水管沟的走向，出线走廊，以及环境保护等方面所采取的措施等，提出全厂用地、拆迁工程量、土石方工程量以及铁路专用线、公路和循环水取排水管线长度等厂址主要技术经济指标。

2）厂区总平面规划：对拟推荐的厂址方案，应进行厂区总平面规划方案的技术经济比较，并提出推荐意见。内容应包括主厂房区方位及固定端朝向、出线方向、冷却设施、配电装置、输煤系统、生产辅助及附属建筑、综合管理及公共福利建筑等各区域的平面布置规划，铁路专用线、进厂道路的引入方位，运灰道路路径，以及主要管沟（循环水进排水）走廊规划布置等，并提出厂区总平面规划的各项技术经济指标。

3）厂区竖向规划：应根据厂址区域防洪排涝标准，并结合厂区自然地形地质条件，提出厂区竖向设计方案。对位于山区或丘陵地带以及自然地形条件比较复杂的电厂，应提出降低土石方工程量的措施；必要时应结合主厂房等主要生产建（构）筑物的地基处理方案，对土石方工程量及用地等方面进行技术经济比较。

（7）综合利用。根据“贮用结合，积极利用”的原则和国家对灰渣和脱硫副产品综合利用的规定和要求，对灰渣和脱硫副产品综合利用可行性项目进行市场调研。根据国家对热电联产项目建设的产业政策和有关技术规定的要求，对于以热定电的城市热电厂，应落实灰渣及脱硫副产品全部综合利用的条件。

（8）劳动安全。从周边环境对电厂和电厂对周边环境形成的潜在危险因素做出分析，并提出相应的安全防护措施和建议。对电厂建设和生产运行期间的危险因素识别与分析、各工艺系统的安全设计与防护、劳动安全投资及检测机构的设置提出建议。

（9）职业卫生。新建电厂时，对当地流行地方病和疫情状况做出分析，并提出建设期间和生产运行期间的防护措施和建议。扩建电厂时，对产生职业病危害程度进行调查并分析原因，同时针对周围环境对电厂职工，以及电厂对周边人群是否形成危害做出分析，并提出整改措施和建议。

（10）节约和合理利用能源。设计中要认真贯彻开发与节约并重、合理利用和优化配置资源的要求，在主要工艺系统设计、主辅机选型及材料选择中，拟定出应采取的节约集约用地、节约燃料、节约用水、节约原材料及降低厂用电耗的措施。明确项目用地、煤耗、水耗、厂用电率等可控指标，并与国家规定的相关控制指标进行对比分析，提出项目节能、降耗的结论意见。

（11）抗灾能力评价。简述项目在选址工作、地震安全性评价、地质灾害危险性评估以及水文气象勘察等相关专题研究方面开展的工作情况，项目可能出现的主要自然灾害。说明项目在应对自然灾害方面所采用的现行设计标准。针对项目可能出现的主要自然灾害（如地震、不良地质现象、风暴、雪灾等）分别简述拟采取的工程措施结论意见。

（12）风险分析及经济与社会影响分析。

1）风险分析。综述项目可能存在的风险。根据项目是否纳入相关规划（电力、热力、矸石）及市场需求，预测未来电力（供热）需求、主要建设材料和运营燃料市场的可信度和稳定度，判断项目是否存在相关市场风险；根据国家对电力投资主体的准入要求，初步判断项目主体投资方在投资资质方面是否存在风险；本着最大限度节约和合理利用不可再生资源的原则，结合项目主要技术方案，重点说明项目是否符合国家现行电力产业、用地、环保、节水政策，判断项目是否存在政策风险；根据项目所采用相应技术方案的成熟度，说明项目是否存在技术风险。根据抗灾能力评价结论意见，说明项目是否存在工程风险。根据施工期大件运输、力能保障等条件是否落实，说明施工期是否存在外部协作的风险；根据燃煤运输、供水、排污及厂界噪声落实情况，以及施工期大件运输、力能保障等条件是否落实，说明施工期、运行期是否存在外部协作风险；根据近期国家贷款政策及贷款利率、汇率变动趋势，结合项目拟贷款额度、资金流分配、计划建设周期、主要建设材料及主要燃料变化等因素，通过敏感性分析说明项目是否存在资金风险。

2）经济与社会影响分析。根据可行性研究报告各章节结论，说明地方（地区或县）为项目的建设实施和运营所付出的代价，主要有：土地（含拆迁）、水域、岸线等占用对地方现状的影响；电厂废弃物排放对周边生态环境可能带来的影响；燃煤、灰渣运输对地方交通的影响。根据项目建设对地方财政收入、关联行业发展（如煤源、铁路、码头、水库、污水处理厂等上游项目，热网工程、灰渣综合利用工程等下游项目）、就业机会等方面的作用，说明项目建设对地方经济建设的贡献。根据投资主体在项目所在省已有装机容量占全省装机容量的比例，以及项目所取得的省、地、市、县在规划选址、土地利用、取水许可、环境保护等方面的支持性文件，判断投资主体是否会在所在地（省）形成行业垄断，说明地方对项目的支持度及项目对当地社会的适应性。

（13）电厂定员。按有关规定和电厂管理体制，以及工艺系统的配置，结合项目主管单位的要求，对电厂各类人员配备提出方案建议。

（14）项目实施的条件和建设进度及工期。

1）项目实施的条件。包括施工主要机具、施工场地条件和施工场地规划的设想；大件设备运输的可行性及推荐的运输方式，并提出相应的投资估算；施工用电、施工用水、施工通信等引接方案的设想；采用地方建筑材料的可行性。

2）项目实施的建设进度和工期。包括设计前期工作、现场勘测、专项试验、工程设计、工程审查、施工准备、土建施工，设备安装、调试及投产等项目的进度及工期。

（15）投资估算、资金来源、融资方案及财务分析。

1）投资估算。根据推荐厂址和工程设想的主要技术原则及方案编制项目的投资估算。对项目投资估算的合理性进行分析，分析影响造价的主要因素，提出控制工程造价的措施和建议。

2）资金来源及融资方案。说明内容包括项目资金的来源、筹措方式及资金结构。项目资本金结构应明确投资各方的出资比例、币种和分利方式。当有多种投融资条件时，对投融资成本进行经济比较，选择最优的融资方案。

3）财务分析。说明内容包括财务内部收益率、财务净现值、项目投资回收期、总投资收益率、项目资本金净利润率、利息备付率、偿债备付率、资产负债率、盈利能力、偿债能力、财务生存能力分析，敏感性分析及说明。说明综合财务分析的结论，其中包括与国家公布的地区标杆电价及所在电网同类型机组平均上网电价对比说明。测算项目经营期平均上网电价或按投资方要求补充其他方式电价测算。

（16）结论与建议。

1）在综合上述项目可行性研究的基础上，提出主要结论意见（含厂址推荐意见）及总的评价、存在的问题和建议。

2）说明推荐厂址方案的主要技术经济指标。

（17）附件。可行性研究报告附件分技术和财务评价两部分。

1）技术部分应具备的附件有：具有管理权限的主管部门和资质的中介咨询机构对项目初步可行性研究报告的审查意见；与电力系统相关的文件；省级国土资源主管部门同意通过项目建设用地的预审文件；环境保护与水土保持相关文件；省级规划建设主管部门同意项目建设选址的文件；省级主管部门对地质灾害危险性评估的批复文件；对项目节能评估的意见；在城市规划区内的供热电厂，应取得所在城市上一级规划主管部门同意工程建设的文件，并应取得政府主管部门审定的集中供热规划及由供热企业与项目法人签订的供热协议；供煤（或供气、供油）协议；燃煤运输及承诺文件；用水文件及协议；省级文物主管部门同意选址的文件；厂址位于机场、军事设施、通信电台、自然保护区等附近或压覆无开采价值的矿藏时，应取得省级主管部门同意的文件；当厂址内有拆迁工程时，应取得相应主管部门同意拆迁的文件；当在海、江、河岸边滩地及其水域修建码头、取排水等建（构）筑物时，应取得所属管辖的省级海洋、渔业、水利、航道、港政等部门同意的文件；当厂区或灰场建在江、河、湖、海滩时，应取得水利（含防汛）、航运、海洋主管部门的同意文件；脱硫吸收剂和脱硝还原剂的供应和运输协议；采用外供氢气方案时，应取得供氢协议；其他有关的协议或同意文件。

2）财务评价部分应具备的附件有：各投资方合资（或合作）协议书复印件，或独资项目投资方的出资承诺书复印件；银行贷款承诺函；县、市级以上土地管理部门关于电厂所利用的不同类别土地的使用费用及相关费用的参考标准；按项目协议要求必备的其他有关文件。

（18）附图。总图运输设计专业在可行性研究阶段应完成的图纸为：

1）厂址地理位置图（1:50000 或 1:100000）。

2）各厂址总体规划图（1:10000 或 1:25000），包括防、排洪规划。

3）厂区总平面规划布置图（含循环水管线布置，1:2000 或 1:5000）。

4）厂区竖向规划布置图（1:2000 或 1:5000）。当厂区地形平坦时，可与厂区总平面规划布置图合并出图。

三、初步设计阶段的主要设计内容

（一）初步设计的作用和任务

工程实施的主要方案都是在初步设计阶段确定的，初步设计应重点做好厂区总平面布置和主厂房设计方案的优化及控制工程投资，它是编制原则总图（简称司令图）与施工图，进行主要辅机及施工单位招标的依据。因此，初步设计工作对保证电厂的安全经济运行有着重要的作用。

初步设计的任务是：确定厂区总平面布置和主厂房等主要设计方案，作为施工图设计的依据；提出主要辅机招标和材料订货的技术条件；控制工程投资，概算不应超过审定的估算；满足施工准备和生产准备需要。

（二）初步设计的编制依据

初步设计的编制依据主要是：项目核准机关对项目申请报告的批复意见；可行性研究报告及其审查会议纪要、审查意见；政府及行业主管部门的批复意见；各单项设计审查意见；主机技术协议；现行的国家及行业有关规程、规定和规范；若为扩建工程时，老厂的原始设计资料；初步设计勘测设计合同。

（三）初步设计的主要工作步骤

（1）准备工作。包括组织人员、研究任务、调查收资、签订主机（主设备）技术协议、拟定设计原则、进行勘测工作、编制初步设计项目设计计划等。

（2）确定设计方案。包括厂区总平面布置方案的比选、设计单位内部讨论、初步明确推荐方案、征求有关单位意见及确定方案等。

（3）编制设计文件。根据正式推荐方案修正综合进度，调整专业间互提资料项目和进度，解决专业协调配合问题；各专业编制初步设计文件及概算；各专业设计文件编制完成后，按有关规定进行会签工作；按有关规定对初步设计文件进行校审、质量评定和签署。

（4）出版文件。出版初步设计文件。

（5）设计审查。由项目法人委托对初步设计文件进行审查。

（6）立卷归档。将初步设计阶段形成的成品文件和原始文件、材料立卷归档。

（四）初步设计阶段的主要工作内容及深度

1. 初步设计阶段的主要工作

根据各工程具体条件，初步设计阶段的主要工作包括：提出厂区总平面布置、厂区竖向设计及厂区管线综合布置；确定电气主接线、热力系统、燃烧系统和供水、运煤、除灰、化学等工艺系统及仪表控制原则，确定主辅设备；提出主厂房布置设计；提出主厂房及各建筑物的形式和设计原则；明确辅助设施、附属设施和公用设施，并提出布置方案；落实环境保护和水土保持措施；确定生产运行组织及定员；提出概算和各项技术经济指标，进行效益分析；提出主要设备材料清册。

初步设计报告分专业、分卷册编制出版，共分20卷，卷册编排分别为总的部分、电力系统部分、总图运输部分、热机部分、运煤部分、除灰渣部分、电厂化学部分、电气部分、热工自动化部分、建筑结构部分、采暖通风及空气调节部分、水工部分、环境保护、消防部分、劳动安全及职业卫生部分、节约能源及原材料部分、施工组织大纲部分、运行组织及设计定员部分、概算部分、主要设备材料清册。

2. 初步设计主要工作内容及深度

总图运输设计专业在初步设计阶段主要完成的内容是：项目核准机关对项目申请报告的批复意见；可行性研究报告及其审查会议纪要、审查意见；城市规划、土地管理、公路或市政主管部门对厂区用地范围及边界的初步意见，完成全厂总体规划、厂区总平面布置、厂区竖向布置、厂区管线综合布置规划、厂区绿化规划。初步设计的内容一般包括设计说明书、图纸两部分，如有特殊要求，还需完成相关内容的设计计算书。

（1）总图运输专业说明书内容及深度。

1）概述。说明工程概况，包括电厂厂址的具体位置及与主要城镇的距离，厂址的地形与地质条件、可利用场地面积等；电厂性质及规模；老厂概况；工程进度安排；厂区拆迁；水文、气象、工程地质情况；设计依据；主要设计原则；工程特点及总图专业重点研究问题；设计范围、设计分工及接口界限。

2）全厂总体规划。说明厂址与邻近城镇、工业企业的关系；电厂规划容量、用地类型及用地规模；水文气象、区域稳定、工程地质状况；厂区主入口设置；电厂出线及出线走廊规划；电厂水源及冷却方式；电厂燃煤供应和运输方式、运量及运输距离；电厂除灰方式及灰渣量和运输方式及运距；电厂防洪、排涝；厂区排水；施工生产及施工生活区规划。

3）厂区总平面布置。主要说明厂区总平面布置原则和难点以及影响总平面布置合理性的关键问题；厂区总平面布置方案，包括铁路专用线进厂方位，燃料设施布置，电厂专用码头方位选择，主厂房位置和方位选择，主要生产建（构）筑物的配置和辅助、附属建筑的功能分区，厂区、厂前公共建筑的布置方式和总体规划，建筑群体平面及空间组织，厂区主要出入口位置选择、布置形式和交通组织，扩建及施工条件，厂区道路及广场地坪、围墙及大门布置；节约集约用地措施及厂区用地分析；厂区总平面布置方案技术经济比较，提出厂区总平面布置方案推荐意见。

4）厂区竖向布置。说明结合自然地形、地质条件，厂区竖向布置采用的形式（平坡式、阶梯式、混合式）、厂区各功能区域设计标高、台阶的划分和场地设计坡度；厂区主要建（构）筑物和次要建（构）筑物室内、外设计高差的确定，主要建（构）筑物室内零米标高的确定；厂区场地采用的排水方式；厂区挡土墙、护坡采用的结构形式及工程量；厂区土（石）方计算及土（石）方综合平衡。

5）交通运输。简述燃煤年运量，电厂铁路专用线接轨方案选择，接轨站扩建规模，电厂专用线与邻近工业站、企业站的关系；电厂铁路专用线的接轨站（包括有效长度、股道数和轨顶标高）、区间走行线长度以及采用的设计技术标准；电厂本（期）工程和规划容量在接轨站设置的股道数量、有效长度、接轨点标高；电厂卸煤站厂内卸煤方式，配置的股道数量、有效长度（按满足整列直达煤列设置）、轨顶设计标高，电厂燃煤年运量和专用线技术标准及交接方式。

简述厂外公路状况，说明电厂进厂道路的引接、采用的设计标准、路面结构形式、路面宽度、道路长度及用地面积；运煤、运灰、水源地检修、施工进厂道路的引接，采用的设计标准、路面结构形式、路面宽度、道路长度及用地面积。

说明采用的铁-水联运路径，电厂煤码头与港区规划及周围企业码头的关系，岸线长度与电厂取、排水设施的关系，煤码头和综合码头的布置形式。

说明电厂燃煤采用皮带运输的路径、长度及用地面积等。

6）厂区管线综合布置规划。说明本阶段确定的厂区管线、管架及沟道规划采用的主要设计原则；厂区主厂房A排外、主厂房固定端、炉后以及其他主要管线走廊的设计宽度；厂区管线敷设方式；厂区沟（隧）道采用的防排水措施；特殊地区（湿陷性黄土、高地下水、膨胀土、盐渍土）厂区管线及沟道规划的有关措施。

7）厂区绿化规划。说明厂区绿化的目的和规划原则；厂前公共建筑、冷却塔（空冷凝汽器）、主厂房、贮煤场、油库区、化学水区等重点区域的绿化规划，树种的选择；厂区绿化用地面积及厂区绿地率。

（2）总图运输专业设计图纸及内容深度。

1）厂址总体规划图（1:50000）：应表示多个厂址地理位置及所在行政区域的城市、交通、河流、海域、大型工业企业、机场以及其他与电厂有关设施的相对关系。

2）各厂址的总体规划图（1:10000）：应表示每个厂址位置以及电厂与有关的交通运输（公路、道路、铁路、水路）、水源、取/排水点、出线、灰场、厂外管线、城镇、施工区、施工生活区、工业企业的相对位置，并附厂址技术经济指标表。

3）厂区总平面布置图（宜为1:1000）：应表示本（期）工程和规划容量厂区建（构）筑物及用地范围；厂内道路、铁路布置及其与厂外线路的连接；电厂码头的布置及其与厂区运煤设施的衔接；铁路、主厂房、烟囱、冷却塔（或空冷凝汽器）等主要生产建（构）筑物及厂区围墙的坐标、设计标高；挡土墙、护坡等设施布置；厂区建筑坐标系与测量坐标系的换算关系，绘制风向玫瑰图；列出厂区建（构）筑物一览表和厂区主要技术经济指标表及图例。

4）厂区竖向布置图（宜为1:1000）：应标注各区域场坪标高、厂区主要建筑物室内地面标高、冷却塔零米水面标高、贮煤场斗轮机和卸煤铁路轨顶标高以及道路中心标高等；厂内、外排洪沟的位置和走向及主要拐点标高。当地形平坦时，也可与厂区总平面布置图合并。

5）厂区管线综合布置规划图（宜为1:500）：应表示厂区循环水管、沟，管架、采暖管沟、电缆沟（隧）道及上、下水管道的干管布置等主要管沟的平面布置；重点规划主厂房A排外、固定端及炉后的管线和沟道、管架布置。

6）主厂房A排外、固定端及炉后管沟剖面图（1:100～1:200）：应表示地下管线、沟道、综合管架和管廊宽度边缘建（构）筑物轴线的横断面位置以及相互间的尺寸，并标注地面、道路及主要管沟的管线中心和沟道底面标高。也可不单独出图，在厂区管线综合布置规划图中一并标识。

7）厂区绿化规划图（1:1000～1:2000）：应重点表示厂前公共建筑、冷却塔（或空冷凝汽器）、主厂房、贮煤场等区域绿化规划。

8）全厂防排洪规划图（1:5000～1:10000）：应表示全厂厂区围墙外防、排洪规划，也可与全厂总体规划图合并。

9）厂区土（石）方计算图（宜为1:1000）：应表示厂区各方格控制标高和挖、填方区域及工程量一览表，并对全厂土（石）方进行综合平衡。

10）厂区危险品区域布置图（宜为1:1000）：应标识厂区内贮煤场，制（供）氢站，液氨、燃油等易燃、易爆区域位置。

四、施工图阶段的主要设计内容

（一）施工图设计的作用和任务

施工图设计的作用是落实前期各阶段所制定的技术原则，对工程进行细化设计，为现场提供施工图。施工图设计的任务是：在初步设计的基础上，在满足国家相关法规的前提下，细化设计，分系统、分卷册，完成满足现场施工需要的设计成品，确保工程建成后投资省、运行维护方便。施工图设计应做到设计方案、工艺流程、设备选型、设施布置、结构形式、材料选用等符合安全、经济、适用的要求，采用的新技术应成熟可靠；应使用经过鉴定的计算机软件，计算项目齐全，计算公式和计算结果正确，图纸符合计算结果；设备材料表中的编号、数量、规格、质量应与图纸相符，正确无误；做好内外协调配合，提供资料应及时、准确，防止错、漏、碰、缺等质量通病的发生，认真执行设计成品会签制度；图纸套用应符合电力勘测设计图纸相关管理办法的规定。套用图纸应符合本工程的设计条件，条件不相同时应进行核算；设计图纸应符合DL/T 5028《电力工程制图标准》，说明书应力求简明清晰；符合施工图设计阶段设计任务书的规定。

（二）施工图的编制依据

施工图的编制依据主要是：政府有关部门关于电力工程项目的批复文件、上级主管部门下达的有关文件、设计审批部门对电力工程项目前一阶段设计成品的审批文件、项目法人委托设计的文件、设计合同。施工图的设计输入一般包括设计合同规定的要求；法令、法规、标准、规范和国家下达的有关文件，有特殊要求的，应注明名称、编号和出版年份；项目法人提供的资料；设计单位提供产品的输入；设计接口资料；质量信息。

（三）施工图设计的主要工作步骤

施工图设计的主要工作步骤为：

（1）人力资源和组织架构的准备。确定项目负责人及各专业的技术负责人（主设人）、主要参与人等。

（2）准备工作。设计人员应充分熟悉初步设计及审查意见，对审查意见中提出的需要改进、补充优化等一系列问题，应当在施工图开工前予以逐条落实，以确保初步设计所确定的技术原则在施工图设计中得以全面贯彻执行。

（3）阶段勘测。根据初步设计审定的厂区总平面布置图，结合施工图的设计要求，提出需要补充的勘测工作，并编写详勘任务书，开工前应当提出施工图阶段勘测报告。

（4）设计单位与制造厂的配合。司令图阶段，设计单位在项目法人的组织或协调下，需要与锅炉、汽轮机、发电机、变压器等主辅设备制造厂配合并互提配合资料，为开展施工图设计创造条件。

（5）司令图及施工图计划大纲。司令图及施工图计划大纲是施工图的指导性文件，也是开展施工图的依据之一。项目负责人应在充分熟悉本工程的内、外部条件，工程进度，质量目标及有关的质量体系文件基础上，编制司令图及施工图计划大纲，大纲应对本工程的项目名称和编号、设计依据和范围、设计输入、主要设计原则、项目特殊要求、质量目标、计划进度、文件编制规定及评审、验证和确认等进行明确规定。

（6）编制司令图。司令图是在施工图初期指导和协调专业之间和专业内部相互配合、指导各卷册施工图设计的重要文件。本阶段主要解决主体专业与相关专业之间的互提资料配合，完成初步设计审查文件中要求修改、优化等内容，各专业应提出主要单位工程的布置总图，并进行必要的计算，以期选择最优的设计方案。应对本阶段提出的中间成果进行专业评审和综合评审。

（7）编制施工图设计文件。制定施工图卷册目录及综合进度，综合进度包括专业间互提资料的进度及施工图出图进度两方面的内容。

（8）编制施工图卷册文件。

1）由专业主设人根据专业计划大纲编制施工图卷册任务书。任务书中应明确本卷册设计的原则、有关设计参数的取值、质量信息、卷册内容及设计分界线。

2）专业间互提设计资料。

3）完成施工图卷册设计及预算编制。卷册负责人应按专业计划大纲、卷册任务书、专业间互提资料进行施工图卷册设计和预算编制。

4）校审、会签。施工图卷册完成后，应按成品分级、专业特点进行校审、质量评定和专业会签。

5）质量检查。施工之前，应组织施工图设计质量复查。根据工程进展情况，既可以是某些专业的单项复查，也可以是多专业的综合复查。对于复查出的问题，视问题的性质、大小，既可以设计变更单的形式解决，也可以升版图的形式解决。

6）出版文件。按施工进度的要求向项目法人提交施工图设计文件。

7）立卷归档。将施工图设计阶段形成的成品文件和原始文件、材料立卷归档。

（四）施工图设计阶段的主要工作内容

施工图设计是一个系统工程，除了满足相关规程、规范外，还要在专业内部、专业之间密切配合。施工图设计阶段的主要工作内容是：分专业，按卷册或系统编制加工、安装、施工详图。各卷册应进行分析计算，必要时应进行多方案的计算，以力求最优结果。各卷册根据配合、计算结果绘制具体加工制造、建筑物施工和设备安装的详细图纸，如系统图、总图、布置图、详图等，提出设备材料清册和规格要求，计算各种工程量，编制工程预算等。

总图运输设计专业在施工图设计阶段主要完成的内容是：根据已批准的初步设计总体规划和厂区总平面布置方案，以及由规划、用地主管部门同意的厂区征地红线图，完成厂区总平面布置、厂区竖向布置、厂区管线综合布置、厂区地下沟道布置及详图、厂区道路布置及详图、厂区围墙围栅及大门的布置及详图（厂区主要出入口大门和有装饰要求的围墙区段由建筑专业设计）、厂区绿化规划。施工图设计的内容包括设计说明书、图纸、计算书三部分。

1. 施工图总说明

（1）施工图总说明是对总图运输部分设计文件的一个总的概括，对本工程总图运输部分的设计内容做出总的要求和说明。

（2）简明扼要说明本工程的设计依据、自然条件和有关的工程条件（交通、供水等）；叙述本工程外委设计及外围设计的内容和分工；叙述本专业各分册通用的施工说明，或主要设计意图；当为扩建厂时，应说明老厂相关情况，明确接口位置。

2. 全厂总体规划图

（1）设计内容。全厂总体规划图的设计内容一般应包括：

1）标识建厂区域的地形地物、标志性建、构筑物、河流、水库等。

2）示意厂址区域内城市原有条件或规划（包括水、电、动力、通信、交通等）情况。

3）对全厂厂区、施工区、大件运输、厂外管线、码头、道路、铁路、取水、排水、灰（渣）、出线、燃料供应以及电厂其他有关的项目进行合理布置和规划。

4）电厂分期建设规划。

5）厂址技术经济指标表。

（2）设计深度。

1）全厂总体规划图应在1:10000或1:25000的地形图上绘制。必要时，也可以在1:5000或1:50000的地形图上绘制。当采用地形图表达现状有困难时，也可采用相同比例的规划图、交通图等。

2）全厂总体规划图应按照批复的规划容量绘制。扩建工程需完整表示已有厂区。

3）全厂总体规划图应以厂区为中心进行绘制，标出厂区位置、方位、形状和占地面积。

4）标出铁路专用线接轨点位置、线路走向、线路长度等，接轨站站名、专用线半径、桥涵等设施，专用线起点坐标或里程标、计算公里数等；厂外公路的引进、与国家路网的连接、厂外公路的宽度等；水运码头的位置、占用岸线长度和水域、陆域面积的大小等；高压输电进出线走向、回路数和走廊宽度；水源地位置与范围、供排水管线走向及长度；贮灰场位置、大小及灰坝位置、长度，运灰道路长度；施工场地和施工生活区的位置、形状和占地面积等；防排洪工程规划的位置、范围等；绿化隔离带的位置、范围等。

5）按照DL/T 5032—2018《火力发电厂总图运输设计规范》的要求，在图中列出厂址技术经济指标表。

6)图中应标注城市坐标网或国家坐标网及与本工程建筑坐标网的换算关系；绘制指北针、风玫瑰图（全年及夏季）。

3. 厂区总平面布置图

（1）设计内容。

1）厂区总平面布置图应按规划容量和本期建设规模统一规划。

2）厂区总平面布置图一般仅表示厂区围墙外1m范围内的设计内容，铁路、码头及其他外委或外围设计项目以规定的技术接口为界。

3）厂区总平面布置图应表示厂区范围内地上所有建（构）筑物和主要隐蔽工程的定位。

（2）设计深度。

1）厂区总平面布置图的比例尺宜为1:1000。

2）厂区总平面布置图上应表示坐标格网。

3）应注明厂区所有地上建（构）筑物及主要隐蔽工程的施工定位坐标或相关尺寸、名称或编号。

4）应注明各建（构）筑物的室内设计标高，必要时注明建筑物的层数。

5）表示出各建筑物的主要门洞及引道。

6）应说明本图采用的高程系统、坐标系统以及坐标换算关系式，以及其他需要说明的内容。

7）应按照DL/T 5032—2018《火力发电厂总图运输设计规范》的要求，列出新建建（构）筑物一览表及厂区总平面技术经济指标表。

8）应绘制风玫瑰图及指北针，当为直接空冷机组时，应绘制夏季风玫瑰图，风玫瑰中应表明静风频率（C）。

4. 厂区竖向布置图

（1）设计内容。

1）厂区竖向布置图的设计范围一般为厂区围墙内的场地，以及场地外围与厂区竖向布置有关的诸如挡土墙、护坡等关键性标高。

2）扩建厂只需表示本期工程的竖向布置，但现有厂区中与本期工程厂区邻接场地及其他影响本期工程竖向布置的建（构）筑物标高，也应表示在本期的厂区竖向布置图中。

3）厂区竖向布置必须与厂区总平面布置一致，如果远期扩建场地的竖向布置对本期工程的竖向布置有影响，应在本期的厂区竖向布置图中表示远期竖向规划。

4）厂区内设置台阶的，还应包括挡土墙、边坡等的施工详图。

5）采用明沟排水的，还应包括厂区雨水排水沟的施工详图。

（2）设计深度。

1）厂区竖向布置图宜以与厂区总平面布置图相同的比例出图。当地形平坦时，竖向布置可与厂区总平面布置图合并出图。

2）图中应注明建（构）筑物的名称或编号，室内外设计标高，必要时注明关键坐标值。

3）图中应注明露天作业场以及堆场的设计标高、尺寸。

4）图中应注明道路、铁路的设计标高，道路应注明单坡或双坡、坡向。排水沟应注明起点、变坡点、转折点和终点等的设计标高、纵坡度、纵坡距、纵坡向、关键性坐标。

5）厂区划分台阶的，图中应表示挡土墙、护坡等构筑物的定位及顶部和底部的设计标高。

6）图中应表示室外场地的排水坡向、坡度。当厂区场地设计标高采用等高线法表示时，等高距一般采用0.2m，地形平坦时可采用0.1m。

7）图中应规划布置雨水口位置。

8）土方图应包括场地边界的施工坐标；计算方格网各方格点的原地面标高、设计标高、填挖高度、填区和挖区分界线，各方格土方量、总土方量；填土技术要求；边坡形式及边坡土方量；土方工程量平衡表。

9）图纸说明和图例、指北针。

5. 厂区管线综合布置图

（1）设计内容。

1）应表示厂区室外循环水进水管、循环水进水管沟、生活给水管、生活排水管、雨水排水管、事故排油管、含煤污水回收管、综合复用给水管、综合复用水回水管、煤场喷洒给水管、冷却塔复用补水管、工业给水管、工业污水回收管、消防给水管、冷却塔补水管、除盐水管、氢气管、暖通沟、通信电缆沟，厂区电缆沟（隧）道、升压站内电缆沟、化学管沟等地下、地上管线的综合布置以及综合管架的布置。

2）应表示各种管沟的图例及对应的名称。

（2）设计深度。

1）地下管线之间的水平净距应满足设计规范的要求。

2）应标出地下管沟及地上综合管架在平面布置图上的定位坐标。

3）应表示受厂外排水点标高制约的管沟的排放出口标高。

4）应表示厂区管沟交叉部分的交叉处理。

6. 厂区沟道布置及详图

（1）设计内容。

1）设计范围为厂区围墙外1m以内，建（构）筑物轴线1m以外的厂区沟道（不包括配电装置围墙以内的沟道、燃油库区沟道，以及化学水或废水处理站内的沟道，循环水取、排水沟道）、电缆隧道（当电缆隧道的高度或宽度大于2m时，由结构专业设计）。

2）图中应包括沟道的布置及详图设计。

（2）设计深度。

1）各沟道布置坐标应严格按照“厂区管线综合布置图”中各沟道布置的相应坐标进行定位，所采用的坐标系统及高程系统应与厂区总平面布置图一致。

2）厂区沟道布置图中应表示各沟道的沟底设计高程、纵坡坡向、坡长及坡度，必要时可以纵断面图表示较为复杂的沟道。

3）根据各工艺专业要求进行沟道横断面设计，横断面图中应表示沟道所采用的材料、沟盖板型号、沟道内的埋铁布置等内容。

4）沟道之间、沟管之间的交叉处理。

5）沟道穿越道路、涵管、铁路、挡土墙、护坡等处要进行详图设计。

6）沟（隧）道的结构计算书。

7. 厂区道路布置及详图

（1）设计内容。

1）设计内容为厂区围墙内的道路布置及其详图设计。

2）图中应包括厂区围墙范围的广场、地坪的布置和详图设计。

3）图中一般应有道路及广场的平面布置图，纵、横断面图及结构详图，并应统计道路及广场的工程量。

（2）设计深度。

1）道路布置图中的设计标高应与竖向布置设计统一，图中应注明道路特征点编号，标注关键点的坐标及道路定位坐标；道路控制点标高及各路段纵坡、坡长、坡向；道路及广场横断面结构形式、路面宽度及广场尺寸；道路排水设施、城市型道路应表示雨水口的位置，郊区型道路应绘出路边排水沟的位置；车间引道及人行道的布置；分类编号并统计道路及广场面积。

2）图中应绘制道路的纵、横断面图。如厂区竖向采用平坡式设计，在不影响表达设计意图的前提下，可以不绘制道路的纵、断面图。

3）当采用水泥混凝土路面时，图中应绘制布置图中包含的各型路面及路口的分块图。

4）图中应绘制道路各构造详图，详图的制图应符合现行国家和电力行业对建筑结构详图的制图要求。

5）道路基层、结构层计算书。

8. 厂区围墙、围栅及大门详图

（1）设计内容。

1）设计范围为厂区围墙及厂区内的围墙、围栅及其大门。

2）电厂主要出入口的大门及有装饰性要求的围墙，由建筑专业负责设计。

3）不包含电厂厂区围墙外单独设置的取、排水设施及灰场设施的围墙及大门。

（2）设计深度。

1）围墙平面图应包括厂区围墙、围栅的定位坐标和各出入口的相对位置、坐标及各类大门的形式、编号；统计围墙、围栅长度、大门数量；必要的图例、说明以及指北针；围墙平面图简单时可与厂区总平面布置图合并出图。

2）围墙施工详图包括围墙平、立、剖面图及各种节点详图。

3）围墙及各类门的施工详图在满足业主要求的前提下，应尽可能套用标准图集。

4）围墙结构计算书，包括基础。

9. 厂区绿化规划图

（1）设计内容。

1）厂区绿化规划图仅对厂区范围内的绿化进行规划，不包括对厂区绿化的施工图设计。

2）厂区绿化规划图所指厂区范围一般是指厂区围墙以内的范围，但也可包括电厂围墙外由电厂负责的绿化带的规划（不含灰场绿化带的规划）。

（2）设计深度。

1）电厂绿化规划图应根据电厂功能分区，分别进行绿化范围规划。

2）图中初步进行树种、草种选择。

3）以植物造景为主，可适当规划布置一些建筑小品。

4）估算绿化用地面积及绿地率。

第三节　总图运输设计的配合与协调工作

总图运输设计是一项综合性的工作，无论是在前期工作中的初步可行性研究、可行性研究阶段，还是在设计阶段的初步设计、施工图设计过程中，总图运输设计专业与内部专业、外部单位之间有大量的设计配合与协调工作，因此做好设计配合与协调工作显得尤为重要。

一、外部配合工作

在初步可行性研究阶段，总图运输专业需要根据拟选厂址周边的铁路、码头、煤矿等实际情况和长远发展规划，与铁路设计单位配合初步确定厂外铁路专用线接轨点的位置以及厂内铁路配线方案；与码头设计单位或煤电一体化项目的煤矿设计单位配合初步确定输煤转运站连接点的位置；必要时，还需与河道治理设计单位配合制定河道改移初步方案以及厂区防洪规划等。

在可行性研究阶段，总图运输专业根据初步确定的厂区总平面规划布置方案，向铁路设计单位提供初步确定的厂外铁路专用线接轨点以及厂内铁路配线的坐标、轨顶标高；向码头设计单位提供初步确定的输煤转运站连接点的坐标、场地设计标高，大件设备运输参数；向煤电一体化项目的煤矿设计单位提供初步确定的厂外输煤转运站连接点的坐标、场地设计标高；向厂外道路设计单位提供初步确定的厂区主入口、次入口连接点以及道路起始点的坐标、设计标高，道路等级等资料；向厂外供热管网设计单位提供初步确定的厂区供热管网连接起始点的坐标、设计标高等资料；向河道治理设计单位提供厂区防洪规划等资料和要求；与地方城乡规划、土地管理部门协调配合。

在初步设计阶段，总图运输专业需要根据可行性研究报告审查意见确定的原则和审定的初步设计方案，除继续与上述外委项目设计单位配合连接点的坐标、标高外，还需要向整岛招标的脱硫与脱硝系统设计单位提供厂内脱硫与脱硝设施用地范围、场地设计标高等资料，并向当地国土资源部门提供厂区征地红线图。

在施工图设计阶段，总图运输专业要接受外委项目设计部门提供的施工图设计文件，结合相关施工图设计，进一步确认设计接口，对需要修改部分及时与外委项目设计单位沟通，进而完善其施工图设计。

总图运输专业与外部设计单位互提资料框图如图1-9所示。

二、内部配合工作

总图运输专业是集火力发电厂各个设计专业于一体的综合性专业，不仅需要与外部相关设计单位密切配合、协调一致，而且几乎需要与主体设计单位内部所有专业进行互提资料、密切配合、协调一致。因此，总图运输设计专业与内部各个设计专业的配合和协调工作是必不可少的，需要起到全厂司令员的作用。

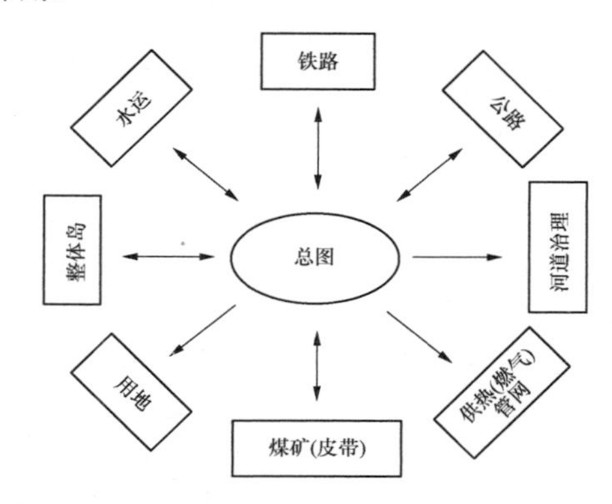

图1-9 总图运输专业与外部设计单位互提资料框图

在初步可行性研究阶段，总图运输专业需要根据电力系统规划和收集到的拟选厂址区域地形图，与电气、机务、水工、环保、水文气象、岩土工程、技经等专业配合，开展与项目选址相关的厂址论证工作。

在可行性研究阶段，总图运输专业需要根据初步可行性研究审查意见确定的厂址推荐意见，与电气、机务、土建、运煤、除灰、化学、水工、环保、岩土、测量、技经等专业配合，进一步深入开展拟选厂址的比选论证工作和厂区总平面规划布置方案。

在初步设计阶段，总图运输专业需要根据可行性研究报告审查意见和投资方及项目单位的要求，与机务、电气、土建、运煤、除灰、化学、水工、暖通、环保、测量、岩土、技经等专业配合，开展厂区总平面布置、厂区竖向布置、厂区管线综合布置规划、厂区道路布置等协调工作。总图运输专业需要的内部设计资料如下：

（1）厂区测量报告（必要时提供基岩等高线）。

（2）厂区工程地质勘测报告。

（3）厂区水文气象报告。

（4）机务专业：主厂房平面、剖面布置图，主控制楼和天桥位置图，调压站布置图，燃油区布置图，空压机室布置图，启动锅炉房布置图，脱硝还原剂（液氨或尿素）区布置图，其他辅助车间资料，各种管线布置及接口要求。

（5）电气专业：配电装置平面布置图，主变压器、厂用高压变压器、启动备用变压器布置图，电缆沟、电缆桥架及电气设施布置图。

（6）土建专业：主厂房建筑（结构）平面、剖面布置图，其他单项厂房平面布置图，直接空冷器支架布置图，厂区输煤系统布置图，室外管线支架布置图，生产行政办公楼等布置图。

（7）运煤专业：厂区输煤系统平面布置图，推煤机库布置图。

（8）除灰专业：除灰渣设施布置图。

（9）水工专业：冷却塔、循环水泵房、净化站平面布置图，循环水管线布置图，防排洪设施布置及断面图，其他给排水建（构）筑物布置图。

（10）化学专业：化学水处理室平面布置图、主要化学管沟布置图。

（11）脱硫专业：脱硫平面布置图。

（12）环保专业：污废水设施平面布置图、噪声治理方案相关布置图。

在施工图设计阶段，总图运输专业需要根据初步设计审查意见和审定的厂区总平面布置方案，继续与上述专业配合开展司令图和施工图设计。

总图运输专业与内部各专业互提资料框图如图 1-10 所示。

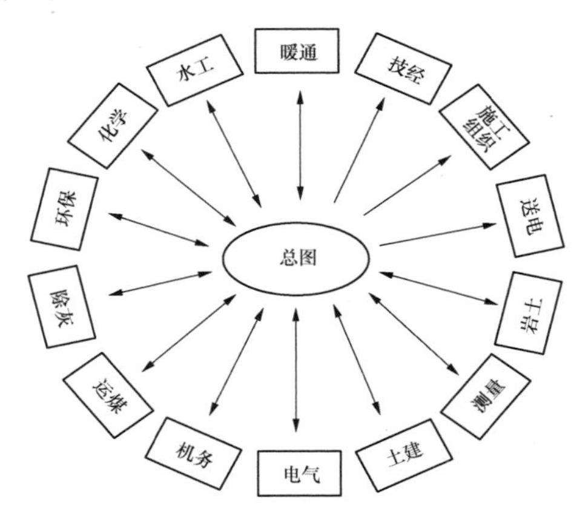

图 1-10　总图运输专业与内部各专业互提资料框图

第二章

总　体　规　划

电厂总体规划是指根据电厂规划容量、厂址自然条件和建厂条件，对电厂交通运输、厂区方位、水源地、供排水设施、出线、灰场、施工场地、防排洪设施、环境保护等做出规划性总体布置。电厂总体规划与国家的产业政策、城镇体系规划、土地利用总体规划、交通运输规划，以及自然环境等因素密切相关。

电厂的总体规划工作是工程设计中的一个重要组成部分，是一项综合性、政策性很强的工作，需要由电厂各相关专业共同协作才能完成。总体规划工作要有全局观念，要从工程建设的合理性、工程技术的先进性、工程投资的经济性、技术发展的可行性、工程施工的便利性和安全性等方面进行全面衡量、综合考虑，要处理好总体和局部、近期和远期、平面和竖向、地上与地下、物流与人流、内部与外部、运行与施工的关系，使各相关专业合理、有机地联系在一起，综合各种因素合理规划电厂位置、总平面布置格局、电厂外部设施，并协调好与厂区外部工矿企业、城乡、村庄等的关系，与周边环境相适应。

第一节　总体规划基本原则

进行总体规划设计，应遵循以下设计原则：

（1）电厂的总体规划应按发电厂的规划容量、分期建设规模，结合当地的自然条件、电力系统发展远景，综合各专业工艺要求进行。

电厂的规划容量和分期建设规模是总体规划设计的基本依据，也是直接影响电厂总布置合理性的重要因素之一。只有明确规划容量，电厂能够按照规划容量连续建设，厂区总体规划设计才能做到合理，各期工程才能协调一致。尽量避免由于规划容量不确定，导致厂区预留用地过宽，造成用地浪费；或预留用地不足，造成平面布置方案不合理，建（构）筑物间距过小，地下设施布置困难等现象。

（2）电厂总体规划应符合该区域土地利用总体规划的要求。

国家编制土地利用总体规划，按照土地用途，将土地分为农用地、建设用地和未利用地。国家对农用地实行特殊保护，严格限制农用地转为建设用地，控制建设用地总量。电厂必须严格按照土地利用总体规划确定的土地用途使用土地。

电厂的总体规划必须贯彻节约、集约用地的原则，严格控制厂区、施工区、厂外设施用地面积，并应符合现行的国家和行业有关标准的规定，严格执行国家规定的土地使用审批程序。

（3）电厂总体规划要满足城乡、工业园区、矿区、港区总体规划的要求，电厂的建设要与周边环境相协调，做到有利生产、方便生活；有利扩建、方便施工。

（4）电厂总体规划应结合场地地形地貌、工程地质条件，合理规划主厂房、水塔等大体量建（构）筑物位置及方位，减少地基处理费用。

（5）电厂总体规划应统筹考虑各工艺的需求，合理规划厂区各建（构）筑物位置，最大限度满足工艺流程的要求。在满足电厂生产、交通、运输、施工、防火、防爆、环保、水土保持等标准的前提下，尽量缩短厂外公路、铁路、输煤皮带的运输距离，减少厂址占地，降低工程造价。

（6）电厂总体规划应从防火、防爆、防震、防洪涝、防尘、防腐、防噪声等方面考虑与城镇、工业区、港区及各企业之间的相互影响，使电厂设施布置在环境保护和卫生防护的有利地段，使其符合环境保护相关法律、法令的规定和地方法规的具体要求。

（7）正确处理近期建设和远期发展的关系。根据我国多年来电力工程项目建设的实际情况，一个电厂的规划容量往往不是电厂的最终容量，电厂的建设规模与电负荷的增长、电网建设密切相关，扩建项目具有比新建项目周期短、投资省的优势，因此有时电厂虽已达到规划容量，但仍会继续扩建。因此在总体规划时，应在控制工程投资的前提下，合理预留再扩建的场地条件。

（8）正确处理主体工程与配套工程的关系，发挥主体设计单位的组织、协调作用。

除做好电厂本身的总体规划外，还应特别重视厂外设施的规划，如电厂铁路专用线路径及接轨站规划、厂外煤码头规划、重件码头规划、厂外输煤皮带规划、出线走廊规划、厂外灰场规划、取排水口规划、厂外管廊规划、取弃土场规划等，使配套工程与主体工程同步规划及设计。

主体设计单位在执行全厂总体规划的前提下，应对建设单位另行委托设计的电厂铁路专用线、厂外道路、厂外输煤皮带、港口码头等项目的建设标准、平面布置、竖向标高等技术条件进行统一规定，做好协调和归口工作。

（9）发电厂宜与邻近工矿企业或其他单位合作，联合建设部分公用工程设施。煤电联营或煤电一体化的发电厂，应优先考虑联合建设项目。

第二节　总体规划设计

总体规划必须在充分调查研究和掌握现场资料的基础上进行，应做好以下几方面工作：

（1）掌握相关的法律、法规、产业政策、规程规范等。

（2）熟练掌握并能够灵活运用总图运输专业理论知识，具有综合分析、把握设计重点、优化设计方案的技能。

（3）熟悉火力发电厂主要生产工艺流程，了解各主要专业的技术方案、布置形式及具体要求。

（4）与建设方进行充分的沟通，了解建设方关于项目建设的想法及意见。

（5）深入现场切实做好调查研究，充分收集、掌握建厂相关资料。

（6）要培养全局观点、动态观点，对工程设计进行全方位把握，提升综合考虑问题的能力。

（7）积极有效地与相关专业沟通配合，综合各专业特点，合理规划建（构）筑物布置，满足相关专业要求。

一、总体规划设计内容

总图运输设计在初步可行性研究阶段、可行性研究阶段、初步设计阶段、施工图阶段均要进行总体规划设计，在各阶段总体规划设计的内容基本相同，但设计深度有所区别。在初步可行性研究阶段，只需对厂区、铁路、公路、码头、水源、出线、灰场、天然气门站、防排洪（涝）等主要内容作粗略的规划；在可行性研究阶段，则需对总体规划的各项内容，除明确厂址位置外，尚应进行厂区总平面规划布置，确定厂区方位，提出较准确的厂区用地边界，计算厂区总平面技术经济指标，并落实各项外部建厂条件；在初步设计阶段，厂址已经确定，电厂的建设规模、主设备参数、建厂条件基本落实，设计依据和相关资料已较齐全，在此阶段应进行厂区总平面布置，提出推荐的总平面布置方案，确定厂区用地边界，进行详尽的总体规划设计；在施工图阶段，建厂条件落实、各专业方案确定、总平面布置方案确定，设计依据资料较齐全，在初步设计收口方案的基础上进行详尽的总体规划设计，是工程项目最终的总体规划设计。

地形图是总体规划设计的基础资料，在进行总体规划设计前需收集 1:50000、1:25000、1:10000、1:5000 地形图，当受条件限制无法收集到地形图时，根据具体情况也可以规划图或交通图等代替。

根据各阶段内容深度规定，总体规划设计在图纸中主要表示以下内容：

（1）厂址位置（厂区边界）、厂区总平面布置格局规划、厂址（电厂）名称。

（2）接入变电站位置、高压输电线路出线走廊规划、出线电压等级。

（3）天然气门站位置、厂外天然气管线路径规划。

（4）水源地位置、供水管线（沟）路径规划。

（5）排水口位置、排水管线（沟）路径规划。

（6）污水处理厂位置、中水管线路径规划。

（7）灰场位置（用地边界）、灰场名称。

（8）铁路专用线接轨线路及接轨站、铁路专用线路径、专用线曲线半经、铁路桥涵等设施规划。

（9）厂外专用道路引接道路及引接点、厂外道路路径、道路曲线半经、道路桥涵等设施规划。

（10）水运码头、引桥、防波堤的位置、占用岸线长度规划。

（11）厂外输煤皮带路径规划。

（12）厂内外供热管网接口规划。

（13）防排洪（涝）设施规划。

（14）综合利用场地范围规划。

（15）弃土场位置规划。

（16）施工区、施工生活区用地范围规划。

（17）厂址技术经济指标表。

二、总体规划设计步骤及具体要求

总体规划设计是一项综合性的工作，必须在掌握可靠的基础资料基础上，结合规程规范及工艺系统要求进行，并宜遵循以下步骤。

（一）基础资料收集

基础资料根据其特性分为一般性基础资料和常用基础资料。一般性基础资料与工程项目密切相关，因项目的不同而不同，具有很强的针对性，是进行总体规划设计的基本资料；常用基础资料具有广泛的适用性，是进行总体规划设计的辅助资料，多为相关行业规程、规范、条例中与电厂设计相关的一些数据、规定，电厂总体规划设计应遵照执行。

1. 一般性基础资料

一般性基础资料的收集应结合工程项目，以做好总体规划为原则，从实际出发，减少盲目性。燃煤电厂一般性基础资料的收集分为新建项目与改（扩）建项目，其收资内容有所不同。

（1）新建项目一般性基础资料收资提纲。新建项目一般性基础资料收资提纲见表 2-1。

（2）改（扩）建项目一般性基础资料收资提纲。改（扩）建项目一般性基础资料收资提纲见表 2-2。

表 2-1　　新建项目一般性基础资料收资提纲

序号	项目	内　容
1	地理位置	厂址所在地的位置、地域名称
2	区域概况及区域总体规划	行政隶属关系、矿产资源分布情况、河流交通概况、区域规划资料（城乡、工业园区、矿区、港区等总体规划）
3	土地情况	土地利用总体规划资料、厂址拟用地土地性质
4	自然环境	风景名胜保护区、自然保护区级别及范围
5	文物古迹	文物古迹级别、范围及对电厂建设的限制要求
6	机场、电台、通信装置、地震台、军事设施	主管单位级别、范围及对电厂建设的限制要求
7	厂址周边设施	厂址周边企业相对位置，厂址周边有无存放易燃易爆液体及有害气体的厂房或仓库、易燃易爆输气或输油管线、其他污染源、危险源等
8	已有发电设施、变电站	已有发电设施机组容量及主要工艺方案，已有变电站（规划变电站）位置、电压等级、进线情况，电厂出线走廊可能路径
9	地形图	宜为比例尺 1:10000、1:5000 最新出版的地形图，受到条件限制也可以使用 1:50000、1:25000 地形图，或区域规划图、交通图、卫星照片等
10	矿藏	厂址附近矿产种类、矿藏分布范围、采空区位置及尺寸、保安矿柱范围、塌陷区深度及发展趋势、矿区近远期开采规划、工业广场位置、矿区采用的坐标系统及高程系统
11	河道、水库	河道开发及利用情况、设计洪水位标准
12	洪水、内涝	当地市镇防洪标准，设计水位标高，历史洪水、内涝情况，当地防洪（涝）措施
13	海洋海岸	海岸标高，频率为 1%（或 2%）的高潮位，重现期为 50 年累积频率 1%的浪爬高，当地挡潮防浪设施状况及规划
14	气象	地区性气候特点
15	铁路	厂址周边铁路线路等级、设计通过能力和实际可能的通过能力、可供运煤的能力。铁路沿线的远近期技术改造或电气化规划及改造后的通过能力；接轨站的位置，站名及里程，站场布置，货场设施，配线的数量、用途及有效长度。 接轨的可能性，站场扩建的可能性，接轨点标高及高程系统，由于接轨引起车站或其他设施改造或增建情况。 接轨站或邻站是否有调机，其繁忙程度如何；如无调机，能否配置
16	公路	厂址周边公路等级、路面结构、路面宽度、路基宽度、最大坡度、最小半径，桥梁等级、桥净宽、桥长、桥面标高、防洪标准及隧道的尺寸、长度、坡度。 公路网发展规划、计划实现时间。 专用道路连接条件包括连接位置、里程、标高，专用道路路径，沿线地形、地物、地质、占地、筑路材料来源。 当地对修建专用道路的要求和意见
17	水路	通航河流系统、航道里程、航道宽度与深度、允许通行船只的吨位及吃水深度。 现通航船只吨位、形式、尺寸及吃水深度；运输组织、年运输量、航运价格、通航时间、枯水期通航情况；航运发展规划。 码头地点、装卸设施的能力、允许卸煤时间；码头利用的可能性。 可建码头的地点及其地形、地物有关资料
18	施工条件	施工场地的可能位置、面积大小、地形、地物、占地情况。 现有铁路、公路、水运技术条件，利用的可能性。 取土及弃土地区位置及影响

续表

序号	项目	内　　容
19	煤源	煤矿位置、储量、品种、产量供应（近期、远景）、运输距离
20	供水水源	江、河、湖、海岸线情况[冲刷、淤积、水深及已有水工建（构）筑物、岸线规划]，专用水源情况（位置、标高、取排水口拟建位置）
21	灰场	贮灰场拟建位置、现状、运输道路情况
22	供热规划	供热区域、管网接口位置
23	环境保护	环保部门对建厂的具体要求
24	人防	当地人防部门对建厂的要求
25	搬迁工程	厂址范围内建（构）筑物类型与数量、高低压输电线路、通信线路、坟墓、渠道、果木、树林等数量，拆除与搬迁条件
26	居民点及居民	建厂邻近的居民点名称、民族、户数、人口数量，住宅标准，建筑特点，文化、教育、医疗卫生设施规模、发展规划，可能利用的市政设施（包括消防设施）及规划设施
27	审查意见	本项目上一设计阶段的审查纪要或审查意见

表 2-2　　改（扩）建项目一般性基础资料收资提纲

序号	项目	内　　容
1	总体规划	区域总体规划资料
2	土地情况	土地利用总体规划资料、厂址拟用地土地性质
3	自然环境	风景名胜保护区、自然保护区级别及范围
4	文物古迹	文物古迹级别、范围及对电厂建设的限制要求
5	机场、电台、通信装置、地震台、军事设施	主管单位级别、范围及对电厂建设的限制要求
6	周边设施	老厂设施情况、相邻企业相对位置、有无存放易燃易爆液体及有害气体的厂房或仓库、易燃易爆输气或输油管线、其他污染源、危险源等，限制厂区用地的其他限制条件
7	征地范围	电厂已征地范围
8	已有变电站	已有变电站（规划变电站）位置、电压等级、进线情况，电厂出线走廊可能方向
9	地形图	老厂总体规划图或比例尺宜为 1:10000、1:5000 最新出版的地形图，受到条件限制也可以使用 1:50000、1:25000 地形图，或区域规划图、交通图、卫星照片等
10	铁路	接轨站的站场布置，货场设施，配线的数量、用途及有效长度，接轨站扩建的可能性，接轨点标高，老厂运输组织、机车车辆类型及数量
11	公路	本项目是否需要新建进厂道路，道路引接情况，是否存在问题
12	水路	老厂码头位置，码头设施是否需要扩建，存在问题
13	施工条件	施工场地的可能位置、面积大小、地形、地物、占地情况、取土及弃土地区位置及影响
14	燃料煤源	煤矿位置、储量、品种、产量供应（近期、远景）、运输距离
15	供水水源	江、河、湖、海岸线情况[冲刷、淤积、水深及已有水工建（构）筑物、岸线规划]，专用水源情况（位置、标高、取排水口拟建位置）
16	灰场	老厂贮灰场的使用情况、扩建条件，贮灰场拟建位置、现状、运输道路情况
17	供热规划	供热区域、管网接口位置
18	环境保护	环保部门对建厂的具体要求
19	人防	当地人防部门对建厂的要求
20	搬迁工程	厂址范围内建（构）筑物类型与数量
21	审查意见	本项目上一设计阶段的审查纪要或审查意见

其他类型的火力发电厂一般性基础资料收资内容可参照燃煤电厂执行。

2. 常用基础资料

（1）机场净空及导航台相关规定。在机场附近规划建厂时，必须遵守机场净空的规定，满足 MH5001《民用机场飞行区技术标准》的相关要求。严禁修建超出规定的高大建（构）筑物。同时还要满足 GB 6364《航空无线电导航台（站）电磁环境要求》中关于机场导航台、定向台对周围环境的要求，严禁修建影响机场通信、导航的设施。

1）陆地民用机场净空规定。

a．障碍物限制面。民用机场规定了几种障碍物限制面，用以限制机场及其周围地区障碍物的高度，如图 2-1 所示。

图中进近跑道的障碍物限制面的尺寸和坡度见表 2-3，供起飞用跑道的障碍物限制面的尺寸和坡度见表 2-4。

为方便使用，下面以跑道类别为精密进近跑道Ⅰ类飞行区指标Ⅰ-4 为例，示意障碍物限制面的限制高度，如图 2-2 所示。

b．障碍物限制面以外的物体。障碍物限制面以外的机场附近地区，距机场跑道中心线两侧各 10km、跑道端外 20km 以内的区域内，高出地面标高 30m 且高出机场标高 150m 的物体应视为障碍物，除非经航行部门研究认为其并不危及飞行安全。

2）军用机场净空规定。军用机场障碍物限制面示意图如图 2-3 所示。

军用机场端净空区障碍物限制面要求见表 2-5，侧净空区障碍物限制面要求见表 2-6。

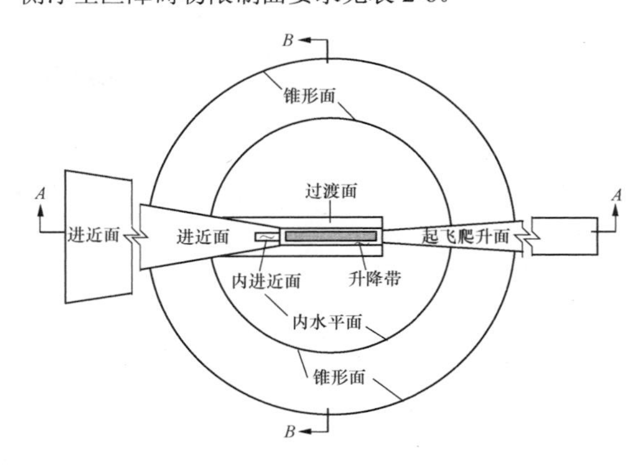

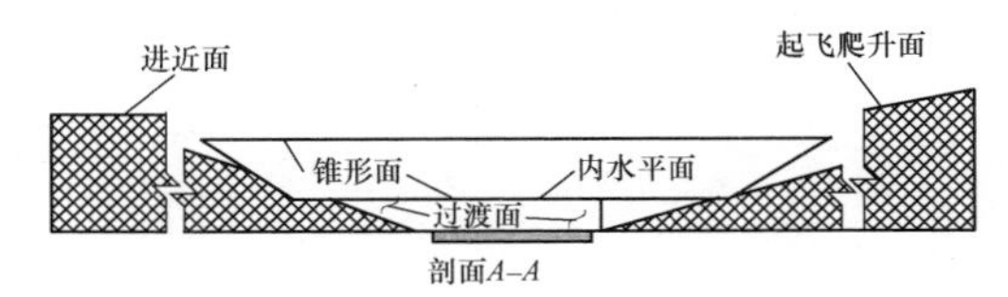

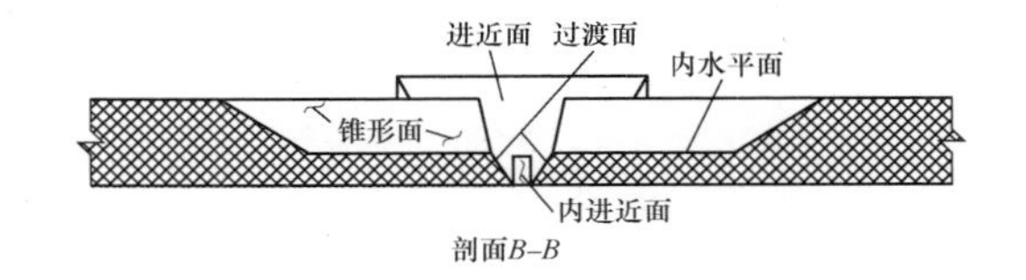

图 2-1 障碍物限制面示意图

表 2-3 进近跑道的障碍物限制面的尺寸和坡度

障碍物限制面及尺寸			跑道类别									
			非仪表跑道				非精密进近跑道			精密进近跑道		
										Ⅰ类		Ⅱ类或Ⅲ类
			飞行区指标Ⅰ				飞行区指标Ⅰ			飞行区指标Ⅰ		飞行区指标Ⅰ
			1	2	3	4	1、2	3	4	1、2	3、4	3、4
锥形面	坡度（%）		5	5	5	5	5	5	5	5	5	5
	高度（m）		35	55	75	100	60	75	100	60	100	100
内水平面	高度（m）		45	45	45	45	45	45	45	45	45	45
	半径（m）		2000	2500	4000	4000	3500	4000	4000	3500	4000	4000
进近面	内边长度（m）		60	80	150	150	150	300	300	150	300	300
	距跑道入口距离（m）		30	60	60	60	60	60	60	60	60	60
	散开率（每侧，%）		10	10	10	10	15	15	15	15	15	15
	第一段	长度（m）	1600	2500	3000	3000	2500	3000	3000	3000	3000	3000
		坡度（%）	5	4	3.33	2.50	3.33	2	2	2.50	2	2
	第二段	长度（m）	—	—	—	—	—	3600	3600	12000	3600	3600
		坡度（%）	—	—	—	—	—	2.50	2.50	3	2.50	2.50
	水平段	长度（m）	—	—	—	—	—	8400	8400	—	8400	8400
		总长度（m）	—	—	—	—	—	15000	15000	15000	15000	15000

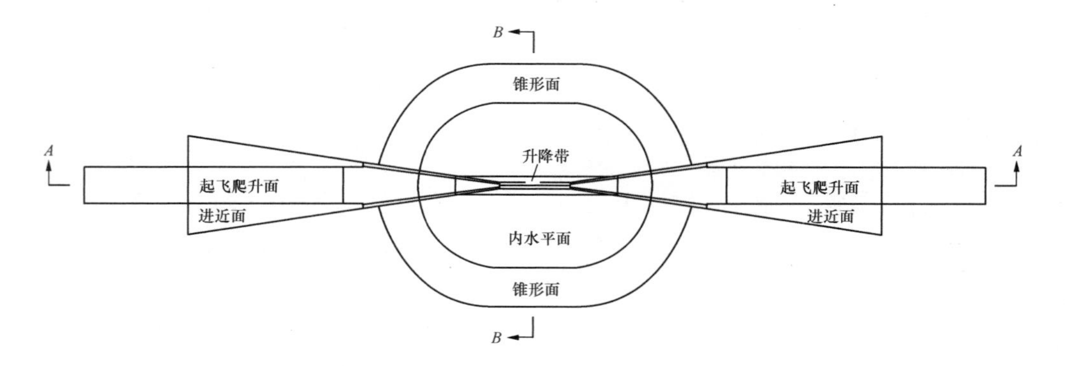

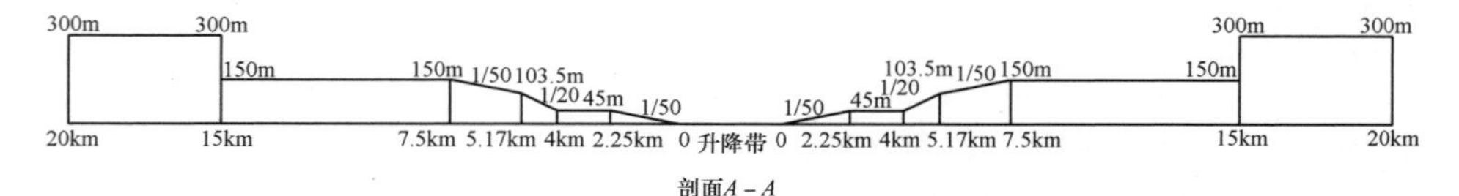

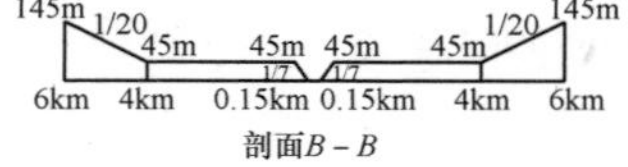

图 2-2　障碍物限制面示意举例（单位：mm）

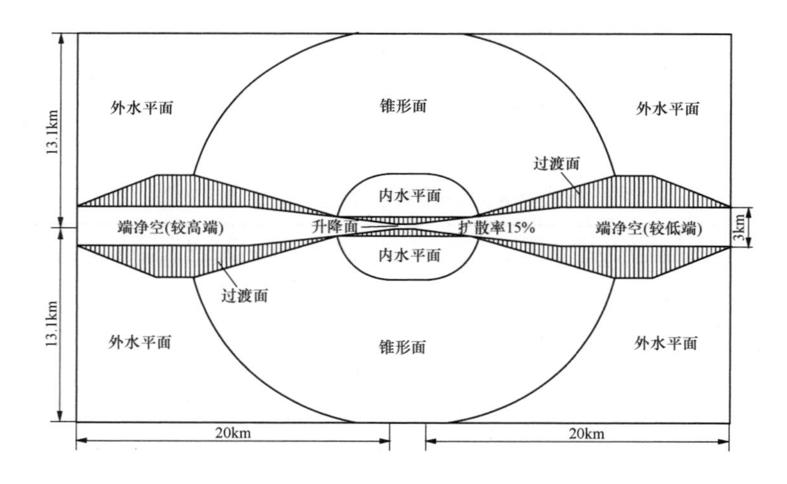

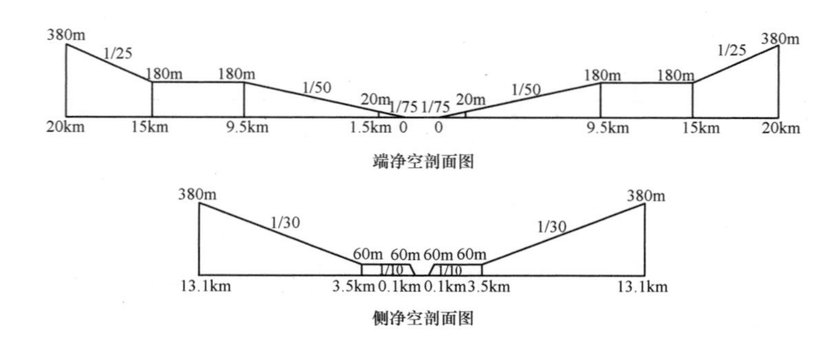

图 2-3　军用机场障碍物限制面示意图（以二级机场为例）

表 2-4 供起飞用跑道的障碍物限制面的尺寸和坡度

障碍物限制面及尺寸	飞行区指标 I		
	1	2	3 或 4
内边长度（m）	60	80	180
距跑道端距离（m）	30	60	60
散开率（每侧，%）	10	10	12.5
最终宽度（m）	380	580	1200
长度（m）	1600	2500	15000
坡度（%）	5	4	2

注 1 内水平面是位于机场及其周围以上的一个水平面中的一个面，内水平面的起算标高应为跑道两端入口中点的平均标高。以跑道两端入口中点为圆心，按照表 2-3 规定的内水平面半径画出圆弧，再以与跑道中线平行的两条直线与圆弧相切成一个椭圆形，形成一个高出起算标高 45m 的水平面。

2 锥形面是从内水平面周边起向上和向外倾斜的一个面，锥形面的起端应从内水平面的周边开始，其起算标高应为内水平面的标高，以 1:20 的坡度向上和向外倾斜，直至符合表 2-3 规定的锥形面外缘高度位置。

3 进近面是跑道入口前的一个倾斜的平面或几个平面的组合。

4 起飞爬升面是跑道端或净空道端外的一个倾斜平面或其他规定的面。

表 2-5 军用机场端净空区障碍物限制面要求

机场等级		一	二	三、四
第一段	长度	1500m	1500m	3000m
	坡度	1/75	1/75	1/100
	末端高度	20m	20m	30m
第二段	长度	9500m	8000m	6000m
	坡度	1/50	1/50	1/50
	末端高度	210m	180m	150m
第三段	长度	3000m	5500m	6000m
	坡度	水平	水平	水平
	末端高度	210m	180m	150m
第四段	长度		5000m	5000m
	坡度		1/25	1/25
	末端高度		380m	350m
每端总长度		14000m	20000m	20000m

表 2-6 军用机场侧净空区障碍物限制面要求

机场等级		一	二	三、四
过渡面	坡度	1/10	1/10	1/10
内水平面	半径	3500m	3500m	4000m
	高度	60m	60m	50m

续表

机场等级		一	二	三、四
锥形面	半径	6500m	13100m	13000m
	坡度	1/20	1/30	1/30
	外边线高度	210m	380m	350m
外水平面	高度	210m	380m	350m
跑道中线每侧总宽度		6500m	13100m	15000m

注 1 过渡面：过渡面从升降带和端净空区限制面边线开始，按 1/10 坡度向上、向外倾斜，直至与相应的内水平面、锥形面、外水平面相交。升降带两侧过渡面起算点高程采用跑道中线距该点最近处的高程；端净空区两侧过渡面起算高程为端净空区限制面边线上的高程。过渡面的坡度必须在与跑道方向垂直的平面中度量。

2 内水平面：内水平面从过渡面的外边线开始，水平向外延伸，直至与锥形面相交。其交线由以升降带端线中点在内水平面延伸面内的投影点为圆心、按规定半径作的圆弧和与圆弧相切并与跑道方向一致的直线组成。起算高程采用跑道两端中点高程较高者。

3 锥形面：锥形面从内水平面的外边线开始，按规定坡度向上、向外倾斜，直至与外水平面相交。其交线由以升降带端线中点在外水平面延伸面内的投影点为圆心、按规定半径作的圆弧和与圆弧相切并与跑道方向一致的直线组成。锥形面的坡度必须在与内水平面周边成直角的垂直面中度量。

4 外水平面：外水平面从锥形面和端净空区两侧过渡面的外边线开始，水平向外延伸，直至机场净空区边缘。

（2）高压输电线路的相关规定。

1）高压输电线路出线走廊。单杆单回水平排列或单杆多回垂直排列的市区 35～1000kV 高压架空电力线路的规划走廊宽度，宜根据所在城市的地理位置、地形、地貌、水文、地质、气象等条件及当地用地条件，结合表 2-7 的规定，合理选定。

表 2-7 市区 35～1000kV 高压架空电力线路规划走廊宽度

线路电压等级（kV）	高压线走廊宽度（m）
直流±800	80～90
直流±500	55～70
1000（750）	90～110
500	60～75
330	35～45
220	30～40
66，110	15～25
35	15～20

2）线路对地距离及交叉跨越要求。

a．输电线路对地距离。除特殊说明外，架空线路导线对地面及水面的距离均按线路正常工作条件下的最大弧垂计算（即不考虑由于断线、覆冰不均及电流或阳光使导线变热等引起的导线弧垂增大）。导线与地面或水面的最小允许距离见表2-8。

b．输电线路交叉跨越要求。

输电线路不应跨越屋顶为可燃材料的建筑物。对耐火屋顶的建筑物，如需跨越时，应经有关方面协商同意，500kV及以上输电线路不应跨越长期住人的建筑物。导线与建筑物之间的垂直距离，在最大计算弧垂情况下，不应小于表2-9所列数值。

线路边导线与建筑物之间的最小净空距离，在最大计算风偏情况下，应符合表2-10规定的数值。

在无风情况下，边导线与建筑物之间的水平距离，应符合表2-11规定的数值。

3）架空电力线与甲、乙类厂房（仓库）、可燃材料堆垛，甲、乙类液体储罐，液化石油气储罐，可燃、助燃气体储罐的最小水平距离应符合表2-12规定。

表2-8　导线与地面或水面的最小允许距离　（m）

线路经过地区特点	线路额定电压（kV）									备注
	110	220	330	500	750	1000		±800		
						单回路	同塔双回路（逆向序）	绝缘子串布置		
								水平V串	水平Ⅰ串	
居民区	7.0	7.5	8.5	14	19.5	27	25	21	21.5	—
非居民区	6.0	6.5	7.5	11（10.5*）	15.5**（13.7***）	22	21	18	18.5	农业耕作区
						19	18	16	17	人烟稀少的非农业耕作区
交通困难地区	5.0	5.5	6.5	8.5	11.0	15		15.5		—

*　适用于导线三角形排列的单回路。

**　适用于导线水平排列单回路的农业耕作区。

***　适用于导线水平排列单回路的非农业耕作区。

表2-9　导线与建筑物之间的最小垂直距离

线路电压（kV）	110	220	330	500	750	1000	±800
垂直距离（m）	5.0	6.0	7.0	9.0	11.5	15.5	16.0

表2-10　边导线与建筑物之间最小净空距离

线路电压（kV）	110	220	330	500	750	1000	±800
距离（m）	4.0	5.0	6.0	8.5	11.0	15.0	15.5

表2-11　边导线与建筑物之间的最小水平距离

线路电压（kV）	110	220	330	500	750	1000	±800
距离（m）	2.0	2.5	3.0	5.0	6.0	7.0	7.0

表2-12　架空电力线与甲、乙类厂房（仓库）、可燃材料堆垛等的最小水平距离

名　称	距　离
甲、乙类厂房（仓库），可燃材料堆垛，甲、乙类液体储罐，液化石油气储罐，可燃、助燃气体储罐	电杆（塔）高度的1.5倍
直埋地下的甲、乙类液体储罐和可燃气体储罐	电杆（塔）高度的0.75倍
丙类液体储罐	电杆（塔）高度的1.2倍
直埋地下的丙类液体储罐	电杆（塔）高度的0.6倍

4）输电线路与铁路、道路、管道交叉或接近，应符合表2-13的要求。

（3）铁路安全管理相关规定。铁路线路两侧设有

表 2-13　输电线路与铁路、道路、管道交叉、接近的基本要求

（m）

项目		铁路				公路		特殊管道	
邻档断线情况的最小垂直距离	标称电压（kV）	至轨顶			至承力索或接触线	至路面		至管道任何部分	
	110	7.0			2.0	6.0		1.0	
最小垂直距离	标称电压（kV）	至轨顶				至路面		至管道任何部分	
		标准轨	窄轨	电气轨	至承力索或接触线				
	110 220 330 500 750	7.5 8.5 9.5 14.0 19.5	7.5 7.5 8.5 13.0 18.5	11.5 12.5 13.5 16.0 21.5	3.0 4.0 5.0 6.0 7.0（10）	7.0 8.0 9.0 14.0 19.5		4.0 5.0 6.0 7.5 9.5	
	1000 单回路 1000 双回路	27 25			10（16） 10（14）	27 25		18 16	
	±800	21.5			15.0	21.5		17.0	
最小水平距离（单回路/双回路逆相序）	标称电压（kV）	杆塔外缘至轨道中心				杆塔外缘至路基边缘		边导线至管道任何部分	
						开阔地区	路径受限制地区	开阔地区	路径受限地区（在最大风偏情况下）
	110 220 330 500 750	交叉：塔高加 3.1，无法满足要求时可适当减小，但不得小于 30。 平行：塔高加 3.1，困难时双方协商确定				交叉：8、10（750kV）。 平行：最高杆（塔）高	5.0 5.0 6.0 8.0（15） 10（20）	平行：最高杆（塔）高	4.0 5.0 6.0 7.5 9.5（管道）、8.5（顶部）、11（底部）
	1000	交叉：塔高加 3.1，无法满足要求时可适当减小，但不得小于 40。 平行：塔高加 3.1，困难时双方协商确定				交叉：15 或按协议取值。 平行：最高塔高	交叉：15 或按协议取值。 平行：15/13 或按协议取值	平行：最高塔高	平行：13
	±800					交叉：15 或按协议取值。 平行：最高塔高	交叉：15 或按协议取值。 平行：12 或按协议取值	交叉：最高塔高。 平行：天然气、石油（非埋地管道），最高塔高加 3.0	风偏：15
附加要求		不宜在铁路出站信号机以内跨越。 垂直距离中，括号内的数字用于跨杆（塔）顶				括号内为高速公路数值。高速公路路基边缘指公路下缘的排水沟		（1）交叉点不应选在管道的检查井（孔）处。 （2）与管道平行、交叉时，管道应接地	
备注						城市道路分级可参照公路的规定		（1）管道上的附属设施，均应视为管道的一部分。 （2）特殊管道指架设在地面上输送易燃、易爆物品管道	

注　路径狭窄地带，两线路杆塔位置交错排列时，导线在最大风偏情况下，标称电压 110、220、330、500、750kV 对相邻线路杆塔的最小距离，应分别不小于 3.0、4.0、5.0、7.0、9.5m。

铁路线路安全保护区。铁路线路安全保护区的范围，从铁路线路路堤坡脚、路堑坡顶或者铁路桥梁（含铁路、道路两用桥，下同）外侧起向外的距离分别为：

1）城市市区高速铁路为10m，其他铁路为8m；

2）城市郊区居民居住区高速铁路为12m，其他铁路为10m；

3）村镇居民居住区高速铁路为15m，其他铁路为12m；

4）其他地区高速铁路为20m，其他铁路为15m。

在铁路线路路堤坡脚、路堑坡顶、铁路桥梁外侧起向外各1000m范围内，以及在铁路隧道上方中心线两侧各1000m范围内，确需从事爆破作业的，应当与铁路运输企业协商一致，依照有关法律法规的规定报县级以上地方人民政府有关部门批准，采取安全防护措施后方可进行。

高速铁路线路路堤坡脚、路堑坡顶或者铁路桥梁外侧起向外各200m范围内禁止抽取地下水。

设计开行时速120km以上列车的铁路实行全封闭管理。

在铁路桥梁跨越处河道上下游各500m范围内进行疏浚作业，应当进行安全技术评价。

（4）电厂铁路专用线接轨条件相关要求。

1）新建铁路专用线原则上不设路企交接场（站），减少中间作业环节，加速车辆周转，提高运输效率。

2）大宗货物专用线，一般应具备整列装卸和直通运输的技术条件。

3）严格控制在繁忙干线和时速200km及以上的客货混跑干线上新建铁路专用线。确需新建的，原则上采用铁路专用线与正线立交疏解的接轨方案，尽量避免或减少铁路专用线作业对正线行车安全和运输能力的影响。

（5）公路安全管理相关规定。公路线路两侧设有建筑控制区。建筑控制区的范围，从公路用地外缘起向外的距离分别为：

1）国道不少于20m；

2）省道不少于15m；

3）县道不少于10m；

4）乡道不少于5m；

5）高速公路不少于30m。

公路弯道内侧、互通立交以及平面交叉道口的建筑控制区范围应根据安全视距等要求确定。

在公路建筑控制区内，除公路保护需要外，禁止修建建筑物和地面构筑物；在公路建筑控制区外修建的建筑物、地面构筑物以及其他设施不得遮挡公路标志，不得妨碍安全视距。禁止在公路、公路用地范围内堆放物品、倾倒垃圾、设置障碍、挖沟引水、采石、取土等。

禁止在下列范围内从事采矿、采石、取土、爆破作业等危及公路、公路桥梁、公路隧道、公路渡口安全的活动：

1）国道、省道、县道的公路用地外缘起向外100m；

2）乡道的公路用地外缘起向外50m；

3）公路渡口和中型以上公路桥梁周围200m；

4）公路隧道上方和洞口外100m。

禁止在下列范围内设立生产、储存易燃、易爆、剧毒、放射性等危险物品的场所、设施：

1）公路用地外缘起向外100m；

2）公路渡口和中型以上公路桥梁周围200m；

3）公路隧道上方和洞口外100m。

禁止在公路桥梁跨越的河道上下游的下列范围内采砂：

1）特大型公路桥梁跨越的河道上游500m，下游3000m；

2）大型公路桥梁跨越的河道上游500m，下游2000m；

3）中小型公路桥梁跨越的河道上游500m，下游1000m。

在公路桥梁跨越的河道上下游各500m范围内依法进行疏浚作业的，应当符合公路桥梁安全要求，经公路管理机构确认安全方可作业。

（6）工业企业厂界环境噪声排放标准。工业企业由厂内声源辐射至厂界的噪声，按照毗邻区域类别及昼夜时间的不同，不得超过表2-14所列的厂界环境噪声排放限值。

表2-14　厂界环境噪声排放限值　[dB（A）]

厂界外声环境功能区类别	昼间	夜间
0	50	40
1	55	45
2	60	50
3	65	55
4	70	55

根据GB 3096《声环境质量标准》的规定，声环境功能区划分如表2-15所示。

表2-15　声环境功能区划分

声环境功能区类别	内　容
0	康复疗养区等特别需要安静的区域
1	以居民住宅、医疗卫生、文化教育、科研设计、行政办公为主要功能，需要保持安静的区域
2	以商业金融、集市贸易为主要功能，或者居住、商业、工业混杂，需要维护住宅安静的区域

续表

声环境功能区类别	内 容
3	以工业生产、仓储物流为主要功能，需要防止工业噪声对周围环境产生严重影响的区域
4	交通干线两侧一定距离之内，需要防止交通噪声对周围环境产生严重影响的区域，包括4a类和4b类两种类型。4a类为高速公路、一级公路、二级公路、城市快速路、城市主干路、城市次干路、城市轨道交通（地面段）、内河航道两侧区域；4b类为铁路干线两侧区域

（7）火力发电厂厂区建设用地指标。火力发电厂厂区围墙内用地面积应符合《电力工程项目建设用地指标》（火电厂、核电厂、变电站和换流站）的规定。具体内容见《电力工程项目建设用地指标》，在此不再赘述。

（8）火力发电厂施工用地指标。根据DL/T 5519—2016《火力发电工程施工组织大纲设计导则》，燃煤发电厂施工用地指标可按表2-16的规定执行。

施工地区分类见表2-17。

表2-16　燃煤发电厂施工用地指标

序号	建设规模	施工生产区用地（hm^2）	施工生活区用地（hm^2）	施工用地合计（施工生产区用地+施工生活区用地）（hm^2）	单位千瓦施工用地（m^2/kW）
1	Ⅰ类地区				
1-1	2×300MW	13.0	3.0	16.0	0.27
1-2	2×600MW	16.0	4.0	20.0	0.16
1-3	2×1000MW	19.0	5.0	24.0	0.12
2	Ⅱ类地区				
2-1	2×300MW	14.0	3.5	17.5	0.29
2-2	2×600MW	17.0	5.0	22.0	0.18
2-3	2×1000MW	20.0	6.0	26.0	0.13
3	Ⅲ、Ⅳ类地区				
3-1	2×300MW	15.0	4.0	19.0	0.32
3-2	2×600MW	18.0	5.5	23.5	0.20
3-3	2×1000MW	21.0	6.5	27.5	0.14

注 1 表中四类施工地区的分类见表2-17。表2-17中涉及西南地区因多雨酷热原因而导致地区分类改变的规定，不影响本表施工用地面积控制指标。
2 施工用地指厂区围墙外尚需征租供施工用的土地，不包括施工单位利用厂区围墙内空地作为施工场地的面积。
3 当机组容量与本表不一致时，套用就近容量机组的指标。
4 当主厂房为钢结构时，按0.9系数调整施工生产用地。当单台机组施工时，按0.8系数调整施工生产区、生活区用地。
5 施工生活区建筑物以楼房为主，平房为辅。
6 表中施工用地包括交通道路及动力能源管线用地，约占施工用地面积的15%～20%。
7 表中数值不包括厂区围墙外工程的施工用地。
8 本表按循环供水电厂考虑施工用地，当采用直接空冷系统或直流冷却系统时，按0.9系数调整施工生产区用地。

表2-17　施 工 地 区 分 类

地区		省、市、自治区名称	气象条件	
类别	级别		每年日平均温度≤5℃的天数（d）	最大冻土深度（cm）
Ⅰ	一般	上海、江苏、浙江、安徽、江西、湖南、湖北、四川、云南、贵州、广东、广西、福建、海南、重庆	≤94	≤40
Ⅱ	寒冷	北京、天津、河北、山东、山西（朔州以南）、河南、陕西（延安以南）、甘肃（武威以东）	95～139	41～109
Ⅲ	严寒	辽宁、吉林、黑龙江（哈尔滨以南）、宁夏、内蒙古（锡林郭勒市以南）、青海（格尔木以东）、新疆（克拉玛依以南）、西藏、甘肃、陕西（延安及以北）、山西（朔州及以北）	140～179	110～189

续表

地区		省、市、自治区名称	气象条件	
类别	级别		每年日平均温度≤5℃的天数（d）	最大冻土深度（cm）
Ⅳ	酷寒	黑龙江（哈尔滨及以北）、内蒙古（霍林郭勒市及以北）、青海（格尔木及以西）、新疆（克拉玛依及以北）	≥180	≥190

注 1 西南地区（四川、云南、贵州）的工程所在地如为山区，施工场地特别狭窄，施工区域布置分散或年降雨天数超过150d的可核定为Ⅱ类地区。

2 Ⅰ类地区中部分酷热地区，当气温超过37℃的天数达到一个月时，可核定为Ⅱ类地区。

3 气象条件以工程初步设计或当地气象部门提供的资料为准。

4 地区分类所依据气象条件的两个指标必须同时具备。

5 低类别地区中有气象条件符合高类别条件的地区应核定为高类别地区。

（二）内业选厂

根据初步收集的基础资料，在现场踏勘、收资之前，先在已有的建厂地区地形图（比例尺 1:50000、1:25000、1:10000、1:5000）、厂址区域规划图、交通图等资料的基础上，根据规程规范、建设单位要求，进行初步的总体规划设计，标出可能建厂的位置，对电厂方位，公路、铁路引接、出线路径，防排洪（涝）、取排水方案等进行初步规划。

（三）现场踏勘及资料收集

总体规划设计与厂址区域自然条件密切相关，现场踏勘及资料收集是做好总体规划设计的基础。

现场踏勘前，应根据已收集的基础资料及内业选厂的工作情况，列出收资提纲。现场踏勘时尽可能携带地形图（或规划图、交通图），以对现场情况进行核对、修正、标注。

现场踏勘应做到"一看、二问、三记"：

"看"主要指细致观察厂址区域地形地貌、地物特征、厂址周围环境、厂址周边设施等，以获得对厂址区域外部建厂条件的直观认识，强化设计人员对于项目建设的理解；将在现场实地观察获得的外部建厂条件信息与内业选厂阶段进行的初步规划方案进行比较，调整规划方案，使项目建设与周边环境结合得更好；对已收集的基础资料进行核对、修正，特别要注意地形图的核对，因地形图测量时间常常较久远，出现图纸与现状不符的现象在所难免，要及时进行修正，当地形图与厂址现状差别较大时，后期可通过实地测量来修正地形图。总之，保证基础资料的完整性及时效性，是做好电厂总体规划的基本前提。

"问"主要指通过沟通和询问了解基础资料没有提供的内容，如当地政府对于项目建设的意见、从土地利用及城镇规划的角度而言对项目建设有无特殊要求、厂址周边设施现状及规划情况、建设方对于项目的一些想法等。

"记"则是对现场了解的内容进行及时梳理、记录、标注，以便后期查阅、补充、使用。

基础资料的完整性及时效性直接影响总体规划设计的优劣，现场踏勘的目的就是为了提高基础资料的完整性及时效性。如果现场踏勘资料收集不齐全，应将收资提纲提供给建设方，请建设方协助收集。

（四）初步确定厂区用地范围

确定厂区用地范围是一个非常复杂的工作，根据已收集的资料、现场踏勘情况，将影响电厂布置的因素、不确定的因素在地形图（或规划图、交通图）上进行标识，特别要注意电厂附近的机场，周边的河流、排洪沟、基本农田、高速铁路、高压输电线路、通信塔、养殖场，布置有易燃、易爆液体及有害气体厂房或仓库的企业，易燃、易爆输气或输油管线，地下矿藏等，根据法律、法规、规程、规范、产业政策、地方规定等，针对外部建厂条件，逐项分析，对于上述影响厂区布置的因素，尽可能按照相关规定避让或采取相应措施，以生产安全、工艺顺畅、投资省、运行费用低为原则，初步确定厂区用地范围。

（五）总平面布置格局规划

在分析落实建厂外部条件的基础上，根据初步确定的厂区位置，进行厂区总平面布置格局规划。应在总体规划的指导下，结合电厂外部建厂条件，根据场地自然条件、工程地质条件、城镇或工业园区规划、燃料来源及运输方式、变电站位置、人流物流方向、交通运输、厂外管线路径、电厂工艺流程、电厂工艺方案等，结合法律、法规、规程、规范等相关要求，进行厂区总平面布置格局规划，特别要注意：

（1）主厂房方位的确定。

1）对于采用直流供水系统的发电厂，主厂房方位的确定应重点考虑电厂的供水条件，使汽机房尽量靠近水源布置，同时使排水顺捷，并能满足电厂分期建设的要求。

2）对于采用直接空冷系统的发电厂，直接空冷机组的空冷凝汽器平台宜布置在汽机房A排外侧，平行于A排布置，空冷凝汽器主进风侧宜面向夏季高温大风主导风向，避免夏季盛行风向来自锅炉后及侧后。对于夏季主导风向与次主导风向形成180°左右对角的厂址，汽机房与空冷凝汽器平台宜平行于主导风向布置。

主厂房长轴宜沿自然等高线布置。

（2）大型火力发电厂冷却塔位置的确定。大型火力发电厂冷却塔供排水管（沟）截面面积大、投资高，在总平面布置格局规划中应力求将冷却塔尽量靠近汽机房布置，以缩短供排水管（沟）的长度，节省电厂建设费用和运行费用。宜将冷却塔布置在地层土质均匀、地基承载力较大的地段。

（3）运煤设施的布置。大型燃煤电厂燃煤量大，卸煤、输煤系统复杂，卸煤设施应靠近煤源方向，输煤系统宜短捷、顺畅，减少迂回。受场地条件的限制，可以将贮煤、卸煤设施脱离厂区独立布置。对于坑口电厂，当矿区设置有可靠的电厂专用贮煤设施时，电厂内可以不设置贮煤场。

（六）主要外部设施规划

1. 交通运输

发电厂交通运输规划分为人流交通规划和物流交通规划两部分。

（1）人流交通规划。根据电厂厂址周边公路现状、路网规划，结合总平面布置格局，以厂区人流出入口宜设在厂区固定端，并面向城镇及公路干道，道路引接顺畅、短捷，减少人流、物流交叉干扰，入厂主干道对景较好为原则，规划人流主要道路厂外引接点及路径。

（2）物流交通规划。燃煤发电厂物料运输主要采用铁路运输、公路运输、水路运输、带式运输四种方式。

1）铁路运输。根据电厂厂址周边铁路现状、铁路发展规划，初步确定的电厂铁路专用线接轨站位置，厂址周边地形、地貌、地质，结合总平面布置格局，以顺畅、短捷、安全、经济为原则，规划电厂铁路专用线路径。厂内卸煤设施位置宜使铁路专用线顺向进厂，构成贯通的运输通道。对位于工业园区的项目，电厂铁路专用线的路径选择，应尽量避免与工业园区的道路多次交叉或跨越，宜沿园区边缘引入。

2）公路运输。根据电厂厂址周边公路现状、路网规划，燃料、材料、灰渣等物料流向，结合总平面布置格局，以道路引接顺畅、短捷，减少人流、物流交叉干扰，减少对环境的污染为原则，规划物流厂外道路引接点及路径。

燃料采用公路运输的电厂，厂内卸煤设施的布置应保证重、空车辆运输顺畅，减少交叉，必要时可增设运煤车辆专用出入口。

3）水路运输。根据码头位置，厂址周边地形、地貌，结合总平面布置格局，以顺畅、短捷、经济为原则，规划厂外皮带运输路径。

4）带式运输。带式运输多用于燃料运输，也有部分电厂用于灰渣的运输。根据物料运输流向，厂址周边地形、地貌，结合总平面布置格局，以顺畅、短捷、安全、经济为原则，规划厂外带式运输路径。

2. 厂外管线（沟）规划

根据总平面布置格局，初步确定厂内外管（沟）接口位置。厂外管线的路径应结合工艺要求和沿途自然条件合理选择，应避开地形、地质不利地段，减少拆迁量；厂外管线力求短直，避免迂回，宜沿道路或规划道路敷设。采用直流供水系统的电厂，取排水管线路径选择应根据规划容量统筹考虑，力求短捷，减少水头损失。

3. 灰场

灰场位置应不占或少占用耕地、果园和树林，不占用江河、湖泊的蓄洪和行洪区，尽量避免迁移居民，避免置于居民区上游；宜适当靠近厂区，应利用厂区附近的沟谷、荒地、劣地、废弃矿井或塌陷区。

根据工艺专业初步确定的灰（渣）场位置，在地形图（或规划图、交通图）上予以表示。

4. 电力出线

根据总平面布置格局、电厂出线接入点位置，规划出线方向，当电厂周边有障碍物出线走廊受限或出线走廊影响厂区边界时，应在地形图（或规划图、交通图）上规划厂址区域出线走廊路径至场地开阔处。

5. 防排洪设施规划

防护对象的防洪标准应以防御的洪水或潮水的重现期表示。防洪标准可根据不同防护对象的需要，采用设计一级或设计、校核两级。设计标准是指当发生小于或等于该标准的洪水时，应保证防护对象的安全或防洪设施的正常运行。校核标准是指发生该标准相应的洪水时，采取非常运用措施，在保障主要防护对象和主要建筑物安全的前提下，允许次要建筑物局部或不同程度的损坏，次要防护对象受到一定的损失。电厂一般都采用设计一级标准。

仔细研究厂址周围地形，根据该地区的水文气象资料，特别是暴雨强度，汇水面积、汇流方向等，与水文气象、水工专业设计人员共同分析厂址所在地区洪涝灾害状况，进行防排洪（涝）规划。

电厂防排洪（涝）规划设计的思路可以概括为六个字，即“避开”“防护”（截洪、挡洪、防涝）“疏导”（排洪、排涝）。

厂区位置应尽可能布置在不受洪水内涝威胁的区域。

当厂区处于受洪水、潮水或内涝威胁的区域时，应确定可靠的防排洪（涝）措施：

（1）根据电厂防护等级和防洪标准，与水文气象专业配合，确定电厂所在区段的设计高水位(潮位)。这个水位（潮位）不但关系电厂的安全，也影响防排洪工程的投资，确定和使用都要慎重。特别要注意壅水水位的确定，即多种洪涝危害同时发生时的高水位，如河水暴涨和山洪暴发同时发生所产生的壅水水位。

（2）根据确定的设计高水位（潮位），进行厂区的防排洪（涝）规划设计，结合电厂周边自然条件、地形情况、水文气象资料、已有防排洪（涝）设施等，考虑采取将厂区整体填高，将厂区围墙与防洪墙相结合，在厂区周边修建排（截）洪沟、挡水堤、拦水墙等防排洪措施。电厂的防排洪（涝）措施应与电厂所在地区的防排洪（涝）规划相协调，要充分利用现有防排洪（涝）设施，如果需要改变已有防排洪（涝）规划，应提出详细的规划方案，报有关主管部门审批。

对位于内涝地区的发电厂，当按照防护等级和防洪标准难以确定厂址内涝水位时，可按照历史最高内涝水位设计。

防排洪（涝）规划要注意节约用地，不占或少占良田。

防排洪（涝）设施宜在初期工程中按照规划容量一次建成。

6. 施工生产区及施工生活区规划布置

为了施工方便、安全，减少设备倒运费用，节省投资及施工工期，施工生产区宜布置在主厂房的扩建端。当扩建端场地狭窄，场地使用确有困难时，可以在电厂附近增选部分场地或调整施工顺序，利用厂内建设场地解决施工场地问题。

施工生活区不宜布置在主厂房扩建端或紧靠本期工程施工区扩建端，宜布置在规划扩建工程的施工区以外，避免工程在规划容量内扩建时拆迁施工生活区；宜布置在施工生产区主导风向上风侧，减少施工生产区对生活区的环境影响。

（七）确定总体规划方案

总体规划设计各个步骤之间不是完全独立，而是相互联系、相互影响的，进行总平面布置格局规划要考虑外部设施规划，外部设施规划又会影响总平面布置格局，在外部设施规划的基础上再调整厂区用地边界，好的总体规划设计必然要经过多次反复优化，以确定最优的总体规划方案。

（八）多个厂址的总体规划设计

结合工程具体情况，根据上述总体规划设计的步骤及具体要求，在图中分别表示出与各个厂址相对应的厂区位置、公路、铁路与皮带路径、出线方向、水源地、取排水点、灰场、厂外管线路径、天然气门站、码头、防排洪（涝）设施、施工场地，以及与电厂相关联的工矿企业、乡镇、工业广场等。

（九）厂址技术经济指标

计算各个厂址的“厂址技术经济指标”，并在全厂总体规划图中予以列出。

三、总体规划设计中应注意的问题

（一）地形图的收集及涉密测绘地理信息密级

具有一定特性的地形图属于涉密测绘成果，总图运输设计人员应按照涉密测绘成果保密管理规定，认真履行岗位职责，不得以任何方式泄露国家秘密。

1. 地形图的收集

收集下列基础测绘地理信息时，应当向国家测绘地理信息局提出申请：

（1）全国统一的一、二等平面控制网、高程控制网的数据、图件；

（2）国家1:500000、1:250000、1:100000、1:50000、1:25000基本比例尺地图、影像图和数字化产品；

（3）国家基础航空摄影所获取的数据、影像等资料，以及获取基础地理信息的遥感资料；

（4）国家基础测绘地理信息数据。

收集下列基础测绘地理信息时，应当向所属行政区域测绘地理信息主管部门提出申请：

（1）所属行政区域内统一的三、四等平面控制网、高程控制网的数据、图件；

（2）所属行政区域内的1:10000、1:5000、1:2000等国家基本比例尺地图、影像图和数字化产品；

（3）行政区域内的基础测绘地理信息数据。

2. 涉密测绘地理信息目录及密级

涉密测绘地理信息目录及密级见表2-18。

表2-18　涉密测绘地理信息目录及密级

序号	国家秘密事项名称	密级
1	国家大地坐标系、地心坐标系以及独立坐标系之间的相互转换参数	绝密
2	1:10000、1:50000全国高精度数字高程模型	绝密
3	地形图保密处理技术参数及算法	绝密
4	国家等级控制点坐标成果以及其他精度相当的坐标成果	机密
5	国家等级天文、三角、导线、卫星大地测量的观测成果	机密
6	涉及军事禁区的大于或等于1:10000的国家基本比例尺地形图及其数字化成果	机密
7	1:25000、1:50000和1:100000国家基本比例尺地形图及其数字化成果	机密
8	空间精度及涉及的要素和范围相当于上述机密基础测绘地理信息的非基础测绘地理信息	机密
9	构成环线或线路长度超过1000km的国家等级水准网成果资料	秘密
10	非军事禁区1:5000国家基本比例尺地形图，或多张连续、覆盖范围超过6km^{2}的大于1:5000的国家基本比例尺地形图及其数字化成果	秘密
11	1:500000、1:250000、1:10000国家基本比例尺地形图及其数字化成果	秘密
12	军事禁区及国家安全要害部门所在地的航摄影像	秘密
13	空间精度及涉及的要素和范围相当于上述秘密基础测绘地理信息的非基础测绘地理信息	秘密

续表

序号	国家秘密事项名称	密级
14	涉及军事、国家安全要害部门的点位名称及坐标；涉及国民经济重要工程设施、精度优于±100m的点位坐标	秘密
15	遥感影像空间位置精度高于50m；影像地面分辨率优于0.5m	秘密

注 当大于1:5000国家基本比例尺地形图的覆盖范围超过6km²时，该批地形图整体上按秘密级管理，单幅地形图不标注密级。

（二）风景名胜保护区相关规定

基于风景名胜区的资源特点与空间分布、功能结构等，各地区风景名胜区应划定一、二、三级保护区：

一级保护区：核心景区，严格禁止建设范围。

二级保护区：严格限制建设范围。

三级保护区：限制建设范围。

电厂位置应满足风景名胜保护区的相关要求。当电厂不在保护区范围内，而在外围影响区内时，尚需依据该地区《国家级风景名胜区总体规划大纲(暂行)》关于外围影响区建设要求进行布置。

（三）核电厂周边限制要求

在核电厂周围限制区内不得新建、扩建大的企业事业单位和生活居住区、大的医院或疗养院、旅游胜地、飞机场和监狱等。核电厂周围限制区半径（以反应堆为中心）一般不得小于5km。

（四）周边设施对总体规划的影响

（1）对于改、扩建项目，要充分收集厂区已有资料，掌握地上、地下设施布置，落实老厂已征土地、可利用场地，充分利用电厂已征土地，减少征地面积；总体规划要与老厂布置相协调，充分依托老厂已有设施，避免完全按新建工程项目进行总体规划；充分利用老厂出线走廊，减少用地、节省投资；对于燃煤电厂，特别要关注厂区已有铁路线及卸煤设施布置，已有输卸煤设施的布置往往对设计方案起到很大的限制作用。

（2）对于坑口电厂，对露天矿开采境界、采空区范围、排土场位置要调查清楚，电厂位置要满足GB 50197《煤炭工业露天矿设计规范》的相关规定，并避免厂外管线、铁路穿越有开采价值的煤矿区。

参照GB 50197《煤炭工业露天矿设计规范》的相关规定，电厂与采掘场地表境界的安全距离，必须经采掘场边坡稳定验算后确定。当开采深度小于200m时，安全距离不宜小于最大开采深度，并不宜小于50m；当开采深度大于或等于200m时，安全距离不宜小于200m；当安全距离范围内有输电线路、通信线路、道路、疏干降水孔及管网、水沟等设施时，可按照需要增加相应的宽度。如受地形、平面布置等条件限制，不能满足上述要求时，必须采取相应的技术措施。

电厂在露天采掘场周边布置时，应考虑采掘场爆破空气冲击波、地震波、飞散物对电厂的影响。

电厂与排土场境界的安全距离，宜大于排土场边坡高度的1.5倍，必要时，安全距离必须经排土场边坡稳定验算后确定。

（3）根据GB 50251《输气管道工程设计规范》、GB 50253《输油管道工程设计规范》、GB 50183《石油天然气工程设计防火规范》的规定，厂区周边有油管、天然气管等易燃、易爆油、气管道时，厂区围墙距离上述管道的距离要满足相关要求。

（4）厂区周边有输水灌渠时，应落实输水灌渠保护区红线范围，厂区围墙应位于红线外，在与规划部门、水利部门协商后也可将厂区围墙与红线重合。

（5）了解厂区周边企业的功能、性质，当周边企业生产、贮存易燃、易爆、有毒物品时，电厂应按照相关规定与相邻企业间隔开一定距离，以满足相邻企业的防护距离要求。

（6）厂区与江、河、海之间如有铁路、公路时，即使其路堤标高高于电厂相应防护等级的防洪标准，也不能简单地将其作为防洪设施，必须对其路堤结构进行核算。

（五）与城镇体系、土地利用总体规划的关系

根据土地利用总体规划、城镇总体规划、周边工矿企业、乡村分布情况等，落实项目建设用地边界。在以往工程中曾出现前期阶段用地边界落实不到位，导致设计方案后期出现大的调整，严重影响工程进度，如：

（1）某项目厂区范围内用地多为一般农田，但有小部分用地为基本农田，前期工作中没发现此情况，后期发现时，农用地转用存在问题，导致设计方案进行大的修改。

（2）位于工业园区、港区的项目应符合该区域总体规划的要求，某项目位于港区内，由于前期工作不到位，厂区占用了仓储区的位置，使得该项目总体规划不符合港区总体规划的要求，导致后期设计方案改动。

（3）在城镇总体规划中，对道路红线有明确规定，进行厂区总体规划设计时应收集相关资料，以满足厂区围墙退道路红线的相关规定。某项目正是由于设计初期未考虑到退道路红线的规定，而后期发现时又受到周边条件的限制，厂区位置无法改变，只得通过压缩厂区占地来满足要求，导致厂区布置过于紧凑，地下设施布置不合理。

（六）防排洪规划

（1）防排洪规划涉及专业较多，总图运输、水文气象、水工工艺、水工结构专业均要参与，总图运输专业应起到引导、组织者的作用。防排洪规划方案宜在项目前期阶段予以落实，在“五通一平”阶段予以实施，有些项目到施工图阶段还在讨论防排洪规划方

案，导致总体规划方案的调整。

（2）对于改、扩建项目，容量改变后可能会提高电厂防护等级，设计人员应根据电厂建设最终容量，合理确定改、扩建项目场地设计标高，落实防排洪措施。

（七）本期与远期规划的关系

电厂建设规模明确后，应立足将本期总体规划设计做到方案合理、施工运行条件好、投资省、效益好，不能因为考虑远期规划，而大幅度增加本期工程建设投资或运行费用，更不能因为考虑远期规划造成本期工程总体规划不合理。电厂达到规划容量后再扩建的情况屡见不鲜，进行总体规划时，在控制工程投资的前提下，应合理预留扩建的场地条件。

（八）单位间的联系配合

对项目建设单位另行委托其他设计院设计的单项工程，如铁路专用线、厂外道路、厂外输煤设施、港口码头等，主体设计院应对单项工程设计进行全过程协调、把控，避免后期因单项工程设计方案变更而引起电厂总体规划设计方案的调整或大的改动。

第三节 厂址主要技术经济指标

总体规划图中必须列出厂址技术经济指标表，以评定厂址、总平面布置方案的合理性。

一、厂址技术经济指标

厂址主要技术经济指标项目和内容见表2-19。

表2-19 厂址主要技术经济指标项目和内容

序号	项目名称		单位	数量		备注
				厂址一	厂址二	
1	厂址总用地面积		hm^2			
1.1	厂区围墙内用地面积		hm^2			
1.2	厂区围墙外边坡或边角用地面积		hm^2			
1.3	厂外铁路专用线用地面积		hm^2			
1.4	厂外道路用地面积		hm^2			
1.5	贮灰场用地面积		hm^2			
1.6	水源地用地面积		hm^2			
1.7	厂外带式输送机用地面积		hm^2			
1.8	厂外截排洪设施用地面积		hm^2			
1.9	厂外工程管线用地面积		hm^2			
1.10	取、弃土场用地面积		hm^2			
1.11	施工生产区用地面积		hm^2			
1.12	施工生活区用地面积		hm^2			

续表

序号	项目名称		单位	数量		备注
				厂址一	厂址二	
1.13	其他用地		hm^2			
2	铁路专用线长度		km			
3	厂外带式输送机长度		km			
4	厂外道路路线长度		km			
5	厂外供排水管线长度		km			
5.1	供水管		m			
5.2	排水管（沟）		m			
6	厂址土石方工程总量	挖方量	$\times 10^4 m^3$			
		填方量	$\times 10^4 m^3$			
6.1	厂区土石方工程量	挖方量	$\times 10^4 m^3$			
		填方量	$\times 10^4 m^3$			
6.2	铁路专用线土石方工程量	挖方量	$\times 10^4 m^3$			
		填方量	$\times 10^4 m^3$			
6.3	厂外道路土石方工程量	挖方量	$\times 10^4 m^3$			
		填方量	$\times 10^4 m^3$			
6.4	贮灰场灰坝土石方工程量	挖方量	$\times 10^4 m^3$			
		填方量	$\times 10^4 m^3$			
6.5	施工区土石方工程量	挖方量	$\times 10^4 m^3$			
		填方量	$\times 10^4 m^3$			
6.6	其他设施区土石方工程量	挖方量	$\times 10^4 m^3$			
		填方量	$\times 10^4 m^3$			

二、厂址技术经济指标的计算

1. 厂址总用地面积

厂址总用地面积为厂址各项用地面积之总和。

（1）厂区用地面积按围墙轴线计算。

（2）厂外铁路专用线用地面积应包括铁路专用线线路用地和厂外工业站（或交换站）站址占地。如交接站（或交接站群）设在接轨站之内，不应计算其用地范围。

（3）厂外道路用地面积应包括厂区主要出入口外的引接道路用地。发电厂各种专用道路用地及用于发电厂厂外各种道路改造用地，其计算方法应按GBJ 22《厂矿道路设计规范》的规定计算。

（4）贮灰场用地面积应包括灰场、灰坝及灰场管理站用地。

（5）水源地用地面积应按取水泵房及相关设施用地边界计算。

（6）厂外带式输送机用地面积应按带式输送机外缘在平面上的投影计算。

（7）厂外截排洪设施用地面积应按最外边缘计算。

（8）厂外工程管线用地面积应包括各种沟渠、沟道、管道用地。沟渠、沟道按其外壁计算，管道按其外径计算。沿地面敷设且并行的多管道按最外边管道外壁之间宽度计算。架空管架按管架宽度计算。

（9）取、弃土场地用地面积按设计规划的取、弃土场边缘计算。

（10）施工区及施工生活区的用地面积均按 DL/T 5706《火力发电工程施工组织设计导则》的规定计算。

（11）其他用地面积是指不可预计的用地面积及特定条件下的用地面积，在具体工程中，应按实际列出用地项目名称。

2. 铁路专用线长度

铁路专用线长度是指由接轨点道岔跟端轨缝中心起计算至铁路入厂的第一副道岔基本轨前端轨缝中心的长度。当入厂第一副道岔基本轨前设有进厂信号机时，则计算至信号机止。当接轨点与电厂之间设有工业站或交接站时，应计算其贯穿车站的正线长度，其他站线、到发线等可按铺轨长度计算。

3. 厂外运煤栈桥长度

当燃煤由水路运输时，厂外运煤栈桥长度应从码头至陆上第一个转运站或按厂外实际长度计算。当燃煤由长皮带运输时，厂外运煤栈桥长度应从供煤点转运站起计算至入厂的第一个转运站止。

4. 厂外道路长度

厂区出入口外的引接道路及各种专用道路的引接均由引接道路干线路基边缘起计算，进入厂区的道路计算至厂区大门中心止；进入灰场、水源地等的专用道路计算至其终端止。

5. 厂外供排水管线长度

厂外供排水管线长度是指由厂区围墙外 1m 起计算至水源地或排水口的长度，按单管（沟）计算。若为二次循环，则为补给水管线的长度。

6. 厂外灰管线长度

厂外灰管线长度是指由厂区围墙外 1m 起计算至贮灰场的长度，按单管计算。

7. 厂址土石方工程量

厂址土石方工程量为厂址各项土石方量之和。

（1）厂区土石方工程量应包括厂区场地平整及厂区土石方平衡两部分。在厂区土石方平衡中应包括各建（构）筑物基础开挖，各种沟、管道、道路基槽开挖的土石方回填后余方工程量及厂区铁路路基土石方工程量。

（2）铁路专用线土石方工程量应以铁路设计文件中计算的数量为依据。也可进行图上定线，并按横断面法计算土石方工程量。

（3）厂外道路土石方工程量的计算与铁路专用线土石方工程量计算相同。

（4）其他各项土石方工程量均应经过计算确定或取得依据。

（5）在具体的工程中，其他设施区应按实际情况列出该区域名称。

第四节　总体规划设计实例

一、实例一

（1）地理位置：电厂位于长江上游地区规划的港区范围内，规划的铁路接轨站位于电厂东北部。厂址东侧为河，西侧为山梁，山梁以西是长江。厂址场地呈条带状，地貌形态由河流堆积阶地及部分丘包组成，阶地部分较平缓。

（2）规划容量：本期工程建设 2×1000MW 级燃煤发电机组，规划建设 4×1000MW 级燃煤发电机组。

（3）厂区方位：厂区由东向西依次为屋内 GIS 及主厂房、脱硫除灰设施、封闭圆形煤场的三列式布置格局，主厂房固定端朝北，向南扩建，汽机房 A 列朝东，进厂道路位于厂区东侧。

（4）水源及供水方式：采用循环供水系统，水源取自长江，位于电厂煤码头及大件码头上游，采用泵船取水，补给水管利用大件运输隧道路肩埋地敷设。

（5）煤源及运输：电厂煤源为宁东煤田烟煤，同时考虑铁路来煤和码头来煤条件，现阶段按码头来煤实施，铁路卸煤系统缓建。规划的铁路接轨站位于厂区东北侧，专用线从东北侧接入电厂，预留电厂铁路工厂站位于厂区北侧；煤码头位于厂址西侧的长江沿岸，并设输煤专用隧道与厂区相连。

（6）灰场：电厂灰渣采用汽车运输，事故山谷灰场位于厂址东南约 4km。

（7）电厂出线：电厂以 500kV 线路向东出线两回，转折向西跨越长江后向北送出，出线走廊开阔。

（8）施工区：电厂主要施工场地位于厂区扩建端，施工办公区位于厂区固定端。

电厂总体规划设计见图 2-4。

二、实例二

（1）地理位置：电厂位于中部省某市产业聚集区内，南临国铁和国道。

（2）规划容量：本工程为新建项目，本期建设规模为 2×350MW 超临界燃煤供热机组，本期不堵死扩建条件。

（3）厂区方位：厂区纵轴线南北向布置，与北方向夹角为 10°，主厂房固定端朝东，扩建端向西，侧煤仓上煤，出线向北。电厂主入口朝南，靠近炉后侧入式进厂。

（4）水源及供水方式：电厂本期主机采用带自然通风冷却塔的循环供水系统，主水源为城市污水处理厂处理后达到使用要求的中水，不足部分和再生水事故水源采用黄水供水工程的黄河原水。

（5）煤源及运输：电厂燃料采用铁路和公路联合运输方式。条形煤场及电厂站布置于厂区南侧约

750m 处，并行国铁南侧布置。输煤栈桥由厂外跨国铁及国道后进厂，穿过烟囱进入煤仓间，碎煤机室布置于厂外，厂外输煤管状带总长度约 980m。

（6）灰场：本期灰渣进行综合利用，灰场位于厂址以南约 6.4km 处，为山谷灰场。

（7）出线：本期出线电压等级为220kV，出线2回，至电网变电站。电厂出线向北，出线走廊开阔、顺畅。

（8）施工区：施工生产区位于厂区和煤场区西侧。

电厂总体规划设计见图 2-5。

三、实例三

（1）地理位置：电厂位于某市境内，已建的省道和洛湛铁路分别在厂址东面约 1.2km 和 2.0km 处。

（2）规划容量：4×1000MW 级超超临界燃煤发电机组，分两期建设，一期工程建设 2×1000MW 级超超临界燃煤发电机组。

（3）厂区方位：主厂房固定端朝东，扩建端向西，出线朝北，厂区自北向南依次为配电装置、冷却塔、主厂房和煤场的四列式布置格局。铁路专用线由接轨站向北引接进厂。

（4）水源及供水方式：循环水系统采用二次循环供水系统，水源取自水库。

（5）煤源及运输：燃煤采用铁路运输，经京广→湘桂→洛湛线运往电厂的接轨站，再通过电厂铁路专用线运入电厂。

（6）灰场：灰渣采用汽车运输，贮灰场位于厂址南面约 1.0km 处。

（7）出线：规划容量共 4 回 500kV 出线，一期工程出线 2 回。

（8）施工区：施工区及施工生活区位于厂区扩建端。

电厂总体规划设计见图 2-6。

四、实例四

（1）地理位置：电厂位于海边，在电厂西北约 5.0km 处有铁路与国道通过，厂址距接轨站约 4.0km。厂址地形起伏较大，东高西低，其海拔标高为 4.0～20.0m，厂址区域百年一遇高潮位为 1.71m，厂区护岸设计顶标高最低处为 6.8m，厂址不受波浪影响。

（2）规划容量：一期2×800MW 俄罗斯机组，1993 年开工，2000 年双机投产。二期 2×1000MW 机组，2007 年 8 月开工，2010 年双机投产，总装机容量达到 3600MW。

（3）厂区方位：厂区采用四列式的布置格局，整个厂区由西向东、由低向高依次布置开关场、主厂房、运煤铁路和贮煤场，在烟囱与煤场之间布置有翻车机室。入厂主干道由厂区西侧滨海大道引接，道路北侧是新建的电厂生活区，南侧是规划的海防林和海滨公园。

（4）水源及供水方式：电厂采用直流供水系统，冷却水和除灰用水均采用海水。辅助设备冷却用水采用淡水，淡水水源由位于厂址北侧约 23.0km 的水库供给。

（5）煤源及运输：一期燃煤为神华混煤，二期工程采用准格尔煤和神华混煤。采用铁路及海运联运方案。铁路运输部分的燃煤采用敞车运输，经国铁至接轨站，再经铁路专用线进入电厂，卸煤方式为折返式翻车机。水上运输燃煤从黄骅港下水，采用 1 万 t 级煤船运至电厂。

（6）灰场：位于厂区以东 5.3km 的海滩上。

（7）出线：一期出线 3 回，其中 500kV 2 回、220kV 1 回。二期工程 500kV 无出线，仅新建 3、4 号机主变压器进线 2 回。

（8）施工区：电厂施工区位于厂区扩建端，并充分利用厂区内的扩建场地及边角地。施工生活区布置在施工区西侧，与施工区连成一片，方便管理。

电厂总体规划设计见图 2-7。

五、实例五

（1）地理位置：厂址位于广东省东南部沿海区域，东北向距离某市中心区约 23km，濒临南海。场地及附近无其他工业、民用设施，仍处在待开发的自然状态，无任何拆迁。厂区主要用地由开挖滨海台地填海形成。

（2）规划容量：电厂规划容量为 6×1000MW 燃煤机组考虑，一期建设 2×1000MW、二期建设 2×1000MW，并尽量预留继续扩建的余地。

（3）厂区方位：厂区平行海岸线布置，整个厂区呈典型三列式格局，由西北—东南依次为配电装置区、主厂房区、煤场区。主厂房固定端朝东北，向西南扩建，汽机房 A 列朝西北。

（4）水源及供水方式：电厂为一次直流循环系统，冷却水采用海水，电厂淡水补充水由市政自来水供给。

（5）煤源及运输：电厂燃煤由水路运输至电厂的煤码头上岸。码头区位于厂区东南面海域，顺岸布置。电厂最终建设 1 个 5×10^4t +1 个 10 $\times10^4$t 级煤码头泊位兼靠 15×10^4t 级船舶的运煤专用码头，该工程先建设一个 5×10^4t 级泊位（兼靠 7.5×10^4t 船）、一个 3000t 级综合码头。

（6）灰场：由近期的海边灰场和远期的山谷灰场组成。海边灰场：厂区范围内规划 5～6 号机组的煤场，厂区以西围海区域作为 1～4 号机组的近期灰场。山谷灰场：选址在电厂西北面山谷（运输距离约 1km），作为电厂远期灰场。

（7）电厂出线：一期工程 1、2 号机组采用 500kV HGIS，向西北出线 2 回，接入 500kV 变电站（位于厂址的西北方向）。

（8）施工区：利用扩建机组的规划用地作为施工用地，用地规模可同时满足施工生活区的布置需要。

电厂总体规划设计见图 2-8。

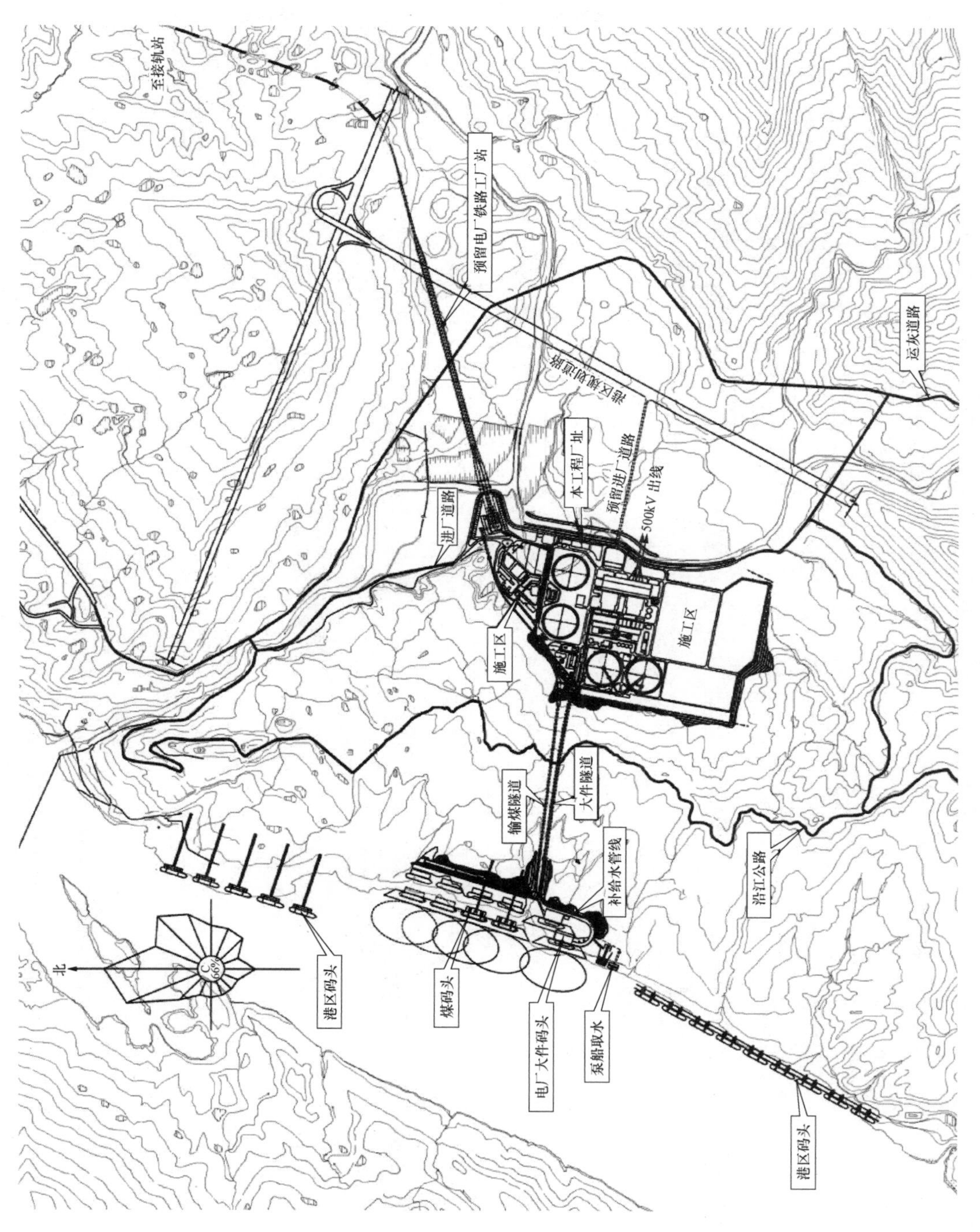

图 2-4 2×1000MW 燃煤水路（预留铁路）运输循环供水电厂总体规划设计实例

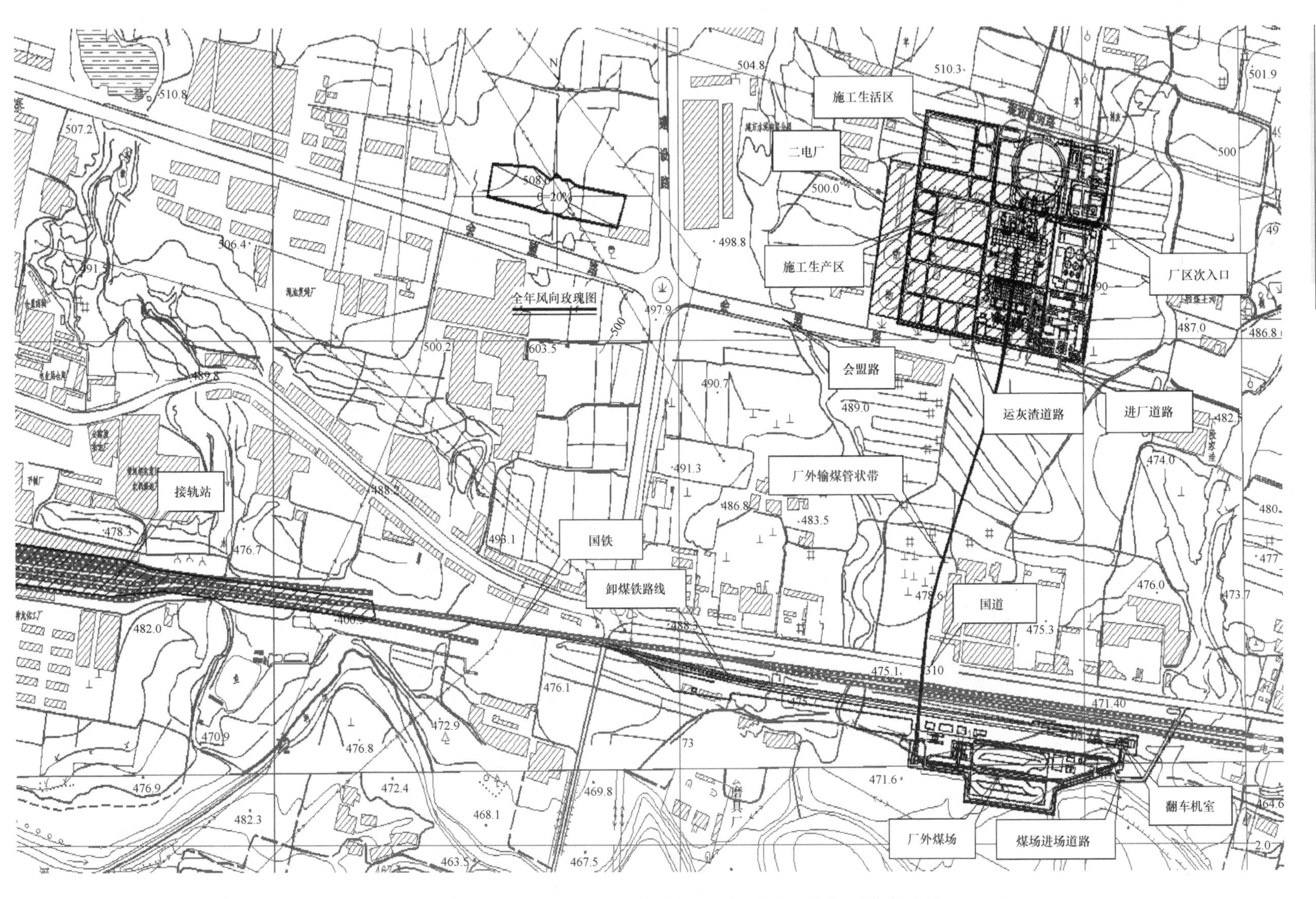

图2-5 2×350MW燃煤铁路运输、电厂站与煤场布置在厂外电厂总体规划设计实例

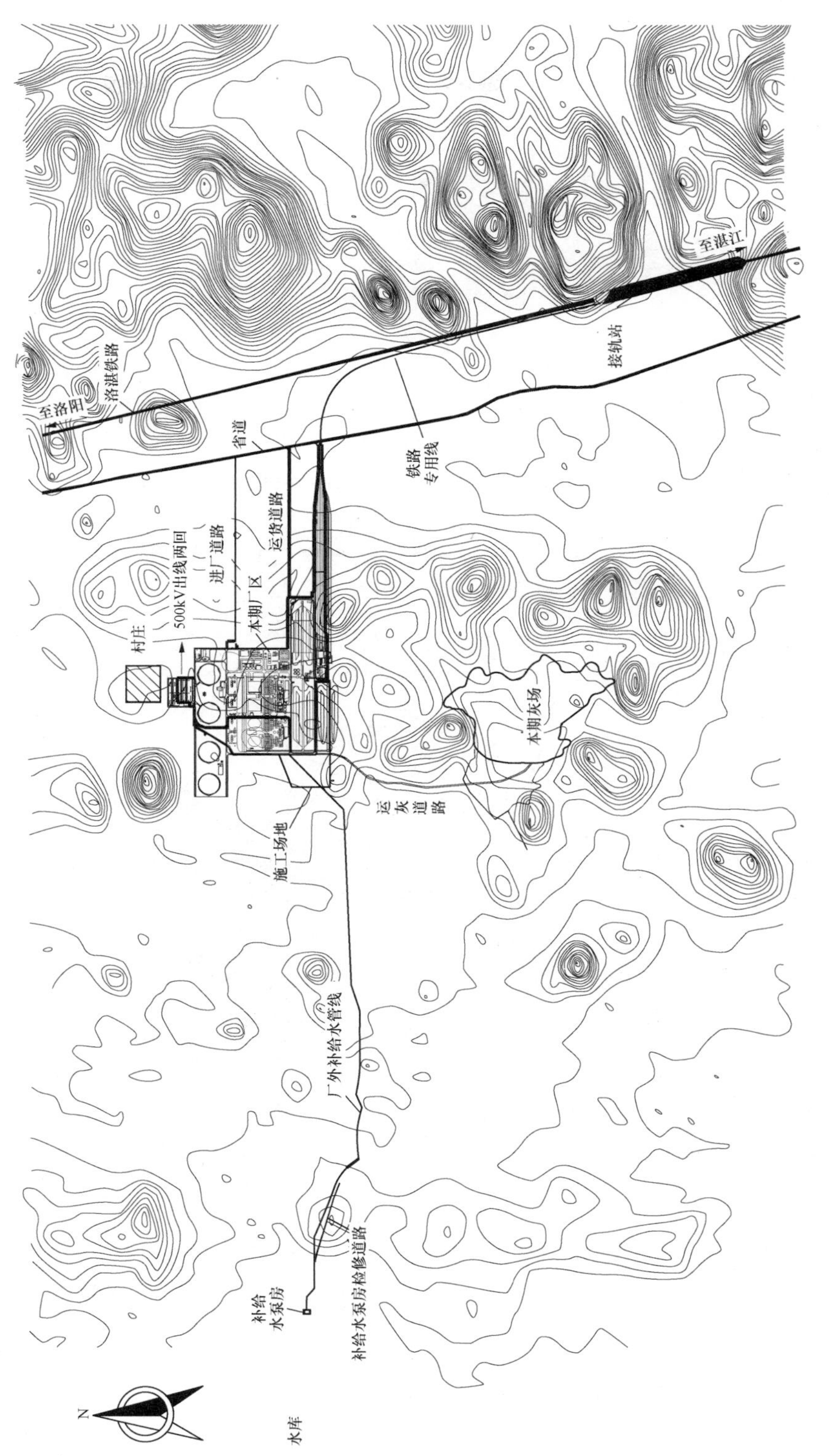

图 2-6 4×1000MW 燃煤铁路运输循环供水电厂总体规划设计实例

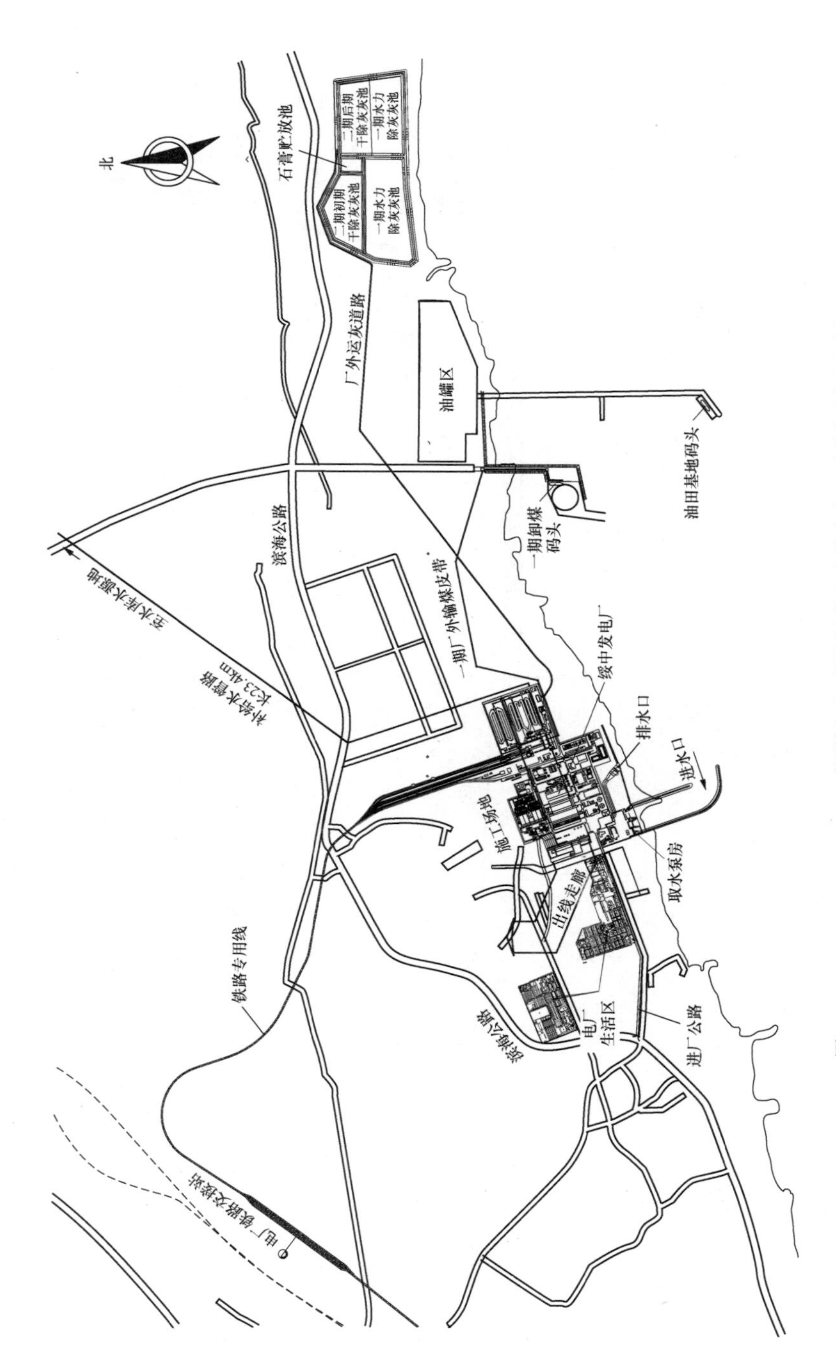

图2-7　2×800MW+2×1000MW 燃煤水路+铁路运输直流供水电厂总体规划设计实例

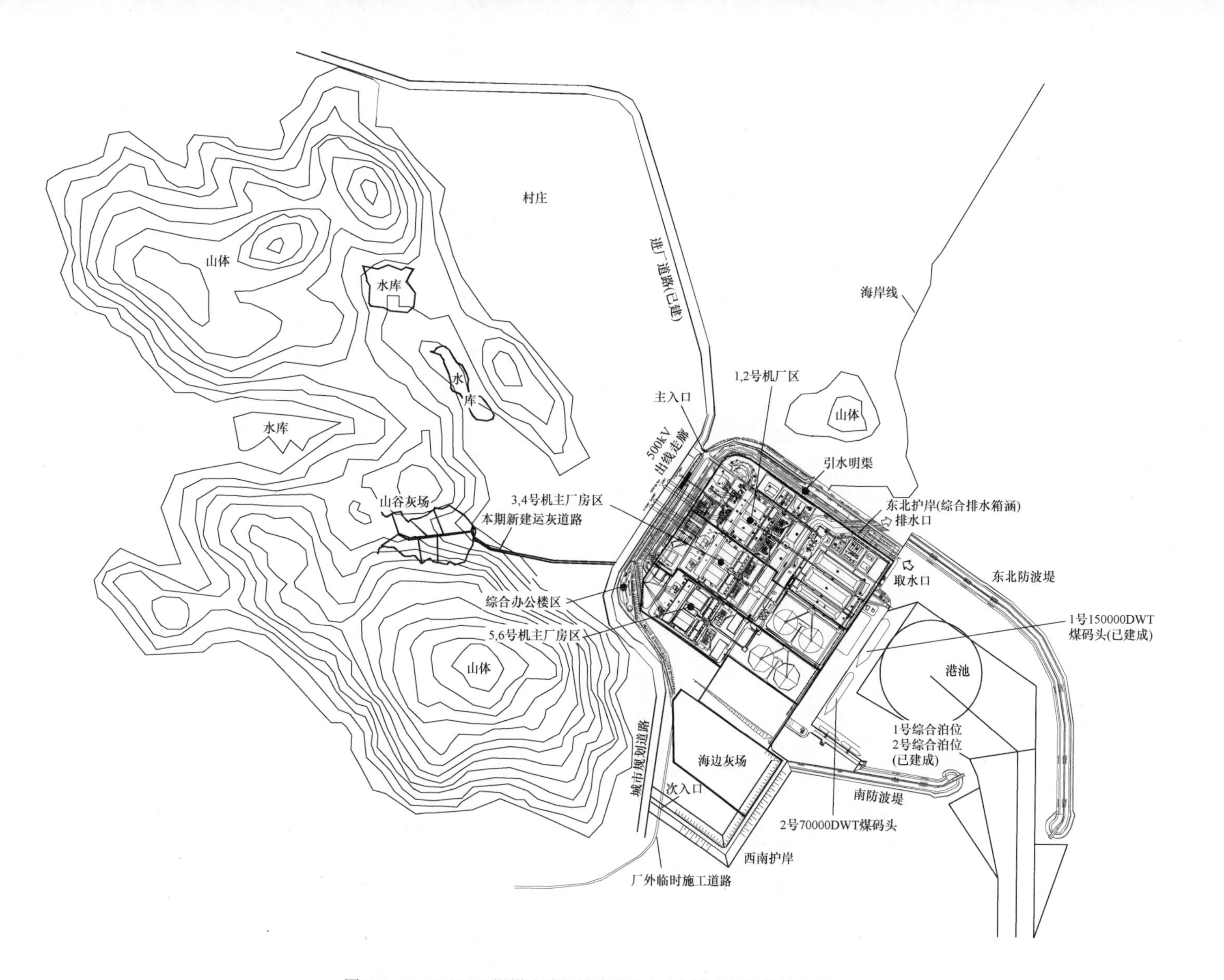

图2-8 2×1000MW燃煤水路运输直流供水电厂总体规划设计实例

第三章

厂区总平面布置

火力发电厂厂区总平面布置设计，是发电厂整个设计工作中具有重要意义的一个组成部分，是在确定的厂址和总体规划的基础上，根据电厂生产工艺流程要求，结合当地自然条件和工程特点，在满足防火防爆、安全运行、施工检修和环境保护以及有利于扩建等主要方面的条件下，因地制宜地综合各种因素，统筹安排全厂建（构）筑物的布置，从而为电厂的安全生产、方便管理、降低工程投资、节约集约用地创造条件。改革开放以来，尤其是近十几年来，随着我国国民经济的快速发展，电力工业建设也突飞猛进，火力发电厂的建设规模和装机容量不断扩大。目前我国火力发电厂建设已进入以600MW和1000MW机组为主力的新阶段，在电厂总平面布置与设计方面都积累了不少好的、成功的经验，但同时也存在一些不足，需要从中吸取教训。

第一节　厂区总平面布置的基本原则和要求

厂区总平面布置需要从全局出发，深入现场，调查研究，收集必要的基础资料，全面、辩证地对待各种工艺系统要求，主动地与有关设计专业密切配合，共同研讨。从实际情况出发，因地制宜，进行多方面的技术经济比较，以选择占地少、投资省、建设快、周期短、运行费用低和有利于生产、方便生活的最合理方案。

一、总平面布置的基本原则

（1）厂区总平面布置应按规划容量和本期建设规模，统一规划、分期建设。改建、扩建发电厂的设计，应充分利用现有设施，并应减少改建、扩建工程施工对生产的影响及原有建筑设施的拆迁。

（2）建（构）筑物的平面和空间组合，应做到分区明确、合理紧凑、有利于生产、造型协调、整体性好。有条件时，辅助厂房和附属建筑宜采用联合布置、多层建筑和成组布置，并应与现有和规划建筑群体相适应。

（3）总平面布置应以主厂房为中心，以工艺流程合理为原则，应注意到厂区地形、设备特点和施工条件的影响，合理安排、因地制宜地进行布置。主要建（构）筑物的长轴宜沿自然等高线布置。在地形复杂地段，可结合地形特征，适当改变建（构）筑物的外形，将建（构）筑物合并或分散布置。

（4）主厂房、冷却塔、烟囱等荷重较大的主要建（构）筑物，宜布置在土层均匀、地基承载力较高的地段。地下设施较深的建（构）筑物，宜布置在地下水位较低或需填土的低洼地区。需要抗震设防的发电厂，建筑物宜选择有利的地段，避开不利地段。

（5）主要建筑物和有特殊要求的主要车间的朝向应为自然通风和自然采光提供良好条件。汽机房、办公楼等建筑物宜避免西晒。有风沙、积雪的地区宜采取措施减少有害影响。

（6）建（构）筑物和露天堆栈、作业场场地宜按生产类别成组布置，建筑边界宜规整。

（7）生产过程中有易燃或爆炸危险的建（构）筑物和贮存易燃、可燃材料的仓库等，宜布置在厂区的边缘地带。

（8）厂区各公用配电间位置的确定，应根据电源和负荷要求，使电力电缆短捷，并布置在相关的生产分区内，有条件时宜与其他车间合并建设。

（9）生产区主要通道宽度应按规划容量，并根据通道两侧建（构）筑物防火和卫生要求、工艺布置、人流和车流、各类管线敷设宽度、绿化美化设施布置、竖向布置以及预留发展用地等经计算确定。

（10）厂区总平面布置应考虑防爆、防振、防噪声。在满足工艺要求的前提下，宜使防振、防噪声要求高的建筑物远离振动源和噪声源。

二、总平面布置的具体要求

（一）重视外部条件，完善总体规划

发电厂厂区总平面布置应根据确定的建厂外部条件（包括铁路接轨站或码头、水源、灰场、接入变电

站、道路、供热管网、天然气管线、煤矿工业场地以及城镇体系规划和土地利用总体规划等)，在总体规划的指导下进行。在进行厂区总平面布置的过程中，要进一步落实和完善总体规划，使之达到经济合理、有利于生产、方便生活的目的。为此，要着重处理好以下三点：

（1）厂区总平面布置要符合城市规划或工业区规划的要求。厂区应与城市规划形成有机的整体，避免发电厂主人流方向和城镇主要街道处在发电厂的扩建端方向。面临城镇街道、公路的发电厂的建筑物体型及立面要与周围的建筑相协调。厂区围墙要与街区的建筑红线相一致，不要形成空余的三角地带，以免浪费土地。高压输电线的出线要符合城市规划的要求，并需保证电厂有足够的出线走廊，高压输电线不能跨越大的工厂、车站以及永久性建筑。

（2）要适应厂内外交通运输的要求。大、中型燃煤发电厂多数采用铁路运输燃料。施工期间，大量的设备和材料也靠铁路运输。总平面布置在确定主厂房和燃料设施的方位和标高时，要考虑铁路引入方便，使铁路工程具有较好的技术条件和较少的人工构筑物。厂内运输设施的布置应保证电厂生产运输和生产流程的需要，使路厂交接作业程序尽量简化，为采用先进的行车组织和遵守统一的技术作业创造有利条件。与铁路运输有关的建（构）筑物要相对集中布置在靠近铁路进厂方向的厂区边缘。应避免进厂铁路与主要进厂道路平面交叉。采用水路运输的电厂，燃料设施布置要靠近水运码头。

（3）尽量缩短厂外工程管线。首先是要最大限度地减少直流供水发电厂供排水管沟的长度。靠近煤矿的大型燃煤发电厂，厂区卸煤、煤场和输煤设施的布置应与煤矿供煤方向相适应，并尽量为采用皮带运输创造良好的条件。供热电厂，要使主厂房固定端尽量靠近热负荷。工业企业自备电站，以低压电直接送电至车间时，要使配电间尽量靠近主要用电车间。采用管道输送的燃气发电厂，要使调压站和燃气机房靠近燃料进厂方向。

所有工程管线都要避免横穿施工场地和从主厂房扩建端进出。

（二）满足使用要求，工艺流程合理

发电厂的总平面布置，首先要满足生产工艺流程的要求，力求生产作业线简捷，使各种工程管线和交通线路短捷、通顺，避免迂回运输，尽可能减少交叉；要为大型发电厂的机、炉、电集中控制室和生产办公楼以及化验室等人员集中场所创造较好的工作环境，避免产生相互干扰和不利影响。

合理地布置工艺系统，是做好总平面布置的基础。当然，设备制造工艺水平的优劣对总布置合理与否也有一定的影响。在总平面布置中要特别注意解决好以下两个环节：

（1）要确定好主厂房的方位。主厂房一般布置在厂区中央地带，成为全厂生产活动的中心。主厂房方位选择的一般要求为：固定端应面向发电厂主人流方向和城镇，进厂干道宜在固定端的一侧；采用直流供水的汽机房需尽可能地靠近供排水的水源地，并考虑高压输电线进出线的便利；扩建端则着重考虑施工和扩建的便利以及留有必要的余地。直接空冷机组的电厂，其主厂房的方位应结合当地气象条件对机组运行的影响并综合其他条件确定。

（2）要重点解决好燃料运输、输电线路和循环水管路的进出，并进行多方案技术经济比较，选取最佳方案。

（三）远近规划结合，留有发展余地

按照规划容量的要求，远近结合，以近期工程为主，适当留有发展余地，同时要强调规划容量的正确性和严肃性，并应着重解决以下两点：

（1）规划容量。根据建厂地区的电力负荷增长需要，以及燃料来源、水源、建设场地、交通运输、出线走廊等各个方面的资源配置情况，在初步可行性研究阶段进行论证，提出专题报告和切合实际的数据，并经审查确定。

（2）做好远近结合的总平面规划。总平面布置应严格按照批准的规划容量合理地进行设计。初期工程的建（构）筑物要尽量集中布置，主要建（构）筑物的扩建方向宜保持一致，发展用地尽量预留在厂区的外缘，这样有利于初期工程及早投产，发挥投资效果，有利于分期征用土地，并减少施工与运行相互干扰。条件许可时，总平面布置要为施工创造有利条件，如易燃油罐区、氢气站、燃气调压站等应与施工中需要动火的施工区保持一定的安全距离，主要工程管线应避免穿越施工区。

当分期建设时，要尽量减少前后期工程在施工和运行方面的相互影响。本期工程要为后期工程创造较好的施工和运行条件，扩建工程要结合原有的生产系统和布置特点作全面考虑，注意发挥老厂的潜力，尽量不拆迁原有建筑和设施。

预留发展用地除满足主要生产车间的要求外，尚应满足辅助和附属生产建筑物、工程管线、交通运输等要求。特别是汽机房A列柱外及主厂房固定端管线走廊的预留地，往往易被忽视而限制了扩建规模，故须按规划容量经计算或进行排列确定。

施工安装场地，根据我国目前的施工方法、技术力量和施工机具等状况，一般设在主厂房扩建端。这种布置方式，对分期扩建的发电厂来说，适应性较强，扩建余地比较充分，也便于发电厂扩建时明确划分生

产区和施工区，相互干扰最小。

总之，当发电厂规模发展到预定的规划容量时，总平面布置应是合理的；当发电厂容量突破规划容量时，总平面布置往往会出现某些不合理的地方，如另建第二个岸边水泵房和新的输煤系统，拆迁少数辅助和附属建筑，一些建（构）筑物的间距不符合有关规定，以及施工安装场地过分紧凑等。因此，在总平面布置中，除有充分理由外，一般不能不考虑扩建，但也不能过分强调超越规划容量进行再扩建的灵活性。两者都可能造成很大的浪费。

（四）布置紧凑，注意节约集约用地

总平面布置应贯彻国民经济建设的方针政策，在满足生产和安全等要求的前提下，努力节省基建投资，降低运行费用，注意节约用地，尽量少占或不占良田。为达到上述目的，总平面设计中需采取以下一些基本措施：

（1）布置紧凑、适当。总平面布置要考虑布置紧凑，但要适当，不要盲目追求过高的场地建筑系数和利用系数。主要生产建（构）筑物应围绕主厂房集中布置，这样可取得明显的经济效果。在厂前公共建筑等地段布置中，要尽量做到在平面和空间上的良好组织。

在满足生产运行和安全卫生等要求的前提下，要尽量压缩厂房及管道之间的间距，必要时，可以采取立体交叉布置，例如可将引风机布置在烟道的下面，循环水管道布置在主变压器基础之下，热网管道支架与循环水管、下水管重叠布置等。

（2）分区合理、明确。发电厂有较多的建（构）筑物和各种设施，可根据它们的生产特点、卫生和防火要求、运行管理方式、货运量与运输方式、动力的需要程度以及人流的多少等进行合理分区，并按区进行合理的规划和布置，这样便于合理组织生产过程，缩短各种工程管线和运输线路，保证必要的卫生与防火间距，明确人流、车流，创造较好的建筑群体，以达到改善运行管理条件、节省投资和节约用地的目的。例如制（供）氢站、酸碱库和生产办公楼等都不宜划在同一区内，若必须布置在一起，其间应以其他建筑隔开。又如冷却设施与屋外配电装置邻近布置时，其防护间距较大；若将冷却设施布置在锅炉房外侧，则防护用地就可以减少。类似这些在防火和卫生要求上相互对立的建（构）筑物，应避免紧靠在一起，这对于安全生产和减少防护用地等都有好处。

根据发电厂的生产流程和管理体制，以及各建（构）筑物的功能要求，一般划分下列几个区：

1）主厂房；

2）配电装置；

3）燃料接卸及其储存设施；

4）冷却设施；

5）化学水处理、循环水处理、净化站、污水站等；

6）检修维护、材料库；

7）危险品区域，燃油、氢站、液氨、天然气调压站；

8）厂前行政管理和生活服务设施建（构）筑物。

各区包含的建（构）筑物，根据每个工程的具体情况，可以有所不同。例如，从生产管理方便着想，化学水处理室可与氢站成组布置；但当化学水处理室有酸碱等材料需用铁路运输时，化学水处理室则宜布置在锅炉房外侧靠近燃料设施，以便引进铁路。

各建（构）筑物和露天场地一般呈区、带式成列布置，各分区内部及区与区之间，建筑红线要力求整齐。建筑物的宽度、长度要避免参差不齐，相差悬殊。建筑物及厂区、街区的平面形状，在满足使用要求的前提下，应力求规正，尽量减少三角地带。

地形复杂的厂区，不能过分强调呈区、带式成列布置。小型发电厂也不宜过分强调分区。

（3）简化工艺系统。合理、可靠而又简单的工艺系统是做好总平面设计的重要前提，也是节约用地的有效途径。例如：采用大机组，减少机组类型；大容量发电厂采用单元控制系统，减少电压等级，简化电气主接线；高压配电装置采用屋内式、高型布置或占地面积少的组合电器；尽可能避免多种燃料混烧；采用堆煤高度较大的煤场作业机械，采用底开车成列或成组边走边卸、翻车机卸煤自动作业线以简化输煤铁路的布置等。这些工艺上的问题，总平面设计人员要根据工程特点和具体情况，主动与有关工艺专业充分协商、积极配合（或向上级部门提出建议），才能得到解决。

（4）联合多层布置，即在分隔功能区域的前提下，把一些性质相近的车间布置在一个有内院的组合空间内。如集中设置全厂的水务管理区，即将水预处理、化学水处理、废水处理、消防设施等整合集中布置；设置全厂的集中空压机房；宜将生产、生活福利建筑集中设置为两个综合楼，即生产行政综合楼和生活服务综合楼等。这种布局可以节约用地面积。合适的内院不仅解决了联合布置的大车间的通风和采光不足的问题，而且可以将原来堆放在外面的各种材料放在院内，此外，还有了适当的露天操作场地。

（五）结合地形地质，因地制宜布置

建厂地区的自然地形和地质条件对总平面布置影响较大，尤其是复杂的地形条件对建（构）筑物的布置、铁路专用线的布设和场地平整的土石方量会产生很大的影响。地质构造的优劣、地耐力的高低等条件，直接影响厂区各主要建（构）筑物的布置。

（1）利用自然地形。总平面布置须密切结合场地不同的自然地形，选择相应的总平面布置形式。例如：场地狭长时，可布置成两列式或一列式；场地宽度较大时，则可选用三列式或四列式；地形十分复杂时，可依山就势，灵活布置，不拘泥于某种固有的模式。在山区建厂，应尽量避免大开大挖，削坡不能太大，以防破坏山体平衡，造成大面积滑坡。主厂房等主要建（构）筑物的长轴一般沿自然等高线布置，以减少土石方工程量和避免高填深挖，以及减少基础埋置深度。在地形复杂的地段，尚可根据地形特征适当改变建（构）筑物的外形，将其合并或分成几座。依照自然地形合理地进行平面和竖向布置，尽量减少土石方工程量并达到填挖方平衡，以减少取土或弃土占地，也是节约用地的一项措施。

总平面布置不仅要适应地形，还要注意利用自然地形，这在冷却设施、输煤设施和主厂房布置中有较多的实践经验，如输煤设施利用地形高差缩短输送距离和降低输送高度等。

（2）利用地质条件。总平面设计要对厂区的工程地质和水文地质做全面的了解，并应注意各主要建（构）筑物对工程地质和水文地质的不同要求，选择场地工程地质和水文地质相对有利的地段，尽量减少基础工程的投资，以确保安全运行。荷重较大的是主厂房、烟囱和冷却水塔等，这些基础荷重较大的厂房和设备应尽量布置在土层均匀、地基承载力较大的地段。地下卸煤沟、主厂房、循环水泵房等地下设施较深的建（构）筑物，宜布置在地下水位较深的地段。主要生产建（构）筑物的位置要避开断层、溶洞，以及可能发生滑坡、崩塌等不良地质构造的地段。

在地震区，更应注意场地和地基的选择。场地地基的好坏，可使地震基本烈度相差1～2度。主要车间应尽量选择在对建筑物抗震有利的地段，宜避开不利地段，尤其不应布置在危险地段。对建筑物抗震有利的地段，一般是指稳定的岩石、坚实均匀的稳定土、地形开阔平坦或平缓坡地等。对建筑物抗震不利的地段，一般是指饱和松砂、软塑至流塑的轻亚黏土、淤泥和淤泥质土、冲填土和松软的人工填土以及复杂地形等。对建筑物抗震危险的地段，一般是指发震断层的邻近地带和地震时可能发生滑坡、山崩、地陷等地段。

湿陷性黄土地区，主厂房等主要建（构）筑物应尽量布置在排水畅通或地基土具有相对较小湿陷量的地段。

（六）符合防火规定，确保安全生产

为了保障发电厂在长期运行中安全满发，总平面布置应严格执行GB 50016《建筑设计防火规范》的有关规定。总图设计人员要全面了解全厂各建（构）筑物在生产或贮存物品的过程中各自的火灾危险性及其应达到的耐火等级，保证建（构）筑物、仓库和其他设施之间的防火距离。为了防止火灾和爆炸事故的蔓延和扩大，在总平面布置中，应本着预防为主的原则，采取必要的措施。

1. 火灾危险性分类

火灾危险性不同的生产厂房和库房，在总平面布置中的要求也不同。按照生产过程中使用、加工物品（或物品在贮存过程中）的火灾危险性，生产厂房和库房均分为五类。发电厂各建筑物在生产过程中的火灾危险性分类及其最低耐火等级应按表3-1～表3-3执行。

表3-1 主要生产建（构）筑物在生产过程中的火灾危险性分类及其最低耐火等级

序号	建筑物名称	生产过程中火灾危险性分类	最低耐火等级
1	主厂房	丁	二级
2	联合循环发电机组房	丁	二级
3	余热锅炉	丁	二级
4	引风机室	丁	二级
5	除尘构筑物	丁	二级
6	烟囱	丁	二级
7	空冷凝汽器平台	戊	二级
8	脱硫工艺楼、石灰石制浆楼、石灰石制粉楼、石膏库	戊	二级
9	脱硫控制楼	丁	二级
10	吸收塔	戊	三级
11	增压风机室	戊	二级
12	屋内卸煤装置	丙	二级
13	碎煤机室、运煤转运站及配煤楼	丙	二级
14	封闭式运煤栈桥、运煤隧道	丙	二级
15	干煤棚、解冻室、室内贮煤场、封闭煤场、筒仓、秸秆仓库	丙	二级
16	破碎室、运料栈桥、活底料仓、汽车卸料沟	丙	二级
17	输送不燃烧材料的转运站、栈桥	戊	二级
18	点火油罐和供、卸油泵房及栈台（柴油、重油、渣油）、油处理室	乙	二级
19	电气控制楼（主控制楼、网络控制楼）、继电器室	丙	一级
20	屋内配电装置楼（内有每台充油量大于60kg的设备）	丙	二级
21	屋内配电装置楼（内有每台充油量小于或等于60kg的设备）	丁	二级

续表

序号	建筑物名称	生产过程中火灾危险性分类	最低耐火等级
22	屋外配电装置	丙	二级
23	油浸变压器室	丙	一级
24	总事故贮油池	丙	一级
25	岸边水泵房、循环水泵房	戊	二级
26	灰浆、灰渣泵房	戊	二级
27	灰库	戊	三级
28	生活、消防水泵房、综合水泵房	戊	二级
29	稳定剂室、加药设备室	戊	二级
30	取水建（构）筑物	戊	二级
31	冷却塔	戊	三级
32	化学水处理室、循环水处理室	戊	二级
33	天然气调压站	甲	二级
34	露天贮煤场	丙	—
35	电解制氯间	丁	二级

注 1 除本表规定的建（构）筑物外，其他建（构）筑物的火灾危险性及耐火等级均应符合 GB 50016《建筑设计防火规范》的有关规定，火灾危险性应按火灾危险性较大的物品确定。

2 电厂点火用油闪点不小于 60℃时，点火油罐和供、卸油泵房及栈台（柴油、重油、渣油）、油处理室的火灾危险性应为丙类；当油处理室处理原油时，火灾危险性应为甲类。

表 3-2 辅助厂房在生产过程中的火灾危险性分类及其最低耐火等级

序号	建筑物名称	生产过程中火灾危险性分类	最低耐火等级
1	启动锅炉房	丁	二级
2	空气压缩机室（有润滑油）	丁	二级
3	供热首站	丁	二级
4	柴油发电机房	丙	二级
5	热工、电气、金属实验室	丁	二级
6	检修维护间	戊	二级
7	润滑油贮油箱间	丙	二级
8	天桥	戊	二级
9	电缆隧道	丙	二级
10	雨水、污水、废水泵房	戊	二级
11	制氢间、供氢间	甲	二级

续表

序号	建筑物名称	生产过程中火灾危险性分类	最低耐火等级
12	污水、废水处理构筑物	戊	二级
13	泡沫室	戊	二级
14	再生水深度处理构筑物	戊	二级
15	推煤机库	丁	二级
16	尿素制备及储存间	丙	二级
17	氨水储罐	丙	—
18	液氨储罐	乙	—
19	氨区控制室	丁	二级
20	卸氨压缩机室	乙	二级
21	氨气化间	乙	二级

注 1 除本表规定的建（构）筑物外，其他建（构）筑物的火灾危险性及耐火等级均应符合 GB 50016《建筑设计防火规范》的有关规定。

2 表中的泡沫室内仅设置泡沫比例混合装置、泡沫液储罐，不包括泡沫消防水泵或泡沫混合液。

3 尿素制备及储贮间采用水解时应为乙类。

表 3-3 附属建筑物在生产过程中的火灾危险性分类及其最低耐火等级

序号	建筑物名称	生产过程中火灾危险性分类	最低耐火等级
1	生产行政综合楼	—	二级
2	特种材料库	丙	二级
3	一般材料库	戊	二级
4	材料库棚	戊	二级
5	机车库	丁	二级
6	汽车库	丁	二级
7	消防车库	丁	二级
8	食堂、浴室	—	二级
9	招待所和宿舍	—	二级
10	警卫传达室	—	二级
11	非机动车停车棚	—	四级

注 1 当特种材料库储存氢、氧、乙炔等气瓶时，火灾危险性按储存火灾危险性较大的物品确定。

2 除本表规定的建（构）筑物外，其他建（构）筑物的火灾危险性及耐火等级均应符合 GB 50016《建筑设计防火规范》的有关规定。

燃煤发电厂各建筑物的防火分区应满足下列要求：

（1）主厂房地上部分防火分区的最大允许建筑面

积为：600MW 级及以下机组不应大于 6 台机组的建筑面积；600MW 级以上机组、1000MW 级机组不应大于 4 台机组的建筑面积；其地下部分不应大于 1 台机组的建筑面积。

（2）当屋内卸煤装置的地下部分与地下转运站或运煤隧道连通时，其防火分区的最大允许建筑面积不应大于 3000m²。

（3）每座室内贮煤场最大允许占地面积不应大于 50000m²。每个防火分区面积不宜大于 12000m²；当防火分区面积大于 12000m² 时，防火分区之间应采用宽度不小于 10m 的通道或高度大于堆煤表面高度 3m 的防火墙进行分隔。

2. 厂区总平面布置防火要求

厂区应划分重点防火区域。重点防火区域的划分及区域内的主要建（构）筑物如表 3-4 所示。

表 3-4　重点防火区域划分及区域内的主要建（构）筑物

重点防火区域	区域内主要建（构）筑物
主厂房区	主厂房（汽机房、除氧间、煤仓间、锅炉房）、集中控制楼、除尘器、引风机室、烟囱、脱硫装置、靠近汽机房的各类油浸变压器、变压器事故油池
配电装置区	配电装置的带油电气设备、网络控制楼或继电器室
点火油罐区	卸油铁路、栈台（或卸油码头）、供卸油泵房、储油罐、含油污水处理站
贮煤场区	贮煤场、转运站、卸煤装置、运煤隧道、栈桥、筒仓
氢站区	制（供）氢站、贮氢罐
液氨区	液氨储罐、配电间
天然气调压站区	天然气调压站、配电间
消防水泵房区	消防水泵房、蓄水池
材料库区	一般材料库、特殊材料库、材料棚库

厂区总平面布置应符合下列要求：

（1）主厂房区、点火油罐区、氢站区、液氨区、贮煤场区以及天然气调压站区周围应设置环形消防车道，其他重点防火区域周围宜设置消防车道。消防车道可利用交通道路。当山区及扩建燃煤电厂的主厂房区、点火油罐区、液氨区及贮煤场区周围设置环形消防车道有困难时，可沿长边设置尽端式消防车道，并应设回车道或回车场。回车场的面积不应小于 12m×12m；供大型消防车使用时，不应小于 18m×18m。

（2）重点防火区域之间的电缆沟（电缆隧道）、运煤栈桥、运煤隧道及油管沟应采取防火分隔措施。

（3）消防车道的净宽度不应小于 4.0m，坡度不宜大于 8%。道路上空遇有管架、栈桥等障碍物时，其净高不宜小于 5.0m，在困难地段不应小于 4.5m。

（4）厂区的出入口不应少于 2 个，其位置应便于消防车出入。

（5）厂区围墙内的建（构）筑物与围墙外其他建（构）筑物的间距，应符合 GB 50016《建筑设计防火规范》的有关规定。

（6）消防站的布置应符合下列规定：

1）消防站应布置在厂区的适中位置，避开主要人流道路，保证消防车能方便、快速地到达火灾现场。

2）消防站车库正门应朝向厂区道路，距厂区道路边缘不宜小于 15.0m。

（7）油浸变压器与汽机房、燃机厂房、屋内配电装置楼、主控楼、集中控制楼及网控楼的间距不应小于 10m。

（8）厂区采用阶梯式竖向布置时，可燃液体储罐区不宜毗邻布置在高于全厂重要设施或人员集中场所的台阶上。确需毗邻布置在高于上述场所的台阶上时，应采取防止火灾蔓延和可燃液体流散的措施。

（9）点火油罐区的布置应符合下列规定：

1）应单独布置。

2）点火油罐区四周应设置 1.8m 高的不燃烧体实体围墙；当利用厂区围墙作为点火油罐区的围墙时，该段厂区围墙应为 2.5m 高的实体围墙。

3）点火油罐区的设计应符合 GB 50074《石油库设计规范》的有关规定。

（10）制（供）氢站的布置应符合下列规定：

1）宜布置为独立建（构）筑物。

2）制（供）氢站四周应设置不低于 2.5m 高的不燃烧体实体围墙。

3）制（供）氢站的设计应符合 GB 50177《氢气站设计规范》的有关规定。

（11）液氨区的布置应符合下列规定：

1）应单独布置在通风条件良好的厂区边缘地带，避开人员集中活动场所和主要人流出入口，并宜位于主要生产设备区全年最小频率风向的上风侧。

2）应设置不低于 2.2m 高的不燃烧体实体围墙；当利用厂区围墙作为液氨区的围墙时，该段围墙应采用不低于 2.5m 高的不燃烧体实体围墙。

3）液氨储罐应设置防火堤，防火堤的设置应符合 GB 50016《建筑设计防火规范》及 GB 50351《储罐区防火堤设计规范》的有关规定。

（12）天然气调压站的布置应符合 DL/T 5174《燃气-蒸汽联合循环电厂设计规定》的有关规定。

（13）厂区管线与电力线路的综合布置应符合下列规定：

1）甲、乙、丙类液体管道和可燃气体管道宜架空敷设；沿地面或低支架敷设的管道不应妨碍消防车的通行。

2）甲、乙、丙类液体管道和可燃气体管道不得穿过与其无关的建(构)筑物、生产装置及储罐区等。

3）架空电力线路不应跨越用可燃材料建造的屋顶及甲、乙类建（构）筑物；不应跨越甲、乙、丙类液体储罐区及可燃气体储罐区。

（14）厂区内建（构）筑物、设备之间的防火间距不应小于 GB 50229—2018《火力发电厂与变电站设计防火规范》表 4.0.15 的规定；高层厂房之间及与其他厂房之间的防火间距，应在表 4.0.15 规定的基础上增加 3m。

（15）甲、乙类厂房与重要公共建筑的防火间距不宜小于 50m。

（16）当同一座主厂房呈凵形或Ш形布置时，相邻两翼之间的防火间距应符合 GB 50016《建筑设计防火规范》的有关规定。

（17）厂区内建（构）筑物、设备之间的最小间距不应小于表 3-5（见文后插页）的规定。

在执行表 3-5 的同时，还应遵守下列规定：

1）两座厂房相邻较高的一面外墙为防火墙，或相邻两座高度相同的一、二级耐火等级建筑中的相邻任一侧外墙为防火墙，且屋顶的耐火极限不小于 1h，其最小间距不限，但甲类厂房之间不应小于 4m。

2）两座丙、丁、戊类建筑物相邻两面的外墙均为非燃烧体且无外露的燃烧体屋檐，当每面外墙上的门窗洞口面积之和各不超过该外墙面积的 5%，且门窗洞口不正对开设时，其间距可减少 25%。

3）甲、乙类厂房与民用建筑（单、多层）之间的最小间距不应小于 25m；距重要的公共建筑，甲类厂房的最小间距不应小于 50m，乙类厂房的最小间距不宜小于 50m。

4）单、多层戊类厂房之间的间距，可按表 3-5 中的规定值减少 2m。

5）两座一、二级耐火等级厂房，当相邻较低一面外墙为防火墙，且较低一座厂房的屋顶无天窗，屋盖耐火极限不低于 1h 时，或当相邻较高一面外墙的门窗等开口部分设有甲级防火门、窗或防火分隔水幕或按相应要求设有防火卷帘时，其防火间距可适当减少，但甲、乙类厂房不应小于 6m，丙、丁、戊类厂房不应小于 4m。

6）数座耐火等级不低于二级的厂房（除高层厂房和甲类厂房外），其火灾危险性为丙类，占地面积总和不超过 8000m^2（单层）或 4000m^2（多层），或丁、戊类不超过 10000m^2（单、多层）的建筑物，可成组布置，组内建筑物之间的距离：当高度不超过 7m 时，不应小于 4m；超过 7m 时，不应小于 6m。

组与组或组与相邻建筑的最小间距，应根据相邻两座中耐火等级较低的建筑，按表 3-5 执行。

7）油浸变压器与汽机房、燃机厂房、屋内配电装置楼、主控楼、集中控制楼及网控楼的间距不应小于 10m。

当变压器外轮廓投影范围外侧各 3m 内的上述建筑物外墙为防火墙，在上述防火墙上无门、窗、洞口和通风孔时，其间距可小于 5m；在上述防火墙上设有甲级防火门，变压器高度以上设有防火窗时，其间距不应小于 5m。

油浸变压器与其他丙、丁、戊类建筑物（除民用建筑外）之间的距离应满足表 3-5 的相应要求。若场地条件困难，当丙、丁、戊类建筑物与变压器外轮廓投影范围外侧各 3m 内的外墙上为防火墙，同时设置甲级防火门，变压器高度以上设防火窗时，其间距可适当减少，但不应小于 5m。

屋外油浸变压器之间的间距由安装工艺确定。

8）架空高压电力线边导线在考虑最大计算风偏影响后，边导线与丙、丁、戊类建（构）筑物的最小净空距离：110kV 为 4m，220kV 为 5m，330kV 为 6m，500kV 为 8.5m，750kV 为 11m，1000kV 为 15m。高压输电线不宜跨越永久性建筑物，当必须跨越时，架空高压电力线应考虑最大计算弧垂情况，导线与建筑物的最小垂直距离：110kV 为 5m，220kV 为 6m，330kV 为 7m，500kV 为 9m，750kV 为 11.5m，1000kV 为 15.5m。同时应对建筑物屋顶采取相应的防火措施。

架空高线与甲类厂房、甲类仓库、可燃材料堆垛，甲、乙类液体储罐，可燃、助燃气体储罐的最小水平距离不应小于杆塔高度的 1.5 倍，与丙类液体储罐的最小水平距离不应小于杆塔高度的 1.2 倍。

9）直接空冷凝汽器平台与机械通风冷却塔的净距不宜小于空冷平台和机械通风冷却塔进风口高度之和；直接空冷凝汽器平台与自然通风间接冷却塔的间距，宜通过模型试验研究确定其相对位置关系。

10）冷却塔与燃煤电厂主厂房之间的距离不宜小于 50m，在改、扩建厂及场地困难时可适当缩减。当采用自然通风湿式冷却塔，且淋水面积在 3000m^2 及以下时，其间距不宜小于 24m；3000～11000m^2 时，其间距不宜小于 35m；大于或等于 11000m^2 时，其间距不宜小于 45m。机械通风冷却塔与燃煤电厂主厂房的间距不宜小于 35m。

11）封闭贮煤场与自然通风冷却塔的间距不宜小于 40m，场地困难时可适当缩减。当采用自然通风湿式冷却塔时，其间距不应小于 30m。当圆形煤场与自然通风冷却塔间距小于 40m 时，应考虑两者结构上的干扰影响；与机械通风冷却塔的间距不应小于塔进风口高度的 2 倍，且不宜小于 20m。

12）冬季采暖室外温度在 0℃以上的地区，机械通风湿式冷却塔与屋外配电装置和道路之间的距离应按表 3-5 中数值减少 25%；小型机械通风冷却塔与相邻设施之间的间距可适当减少，但不得小于 4 倍进风口高度。

13）直接空冷凝汽器平台和运煤栈桥下方布置建（构）筑物时，应满足 GB 50229《火力发电厂与变电所设计防火规范》的有关规定。

14）管道支架柱或单柱与道路边的净距不应小于 1m。

15）厂内道路边缘至厂内铁路中心线间距不应小于 3.75m。

16）总事故贮油池至火灾危险性为丙、丁、戊类生产建（构）筑物（一、二级耐火等级）的距离不应小于 5m，至生活建筑物（一、二级耐火等级）的距离不应小于 10m。

17）A 排外露天贮油箱防火间距按变压器防火间距考虑。

18）泡沫室与储油罐的防火间距不应小于 20m。

19）与厂区围墙外相邻建筑的间距应满足相应建筑的防火间距要求。

20）秸秆堆场与明火或散发火花地点的最小间距应按表 3-5（见文后插页）中四级耐火等级建筑物的相应规定增加 25%。

21）天然气放空管排放口与其他建（构）筑物的防火间距应满足 GB 50183《石油天然气工程设计防火规范》的有关规定。

发电厂各建（构）筑物最小间距的计算方法为：

a. 建筑物之间的计算间距应按相邻建筑外墙的最近水平距离计算，当外墙有凸出的可燃或难燃构件时，应从其凸出部分外缘算起。

建筑物与储罐、堆场的最小间距，应为建筑外墙至储罐外壁或堆场中相邻堆垛外缘的最小水平距离。

b. 储罐之间的计算间距应为相邻两储罐外壁的最小水平距离。

储罐与堆场的计算间距应为储罐外壁至堆场中相邻堆垛外缘的最小水平距离。

c. 堆场之间的计算间距应为两堆场中相邻堆垛外缘的最小水平距离。

d. 变压器之间的防火间距应为相邻变压器外壁的最小水平距离。

变压器与建筑物、储罐或堆场的防火间距应为变压器外壁至建筑外墙、储罐外壁或相邻堆垛外缘的最小水平距离。

e. 建筑物、储罐或堆场与道路、铁路的最小间距应为建筑外墙、储罐外壁或相邻堆垛外缘距道路最近一侧路边或铁路中心线的最小水平距离。

f. 建筑物、储罐或堆场与汽车罐车装卸设施的最小间距应为建筑外墙、储罐外壁或相邻堆垛外缘距汽车罐车装卸作业时鹤管或软管管口中心的最小水平距离。

（七）注意风象朝向

总平面布置与风象有密切的关系，而风象对建筑物的朝向和防火安全以及环境保护等方面均有重要的作用，在设计中不容忽视。

1. 风象概述

在总平面布置中所考虑的风象问题，可理解为是风向频率、风速和污染系数的总称。

全国数以百计的大中城市的风向资料和风玫瑰图表明，我国大部分地区属季风气候区，一般全年多有 2 个风向频率大体相等；风向基本相反的盛行风向，随季节不同，有规律地变换，交替起主导作用。因此，总平面布置考虑风向条件时，必须注意到季风气候这个特点，对风玫瑰图要进行具体分析，根据建（构）筑物布置的不同要求及相互间的不利影响，分别按季节、常年的盛行风向和最小频率风向考虑布置。

盛行风向是指建厂地区一定期间风向频率最多的风向。如出现 2 个或 2 个以上方向不同，但风频均较大而又相当的风向，则都可视为盛行风向。它是总体规划和总平面布置中考虑风向因素的基本指标。

此外，还要注意局部地区性的风，如山区的山谷风，大的江、湖、河、海附近的水陆风等。在山区和高原的边缘地区，天气晴朗时，白天，山谷底受太阳辐射比山顶和山坡少，谷底的气温比山坡上的低，风从山谷沿山坡向上吹；夜晚，山顶和山坡散热比谷底快，山顶和山坡上的气温比谷底的低，冷空气由山坡向下流向谷底，这就形成了山谷风。在海滨和湖滨，因为水的导热率和比热容都比陆地大，因而水温的变化比陆地小，白天水面升温比陆地慢，即水面上的气温比陆地上的低，空气就从水面流向陆地；夜晚陆地散热比水快，即陆地上的气温比水面上的低，空气由陆地上流向水面，这就形成了水陆风。另外还有因山岭、树林的阻挡和导流而形成的地方风和山垭风、山沟风等。

对于封闭的盆地，因四周群山屏障，静风频率往往很高。我国位于山间河谷且静风频率超过 30%的城市占较大比例，有些地区甚至超过 50%，如遵义 52%、承德 54%、宜昌 56%、延安 58%、兰州 62%、万县 66%、恩施 75%等。这些高静风频率在风向玫瑰图上反映不出来，往往被忽视。

对上述各种风向特点，在总平面布置中应引起注意。总之，在总平面设计中，应充分研究当地风向，除应收集当地气象台站的观测资料外，尚须结合该地区的自然条件，进行综合分析，注重实地调查，掌握当地盛行风向的规律，使各建（构）筑物的布置真正适应建厂地区的风向条件。

有害气体和微粒的污染不仅受风向影响，且与风速直接相关。风速越大，稀释能力越强，来自上风方向的有害物质将很快被带走或扩散，从而使下风方向的污染程度减少，使有害气体和尘埃的浓度降低。也就是说，发电厂生产过程中产生的有害气体和微粒对大气的污染程度与风向频率成正比，与风速成反比。为了综合表示某一方向的风向和风速对其下风地区污染影响的程度，可用污染系数（或称烟污强度系数、卫生防护系数）表示，污染系数计算见式（3-1）：

污染系数=风向频率/同一方向的平均风速（3-1）

按式（3-1）分别计算出各风向的污染系数，并可绘成污染系数玫瑰图。其使用方法与风向玫瑰图相同。

2. 合理利用风象，减少污染危害

发电厂在生产过程中会散发有害物质，如烟囱排放的有害气体和微粒，煤场因风力和设备运行时搅动煤块引起的煤灰，某些煤种在堆放中由于自燃产生的有害气体，酸、碱、燃油等液体卸车或贮存时泄漏的有害气体，化学水处理所需石灰等散状物品在卸车时扬起的尘埃，冷却设施逸出的水滴和蒸发的水蒸气等。这些有害物质可能因为风的作用而扩散，造成更大范围的污染，也可能由于风的稀释作用而减轻有害影响。因此，在布置烟囱、煤场、酸碱库以及冷却设施等散发有害物的建筑物时，应深入研究当地的风象。

散发有害气体、粉尘的车间，应布置在其他生产车间，特别是精密仪表车间、生产（工作）人员集中的建筑和生活居住建筑盛行风向的下风侧；若常年存在2个风频大体相等、风向基本相反的盛行风向地区，应按影响较严重的季节盛行风向或最小频率风向来决定其布置方位。如冷却设施散发的水汽冬季危害较大，则应布置在屋外配电装置等主要生产建筑物季节盛行风向的下风侧；煤场的煤灰，常年都有有害影响，故应布置在冷却池等建（构）筑物最小频率风向的上风侧。在静风频率比较大的地区，考虑的问题应有所不同。所谓静风，是指小于1.0m/s的风速，故静风可理解为很微弱的风。在静风频率较大的地区，也应使建（构）筑物在风向上处于合理的位置，但在静风频率较大的地区，仅注意风向是不全面的，因为在静风条件下，往往伴随着逆温，污染浓度会增加，扩散范围会相对减少。所以布置时要使污染源相对集中，并与其他建筑物保持较大的距离。煤场等由于风力扬起的飘尘造成的污染，在静风条件下则会减轻。

在山区，面向盛行风向的山坡称为迎风坡，反之称为背风坡。迎风坡一侧的车间排出的气体和微粒可以顺风扩散，而背风坡一侧排出的有害气体和微粒不仅不易扩散，且由于越山风造成山背后的涡流，把从山坡向上吹的物质带向地面造成污染，尤其在风向与山脊垂直时最为严重（见图3-1）。在这种情况下，对烟气抬升高度和扩散以及冷却塔的冷却效果均有影响。因此，发电厂的烟囱、冷却塔宜离开背山坡一段距离布置，具体脱开距离宜根据模型试验结果确定。如某电厂的冷却塔靠近山体布置较近，调研中了解到，对冷却塔的冷却效果影响很大，影响了汽轮发电机的出力。

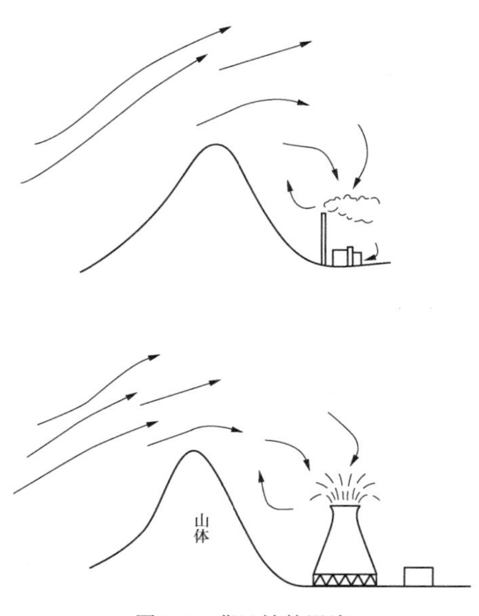

图3-1　背风坡的涡流

3. 风向与防火安全

风向对于防火安全有重要的作用。在总平面布置中，通常应根据风向来选择并决定易燃、易爆生产装置与其他建筑（特别是散发火花和明火的车间）之间的位置，以防止火灾的发生和蔓延。在常年盛行风向比较固定的地区，发电厂的氢气站、燃油设施等易燃、易爆车间应布置在散发火花和明火地点盛行风向的上风侧，并位于主要建（构）筑物和生活居住建筑的下风侧。在存在2个风向频率大体相等、风向相反或最小风频比较明显的地区，火灾危险性较大的建（构）筑物、堆场或使用明火作业的车间，应布置在厂区主要建（构）筑物最小频率风向的上风侧。

4. 朝向与通风

发电厂建筑物的朝向应根据厂区的地理位置和气象条件，并考虑建筑物的使用要求和建筑特点等综合因素确定。应尽量使主要建筑物具有良好的自然采光和自然通风，并尽可能避免西晒。我国大部分城镇处于北半球中低纬度地区，从自然采光和过度日晒的角度看，建筑物宜坐北朝南，全国部分地区建筑朝向选择可参见表3-6。

表 3-6　　全国部分地区建筑朝向

地区	最佳朝向	适宜朝向	不宜朝向
北京地区	南偏东 30°以内 南偏西 30°以内	南偏东 45°范围内 南偏西 45°范围内	北偏西 30°～60°
上海地区	南至南偏东 15°	南偏东 30° 南偏西 15°	北、西北
石家庄地区	南偏东 15°	南至南偏东 30°	西
太原地区	南偏东 15°	南偏东到东	西北
呼和浩特地区	南至南偏东 南至南偏西	东南、西南	北、西北
哈尔滨地区	南偏东 15°～20°	南至南偏东 15° 南至南偏西 15°	西、西北、北
长春地区	南偏东 30° 南偏西 10°	南偏东 45° 南偏西 45°	北、东北、西北
沈阳地区	南、南偏东 20°	南偏东至东 南偏西至西	东北东至西北西
济南地区	南、南偏东 10°～15°	南偏东 30°	西偏东 5°～10°
南京地区	南偏东 15°	南偏东 25° 南偏西 10°	西、北
合肥地区	南偏东 5°～15°	南偏东 15° 南偏西 5°	西
杭州地区	南偏东 10°～15° 北偏东 6°	南、南偏东 30°	北、西
福州地区	南、南偏东 5°～10°	南偏东 20°以内	西
郑州地区	南偏东 15°	南偏东 25°	西北
武汉地区	南偏西 15°	南偏东 15°	西、西北
长沙地区	南偏东 9°左右	南	西、西北
广州地区	南偏东 15° 南偏西 5°	南偏东 22°30′ 南偏西 5°至西	
南宁地区	南、南偏东 15°	南、南偏东 15°～25° 南偏西 5°	东、西
西安地区	南偏东 10°	南、南偏西	西、西北
银川地区	南至南偏东 23°	南偏东 34° 南偏西 20°	西、北
西宁地区	南至南偏西 30°	南偏东 30°至南偏西 30°	北、西北
乌鲁木齐地区	南偏东 40° 南偏西 30°	东南、东、西	北、西北
成都地区	南偏东 45°至南偏西 15°	南偏东 45°至东偏北 30°	西、北
昆明地区	南偏东 25°～56°	东至南至西	北偏东 35° 北偏西 35°
拉萨地区	南偏东 10° 南偏西 5°	南偏东 15° 南偏西 10°	西、北
重庆地区	南、南偏东 10°	南偏东 15° 南偏西 5°、北	东、西
厦门地区	南偏东 5°～10°	南偏东 22°30′ 南偏西 10°	南偏西 25° 西偏北 30°

从有利于通风的角度考虑，建筑物宜朝向夏季盛行风向，建筑物的迎风面同盛行风向的夹角：单独的或在坡地上的建筑物最好在 90°左右；平地建筑群的建筑物最好在 30°～60°。这样，风能自由地吹进建筑群里，使

所有建筑物皆可获得较好的通风条件。

当建筑朝向不能同时满足日照和通风要求时，应根据两者中对生产影响较大的因素予以确定，并采取措施，减少和限制另一方面的不利影响，如从建筑平面、剖面以至建筑细部、绿化等方面进行处理。在北方严寒或风沙较大的地区，建筑物要避免面向有害且经常重复的风向，如大风雪等方向。

建筑物间的距离除满足防火要求外，尚要保证后一幢建筑物的通风条件和必要的日照时数，这对分别处于南方炎热地区和北方寒冷地区的建筑尤为重要。

5. 环境噪声的控制

随着工业和环境保护事业的发展，工业噪声所造成的环境危害日益引起人们的重视。在所有工业噪声中，发电厂的噪声是比较严重的。尤其是主厂房的噪声，可影响到百米以外的环境。高压锅炉排气声的影响范围甚至可达几公里。因此，总平面布置应在力所能及的范围内设法减少噪声的危害。

发电厂环境噪声影响的控制主要依靠改进工艺，如研制和选择精度高、噪声低的设备以及增设消音器等，才能有效地减少环境噪声的影响。

总平面布置中控制环境噪声的措施有：

（1）分类集中。根据发电厂环境噪声的传播特点，对带噪声源的建筑物和有防噪声要求的建筑物，在不妨碍工艺布置的条件下，宜分类集中布置。发电厂带声源建筑与防噪声建筑的分类见表 3-7。

表 3-7　发电厂带声源建筑与防噪声建筑分类

建筑类别	声源与防噪声	分类标准或所属建筑物
带声源建筑	带强噪声源	声源噪声值在 90～115dB
	带一般噪声源	声源噪声值在 80～90dB
防噪声建筑	严格防噪声	主控制室、集中控制室、通信室、总机室、计算机室、值班宿舍等
	一般防噪声	办公室、会议室、化验室、医务室等

强噪声源建筑宜集中布置在对安静区域影响较小的地段，如常年盛行风的下风侧，有密集的树林作屏障和低洼处等。对防噪声要求较严格的建筑物宜布置在常年盛行风向的上风侧或侧风向，在强噪声源建筑和要求安静的建筑之间，可布置对安静要求不高的或低噪声源建筑。

（2）适当加大间距，变换建筑物布置方位。

（3）避免正对噪声源，要求安静的建筑物门、窗沿口避免正对强噪声源，减少窗洞面积数量。

（4）利用比较集中的绿化区降低噪声。

（八）交通运输方便，避免迂回重复

交通运输方式的选择和线路布置是否合理，直接影响基建投资的经济性和运行的安全性。因此，发电厂厂内外铁路、道路、水运码头的布置应根据近远期规模、运输量，并结合总平面布置的要求，进行统一考虑。

当采用铁路时，铁路与厂内主要道路应尽量避免交叉。在危及行车安全、运输量大、人流密度大时，可设立体交叉。

厂内各生产区域宜用道路加以划分，并注意满足各建（构）筑物之间的货流、人流和消防要求。运输线路要简捷，要避免迂回重复。

进厂主出入口和食堂、办公楼等人流集中的出入口附近宜设有一定面积的活动广场。进厂主干道和厂内主要道路应合理划分人流、车流的行走路线，尽可能避免相互干扰。

（九）建筑群体组合，整齐美观协调

总平面布置的艺术处理是应该把发电厂作为一个整体来对待，重点解决全厂的远视轮廓、厂区的空间组织和厂区建筑群体的协调等问题。

远视轮廓必须寻求人们来往最为频繁，最容易看到并引起注目，以及在现存的或规划中有较高观瞻要求的方向，来改善人们的视觉感受。为了解决好远视轮廓，一是要将电厂的主体建筑（主厂房）充分暴露，以完整地反映发电厂的巨大规模和宏伟形象；二是要将高大的冷却塔、烟囱和主厂房的相对位置选择恰当，减少相互重叠，增加天际线的起伏变化，并使相互间及其本身或前后期配合协调；三是远视轮廓与周围环境、地形地貌的有机配合。

空间组织是以建（构）筑物为主体，并通过建筑群体的组织和间距的选择、道路广场的布置、主要道路的对景、视觉间距以及绿化、美化设施等的布置，从立体上处理好空间组织。

建筑群体的协调是指厂内各建（构）筑物建筑形象的统一和变化的关系问题。因各建筑物的功能不同，其形式不能强求一致，但要求做到“主调统一”和“配调灵活”。

（十）有利检修维护，方便生活管理

根据我国各个发电厂的运行管理习惯，生产检修人员及其活动占有相当的比重。生产检修使用的建（构）筑物种类繁多，占地面积大，如处理不当，往往影响全厂总平面布置的合理性，甚至造成不安全的现象。

汽机、锅炉、电气、燃运、化学等分场的检修间原则上应尽可能地布置在有关生产建筑物内，如确有困难，可在个别分场附近单设或在主厂房附近设置综合检修楼。发电厂一般不设变压器修理间，但应为变压器就地或在其附近检修留有必要的场地和检修时增设封闭设施的可能。燃煤电厂单机容量为 300MW 及以上的机组，在炉后与除尘器之间应设置单车检修道路，并设置必要的检修场地和操作场地。

第二节 建(构)筑物的平面布置

发电厂的总平面布置包括主厂房区、配电装置区、冷却设施区、贮煤及卸煤场区、脱硫及脱硝设施区、点火油罐区、污水及废水处理区、化学水处理区、各辅助及附属设施等。

一、主厂房区

主厂房是发电厂中最主要的生产车间，其他生产车间均与主厂房有密切的联系，在满足防火、防护间距要求的条件下，均力求接近主厂房。在进行厂区总平面布置时，应根据工程的具体条件，正确确定主厂房的位置，综合考虑生产流程、自然条件、施工和扩建等各方面的因素，处理好与其他各主要生产建筑和辅助、附属建筑的关系。

主厂房位置选择应符合下列原则：

（1）应适应电力生产工艺流程的要求，为发电厂的安全运行和检修维护创造良好的条件，四周道路通畅，与外部管线连接短捷。

（2）主厂房区域布置应根据总体规划要求，考虑扩建条件。对于扩建同类型机组，原则上主厂房不脱开，优先考虑与前一期主厂房的跨度保持一致。

（3）应注意厂区地形、设备特点和施工条件等影响，合理安排。如工期要求有2台及以上机组同时施工时，主厂房布置应具有平行连续施工的条件。

（4）主厂房宜布置在地层土性均匀、地基承载力较大的地段。

（5）当采用直流供水时，汽机房应靠近取排水口；当采用直接空冷系统时，主厂房方位应与直接空冷系统布置相协调。

（6）固定端宜朝向发电厂主人流方向或城镇。

（7）应使高压输电线出线方便。

（8）热电厂或自备电厂的主厂房宜靠近热、电负荷，避免供热管线从扩建端引出。

（一）燃煤电厂主厂房区

燃煤电厂主厂房区一般由汽机房、锅炉房、除氧间、煤仓间、除尘器、引风机室、烟囱及烟道等部分组成。本书对于主厂房区中的炉后设施区（如除灰、除渣、脱硫、脱硝等）有专门论述，本节主要对汽机房、锅炉房、除氧间、煤仓间的布置进行相关论述。

1. 主厂房工艺布置

燃煤火力发电厂主厂房按汽机房、除氧间、煤仓间、锅炉房顺序排列时，通常称为四列式布置形式；也有将除氧间与汽机房或煤仓间合并的，通常称为三列式布置形式；当煤仓间采用侧煤仓，同时不单独设置除氧间时，则称为两列式布置形式。

（1）汽机房及除氧间布置。汽轮发电机组布置在汽机房内，按机组纵轴线和主厂房纵轴线相对关系，可分为相互平行的纵向布置和相互垂直的横向布置两种形式。纵向布置的汽机房跨度较小，纵向长度较长，可在两台锅炉之间布置集中控制楼或侧煤仓。横向布置的汽轮机头部朝向锅炉，以缩短汽水管道的长度；汽机房横向跨度较大，纵向长度较短。

按同时布置在汽机房内两台机组布置方向的关系，可分为顺列和对称两种布置形式。两台汽轮发电机组头部方向一致或与所属辅助设备布置方向一致时，为顺列式布置；机组头部方向或与所属辅助设备布置方向对称时，为对称式布置。

我国火力发电机组绝大部分采用纵向顺列布置，也有少数电厂采用横向顺列布置和纵向对称布置。

根据工艺条件和结构要求，除氧间可单独设置或与汽轮机框架、煤仓间、锅炉合并考虑。对于采用汽泵的湿冷机组，采用卧式加热器时，可单独设除氧间；对于采用电泵的湿冷机组及空冷机组，采用立式加热器时，除氧器可布置在汽机房内，不单独设除氧间。另外，当采用侧煤仓时，也有项目将除氧器布置在锅炉钢架炉前第一跨内。

汽机房跨度及长度尺寸见表3-8。

表3-8 汽机房跨度及长度尺寸表 (m)

机组容量	汽机房跨度	除氧间跨度	汽机房长度	备注
300MW等级	27	8～9	136.5	设有除氧框架
	30	—	145.5	除氧框架取消，除氧器布置在汽机房运转层
600MW等级	26～30.6	8～9	151.5～171.5	设有除氧框架
	33～34	—		除氧框架取消，除氧器布置在汽机房运转层
1000MW	32	9.5～10	192.8～210	设有除氧框架

（2）煤仓间布置。煤仓间布置相对灵活，常见的有前煤仓、侧煤仓两种，也有外煤仓和内煤仓等形式。

1）前煤仓布置。前煤仓的布置优点是机炉控制、联系方便。燃烧系统设备布置比较紧凑，锅炉尾部烟道引出方便，符合工艺流程，利于安装和施工组织。但这种布置形式主厂房空间较大，A排与烟囱之间距离长。

对于CFB锅炉电站，主厂房布置形式通常按汽机房、除氧煤仓间、锅炉房顺列布置，在条件允许时，采用炉前柱与煤仓间柱合并的布置方式。

2）侧煤仓布置。侧煤仓布置是指煤仓间布置在锅炉一侧，国内采用最多的侧煤仓布置形式是将两台机组煤仓间集中布置在两炉之间。采用侧煤仓布置可以减小主厂房A排至烟囱的距离，机炉之间距离相对短，可有效减少四大管道的长度，有较好的经济性。但与传统的前煤仓布置形式相比，会给土建施工和安装及检修带来一定的困难。

目前我国侧煤仓布置形式采用较多的为独立侧煤仓和联合侧煤仓两种。

独立侧煤仓结构是完全独立的结构，有利于抗震。联合侧煤仓是将两炉间的煤仓间框架与锅炉钢框架一体化，煤仓间横向两侧与锅炉钢架连成整体，充分利用了锅炉钢架的结构刚度和钢架柱本体，使煤仓间和锅炉房的布置更为紧凑，减少建筑空间体积，节省了常规钢结构侧煤仓所需要的横向垂直支撑及煤仓间柱的钢材量，降低了造价。

主厂房侧煤仓布置形式多用于 300MW 及以上机组，工程设计中需根据锅炉形式及尺寸、磨煤机形式及尺寸、上煤方式、烟囱形式、施工机具布置、施工组织措施、施工进度等因素综合考虑。对于老厂改造、上大压小或场地受自然条件限制的工程，可以优先采用侧煤仓布置形式。

3）外煤仓及其他布置。外煤仓布置是将汽机房、除氧间、锅炉房、外煤仓顺列布置。外煤仓可以缩短机炉之间的距离及输煤栈桥和皮带的长度，制粉系统防爆门布置方便，但对于扩建机组，在布置上难以处理，增加了烟道和送粉管道的长度，且为避开空气预热器出口烟道，磨煤机需分别布置在空气预热器出口烟道两侧，增加了煤粉管道布置及磨煤机布置、检修的难度，所以较少采用。

近年来，随着工艺系统的不断优化，也有项目将空气预热器从锅炉房中拉出，同时取消常规意义上的煤仓间，将原布置在煤仓间内的磨煤机、煤斗、输煤皮带及相关制粉系统设备布置在锅炉钢架内，同时将除氧器、高压加热器也布置在炉前锅炉钢架内，主厂房仅剩锅炉房、汽机房及其偏屋，减少主厂房占地面积，节省烟风、煤粉及四大管道用量。

煤仓间跨度尺寸见表 3-9。

表 3-9　煤仓间跨度尺寸表　（m）

机组容量	前煤仓	侧煤仓（单跨）	侧煤仓（双跨）	联合侧煤仓
300MW 等级	11～12	15	2×12	16
600MW 等级	11～12	15.5～16	2×16	20～22
1000MW	13.5～16	20（按 3 跨 4 列柱）		

2. 主厂房工艺布置与总平面布置的关系

主厂房工艺布置与发电厂总平面布置有密切的关系。一方面，总平面布置要满足主厂房布置的要求；另一方面，主厂房布置也要适应总平面布置的有关条件。

一般情况下，主厂房布置主要是根据工艺生产过程本身的要求决定的，但在某些特定的情况下，也受总平面布置的影响，可根据总平面布置的需要进行调整。通常可以归纳为以下两个方面：

（1）主厂房内部各车间的组合。根据厂区布置及工艺要求，有时可将其他一些车间合并到主厂房中。主厂房与其他生产车间的合并具有一般联合建筑的性质，需符合联合建筑所应具备的条件，如生产上互相联系而又不致相互干扰影响等。

常见的是在汽机房的固定端布置生产办公楼、检修间、集中控制楼、热网首站等，在两炉之间布置集中控制楼，在除尘器场地与引风机室端部及烟道下布置空压机室、配电间等；也有将空压机布置在烟囱零米的空间内。也有的将化学水处理室、配电装置与汽机房合并布置在一起。

（2）根据厂区特点，适当调整主厂房平面布置。主厂房占地面积大，在满足工艺要求的情况下，力求整齐规则，采用合理的模块式布置。

当场地横向方向受限时，可以优先采用侧煤仓布置形式，并在满足工艺要求的前提下，采用引风机纵向布置形式。

山区发电厂由于地形条件关系，可以改变主厂房各车间之间的组合情况，使主厂房平面外形适应当地的地形。如某电厂改变了以往汽机房—除氧煤仓间—锅炉房传统的三列式布置，将除氧煤仓间垂直汽机房布置成 T 形，两台锅炉及其炉后部分分别置于除氧煤仓间的两侧，使主厂房的宽度由原来的 120m 以上减少至 74m，从而大大地节省了土石方工程量。又如某电厂，依山顺势，将 2 台 200MW 机组分别各成一个单元相对布置成一字形。上述两种布置形式仅当厂房一次建成时才是可行的，一般很少采用。

3. 影响主厂房平面布置的主要因素

（1）主厂房方位与冷却水的供排水因素。确定主厂房方位应重点考虑冷却水的供排水条件。主厂房循环水用水量相当大，供排水管沟的断面及每米的造价也比较大，正常情况下 300MW 机组每米造价已达 4000 元左右，若有地基处理费用，将高达每米 6000 元以上，缩短进排水管沟长度可以大幅度降低工程造价以及运行费用。

厂区总平面布置中应使汽机房尽量接近水源，以缩短供排水管沟长度，减少基建投资、材料和运行费用。

采用直流供水时（包括带冷却池的供水系统），厂区多数靠近河边或湖边，主厂房与水源可分为垂直和平行两种布置方式。

1）主厂房纵轴线垂直于水源布置。一般是使主厂房固定端靠近水源，进出水管在主厂房与高压配电装置之间引入。此时，应根据地形地质条件，尽量压缩厂前布置的长度。垂直布置的好处是便于安排高压配电装置、出线走廊和上煤设施。主厂房可采用常规的三列式或四列式布置，从而有利于电厂各个部分的扩建。其缺点是后期扩建的机组（一般均比前期容量大）进水管道太长，且往往由于管线走廊预留的宽度不够而使布置十分困难。厂前及厂区出入口的布置也需要妥善处理。

2）主厂房纵轴线平行于水源布置。平行布置可分为锅炉房面向水源和汽机房面向水源两种方式。

锅炉房面对水源有利于安排高压配电装置及出线走廊。当电厂采用水路运煤时，电厂上煤也比较方便。煤场可布置在主厂房固定端，也可以布置在锅炉房与水源之间。前者一般可比后者节省较多的投资。

锅炉房面对水源，水泵房布置在主厂房范围之外时，须注意使主厂房固定端朝向水泵房，以避免进排水管从扩建端引入；水泵房布置在主厂房范围以内时，进水管可绕至主厂房固定端从A列柱外引入汽机房，也可以穿过锅炉房进入汽机房；后者比较经济，但管线穿过锅炉房时可能与主厂房设备基础和地下管沟相碰，要妥善布置或采取措施，此外管线检修较困难，管线一旦渗漏可能危及设备基础。

汽机房面向且紧靠水源布置是上述各种方式中经济效果最显著的，大容量电厂尤其是这样。这种布置方式便于扩建，扩建泵房和水管线布置较灵活，单元机组采用单元供水时特别适合。但由于汽机房面向宽阔的水面，给高压配电装置的出线带来困难，解决这个问题可以有多种途径。当因地形地质等条件，主厂房离水源有一段较宽的距离时，高压配电装置可布置在主厂房固定端，高压进线从A排引出后转角接入高压配电装置。

采用二次循环供水和间接空冷系统时，主厂房与补充水水源的关系不像直流供水那样密切，这时，主厂房与冷却塔等冷却设施的关系则成为考虑的主要问题。在安排主厂房的方位时，要同时考虑冷却塔的布置，两者结合起来，在满足防护间距等要求的情况下，尽量缩短供排水管线。

（2）地形地质因素。主厂房位置一般是根据厂址地形地质条件决定的，需要适应厂址地形特点，经济合理地利用已确定的厂址。

一般来说，主厂房纵轴线均大致平行于地形等高线布置，这样可减少场地土石方工程量，也便于进厂铁路的引入，对主厂房的扩建也比较有利。

主厂房的基础埋置深度都比较大，大、中型厂房一般均在3m以上，特别是汽机间和厂用电间，沟坑等地下设施较多，更是如此。若循环水泵设在A排柱内，A排柱埋置深度可达5～6m。在厂址自然坡度比较大时，在保证足够的地基承载力的条件下，可以将汽机房布置在填土区上，填土高度宜控制在2～3m。这样有利于全厂土石方量的平衡，减少地下工程及包括A排柱外地下设施在内的土石方工程量。炉后设施可布置在地形较高处。当上煤设施布置在锅炉房外侧时，可利用地形高差采取阶梯式布置，缩短输煤栈桥的长度及降低提升高度。当有必要时，也便于利用地形布置高位烟囱。

当厂址地形比较平坦时，宜将主厂房布置在厂址中部地形稍高处，以利于排水。但采用直流供水及阶梯式布置时，为了降低供水扬程，减少运行费用，也可以将主厂房布置在标高较低处。此时需采取有效措施，防止地面雨水特别是煤场的雨水汇集到主厂房地段。

大型电厂的主厂房基础荷载较大，要尽可能将其布置在土质均匀、地基承载力较大的地区。在一般情况下，厂址地质情况变化不大，故地质条件对决定主厂房的方位不起控制作用。但对山区、河滩地、岩溶等地质情况复杂的地区，应慎重考虑地质条件，避免使主厂房布置在地基承载力相差悬殊的地段，应尽可能将主厂房布置在地层均匀、地质条件好的地段，减少地基处理工程量，避免使大的断层横贯主厂房。在基岩面较浅时，应结合地形等各项条件，使主厂房纵轴线大致平行于基岩面等高线布置。

主厂房地下工程较多，应避免布置在地下水位较高的地区。

（3）扩建条件。主厂房的扩建可以有三种形式：向一端连续扩建；向一端脱开扩建；在一个厂址上布置两个不同朝向的主厂房。我国大多数电厂均采取前两种扩建方式。

确定主厂房方位时，应按规划容量留出足够的扩建场地。在扩建方向不应布置任何永久性的建筑物，力求避免各种管线从扩建端引入，尤其是避免各种管线横穿扩建场地。在考虑初期工程地形地质条件的同时，也要考虑后期的工程量，不要造成本期工程的地质条件很好，后期工程地质条件很差，或者填方很大，基础埋置很深。一般来说，后期扩建地段的土石方工程是与本期工程同时完成的。

实践表明，由于主观认识与客观实际不尽相符，以及前期工作做得不充分或外部条件变化，大多数电厂扩建容量均突破了原来设想的规划容量，这样的情况今后也很难完全避免。因此，除非地形地质条件、水源、煤源已完全受到限制，或者从电力系统上看，电厂确无再发展的可能，在进行总平面布置时，均不应人为地堵死主厂房的扩建条件。

（4）电气出线。我国大多数电厂高压配电装置均布置在汽机房的外侧，主厂房方位直接影响到电气出线的方向。因此，在安排主厂房方位时，应尽量考虑电气出线的方便。

大、中型电厂一般都是区域性电厂，电气出线是通往四面八方的，且输送终点距电厂均比较远，电厂出线方向对输电线路的长度影响不大，但随着电气出线等级的提升，500、750、1000kV 输电线路的成本也在上升，电气出线应尽量避免迂回。

对于位于城区、工业区和紧邻宽阔水面的电厂，情况就有些不同。在城区和工业区，主厂房的方位应使高压输电线走廊符合城市和工业区规划的要求，不能跨越已建的或规划的居住区、工厂和规模较大的铁路车站。在厂址附近，如有较多的重要通信线路通过（包括无线电通信），有时对高压输电线走廊有一定的限制。在山区，当主厂房紧邻陡峻的高山时，应避免使汽机房面向高坡，以利出线。主厂房紧邻水面宽阔的江、湖、河、海时，也不能向着水面方向出线。在上述几种情况下，主厂房方位的选择都受到出线方向的限制，需要考虑出线走廊有足够的宽度。

（5）与热负荷、煤源的联系。供热电厂与热负荷的联系要短捷方便，要根据热网管道布置和发展情况，尽量使固定端朝向热负荷的主要用户，以减少沿途蒸汽压力损失，保证供热质量，减少供热管道的投资，避免使供热管道从扩建端引出而影响扩建和施工。

矿口电厂燃煤采用皮带或索道运输时，宜使煤仓间朝向主要来煤方向，减少输送距离。

（6）其他因素对主厂房方位的影响。对于直接空冷机组而言，空冷凝汽器平台的位置和朝向直接影响机组运行的可靠性和经济性，需要根据当地夏季的主要风向频率、风速情况来确定。我国直接空冷机组的空冷凝汽器平台一般平行于汽机房纵向布置在 A 排外。

4. 不同容量机组主厂房平面布置

不同容量机组主厂房平面布置见图 3-2～图 3-23。

5. 主厂房区主要布置指标

（1）常规燃煤电站汽机房 A 排柱至烟囱中心尺寸见表 3-10。

（2）CFB 锅炉电站汽机房 A 排柱至烟囱中心尺寸宜控制在表 3-11 范围之内。

（3）主厂房区域用地指标宜控制在表 3-12、表 3-13 规定范围之内。

表 3-10　　常规燃煤电站汽机房 A 排柱至烟囱中心尺寸　　（m）

机组容量	300MW 等级				600MW 等级				1000MW		备注
煤仓间形式	前煤仓		侧煤仓		前煤仓		侧煤仓		前煤仓双跨	侧煤仓单跨	
	双跨	单跨	单跨	单排架	双跨	单跨	单跨	单排架			
A 排柱至烟囱中心尺寸	159～170	153～164	145～163	132～159	185～205	180～200	172～192	165～186	217～237	189～219	脱硝装置炉内布置，且脱硫装置布置在锅炉尾部烟囱之后
	158～167	148～163	141～160	131～156	180～195	174～185	166～181	144～176	204～224	183～206	脱硝装置炉后布置，且脱硫装置布置在锅炉尾部烟囱之后
	162～174	156～168	148～167	135～163	189～211	184～206	176～198	169～192	223～244	195～226	脱硝装置炉内布置，且脱硫塔中心与锅炉尾部烟囱中心平行布置，引风机与脱硫增压风机合并

注 1 表中尺寸适用于采用Л型锅炉、除尘器采用四电场的机组主厂房。
2 脱硝炉内布置的锅炉长度按 300MW 机组 55.7m、600MW 机组 58.5m、1000MW 机组 74.8m。
3 对于塔型炉机组，A 排柱至烟囱中心尺寸可减少 8～10m。
4 燃烧褐煤塔式炉机组，A 排柱至烟囱中心尺寸可增加 2～5m；燃烧褐煤Л型炉机组，A 排柱至烟囱中心尺寸可增加 10～15m。
5 塔式炉机组配风扇磨煤机，A 排柱至烟囱中心尺寸可增加 17～20m；Л型炉机组配风扇磨煤机，A 排柱至烟囱中心尺寸可增加 25～30m。

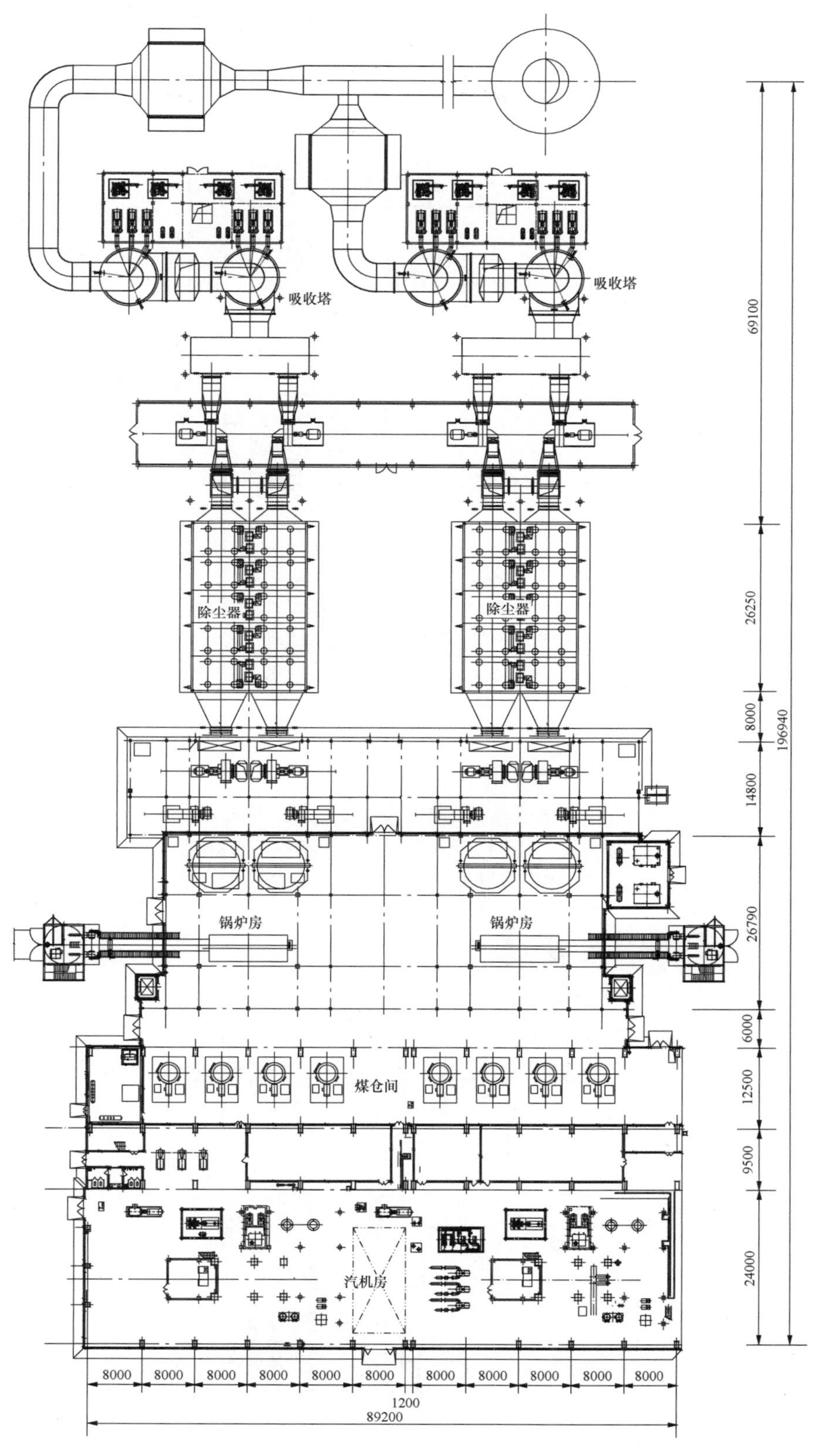

图 3-2　50MW 级背压机组主厂房平面布置图

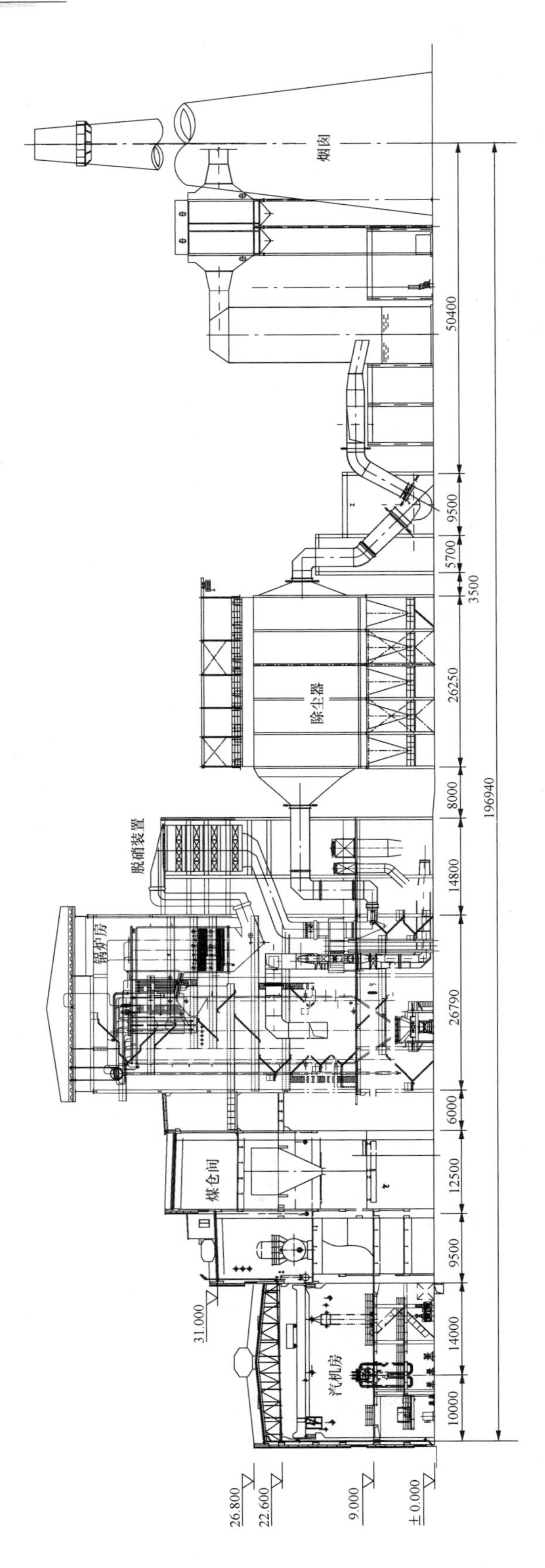

图 3-3 50MW 级背压机组主厂房横断面布置图

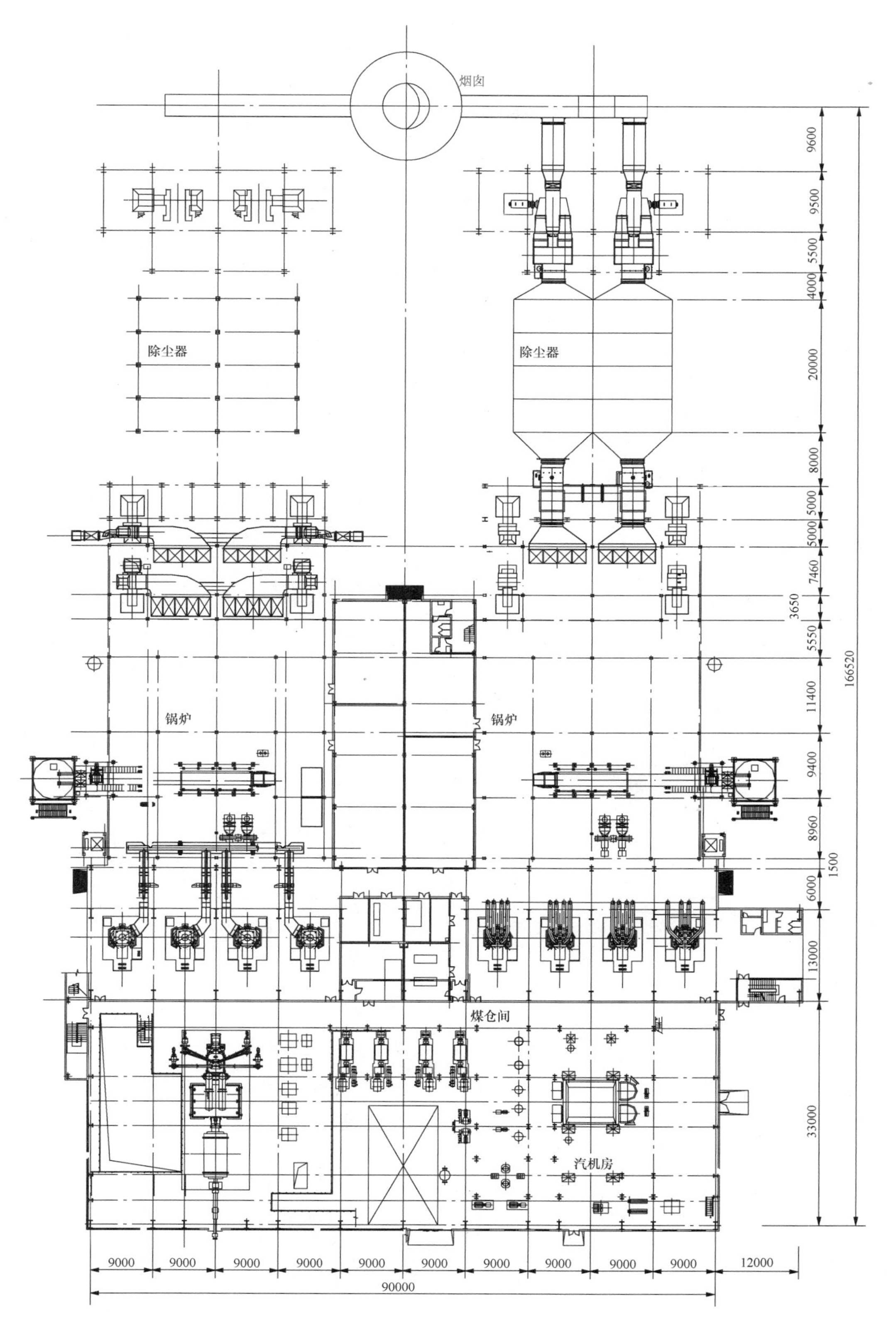

图 3-4 100MW 级机组主厂房平面布置图

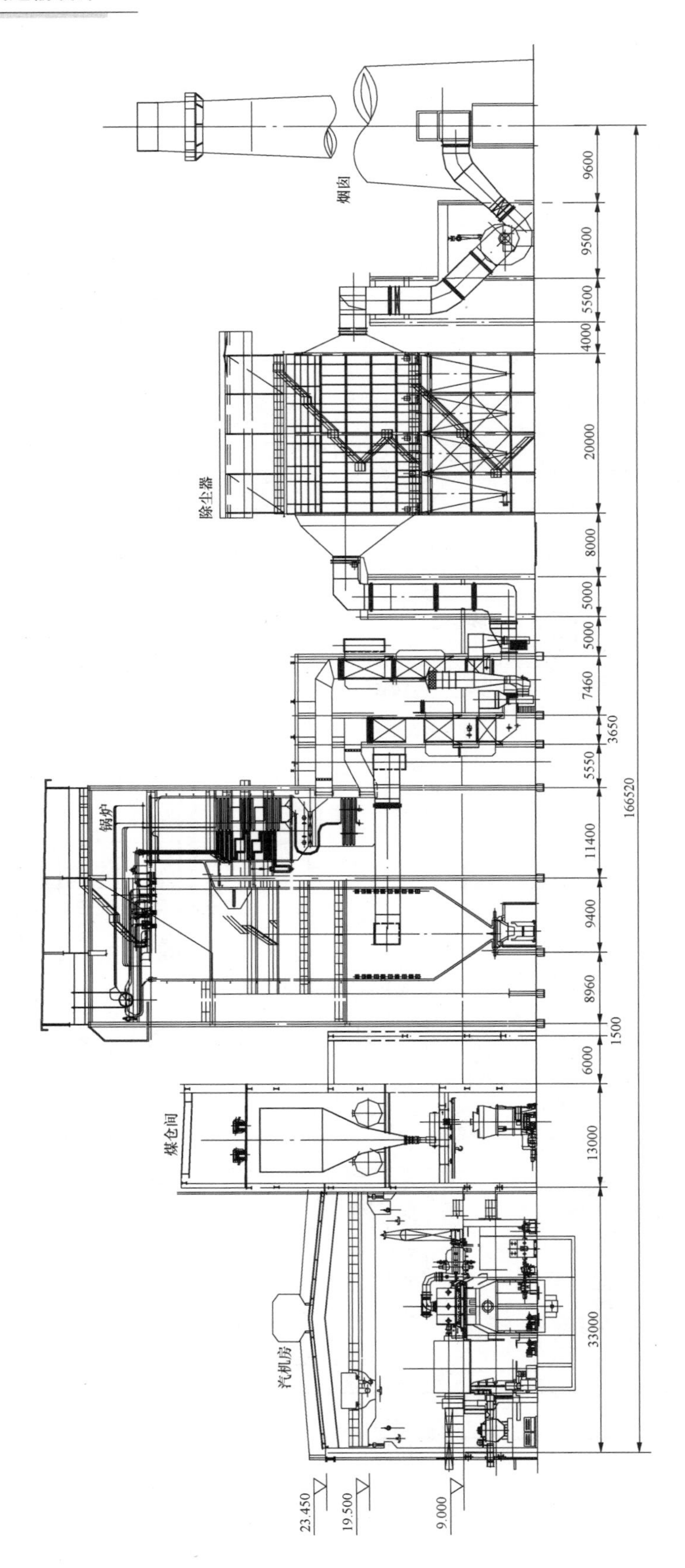

图 3-5 100MW 级机组主厂房横断面布置图

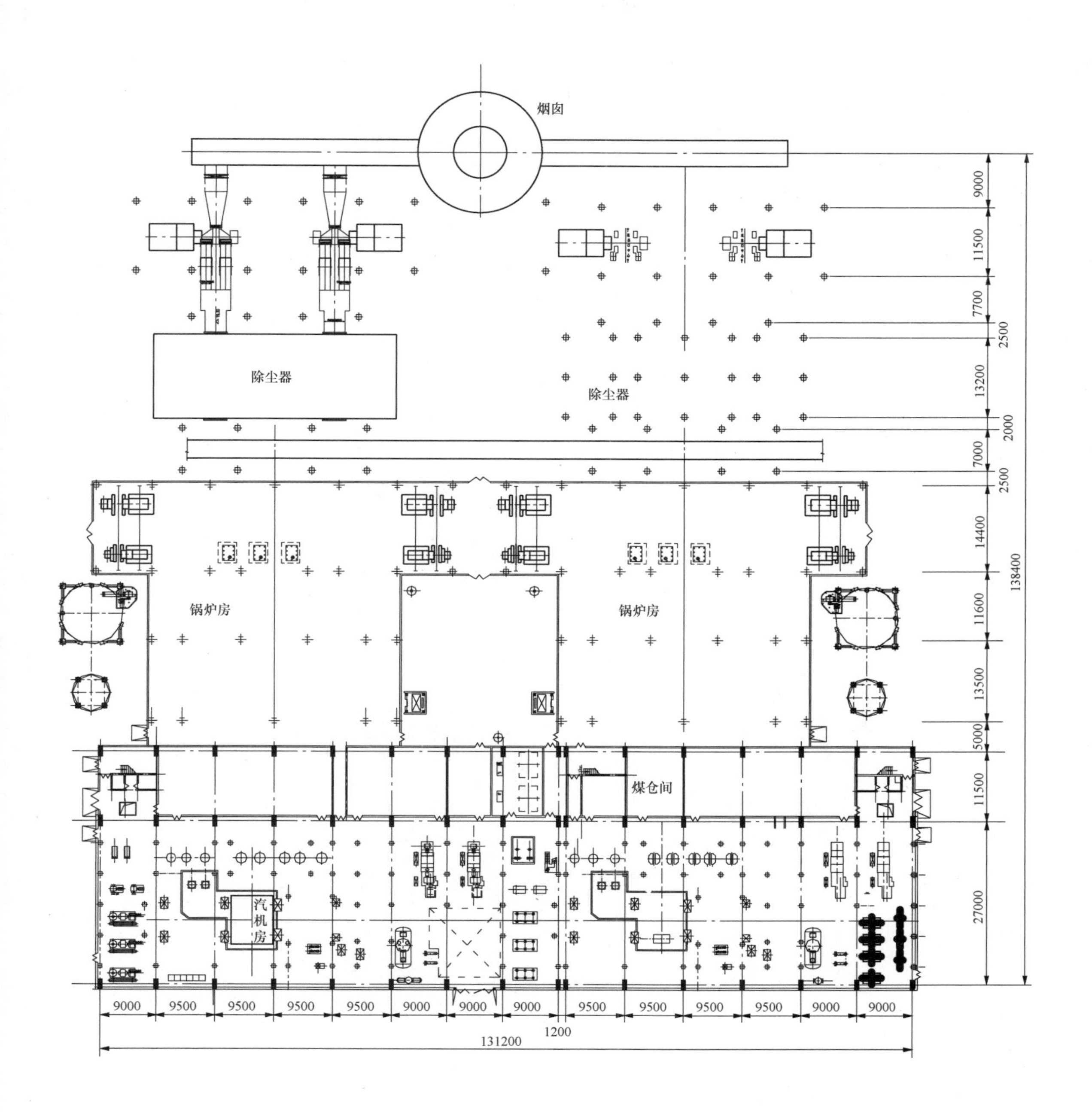

图 3-6　200MW 级机组主厂房平面布置图

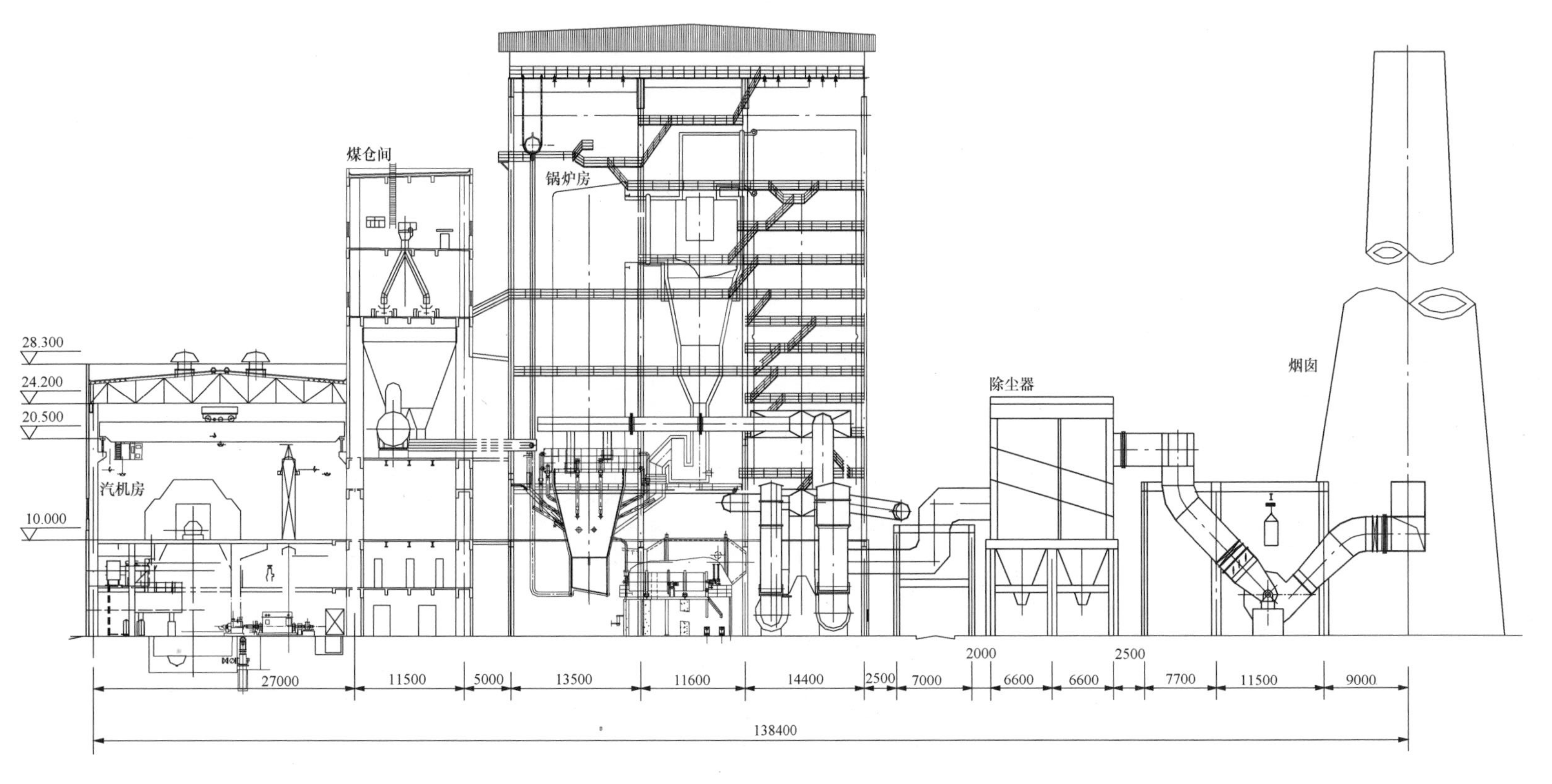

图 3-7　200MW 级机组主厂房横断面布置图

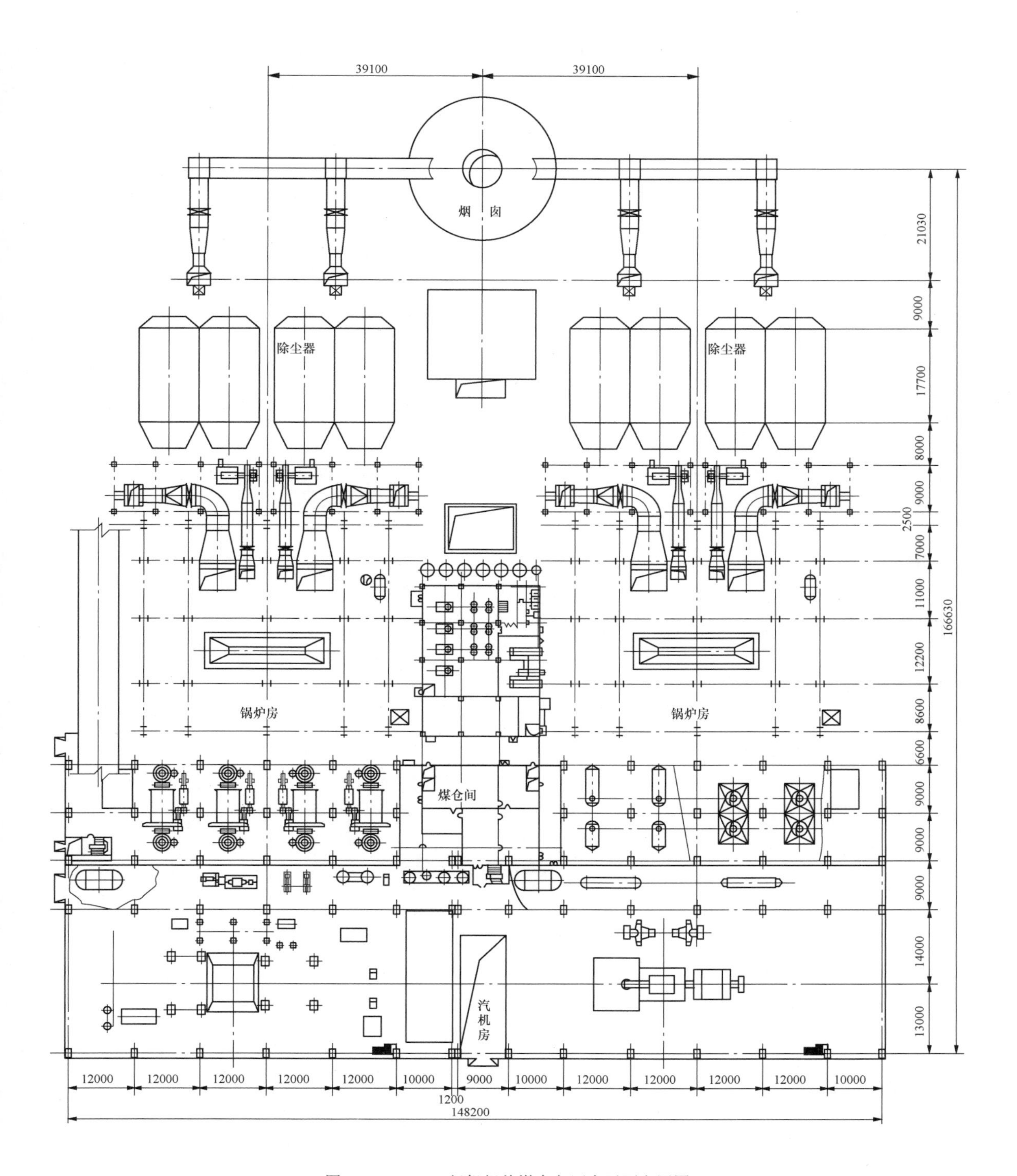

图 3-8 300MW 级机组前煤仓主厂房平面布置图

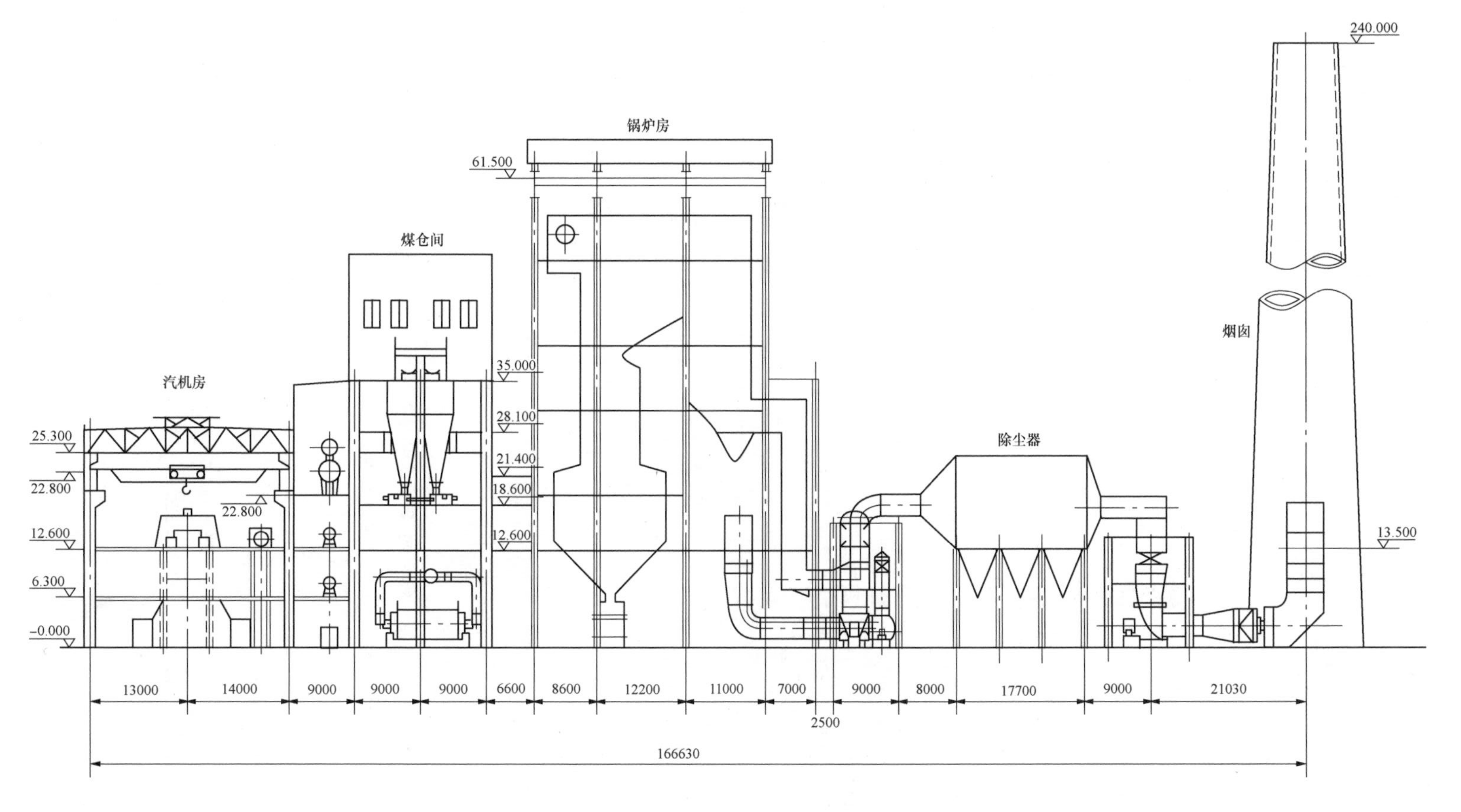

图 3-9　300MW 级机组前煤仓主厂房横断面布置图

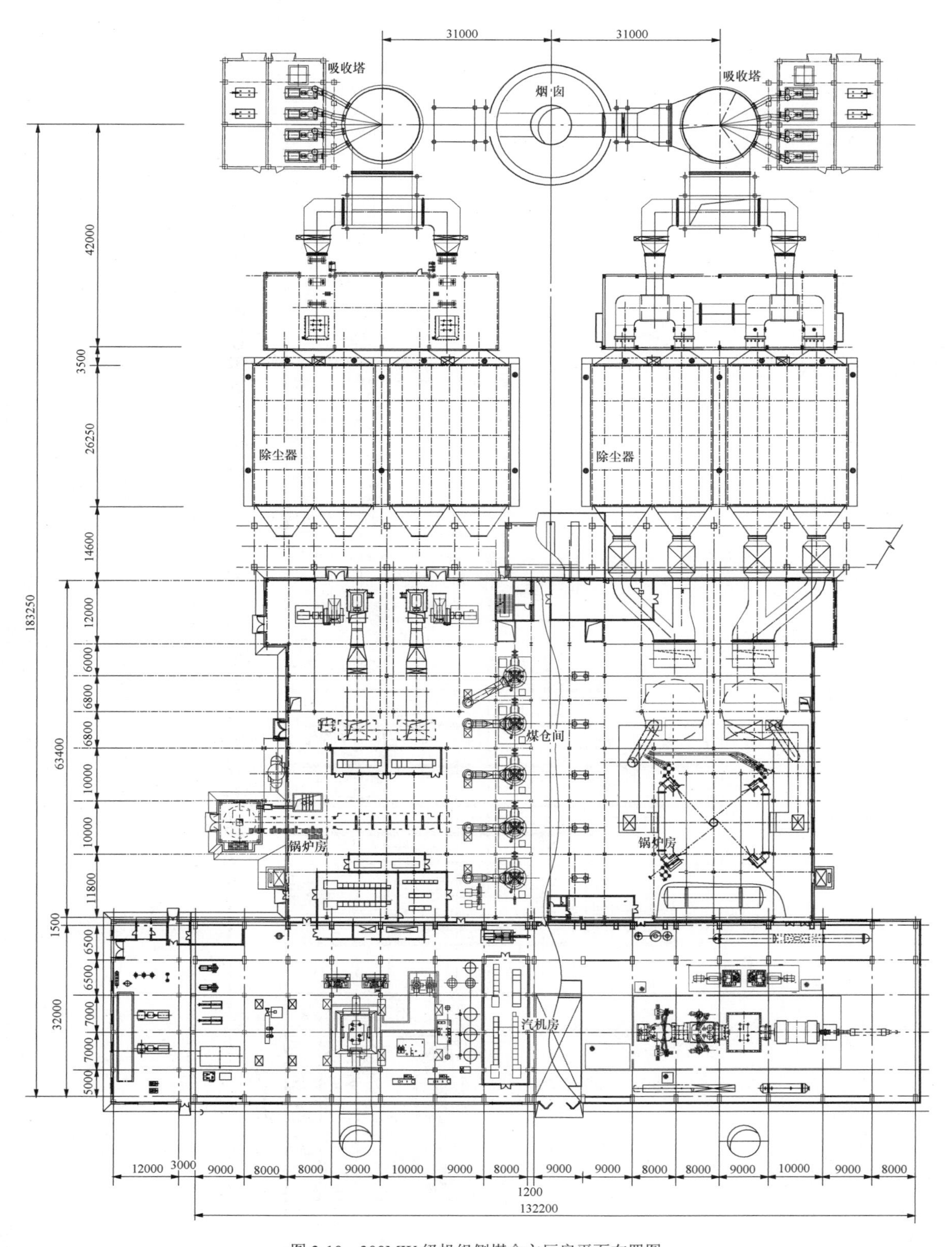

图 3-10 300MW 级机组侧煤仓主厂房平面布置图

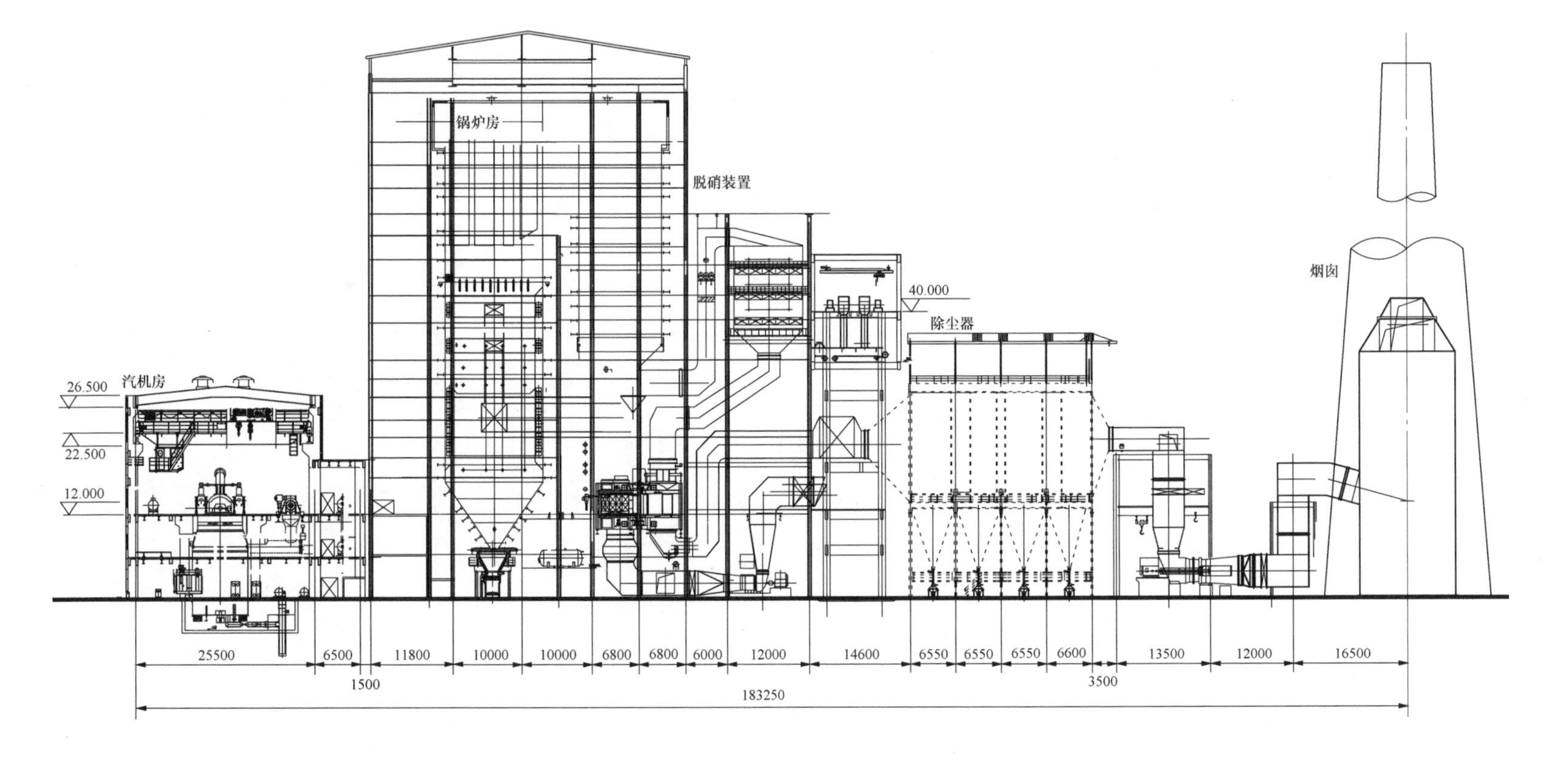

图 3-11　300MW 级机组侧煤仓主厂房横断面布置图

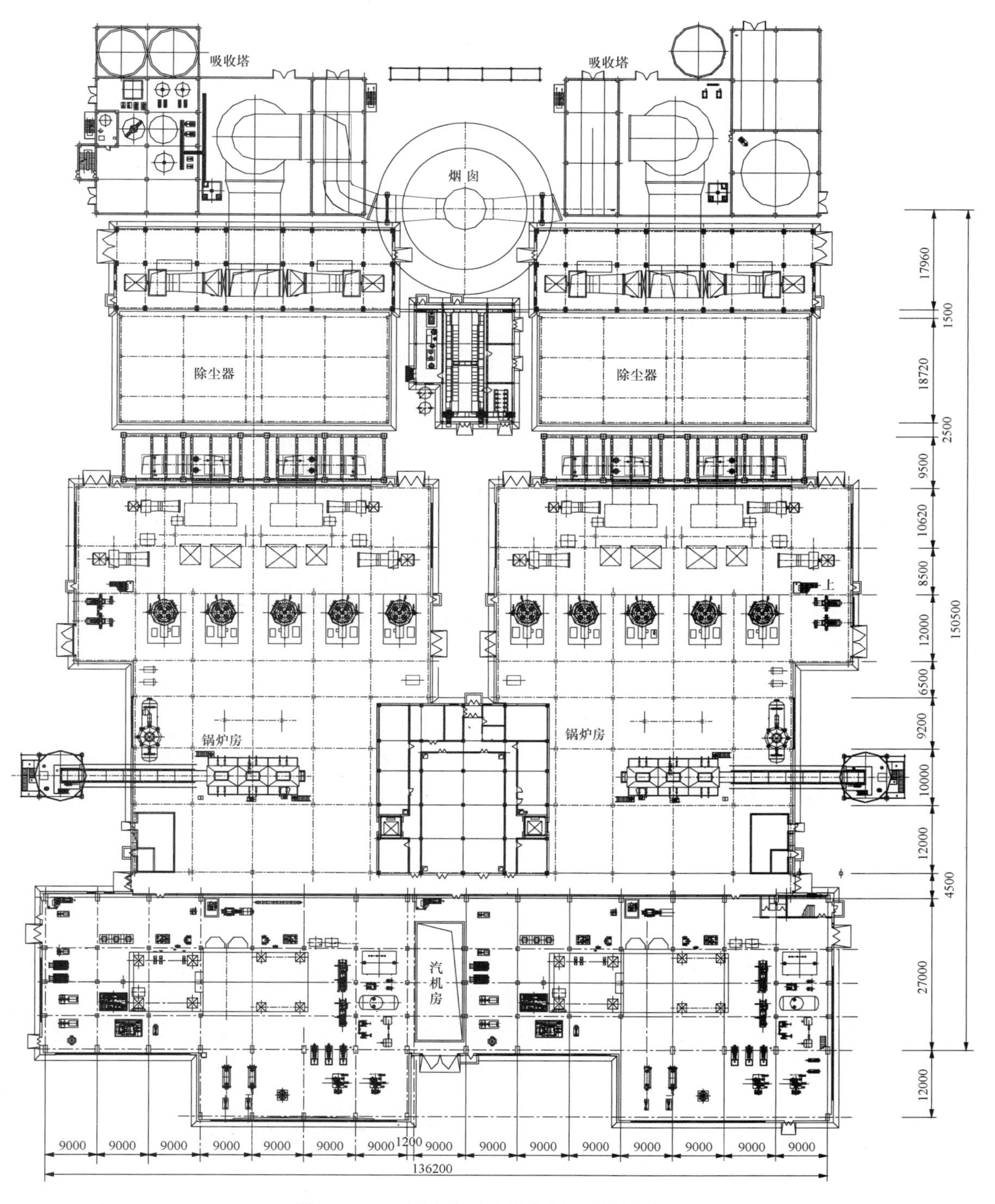

图 3-12 300MW 级机组内煤仓主厂房平面布置图

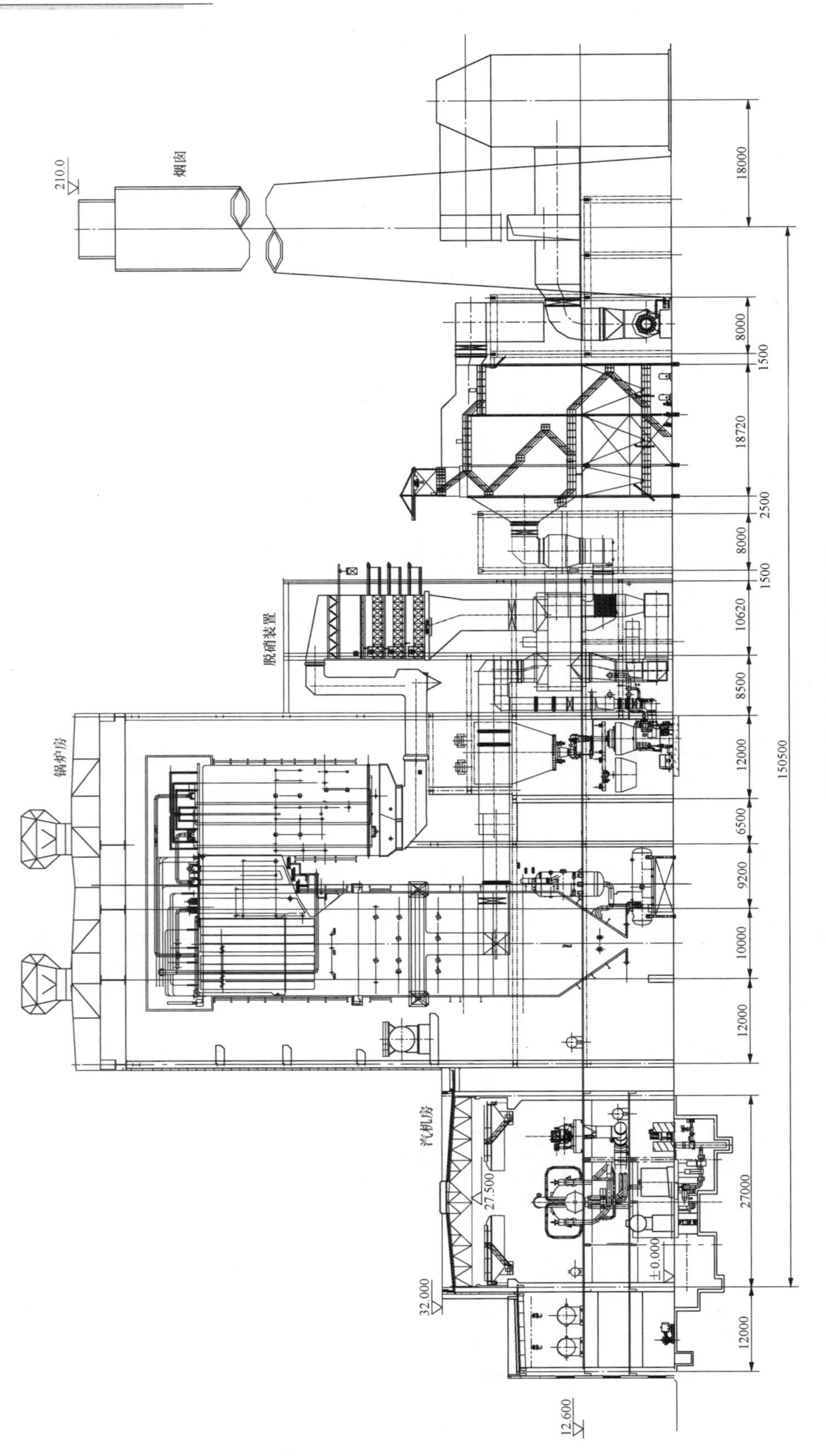

图3-13 300MW级机组内煤仓主厂房横断面布置图

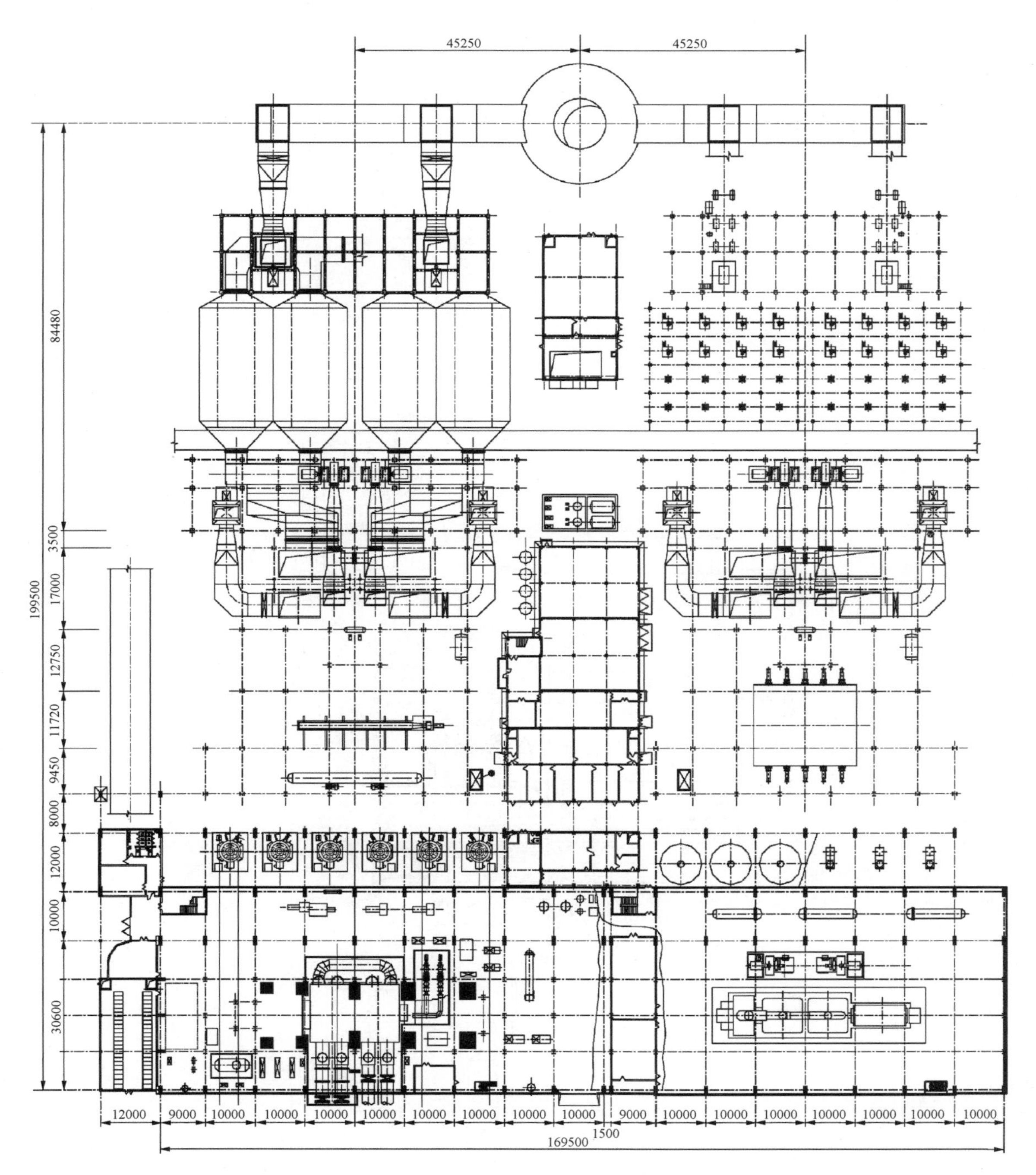

图 3-14 600MW 级机组前煤仓主厂房平面布置图

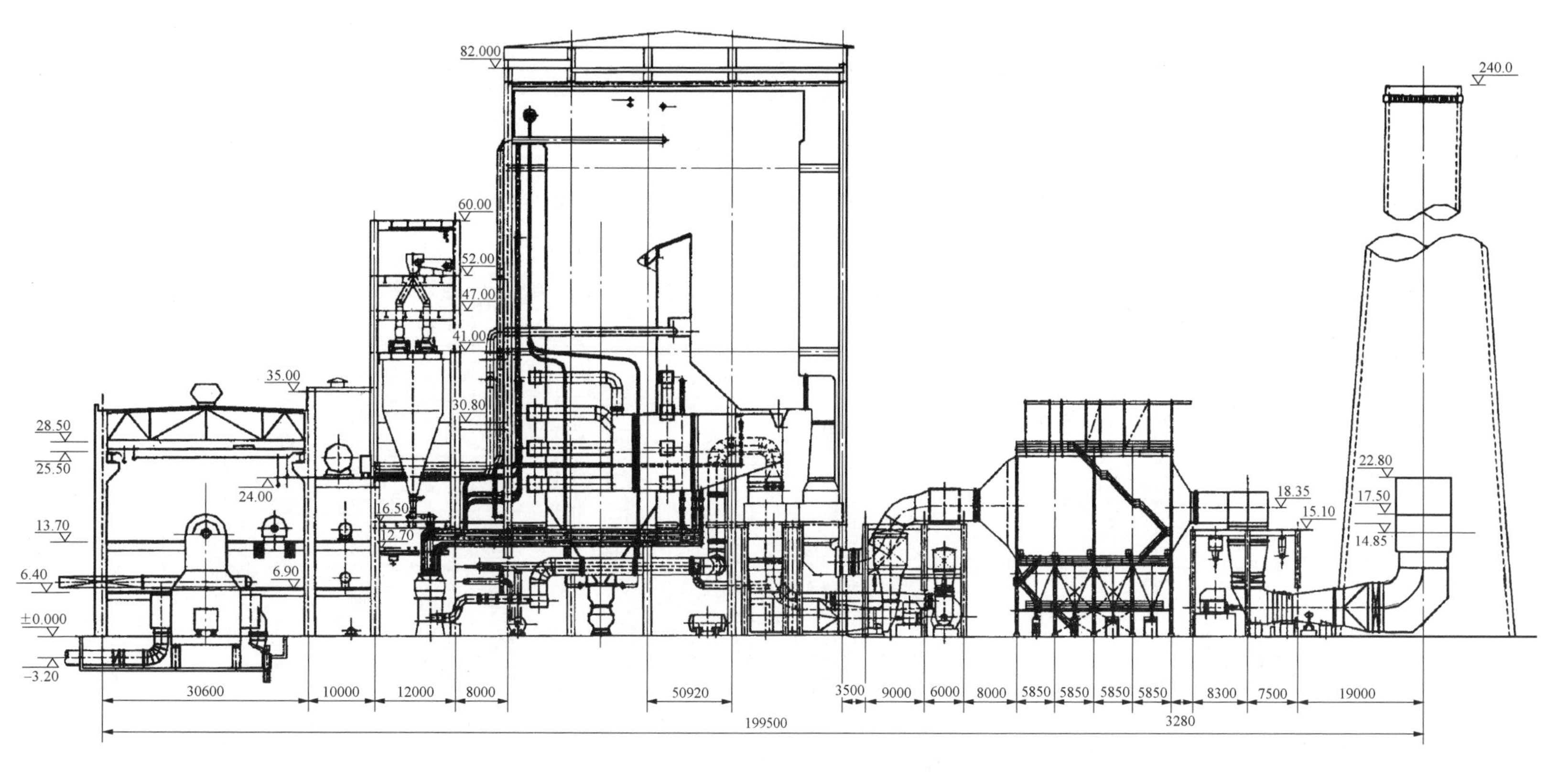

图 3-15　600MW 级机组前煤仓主厂房横断面布置图

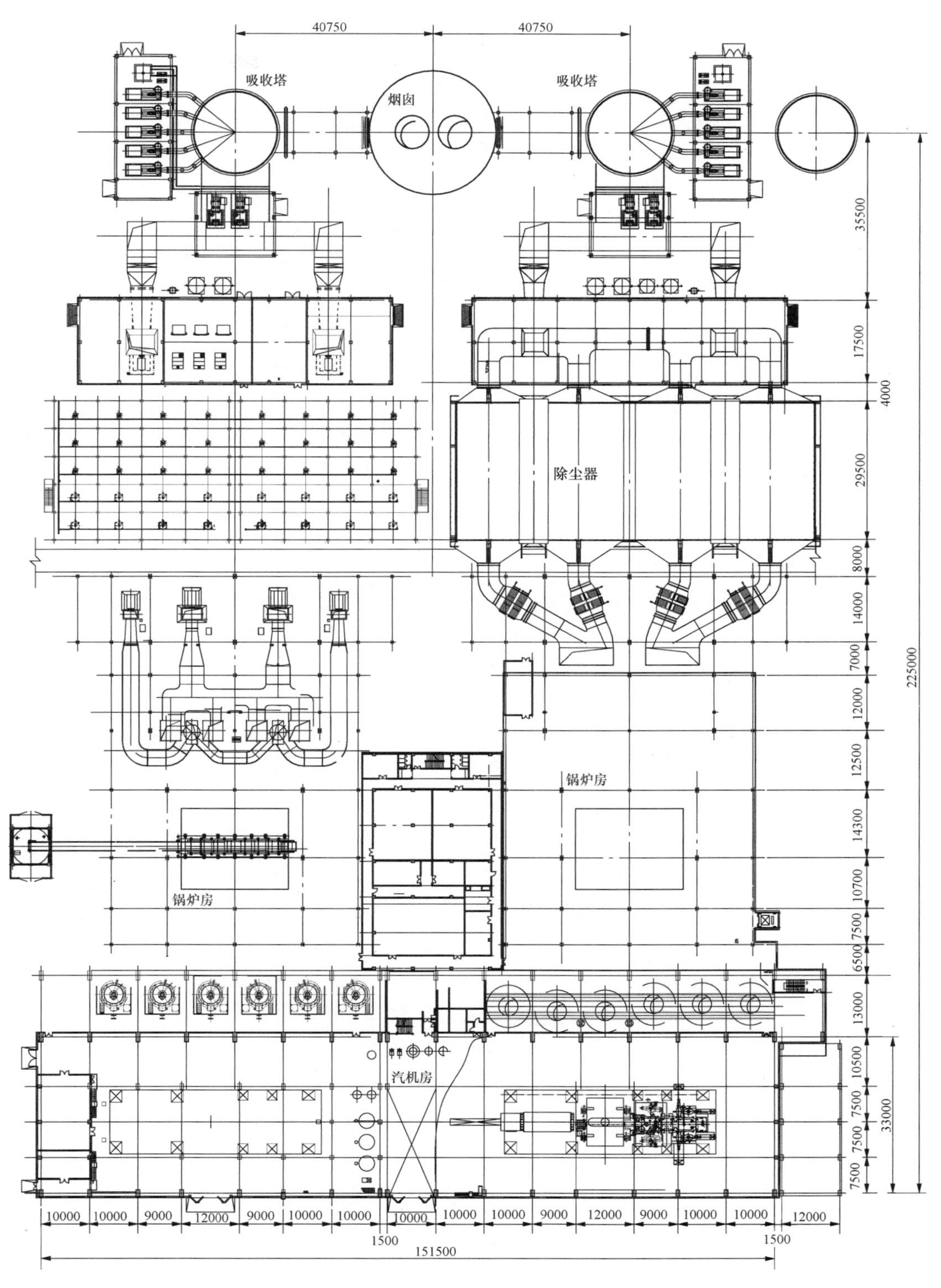

图 3-16　600MW 级机组前煤仓主厂房单框架平面布置图

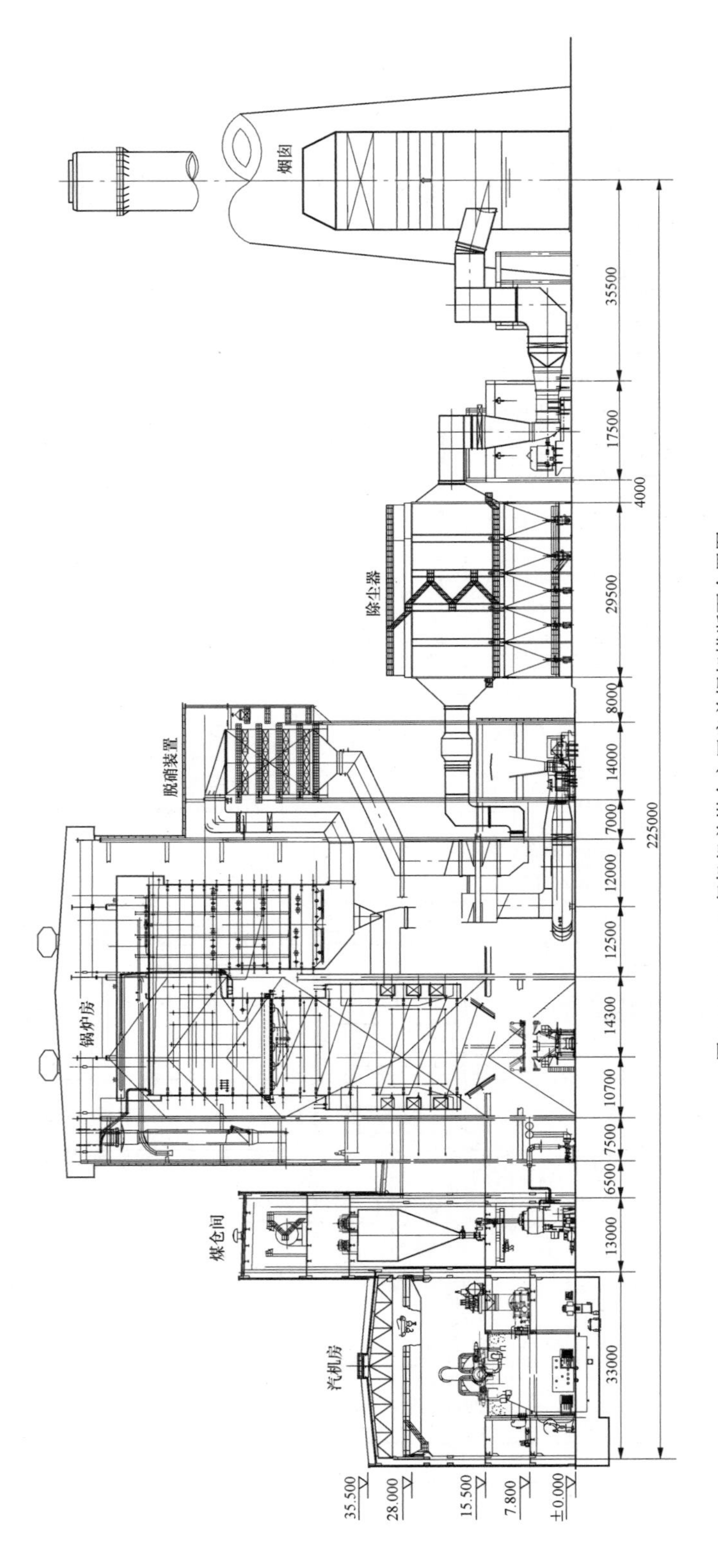

图 3-17　600MW 级机组前煤仓主厂房单框架横断面布置图

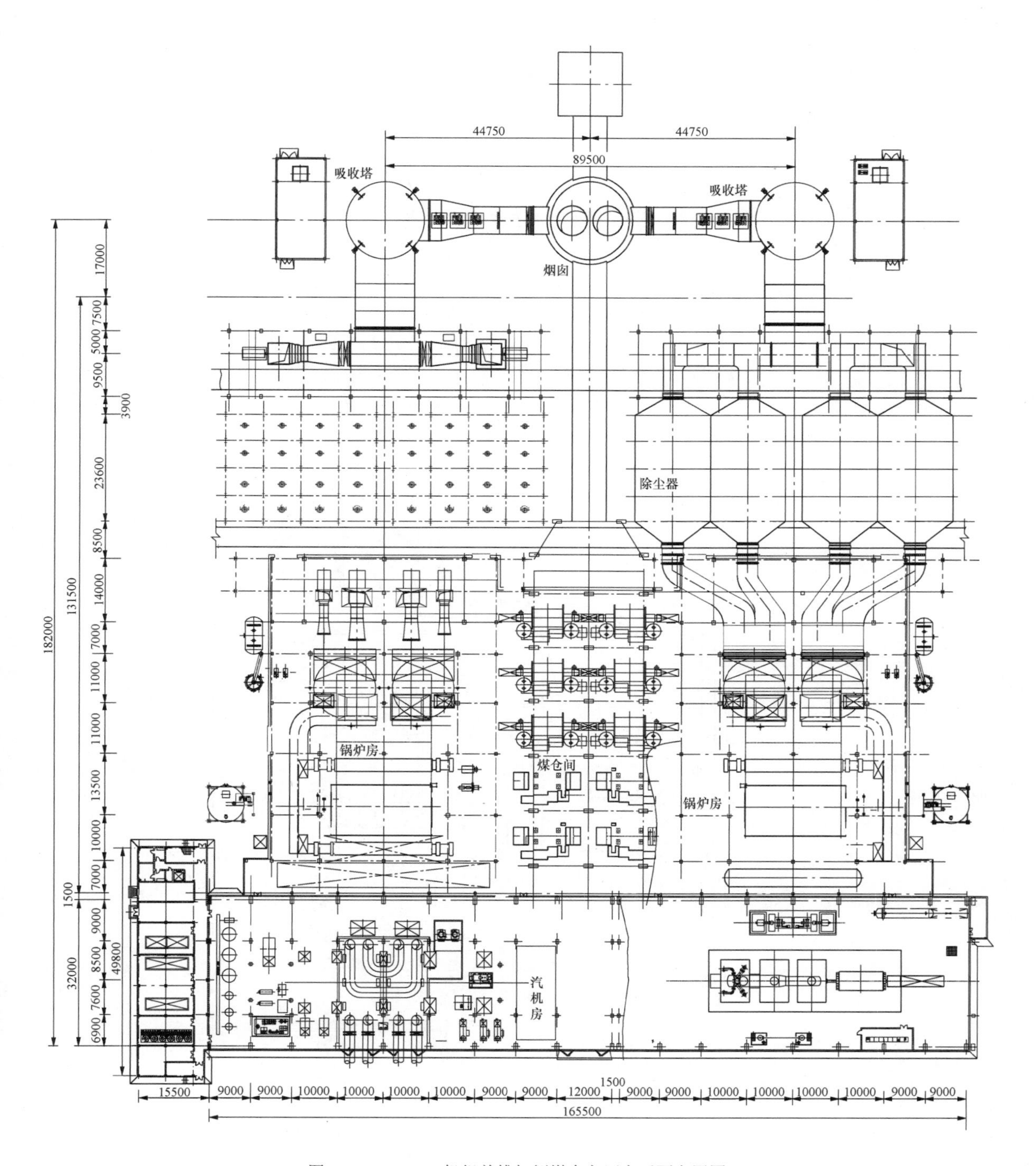

图 3-18 600MW 机组单排架侧煤仓主厂房平面布置图

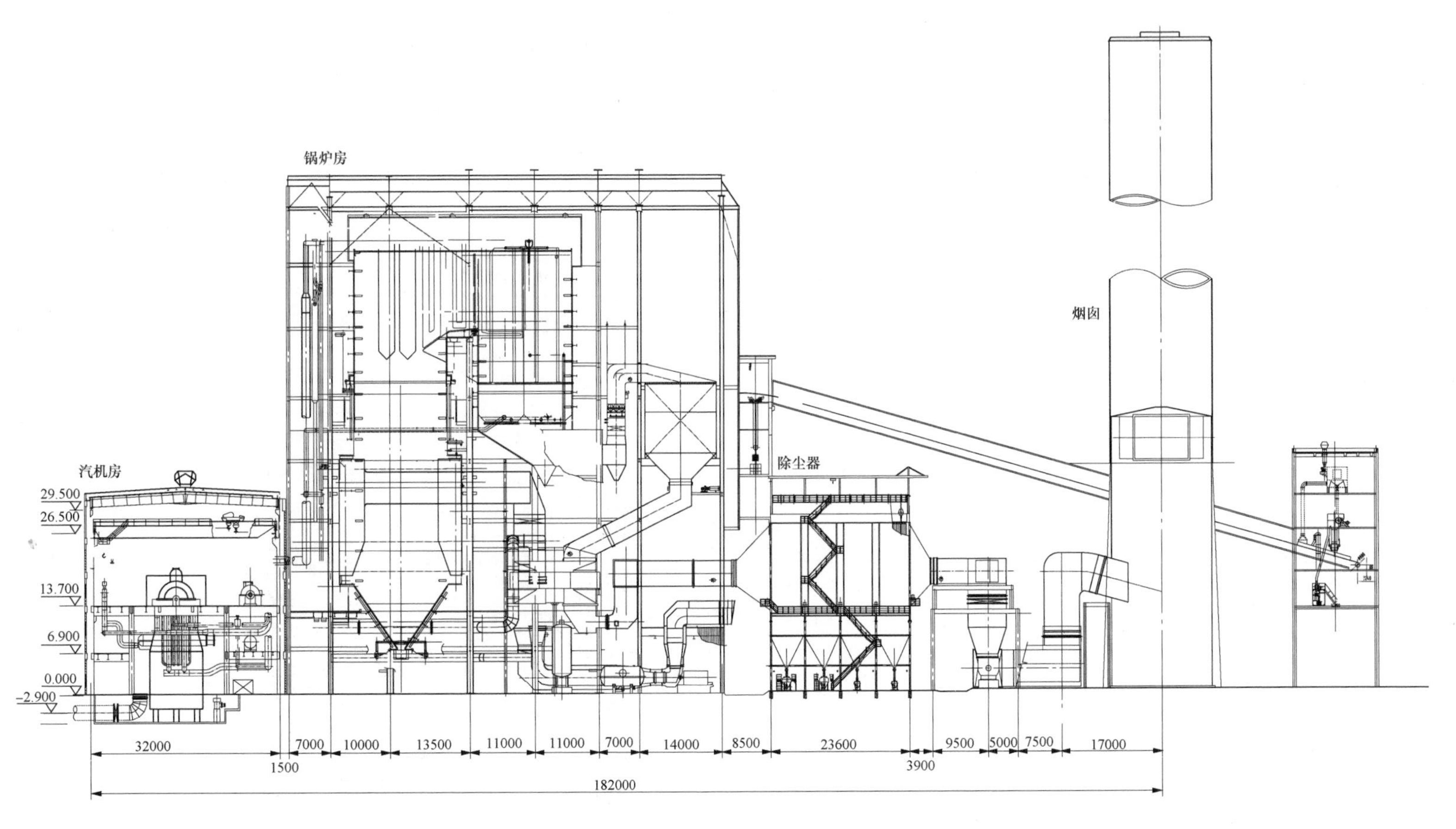

图 3-19　600MW 机组单排架侧煤仓主厂房横断面图

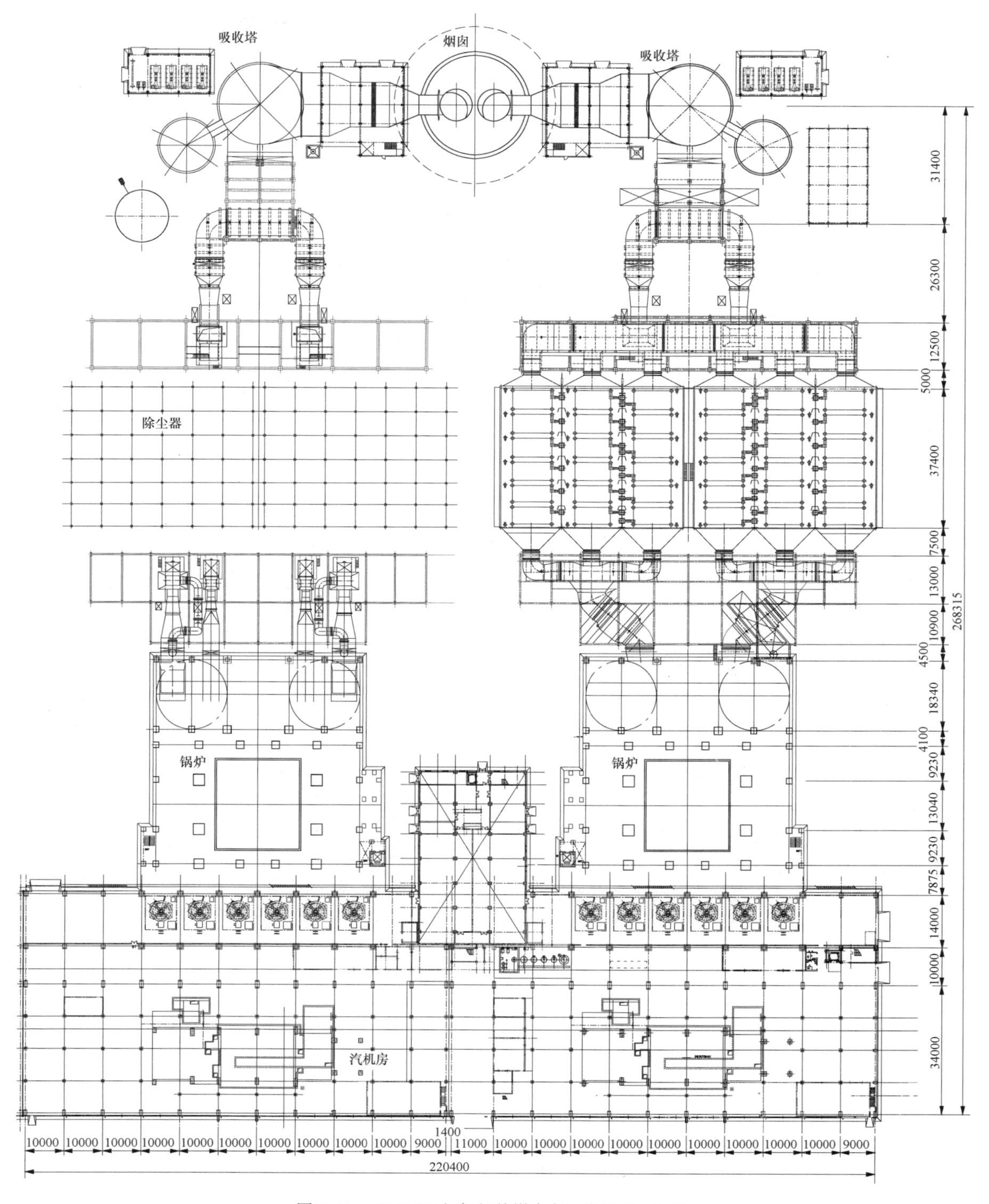

图 3-20　1000MW 级机组前煤仓主厂房平面布置图

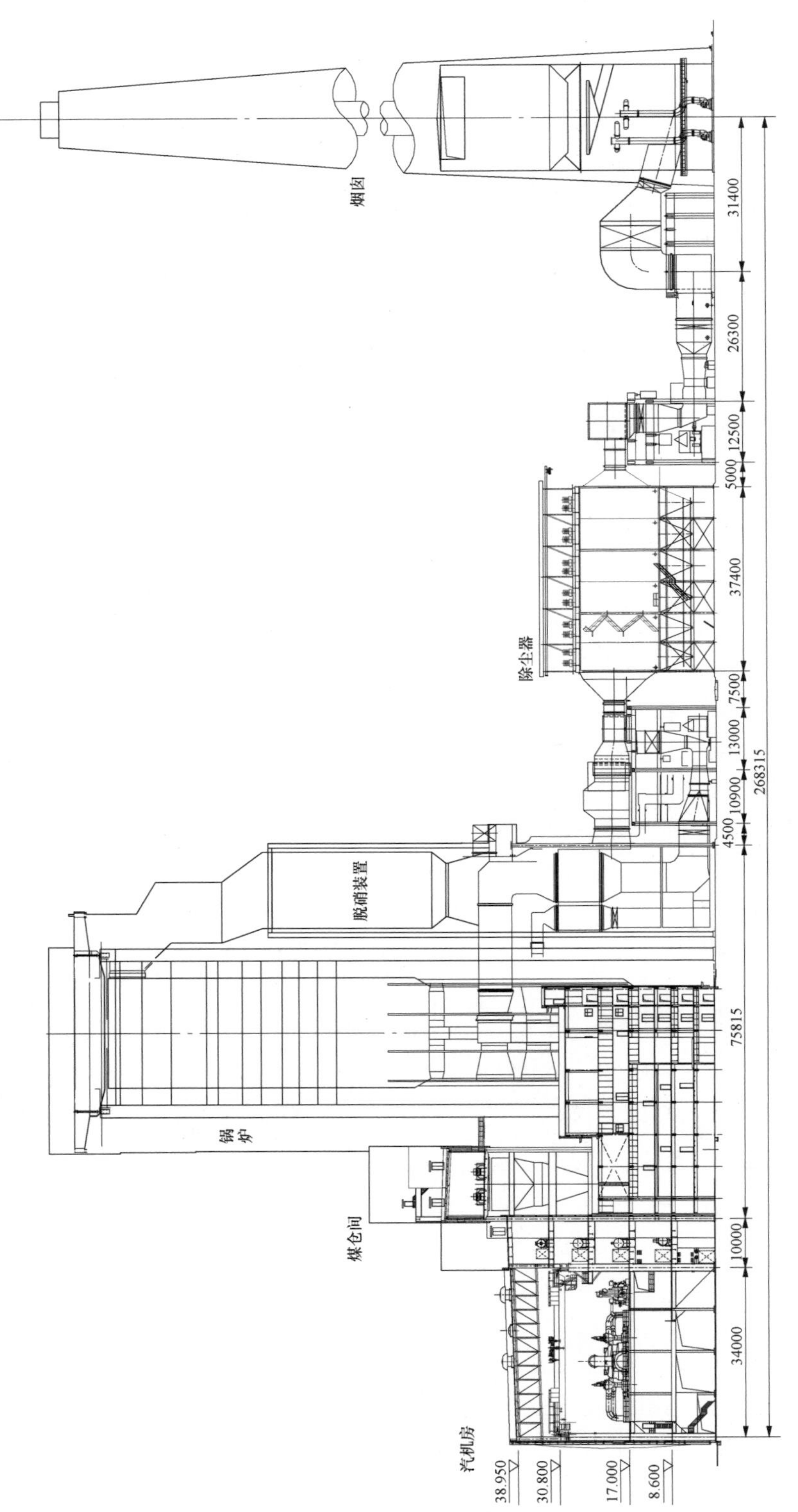

图 3-21 1000MW级机组前煤仓主厂房横断面布置图

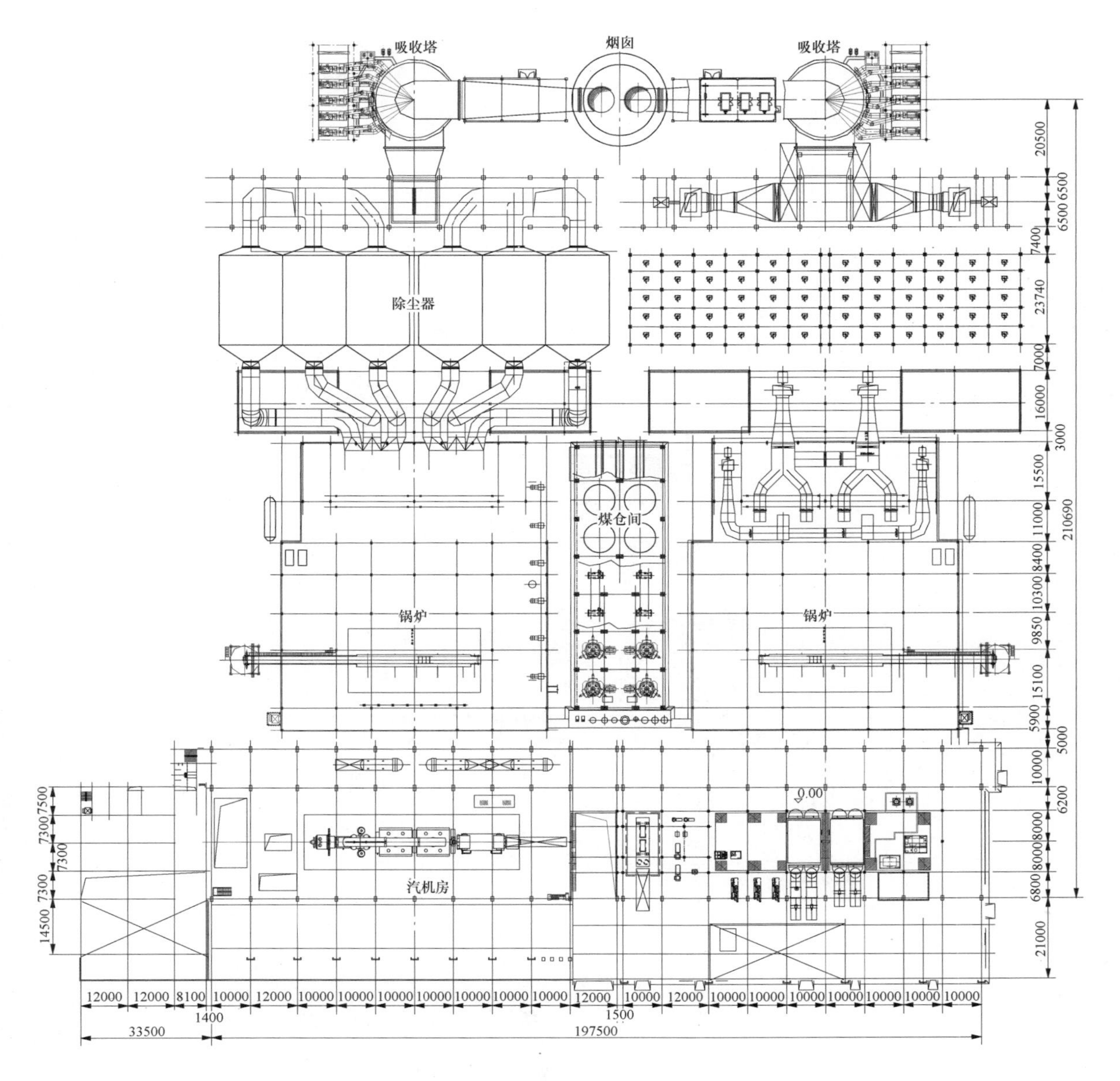

图 3-22　1000MW 级机组侧煤仓主厂房平面布置图

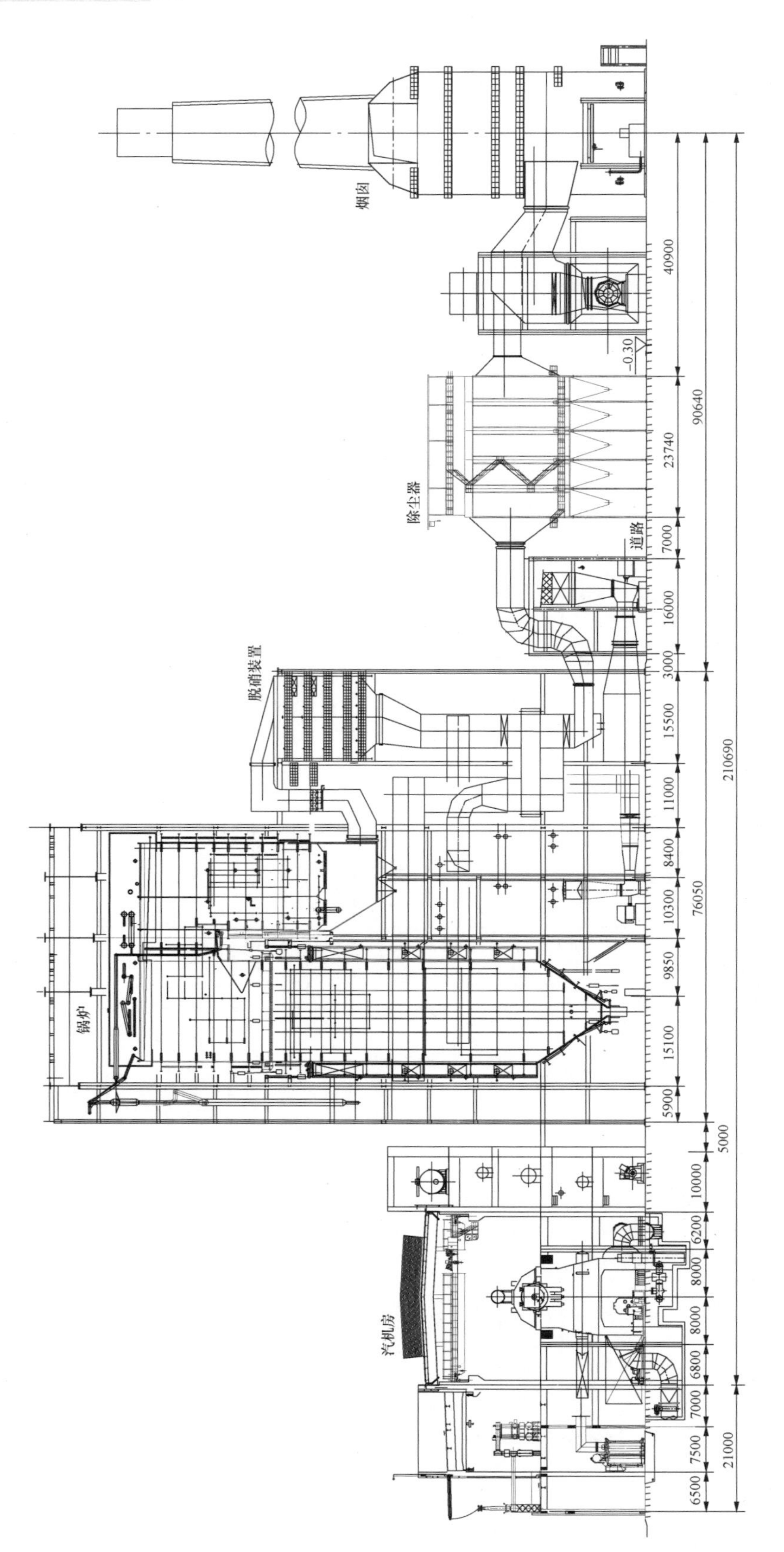

图 3-23　1000MW 级机组侧煤仓主厂房横断面布置图

表 3-11　　CFB 锅炉电站汽机房 A 排柱至烟囱中心尺寸　　（m）

机组容量	300MW 等级	600MW 等级	备　　注
A 排柱至烟囱中心尺寸	175～177	195～198	引风机与脱硫增压风机合并设置，脱硝采用 SNCR 法，脱硫按烟气循环流化床干法和石灰石-石膏湿法两种脱硫方式
	168～170	190～193	当采用石灰石-石膏湿法脱硫时，脱硫塔中心与烟囱中心平行布置

表 3-12　　主厂房区建设用地单项指标

机组容量（MW）	技　术　条　件						主厂房区用地（hm^2）
	主厂房横向跨度（m）			主厂房纵向尺寸（m）	四电场除尘器长度（m）	主厂房 A 排至烟囱距离（m）	
	汽机房	除氧间	前煤仓				
2×50	24.00	8.00	12.50	93.20	21.60	126.00	2.09
4×50	24.00	8.00	12.50	171.40	21.60	126.00	3.40
2×100	27.00	9.00	13.50	97.20	22.80	149.60	2.71
4×100	27.00	9.00	13.50	179.40	22.80	149.60	4.39
2×200	27.00	10.00	11.50	136.50	20.00	165.00	3.97
4×200	27.00	10.00	11.50	265.50	20.00	165.00	6.87
2×300	27.00	9.00	13.50	154.80	24.19	167.00	5.50
4×300	27.00	9.00	13.50	302.40	24.19	167.00	9.92
2×600	30.60	10.50	12.50	171.50	23.60	197.50	7.34
4×600	30.60	10.50	12.50	334.50	23.60	197.50	12.91
2×1000	33.00	10.00	14.00	212.40	24.80	233.38	10.49
4×1000	33.00	10.00	14.00	433.80	24.80	233.38	18.61

注　1　表中主厂房区域用地面积是指非直接空冷机组（包括直流供水、循环供水及间接空冷）主厂房外侧环形道路中心线所围成的区域面积，包括主厂房 A 排前变压器区域，炉后除尘设备、引风机、烟囱、烟道以及脱硫设施等。

2　200MW 及以下机组不含脱硫设施用地。

3　汽轮机采用纵向布置。

4　本表内容按 2010 年版《电力工程项目建设用地指标》（火电厂、核电厂、变电站和换流站）的相关规定，当发电厂所采用的各种机组容量主厂房布置的技术条件和本表中不同时，需按要求进行调整。

表 3-13　　直接空冷机组主厂房区建设用地单项指标

机组容量（MW）	技　术　条　件							主厂房区用地（hm^2）
	直接空冷单元布置（列×排）	主厂房横向布置形式及跨度（m）			主厂房纵向尺寸（m）	四电场除尘器长度（m）	主厂房 A 排至烟囱距离（m）	
		汽机房	除氧间	前煤仓				
2×50	3×3 或 3×4	24.00	8.00	12.50	93.20	21.60	126.00	2.39
4×50	3×3 或 3×4	24.00	8.00	12.50	171.40	21.60	126.00	3.89
2×100	4×3 或 4×4	27.00	9.00	13.50	97.20	22.80	149.60	3.14
4×100	4×3 或 4×4	27.00	9.00	13.50	179.40	22.80	149.60	5.09
2×200	5×4 或 6×4	27.00	10.00	11.50	136.50	20.00	165.00	4.47
4×200	5×4 或 6×4	27.00	10.00	11.50	265.50	20.00	165.00	7.75

续表

机组容量（MW）	技术条件							主厂房区用地（hm^2）
	直接空冷单元布置（列×排）	主厂房横向布置形式及跨度（m）			主厂房纵向尺寸（m）	四电场除尘器长度（m）	主厂房A排至烟囱距离（m）	
		汽机房	除氧间	前煤仓				
2×300	6×4 或 6×5	27.00	9.00	13.50	154.80	24.19	167.00	6.08
4×300	6×4 或 6×5	27.00	9.00	13.50	302.40	24.19	167.00	10.98
2×600	8×7 或 8×8	30.60	10.50	12.50	171.50	23.60	197.50	8.71
4×600	8×7 或 8×8	30.60	10.50	12.50	334.50	23.60	197.50	15.41
2×1000	10×8	33.00	10.00	14.00	212.40	24.80	233.38	12.38
4×1000	10×8	33.00	10.00	14.00	433.80	24.80	233.38	22.63

注 1 表中主厂房区用地面积是指空冷平台外侧环形道路中心线所围成的区域面积，包括主厂房A排前空冷平台区，炉后除尘设备、引风机、烟囱、烟道以及脱硫设施等。

2 200MW及以下机组不含脱硫设施用地。

3 本表内容按2010年版《电力工程项目建设用地指标》（火电厂、核电厂、变电站和换流站）的相关规定，当发电厂所采用的各种机组容量主厂房布置的技术条件和本表中不同时，需按要求进行调整。

（二）燃机电厂主厂房区

燃机电厂的主厂房区域作为燃机的核心部分，在总平面布置中尤为重要。它具有占地面积比重大、布置灵活的特点。

1. 主厂房区工艺布置

（1）主厂房区布置形式。燃机电厂的主厂房区域一般包括燃气轮机房、余热锅炉（房）、蒸汽轮机房、集中控制楼、变压器五个主要部分。其中燃气轮机房和蒸汽轮机房可根据工艺系统要求，既可以联合布置，也可以单独布置。考虑到工艺管线的短捷，在主厂房区域还会布置一些主厂房的辅助设施，如给水泵、天然气前置模块、柴油机设施、空压机设备间、机组排水槽等。

（2）根据热力循环特点分类。按照热力循环的特点，燃气轮机可以分成简单循环和燃气-蒸汽联合循环。

1）简单循环。由燃气轮机和发电机独立组成的循环系统称为简单循环，也可叫做开式循环。燃烧段的高温排气直接排入大气，不进行任何利用。其布置是按燃气轮机与发电机为一组，组与组之间宜平行布置，也可纵向成直线对称或顺向布置。其优点是装机快、启停灵活，多用于电网调峰和交通、工业动力系统；缺点是效率较低，造成能源的浪费。

2）燃气-蒸汽联合循环。如果利用燃气轮机排气余热在余热锅炉中将水加热变成高温、高压的过热蒸汽，再将蒸汽引入汽轮机膨胀做功，则其循环效率必然较高。基于这种理念，就产生了不同形式的燃气-蒸汽联合循环。目前国内的燃机机组大多采用燃气-蒸汽联合循环。

联合循环中燃气轮机、蒸汽轮机和发电机的相互布局关系不仅与联合循环电站的总体布置和厂房结构有关，而且还会影响联合循环装置的运行性能、检修方式和投资费用。当前，各公司制造的联合循环设备有单轴及多轴两种基本的结构形式。

单轴联合循环包括一台燃气轮机、蒸汽机、发电机和余热锅炉，其中燃气轮机、蒸汽轮机与发电机同轴串联排列。单轴配置的联合循环机组结构简单、占地面积小、机组制造和投资费用较低，在燃气轮机和汽轮机的安装及商业同步运行的条件下被优先采用。

多轴联合循环由一台或多台燃气轮机发电机组通过各自的余热锅炉将燃气废热利用产生的蒸汽引入单独的汽轮发电机组，共同组成联合系统。在分期建设项目或集中供热项目中采用较多。E级、E级改进型燃气轮机和联合循环热电联供多采用多轴布置。

（3）按照燃气-蒸汽联合循环发电设备的配置关系分类。按照联合循环发电设备的配置关系，燃气轮机和蒸汽轮机可分为“一拖一”“二拖一”“三拖一”等，不同的方式有不同的特点。联合循环发电机组的总体布置可以单轴，也可以多轴。

“一拖一”机组：指由一台燃气轮机和一台余热锅炉、一台汽轮机组成的联合循环机组。在采用“一拖一”方案布置的联合循环发电机组中，若将发电机、汽轮机和燃气轮机连接在同一根轴上，共用一个发电机，则这类机组称为单轴机组。若燃气轮机和汽轮机不同轴，并分别驱动各自的发电机，则这类机组称为多轴机组。

“二拖一”机组：指由两台燃气轮机发电机组和两台余热锅炉、一台汽轮发电机组组成的多轴联合循环发电机组。

下面以同期建设两套F级燃机机组为例，介绍主厂房区域的几种典型布置。

1）“一拖一” 典型布置方案一（单轴）。燃气轮机、蒸汽轮机与发电机单轴布置，集中在一座主厂房内，余热锅炉在主厂房的燃气轮机侧，变压器在主厂房的另一侧，两套机组共设一个集控楼，布置在两个主厂房之间，靠近变压器侧。该布置结构紧凑，占地小。其布置如图3-24所示。

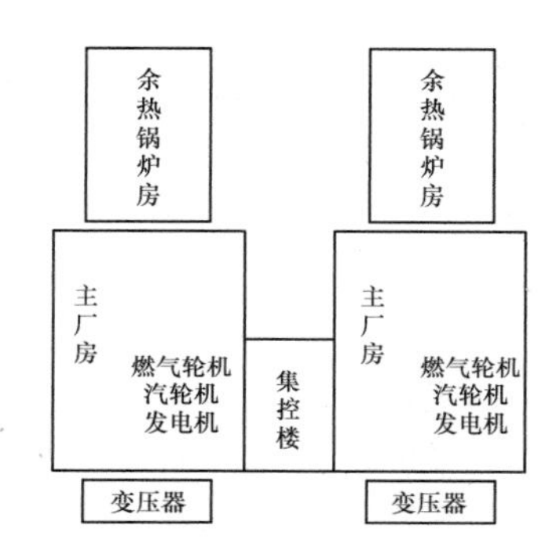

图3-24 “一拖一”典型布置方案一

2）“一拖一”典型布置方案二（多轴）。蒸汽轮机-发电机布置在两台燃气轮机的中间，蒸汽轮机轴系与燃气轮机轴系呈H型布置，即两套蒸汽轮机轴系在一条直线上，与燃气轮机轴系垂直。蒸汽轮机房和燃气轮机房连成一体。主厂房区域布置紧凑，节省投资。其布置如图3-25所示。

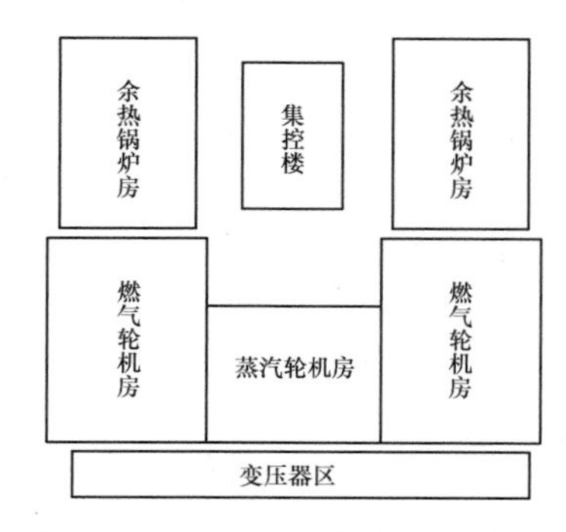

图3-25 “一拖一”典型布置方案二

3）“一拖一”典型布置方案三（多轴）。燃气轮发电机组、余热锅炉成组布置，蒸汽轮机发电机组布置在燃气轮机房侧面。室内蒸汽轮机横向高位布置，汽轮机轴线与燃气轮机轴线平行布置。其布置如图3-26所示。

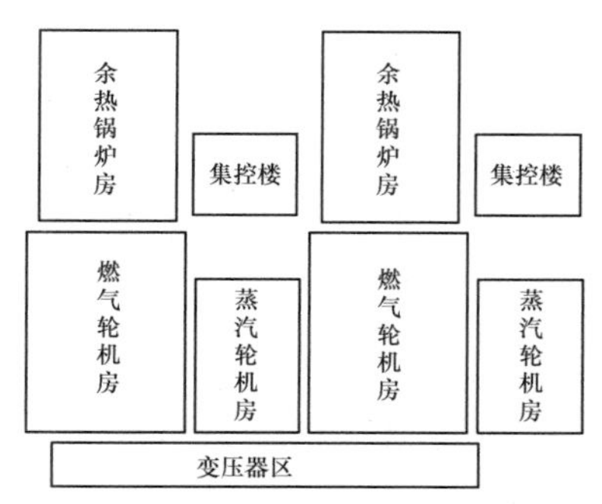

图3-26 “一拖一”典型布置方案三

4）“一拖一”典型布置方案四（多轴）。由于受到场地宽度的限定，布置方案在方案二的基础上进行调整：将蒸汽轮机房单独布置在两台余热锅炉房的外侧，集控楼仍布置在两台燃气轮机之间，变压器分别布置在汽轮机房和燃气轮机房的外侧。其布置如图3-27所示。

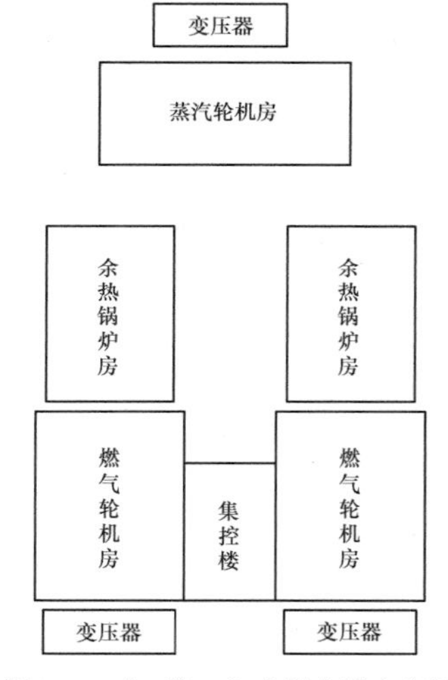

图3-27 “一拖一”典型布置方案四

如此布置不但解决了场地受限的不足，也缩短了气源和三大管线的长度。缺点在于由于变压器布置较为分散，会导致其电缆沟长度增长。有时蒸汽轮机房也会考虑布置在余热锅炉房的侧面。

5）“二拖一”多轴联合循环发电机组。“二拖一”多轴布置方式可以将蒸汽轮机布置在两台燃气轮机的中间，也可以布置在燃气轮机的侧面。

布置在两台燃气轮机之间的格局与“一拖一”典型布置方案二类似。

布置在燃气轮机侧面的格局是将燃气轮机与蒸汽轮机分别布置在两座厂房内，两座厂房紧邻布置。两套机组共设一个集控楼，布置在余热锅炉房的外侧。该格局与前一种相比，由于蒸汽轮机与两台燃气轮机距离不一致，会使气源不均匀，三大管线偏长。其布置如图3-28所示。

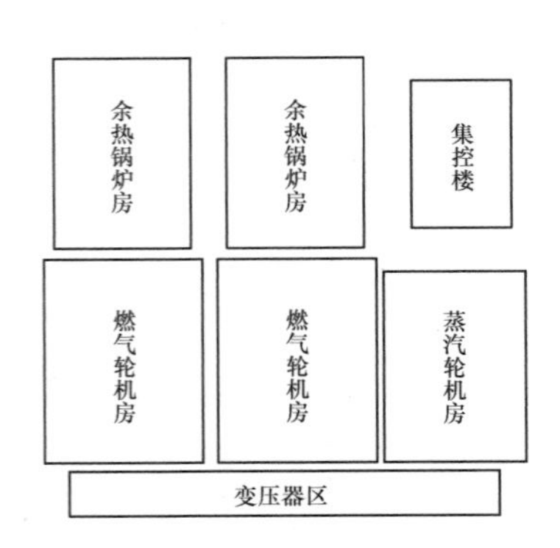

图 3-28 “二拖一”多轴联合循环

另外还会由于场地原因，造成蒸汽轮机脱开布置，形成独立厂房。

2. 影响主厂房平面布置的主要因素

（1）主厂房方位与供排水关系。主厂房作为厂区的核心，其方位除了考虑场地条件外，还需重点考虑冷却水的供排水条件。虽然与燃煤机组相比，燃机机组容量偏小，汽轮机循环水用水量相应地偏小，但是循环水供排水管（沟）仍然是燃机电厂的主要管线之一，总体来说，缩短供排水管（沟）的长度，减少投资，依然是讨论总平面布置时永恒不变的主题。

针对燃机主厂房，蒸汽轮机的布置均较为灵活，可与燃气轮机形成“1+1”单轴布置、“1+1”多轴布置或“2+1”多轴布置的联体厂房，以及“2+1”或“3+1”多轴布置的分体厂房，布置格局均不同。燃机的汽机房纵向布置后，可考虑在其两侧布置进出循环水管线，所以在总平面布置中既有考虑从余热锅炉一侧进入汽机房，也有从汽机房的 A 排外进入主厂房。但如果采用直流水源取水，一般还是采用汽机房 A 排面朝水源，循环水进水管从 A 排进入汽机房的方式。两种布置方式如图 3-29、图 3-30 所示。

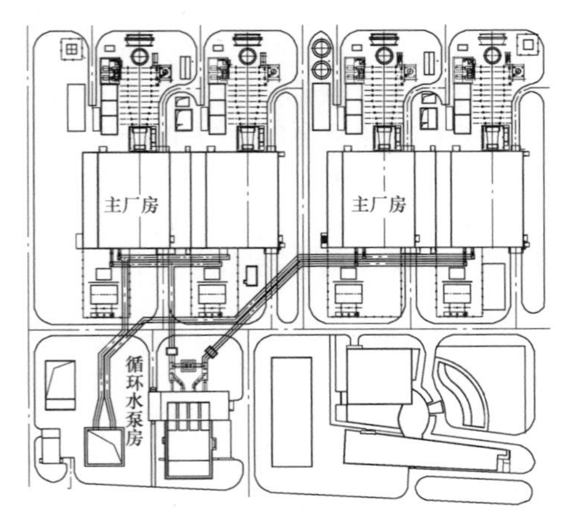

图 3-29 循环水管从汽机房 A 排外进入

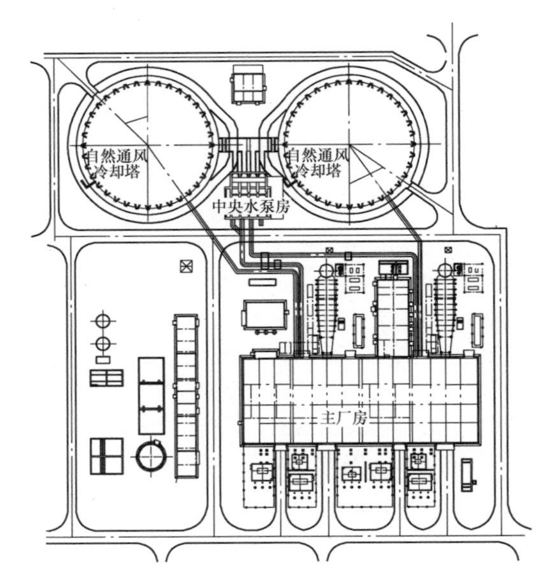

图 3-30 循环水管从余热锅炉侧进入

（2）电气出线。燃机电厂另外一个主要的管线就是电缆。

在燃机电厂中，除了单轴布置的机组，燃气轮机与蒸汽轮机共用一个发电机和一组变压器外，其余布置中每一个燃气轮机和蒸汽轮机都分别配置一个发电机，相应地设置一组变压器。所以根据燃机布置的这种灵活性，使得变压器个数较多，其布置也相对较为分散。

在燃机电厂无论是燃气轮机还是蒸汽轮机，其机组容量均不是很大。例如 F 级的单轴一拖一的联合循环机组，总出力约 400MW，其中燃气轮机发电量约 260MW，蒸汽轮机发电量约 140MW，基本考虑最大设置 220kV 升压站及出线即可。随着 220kV 电缆的国产化，其造价大幅降低，故在燃机电厂也可考虑采用 220kV 电缆进线方式。因此，在总平面布置中升压站可以灵活布置。有时受到场地和出线条件的限制，也会考虑布置在背离汽机房 A 排的一侧。

3. 不同容量机组主厂房平面布置

从 20 世纪 50 年代末开始，我国开始了重型燃气轮机的制造，并分别引进美国 GE 公司、德国 Siemens 公司、法国 ALSTOM 公司、日本三菱公司等燃机主导公司的技术。到目前为止，国内燃机项目以 B、E、F、H 级燃机为主，但由于制造商的不同，机组型号会有些不同，比如 GE 公司以 PG9171E 和 PG9351FA 为典型代表，Siemens 公司以 V94.2 和 V94.3 为典型代表，三菱公司以 M701F 为典型代表。近年来，国内燃机以 E、F 级机组居多，大部分集中在江苏、浙江、广东一带。

燃机电厂主厂房区的布置如图 3-31～图 3-47 所示。

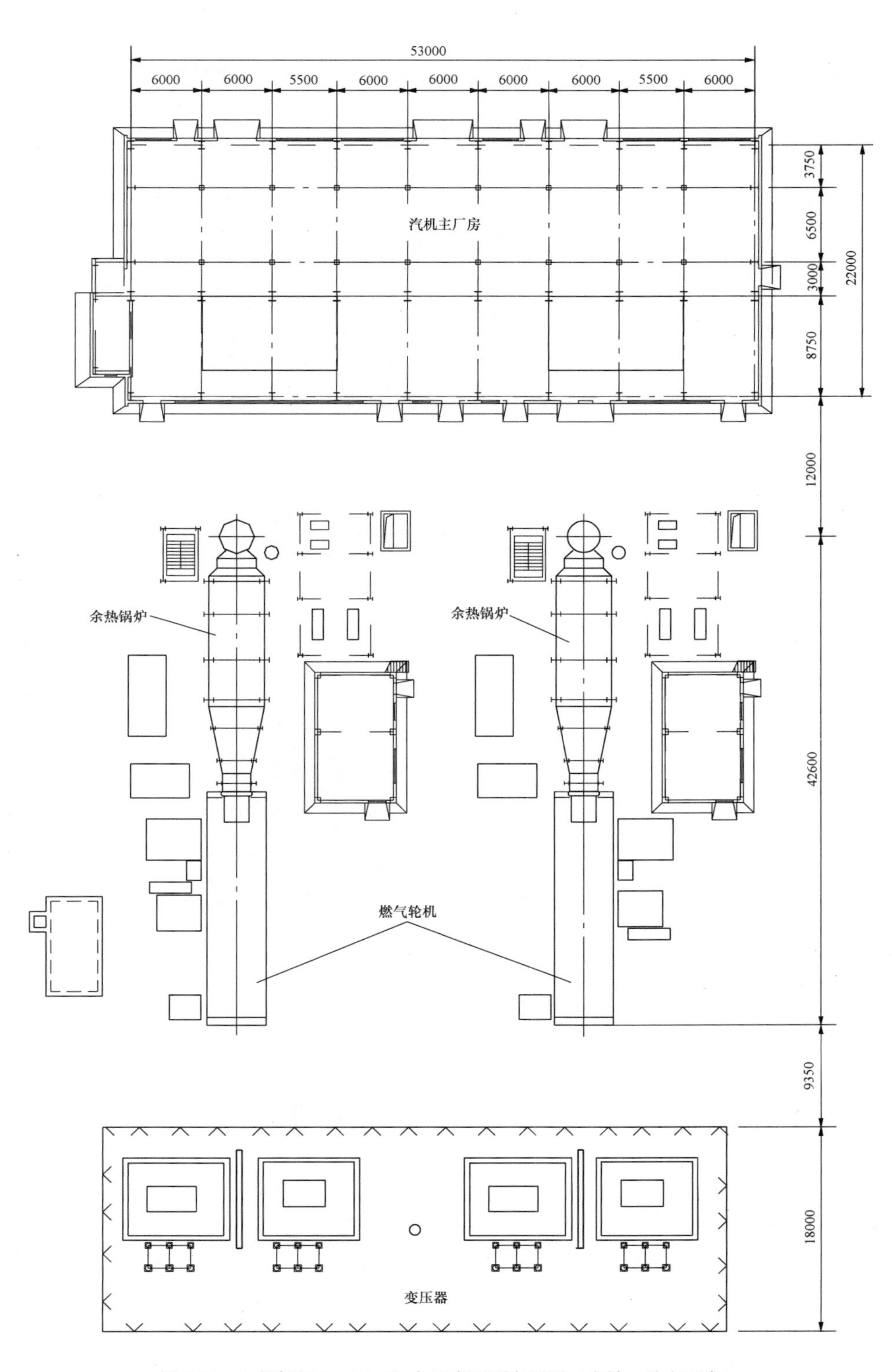

图 3-31　B 级机组 2×（1+1）主厂房平面布置图（多轴、独立厂房）

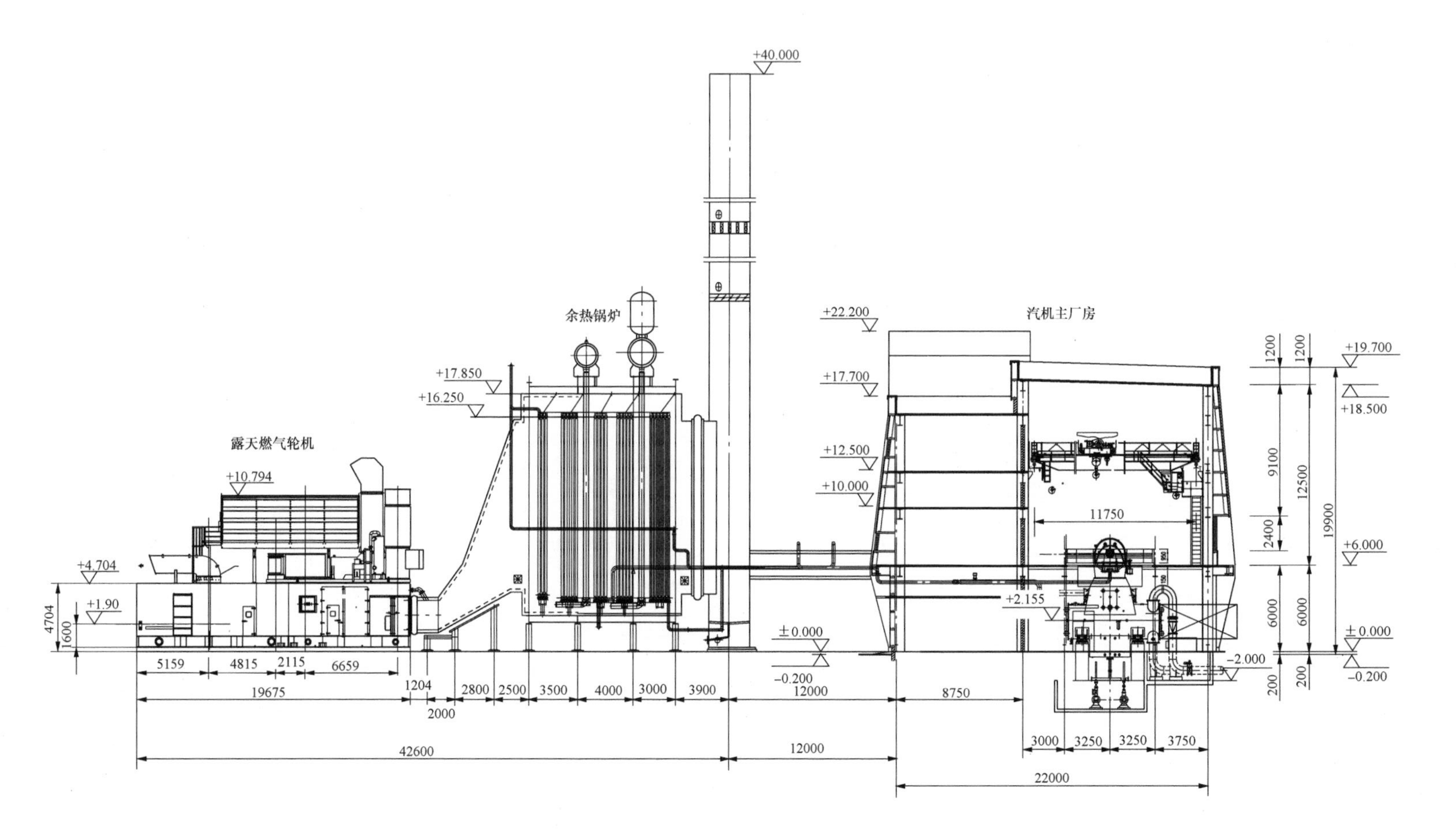

图 3-32 B 机组 2×（1+1）主厂房断面图（多轴、独立厂房）

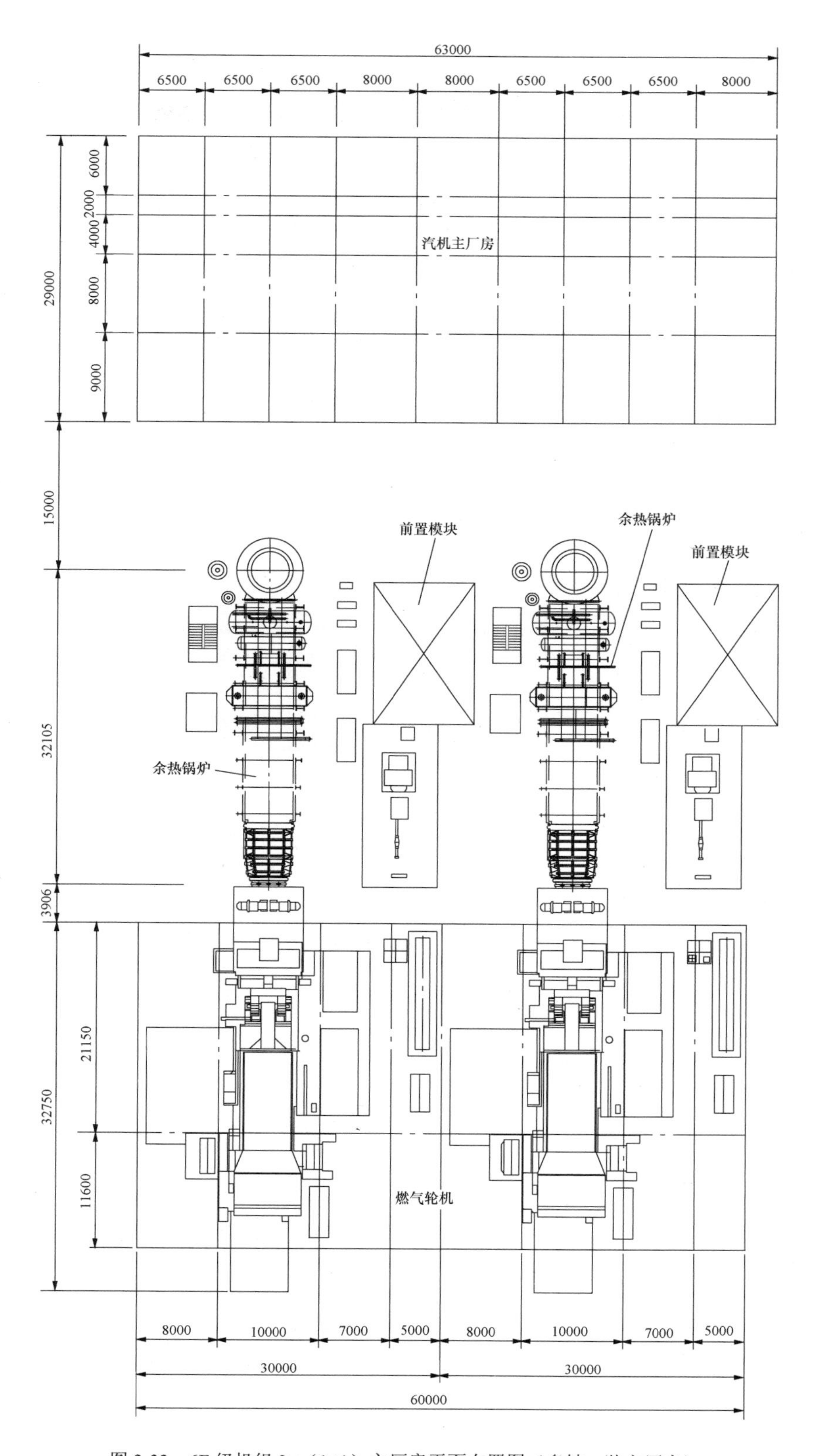

图 3-33 6F 级机组 2×（1+1）主厂房平面布置图（多轴、独立厂房）

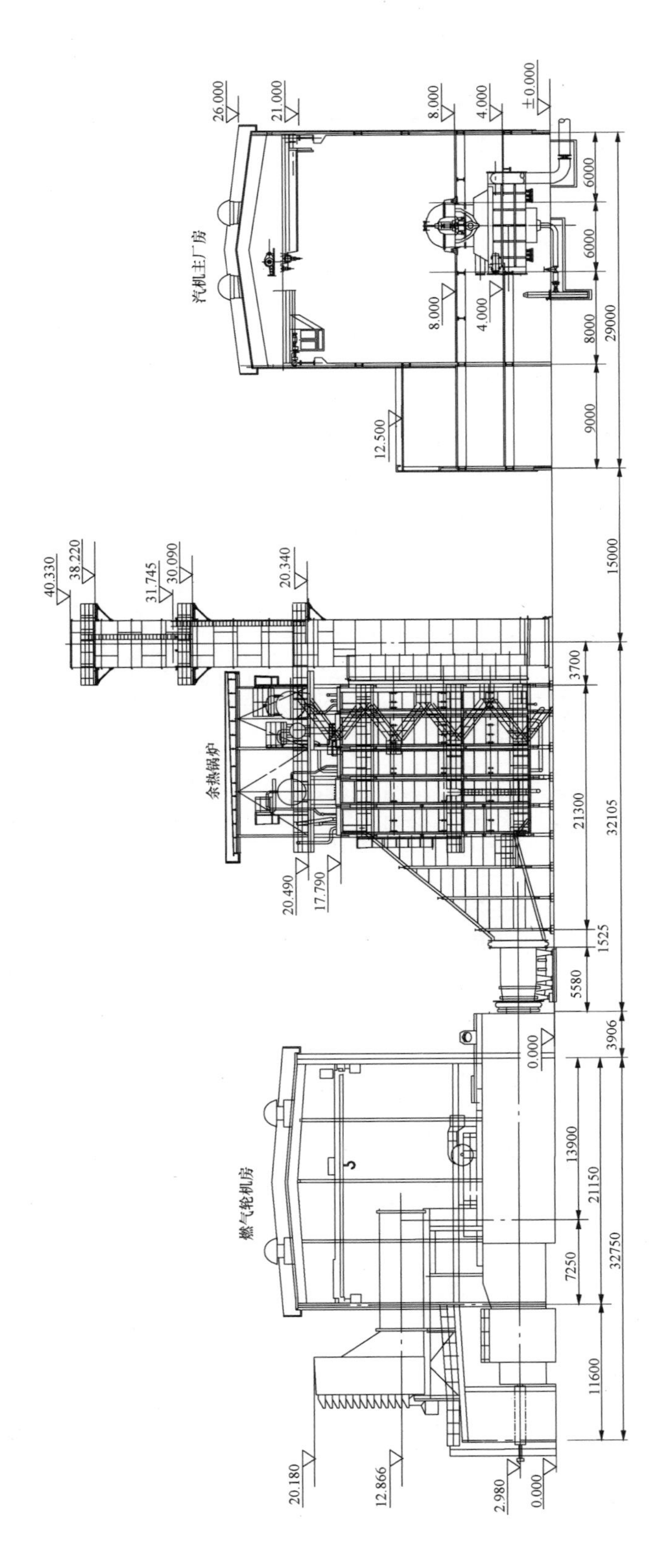

图 3-34　6F级机组 2×（1+1）主厂房断面图（多轴、独立厂房）

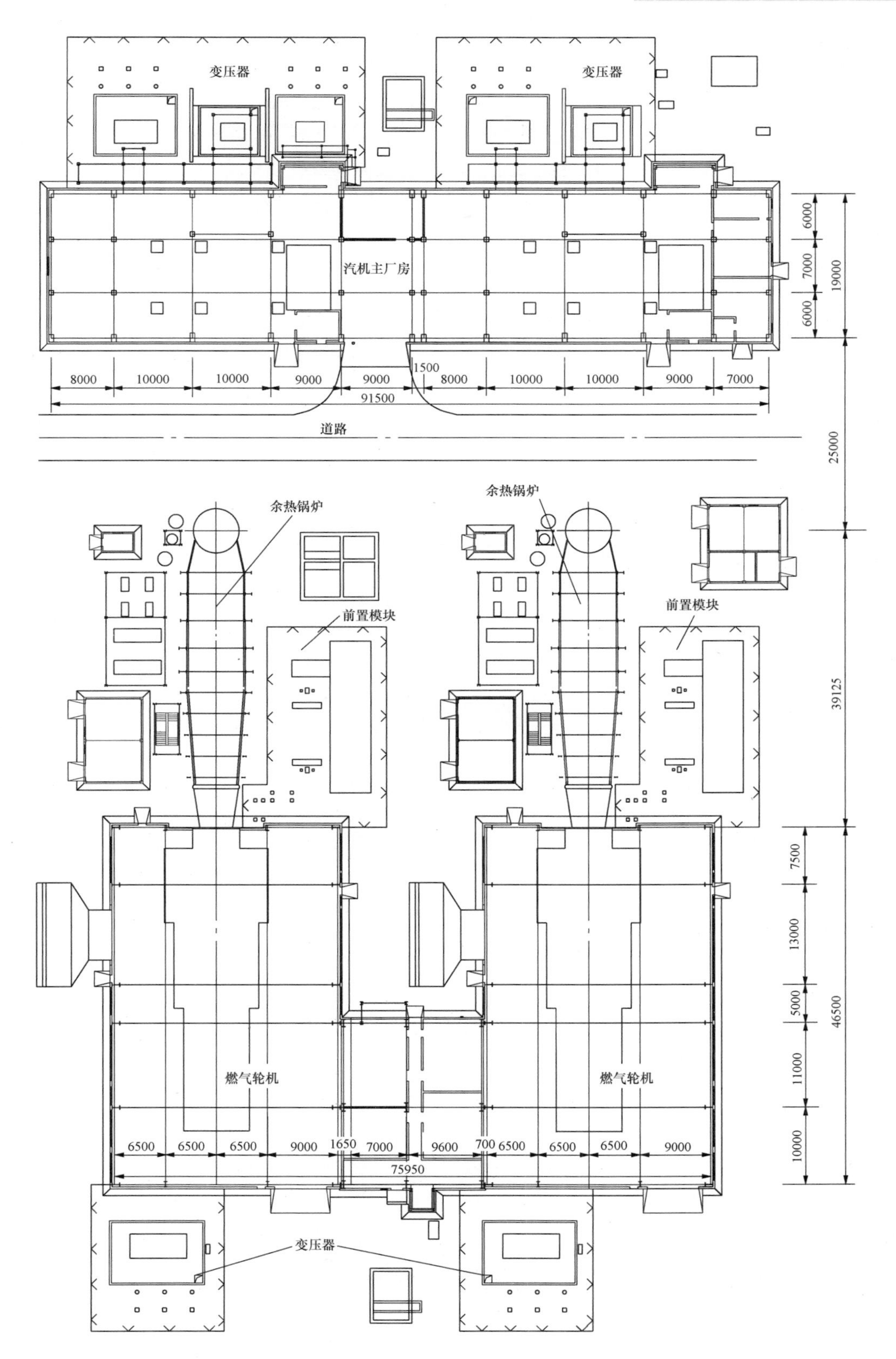

图 3-35 E 级 2×（1+1）主厂房平面布置图（多轴、独立厂房）

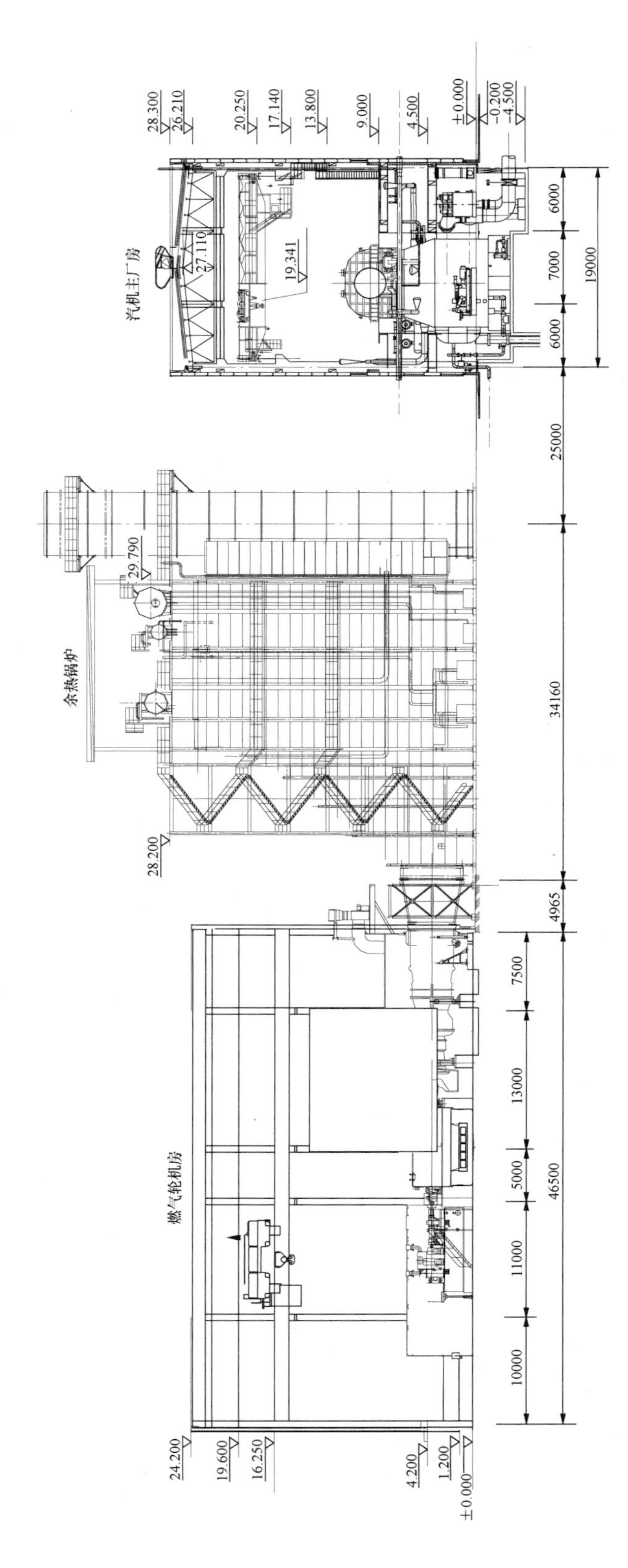

图 3-36 E级 2×（1+1）主厂房断面图（多轴、独立厂房）

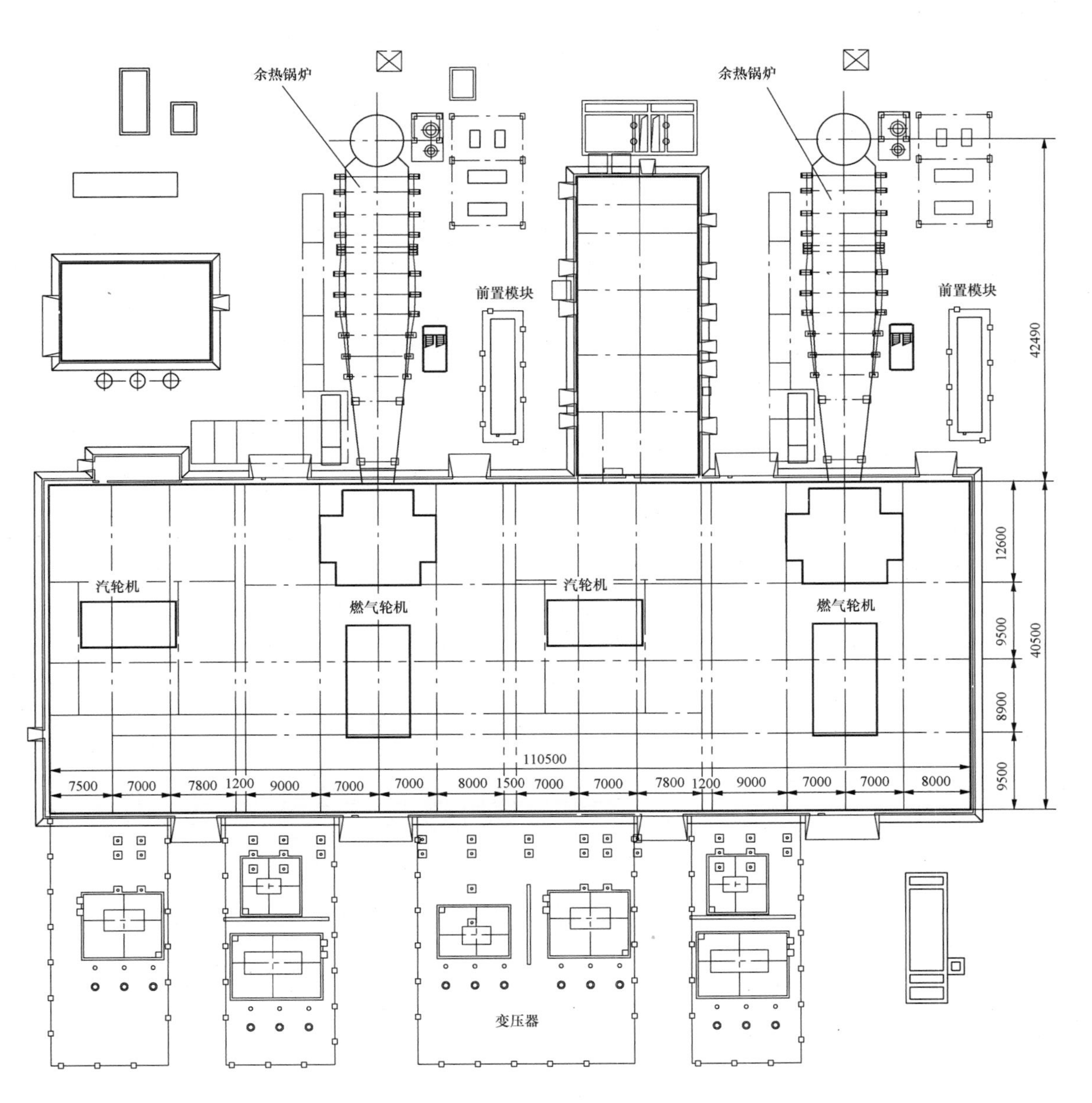

图 3-37　E 级 2×（1+1）主厂房平面布置图（多轴、联合厂房）

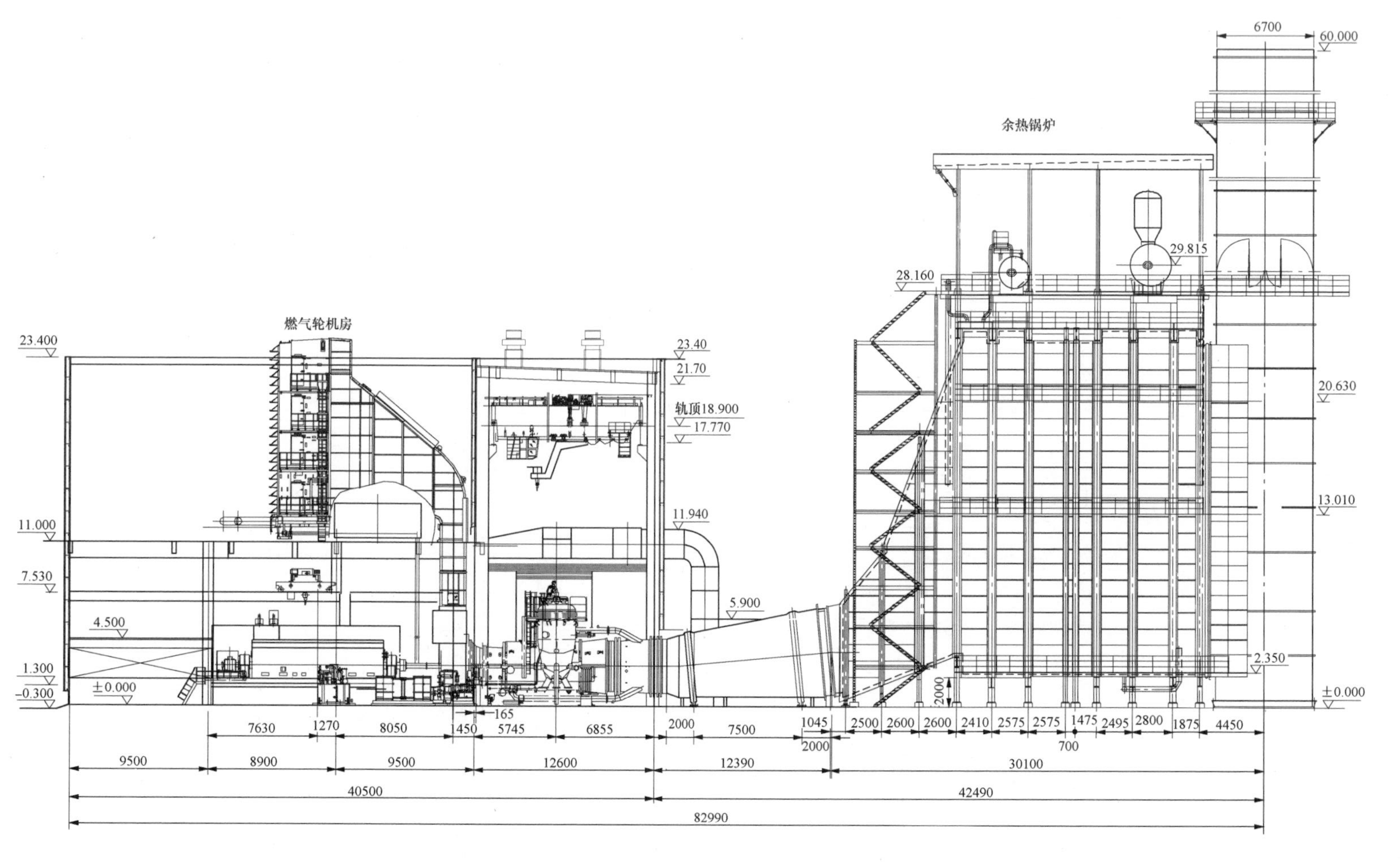

图3-38 E级2×（1+1）主厂房断面图（多轴、联合厂房）

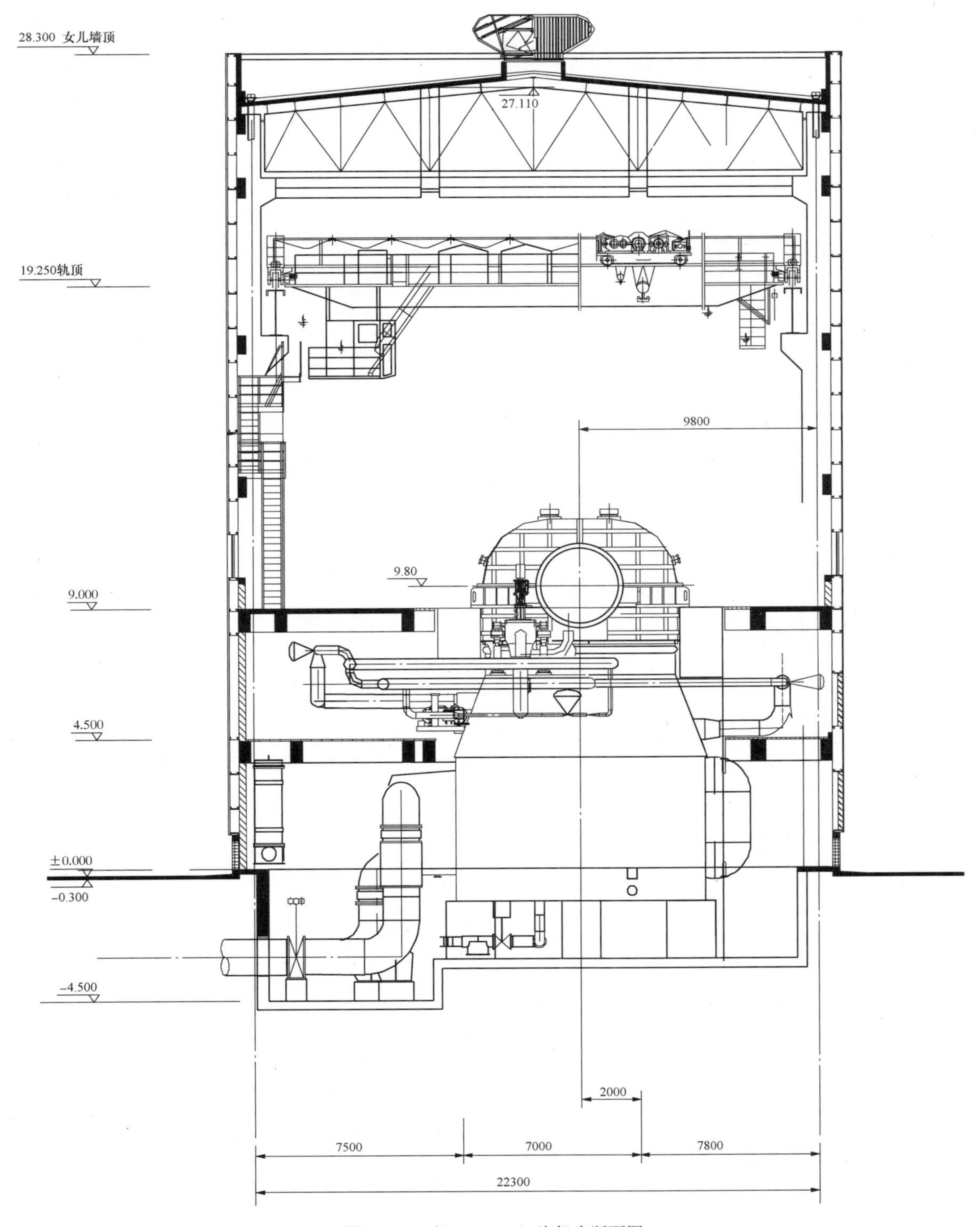

图 3-39 E级2×（1+1）汽机房断面图

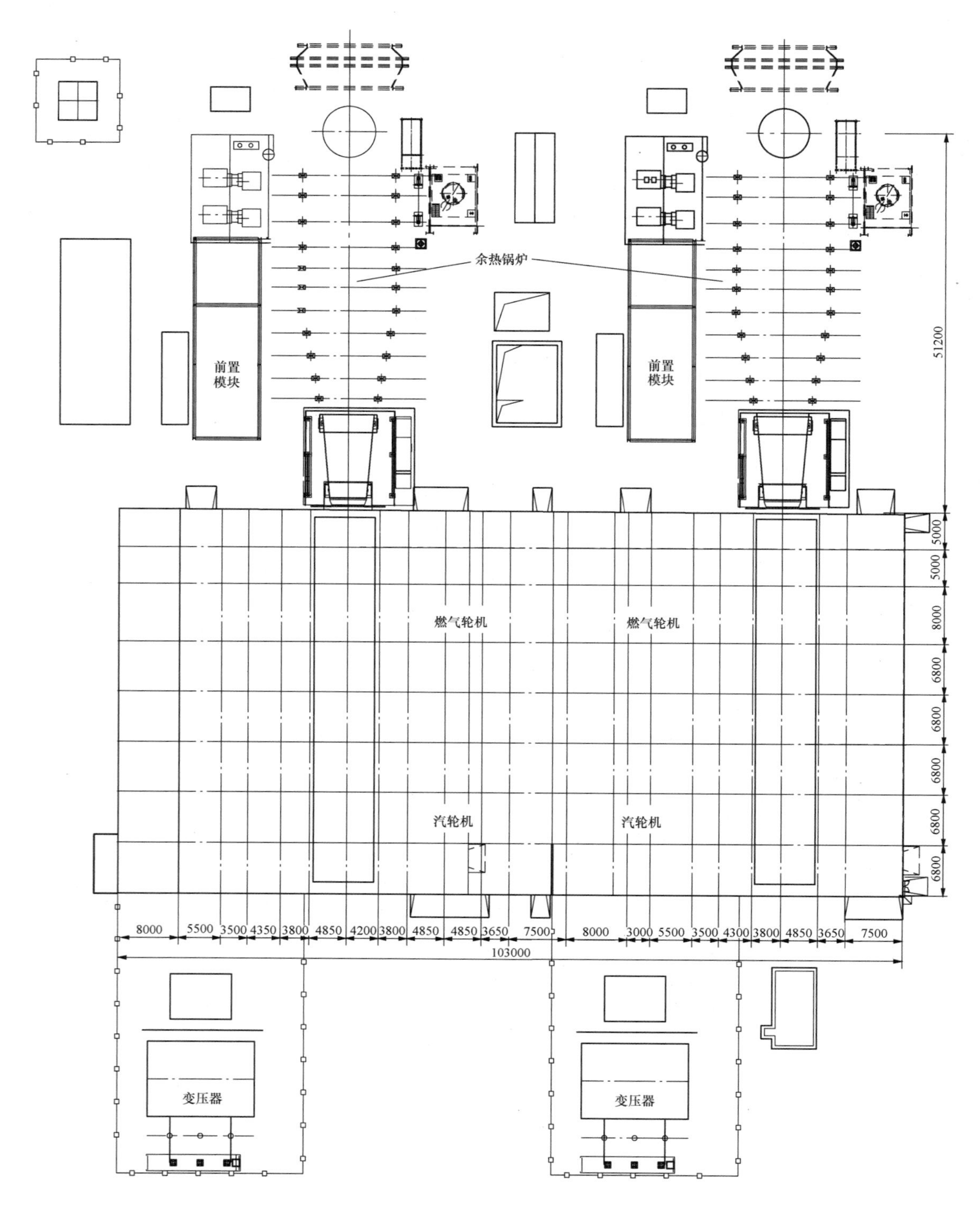

图 3-40　9F 级 2×（1+1）主厂房平面布置图（单轴、联合厂房）

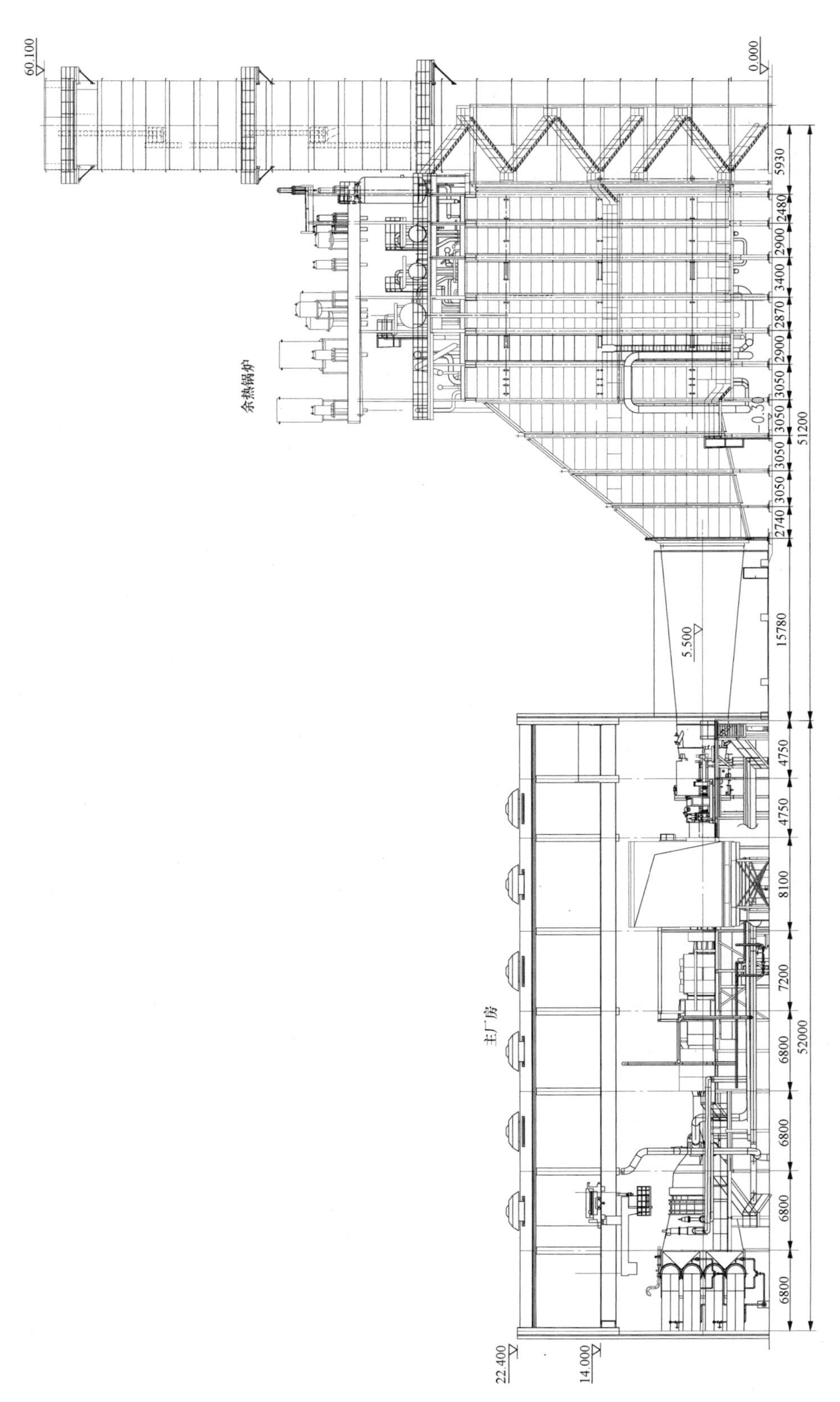

图3-41　9F级2×（1+1）主厂房断面图（单轴、联合厂房）

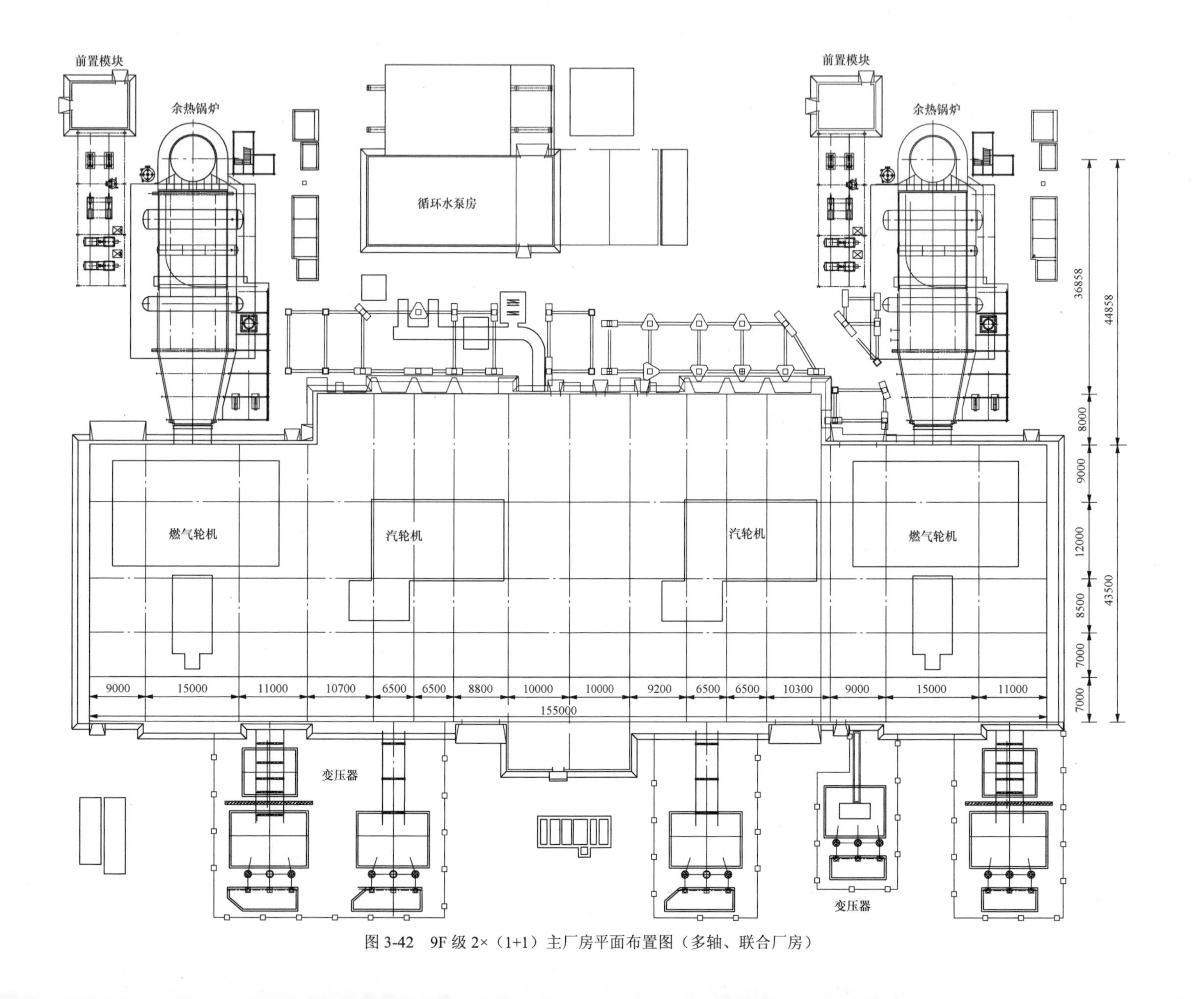

图 3-42　9F 级 2×（1+1）主厂房平面布置图（多轴、联合厂房）

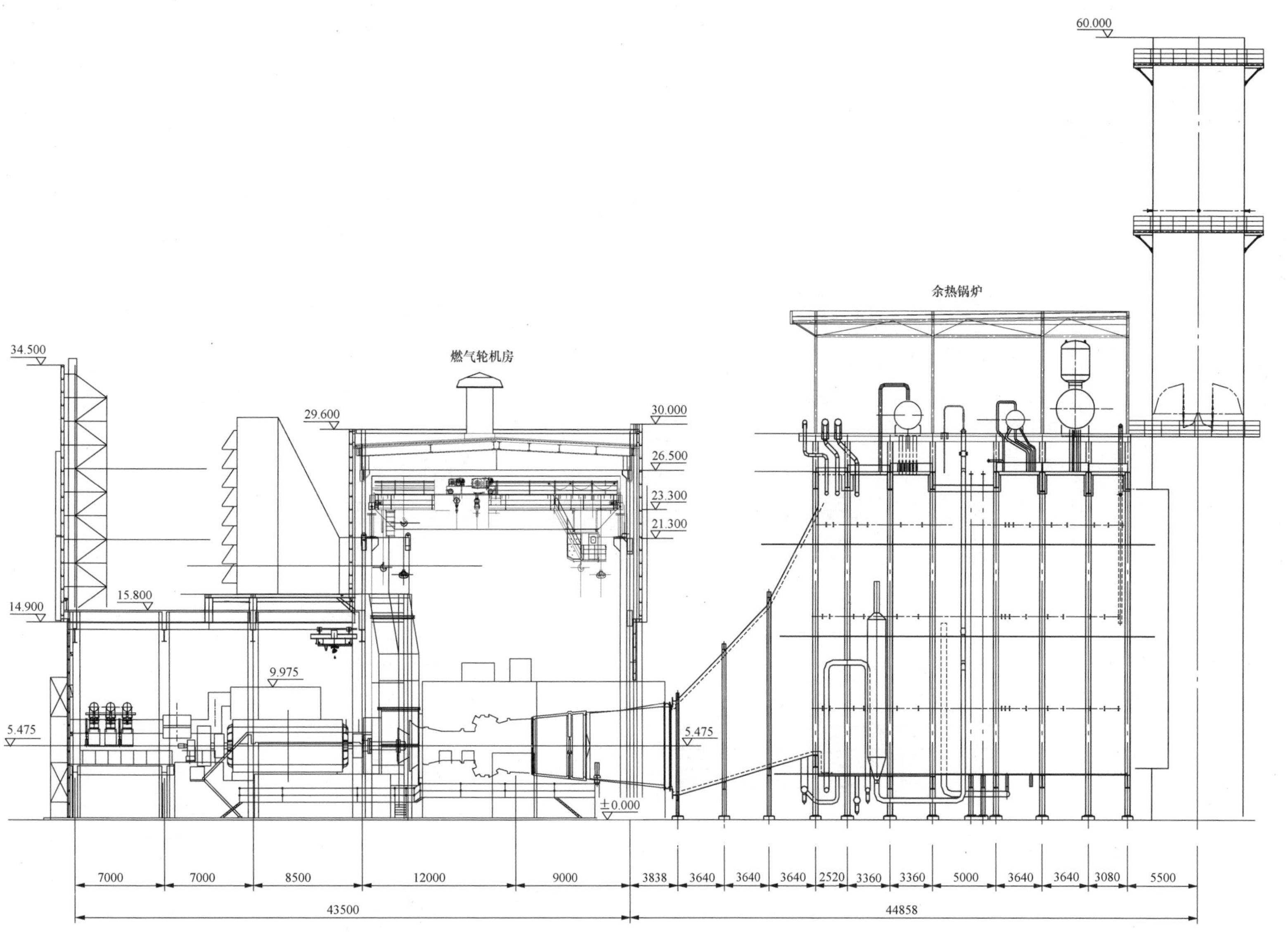

图 3-43　9F 级 2×（1+1）主厂房断面图（多轴、联合厂房）

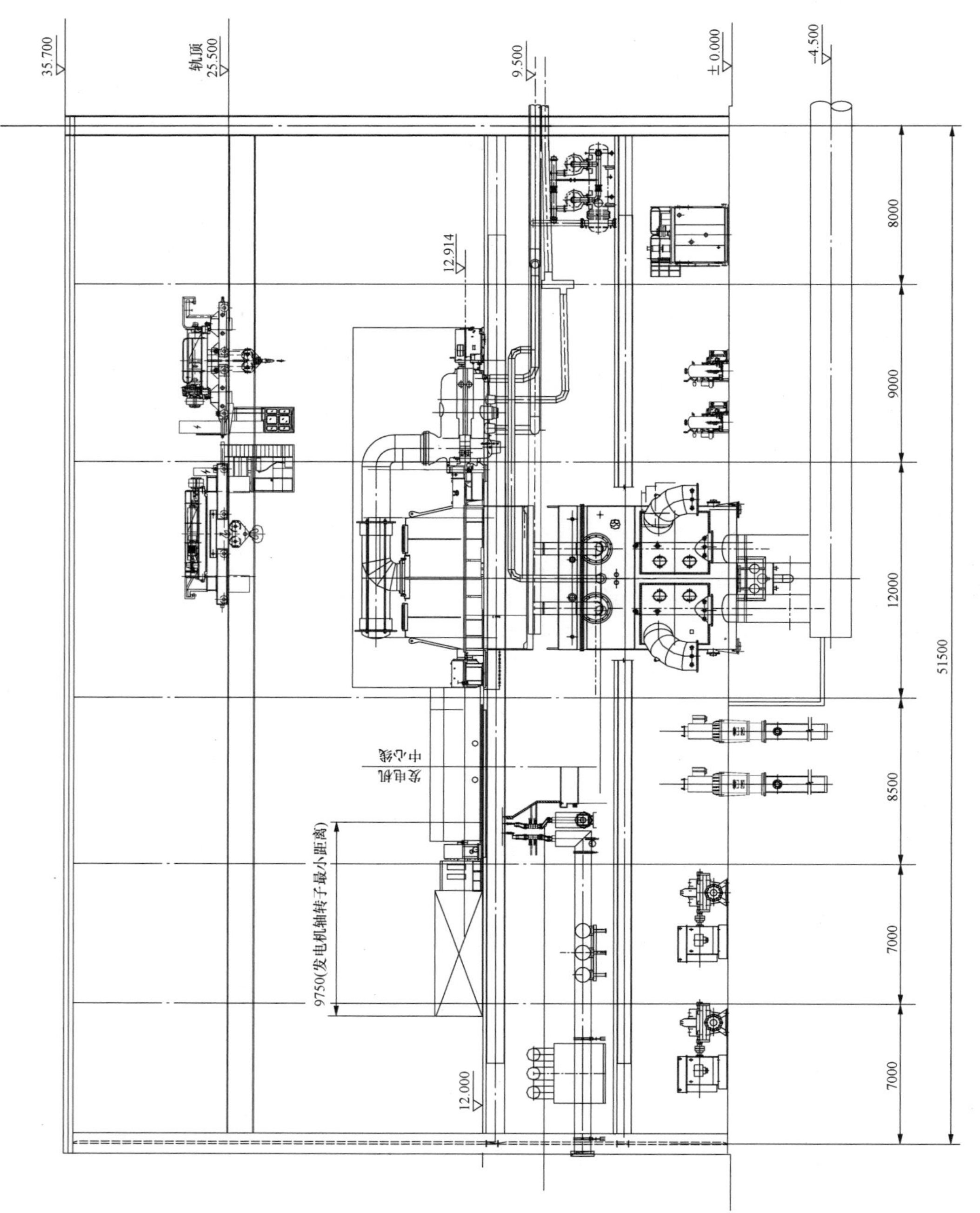

图 3-44　9F级 2×（1+1）汽机房断面图

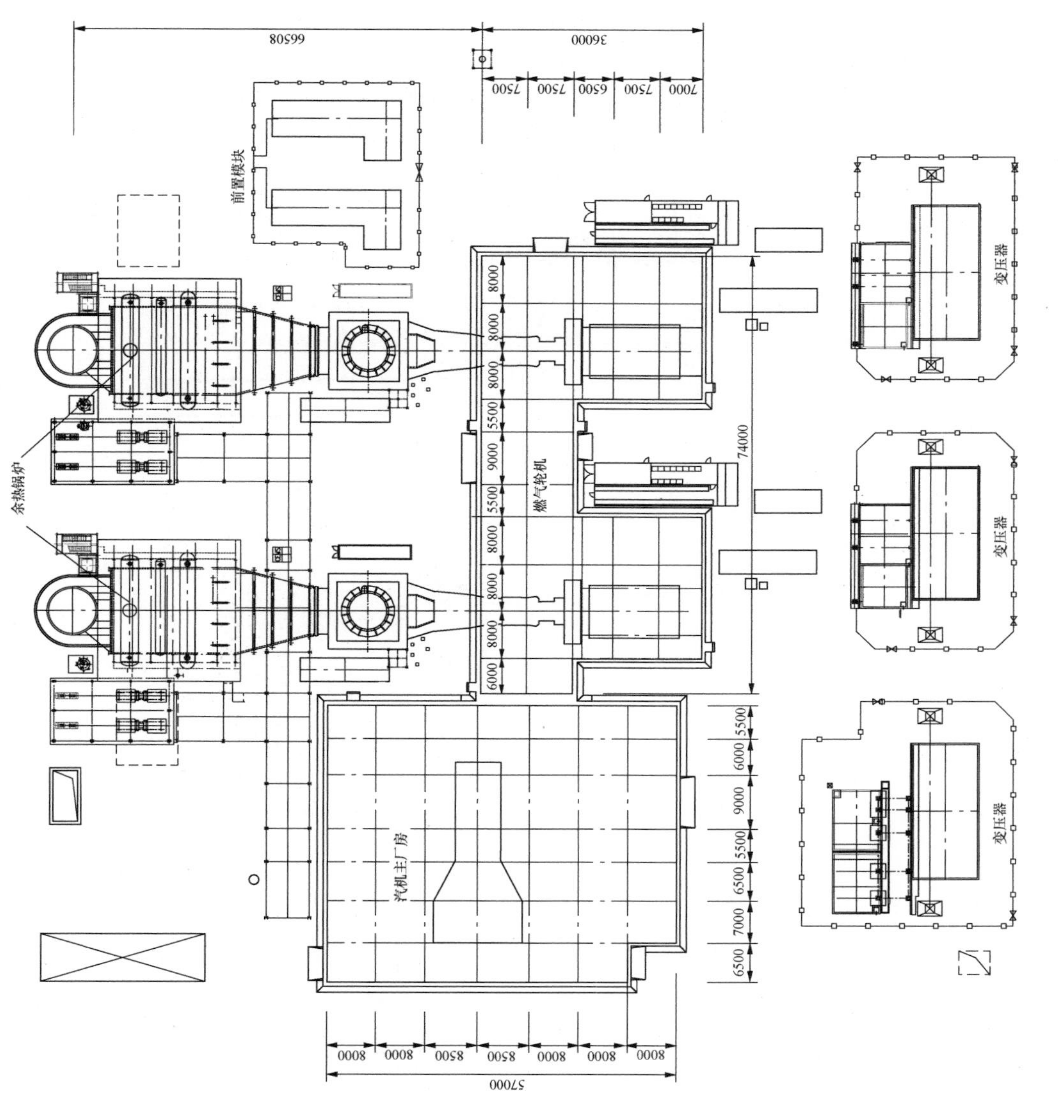

图 3-45 H级 1×（2+1）主厂房平面布置图（多轴、联合厂房）

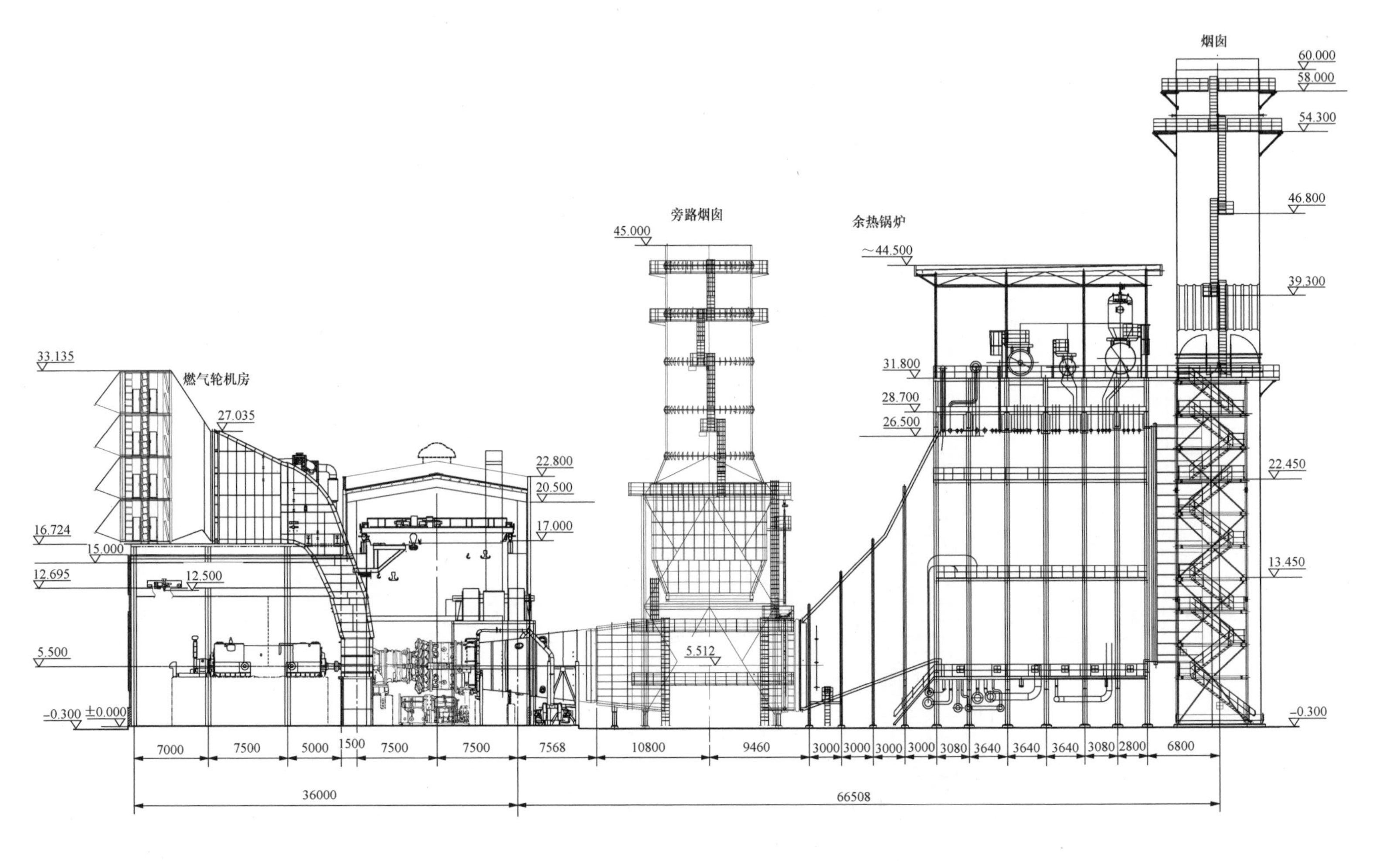

图 3-46 H级 1×（2+1）主厂房断面图（多轴、联合厂房）

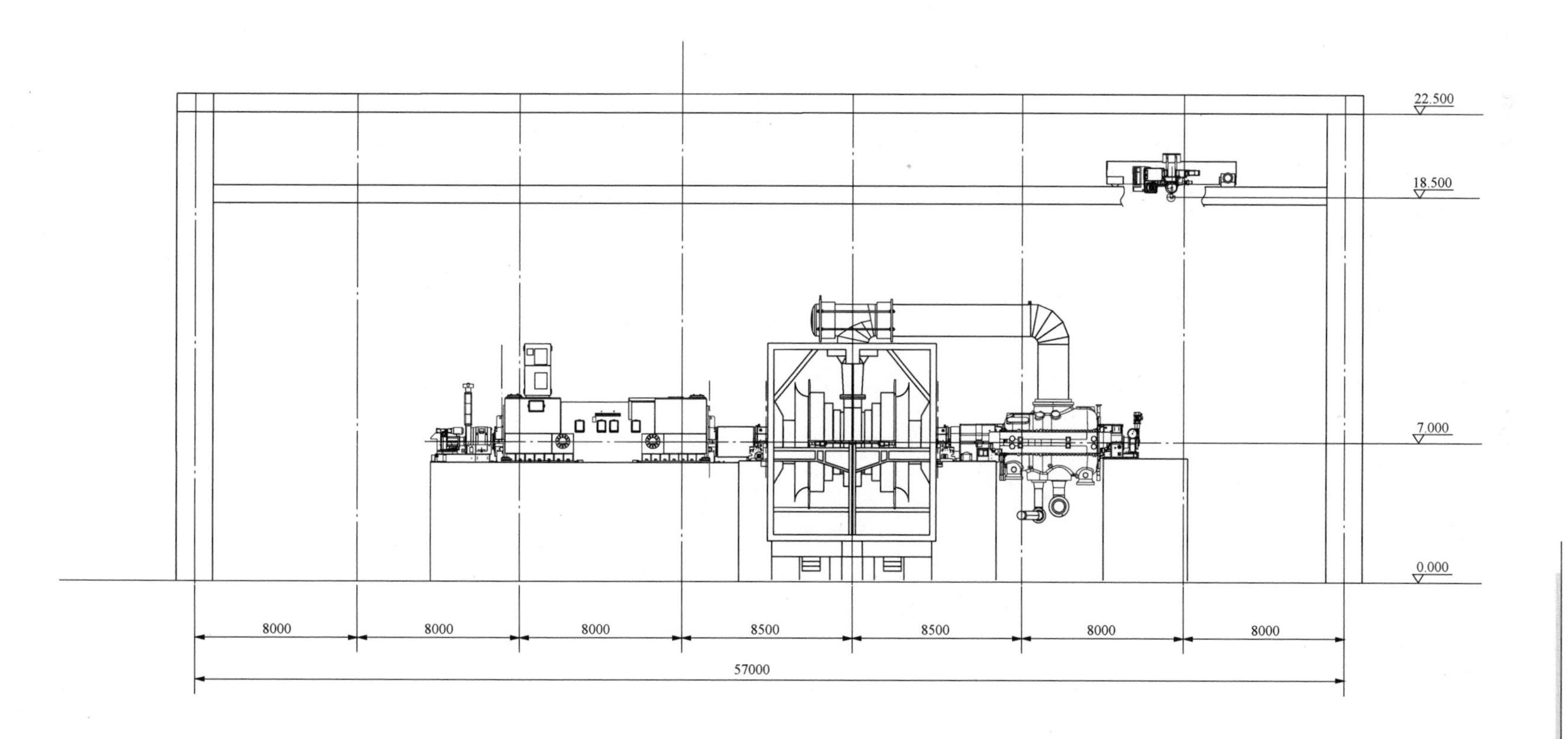

图3-47 H级1×（2+1）汽机房断面图

4. 燃机主厂房主要指标

（1）机组容量。燃机机组容量根据不同设备厂家，以及简单循环和联合循环不同的特点，数据有所区别，相关数据如表3-14所示。

（2）主厂房尺寸。由于燃机主厂房的布置很灵活，相同容量的机组在不同制造厂家和不同布置方式的前提下，主厂房尺寸差异较大，已建机组的数据统计如表3-15所示。

（3）主厂房区用地指标。根据2010年版《电力工程项目建设用地指标》（火电厂、核电厂、变电站和换流站）的规定，动力装置区建设用地指标见表3-16，如需调整，详见《电力工程项目建设用地指标》。

表3-14　　机 组 容 量

燃机等级		B级	6F级	E级	9F级	H级
机组容量（MW）	简单循环	43～52	50～78	128～202	287～359	397～471
	联合循环	60～73	73～118	192～276	437～525	592～690

表3-15　　主 厂 房 尺 寸

燃机等级	机组（燃机-汽机）布置方式	主厂房布置方式	主厂房尺寸
B级	多轴，一套二拖一	燃机露天布置，汽机独立厂房	燃机占地：25m×43m 汽机房：53m×22m
B级	多轴，一套二拖一	燃机露天布置，汽机独立厂房	燃机占地：14m×35m 汽机房：19m×36m
E级	多轴，两套一拖一	联合厂房，燃机和汽机平行布置	燃机房：2×31m×40.5m 汽机房：2×22.3m×40.5m
E级	多轴，两套一拖一	独立厂房	燃机房：76m×46.5m 汽机房：91.5m×19m
F级	单轴，两套一拖一	联合厂房，燃机和汽机单轴布置	燃机、汽机房：2×46m×52m
F级	多轴，两套一拖一	联合厂房，燃机和汽机平行布置	燃机房：2×35m×43.5m 汽机房：82m×51.5m
F级	多轴，两套一拖一	联合厂房，燃机和汽机垂直布置	燃机房：2×33.5m×37.8m 汽机房：88m×25.8m
H级	多轴，二拖一	独立厂房	燃机房：74m×36m 汽机房：46m×57m

表3-16　　动力装置区建设用地单项指标

机组类型	单元机组构成	机组容量（MW）	单项用地（hm^2）
E级多轴	2×（1+1）或1×（2+1）	400	1.88
	4×（1+1）或2×（2+1）	800	3.07
	4×（1+1）+4×（1+1）或2×（2+1）+2×（2+1）	1600	5.74
F级单轴	2×（1+1）	800	2.60
	3×（1+1）	1200	3.34
	4×（1+1）	1600	4.47
	3×（1+1）+3×（1+1）	2400	6.27
	4×（1+1）+4×（1+1）	3200	8.55
F级多轴	2×（1+1）或1×（2+1）	800	2.69
	4×（1+1）或2×（2+1）	1600	4.63
	4×（1+1）+4×（1+1）或2×（2+1）+2×（2+1）	3200	8.86

注　表中F级机组基本用地指标的机组类型为GE和三菱公司机组，若采用西门子公司机组，F级每台燃机用地面积增加0.13hm^2。

二、配电装置及变压器区

发电厂厂区内的电工建（构）筑物一般包括高压配电装置、网络控制室或网络保护小间，以及主变压器、高压厂用变压器、启动备用变压器等。

（一）高压配电装置区布置

1. 高压配电装置简介

高压配电装置按设备型式不同，可分为以下三种：第一种是空气绝缘的常规配电装置，简称 AIS；第二种是母线采用敞开式，其他电气设备以断路器为核心，集隔离开关、接地开关、电流互感器、电压互感器为一体的 SF_6 气体绝缘开关的配电装置，简称 HGIS；第三种是 SF_6 气体绝缘金属全封闭配电装置，简称 GIS。

高压配电装置一般位于汽机房外侧。在纵轴方向与汽机房的相对位置主要取决于工艺要求，即便于发电机出线小室引出的导体（当主变压器位于 A 列柱外时为主变压器的高压引线）接入高压配电装置，必要时也可根据整个厂区布置的要求作适当调整。个别电厂地形条件特别困难时，可因地制宜地采取某些特殊的布置方式，如将高压配电装置布置在脱离厂区的适当地段。

2. 高压配电装置设施平面布置原则

（1）进出线方便，与城镇规划相协调，宜避免相互交叉和跨越永久性建筑物。

（2）位于汽机房或燃机房外侧，当技术经济论证合理时，也可布置在变压器上方、厂区固定端、锅炉房外侧或厂区围墙之外。

（3）各种配电装置之间，以及它们和各种建（构）筑物之间的距离和相对位置，应按最终规模统筹规划。

（4）配电装置的布置位置应结合出线方向，尽量缩短主变压器各侧引线长度，避免架空线路在厂内交叉。

（5）宜布置在湿式循环水冷却设施冬季盛行风向的上风侧，或位于产生有腐蚀性气体及粉尘的建（构）筑物常年最小频率风向的下风侧。

（6）不同电压等级的配电装置都需扩建时，最高一级电压配电装置的扩建方向，宜与主厂房扩建方向相一致。

（7）宜设置环形道路或具备回车条件的道路。

（8）网络控制室或网络保护小间宜靠近配电装置，不宜设至主厂房的天桥。当条件允许时，可与高型屋外配电装置上层巡视走道连接。

（9）屋内配电装置宜与网络控制室或网络保护小间组成联合建筑。

（10）屋外配电装置区、变压器场地应设置围墙或围栅，屋外配电装置区采用 1.8m 高围栅，变压器场地采用 1.5m 高围栅。当厂区内围栅同厂区周边围墙合并时，合并处按厂区周边围墙标准设置。

3. 高压配电装置主要布置形式及指标

高压配电装置有屋外布置和屋内布置两种方式，采用的方式应根据具体条件确定。110kV 及 220kV 以上的常规配电装置，目前一般多采用屋外布置方式。

（1）采用屋外布置方式时，不同规模和形式的配电装置平面布置见图 3-48，指标见表 3-17。

（2）在严重污染地区，如附近有大的钢铁厂、冶炼厂、化工厂、水泥厂等散发粉尘和有害气体的地区，土石方工程较大的地形狭窄地区，海滨盐雾腐蚀地区以及高产农田果林地区，可将敞开式设备布置在屋内。为防止污染或减少占地面积，也可采用 GIS 设备，其节约用地的效果则更加显著，且在技术上更为先进。

以 220kV 配电装置为例，敞开式设备采用屋内布置时，平面尺寸仅 54m×41m，其布置见图 3-49。

（二）变压器区布置

发电厂变压器主要为主变压器、高压厂用变压器和启动备用变压器。主变压器是利用变压器将发电机的端电压升高到输送电压，使相同的输送容量下电流减少、线路损耗小、线路压降小。

与容量 600MW 级及以下机组单元连接的主变压器，若不受运输条件限制，优先采用三相变压器；与容量为 1000MW 级机组单元连接的主变压器应综合运输和制造条件，可采用单相或三相变压器。由于三相变压器具有节省初投资、空载损耗低、总重量轻和有色金属消耗小等优点，若运输条件和技术经济合理，可优先选用三相变压器；当运输条件限制，必须采用单相变压器组时，应根据电厂所处地区及所连接电力系统和设备的条件，确定是否需要装设备用相。

燃煤发电厂主变压器和高压厂用变压器大多布置在主厂房 A 列柱外侧，可以缩短发电机小室至主变压器封闭母线的长度，可减少电能损失和节省投资费用，提高运行的可靠性。燃机电厂中燃气轮机和蒸汽轮机除可共用一组变压器外，也可分别设置一组变压器，变压器根据燃机的位置，布置也相对分散和灵活。

燃煤机组变压器在 A 列柱外侧布置可采用并列式或一列式。并列式为高压厂用变压器与主变压器并列布置，一列式则为并排一字型布置，见图 3-50、图 3-51。变压器并列式布置较为常见，一列式布置常用于主厂房 A 排外场地紧张的情况。

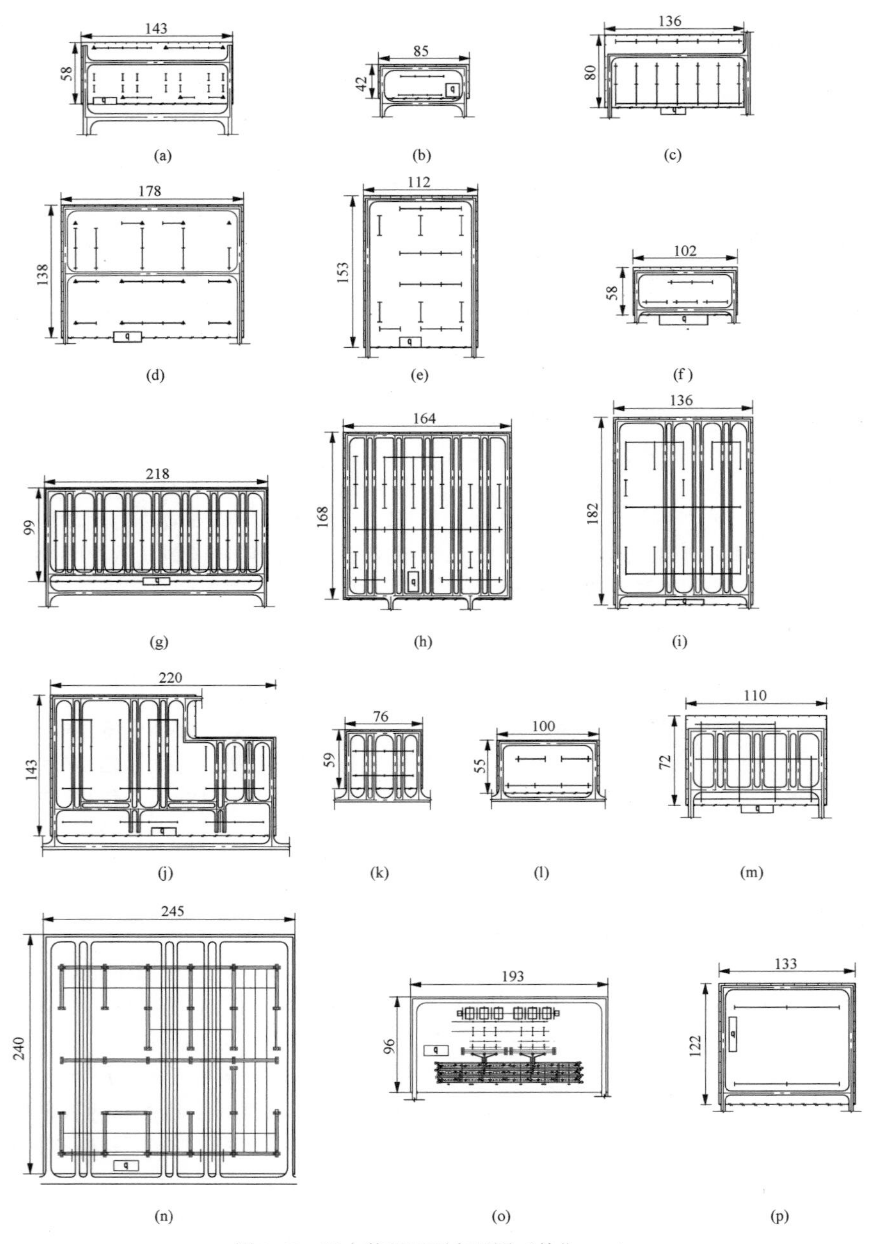

(a) (b) (c) (d) (e) (f) (g) (h) (i) (j) (k) (l) (m) (n) (o) (p)

图 3-48 配电装置平面布置图（单位：m）

（a）220kV AIS 双母线；（b）220kV 屋外 GIS；（c）330kV AIS 双母线；（d）330kV AIS 3/2 接线平环式；（e）330kV AIS 3/2 接线三列式；（f）330kV 屋外 GIS；（g）500kV AIS 3/2 接线单列式；（h）500kV AIS 3/2 接线双列式；（i）500kV AIS 3/2 接线三列式；（j）500kV AIS 3/2 接线平环式；（k）500kV AIS 发-变-线接线；（l）500kV 屋外 GIS 3/2 接线；（m）500kV HGIS 3/2 接线三列式；（n）750kV AIS 3/2 接线三列式；（o）750kV 屋外 GIS 3/2 接线；（p）1000kV 屋外 GIS 3/2 接线

表 3-17　　配电装置指标表

电压等级（kV）	设备型式	接线方式	布置形式	进出线回路数	用地指标（hm^2）	参考限额造价（万元）
220	AIS	双母线	—	2 进 3 出	1.137	约 1100
	GIS		—		0.439	约 1800

续表

电压等级（kV）	设备型式	接线方式	布置形式	进出线回路数	用地指标（hm^2）	参考限额造价（万元）
330	AIS	双母线	—	3 进 2 出	2.844	约 3000
		3/2 断路器接线	平环式			
		3/2 断路器接线	三列式			
	GIS	双母线	—		—	—
500	AIS	3/2 断路器接线	单列式	3 进 2 出	4.355	约 3300
			双列式			
			三列式			
			平环式			
	HGIS		—		1.466	—
	GIS		—		0.894	约 5700
750	AIS	3/2 断路器接线	三列式	3 进 2 出	6.411	约 11700
	GIS		—		—	—
1000	GIS	3/2 断路器接线	—	2 进 2 出	—	约 48600

注　1　限额造价取自《火电工程限额设计参考造价指标》，使用时应结合实际技术方案进行调整。

2　3/2 断路器接线采用 AIS 设备主要布置形式有断路器单列式、双列式、三列式、平环式四种。

3　用地指标依据 2010 年版《电力工程项目建设用地指标》（火电厂、核电厂、变电站和换流站）的相关规定进行了调整。

4　表中“—”表示参考文献中无相关数据。

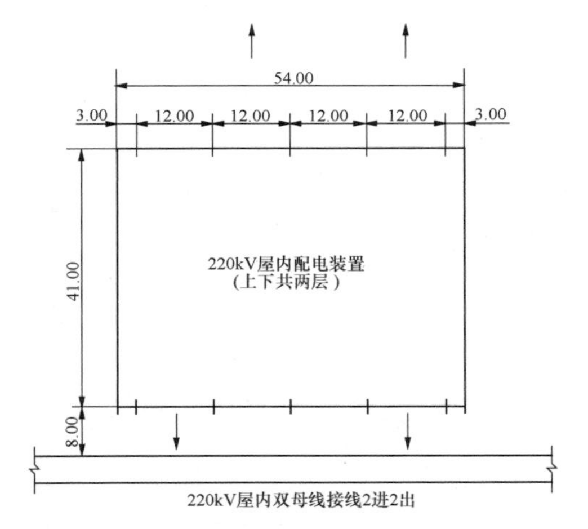

图 3-49　220kV 屋内配电装置模块图（单位：m）

有的电厂汽机房紧靠冷却水源或冷却设施，且汽轮机采用纵向布置时，也可将主变压器和高压厂用变压器布置在锅炉的两侧，发电机出线从 B 列柱一侧引出；当电厂配电装置靠近汽机房时，经技术经济比较，可将主变压器布置在配电装置内。

对于直接空冷机组，主厂房 A 排外建（构）筑物较多，通常有空冷排气管、空冷平台、空冷配电室等。变压器布置时，既要尽可能使封闭母线最短，又要避开空冷平台支柱，满足带电距离的要求。当电厂出线等级为 500、750kV，主变压器采用三相变压器时，只有在复核带电距离满足要求的前提下，才可布置在空冷平台下；当电厂出线等级在 500kV 以上时，主变压器采用单相变压器可布置在空冷平台下，也可布置在空冷平台外侧。变压器位于空冷平台下时，由于空冷平台经常会进行水冲洗，变压器在设计时，污秽等级按最高考虑。对于出线等级 1000kV 的电厂，当进线采用架空进线、主变压器位于空冷平台下时，主变压器挂线套管绝缘问题目前无法解决，因此目前阶段只能布置在空冷平台的外侧。

变压器位于空冷平台下的布置图见图 3-52～图 3-54。

（三）高压配电装置进线方式及与总平面布置的关系

配电装置进线方式一般采用架空线进线、电缆进线或气体绝缘金属封闭输电线路（简称 GIL 管），应根据厂区总平面布置的需要选取。

1. 架空线进线方式

按照配电装置与主厂房及冷却设施的相对关系，架空进线方式具体分类如下：

（1）A 列外布置方案。这是我国较常用的一种布置方案，其最大优点是电气接线顺畅，有利于配电装置扩建。

出线对架构横梁垂直线的偏角 ϕ 不应大于表 3-18 中数值。如出线偏角大于表中数值，则须采取出线悬挂点偏移等措施。众多已投运工程证明，采取相应的工程措施后，偏角 ϕ 可以突破以上范围。设计过程中，总图专业人员应与电气专业密切配合，根据厂区总平面布置的需要，确定高压配电装置合理的布置位置。

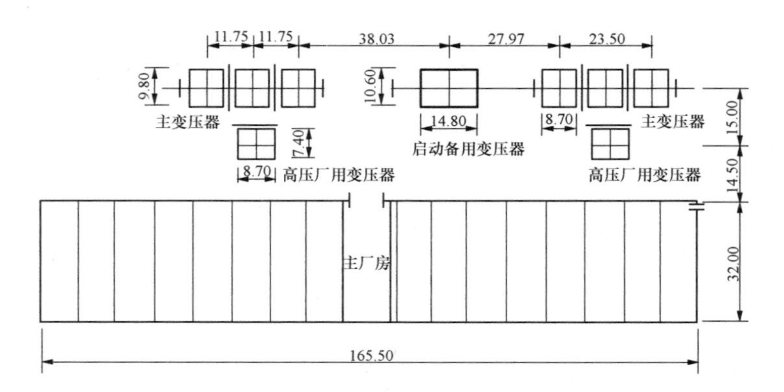

图 3-50　变压器并列式布置（单位：m）

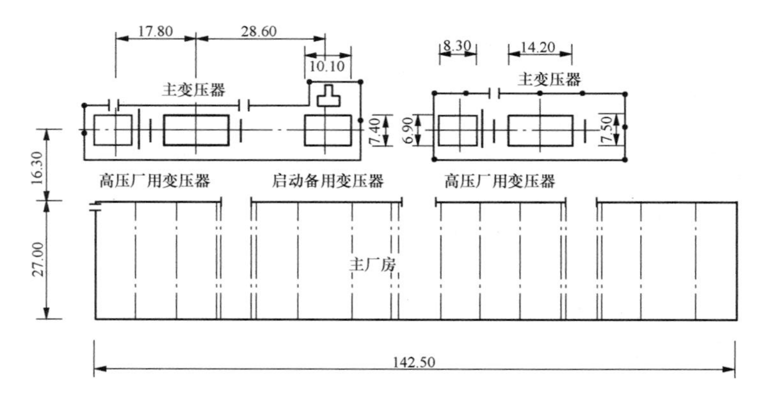

图 3-51　变压器一字型布置（单位：m）

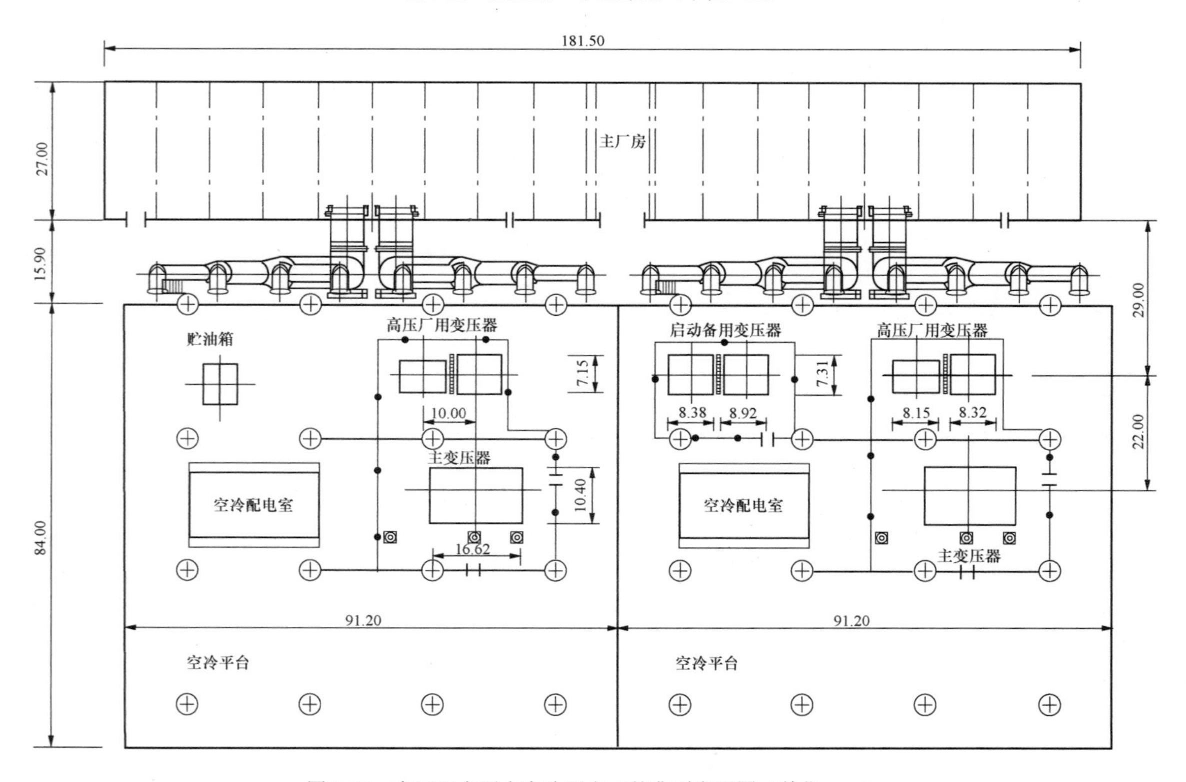

图 3-52　变压器布置在空冷平台下的典型布置图（单位：m）

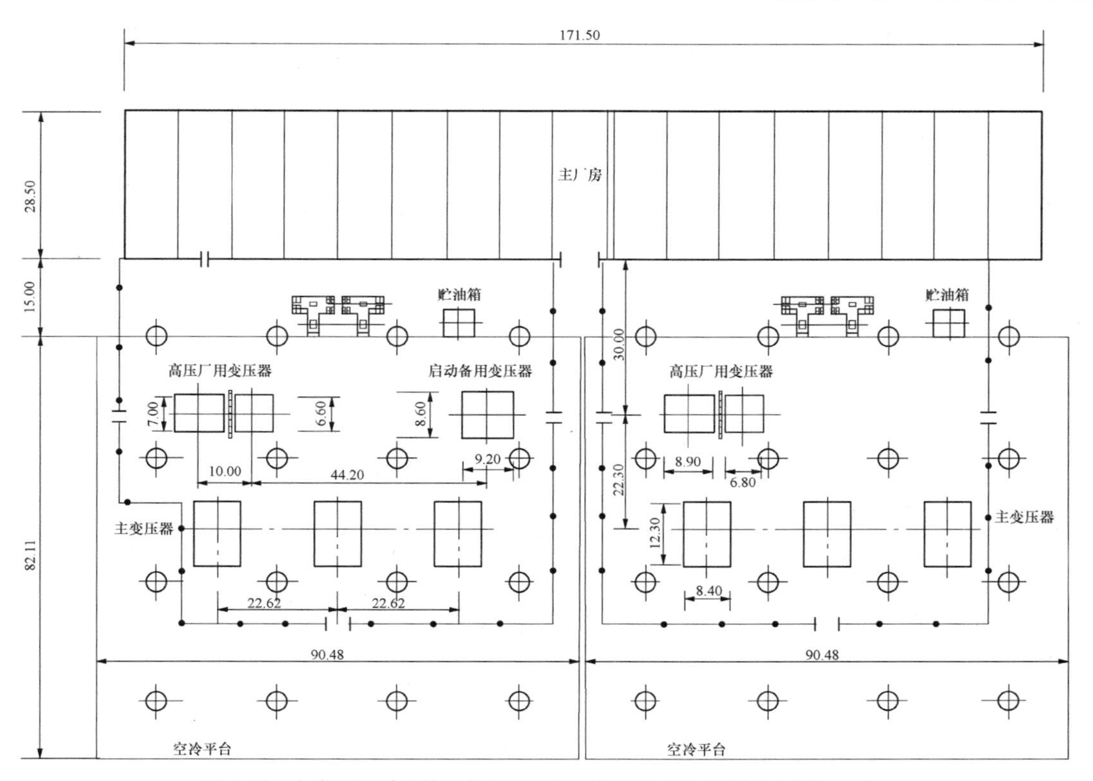

图 3-53 主变压器采用单相变压器布置在空冷平台下布置图（单位：m）

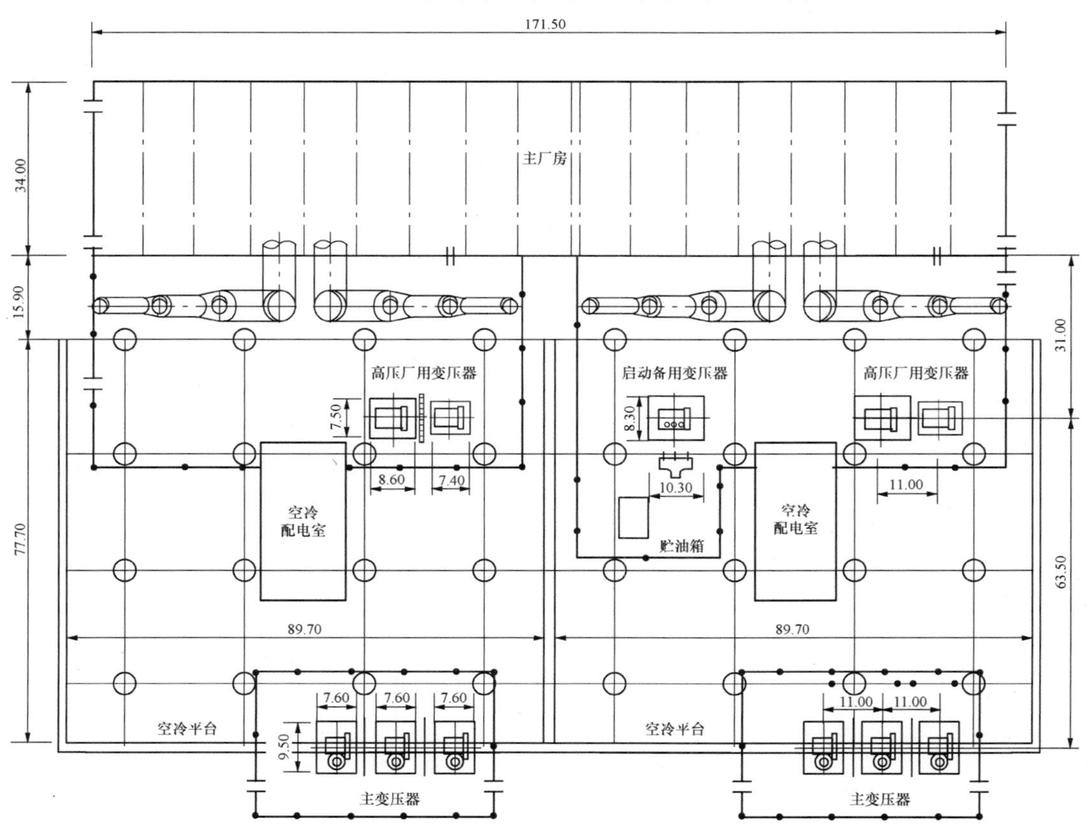

图 3-54 主变压器采用单相变压器布置在空冷平台外侧布置图（单位：m）

（2）冷却塔外侧布置方案。这也是我国较常用的一种布置方案。其最大优点是有利缩短循环水管长度，降低投资，但变压器和配电装置之间通常需要通过铁塔或构架转角连接，同时需要合理预留配电装置远期扩建条件。

采用这种进线方式时，应满足 GB 50545《110kV～750kV 架空输电线路设计规范》和 GB 50665《1000kV 架空输电线路设计规范》的相关要求。在最大计算弧垂情况下，导线与建筑物之间的最小垂直距离应符合表 3-19 规定的数值。

在最大计算风偏情况下，边导线与建筑物之间的最小净空距离，应符合表 3-20 规定的数值。

表 3-18　　出线对架构横梁垂直线的偏角ϕ值

电压等级（kV）	偏角ϕ（°）
35	5
110	20
220	10
330	10
500	10
750	10
1000	10

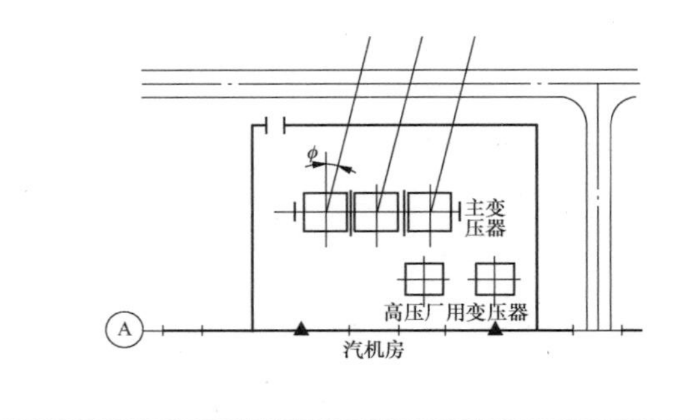

表 3-19　　导线与建筑物之间的最小垂直距离

标称电压（kV）	110	220	330	500	750	1000
垂直距离（m）	5.0	6.0	7.0	9.0	11.5	15.5

表 3-20　　边导线与建筑物之间的最小净空距离

标称电压（kV）	110	220	330	500	750	1000
距离（m）	4.0	5.0	6.0	8.5	11.0	15.0

（3）空冷平台外侧布置方案。这是采用直接空冷时的常规布置方案，关键在于架空线与空冷平台之间的配合工作，使其满足带电距离及偏角的要求。

当场地条件受限，导致布置困难时，在满足带电距离的前提下，也可以考虑将配电装置布置在空冷平台下方。当进出线没有外露导体（如采用 GIL 管）时，与常规布置没有明显区别。延安某电厂就是采用了这种布置方案，解决了场地条件受限的问题。

2. 电缆进线方式

这种进线方式普遍应用于场地受限，无法架空进线的情况。当采用电缆进线时，配电装置位置相对灵活。

3. GIL 管进线方式

GIL 管输送容量大、可靠性高，在核电和水电输电系统中广泛应用，但其投资高，因此在火电厂内普及率不高，目前大多应用于 GIS 配电装置布置在 A 列外毗屋、变压器上部、空冷平台下方等情况。

4. 不同进线方式的参考造价

采用不同的进线方式时，相关造价存在较大差异，参考造价见表 3-21。

表 3-21　　不同进线方式参考造价　　（万元）

电压等级（kV）	进线方式（单回）				
	架空线		电缆		GIL 管（m/三相）
	导线（跨）	门型架（座）	电缆（m/三相）	电缆头（个）	
110	1.3	7	0.2	10	0.9
220	2.6	10	0.35	15	1.5
330	3.5	15	0.45	20	2.4
500	4.1	25	0.6	30	3
750	4.8	87	—	—	3.6
1000	5.9	100	—	—	30

注　1　表中数据根据工程经验取得，供参考。
　　2　电缆头数量按照单回进线×6 取。

5. 进线方式实例

根据配电装置进线方式的不同，其典型的布置形式见图 3-55。

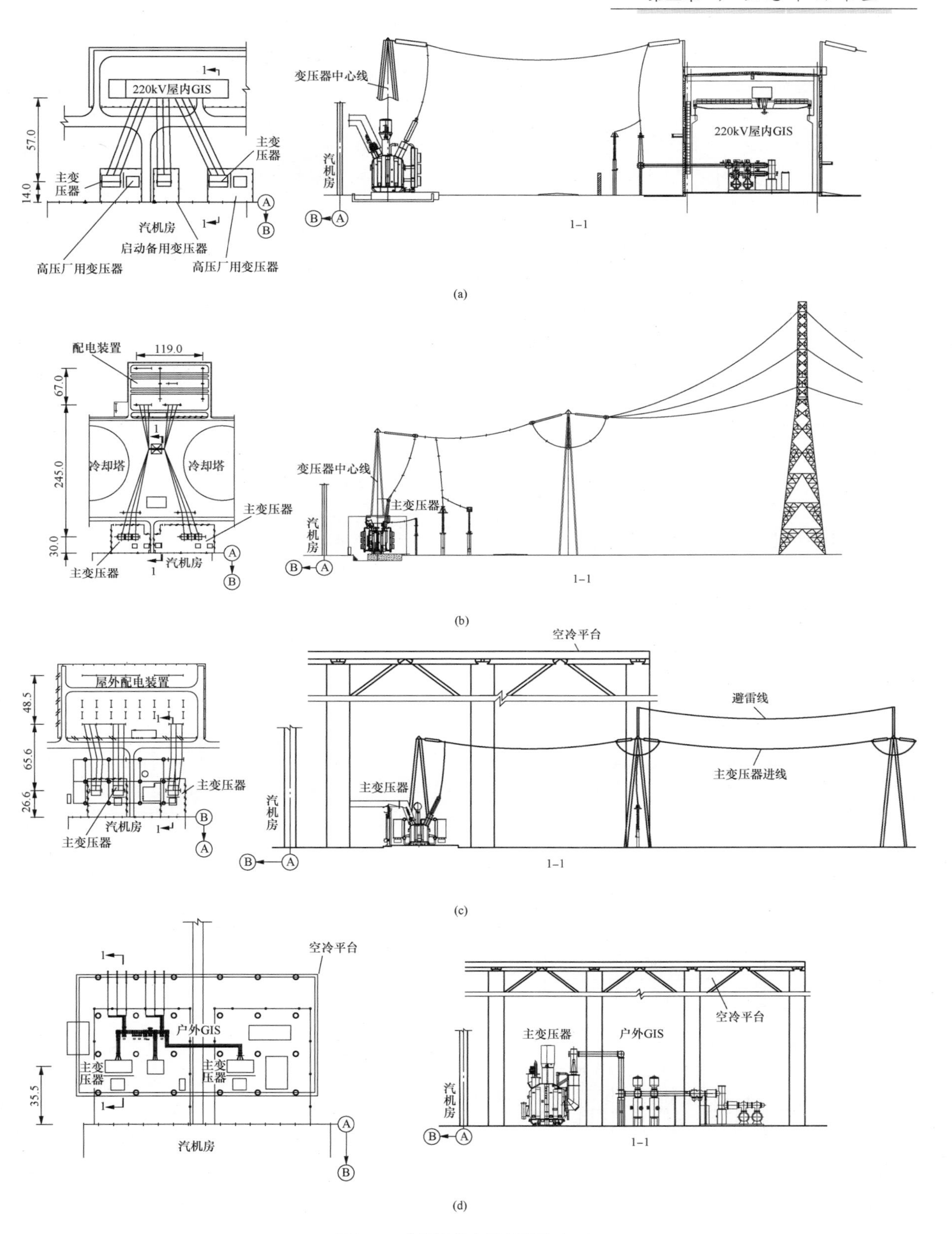

图 3-55　典型进线方案布置图（一）

（a）A 列外布置、架空线进线；（b）冷却塔外侧布置、架空线进线；（c）空冷平台外侧布置、架空线进线；（d）空冷平台下方布置、GIL 管进线

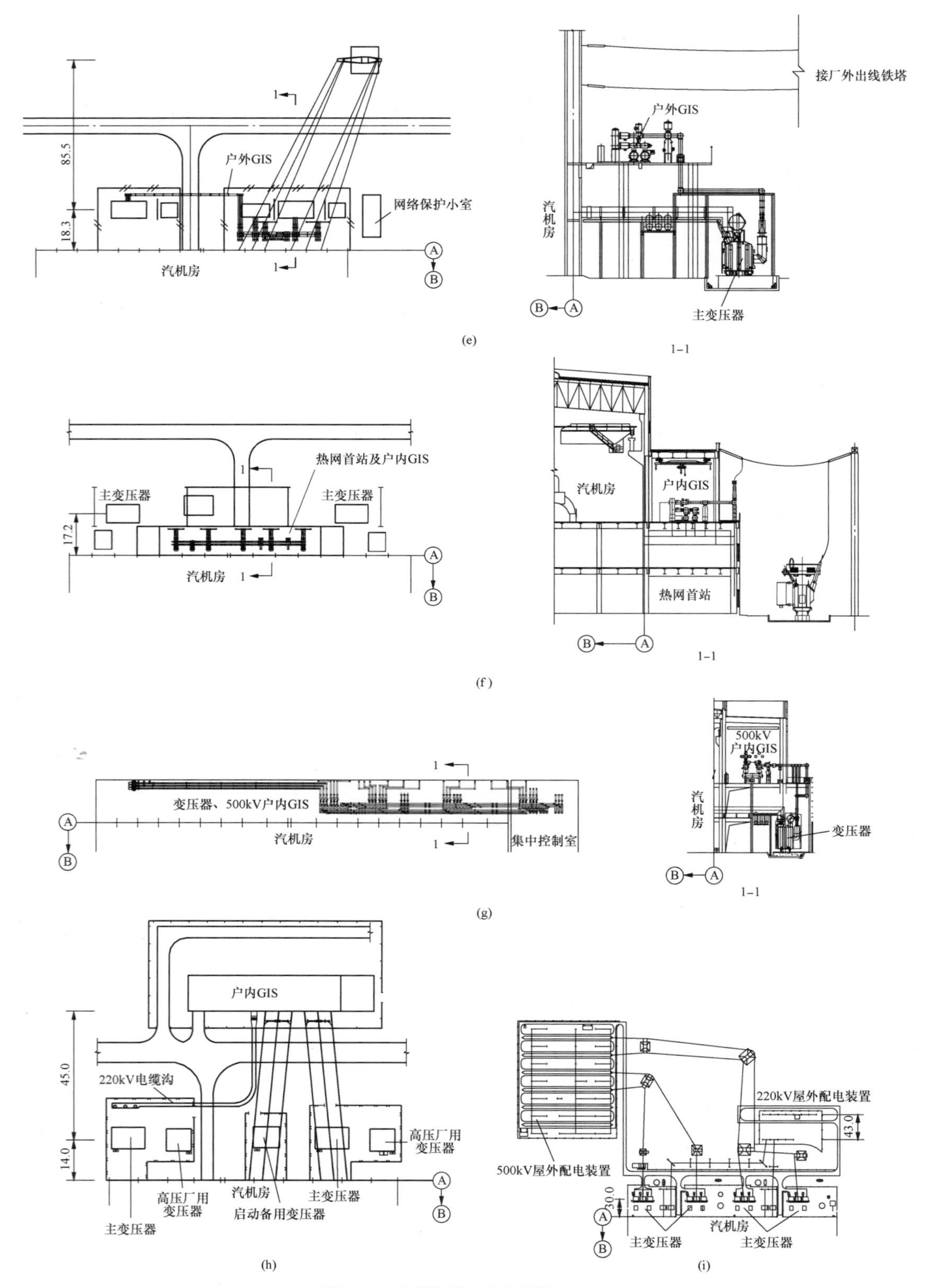

图 3-55 典型进线方案布置图（二）

（e）变压器上方布置、GIL 管进线；（f）热网首站上方布置、GIL 管进线；（g）A 列外毗屋布置、GIL 管进线；（h）A 列外布置、架空线+电缆进线；（i）侧向布置、架空线进线

三、冷却设施

火力发电厂冷却系统分为直流供水系统、湿式循环供水系统、混合供水系统、空冷系统等类型。

（一）直流供水系统

1. 直流供水系统流程

直流供水系统是指从江、河、湖、海等地表水体取水，经循环水泵升压后，通过循环水进水管输送到凝汽器及相关辅机，在凝汽器及相关辅机经过热交换升温后的机组冷却水经循环水排水管排至虹吸井，然后再经循环水排水箱涵或排水明渠输送至循环水排水口，排入江、河、湖、海等地表水体。直流供水系统主要流程如图 3-56 所示。

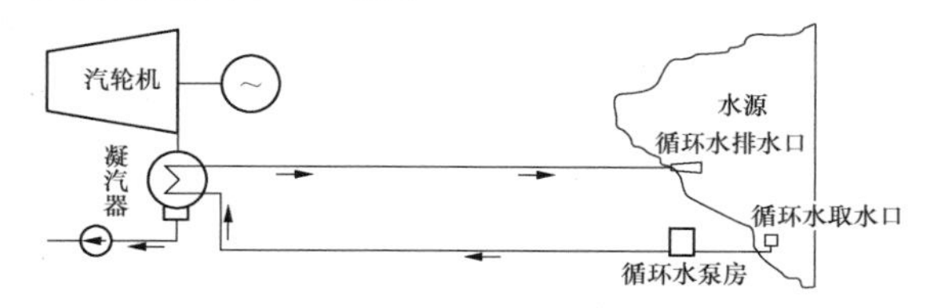

图 3-56　直流供水系统流程图

2. 直流供水布置原则

（1）具有满足电厂直流供水运行的安全水源；

（2）取排水方式、位置、温水排放等应符合城镇规划、港口规划、水路运输、渔业养殖、农业生产及环境保护等方面要求；

（3）尽量减少供水高度及输水距离，供水高度及输水距离宜在经济、安全运行范围内，必要时同其他冷却方式进行技术经济比较；

（4）直流供水电厂厂区标高较高时，宜降低厂区标高和循环水泵扬程。

3. 直流供水常见布置方案

（1）根据循环水泵位置不同，直流供水主要分为以下 4 种情况：

1)循环水泵安装在汽机房内或厂内的集中水泵房中，适用于水源水位变幅小，最低水位较高，且水源至厂区引水渠沿线地形平坦的情况。

2）循环水泵安装在岸边水泵房内，适用于水源水位变幅大，取水点距离厂区不远的情况。

3)在岸边水泵房内和汽机房内分别安装一级水泵和二级水泵，适用于水源水位低、变幅大，或供水距离远，水源至厂区间地势较平坦等情况。

4）具有回收排水水能设施的供水系统，在供水静扬程高，水源水位变幅大时采用。

（2）根据取排水设施的不同，直流供水有以下几种类型：

1）暗管布置方式。适用于厂区靠近水域的主流，有足够的水深、较好的水质、稳定的河床及河岸等厂址。根据温排水与冷水剧烈掺混的特点，在受到岸线长度以及厂区布置的限制时，通常采用深取浅排的取排水布置方案。一般汽机房宜靠近水源，取排水管线短。取排水的位置需根据试验最终确定。在沿海、沿江地区取水设施通常与码头同时考虑。但需要注意，取水建（构）筑物与泊位结合时，进水口流速应满足船舶靠泊作业和系泊码头作业要求，必要时应进行模型试验。

某沿江电厂平行于长江大堤布置，循环水采用直流供水系统，水源取自长江，采用深取浅排的方式。其取水口伸出厂区约 550m，水深条件较好，可达−15m。引水管与排水沟并排布置，排水口设在−1～+1m 水深线处，伸出厂区约 200m。方案布置图见图 3-57。

2）明渠取排水。厂址附近水域宽阔，水深条件良好，对电厂取水与温排水的扩散和冷却有利的海域，附近没有敏感的保护区和重要养殖区的区域适合采用明渠取排水。取排水明渠结合防波堤、码头、港池的布置，可减少波浪、温排水及对周边环境影响，并可减少明渠的工程量。

明渠优点：①取排水口一次建成，多台机组设一个取排水口，降低扩建机组工程费用；②明渠运行水头损失较低，运行费用低；③明渠工程费用省；④相对于长距离管（沟）的运行管理明渠更加方便及安全可靠。

明渠缺点：①由于明渠占地面积大，对厂区布置影响大，取排水明渠一般按规划容量一次建成；②不能取到海水深层低温水，另外由于明渠太阳表面辐射，使循环水泵房前池处取水温度增高约 0.2℃；③明渠把厂区隔离，厂区交通需建设桥梁；④明渠开挖量大，在土石方平衡时需提前考虑此部分的负挖余土；⑤排水明渠易产生泡沫，对视觉冲击很大，但目前已有成熟的消泡措施可以解决。

某电厂采用直流供水冷却。取排水口、排水明渠和引水明渠共用段按 6×1000MW 规模在 1、2 号机组施工时一次建成。取水口位于厂区东南面煤码头港池内，通过引水明渠沿厂区东南侧、东北侧、西北侧引至主厂房 A 排外侧循环水泵房处，再依靠压力水管送入汽机房；排水口位于厂区东南角。排水明渠与引水明渠有部分相交，相交段采用排水箱涵，箱涵位于引水明渠上部，通过循环水排水箱涵将循环水直接排至厂区东面海域。取水明渠最宽处约 64m，窄处 45.9m。取水明渠方案布置图见图 3-58。

3）明渠引水、暗管排水。厂址附近有港池或厂址近岸处水源水位变幅小，最低水位较高，适于采用明渠取水方式。明渠也存在一些缺点：①占地大；②排水温度较暗管方案增高 0.5℃。

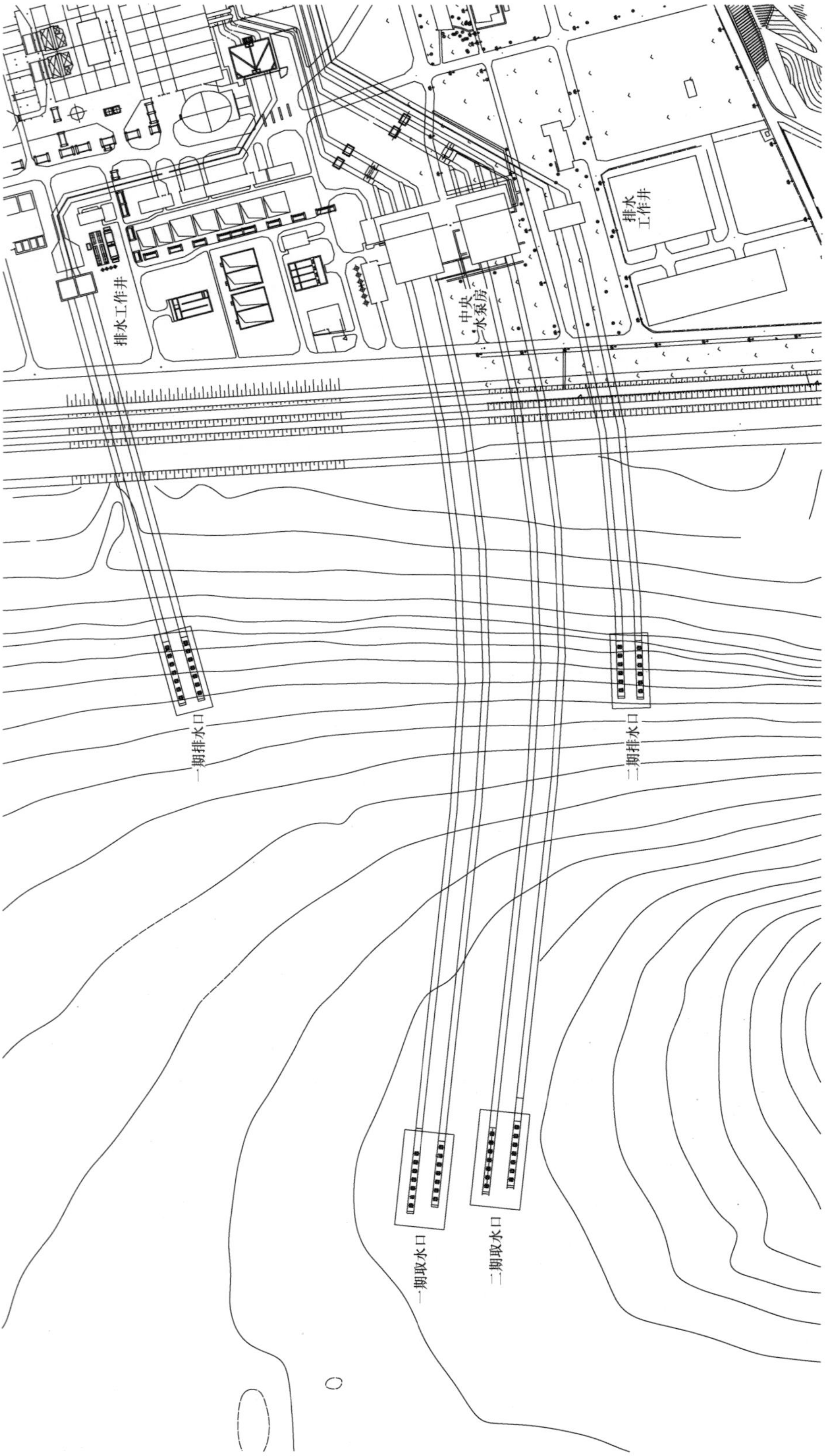

图 3-57　暗管布置方案实例图

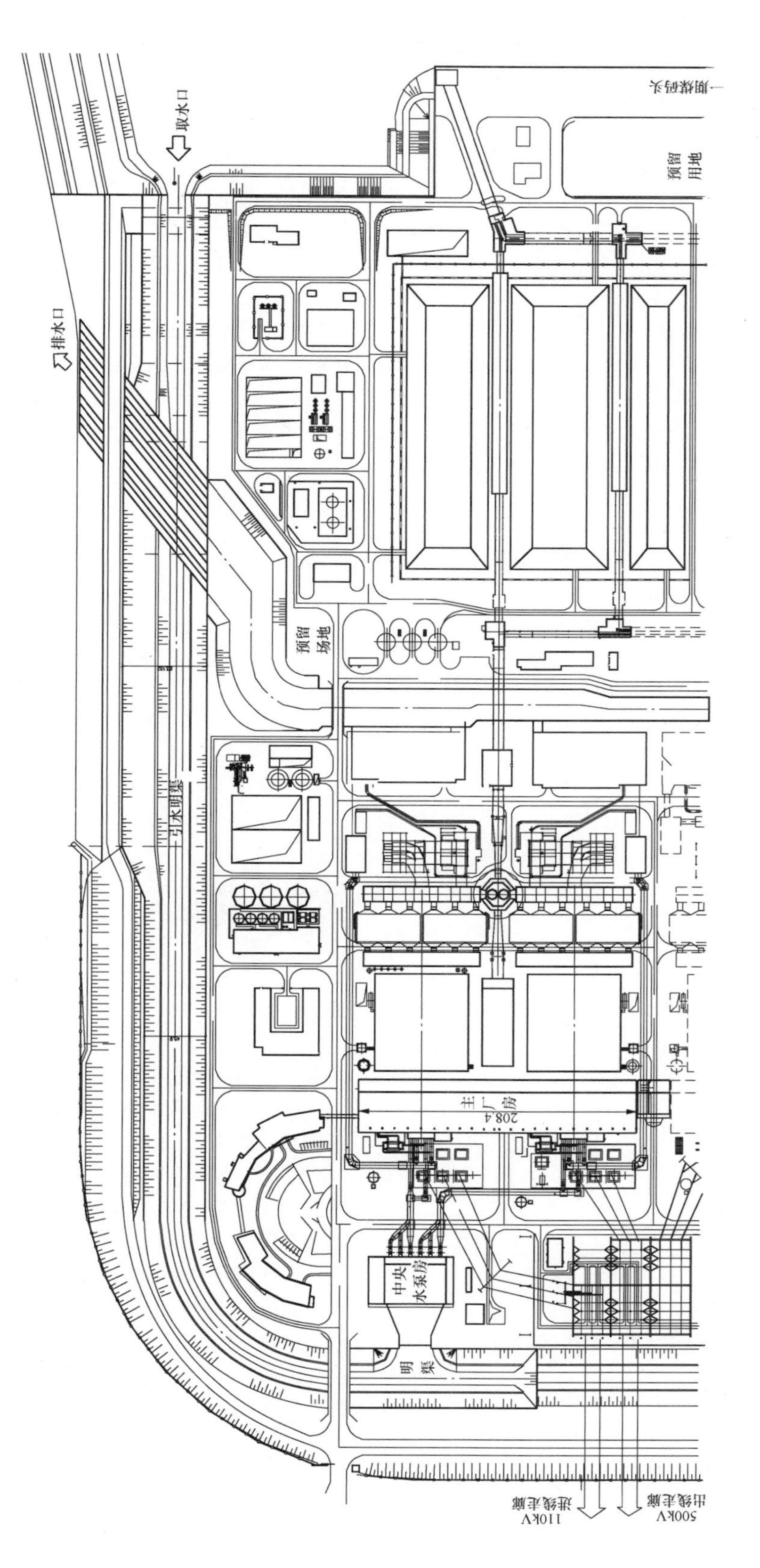

图 3-58 明渠取排水布置方案实例图

由于明渠占地面积大，对厂区布置影响大，引水明渠一般宜按规划容量一次建成。

某电厂东濒黄海，紧邻沿海大堤，利用海水直流循环冷却方式，取水采用明渠，排水采用暗管方案。循环水泵房位于厂区内靠近取水明渠侧。循环水取水口设置在北防浪堤港池内，取水口采用敞开式明渠方式布置。取水明渠通过进水箱涵与循环水泵房连接。厂区排水位于港口预留发展区域内。排水工作井位于大堤内侧。布置方案见图 3-59。

（二）湿式自然通风循环供水系统

发电厂采用循环供水系统时，补给水量仅为直流供水系统冷却水量的 2%左右，主厂房与补给水水源的关系不像直流供水系统那么密切。其中，带冷却池的循环供水系统，其总平面布置中应考虑的原则与直流供水系统相似，这里将不再论述。当循环供水系统采用冷却塔时，通常分为自然通风冷却塔和机械通风冷却塔两大类，按空气和水的流动方向又分为逆流冷却塔和横流冷却塔，因相同冷却面积条件下后者占地面积较前者大 20%～40%，故国内大容量机组多采用逆流式冷却塔。本节中将主要论述湿式自然通风循环供水系统的相关内容。

1. 湿式自然通风循环供水系统工艺流程

当供水水源流量不足或者主厂房距水源太远，或主厂房高程比水源高出很多，采用直流供水系统不经济时，或不允许采用直流供水系统的地区，可采用循环供水系统。湿式自然通风循环供水系统主要流程如图 3-60 所示。

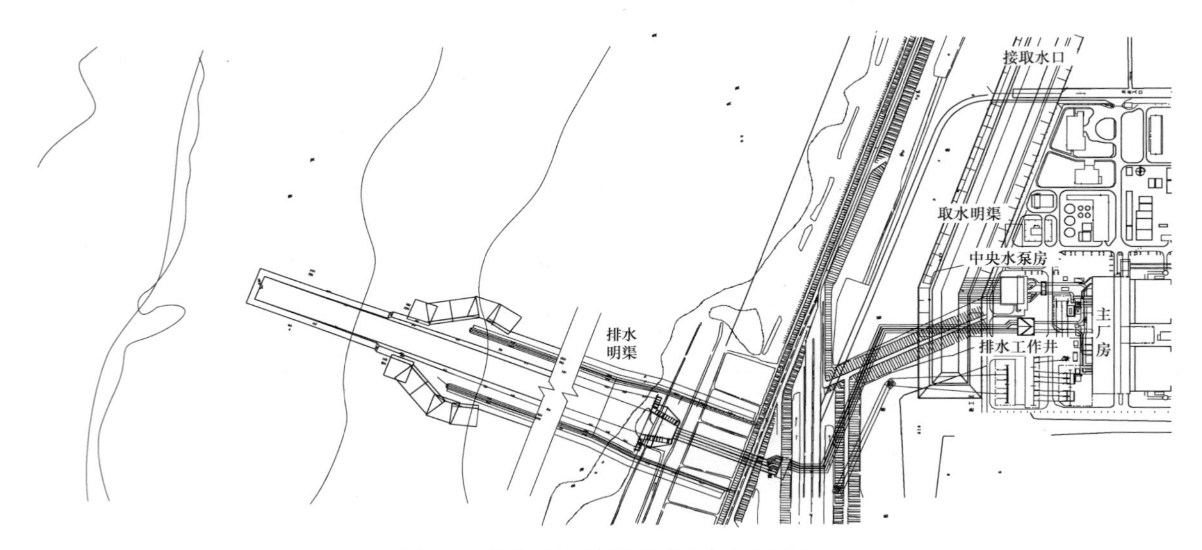

图 3-59 结合明渠暗管的取排水方案实例图

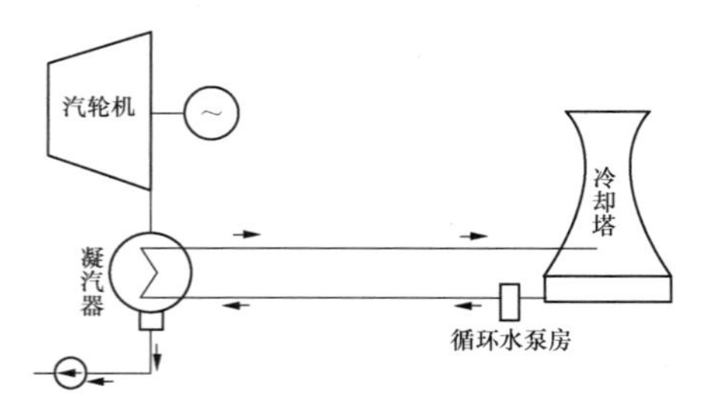

图 3-60 湿式自然通风循环供水系统流程图

2. 湿式自然通风冷却塔布置原则

湿式自然通风冷却塔在厂区总平面布置中占有重要的地位，应与主厂房布置相结合，在满足防护间距要求的情况下，尽量缩短供排水管线长度，布置在地层均匀、地基稳定且承载力较高的地段，尽量减少冷却塔对周围环境的影响。

湿式自然通风冷却塔的飘滴和雾羽对环境的影响范围与风向关系很大，应尽可能布置在主要生产建（构）筑物、屋外配电装置、铁路和主要道路最大频率风向的下风侧或冬季盛行风向的下风侧以减少其影响。有条件时，冷却塔应布置在粉尘源（如煤场）的全年主导风向的上风侧。

为减少湿热空气回流，尽量避免将冷却塔布置在高大建筑物中间的狭长地带。

为减少噪声危害，生产行政办公区和生活福利设施应尽量远离冷却塔。

3. 湿式自然通风冷却塔分类

湿式自然通风冷却塔是以塔筒内外空气密度差形成的上浮力为动力，使塔内空气向上自然对流，冷却水流向下的循环水冷却设施。由于自然通风冷却塔无风机耗电，运行稳定，维护简单，多年来在设计、施工、运行等方面积累了较多的经验，目前在国内火电厂中的应用最为广泛。其内部结构见图 3-61。

（1）逆流式湿式自然通风冷却塔。目前我国采用较多的为逆流式湿式自然通风冷却塔，塔筒为钢筋混凝土双曲线旋转形壳体，塔筒荷重由壳体底部沿圆周均匀分布的支柱承受，支柱间构成进风口。底部为集水池。塔芯由淋水构架、淋水填料、配水系统和除水器等组成。冷却塔的淋水面积是以淋水填料顶部标高处的面积来定义的。逆流式湿式自然通风冷却塔循环水系统示意图见图 3-62。

200～300MW 机组相配的冷却塔淋水面积一般为 4000～5000m^2；600～1000MW 机组相配的冷却塔淋水面积一般为 9500～13000m^2。通常 1 台机组配 1 座冷却塔，也有项目 2 台机组配 1 座冷却塔。逆流式湿式自然通风冷却塔示意图见图 3-63。冷却塔主要参数可参考表 3-22。

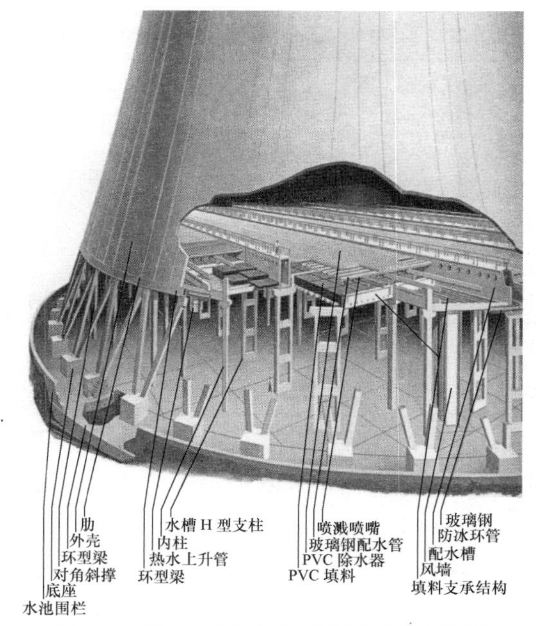

图 3-61　湿式自然通风冷却塔内部结构示意图

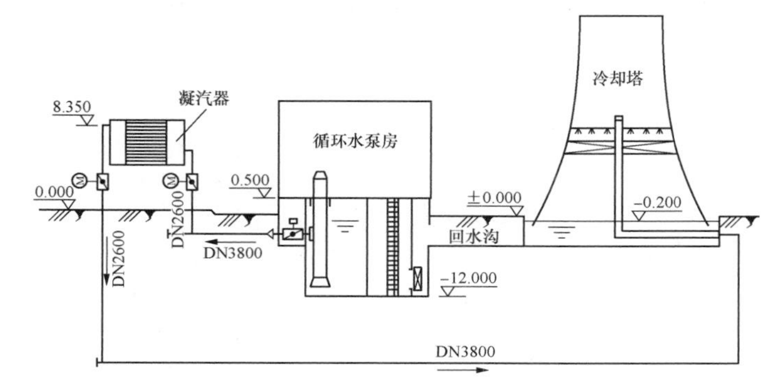

图 3-62　逆流式湿式自然通风冷却塔循环水系统示意图

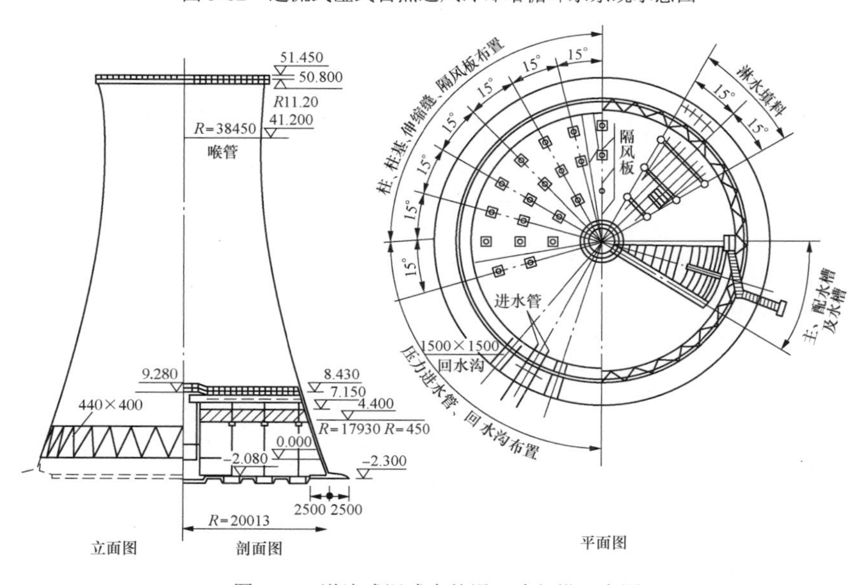

图 3-63　逆流式湿式自然通风冷却塔示意图

表 3-22 冷却塔主要参数表

序号	冷却塔淋水面积（m^2）	零米（水面）直径（m）	水塔高度（m）	进风口高度（m）
1	2000	54.7	73.26	4.9
2	2500	61.16	81.92	5.48
3	3000	66.99～67.95	88～89.73	5～6
4	3500	72.36～73.5	95～96.94	5.5～6.49
5	4000	77.36～78.45	102～103.62	6～6.93
6	4500	82.05～83.2	108～109.9	6.5～7.35
7	5000	86.49～87.85	115～115.86	7～7.75
8	5500	90.71～92.05	120～121.5	7.5～8.13
9	6000	94.74～96.1	125～126.9	7.8～8.49
10	6500	98.61～99.8	130～132.09	8～8.84
11	7000	102.34～103.5	135～137.08	8.3～9.17
12	7500	105.93	141.89	9.49
13	8000	109.4～110.5	145～146.54	9～9.8
14	8500	112.77～113.8	150～151.05	9.2～10.11
15	9000	116.04～117.2	153～155.43	9.5～10.4
16	9500	119.22	159.69	10.68
17	10000	122.32～123.4	161～163.84	10～10.96
18	11000	128.1	166.5	11.2
19	12000	133.8	174	11.7
20	13000	139.3	181	12.2

（2）高位收水湿式自然通风冷却塔。高位收水塔是一种节能、降噪的新型自然通风冷却塔。最早由哈蒙公司提出，并在法国几个 1300MW 内陆核电站投入使用。目前国内已有电厂采用了高位收水冷却塔。高位收水冷却塔技术可有效地减小循环水泵的静扬程，从而节约电耗和降噪，节能、环保优势明显，是目前超大型冷却塔技术的发展方向之一。

1）高位收水冷却塔的基本型式。与常规冷却塔相比，高位收水冷却塔取消了常规冷却塔底部的混凝土集水池及雨区，配有高位收水装置，冷却后的循环水在淋水填料底部经高位收水装置截留汇入集水槽至循环水泵房进水间，再经过循环水泵升压后送回主厂房循环冷却使用，其他的配水系统、淋水装置、除水器与常规冷却塔相似。高位收水冷却塔示意图见图 3-64、图 3-65。

2）高位收水冷却塔及其循环水系统特点。

a. 高位收水冷却塔工艺布置特点。

（a）采用高位收水装置及集水槽取代常规自然塔底部集水池；

（b）采用吊装技术，安装要求高；

（c）在冷却效果相同的情况下，高位收水冷却塔的总高度及直径等主要尺寸比常规冷却塔略小一些，进风口高度比常规冷却塔增加，以及由此引起的填料层位置上移而使淋水面积稍有减少。

b. 高位收水冷却塔功能特点。

（a）节能。高位收水冷却塔节能的关键在于减少了常规冷却塔雨区自由跌落的高度，从而减少循环水泵的静扬程。高位收水冷却塔无论大小，其供水几何扬程（6～8m）基本不变，而常规冷却塔的几何扬程（13～22m）与塔大小有关，机组容量越大，所配的冷却塔越大，高位收水冷却塔节约的扬程就越多，其经济性越显著，见图 3-66。

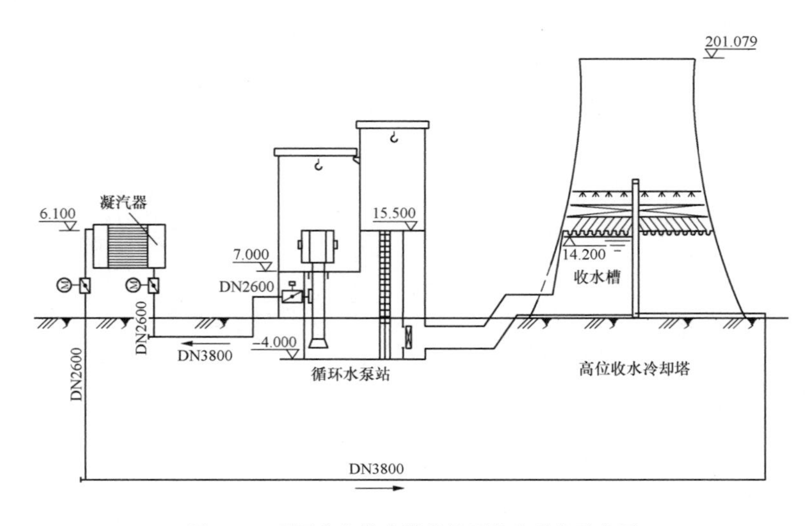

图 3-64 采用高位收水塔的循环供水系统示意图

图 3-65　高位收水装置

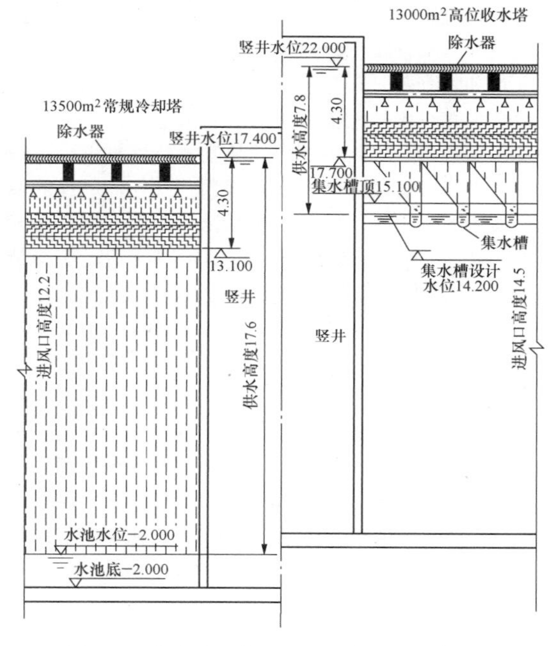

图 3-66　常规冷却塔与高位收水冷却塔节约静扬程情况示意图（单位：m）

（b）降噪。高位收水冷却塔水的自由跌落高度仅为常规冷却塔自由跌落高度的 26.5%，并且其自由跌落区均在塔的筒壁之内，筒壁相当于天然隔声墙，因此噪声排放较低，与常规冷却塔相比，通常可降低 8～10dB（A）。

（c）综合换热性能更优。冷却塔换热的主要区域是淋水填料区，雨区的换热仅为全塔换热的一小部分。高位收水冷却塔的雨区相对常规冷却塔短，换热能力较常规冷却塔减少约 3%。但是高位收水冷却塔的进风口高度比常规冷却塔高，进风阻力较常规冷却塔减小，塔内风速较高且进风更均匀，从而提高了冷却效率。综合比较来看，相同塔型参数（塔总高度、零米直径、出口直径、喉部直径和高度均相同）的高位收水冷却塔出水水温较常规冷却塔低 0.3～0.4℃（相同填料时）。

c．高位收水冷却塔经济性能。2×1000MW 机组高位收水冷却塔系统综合初投资比常规冷却塔高约 7700 万元，但高位收水冷却塔因节省运行电耗、塔出水水温较低、热耗降低等原因，年运行费用比常规冷却塔低约 990 万元，综合经济性能优于常规冷却塔。

（3）横流式湿式自然通风冷却塔。横流式湿式自然通风冷却塔由塔筒、进风口、百叶窗、配水装置、淋水填料、除水器和集水池等组成，如图 3-67 所示。横流式冷却塔的塔筒和集水池的结构及造型与逆流式冷却塔基本相同，进风口高度等于整个淋水填料的高度。淋水填料呈环状布置在塔筒底部人字支柱外侧的四周。

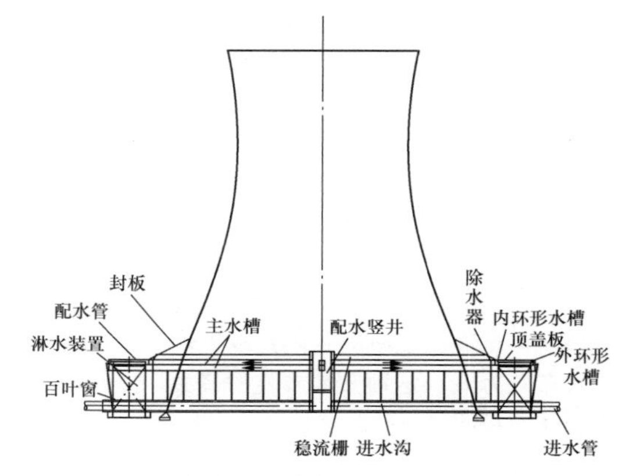

图 3-67　横流式湿式自然通风冷却塔示意图

4．湿式自然通风冷却塔布置与环境的关系

湿式自然通风冷却塔对周围环境的影响，主要是由于在风力和热力作用下，水蒸气和小粒径水珠飘散出去所造成的。主要分两部分：一部分是从塔顶飘散出去的水汽和水珠；另一部分是在塔的下部进风口处被水吹散出去的水珠，这部分的影响范围在塔周边区域。

如果水珠或水汽飘洒在屋外配电装置的露天设备上，会使绝缘强度降低，甚至发生闪络事故。当发电厂位于工业大气污染较为严重的环境中时，水汽、飘尘等物质混合附着于电气设备上，对电气设施的影响较大。因此，冷却设施对屋外高压配电装置的影响不只是一个冰冻问题，在大气污染严重、气候干燥、电气设备上沉积的污秽不能及时冲洗时，加上冷却塔散发出来的水雾影响，就有可能导致事故的发生。因此，无论南方与北方，气温高低，均应引起重视。

在北方地区的严寒季节里，水珠和水雾使道路、铁路产生较为严重的冰冻，影响交通安全。屋外配电装置的设备上也会结成冰溜，附近建筑物可能因受冻融而影响使用寿命。

此外，冷却塔飘散的水汽、水珠与工业大气中的酸、碱、盐类有害介质共同作用，会加速和加剧对露天设备和建（构）筑物的腐蚀破坏。

消除冷却塔水汽影响积极而有效的办法是装设除

水器。目前我国设计的自然通风冷却塔和机力通风冷却塔，均考虑装设除水器。

除水汽影响外，还有冷却塔淋水装置淋水时形成的噪声问题。在总布置时，应适当注意考虑将生产办公楼、主控制楼等建筑与冷却塔保持一定的距离，以避免噪声的影响。

在多塔组合布置时，冷却塔顶的水雾汽流可能会遮挡阳光，减少地区日照，在视觉环境要求较高的地区，高大的冷却塔也会被认为有视觉影响。

此外，环境条件对冷却塔设计和运行也会产生影响，自然通风冷却塔是依靠本身的体型造成的上升气流来达到热交换的目的，因此风和大气温度随高度变化的情况对自然通风冷却塔空气动力和热力特性是有影响的。

自然通风冷却塔采取塔群布置时，对塔筒壳体上的风荷载分布也是有影响的，山区或丘陵地区的发电厂，自然通风冷却塔不宜贴近山坡或土丘布置，以免湿热空气回流，影响冷却效果。

5. 湿式自然通风冷却塔的布置方式

（1）位于高压配电装置固定端外侧。这是最常用的一种布置方式。这种布置方式的最大优点是便于进排水管从汽机房 A 列柱外引入主厂房，初期工程管线比较短，上煤设施和屋外配电装置可按常规的三列式或四列式进行布置，后期扩建的冷却塔布置也比较灵活。若后期的冷却塔仍设在配电装置的固定端，则缺点是后期工程的管线越来越长，当预留的管线走廊宽度不够时，进排水管沟的布置及施工均会遇到困难，见图 3-68。

（2）位于高压配电装置的扩建端。这种方式不宜在初期采用，因其对扩建的影响较大。如因各种原因初期不得不这样布置时，应按规划容量留出充分的扩建余地。这时进排水管沟就会变得很长。

这种布置方式与第一种结合起来较为有利，即初期布置在高压配电装置的固定端，后期电厂规划容量已比较明确时，布置在扩建端。这样进排水管可从主厂房两端进入，距离既短，又可压缩管线走廊的占地面积，并且便于分期敷设，见图 3-69。

（3）布置在锅炉房外侧。这种方式的优缺点与直流供水时锅炉房面向水源布置相似。

当进排水管线可以穿越锅炉房，从 B 列柱一侧接入汽轮机凝汽器时，管线的长度比第一种方式要短。冷却塔水汽对屋外配电装置的影响最小。由于冷却塔的直径远比单台机组主厂房的长度大，当机组台数较多时，进排水管线的长度也会增加。此外，燃煤的输送距离增加。此种布置方式更适用于采用“烟塔合一”的电厂以及厂区自然地形复杂，煤场、主厂房、配电装置位于不同台阶的阶梯式布置形式的电厂，见图 3-70。

（4）布置在汽机房外侧。这种布置方式的优缺点及需要解决的问题与直流供水时汽机房面向水源布置相类似。

此方式循环水进排水管线的长度最短，有利于采用单元式供水系统。但需要妥善解决主变压器和高压配电装置的布置问题。国内已有多个电厂采用这种布置形式，经过多年的运行，已证明是成功的布置方式，见图 3-71。

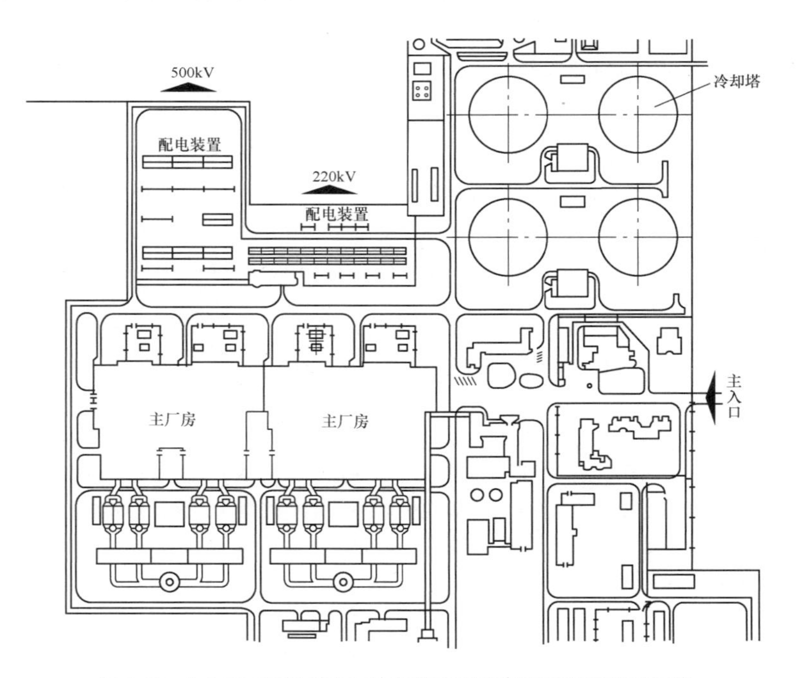

图 3-68　4×300MW 燃煤电厂冷却塔布置在高压配电装置固定端

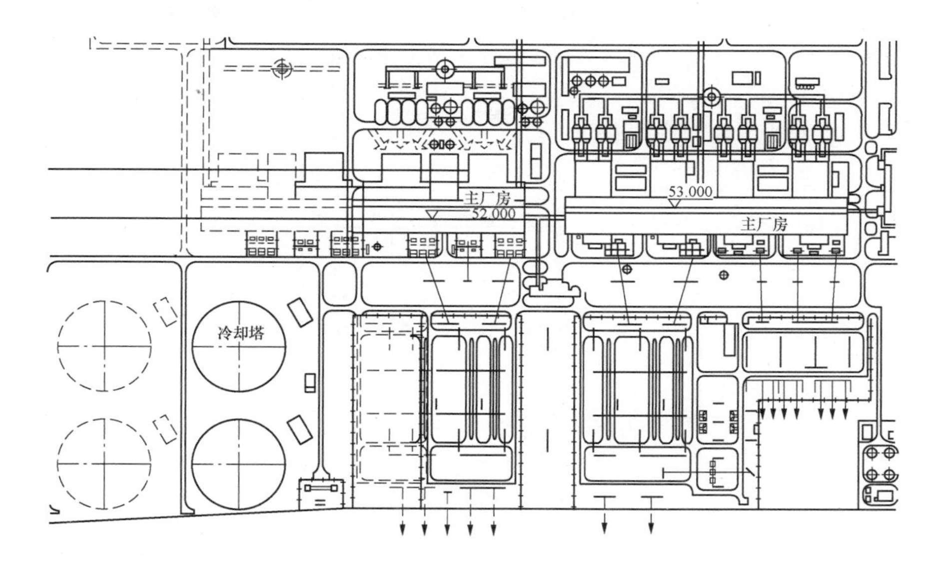

图 3-69 燃煤电厂冷却塔布置在高压配电装置扩建端

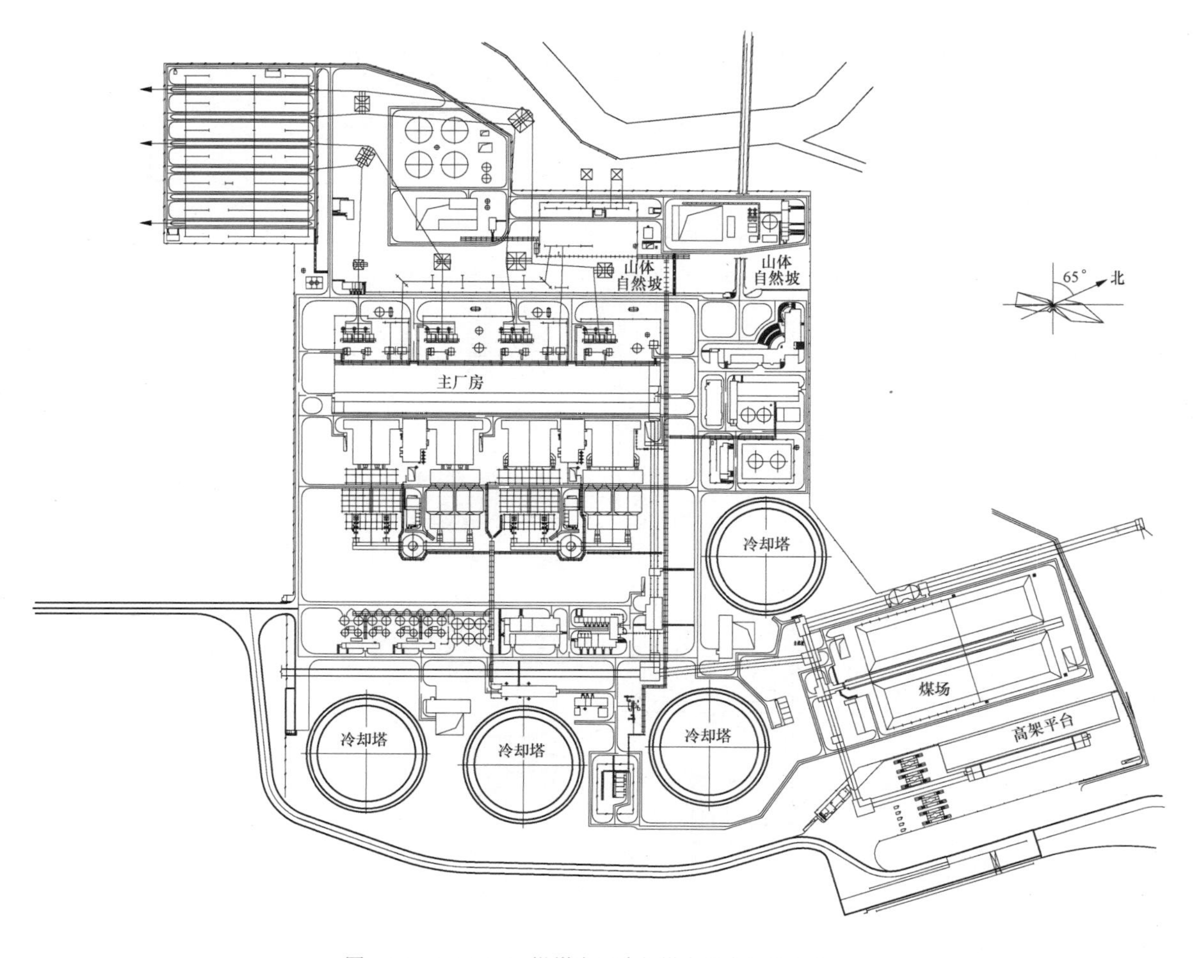

图 3-70 4×600MW 燃煤电厂冷却塔布置在锅炉房外侧

近年来，随着 1000、750、500kV 高压配电装置的出现，配电装置进线在冷却塔之间要求的间距也随之加大，导线塔的费用也随着增加，近而衍生出将冷却塔布置在配电装置外侧的形式，见图 3-72。

（5）布置在主厂房固定端。这种方式与第一种方式相比，可减少冷却塔对高压配电装置的影响。如果冷却塔靠近主厂房，则给厂前建筑的布置带来困难；如果冷却塔与主厂房之间要留出较为宽敞的地方来布置厂前建筑，又会使进排水管线长度大大增加，见图 3-73。

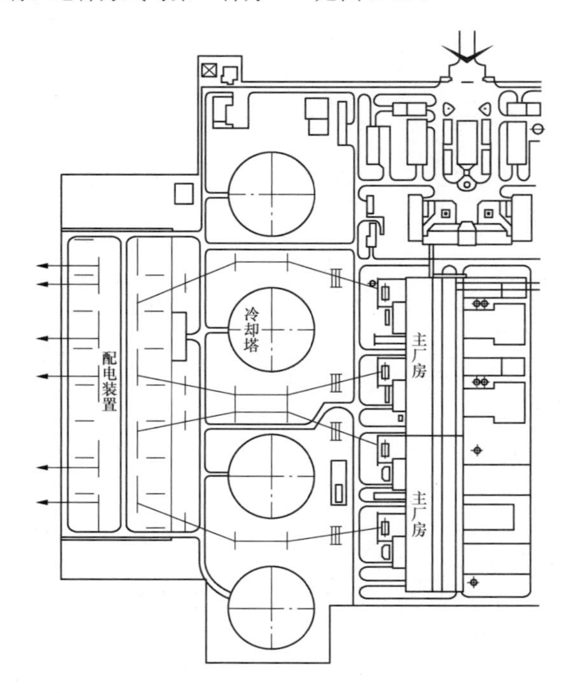

图 3-71　4×300MW 燃煤电厂冷却塔 A 排外呈“一字形”布置

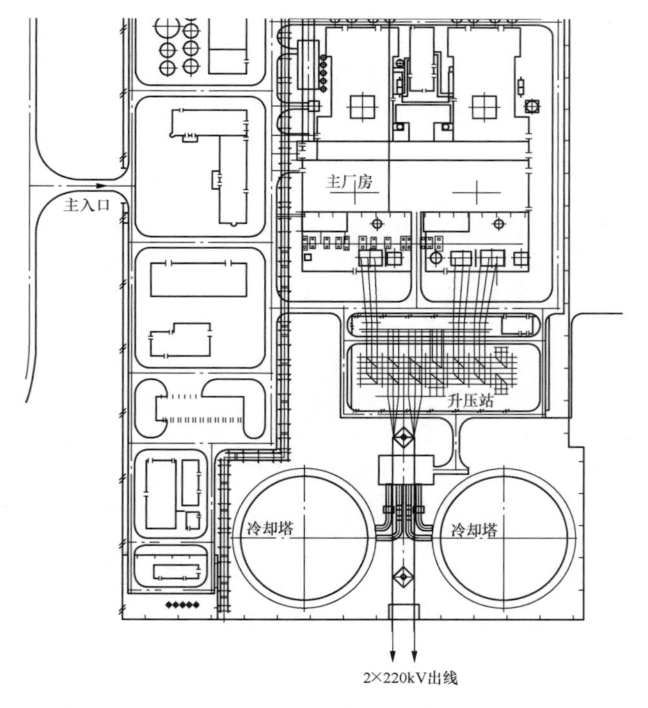

图 3-72　2×300MW 燃煤电厂冷却塔在配电装置外“一字形”布置

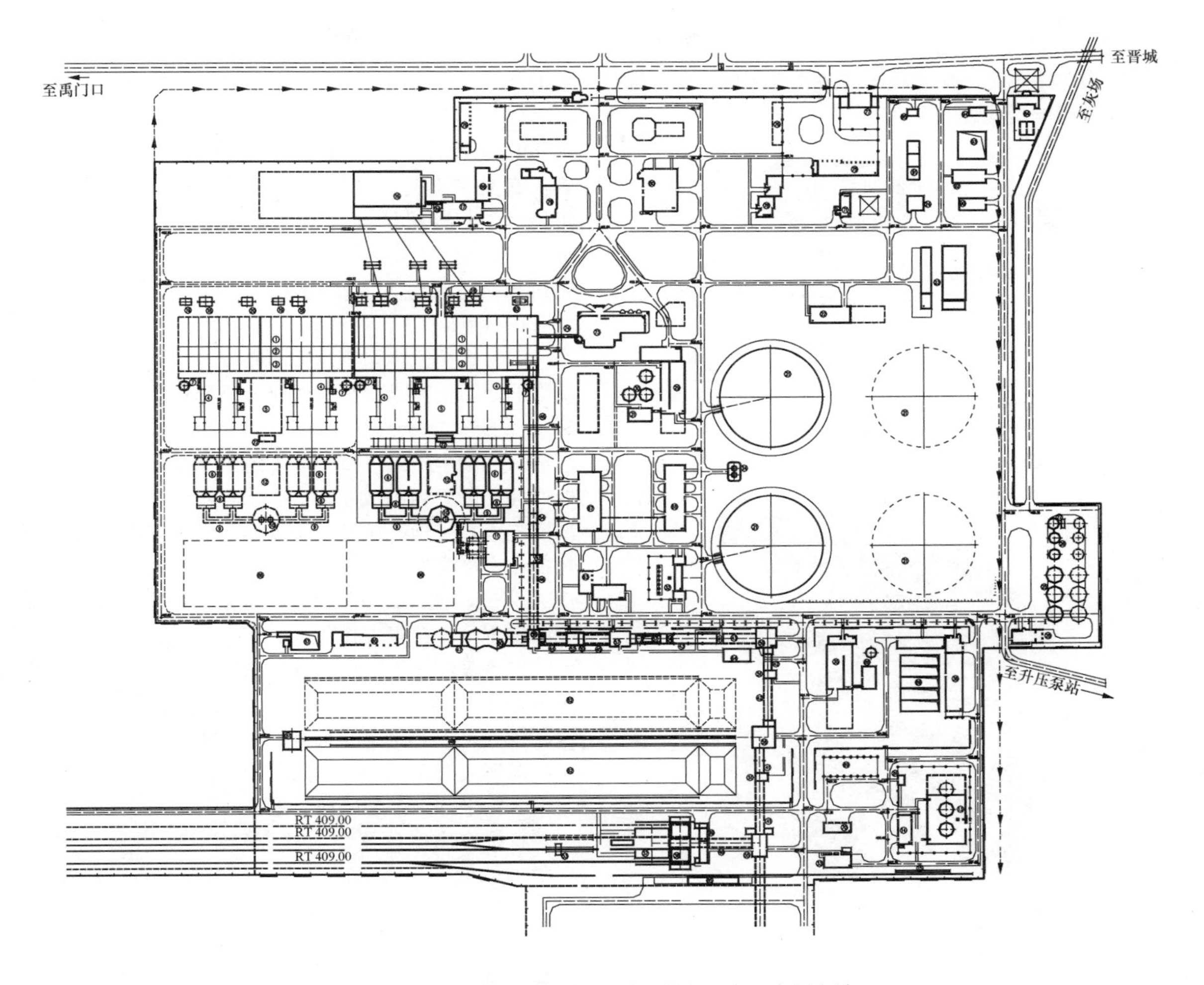

图 3-73　4×300MW 燃煤电厂冷却塔位于主厂房固定端

（三）空冷系统

我国是一个水资源贫乏的国家，属于世界上严重缺水的国家之一，人均水资源拥有量约为 2200m^3，仅为世界平均水平的 1/4。我国的华北（北京、天津、河北、山西、内蒙古）、东北（黑龙江、吉林、辽宁）、西北（新疆、宁夏、甘肃、青海、陕西）地区煤炭资源得天独厚，发展大型坑口电站符合我国的能源政策，但以上地区水资源极其贫乏，制约着电力工业的发展。空冷机组比常规湿冷机组可节水约 65%，因此空冷机组在上述地区广泛使用，既减少了电厂工业用水量，又有效地缓解了地区用水矛盾。

目前国际、国内常用的电厂空冷系统有直接空冷系统（又称 ACC 系统）和间接空冷系统。其中间接空冷系统又分为带表面式凝汽器的间接空冷系统（又称哈蒙或 ISC 系统）以及带混合式凝汽器的间接空冷系统（又称海勒或 IMC 系统）。

1. 直接空冷系统

又称空气冷凝系统。直接空冷是指汽轮机的排汽直接用空气来冷凝，空气与蒸汽间进行热交换。所需冷却空气，通常由机械通风方式供应。直接空冷的凝汽设备称为空冷凝汽器。它是由外表面镀锌的椭圆形钢管外套矩形钢翅片的若干个管束组成的，这些管束亦称散热器。

（1）工艺流程简介。直接空冷系统的流程如图 3-74 所示。直接空冷系统空冷器效果图见图 3-75。

汽轮机排气通过粗大的排气管道送到室外的空冷凝汽器内，轴流冷却风机使空气流过散热器外表面，将排汽冷凝成水，凝结水再经泵送回汽轮机的回热系统。直接空冷机组原则性汽水系统见图 3-76。

直接空冷系统的优点是设备少、系统简单、占地少、防冻性能好，通过调节风机转速或调整风机叶片角度可灵活调节空气量，基建投资低于间接空冷系统。这种系统的缺点是粗大的排气管道密封困难，启动时造成凝汽系统内真空的时间长；风机组噪声较大，厂用电率略高；对环境气象条件较敏感，受环境气象条件影响变化大。

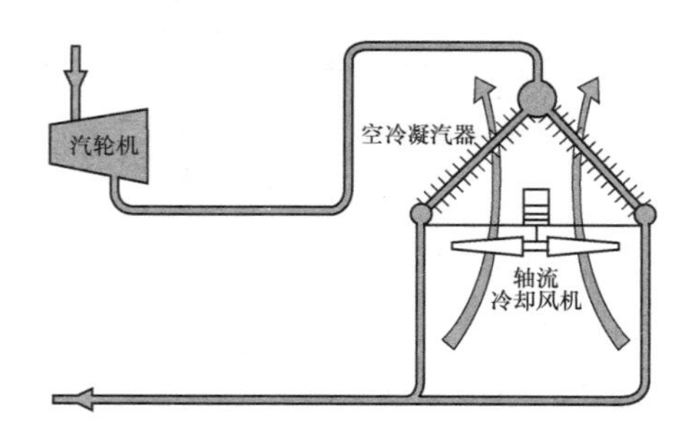

图 3-74　直接空冷系统流程示意图

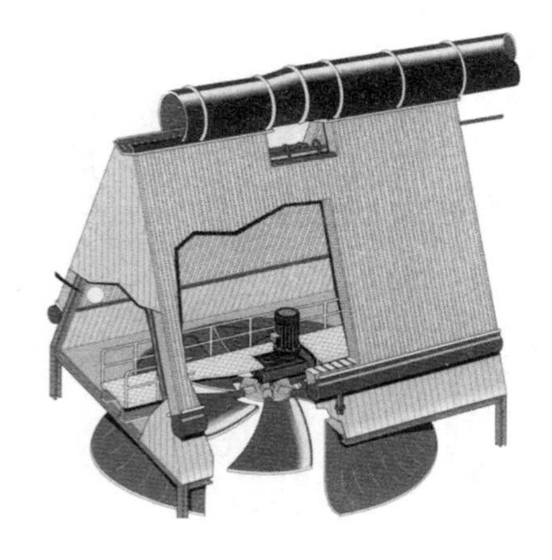

图 3-75　直接空冷系统空冷凝汽器效果图

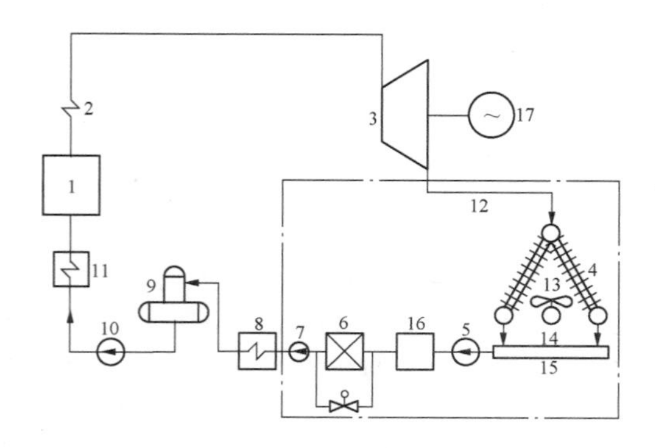

图 3-76　直接空冷机组原则性汽水系统

1—锅炉；2—过热器；3—汽轮机；4—空冷凝汽器；5—凝结水泵；6—凝结水精处理装置；7—凝结水升压泵；8—低压加热器；9—除氧器；10—给水泵；11—高压加热器；12—汽轮机排汽管道；13—轴流冷却风机；14—立式电动机；15—凝结水箱；16—除铁器；17—发电机

目前，除主机采用直接空冷系统外，也有工程采用给水泵汽轮机排汽直接排入主机空冷系统，例如山西大唐国际临汾河西热电厂的 300MW 亚临界机组已实施并运行。对于 600MW 超临界及以上等级的机组，锅炉形式为直流炉，在给水调节上对给水泵汽轮机的要求更高。给水泵汽轮机排汽直接排入主机空冷岛，需考虑给水泵汽轮机对主机的影响，在夏季工况，尤其是高温和大风工况下，需要将给水泵汽轮机运行状况对主机和电网的影响减到最小。在夏季工况和电网允许的条件下，给水泵汽轮机排汽直接进入主机空冷岛，具有系统简单、投资省的优势。

（2）直接空冷系统总平面布置。大型机组的空冷凝汽器通常在紧靠汽机房A排柱外侧布置。在与主厂房平行的纵向平台上布置若干单元组，其总长度与主厂房长度基本一致。每个单元组由一定比例的主凝汽器或辅助凝汽器组成“A”字形排列结构，并在其下部配置大直径轴流风机。受场地条件所限或其他特殊情况，空冷凝汽器平台也可采用长度方向垂直于汽机房 A 列或其他布置方式，此时应进行数模（物模）试验以确定最佳布置方式。

空冷凝汽器主进风侧宜面向夏季主导风向，并兼顾全年主导风向，避免来自锅炉房后较高的风频风速，特别是炉后斜向的来风。对夏季主导风向与次主导风向形成180°左右对角的厂址，汽机房与空冷凝汽器平台宜平行于主导风向布置。

直接空冷电厂规划时，应确定连续建设机组的台数，以便一次合理确定空冷凝汽器平台的高度，空冷凝汽器平台高度应满足进风的要求。空冷机组连续布置台数应结合总平面布置，通过技术经济比较后确定。连续布置的直接空冷凝汽器机组台数，对于 300MW 及以下机组，不宜超过 6 台；600MW 机组，不宜超过 4 台；1000MW 机组，不宜超过 2 台。

不同容量的直接空冷机组空冷凝汽器平台宜分开布置，如分开布置确有困难，应通过模型试验确定连续布置方案。空冷凝汽器平台（含相应的主厂房）之间分开布置的间距宜大于较高平台高度的 2 倍，应避免夏季主导风向或次主导风向由低的平台吹向高的平台。

空冷凝汽器平台的上风向不宜布置机力通风湿冷塔。空冷凝汽器平台与机力通风冷却塔的净距不宜小于空冷凝汽器平台和机力通风冷却塔进风口高度之和。

某电厂直接空冷平台平面图、断面图参见图 3-77、图 3-78。

（3）国内已运行的部分直接空冷平台参数。20 世纪 80 年代以来，直接空冷技术向大型化发展很快，国内近年来部分已运行电厂的直接空冷平台主要尺寸见表 3-23。

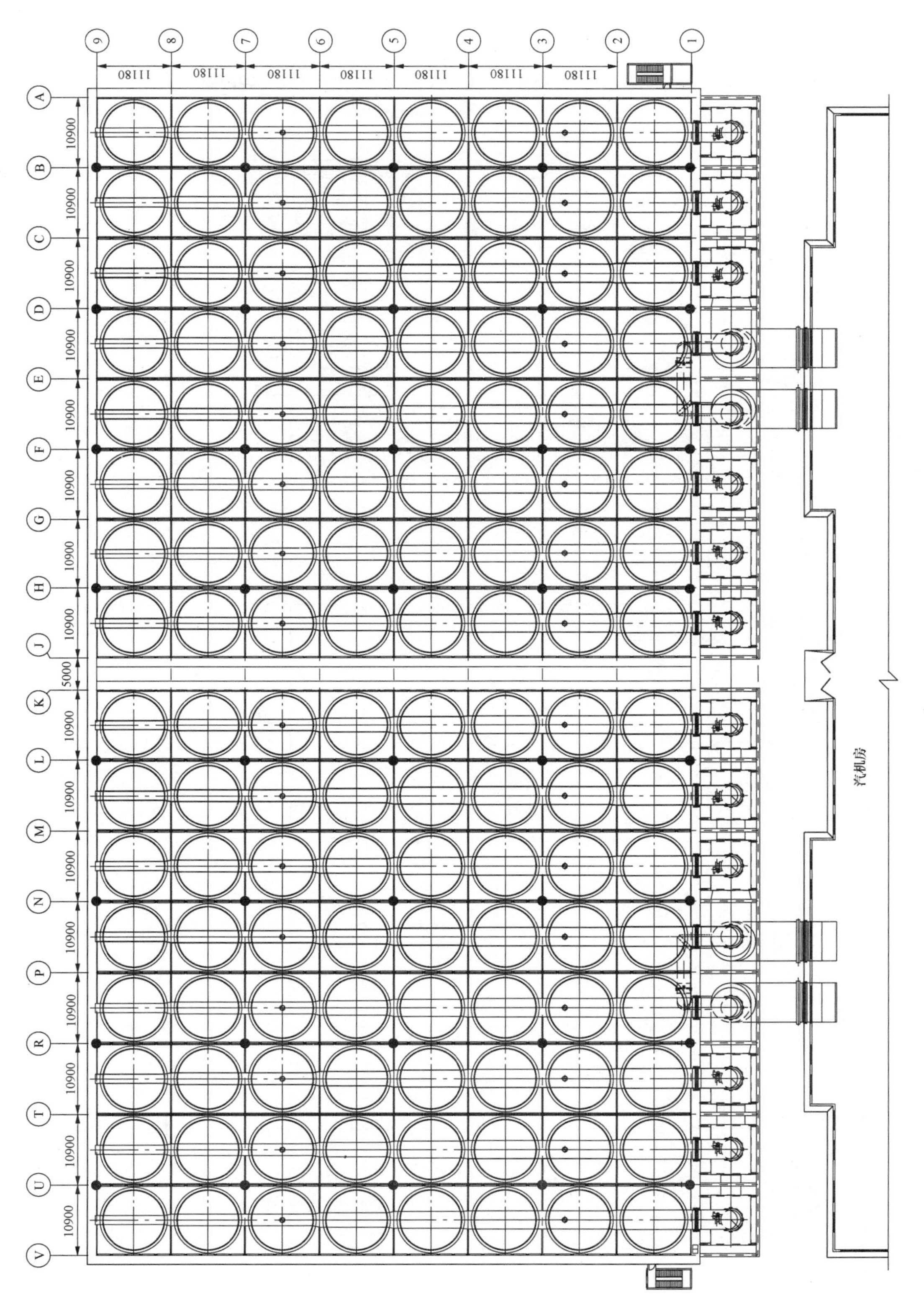

图 3-77 直接空冷平台平面图

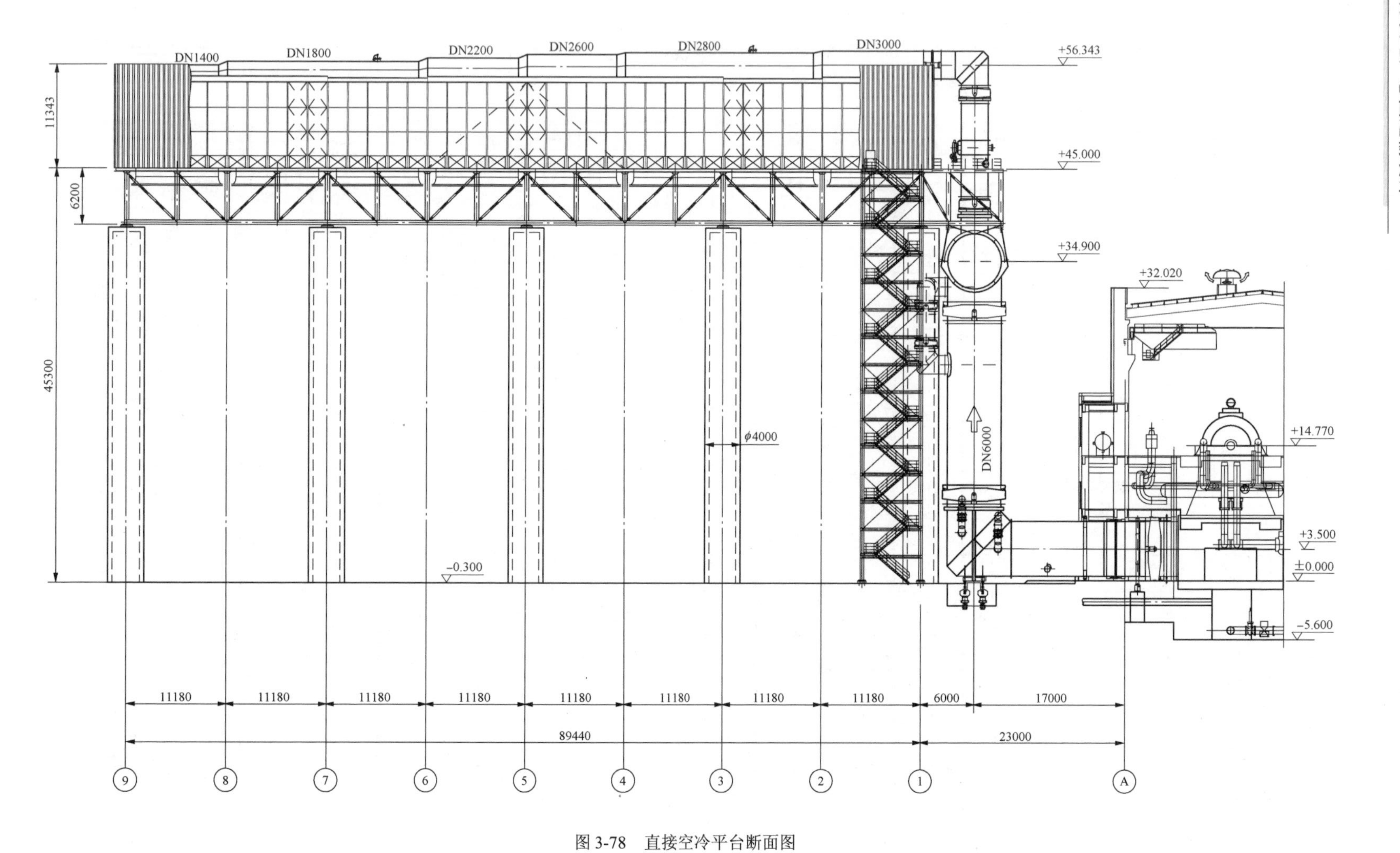

图 3-78　直接空冷平台断面图

表 3-23 直接空冷平台主要尺寸

工程名称	机组容量（MW）	冷却单元/风机直径（个/m）	主要外形尺寸		
			平台长度 L（mm）	平台宽度 B（mm）	进风口高度 H（mm）
灵武电厂	2×1000	2×80/9.75	227.4	92.0	50.0
霍林河电厂	2×600	2×56/9.14	185.5	88.56	45.0
白音华电厂	2×600	2×56/9.14	183.5	88.0	45.0
鄂温克电厂	2×600	2×49/9.14	170.76	87.3	45.0
白城电厂	2×600	2×64/9.14	182.2	92.24	45.0
通辽电厂	1×600	64/9.14	92.0	100.64	45.0
调兵山电厂	2×300	2×30/9.14	140.7	60.4	35.0
赤峰电厂	2×300	2×30/9.14	140.7	54.55	35.0

2. 间接空冷系统

间接空冷与直接空冷之间最明显的差别在于冷凝蒸汽的冷却介质不同。直接空冷系统汽轮机排汽的冷却介质是大气，用空气直接冷却布置在 A 列柱外空冷平台上的空冷翅片冷却器管束，故称为直接冷却过程；间接空冷系统汽轮机排汽的冷却介质是水，将热交换分两次进行：一次为蒸汽与冷却水在汽机房凝汽器内换热；另一次为冷却水与布置在间接塔的翅片管冷却器换热，故称为间接冷却过程。

（1）间接空冷系统工艺。间接空冷系统按照凝汽器类型可分为混合式凝汽器间接空冷系统和表面式凝汽器间接空冷系统。

1）混合式凝汽器间接空冷系统（海勒或 IMC 系统）。带喷射式混合凝汽器的间接空冷系统又称海勒系统，主要由喷射式凝汽器和空冷塔构成。混合式间接空冷系统中，汽轮机的排汽排入喷射式凝汽器，冷却水直接与汽轮机排汽混合并将其冷凝，受热后的凝结水，绝大部分经循环水泵送到空冷塔的冷却器冷却，然后通过水轮机调压并回收部分能量后，再送至喷射式凝汽器进入下一个循环；极少量（约 3%）循环水经精处理装置处理后送至汽轮机回热系统。

混合式间接空冷机组原则性汽水系统见图 3-79。

混合式间接空冷系统中，间接空冷塔散热器垂直布置在间接空冷塔进风口外侧，循环水泵及水轮机布置在汽机房 A 列柱毗间内。

混合式间接空冷塔平面及立面布置见图 3-80。

2）表面式凝汽器（简称表凝式）间接空冷系统（哈蒙或 ISC 系统）。表凝式间接空冷系统又称哈蒙式间接空冷系统，由表面式凝汽器和间接空冷塔构成。该系统与常规的湿冷系统基本相仿，不同之处是用干冷塔代替湿冷塔，用除盐水代替循环水，用闭式循环冷却水系统代替开敞式循环冷却水系统。表凝式间接空冷系统中，汽轮机排汽进入凝汽器后与凝汽器管束内的冷却水进行表面换热，凝汽器循环水排水由循环水泵升压至空冷塔内的空冷散热器，经空冷塔冷却后回到汽机房凝汽器内作闭式循环。

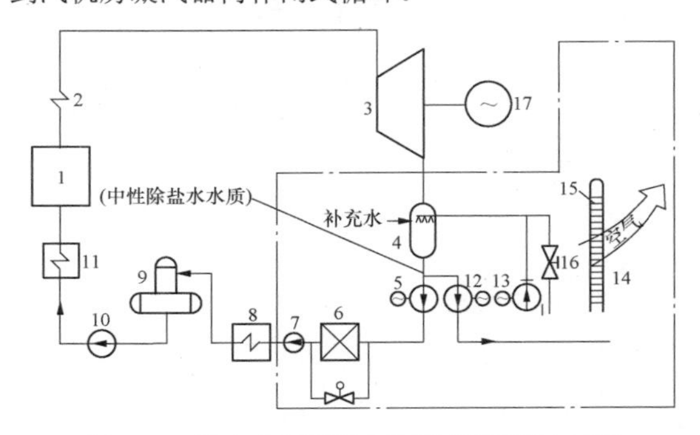

图 3-79 混合式间接空冷机组原则性汽水系统

1—锅炉；2—过热器；3—汽轮机；4—喷射式凝汽器；5—凝结水泵；6—凝结水精处理装置；7—凝结水升压泵；8—低压加热器；9—除氧器；10—给水泵；11—高压加热器；12—冷却水循环泵；13—调压水轮机；14—全铝制散热器；15—空冷塔；16—旁路截流阀；17—发电机

表凝式间接空冷机组原则性汽水系统见图 3-81。

表凝式间接空冷系统根据空冷散热器布置位置不同，分为垂直布置表凝式间接空冷系统和水平布置表凝式间接空冷系统。

a. 水平布置表凝式间接空冷系统。水平布置表凝式间接空冷是指冷却散热器水平布置在冷却塔内。

散热器水平布置的表凝式间接空冷塔透视图见图 3-82。

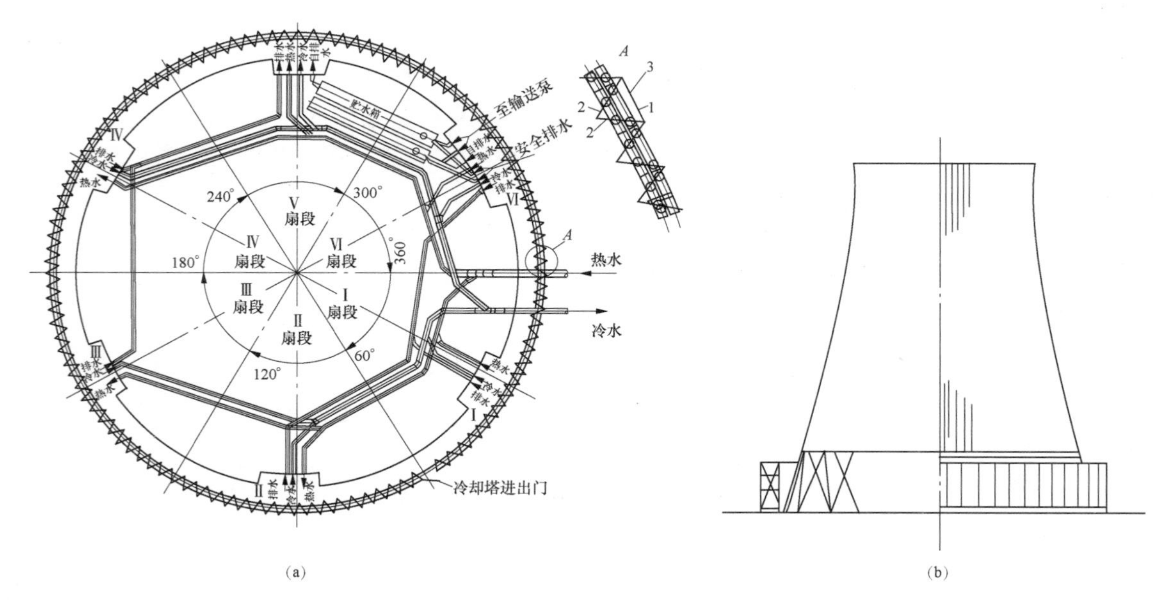

图 3-80　混合式间接空冷塔平面及立面布置图

（a）平面图；（b）立面图

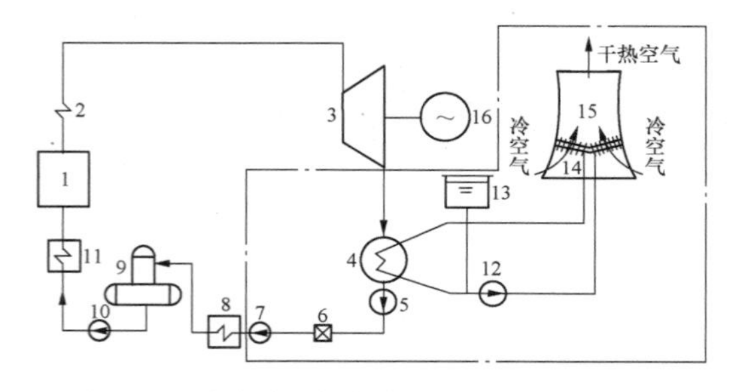

图 3-81　表凝式间接空冷机组原则性汽水系统

1—锅炉；2—过热器；3—汽轮机；4—表面式凝汽器；5—凝结水泵；6—凝结水精处理装置；7—凝结水升压泵；8—低压加热器；9—除氧器；10—给水泵；11—高压加热器；12—循环水泵；13—膨胀水箱；14—全钢制散热器；15—空冷塔；16—发电机

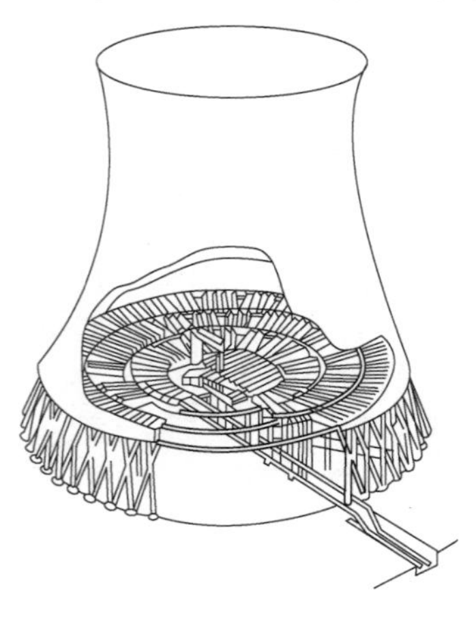

图 3-82　散热器水平布置塔内透视图

b．垂直布置表凝式间接空冷系统。垂直布置表凝式间接空冷是指冷却散热器垂直布置在冷却塔进风口外侧，平立面布置见图 3-83 和图 3-84。

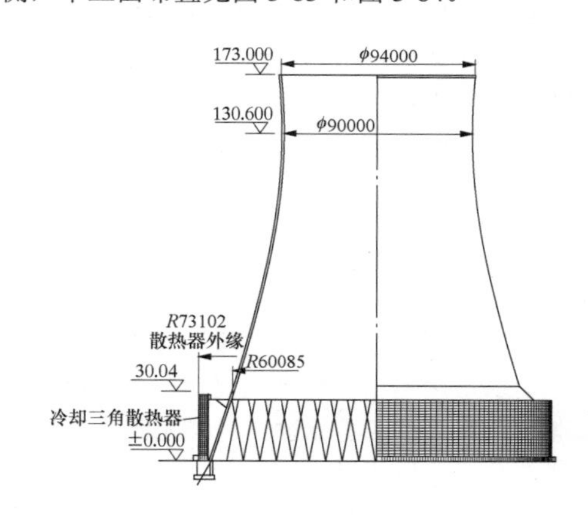

图 3-83　散热器垂直布置塔立面布置图

c．散热器水平布置及垂直布置优缺点比较。相比于散热器水平布置，散热器垂直布置时冷却塔的占地面积较小，施工更为方便，冷却塔的结构简单、造价低，目前国内表凝式间接空冷系统普遍采用散热器垂直布置。

3）混合式间接空冷和表凝式间接空冷优缺点比较。混合式间接空冷系统的优点是混合式凝汽器端差小，机组运行背压更低；在系统设计合理和运行良好的条件下，机组煤耗率较低，全厂热效率高。缺点是设备多、系统复杂、冷却水与凝结水具有相同的水质，

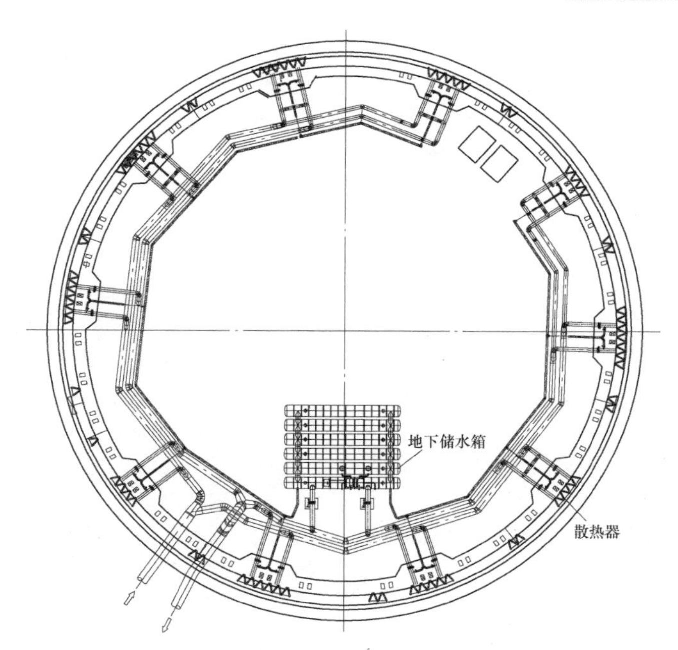

图 3-84 散热器垂直布置塔平面布置图

对水质要求高，自动控制系统复杂，循环水泵为避免汽蚀需低位布置，泵坑深，系统中关键设备（混凝式凝汽器和带水轮机的同轴循环水泵）需要进口，价格昂贵，维护困难，凝汽器运行端差实际值和表面式凝汽器端差相比较有一定的降低，但降幅没有理论上的那么大。

表凝式间接空冷系统的优点是冷却水和凝结水分成两个独立系统，其水质可按各自水质标准和要求进行处理，水质控制简单；没有水轮机，较混合式间接空冷系统简单；系统完全处于密闭状态，与混合式间接空冷系统相比循环水泵扬程低，能耗少；在主厂房内的部分几乎与湿冷系统完全一样，在主厂房外的部分，简单而言只是将湿冷塔换成了空冷塔，运行人员容易掌握。缺点为表面式凝汽器端差略大于喷射式凝汽器，因而其运行背压略高于混合式间接空冷系统；冷端经由两次表面式换热（汽-水，水-空气），全厂热效率较低。

按照散热器排管数量不同，常用的有四排管散热器间接空冷塔和六排管散热器间接空冷塔。

早期散热器采用六排管，基管管径约 18mm，随着技术不断进步以及机组规模不断增大，为适应大规模间接空冷机组的冷却特点，近年来开发出管径约 25mm 的四排管新管型，管径加大，降低了水侧阻力，减少了铝材用量，在价格上也有一定的优势，故 25mm 的四排管近几年在 600MW 级的电厂间接空冷系统中得到了大量应用。但对于 1000MW 级或更大规模的冷却系统，25mm 的四排管也同样存在双流程运行时水阻过大和冷却塔尺寸过于庞大的问题，25mm 的六排管更适用于大规模冷却流量的特点。部分百万机组通过冷端优化计算，同等条件下采用六排管的间接空冷塔零米直径要比采用四排管的间接空冷塔零米直径小 20m，相应的投资运行费用也有所降低，六排管方案在百万间接空冷机组中处于实施阶段。铝制翅片管的四排管、六排管外形见图 3-85、图 3-86。

图 3-85 铝制翅片管（四排管）

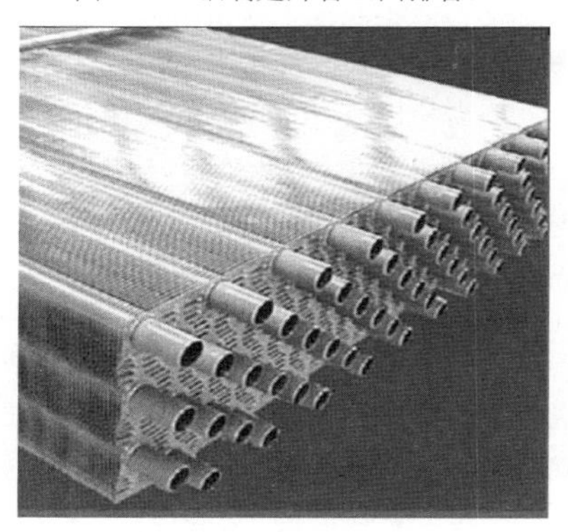

图 3-86 铝制翅片管（六排管）

（2）间接空冷塔布置原则。间接空冷塔布置原则基本同自然通风湿式冷却塔，但间接空冷塔不存在飘滴及雾羽的影响，可不考虑该因素对周边建筑物的影响。在满足防护间距的情况下，间接空冷塔布置位置应尽量缩短循环水管长度。

间接空冷塔常见的布置方位有：主厂房或配电装置固定端、汽机房A列柱外或配电装置外侧，采用烟塔合一时，通常布置在炉后设施外侧。

间接空冷塔内布置泵房、蓄水池、废水池、脱硫设施等建筑物时，应充分考虑防火、通风、散热、防腐及运行维护等条件，必要时采取一定的技术措施以抵消其相互影响。

为便于散热器检修，间接空冷塔周围宜设有检修环路。

间接空冷塔的塔间净距及与其他建筑物之间的距离应符合下列规定：

1）散热器塔内水平布置的自然通风间接空冷塔，塔间净距不宜小于较大塔直径的0.5倍，还不宜小于较高进风口高度的4倍；冷却塔距离计算点为塔底零米标高斜支柱中心处，冷却塔进风口高度为冷却塔零米至风筒底部间垂直高度；

2）散热器垂直布置的自然通风间接空冷塔，塔间净距不宜小于较大塔直径的0.5倍，还不宜小于较高进风口高度的3倍；冷却塔距离计算点为散热器外围，冷却塔进风口高度为冷却三角进风高度。

3）散热器垂直布置的间接空冷塔与建（构）筑物的间距不宜小于建（构）筑物高度与0.4倍散热器高度之和；散热器水平布置的间接空冷塔与建（构）筑物的间距不宜小于建（构）筑物高度与0.4倍塔进风口高度之和；规模庞大的建（构）筑物与间接空冷塔的间距宜通过专项研究确定。

4）间接空冷塔与其他建筑物之间的距离还应满足管、沟、道路、建筑物的防火和防爆要求，以及冷却塔和其他建筑物的施工和检修场地要求。

（3）国内已运行的部分间接空冷机组主要参数见表3-24。

表3-24　国内已运行的部分间接空冷机组主要参数

工程名称	机组容量（MW）	间接空冷形式	主要外形尺寸	
			散热器外缘直径（m）	进风口高度（m）
华能左权电厂一期	2×660	表凝式垂直布置	140.34（环基中心）	28.27
京能宁夏水洞沟电厂	2×660	表凝式垂直布置	146.6（底部直径）	27.5
国电大武口电厂	2×330	表凝式水平布置（一机一塔）	122.5	18
华能秦岭电厂7号机	1×600	表凝式垂直布置	128.176	27.8
国电宝鸡二电厂二期	2×600	混合式	152	27.5
山西奕光发电有限公司山阴电厂	2×300	混合式（两机一塔）	167	28
国电哈密大南湖电厂	2×600	表凝式垂直布置	157	28
国投哈密一期	2×660	表凝式垂直布置	171.1	30.5

（4）直接空冷系统和间接空冷系统的比较。

1）直接空冷的优点是系统简单，初投资低，布置紧凑、占地少，易于防冻，适用于各种环境条件，特别是高寒地区运行可靠。缺点是厂用电及煤耗高；排汽管粗大，布置较困难；负压系统容积大，对运行、维护水平要求高；受环境风影响较大，对汽机房朝向有特定要求，进风侧宜面向夏季主导风向并兼顾全年主导风向，避免炉后来风。

2）间接空冷的优点是节约厂用电、设备少、受环境风影响较小、冷却水量可根据季节调整。缺点是占地大，初投资高；系统中需进行两次换热，使全厂热效率有所降低。

（四）机械通风冷却设施

机械通风冷却塔塔内空气流动的动力由风机提供，简称机力塔。机力塔分为湿式机械通风冷却塔、干式机械通风冷却塔及空湿联合机械通风冷却塔。

1. 湿式机械通风冷却塔

湿式机力塔占地面积小、土建工程量及投资较小，但运行费用高，风机设备日常维护工作量大，水汽和噪声的影响也比自然冷却塔大。

（1）工艺流程。机组冷却水经循环水泵房升压后到达凝汽器及相关辅机，在凝汽器及相关辅机经过热交换升温后，机组冷却水在冷却塔内与空气进行汽水换热降温后进入塔下水池，再回流到循环水泵房前池，经循环水泵升压后重复进入凝汽器及相关辅机。

湿式机械通风冷却塔的冷却系统工艺流程如图3-87所示。

（2）分类。湿式机械通风冷却塔按照空气和水的流动方向分为逆流式和横流式。逆流塔中水与空气逆流接触，热、质交换效率高，需要的淋水填料体积小。横流塔水与空气横流交叉接触，热、质交换效率低，需要的淋水填料体积大，在相同的冷却要求下，占地面积较逆流塔大 20%～40%，故国内大容量机组多采用逆流式冷却塔。

1）逆流式机械通风冷却塔。冷却塔示意图见图 3-88，以 $GFNS_4$ 型逆流式机械通风冷却塔为例，其主要参数见表 3-25。

2）横流式机械通风冷却塔。冷却塔示意图见图 3-89，以 10HH 横流混合结构机械通风冷却塔为例，其主要参数见表 3-26。

3)近年来在部分电厂工程中设计选用的逆流式机械通风冷却塔的主要几何尺寸参见表 3-27。

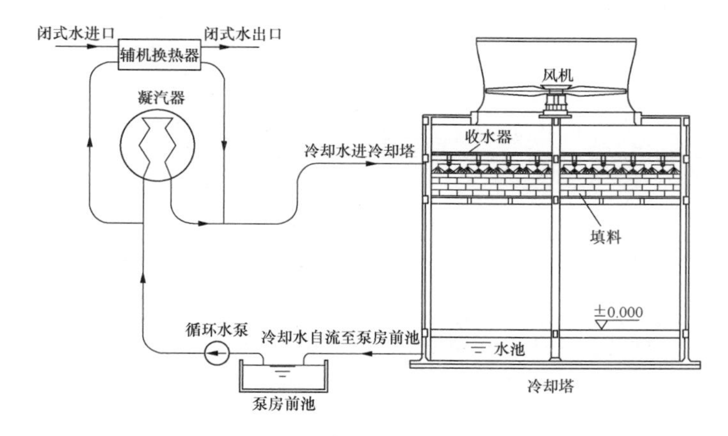

图 3-87 湿式冷却系统工艺流程示意图

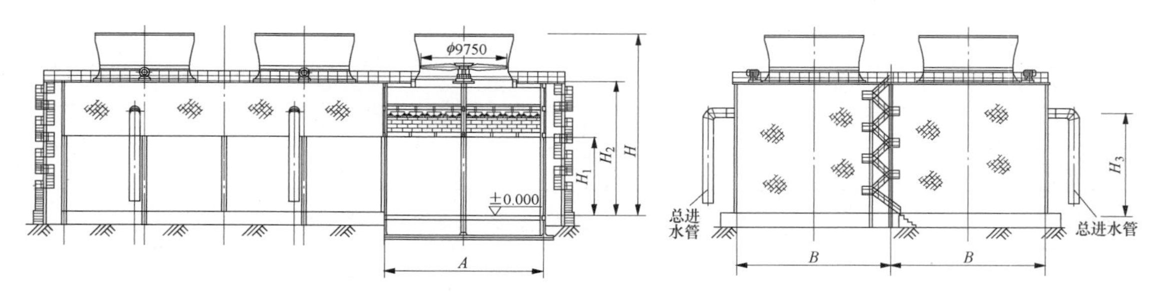

图 3-88 逆流式机械通风冷却塔示意图

表 3-25 $GFNS_4$ 型逆流式机械通风冷却塔主要参数

塔型	单塔循环水量（m^3/h）	总进水管管径 DN（mm）	配水管中心高度 H_3（mm）	单塔外形尺寸（mm）					标准点噪声［dB（A）］
				A	B	H	H_1	H_2	
$GFNS_4$-800	800	2×300	5110	8400	8800	10500	2200	7200	≤75
$GFNS_4$-1000	1000	2×350	5610	9000	9400	11400	2500	7500	≤75
$GFNS_4$-1200	1200	2×350	5610	10000	10400	11900	2700	8000	≤75
$GFNS_4$-1500	1500	2×400	5910	11000	11400	12300	3000	8300	≤75
$GFNS_4$-2000	2000	2×450	6210	12200	12600	13700	3600	8700	≤75
$GFNS_4$-2500	2500	2×500	6610	13600	14000	14000	3700	9000	≤75
$GFNS_4$-3000	3000	2×500	6910	14800	15200	14600	4000	9500	≤75
$GFNS_4$-3500	3500	2×600	7210	16000	16400	15900	4600	10400	≤75
$GFNS_4$-4000	4000	2×600	7910	17000	17400	16700	5000	11000	≤75
$GFNS_4$-4500	4500	2×700	8210	18000	18000	18300	5200	11600	≤75
$GFNS_4$-5000	5000	2×700	8210	19000	19000	18310	5500	12060	≤75

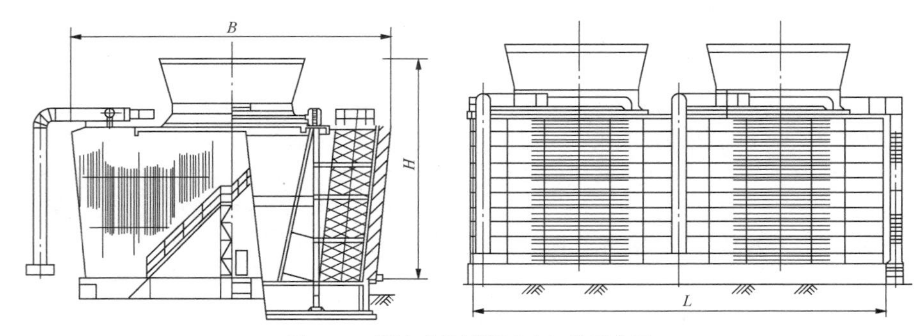

图 3-89　横流式机械通风冷却塔示意图

表 3-26　　10HH 型横流混合结构机械通风冷却塔主要参数

塔型	单塔循环水量（m^3/h）	单塔外形尺寸			标准点噪声［dB（A）］
		B（mm）	H（mm）	L（mm）	
10HH-500	500	5400	5400	12000	≤75
10HH-750	750	7000	7000	13200	≤75
10HH-1000	1000	8200	8200	14800	≤75
10HH-1500	1500	10600	10600	17200	≤75
10HH-2000	2000	11000	11000	18800	≤75
10HH-2500	2500	12000	12000	20400	≤75
10HH-3000	3000	13500	13500	20600	≤75
10HH-3500	3500	14000	14000	21200	≤75
10HH-4000	4000	16000	16000	22000	≤75
10HH-4500	4500	18000	18000	22000	≤75

表 3-27　　近年工程中设计选用的逆流式机械通风冷却塔主要几何尺寸

工程名称	单塔循环水量（m^3/h）	主要外形尺寸				标准点噪声［dB（A）］
		单格塔塔长 B_1（m）	塔总长 B（m）	塔总高 H（m）	进风口高度 H_1（m）	
印度 6×600MW KMPCL 电站)(主机)	5497	20.6	170.3	—	—	≤85
广州永和燃机主机	5084	19.6	118.66	17.8	5.0	≤85
霍林河 2×600MW 空冷（辅机）	3000	14.25		14.5	3.0	≤75
白音华 2×600MW 空冷（辅机）	3100	13.6	40.8	14.5	3.2	≤75
赤峰 2×300MW 空冷辅机	2180	11.6	23.2	—	3.2	≤85

（3）适用条件。湿式机械通风冷却塔特别适用于地形狭窄的厂区、年运行小时数较少的调峰电厂，以及气温高、湿度大、对噪声要求不甚严格的地区，既可用于主机冷却，也可用于空冷机组的辅机冷却。

湿冷机械通风冷却塔的主要缺点是板式换热器易泄漏、堵塞，需定期清洗及更换密封胶条，输送二次冷却水的水泵功耗大，冷却塔有风吹、蒸发损失水量。

（4）湿式机械通风冷却塔布置原则。机力塔布置多采用多座（格）塔连成一排，每格塔成正方形或矩形。我国机械通风冷却塔工厂化生产程度较高，设计单位已很少再进行设计，工程中多选用定型塔。

机力塔宜靠近汽机房布置，以缩短循环水管线长度；为减少湿热空气回流，应尽量避免将机力塔多排布置或将冷却塔布置在高大建筑物中间的狭长地带；单侧进风的机械通风冷却塔进风面宜面向夏季主导风向，当塔数较多时，宜分成多排布置，每排的长度和宽度之比不宜大于 5:1；双侧进风塔的进风面宜平行于夏季主导风向，并宜远离行政及生活福利设施，避免噪声影响。

小型机力塔与相邻设施之间的距离可适当减小，但不得小于 2 倍进风口高度。辅机冷却水泵房在条件允许时可与工业水泵房联合布置。机力塔与厂内道路的距离一般不小于 15m，在冬季采暖室外温度在 0℃以上的地区且布置场地狭小时，其间距一般不小于 10m。

目前，国内燃煤电厂主机冷却采用湿式机械通风冷却塔较少，在一些燃机项目及国外项目中应用较多；在主机采用空冷时，辅机冷却系统采用湿式机械通风冷却塔的方案较为常见，在设备选型和运行等方面已积累了比较成熟的经验。

国外某电厂建设 6 台 600MW 燃煤机组，冷却系统采用湿式机械通风冷却塔，每台机组采用 16 格机力塔，冷却塔交错布置在主厂房固定端侧，见图 3-90。

国内某电厂规划容量为 4×600MW 机组，一期 2×600MW 机组已建成投产。主机采用直接空冷系统，辅机冷却采用湿式机械通风冷却塔，冷却塔布置在屋外配电装置固定端侧，见图 3-91。由于机力塔布置在屋外配电装置冬季盛行风向的上风侧，即使机力塔与配电装置的间距能够满足规程要求，在冬季也会发生出线塔结冰现象。

2. 机械通风间接空冷塔

在水资源严重匮乏地区，为节省水资源，近年来有些空冷电厂辅机冷却采用机械通风间接空冷系统；机械通风间接空冷塔也可用于直接空冷机组的尖峰冷却系统。尖峰冷却设备是为增加机组夏季出力，降低汽轮机背压，对直冷系统进行改造而增加的机组排汽冷端设备。

机械通风间接空冷塔散热器垂直布置在塔外，高温冷却水在管内流动，空气在管束外吹过，达到换热的目的。由于换热所需的通风量很大，且风压不高，一般在空冷塔顶设轴流风机。机械通风间接空冷系统工艺流程如图 3-92 所示。

机械通风间接空冷塔平面及断面见图 3-93、图 3-94。

列举部分辅机采用机械通风间接空冷塔的项目，具体参数见表 3-28。

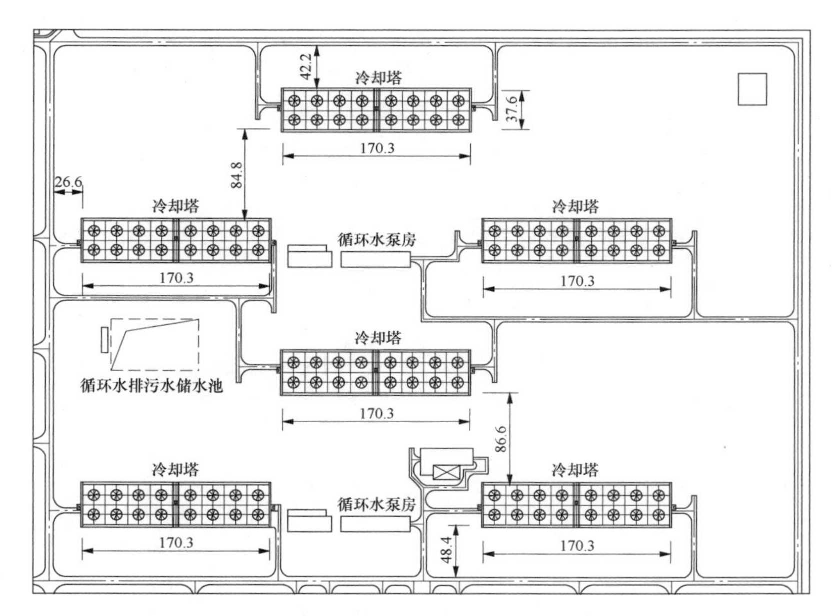

图 3-90 国外某电厂主机采用机械通风冷却塔总平面布置图（单位：m）

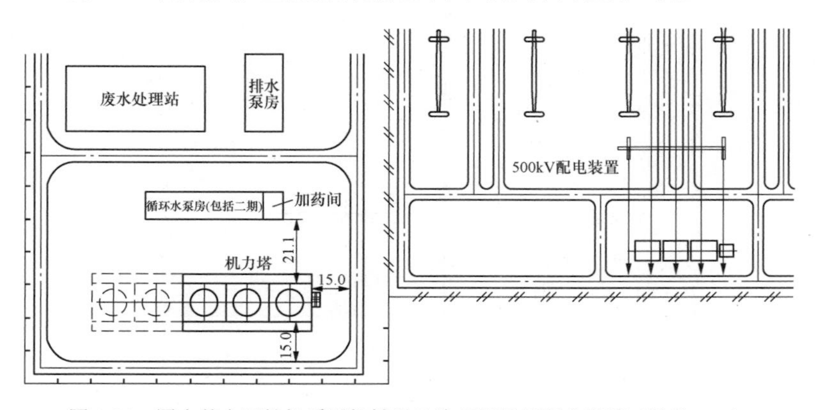

图 3-91 国内某电厂辅机采用机械通风冷却塔总平面布置图（单位：m）

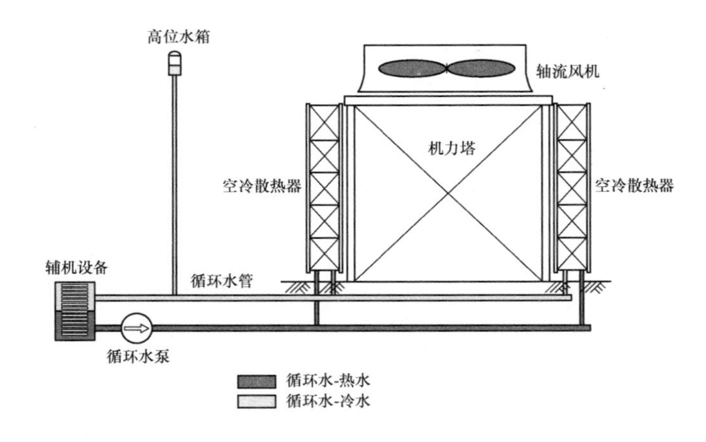

图 3-92　机械通风间接空冷系统工艺流程图

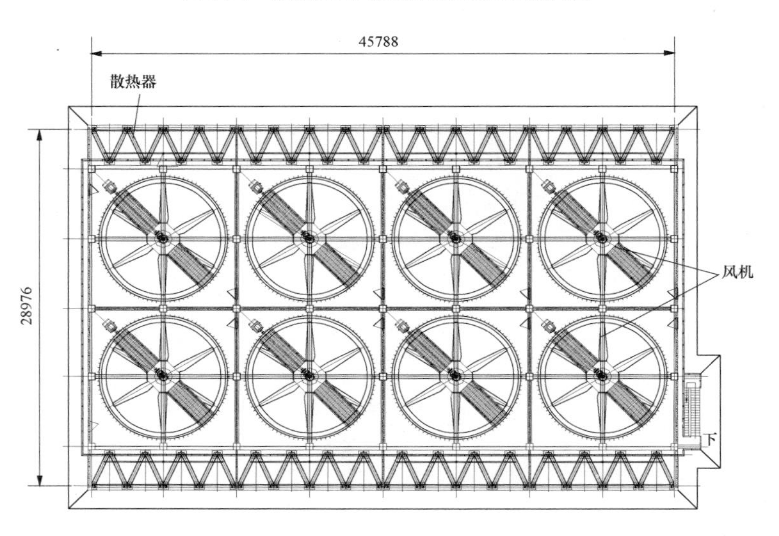

图 3-93　机械通风间接空冷塔平面布置图

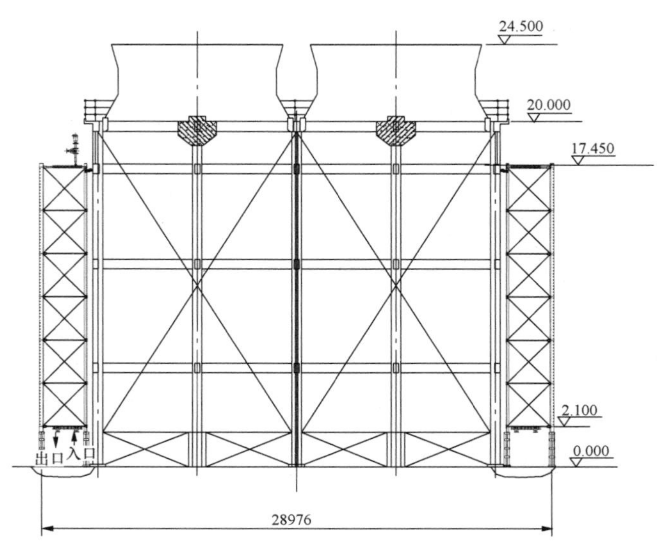

图 3-94　机械通风间接空冷塔断面图

表 3-28　　近年工程中设计选用的机械通风空冷塔主要参数

工程名称	循环水量 (m^3/h)	主要外形尺寸				标准点噪声 [dB（A）]
		单格塔尺寸（宽×长，m×m）	塔总长 L（m）	塔总高 H（m）	进风口高度 H_1（m）	
山西奕光发电有限公司山阴电厂	2×2800	11.2×17.8	44.8×2（2 台机平行布置）	12.5	8.654	≤72
华能左权电厂一期	2×2150	11.288×14.750	46.55（两台机背靠背布置）	15	12	≤72

机械通风间接空冷系统最大的优点是采用闭式空气冷却，无风吹蒸发损失，节水效果好，占地小；但夏季气温在 30℃以上时需辅助喷雾（除盐水）强化冷却，且只能将循环水冷却至 38℃，当环境温度高于 38℃时，冷却效率下降的速度很快，对辅机冷却系统运行有一定影响。

辅机机械通风间接空冷塔宜靠近主厂房布置，应与周边建筑保持一定距离，以满足机力塔通风及散热器检修要求。辅机冷却水泵通常布置在主厂房内。布置模块见图 3-95。

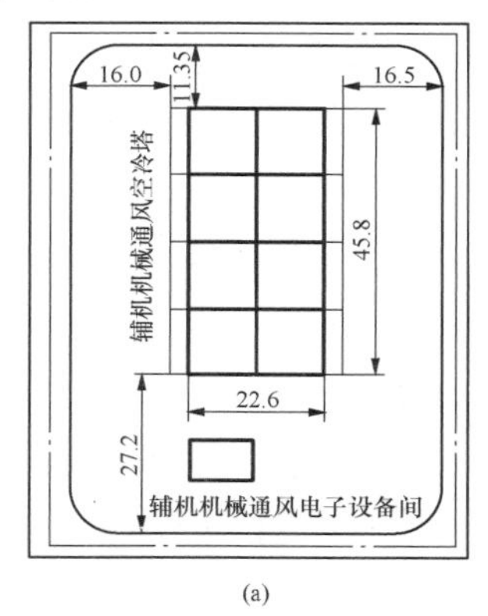

(a)

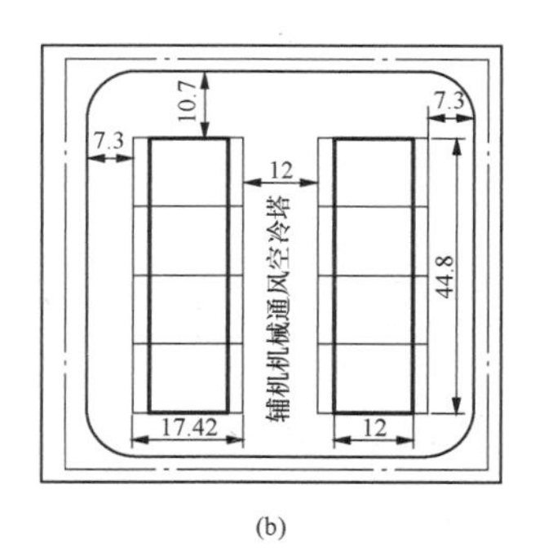

(b)

图 3-95　辅机机械通风间接空冷塔布置（单位：m）
（a）背靠背布置；（b）平行布置

3. 空湿联合机械通风冷却塔

空冷系统冷却能力有限，其冷却极限为环境干球气温。当夏季高温时段气温大于空冷系统的设计气温时，辅机设备经受着相对于主机更大的考验，因为并非所有辅机设备都可以像主机一样降负荷运行。从某种程度上来说，主机冷却关乎运行经济性，而辅机冷却则关乎运行安全性。若辅机设备要求较低的冷却温度或在新疆等夏季高温时间较长的地区，完全采用辅机空冷系统无法满足辅机冷却要求，可以考虑采用空湿联合来进行辅机冷却。

空湿联合冷却系统是根据要求将不同比例冷却能力的空冷系统和湿冷系统合建或分建的冷却设施，以达到合理利用水资源、环境保护、降低能耗、降低造价或消除湿式冷却塔出口雾羽、改善冷却效果等目的。我国在空湿联合冷却系统方面起步较晚，大规模空湿联合冷却系统应用很少。目前国内空湿联合系统多用于辅机冷却系统或空冷改造项目。

辅机冷却采用空湿联合系统既能保证辅机运行安全，又能在最大程度上实现节水。考虑系统安全性，辅机空湿联合冷却系统常采用机械通风方式，系统中的湿冷部分大多选择蒸发式冷却器，符合整个辅机冷却系统为闭式循环的要求。

带机力通风蒸发冷却器的冷却系统为空湿交替运行的全盘管逆流闭塔，夏季在换热管外喷淋水，在风机强制对流作用下强化传热，并设内部除水器，阻挡空气流中未蒸发水滴，使其流回水盘，减少喷淋水的消耗，即采用湿冷运行模式；冬季停止喷淋，采用空冷运行模式；春秋季则采用部分湿冷、部分空冷的运行模式，从而在达到各季节冷却要求的前提下尽量节水。

闭式循环蒸发冷却器冷却系统工艺流程如图 3-96 所示，带蒸发冷却器的干湿联合辅机空冷塔平面及立面见图 3-97。

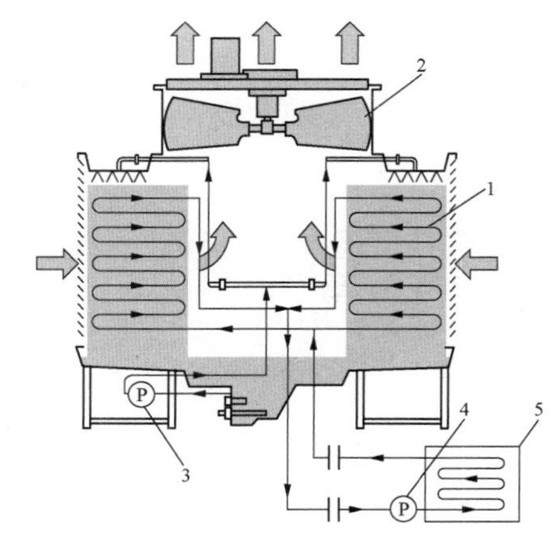

图 3-96　闭式循环蒸发冷却器冷却系统工艺流程示意图
1—换热盘管；2—轴流风机；3—喷淋水泵；
4—循环水泵；5—热源

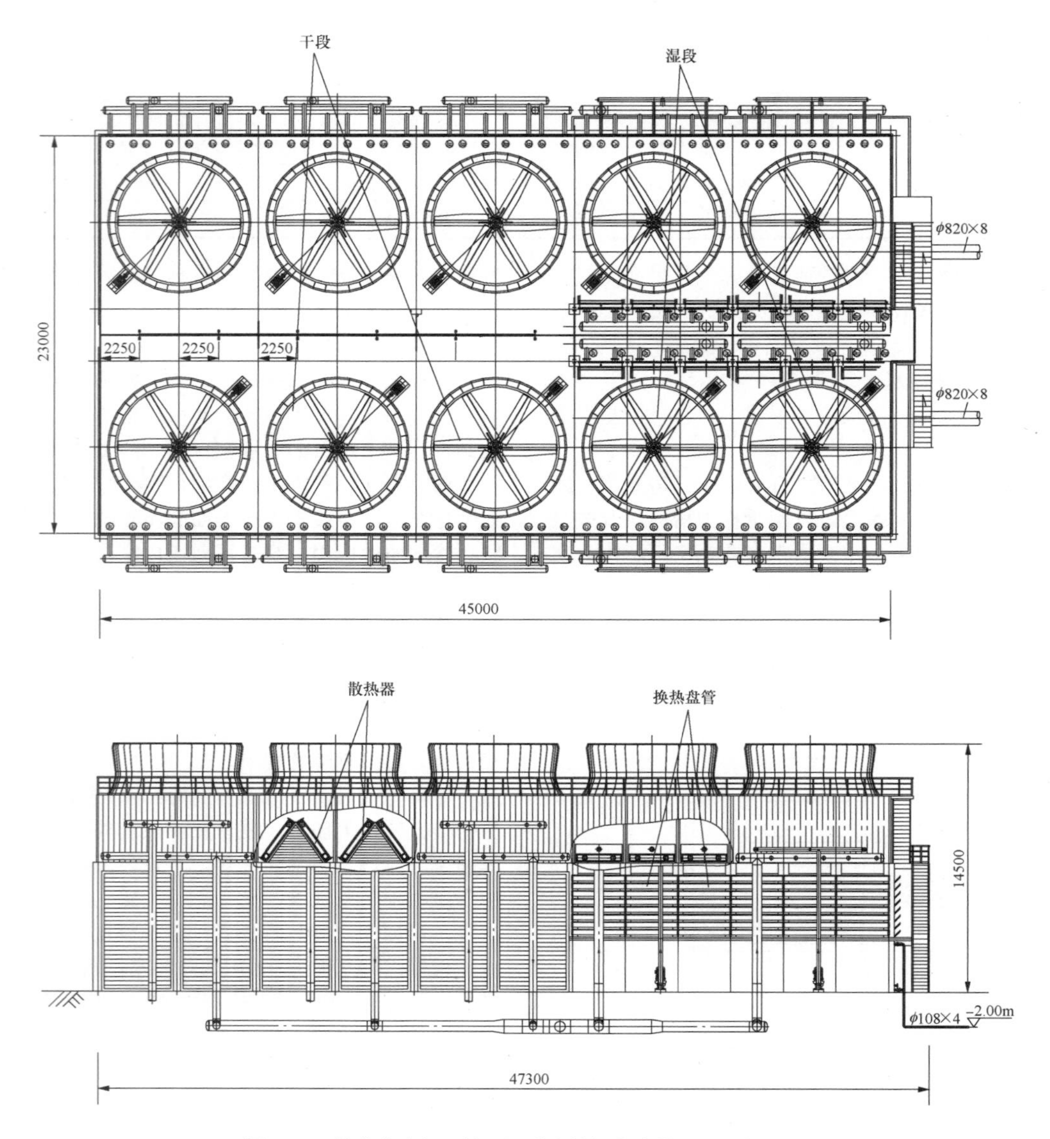

图 3-97　带蒸发冷却器的干湿联合辅机空冷塔平面及立面图

针对辅机冷却，干湿联合辅机空冷塔兼具水冷与空冷的优点。相对于湿式机械通风冷却塔，其节水及节电效果显著，年运行费用低，避免了开式冷却塔冬季运行“冒白雾”的现象；相对于干式机械通风冷却塔，其投资低，年运行费用低，夏季高温时冷却效果好。

辅机干湿联合冷却塔同样宜靠近主厂房布置，辅机冷却水泵布置在主厂房内。干湿联合辅机空冷塔布置模块见图 3-98。

（五）排烟冷却塔

为满足厂址区域对电厂烟囱限高的要求或综合考虑工程投资、电厂景观、总平面布置、设备配置、大气污染物排放要求等因素，电厂可采用冷却塔排烟技术，通常也称为“烟塔合一”技术。

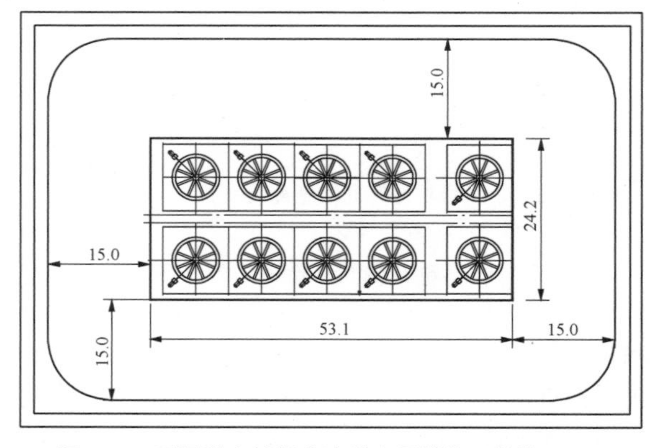

图 3-98　干湿联合辅机空冷塔布置模块（单位：m）

冷却塔排烟技术首先在德国使用，之后从 20 世纪

80年代开始，国外多座大型火力发电厂采用该项技术。我国于2006年首次引进该技术并在华能北京热电厂脱硫改造中使用，2007年我国首次自主研发、设计、建造和运行的排烟冷却塔在国华三河发电厂二期扩建工程中成功应用。截至目前，国内多座电厂已采用该技术，并已应用到单机容量百万千瓦级的机组，冷却塔排烟技术已经趋于成熟。

排烟冷却塔根据冷却塔类型的不同可分为排烟湿式冷却塔和排烟间接空冷塔两种。

排烟湿式冷却塔又分为逆流式自然通风排烟冷却塔、横流式自然通风排烟冷却塔。在我国应用较多的是逆流式自然通风排烟冷却塔。排烟间接空冷塔又分为带喷射式凝汽器的排烟间接空冷塔和带表面式凝汽器的排烟间接空冷塔。目前国内多采用带表面式凝汽器的排烟间接空冷塔。

1. 冷却塔排烟工艺流程

排烟冷却塔是利用常规自然通风冷却塔巨大的热抬升能力，将火力发电厂湿法脱硫后的烟气通过冷却塔排放至大气，从而取消烟囱。

冷却塔排烟工艺的特点主要在于锅炉尾部的烟风系统。烟气从炉后引风机引出，通过升压进入脱硫吸收塔，在吸收塔内完成二氧化硫脱除吸收后，净烟气经除雾器除去雾滴后，再经玻璃钢烟道引入冷却塔排放。冷却塔排烟主要工艺流程如图3-99所示。

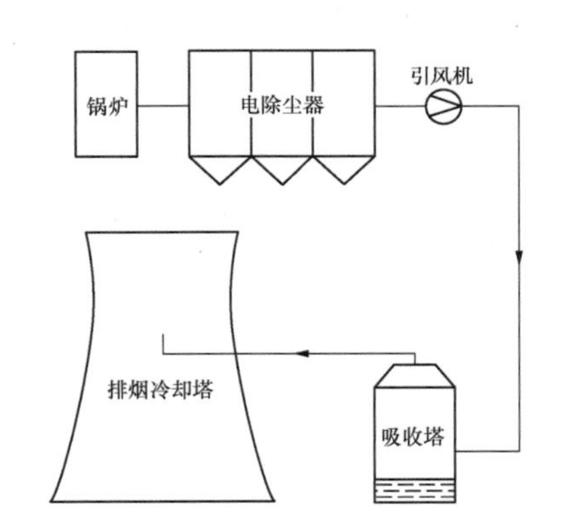

图3-99 冷却塔排烟主要工艺流程示意图

2. 冷却塔排烟的特点

排烟冷却塔排放的烟气，其明显特点是带有较大的热量，该热量对烟气有着巨大的抬升力。在弱风条件下烟气抬升高度远高于烟囱，对低空大气环境的影响小；在大风状况下，冷却塔排烟方案并不绝对优于烟囱，由于烟塔的烟气出口速度较低，一般为3～4m/s，在大风条件下，可能会造成污染物下洗而导致局部区域地面浓度偏高。

100m高的冷却塔和170m高的烟囱排放烟气扩散效果比较如图3-100所示。

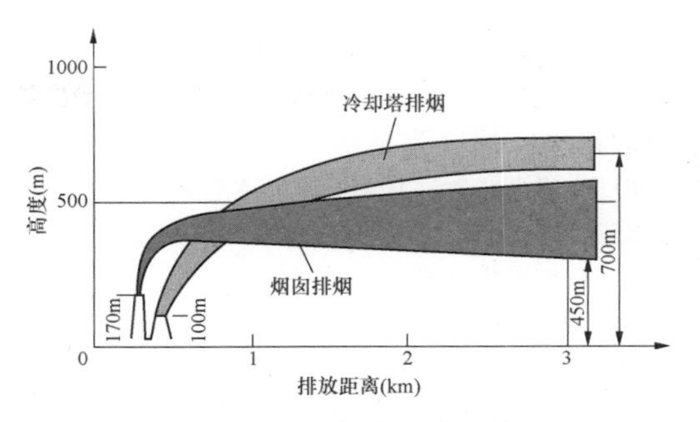

图3-100 冷却塔和烟囱排放烟气扩散效果比较

图3-100是根据国外某实验电站测得的结果绘制的。结果表明烟气经高170m的烟囱排放，在排放点附近烟气抬升很快，之后烟气中心高度基本停留在450m，烟云轮廓上下宽度较大。虽然排烟冷却塔标高仅为100m，但由于其含热量较大，冷却塔烟云在排放原点中等距离处的抬升高度迅速超过烟囱烟气抬升高度，达到600m后仍然缓慢上升，最后在700m时升势趋缓，其烟云的轮廓较烟气要窄，扩散的距离更远。

（1）冷却塔排烟的优点：

1）排烟冷却塔高度低于相同机组烟囱高度，常常可解决厂址区域烟囱限高的问题。

2）冷却塔排烟可节省烟气再热装置、增压风机、烟囱及相应烟道的费用。

3）厂区由于取消了烟囱，视觉效果好，厂区景观好。

4）排烟间接空冷塔方案，还可将脱硫装置放置在空冷塔内，有效节省厂区占地。

5）冷却塔气流的抬升力，把净化处理烟气中残留的有害物排入环境空气中，尽管气流温度低，但是体积流量较大，在多数气象条件下，相比同等烟气从烟囱排出的提升高度高，利于污染物的稀释和扩散及环境保护。

6）冷却塔排烟方案与常规烟囱方案投资比较，虽然受到气候条件、工程地质条件、平面布置方案、地价、设备配置等因素的影响，不可一概而论，但一般而言，冷却塔排烟方案比常规烟囱方案总投资是节省的。

（2）冷却塔排烟的缺点：

1）由于取消烟囱依靠冷却塔排烟，增加了冷却塔防腐、玻璃钢烟道、冷却塔本体结构加固等费用。

2）由于冷却塔排烟，排气速度远远小于烟囱排放，因此冷却塔排烟时必须考虑大风下洗等不利气象条件；当环境温度偏高时，冷却塔排烟的混合气体热浮力小，甚至出现无热浮力现象，冷却塔排烟方案的确定要进行多方面的研究。

3）烟气在冷却塔里或者在烟气刚离开冷却塔时会出现空气有害物，如二氧化硫和氧化氮与烟气中水蒸气反应形成酸，会在筒壁上形成酸性物质腐蚀塔筒，并在一定程度上影响循环水水质，须采取防护措施。

4）冷却塔布置在炉后，循环水管线增长，循环水管线投资增加，施工难度加大。

3. 冷却塔排烟技术应用条件

冷却塔排烟技术主要适用于以下情况：

（1）对烟囱高度有限制的区域。

（2）循环水冷却采用自然通风冷却塔形式的火电厂。

（3）电厂不带 GGH 的湿法脱硫方式。

（4）冷却塔的高度可以满足环保部门对烟气排放要求的电厂。

（5）对电厂景观环境有特殊要求的地区。

（6）在总平面布置上，冷却塔的位置距离炉后脱硫塔宜较近。

（7）风速适中的区域。

拟建电厂基本符合上述要求，则初步具备采用冷却塔排烟技术的条件，但最终决定是否采用冷却塔排烟技术，还要按照环保主管部门批复的环境影响报告书及其批复意见执行。

4. 排烟冷却塔的布置原则

（1）宜布置在地层土质均匀、地基承载力较高的地段。

（2）宜布置在炉后引风机烟道出口附近，在满足建筑间距的前提下，尽可能减少烟道的长度。

（3）宜靠近脱硫塔布置，以缩短塔外烟道长度。

（4）当采用逆流式自然通风排烟冷却塔时，脱硫设施宜布置在冷却塔外。

（5）当采用带表面式凝汽器的间接空冷塔时，可考虑将脱硫设施布置在间接空冷塔内。

5. 排烟冷却塔布置方式

（1）排烟湿式冷却塔烟道低位布置如图 3-101 所示。

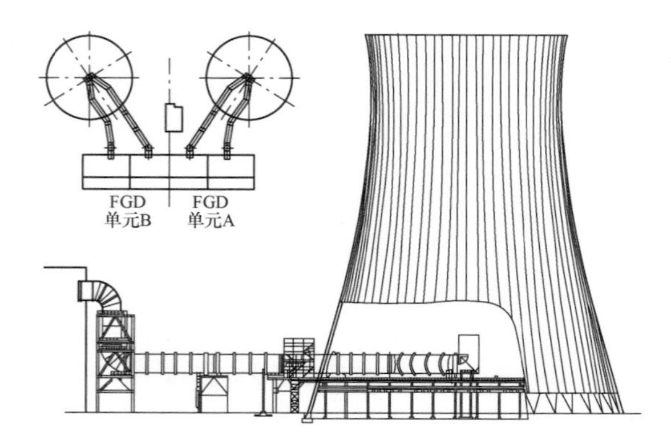

图 3-101 德国某电厂（2×800MW）烟塔合一布置图

（2）排烟湿式冷却塔烟道高位布置如图 3-102、图 3-103 所示。

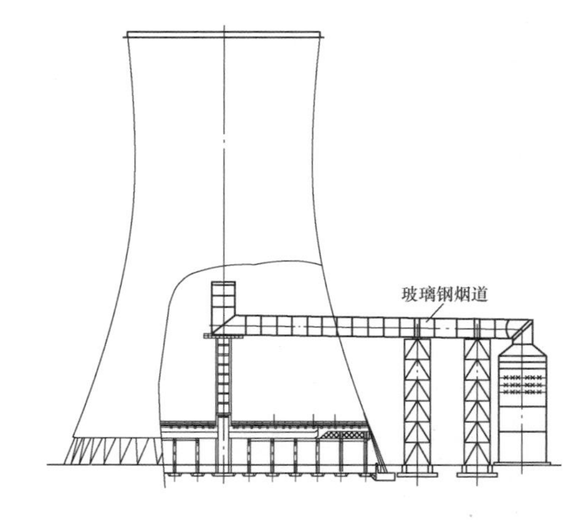

图 3-102 排烟湿式冷却塔烟道高位布置立面图

图 3-103 排烟湿式冷却塔烟道高位布置鸟瞰图

（3）排烟间接空冷塔。排烟间接空冷塔相对湿冷排烟塔有一定的优势。由于空冷塔内的空气湿度远低于湿冷塔，使烟气中的有害杂质发生化学反应的机会降低，对冷却塔内壁的防腐要求大大的降低，运行条件比湿冷塔更为有利。空冷塔内的空气流量和流速均比湿冷塔大，更有利于烟气抬升排放。采用排烟间接空冷塔，脱硫塔与空冷塔的相对位置关系有以下两种形式。

1）脱硫塔布置在排烟间接空冷塔内。将脱硫塔布置在排烟间接空冷塔内，可有效节省烟囱和脱硫装置占地，从而减少厂区用地面积。

脱硫塔布置在排烟间接空冷塔内如图 3-104 所示。

脱硫塔布置在排烟间接空冷塔内平面布置如图 3-105 所示。

2）脱硫塔布置在排烟间接空冷塔外。该布置形式与排烟湿式冷却塔布置形式基本相同，主要区别在于排烟间接空冷塔较排烟湿式冷却塔占地面积大。

四、运煤设施

我国是一个煤炭资源储量较为丰富的国家，目前我国大多数火力发电厂都是燃煤电厂，伴随着气候变化、空气污染、石化资源枯竭一系列问题，能源发展不断向新能源、可持续发展、可再生能源迈进，根据我国能源政策和最新电力发展规划，新能源、水电及核电在能源结构中所占比重不断增加，火电机组装机将降至50%以内，部分火电机组调峰运行。

火力发电厂运煤设施的功能是将燃煤通过铁路、水运、公路、带式输送机等方式运入厂内，并通过接卸、贮存、运输、筛碎等环节，使其达到合适粒径和品质后，输送到锅炉房原煤斗供机组燃用。运煤系统包含厂内和厂外两部分。厂外部分是指燃煤厂外输送部分，根据运输方式不同，分为铁路来煤、水运来煤、公路来煤和皮带来煤；厂内部分包含卸煤设施、储煤设施、筛碎设备、带式输送机系统及辅助设施及附属建筑，循环流化床机组还包含细碎、石灰石输送等系统。

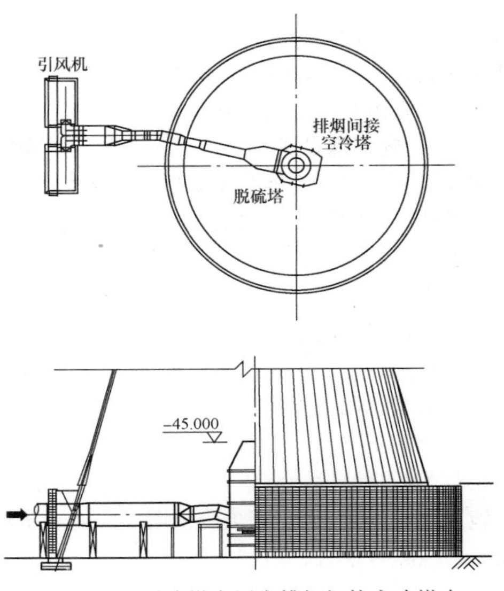

图 3-104 脱硫塔布置在排烟间接空冷塔内

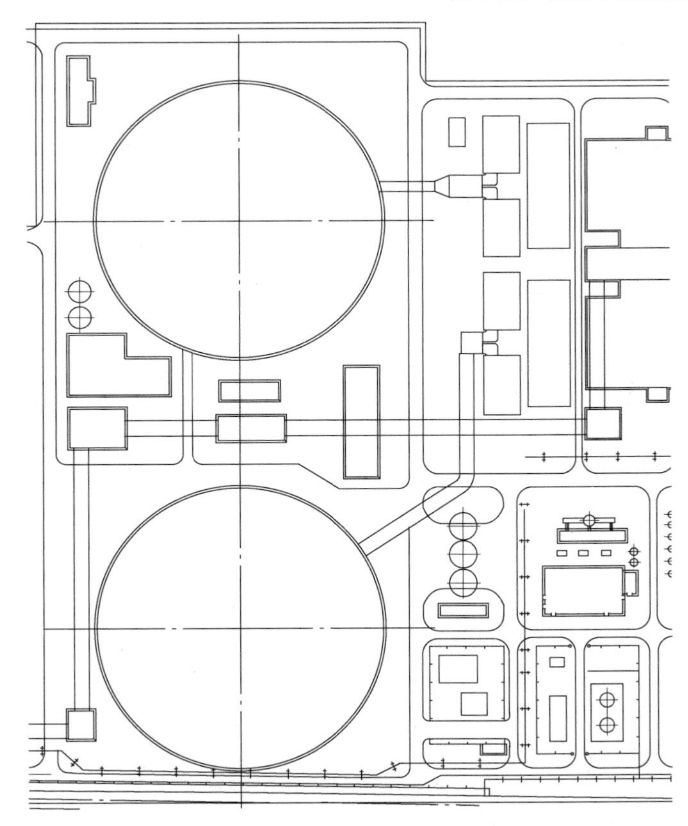

图 3-105 脱硫塔布置在排烟间接空冷塔内平面布置图

（一）厂内运煤系统布置原则

发电厂总平面布置与输煤工艺系统有密切的关系。确定厂区总平面方案时要考虑输煤工艺流程，结合厂址条件和总体规划的要求，因地制宜进行布置。

输煤系统的布置主要考虑以下要求：

（1）便于燃料输送，力求缩短输送距离，减少转运，降低提升高度。

（2）尽量减少对厂区主要建（构）筑物的污染。运煤系统宜布置在厂区主要建（构）筑物最小频率风向的上风侧，输煤设施宜布置在厂区的边缘地段。

（3）减少地下建（构）筑物工程量。

（4）应留有扩建的余地。输煤系统一般均按规划容量设计，分期建设；有的土建部分一次建成，工艺部分分期安装；考虑部分电厂超规划容量扩建，输煤设施的布置宜留有适当的扩建余地。

（二）厂内卸煤设施

卸煤设施的主要功能是接卸以不同运输方式运进电厂的燃煤，再通过带式输送机转运到上煤系统或贮煤场。电厂的燃煤卸车至关重要，选择正确合理的卸车方式对于电厂来说，不但能够保障燃煤的正常生产供应，而且还能节约建设资金。

1. 卸煤设施适用条件

铁路来煤适用条件：坑口电厂，燃煤运输距离在50km内，不经过铁路，不存在冻煤或有可靠解冻措施时，在取得沿途路径铁路主管部门同意的条件下，卸煤设施首选底开车+火车卸煤沟；燃煤运输距离较远，经过铁路运输时，宜选用翻车机卸煤。

汽车来煤适用条件：在我国西南以及其他地区，由于地处山区、丘陵，地形起伏较大，铁路专用线的建设较为困难，或电厂靠近矿口且与厂外皮带方案比较后确定采用汽车运输更优时，可采用汽车卸煤沟卸煤。

水路来煤适用条件：靠近江河海域的电厂，具备水路来煤条件，采用码头卸煤。

2. 卸煤设施

厂内卸煤设施分为铁路卸煤和公路卸煤，水路来煤卸煤设施布置在厂外码头，参见第六章第四节内容。

（1）铁路卸煤设施。铁路来煤的卸煤设施包括翻车机、底开车缝式煤槽、敞车缝式煤槽配螺旋卸车机、装卸桥、桥式抓斗起重机等。本节仅对翻车机、底开车缝式煤槽、敞车式缝式煤槽配螺旋卸煤机进行介绍，其他铁路来煤方式因目前在电厂中应用较少，暂不做介绍。

铁路卸煤设施的布置，应使运煤工艺流程合理和满足铁路作业线的有效长度。在考虑卸煤装置的方位时，要便于铁路线的引入，尽量使厂外线平面顺直，坡度平缓，并且不致造成太大的土石方工程量。当电厂距离接轨站较近且来煤方向不顺时，需考虑折角运输的问题。厂址与铁路高差较大时或铁路受限不便引接入厂时，可将铁路卸煤设施及煤场布置在厂外，燃煤通过皮带转运进厂。尽量避免引进的铁路与进厂主要干道交叉，或进厂铁路包围厂区。

1）翻车机。翻车机是用来翻卸铁路敞车散料的大型机械设备。燃煤火力发电厂常用的翻车机形式为“C”型转子式翻车机。翻车机按一次翻卸车辆数不同，可分为单车翻车机、双车翻车机、三车翻车机或多车翻车机。目前单车翻车机、双车翻车机在火力发电厂中经常采用。

翻车机卸煤设施一般包括入厂煤计量和采样设备、翻车机和调车设备、振动斜煤箅（或清箅破碎机）和给料设备、检修起吊设备、翻车机室及控制室等。

a. 工艺流程简介。翻车机卸煤设施工艺流程见图3-106和图3-107。

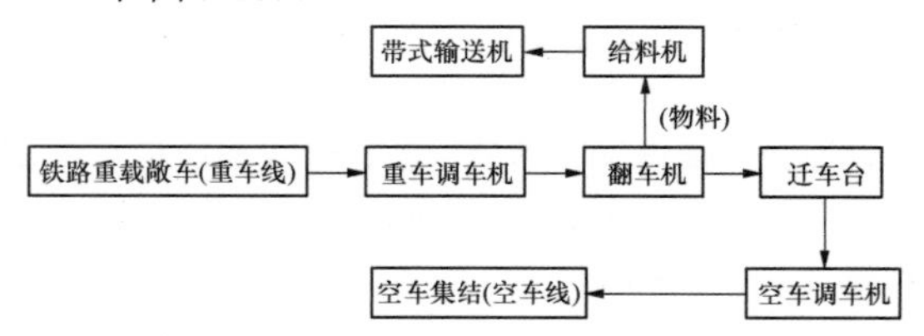

图3-106　翻车机卸煤设施工艺流程（折返布置）

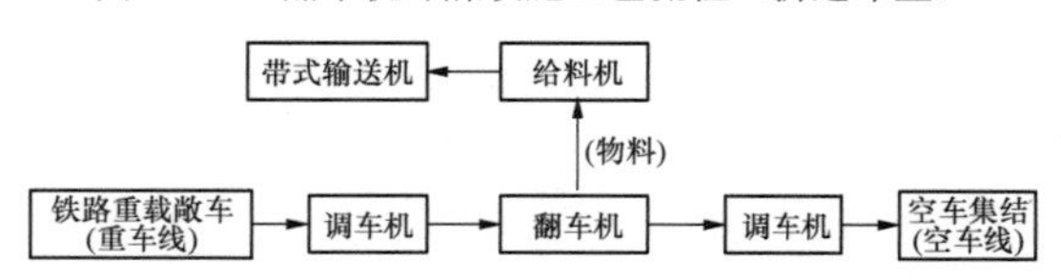

图3-107　翻车机卸煤设施工艺流程（通过布置）

翻车机卸煤设施断面图见图3-108和图3-109。

b. 翻车机选择原则。当燃煤采用铁路运输且运输距离较远时，可采用翻车机卸煤。对规划容量较大的电厂，可优先选用双车翻车机。

翻车机类型及台数可依据耗煤量，按表3-29选择。

当卸煤装置采用翻车机，且规划只设置一台翻车机时，应有备用卸煤设施。折返式单车翻车机的最大设计出力为25节/h，综合出力一般按20节/h考虑；折返式双车翻车机的综合出力一般按2×18节/h考虑。

当工程分期建设，且规划容量的全厂耗煤量符合设置两台翻车机的条件时，翻车机室可一次建成，设备分期安装。

c. 翻车机布置形式及特点。翻车机卸煤线布置包含折返式翻车机和通过式翻车机两种布置形式，翻车机室主要尺寸及线路间距等参数可参照表3-30和表3-31确定。

表3-29　　翻车机类型及台数

序号	锅炉小时耗煤量（t/h）	翻车机机型	数量（台）	备　注
1	250～400	单车翻车机	1	
2	420～820	单车翻车机	2	受场地的限制可设置1台双车翻车机
		双车翻车机	1	
3	800及以上	双车翻车机	2	

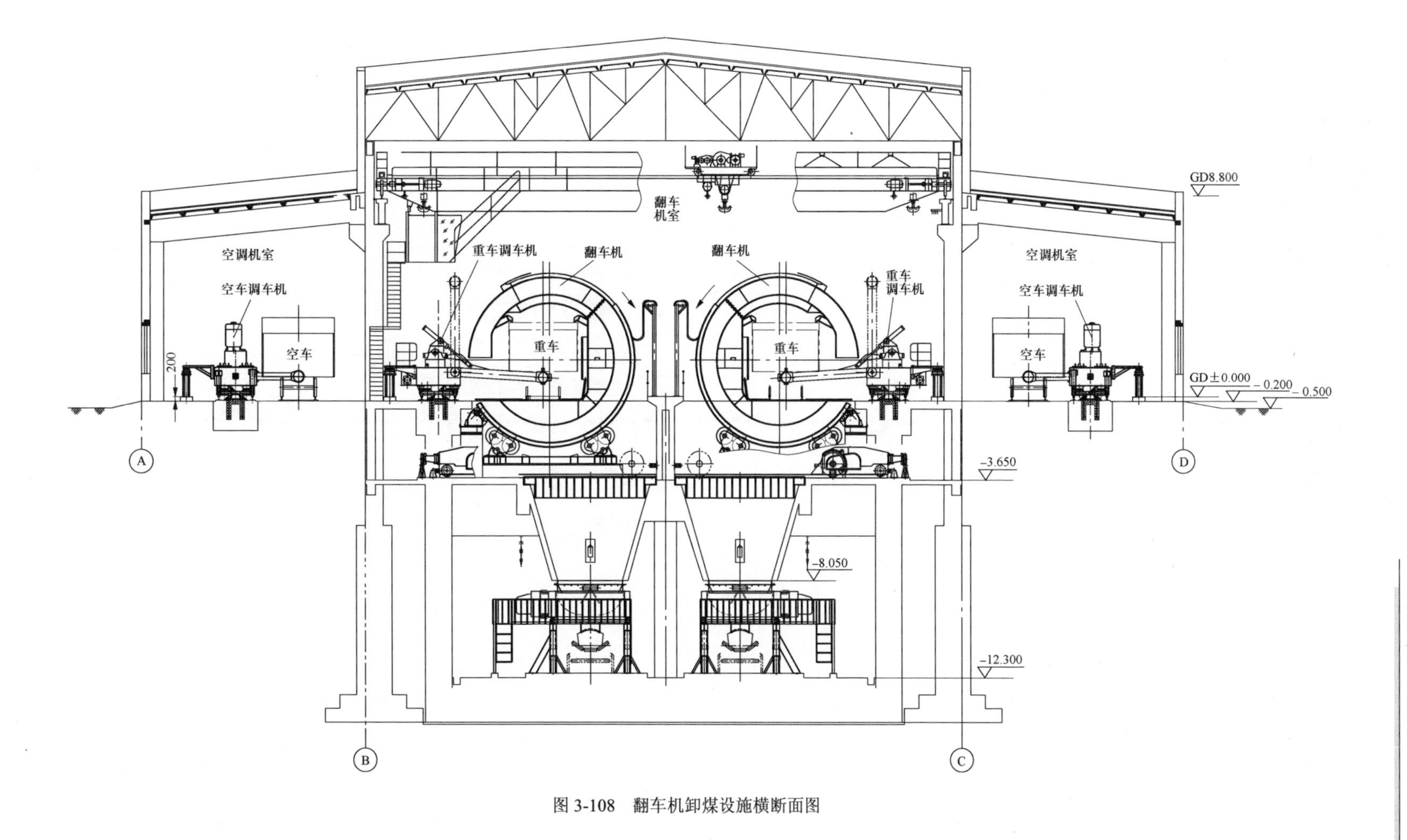

图 3-108 翻车机卸煤设施横断面图

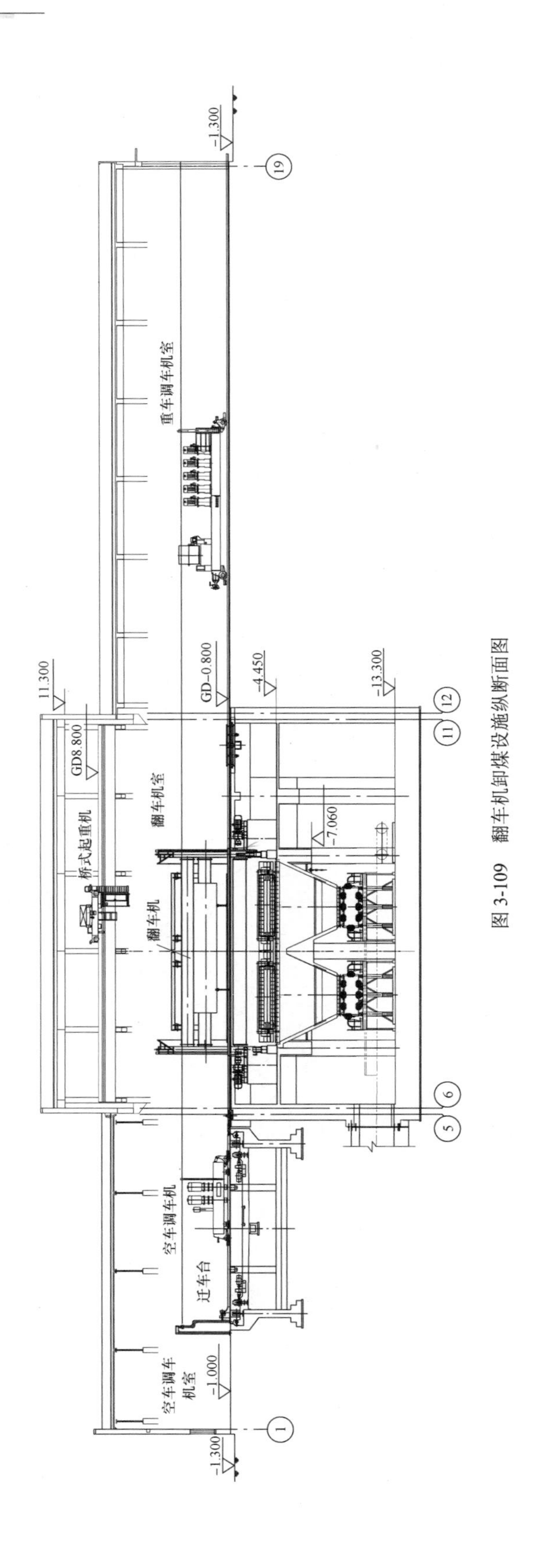

图 3-109　翻车机卸煤设施纵断面图

表 3-30　　折返式翻车机室主要尺寸及线路间距

名称	单台翻车机	两台单车翻车机	单台双车翻车机	两台双车翻车机
厂内铁路布置	厂内布置 3 条铁路线，1 条机车走行线、1 条重车线、1 条空车线	厂内布置 5 条铁路线，1 条机车走行线、2 条重车线、2 条空车线。机车走行线布置于中间，向外侧对称依次为重车线、空车线	厂内布置 3 条铁路线，1 条机车走行线、1 条重车线、1 条空车线	厂内布置 5 条铁路线，1 条机车走行线、2 条重车线、2 条空车线。机车走行线布置于中间，向外侧对称依次为重车线、空车线
翻车机室区域铁路线间距	重、空车线距离宜为 11m，机车走行线布置在重、空车线中间时，机车走行线与重、空车线的距离为 5.5m；机车走行线需布置在重车线外侧时，机车走行线与重车线的距离宜≥5m	两重车线的间距宜为 11m，重、空车线间距约为 11m，机车走行线与两重车线的间距为 5.5m	重、空车线间距宜为 13m，机车走行线布置在重、空车线之间时，机车走行线与重、空车线的距离宜为6.5m；因受场地制约，机车走行线布置在重车线外侧时，机车走行线与重车线的距离宜≥5m	两重车线间距宜为 13～14m，重、空车线距离宜为 13m，机车走行线与两重车线的距离宜为 6.5～7m
翻车机室尺寸	跨距为 15～18m、长度为 24～30m	跨距宜为 27m、长度宜为 24～30m	跨距宜为 21.5m、长度为 40～48m	跨距宜为 32m、长度宜为 40～48m
出翻车机室的带式输送机	垂直于或平行于翻车机布置	垂直于或平行于翻车机布置	平行于翻车机布置	平行于翻车机布置

表 3-31　　贯通式翻车机室主要尺寸及线路间距

名称	单台单车翻车机	两台单车翻车机	单台双车翻车机	两台双车翻车机
厂内铁路布置	厂内布置 3 条铁路线，分别为 1 条机车走行线、1 条重车线，1 条空车线。重车线与空车线对接，机车走行线布置于重（空）车线旁	厂内布置5条或6条铁路线时，分别为 1 条或 2 条机车走行线，2 条重车线，2 条空车线。重车线与空车线对接，机车走行线布置于重（空）车线内侧或外侧	厂内布置 3 条铁路线，分别为 1 条机车走行线、1 条重车线，1 条空车线。重车线与空车线对接，机车走行线布置于重（空）车线旁	厂内布置 5 条或 6 条铁路线时，分别为 1 条或 2 条机车走行线，2 条重车线，2 条空车线。重车线与空车线对接，机车走行线布置于重（空）车线内侧或外侧
翻车机室区域铁路线间距	机车走行线与重（空）车线的距离宜≤11m（翻车机室处）	机车走行线与重（空）车线的距离宜≤11m（翻车机室处）。两重车线间距宜为 11m	机车走行线与重（空）车线的距离宜≤13m（翻车机室处）	机车走行线与重（空）车线的距离宜≤13m（翻车机室处）。两重车线距离为 14m
翻车机室尺寸	跨距为 15～18m、长度为 24～30m	跨距宜为 27m、长度宜为 24～30m	跨距宜为 21.5m、长度宜为 40～48m	跨距为 32m、长度为 40～48m
出翻车机室的带式输送机	垂直于或平行于翻车机布置	垂直于或平行于翻车机布置	平行于翻车机布置	平行于翻车机布置

（a）折返式布置。折返式布置的重车线和空车线布置在翻车机室的入口方向侧，空车流向和重车流向相反，重车线和空车线通过位于翻车机室出口侧的迁车平台相连接。重车线侧布置夹轮器、重车调车机，翻车机室内布置“C”型翻车机，在翻车机室与迁车台之间的重车延伸线上布置安全止挡器，重车线和空车线之间布置迁车平台，空车线侧布置空车调车机、安全止挡器。折返式布置见图 3-110 和图 3-111。

（b）贯通式布置。贯通式布置以翻车机室为界，入口侧布置重车线，出口侧布置空车线，重车流向和空车流向相同。重车线侧布置夹轮器、重空车调车机，翻车机室内布置“C”型翻车机，空车线侧布置夹轮器。贯通式布置见图 3-112。

2）火车缝式煤槽。采用铁路来煤的电厂，当卸煤系统采用底开车卸煤装置和螺旋卸车机卸煤装置时，需配置地下受料槽，即缝式煤槽（或称卸煤沟）。

a．工艺流程简介。采用底开车来煤+缝式煤槽卸煤装置缝式煤槽由地上部分和地下部分组成。地上部分为卸车、采样区域；地下部分为受煤、排料区域。当铁路调车方式允许时，尽量采用单线卸煤沟，以降低工程造价。

采用敞车来煤、螺旋卸车机+缝式煤槽卸煤装置，缝式煤槽由地上部分和地下部分组成。地上部分为卸车、采样区域，设置螺旋卸车机；地下部分为受煤、排料区域。螺旋卸车机卸煤装置一般适用于采用普通敞车运输，铁路最大来煤量不大于 6000t/d 的电厂。

卸煤沟工艺流程见图 3-113。

螺旋卸车机卸煤沟和底开车卸煤沟布置基本相同，区别在于底开车卸煤沟不设螺旋卸车机。螺旋卸车机卸煤沟断面图见图 3-114。

b．火车卸煤沟总平面布置方案。单线卸煤沟和双线卸煤沟平面布置见图 3-115 和图 3-116。

图中卸煤沟有效长度 L 应根据卸煤装置的形式、卸煤方式、系统的缓冲容量和调车方式等条件确定。当采用单线卸煤沟时，有效长度不宜大于一次整列进厂列车长度的 1/3。当采用双线卸煤沟时，煤槽长度不宜大于一次整列进厂列车长度的 1/4。当卸煤沟卸煤装置按“车辆分组卸煤”设计时，卸煤沟有效长度应比每组车辆的总长度大半个车辆的裕量，使每组车辆的停卸位置适当错开，以提高沿卸车线卸煤的均匀程度。

底开车卸煤沟的卸煤能力主要与卸煤沟数量及长度、运煤系统能力、铁路机车牵引定数及一次进厂车辆数有关；采用敞车来煤、螺旋卸车机卸煤的卸煤沟卸煤能力还与螺旋卸车机的卸车能力有关，螺旋卸车机的卸车能力一般不小于 400t/h。

卸煤沟的铁路配线形式、运行方式比较复杂，通常根据进厂列车辆数及厂内输煤系统出力相匹配来选择卸煤沟卸车位数，然后再根据运行情况及铁路部门的要求进行配线。

（2）公路卸煤设施。汽车来煤条件不能确定或年运量为 30×10^4t 及以下时，可在煤场上直接卸煤；汽车运输的年来煤量在 30×10^4～60×10^4t 时，采用浅缝式煤槽、地下煤斗等方案；年来煤量大于 60×10^4t 时，采用汽车卸煤沟方案。

1）工艺流程。汽车卸煤沟主要包括汽车衡、采样装置、汽车卸煤装置。

汽车卸煤装置上部为半封闭布置，一般跨度为 15m，柱距为 5、6m 或 7m，每一柱距为一个卸车车位。汽车卸煤装置下部为双线缝式煤槽。由于汽车卸煤装置与主系统运行班制不同，为减轻卸煤装置输出对主系统的压力，缝式煤槽设置有适当的缓冲煤量。缝式煤槽下一般设有双路带式输送机，将煤槽的煤转运至煤场或向主厂房原煤仓配煤。汽车卸煤装置每个车位的卸煤能力约 30×10^4t/年。常规 2×350MW 机组，耗煤量约 200×10^4t/年，一般配置 8 个卸车位；常规 4×660MW 机组，耗煤量约 590×10^4t/年，一般配置 25 个卸车位。汽车采样装置每辆车采样时间约 2.5min，空、重车过衡时间为 47～90s。汽车卸煤装置平面布置见图 3-117，断面布置见图 3-118。

2）汽车卸煤布置原则。

a．汽车卸煤区域的布置应便于运煤公路的引接和燃料输送，缩短输送距离，减少转运和降低提升高度；宜布置在厂区主要建（构）筑物最小频率风向的上风侧。

b．宜设运煤汽车专用出入口，其位置便于同路网连接，并应使人流、车流分开。

c．汽车衡的布置应充分考虑车辆运行组织的顺畅，使重车和空车分流；卸煤沟与汽车采样装置的距离应满足煤车转弯半径要求，使车辆易于停靠至汽车卸煤沟。

d．贯通式卸煤沟空、重车两侧广场宽度应根据卸车位数量和采样、检斤设备的布置确定，一般不宜小于 30m，地坪结构宜根据不同荷载分别进行设计。

e．在采用侧倾式自卸汽车配双缝式煤槽时，煤槽两端检修间地上部分应不超出煤槽宽度。

f．汽车卸煤区域周边宜设置排水沟，地面雨水和冲洗水经排水沟排入附近沉煤池。

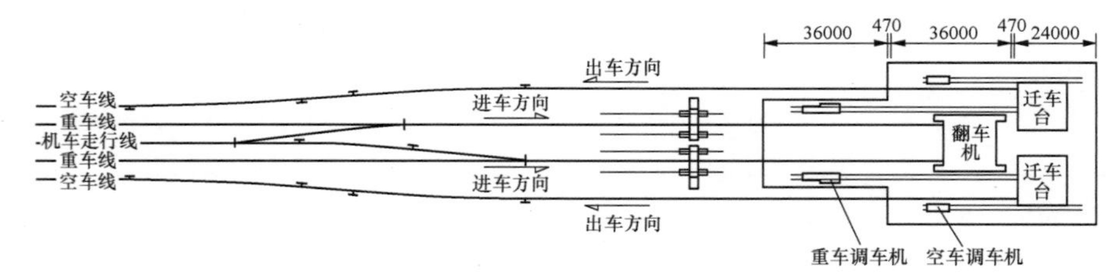

图 3-110　折返式布置（2 台单翻车机）

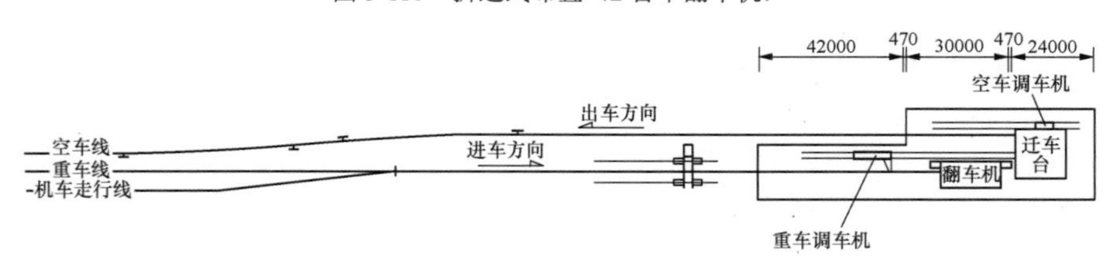

图 3-111　折返式布置（1 台单翻车机）

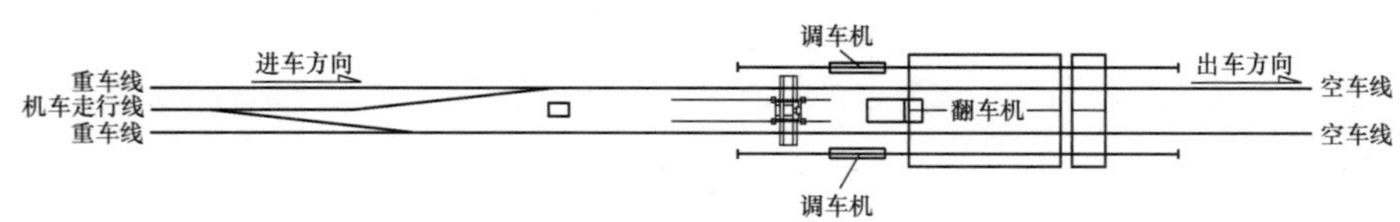

图 3-112　贯通式布置

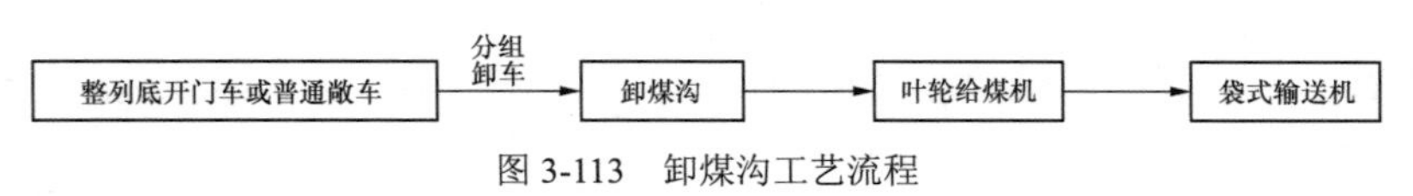

图 3-113　卸煤沟工艺流程

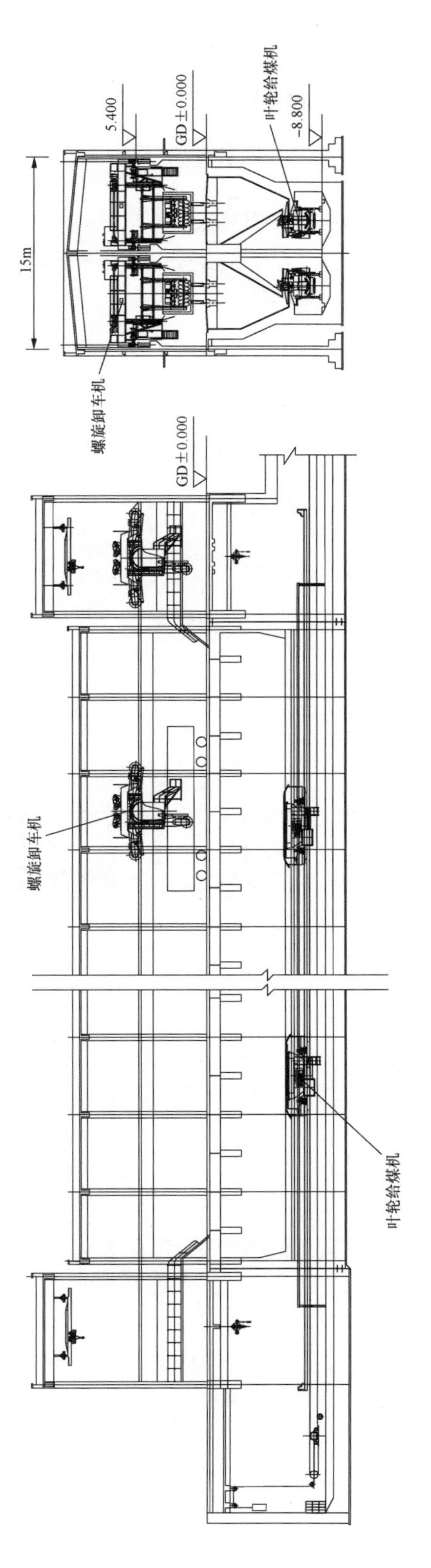

图 3-114 螺旋卸车机配双线卸煤沟断面图

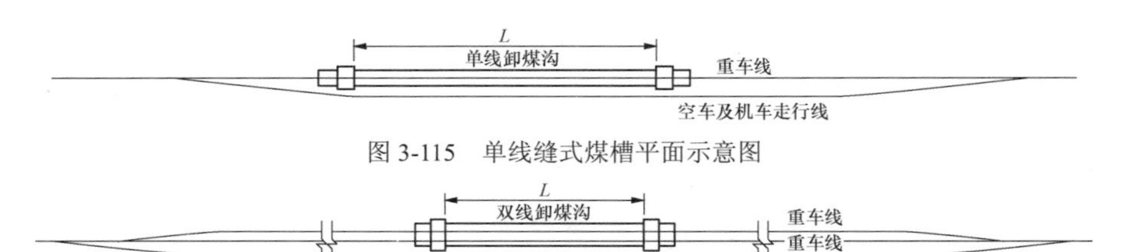

图 3-115　单线缝式煤槽平面示意图

图 3-116　双线缝式煤槽平面示意图

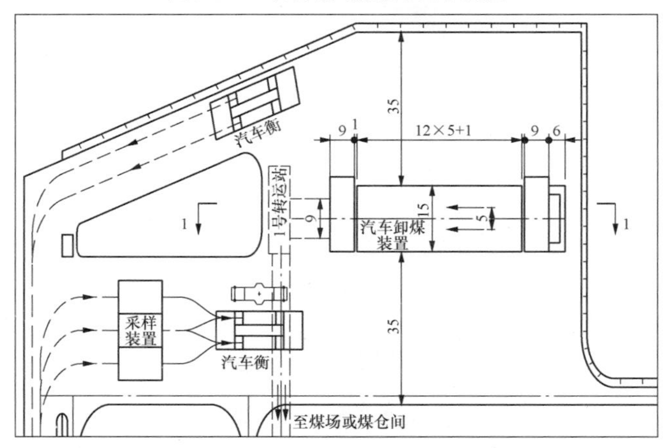

图 3-117　汽车卸煤装置平面布置

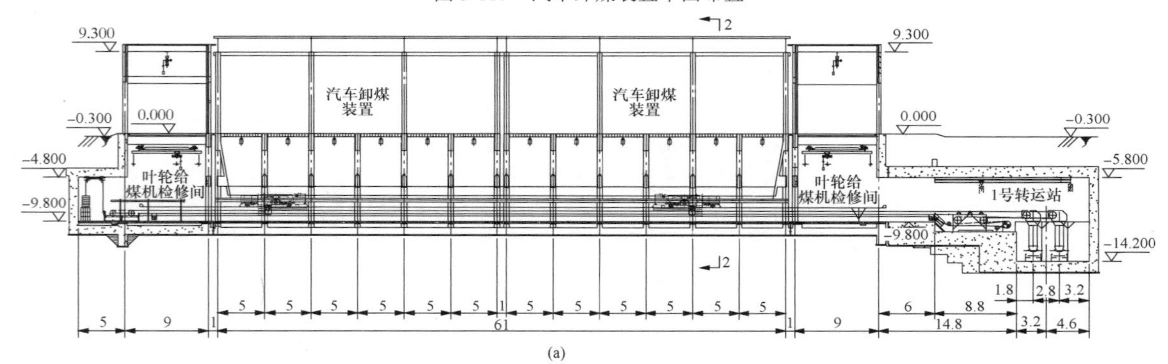

(a)

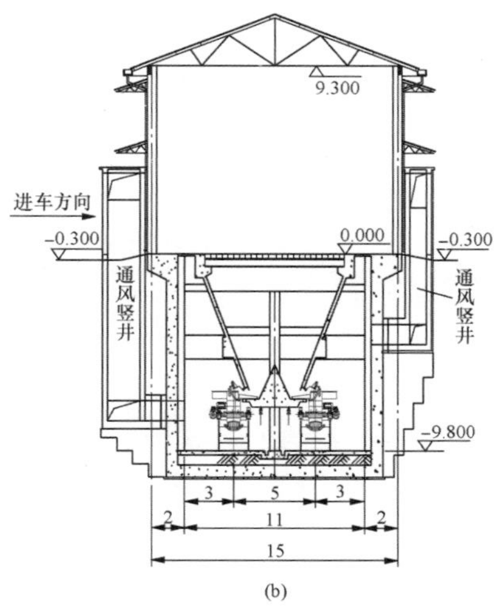

(b)

图 3-118　汽车卸煤装置断面布置图
（a）1-1 剖面；（b）2-2 剖面

g. 考虑采样、检斤待车排队情况，为减少对社会公路的影响，当电厂运煤专用公路长度较短时，宜考虑重车待车区。待车区面积与采样、检斤设备的配置数量，电厂卸煤班组运行方式和时间，日进厂燃煤车辆数和来煤均衡性有关。

3）运煤车辆待车区。运煤车辆待车区一般设置在运煤公路进厂方向的右侧，比较常见的做法是将运煤专用公路加宽 1～2 个车道，当运煤专用公路长度较短、不具备车道加宽的条件时，可以考虑在进厂方向的右侧设置待车广场，待车区面积通过式（3-1）进行估算：

$$S_{\text{待车区面积}}=N_{\text{日滞留车辆数}}\times S_{\text{每辆车占地面积}} \tag{3-1}$$

其中

$$N_{\text{日滞留车辆数}}=(T_1-T_2)\times\frac{N_{\text{日进厂车辆数}}}{24} \tag{3-2}$$

式中 T_1——日进厂车辆采样、称重总时间，h；

T_2——卸煤班组每天运行时间，h。

4)汽车卸煤注意事项。在我国西南以及其他地区，由于地处山区、丘陵，地形起伏较大，致使铁路专用线的建设较为困难，并且电厂靠近矿口，采用汽车运输非常便利，因此卸煤设施多采用汽车卸煤沟。目前在四川、云南、贵州等地已建成的全部采用汽车运输的电厂最大容量已达到 2400MW，汽车运煤量达到了 590×10^4t/年；在新疆、内蒙古等地，个别电厂汽车运煤量甚至达到了 750×10^4t/年；山东某电厂 6×600MW 级机组全部采用汽车运煤。大容量电厂的燃煤全部采用汽车运输应注意以下几项事宜：

a. 在项目建设的前期论证工作阶段，要做好厂外公路运输的专题研究，论证由煤矿至电厂的运输通路能力及必要的投资。

b. 要重视汽车运输对沿线区域造成的污染，采取有效措施，尽可能减少对环境的污染。

c. 要做好厂区接卸煤系统的布置和交通组织设计，满足卸煤的需要。

（三）贮煤设施

贮煤设施的主要功能是通过堆料设备贮存一定量的来煤，对厂外来煤的不均衡性和锅炉的均衡燃烧起到调节和缓冲的作用，并根据需求通过取料设备将煤送入原煤斗，保证电厂安全稳定运行。目前国内火电厂的贮煤形式有露天条形煤场、全封闭条形煤场、全封闭圆形贮煤场、圆形筒仓、球形薄壳混凝土贮煤仓、方形煤仓等，部分贮煤设施还具备混煤功能。

1. 不同贮煤设施适用条件

设计宜根据厂址所处的位置、厂区面积、环评审查意见以及相关规程规范选择适宜的贮煤形式。一般来说，条形煤场适用贮煤量较大、场地较为开阔的电厂；圆形煤场全封闭，对周边环境无污染，适用于用地面积受限或环保要求高的电厂；筒仓多用于环境要求高、场地狭窄的城市周围火电厂或有混煤要求的新建或扩建电厂；球形薄壳混凝土贮煤仓、方形煤仓由于技术或造价的原因，应用较少。

2. 贮煤设施容量

贮煤场的容量按下列原则确定：

（1）运距不大于 50km 的发电厂，贮煤容量应不小于对应机组 5d 的耗煤量。

（2）运距大于 50km、不大于 100km 的发电厂，当采用汽车运输时，贮煤容量应不小于对应机组 7d 的耗煤量；当采用铁路运输时，贮煤容量应不小于对应机组 10d 的耗煤量。

（3）运距大于 100km 的发电厂，贮煤容量应不小于对应机组 15d 的耗煤量。

（4）铁路和水路联运的发电厂，贮煤容量应不小于对应机组 20d 的耗煤量。

（5）供热机组的贮煤容量应在上述标准的基础上，增加 5d 的耗煤量。

（6）对于燃烧褐煤的发电厂，在无防止自燃有效措施的情况下，贮煤容量宜不大于对应机组 10d 的耗煤量，最大不应超过对应机组 15d 的耗煤量。

3. 贮煤设施布置要求

煤场，尤其是露天、半露天形式的条形煤场，需尽量减少对厂区主要建（构）筑物的污染。露天堆放的煤场，由于风力扬起的煤尘，煤场卸煤和堆取设备（如翻车机、抓斗、斗轮式堆取料机等）运行时搅动煤所引起的煤尘，以及煤在破碎和向主厂房输送过程中产生的煤尘等，都会造成程度不同的污染。污染的范围、浓度取决于风力的大小，煤颗粒的粗细、湿度和煤场堆放的高度，设备运行装置所在的高度以及是否封闭等。观测资料表明，污染比较严重的在 25m 范围内，故露天煤场要尽量远离化验室、屋外配电装置、主控制室、汽机房及厂前建筑，并应布置在厂区主要建、构筑物最小频率风向的上风侧，使煤场的长边避免垂直于盛行风向。煤场位置应便于铁路、公路或皮带的引接（或码头栈桥的引入）和卸煤，又要便于向锅炉房上煤，尽量缩短厂内外输送距离，避免往返输送，减少转运并降低提升高度，简化系统。

煤场一般布置在锅炉房外侧。其优点是：向主厂房输送的距离较短，工艺流程简捷；扩建方向可与主厂房取得一致，比较容易适应规划容量或单机容量的变化；与烟囱、除尘设备、灰浆泵房等卫生条件相近的建筑物集中在一起，与卫生条件要求较高的汽机房、主控制室、屋外配电装置等相距较远，可减少煤灰对厂区的污染。这种布置方式又可分为纵向及横向布置。纵向布置是指煤场长轴平行A列，多见于铁路来煤的电厂，卸煤设施布置在煤场外侧，煤场多采用折返式；横向布置是指煤场长轴垂直于A列，多见于码头来煤的电厂，煤场多采用通过式。

煤场布置在主厂房固定端，这也是经常采用的一种布置方式，常见于以下三种情况：

（1）厂区宽度受到限制。

（2）为了缩短供水管线。某电厂岸边水泵房在锅炉房的外侧，将煤场布置在主厂房固定端，可使主厂房靠近水泵房。

（3）水路上煤时，有时会将煤场布置在码头与主厂房固定端之间，以便于上煤。其缺点是不利于扩建，并且影响厂前区的布置，造成对厂前的污染，有时为布置必须的厂前建筑而增加煤场到主厂房的皮带长度和设置必要的转运站。

煤场还有布置在扩建端的，仅当主厂房一次建成或明确不再扩建，且在地形条件特别困难时，方可采用。

此外，煤场还可根据场地条件和厂外输送条件，将其与厂区脱开一定距离布置，煤场布置在厂外，通过带式输送机与主厂房相连。

4. 贮煤设施形式

（1）条形煤场。

1）条形煤场工艺介绍。条形煤场是各种储煤方案中最常见、最普及的一种形式。条形煤场配斗轮堆取料机因其简单实用、造价相对低廉，在燃煤电厂得到广泛应用。斗轮堆取料机有悬臂式和门式两种。悬臂式斗轮堆取料机堆取料作业范围大，能满足大煤堆、大储量要求，因而在大型燃煤电厂中得到广泛应用；门式斗轮堆取料机的优点是煤堆基本上在斗轮的作业范围内，干煤棚两侧可以全封闭，易对煤堆进行喷淋除尘，缺点是贮煤量相对较小，多用于储煤量不大或场地狭窄的中型电厂，其数量和分布都少于悬臂式斗轮堆取料机。

2）条形煤场特点。条形煤场的优点是技术成熟，工艺系统运行灵活，可靠性高，在国内许多电厂得到广泛应用，缺点是用地面积大，场地利用率较低；煤场设备需要专人现场操作，自动化程度较低，煤场作业工作量大，人员配备较多；斗轮机行程有限，有效作业范围外的煤堆需要推煤机进行辅助作业；露天布置时，受气候条件影响大，适用于用地较宽裕的地区。

煤场仅设一台堆取料机时，上煤需采用地下煤斗或增设一台取料机作为备用。

3）条形煤场分类及布置。

a. 按照煤场设备堆取料方向划分。按照煤场设备堆取料方向，煤场布置形式分为通过式和折返式。

通过式煤场是指燃煤从一侧进、另一侧出，堆取料作业时运行方向相同的情况。通过式煤场在卸煤、上煤系统出力不同时，可在斗轮堆取料机尾车上实现物料的分流运行，如码头来煤的电厂，码头皮带出力较大，若从码头向主厂房直接供煤，需要在煤场转运站内分煤，在目前的技术条件下在转运站内实现精确分煤较为困难；对于储煤容量要求较大的电厂，顺列布置的通过式煤场在保证斗轮机行程的同时容易实现煤场的分期扩建。故通过式煤场在卸煤、上煤系统出力不同的滨海电厂广泛使用，同时适用于卸煤系统和主厂房分别位于贮煤场两端，煤场需横向布置（斗轮机轨道与锅炉中心线平行）的情况。

折返式煤场燃煤同侧进出煤场，地面带式输送机双向运行，堆取料作业时，运行方向相反。折返式煤场流程切换多变，运行方式灵活。在卸煤、上煤系统出力相同时，可利用直通工况减少煤场设备的使用频率；对于只增加贮煤量而不增加煤场设备的情况，折返式煤场扩建只需延伸煤场皮带机的尾部和斗轮机轨道，扩建比较简单。因此，折返式煤场在内地众多铁路来煤、煤矿皮带来煤且卸煤、上煤系统出力相同的电厂广泛使用。

通过式和折返式煤场布置见图3-119。

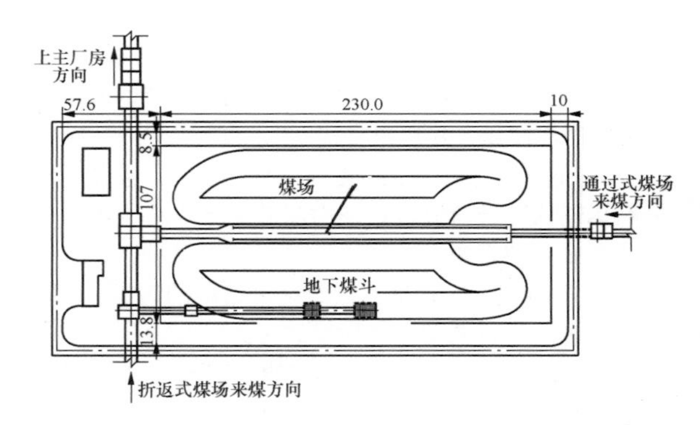

图3-119　通过式和折返式煤场布置图（单位：m）

b. 按照斗轮机布置方式分。按照多台斗轮机的布置方式，煤场可分为同轨和分轨布置，即单煤场和并列煤场。煤场区域较为狭长时，可采用同轨式布置，即单煤场，布置形式见图3-119。煤场区域用地较宽且储存煤量较大时，可采用分轨布置，即并列式煤场，布置形式见图3-120。

规划容量大或分期建设时，可采用分轨式头对头煤场，便于一、二期煤场互为备用，布置形式见图3-121。

不同斗轮机悬臂尺寸对应的煤场宽度不同，具体尺寸及堆高可参考表3-32。

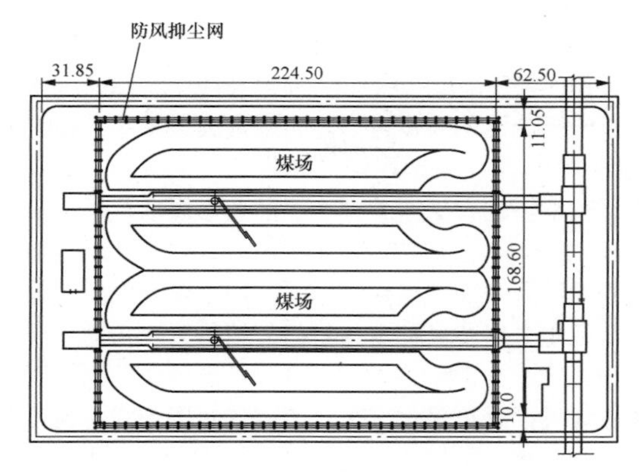

图 3-120　分轨布置悬臂式斗轮机煤场布置图（单位：m）

4）条形煤场封闭。随着环保要求的不断提高，为减少煤尘污染，条形煤场提供两种封闭形式供选择：一是四周设防风抑尘网，以实现半封闭；二是设穹形网架封闭煤棚，以实现全封闭。

a．防风抑尘网。防风抑尘网是为降低风速，在条形煤场四周竖立的一道道特殊的“网”，最初为欧美、日本等发达国家研究开发和广泛利用，目前国内电厂也已大规模应用。防风抑尘网采用新型复合材料，依据空气动力学的原理，根据模拟实施现场环境的风洞试验结果进行结构参数的设计，加工成一定几何形状的挡风板，并根据现场条件将挡风板组合而成。经调查，防风抑尘网综合抑尘效果非常明显。单层防风抑尘网综合抑尘效果可达 65%～85%以上，双层防风抑尘网综合抑尘效果可达75%～95%。防风抑尘网立面及剖面图分别见图3-122 和图 3-123。

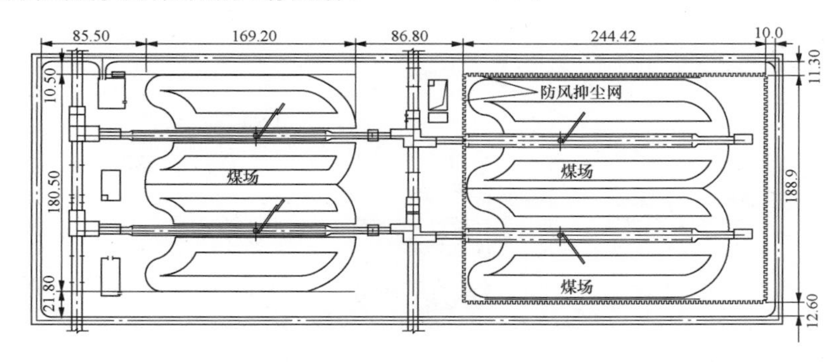

图 3-121　分轨式头对头悬臂式斗轮机煤场布置图（单位：m）

表 3-32　**斗轮机悬臂长度对应煤场高度和宽度表**　（m）

悬臂长度		25	30	35	40	45
煤场高度	轨上	8～10	9～11	10～13	11～13	12～14
	轨下	1	1～1.5	1～1.5	1.5～2	1.5～2
单侧煤场宽度（m）		31.5～34.1	37.8～41	44.1～48.5	51～54.2	57.2～60.4
同轨布置煤场净宽度/两侧路中心距		80/110	约 90/117	约 100/127	约 113/140	120/147
分轨布置煤场宽度/两侧路中心距		—	约 168/195	约 193/220	—	—

注　“—”表示应用较少，暂无实施项目。

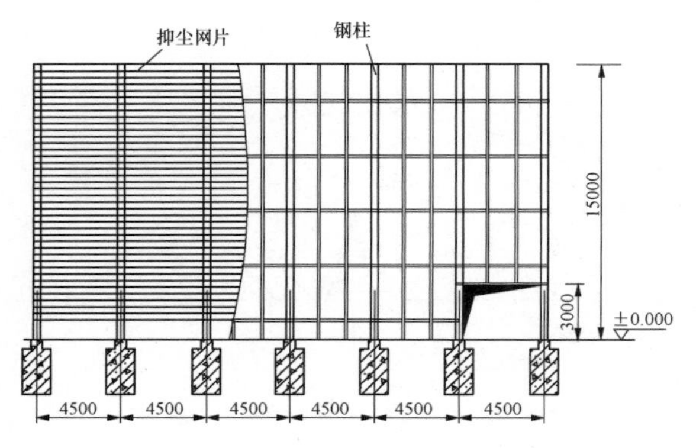

图 3-122　防风抑尘网立面图

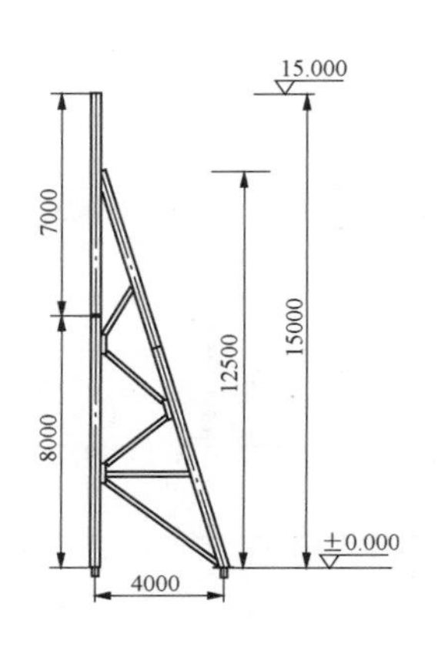

图 3-123　防风抑尘网剖面图

b．穹形网架。随着全社会对环境问题的日益重视，半封闭的煤场已经无法满足环保要求。新设计的电厂条形煤场基本要求采用全封闭形式，其中穹形网架在国内诸多电厂得到应用。整体封闭结构采用钢网架，网架下部起始点设在平行于煤场设置的两条挡煤墙上，采用彩色压型钢板围护。采用全封闭条形煤场时，挡煤墙上应留有推煤机进出及人员疏散通道。

穹形网架封闭式条形煤场属于室内贮煤场，室内贮煤场最大占地面积及防火分区应符合 GB 50229《火力发电厂与变电站设计防火规范》的相关规定。

c．穹形网架封闭工程实例。某电厂燃煤为火车+汽车来煤，煤场堆煤高度平均为 12m，煤场总储煤量约 5.8×10^4t，封闭煤场面积 198m×90m，采用穹形网架结构，穹顶高度 29.15m，顶部及两侧均用外包压型钢板封闭。煤场内设自动消防水炮灭火系统。横剖面见图 3-124 单个封闭煤场。

某电厂设有 2 座并列布置的条形煤场，堆煤高度 14m，封闭煤场面积为 96m×188m，穹顶高度约 47m。煤场采用一个大跨度封闭形式，两个煤场中间设有支柱，两端采用防风抑尘网封闭，消防采用自动寻踪消防炮系统。剖面图见图 3-125。对于两个并列布置的条形煤场，既可采用一个大跨度的封闭形式，也可采用分别封闭，分别封闭的情况见图 3-126。相同储量条件下，分别封闭的煤场宽度较大，占地较多。

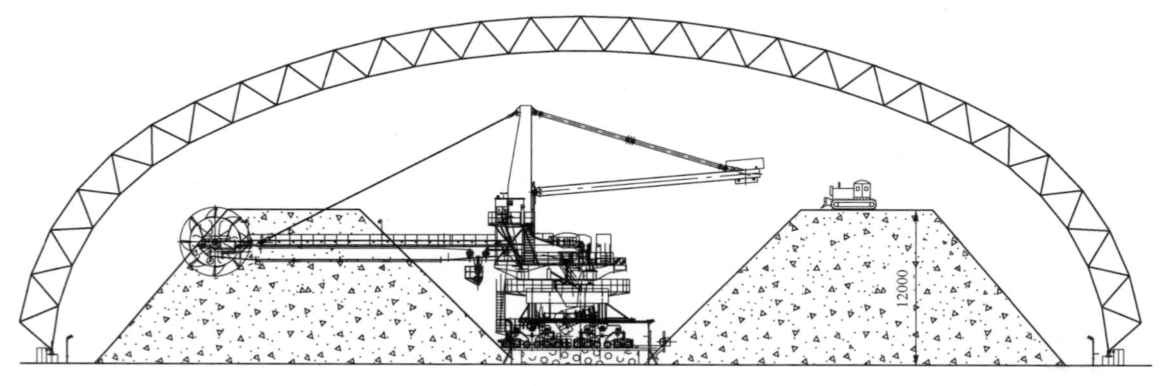

图 3-124　单个封闭煤场

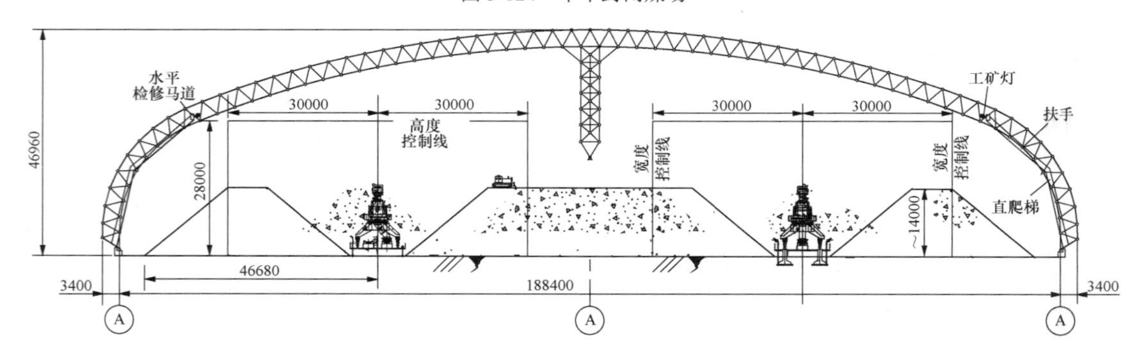

图 3-125　大跨度封闭并列煤场

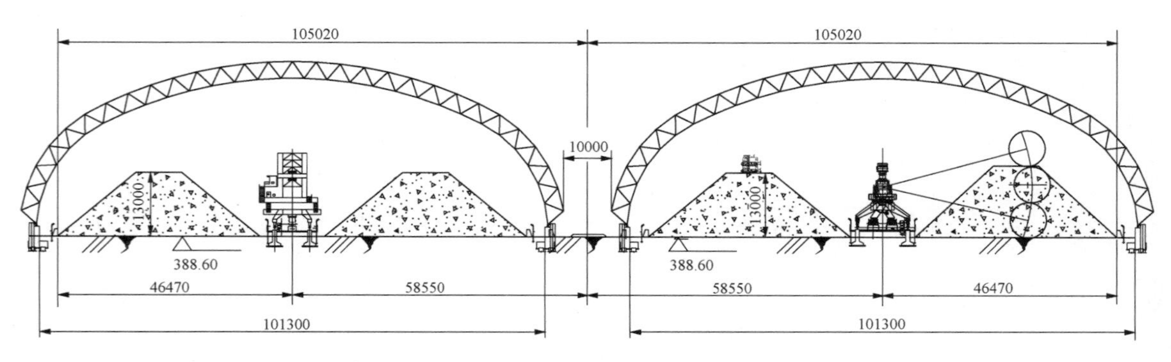

图 3-126　分别封闭并列煤场

（2）圆形煤场。随着燃煤机组容量及规模的不断扩大，以及环保要求的提高，越来越多的电厂选用了占地面积小、自动化程度高、储量大、环境污染小、煤损低的全封闭式圆形煤场。

1）圆形煤场工艺介绍。全封闭式圆形煤场采用堆取分开的水平悬臂式堆料机和门架刮板式取料机进行作业。进煤带式输送机从圆形煤场壳体的中间偏上部位进入仓内，煤场底部中心设料斗和给料设备，燃煤穿过煤场底部的带式输送机至上煤系统。同时可设置地下煤斗，当主设备事故或检修时，采用推煤机将燃煤推至地下煤斗向系统上煤。每座煤场的中心柱煤斗下设1台活化给煤机作为上煤设备。

圆形煤场直径一般为90、100、110、120m，目前国内最大的圆形煤场直径为136m。煤场储煤量与煤场直径和挡煤墙高度相关，不同直径的圆形煤场，其储煤量见表3-33。圆形煤场的平面和断面布置见图3-127、图3-128。

表3-33 圆形煤场储煤量

直径（m）	挡煤墙高度（m）	储煤量（$\times10^4$t）
136	20	25
120	16.5	18
110	16.5	13.8
100	16.5	11.4
90	16	8.2

2）圆形煤场特点。

a．圆形煤场具有场地利用率高、占地面积相对较小、储煤量大的特点，在相同储煤量的情况下，条形斗轮机煤场的占地面积约为圆形煤场的1.5倍。因此，圆形煤场适用于用地面积受限的电厂。

b．圆形煤场造价相对较高，通过对目前已建成的圆形煤场工艺设备费用与土建费用比例分析来看，土建费用占总费用的比例大约在65%以上，高于工艺设备费用。同时随着设备国产化程度的进一步加大，设备费用还有进一步降低的趋势。

c．圆形煤场内一般不宜分堆存放不同煤种，当一座圆形煤场内分堆存储两个不同煤种时，煤场储量将下降约24%，对多煤种存放适应性较差；一座圆形煤场内仅配备一台取料机，几乎无法完成混煤作业。因此，圆形煤场不适用于煤种多、混煤要求高的电厂。

d．圆形煤场单位面积堆煤较高，自燃隐患相对较大。因此，圆形煤场不适用于挥发分较高、易自燃的煤种。

（3）筒仓。储煤筒仓是火力发电厂储煤方式之一，不同煤种可分仓贮存，可进行精确混煤；可节约仓储用地，有利于实行装卸机械化和自动化，降低劳动强度，提高劳动生产率，减少燃煤的损耗和粉尘对环境的污染，同时不会因为天气变化而影响煤的水分。

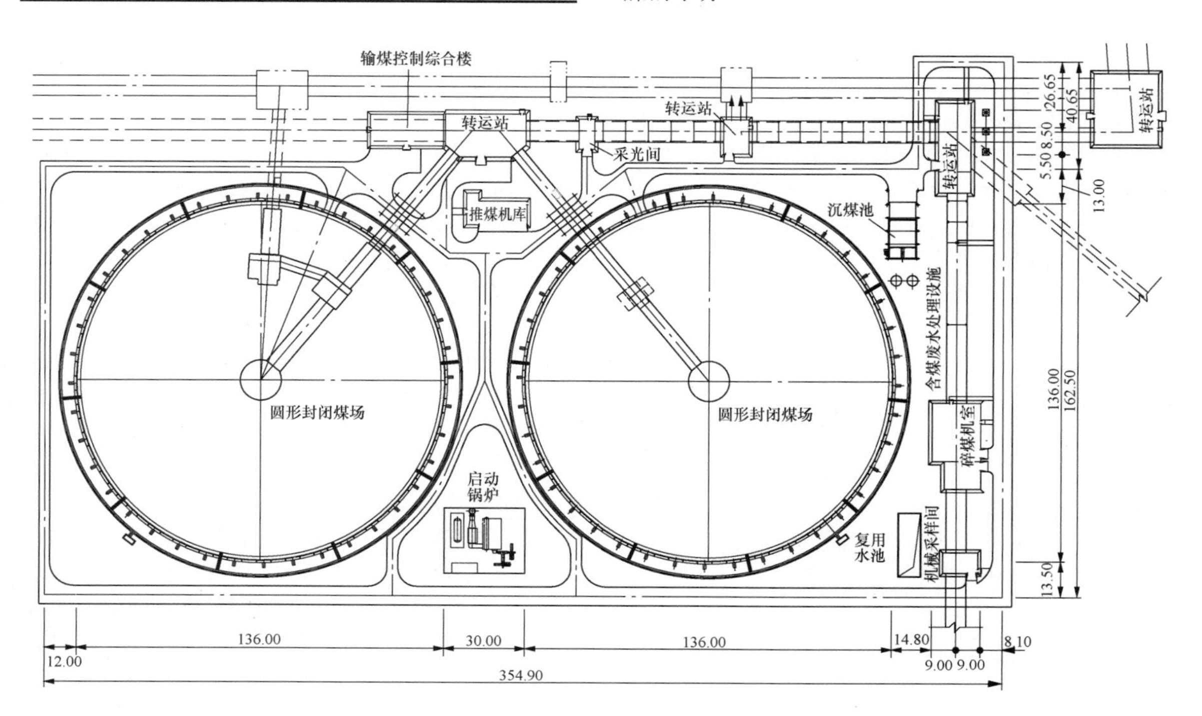

图3-127 圆形煤场平面布置图（单位：m）

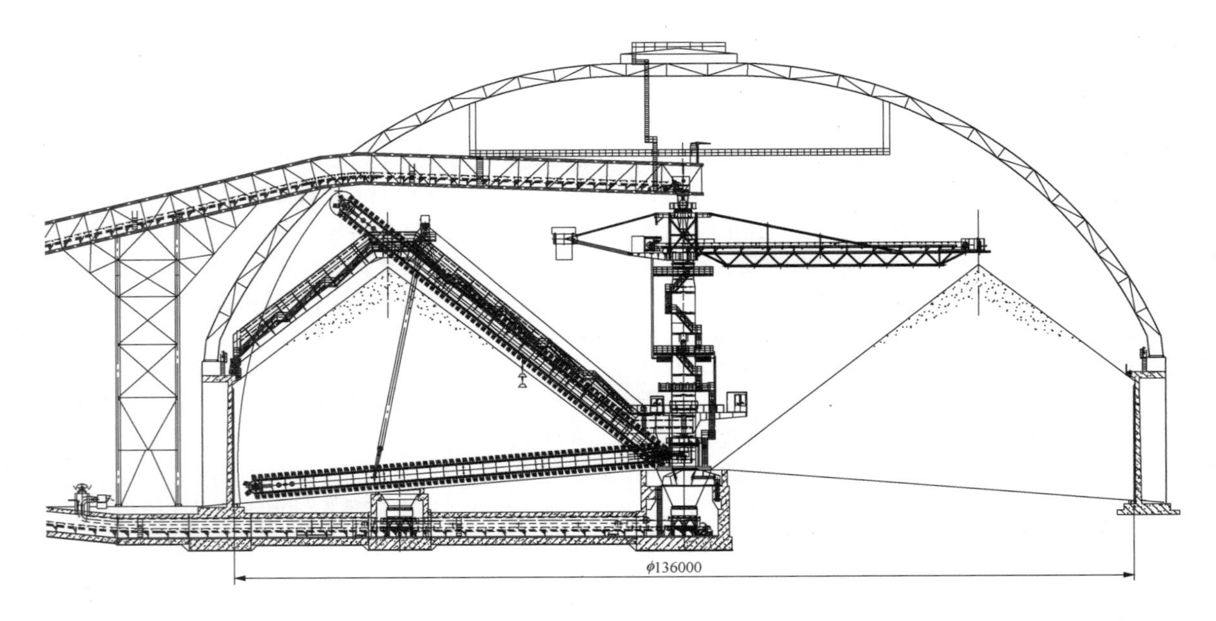

图 3-128　圆形煤场断面布置图

筒仓的平面形状有正方形、矩形、多边形和圆形等，其中圆形筒仓应用较广，近年来多边形筒仓也有应用。

圆形筒仓的仓壁受力合理，用料经济，应用最广。圆形仓体结构利于破拱，仓内煤始终保持先进先出的原则，杜绝了煤仓积煤、堵煤现象，符合节能环保的要求。

1）筒仓工艺介绍。目前国内电厂多采用锥底筒仓，设备包括带式输送机或其他输送设备、进料设备、筒仓本体、安全保护装置、出料设备及除尘装置等。筒仓底部为锥底，并设有斗口，上通廊设有装料的运输设备。上煤时，燃煤通过皮带输送机运至上通廊并卸入水平皮带运输机，皮带运输机将燃煤卸到筒仓进口，流入筒仓。出煤时，燃煤通过卸料漏斗卸到下通廊，由水平皮带运输机运出。储煤筒仓的断面见图 3-129。

筒仓直径与储煤量及投资对应关系参见表 3-34。

表 3-34　筒仓直径与储煤量对应关系表

筒仓直径（m）	储煤量（t）	筒仓高度（m）	投资（万元）
15	2500～4000	27～37.5	500
18	4500～8500	30～50	1000
22	9000～17000	37～61	1800
30	18000～26000	42～56	3150
36	28000～36000	53～63	3800

2）筒仓特点。锥底筒仓的优点是便于给煤机出料，出仓出力大，易于实现混煤作业，设备简单，占地小，环保条件好，检修维护方便；缺点是设备数量多，筒仓下部结构较复杂，投资高。

3）筒仓布置。由于电厂内储存的物料品种单一，储煤筒仓一般采用独立仓或单列布置。储煤筒仓的布置见图 3-130 和图 3-131。

（4）球形煤仓。球形煤仓全称为全封闭球形薄壳混凝土储料仓，是采用充气膜成型技术建造的球形薄壳混凝土设施。

世界上第一座球形薄壳混凝土建筑物，即通过充气外膜作为混凝土结构的外模板建造球形建筑物，是由美国人于 1979 年设计建成的。目前，世界上最大的球形煤仓直径为 96m，高度为 58m，储煤量约 15×10^4t。

球形煤仓在国内使用得很少，技术和施工方案均尚未完全国产化。截至目前，国内仅一热电项目采用。该项目建有两座直径为 65m 的球形煤仓，总储煤量约为 12×10^4t，满足 2×300MW 级机组约 19.4d 的耗煤量，4×300MW 级机组约 9.7d 的耗煤量。

1）球形煤仓工艺介绍。球形煤仓经带式输送机由煤仓顶部定点给料，煤仓下部并列布置几条缝式煤槽，贯通于球仓下部，采用叶轮拨煤机取煤，设备在旋转的同时沿煤槽的取煤平台纵向行走，将煤拨入带式输送机。燃煤由仓顶送入，仓底取出，燃煤先进先出，不留取煤死角。

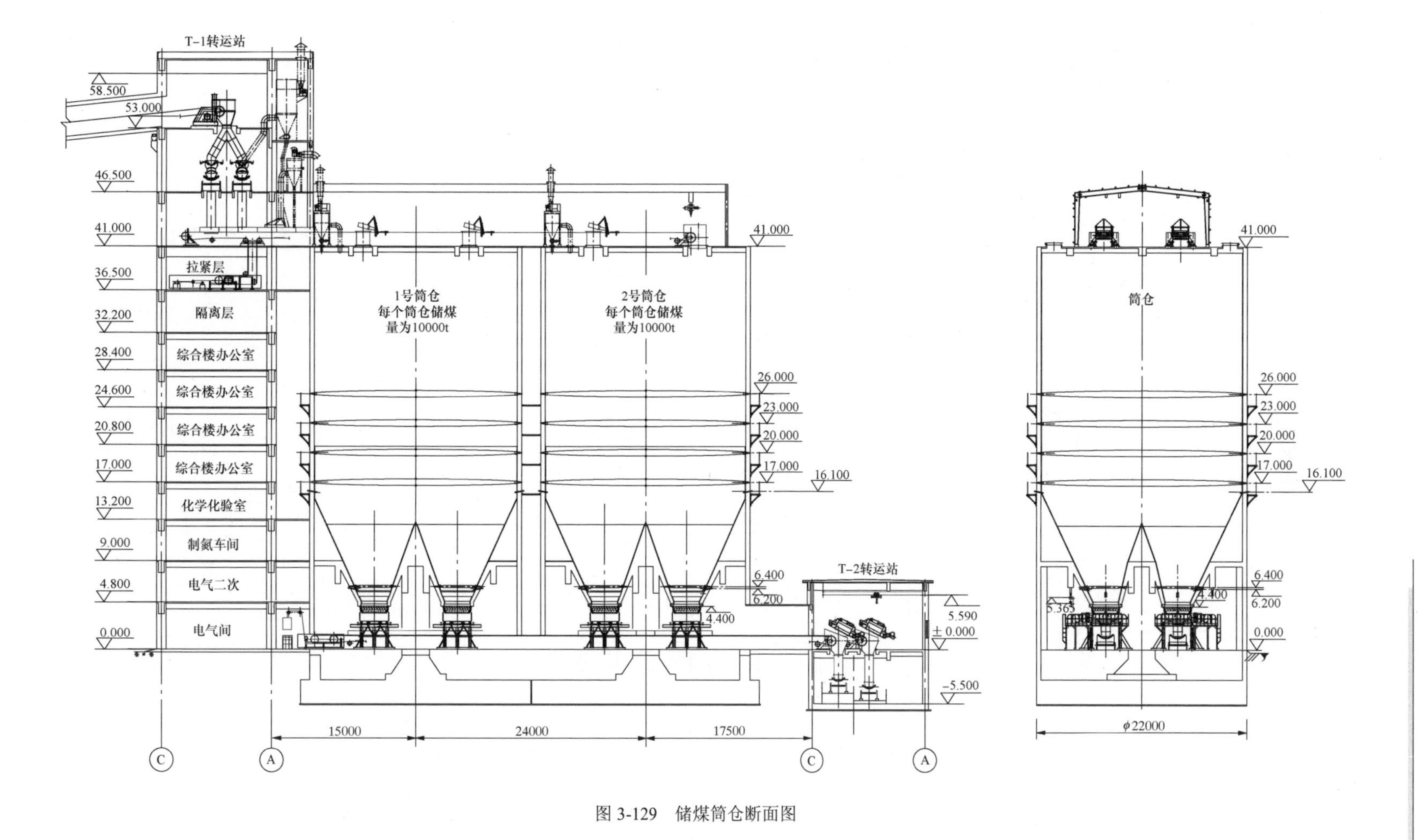

图 3-129　储煤筒仓断面图

2）球形煤仓特点。球形煤仓具有结构受力特性好、抗台风能力强、封闭效果好、利用率高、用地面积小、外形美观以及施工工期短等优点，但目前存在储煤排空运行不理想的问题，有待进一步研究。

3）球形煤仓布置。球形煤仓平面布置如图3-132所示，断面如图3-133、图3-134所示。

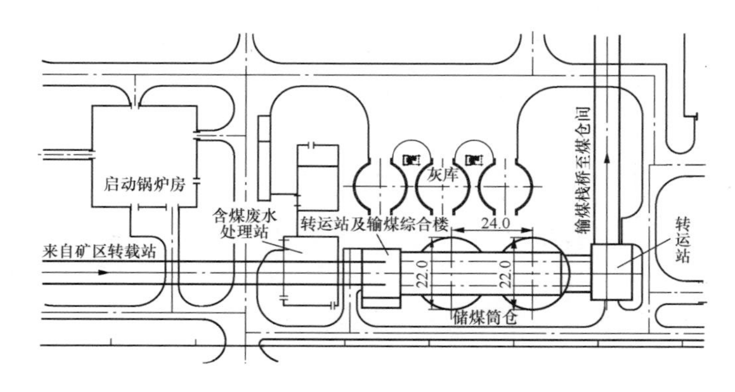

图3-130　储煤筒仓布置图（通过式）（单位：m）

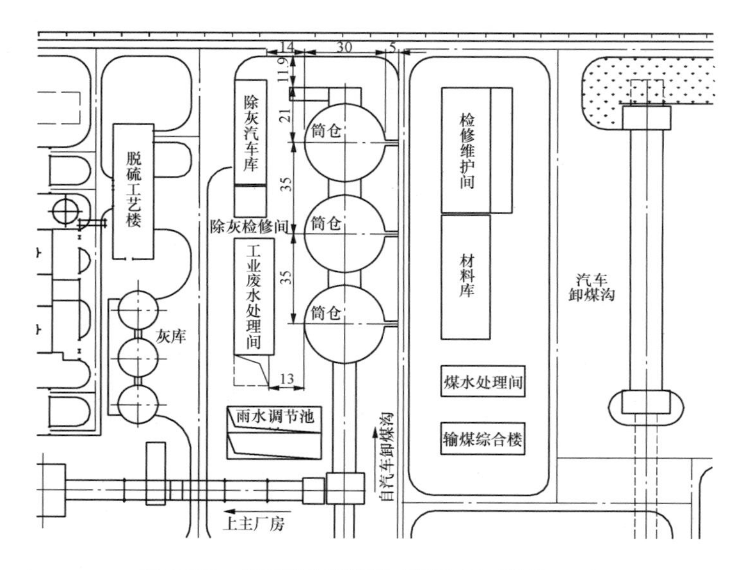

图3-131　储煤筒仓布置图（尽端式）（单位：m）

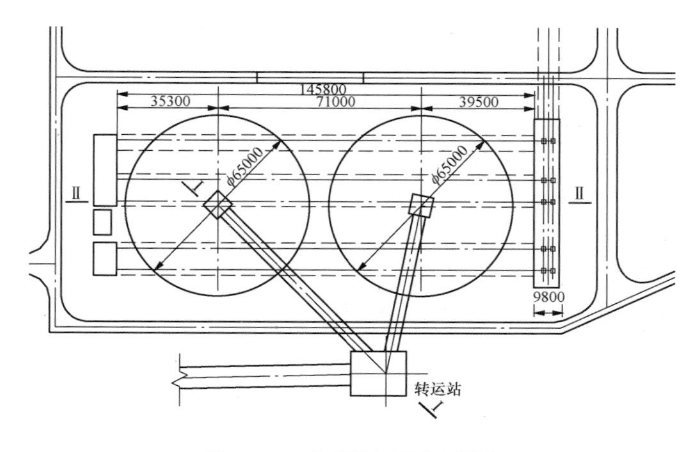

图3-132　球形煤仓平面布置图

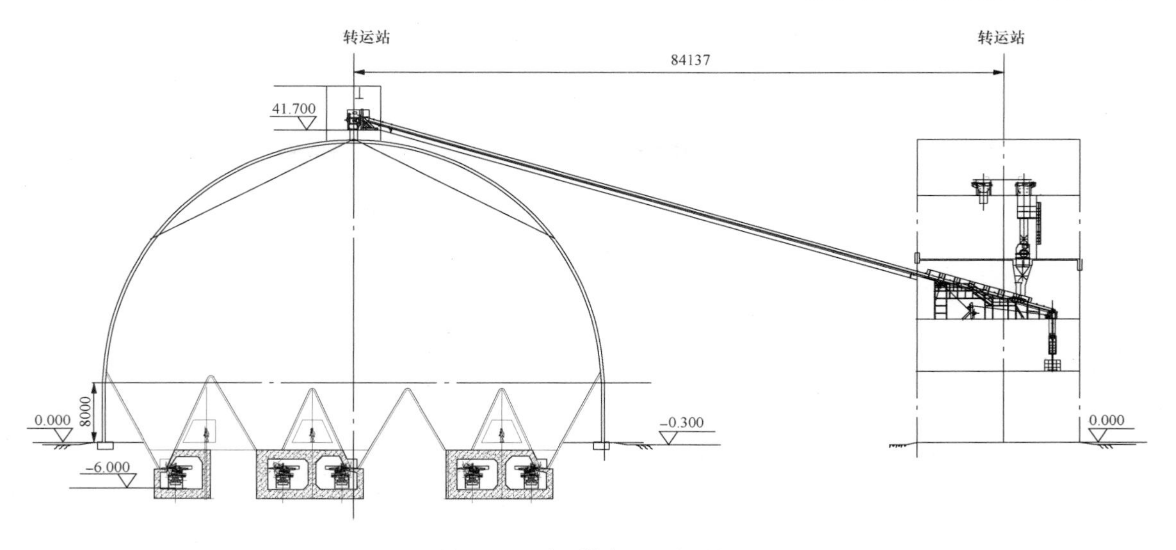

图 3-133　球形煤仓Ⅰ-Ⅰ断面图

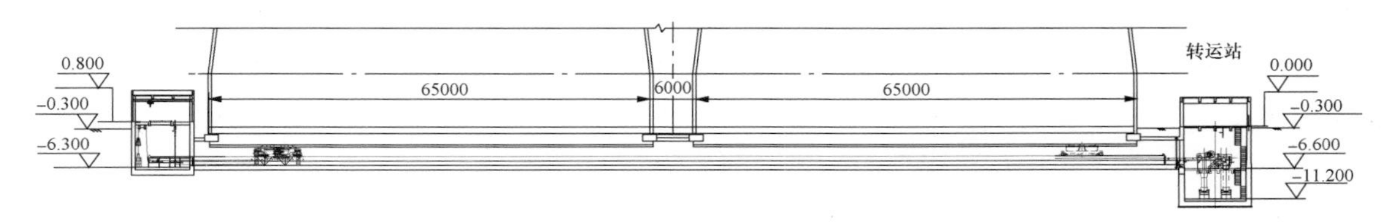

图 3-134　球形煤仓Ⅱ-Ⅱ断面图

球形煤仓实景照片如图 3-135 所示。

图 3-135　球形煤仓实景

（5）封闭集束蜂窝型群仓。对于电厂贮煤采用多边形煤仓并列群仓，国内电厂很少采用，目前仅华能长兴电厂采用封闭集束蜂窝型群仓方案，群仓主体采用混凝土结构，投运至今运行状况良好。

华能长兴电厂储煤量达 20 万 t，煤场设置 4 排 12 列共 48 个多边形煤仓，每个煤仓边长 9.3m，对角线长 18.6m，煤仓底部至漏斗壁顶端高度约 16.5m，若考虑到煤仓顶部的附属结构高度，煤仓高度约 48.1m。下部基础采用桩基，桩顶为混凝土大底板。每个煤仓储煤量为 4000～5000t。储煤全封闭堆放，环保效果好。堆取料采用上进下出方式，真正实现了储煤的先进先出和精确配煤，从而实现经济掺烧，最大程度体现多边形煤仓大储量、全封闭、可掺配、无污染的优越性能，且外观造型好，符合电厂“后工业化”要求。

1）工艺介绍。电厂煤场进煤端与出煤端位于煤场同一侧，采取高架进煤、中部储煤、底部取煤方式，利用煤炭的自重引导内部料流。高架进煤区域布置 4 条高架堆料栈台，采用犁煤器实现全长度范围堆料，提高煤场的空间利用率。中部储煤区域可分成 48 个蜂窝型集束煤仓，用于堆放不同煤种燃煤。底部取煤区域布置 4 条取煤栈台，采用活化给煤机取煤，煤场回取率为 100%。

煤场断面图见图 3-136 和图 3-137。

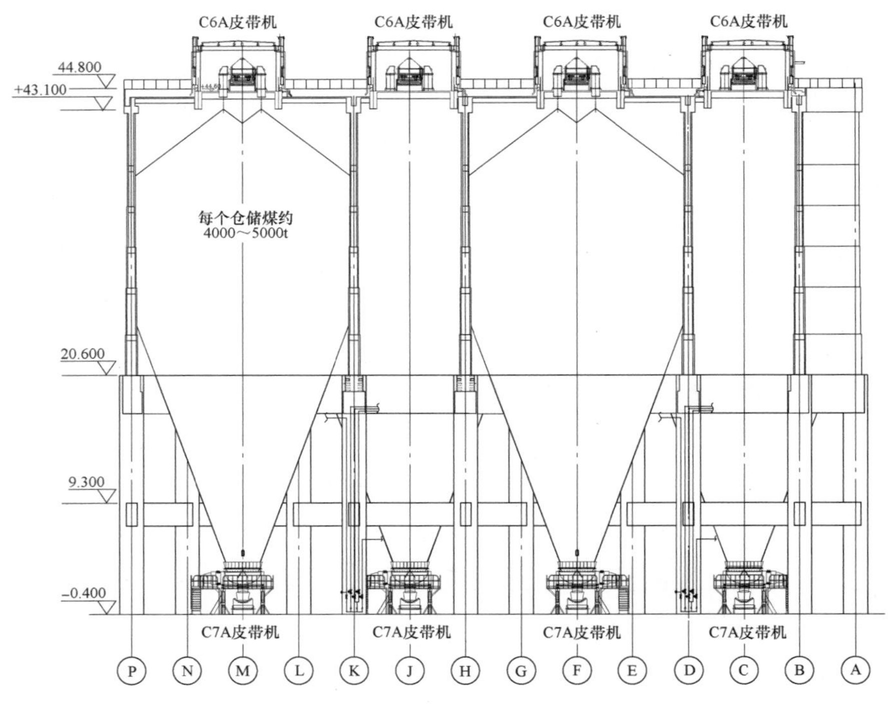

图 3-136　蜂窝型群仓横断面图

2）封闭集束蜂窝型群仓特点。多边形煤仓并列群仓与储煤筒仓相比，其相同点是燃煤全封闭堆放，不受气候条件影响，其煤尘、噪声外扬得到进一步降低，环保效果好；堆取料采用上进下出方式，真正实现了储煤的先进先出和精确配煤；设备性能先进可靠，自动化控制程度高，运行维护劳动强度低。不同点在于并列群仓的各仓共壁，内部空间利用率高，占用面积小；土建及设备投资高，施工期较长。

3）多边形煤仓并列群仓平面布置。蜂窝型群仓平面布置见图 3-138。

5. 煤场排水

煤场雨水根据煤场封闭形式采用不同的排放方式。

全封闭条形及圆形煤场，不设专门的含煤雨水收集系统，不含煤的洁净雨水通过屋面经散水散排到路面，经道路雨水口排入厂区雨水系统。圆形煤场环形挡墙内侧底部设置环形盲沟及多根向外的排水管，煤场外缘可根据煤的含水量等工程条件确定是否设置排水沟。

敞开式条形煤场或采用防风抑尘网的半封闭煤场仍属于露天煤场，含煤雨水通过煤场周边排水沟收集后，排入煤场雨水调节池。煤场排水沟一般设置在挡煤墙外侧，至煤堆边缘的距离宜为 3～5m。

（四）上煤设施

1. 厂内带式输送机

厂内带式输送机系统由多路皮带组成，根据电厂总平面及主要建筑物的布置，确定卸煤系统、煤场、筛碎系统的位置以及输送系统的流程和走向，最终将煤从给煤点输送至原煤仓。带式输送机有单路和双路之分，煤场前采用单路布置；煤场至主厂房煤仓间采用双路设置，一路运行，一路备用，并具备双路同时运行的条件。

（1）带式输送机工艺。带式输送机常见形式有通用固定带式输送机、管状带式输送机、垂直提升带式输送机、曲线带式输送机等。厂内燃煤输送首选通用固定带式输送机，剖面见图 3-139。当输送落差较大，或输送区域地形复杂，平面需多次转弯，采用通用固定带式输送机无法实现或经济性较差，或有其他特殊要求时，可考虑采用其他类型的带式输送机，如管状带或输送机，剖面见图 3-140；当平面距离很短，无法布置普通带式输送机时，可采用垂直提升带式输送机，剖面见图 3-141。

（2）带式输送机分段最小尺寸。普通带式输送机燃煤皮带爬升倾角不宜大于 16°，燃煤破碎后不应大于 18°。煤场转运站→碎煤机室→煤仓间平面布置见图 3-142，剖面见图 3-143，三者之间最小距离可参考表 3-35（前煤仓、侧煤仓相同）。

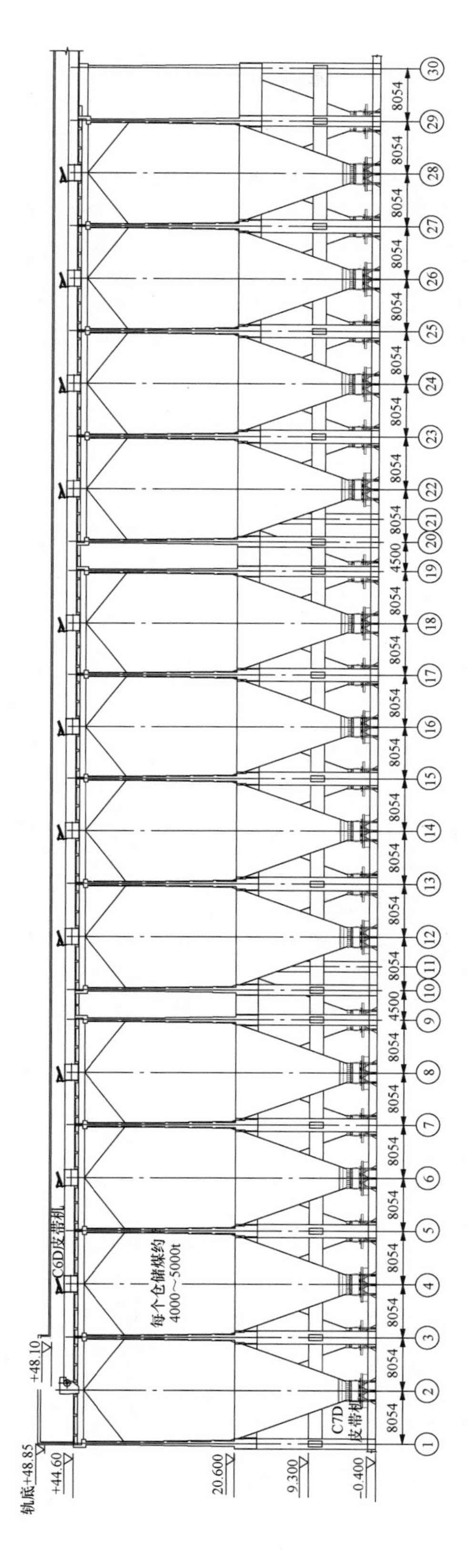

图 3-137 蜂窝型群仓纵断面图

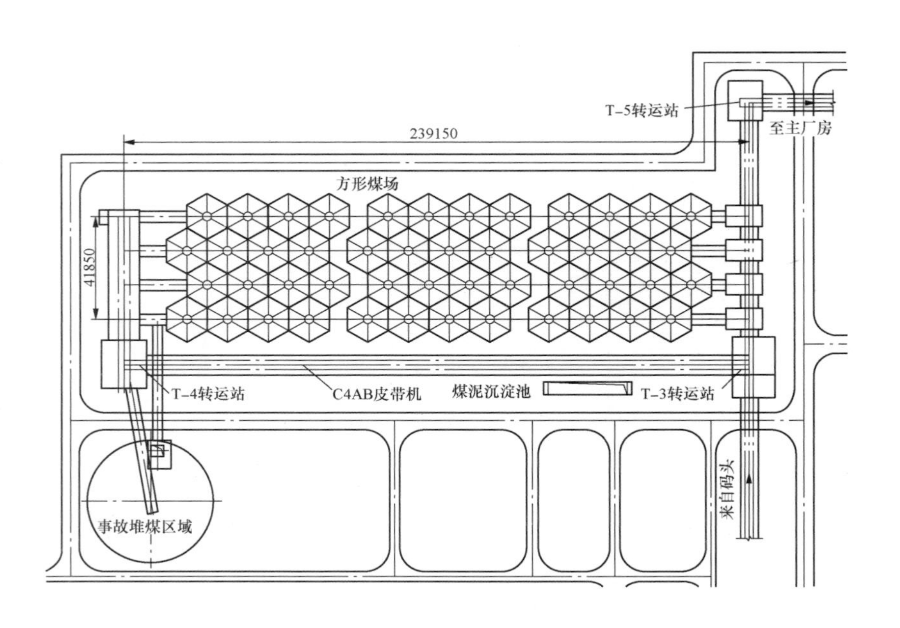

图 3-138 蜂窝型群仓平面布置图

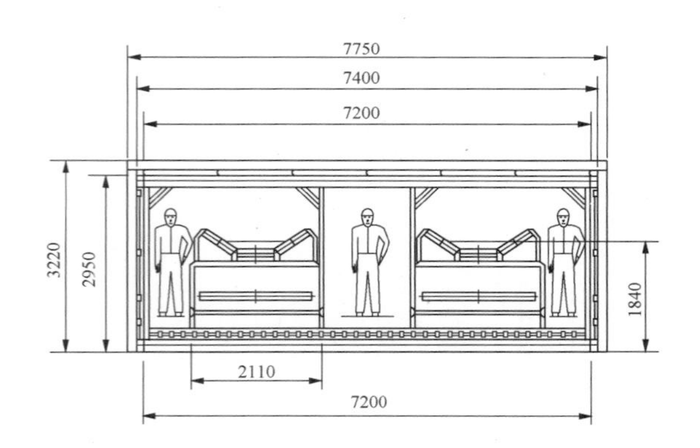

图 3-139 通用固定式输送机剖面图

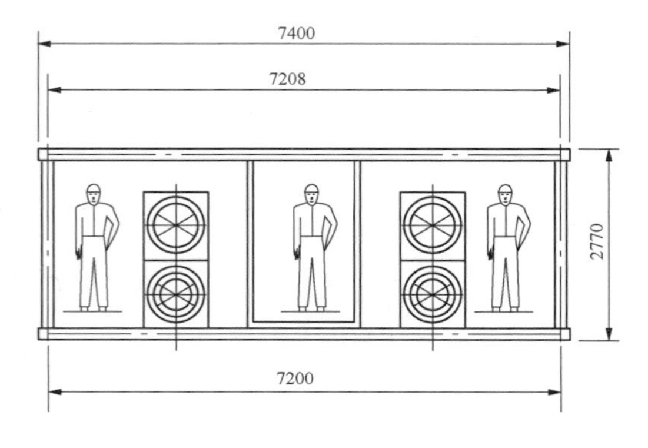

图 3-140 管状带式输送机剖面图

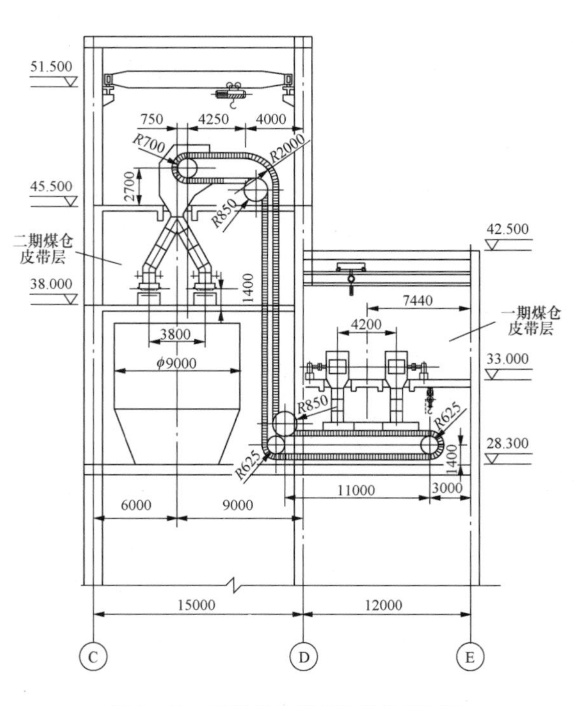

图 3-141 垂直提升带式输送机剖面图

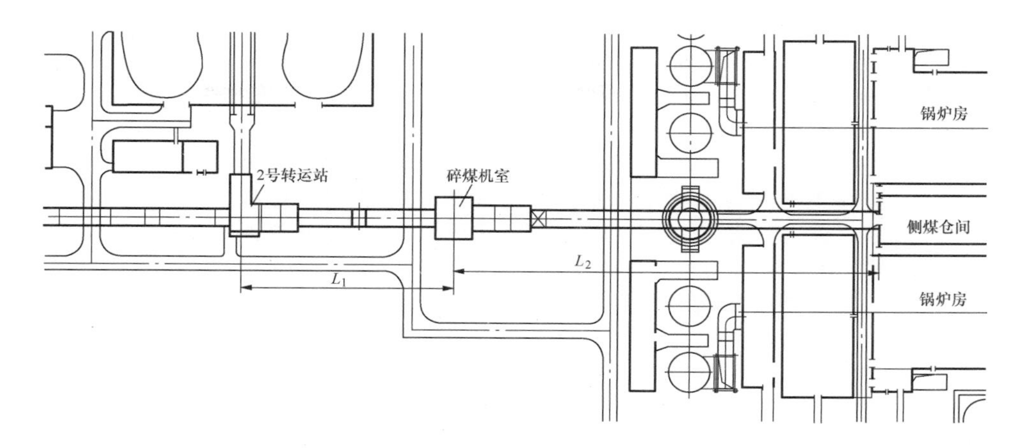

图 3-142　煤场转运站→碎煤机室→煤仓间平面布置图

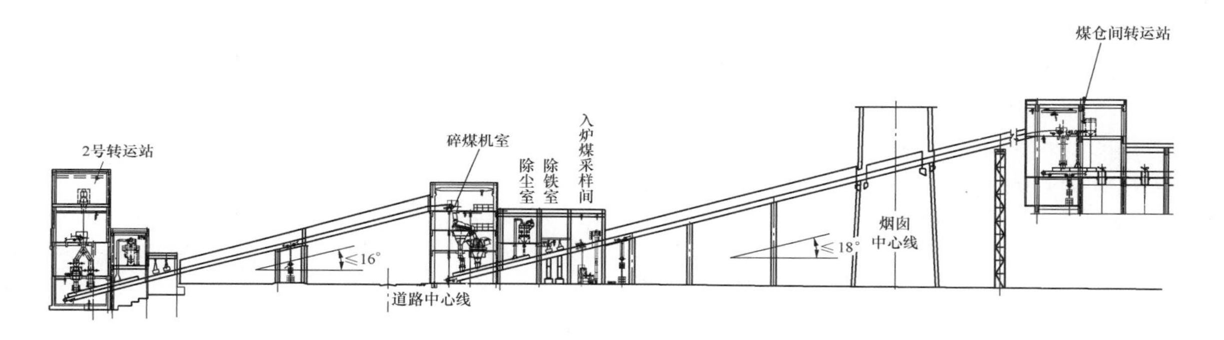

图 3-143　煤场转运站→碎煤机室→煤仓间剖面图

表 3-35　煤场、碎煤机、煤仓间最小距离　（m）

单机容量	煤场最后一个转运站到碎煤机的最小距离	碎煤机到煤仓间的最小距离	煤仓间转运站皮带层标高
300MW 级	70	157	40～43（煤粉炉） 49～55.9（CFB）
600MW 级	90	180	49～51
1000MW 级	100	190	52.5

场地受限无法满足皮带爬升高度所需长度时，可采取转运站及碎煤机高架布置。

（3）带式输送机布置。燃煤自卸煤装置或贮煤场至主厂房一般采用带式输送机输送。输煤栈桥的走向应根据规划容量、总平面布置合理选定。

总平面设计中，可充分利用场地竖向设计标高来缩短栈桥水平距离，减少皮带长度，为输煤设施采用高位布置创造条件。

带式输送机布置应减少地下建（构）筑物的工程量。输煤设施一般都有相当数量的地下建筑。设有地下煤斗时，其深度一般为 4～6m，并有一段地下输煤隧道；翻车机、缝式煤槽地下建筑工程量较大，翻车机深达 7～14m，并有相当长度的地下输煤走廊，缝式煤槽的深度也可达 7～14m，长度在 100m 以上。因此，以上设施应避免布置在地下水位较高的地段。当地形条件合适且地下水位较深时，可将卸煤装置布置在标高较低的地段，并相应地提高铁路线的轨顶标高，这样可使地下建筑转变为地上式或半地下式。

主厂房采用前煤仓方案时，输煤栈桥与煤仓间的接口宜从固定端引入，也可采用在扩建端，一、二期之间，平行于主厂房纵轴或跨越汽机房屋面等方式灵活引接。

1）输煤栈桥从锅炉房固定端垂直于煤仓间进入厂房。这是最常用的布置方式，优点是有利于扩建和机组分批投产；缺点是管理不善时，煤灰水会污染主厂房固定端墙面，影响美观。

2）输煤栈桥从一、二期之间引入。其优点是可缩短输煤皮带的长度，固定端可腾出较大的场地以布置附属建筑；缺点是不利分期投产，有时会与安装施工发生干扰，影响工期。

3）输煤栈桥从固定端平行于主厂房纵轴线引入。其优点是有利于主厂房分期扩建和投产；缺点是对厂前区的建筑空间有一定影响。超出规划容量时，扩建比较困难。

4）输煤栈桥从扩建端平行于主厂房纵轴线引入。此种布置方式很少见，只有当主厂房一次建成并不再扩建时才采用。

5）输煤栈桥由汽机房一侧跨越汽机房屋顶进入煤仓间。厂区总平面布置有特殊要求时可采用。

主厂房采用侧煤仓方案时，有栈桥穿烟囱上煤、栈桥跨送风机支架上部上煤、栈桥跨炉后通道（送风机和电除尘之间道路）上煤三种情况。

1）穿烟囱上煤，皮带短捷、迂回少，近年来烟囱设计多采用悬吊结构，栈桥与烟囱内筒之间有钢筋混凝土板分隔，穿烟囱上煤充分利用了烟囱烟道下部空间，对烟囱结构及防火基本没有影响，多用于煤场布置在炉后的情况。

2）跨送风机支架上部上煤，输煤栈桥立柱要结合送风机室支架统一考虑，跨度较大，多用于煤场布置在固定端的情况。

3）栈桥沿炉后送风机和电除尘之间道路上煤，为满足侧煤仓间转运站和输煤栈桥立柱的需要，往往需要加大炉后通道尺寸，导致烟道变长，栈桥下还需布置炉后综合管架及道路，场地较为紧张，多用于煤场布置在固定端的情况。

2. 筛碎设施

采用煤粉炉的火力发电厂运煤系统的筛碎设备采用单级，即 1 座碎煤机室，筛碎后的燃煤粒径不宜大于 30mm；采用循环流化床锅炉的火力发电厂，因燃烧系统不设磨煤机，为满足锅炉对燃煤粒度的要求，通常需要设置粗碎和细碎两级筛碎系统，因循环流化床锅炉燃烧的燃料一般为劣质煤，为控制入炉煤的粒度及品质，部分项目在细碎机后再增加布置一级筛分设施，三级筛布置在细碎机下。

（1）煤粉炉机组碎煤机室布置。碎煤机室通常布置在上煤仓间转运站前。碎煤机室剖面布置见图 3-144。

（2）循环流化床机组碎煤机及细碎机室布置。循环流化床机组通常设置两级破碎系统，见图 3-145。

（五）输煤辅助设施

输煤辅助设施包含输煤系统中所有取样及计量、校验、除铁、除杂物装置和推煤机等设备，以及推煤机库、运煤综合楼、运煤系统水冲洗及排污系统等。

运煤综合楼宜单独设置，并避免设在振动或煤尘大的地点，应布置于运煤系统中部，靠近碎煤机室，还要考虑有较好的自然采光条件。某电厂运煤综合楼布置在转运站下面，运行时振动大、噪声大、煤灰飞扬，运行条件受到影响。

推煤机库要靠近煤场，尽量避免推煤机出入库跨越卸煤栈台。北方地区，大门不宜正对寒冷季节的盛行风向。推煤机库门前应设宽度不小于 7m 的混凝土或方楚石地面，并有向外的排水坡度。

近年来部分电厂设置了采制化综合楼，可结合栈桥布置以便于自动化采煤，也可单独布置或与输煤综合楼联合建设。

循环流化床锅炉的运煤系统还配备有煤泥处理、细筛碎、石灰石和床料输送和贮存设施，一般靠近炉后用户布置。

（六）输煤系统布置实例

输煤系统实例中包含铁路运输、公路运输、矿区皮带运输以及码头皮带运输相对应的各种厂区总平面布置及输煤系统布置方案，以及其他较有特点的输煤系统布置。

1. 铁路来煤

铁路卸煤设施包含翻车机及火车卸煤沟，以下针对两种不同卸煤方式列举实例。

（1）翻车机。翻车机按照布置形式可分为折返式、贯通式两种形式，按照设备形式分为单车翻车机及双车翻车机。

1）折返式单台单车翻车机。

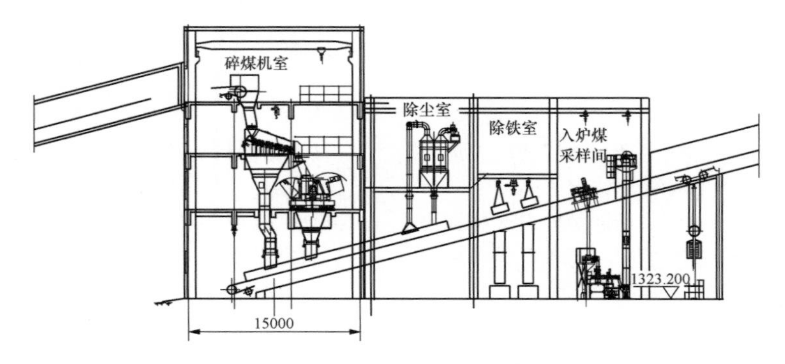

图 3-144　碎煤机室剖面图

实例一：

2×300MW 机组，燃煤采用铁路+汽车运输，铁路来煤 73×10^4t/年，采用单台翻车机卸煤，公路来煤 50×10^4t/年，采用地下煤斗卸煤。折返式煤场布置在炉后，煤场容量 6.72×10^4t，满足 2×300MW 机组 15d 耗煤量。输煤栈桥自固定端上煤。具体布置见图 3-146。

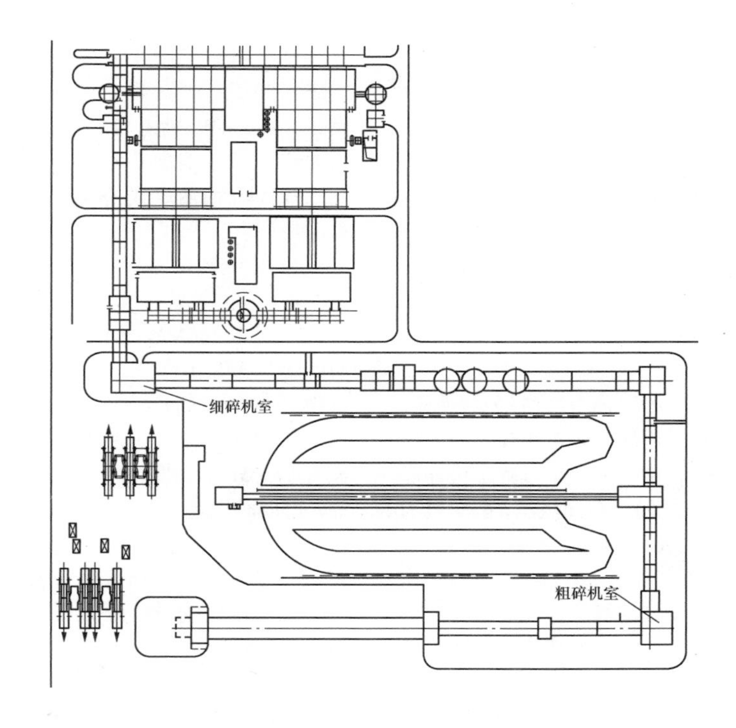

图 3-145　循环流化床机组两级破碎系统布置图

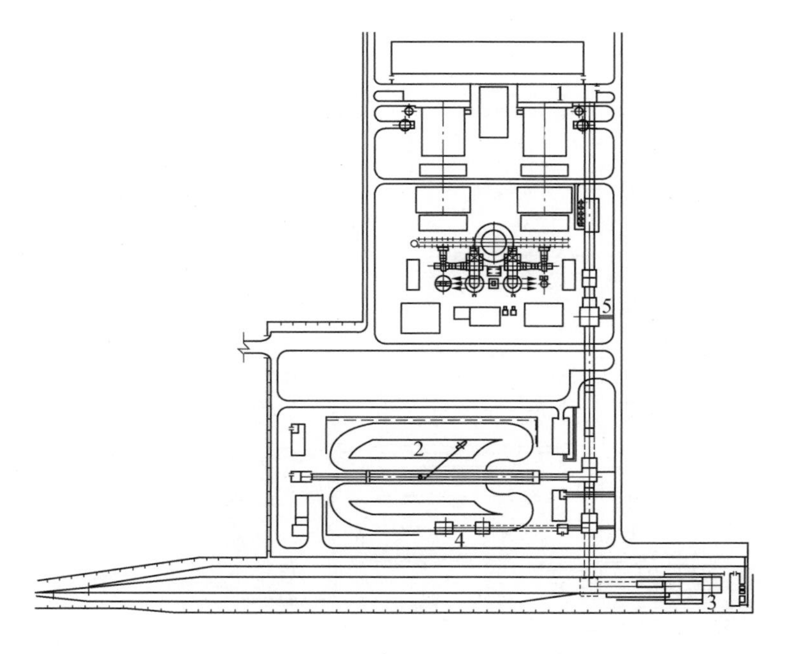

图 3-146　折返式单台单车翻车机、固定端上煤平面布置图

1—煤仓间；2—煤场；3—翻车机室；4—地下煤斗；5—碎煤机室

2）折返式两台单车翻车机。

实例二：

2×600MW+2×1000MW，燃煤采用铁路+汽车运输。一期2×600MW铁路来煤220×10⁴t/年，采用两台单台翻车机卸煤。汽车来煤80×10⁴t/年，采用汽车卸煤沟卸煤，设6个车位；二期2×1000MW机组，铁路来煤502×10⁴t/年，采用两台单台翻车机卸煤，预留汽车卸煤沟位置。二期输煤系统通过煤场转运站与一期输煤系统相连，互为备用。折返式煤场及卸煤设施均布置在炉后烟囱外侧，一期煤场容量10×10⁴t，二期煤场容量18.2×10⁴t，一、二期总储煤量满足2×600MW+2×1000MW机组10d耗煤量。输煤栈桥均自固定端上煤。具体布置见图3-147。

3）贯通式两台单车翻车机。

实例三：

2×600MW+2×600MW，燃煤采用铁路+公路运输。一期2×600MW铁路运输采用底开门车来煤，缝式煤沟卸煤。二期2×600MW机组，采用单车翻车机卸煤系统，并设有一条14节车位的汽车卸煤沟。翻车机为贯通式布置，翻车机室土建结构按2台设备一次建成，二期工程先上1台，预留三期再上1台，2台贯通式单车翻车机和一条14节车位的汽车卸煤沟共同组成电厂二、三期工程卸煤系统。一、二期煤场总容量为25.4×10⁴t，满足2×600MW+2×600MW机组10d耗煤量。煤场及卸煤设施均布置在炉后烟囱外侧，栈桥自固定端上煤。具体布置见图3-148。

（2）火车卸煤沟。

1）单线卸煤沟。

实例四：

电厂总装机容量为6120MW，一、二期工程建设4×600MW湿冷机组，三、四期工程建设2×600MW直接空冷机组，五期工程建设2×660MW直接空冷机组。燃煤全部采用铁路运输，均采用缝式煤沟卸煤。一～五期煤场总容量为57.50×10⁴t，满足6120MW机组10d耗煤量。煤场及卸煤设施均布置在炉后烟囱外侧，一～四期输煤栈桥自固定端上煤，五期输煤栈桥穿烟囱上煤。具体布置见图3-149。

2）双线卸煤沟。

实例五：

一期4×300MW机组，二期2×600MW机组。一期燃煤量348×10⁴t/年，二期燃煤量294×10⁴t/年，均采用汽车+火车联合运输。一期火车来煤采用2×12节双线火车卸煤沟+底开车卸煤，火车卸煤沟有效长度185.5m，一期设计时火车设计卸车能力留有余量，可同时满足一、二期火车来煤共360×10⁴t/年的接卸要求。一期汽车来煤约100×10⁴t/年，采用一座设置13个车位的汽车卸煤沟卸煤；二期汽车来煤170×10⁴t/年，增设一座设置13个车位的汽车卸煤沟。两期煤场均布置在炉后烟囱外侧，并设输煤栈桥联通以便互为备用，煤场总容量34.4×10⁴t，满足4×300MW+2×600MW机组15.4d耗煤量。一期输煤栈桥自固定端上煤，二期输煤栈桥自扩建端上煤。具体布置见图3-150。

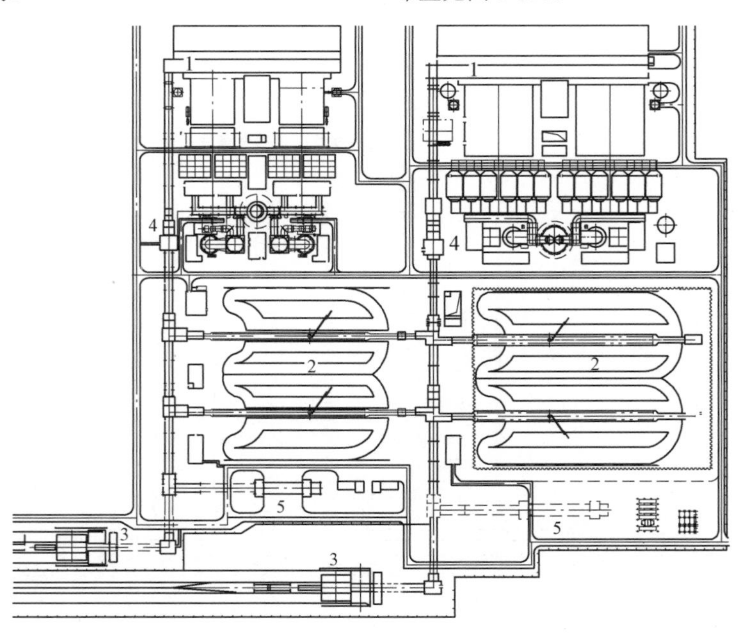

图3-147　折返式两台单车翻车机、固定端上煤平面布置图

1—煤仓间；2—煤场；3—翻车机室；4—碎煤机室；5—汽车卸煤沟

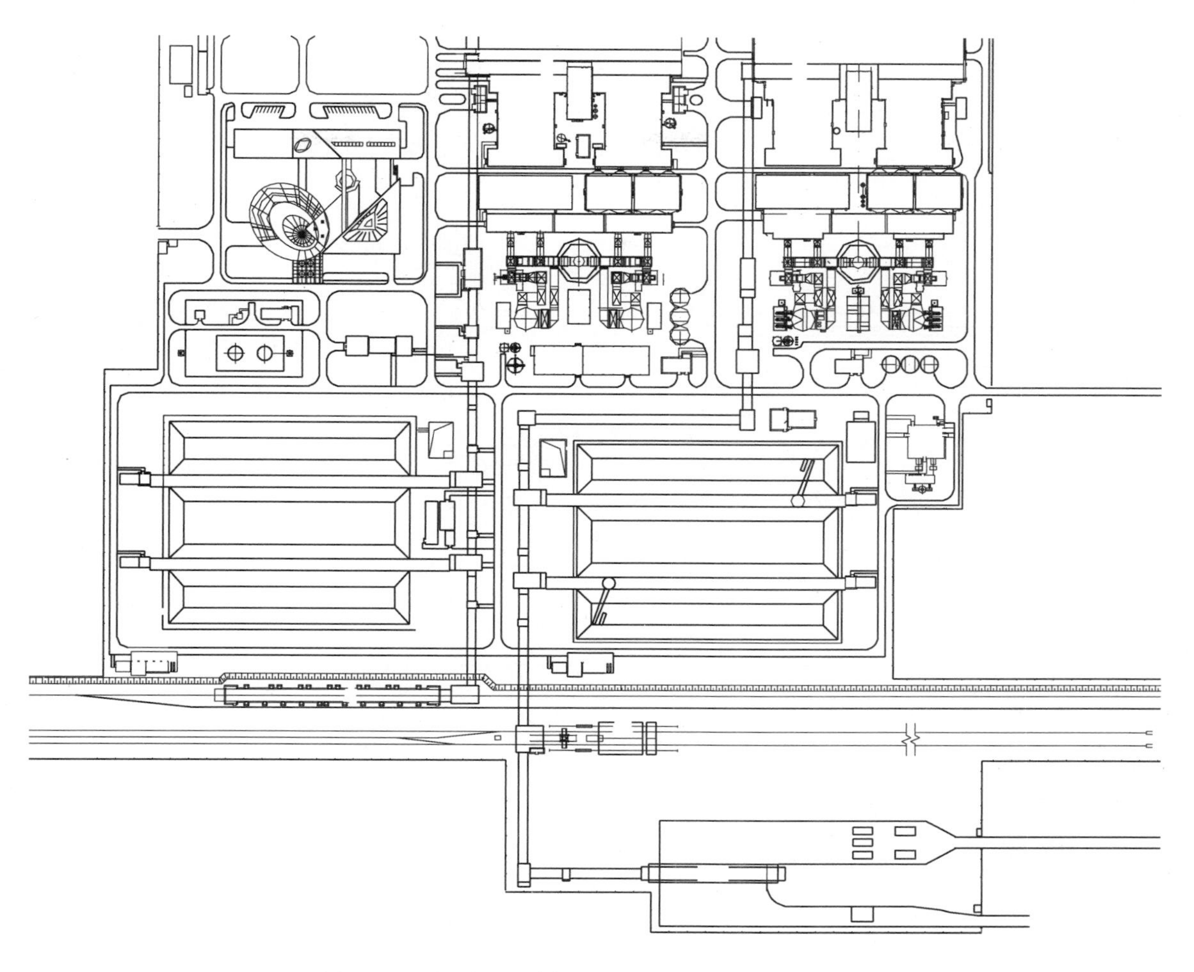

图 3-148　贯通式两台单车翻车机、固定端上煤平面布置图

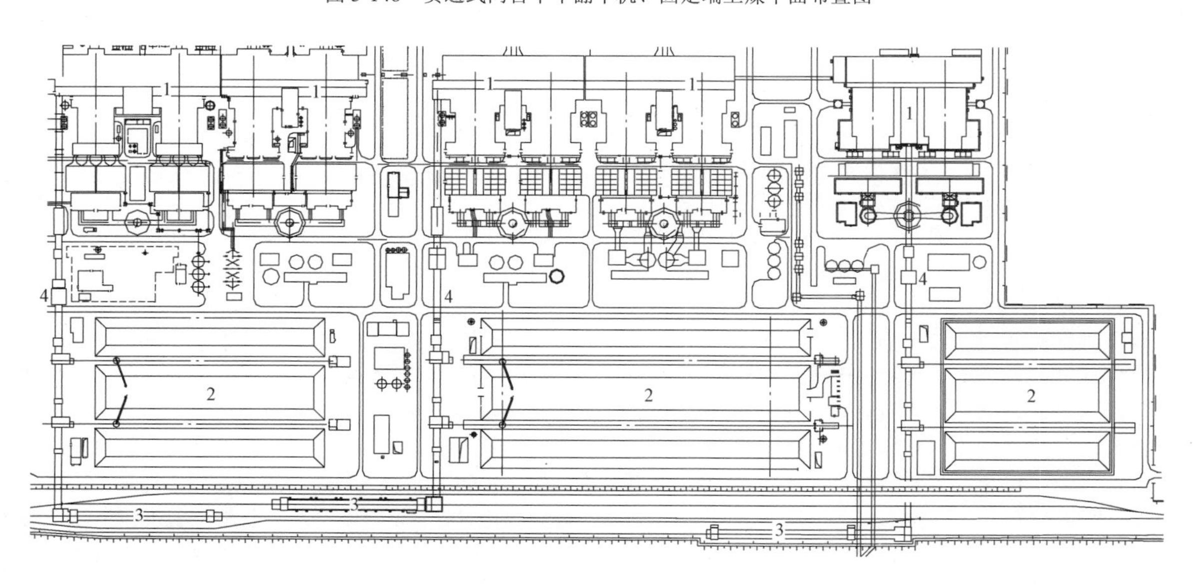

图 3-149　单线卸煤沟、固定端+穿烟囱上煤平面布置图

1—煤仓间；2—煤场；3—火车卸煤沟；4—碎煤机室

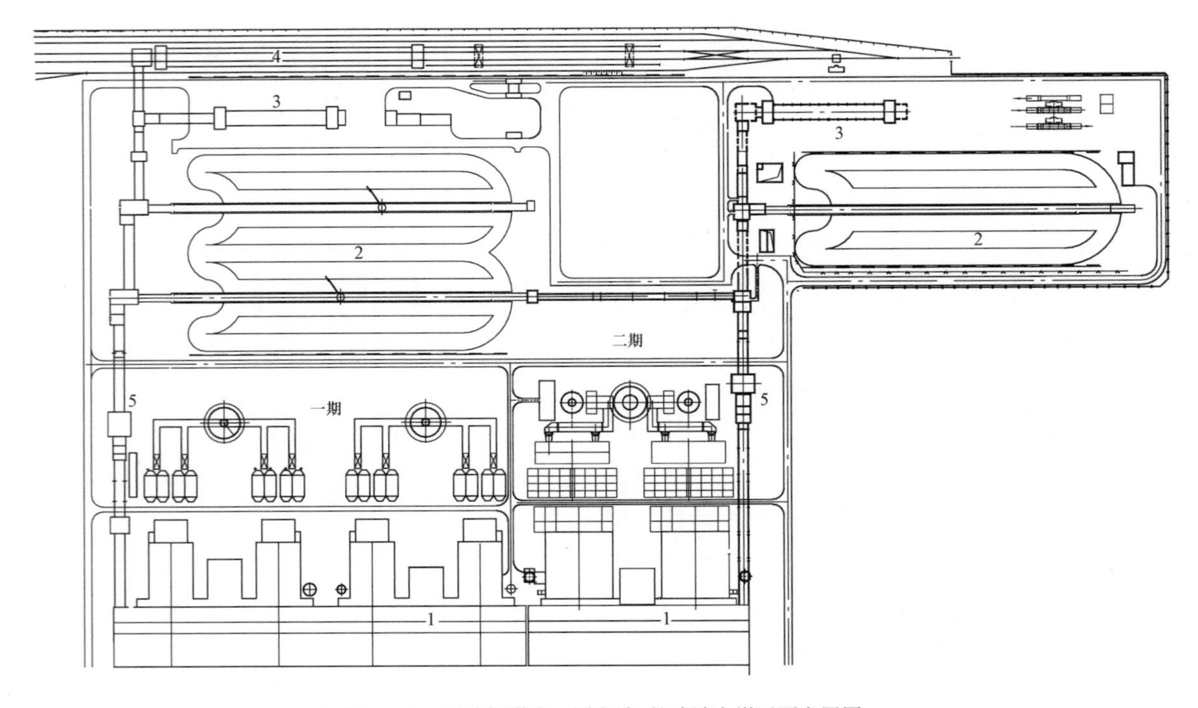

图 3-150　双线卸煤沟、固定端+扩建端上煤平面布置图

1—煤仓间；2—煤场；3—汽车卸煤沟；4—火车卸煤沟；5—碎煤机室

2. 汽车卸煤沟

实例六：

2×600MW 机组，燃煤量 323×10⁴t/年，燃煤全部采用汽车运输，采用一座设置 22 个车位的汽车卸煤沟卸煤。煤场及卸煤设施并列布置在炉后烟囱外侧，煤场总容量 10.8×10⁴t，满足 2×600MW 机组 10d 耗煤量。输煤栈桥自扩建端上煤。具体布置见图 3-151。

实例七：

某电厂位于我国西南山区，机组容量为 4×660MW 燃煤机组，年耗煤量 590.4×10⁴t，燃煤全部采用公路运输。厂址西侧和南侧均有县道通过，燃煤分别从厂区西北侧和东南侧进厂。其中东南侧年进厂燃煤 360×10⁴t，日进厂煤车约 1130 辆；西北侧年进厂燃煤 230.4×10⁴t，日进厂煤车约 723 辆，除煤车外还有灰渣、石灰石、石膏车辆进出，平均每天约 976 辆，因此西北侧每天进厂车辆数为 1699 辆。厂区西北侧出入口设置 3 套采样装置和 3 重 2 空汽车衡；东南侧出入口设置 4 套采样装置和 4 重 3 空汽车衡；汽车卸煤设施位于厂区东南侧，共配有 25 个卸车位。

（1）西北侧出入口待车区面积分析。

西北侧每天需采样的车辆为 723 辆，采样时间按每辆车 2.5min 计，则运行时间为：723÷3×2.5÷60=10.04（h）。

西北侧每天不需要采样但需要称量的车辆为 976 辆，称量时间按每辆车 1min 计，则运行时间为：976÷3×1÷60=5.42（h）。

电厂卸煤班组正常每天按三班运行，每班 4h，每天运行 12h。

因此西北侧日滞留车辆数，按式（3-2）计算为：

$$N_{日滞留车辆数}=(T_1-T_2)\times\frac{N_{日进厂车辆数}}{24}$$
$$=(10.04+5.42-12)\times\frac{1699}{24}=245(辆)$$

根据工程当地车型，每辆车占地面积 35～50m²，则待车区面积为 8575～12250m²，取 10000m²。

（2）东南侧出入口待车区面积分析。东南侧均为煤车，每天约 1130 辆，采样时间按每辆车 2.5min 计，则运行时间为：1130÷4×2.5÷60=11.77（h），小于卸煤班组每天运行时间，理论上讲可以不设待车区，但是考虑到实际运行中来煤的不均衡性，以及县道较窄，两侧居民较多，出入口距卸煤沟较近，运煤专用公路较短等因素，在东南侧出入口设置约 2.5h（约 118 辆）煤车待车区，面积 6000m²（4130～5900m²，取 6000m²），作为缓冲及车辆冲洗区。

汽车卸煤区及东南角待车区布置见图 3-152。

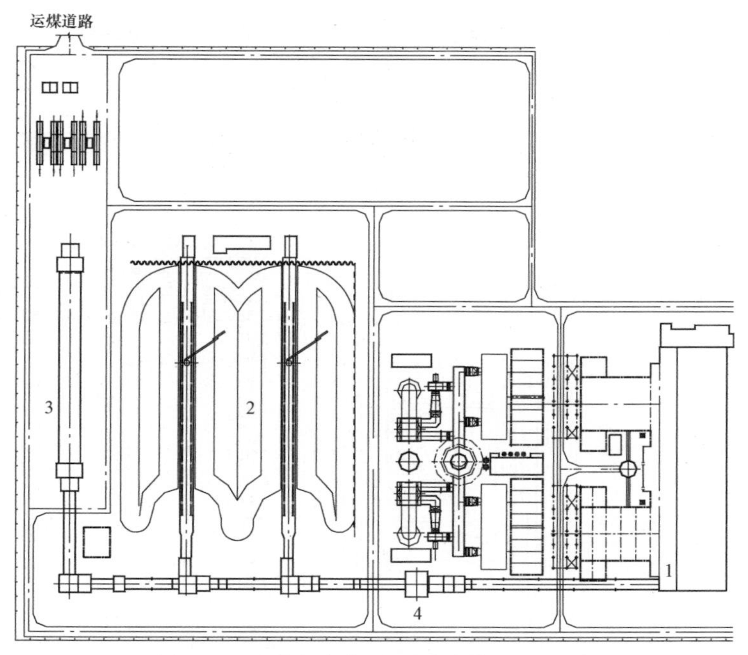

图 3-151　全汽车来煤、扩建端上煤平面布置图

1—煤仓间；2—煤场；3—汽车卸煤沟；4—碎煤机室

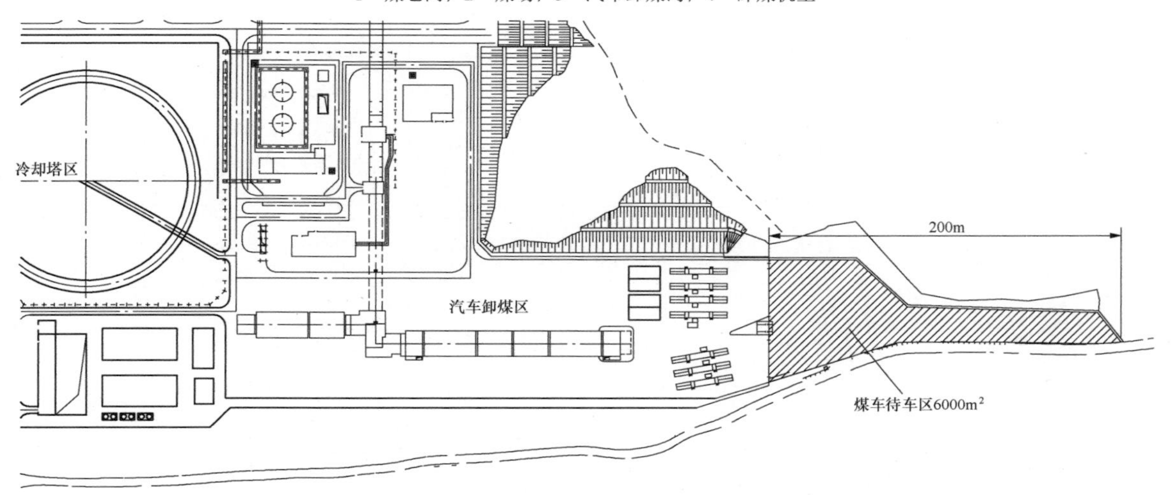

图 3-152　汽车卸煤区及东南角待车区布置图

3. 码头卸煤

实例八：

该工程一、二期已建设 2×1000+2×1000MW 机组，燃煤均采用水路运输，并分别建设一个 5 万 t 级的泊位，同时预留一座同等级码头的岸线。煤场布置在炉后，一、二期分别设置两个煤场，两台斗轮取料机，煤场尺寸约为 200m×430m，单个煤堆宽度为 42m，堆高为 12m，有效贮煤量约为 29.48 万 t（包括干煤棚的贮煤量），能满足电厂 2×1000MW 机组约 20d 的耗煤量要求。四条煤场并列布置，在 2、3 号机组之间设置一套上煤栈桥进入煤仓间。具体布置见图 3-153。

4. 厂外皮带来煤

包含全部皮带来煤及皮带+部分汽车来煤，分为厂内设煤场及不设煤场的情况。

实例九：

2×350MW 机组，煤电一体化项目，电厂内不设储煤设施。燃煤通过带式输送机输送至主厂房煤仓间，厂外燃煤皮带长约 1.75km。在煤矿工业广场设置一座专供电厂使用，直径 36m、储煤量 3.6 万 t 的缓冲筒仓，满足电厂 2×350MW 机组约 5d 的耗煤量。具体布置见图 3-154。

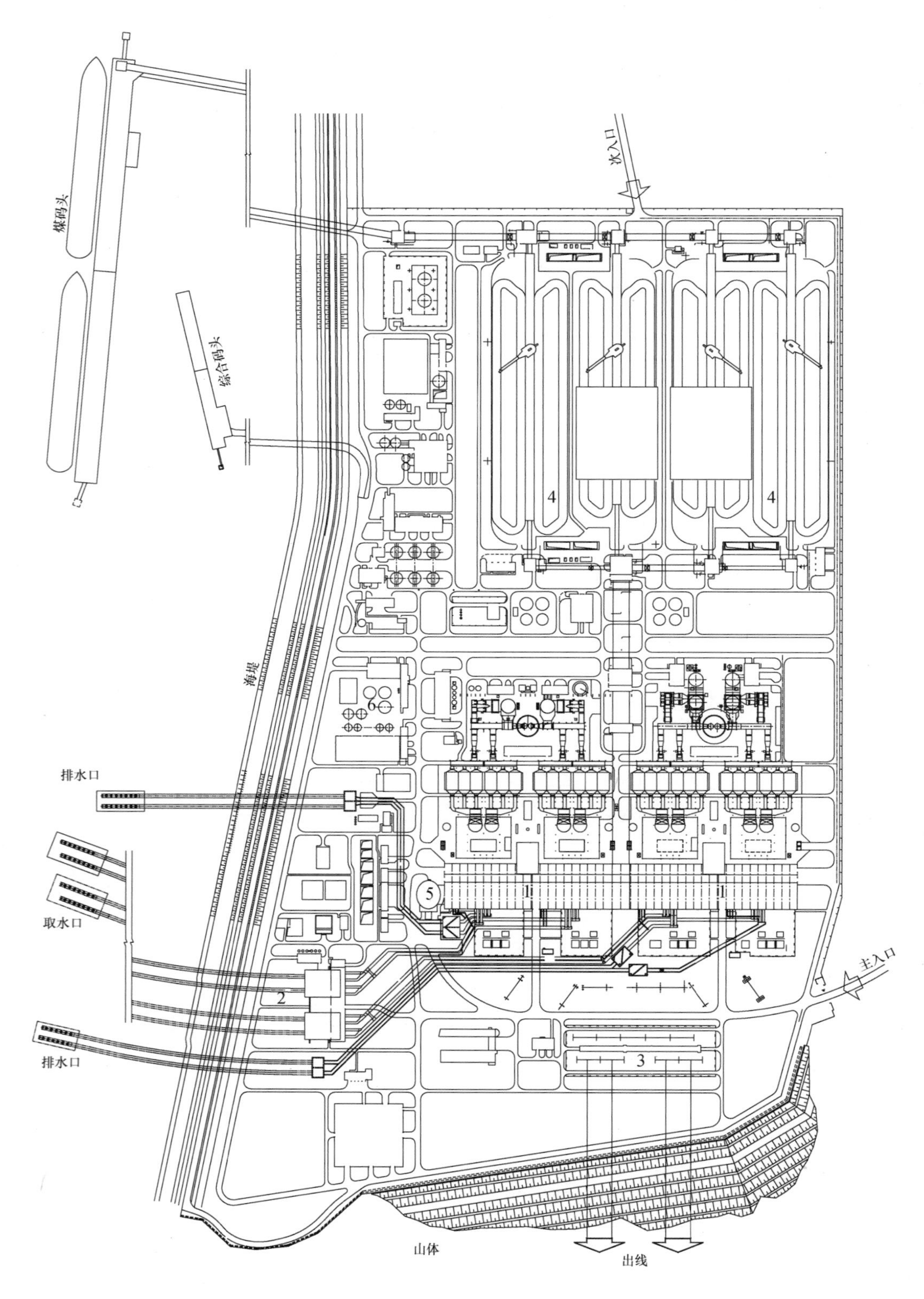

图 3-153　码头来煤、纵向布置通过式煤场、扩建端上煤平面布置图
1—煤仓间；2—煤场；3—煤码头；4—码头引桥；5—碎煤机室

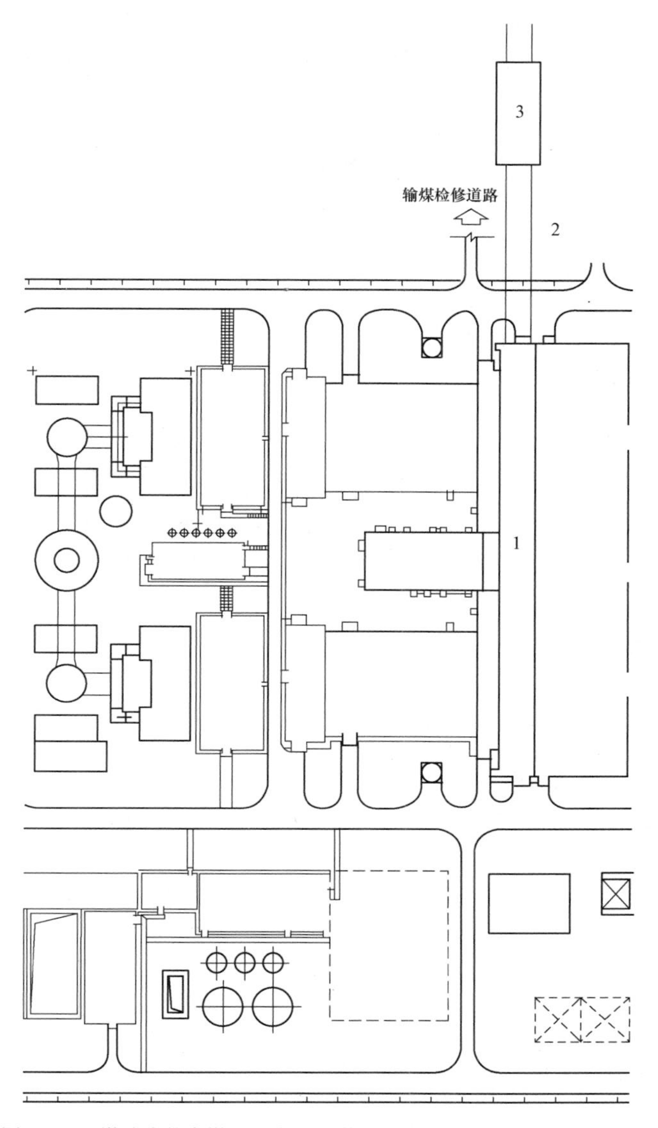

图 3-154 煤矿皮带来煤、厂内不设煤场、正对煤仓间上煤平面布置图

1—煤仓间；2—输煤皮带；3—传动间

实例十：

2×600MW 机组，燃煤采用皮带+公路运输。年耗煤量 320×10^4t，电厂燃煤主要采用长距离曲线带式输送机运输，年运量约 200×10^4t，运距约 5.5km；辅助采用汽车运输方式，年运量约 120×10^4t，厂内设置 6 个车位的汽车卸煤沟，运距在 20km 以内。煤场及汽车卸煤设施均布置在炉后烟囱外侧，煤场总容量 6×10^4t，满足 2×600MW 机组 5d 耗煤量，输煤栈桥穿烟囱进入侧煤仓间。具体布置见图 3-155。

五、水务设施

电厂水务设施包括水预处理设施、化学水处理设施、综合给水（工业水、生活水、消防水）设施、污废水处理设施等。

（一）水预处理设施

电厂水源根据水质不同一般会含有一定的杂质、有机物、矿物质等，需要采取有效的原水处理技术对不同水质的原水进行净化处理，以满足电厂后续工艺流程的用水质量要求，这就是水的预处理。

电厂水源的来源一般分为地表水、地下水、再生水、海水及矿井疏干水。根据水源种类的不同，可将水预处理设施分为地表水预处理、地下水预处理、矿井疏干水预处理、再生水预处理、海水预处理。不同水源所含杂质种类和含量不同，水预处理工艺也就各不相同，所选设备及车间布置形式、车间占地尺寸等各方面也就不同。

水的预处理是水源进入电厂后的第一个水处理环节，处理后的水一部分进入锅炉补给水处理车间，进行进一步处理后作为锅炉补给水；一部分用作电厂生产用水（包括开式循环水补水、转动机械轴承冷却水）、生活用水和消防用水。电厂生产过程中水的基本工艺流程见图 3-156。

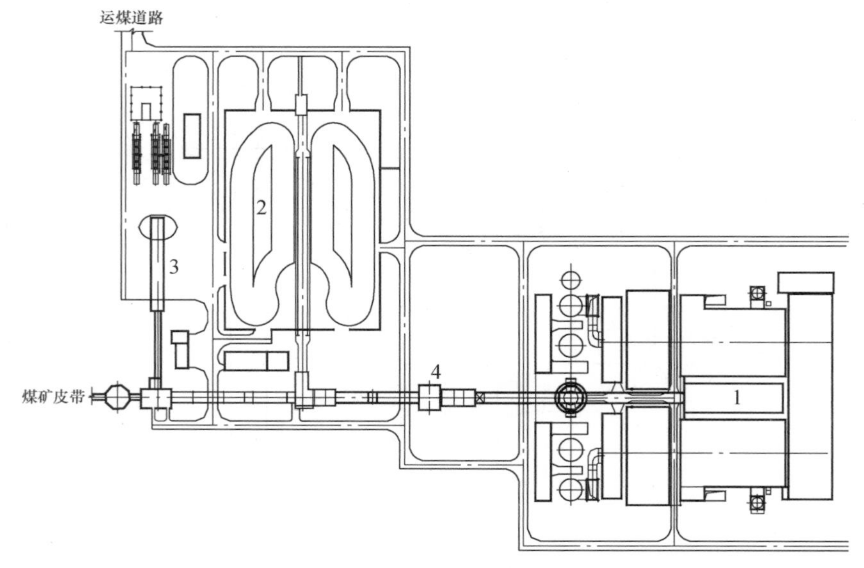

图 3-155　煤矿皮带+汽车来煤、厂内设煤场、穿烟囱上煤平面布置图

1—煤仓间；2—煤场；3—汽车卸煤沟；4—碎煤机室

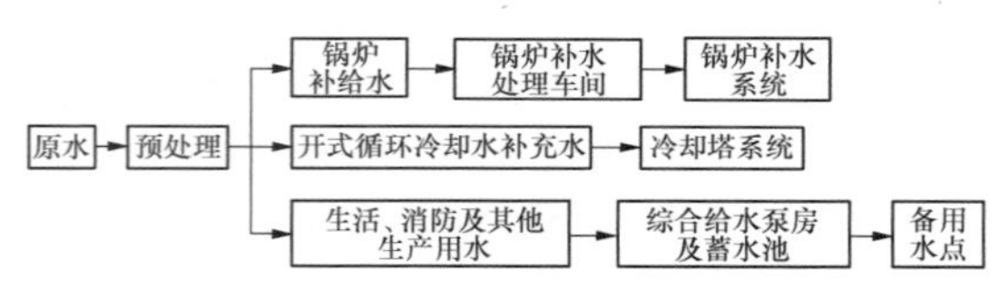

图 3-156　电厂生产过程中水的基本工艺流程示意图

根据国家发展改革委相关政策，在缺水地区，新建、扩建电厂禁止取用地下水，严格控制使用地表水，鼓励利用城市污水处理厂的中水或其他废水。坑口电站项目首先考虑使用矿井疏干水，鼓励沿海缺水地区利用火电厂余热进行海水淡化。由于受国家地下水开采政策的影响，本手册对以地下水为水源的预处理设施仅作简要介绍。

1. 地表水预处理设施

地表水水源主要是来自江河、湖泊和水库的水，地表水通常含有较多的悬浮物和胶体杂质。地表水作为电厂生产用水水源时，一般需采取预处理措施，达到一定的水质指标后，才能作为电厂各工艺系统用水。

（1）地表水预处理工艺流程简介。

地表水的预处理工艺流程通常为：原水→混凝→沉淀澄清→过滤。主要设备有混合器、澄清池、过滤池、污泥浓缩池、污泥脱水机、水池（箱）、水泵及辅助设备，如混凝剂加药单元、助凝剂加药单元等。

当水质较好时，原水也可直接进行过滤后用于电厂生产用水，所以对于某一具体工程，应首先了解原水水质以及电厂各系统对水质的要求，然后经过全面比较后确定地表水预处理工艺及车间尺寸。地表水预处理典型工艺流程见图 3-157。

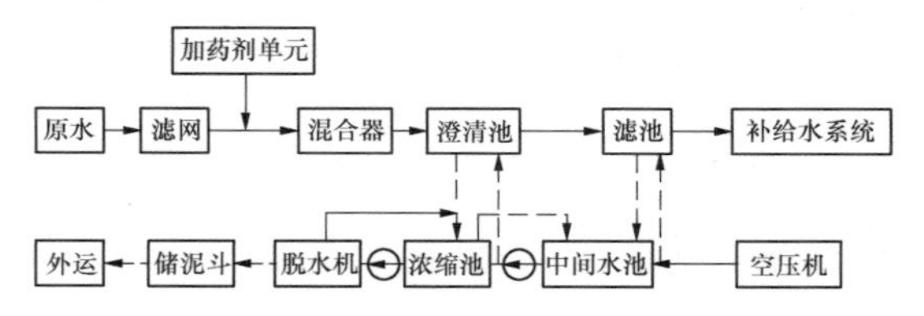

图 3-157　地表水预处理典型工艺流程示意图

（2）地表水预处理站平面布置。在电厂设计中，一般情况下可将地表水预处理站布置在厂区内。要处理好水预处理站和综合给水泵房及蓄水池、锅炉补给水处理车间的位置关系，水预处理站与锅炉补给水处理车间、综合给水泵房及蓄水池均有较多的管道连接，水预处理站的布置应使得原水进水和出水管道布置顺畅、短捷，避免管道迂回。有条件的情况下，宜靠近锅炉补给水处理车间及综合给水泵房和蓄水池布置，或成组布置，形成一个综合的水务设施区域，便于运行管理。

水预处理站宜布置在原水管道的来水方向，避免原水进水管道在厂区内迂回。原水预处理站一般不与生产办公楼或其他建筑联合布置，因为水预处理室在运行中难免产生噪声和振动，会对生产办公楼造成不利影响。某 2×350MW 电厂以水库水作为生产水源，其原水预处理站平面布置见图 3-158。

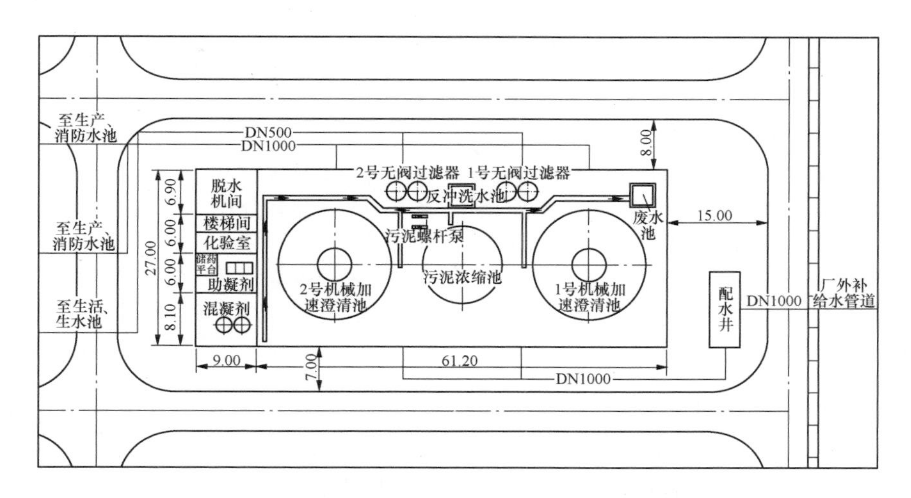

图 3-158 某 2×350MW 电厂原水预处理站平面布置图

2. 地下水预处理设施

地下水水源是存在于地球表面以下土壤和岩层里的水。地下水中可能会含有一定的胶体杂质、悬浮物，矿物质含量较多，主要为低价的铁和锰的重碳酸盐类和硫酸盐类。地下水作为电厂生产用水水源时，一般需采取预处理措施，达到一定的水质指标后，才能作为电厂各工艺系统用水。

（1）地下水预处理工艺流程简介。根据地下水水质的不同，地下水预处理工艺为混凝、澄清、过滤、曝气等工艺的单项或多项的不同组合。

地下水预处理通常采用曝气氧化过滤的方式来去除水中的铁和锰。预处理工艺流程通常为：原水→曝气池→提升水泵→锰砂过滤器→细砂过滤器。主要设备有曝气池、提升水泵、过滤器、清水池等。该套系统可与锅炉补给水车间合并布置。

（2）地下水预处理站平面布置。在电厂设计中，一般情况下可将地下水预处理站布置在厂区内。其布置原则与水源为地表水时的原水预处理站基本相同。

3. 矿井疏干水预处理设施

矿井疏干水是伴随煤炭开采而进入采掘空间且必须排出的一种废水。我国矿坑水普遍含有以煤粉和岩粉为主的悬浮物以及可溶的无机盐类。矿井疏干水作为电厂生产用水水源时，一般需采取预处理措施，达到一定的水质指标后，才能作为电厂各工艺系统用水。

（1）矿井疏干水预处理工艺流程简介。矿井疏干水预处理的主要功能是去除大部分矿井水中含有的煤粉、岩粉、细菌和其他污染物。矿井疏干水预处理常见的工艺流程为：煤矿疏干水→混凝→澄清→过滤。

当矿井疏干水水质较好时，可不经处理直接利用，所以对于某一具体工程，应首先了解原水水质以及电厂各系统对水质的要求，然后经过全面比较后确定疏干水预处理工艺及车间尺寸。某电厂煤矿疏干水预处理工艺流程见图 3-159。

（2）矿井疏干水预处理站平面布置。在电厂设计中，疏干水预处理站可设置在煤矿区，也可布置在厂区内，具体布置位置应与煤矿协商后确定。当布置在厂区内时，其布置原则与水源为地表水时的原水预处理站基本相同。某 2×660MW 电厂以矿井疏干水作为生产水源，其原水预处理车间平面及断面布置见图 3-160、图 3-161。

4. 再生水深度处理设施

随着我国水资源紧缺形势的日趋严峻，再生水作为量大而稳定的潜在资源，已得到各级政府及有关部门的高度重视。

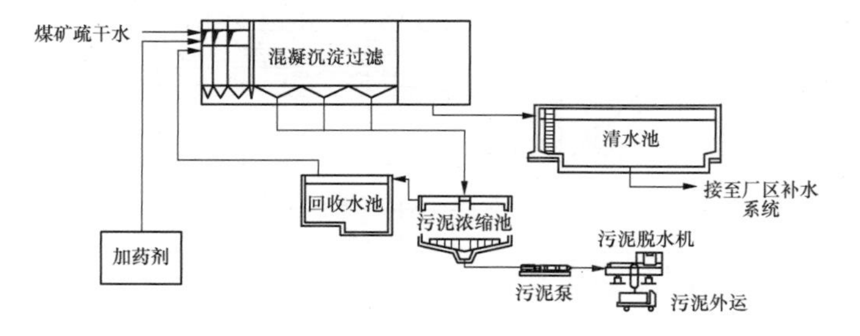

图 3-159 某电厂煤矿疏干水预处理工艺流程示意图

DL/T 5483《火力发电厂再生水深度处理设计规范》中的相关条文强调了再生水重复利用的节水政策。国务院正式发布的《水污染防治行动计划》（国发〔2015〕17 号）明确指出“促进再生水利用。以缺水及水污染严重地区城市为重点，完善再生水利用设施，工业生产、城市绿化、道路清扫、车辆冲洗、建筑施工以及生态景观等用水，要优先使用再生水”。因此在水资源紧缺、有中水回用条件的地区进行工程建设，都应积极采用再生水。

（1）再生水深度处理工艺流程简介。对电厂而言，再生水主要作为循环水系统补充水源、锅炉补给水处理系统补充水源或热网补给水等。

根据电厂的用水特点，采用的工艺主要有两种，即石灰混凝澄清-介质过滤系统和膜生物反应器（MBR）处理系统。以最常用的石灰混凝澄清-介质过滤系统为例，其工艺流程见图 3-162。

（2）再生水深度处理设施总平面布置。当条件允许或受厂区用地条件限制时，可根据实际情况将再生水深度处理站布置在邻近的城市污水处理厂内。若布置在厂区内，其布置位置应根据全厂总体规划、水源来水方位及用水位置、环境卫生及管理维护、原料运输要求等因素综合确定，并宜与其他污水处理设施集中布置在一个区域内。

以石灰混凝澄清-介质过滤系统为例，某电厂再生水深度处理设施平面布置见图 3-163。

再生水深度处理设施的处理能力取决于全厂再生水用水量，与机组冷却方式、工业水用量、锅炉补给水量、是否供热及供热量等因素有较大关系。以石灰混凝澄清工艺为例，不同的机组类型对应的处理站参考平面尺寸见表 3-36，场地条件受限时，也可与工艺专业协商，因地制宜地进行布置。

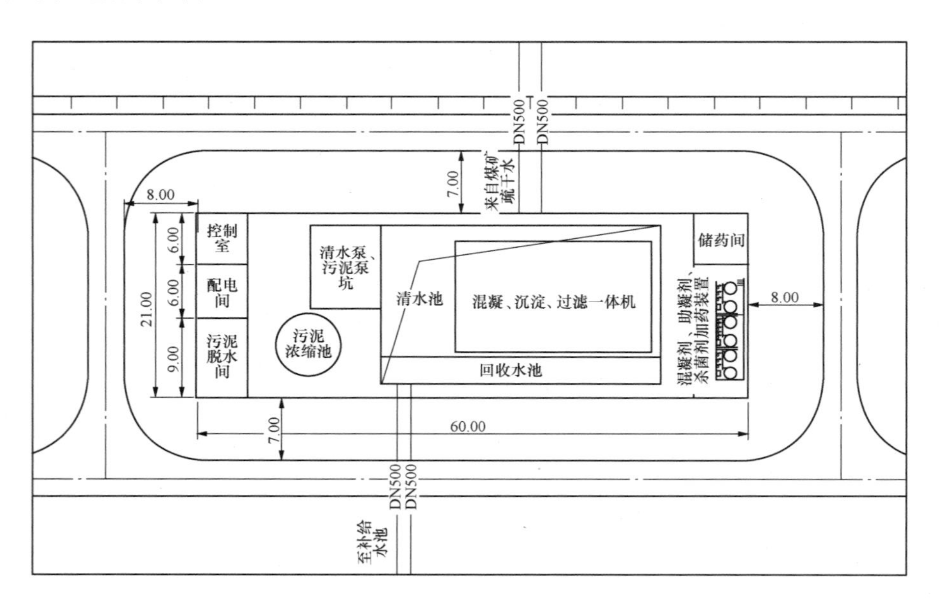

图 3-160　某 2×660MW 电厂原水预处理车间平面布置图

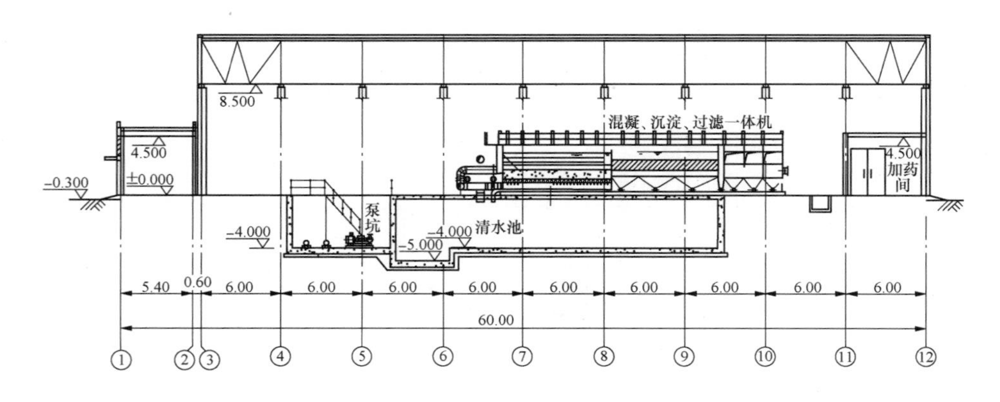

图 3-161　某 2×660MW 电厂原水预处理车间断面布置图

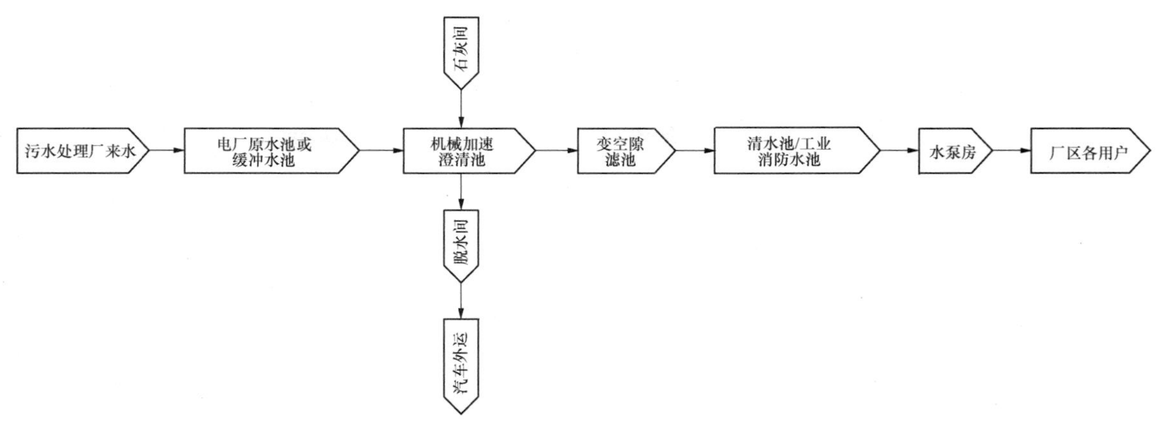

图 3-162 石灰混凝澄清-介质过滤系统工艺流程示意图

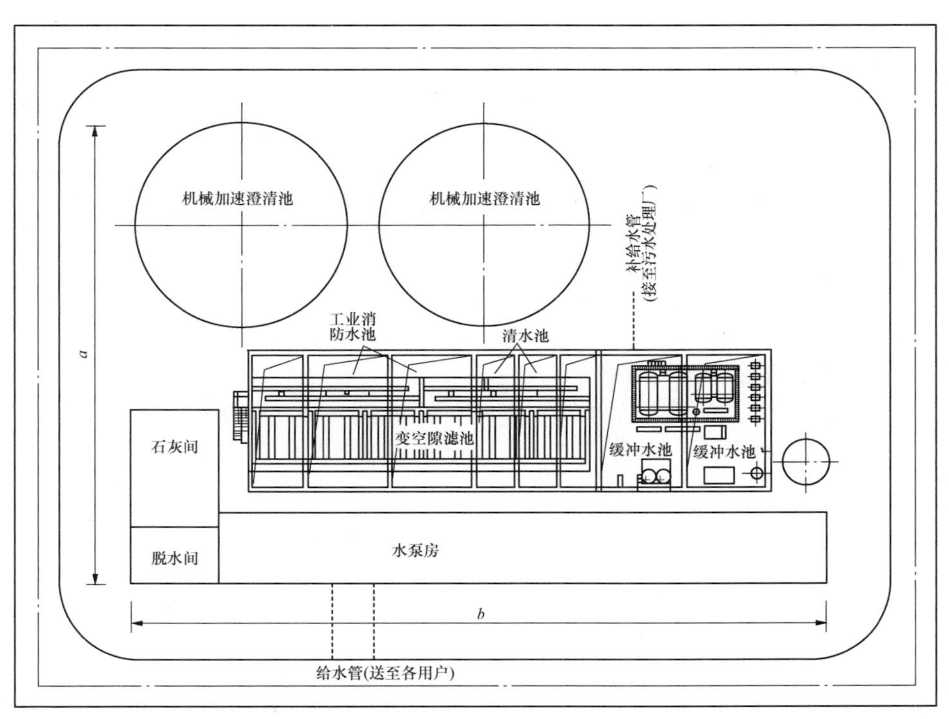

图 3-163 某电厂再生水深度处理设施平面布置图

表 3-36 再生水深度处理站指标表

参考机组容量（MW）	冷却方式	参考补给水量（t/h）	参考处理能力（t/h）	参考平面尺寸 $a\times b$（m×m）	备注
2×300	湿冷	1400	2×1500	65×95	供热
	空冷	330	2×350	45×60	
2×600	湿冷	2200	4×800	50×90	纯凝
	空冷	440	2×600	50×70	
2×1000	湿冷	3600	4×1400	65×120	纯凝
	空冷	720	2×800	50×80	

注 处理能力指机械澄清池的出力。

5．海水淡化设施

海水淡化是将海水通过脱盐装置去除盐分及杂质而获得淡水的工艺过程，使处理后的水符合饮用水、锅炉补给水及工业用水等标准的水处理技术的总称。19 世纪 50 年代开始，许多沿海国家由于水资源问题日渐突出，都相继开始了海水淡化技术的研究，并进入商业化阶段。海水淡化正呈现大规模发展趋势，工厂规模和单机容量向着大型化方向发展。现阶段蒸馏法和反渗透法是世界各国普遍采用的两种海水淡化技术路线。海水淡化工艺流程见图 3-164。

（1）主要海水淡化技术简介。

1）蒸馏法。蒸馏法主要有多级闪蒸（MSF）、低温多效（MED）及压汽蒸馏（TVC 和 MVC）等。

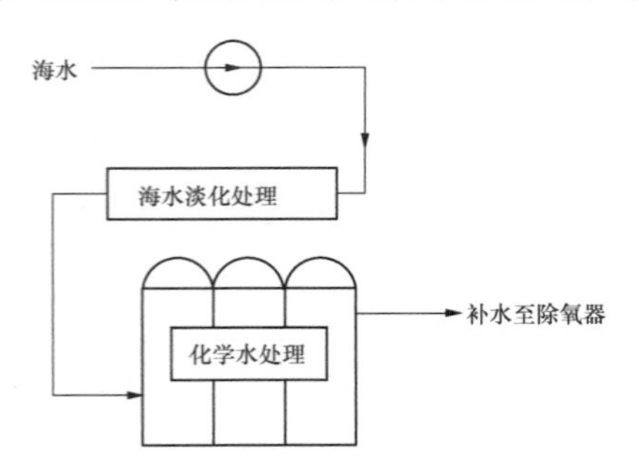

图 3-164 海水淡化工艺流程示意图

a．多级闪蒸蒸馏法是海水淡化最常用的一种技术，特点是设备单机容量大、使用寿命长、出水品质好、热效率高，是世界上正在使用的产水量最多、单台装机容量最大的方法。缺点是设备造价高、动力消耗较大、操作弹性较低，不适应于造水量要求可变的场合。

b．低温多效蒸馏法是指盐水最高温度低于 70℃的成熟、高效淡化技术。其特点是将一系列的蒸发器串联布置，通过多次蒸发和冷凝，后面的蒸发温度均低于前面一效，从而得到多倍于蒸汽量的蒸馏水，第一效冷凝返回锅炉，其他效的蒸汽在海水冷凝器中冷凝收集后作为产品水。其优点是运行温度较低，能耗和管壁腐蚀结垢速率均较低，产品水质量和安全性高。但设备一般需要室外布置，噪声较大。

c．压汽蒸馏淡化工艺同低温多效蒸馏法相似，不同的是压汽蒸馏应用热耗非常低的热泵，用压缩蒸汽作为蒸发器热管束的加热蒸汽，是一种高效的蒸馏淡化法。压缩可采用蒸汽喷射器，称为热压缩（TVC）；或采用机械蒸汽压缩机，即机械压缩（MVC），是仅仅依靠电能的淡化技术。在电厂运用的低温多效海水淡化工艺中，多数采取 MED+TVC 组合的低温多效淡化装置，以提高造水比、降低设备造价和制水成本。

2）海水反渗透（SWRO）淡化技术。海水反渗透（SWRO）淡化技术是利用半透膜的渗透原理，在半透膜的一侧对海水进行加压（大于海水的渗透压），海水中的水分子会透过半透膜到另一侧（淡水侧），而盐分则不能透过半透膜，留在原海水中，这种利用与自然渗透相反的水迁移过程连续产出淡水的方法，称为反渗透海水淡化。现今采用反渗透技术进行海水淡化的产量占海水淡化市场超过 26%的份额，且不断向装机容量大型化方向发展。

（2）海水淡化处理站平面布置。无论采取何种工艺，海水淡化处理车间都应尽量靠近水源，在厂内尽量靠近用户端，如锅炉补给水车间等。采用蒸馏法的海水淡化车间要尽量缩短与主厂房的距离，以缩短二者之间的热力管道长度。

蒸馏法进水水质要求低，与海水反渗透相比，其预处理系统设备少、占地面积小，但其设备为室外布置，有较大噪声，且对场地的长度和宽度都有严格的要求。

海水反渗透设备为模块化设计，对场地的适应性强，可多层叠加布置。

以 2 台 10000t/d 的处理量为例，低温多效蒸发器占地达 107m×46m，而海水反渗透法分两层布置，室内占地 96m×22m，室外占地 96m×37m，二者占地基本相当。两种海水淡化处理站典型平面布置见图 3-165 和图 3-166。

（3）海水淡化技术比较。

1）适用于电厂的海水淡化方案目前多在海水反渗透（SWRO）和低温多效之间进行选择，结合不同的外部条件，如海水淡化的规模、是否有对外供热、海水温度、总体经济性等因素优选比较。

2）对于蒸馏法的技术优点指数比较顺序可考虑为 MED、MVC、MSF。

3）采用二级反渗透产水的海水反渗透法与蒸馏法在产品水纯度上区别不大，且均达到优良的程度。对于淡水指标要求不高的用水，如湿法脱硫用水等，当采用海水反渗透法时，可由一级反渗透提供，以减少二级反渗透的出力，降低投资。

4）海水反渗透消耗电能，蒸馏法消耗热能和电能，以热能为主。从综合利用能源角度看，蒸馏法可利用电厂余热热能。

5）海水反渗透装置对原料水预处理要求比蒸馏法（MED、MVC）高，为此须设置完善的预处理系统，导致设备多、系统相对复杂，在运行便捷性以及维护工作量方面不如蒸馏法。

（二）化学水处理设施

化学水处理是对未达到预定水质标准的原水进行化学处理的工艺，是发电厂生产过程中的一个重要环节。化学水处理设施包括锅炉补给水处理设施、循环水处理设施、凝结水精处理、循环水排污水处理设施、热网水处理设施等，其中凝结水精处理设施、循环水排污水处理设施、热网水处理设施是否设置，取决于机组类型、环保要求以及热网水质等因素。

1. 化学水处理室

通常所说的化学水处理室指的是锅炉补给水处理室。锅炉补给水处理工艺主要有全离子交换法、反渗透+离子交换和全膜法三种工艺。

（1）工艺流程简介。全离子交换处理工艺是单纯利用离子交换树脂脱除离子和净化水质的水处理工艺，其工艺流程和平面布置示例分别见图 3-167 和图 3-168。

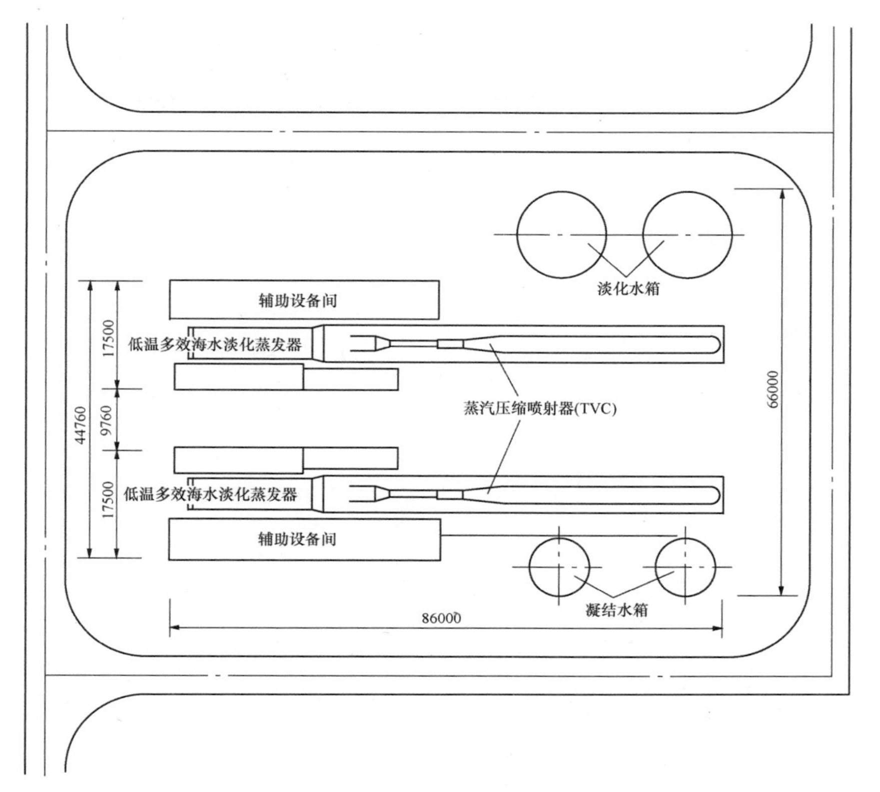

图 3-165 蒸馏法（MED+TVC）海水淡化处理站平面布置图

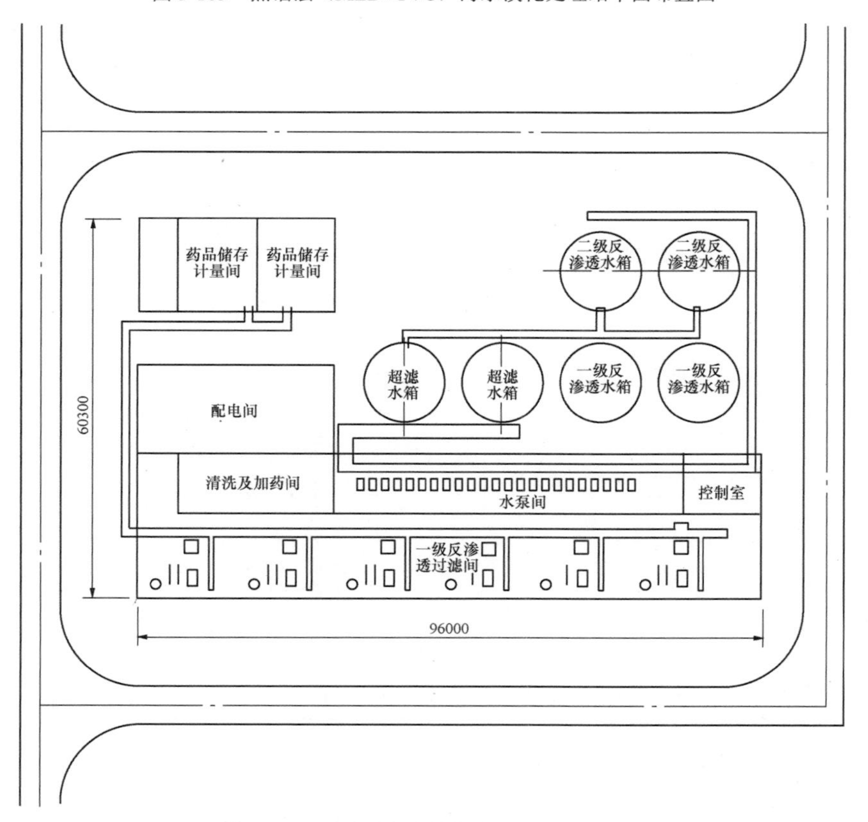

图 3-166 反渗透海水淡化处理站平面布置图

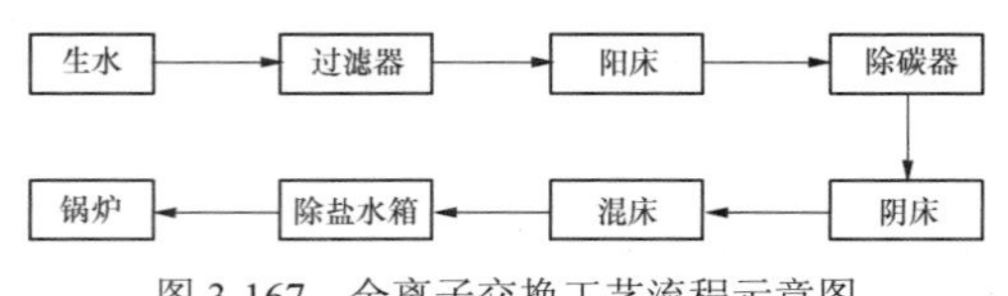

图 3-167　全离子交换工艺流程示意图

反渗透+离子交换处理工艺是利用反渗透脱除水中大部分离子，再用离子交换树脂脱除剩余离子和净化水质的水处理工艺，其工艺流程和平面布置示例分别见图 3-169 和图 3-170。

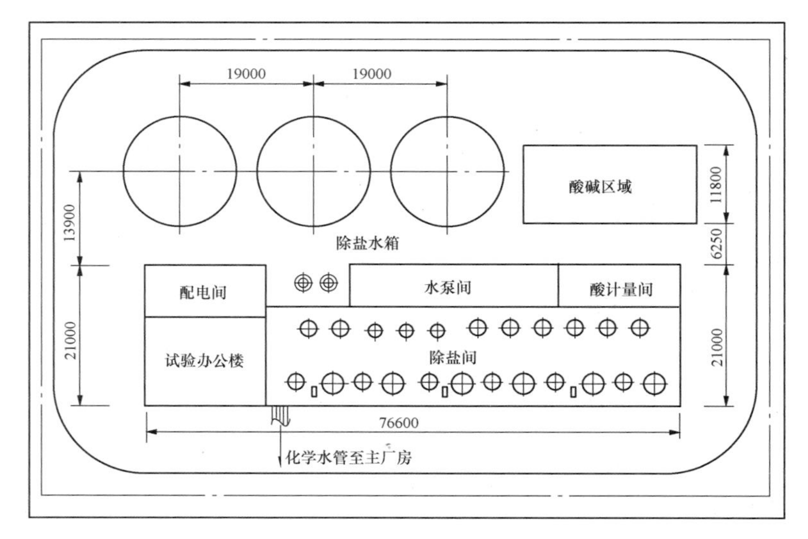

图 3-168　化学水处理室平面布置图（全离子交换法）

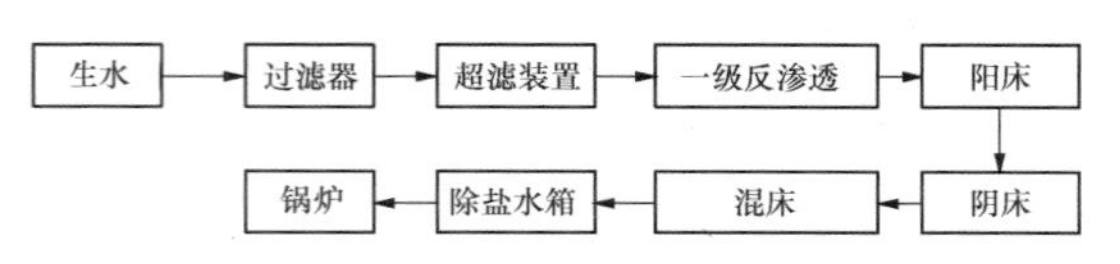

图 3-169　反渗透+离子交换工艺流程示意图

全膜法水处理工艺是将超滤、微滤、反渗透、EDI 等不同的膜工艺有机地组合在一起，达到高效去除污染物以及深度脱盐目的的水处理工艺。全膜法工艺流程和平面布置示例分别见图 3-171 和图 3-172。

（2）化学水处理室平面布置原则。

1）化学水处理室有化学水管与主厂房相连，为缩短管线长度、减少水质污染和有利于防腐，化学水处理室宜靠近主厂房固定端布置，并留有扩建的余地。

2）布置时应避免卸存酸类、碱类、粉状等物品对附近建（构）筑物的污染和腐蚀，且便于运输。

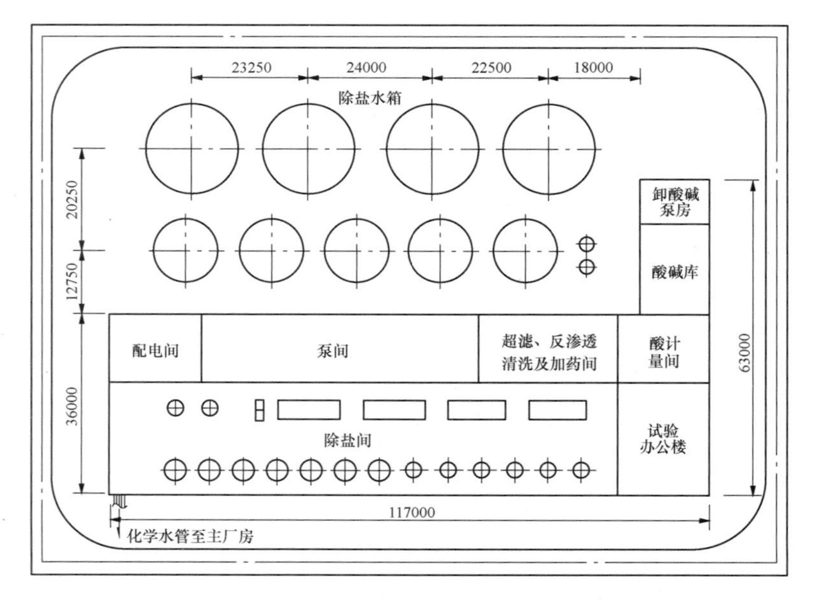

图 3-170　化学水处理室平面布置图（反渗透+离子交换法）

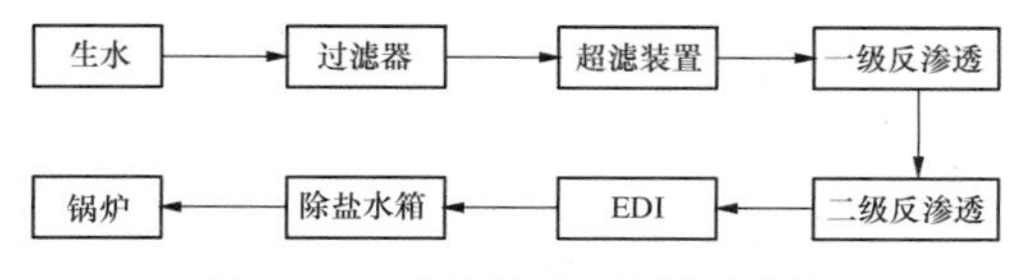

图 3-171　全膜法工艺流程示意图

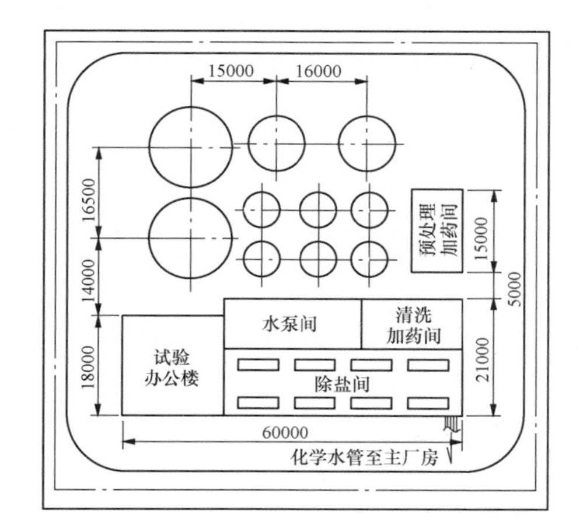

图 3-172　化学水处理室平面布置图（全膜法）

3）发电厂煤、水化验室一般设在化学水处理室内，化验室宜布置在振动影响和粉尘污染较小的地段。门窗不宜朝向酸碱库、输煤设施等，与铁路之间要有足够的防护间距（主要考虑火车振动影响），但不能要求整个水处理都按照上述各项要求布置，可以通过调整室内布置的方式满足化验室的上述各项要求。

4）在实际工程中，化学专业根据水质情况、水量及机组工况等因素，选择合适的处理工艺后，提出化学水处理室平面布置图。因该区域占地面积较大，当布置在厂区固定端时，往往影响固定端的宽度尺寸，故总图专业需根据总体布置需要，与化学专业配合后，对水处理室的布置形式及平面尺寸进行合理调整，最终确定合适的布置方案。

（3）化学水处理室平面布置方式。

1）在用地条件允许的情况下，通常将化学水处理室布置在主厂房固定端，且尽可能靠近汽机房，缩短化学水管道长度。该布置有利于降低工程投资和运行成本，因而在设计中最为常见，见图 3-173。

2）少数工程将化学水处理设施布置在扩建端，与汽机房毗邻，见图 3-174。该布置可进一步缩短化学水管长度，减少厂区占地，但因其位置位于扩建端，对施工有一定影响，且无法实现汽机房连续扩建，故在设计中需结合实际用地情况考虑是否采用此布置。

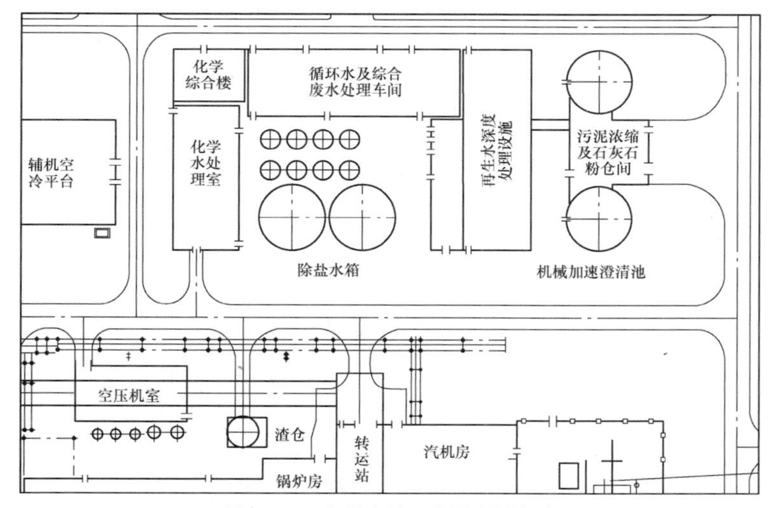

图 3-173　化学水处理布置在固定端

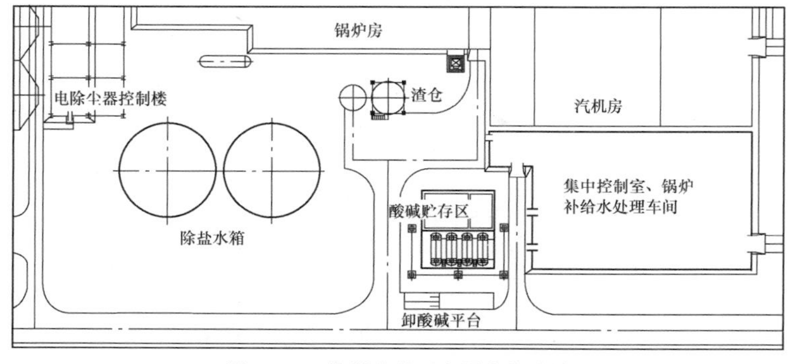

图 3-174　化学水处理布置在扩建端

2. 凝结水精处理设施

凝结水精处理设施包括凝结水精处理装置和再生装置。精处理装置通常布置在主厂房区域内；再生装置可以布置在主厂房区域内，也可以布置在化学水处理室内，前者的优点是管道距离近，后者的优点是便于化学水处理设施统一管理，大多数电厂都布置在主厂房区域内，见图 3-175。精处理再生装置的酸碱储存、计量设备及再生废水池不应布置在汽机房内。

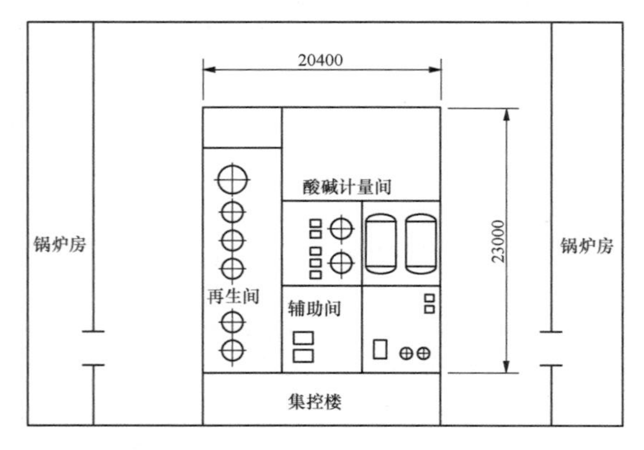

图 3-175 凝结水精处理设施布置在锅炉房之间

3. 循环水处理室

循环水处理室宜靠近冷却塔布置，可与循环水泵房联合布置，并应注意补充水管进出的方便。

4. 循环水排污水处理室

循环水排污水处理室可布置在循环水泵房或循环水干管附近，便于管线引接，也可布置在化学水处理室内，便于化学水处理设施的统一管理。

5. 热网水处理室

热网水处理设施包括热网补给水处理设施和生产回水处理设施。热网补给水处理设施通常布置在化学水处理室内。生产回水处理设施的布置与处理方式有关，一般布置在主厂房区域或布置在化学水处理室内。

（三）综合给水设施

综合给水设施包括工业、生活、消防水设施，主要供给电厂工业用水、循环水系统补充水、生活用水、消防用水等。上述设施单独布置，主要由工业、生活、消防水池及相应的水泵及管网系统组成。其工艺流程如图 3-176 所示。

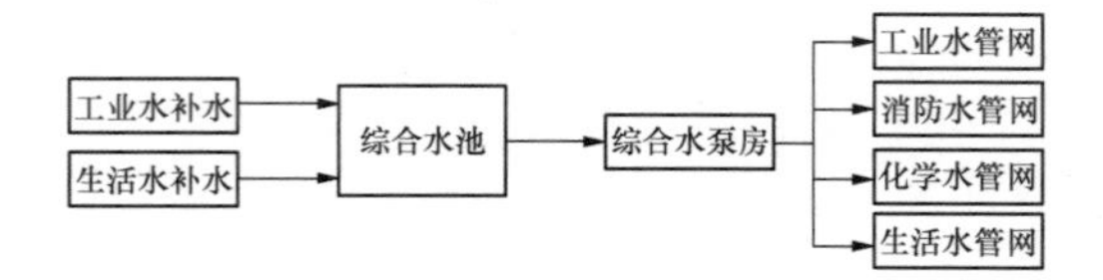

图 3-176 综合给水设施工艺流程示意图

综合水泵房和水池的位置宜设在给水水源与供水集中的地点，宜位于厂区边缘及环境洁净、给水管线短捷，且与主要用户支管距离短的地段。某 2×600MW 电厂综合给水设施平面布置如图 3-177 所示。

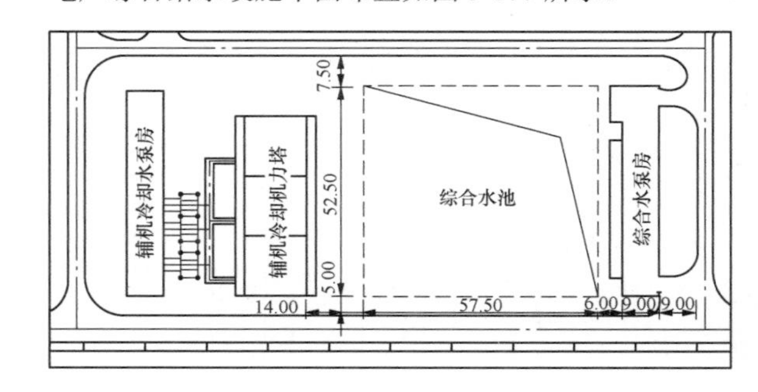

图 3-177 某 2×600MW 电厂综合给水设施平面布置图（单位：m）

（四）污、废水处理设施

电厂污、废水处理设施包括工业废水处理系统和生活污水处理系统。

1. 工业废水处理系统

工业废水处理系统主要包括经常性废水、非经常性废水、含油废水、含煤废水、脱硫废水处理系统。工业废水集中处理站宜布置在地势较低和管路短捷的地区，宜布置在厂区边缘地带，避开人流集中区域，并宜位于厂区全年最小风频风向的上风侧。工业废水处理站平面布置如图 3-178 所示。

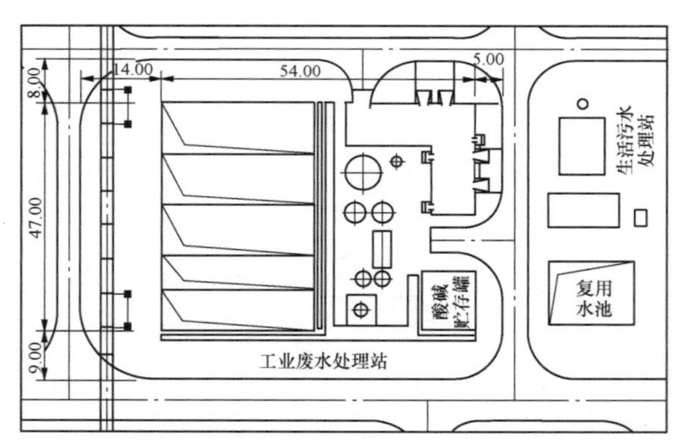

图 3-178 工业废水处理站平面布置图（单位：m）

（1）经常性废水。经常性废水主要包括机械搅拌澄清池排泥水、重力式无阀滤池反洗水、盘滤反洗水、超滤系统的反洗排水、反渗透浓水和锅炉补给水处理、凝结水精处理离子交换树脂再生产生的酸碱废水。上述废水处理设施通常布置在厂区净水站和锅炉补给水处理车间酸碱贮存区附近，或者就地收集后排至工业废水处理站集中处理。

（2）非经常性废水。非经常性废水主要包括锅炉酸洗废水、空气预热器清洗排水、除尘器冲洗水、低温省煤器冲洗水等，主要为 pH 值、重金属、悬浮物超标。大部分电厂是在锅炉房附近设机组排水槽，收集上述废水，排至工业废水处理站集中处理或非经常性废水池，经曝气、氧化、pH 值调整、混凝、澄清处理合格后进入复用水系统复用。

（3）含油废水。含油废水处理系统主要处理燃油泵房地面冲洗水、卸油栈台冲洗水及燃油罐区产生的含油废水，电厂其他场所产生的少量含油废水用移动式油水分离器就地处理。含油废水处理的隔油池一般布置在油罐区，通过隔油、油水分离后，收集的油回至油罐重复利用，清水经处理后回收利用。

（4）含煤废水。含煤废水主要来自煤场、输煤栈桥和转运站，通常在煤场附近设沉煤池进行收集，初步沉淀去除煤粒后，送至含煤废水处理站或工业废水处理站集中处理。

（5）脱硫废水。随着水资源的日益紧张和环保要求的日趋严苛，新建和改、扩建电厂均要求达到废污水零排放。电厂废污水零排放的难点就在于脱硫废水的处理。脱硫废水含盐量高，含有有机物、重金属离子等污染物，处理和回用难度大。目前电厂脱硫废水处理方案主要有以下几种：

1）石灰有机硫凝聚澄清处理。燃煤电厂脱硫废水普遍采用常规石灰有机硫凝聚澄清处理的方案，脱硫废水处理后以回收利用为主，产生的污泥需进行填埋处置。对于灰渣综合利用率不高的燃煤电厂，脱硫废水处理后可用于干灰调湿和灰场喷洒；对于灰渣综合利用率100%的燃煤电厂，脱硫废水处理后用于干灰调湿、湿式除渣系统补水或煤场喷洒，但湿式除渣系统设备腐蚀问题和灰渣综合利用影响问题需研究解决，脱硫废水喷洒煤场后，氯离子对于锅炉腐蚀影响有待进一步观察和研究。石灰有机硫凝聚澄清处理工艺流程如图 3-179 所示。

采用石灰有机硫凝聚澄清处理工艺的脱硫废水处理车间可单独布置，也可与石膏脱水楼合并布置，如图 3-180 所示。

图 3-179　石灰有机硫凝聚澄清处理工艺流程示意图

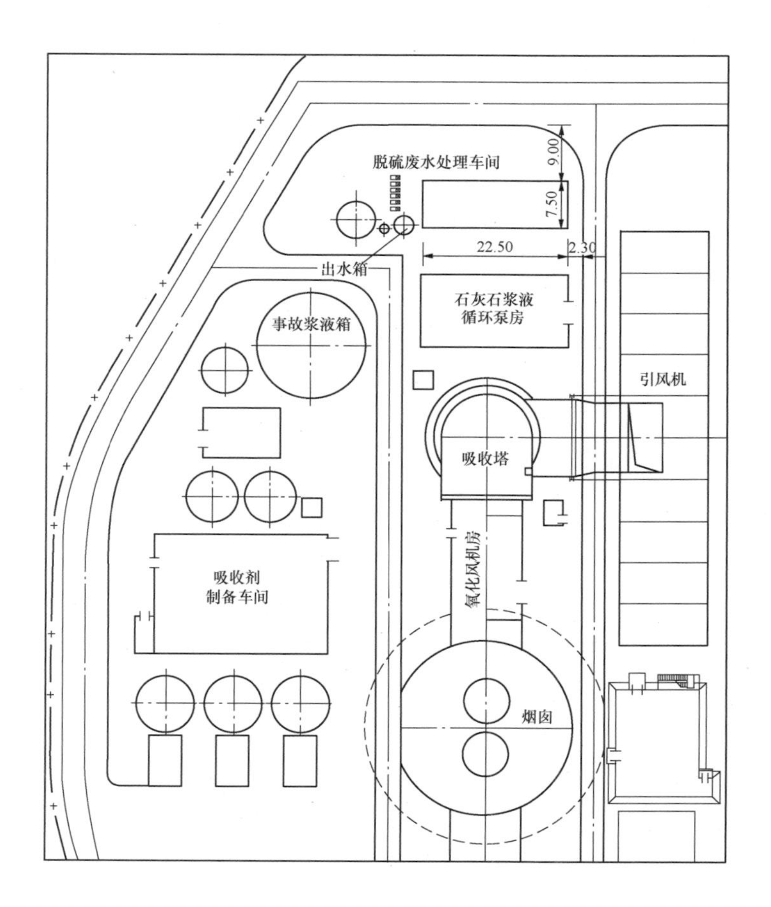

图 3-180　某 2×600MW 电厂石灰有机硫凝聚澄清处理平面布置图（单位：m）

2）蒸发结晶。蒸发结晶的处理工艺可以实现对脱硫废水的深度处理，达到“水回用，盐分离”的目的。脱硫废水预处理系统出水利用蒸发结晶系统经五级预热后，进入浓缩罐进行蒸发浓缩，达到一定的浓缩比后，经转料泵转料至析盐罐进一步浓缩至结晶盐析出，盐浆经增稠器、离心机实现固液分离后，固体结晶盐经干燥器干燥后包装外运；分离出来的母液回系统循环处理。蒸发结晶处理工艺流程如图 3-181 所示，平面布置如图 3-182 所示。

与常规石灰有机硫凝聚澄清处理工艺相比，蒸发结晶处理工艺的产水水质能够达到回用标准，实现脱硫废水及全厂废水零排放。但是该工艺系统占地面积较大，约 2500m^2；运行费较高；处理能力 20t/h 的蒸发结晶初投资约 5000 万元左右。该工艺适用于水体污染敏感地区和水资源匮乏地区的燃煤电厂。

2. 生活污水处理系统

电厂的生活污水一般采用活性污泥法和生物接触氧化法相结合，以后者为主体的生物处理方法，设施有阀门井、调节池、初沉池、氧化池、二沉池、污泥池等。污泥处理设污泥浓缩池，用吸粪车运至灰场。生活污水处理工艺流程如图 3-183 所示。污水处理站占地少，宜与工业废水处理站相邻布置，并宜布置在人流集中设施区的常年盛行风向的下风侧。站区绿化宜种植能够吸收不良气体的绿色植物，以净化空气。生活污水处理系统平面布置如图 3-184 所示。

（五）集中整合布置

电厂水处理系统，如原水预处理、锅炉补给水处理系统、工业废水处理系统等，传统的设计模式是采用分散布置，各系统之间通过管道连接，使得系统功能分散，很多设备重复建设，占地面积大，投资和运行费用高，管理及运行维护不方便。

未来火电厂的发展方向为数字化、集约化和模块化，因此有必要对全厂水处理系统进行资源整合，优化系统流程和设备配置，最大限度实现设备资源共享，以便于节约用地，节约成本，集中控制，方便管理，减少运行维护工作量，将与水处理相关的系统集中布置，建立集成型、高效化电厂“水务中心”。

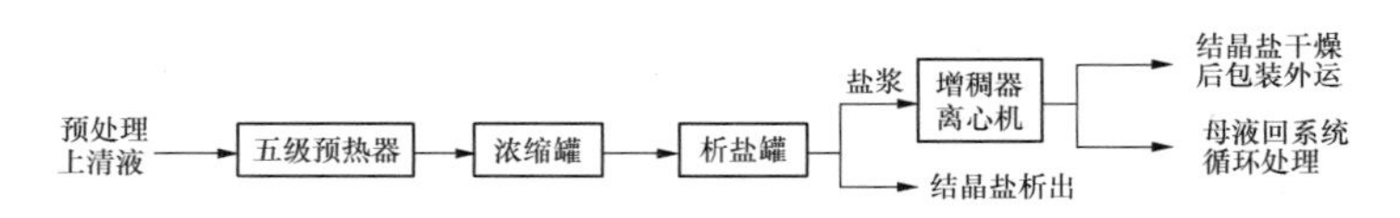

图 3-181　蒸发结晶处理工艺流程示意图

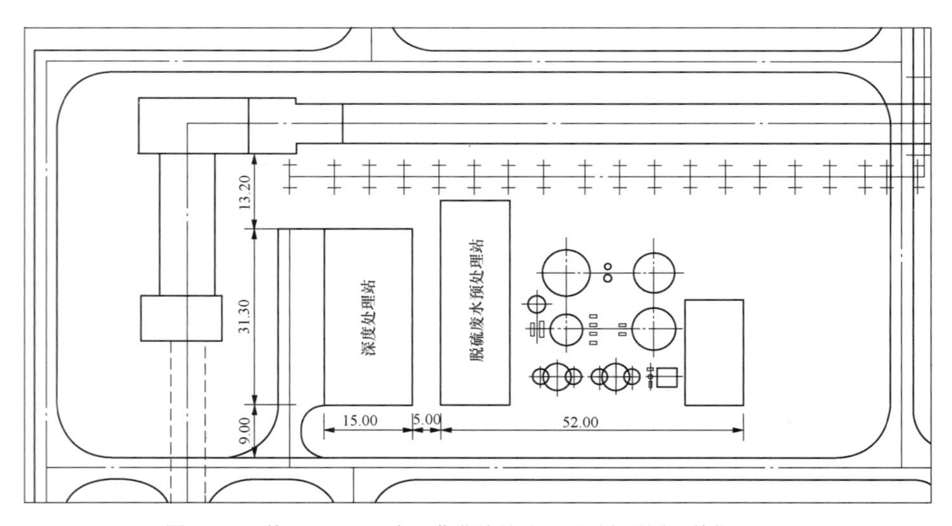

图 3-182　某 2×600MW 电厂蒸发结晶处理平面布置图（单位：m）

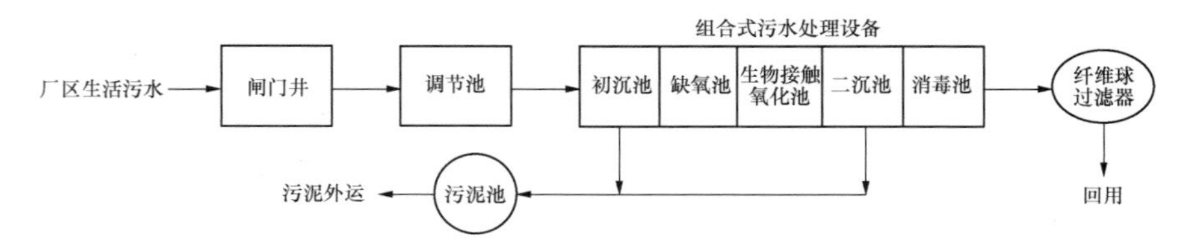

图 3-183　生活污水处理工艺流程示意图

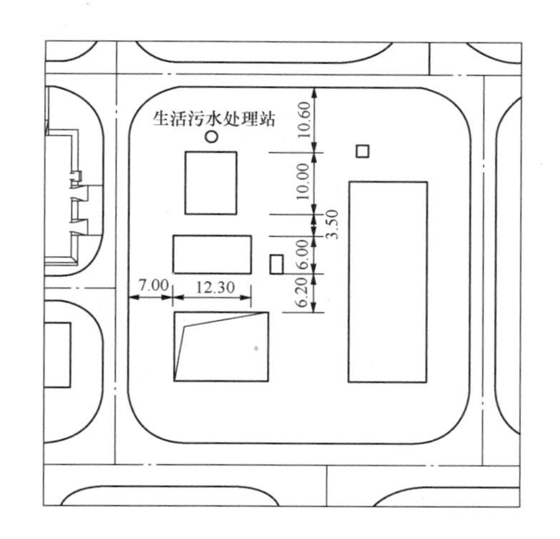

图 3-184　生活污水处理系统平面布置图（单位：m）

1. 集中整合布置范围

根据系统功能、流程特点及设备布置要求，可纳入整合范围的水处理系统包括：①原水预处理系统；②锅炉补给水处理系统；③工业废水处理系统；④含油废水处理系统；⑤凝结水精处理再生及辅助系统；⑥循环水加药系统等。

将这些系统设备集中布置，并分为几个功能区，如①预处理区；②锅炉补给水处理区；③废污水处理区；④药品贮存区等。

2. 集中整合布置与分散布置比较

某工程实例位于我国南方，按 4×1000MW 规划设计，本期先建 2×1000MW 机组，预留扩建 2×1000MW 的场地或设备空间。原水预处理、锅炉补给水处理系统、工业废水处理系统分散布置见图 3-185。通过工艺系统、设备、厂房的整合，水务设施整合布置规划图见图 3-186。

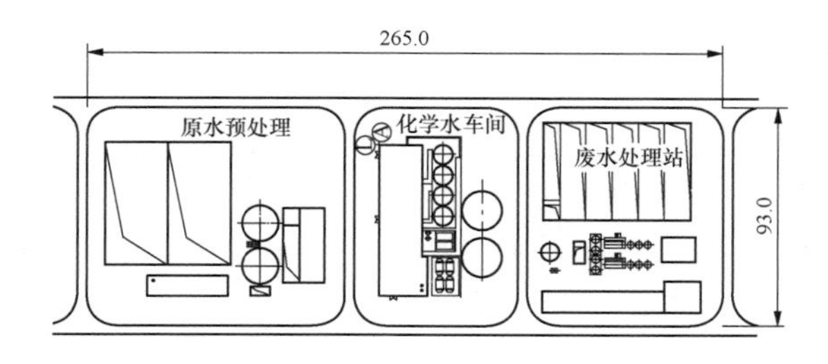

图 3-185　水务设施分散布置图（单位：m）

由于采取了厂房及设备集中布置，同类功能设备、厂房合并，建（构）筑物叠放等措施，大大节省了用地面积和土建及设备费用。各水处理系统集中布置，减少了系统间连接管线长度，使重力流更易实现，降低了系统之间的运行阻力，设备合并也将进一步降低电厂运行电耗。集中整合布置和分散布置比较见表 3-37。

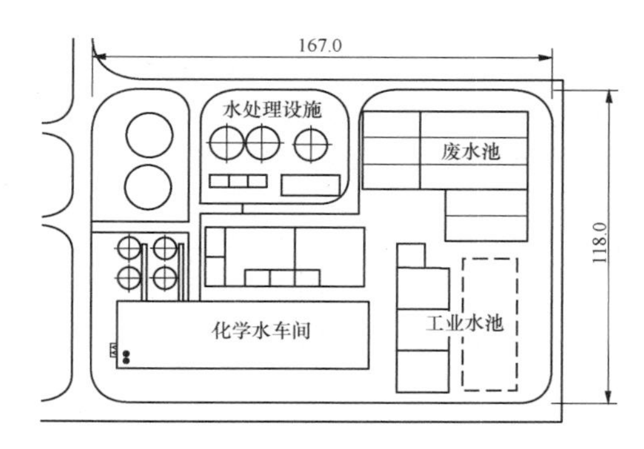

图 3-186　水务设施集中整合布置图（单位：m）

表 3-37　集中整合布置和分散布置比较（4×1000MW）

序号	项目	集中整合布置方案	分散布置方案
1	占地面积	19500m^2 （节约用地约 20%）	24500 m^2
2	投资费用	减少约 15%	基准（约 5000 万元）
3	运行费用	节约 25100kWh/年	基准

六、脱硫设施

火力发电厂设计中，不同的脱硫工艺，其脱硫设施不尽相同，总图运输设计所考虑的因素也有所区别。目前应用最为广泛的脱硫工艺有石灰石-石膏湿法脱硫、海水脱硫、CFB 炉内脱硫及干法脱硫等。

（一）石灰石-石膏湿法脱硫

石灰石-石膏湿法脱硫工艺具有技术成熟、运行可靠性好、脱硫效率高、对煤种变化适应性强、副产品易回收等优点，是目前应用最广泛的一种脱硫技术。

1. 工艺流程简介

石灰石-石膏湿法脱硫装置由吸收剂制备系统、烟气系统、SO_2 吸收系统、石膏脱水及储存系统、脱硫废水处理系统、工艺水系统等组成。

石灰石-石膏湿法脱硫的工艺流程是：烟气经锅炉尾部除尘器出来后，进入脱硫增压风机，通过烟气换热器后进入吸收塔，与吸收剂混合接触，使烟气中的二氧化硫、浆液中的碳酸钙，以及加入的氧化空气进行化学反应。脱硫后的烟气经过除雾器除去水分，再经过烟气换热器加热升温后，通过烟囱排放，也可不设换热器，直接通过烟囱排放。脱硫副产物经过旋流器、真空皮带脱水机脱水后成为脱水石膏。

该工艺的主要生产设施有吸收塔、循环浆液泵房、增压风机、烟气加热器等。辅助设施有石灰石浆液制备车间、石灰石浆液箱、事故浆池、工艺水箱、石膏脱水仓、石膏库、废水处理车间等。石灰石-石膏湿法脱硫装置常规的脱硫工艺流程见图 3-187。

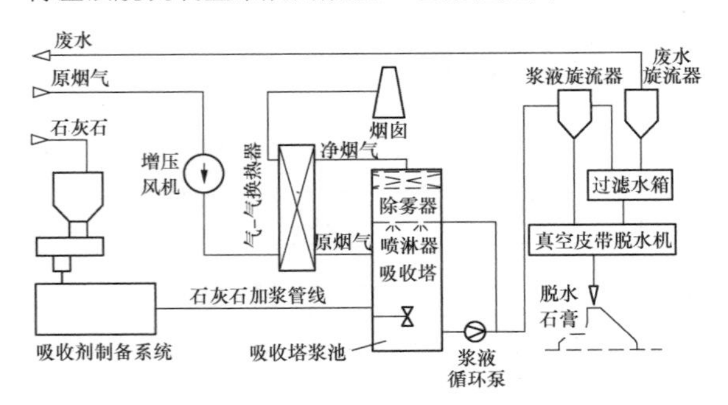

图 3-187　石灰石-石膏湿法脱硫工艺流程示意图

2. 脱硫设施总平面布置

脱硫设施总平面的总体设计要满足工艺流程合理，烟道短捷，交通运输便捷，方便施工，有利于维护检修，合理利用地形、地质条件，充分利用厂内公用设施，节约用地，工程量小，运行费用低的要求，并且符合环境保护、劳动安全和工业卫生要求。

（1）吸收塔宜布置在烟囱附近，应尽量靠近原烟气接口及烟气排放接入口，使原烟气烟道和净烟气烟道最大程度短捷。浆液循环泵应紧邻吸收塔布置。吸收剂制备及脱硫副产品处理场地宜在吸收塔附近集中布置，或结合工艺流程和场地条件因地制宜布置。

（2）吸收剂卸料及贮存场所宜布置在对环境影响较小的区域。吸收剂运输应考虑防潮、防洒落和防扬尘措施。

（3）石膏脱水设施宜靠近吸收塔布置，以尽量缩短石膏浆液输送管线的长度。石膏库或石膏贮存间宜与石膏脱水车间紧邻布置，并应设顺畅的运输通道。石膏库下面的净空高度应确保拟采用的石膏运输车辆能够通畅，一般可将脱水设施和石膏库联合布置。

（4）脱硫废水处理间宜紧邻石膏脱水车间布置，并有利于废水处理达标后与主体工程统一复用或排放。紧邻废水处理间的卸酸碱场地应选择在避开人流的偏僻地带。

（5）事故浆液储罐宜靠近吸收塔布置，多套脱硫装置可共用一个事故浆液储罐，其布置位置应便于多套装置共用。工艺水箱及水泵可以露天布置，一般不单独室内布置。

（6）单机容量为 300MW 及以上机组时，两套烟气脱硫装置宜采用集中脱硫控制室，布置在两套装置的中间地带。脱硫控制室可与其他控制室合并布置，如除灰控制室。

（7）脱硫装置与主体工程不能同步建设而需要预留脱硫场地时，宜预留在紧邻锅炉引风机后部烟道及烟囱的外侧区域。场地大小应根据将来可能采用的脱硫工艺方案确定。在预留场地上不应布置不便于拆迁的设施。

（8）技改工程应避免拆迁运行机组的生产建（构）筑物和地下管线。当不能避免时，应采取合理的过渡措施。

某 2×660MW 电厂脱硫吸收剂原料为石灰石块，厂内设置石灰石制浆车间，脱硫区域总平面布置如图 3-188 所示。

某 2×1000MW 电厂脱硫吸收剂原料为石灰石粉，厂内设置石灰石粉仓，脱硫区域总平面布置如图 3-189 所示。

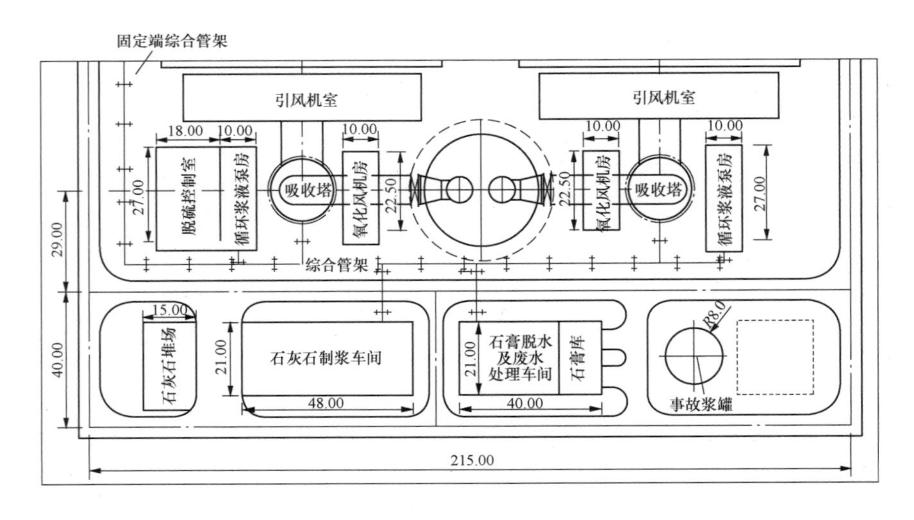

图 3-188　某 2×660MW 电厂脱硫区域总平面布置图（单位：m）

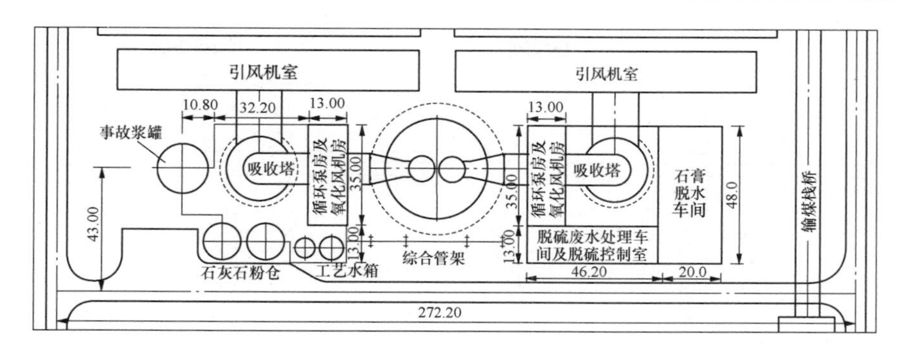

图 3-189　某 2×1000MW 电厂脱硫区域总平面布置图（单位：m）

（二）海水脱硫

我国燃煤火力发电厂大多数采用石灰石湿法脱硫工艺，但在靠近沿海的发电厂也有部分采用海水脱硫工艺的，约占已投运火电烟气脱硫机组总容量的 3%。

1. 工艺流程简介

海水脱硫是利用海水的天然碱性吸收烟气中 SO_2 的一种脱硫工艺。海水脱硫工艺主要由烟气系统、SO_2 吸收系统、海水供排水系统、海水恢复系统等组成。海水恢复系统包括曝气池和曝气风机。曝气池分配水区、曝气区、排放区和旁路区。

脱硫吸收剂——海水采用发电机组凝汽器的循环冷却水排水：一部分排水经海水升压泵升压后直接供给脱硫吸收塔内，反应后的海水排至曝气池；另一部分循环冷却水排水直接进入曝气池，其中大部分的海水进入曝气区的前端和脱硫后的海水混合，小部分的新鲜海水经旁路区进入排放区。混合后的海水在曝气区内向前流动过程中进行曝气，在曝气池内使海水满足排放标准的要求，最终排回大海。

其脱硫工艺流程如图 3-190 所示。

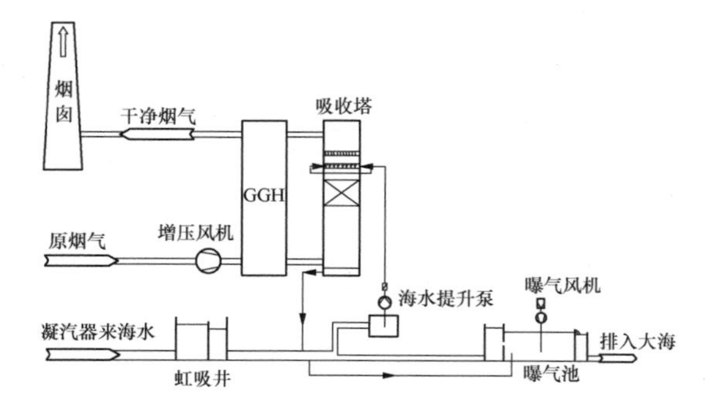

图 3-190　海水脱硫工艺流程示意图

海水脱硫工艺有以下特点：

（1）不需要加任何添加剂，不产生副产品和废弃物，避免了处理废弃物等问题；

（2）一次性的投资量大；

（3）排水明渠和排水口处容易产生泡沫，有一定的视觉污染。

2. 脱硫设施总平面布置

脱硫设施以合理优化布置为原则，系统设备布置紧凑，方便运行维护，减少用地面积。

脱硫区域分为吸收塔区和海水曝气区两个区域。吸收塔区一般布置在锅炉尾部，与石灰石-石膏湿法脱硫工艺基本相同。海水曝气区一般包括曝气风机和曝气池，其位置可以结合循环水排水口的位置，布置在 A 排前或与吸收塔区域一起布置在烟囱后。曝气风机采用室内布置，其他设备均为露天布置。2×1000MW 机组每台机组的脱硫场地东西向宽约 100m，南北向长约 130m，用地面积约 $26000m^2$ 即可满足要求。海水升压泵的进水流道可以与虹吸井共壁，减少占地。海水脱硫平面布置如图 3-191 所示。

海水曝气区也可以布置在 A 排前，其位置取决于海水排水口的方位。当排水往 A 排方向排放时，海水曝气区可与吸收塔区分离布置，吸收塔区还是布置在炉后的烟囱区域，方便烟气接入与排出，而海水曝气区布置在 A 排前，方便海水从虹吸井经过曝气池后排入大海。某 2×350MW 机组 A 排朝北，海水取排水方向均在北面，为了节约排水箱涵的长度，海水曝气池布置在 A 排前，每台机组的海水曝气区约为 40m×80m，东西向宽约 80m，南北向长约 40m，两台机组占地面积约 $6500m^2$ 即可满足布置要求。2×350MW 机组海水曝气区布置如图 3-192 所示。

（三）CFB 炉内脱硫及干法脱硫

1. CFB 炉内脱硫

CFB 发电技术是国际上公认的商业化程度最好的洁净煤发电技术之一，具有燃料适应广、负荷调节比宽、低温燃烧使 NO_x 生成量少，可用石灰石作脱硫添加剂，低成本实现炉内脱硫等优势。

（1）工艺流程简介。CFB 锅炉采用炉内添加石灰石的方法来脱除 SO_2，即将炉膛内的 $CaCO_3$ 高温煅烧分解成 CaO，与烟气中的 SO_2 发生反应生成 $CaSO_4$，随炉渣排出，从而达到脱硫目的。CFB 炉内脱硫工艺流程如图 3-193 所示。

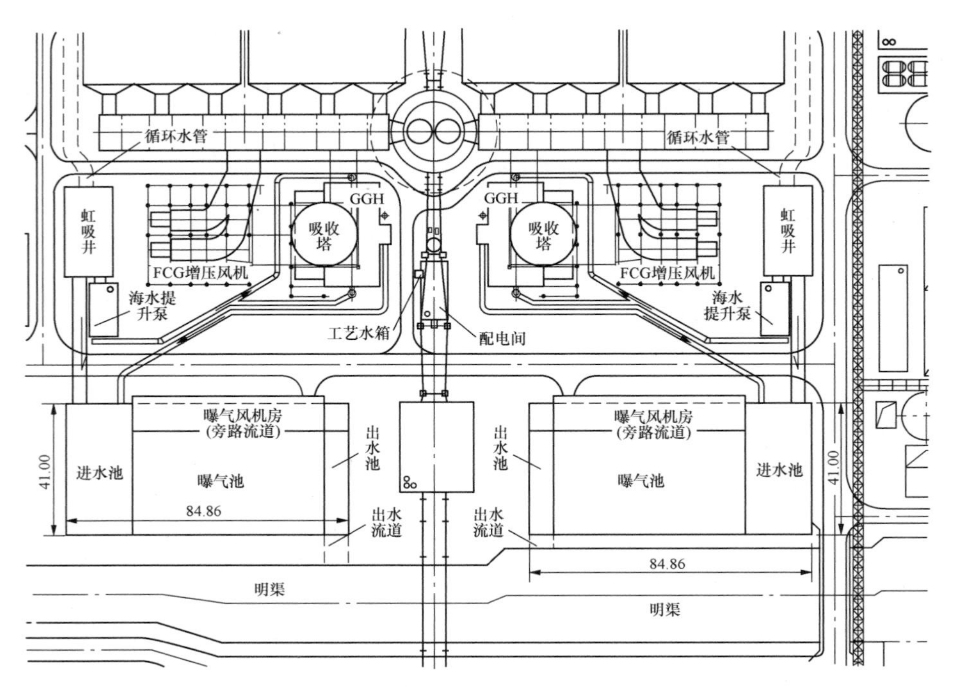

图 3-191　2×1000MW 机组海水脱硫平面布置图（单位：m）

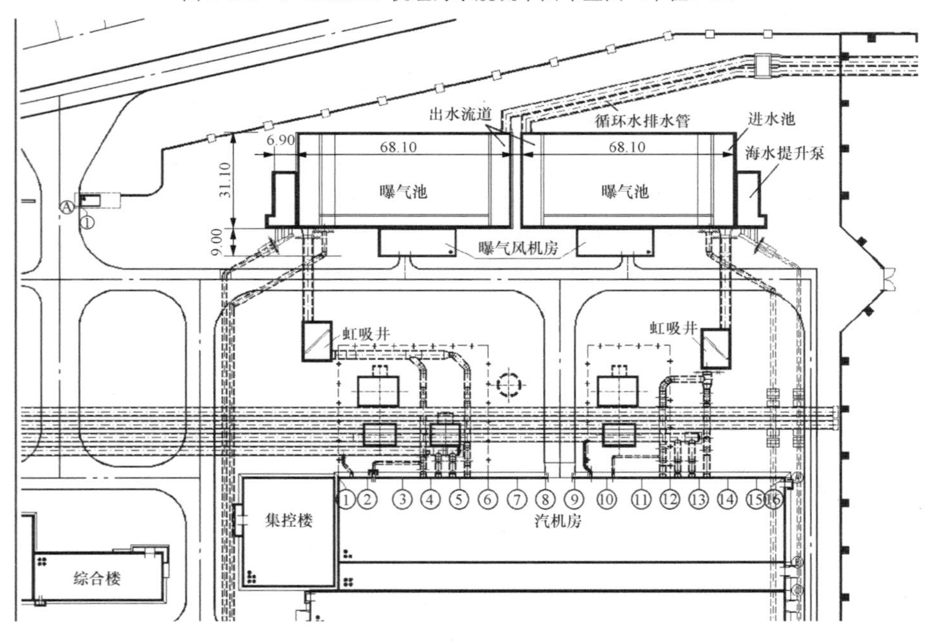

图 3-192　2×350MW 机组海水曝气区布置图（单位：m）

（2）脱硫设施总平面布置。CFB 炉内脱硫与常规煤粉炉相比，增加了石灰石（粉）系统，如果采用外购满足粒径要求的石灰石（粉），总平面布置需考虑石灰石（粉）仓的布置；如果采用石灰石制备系统，总平面布置需考虑石灰石储存及磨制以及输送系统的布置。石灰石（粉）仓和石灰石制备系统宜满足下列要求：

1）当石灰石粉采用气力输送时，石灰石（粉）仓宜靠近锅炉房布置。

2）为减少石灰石（粉）输送的能耗以及对管道的磨损，石灰石制备系统宜靠近锅炉房布置，并宜位于全厂最小风频上风向。目前国内 CFB 机组石灰石粉采用一级气力输送的最远距离可达到 390m。

CFB 炉内脱硫+炉外脱硫，采用石灰石制备系统，石灰石（粉）气力输送的总平面布置如图 3-194 所示。

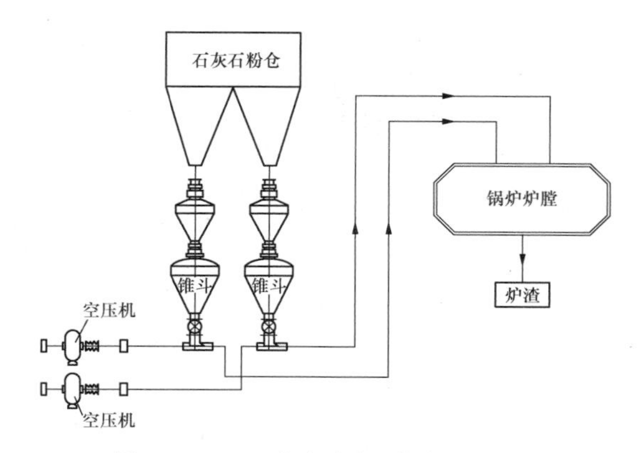

图 3-193　CFB 炉内脱硫工艺流程示意图

2. 干法脱硫

GB 13223—2011《火电厂大气污染物排放标准》对 SO_2 的排放浓度做出了明确要求，规定新建燃煤锅炉 SO_2 的排放浓度限值为 100mg/m^3，位于广西壮族自治区、重庆市、四川省和贵州省的新建燃煤锅炉排放限值为 200mg/m^3。燃煤含硫量较高时，CFB 锅炉炉内脱硫后，烟气中 SO_2 排放浓度不能满足上述排放标准的要求，因此需要进行尾部烟气的二次脱硫。二次脱硫工艺多种多样，这里主要介绍常用的干法脱硫。

（1）工艺流程简介。干法脱硫的工艺流程为：来自锅炉空气预热器出口的烟气从吸收塔底部进入，并在塔内进行脱硫反应，脱硫后的烟气从塔顶引出进入布袋除尘器，除尘后的烟气经引风机、烟囱排入大气。干法脱硫采用生石灰经消化后作为吸收剂，副产物为脱硫灰，成分与 CFB 锅炉灰渣相同，主要为锅炉燃烧飞灰及脱硫反应产生的各种钙基化合物，可综合利用。干法脱硫工艺流程如图 3-195 所示。

（2）脱硫设施总平面布置。循环流化床干法脱硫工艺装置主要包括生石灰仓、消石灰仓、吸收塔和布袋除尘器等，布置在空气预热器出口至锅炉引风机及烟囱之间。循环流化床干法脱硫平面及断面布置如图 3-196、图 3-197 所示。

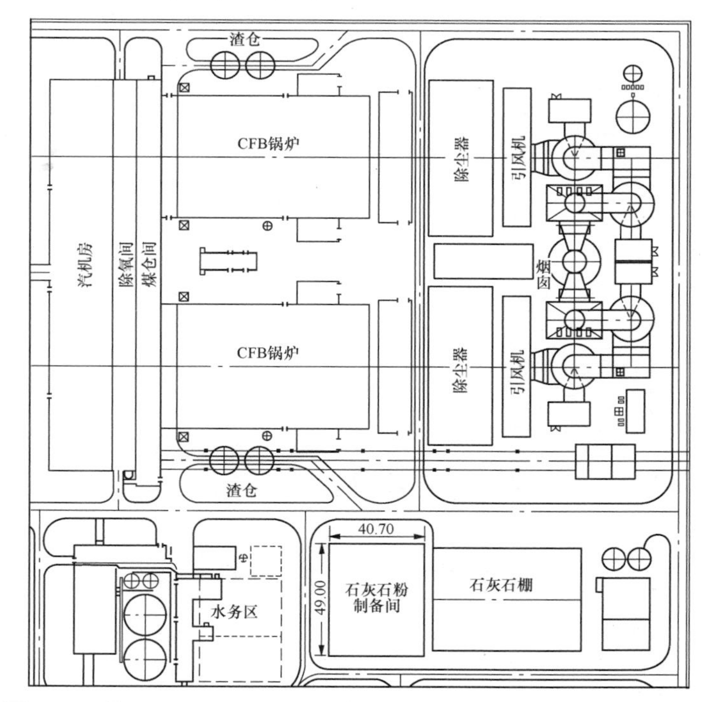

图 3-194　某 2×600MW CFB 电厂石灰石制备系统与 CFB 锅炉总平面布置图

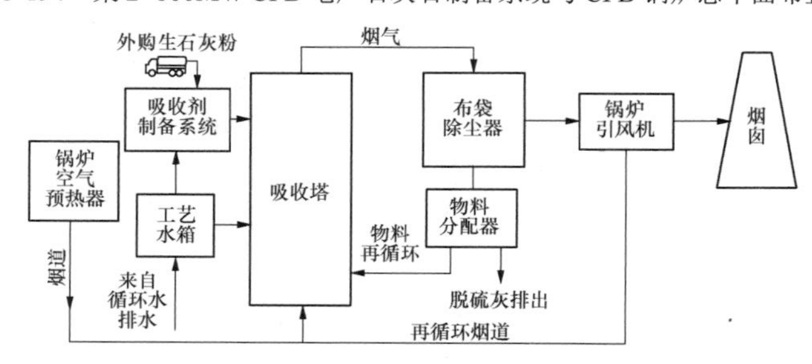

图 3-195　干法脱硫工艺流程示意图

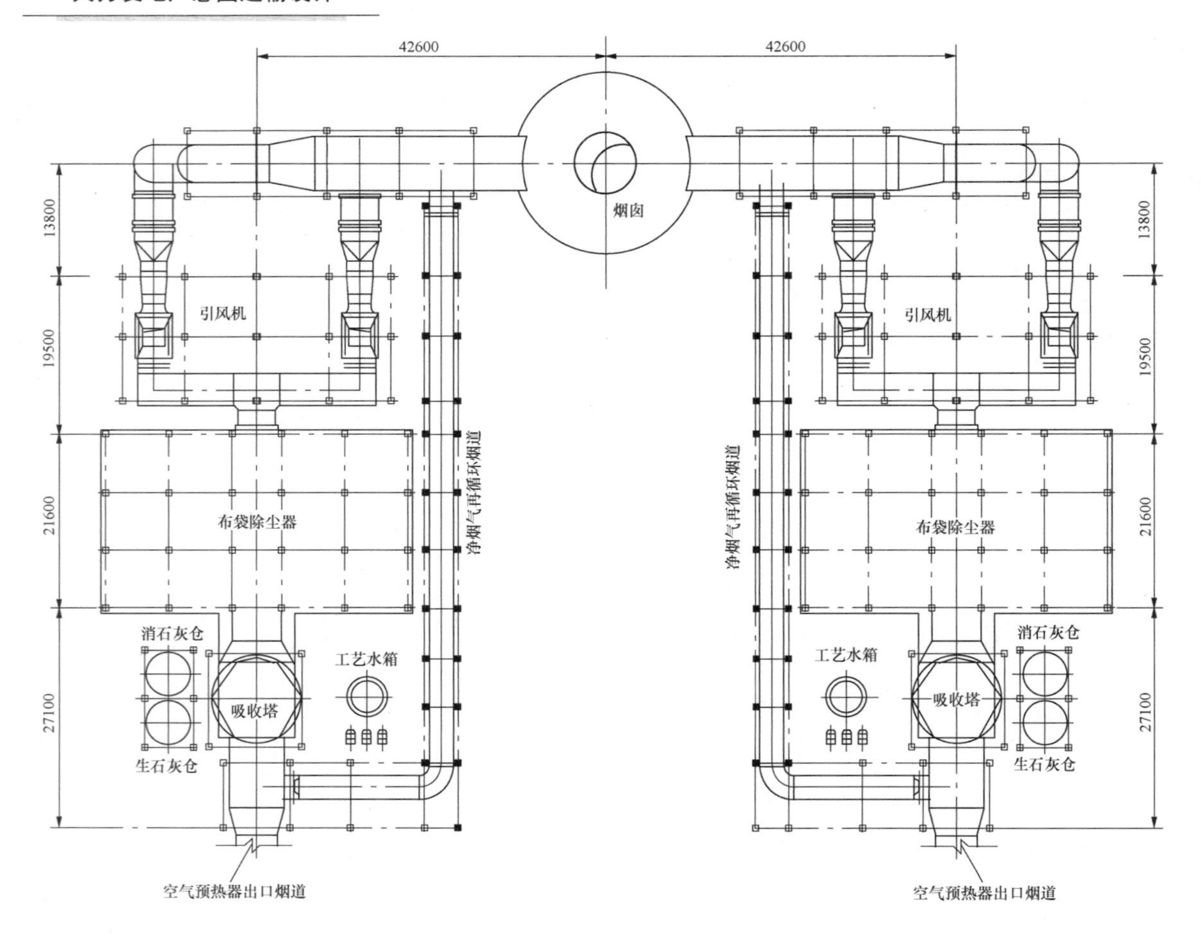

图 3-196 干法脱硫平面布置图

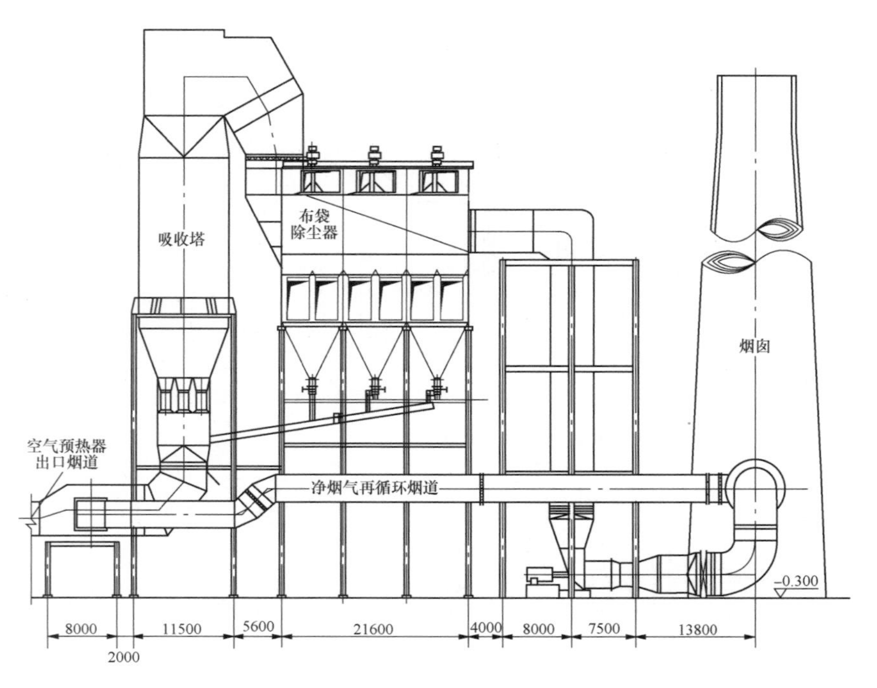

图 3-197 干法脱硫断面布置图

七、脱硝设施

电厂烟气中除了排放的二氧化硫可造成酸雨污染外，氮氧化物的排放对环境的影响也比较严重，它能破坏大气同温层的臭氧层，同时它本身也是一种能产生温室效应的气体。随着我国经济的快速发展和环保意识的加强，新颁布实施的GB 13223—2011《火电厂大气污染物排放标准》对氮氧化物的排放浓度做出了明确要求，规定新建燃煤锅炉氮氧化物的排放浓度限值为100mg/m³（W型火焰锅炉为200mg/m³），重点地区氮氧化物的排放限值为100mg/m³。所以降低氮氧化物的排放是新建（扩建）电厂必须考虑的问题。

（一）工艺流程简介

目前，降低氮氧化物的方法主要是设置烟气脱氮装置，其中选择性催化还原法（SCR）是应用最广泛、技术最成熟的烟气脱硝方式。选择性催化还原法脱硝系统主要由脱硝剂制备系统、烟气及SCR反应器系统、压缩空气系统和监控调节系统等组成。SCR脱硝工艺流程如图3-198所示。

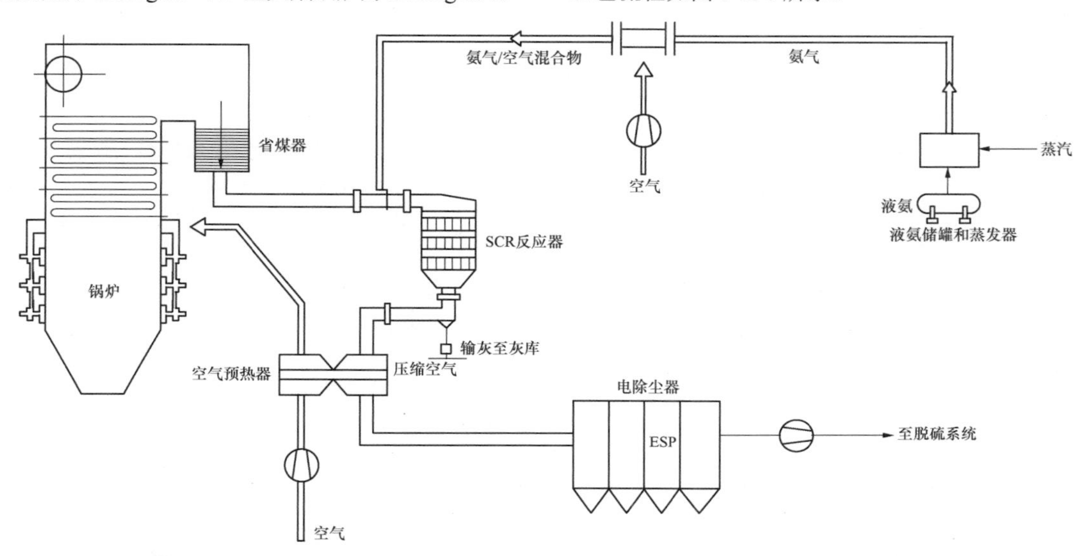

图3-198 SCR脱硝工艺流程示意图

（二）脱硝设施总平面布置

1. SCR反应器本体及辅助系统部分的布置

SCR反应器本体及辅助系统部分常规均布置在锅炉省煤器出口烟道及空气预热器进口烟道之间，结合空气预热器出口与电除尘器进口之间的烟道布置制作成一独立自承式结构的整体，位于空气预热器出口至电除尘器进口烟道之上。

2. 脱硝剂储存及制备系统部分的布置

常见的脱硝剂有液氨、尿素、氨水3种。脱硝剂的选择应按防火、防爆、防毒以及脱硝工艺的要求，根据电厂周围环境条件、运输条件和电厂内部的场地条件，经环境影响评价、安全影响评价和技术经济比较后确定。对于SCR烟气脱硝工艺，若电厂地处城市远郊或远离城区，且液氨产地距电厂较近，在能保证运输安全、正常供应的情况下，宜选择液氨作为还原剂；位于大、中城市及其近郊的电厂，宜选择尿素作为还原剂；当锅炉蒸发量不大于400t/h时，也可采用氨水作为还原剂。

（1）液氨区的布置。液氨区应单独布置，近期与远期结合，分期实施；宜布置在厂区边缘，主要生产设备区、明火或散发火花地点全年最小频率风向的上风侧；宜远离湿式冷却塔布置，并宜布置在湿式冷却塔全年最小频率风向的上风侧；宜布置在通风条件良好、人员活动较少，且运输方便、地势较低的安全地带；不宜布置在厂前建筑区和主厂房区内；不应布置在窝风地段；不宜紧靠排洪沟布置；氨区宜设环形消防车道与厂区道路形成路网；氨区周围宜设非燃烧体实体围墙。液氨的储存和输送应按照火灾危险性乙类相关标准要求设计。液氨区与其周围建（构）筑物的防火间距应符合GB 50016《建筑设计防火规范》和DL/T 5480《火力发电厂烟气脱硝设计技术规程》的相关规定。液氨区的平面布置如图3-199所示。

（2）尿素区的布置。尿素区宜布置在锅炉房附近。尿素区内建（构）筑物的火灾危险性分类及其耐火等级应按水解和热解两种工艺进行分类：当采用水解工艺、尿素水解反应器布置在脱硝主工艺装置区时，尿素车间为丙类二级；当采用水解工艺、尿素水解反应器布置在尿素车间时，应根据GB 50016－2014《建筑设计防火规范》第3.1.2条的规定确定尿素车间的火灾危险性分类；当采用热解工艺，尿素绝热分解室布置在锅炉房内或靠近锅炉房时，尿素车间为丙类二级。尿素车间与周围建（构）筑物的防火间距应符合 GB 50016《建筑设计防火规范》的相关规定。尿素区的平面布置如图 3-200 所示。

（3）氨水区的布置。氨水区不宜靠近厂前建筑区及人员集中的地方布置。氨水区氨水储罐的火灾危险性分类宜按丙类液体，防火间距应符合 GB 50016《建筑设计防火规范》的相关规定。氨水区的平面布置如图 3-201 所示。

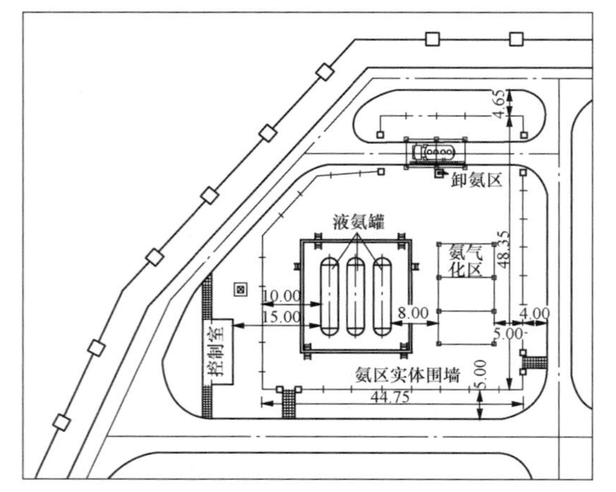

图 3-199　某 2×600MW 电厂液氨区平面布置图

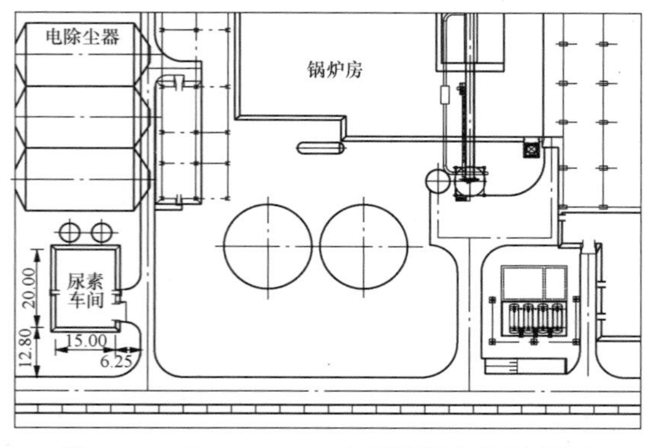

图 3-200　某 2×1000MW 电厂尿素区平面布置图

八、除灰渣设施

火力发电厂除灰渣设施是用以收集、输送、存储和排放燃料在锅炉内燃尽后所产生炉渣和飞灰的设施，通常采用灰渣分除的除灰渣系统。除灰渣设施建（构）筑物主要包括渣仓、除尘器和灰库。

（一）除渣系统

目前常用的除渣系统有风冷式排渣机干式除渣系统和水浸式刮板捞渣机湿式除渣系统。

1. 工艺流程简介

除渣系统工艺流程见图 3-202。

除渣系统平面和断面布置见图 3-203、图 3-204。

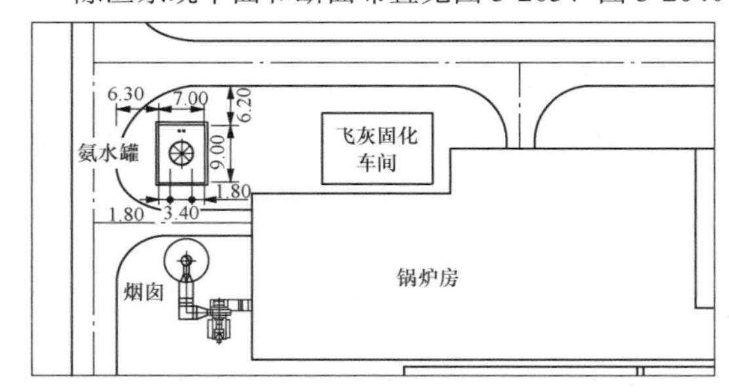

图 3-201　某垃圾电厂氨水区平面布置图

2. 除渣设施总平面布置

（1）渣仓通常布置在锅炉房外侧、炉膛中心线附近，在主厂房布置时统一考虑。

（2）当电厂一期工程建设两台机组（1 号机组和 2 号机组）时，渣仓通常分别布置在 1 号机组和 2 号机组锅炉房的外侧，运渣入口分别朝向主厂房固定端道路和扩建端道路；当电厂二期工程再扩建两台机组（3 号机组和 4 号机组），且主厂房采用连续扩建方案时，需将 3 号机新建渣仓和 2 号机组既有渣仓布置在同一个区域，此时往往由于场地受限，两台渣仓的入口无法实现对向布置，需将其运输入口均朝向炉后道路。故在一期工程设计时，应注意将 2 号机组运输入口朝向炉后道路，以避免出现二期工程建设时改造一期渣仓运灰入口的情况，造成投资浪费，且影响一期机组运行。

（3）当主厂房采用同期建设 3 台或 3 台以上机组时，若锅炉宽度方向尺寸较大，导致相邻锅炉房之间的距离较近或多台机组锅炉房联合布置时，使得渣仓无法布置在两炉之间，可将渣仓布置在炉后除尘器区域。

渣仓及除尘器总平面布置见图 3-205。

（二）除灰系统

除灰系统主要采用除尘器收集飞灰，然后通过气力输送系统将其输送至灰库储存。

1. 工艺流程简介

气力除灰系统工艺流程见图 3-206。

目前，国内燃煤发电厂采用的除尘器形式主要有静电除尘器、布袋式除尘器和电袋组合除尘器三种。

（1）静电除尘器（ESP）的主要工作原理是在电晕极和收尘极之间通上高压直流电，所产生的强电场使气体电离、粉尘荷电，带有正、负离子的粉尘颗粒分别向电晕极和收尘极运动而沉积在极板上，使积灰通过振打装置落进灰斗。静电除尘器示意图见图 3-207。

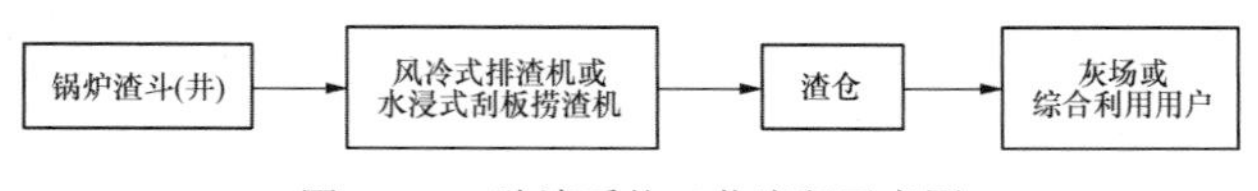

图 3-202　除渣系统工艺流程示意图

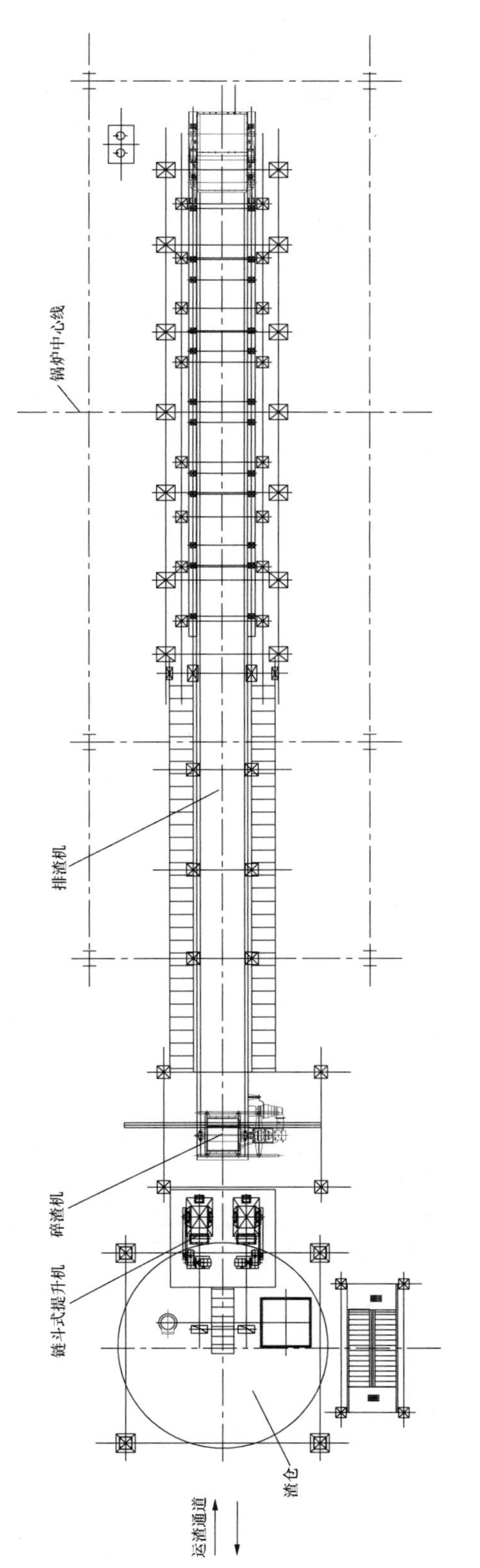

图 3-203 除渣系统平面布置图

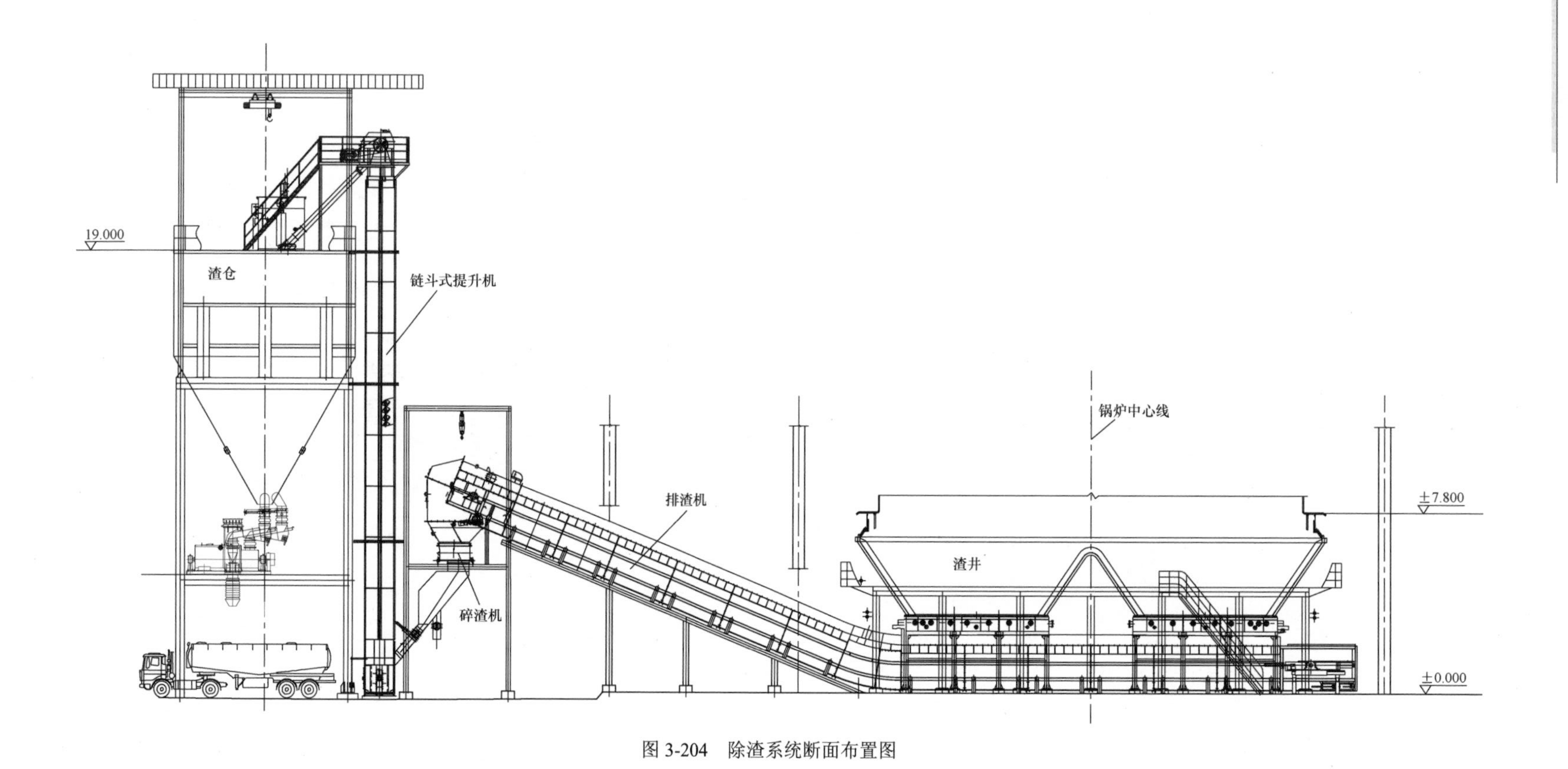

图 3-204　除渣系统断面布置图

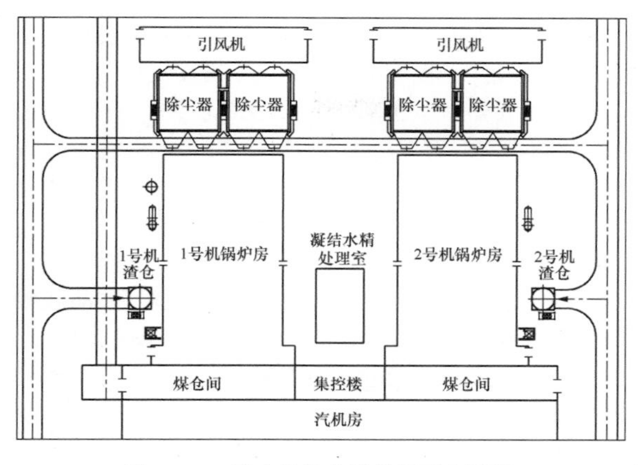

图 3-205　渣仓及除尘器总平面布置图

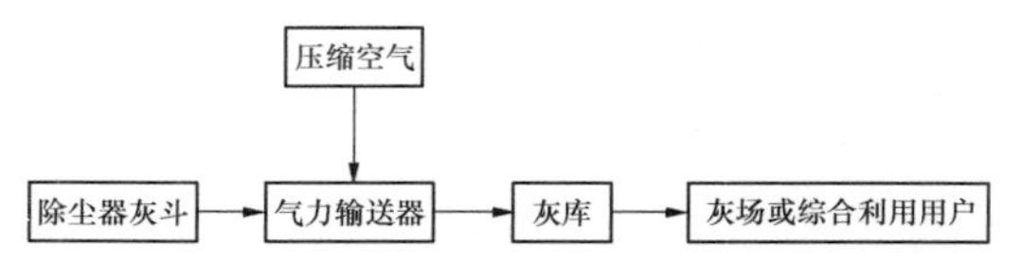

图 3-206　气力除灰系统工艺流程示意图

（2）布袋除尘器的主要工作原理包含过滤和清灰两部分。过滤是指含尘气体中粉尘的惯性碰撞、重力沉降、扩散、拦截和静电效应等作用结果。布袋过滤捕集粉尘是利用滤料进行表面过滤和内部深层过滤。清灰是指当滤袋表面的粉尘积聚达到阻力设定值时，清灰机构将清除滤袋表面的烟尘，使其落入灰斗。布袋除尘器示意图见图 3-208。

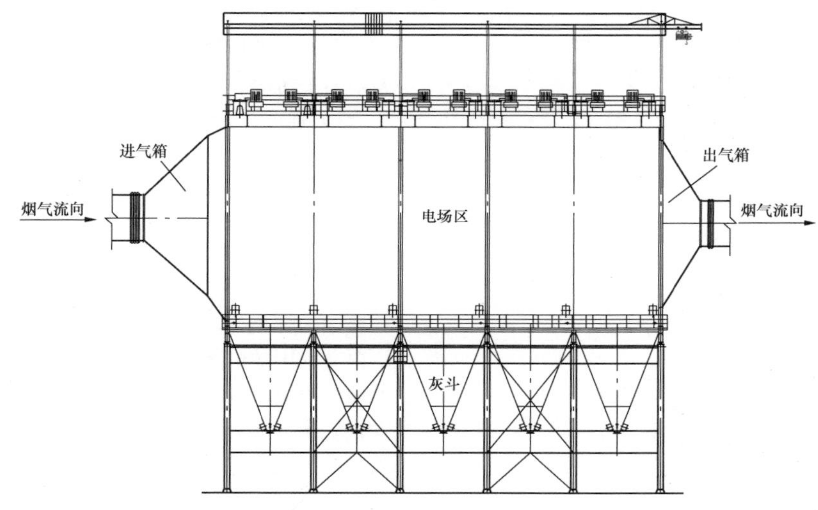

图 3-207　静电除尘器示意图

（3）电袋组合除尘器是指在同一个箱体内紧凑安装电场区和滤袋区，有机结合静电除尘和过滤除尘机理的除尘设备。电袋复合式除尘器的工作过程是含尘烟气进入除尘器后，70%～80%的烟尘在电场内荷电而被收集下来，剩余 20%～30%的细烟尘被滤袋过滤收集。电袋组合除尘器示意图见图 3-209。

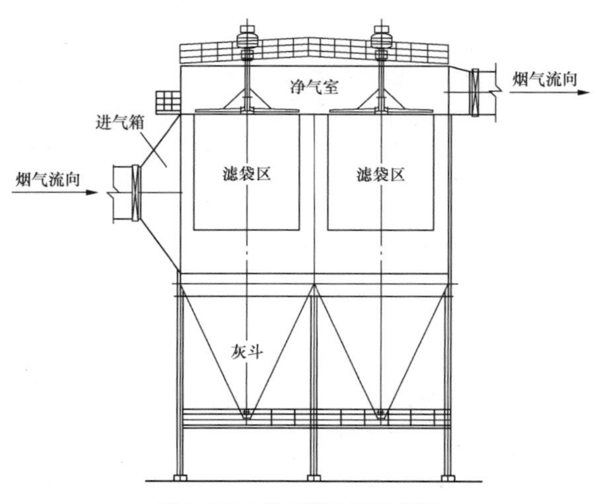

图 3-208　袋式除尘器示意图

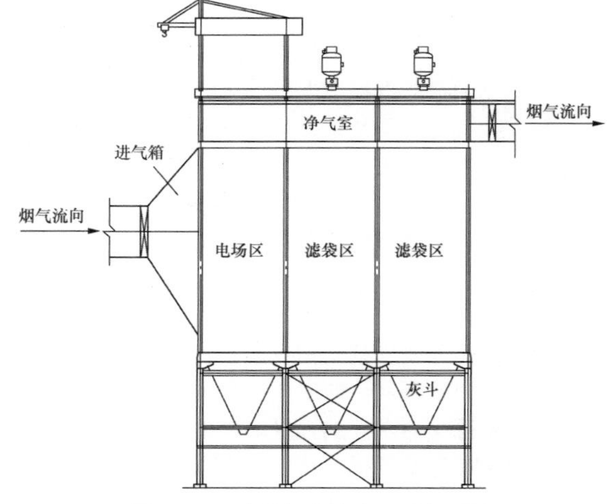

图 3-209　电袋组合除尘器示意 5 图

2. 除灰设施总平面布置

（1）除尘器布置在锅炉房和引风机室之间，在主厂房布置时统一考虑，见图 3-205。

（2）灰库布置。

1）为减少卸灰区域，灰库宜集中布置。

2）当采用负压气力除灰时，负压风机房、灰库应布置在炉后，并靠近除尘器。当采用正压气力除灰时，除灰空压机应靠近除尘器布置，灰库宜布置在交通方便和对环境污染影响小的地带。

3）为便于运灰车辆运输，灰库运输道路宜采用贯通式，困难情况下也可采用尽端式。道路转弯半径需满足运灰车辆行驶要求，一般不小于 12m。灰库及运灰道路平面布置见图 3-210。

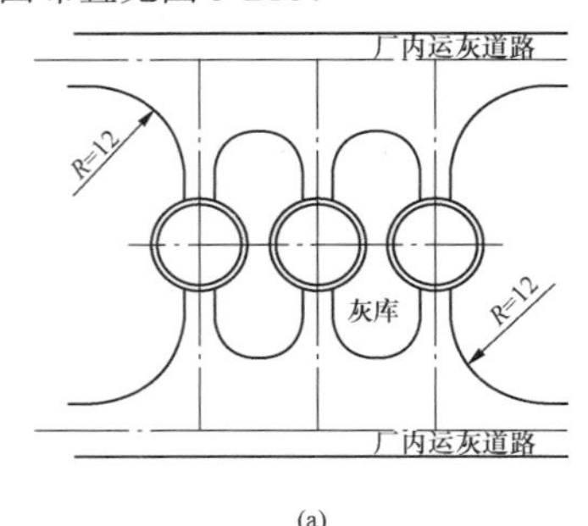

(a)

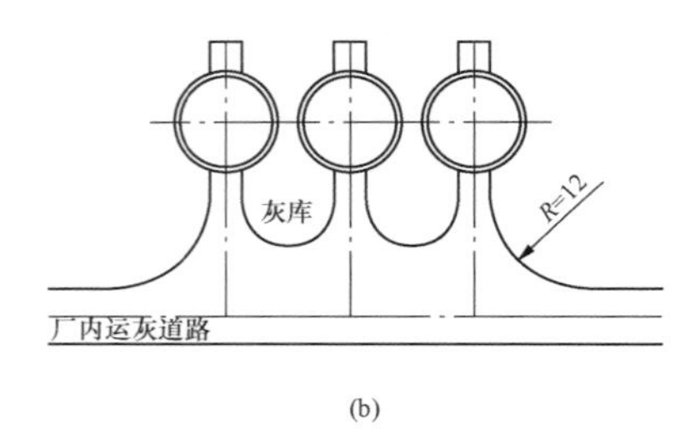

(b)

图 3-210 灰库及运灰道路平面布置图（单位：m）
（a）贯通式运灰道路；（b）尽端式运灰道路

（三）除尘器架空布置

近年来部分电厂采用除尘器灰斗安装汽车装灰设备，除尘器的排灰直接用汽车外运的方案，达到电厂不设灰库和气力输灰装置，从而节省输灰系统的初投资和运行费用的效果。

1. 除尘器架空布置应注意的问题

为了使除尘器下部的灰斗具有灰库的作用，必须增加灰斗的总容积，并减少灰斗的数量，以便于汽车装运。设计需要考虑电除尘器灰斗的数量、灰斗的结构设计、除尘器钢支架结构设计、防止灰斗堵灰的技术措施等，以确保灰斗能安全可靠地运行。

（1）电除尘器灰斗的数量。以采用电袋除尘器的某 2×350MW 超临界循环流化床火电机组为例，除尘器每个通道可只设一个或两个出口，若采用一个灰斗出口，每台炉灰斗总容积过大，远超出实际要求，而且比常规除尘器提高了约 13m，结构投资较大。

若除尘器每个通道采用两个灰斗，灰斗总有效容积满足规程要求，除尘器烟气进口标高比常规除尘器只抬高了约 7m。因此，该 2×350MW 机组单台炉除尘器 4 个通道，每个通道设 2 个灰斗，单台炉除尘器共 8 个灰斗，沿烟气方向前排设 4 个灰斗（第一电场下），每个灰斗容积不小于 500m³，灰斗的总有效容积需满足燃用 28h 校核煤种储灰量的要求。双出口除尘器的布置见图 3-211。

（2）灰斗结构及除尘器支架设计。由于与常规灰斗相比加大了灰斗的容量，灰斗变成了主要储灰设备，需要改进灰斗的结构设计和除尘器支架设计，并增设应急放灰装置、防止灰板结装置等，以保证灰斗的整体刚性和灰的流动性。

（3）交通运输组织。为保证灰斗装灰方案有效实施，需要考虑以下设计措施：

1）提高运灰道路路面设计等级，避免重载车辆对道路的破坏；

2）加大运灰道路转弯半径；

3）需要跨越运灰道路的运煤栈桥、综合管架等建（构）筑物在保证净空高度的前提下，尽量避免在通道处或靠近转弯位置立柱，并拉开柱跨，提高通行的安全性。

（4）环境保障设施。为减少除尘器的卸灰扬尘对厂内其他区域的环境影响，除尘器地面至其运转层处的装车车道可以采用全封闭，同时在灰罐车进出口处设置卷帘门。对装车区域内采取微负压抽尘，以改善装车环境。除尘器地面设水冲洗设施，冲洗水收集至沉淀池后用排污泵输送至废水处理车间。

2. 除尘器架空方案与常规气力输灰方案对比

以某 2×350MW 火电机组为例，采用除尘器灰斗直接装灰方案，取消了气力输灰系统和灰库，减少了空压机数量，扣减除尘器架空方案所增加的费用，节约初投资约 1000 万元，节省年运行费用约 200 万元。具体比较见表 3-38。

架空除尘器装灰方案的优、缺点均很突出，需要充分论证方案的可行性和必要性，如机组容量、厂址条件、除尘器选用与结构形式、抑尘处理、场地情况、周边布置与交通组织等情况综合考虑选用。

九、制（供）氢站

当发电机采用氢气冷却时，电厂内需设置氢气站。目前国内常见的氢气站工艺系统主要有两种形式：一种是在电厂内设置制氢站，采用制氢装置制备氢气向发电机供氢；另一种是在电厂内设置供氢站，外购瓶装氢气向发电机供氢。制（供）氢系统的选择应根据建厂地区周边氢源供应情况、机组规模及氢冷发电机冷却用氢气要求等技术经济比较确定。

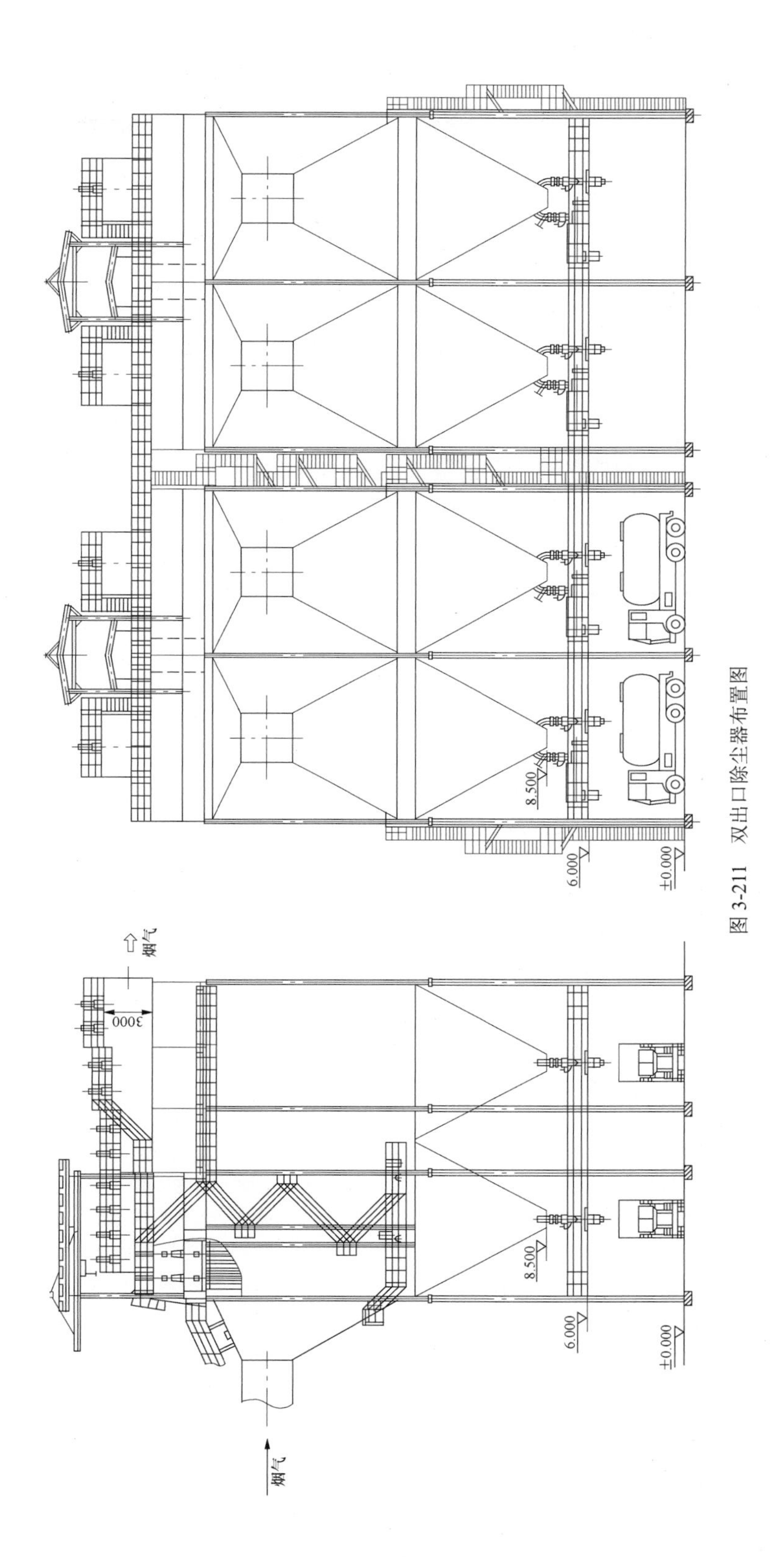

图3-211 双出口除尘器布置图

表 3-38 系统性能可靠性及检修维护方面比较表

比较内容	常规气力输送系统+灰库	除尘器灰斗直接装车，取消灰库
系统可靠性	技术成熟可靠，应用业绩多	应用业绩较少
系统复杂程度	相对复杂，功能分区设置	简单，集中布置在除尘器下，不设置灰库
运行维护工作量	空压机需定期维护检修，输灰弯头易磨损，易损件较多，备品备件较多	装车设备较多，装车调度较难
工作环境	集中在灰库装车，装车时有一定的粉尘排放，但灰库区布置较为灵活	电除尘器下设置两条装车通道，装车设备较多，运行环境较差，对主厂房区域有一定影响
占地面积	较大	不增加占地
装灰车辆交通组织	较易处理	车辆必须穿越厂区进入主厂房区域

（一）工艺流程简介

发电厂制氢主要采用水电解制氢系统，主要包括氢气发生器及辅助设施、氢气汇流排和贮存设备。制氢系统有中压制氢中压贮存及低压制氢经压缩后中压或高压贮存等方式。常见制氢系统工艺流程见图 3-212，供氢系统工艺流程见图 3-213。

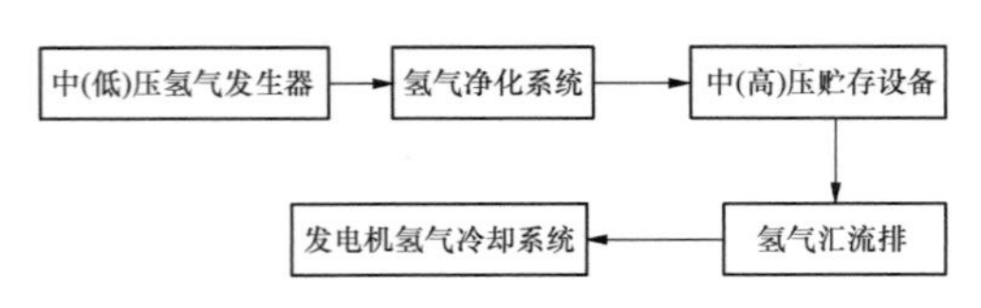

图 3-212 水电解制氢系统工艺流程示意图

图 3-213 供氢系统工艺流程示意图

（二）制（供）氢站总平面布置

制（供）氢站布置应符合下列要求：

（1）应为单独布置；

（2）宜布置在主要生产设备区全年最小频率风向的上风侧，并应远离有明火或散发火花的地点；

（3）宜布置在厂区边缘且不窝风的地段，泄压面不应面对人员集中的地方和主要交通道路；

（4）制（供）氢站，应设置不燃烧体的实体围墙，其高度不应小于 2.5m。

（5）宜留有扩建余地。

制（供）氢站及站内贮氢罐与其他建（构）筑物的防火间距应按 GB 50177《氢气站设计规范》的有关规定执行。

制氢站总平面布置见图 3-214，供氢站总平面布置见图 3-215。

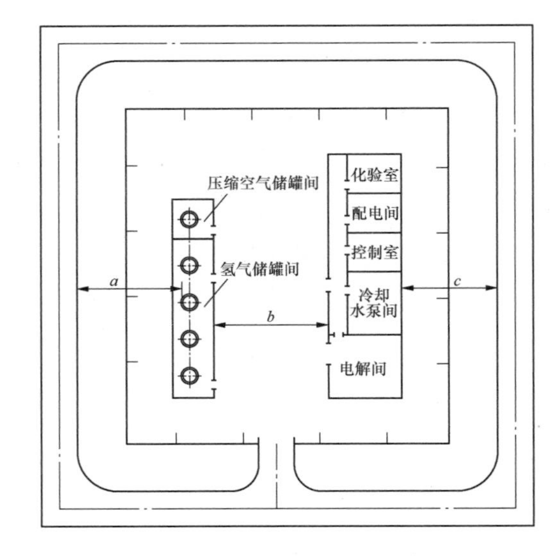

图 3-214 制氢站总平面布置图（单位：m）

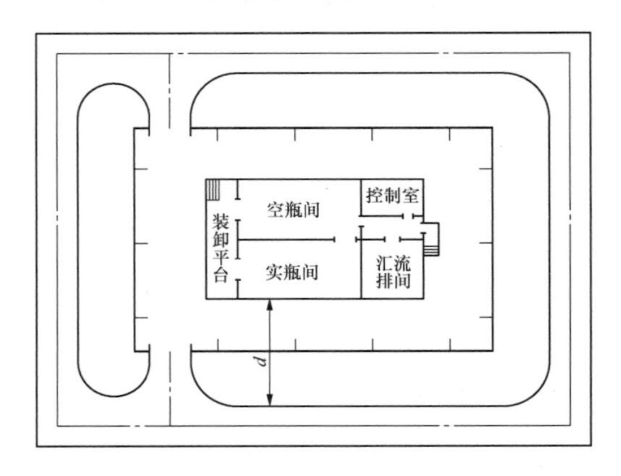

图 3-215 供氢站总平面布置图（单位：m）

图中 a、b、c 和 d 值应满足下列最小间距要求：①氢气罐至厂内道路路边距离 a 值，对于主要道路为 10m，次要道路为 5m；②氢气罐至制氢站距离 b 值为 15m；③制氢间和供氢站至厂内道路路边距离 c 值和 d 值，对于主要道路均为 10m，次要道路均为 5m。另外，氢气罐、制氢间和供氢站至围墙的距离均不小于 5m。

根据 DL/T 5094—2012《火力发电厂建筑设计规程》第 7.5.6 条规定：制氢站的贮氢罐宜布置在室外，在严寒、寒冷地区，储气罐下部应做成封闭式小间，其净高不应低于 2.70m，并应满足与电解间等相同的防爆要求。图 3-214 所示贮氢罐四周设置有封闭式小间，适用于严寒和寒冷地区，其他地区贮氢罐通常采用露天布置。

十、启动锅炉

启动锅炉系统的功能主要是为新建火力发电厂第一台机组启动时提供必须的辅助蒸汽。按照燃料的不同，可分为燃油、燃气及燃煤启动锅炉，其中燃油和燃气启动锅炉布置基本相同。

（一）启动锅炉平面布置原则

（1）启动锅炉房宜布置在炉后附近，也可单独成区布置。燃煤启动锅炉房宜布置在煤场附近；

（2）扩建电厂应采用原有机组的辅助蒸汽作为启动汽源，不设启动锅炉。

（二）常见布置方案

1. 燃油（气）启动锅炉

燃油（气）启动锅炉典型平面图见图3-216，典型断面图见图3-217，常见炉后布置见图3-218。

2. 燃煤启动锅炉

燃煤启动锅炉典型平面图见图3-219，典型断面图见图3-220，常见布置见图3-221。

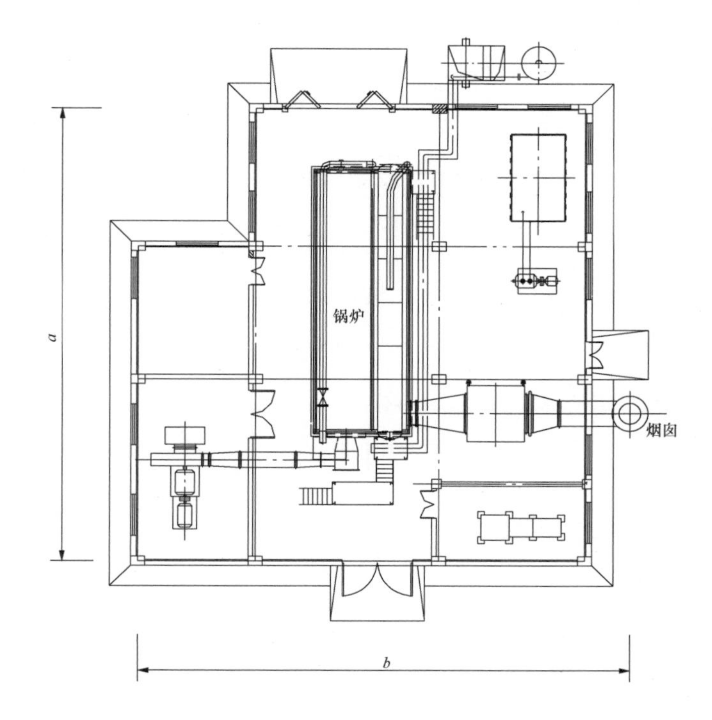

图3-216　燃油（气）启动锅炉典型平面图

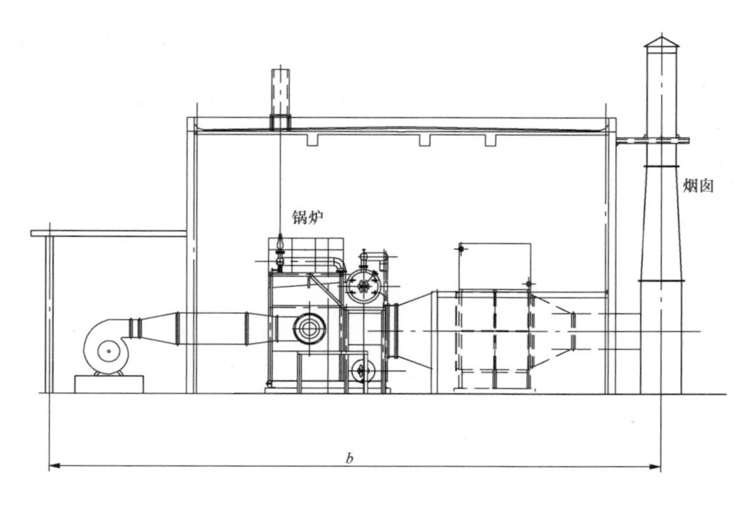

图3-217　燃油（气）启动锅炉典型断面图

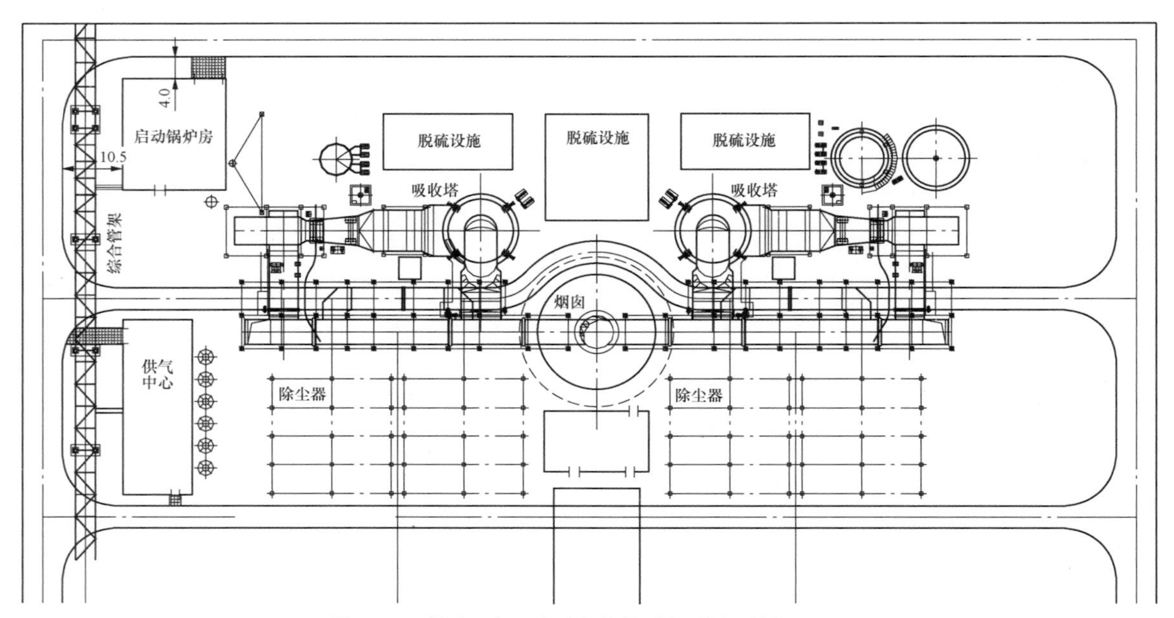

图 3-218 燃油（气）启动锅炉炉后布置图（单位：m）

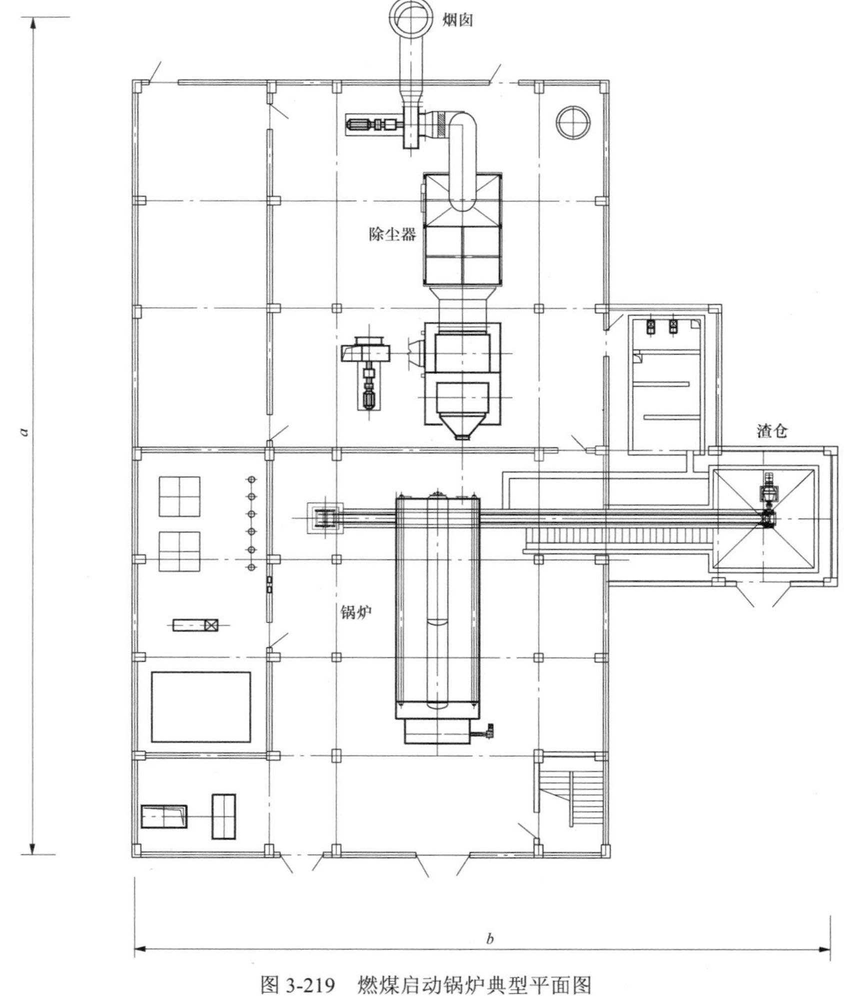

图 3-219 燃煤启动锅炉典型平面图

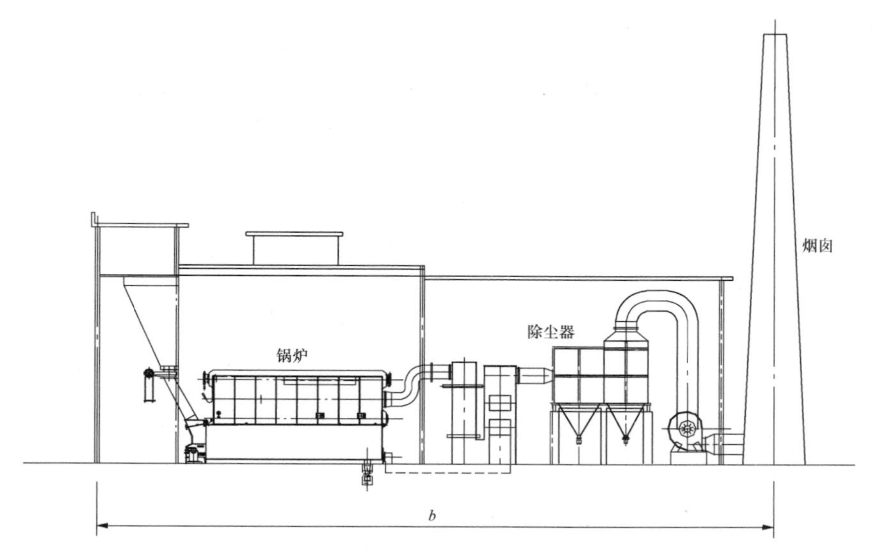

图 3-220 燃煤启动锅炉典型断面图

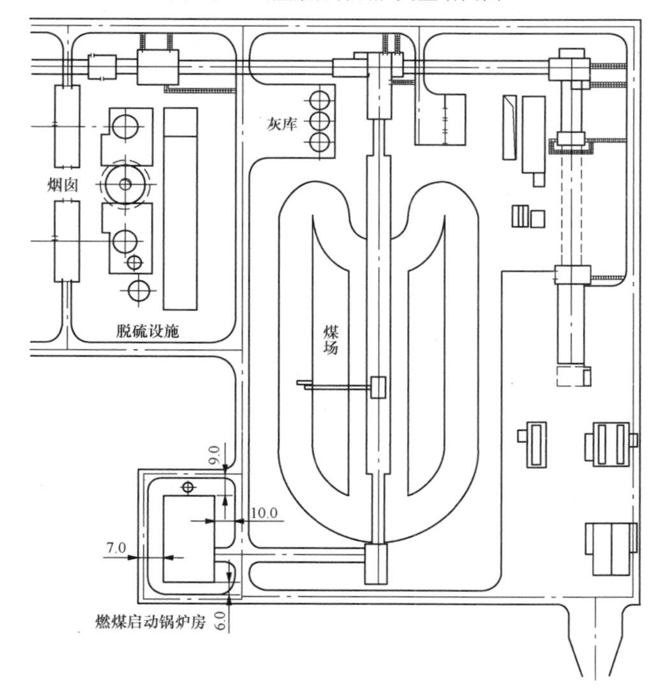

图 3-221 燃煤启动锅炉靠近煤场布置图（单位：m）

启动锅炉房尺寸及区域建设用地指标见表 3-39。

表 3-39 启动锅炉房尺寸及区域建设用地指标

机组容量（MW）	启动锅炉房容量（台×t/h）	燃油（气）启动锅炉房区单项用地（hm^2）	燃煤启动锅炉房区单项用地（hm^2）	平面尺寸 $a×b$（m×m）	机组容量（MW）	启动锅炉房容量（台×t/h）	燃油（气）启动锅炉房区单项用地（hm^2）	燃煤启动锅炉房区单项用地（hm^2）	平面尺寸 $a×b$（m×m）
2×300	1×35	0.20	0.45	20×21（31×38.5）	2×1000	2×50	0.30	0.55	31.5×39（48×53）
4×300	1×35	0.20	0.45		4×1000	2×50	0.30	0.55	
2×600	2×35	0.26	0.51	24×35（38×48.5）					
4×600	2×35	0.26	0.51						

注 括号内数据为燃煤启动锅炉房尺寸，未计脱硫、脱硝等设施。

当燃煤启动锅炉建设相关的脱硫脱硝设施时，占地面积也相应增加，与现行的《电力工程项目建设用地指标》存在差异，总图设计人员应予以注意。以某电厂 2×35t/h 燃煤启动锅炉为例，其平面尺寸为30m×78m，脱硫脱硝设施增加占地约 500m²，平面图见图 3-222。

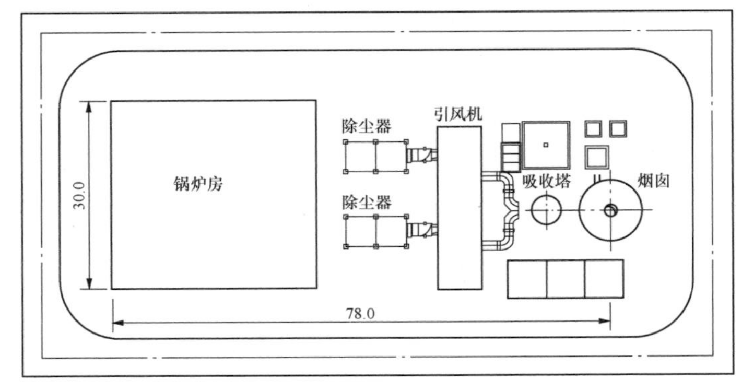

图 3-222 含脱硫设施的燃煤启动锅炉布置图（单位：m）

十一、燃油设施

燃油系统是火力发电厂的辅助配套系统，其主要功能是锅炉的点火启动、锅炉升降负荷、低负荷稳燃以及按锅炉安全运行要求在需要投油时向锅炉提供燃料油。在锅炉启动时，由燃油系统向锅炉油燃烧器提供点火用燃油，以点燃主燃料的过程称为点火，主要分为常规点火、节油点火、无油点火三种方式。

（一）燃油设施简介

燃油设施包括汽车卸油、贮油罐、油泵房、污油处理装置、泡沫消防泵房等。

结合电厂实际情况，燃油设施主要为点火及助燃用，点火方式一般采用节油点火或无油点火，因此电厂石油库一般为五级石油库（总容量<1000m³），储存油品的火灾危险性分类应符合表 3-40 的规定。当以燃油为主燃料时，油罐区设计应严格执行 GB 50074《石油库设计规范》的相关规定。

表 3-40 石油库储存油品的火灾危险性分类

类别		油品闪点 F_t（℃）
甲		$F_t<28$
乙	A	$28\leqslant F_t<45$
	B	$45\leqslant F_t<60$
丙	A	$60\leqslant F_t\leqslant 120$
	B	$F_t>120$

（二）燃油设施平面布置原则

（1）结合发电厂厂区总平面布置统一考虑，并应符合城镇或工业区规划、环境保护和防火安全的要求。

（2）燃油设施的布置、与周边设施的安全防护距离应符合现行国家标准 GB 50074《石油库设计规范》中的有关规定。

（3）油罐区的围墙与爆破作业场地（如采石场）的安全距离，不应小于 300m。

（4）油罐区宜布置在靠近锅炉房侧、地势较低且安全的边缘地带，当有安全防护设施及防止液体漫流的安全措施时，也可布置在地形较高处。

（5）泡沫室应布置在燃油罐区附近，可与燃油罐区周围的建筑物组成联合建筑，并应布置在储油罐组防火堤外的非防爆区，与储罐的防火间距不应小于 20m。

（6）油罐区应设环行消防车道。位于山区或丘陵地带设置环形消防车道有困难时，可设尽头式消防车道。

（7）油罐区应设置 1.8m 高非燃烧体实体围墙。当围墙与厂区周边围墙合并时，合并处设 2.5m 高非燃烧体实体围墙。

（三）油罐区总平面布置

在进行火力发电厂油罐区布置时，应注意以下事项：

（1）地上储罐组内相邻储罐之间的防火距离不应小于表 3-41 的规定。

表 3-41 地上储罐组内相邻储罐之间的防火距离

储存液体类别	单罐容量不大于 300m³，且总容量不大于 1500m³ 的立式储罐组	固定顶储罐（单罐容量≤1000m³）
甲 B、乙类	2m	0.75D
丙 A 类	2m	0.4D
丙 B 类	2m	2m

注 1 表中 D 为相邻储罐中较大储罐的直径。
2 储存不同类别液体的储罐、不同型式的储罐之间的防火距离，应采用较大值。
3 表中数据仅针对节油点火方式；当采用常规点火方式，油罐储量大于以上数值时，应遵循 GB 50074《石油库设计规范》中相关规定。

（2）地上立式储罐的基础面标高应高于储罐周围

设计地坪 0.5m 及以上。

（3）地上储罐组应设置防火堤，防火堤的设置应符合下列规定：

1）防火堤内的有效容量不应小于罐组内一个最大储罐的容量。

2）地上立式储罐的罐壁至防火堤内堤脚线的距离不应小于罐壁高度的 1/2。依山建设的储罐，可利用山体兼作防火堤，储罐的罐壁至山体的距离最小可为 1.5m。

3）地上储罐组的防火堤实高应高于计算高度 0.2m，防火堤高于堤内设计地坪不应小于 1.0m，高于堤外设计地坪或消防车道路面（按较低者计）不应大于 3.2m。地上卧式储罐的防火堤应高于堤内设计地坪不小于 0.5m。

（4）储罐组周边的消防车道路面标高，宜高于防火堤外侧地面的设计标高0.5m及以上。位于地势较高处消防车道的路堤高度可适当降低，但不宜小于 0.3m。

（5）消防车道与防火堤外堤脚线之间的距离，不应小于 3m。

结合发电厂的实际情况，油罐区典型平面布置方案见图 3-223，指标见表 3-42。

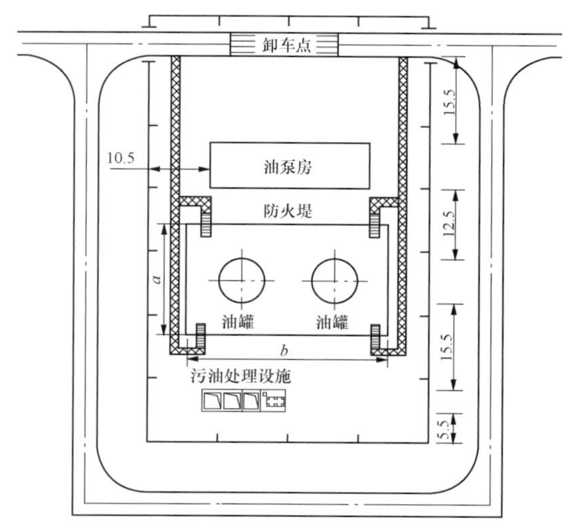

图 3-223 某电厂油罐区布置图（单位：m）

表 3-42 油罐区指标

机组容量（MW）	油罐设置（m^3）		燃油设施区单项用地（hm^2）		防火堤尺寸 a×b（m×m）
	常规点火	节油点火	常规点火	节油点火	
2×300 4×300	2×1000	2×（200～300）	0.75	0.45	17×26
2×600 4×600	2×1500	2×（300～500）	0.90	0.60	20×34
2×1000 4×1000	2×2000	2×（500～800）	1.05	0.75	21×38

注 1 防火堤尺寸仅针对节油点火方案，尺寸为参考值。
2 点火及助燃用油按照乙类油品考虑。

十二、天然气调压站

燃气轮机对天然气来气参数要求比较苛刻，如发生较大的天然气压力波动或波动速度超过设计值，就会发生燃机停机事故，并有可能使设备损坏，造成严重的经济损失。而天然气调压站在燃气输配系统中的作用就是调节和稳定系统压力，并控制燃气流量，防止调压器后设备被磨损和堵塞，保护系统，以免出口压力过低或超压。

（一）工艺流程简介

天然气调压站属厂区天然气处理系统，具有紧急隔断、过滤、加热及调压等功能。调压站由调压器、阀门、过滤器、安全装置、旁通管以及测量仪表等组成。有的调压站装有计量设备，除了调压（增压、减压）以外，还起计量作用，故称作调压计量站。调压站工艺流程如图 3-224 所示。

（二）天然气调压站总平面布置

（1）天然气调压站的布置要求。

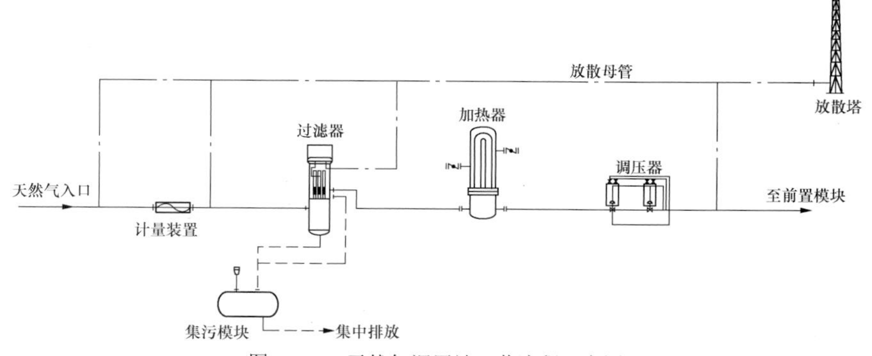

图 3-224 天然气调压站工艺流程示意图

1）天然气调压站应与其他辅助建筑分开布置，宜布置在有明火、散发火花地点的常年最小风频风向的下风侧。

2）天然气调压站在生产过程中的火灾危险性为甲级，最低耐火等级为二级。

3）天然气调压站周围应设环形道路或消防车通道。

4）天然气调压站布置在厂内时，应设置 1.8m 高的非燃烧体实体围墙或围栅。当与厂区围墙合并时，合并处需设 2.2m 高的非燃烧体实体围墙。

5）天然气调压站内道路、地坪应采用现浇混凝土。

（2）天然气调压站布置图。以某电厂 400MW 机组为例，其布置如图 3-225 所示。

（3）天然气调压站间距要求。

1）天然气调压站与建（构）筑物间距要求见表 3-5。

2）天然气调压站与厂外建（构）筑物之间的防火间距见表 3-43。

3）天然气放空管位于天然气调压站之内时，其布置应满足工艺专业要求；位于天然气调压站之外时，当放空量小于或等于 $1.2\times10^4m^3/h$ 时，放空管与调压站的距离不应小于 10m；放空量大于 $1.2\times10^4m^3/h$ 且小于或等于 $4\times10^4m^3/h$ 时，放空管与调压站的距离不应小于 40m。

4）天然气放空管排放口与明火或散发火花地点的防火间距不应小于 25m，与非防爆厂房之间的防火间距不应小于 12m。

（4）天然气调压站建设用地单项指标见表 3-44。

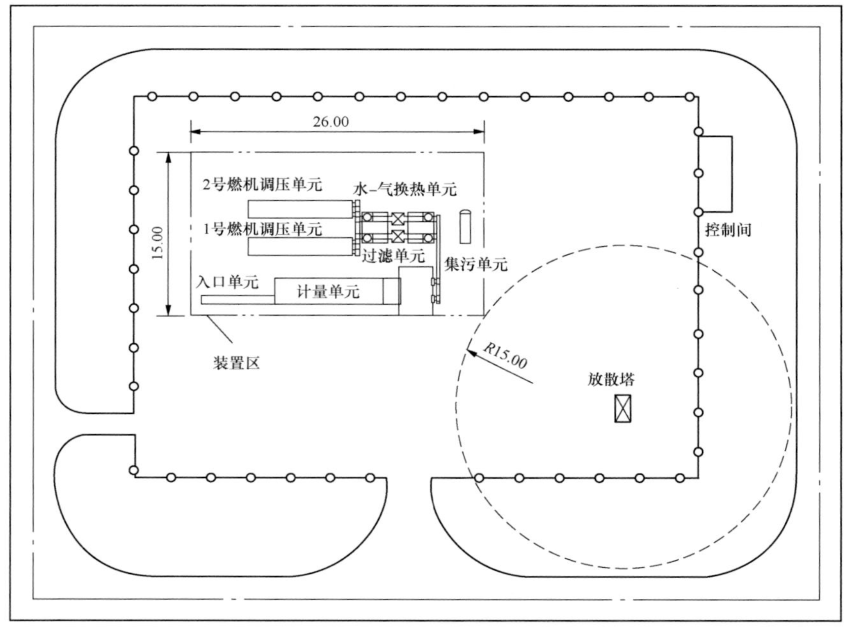

图 3-225　天然气调压站布置图（单位：m）

表 3-43　天然气调压站与厂外建（构）筑物之间的防火间距　（m）

序号		1	2	3	4	5	6	7	8	9	10	11	12	13
名称		100 人以上的居住区、村镇、公共福利设施	100 人以下的散居房屋	相邻厂矿企业	铁路		公路		35kV 及以上独立变电站	架空电力线路		架空通信线路		爆炸作业场地（如采石场）
					国家铁路线	工业企业铁路线	高速公路	其他公路		35kV 及以上	35kV 及以下	国家Ⅰ、Ⅱ级	其他通信线路	
天然气调压站	四级天然气站场	30	26.25	30	26.25	18.75	15	11.25	30	1.5 倍杆高且不小于 30m	1.5 倍杆高	1.5 倍杆高	1.5 倍杆高	300
	五级天然气站场	22.5	22.5	22.5	22.5	15	15	7.5	22.5	1.5 倍杆高				
天然气放空管		60	60	60	40	40	40	30	60	40	40	40	30	150

注　1　本表适用于不含储气罐的天然气调压站。含有储气罐的天然气调压站与厂外建（构）筑物的防火间距应符合 GB 50183《石油天然气工程设计防火规范》中的相关规定。

2　含增压装置的天然气调压站按天然气压气站划分天然气站场等级，其等级按生产规模的不同分属四级或五级天然气站场。生产规模的划分标准按 GB 50183《石油天然气工程设计防火规范》中的相关规定执行。

3　可能携带可燃液体的火炬的防火间距可按表中天然气放空管间距的 2 倍考虑。

4　天然气计量站的防火间距与天然气调压站（不含增压装置）相同。

表 3-44 天然气调压站建设用地单项指标

机组类型	单元机组构成	机组容量（MW）	单项用地（hm^2）
E 级多轴	2×（1+1）或 1×（2+1）	400	0.24
	4×（1+1）或 2×（2+1）	800	0.35
	4×（1+1）+4×（1+1）或 2×（2+1）+2×（2+1）	1600	0.46
F 级单轴	2×（1+1）	800	0.28
	3×（1+1）	1200	0.35
	4×（1+1）	1600	0.42
	3×（1+1）+3×（1+1）	2400	0.54
	4×（1+1）+4×（1+1）	3200	0.67
F 级多轴	2×（1+1）或 1×（2+1）	800	0.28
	4×（1+1）或 2×（2+1）	1600	0.42
	4×（1+1）+4×（1+1）或 2×（2+1）+2×（2+1）	3200	0.67

注 1 本表用地指标为天然气降压站用地面积，燃气增压站用地面积为本表用地指标加 $0.15hm^2$/台燃机；

2 厂内布置加热站时，用地指标另增加 $0.20hm^2$；

3 厂内布置集中放空管时，用地指标另增加 $0.80hm^2$。

十三、其他辅助生产和附属建筑

该类设施主要包括材料库及检修维护间、全厂空气压缩机室、汽车库、消防设施、雨水泵房等。

（1）辅助生产和附属建筑应按功能特点分区，组成联合建筑或采用成组布置。

（2）材料库宜靠近检修维护间或成组联合布置，采用多层建筑。

（3）全厂空气压缩机室宜集中布置在主厂房区域附近，并考虑噪声对环境的影响。贮气罐宜设在空气压缩机室外较阴凉的一面。

（4）汽车库应结合工程条件进行布置，可单独成区。在满足防火要求的前提下宜与其他建筑联合、毗邻布置；也可结合地形采用双层车库或地下车库。应便于车辆出入、避免与主要人流通道交叉，并宜有单独的出入口。汽车库附近宜有一定面积的露天停车场和检修场。

（5）发电厂消防站或消防车库的布置，应符合下列要求：

1）消防站宜避开厂区主要人流道路，并宜远离易燃、易爆区，宜位于厂区全年最小频率风向的下风侧。

2）消防车库宜单独布置；如确因条件困难，必须与汽车库合建时，两者应有独立的出入口。

3）消防车出口的布置应使消防车驶出时不与主要车流、人流交叉，并便于进入厂区主要干道。消防车库的正门距厂区道路边线不宜小于 15m。

根据功能需要，电厂消防站一般达到二级普通消防站的建设标准。以新疆某电厂为例，其消防站平面布置见图 3-226。

（6）雨水泵房的位置应结合厂区总平面、竖向布置及排水方向等因素综合确定，宜布置在厂区边缘较低处。

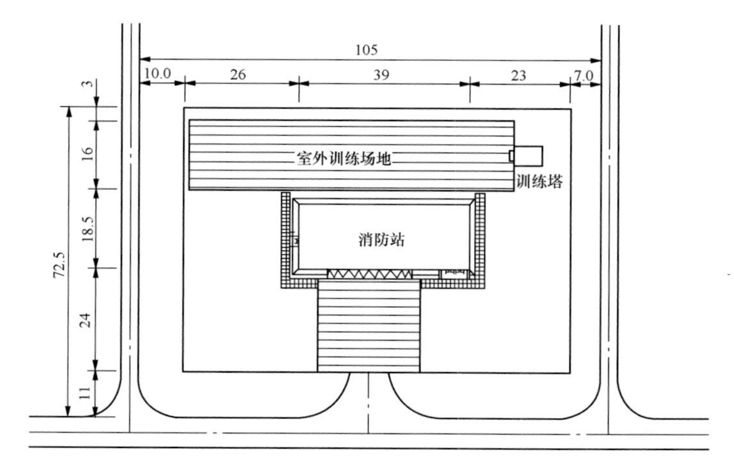

图 3-226 某电厂消防站布置图（单位：m）

十四、厂前生产与行政办公及生活服务设施

生产与行政办公及生活服务设施包括生产行政综合楼（包含生产办公楼和行政办公楼）、招待所、夜班宿舍、检修宿舍、食堂等建筑以及必要的绿化设施。上述这些建筑可以集中布置在厂前。厂前建筑应布置在发电厂主要出入口处，宜布置在厂区固定端的一侧。

（一）厂前建筑布置原则

（1）发电厂的厂前建筑应符合电厂总体规划，各建筑物的平面与空间组合应与周围环境和城市（镇）建设相协调。

（2）应满足功能要求，有利于管理，并面向城镇主要交通道路或居住区。

（3）应按不同功能和使用要求组成多功能的多层联合建筑，并宜采用厂前一幢楼布置。

（4）位于贮煤场、油罐区、酸碱罐区等散发粉尘和有害物质最小频率风向的下风侧。

（5）生产行政综合楼宜布置在厂内外联系均较方便的地段。

（二）附属建筑物面积

随着我国管理水平的不断提高、电厂定员的大幅度下降、运行经验的不断丰富和社会专业化分工的不断完善，发电厂的辅助和附属建筑面积将会越来越小，这是总的发展趋势。

燃煤电厂与燃气-蒸汽联合循环发电厂辅助附属建筑物建筑面积不应超过表3-45与表3-46的规定。

（三）厂前行政区用地面积

电厂厂前建筑区包括生产行政综合楼（包含生产办公楼和行政办公楼）、招待所、夜班宿舍、检修宿舍、食堂等建筑，燃煤电厂厂前建筑区建设用地单项指标应符合表3-47的规定。

表3-45　燃煤电厂辅助附属建筑物建筑面积　(m^2)

编号	项目	机组数量（台）		
		2	4	6
1	生产行政综合楼	2900		—
2	招待所	800		1000
3	夜班宿舍	900		1200
4	检修宿舍	1200		1200
5	职工食堂	600	800	1000
6	材料库	2000	2500	2500
7	检修维护间	1200	1500	
8	汽车库	严寒地区汽车库建筑面积不应超过1000，其他地区不应超过600		

续表

编号	项目	机组数量（台）		
		2	4	6
9	警卫传达室	主入口警卫传达室建筑面积不应大于50，次入口警卫室建筑面积不应大于20		

注　1　电厂与职工生活可依托城市建成区之间距离大于40km时，可建设周值班宿舍、职工活动中心和简易社会服务设施，不设夜班宿舍。

2　周值班宿舍按全厂定员每人$25m^2$计算建筑面积。周值班宿舍区可以配套建筑面积不大于$800m^2$的职工活动中心，并可设置合计建筑面积不大于$500m^2$的简易社会服务设施。

3　需要设置清真食堂的电厂食堂面积可增加$150m^2$。

4　采暖地区火力发电厂附属建筑物建筑面积可增加5%。

表3-46　燃气-蒸汽联合循环发电厂辅助附属建筑物建筑面积　(m^2)

编号	项目	2台机组
1	生产行政综合楼	2000
2	夜班宿舍	800
3	职工食堂	400
4	材料库	1000
5	检修维护间	600
6	汽车库	地下车库可按全厂定员的40%计算小型汽车停车位数量，每个停车位按30计算建筑面积
7	警卫传达室	主入口警卫传达室建筑面积不宜大于50，次入口警卫室建筑面积不宜大于20

注　1　新建燃气-蒸汽联合循环发电厂宜按2台机组计列附属建筑物建筑面积，统一规划，一次建成。

2　F级联合循环机组和E级联合循环机组均按本表统一规定执行。

表3-47　燃煤电厂厂前建筑区建设用地单项指标

机组容量（MW）	单项用地（hm^2）
2×50	0.60
4×50	0.60
2×100	0.60
4×100	0.60
2×200	0.60
4×200	0.60
2×300	0.80
4×300	0.80
2×600	1.00
4×600	1.00
2×1000	1.00
4×1000	1.00

当燃煤电厂在厂前建筑区设置周值班宿舍时，可按表 3-48 的规定，增加建设用地单项指标。

表 3-48　燃煤电厂厂前建筑区建设用地调整指标

单机容量及台数	200MW 级及以下		300MW 级		600MW 级及以上	
	2 台	4 台	2 台	4 台	2 台	4 台
增加的用地面积（hm^2）	0.30	0.40	0.35	0.45	0.40	0.50

燃气-蒸汽联合循环发电厂厂前建筑区建设用地单项指标应符合表 3-49 的规定。

表 3-49　燃气-蒸汽联合循环发电厂厂前建筑区建设用地单项指标

机组类型	单项用地（hm^2）	
	2、3、4 台燃机	6、8 台燃机
E 级	0.60	0.80
F 级	0.60	0.80

当燃气-蒸汽联合循环发电厂在厂前建筑区设置周值班宿舍时，可按表 3-50 规定，增加建设用地单项指标。

表 3-50　燃气-蒸汽联合循环发电厂厂前建筑区建设用地调整指标

机组类型及台数	E 级		F 级	
	2 台	4 台	2 台	4 台
增加的用地面积（hm^2）	0.35	0.45	0.40	0.50

（四）厂前建筑布置实例

某电厂厂前建筑区位于厂区东北角，进厂道路东面，布置有生产行政综合楼、食堂、生产管理中心附楼，处于主厂房固定端外，以天桥与主厂房连接。生产行政综合楼北面建有生产行政综合楼附楼（展示楼），用于布置展厅与会议室，与生产行政综合楼、食堂等形成独立组团，为厂区的对外联系创造较好的厂前景观。厂前区设计见图 3-227。

某电厂厂前建筑区位于厂区的东南角，建有生产行政综合楼、食堂、夜班宿舍，采用联体建筑，建筑物充分利用海景，靠近海岸线呈长条形布置，均能朝南面向大海，景观优美。厂前建筑区与集控楼和主厂房之间夹有绿化广场，绿化广场与联体建筑独立成区，分区明确。厂前建筑区设计见图 3-228。

某电厂厂前建筑区场地地貌单元为构造、剥蚀的低山、丘陵地貌，以及河流侵蚀地貌，场地东、南、西三面被河流环绕，呈倒三角形。厂前区位于厂区东侧，与生产区呈台阶布置，四周均有边坡，独立成区，包含生产行政综合楼、招待所、职工公寓楼。厂前区主入口沿西北侧入口处的大绿化广场水平舒展，绝对标高为 250m 的职工公寓、多功能会议中心、办公楼、食堂位于入口的北侧；绝对标高为 240m 的招待所位于基地南侧；办公楼与职工公寓楼采用联合布置形式，节省用地。所有功能建筑直面南方的阳光，解决了建筑朝向和基地方向的矛盾。厂前区设计见图 3-229。

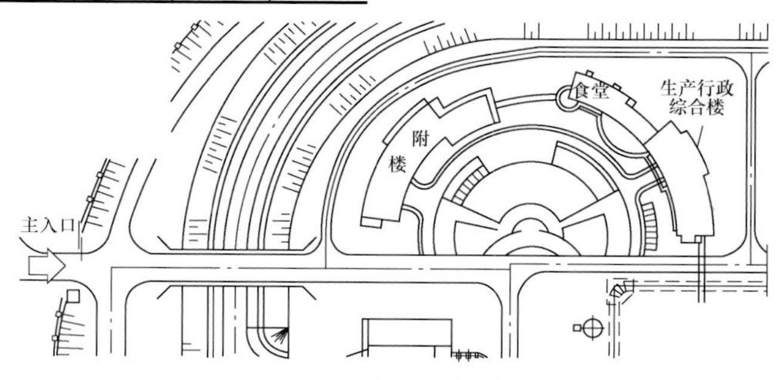

图 3-227　厂前建筑区设计图（一）

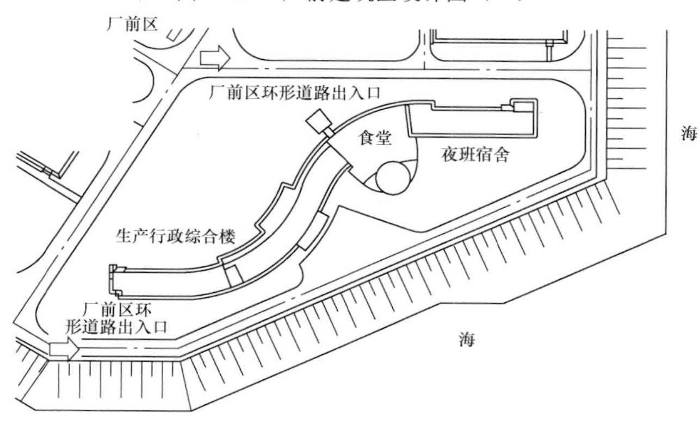

图 3-228　厂前建筑区设计图（二）

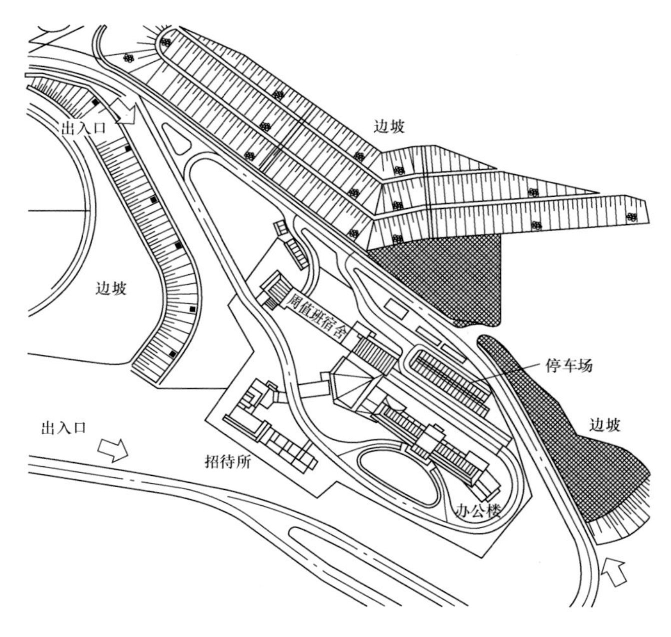

图 3-229 厂前建筑区设计图（三）

十五、围墙

发电厂厂区周边、变压器场地、屋外配电装置区、燃油设施区、制（供）氢站、液氨区、氨水区、天然气调压站及天然气前置模块周围应设置围墙或围栅。

（一）围墙布置原则

（1）厂区围墙的平面布置应在节约集约用地的前提下力求规整。

（2）结构形式及高度宜符合表 3-51 中的有关规定。

表 3-51 围墙或围栅结构形式及高度

名称	结构形式	高度（m）	说明
厂区周边围墙	非燃烧体实体围墙	2.2	有装饰要求时，可设 2.2 m 高围栅
变压器场地、天然气前置模块	围栅	1.5	厂区内围栅同厂区周边围墙合并时，合并处按厂区周边围墙标准设置
屋外配电装置区、氨水区	围栅	1.8	
天然气调压站	非燃烧体实体围墙或围栅	1.8	厂区内围墙同厂区周边围墙合并时，合并处设 2.2m 高非燃烧体实体围墙
燃油设施区	非燃烧体实体围墙	1.8	同厂区周边围墙合并时，合并处设 2.5m 高非燃烧体实体围墙
制（供）氢站区	非燃烧体实体围墙	2.5	
液氨区	非燃烧体实体围墙	2.2	

（3）在特殊地质条件下，如湿陷性黄土、软土区域及冻土等，应做好地基处理、围墙形式选择、基础及墙体设计等措施，保证围墙的安全稳定，消除安全隐患。

1）湿陷性黄土场地上，围墙宜划分为丁类建筑物，并满足 GB 50025《湿陷性黄土地区建筑规范》的相关规定。设计时也应尽量减小管线布置、绿化浇灌对围墙的影响。

2）软弱地基及高填方场地上，宜采用换土垫层法对浅层软弱或不良地质进行处理。当软弱或不良地层较厚，无法全部置换时，下卧土层应满足强度与变形的要求。必要时根据 GB 50007《建筑地基基础设计规范》的规定验算软弱下卧层的地基承载力和变形。

3）冻土场地上，基础埋置深度不宜小于设计冻深，并满足 JGJ 118《冻土地区建筑地基基础设计规范》的相关要求。

（二）常见形式

典型实体围墙、围栅见图 3-230、图 3-231。

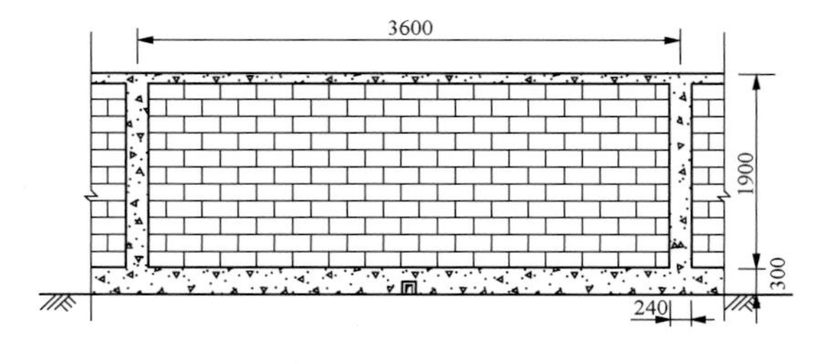

图 3-230 典型实体围墙示意图

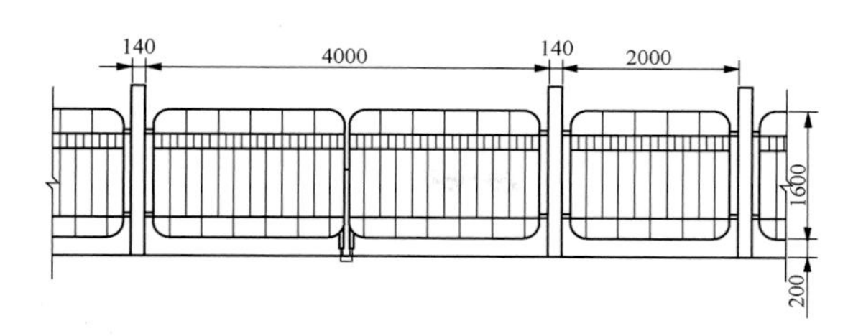

图 3-231 典型围栅示意图

十六、厂界噪声治理措施

（一）噪声源的构成

火力发电厂是一个噪声源相对集中、噪声辐射量大、噪声种类繁多的场所。其噪声源主要有汽轮发电机（燃气轮发电机）、工艺管线、锅炉本体、燃机进风口、汽机房各类泵体、热网站各类泵体、集控楼内柴油发电机、厂房屋顶风机、磨煤机、送风机、一次风机、密封风机、引风机、捞渣机、空压机、氧化风机、气化风机、浆液循环泵、冷却设施、翻车机、卸煤沟、碎煤机、煤场堆取料机、各种变压器、天然气调压站压缩机等。

结合电厂内各功能区的不同，厂区内各噪声源主要划分为如下区域：汽机房区域、锅炉区域、引风机区域、脱硫区域、变压器区域、冷却设施区域、贮卸煤区域，以及其他区域等。

（二）噪声的容许标准

火力发电厂厂界噪声须满足 GB 12348《工业企业厂界噪声标准》的要求，见表 3-52，一般为Ⅱ类或Ⅲ类标准，具体类别需根据厂区周边环境状况和环境影响评价批复意见确定。

表 3-52 工业企业厂界环境噪声排放标准［dB（A）］

类别	适用范围	昼间	夜间
1	居住、文教机关为主地区	55	45
2	居住、商业、工业混杂区	60	50
3	工业区域	65	55
4	交通干线道路两侧	70	55

我国 GB 3096《声环境质量标准》关于环境噪声的限值与 GB 12348《工业企业厂界噪声标准》的基本相同。

（三）噪声源治理常用手段

目前，火力发电厂对噪声源常采取的噪声控制技术有吸声、隔声、声屏障、消声、隔振等。

（1）吸声：是利用吸声材料或吸声结构安置在厂房壁面、顶棚，以及在厂房内悬挂空间吸声体等办法，将厂房内的噪声吸收掉一部分，从而达到降低噪声的目的。它是目前厂房广泛用来作为噪声控制的主要办法之一。

（2）隔声：是用厚实的材料和结构或轻质多层复合结构来隔断噪声传播的途径，使噪声不能继续传播，主要有墙壁、楼板、隔声门、隔声窗、隔声罩等。

（3）声屏障：是在给定的位置上降低声源直达的一种方法，即在正对噪声传来的途径上设置大小与声波长相比拟、隔声性能较好且具有吸声性能的屏障，就能在其后面某一距离范围内形成较低声级的“声影区”。在冷却塔区、办公楼与居民区之间的噪声治理中经常用到这种方法。声屏障的声绕射原理如图 3-232 所示。

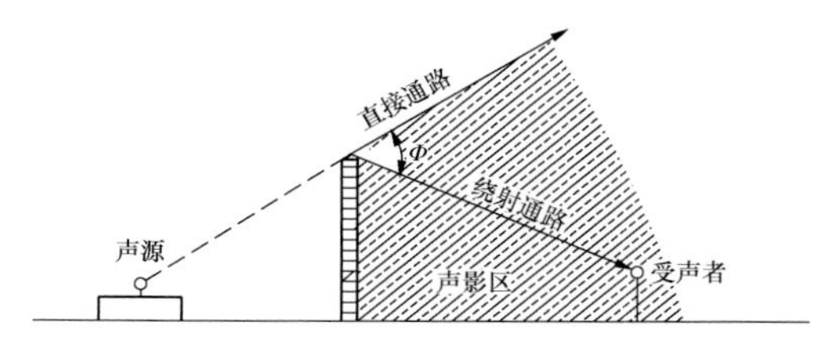

图 3-232 声屏障的声绕射原理图

（4）消声：是将消声器等装置在气流的通道上，使沿通道传播的噪声降低，而气流可以自由通过。这是降低空气动力噪声的一项有力措施。如设计合理，噪声降低幅度大、效率高。在火力发电厂的噪声治理中，消声器是最关键的降噪器件，如在燃机进风口等部位装设消声器。

（5）隔振：是在振动较大的设备下装置隔振器，使振动不致沿地面传递出去。

（6）减振：是将阻尼材料涂在振动体表面，使它吸收振动能量，达到减振降噪的目的。

（四）噪声治理方案

火力发电厂的噪声治理要根据厂区周边噪声敏感点的位置分布和工艺系统需要，以及各设备噪声源强度制定相应措施，需要经过厂区噪声源分析、优化厂区总平面布置、声场模拟等过程。下面为某燃气-蒸汽联合循环电厂噪声治理方案实例。

1. 厂区噪声源分析

燃气-蒸汽联合循环电厂厂区内主要的噪声源是主厂房区域（包括燃气轮机、蒸汽轮机）、余热锅炉区域、变压器区域、冷却塔区域、调压站区域。参考国内类似电厂噪声治理工程，相关设备的噪声值见表 3-53。

表 3-53 相关设备的噪声值

设备名称	噪声水平［dB（A）］	备注
燃气轮机	95～98	罩壳外 1m

续表

设备名称	噪声水平[dB（A）]	备　注
燃气轮机进风口	80～82	距离 1.5m
蒸汽轮机	87～92	距机组 1m
厂房屋顶风机	80～85	风机轴线 45°方向 1m
锅炉本体	75～80	距机组 1m
锅炉给水泵	85～90	距机组 1m
余热锅炉烟囱	70	加消声器后
冷却塔进风口（淋水）	88	距进风口 1m
冷却塔排风口	87	风机排风口 45°方向 1m
变压器	68～72	距机组 1m
天然气调压站	80 及 95～103	距管线及设备外 1m
其他区域	60～65	厂房外 1m

2. 厂区总平面布置

该燃气-蒸汽联合循环电厂位于城区内，为供热电厂，厂区东北侧紧邻一个村庄。在进行厂区总平面布置设计时，总图运输设计人员根据厂区周边噪声敏感点的位置分布和工艺系统需要以及各设备噪声源大小，合理进行各功能区域布置，将噪声较大且治理难度大的设备布置在远离噪声敏感点的一端，尽量利用噪声衰减的距离和各建筑物的阻碍作用，从厂区总平面布置角度减少和降低噪声对厂区周边噪声敏感点的影响。该厂厂区平面布置如图 3-233 所示。

3. 声场模拟

根据厂区总平面布置方案，利用国际流行的噪声预测软件 CadnaA 对厂区声场分布进行模拟。噪声治理前厂区声场模拟结果如图 3-234 所示。

厂区噪声基本均超过 2 类标准昼间 60dB（A）、夜间 50dB（A）的限值。

4. 噪声治理措施

（1）设置吸声、隔声层。对主厂房（燃机房、汽机房）、集控楼的墙体 13m 以下墙体以及布置在调压站厂房内的增压机及调压模块设置吸声结构，以降低厂房内部的混响声，提高厂房整体的隔声量，见图 3-235。主厂房 13m 以上墙体设计采用由吸声层、隔声层等组成的复合吸隔声板结构，见图 3-236。

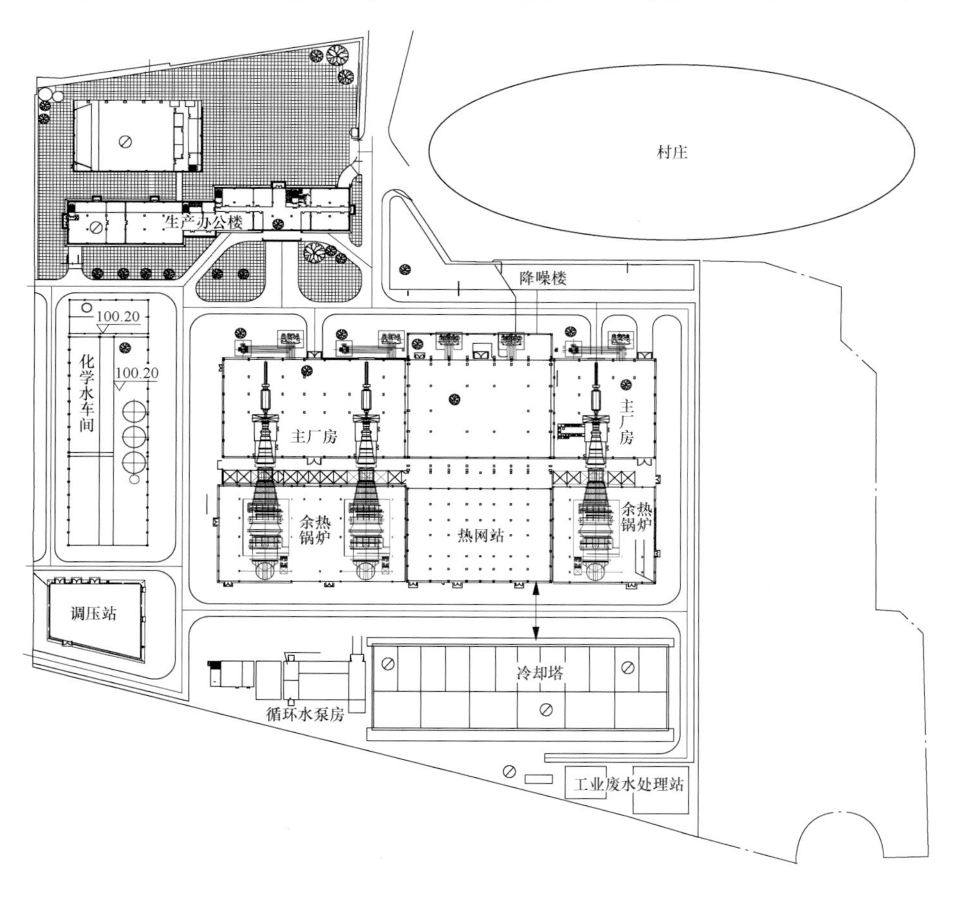

图 3-233　厂区平面布置图

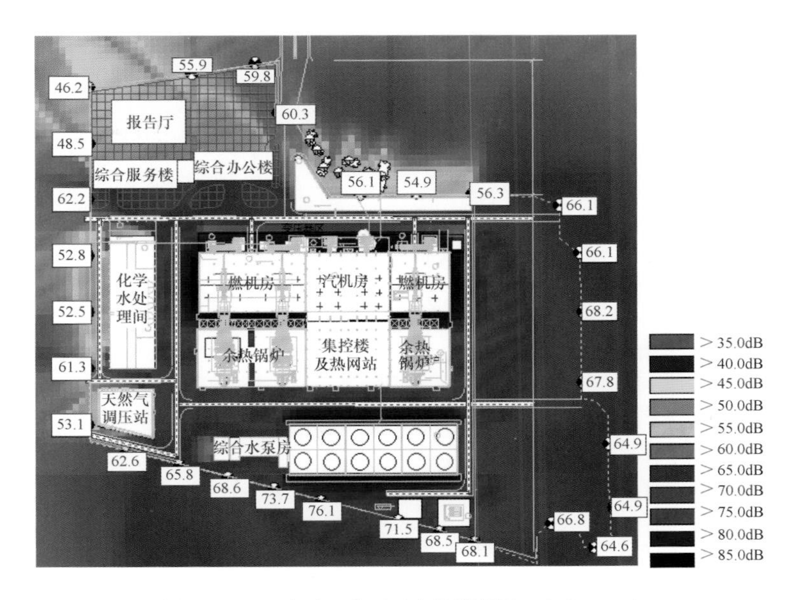

图 3-234　噪声治理前厂区声场模拟图（高度 1.5m）

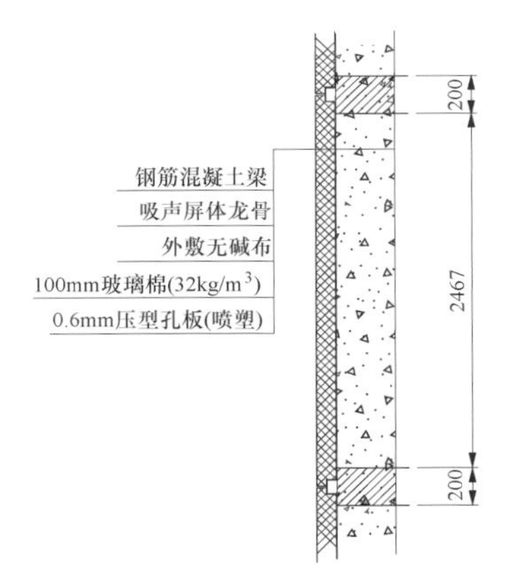

图 3-235　砌块吸声墙体构造示意图

（2）设置声屏障。在燃机进风口前部设计“L”型吸隔声屏障；在变压器区域设置吸隔声屏障；在靠近村庄的厂界设置降噪楼（高度为 16.2m），利用障碍减少了噪声对村庄的影响，如图 3-237 所示。

（3）设置消声器。对主厂房进风口、燃机罩壳通风机排风口、余热锅炉厂房通风散热口、余热锅炉烟囱排烟口、余热锅炉区域排气放空口、机力通风冷却塔进风口和排风口、循环水泵房和综合水泵房、化学水车间通风散热口等安装消声器。其降噪量约为 20dB（A）。

机械通风冷却塔降噪方案，在进风口两侧和排风口均设置消声器，如图 3-238、图 3-239 所示。

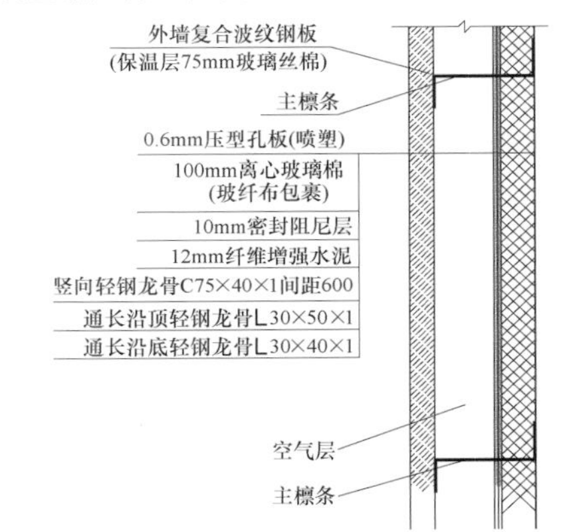

图 3-236　复合吸隔声板构造示意图

采用以上噪声治理后厂区声场模拟结果如图 3-240 所示。

厂区噪声满足 2 类标准昼间不超过 60dB（A）、夜间不超过 50dB（A）的限值要求。

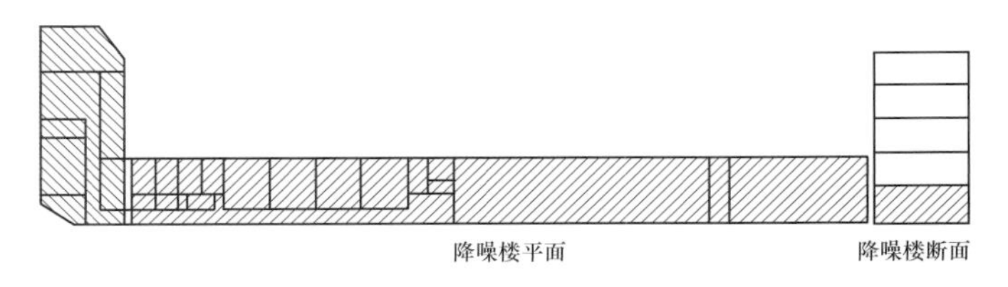

图 3-237　降噪楼布置

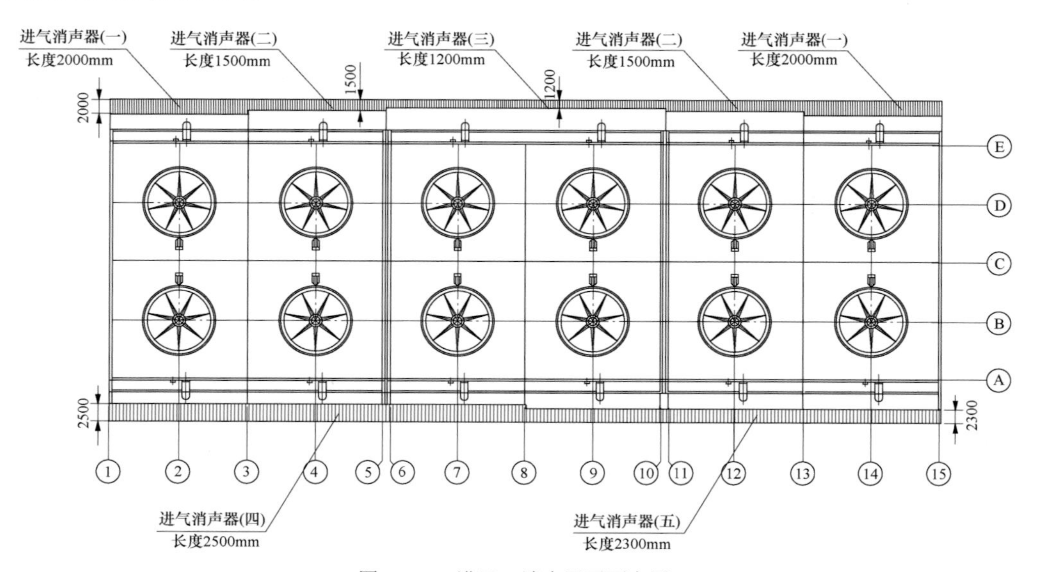

图 3-238　进风口消声器平面布置

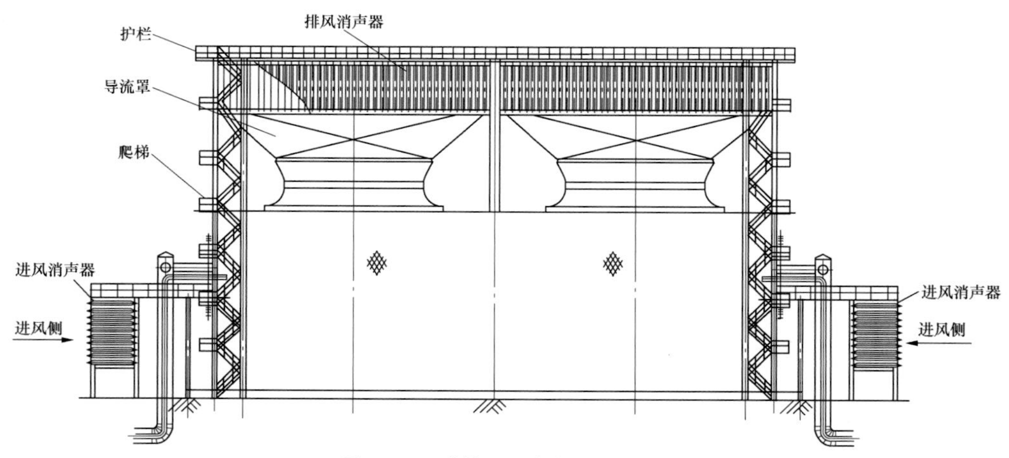

图 3-239　进排风口消声器断面布置

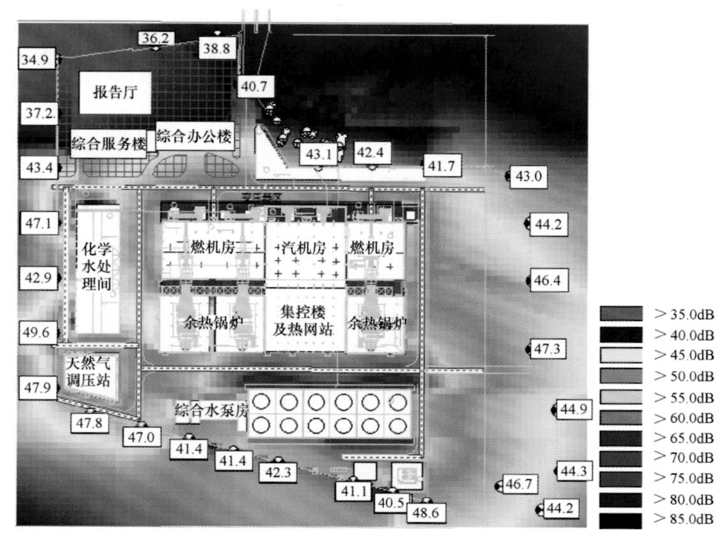

图 3-240　噪声治理后厂区声场模拟图（高度 1.5m）

第三节　厂区总平面布置主要指标

一、厂区总平面布置主要技术条件

在可行性研究和初步设计阶段，应分别做好厂区总平面规划布置方案和厂区总平面布置方案的技术经济比较工作。

可行性研究阶段主要应根据厂址的外部条件，如铁路专用线和进厂道路的引接、卸煤码头或煤矿工业场地的位置、电力出线方向和接入电网变电站的位置，以及空冷气象条件等，确定厂区总平面规划布置方案的格局、汽机房和固定端朝向、出线方向等，对厂区总平面规划布置方案进行初步的技术经济比较，提出推荐方案。

初步设计阶段主要应根据确定的铁路专用线（或卸煤码头、煤矿工业场地）和进厂道路的引接位置，以及电力出线方向和接入电网变电站的位置、自然地形地质条件、电厂采用的主要工艺系统，对厂区总平面布置方案和各功能分区布置进行充分的技术经济比较，提出推荐方案。

为评定厂区总平面布置方案的技术经济合理性，在厂区总平面布置图和说明书中必须列出技术经济指标表。厂区总平面布置方案技术指标表应包括表 3-54 所列的项目内容：

表 3-54　厂区总平面布置方案技术指标表

项　　目	单位	方案一	方案二
1　厂区围墙内用地面积			
（1）本期工程用地面积	hm^2		
（2）规划容量用地面积	hm^2		
2　厂区内建筑物及构筑物用地面积	m^2		
3　建筑系数	%		
4　厂区内场地利用面积	m^2		
5　利用系数	%		
6　厂区铁路线长度	km		
7　厂区道路路面及广场地坪面积	m^2		
8　道路广场系数	%		
9　厂区土石方工程量			
（1）挖方	$\times10^4m^3$		
（2）填方	$\times10^4m^3$		
（3）基槽余土	$\times10^4m^3$		
10　厂区围墙长度	m		
11　厂区内供排水管线长度			
（1）供水管	m		
（2）排水管（沟）	m		
12　厂区输煤栈桥长度	m		
13　厂区绿化用地面积	m^2		
14　厂区绿地率	%		

二、厂区总平面布置主要经济指标

厂区总平面布置方案主要经济指标比较主要包括建设费用和运行费用两项内容，必须客观、实事求是地反映存在的问题，切忌主观、片面。在计算基建投资费用时，除考虑与方案直接有关的费用外，同时还应考虑其他相关费用，以便使厂区总平面布置方案的经济比较做到全面、正确和合理。

厂区总平面布置方案经济指标表应包括表 3-55 所列的项目内容。

表 3-55　厂区总平面布置方案经济指标表

项　　目	单位	方案一		方案二	
		数量	金额	数量	金额
1　厂区围墙内用地面积	hm^2				
（1）本期工程用地面积	hm^2				
（2）规划容量用地面积	hm^2				
2　厂区内建筑物及构筑物用地面积	m^2				
3　建筑系数	%				
4　厂区内场地利用面积	m^2				
5　利用系数	%				
6　厂区铁路线长度	km				
7　厂区道路路面及广场地坪面积	m^2				
8　道路广场系数	%				
9　厂区土石方工程量					
（1）挖方	$\times10^4m^3$				

续表

项目	单位	方案一		方案二	
		数量	金额	数量	金额
（2）填方	$\times10^4m^3$				
（3）基槽余土	$\times10^4m^3$				
10　厂区围墙长度	m				
11　厂区内供排水管线长度					
（1）供水管	m				
（2）排水管（沟）	m				
12　厂区输煤栈桥长度	m				
13　厂区循环水运行费用	万元/年				
14　厂区输煤系统运行费用	万元/年				
15　其他比较项目					

三、厂区总平面布置用地指标

（一）燃煤发电厂厂区建设用地指标

燃煤发电厂厂区围墙内用地面积应符合《电力工程建设项目用地指标》的规定。表 3-56 列出了燃煤发电厂厂区建设用地基本指标的技术条件。

为使总图专业人员在进行厂区总平面布置方案比较时，能够快速、便捷查询厂区建设用地基本指标，表 3-57～表 3-67 列出了 11 种技术条件下的燃煤发电厂厂区建设用地基本指标。

（1）采用直流供水、燃煤水路运输、码头接卸转皮带运输进厂（技术条件一）的燃煤发电厂厂区建设用地基本指标，不应超过表 3-57 的规定。

（2）采用直流供水、燃煤铁路运输、翻车机卸煤（技术条件二）的燃煤发电厂厂区建设用地基本指标，不应超过表 3-58 的规定。

表 3-56　燃煤发电厂厂区建设用地基本指标的技术条件

序号	项目名称	技术条件										
		一	二	三	四	五	六	七	八	九	十	十一
1	供水系统	直流冷却系统		循环冷却系统			直接空冷系统			间接空冷系统		
2	燃料运卸	水路运煤、码头接卸、皮带运输	铁路运煤、翻车机卸煤	铁路运煤、翻车机卸煤	公路运煤、汽车卸煤沟	水路运煤、码头接卸或皮带运输	铁路运煤、翻车机卸煤	公路运煤、汽车卸煤沟	皮带运输	铁路运煤、翻车机卸煤	公路运煤、汽车卸煤	皮带运输
3	装机	2、4 台同级机组或 2、4 台同级加 2 台升一级机组；纯凝										
4	主厂房布置	汽机房—除氧间—煤仓间—锅炉房四列式布置，汽轮机纵向布置										
5	配电装置	110kV 或 220kV 为启动电源。 110kV 或 220kV 屋外中型、双母线布置；330、500、750kV 采用 3／2 接线，屋外中型布置										
6	煤质及贮煤参数	燃煤发热量 18.82MJ/kg，单一煤种，条形煤场，贮量 15d。 8025 斗轮机、10030 斗轮机、15030 斗轮机、15035 斗轮机或 30040 斗轮机										
7	除尘	电除尘、四电场										
8	除灰	灰渣分除，干式除灰，灰渣汽车运输。渣仓位于主厂房区										
9	脱硫、脱硝	石灰石-石膏湿法脱硫，SCR、液态氨脱硝										
10	工业、生活、消防水	常规水泵房、水池及贮水箱										
11	化学水处理	全膜法 EDI，全离子交换，膜法预脱盐加离子交换除盐（反渗透加一级除盐加混床），循环水加酸、加阻垢剂、加氯										
12	水预处理	不设										
13	制氢站或供氢站	标准状态下，制氢站出力为 5～10m^3/h、3.2MPa 的 1 套或 2 套设置，供氢站按贮氢罐组考虑										
14	点火油区设施	贮油罐、油泵房、汽车卸油设施，油污水处理装置										
15	启动锅炉房	1～2 台燃油炉及配套设施										
16	污水处理	工业废水集中处理，其他分散处理；生活污水采用生物处理；含油污水采用隔油、浮选处理；含煤废水采用沉淀处理										
17	再生水深度处理	不设										

续表

序号	项目名称	技术条件										
		一	二	三	四	五	六	七	八	九	十	十一
18	其他辅助生产及附属建筑	空压站、雨水泵站；生产试验室、检修维护间、材料库、汽车库、消防车库等										
19	厂前建筑区	生产行政办公楼、检修宿舍、夜班宿舍、招待所、职工食堂、浴室等										
20	地形	厂区自然地形坡度小于3%，厂区采用平坡式竖向布置										
21	地震、地质	地震基本烈度7度及以下，非湿陷性黄土地区和非膨胀土地区										
22	气候	非采暖区										

表3-57　　燃煤发电厂厂区建设用地基本指标（技术条件一）

档次	规划容量（MW）	机组组合［台数×单机容量（MW）］	厂区用地（hm^2）			单位装机容量用地（m^2/kW）
			生产区	厂前建筑区	合计	
1	100	2×50	8.00	0.60	8.60	0.860
	200	4×50	10.64	0.60	11.24	0.562
	300	2×50+2×100	13.35	0.60	13.95	0.465
	400	4×50+2×100	17.46	0.60	18.06	0.451
2	200	2×100	10.77	0.60	11.37	0.569
	400	4×100	14.69	0.60	15.29	0.382
	600	2×100+2×200	18.78	0.60	19.38	0.323
	800	4×100+2×200	24.32	0.60	24.92	0.311
3	400	2×200	14.00	0.60	14.60	0.365
	800	4×200	19.63	0.60	20.23	0.253
	1000	2×200+2×300	23.67	0.80	24.47	0.245
	1400	4×200+2×300	31.20	0.80	32.00	0.229
4	600	2×300	17.02	0.80	17.82	0.297
	1200	4×300	26.23	0.80	27.03	0.225
	1800	2×300+2×600	33.05	1.00	34.05	0.189
	2400	4×300+2×600	44.35	1.00	45.35	0.189
5	1200	2×600	25.12	1.00	26.12	0.218
	2400	4×600	37.23	1.00	38.23	0.159
	3200	2×600+2×1000	46.77	1.00	47.77	0.149
	4400	4×600+2×1000	62.68	1.00	63.68	0.145
6	2000	2×1000	30.83	1.00	31.83	0.159
	4000	4×1000	50.50	1.00	51.50	0.129
	6000	4×1000+2×1000	76.48	1.00	77.48	0.129
	8000	4×1000+4×1000	95.45	1.00	96.45	0.121

表3-58　　燃煤发电厂厂区建设用地基本指标（技术条件二）

档次	规划容量（MW）	机组组合［台数×单机容量（MW）］	厂区用地（hm^2）			单位装机容量用地（m^2/kW）
			生产区	厂前建筑区	合计	
1	100	2×50	11.96	0.60	12.56	1.256
	200	4×50	14.96	0.60	15.56	0.778

续表

档次	规划容量（MW）	机组组合［台数×单机容量（MW）］	厂区用地（hm^2）			单位装机容量用地（m^2/kW）
			生产区	厂前建筑区	合计	
1	300	2×50+2×100	16.83	0.60	17.43	0.581
	400	4×50+2×100	20.94	0.60	21.54	0.538
2	200	2×100	14.25	0.60	14.85	0.743
	400	4×100	18.18	0.60	18.78	0.469
	600	2×100+2×200	22.26	0.60	22.86	0.381
	800	4×100+2×200	27.80	0.60	28.40	0.355
3	400	2×200	17.48	0.60	18.08	0.452
	800	4×200	23.11	0.60	23.71	0.296
	1000	2×200+2×300	29.07	0.80	29.87	0.299
	1400	4×200+2×300	36.60	0.80	37.40	0.267
4	600	2×300	20.50	0.80	21.30	0.355
	1200	4×300	31.63	0.80	32.43	0.270
	1800	2×300+2×600	38.45	1.00	39.45	0.219
	2400	4×300+2×600	54.05	1.00	55.05	0.229
5	1200	2×600	30.52	1.00	31.52	0.263
	2400	4×600	46.93	1.00	47.93	0.200
	3200	2×600+2×1000	56.47	1.00	57.47	0.180
	4400	4×600+2×1000	72.38	1.00	73.38	0.167
6	2000	2×1000	36.23	1.00	37.23	0.186
	4000	4×1000	56.22	1.00	57.22	0.143
	6000	4×1000+2×1000	86.93	1.00	87.93	0.147
	8000	4×1000+4×1000	108.60	1.00	109.60	0.137

注　其中2×50MW、4×50MW机组采用有效卸车位为10节的单线贯通式卸煤沟，厂内铁路配线2股，有效长度950m。

（3）采用循环供水、燃煤铁路运输、翻车机卸煤（技术条件三）的燃煤发电厂厂区建设用地基本指标，不应超过表3-59的规定。

（4）采用循环供水、燃煤公路运输（技术条件四）的燃煤发电厂厂区建设用地基本指标，不应超过表3-60的规定。

（5）采用循环供水、水路运煤、码头接卸或皮带运输（技术条件五）的燃煤发电厂厂区建设用地基本指标，不应超过表3-61的规定。

（6）采用直接空冷系统、燃煤铁路运输、翻车机卸煤（技术条件六）的燃煤发电厂厂区建设用地基本指标，不应超过表3-62的规定。

表3-59　燃煤发电厂厂区建设用地基本指标（技术条件三）

档次	规划容量（MW）	机组组合［台数×单机容量（MW）］	厂区用地（hm^2）			单位装机容量用地（m^2/kW）
			生产区	厂前建筑区	合计	
1	100	2×50	13.48	0.60	14.08	1.408
	200	4×50	18.33	0.60	18.93	0.946
	300	2×50+2×100	20.48	0.60	21.08	0.703
	400	4×50+2×100	26.44	0.60	27.04	0.676
2	200	2×100	16.38	0.60	16.98	0.849
	400	4×100	22.75	0.60	23.35	0.584

续表

档次	规划容量（MW）	机组组合［台数×单机容量（MW）］	厂区用地（hm^2）			单位装机容量用地（m^2/kW）
			生产区	厂前建筑区	合计	
2	600	2×100+2×200	27.05	0.60	27.65	0.461
	800	4×100+2×200	35.03	0.60	35.63	0.445
3	400	2×200	20.14	0.60	20.74	0.518
	800	4×200	28.82	0.60	29.42	0.368
	1000	2×200+2×300	34.88	0.80	35.68	0.357
	1400	4×200+2×300	45.46	0.80	46.26	0.330
4	600	2×300	23.65	0.80	24.45	0.408
	1200	4×300	38.25	0.80	39.05	0.325
	1800	2×300+2×600	46.52	1.00	47.52	0.264
	2400	4×300+2×600	65.59	1.00	66.59	0.277
5	1200	2×600	35.44	1.00	36.44	0.304
	2400	4×600	57.12	1.00	58.12	0.242
	3200	2×600+2×1000	68.34	1.00	69.34	0.217
	4400	4×600+2×1000	89.52	1.00	90.52	0.206
6	2000	2×1000	43.18	1.00	44.18	0.221
	4000	4×1000	70.54	1.00	71.54	0.179
	6000	4×1000+2×1000	108.20	1.00	109.20	0.182
	8000	4×1000+4×1000	137.24	1.00	138.24	0.173

表 3-60　燃煤发电厂厂区建设用地基本指标（技术条件四）

档次	规划容量（MW）	机组组合［台数×单机容量（MW）］	厂区用地（hm^2）			单位装机容量用地（m^2/kW）
			生产区	厂前建筑区	合计	
1	100	2×50	9.36	0.60	9.96	0.996
	200	4×50	15.08	0.60	15.68	0.784
	300	2×50+2×100	18.11	0.60	18.71	0.624
	400	4×50+2×100	25.05	0.60	25.65	0.641
2	200	2×100	13.92	0.60	14.52	0.726
	400	4×100	20.41	0.60	21.01	0.525
	600	2×100+2×200	25.03	0.60	25.63	0.427
	800	4×100+2×200	33.81	0.60	34.41	0.430
3	400	2×200	17.77	0.60	18.37	0.459
	800	4×200	27.11	0.60	27.71	0.346
	1000	2×200+2×300	31.49	0.80	32.29	0.323
	1400	4×200+2×300	43.07	0.80	43.87	0.313
4	600	2×300	21.41	0.80	22.21	0.370
	1200	4×300	35.09	0.80	35.89	0.299
	1800	2×300+2×600	44.48	1.00	45.48	0.253
	2400	4×300+2×600	60.32	1.00	61.32	0.255

续表

档次	规划容量（MW）	机组组合［台数×单机容量（MW）］	厂区用地（hm^2）			单位装机容量用地（m^2/kW）
			生产区	厂前建筑区	合计	
5	1200	2×600	32.23	1.00	33.23	0.277
	2400	4×600	51.90	1.00	52.90	0.220
	3200	2×600+2×1000	63.67	1.00	64.67	0.202
	4400	4×600+2×1000	87.09	1.00	88.09	0.200
6	2000	2×1000	40.57	1.00	41.57	0.208
	4000	4×1000	70.40	1.00	71.40	0.179

表 3-61　燃煤发电厂厂区建设用地基本指标（技术条件五）

档次	规划容量（MW）	机组组合［台数×单机容量（MW）］	厂区用地（hm^2）			单位装机容量用地（m^2/kW）
			生产区	厂前建筑区	合计	
1	100	2×50	9.16	0.60	9.76	0.976
	200	4×50	14.01	0.60	14.61	0.731
	300	2×50+2×100	17.00	0.60	17.60	0.587
	400	4×50+2×100	22.96	0.60	23.56	0.589
2	200	2×100	12.90	0.60	13.50	0.675
	400	4×100	19.26	0.60	19.86	0.497
	600	2×100+2×200	23.57	0.60	24.17	0.403
	800	4×100+2×200	31.55	0.60	32.15	0.402
3	400	2×200	16.66	0.60	17.26	0.431
	800	4×200	25.34	0.60	25.94	0.324
	1000	2×200+2×300	29.48	0.80	30.28	0.303
	1400	4×200+2×300	40.06	0.80	40.86	0.292
4	600	2×300	20.17	0.80	20.97	0.350
	1200	4×300	32.85	0.80	33.65	0.280
	1800	2×300+2×600	41.12	1.00	42.12	0.234
	2400	4×300+2×600	55.89	1.00	56.89	0.237
5	1200	2×600	30.04	1.00	31.04	0.259
	2400	4×600	47.42	1.00	48.42	0.202
	3200	2×600+2×1000	58.64	1.00	59.64	0.186
	4400	4×600+2×1000	79.82	1.00	80.82	0.184
6	2000	2×1000	37.78	1.00	38.78	0.194
	4000	4×1000	64.82	1.00	65.82	0.165
	6000	4×1000+2×1000	97.75	1.00	98.75	0.165
	8000	4×1000+4×1000	124.09	1.00	125.09	0.156

表 3-62　燃煤发电厂厂区建设用地基本指标（技术条件六）

档次	规划容量（MW）	机组组合［台数×单机容量（MW）］	厂区用地（hm^2）			单位装机容量用地（m^2/kW）
			生产区	厂前建筑区	合计	
1	100	2×50	11.95	0.60	12.55	1.255
	200	4×50	15.04	0.60	15.64	0.782

续表

档次	规划容量（MW）	机组组合［台数×单机容量（MW）］	厂区用地（hm²）			单位装机容量用地（m²/kW）
			生产区	厂前建筑区	合计	
1	300	2×50+2×100	17.42	0.60	18.02	0.601
	400	4×50+2×100	21.88	0.60	22.48	0.562
2	200	2×100	14.24	0.60	14.84	0.742
	400	4×100	18.28	0.60	18.88	0.472
	600	2×100+2×200	23.14	0.60	23.74	0.396
	800	4×100+2×200	29.14	0.60	29.74	0.372
3	400	2×200	17.44	0.60	18.04	0.451
	800	4×200	23.28	0.60	23.88	0.298
	1000	2×200+2×300	30.08	0.80	30.88	0.309
	1400	4×200+2×300	38.27	0.80	39.07	0.279
4	600	2×300	20.45	0.80	21.25	0.354
	1200	4×300	31.62	0.80	32.42	0.270
	1800	2×300+2×600	40.43	1.00	41.43	0.230
	2400	4×300+2×600	56.58	1.00	57.58	0.240
5	1200	2×600	31.00	1.00	32.00	0.267
	2400	4×600	48.05	1.00	49.05	0.204
	3200	2×600+2×1000	59.95	1.00	60.95	0.190
	4400	4×600+2×1000	76.97	1.00	77.97	0.177
6	2000	2×1000	37.43	1.00	38.43	0.192
	4000	4×1000	59.57	1.00	60.57	0.151
	6000	4×1000+2×1000	93.83	1.00	94.83	0.158
	8000	4×1000+4×1000	118.24	1.00	119.24	0.149

（7）采用直接空冷系统、燃煤公路运输（技术条件七）的燃煤发电厂厂区建设用地基本指标，不应超过表 3-63 的规定。

（8）采用直接空冷系统、燃煤皮带运输（技术条件八）的燃煤发电厂厂区建设用地基本指标，不应超过表 3-64 的规定。

（9）采用间接空冷系统、燃煤铁路运输、翻车机卸煤（技术条件九）的燃煤发电厂厂区建设用地基本指标，不应超过表 3-65 的规定。

（10）采用间接空冷系统、燃煤公路运输（技术条件十）的燃煤发电厂厂区建设用地基本指标，不应超过表 3-66 的规定。

表 3-63　燃煤发电厂厂区建设用地基本指标（技术条件七）

档次	规划容量（MW）	机组组合［台数×单机容量（MW）］	厂区用地（hm²）			单位装机容量用地（m²/kW）
			生产区	厂前建筑区	合计	
1	100	2×50	8.00	0.60	8.60	0.860
	200	4×50	11.79	0.60	12.39	0.620
	300	2×50+2×100	15.05	0.60	15.65	0.522
	400	4×50+2×100	20.49	0.60	21.09	0.527
2	200	2×100	11.78	0.60	12.38	0.619
	400	4×100	15.94	0.60	16.54	0.414
	600	2×100+2×200	21.12	0.60	21.72	0.362
	800	4×100+2×200	27.92	0.60	28.52	0.356

续表

档次	规划容量（MW）	机组组合［台数×单机容量（MW）］	厂区用地（hm²）			单位装机容量用地（m²/kW）
			生产区	厂前建筑区	合计	
3	400	2×200	15.07	0.60	15.67	0.392
	800	4×200	21.57	0.60	22.17	0.277
	1000	2×200+2×300	26.69	0.80	27.49	0.275
	1400	4×200+2×300	35.88	0.80	36.68	0.262
4	600	2×300	18.21	0.80	19.01	0.317
	1200	4×300	28.46	0.80	29.26	0.244
	1800	2×300+2×600	38.39	1.00	39.39	0.219
	2400	4×300+2×600	51.31	1.00	52.31	0.218
5	1200	2×600	27.79	1.00	28.79	0.240
	2400	4×600	42.83	1.00	43.83	0.183
	3200	2×600+2×1000	55.28	1.00	56.28	0.176
	4400	4×600+2×1000	74.54	1.00	75.54	0.172
6	2000	2×1000	34.82	1.00	35.82	0.179
	4000	4×1000	59.43	1.00	60.43	0.151

表 3-64　　燃煤发电厂厂区建设用地基本指标（技术条件八）

档次	规划容量（MW）	机组组合［台数×单机容量（MW）］	厂区用地（hm²）			单位装机容量用地（m²/kW）
			生产区	厂前建筑区	合计	
1	100	2×50	8.00	0.60	8.60	0.860
	200	4×50	10.72	0.60	11.32	0.566
	300	2×50+2×100	13.94	0.60	14.54	0.485
	400	4×50+2×100	18.40	0.60	19.00	0.475
2	200	2×100	10.76	0.60	11.36	0.568
	400	4×100	14.79	0.60	15.39	0.385
	600	2×100+2×200	19.66	0.60	20.26	0.338
	800	4×100+2×200	25.66	0.60	26.26	0.328
3	400	2×200	13.96	0.60	14.56	0.364
	800	4×200	19.80	0.60	20.40	0.255
	1000	2×200+2×300	24.68	0.80	25.48	0.255
	1400	4×200+2×300	32.87	0.80	33.67	0.241
4	600	2×300	16.97	0.80	17.77	0.296
	1200	4×300	26.22	0.80	27.02	0.225
	1800	2×300+2×600	35.03	1.00	36.03	0.200
	2400	4×300+2×600	46.88	1.00	47.88	0.199
5	1200	2×600	25.60	1.00	26.60	0.222
	2400	4×600	38.35	1.00	39.35	0.164
	3200	2×600+2×1000	50.25	1.00	51.25	0.160
	4400	4×600+2×1000	67.27	1.00	68.27	0.155

续表

档次	规划容量（MW）	机组组合［台数×单机容量（MW）］	厂区用地（hm²）			单位装机容量用地（m²/kW）
			生产区	厂前建筑区	合计	
6	2000	2×1000	32.03	1.00	33.03	0.165
	4000	4×1000	53.85	1.00	54.85	0.137
	6000	4×1000+2×1000	83.38	1.00	84.38	0.141
	8000	4×1000+4×1000	105.09	1.00	106.09	0.133

表 3-65　　燃煤发电厂厂区建设用地基本指标（技术条件九）

档次	规划容量（MW）	机组组合［台数×单机容量（MW）］	厂区用地（hm²）			单位装机容量用地（m²/kW）
			生产区	厂前建筑区	合计	
1	100	2×50	14.66	0.60	15.26	1.526
	200	4×50	20.28	0.60	20.88	1.044
	300	2×50+2×100	23.33	0.60	23.93	0.798
	400	4×50+2×100	30.18	0.60	30.78	0.769
2	200	2×100	18.17	0.60	18.77	0.939
	400	4×100	26.06	0.60	26.66	0.666
	600	2×100+2×200	31.47	0.60	32.07	0.534
	800	4×100+2×200	41.09	0.60	41.69	0.521
3	400	2×200	22.89	0.60	23.49	0.587
	800	4×200	34.13	0.60	34.73	0.434
	1000	2×200+2×300	40.87	0.80	41.67	0.417
	1400	4×200+2×300	54.18	0.80	54.98	0.393
4	600	2×300	27.06	0.80	27.86	0.464
	1200	4×300	44.73	0.80	45.53	0.379
	1800	2×300+2×600	54.29	1.00	55.29	0.307
	2400	4×300+2×600	76.56	1.00	77.56	0.323
5	1200	2×600	39.93	1.00	40.93	0.341
	2400	4×600	66.04	1.00	67.04	0.279
	3200	2×600+2×1000	79.66	1.00	80.66	0.252
	4400	4×600+2×1000	105.27	1.00	106.27	0.242
6	2000	2×1000	50.01	1.00	51.01	0.255
	4000	4×1000	84.78	1.00	85.78	0.214
	6000	4×1000+2×1000	129.27	1.00	130.27	0.217
	8000	4×1000+4×1000	165.72	1.00	166.72	0.208

表 3-66　　燃煤发电厂厂区建设用地基本指标（技术条件十）

档次	规划容量（MW）	机组组合［台数×单机容量（MW）］	厂区用地（hm²）			单位装机容量用地（m²/kW）
			生产区	厂前建筑区	合计	
1	100	2×50	10.54	0.60	11.14	1.114
	200	4×50	17.03	0.60	17.63	0.882
	300	2×50+2×100	20.96	0.60	21.56	0.719
	400	4×50+2×100	28.79	0.60	29.39	0.735

续表

档次	规划容量（MW）	机组组合［台数×单机容量（MW）］	厂区用地（hm^2）			单位装机容量用地（m^2/kW）
			生产区	厂前建筑区	合计	
2	200	2×100	15.71	0.60	16.31	0.816
	400	4×100	23.72	0.60	24.32	0.608
	600	2×100+2×200	29.45	0.60	30.05	0.501
	800	4×100+2×200	39.87	0.60	40.47	0.506
3	400	2×200	20.52	0.60	21.12	0.528
	800	4×200	32.42	0.60	33.02	0.413
	1000	2×200+2×300	37.48	0.80	38.28	0.383
	1400	4×200+2×300	51.79	0.80	52.59	0.376
4	600	2×300	24.82	0.80	25.62	0.427
	1200	4×300	41.57	0.80	42.37	0.353
	1800	2×300+2×600	52.25	1.00	53.25	0.296
	2400	4×300+2×600	71.29	1.00	72.29	0.301
5	1200	2×600	36.72	1.00	37.72	0.314
	2400	4×600	60.82	1.00	61.82	0.258
	3200	2×600+2×1000	74.99	1.00	75.99	0.237
	4400	4×600+2×1000	102.84	1.00	103.84	0.236
6	2000	2×1000	47.40	1.00	48.40	0.242
	4000	4×1000	84.64	1.00	85.64	0.214

（11）采用间接空冷系统、燃煤皮带运输（技术条件十一）的燃煤发电厂厂区建设用地基本指标，不应超过表 3-67 的规定。

当燃煤发电厂实际技术条件与表 3-56 规定的技术条件不同时，厂区建设用地指标应按《电力工程建设项目用地指标》的规定，对表 3-57～表 3-67 的基本指标进行相关项的调整。

（二）燃气-蒸汽联合循环发电厂厂区建设用地指标

燃气-蒸汽联合循环发电厂厂区围墙内用地面积应符合《电力工程建设项目用地指标》的规定。表 3-68 列出了燃气-蒸汽联合循环发电厂厂区建设用地基本指标的技术条件。

为使总图专业人员在进行厂区总平面布置方案比较时，能够快速、便捷查询厂区建设用地基本指标，表 3-69～表 3-73 列出了 5 种技术条件下的燃气-蒸汽联合循环发电厂厂区建设用地基本指标。

（1）采用直流供水（技术条件一）的燃气-蒸汽联合循环发电厂厂区建设用地基本指标，不应超过表 3-69 的规定。

表 3-67　燃煤发电厂厂区建设用地基本指标（技术条件十一）

档次	规划容量（MW）	机组组合［台数×单机容量（MW）］	厂区用地（hm^2）			单位装机容量用地（m^2/kW）
			生产区	厂前建筑区	合计	
1	100	2×50	10.34	0.60	10.94	1.094
	200	4×50	15.96	0.60	16.56	0.828
	300	2×50+2×100	19.85	0.60	20.45	0.682
	400	4×50+2×100	26.70	0.60	27.30	0.682
2	200	2×100	14.69	0.60	15.29	0.765
	400	4×100	22.57	0.60	23.17	0.579
	600	2×100+2×200	27.99	0.60	28.59	0.476
	800	4×100+2×200	37.61	0.60	38.21	0.478

续表

档次	规划容量（MW）	机组组合［台数×单机容量（MW）］	厂区用地（hm^2）			单位装机容量用地（m^2/kW）
			生产区	厂前建筑区	合计	
3	400	2×200	19.41	0.60	20.01	0.500
	800	4×200	30.65	0.60	31.25	0.391
	1000	2×200+2×300	35.47	0.80	36.27	0.363
	1400	4×200+2×300	48.78	0.80	49.58	0.354
4	600	2×300	23.58	0.80	24.38	0.406
	1200	4×300	39.33	0.80	40.13	0.334
	1800	2×300+2×600	48.89	1.00	49.89	0.277
	2400	4×300+2×600	66.86	1.00	67.86	0.283
5	1200	2×600	34.53	1.00	35.53	0.296
	2400	4×600	56.34	1.00	57.34	0.239
	3200	2×600+2×1000	69.96	1.00	70.96	0.222
	4400	4×600+2×1000	95.57	1.00	96.57	0.219
6	2000	2×1000	44.61	1.00	45.61	0.228
	4000	4×1000	79.06	1.00	80.06	0.200
	6000	4×1000+2×1000	118.82	1.00	119.82	0.200
	8000	4×1000+4×1000	152.57	1.00	153.57	0.192

表 3-68　燃气-蒸汽联合循环发电厂厂区建设用地基本指标的技术条件

序号	项目名称	技术条件				
		一	二	三	四	五
1	供水系统	直流冷却系统	自然通风冷却	机械通风冷却	直接空冷系统	间接空冷系统
2	装机	2、3、4、6、8 套机组				
3	动力装置	E 级多轴（1+1）、（2+1），F 级单轴（1+1），F 级多轴（1+1）、（2+1）				
4	配电装置	110kV 或 220kV 为启动电源；220kV 屋外中型、双母线布置				
5	燃料	天然气				
6	天然气调压站	E 级燃机：配 2、4、8 套机组。F 级燃机：配 2、3、4、6、8 套机组				
7	工业、生活、消防水	常规水泵房、水池及贮水箱				
8	化学水处理	全膜法 EDI，全离子交换，膜法预脱盐加离子交换除盐（反渗透加一级除盐加混床），循环水加酸、加阻垢剂、加氯				
9	水预处理	不设				
10	制氢站或供氢站	F 级燃机：标准状态下，制氢站出力为 5～10m^3/h、3.20MPa 的 1 套或 2 套设置，供氢站按贮氢罐组考虑				
11	启动锅炉房	1～2 台燃油或燃气炉及配套设施				
12	废、污水处理	工业废水集中处理，其他分散处理；生活污水采用生物处理；含油污水采用隔油、浮选处理				
13	再生水深度处理	不设				
14	其他辅助生产及附属建筑	空压站、雨水泵站；生产试验室、检修维护间、材料库、汽车库、消防车库等				
15	厂前建筑	行政办公楼、检修宿舍、夜班宿舍、招待所、职工食堂、浴室等				

续表

序号	项目名称	技术条件				
		一	二	三	四	五
16	地形	厂区地形坡度小于3%				
17	地震、地质	地震基本烈度7度及以下，非湿陷性黄土地区和非膨胀土地区				
18	气候	非采暖区				

表3-69　　燃气-蒸汽联合循环发电厂厂区建设用地基本指标（技术条件一）

档次	机组类型	单元机组构成	机组容量（MW）	厂区用地（hm^2）			单位装机容量用地（m^2/kW）
				生产区	厂前建筑	合计	
1	E级多轴	2×（1+1）或1×（2+1）	400	6.64	0.50	7.14	0.178
		4×（1+1）或2×（2+1）	800	8.00	0.60	8.60	0.107
		4×（1+1）+4×（1+1）或2×（2+1）+2×（2+1）	1600	13.94	0.80	14.74	0.092
2	F级单轴	2×（1+1）	800	7.40	0.55	7.95	0.093
		3×（1+1）	1200	8.59	0.60	9.19	0.077
		4×（1+1）	1600	10.35	0.60	10.95	0.068
		3×（1+1）+3×（1+1）	2400	14.81	0.80	15.61	0.065
		4×（1+1）+4×（1+1）	3200	17.94	0.80	18.74	0.059
3	F级多轴	2×（1+1）或1×（2+1）	800	7.69	0.55	8.24	0.103
		4×（1+1）或2×（2+1）	1600	10.99	0.60	11.59	0.072
		4×（1+1）+4×（1+1）或2×（2+1）+2×（2+1）	3200	19.21	0.80	20.01	0.063

（2）采用自然通风冷却塔循环供水（技术条件二）的燃气-蒸汽联合循环发电厂厂区建设用地基本指标，不应超过表3-70的规定。

（3）采用机械通风冷却塔循环供水（技术条件三）的燃气-蒸汽联合循环发电厂厂区建设用地基本指标，不应超过表3-71的规定。

（4）采用直接空冷（技术条件四）的燃气-蒸汽联合循环发电厂厂区建设用地基本指标，不应超过表3-72的规定。

（5）采用间接空冷（技术条件五）的燃气-蒸汽联合循环发电厂厂区建设用地基本指标，不应超过表3-73的规定。

当燃气-蒸汽联合循环发电厂实际技术条件与表3-68规定的技术条件不同时，厂区建设用地指标应按《电力工程建设项目用地指标》的规定，对表3-69～表3-73的基本指标进行相关项的调整。

表3-70　　燃气-蒸汽联合循环发电厂厂区建设用地基本指标（技术条件二）

档次	机组类型	单元机组构成	机组容量（MW）	厂区用地（hm^2）			单位装机容量用地（m^2/kW）
				生产区	厂前建筑	合计	
1	E级多轴	2×（1+1）或1×（2+1）	400	7.18	0.50	7.68	0.192
		4×（1+1）或2×（2+1）	800	10.36	0.60	10.96	0.137
		4×（1+1）+4×（1+1）或2×（2+1）+2×（2+1）	1600	18.67	0.80	19.47	0.122
2	F级单轴	2×（1+1）	800	9.76	0.60	10.36	0.130
		3×（1+1）	1200	12.37	0.60	12.97	0.108
		4×（1+1）	1600	15.52	0.60	16.12	0.101

续表

档次	机组类型	单元机组构成	机组容量（MW）	厂区用地（hm²）			单位装机容量用地（m²/kW）
				生产区	厂前建筑	合计	
2	F级单轴	3×（1+1）+3×（1+1）	2400	22.36	0.80	23.16	0.097
		4×（1+1）+4×（1+1）	3200	26.02	0.80	26.82	0.084
3	F级多轴	2×（1+1）或1×（2+1）	800	10.06	0.60	10.66	0.133
		4×（1+1）或2×（2+1）	1600	16.16	0.60	16.76	0.105
		4×（1+1）+4×（1+1）或2×（2+1）+2×（2+1）	3200	27.29	0.80	28.09	0.088

表3-71　燃气-蒸汽联合循环发电厂厂区建设用地基本指标（技术条件三）

档次	机组类型	单元机组构成	机组容量（MW）	厂区用地（hm²）			单位装机容量用地（m²/kW）
				生产区	厂前建筑	合计	
1	E级多轴	2×（1+1）或1×（2+1）	400	6.64	0.50	7.14	0.178
		4×（1+1）或2×（2+1）	800	8.57	0.60	9.17	0.115
		4×（1+1）+4×（1+1）或2×（2+1）+2×（2+1）	1600	14.95	0.80	15.75	0.098
2	F级单轴	2×（1+1）	800	8.54	0.60	9.14	0.114
		3×（1+1）	1200	10.43	0.60	11.03	0.092
		4×（1+1）	1600	12.94	0.60	13.54	0.085
		3×（1+1）+3×（1+1）	2400	18.49	0.80	19.29	0.080
		4×（1+1）+4×（1+1）	3200	23.12	0.80	23.92	0.075
3	F级多轴	2×（1+1）或1×（2+1）	800	8.83	0.60	9.43	0.118
		4×（1+1）或2×（2+1）	1600	13.58	0.60	14.18	0.089
		4×（1+1）+4×（1+1）或2×（2+1）+2×（2+1）	3200	24.39	0.80	25.19	0.079

表3-72　燃气-蒸汽联合循环发电厂厂区建设用地基本指标（技术条件四）

档次	机组类型	单元机组构成	机组容量（MW）	厂区用地（hm²）			单位装机容量用地（m²/kW）
				生产区	厂前建筑	合计	
1	E级多轴	2×（1+1）或1×（2+1）	400	6.64	0.50	7.14	0.178
		4×（1+1）或2×（2+1）	800	8.21	0.60	8.81	0.110
		4×（1+1）+4×（1+1）或2×（2+1）+2×（2+1）	1600	14.39	0.80	15.19	0.095
2	F级单轴	2×（1+1）	800	7.63	0.55	8.18	0.102
		3×（1+1）	1200	8.98	0.60	9.58	0.080
		4×（1+1）	1600	10.82	0.60	11.42	0.071
		3×（1+1）+3×（1+1）	2400	15.48	0.80	16.28	0.068
		4×（1+1）+4×（1+1）	3200	18.90	0.80	19.70	0.062
3	F级多轴	2×（1+1）或1×（2+1）	800	7.91	0.55	8.46	0.105
		4×（1+1）或2×（2+1）	1600	11.46	0.60	12.06	0.075
		4×（1+1）+4×（1+1）或2×（2+1）+2×（2+1）	3200	20.17	0.80	20.97	0.066

表 3-73 燃气-蒸汽联合循环发电厂厂区建设用地基本指标（技术条件五）

档次	机组类型	单元机组构成	机组容量（MW）	厂区用地（hm^2）			单位装机容量用地（m^2/kW）
				生产区	厂前建筑	合计	
1	E 级多轴	2×（1+1）或 1×（2+1）	400	7.25	0.50	7.75	0.193
		4×（1+1）或 2×（2+1）	800	11.31	0.60	11.91	0.149
		4×（1+1）+4×（1+1）或 2×（2+1）+2×（2+1）	1600	20.56	0.80	21.36	0.133
2	F 级单轴	2×（1+1）	800	9.62	0.60	10.22	0.128
		3×（1+1）	1200	11.51	0.60	12.11	0.101
		4×（1+1）	1600	15.05	0.60	15.65	0.098
		3×（1+1）+3×（1+1）	2400	20.65	0.80	21.45	0.089
		4×（1+1）+4×（1+1）	3200	27.34	0.80	28.14	0.088
3	F 级多轴	2×（1+1）或 1×（2+1）	800	9.91	0.60	10.51	0.131
		4×（1+1）或 2×（2+1）	1600	15.69	0.60	16.29	0.102
		4×（1+1）+4×（1+1）或 2×（2+1）+2×（2+1）	3200	28.61	0.80	29.41	0.092

第四节 厂区总平面布置实例

为了使得前面所介绍的厂区总平面布置的相关内容更加直观形象，本节特从近十年来国内外投产的燃煤及燃气-蒸汽联合循环电厂项目中精选了部分厂区总平面布置方案，其中燃煤电厂 10 项、燃机电厂 6 项，分别简要介绍如下。

一、燃煤火力发电厂

由于燃煤火力发电厂的燃煤运输方式、冷却方式、主厂房及贮煤场布置形式等不同的技术条件对其厂区总平面布置方案的影响较大，因此下面按照不同的技术条件介绍具体工程实例。

实例一：4×600MW+2×1000MW+2×1000MW（预留）燃煤水路运输、直流+二次循环供水发电厂总平面布置

某电厂位于东南沿海，厂区西面为山，北面和东北面为港区，东南为滩涂，南面为养殖场和部分耕地，建设场地由山地、滩涂组成。

电厂拟建设规模为 4×600MW+2×1000MW+2×1000MW，分三期建设。电厂燃煤、燃油、石灰石、石膏采用船运，灰、渣采用汽车运输。一期工程 4×600MW 机组，采用直流循环，2005 年底首台机组并网发电，2006 年投产 2 台，2007 年上半年投产 1 台。二期工程 2×1000MW 机组，2009 年投产。一、二期工程主厂房 A 排平齐，脱开 55.5m，二期工程的建设场地为一期工程的施工区。三期工程的规划用地为一、二期工程的贮灰场。

电厂码头区位于厂区北面。一期卸煤码头可停靠 2 艘 3.5 万 t 级、兼靠 5 万 t 级船舶，综合码头为 3000t 级，位于煤码头西侧。二期工程在一期煤码头西端扩建一个 5 万 t 级泊位，并在煤码头东侧再新建 1 个 3000t 级的综合码头。三期煤码头规划在二期工程的西端。

一期工程采用直流循环，取水口位于厂区西北面，通过隧道取水，循环水泵房位于汽机房外靠固定端。循环水排水从汽机房 A 排通过暗涵经固定端在厂区东北面排入海湾。为节省管廊占地，循环水进水管和排水暗涵在汽机房 A 排外采用重叠布置。

为满足海洋环保的要求，二期工程采用海水二次循环，海水补给水由一期工程循环水系统提供。三期工程按海水二次循环规划。

厂区总平面布置为汽机房朝向西南，固定端朝西北，向东南扩建。厂区自西南向东北依次为 500kV GIS 配电装置、主厂房、圆形封闭式煤场及冷却塔的三列式布置格局。一期工程采用“4 机 1 控”，控制室紧邻汽机房 A 列外布置；二期工程采用两机一控，控制室按常规布置在两炉之间。电厂总平面布置见图 3-241。

该电厂兼有直流供水和二次循环供水系统，总平面布置功能分区明确，工艺流程顺畅合理，运煤系统路径规划简捷；整个电厂布置紧凑、用地节省；厂区、厂前行政管理区环境优美，建（构）筑物群体在平面和空间相互协调，重点突出，主次分明，和谐美观，为本期施工和后期扩建创造了便利条件。

实例二：2×600MW 燃煤公路+水路（预留）运输、二次循环供水发电厂总平面布置

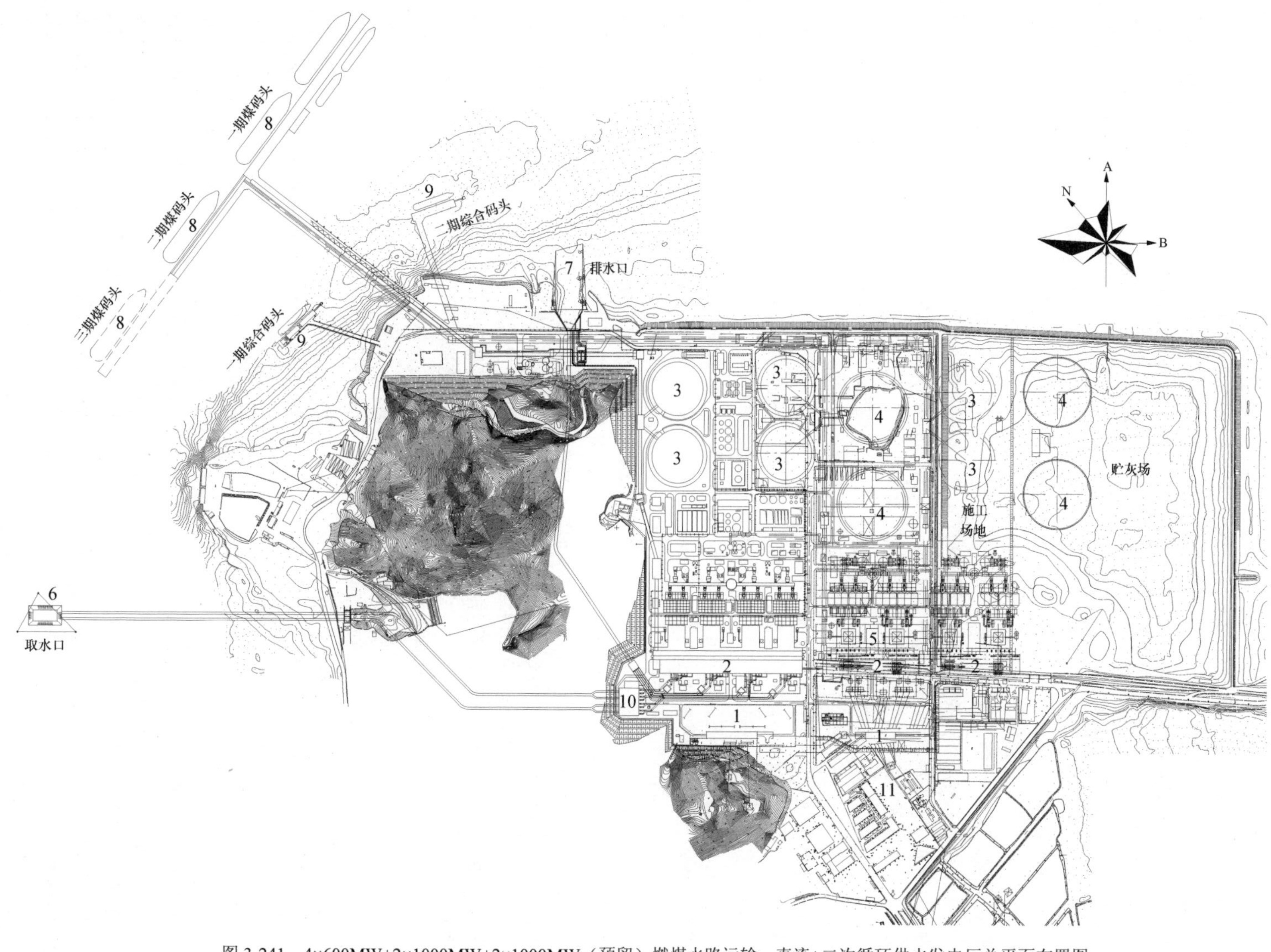

图 3-241　4×600MW+2×1000MW+2×1000MW（预留）燃煤水路运输、直流+二次循环供水发电厂总平面布置图

1—配电装置；2—主厂房；3—煤场；4—冷却塔；5—集控室；6—取水口；7—排水口；8—煤码头；9—综合码头；10—循环水泵房；11—厂前建筑区

某电厂位于长江上游地带，地貌单元为构造、剥蚀的低山、丘陵地貌，以及河流侵蚀地貌，建设场地由上部浑圆型丘包和下部人工平台（老电厂小机组场地）组成，上部丘包海拔高程在217～299m，下部人工平台海拔高程在214m左右，面积约10hm^2。厂址场地相对最大高差85m。场地东、南、西三面被河流环绕，呈倒三角形。厂址标高较高，不受河流百年一遇洪水影响。两条煤矿公路分别从厂址中间和南侧穿过，电厂燃煤采用公路，平均运距40km，预留码头来煤条件。

厂区总平面布置将电厂分为三个主要功能区，即主厂区、燃料设施区和厂前建筑区。结合厂址地形地貌、地质条件、燃煤运输、灰渣运输、电厂取水、500kV线路送出、施工组织等内、外部条件，因地制宜，将燃料设施区布置在人工平台场地，主厂区（包括主厂房、冷却塔、配电装置及部分辅助生产设施）布置在上部丘包上，厂前建筑区布置在主厂区的东北侧，见图3-242。

该电厂总平面布置充分利用厂址自然条件和既有场地，因地制宜、分散布置，燃料区位于原有的电厂小机组场地，主厂区位于上部丘包，厂前区利用丘包东北侧一块相对平缓的台地布置，整个电厂规划与厂址外部条件相协调，为将来码头来煤留有便利条件，为煤码头及其后方堆场留有场地条件。

实例三：2×1000MW燃煤水路运输、二次循环供水、烟塔合一发电厂总平面布置

某电厂地处山区，两面临山。本期工程在拆除的4×125MW机组场地上建设有2×1000MW机组，并留有再扩建的可能。电厂采用自然通风冷却塔二次循环系统，且为烟塔合一。电厂燃煤采用铁路运输。两台机组于2011年12月投产运行。

厂区总平面结合自然地形，呈三列式布置。由东向西依次布置升压站、条形煤场、主厂房、冷却塔。烟塔合一塔布置在主厂房西面；煤场沿来煤方向布置在厂区东侧；主厂房固定端朝北，固定端布置辅助设施，如灰库、化学水区、净水区、制氢站、制氨车间、材料库、检修车间等。本期工程不新建管理建筑区，利用公司原有管理区。厂区用地面积（包括厂区铁路）40hm^2。

电厂充分考虑自然地形对未来扩建的限制，为未来向南扩建留有可能，并根据工艺流程，尽可能靠近山体进行布置，见图3-243。

实例四：4×1000MW燃煤水路运输、直流供水发电厂总平面布置

某电厂西面临海，厂区位于海堤以内。一、二期工程建设4×1000MW机组，留有再扩建2×1000MW机组的可能。电厂燃煤采用水路运输，一、二期建有两座5万t码头。水系统采用直流冷却方式。一期两台机组于2006年投产，二期两台机组于2007年11月投产运行。

厂区总平面格局呈三列式布置，从北至南依次为煤场、主厂房、升压站。主厂房固定端朝西，向东扩建。循环水泵房紧靠主厂房西侧，从厂区西侧海域取水。炉后及主厂房固定端布置辅助设施，如净水区、化学水区、废水区、油罐区、制氢站等。厂区的东侧作为扩建预留用地。厂前管理区布置在升压站固定端。

电厂充分利用沿海厂址的有利条件，采用直流循环和水路运煤，因水域条件较好，取排水及码头栈桥较短捷。厂区布置规整，功能分区明确。四台机组主厂房连续扩建，仅设置一套输煤系统，输煤栈桥从2、3号机组之间接至主厂房。四台机组控制集中在一期主厂房的固定端，便于厂区管理。电厂总平面布置见图3-244。

实例五：2×600MW+2×1000MW燃煤铁路运输、直接空冷发电厂总平面布置

某电厂为西北地区大型区域凝汽式直接空冷电厂，电厂规划容量2×600MW+2×1000MW，一期工程建设2×600MW，二期工程建设2×1000MW。一期工程2×600MW亚临界空冷机组分别于2007年6月和9月投产发电。二期工程于2010年12月、2011年4月投产。厂区总平面呈四列式布置格局，厂区由西向东分别布置屋外配电装置、空冷平台、主厂房、贮煤场。电厂燃煤大部分采用铁路进厂，汽车来煤辅助进厂。一、二期工程电厂给水泵汽轮机均采用汽动给水泵，厂区内设给水泵汽轮机间接空冷塔。主厂房A排朝西，固定端朝南，电厂总平面布置见图3-245。

该项目二期工程是国家百万千瓦机组空冷技术装备自主国产化示范项目，是世界上投运的首个百万千瓦超超临界直接空冷发电机组工程。

实例六：2×600MW燃煤公路运输、直接空冷发电厂总平面布置

某电厂位于西北地区，采用直接空冷、汽车来煤，一期工程建设2×600MW国产亚临界燃煤空冷发电机组，同步建设烟气脱硫装置，年耗煤量295万t，全部采用汽车运输。一期工程于2006年3月开工建设，2007年12月双机投产发电，本工程为空冷机组国产化依托项目。厂区采用四列式布置格局，从东向西依次为GIS屋外配电装置、空冷平台、主厂房、煤场。主厂房位于厂区中部，固定端朝北，向南扩建。汽机房朝向东，炉后布置脱硫装置。扩建端地形平坦开阔，有充分的扩建条件。进厂道路由从厂区东侧引接进厂，出线向东，出线走廊开阔。本工程主机采用直接空冷、给水泵汽轮机采用间接空冷、辅机采用机械通风湿式冷却。电厂总平面布置见图3-246。

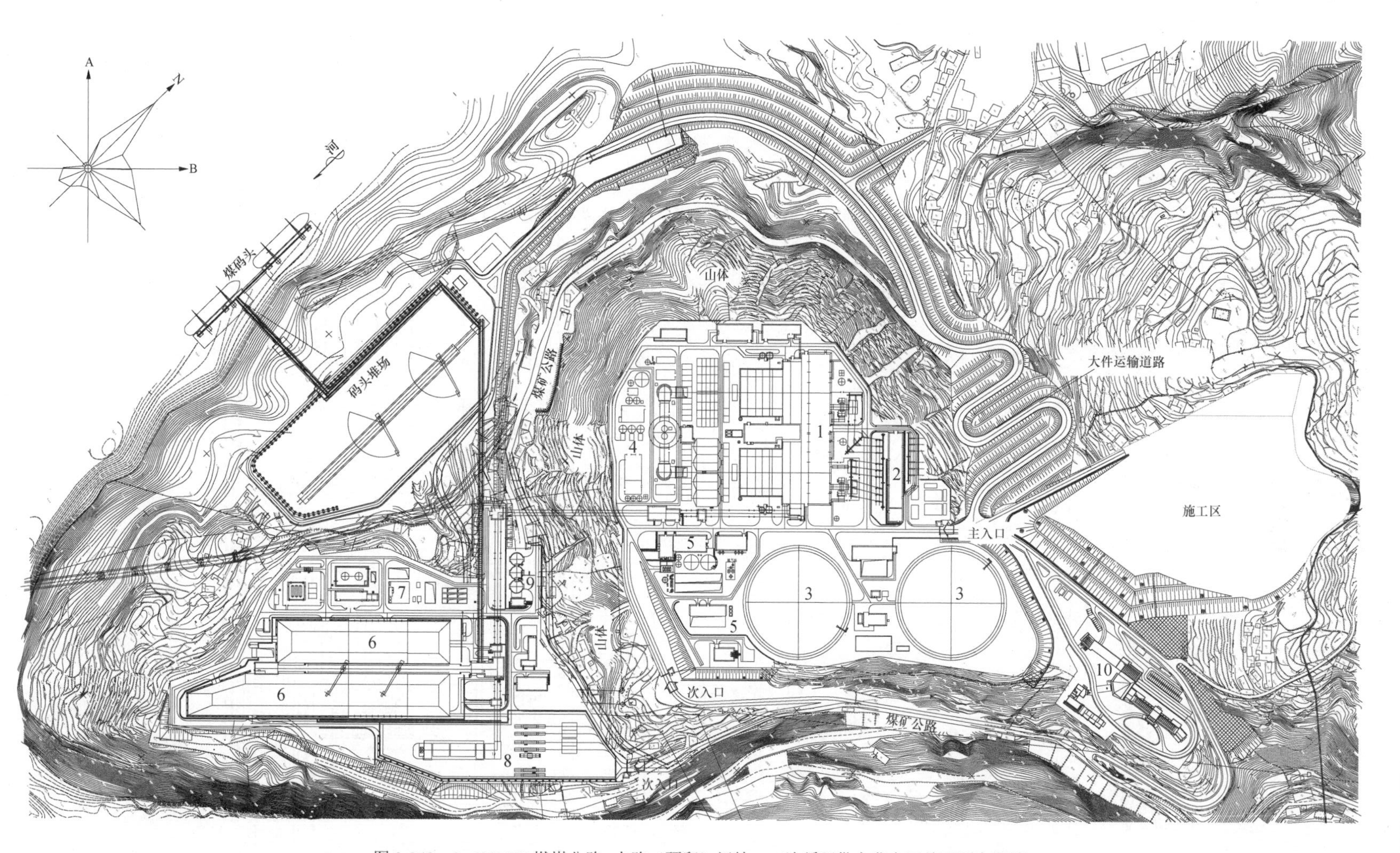

图3-242　2×600MW燃煤公路+水路（预留）运输、二次循环供水发电厂总平面布置图

1—主厂房；2—配电装置；3—冷却塔；4—脱硫设施区；5—水处理设施区；6—煤场；7—辅助生产设施；8—汽车卸煤区；9—灰库区；10—厂前建筑区

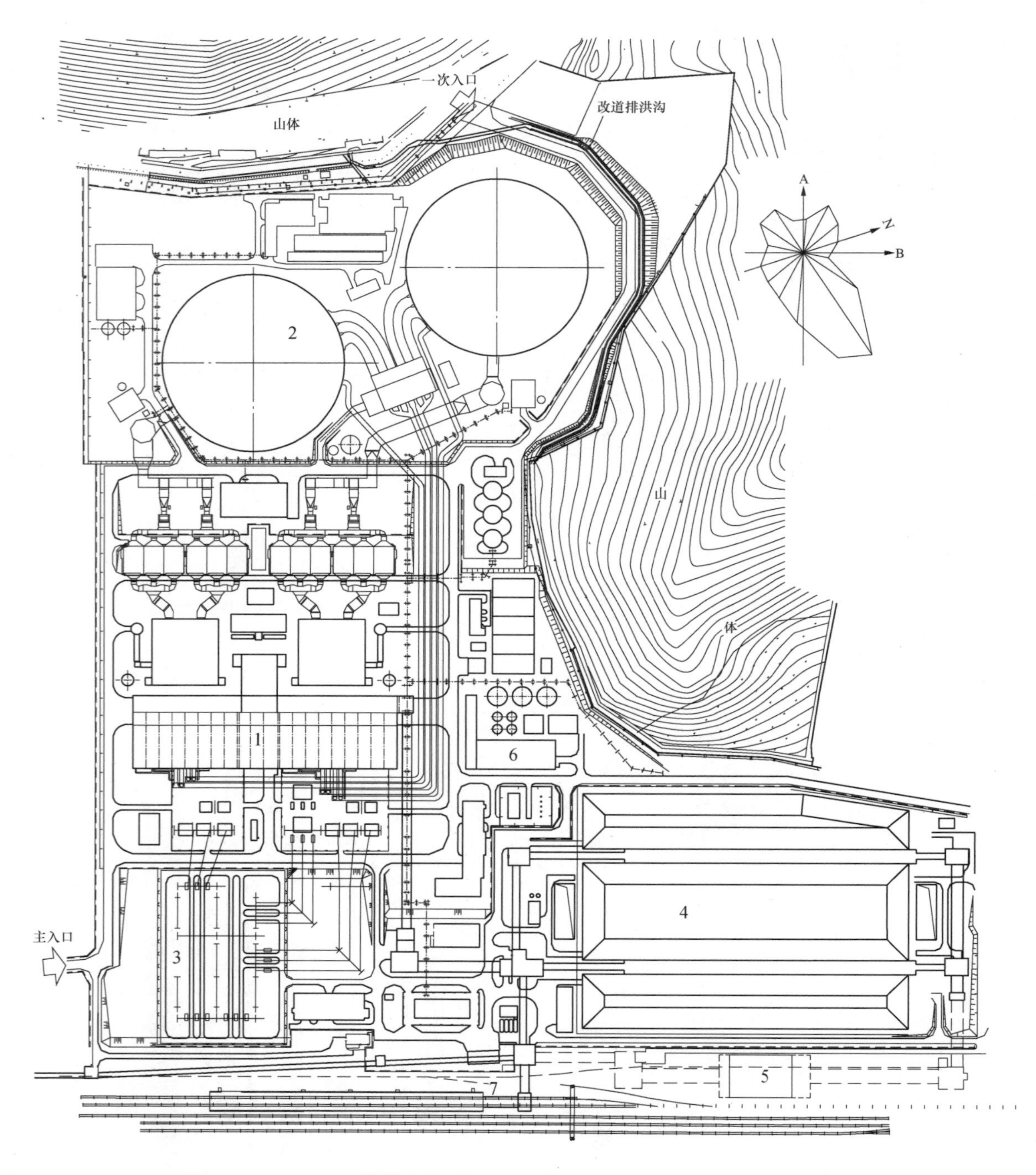

图 3-243　2×1000MW 燃煤水路运输、二次循环供水、烟塔合一发电厂总平面布置图

1—主厂房；2—烟塔合一；3—配电装置；4—煤场；5—翻车机房；6—化学水处理区；7—卸煤沟

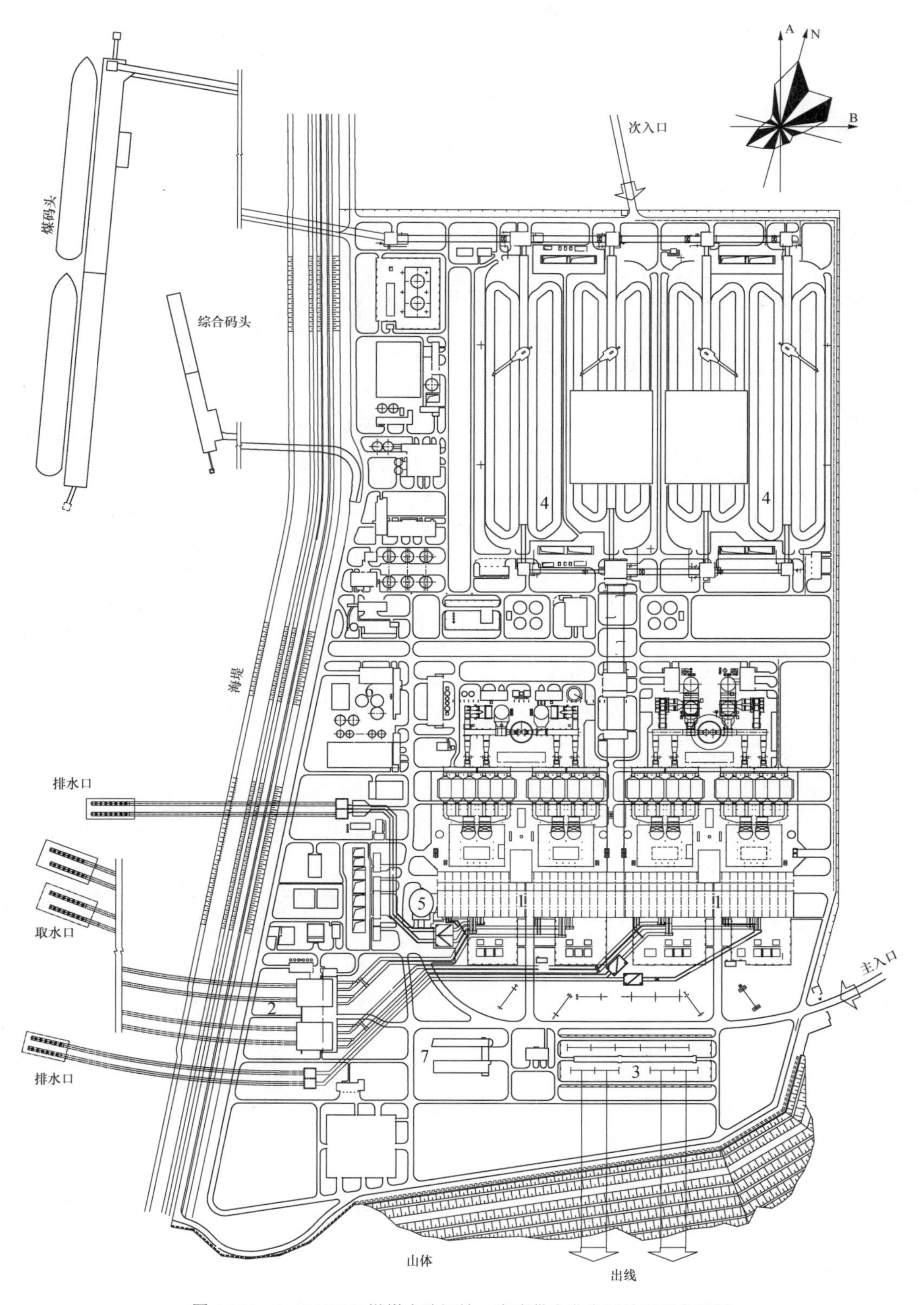

图 3-244 4×1000MW 燃煤水路运输、直流供水发电厂总平面布置图

1—主厂房；2—循环水泵房；3—配电装置；4—煤场；5—集控楼；6—化学水处理区；7—厂前建筑区

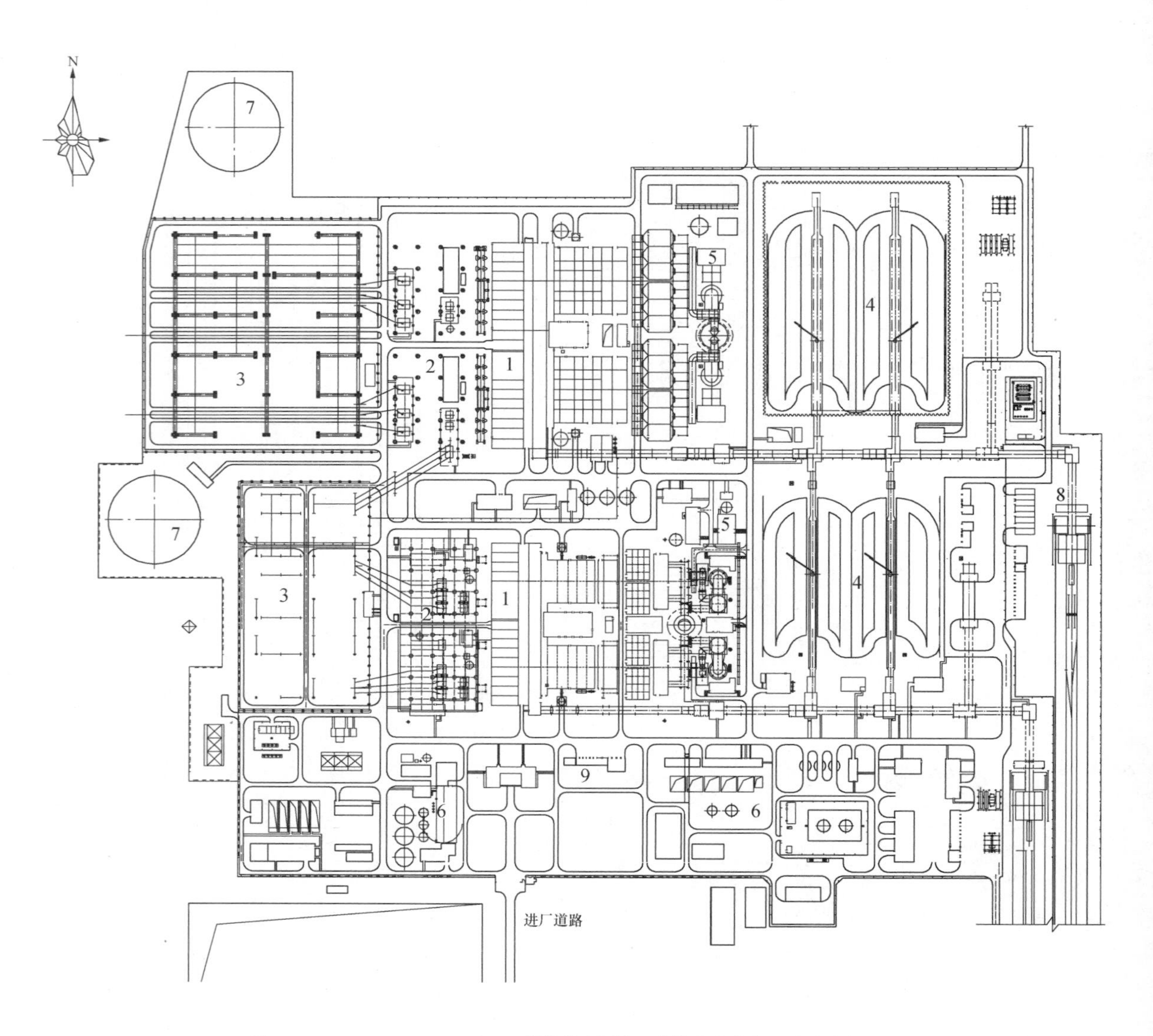

图 3-245　2×600MW+2×1000MW 燃煤铁路运输、直接空冷发电厂总平面布置图
1—主厂房；2—空冷平台；3—配电装置；4—贮煤场；5—脱硫区；6—水处理设施区；
7—给水泵汽轮机间接空冷塔；8—翻车机室；9—厂前建筑区

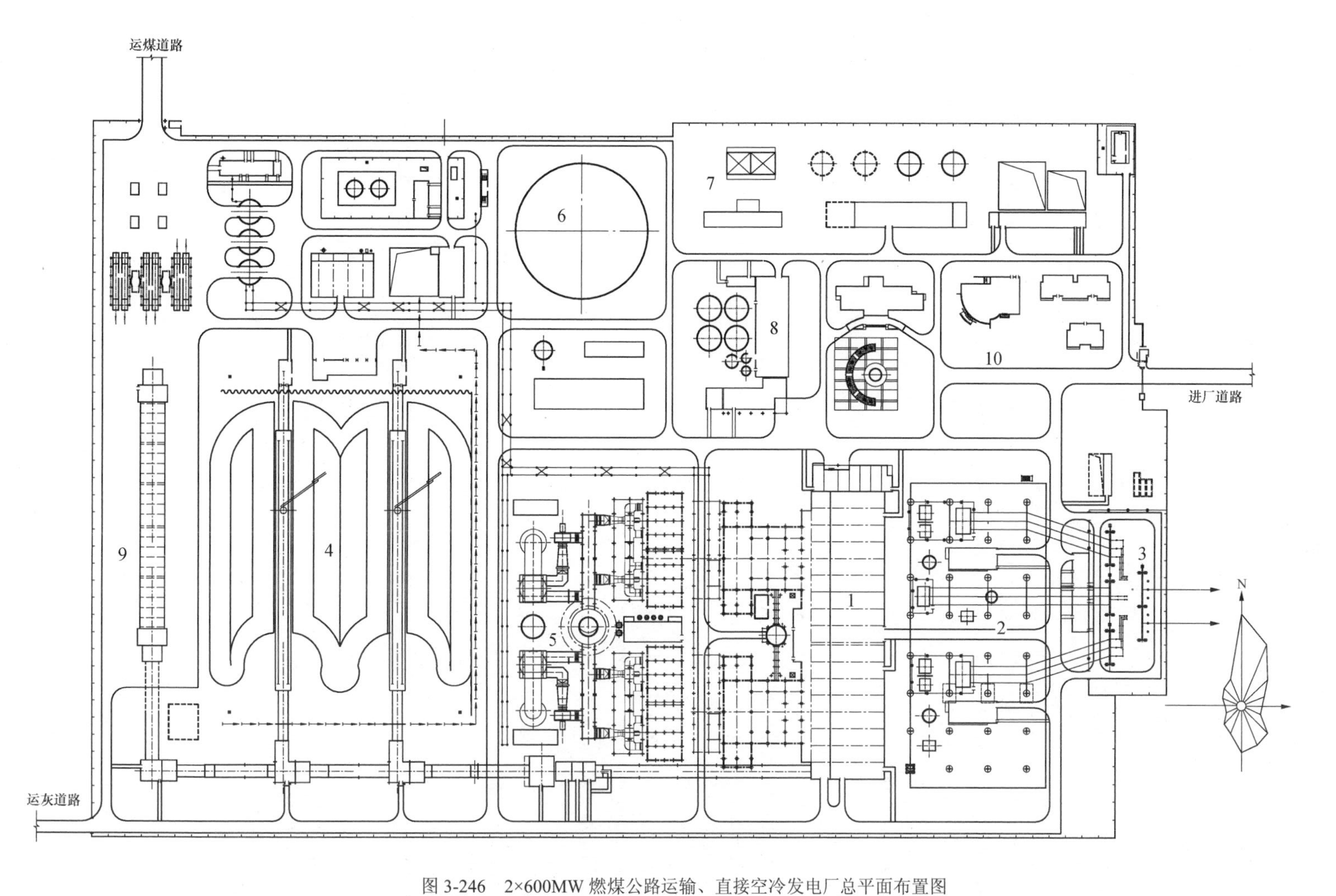

图3-246　2×600MW燃煤公路运输、直接空冷发电厂总平面布置图

1—主厂房；2—空冷平台；3—配电装置；4—贮煤场；5—脱硫区；6—给水泵汽轮机间接空冷塔；7—辅机机力塔；8—水处理设施区；9—汽车卸煤沟；10—厂前建筑区

实例七：4×600MW+2×1000MW 燃煤铁路运输、二次循环供水发电厂总平面布置

某电厂地处中部地区，电厂一、二期工程建设的4台600MW超临界机组于2004～2007年全部投产发电，三期工程安装的2台1000MW超临界机组于2012年10月全部投产。

厂区总平面由西北向东南依次为500kV屋外配电装置、主厂房、煤场和卸煤设施的三列式布置格局，厂区固定端朝西南，向东北扩建。一期工程的自然通风冷却塔布置在500kV屋外配电装置的南侧，二期与三期工程的冷却塔位于500kV屋外配电装置的东北侧，烟囱与煤场之间有脱硫装置、燃油设施以及灰库。电厂铁路专用线从厂区东北方向进厂，一、二期工程共用一套输煤系统，从3、4号机组之间进入主厂房，三期工程上煤系统由扩建端进入主厂房，有效地缩短了输煤栈桥的长度，厂前位于主厂房固定端侧。电厂总平面布置见图3-247。

实例八：4×1000MW 燃煤水路运输、直流供水、海水脱硫发电厂总平面布置

某电厂位于滨海地段，厂区主要用地由开挖滨海台地填海形成，燃煤采用水路运输，采用海水直流循环供水系统，采用海水脱硫系统，设滩涂灰场。

电厂规划容量为6×1000MW燃煤机组，一期工程建设2×1000MW机组，二期工程扩建2×1000MW机组，4台机组已投入运行。

厂区由西北至东南依次为配电装置、主厂房、贮煤场，煤码头及港池位于贮煤场东南海域；汽机房面朝西北，固定端朝东北，向西南扩建。

取水口位于厂区东南面煤码头港池内，通过引水明渠引至主厂房A排外侧循环水泵房处，温排水通过暗管进入虹吸井(位于炉后)后送往脱硫岛，经过吸收塔和曝气池后由排水明渠排入厂区东面海域。取排水口之间以东北防波堤和东北护岸相隔。排水明渠共用段和引水明渠均按6×1000MW一次建成。

贮煤场位于厂区东南面，一期采用露天煤场，在煤场周围设置宽度为15～20m的防风林带，并在东南和东北两边设置挡风墙。二期采用圆形煤场。煤场至碎煤机室间采用常规带式输送机，碎煤机室后采用管状带式输送机，从机组中间穿过烟囱至煤仓间(侧煤仓)。

配电装置采用500kV HGIS布置在厂区西北侧，位于主厂房A排外与排水明渠之间。按6台机组规划，分期建设，6台机组均可用架空导线进线。

生产管理中心主要融合生产及行政办公、试验等功能，布置在主厂房固定端外，以天桥与主厂房连接。招待所、检修宿舍、夜班宿舍联合组成综合服务楼等布置在生产管理中心北面，进厂道路东面，与生产管理中心、食堂等形成独立组团，为厂区的对外联系创造较好的景观。集中控制室布置在2、3号机组汽机房之间，采用“4机1控”的模式。电厂总平面布置详见图3-248。

实例九：2×350MW+2×600MW 燃煤铁路运输、二次循环供水发电厂总平面布置

某坑口电厂建设规模为1900MW，一期工程建设2×350MW机组，于1997年11月正式开工建设，两台机组分别于2001年12月、2002年7月投入商业运营。二期工程建设2×600MW机组，已于2008年相继投产发电。

电厂采用二次循环供水系统，燃煤铁路运输。厂区总平面布置结合地形条件，采用由南向北依次为屋外配电装置、主厂房、煤场的三列式布置格局，冷却塔成正方形集中布置在汽机房固定端南侧。主厂房固定端朝西，扩建端向东，辅助生产设施等按功能分区要求布置在固定端侧。在竖向布置时充分考虑结合自然地形条件和保证各工艺流程合理等因素，沿厂区横向范围分别设置了铁路、贮煤场、主厂房区、冷却塔区和屋外配电装置五个阶梯，减少了土石方量。

厂前区位于主厂房固定端西侧，由综合办公楼、培训楼、单身宿舍、职工食堂、招待所等组成厂前广场，形成了良好的空间、舒适的环境。

电厂总平面布置见图3-249。

实例十：2×660MW 燃煤水路运输、二次循环供水发电厂总平面布置

某电厂一期工程建设2×660MW燃煤机组，并留有再扩建的可能。电厂2013年3月开工，2014年12月正式投入商业运营。

电厂采用自然通风冷却塔二次循环系统，燃煤采用水路运输，设有燃煤码头。厂区总平面布置结合给定的用地范围，厂区南北轴线由正南正北向东旋转26°，与河道中心线垂直。主厂房纵轴南北向布置，厂区固定端朝东，向西扩建，汽机房朝北，顺应向北出线的外部条件。厂区主入口朝西北，运灰专用出入口朝西南。进厂公路总体走向为东向西接戚吕公路后往北接新318国道。

厂区总平面采用了三列式格局，由北向南依次为配电装置区、主厂房区、煤场区，冷却塔布置在主厂房固定端侧。辅助生产区主要集中在煤场与主厂房区之间。行政办公区独立布置在厂区西北侧。码头布置在厂区东南侧，港池中心线垂直于主航道中心线。总平面布置紧凑，工艺流程合理，国内首次采用封闭集束蜂窝型煤仓，占地小，环保效果好。电厂总平面布置见图3-250。

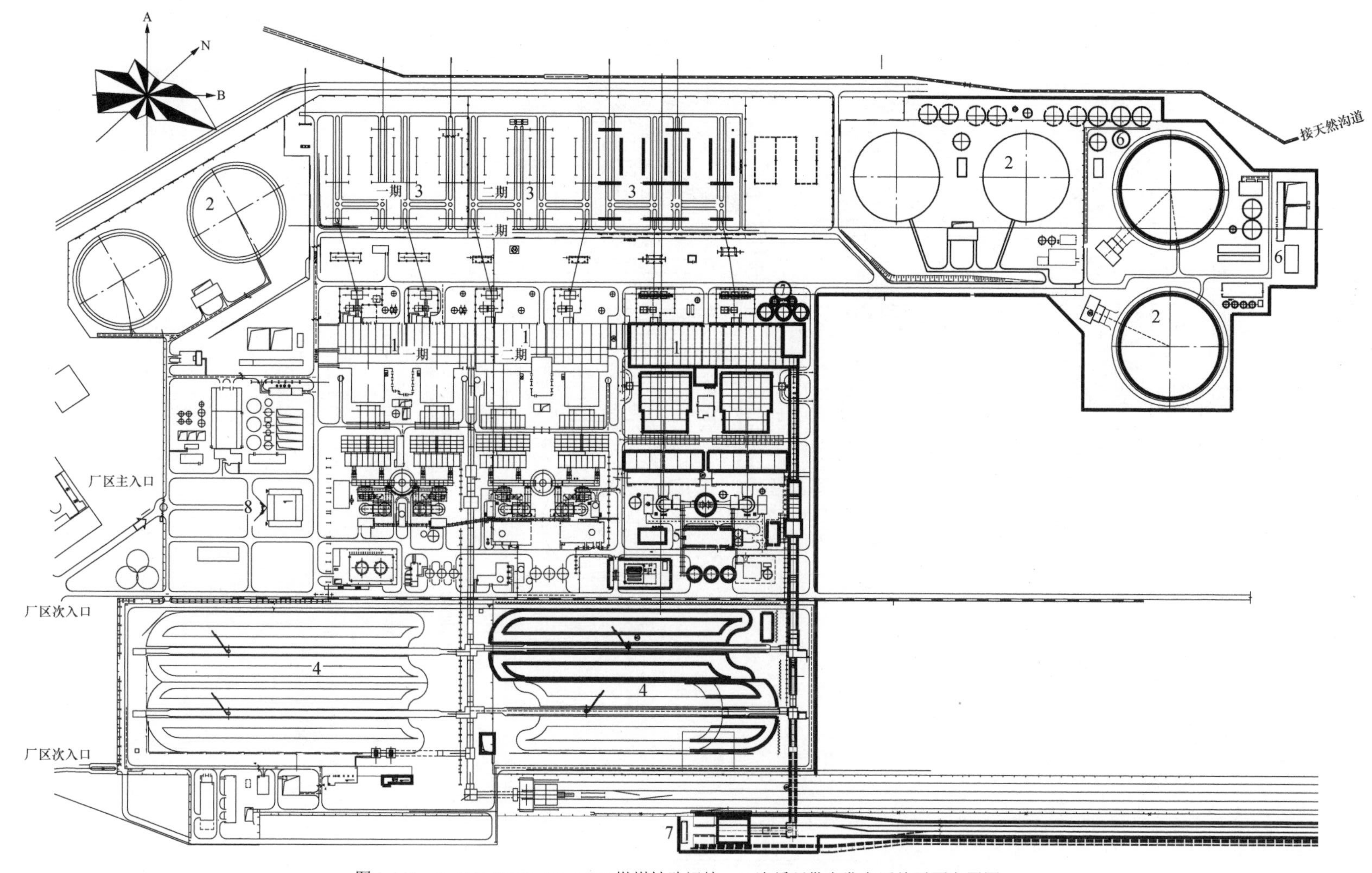

图 3-247 4×600MW+2×1000MW 燃煤铁路运输、二次循环供水发电厂总平面布置图

1—主厂房；2—冷却塔；3—配电装置；4—贮煤场；5—脱硫区；6—水处理设施区；7—翻车机室；8—厂前建筑区

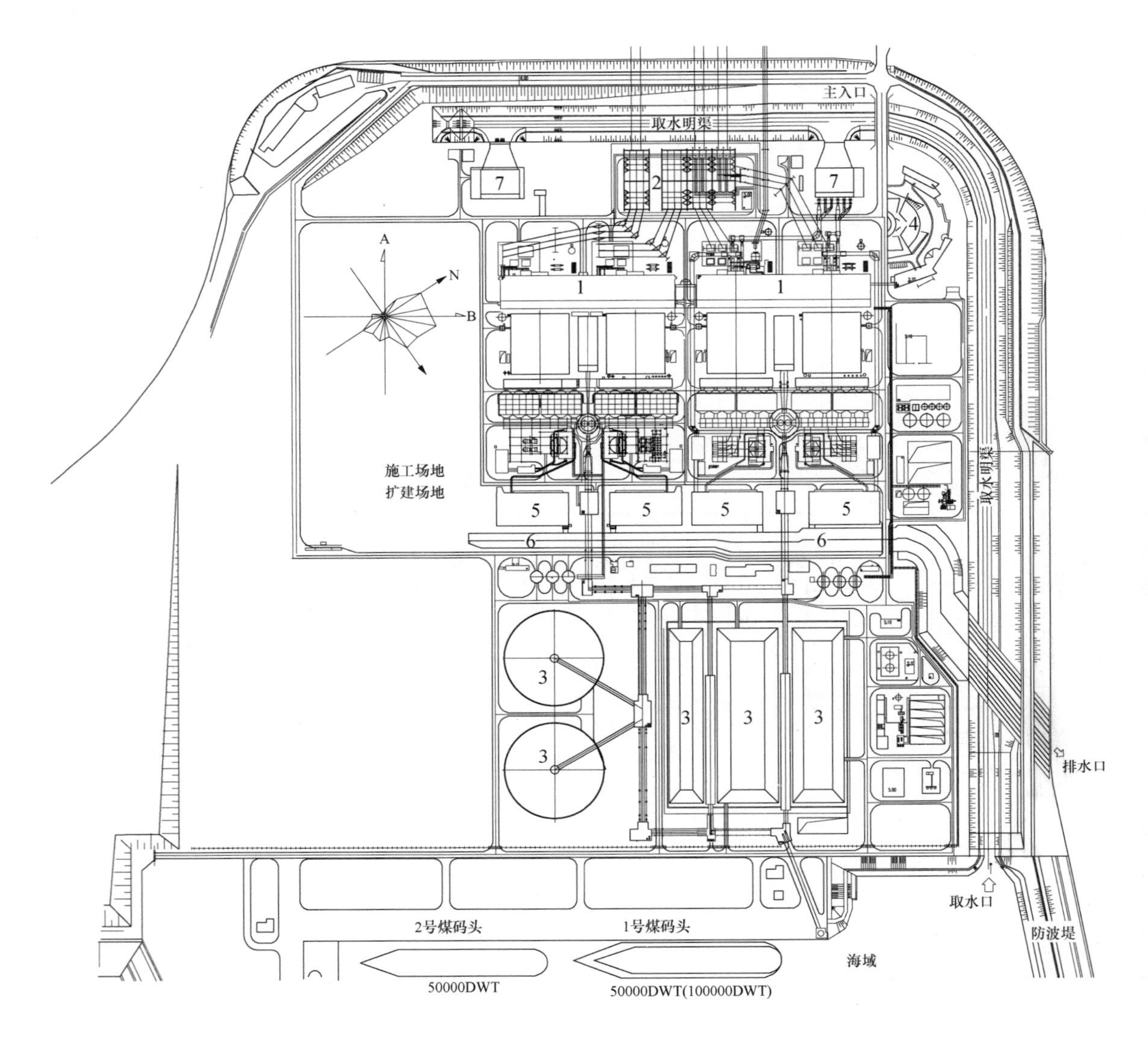

图 3-248　4×1000MW燃煤水路运输、直流供水、海水脱硫发电厂总平面布置图

1—主厂房；2—配电装置；3—煤场；4—厂前建筑区；5—爆气池；6—排水明渠；7—循环水泵房

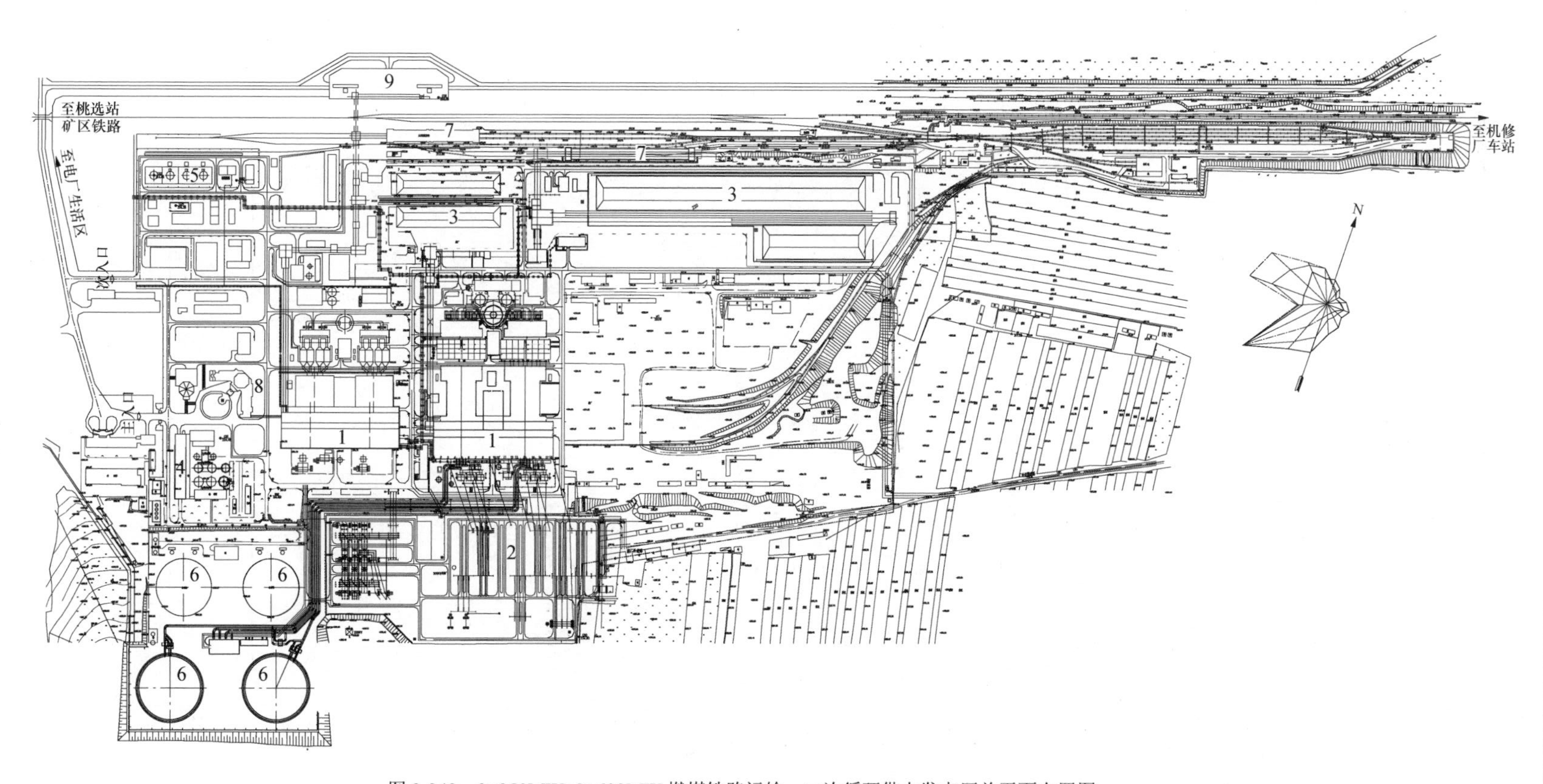

图 3-249　2×350MW+2×600MW 燃煤铁路运输、二次循环供水发电厂总平面布置图

1—主厂房；2—配电装置；3—煤场；4—化学水处理区；5—油区；6—冷却塔；7—卸煤沟；8—厂前建筑区；9—汽车卸煤沟；10—车辆交接站

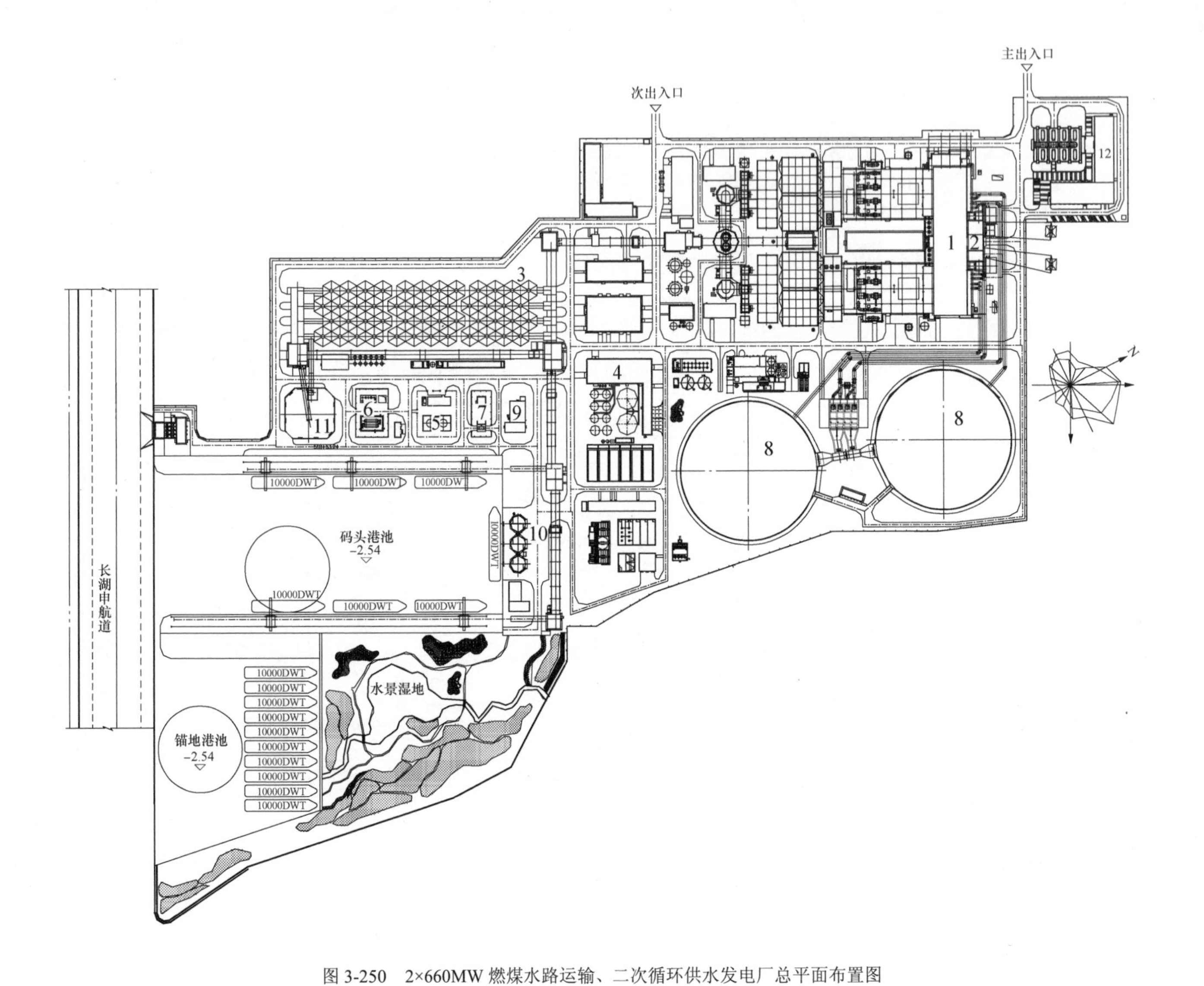

图 3-250　2×660MW 燃煤水路运输、二次循环供水发电厂总平面布置图

1—主厂房；2—GIS 配电装置；3—封闭集束蜂窝型煤仓；4—化学水处理区；5—油区；6—氨区；7—制氢站；8—冷却塔；9—启动锅炉；10—灰库；11—事故煤场；12—厂前建筑区

二、燃气-蒸汽联合循环电厂

实例一：4×350MW 直流供水 F 级燃机电厂总平面布置

某电厂地处湖沼、河口、滨海相堆积平原地带。一期工程 4 台 F 级（4×350MW 级）燃气-蒸汽联合循环机组。电厂燃料为 LNG 接收站气化后的天然气。冷却水采用海水直流供水系统。4 台机组于 2011 年和 2012 年投产运行。

厂区总平面布置充分考虑厂址限制条件。主厂房朝向海边，余热锅炉布置在厂房北面。主厂房区单元布置设施包括主厂房、余热锅炉、加药取样间、变频室、柴油发电机室、机组排水槽、主变压器、厂用变压器、储油箱、CEMS 小室等；220kV GIS 屋内配电装置、继电器楼布置在本期厂区西北角；辅助生产区位于厂区北侧；循环水设施区与生产行政管理区位于厂区南侧。全厂用地面积 12.5hm²。

该电厂征地少，总平面布置紧凑，各类工艺设施按功能分区相对集中，土地利用率高。受厂外道路标高影响，厂区主要出入口车行道不能直接与城市道路相接，经协商，在城市防护绿带设置进厂车行道。电厂总平面布置见图 3-251。

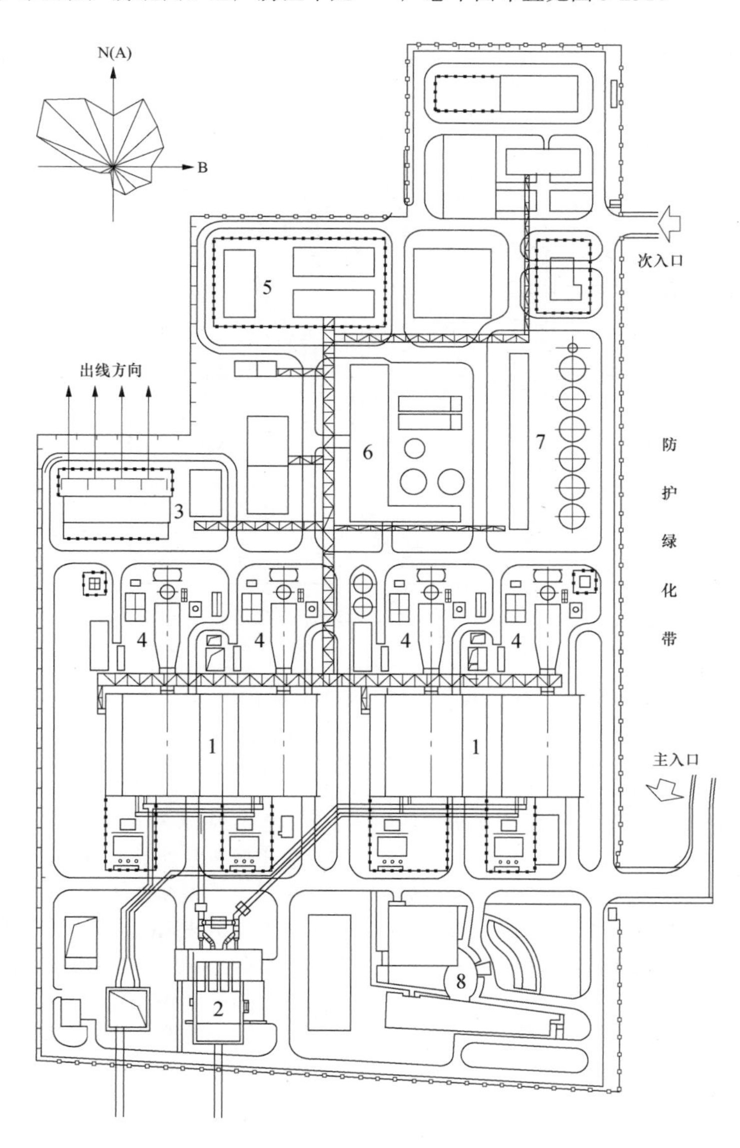

图 3-251　4×350MW 直流供水 F 级燃机电厂总平面布置图
1—主厂房；2—循环水泵房；3—配电装置；4—余热锅炉；5—天然气调压站；6—化学水处理区；7—净水处理区；8—厂前建筑区

实例二：2×200MW 直流供水 9E 级燃机电厂总平面布置

某电厂位于两条河流交汇处的东北角。一期工程建设 2 台 9E 级（2×200MW 级）燃气-蒸汽联合循环机组，留有规划扩建 2 台 9E 级（2×200MW 级）燃气-蒸汽联合循环机组的可能。电厂燃气采用西气东输提供的天然气。采用二次循环自然通风塔冷却。2016 年 8 月两台机组已投产运行。

厂区总平面布置结合地形并充分考虑全厂总体规划格局。主厂房区域位于厂区东部，由南至北为主厂房、余热锅炉、烟囱；配电装置区位于厂区西部；辅助生产区位于厂区中部及南部，原水、化学水处理设施及雨水泵房位于主厂房东侧及南侧；冷却塔区位于厂区北部，主厂房炉后侧；调压站区布置于厂区西北角；材料库、检修车间位于厂区南部靠近厂前区布置，厂前区位于厂区东南侧，顺应人流方向。全厂布置紧凑，用地面积为 8.68hm^2。

该电厂厂区布置紧凑，工艺流程顺畅，与外部条件紧密结合。厂区占地小，场地利用率高，布置规整，未来二期扩建条件较好。利用地块南北向宽的特点设计布置主厂房，出线及循环水分别由 A 排和炉后与主厂房接出，互不干扰，工艺顺畅，且主厂房区域占地小，节约用地，缩短了管线长度。详见图 3-252。

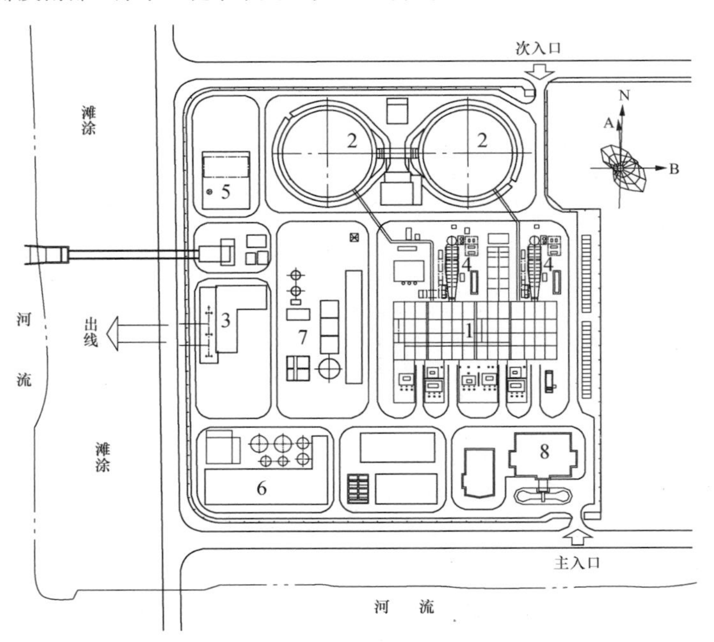

图 3-252 2×200MW 直流供水 9E 级燃机电厂总平面布置图

1—主厂房；2—自然通风冷却塔；3—配电装置；4—余热锅炉；5—天然气调压站；6—化学水处理区；7—净水处理区；8—厂前建筑区

实例三：2×390MW 二次循环供水 9F 级燃机电厂总平面布置

某电厂为新建燃气供热项目，位于新区，全厂规划容量为 8×390MW 9F 级燃气-蒸汽联合循环机组；本期建设 2×390MW 燃气-蒸汽联合循环机组，辅助设施按照 4 台机组统一规划，分期建设。冷却系统采用机力通风冷却塔二次循环系统。厂区内还需布置天然气管网公司的供气末站。

总平面布置方案采用主厂房区布置在场地东部偏南侧，汽机房 A 排朝东，主厂房固定端向南，向北扩建。厂区由东向西依次为辅助建筑区、主厂房区、冷却塔区和净水站、制氢站。固定端布置在厂区南侧，自东向西依次为厂前建筑区、化学水车间、污水处理站、供气末站和天然气调压站，厂区用地面积为 9.1hm^2。电厂总平面布置见图 3-253（见文后插页）。

供气末站和天然气调压站布置在厂区边缘来气方向，远离厂前建筑区，位于厂区最小风频的上风侧。为了降低噪声对厂界的影响，机力通风冷却塔布置在靠近主厂房的厂区中部。全年主导风向基本与塔群长边平行。配电装置区采用 220kV 户外 GIS，布置于主厂房区 A 列前，和变压器集中布置，节约用地和电缆的长度。

实例四：3×390MW 直流供水 F 级燃机电厂总平面布置

某燃机电厂位于四面临海的孤岛，场地为“J”形地块，面积约 20hm^2，采用直流供水。

燃机为F级的单轴机组，燃料为LNG，电厂最终建设6套390MW级机组，本期工程建设3台机组。

根据电厂的功能，将厂区分成主厂房区、行政办公区、辅助生产区和升压站和天然气调压站区四个区。结合建设场地的地质情况和建设场地的“J”形状，主厂房区A排和C排垂直于西南岸线，动力岛区（包括二期）能全部落在开挖区的基岩上，从现场条件对机组性能的影响考虑，燃机进气口垂直于夏季盛行风为最佳（东风和南风），并考虑靠近海边的空气温度比较低，所以燃机C排（余热锅炉侧）朝海布置（进气口朝海方向布置），考虑出线走廊的规划、过海管线登陆点和供气末站的规划，把升压站和天然气调压站布置在厂区北侧。行政办公楼、食堂、夜班宿舍整合成一栋建筑布置在厂区东南端，充分利用海景，靠近海岸线布置，尽可能使每栋建筑物能面向大海。厂区西侧地块则布置了辅助生产设施。主厂房固定端朝南，向北扩建。循环水管东进西排，管线短捷顺畅；变压器与升压站之间用电缆连接。电厂总平面布置见图3-254。

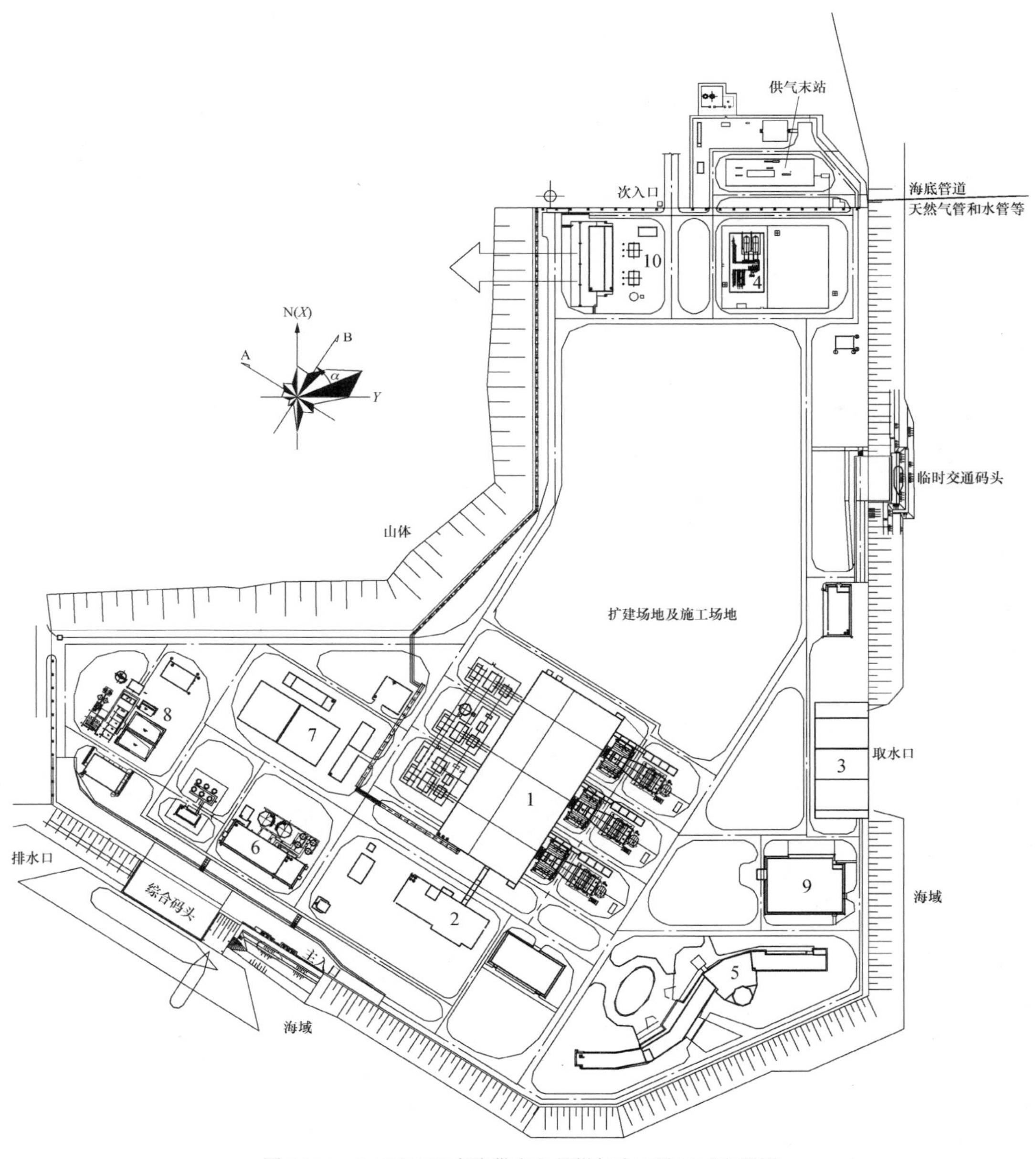

图3-254 3×390MW直流供水F级燃机电厂总平面布置图

1—主厂房；2—集中控制楼；3—循环水泵房；4—天然气调压站；5—综合办公楼；6—化学水车间；7—净水站；8—废水处理站；9—材料库和检修车间；10—升压站

实例五：2×350MW 二次循环供水、双燃料 E 级燃机电厂总平面布置

国外某燃机电厂建设 2 套 E 级 2 拖 1 联合循环机组，装机容量约 700MW，不考虑扩建。

根据功能分区，厂区总平面布置分为动力岛区、水预处理设施区、变压器及配电装置区、燃油设施区、天然气调压站区，以及其他辅助及附属建（构）筑物。电厂总平面布置见图 3-255（见文后插页）。

该方案的特点为：采用双燃料，主燃料为天然气，备用燃料为油，厂内设置了 4 座 10000m^3 油罐。

实例六：2×590MW 直流+二次循环供水、双燃料 H 级燃机电厂总平面布置

某燃机电厂采用 9HA.01 型燃气-蒸汽联合循环机组，“2+2+1”配置，总装机容量为 1180MW，2017 年投入商业运行。

厂区总平面布置采用三列式格局，从南到北依次为配电装置区、动力岛主设备区和燃料设施区。动力岛主设备区位于厂区中部，2 台 9H 燃机及余热锅炉平行布置，1 台汽轮机布置在燃机西侧。电厂采用双燃料系统，油区和天然气调压站站布置在厂区北侧。电厂在丰水期采用直流冷却系统，循环水取排水口均位于厂区西侧，枯水期采用二次循环冷却系统，湿式机力通风冷却塔及泵房布置在配电装置西侧。厂前区布置在厂区东侧，位于动力岛和天然气调压站之间，综合办公楼、食堂、清真寺和员工宿舍共同构成了不同朝向，既富有变化又错落有致的厂区建筑群。

厂区竖向采用平坡式布置。电厂总平面布置见图 3-256（见文后插页）。

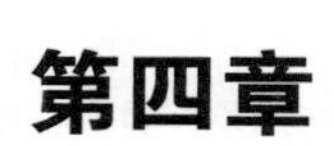

第四章

厂区竖向布置

厂区竖向布置的任务是确定建筑、设施与地面高程关系，主要根据厂区地形、工程地质和水文地质、水文气象（特别是洪涝水位）、工艺要求等，确定厂址各区及区内场地、建筑、设施、道路、铁路和挡土墙（边坡）的设计标高，场地排水坡向以及相关的工程量。

第一节　厂区竖向布置的基本原则和要求

厂区竖向布置在满足电厂安全经济生产、施工要求的条件下，应充分利用厂址地形、地质、水文气象自然条件，满足电厂防洪、防涝要求，尽量降低冷却水供水高度，土石方及基槽余土宜尽量平衡，填挖方、边坡及地基处理安全可靠、工程费用少，保护厂区周边原有植被，防止水土流失。

一、厂区竖向布置基本原则

（1）厂区竖向设计应满足电厂安全生产和施工要求、方便运行管理、节约投资、保护环境与生态。

（2）厂区竖向布置应与厂区总平面布置统一考虑，应与全厂总体规划中的道路、铁路、码头、地下和地上工程管线、厂址范围内的场地标高及相邻企业的场地标高相适应。

（3）厂区竖向设计标高应与自然地形地势相协调，宜顺应自然地形，避免出现高挡土墙、高边坡，减少工程建设对厂址区域原有地形、地貌的破坏，充分利用和保护原有厂外排水系统。

（4）厂区竖向设计宜做到填、挖方及基槽开挖余土综合平衡，尽可能减少取、弃土用地，降低取水扬程和燃煤提升高度。

二、厂区竖向布置一般要求

（1）厂区场地设计标高应考虑与发电厂等级相对应的厂址场地的防洪标准，见表 4-1。

表 4-1　发电厂防护等级和防洪标准

发电厂防护等级	规划容量（MW）	防洪标准（重现期）
Ⅰ	≥2400	≥100、200 年一遇的高水（潮）位
Ⅱ	400～2400	≥100 年一遇的高水（潮）位
Ⅲ	<400	≥50 年一遇的高水（潮）位

注　1　Ⅰ级发电厂中对位于广东、广西、福建、浙江、上海、江苏、海南风暴潮严重地区的海滨发电厂，江苏省长江口至江阴的长江沿岸发电厂，取 200 年一遇的高水（潮）位。

2　当厂区受洪（涝）、浪、潮影响时，应采取相应的防洪措施，并符合下列规定：

（1）当场地标高低于设计高水（潮）位或虽高于设计高水（潮）位，但受波浪影响时，厂区应设置防洪堤或采取其他可靠的防洪措施，并应符合下列规定：

1）对位于海滨的发电厂，其防洪堤（或防浪堤）的顶标高应按设计高水（潮）位加 50 年一遇波列、累积频率 1%的浪爬高和 0.5m 的安全超高确定。经论证，在保证防洪堤安全且堤后越浪水量排泄畅通的前提下，堤顶标高的确定可允许部分越浪，并宜通过物理模型试验确定堤顶标高、堤身断面尺寸、护面结构。

2）对位于江、河、湖旁的发电厂，其防洪堤的顶标高应高于设计高水（潮）位 0.5m；当受浪、潮影响时，应再加 50 年一遇的浪爬高。

（2）对位于内涝地区的发电厂，防涝围堤的顶标高应按表 4-1 的规定值加 0.5m 的安全超高确定；当设计内涝水位难以确定时，可采用历史最高内涝水位。

（3）对位于山区或坡地的发电厂，应按表 4-1 的规定采取防排洪措施。

（4）当发电厂受周围水库溃坝形成的洪水影响时，应采取相应的工程措施。

（5）防排洪设施宜在初期工程中按规划容量一次建成。

（6）工矿企业自备火电厂厂区的防洪标准应与该工矿企业的防洪标准相适应。

（7）供热火电厂厂区的防洪标准应与供热对象的防洪标准相适应。

（8）发电厂生产行政管理和生活服务设施建筑区布置在厂外或电厂单独设管理基地时，其防洪标准宜不低于 50 年一遇的洪水位。

（9）施工场地的防洪标准宜按下列分区和标准考虑：

1）应高于地下水位 0.5m；

2）施工区不宜低于 20 年一遇防洪标准，施工生活区不宜低于 50 年一遇防洪标准。

（10）受内陆河流洪水影响的发电厂，河道比降较大时，厂区竖向布置应考虑厂址段设计洪水位比降变化的影响。

（2）厂区竖向布置应根据生产工艺流程要求，结合厂区地形、地质、水文气象、交通运输、土石方量、地基处理及边坡支护等因素综合考虑，分别采用平坡式或阶梯式布置。

1）厂区不设防洪堤时，主厂房散水标高应高于设计高水位 0.5m。当厂区采取满足防洪要求的可靠防洪措施时，厂内场地设计标高可适当低于设计高水（潮）位。

2）建（构）筑物、铁路及道路等标高的确定，应便于生产使用。基础、管道、管架、沟道、隧道及地下室等的标高和布置，应统一安排，做到合理交叉，维修、扩建便利，排水畅通。

3）应使本期工程和扩建时的土石方、地基处理、边坡支护、生产运行等费用综合最少，宜做到厂区、施工区、基槽余土以及配套工程的土石方综合平衡。当填、挖方量达到平衡有困难时，应落实取、弃土场地，并宜与工程所在地的其他取、弃土工程相结合。

（3）改建、扩建工程的竖向布置，应妥善处理新老厂场地、边坡、道路、工艺管线及排水系统的关系，结合现有场地及竖向布置方式统筹确定场地设计标高，使全厂统一协调。

（4）厂区竖向布置应充分利用和保护天然排水系统及植被，边坡开挖应防止滑坡、塌方。

（5）厂区场地排水系统的设计应根据地形、工程地质、地下水位、厂外排水口标高等因素综合考虑。

（6）发电厂竖向设计应充分考虑厂内外边坡、挡土墙的安全防护因素。挡土墙或边坡高度超过 2.0m 时，应在顶部设安全护栏。

三、影响竖向布置的主要因素

影响竖向布置的因素较多，如洪水位、地形和地质条件、工艺布置要求（主厂房设计标高与直流供水系统的运行经济性的关系、主厂房设计标高与循环供水系统冷却塔标高的最大限制高差）、交通运输要求、土建工程费用、施工的强度和进度、湿陷性黄土以及膨胀土地区的特殊要求等，实际工作中应根据工程的实际情况进行竖向设计。

（一）防排洪措施

当厂址标高低于洪水位时，如果当地回填材料费用较低，土源充足，可以通过提高场地标高至洪水位以上的措施避免洪水灾害；否则，竖向设计必须考虑截洪、防排洪和排水措施。

当厂址标高高于洪水位时，应根据现场实际地形和水文气象条件，确定排水设计，排水口的标高宜在设计洪水位以上。当实际条件无法达到上述要求时，应有防止洪水倒灌的可靠措施，如设防潮闸、排涝泵房等。

（二）地形和地质条件

地形和地质条件直接影响竖向布置的形式、建筑设施基础的埋深、建筑地面和场地标高的确定，以及交通运输设施的布置。

自然地形比较平坦的场地，解决好场地排水设计是竖向设计的主要工作；而对于坡地工业场地，竖向设计的主要工作是如何使工艺布置与地形相适应，土石方工程量、基础处理和边坡处理工程量最少，交通运输便捷。当场地上层土质较好，地耐力较下层高时，竖向设计应考虑少挖土；岩石地基应尽量少挖或不挖；如果地基基层下岩层走向与山体坡向相同或基层下有软弱夹层，开挖可能引起塌方、滑坡等地质灾害，而人工防护十分困难或工程量很大，竖向设计应该避免在此地段开挖。

（三）工艺布置要求

电厂建设是一个系统工程，电厂的所有车间通过管沟、电缆、栈桥和道路等与主厂房相接，为了节省基建投资和电厂运行、维护方便，应尽量使管线、电缆、输煤栈桥连接短捷。为此，应力争使主厂房和各车间布置在同一平台上；受场地条件限制时，应考虑将与主厂房联系密切的主要车间与设施布置在同一台阶上，如主变压器、启动变压器、厂用变压器、锅炉房、主控制楼等，布置时要考虑留有足够场地；同时处理好主厂房与冷却塔、冷却水泵房等主要车间的高程关系，合理确定主厂房和冷却设施标高。

1. 主厂房设计标高与直流供水系统运行经济性的关系

对于依靠江河水或海水直接冷却的电厂而言，冷却水从附近的江河或海通过循环水泵提升，这类电厂主厂房设计标高和海（江河）平面的高差显得十分重要。由于潮汐的影响，水位经常变化，泵的最大扬程必须按较低水位考虑。循环水冷却水泵的主要功能是克服管道阻力（自循环水进水口至冷凝器出口）以及提升高度[自凝汽器顶面至最低的海（江河）平面的高差]，若主厂房设计标高越高，泵的功率越大，所耗厂用电越多，水泵的运行费用也越高。直流冷却水系统用水量很大，以采用直流冷却水系统的 2×1000MW 机组为例，当冷却倍率为 60 时，机组冷却水量约为 58.20t/s（209520t/h），厂用电耗量将很大。循环冷却水泵厂用电年耗量的费用按下列公式计算：

$$U_{s1}=N_P tb\times10^{-4} \tag{4-1}$$

$$N_P=\rho gHQ/(1000\eta_1\eta_2)=\rho HQ/(102\eta_1\eta_2)$$

式中 U_{s1}——循环冷却水泵厂用电年耗量费用，万元/年；

N_P——循环水泵电动机功率，kW；

t——水泵年利用小时数，h/年；

b——系统发电成本，元/kWh；

ρ——水的密度，淡水为 1000kg/m³，海水为 1030kg/m³；

g——重力加速度，m/s^2；

H——水泵扬程，m；

Q——水泵流量，m^3/s；

η_1——水泵效率；

η_2——电动机效率。

式（4-1）表明冷却水泵的年运行费用受水泵的扬程影响较大，主厂房设计标高提高，泵的扬程提高，机组年运行费用将随之增加。为此，一种利用虹吸作用的直流冷却水系统得到应用，这种系统的优势基于利用江河或海面上的大气压力可以提升大约10m水柱的原理，而循环水泵产生的压头足以克服在进入排水系统前的进水管道和凝汽器的管道阻力，自然会减少泵的运行费用。

但是，有些厂址场地标高较高，从凝汽器顶面至最低的海（江河）平面的高差超过10m水柱，此时可以采用下述方法：①降低凝汽器的高度，使凝汽器顶面至最低的海（江河）平面的高差不超过7m（10m）水柱，如图4-1（a）所示；②建一个密封池，限定虹吸支管的长度，使凝汽器顶面至密封池水面的高差不超过7m（10m）水柱（火力发电厂水工设计技术规定：虹吸利用高度应通过计算确定，但不宜大于7m），如图4-1（b）所示。

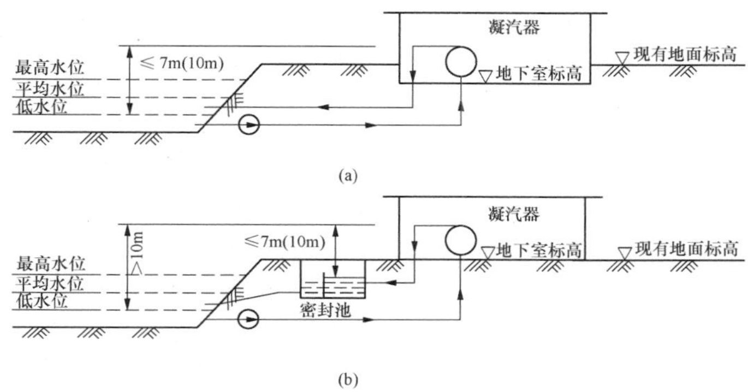

图4-1 主厂房标高与直流冷却水平面标高相对关系示意图

（a）降低凝汽器高度的方案；（b）建密封池方案

综上所述，主厂房设计标高的选择对电厂的初投资和循环水系统的运行费用影响较大。主厂房设计标高越高，循环水泵的年运行费就越高，但是场平挖方费用则越低。在主厂房设计标高较高时，可以考虑建尾水电站来回收部分能量。因此，主厂房设计标高的选择应结合循环水系统运行费、尾水电站初投资、尾水电站效益、场平挖方工程费、弃土费、地基处理费、边坡处理费、厂区征地以及填海造地等因素进行综合分析，寻求影响主厂房（厂区）标高确定的各因素的经济平衡点，确定安全性和经济性俱佳的主厂房（厂区）标高。

2. 主厂房设计标高与循环供水系统冷却塔标高的最大限制高差

湿式冷却塔及循环水泵房室内零米高程宜与汽机房内地坪相适应或结合地形确定高差，高差一般不宜超过5m。

当湿式冷却塔零米高程高于汽机房零米高程5m时，会对凝汽器的压力产生较大影响。

当湿式冷却塔零米标高低于汽机房零米标高时，具体高差应考虑塔的竖井标高或机力塔的喷水标高，以及管道阻力等因素。对于单机容量300MW及以上级别的机组，此高差不宜超过5m，否则凝汽器水侧会出现真空，超过5m时，需经工艺论证确定；对于机组容量300MW以下或位于夏季温度较低区域的300MW级别机组，此高差需经工艺论证确定。

（四）与周边交通网络的关系

电厂生产、施工过程中与厂内外运输方式主要有运输燃煤的铁路、公路及输煤皮带运输，运输大件、重件、建筑材料、灰、渣的公路运输，输送燃气、蒸汽、灰、油的管道运输。在铁路、公路、输煤皮带、管道运输方式中，输煤皮带及管道运输能适应不同标高的场地条件。铁路运输若铁路接轨站接轨点的标高和厂区地形高差较大，由于厂站间线路纵坡的限制，厂区铁路标高将受接轨点的标高和专用线沿线地形条件的影响和制约。公路运输可以在一定范围内适应不同标高的场地条件，但运输大（重）件道路纵坡不宜大于4%。

（五）土石方及防护工程

竖向设计所涉及的土建工程费用包括土石方工程、挡土墙和护坡工程及地基基础处理工程等费用。

竖向设计时，应避免深挖高填，减少土石方填挖工程量及运土工程量，并尽量做到填挖方量基本平衡。从技术经济上全面分析，应考虑到挡土墙和护坡处理工程量，以及技术上的可行性等，综合比较确定。

首先应确定地基基础处理、挡土墙和护坡处理等技术上是可行的，然后根据现场的实际情况，计算有关工程量和费用，综合比较，力求技术上可行、经济上合理。实践表明，对于平原缺土地区的电厂，设计力求厂区填挖方量平衡；但对于山区（丘陵）电厂及部分移山填海的滨海电厂，挖方量（包括场地平整挖方量和基坑、沟槽余方）多于填方量，也是适宜的。设计考虑在保证总体设计合理、避免洪水威慑、地基基础和场地边坡处理可行、投资节省的前提下，考虑合理的填挖方量，并考虑弃土场的规划、开山填海和改土换填措施及相应的费用。

（六）施工进度要求

大量的土石方填挖工程量及运土工程量，以及大量的地基基础处理工程量（如打桩）、挡土墙和护坡处理工程量，必然增加施工强度并影响施工进度。竖向设计应考虑尽量减少上述工程量，并分期、分区安排场地处理工程施工。对非本期工程，如对生产施工无影响，暂时不施工；当填土区有大量地下工程时，可暂时不回填，厂区内独立山头，如无建筑物、设施，可以保留；需要填挖的土石方工程，也应合理安排土石方运距，避免重复运土。实践中这些因素是互为关联、相互制约的，需要通过技术经济比较综合确定一个最佳的竖向设计。

第二节　竖向布置形式

竖向设计一般常用的布置形式有平坡式布置和阶梯式布置，实际工程中，这两种形式主要根据场地的自然地形条件进行选用，并且这两种方法在有的工程中同时使用。

一、平坡式竖向布置

厂区场地平坦，自然地形坡度不超过 3%，一般采用平坡式竖向布置。坡向可根据场地范围、建筑布置、地下管沟及道路布置等，选用单坡、双坡或多坡布置。变电站场地范围较小，可以采用单坡或双坡布置；发电厂场地范围较大，建筑物布置、地下管沟及道路布置等较密集，为了减少场地整平工程量，实现建筑布置和地下管沟及道路布置的平稳衔接，可以采用多坡布置。其中，独立小区也可采用单坡或双坡布置。在场地建筑布置密集区，排水坡度一般选用 0.5%～2%，最小坡度不应小于 0.3%，最大坡度不宜大于 6%。湿陷性黄土（膨胀土）地区，场地应避免积水，建筑物周围 6（2.5）m 范围内设计排水坡不应小于 2%，当为不透水地面时，可适当减小，在建筑物周围 6m 范围以外不宜小于 0.5%。平坡式竖向布置见图 4-2。

二、阶梯式布置

通过提高设计坡度可以完成厂区场地连接，并能满足工艺布置、交通运输、场地排水等的要求时，应尽可能不设台阶。阶梯式布置能有效减少场地平整的土石方工程量，但增加了厂内外各台阶间管沟和交通运输连接的难度。当厂区场地条件受限制，并且自然地形坡度超过 3%时，可以考虑采用阶梯式竖向布置。阶梯式竖向布置见图 4-3。

台阶的划分原则应考虑工艺布置、管沟布置、厂内外交通运输连接合理、便捷，并结合场地施工条件等确定。实际设计时，通常按照电厂功能分区，如主厂房区、输煤和贮煤建筑设施区、燃油贮罐区、冷却塔区、生产行政管理区等，结合现场自然地形和地质条件划分台阶。工艺设施联系密切的车间（如主厂房区）应尽量规划在同一台阶内。而在同一台阶内，一般仍然采用平坡式竖向布置。坡向可根据场地范围、建筑布置、地下管沟及道路布置等，选用单坡、双坡及多坡布置。

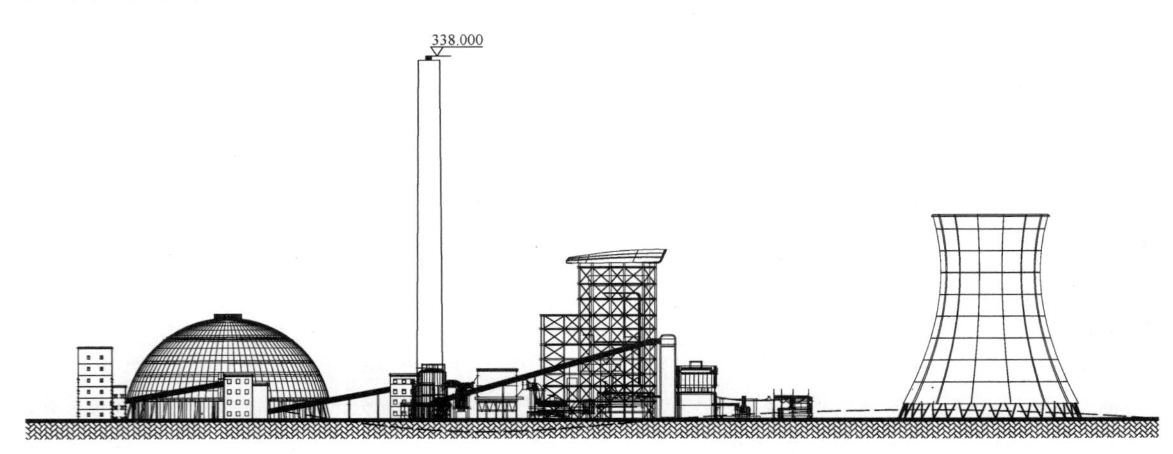

图 4-2　平坡式竖向布置图

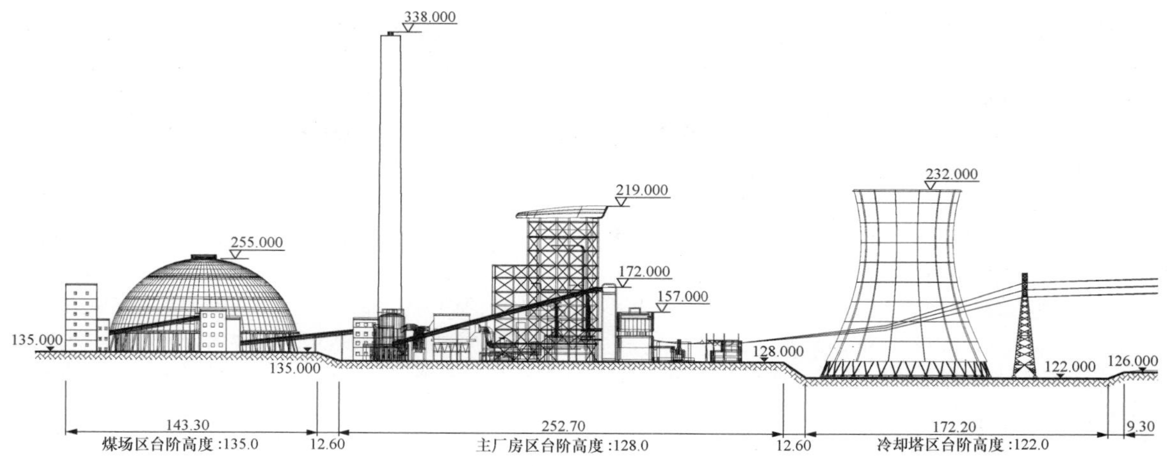

图 4-3　阶梯式竖向布置图（单位：m）

阶梯式布置要考虑台阶的连接和阶面的处理，并尽量减少台阶的数量。可以按照自然地形和地质条件，采用道路、边坡或挡土墙连接等连接方式，边坡连接可以减少土建工程量，节约投资，而挡土墙连接可以节约用地，或采用边坡与挡土墙结合的连接处理。台阶宜平行于自然地形的等高线布置，台阶连接处应避免设在不良地质地段。当基础埋设深度经济合理，地形和地质条件允许，台阶顶无重型建（构）筑物时，可提高台阶的高度，以减少台阶的数量。台阶划分应优先满足主厂房区布置需要，并尽可能考虑将相关建筑设施规划在同一台阶内。

三、竖向设计的表示方法

竖向设计时，采用设计标高法（箭头法）、设计等高线法和断面法表示。

（一）设计标高法（箭头法）

设计标高法是用设计标高点和箭头表示设计地面控制点的标高、坡向及地面水排水方向的方法。自建筑室外或设施附近（标高一般比室内零米地面低0.15～0.30m）指向接水点（标高为城市型道路路缘或排水明沟沟顶标高），并表示铁路、道路、排水明沟的变坡点标高和坡向，以及变坡点间的距离。点间距离视设计地面坡度和图的比例而定，当设计地面坡度较平坦时，点间距离可以取大一点（如20～40m）；当设计地面坡度较大时，点间距离宜取小值（如10～20m），以便管沟的准确设计和施工，见图4-4。

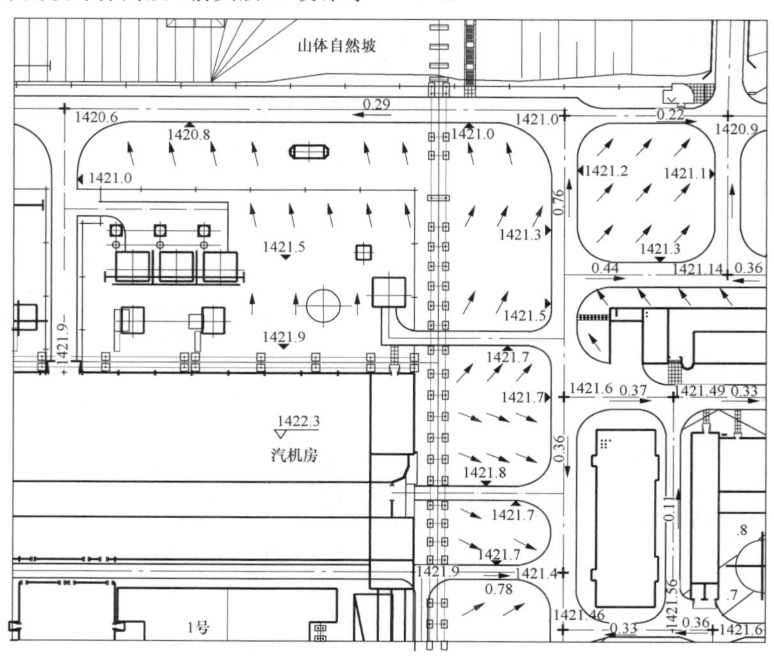

图 4-4　设计标高法

设计标高法（箭头法）设计工作量较小，修改简单，可以满足设计和施工要求，尽管在确定地面标高、管沟标高时较麻烦，但该方法仍然在国内外得到广泛应用，欧美、日本等国家，以及国内的钢铁、冶金、化工、轻工、建筑等系统的设计院均采用这种方法进行竖向设计。

（二）设计等高线法

设计等高线法是用设计等高线表示场地设计地面和道路的标高及坡向的方法。标高差可以根据坡度选用 0.1、0.2、0.25m 或 0.5m 的高差。

这种方法比较容易定出场地设计地面和道路的各点标高，但设计工作量大，特别是修改工作量大。当建（构）筑物和管沟布置密集，竖向布置复杂，标高法表达不清时，采用这种方法可以解决问题。

实际工程中，也有两种方法混合使用的。如场地设计、地面用设计等高线法，道路用标高法表示，见图 4-5。

（三）断面法

断面法是用断面表示厂区场地和建筑设施标高的方法，见图 4-6。这种方法简单易懂，可以反映重点地段的地形情况（高度、高差处理方法、坡度、尺寸等），用此方法表达场地布局的台阶分布、场地设计标高及支挡构筑物设置情况最为直接，较适合场地较小的厂区或局部区域。

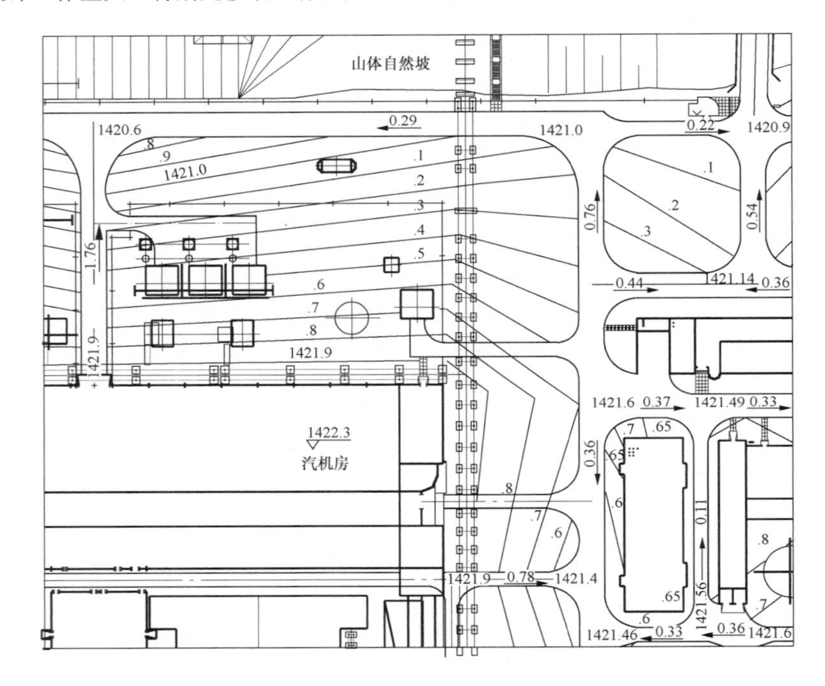

图 4-5　设计等高线法

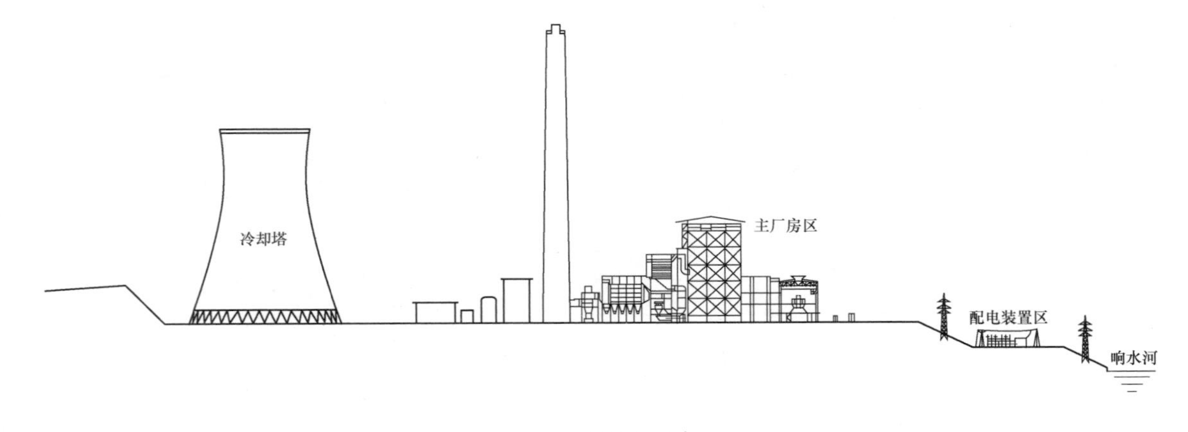

图 4-6　设计断面法

第三节 厂 区 排 水

火力发电厂厂区通常设置雨水排水系统对厂区场地雨水进行有组织的收集、排放，并使其能够及时顺畅地排至厂外。排水系统设计是否合理，直接影响电厂建设初投资及运行成本的高低，甚至关系到能否保证投产后的安全生产。

一、厂区排水设计原则和要求

（1）厂区场地排水系统的设计应根据竖向布置、工程地质、地下水位、建筑密度、地下管沟布置、道路布置、环境状况和地质条件等因素，按电厂规划容量全面考虑，并使每期工程排水畅通。

（2）厂区各功能分区的场地雨水应尽量分散、均衡、就近，并及时得到排放。场地排水不得经电缆沟或工业管沟再排至雨水排水系统。

（3）对于阶梯布置的电厂，每个台阶应有独立的集水系统。对山区或丘陵地区的电厂，在厂区边界处应有防止山洪流入厂区的截、排水设施。

（4）露天煤场或半露天煤场、生物质燃料堆场、卸车设施区、灰库和渣仓区应设独立的排污水沟和污水处理池，污水、雨水排水应分开。

（5）场地雨水排除方式应根据降雨量、地形、地质、建（构）筑物的布置密度、地下管线与厂区道路的布置等具体条件确定，使地面水能迅速排除，一般可分为雨水明沟、暗管或地面自然渗排三种方式。火力发电厂厂区宜采用暗管排水。

（6）厂区场地排水系统应尽可能采用自流排水。

（7）当厂区内被沟道封闭的场地或局部场地的雨水不能排出时，应设置渡槽或雨水口，并接入雨水下水道。

二、厂区排水设计

（一）厂区场地排水方式

电厂厂区场地排水设计首先需要根据降雨量、厂区平面及竖向布置等工程实际情况，对排水方式进行选择，而排水方式一般可分为雨水明沟、暗管或地面自然渗排三种。为了便于设计人员选择最为符合工程实际条件的场地排水方式，下面对雨水明沟、暗管、地面自然渗排这三种排水方式的特点及其适用性进行介绍。

1. 暗管雨水排水方式

暗管雨水排水方式是目前火力发电厂中应用最为广泛的一种排水方式。暗管雨水排水系统由雨水口、埋地暗管及管道检查井组成，其中雨水口起到了收集雨水的作用，设在场地竖向布置上的最低处，将周围地表雨水收集后，再通过与之连接的雨水管道排至厂外。根据雨水口设置位置不同，暗管雨水排水方式又分为道路雨水口+暗管排水及场地雨水口+暗管排水两种，布置示意图见图4-7和图4-8，雨水口井盖、座平面及剖面图见图4-9。

暗管雨水排水方式一般适用于以下情况：

（1）建（构）筑物的布置密度较高，交通线路复杂或地下工程管线复杂的地段；

（2）厂区采用城市型道路对环境美化或对环境洁净要求较高时；

（3）大部分建筑物屋面采用内排水时；

（4）场地平坦或地下水位较高等不适宜采用明沟排水的场地；

（5）湿陷性黄土、膨胀土等特殊土壤地区的场地；

（6）场地排水系统需要与城市（镇）雨水排放系统相适应时。

2. 雨水明沟排水方式

雨水明沟排水方式是在场地上有组织地设置排水明沟，通过沟道收集场地雨水，并利用沟道分散或集中排至厂外的排水方式。排水明沟除一般排水明沟外，还包括城市型道路路面排水槽、公路型道路和铁路侧沟（包括带盖板）、截水天沟等。目前，全厂采用明沟排水方式在国内电厂中应用较少。不同区域明沟排水布置见图4-10～图4-12。

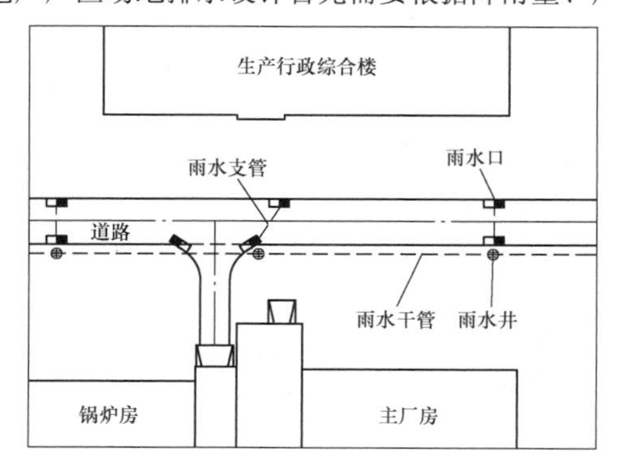

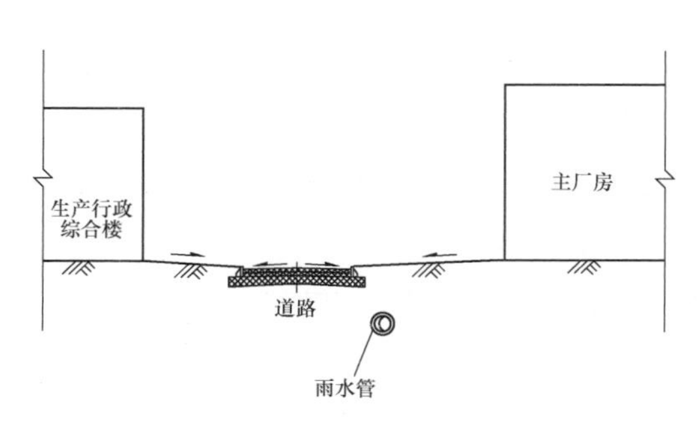

图4-7 道路雨水口+暗管排水布置示意图

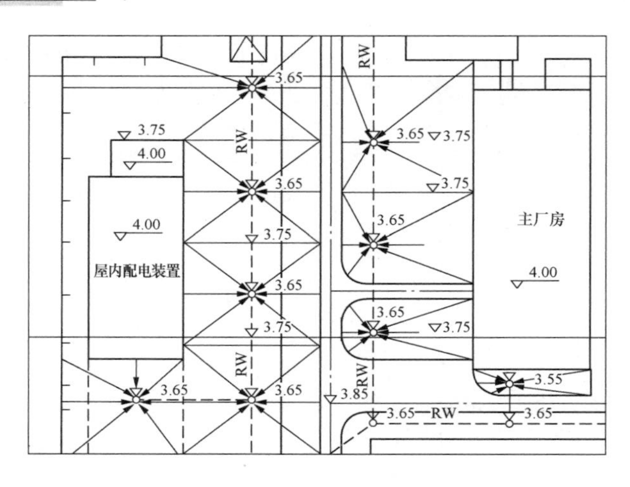

图 4-8　场地雨水口+暗管排水布置示意图

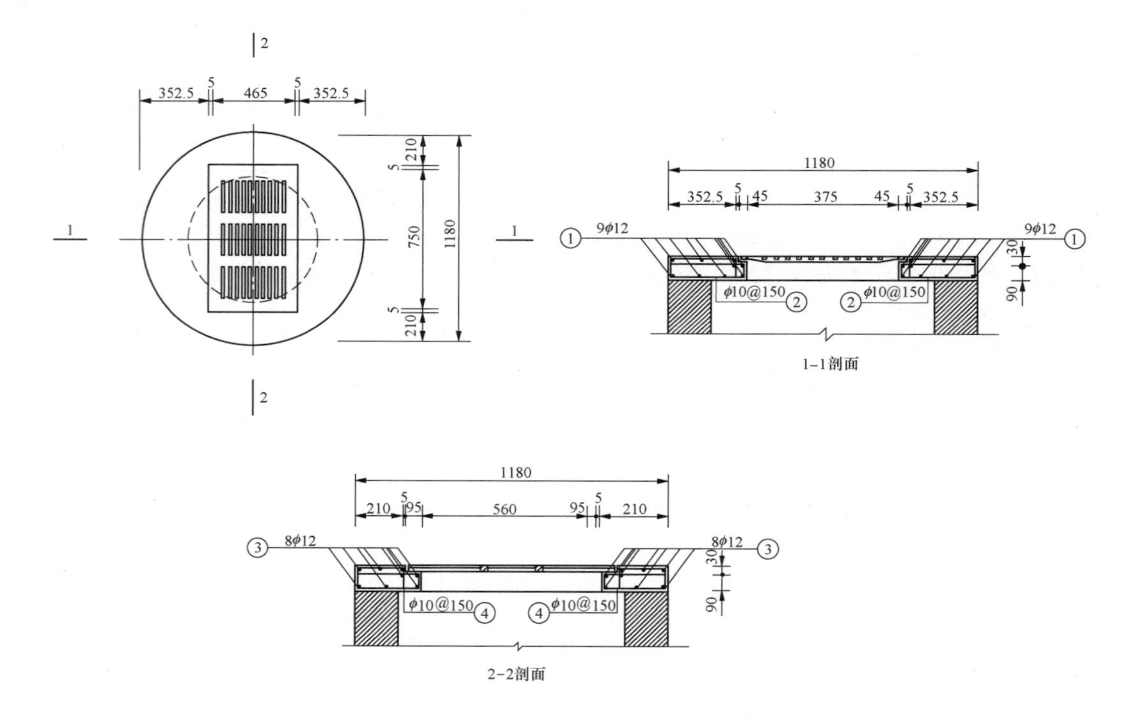

图 4-9　雨水口井盖、座平面及剖面图

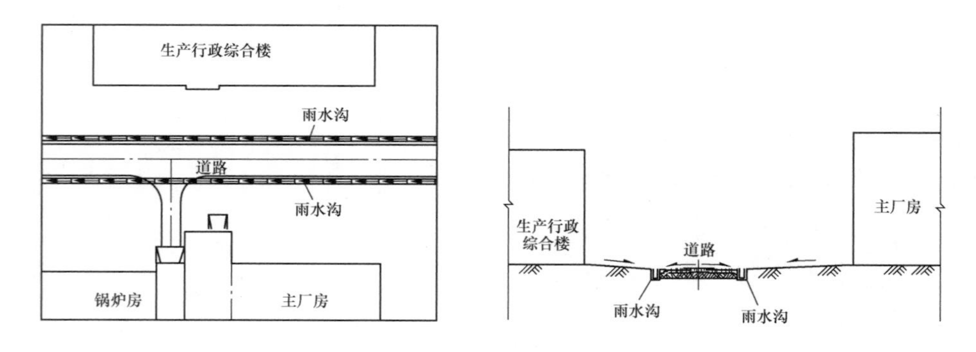

图 4-10　厂内一般区域雨水明沟排水布置示意图

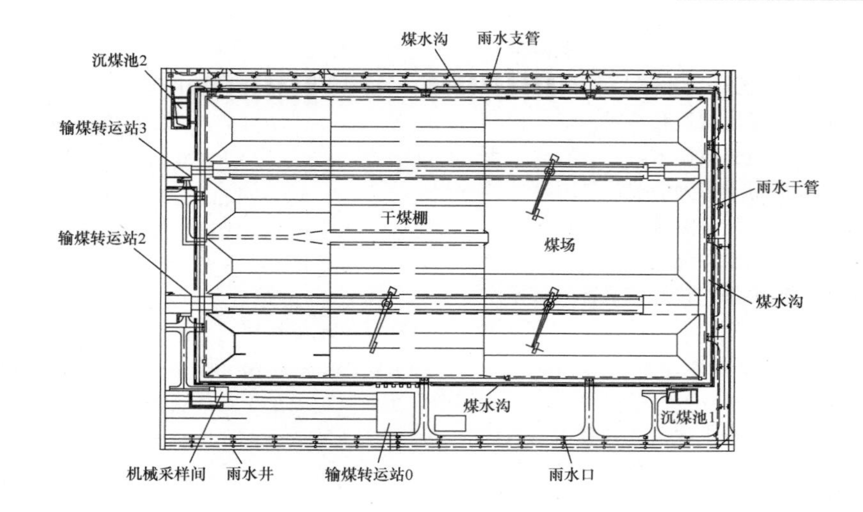

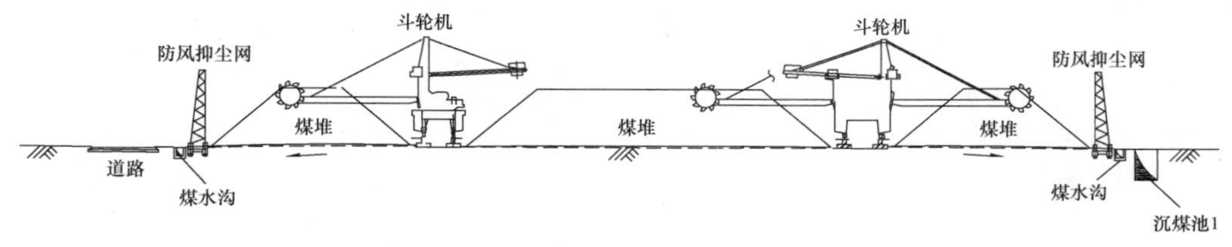

图 4-11　露天煤场区明沟排水布置示意图

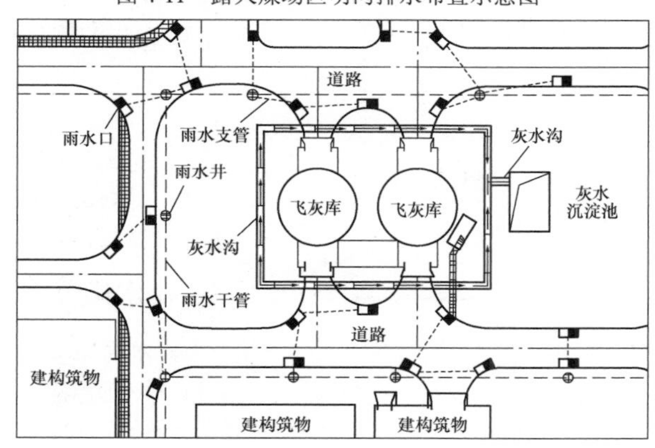

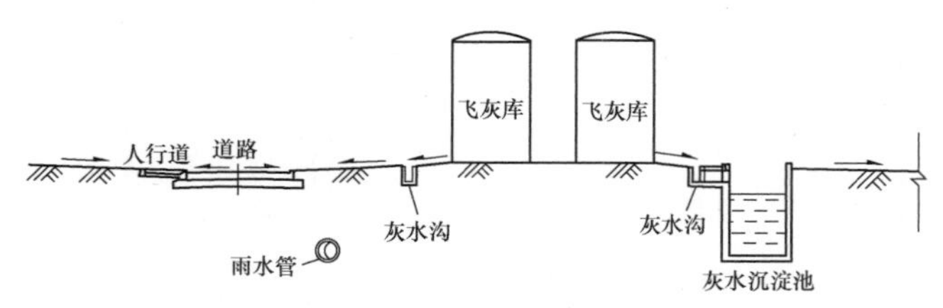

图 4-12　灰库区明沟排水布置示意图

明沟排水方式一般适用于下列情况：

（1）瞬时暴雨强度较大的地区，如热带气候地区；

（2）排水落差小，场地可分区，并且各分区雨水可就近排至厂外的水沟或水域；

（3）厂区用地面积较少的电厂；

（4）有适于明沟排水的地面坡度；

（5）多尘易堵、雨水夹带大量泥沙和石子的场地；

（6）厂区边缘地段或埋设下水暗管较困难的岩石地段；

（7）深厚填土（存在不均匀沉降几率大）及软土地区的场地。

3. 地面自然渗排方式

自然渗排方式是在厂区场地不设置任何排水设施，充分利用地形坡度、场地渗透和蒸发，对厂内和厂外不构成冲刷影响的均衡分散排水。

自然渗排方式一般适用于下列情况：

（1）厂址规模较小，厂区自然排水条件较好。

（2）雨量较小，土壤渗水性强的地区。

（3）厂区边缘自然排水条件较好或局部设置雨水排水管沟有困难地段。

（二）设计重现期和排水计算

1. 雨水设计流量

我国目前采用恒定均匀流推理公式计算雨水设计流量。恒定均匀流推理公式基于以下假设：降雨在整个汇水面积上的分布是均匀的；降雨强度在选定的降雨时段内均匀不变；汇水面积随集流时间增长的速度为常数。其公式如下：

$$Q=q\phi f \tag{4-2}$$

式中 Q——雨水设计流量，L/s；

q——设计暴雨强度，L/（s·hm^2）；

ϕ——径流系数；

f——汇水面积，hm^2。

注：当有允许排入雨水管道的生产废水排入雨水管道时，应将其水量计算在内。

2. 径流系数

径流系数ϕ可按表4-2的规定取值。汇水面积的平均径流系数按地面种类加权平均计算；区域的综合径流系数，可按表4-3的规定取值。

表4-2 径流系数

地面种类	ϕ
各种屋面、混凝土和沥青路面	0.90
大块石铺砌路面和沥青表面处理的碎石路面	0.60
级配碎石路面	0.45
干砌砖石和碎石路面	0.40
非铺砌土路面	0.30
公园或绿地	0.15
贮煤场	0.15～0.30

表4-3 综合径流系数

区域情况	ϕ
城镇建筑密集区	0.60～0.70
城镇建筑较密集区	0.45～0.60
城镇建筑稀疏区	0.20～0.45

3. 设计暴雨强度

设计暴雨强度应按下式计算：

$$q=167A_1(1+C\lg P)/(t+b)^n \tag{4-3}$$

式中 q——设计暴雨强度，L/（s·hm^2）；

t——降雨历时，min；

P——设计重现期，年；

A_1、C、n、b——参数，根据统计方法进行计算确定。

在具有20年以上自动雨量记录的地区，排水系统设计暴雨强度公式按GB 50014—2006《室外排水设计规范》（2014年版）附录一的有关规定编制。目前我国各地已积累了完整的自动雨量记录资料，可采用数理统计法计算确定暴雨强度公式。本条所列的计算公式为我国目前普遍采用的计算公式。

4. 雨水管渠设计重现期

雨水管渠设计重现期应根据汇水地区性质（广场、干道、厂区、居住区）、城镇类型、地形特点和气象特征等因素确定。在同一排水系统中可采用同一重现期或不同重现期。重现期一般选用0.5～3年，火电厂、重要干道、重要地区或短期积水即能引起较严重后果的地区，一般选用2～5年，并应与道路设计协调，特别重要地区和次要地区可酌情增减。

雨水管渠的设计降雨历时应按下式计算：

$$t=t_1+t_2 \tag{4-4}$$

式中 t——降雨历时，min；

t_1——地面集水时间，视距离长短、地形坡度和地面铺盖情况而定，一般采用5～15，min；

t_2——管渠内雨水流行时间，min。

三、排水构筑物设计

（一）排水明沟

在进行排水明沟设计时，首先需要根据厂区总平面及竖向布置对沟道走向进行合理规划，确定排水明沟的平面布置方案，再结合工程实际情况（如防渗要求、是否临时排水设施等）对沟道断面形式、材质进行选择，最后通过水力计算得出沟道的断面尺寸。为便于设计人员的使用及参考，特将明沟的布置、断面形式、材料选用及计算等相关设计要求归纳如下：

1. 布置要求

（1）排水明沟一般平行于建筑物、铁路、道路布置。

（2）水流路径短捷。

（3）应尽量减少与铁路、道路的交叉，交叉时，宜垂直相交。

（4）土质明沟不宜设在填方地段，其沟边距建（构）筑物基础边缘不宜小于3m，距围墙基础边缘不宜小于1.5m。

（5）铺砌明沟的转弯处，其中心线的转弯半径不宜小于设计水面宽度的 2.5 倍；土质明沟不宜小于设计水面宽度的 5 倍。

（6）跌水和急水槽不宜设在明沟转弯处。

2. 断面形式

排水明沟断面一般采用矩形，在场地宽阔或厂区边缘地段，可采用梯形断面；在岩石地段及雨量少、汇水面积和流量较少地段，可采用三角形断面。沟深应大于计算水深加 0.2m，沟的起点深度应不小于0.2m。矩形沟底宽不应小于 0.4m，梯形沟底宽不应小于 0.3m。

3. 沟道材料

土沟：可用于沟内水流速较低、无防冲刷与防渗要求的地段。其投资省，但断面尺寸大，易淤积，维修工作量大，不适于永久性工程。

石砌沟：用于流速超过土沟允许极限，或为减少断面尺寸、减少渗水地段，适用于厂区、施工区排水。

混凝土沟：用于水流速度过大或防渗要求高的地段，适用于厂区、施工区排水。

4. 无铺砌明沟

无铺砌明沟（土沟）建设费用小，但断面尺寸大且易淤积，维修工作量大，目前使用得较少。其边坡应根据土质情况，按表 4-4 选用。

表 4-4　　无铺砌明沟边坡

明沟土质	边坡	明沟土质	边坡
黏质砂土	1:1.5～1:2.0	半岩性土	1:0.5～1:1.0
砂质黏土和黏土	1:1.25～1:1.5	风化岩石	1:0.25～1:0.5
砾石土和卵石土	1:1.25～1:1.5	岩石	1:0.10～1:0.25

5. 铺砌明沟

（1）梯形明沟。梯形明沟的铺砌材料一般为干砌片石、浆砌片石，当流量过大或防水要求较高时宜采用混凝土铺筑。浆砌片石沟或干砌片石沟宜采用Mu20以上片石。浆砌片石沟采用 M5 水泥砂浆砌筑。干砌片石沟一般应设置垫层，垫层采用厚 10cm 的 C15 混凝土。混凝土沟采用 C25 混凝土，并设置 10cm 厚的垫层，明沟边坡一般采用 1:1～1:1.5。明沟断面见图 4-13。

混凝土沟每隔 10m，浆砌片石沟每隔 15m，应设置伸缩缝，缝宽 2cm，用沥青麻丝填塞，表面用水泥砂浆抹平。在有地下水地段，混凝土及浆砌片石明沟沟壁需设泄水孔，泄水孔尺寸为 5 cm×5cm，高出沟底20cm 以上，间距为 3～4m；同时沟壁外侧应设反滤层，厚 10～15cm，材料可为碎石、砾石或含土量小于 5%的沙砾。冻害地区，沟壁、沟底外侧应加设防冻层，防冻层的材料可用煤渣、矿渣、碎石、砾石、沙砾等。

当有横向水流对水沟坡顶造成冲刷危险时，应由坡顶向外铺砌 0.3～1m。

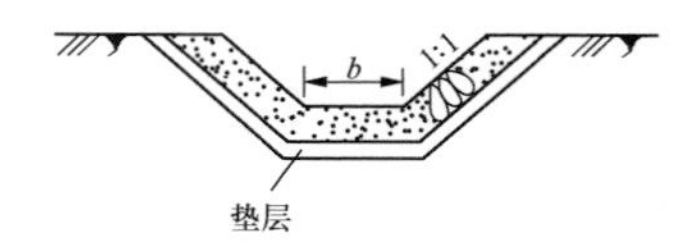

图 4-13　梯形明沟断面示意图

（2）矩形明沟。矩形明沟的铺砌材料一般采用浆砌片石或混凝土。材料标号、伸缩缝、反滤层、泄水孔和保温层的设置等均与梯形明沟相同。明沟断面见图 4-14。

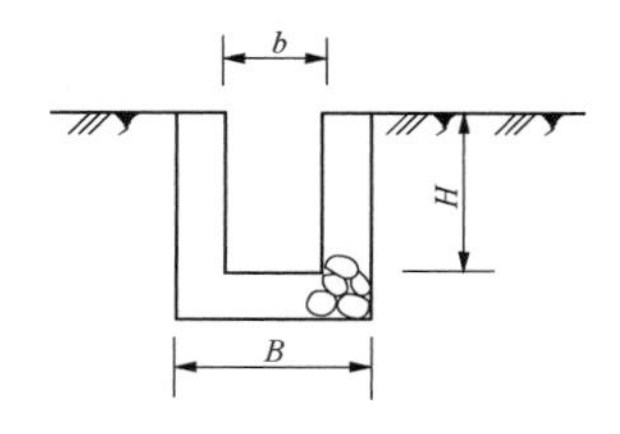

图 4-14　矩形明沟断面示意图

场地明沟盖板的活载仅考虑堆置材料、工具及行人等，按 DL 5022《火力发电厂土建结构设计技术规程》的规定取 $4kN/m^2$。

（3）山坡截水明沟。山区电厂，为防止山坡上方的地面径流流入厂区，应在厂区边坡坡顶设置截水沟。一般禁止将截水沟接入厂区排水系统。当地面径流不大或设置截水沟有困难，且坡面有坚固的防护措施时，方可将山坡水排入坡脚下的排水沟内。

为了便于维护和清理，截水沟一般采用浆砌片石铺砌，砌筑砂浆强度等级不应低于 M7.5，片石强度等级不应低于 MU30。截水沟的底宽和顶宽不宜小于500mm，可采用梯形或矩形断面，其沟底纵坡不宜小于 0.3%。

坡顶截水沟宜结合地形进行布设，其位置应尽可能选择在地形较为平坦、地质良好的挖方地段，并使水流以最短捷的路径排出，且距挖方边坡坡顶或潜在塌滑区后缘不应小于 5m；填方边坡上侧的截水沟距边坡坡顶不宜小于 2m。

截水沟转弯时的中心线转弯半径不宜小于沟内水面宽度的 5～10 倍。当截水沟宽度改变时，宜设置渐变段，其长度一般为沟宽的 10～20 倍。

截水沟可根据自然边坡系数，分别采用图 4-15 的构造和尺寸。

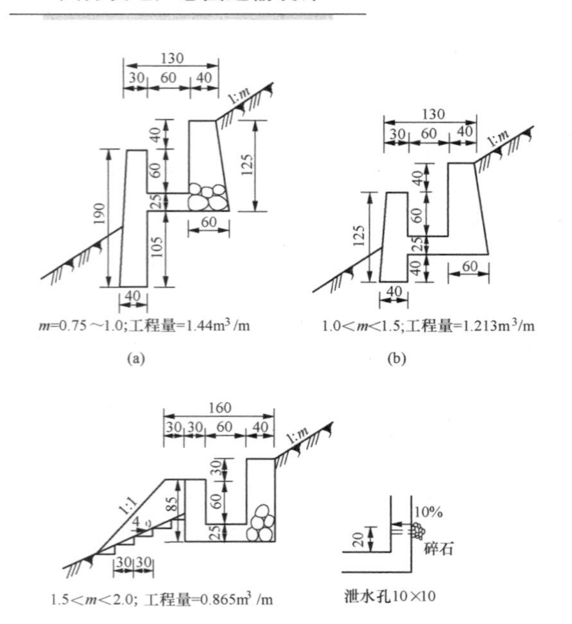

图 4-15　60cm×60cm 浆砌片石山坡截水明沟断面示意图

6. 排水明沟的水力计算

（1）计算公式。对于具有规则形状断面与较缓坡度，且两者均无急剧变化的一般排水明沟，其水力计算可采用明渠匀速流的基本公式：

$$Q=\omega V \quad (4\text{-}5)$$

$$V=C\sqrt{Ri} \quad (4\text{-}6)$$

$$R=\omega/\rho \quad (4\text{-}7)$$

$$C=R^{\gamma}/n \quad (4\text{-}8)$$

式中　Q——流量，m^3/s；

ω——水流断面的面积，m^2；

V——水流断面的平均流速，m/s；

C——流速系数；

R——水流断面的水力半径，m；

i——水力坡降，以小数计，在匀速流的情况下与沟底纵坡和水面坡度相同；

n——粗糙系数；

ρ——过流断面上流体与固体壁面接触的周界线长度，称为湿周；

γ——与 R、n 有关的指数，$\gamma=2.5\sqrt{n}-0.13-0.75\sqrt{R}(\sqrt{n}-0.10)$。

各种材料明沟的粗糙系数见表 4-5。

（2）明沟断面水力要素计算公式。常用的明沟断面水力要素计算公式见表 4-6。

表 4-5　　明沟粗糙系数 n 值

序号	明沟类别	n
1	浆砌片石水泥砂浆抹面	0.013
2	现浇混凝土	0.014
3	浆砌片石	0.020
4	干砌片石	0.025
5	土明沟	0.030

表 4-6　　明沟断面水力要素计算公式

断面形式	示意图	水流断面面积 ω	湿周 ρ	水力半径 R
矩形	0.2, h, b	$\omega=bh$	$\rho=b+2h=\frac{\omega}{h}+2h$	$R=\frac{\omega}{\rho}=\frac{\omega}{b+2h}$
对称梯形	0.2, 1:m, h, b	$\omega=bh+mh^2$	$\rho=b+2h\sqrt{1+m^3}$ $=\frac{\omega}{h}+(2\sqrt{1+m^3-m})h$	$\rho=\frac{\omega}{\rho}=\frac{bh+mh^2}{b+(2\sqrt{1+m^3})h}$
不对称梯形	1:m_2, 1:m_1, 0.2, h, b	$\omega=bh+m_3h^2$ 式中：$m_3=\frac{m_1+m_2}{2}$	$\rho=b+kh=\frac{\omega}{h}+(k-m_3)h$ 式中：$k=\sqrt{1+m_1^2}+\sqrt{1+m_2^2}$	$R=\frac{\omega}{\rho}=\frac{bh+\frac{1}{2}(m_1+m_2)h^2}{b+(\sqrt{1+m_1^2}+\sqrt{1+m_2^2})h}$

（二）明沟的连接

窄沟与宽沟相接时，应逐渐加大沟底宽度，渐变段的长度一般为沟底宽差的 5～20 倍。梯形明沟与矩形明沟相连接，应在连接处设置挡土端墙。土明沟连接处应适当铺砌。

明沟与涵管的连接，应考虑水流断面收缩和流速变化等因素造成水面壅高的影响。为了防止对涵管基础的冲刷，土明沟应加铺砌。涵管的断面应按明沟水面达到设计超高时的泄水量计算。涵管两端应设置端墙和护坡。管底可适当低于沟底，其降低高度宜为 0.2～0.25 倍管径，但该部分不计入过水断面。

明沟与暗管连接时，应在暗管端设置挡土墙。为防止杂草等污染物进入暗管，暗管端还应设置格栅，栅条的间隙尺寸为 100～150mm。土明沟应加铺砌，长度自格栅算起为 3～5m，厚度不宜小于 0.15m，高度不低于设计的超高高度。如连接处有高差且高差小于 2m 时，则按图 4-16 所示的断面要求连接，土明沟按所注长度进行加固。

明沟高低的连接，当高差小于 0.3m 时，有铺砌的明沟设置 0.3m 高的跌水即可。土明沟当流量小于 200L/s 时，可不加铺砌。当高差为 0.3～1.0m 且流量小于 2000L/s 时，有铺砌的明沟设置 45°的缓坡段；如为土明沟，应用浆砌片石铺砌（厚度不小于 0.15m），其构造尺寸见图 4-17。

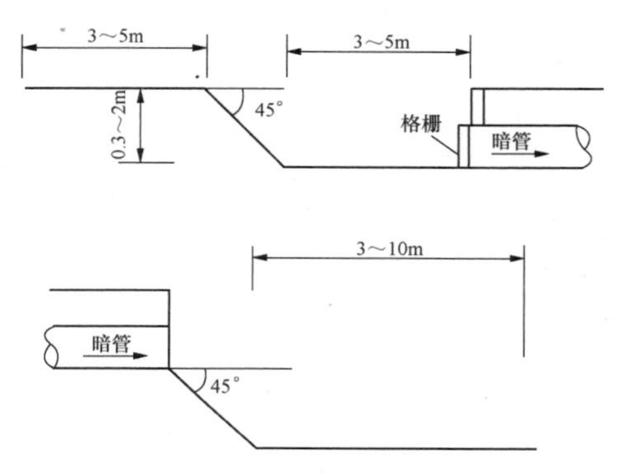

图 4-16　暗管与明沟连接示意图

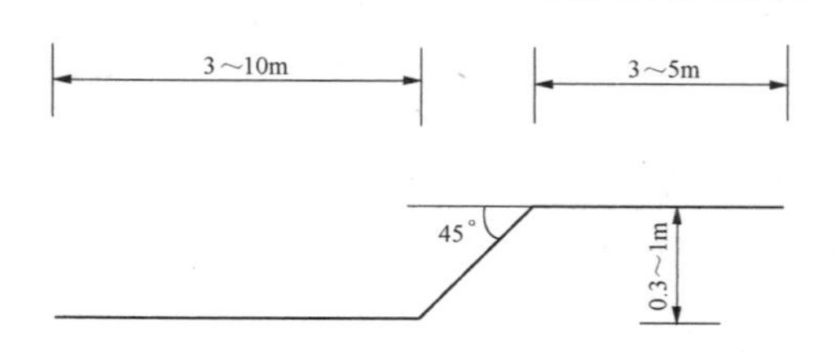

图 4-17　土明沟跌水加固示意图

（三）跌水与急流槽

明沟通过地形比较陡峻的地区时，由于水流的流速超过允许流速，因而造成冲刷。为了防止渠道的冲刷，必须在陡坡地段上修建连接上下游明沟的构筑物，一般可采用跌水、急流槽。

有时也可在跌水和急流槽的槽底增加粗糙度，以减小水流的速度。一般场地的排水明沟，当高差在 0.2～1.5m 范围内时，可不进行水力计算，而根据具体情况决定。

1. 跌水

跌水一般分单级跌水和多级跌水。单级跌水是连接上下游明沟最简单的构筑物。沟底的突然下降部分即称为跌水。跌水由进水口、胸墙、消力池和出水口四部分组成。多级跌水（见图 4-18）主要为适应地形，避免过大的土石方工程而设置，每级的高度与长度之比大致等于地面坡度。但根据计算所得出的多级式跌水平台往往很长，故这种跌水建筑很难适应当地的地形。为缩短平台长度，可在每一个阶梯上设置消力槛，以保证跌下的水能消减到最小。

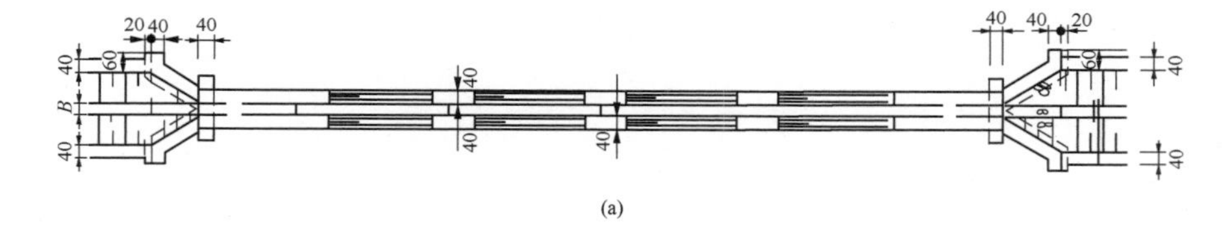

(a)

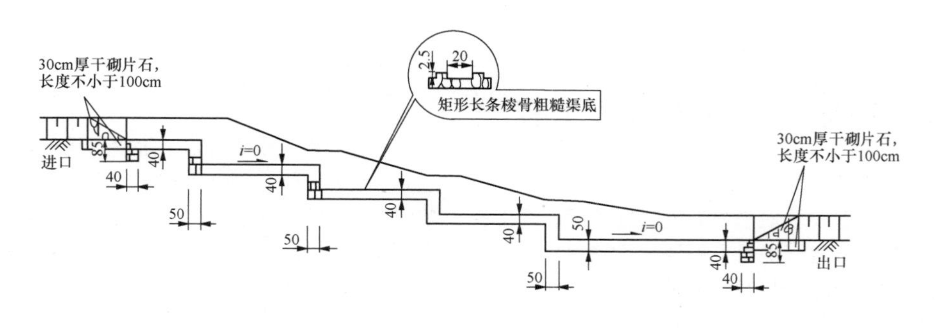

(b)

图 4-18　多级跌水示意图（单位：cm）

（a）平面；（b）纵剖面

2. 急流槽

急流槽（见图 4-19）是为了在很短的距离内，水面落差很大的情况下将水排走。急流槽一般流速较大，为降低出水末端的流速，使之与下游明沟的允许流速相适应，可采取以下措施：在陡坡上增加人工粗糙，如设置折槛和齿槽，镶置石块；设置数个坡段，使纵坡逐渐放缓或将槽逐渐放宽；急流槽末端设置消能设施，如跌水胸墙、消力池等。

3. 跌水与急流槽的构造措施

当地质良好，地下水位较低，流量不大，每级跌水高度在 2m 以内时，建筑物除按照结构计算外，还应符合以下规定：

（1）进口及出口处护墙的高度一般为水深的 1～1.2 倍，且不得小于 1m；寒冷地区应伸至冻土层以下。护墙的厚度，浆砌片石时不小于 0.4m，混凝土时不小于 0.3m。

（2）渠槽及消力池的边墙高度至少高出水面 0.2m。其顶面厚度，浆砌片石时不小于 0.4m，混凝土时不小于 0.2m。

（3）消力槛顶宽不小于 0.4m，并做 5cm×5cm～10cm×10cm 大小的泄水孔，以便水流停止时排泄池内积水。

（4）渠槽底板厚度 t：跌水，单位流量 $Q<2m^3/s$ 时，$t=0.35\sim0.40m$；$Q=2m^3/s$ 时，$t=0.5m$（跌水墙高度小于 2.0m）。

（5）急流槽每隔 1.5～2.5m 需增设短护墙（深度 0.3～0.5m），并伸入基层，以防滑动。

（6）进水槽及出水槽槽底应用片石铺砌，长度一般不小于 10m。个别情况下，在下游设置厚 0.5～0.2m、长 2.5m 的防冲铺砌段。

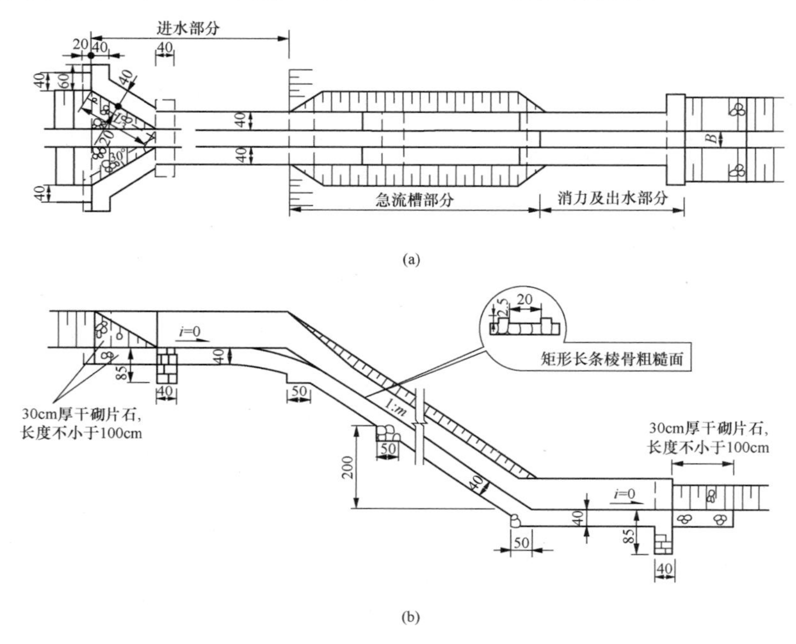

图 4-19　急流槽示意图（单位：cm）

（a）平面；（b）纵剖面

第四节　场地平整及土石方工程

在电厂初步设计（或“五通一平”，即通路、通电、通水、通电信、通航及场地平整）审查批准后，建设单位首先要进行“五通一平”工程施工。“五通一平”工作中最重要的内容之一是对场地进行平整。电厂厂区占地面积较大，自然地形往往是起伏不平的，很难满足场地设计要求，因此对厂区的自然地形就必须根据竖向设计要求进行整平改造。选择合适的场地平整方式，根据厂区竖向布置初平标高确定的挖方区、填方区、填土保留区，并根据设计精度和地形复杂程度选择合适的土石方计算方式，计算挖、填方量，选择经济合理的土石方调运方式。

一、场地平整

场地平整工作分为两个阶段：第一阶段是在开工之前，即“五通一平”工作中的场地平整——初平；第二阶段是在主体工程完成之后进行的场地平整，即根据最终的竖向设计，进行挡土墙、护坡及建（构）筑物与道路之间场地的平整，达到场地设计标高和设计排水坡度。当场地为沿江、湖、海等区域时，填海造地宜采用吹填工程。本节所说的场地平整是指场地初平。

（一）场地平整方式

场地平整方式可分为连续式平整和重点式平整两类。连续式平整：对整个厂区或其某个区域进行连续平整，不保留原有自然地面；重点式平整：在整个厂区或其某个区域内，只对与建（构）筑物有关的场地进行平整，其余地段保持原有自然地面，以减少场地平整工程量。

场地平整方式的选择主要是依据确定的竖向布置形式。场地平整方式是竖向布置中的一个重要内容，厂区竖向布置、厂区土石方平衡计算和厂区场地平整方式的选择紧密相关。

一般情况下，场地的自然地形比较平坦、地面坡向比较单一、场地排水顺畅、工程地质条件较好时，采用连续式平整方式；厂区地形较复杂时，特别是山区电厂，挖、填方量较大，一般采用重点式平整方式。

（二）填土保留区的确定

为了避免土石方工程的重复开挖，在土石方计算平衡图中要明确标注填土保留区。填土保留区主要是出现在填方区，依据下列因素确定：

（1）建（构）筑物基础采用天然地基，基础需要坐落在原土层上。

（2）主厂房、冷却塔、翻车机、卸煤沟、循环水进/排水管廊等基础埋深较大的回填区域。

（3）建（构）筑物基础需要人工处理。如地基条件较差，遇到软弱地层或湿陷性黄土土层需要将其挖除换填，或者地质条件比较复杂，出现软硬相间的土层，需要将软弱土层挖除换填。

（4）有特殊要求的区域。如在高填方区，采用其他地基处理方案在技术、经济上不合理时，采用强夯地基处理方案。而强夯方案对回填土石的级配要求较高，在场地整平时要预留出强夯地基处理区域，采用符合强夯要求的级配碎石土单独回填。

（三）吹填土工程

吹填造陆是近年来新建电力工程广泛使用的一种陆域形成方法。

1. 适用地质条件

吹填造陆适用于原始地势较低、附近有吹填土来源的沿江、沿海工程场地，通过合理利用江、海水域中的水下暗沙或淤泥等资源，采用大型挖泥船挖、运砂（土），通过管道水力吹填形成陆域。

吹填工作如能将航道整治、疏浚港池的淤泥、砂土等作为吹填造陆的土料，就能起到变废为宝、降低造价的作用。

通过吹填土工作进行围堤造陆具有以下主要优点：

（1）利用滩涂资源围滩吹填，可避免或少征用农田，减少拆迁和动迁，有利于保护耕地。

（2）就地取材，施工周期短，施工干扰少。

（3）利用滩地资源围堤形成水库、灰场，可避免因增加库容导致的开挖工程量。

（4）可适当缩短电厂码头与堆场的距离，缩短取水口和排水口的长度，降低投资。

2. 吹填土处理步骤

吹填造陆工程的施工流程大致可分为以下几个过程：①修筑围堤；②向围堤内吹填淤泥、粉土或砂；③对吹填形成的场地进行排水、晾晒；④采用压密、真空预压等方法对吹填土进行整体处理。

采用淤泥进行吹填的主要步骤如图 4-20 所示，采用砂土吹填的主要步骤如图 4-21 所示。

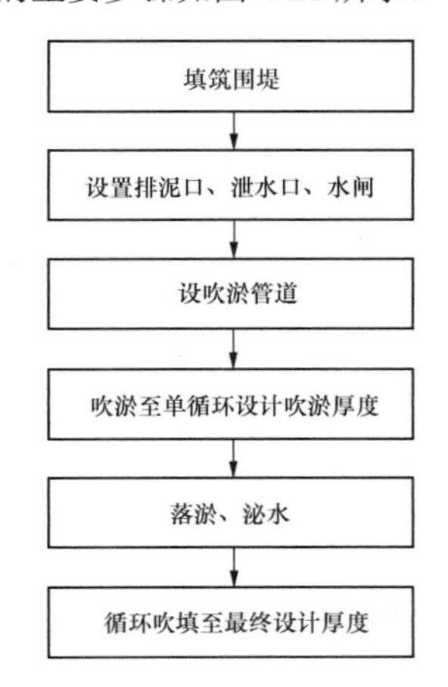

图 4-20 淤泥吹填主要步骤框图

根据吹填工程特点及施工条件，可采用围堤与吹填紧密结合、分层填筑（围堤）、分层吹填（吹填不间断施工）、相互依托、交叉同步的施工方法。

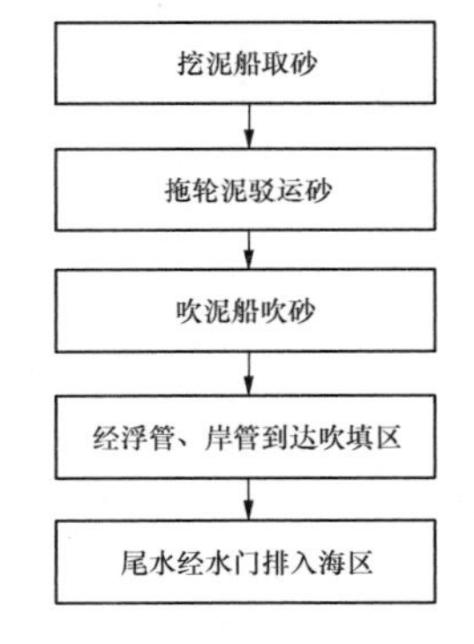

图 4-21 砂土吹填主要步骤框图

3. 技术要求

吹填位置与范围应根据工程用途和需要确定，并尽可能选择在基础较好、有利于排水固结的区域。

确定吹填土场地的设计标高时，除应满足工程需要外，尚应预留吹填土场地在形成过程中的沉降量、下卧层的沉降量、施工期间及施工完成后的固结沉降量。

吹填设计必须和挖泥船的工作特点、吹填工艺过程以及吹填土的物理特性相符合，设计方案应满足工程建设要求，同时还应便于施工。

吹填土来源宜尽量靠近吹填区，取土区的位置、范围及深度的确定应避免对邻近海域或河势产生不利影响，可优先考虑结合航道整治、码头疏浚的取土方案。合格土料的开采深度应在挖泥船正常作业深度之内。

吹填土料应根据工程建设的目的及不同土质的物理力学性能和吹填特性科学合理地选择。对于有承载力要求的厂区等吹填工程，宜选用颗粒较粗、排水固结性能较好的砂性土；对于有防渗要求的灰场等吹填工程，宜选用颗粒较细的黏性土。

吹填工程质量应根据吹填土的颗粒直径、吹填土的落淤特性和工程设计使用要求等因素综合确定。

吹填工程施工应编制实施性施工组织设计，并提交有关部门审批。

吹填工程施工过程中应对地基沉降与固结损失做定期观测，实际沉降与固结损失量数据和所采用的控制数据有差距时，应及时进行调整。

吹填后的工程场地一般需满足以下要求：①地基承载力满足设计要求；②一定年限使用期内的沉降小于设计值；③在地震作用下，粉土、砂土不发生液化。

二、土石方工程量计算及平衡

土石方工程量计算及平衡是厂区竖向设计的一项主要工作内容。全厂土石方工程量除厂区和施工区平整的土石方量外，还应包括灰场、厂外铁路、道路、管线、截（排）水沟、建（构）筑物基础及地下设施、表土清除等工程的土石方量。土石方工程量应根据场地整平标高和场地自然地形、地质条件等，经计算确定。

（一）土石方工程量计算

1．土石方工程量计算方法

场地土石方工程量的计算，可根据设计精度要求及场地地形的特点选择合适的土石方计算方法。在工程中常用的土石方计算方法有方格网法、断面法、局部分块计算法等。目前，电厂土石方计算基本采用计算机程序计算，而计算机程序大都采用的是方格网法。本节重点介绍方格网法，简单介绍其他计算方法。

（1）方格网法一般适用于场地地形比较平缓、竖向布置采用平坡式的厂区。当场地地形较复杂、采用阶梯形布置时，可分块对每个阶梯区域采用方格网法进行计算。

对自然地形比较复杂的场地，采用阶梯式布置时，宜适当放大测量比例，提高测量精度。方格网的大小应根据地形变化的复杂程度和要求的计算精度确定，方格网一般为正方形。场地地形平坦时，其边长一般采用 40m。场地地形比较复杂时，可局部加密方格网，其边长一般采用 10～20m。

方格网的布置一般在厂区场地的平整范围，根据总平面布置确定的建筑坐标系，沿坐标系的基轴（A、B）将场地分成适当大小的方格，以利于施工放线。为便于计算，应采用统一的方格网。各方格交点处右上角为场地设计标高，右下角为自然地面标高，左上角为施工高程，填方为（+），挖方为（–）。方格网法计算实例见图 4-22，该图的方格网为 20m×20m，图中虚线位置表示挖、填方零点线位置，用零点线计算公式求得各有关边线上的零点，并连接成零点线。根据有关计算公式计算出挖、填工程量。

方格网不同图式和相应计算公式见表 4-7。

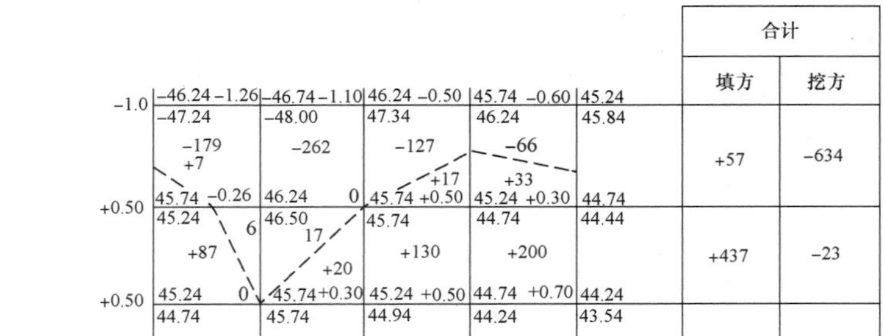

						合计	
						填方	挖方
-1.0	–46.24 –1.26 –47.24	–46.74 –1.10 –48.00	46.24 –0.50 47.34	45.74 –0.60 46.24	45.24 45.84		
	–179 +7	–262	–127 +17	–66 +33		+57	–634
+0.50	45.74 –0.26 45.24	46.24 0 46.50	45.74 +0.50 45.74	45.24 +0.30 44.74	44.74 44.44		
	+87 6	17 +20	+130	+200		+437	–23
+0.50	45.24 0 44.74	45.74 +0.30 45.74	45.24 +0.50 44.94	44.74 +0.70 44.24	44.24 43.54		
合计 填方	+94	+20	+147	+233		–494	
合计 挖方	185	279	127	66			657

图 4-22　方格网土石方量计算

表 4-7　　方格网图式及计算公式

填挖情况	图式	计算公式	附注
零点线计算	+h_1 +h_2 b_1 c_1 c_2 b_2 −h_3 −h_4 零点线	$b_1=a\frac{h_1}{h_1+h_3}$，$c_1=a\frac{h_2}{h_2+h_4}$ $b_2=a\frac{h_3}{h_1+h_3}$，$c_2=a\frac{h_4}{h_2+h_4}$	a 为方格网边长（m）； b、c 为零点到一角的边长（m）
方形 网点填方或挖方	h_1 h_2 h_3 h_4 a	$V=\frac{a^2}{4}(h_1+h_2+h_3+h_4)$	V 为填方或挖方的体积（m^3）
梯形 两点填方或挖方	+h_1 +h_2 b c −h_3 −h_4 a	$V=\frac{b+c}{2}a\frac{\Sigma h}{4}=\frac{(b+c)a\Sigma h}{8}$	h_1、h_2、h_3、h_4 为各点角的施工高程（m），用绝对值代入
五角形 三点填方或挖方	−h_1 +h_2 b c +h_3 +h_4 a	$V=\left(a^2-\frac{bc}{2}\right)\frac{\Sigma h}{5}$	Σh 为填方或挖方施工高度总和，用绝对值代入
三角形 一点填方或挖方	+h_1 +h_2 b c −h_3 −h_4 a	$V=\frac{1}{2}bc\frac{\Sigma h}{3}=\frac{bc\Sigma h}{6}$	

（2）断面法一般适用于山丘地区，地形起伏较大，竖向布置采用阶梯式布置的厂区。布置断面时，根据厂区竖向布置图，宜将断面线垂直于自然等高线或主要建筑物的长边。断面之间的距离可视地形的复杂程度确定，一般为 20～50m。其方法是：首先在场地平土范围内布置断面，按比例绘制每个断面的设计地面线和自然轮廓线，再进行计算。

（3）局部分块计算法一般适用于自然地形和设计地面标高比较一致的区域，将场地按照自然地面标高和设计地面标高比较一致的地段划分为一个区域进行计算。

2. 土石方计算软件介绍

目前国内有很多种比较成熟的土石方计算软件，使土石方计算、技术经济比较更加精确和快捷，大大提高了工作效率。电力工程设计中常用于土石方计算的软件有鸿业工业总图设计软件 HY-FPS、飞时达工业总图设计软件 GPCADZ 和 AutoCAD Civil 3D 软件。

（1）HY-FPS。HY-FPS 的土石方计算功能根据地形选用网格法或断面法进行土石方计算和优化计算，同一图中可设多个网格体系，自动提取各网格交点的自然标高和设计标高，同时也可根据要求定义场地内任意点的设计高程，自动计算并统计、标注区域及边坡土石方、标高，形成三维地形及绘制任意地形断面，断面图动态设计，自动更新工程量表。

（2）GPCADZ。GPCADZ 的土石方计算功能针对各种复杂地形情况以及场地实际要求，提供了六种土石方量计算方法，包括方格网法、三角网法、断面法、道路断面法、田块法、整体估算法等。对于土石方挖、填量的结果可进行分区域调配优化，解决就地土石方平衡要求。根据原始地形图上的高程点、等高线或特征线自动采集原始标高；根据场地要求自动优化计算出场地设计标高，还可以参数化输入确定场地设计标高，快速自动生成工程量表；软件根据运距乘以运量最小、土石方施工费用最低的原则自动确定土石方调配方案，根据高程数据自动生成场地三维模型以及场地断面图。

（3）AutoCAD Civil 3D。Autodesk Civil3D 的土石方计算功能利用复合体积算法或平均断面算法进行土石方计算，其原理与前两种软件基于方格网法或断面法的原理不同。在 Civil 3D 中，数字地形模型被称为“曲面”，以一块土地的三维空间模型表示，该模型由三角形或栅格组成，这些三角形或栅格是由野外所采集的高程点所组成。Civil 3D 通过各种三维数据源构建原始曲面，设计者再根据设计需要利用 Civil 3D 构建设计曲面，土石方量的计算就是原始曲面与设计曲面的叠加，在对每一个高程点的 Z 值进行差值计算后，利用几何计算模型精确地计算两个曲面之间的土石方量。使用 Civil 3D 可生成土石方调配图表，用以分析适合的挖、填距离、要移动的土石方数量及移动方向，确定取土坑和弃土场。

Civil 3D 的计算精度较高，但因后台运算量较大，相比前两种软件对计算机的配置要求也更高。

（二）土石方平衡

竖向设计在确定场地整平标高时，已考虑了土石方平衡的要求。全厂土石方平衡中，除应包括场地平整的土石方量外，还应包括灰场、铁路、道路、建（构）筑物和设备基础、管线沟槽和截（排）水沟等工程的土（石）方量，以及表土的清除量与回填利用量，并应计算其松土量和压缩量。

1. 土石方平衡的原则

土石方的平衡计算是一项比较繁琐、复杂、影响因素较多的综合平衡工作。由于受地质条件、地基处理方案、施工方案、建设过程中业主对方案的修改及许多其他不定因素的影响，最终的挖、填土石方量很难达到平衡。土石方平衡计算的目的是力求挖、填方量最小，挖、填方达到基本平衡。

（1）土石方的平衡应结合规划容量统一考虑，重点考虑本期，兼顾远期。应在分期、分区自身平衡的基础上再考虑全厂在经济运距内的挖、填土石方量平衡。

分期平衡：后期工程土石方量不宜在前期工程中一起施工。当后期工程为岩土，且比较坚硬，需要爆破松动后才能迁移时，宜根据爆破作业的安全距离要求在前期工程中统筹考虑，在确保安全的前提下可先松动并保留至后期工程中迁移。

分区平衡：如果仅以最终规模的土石方量进行全厂平衡，容易造成部分地区取、弃土困难和重复挖、填的现象，影响施工进度，增加投资。因此在考虑挖、填关系时，应按照竖向布置，对挖、填区域进行分区，挖、填量尽量就地平衡。分区平衡时应考虑土石方的迁移方式，力求土石方的迁移在经济运距内。适宜的土石方调运距离见表4-8。

表4-8　　适宜的土石方调运距离　　（m）

土石方调运方法	距离	土石方调运方法	距离
人工运土	10～50	自行式铲运机平土	800～3500
推土机	50以内	挖土机和汽车配合	500以上
拖式铲运机平土	80～800		

（2）土石方平衡应因地制宜。当场外附近有大型工程，如道路、铁路、港口或其他建设项目需要填土或弃土时，即在厂区附近取、弃土方便，而又不占用农田或有条件覆土造田的原则下，且较厂内土石方平衡更为经济合理时，则不一定强求厂内的土石方平衡。

（3）取、弃土困难地区如因取土或弃土占用大片土地或需要较多的运土费用，设计时应力求在本工程区内做到填、挖平衡。取、弃土条件好的地区，取土或弃土可能不是工程主要的控制投资内容，不必强求填、挖平衡，而应综合各项工程费用统筹考虑，使总费用最少。

2. 土石方平衡计算应考虑的因素

土石方计算精度有限，一般情况下，在考虑各种因素后，挖方或填方量超过10万m^3时，挖、填之差宜小于5%；挖方量或填方量在10万m^3以内时，其挖、填量之差宜小于10%。

厂区整平标高的详细计算要考虑足以影响设计整平标高计算中挖、填方平衡的附加土石方工程量及其施工条件，才能达到实际上的基本平衡。附加土石方工程量有以下几种：

（1）土壤松散系数。由于土壤松散，挖方时，土石方体积增大；填方压实时，土石方体积减少。土壤的松散系数和压实系数随土壤的种类和压实的方法不同而异。在土石方平衡计算中，应充分考虑土壤最初松散和最后松散系数。土壤松散系数见表4-9。

（2）建（构）筑物基槽余土。建（构）筑物基槽余土包括：建（构）筑物及设备基础和地下室余土量，地下管（沟）道、排水沟、铁路、道路路基和沟槽余土量，护坡、挡土墙基槽余土等。

电厂容量或机组单机容量不同，同容量机组的冷却方式不同，建（构）筑物数量不同或地基处理方式不同，基槽余土量不同。如直流供水与二次循环供水、辅助附属建筑的设置、输煤系统的设置（铁路运煤设卸煤沟或翻车机与管道输煤或坑口电厂采用输煤皮带直接上煤）、厂区是否设有较多的挡土墙、建（构）筑物是采用天然地基还是采用人工地基等，基槽余土量也不相同。

表4-9　　土壤松散系数

土的分类	土的级别	土壤的名称	最初松散系数K_1	最后松散系数K_2
一类土（松散土）	I	略有黏性的砂土，粉末腐殖土及疏松的种植土；泥炭（淤泥）（种植土、泥炭除外）	1.08～1.17	1.01～1.03
		植物性土、泥炭	1.20～1.30	1.03～1.04
二类土（普通土）	II	潮湿的黏性土和黄土，软的盐土和碱土；含有建筑材料碎屑，碎石、卵石的堆积土和种植土	1.14～1.28	1.02～1.05
三类土（坚土）	III	中等密实的黏性土或黄土；含有碎石、卵石或建筑材料的潮湿的黏性土或黄土	1.24～1.30	1.04～1.07

续表

<table>
<tr><th>土的分类</th><th>土的级别</th><th>土壤的名称</th><th>最初松散系数 K_1</th><th>最后松散系数 K_2</th></tr>
<tr><td rowspan="2">四类土
（砂砾坚土）</td><td rowspan="2">Ⅳ</td><td>坚硬密实的黏性土或黄土；含有碎石、砾石（体积在10%～30%，重量在25kg以下的石块）的中等密实黏性土或黄土；硬化的重盐土；软泥灰岩（泥灰岩、蛋白石除外）</td><td>1.26～1.32</td><td>1.06～1.09</td></tr>
<tr><td>泥灰石、蛋白石</td><td>1.33～1.37</td><td>1.11～1.15</td></tr>
<tr><td>五类土
（软土）</td><td>Ⅴ～Ⅵ</td><td>硬的石炭纪黏土；胶结不紧的砾岩；软的、节理多的石灰岩及贝壳石灰岩；坚实的白垩；中等坚实的页岩、泥灰岩</td><td>1.30～1.45</td><td>1.10～1.20</td></tr>
<tr><td>六类土
（次坚土）</td><td>Ⅶ～Ⅸ</td><td>坚硬的泥质页岩；坚实的泥灰岩；角砾状花岗岩；泥灰质石灰岩；黏土质砂岩；云母页岩及砂质页岩；风化的花岗岩、片麻岩及正常岩；滑石质的蛇纹岩；密实的石灰岩；硅质胶结的砾岩；砂岩；砂质石灰质页岩</td><td rowspan="2">1.30～1.45</td><td rowspan="2">1.10～1.20</td></tr>
<tr><td>七类土
（坚岩）</td><td>Ⅹ～Ⅻ</td><td>白云岩；大理石；坚实的石灰岩、石灰质及石英质的砂岩；坚硬的砂质页岩；蛇纹岩；粗粒正长岩；有风化痕迹的安山岩及玄武岩；片麻岩；粗面岩；中粗花岗岩；坚实的片麻岩；粗面岩；辉绿岩；玢岩；中粗正常岩</td></tr>
<tr><td>八类土
（特坚石）</td><td>ⅩⅣ～ⅩⅥ</td><td>坚实的细粒花岗岩；花岗片麻岩；闪长岩；坚实的玢岩、角闪岩；辉长岩、石英岩；安山岩；玄武岩；最坚实的辉绿岩、石灰岩及闪长岩；橄榄石质玄武岩；特别坚实的辉长岩；石英岩及玢岩</td><td>1.45～1.50</td><td>1.20～1.30</td></tr>
</table>

注　挖方转化为虚方时，乘以最初松散系数；挖方转化为填方时，乘以最后松散系数。

根据以往工程的经验，基槽余土量的大致范围见表4-10，仅供参考。

表4-10　基槽余土量的范围（工程经验值）

机组容量（MW）	基槽余土量（$\times10^4m^3$）			
	二次循环供水	直流供水	直接空冷	间接空冷
2×50	4.0～5.0	3.5～4.5	—	—
2×100	7.0～8.0	5.5～6.5	—	—
2×200	13.0～15.0	11.0～13.0	—	—
2×300	15.0～17.0	13.0～14.0	13.0～14.0	13.5～14.5
2×600	19.0～21.0	14.5～16.5	15.0～17.0	16.5～18.5
2×1000	27.0～30.0	20.0～23.0	20.5～23.5	23.0～26.0

注　表中数值不包括采用人工地基时，换填土所增加的土石方量。

（3）地基处理的换填土。当厂区地质条件较差时，如厂区存在湿陷性黄土、地基软弱下卧层或地下水位较高，回填土含水量太高，不满足工期要求时，需要将其挖除换土（或级配合格的砂）夯实或采用毛石混凝土换填；当出现软硬地基土交错或当基岩面有突变及场地存在比较厚的回填土不能作为基础的持力层时，需要将该土清除。采用填土夯实或毛石混凝土换填时，应与土建专业密切配合，据实计算出换填的土石方量。根据以往工程的设计经验，有的工程地基处理的换填量非常大，多达2万～3万m^3。总图设计人员除了对地形条件要做到了如指掌外，还应该对工程地质勘测报告进行详细的研究，并主动与相关专业沟通，掌握该专业对地基处理的范围及采取的地基处理方案和地基换填量。

（4）当地可利用的生产废料数量。当土石方量不能平衡，厂区需要大量填土，在厂区内挖土不经济，在厂区周围存在生产废料（如灰渣、钢渣）及其他工程的弃土条件时，应首先考虑利用该部分生产废料回填，以降低工程造价。

（5）场地开挖出的能做建筑材料的砂、石数量。当场地挖方区域有材质较好的岩石时，在初步设计地质勘测阶段，总图专业应配合土建专业在编写的地质勘测任务书中，对岩石做出建筑材料评价。总图专业应根据地形、挖方深度和地质报告，对开挖出的能做建筑材料的岩石量进行计算，以利于在土石方平衡计算中扣除该部分挖方量。

（6）地表土层的去除量和回填量。当厂区土石方工程量不能达到平衡、余土外运可造田时，应考虑将场内的部分耕植土挖除用做造田（如用做干灰渣场覆土造田）。其中有一部分耕植土在工程开始时要存放，作为再回填厂区绿化用土。

（7）厂外公路或电厂铁路专用线的余（缺）土量。当有条件将电厂的厂外公路或电厂铁路专用线的余土量或缺土量纳入厂址土石方平衡时，应要求公路或电厂铁路专用线的设计单位及时将该工程的土石方量提供给电厂主体设计单位，以便总图专业对全厂的土石方量进行综合平衡计算。

（8）灰场土石方量。目前，大部分电厂的灰渣基本全部综合利用，仅设事故灰渣场。而事故灰渣场一般距电厂较近，当经过技术经济比较，确定灰渣场的土石方量纳入全厂土石方平衡经济时，应将该部分土石方量纳入全厂土石方平衡。

第五节 场地处理工程

对于填平场地，施工时多采用分层碾压、强夯等地基处理手段对回填土进行压实处理。对于有软土、盐渍土、湿陷性黄土、膨胀土等特殊性岩土分布的工程场地，必要时还需针对特殊性岩土的特性、场地工程地质条件，结合电力工程建（构）筑物对地基基础的要求等，进行专门地基处理。

一、常用的场地处理方法

（一）碾压法

1. 适用土（石）质特性

碾压法是利用压实原理，通过机械碾压，使地基土达到所需的密实度。其适用于碎石土、砂土、粉土、低饱和度黏土及杂填土等，对于饱和黏性土，如淤泥、淤泥质土及有机质土等应慎重采用。

对于电力工程，考虑到场地的抗洪或防内涝要求，建筑场地往往需回填到一定的高程，有的需要回填数米，碾压法是一种常用、简易的回填土压实手段。除此之外，在修路、筑堤、建（构）筑物地基处理等工程中，碾压法也被广泛使用。

碾压机械有平碾及羊足碾等。平碾（光碾压路机）是一种以内燃机为动力的自行式压路机，质量为 6～15t。羊足碾单位面积的压力比较大，土体压实的效果好，一般用于碾压黏性土，不适用于砂性土。

2. 碾压处理步骤

碾压法施工的主要步骤如图 4-23 所示。

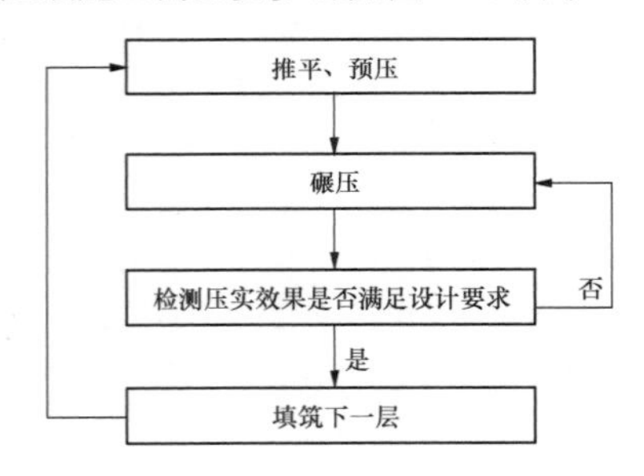

图 4-23 碾压法施工主要步骤框图

3. 技术要求

分层碾压的厚度应根据压实机具通过试验确定，一般不宜超过500mm，其最大粒径不得超过每层厚度的3/4。

为保证填土压实的均匀性及密实度，避免碾轮下陷，提高碾压效率，在碾压机械碾压之前，宜先用轻型推土机、拖拉机推平，低速预压 4～5 遍，使表面平实。

碾压机械压实回填时，一般先静压后振动或先轻后重，并控制行驶速度，平碾和振动碾不宜超过 2km/h，羊角碾不宜超过 3km/h。每次碾压，机具应从两侧向中央进行，主轮应重叠 150mm 以上。

为取得良好的压实效果，在回填过程中应控制填料的施工含水量，对于粉土、黏性土等，应调整其含水量以接近最优含水量。填料含水量与最优含水量的偏差应控制在±2%范围内。

施工中应防止出现翻浆或弹簧土现象，特别是雨期施工时，应集中力量分段回填碾压，还应加强临时排水设施，回填面应保持一定的流水坡度，避免积水。对于局部翻浆或弹簧土，可以采取换填或翻松晾晒等方法处理。在地下水位较高的区域施工时，应设置盲沟疏干地下水。

碾压施工的压实系数应满足设计要求，本期建设地段不应小于 0.94，近期预留地段不应小于 0.90。湿陷性黄土场地，在建筑物周围 6m 范围内，填方区压实系数不应小于 0.95。自重湿陷性黄土场地，在建筑物周围 6m 范围内，填、挖方区压实系数均不应小于 0.95。分层碾压时，应在下层的压实系数经试验合格后，才能进行上层施工。

（二）强夯法

1. 适用土（石）质特性

强夯法是用起重机械（起重机或起重机配三脚架、龙门架）将大吨位（一般为 8～30t）夯锤起吊到 6～30m 高度后，自由落下，给地基土以强大的冲击能量的夯击，使土料重新排列，经时效压密达到固结，从而提高地基承载力，降低其压缩性的一种有效的地基加固方法。

近年来，位于山区场地的电力工程建设时，往往采用挖高、填低来整平场地和平衡挖、填方量，填土面积占厂区的面积越来越大，有的已超过厂区面积的 1/2；回填深度从几米到几十米不等，挖填方总量一般在几百万立方米左右，少数已超过 1000 万 m^3。对于这些大面积、大厚度的填土场地，强夯法得到了广泛应用。

强夯法适用于碎石土、砂土、低饱和度的粉土和黏性土、湿陷性黄土、杂填土和素填土等地基，可用于电力工程各类建筑物及煤场的地基处理，强夯处理的影响深度一般为 5～8m。对于性质较差的高饱和度淤泥、软黏土、泥炭、沼泽土等，如采取一定技术措施也可采用。

当强夯振动对邻近建筑物、设备、仪器、施工中的砌筑工程和浇灌混凝土等产生有害影响时，应采取有效的减振措施或错开工期施工。

强夯夯击点位置可根据基础形式、地基土类型、工程特性和有效加固深度等因素，选用等边三角形、等腰三角形或正方形、矩形布置等形式。夯点间距宜为锤径的 1.2～1.5 倍，低能级时宜取小值，高能级及考虑能级组合时宜取大值。

对于大面积处理场地，当不考虑基础形式布点时，宜采用等边三角形、正方形布点。对于湿陷性黄土地基，布点宜采用对称、均匀性较好的等边三角形、正方形布点，有利于平面上湿陷性的全部消除；若采用其他不对称形式，侧向加固的效果不均匀，中心点位置的湿陷性有可能消除不完全。

当根据基础形式布点时，可采用等腰三角形、矩形等形式，基础柱距宜为夯距的整数倍，并应保证基础重心位置或轴线上有夯点。

2. 强夯处理步骤

强夯施工的主要步骤如图 4-24 所示。

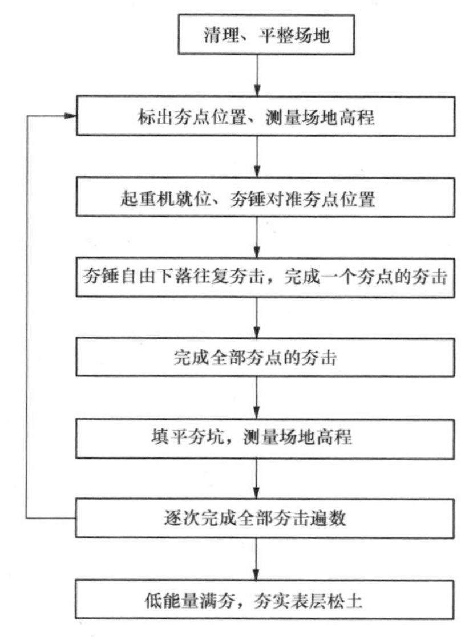

图 4-24 强夯施工主要步骤框图

3. 技术要求

强夯施工前需做好强夯地基的地质勘察，掌握土质情况，作为制定强夯方案和对比夯前、夯后加固效果之用。必要时进行现场试验性强夯，确定强夯施工的各项参数。同时应查明强夯范围内的地下构筑物和各种地下管线的位置及标高，并采取必要的防护措施，以免因强夯施工而造成损坏。

强夯前应平整场地，周围做好排水沟，按夯点布置、测量、放线、确定夯位。地下水位较高时，应在表面铺 0.5～2.0m 中（粗）砂或砂砾石、碎石垫层，以防设备下陷和便于消散强夯产生的孔隙水压，或降低地下水位后再强夯。

强夯应分段进行，顺序从边缘夯向中央。对厂房柱基也可逐排夯击，起重机直线行驶，从一边向另一边进行，每夯完一遍，用推土机整平场地，放线定位，即可接着进行下一遍夯击。强夯法的加固顺序是：先深后浅，即先加固深层土，再加固中层土，最后加固表层土。最后一遍夯完后，再以低能量满夯一遍，如有条件，以采用小夯锤夯击为佳。

回填土应控制含水量在最优含水量范围内，如低于最优含水量，可钻孔灌水或洒水浸渗。

夯击时应按试验和设计确定的强夯参数进行，落锤应保持平稳，夯位应准确，夯击坑内积水应及时排除。坑底含水量过大时，可铺砂石后再进行夯击。在每一遍夯击之后，要用新土或周围的土将夯击坑填平，再进行下一遍夯击。

对于高饱和度的粉土、黏性土和新饱和填土，进行强夯时，难以控制最后两击的平均夯沉量在规定的范围内，可采取以下措施：适当将夯击能量降低；将夯沉量差适当加大；填土采取将原土上的淤泥清除，挖纵横盲沟，以排除土内的水分，同时在原土上铺 50cm 厚的砂石混合料，以保证强夯时土内的水分排出，在夯坑内回填块石、碎石或矿渣等粗颗粒材料，进行强夯置换等。通过强夯将坑底软土向四周挤出，使在夯点下形成块（碎）石墩，并与四周软土构成复合地基，一般可取得明显的加固效果。

雨季填土区强夯，应在场地四周设排水沟、截洪沟，防止雨水流入场内；填土应使中间稍高；土料含水率应符合要求；认真分层回填，分层推平、碾压，并使表面保持 1%～2%的排水坡度；当班填土当班推平、压实；雨后及时排除积水，推掉表面稀泥和软土，再碾压；夯后夯坑立即推平、压实。

冬期施工应清除地表的冻土层再强夯，夯击次数要适当增加，如有硬壳层，要适当增加夯次或提高夯击动能。

二、特殊地质处理方法

（一）盐渍土

我国盐渍土主要分布在新疆、青海、甘肃、宁夏、内蒙古、陕西、西藏等地区，此外，东北地区也有部分盐渍土分布。一般情况下的盐渍土具有溶陷、盐胀和腐蚀中的一种或几种工程危害性，多表现为遇水加强，土体强度和结构发生显著变化，对建筑物危害较大。

1. 场地处理措施

盐渍土地基处理应根据土的含盐类型、含盐量和环境条件等因素选择地基处理方法，所选的地基处理方法应在有利于消除或减轻盐渍土溶陷性和盐胀性对建筑物危害的同时，提高地基承载力和减少地基变形，以下仅介绍常见的大面积场地处理方法，桩基、浸水预溶法、砂石（碎石）桩法以及盐化法等针对建筑物的处理方法不再做详细介绍。

（1）换填法。换填法适用于地下水埋置较深的浅层盐渍土地基和不均匀盐渍土地基，换填料一般应为非盐渍化的级配砂砾石、中粗砂、碎石、矿渣、粉煤灰等，在满足承载力的前提下，换填深度宜大于溶陷性和盐胀性土层的厚度，且残留的盐渍土层的溶陷量和盐胀量不得超过上部结构的允许变形值，并应做好垫层的防排水工作。

为降低工程投资并便于施工，可通过回填土碾压浸水载荷试验为地基处理和回填材料提供依据。哈密某电厂通过试验，得出结论如下：场地料（施工开挖的上部角砾层，含盐量高）回填碾压后已消除了溶陷性，但地基承载力较低，变形较大，存在施工质量难以控制等因素，因此不建议用于建筑物地基处理，但可作为道路或建筑物周围回填料使用；混合料（场地角砾料和外运粒径5cm左右粗骨料按7:3体积比混合）回填碾压后，变形较小，且强度高，可用于厂区附属建（构）筑物地基的换填处理。因场地角砾层中盐胶结块体较多，需加强场地回填碾压过程中施工工艺、施工控制和管理，将胶结块按要求充分破碎后回填，避免其浸水溶解引起较大的溶陷变形。

（2）预压法。预压法适用于处理盐渍土中的淤泥质土、淤泥和吹填土等饱和软土地基。当采用预压法处理时，宜在地基中设置竖向排水体加速排水固结，处理方式与软土地基的预压法相同，但应根据盐溶液的黏滞性和吸附性，缩短排水路径，增加排水附加应力。

（3）强夯法和强夯置换法。强夯法和强夯置换法适用于处理盐渍土中的碎石土、砂土、粉土和低塑性黏性土地基以及由此类土组成的填土地基，不宜用于处理盐胀性地基。

强夯法是反复将夯锤（质量一般为10～40t）提到一定高度使其自由落下（落距一般为10～40m），给地基以冲击和振动能量，从而提高地基的承载力，并降低其压缩性，改善地基性能。

强夯置换法是采用在夯坑内回填块石、碎石等粗颗粒材料（抗腐蚀、抗盐胀的砂石类集合料），用夯锤夯击形成连续的强夯置换墩。该方法适用于高饱和度的粉土与软塑～流塑的黏性土等地基上对变形控制要求不严格的工程。

强夯法虽在工程中得到广泛应用，但有关强夯的机理，目前没有成熟的设计计算方法；此外，强夯置换法具有加固效果显著、施工工期短、费用低的优点，广泛应用于公路、机场、房屋建筑、油罐等工程，一般效果良好，个别工程因为设计施工不当，加固后出现下沉较大或墩体与墩间土下沉不等的情况。因此，采用强夯法和强夯置换法之前，应通过现场试验确定其适用性和处理效果，否则不宜采用。

（4）隔断层法。隔断层法适用于在盐渍土地基中隔断盐分和水分的迁移。隔断层是由高止水材料或不透水材料构成的隔断毛细水运移的结构层，具有足够的抗拉强度和耐腐蚀性。隔断层主要包括土工膜（布）、砂砾隔断层、复合土工膜、复合防水板等。从部分公路工程的实践来看，在盐渍化严重的地区，单一土工膜或单一防渗土工布作为隔断层时，易在膜下产生水分和盐分聚集，使地基土软化和加重盐渍化，效果不好，宜结合砂砾隔断层及保护层设置。

2. 场地设计及防排水措施

盐渍土场地土石方平衡与回填土应尽可能利用就地土源，减少弃土，土石方平衡设计宜考虑清除地表盐壳表土。地表盐壳的厚度由岩土勘察确定。土石方平衡与回填土设计一般应符合以下要求：

（1）土石方平衡为避免地表高含盐量土厚度叠加，宜尽可能结合原始地形进行场地竖向设计。

（2）弱～强盐渍土、A类使用环境（A类使用环境：工程使用过程中不会发生大的环境变化，能保持盐渍土的原始天然状态，受淡水侵腐的可能性小或能够有效防止淡水侵蚀）区域的场地可利用就地土源作为场地土和基坑回填土，但基础应做好防腐措施。

（3）中～强盐渍土、B类使用环境（B类使用环境：工程使用过程中会发生大的环境变化，受淡水侵腐的可能性大且难以防范），当基坑回填土利用含盐量超标的土源时，可采用拌和土的方法，拌和的土源和拌和比例应由岩土试验确定。

山前倾斜平原地区的建设场地，场外应设截水沟，并建立地表水排水系统，确保排水（洪）通畅。

建（构）筑物周围场地坡度，6m范围以内大于2%，6m范围以外大于0.5%，排水沟应有防渗措施；建（构）筑物周围6m范围内为防水监护区，其内不宜设水池、排水明沟、排水直埋式管道、绿化带等；地下管线宜采用架空布置，当采用沟道布置时，沟道底部应有可靠的防渗漏设计措施。

（二）湿陷性黄土

我国湿陷性黄土多分布在陇西地区、陇东—陕北—晋西地区、关中地区、山西—冀北地区、河南地区、冀鲁地区及河西走廊、内蒙古、新疆等地区。湿陷性黄土对建筑工程的安全性影响也较大，因而在工程设计时要认真处理。湿陷性黄土一般分为自重湿陷性和非自重湿陷性两种。

1. 场地处理措施

在湿陷性黄土地区，当地基的湿陷变形、压缩变形或承载力不能满足设计要求时，应针对不同土质条件和建筑物类别，并考虑施工设备、施工进度、材料来源和当地环境等因素，经技术经济综合分析比较后确定。

在自重湿陷性地基上，当湿陷性土层不厚时，应根据建筑物的使用要求，将湿陷性土层全部或局部换填，以确保建筑物的安全。若湿陷性土层很厚，换土困难时，可采用整片分层碾压土层、强夯法、挤密法、预浸水法或采用桩基，穿透全部湿陷性土层，支承在密实、非湿陷性土层或基岩上。处理方法见表 4-11。

表 4-11　湿陷性黄土地基常用处理方法

名称	适用范围	可处理的湿陷性黄土层厚度（m）
垫层法	地下水位以上，局部或整片处理	1～3
强夯法	地下水位以上，S_r≤60%的湿陷性黄土，局部或整片处理	3～12
挤密法	地下水位以上，S_r≤65%的湿陷性黄土	5～15
预浸水法	自重湿陷性黄土场地，地基湿陷等级为Ⅲ级或Ⅳ级，可消除地面下 6m 以下湿陷性黄土层的全部湿陷性	6m 以上，尚应采用垫层或其他方法处理
其他方法	经试验研究或工程实践证明行之有效	

注　S_r 为土的饱和度。

（1）垫层法是一种浅层处理湿陷性黄土地基的传统方法，在湿陷性黄土地区使用广泛，具有因地制宜、就地取材和施工简便等特点，处理厚度一般为 1～3m，通过处理基底下部分湿陷性黄土层，可减少地基的湿陷量。当同时要求提高垫层土的承载力及增强水稳定性时，宜采用整片灰土垫层进行处理。灰土垫层中的消石灰与土的体积配合比宜为 2:8 或 3:7。当处理厚度超过 3m 时，挖、填土石方量大，施工工期长，施工质量不易保证，选用时应通过技术经济比较。

（2）强夯法处理湿陷性黄土地基，消除湿陷性黄土层的有效深度应根据试夯结果确定。一般来说，强夯可处理的湿陷性黄土厚度在 3～12m 之间，单位夯击能大，消除湿陷性黄土层的深度也相应增大，但设备的起吊能力增加太大往往不易解决，在工程实践中，常用的单位夯击能多为 1000～4000kN・m，消除湿陷性黄土层的有效深度一般为 3～7m。拟夯实土层含水量不满足要求时，需对其进行增湿或晾干等措施，以期达到或略低于最优含水量，进而提高强夯施工效果。强夯施工完毕后，在夯面上宜及时铺设一定的灰土垫层和混凝土垫层，防止强夯表层土晒裂或受雨水浸泡。强夯土的承载力宜在地基强夯结束 30d 左右测定。河南某电厂的升压站、冷却塔区为自重湿陷性黄土场地，采用强夯处理，升压站、冷却塔建筑及设施基础直接布置在强夯土上，已建成多年，运行良好。

（3）挤密法、预浸水法和其他方法主要是针对建筑物的地基处理方法，均需在现场进行试验后，根据试验结果进行设计，此处不再进行详细介绍。

2. 场地设计及防排水措施

湿陷性黄土地区在建筑物布置、场地排水、屋面排水、地面防水、散水、排水沟、管道敷设、管道材料和接口方面，应采取措施防止雨水或生产生活用水的渗漏；对防护范围内的地下管道，应增设检漏沟和检漏井，同时提高防水地面、排水沟、检漏管沟和检漏井等设施的材料标准；自重湿陷性场地排水沟可采用钢筋混凝土排水沟，另可增设灰土垫层，防止湿陷性黄土遇水收缩沉陷。

建筑场地整平后的坡度，在建筑物周围 6m 范围以内不宜小于 2%，当为不透水地面时，可适当减少；在建筑物周围 6m 范围以外不宜小于 0.5%。在建筑物周围 6m 范围以内应整平场地，填方时，应分层夯（或压）实，压实系数不得小于 0.95；当为挖方时，在自重湿陷性场地，表面夯实（或压实）后宜设置 150～300mm 厚的灰土面层，其压实系数不得小于 0.95。河南某电厂部分建筑散水周边场地未经灰土处理，经过几场大雨，周边场地发生龟裂、沉陷。

（三）膨胀土

1. 场地处理措施

膨胀土是一种含亲水性矿物，并具有明显的吸水膨胀与失水收缩特性的高塑形黏土。膨胀土的胀缩特性主要是受具有晶层结构的蒙脱石类黏土矿物的影响。在大气影响下，湿度变化引起膨胀土产生膨胀与收缩，土体开裂，降雨入渗，强度降低产生较大的膨胀压力，造成地基变形破坏。

膨胀土地基处理可采用挖除膨胀土、换填非膨胀土、土性改良、砂石或灰土垫层等方法，换土厚度应通过变形计算确定。最新研究表明，非膨胀土或掺石灰改性处治膨胀土地基深度不小于 2.0m，下部膨胀土含水率、强度和密度变化非常小，可以忽略不计。大量室内外试验和工程实践表明，土中掺入 2%～8%的石灰粉并拌和均匀是简单经济的方法。膨胀土土性改良可采用掺和水泥、石灰等材料，掺和比和施工工艺应通过试验确定。

平坦场地上胀缩等级为Ⅰ、Ⅱ级的膨胀土地基宜采用砂、碎石垫层，垫层厚度不应小于 300mm。换填采用渗水性材料时，需铺设复合土工膜作为防渗层。

2. 场地设计及防排水设施

位于膨胀土地区的电厂，其竖向布置宜保持自然地形，避免大填大挖，破坏或改变原有的地形、地貌和排水路线，甚至影响建筑物的安全使用。

为避免场地内排水系统管道渗水对建筑物升降变形的影响，地下给排水管道接口都应采取防渗漏措施，管道距建筑物外墙基础外缘的净距不应小于 3m；场地内的排洪沟、截水沟和雨水明沟，其沟底应采取防渗处理；排洪沟、截水沟的沟边土坡应设支挡。

建筑物周围应有良好的排水条件，距建筑物外墙基础外缘 5m 范围内不得积水。建筑物周围的广场、厂区道路和人行便道的标高应低于散水外缘，广场应设置有组织的截水、排水系统。

厂区道路宜采用 2:8 灰土上铺砌大块石及砂卵石垫层、沥青混凝土或沥青表面处治面层，路肩宽度不应小于 0.8m。

（四）软土

软土的特点是含水量大、压缩性高、强度低、渗透性差，对于深厚软土地基，往往造成较大沉降和沉降差，而且沉降的延续时间很长，影响建（构）筑物的正常使用。另外，由于强度太低，地基承载力和稳定性往往不能满足工程要求。因此，电力工程正式施工前，往往需要结合厂区“五通一平”进行场地预压处理，提高土层的承载力和固结度，以满足场地的使用要求。

目前，电力工程中较为常用的大面积软土预处理方式是采用预压法（又称排水固结法）进行加固，主要由排水系统和加压系统两部分组成。设置排水系统的主要目的在于改变地基原有的排水边界条件，增加孔隙水排出的途径，缩短排水距离。排水系统是由水平排水垫层和竖向排水体构成。当软土层较薄或土的渗透性较好而施工期较长时，可仅在地面铺设一定厚度的砂垫层，然后加载，土层中的水竖向流入砂垫层而排出。当工程上遇到深厚透水性很差的软黏土时，可在地基中设置砂井等竖向排水体，与地面水平排水垫层相连，构成排水系统。加压系统是起固结作用的荷载，其目的是使地基土的固结压力增加而产生固结。

采用预压法加固软土地基，应调查软土层的厚度与分布、透水层的位置及地下水径流条件，进行室内物理力学试验，测定软土层的固结系数、前期固结压力、抗剪强度、强度增长率等指标。在地基进行排水固结的加固过程中，应同时采用监测手段监控，实施信息化施工，保证地基和建筑物的安全。当邻近有其他建（构）筑物时，应对其进行监测，防止发生破坏。

对重要工程，应在现场选择试验区进行预压试验，在预压过程中应进行地基竖向变形、侧向位移、孔隙水压力、地下水位等项目的检测，并进行原位十字板剪切试验和室内土工试验。根据试验区获得的监测资料确定加载速率等控制指标，推算土的固结系数、固结度及最终竖向变形等，分析地基处理效果，对原设计进行修正，指导整个场地的预压设计与施工。

按加载方式的不同，预压法又分为堆载预压法、真空预压法和真空-堆载联合预压法等。

1. 堆载预压法

现场具有用作预压荷载的材料和存在预压堆载工期，经技术经济比较，当证明较其他方法经济合理，且能满足工程设计对地基的要求时，可以采用堆载预压法进行地基处理。

堆载预压的作用：①预先完成建筑物荷载下地基土的固结变形；②使地基的次固结变形减小，并使其发生的时间推迟。对于有机质黏土或泥炭土地基，必须采用超载预压法，才能减少或消除永久荷载下的次固结沉降。对沉降和不均匀沉降要求很高的建筑物，采用堆载预压时，也必须设计超载。超载量应根据土体的强度增长和需消除的变形量通过计算确定。若超载作用时间一定，则超载越大，次固结系数越小，发生次固结的时间越推迟；若超载一定，则超载作用时间越长，超载卸除后土的次固结系数越小，发生次固结的时间越推迟。超载大小应根据预定时间内应消除的变形量通过计算确定，并应使预压荷载下受压缩土层各点的有效竖向应力不小于建筑物荷载所引起的相应点的附加应力。

堆载预压地基处理的设计主要包括以下内容：选择塑料排水带或砂井，确定其断面尺寸、间距、排列方式和深度；确定预压区范围、预压荷载大小、预压荷载分级、加载速率和预压时间。

堆载的顶面积应大于建筑物基础边缘所包围的面积，并确保基础底面轮廓范围内的竖向应力能达到预压荷载设计要求。堆载的底面积应满足保证有顶面固定范围时堆载边坡稳定的需要。当邻近有建筑物分布时，堆载预压应考虑对其产生的不良影响。

堆载预压加载速率应根据地基土的渗透特性确定，在保证地基土不受破坏和强度增长的条件下可连续加载。地基土的变形速率可控制在堆载区中心地面沉降不超过 20mm/d，堆载区边缘土体最大水平位移不超过 5mm/d。在实际工程中，对地基稳定性分析应通过孔隙水压力变化、土体水平和垂直位移等多种观测手段综合考虑。

采用预压法时，应进行沉降、侧向位移及孔隙水压力等项目的动态观测，有效地运用预测技术将破坏和致命的事故防患于未然，从而对设计加以修改，使设计不断优化。对堆载预压工程，应根据观测和勘测资料，综合分析地基土经堆载预压处理后的加固效果。当堆载预压达到下列标准时方可进行卸荷：

（1）对主要以沉降控制的建筑物，当地基经预压后消除的变形量满足设计要求，且软土层的平均固结度达到 80%以上时；

（2）对主要以地基承载力或抗滑稳定性控制的建筑物，在地基土经预压后增长的强度满足设计要求时。

2. 真空预压法

真空预压法适用于饱和软黏土（如均质型黏土、薄砂夹层型黏性土）的地基，尤其适用于超软地基。真空预压法是通过真空装置将膜下设置有竖向排水体的土体中的空气和水抽出，使土体排水固结，从而达到加固软基的目的。真空预压法不适用于在加固区范围内有较厚透水层并有充足水源补给的地基，以及表层存在良好透气层的地基。条件适宜的煤场、仓库等的软基加固及边坡和码头岸坡等加固工程均可采用真空预压法。

总体看来，真空预压法可用于对地基承载力要求不太高及其本身对地基变形要求也较低的建筑物，如堆场、仓库等的软基加固，以及边坡、码头岸坡等加固工程。目前，我国真空预压的膜下真空度可达80～93kPa，相当于80～93kPa的预压荷载，压缩土层要求达到的平均固结度应大于80%。单块加固面积达10000～30000m^2。

真空预压法的设计主要包括竖井断面尺寸、间距、排列方式和深度，预压区面积和分块大小、真空预压施工工艺，要求达到的真空度和土层的固结度，真空预压和荷载下地基的变形计算，真空预压后的地基承载力增长计算等。

真空预压法施工的主要步骤如图4-25所示。

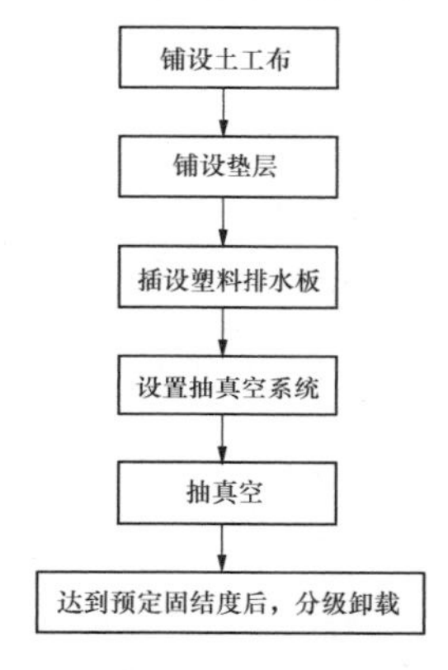

图4-25　真空预压法施工主要步骤框图

真空预压的总面积不应小于建筑物基础外缘所包围的面积。分块预压面积应取大值，且分块预压加固区的地基形状系数（加固区面积除以长宽比）应取大值，即加固区分块形状宜接近正方形。

滤水管道宜设在排水砂垫层中部，其上宜有10～20cm厚的砂覆盖层。滤水管可采用条形、鱼刺状及羽毛状等排列形式，并应根据流经管路的总排水量、场地地形、排水砂垫层的材料性质及施工特点进行滤水管分布和尺寸设计。滤水管在预压过程中应能适应地基的变形和承受足够的径向压力，可采用软式透水管或土工合成材料等滤水材料。

密封膜应采用抗老化能力强、韧性好、抗穿刺能力强的不透气材料，如密封性聚氯乙烯、线性聚乙烯等薄膜。密封膜热合时宜用热合缝的平搭接，搭接长度可取15～20cm。密封膜铺设宜采用2～3层，膜周边可采用挖沟铺膜、长距离平铺膜并用黏土或粉质黏土压边、围埝沟内覆水等方法进行密封。

真空预压的抽气设备宜采用射流真空泵。真空泵的设置应根据加固面积大小、真空泵效率及工程经验确定。每块预压加固区至少应设置两台真空泵。真空泵运转期间其真空度应达到95kPa以上。真空管路的连接点应严格进行密封，且应在真空管路中设置止回阀和阀门。

真空预压加固地基时，真空预压荷载可一次快速施加。预压期间宜对泵、膜下变化、竖向排水体及被加固土体不同深度的真空度、地表沉降、土层沿深度的侧向位移、孔隙水压力等项目进行观测。

3. 真空-堆载联合预压法

真空-堆载联合预压法是利用真空预压和堆载预压两种荷载同时作用于地基，促使土体中的孔隙水加速排出，降低土中孔隙水压力。当设计地基预压荷载大于80kPa，且进行真空预压处理地基不能满足设计要求（如大面积堆载的煤场、灰场等）时，可采用真空-堆载联合预压法进行地基处理。

真空-堆载联合预压条件下土体孔隙水压力的变化情况与单独作用下的不同，是两种方法效果的综合。抽真空和堆载两种荷载作用下的叠加增加了土体的有效应力，加快了土体的固结。同时，由抽真空引起的负超静孔隙水压力和由堆载引起的超静孔隙水压力可以产生部分抵消应力，使土体在快速堆载时不致产生过高的超静孔隙水压力，对土体的稳定是极为有利的。

真空-堆载联合预压法施工的主要步骤如图4-26所示。

真空-堆载联合预压对地基密封效果的要求与真空预压法基本相同，但需特别注意的是，对真空密封膜上下应进行保护，防止堆载过程中将其刺破，影响抽真空的效果。

在安排堆载进度方面，与传统堆载预压法有所不同，在堆载预压前，地基已经在真空荷载作用下发生固结，强度有所增长，堆载过程中，地基土产生的侧向挤出变形可与真空荷载下产生的侧向收缩变形相抵消，使得即使后期堆载速度较快，也不易产生失稳破坏。但与真空预压加固软基不会失稳不同，真空-堆载

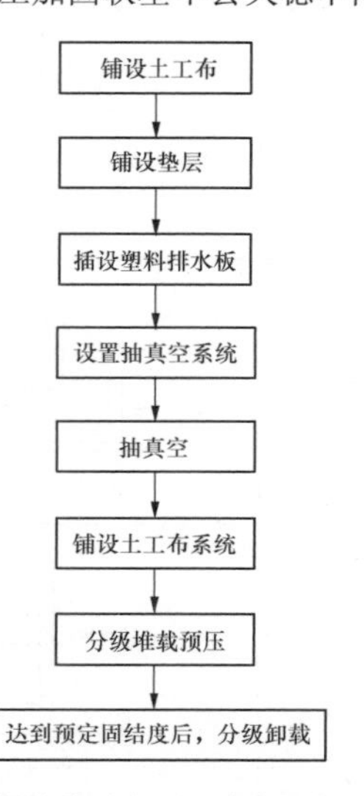

图4-26　真空-堆载联合预压法施工主要步骤框图

联合预压同堆载预压一样仍存在地基的稳定问题，如果不控制加荷速率，一旦孔隙水压力大于初始压力，也就是说，在效果叠加中堆载占优势，也会出现工程事故。

三、支护工程

边坡支护是为保证边坡稳定及其环境的安全，对边坡采取的结构性支挡、加固与防护行为。选择合理的边坡支护形式，应综合考虑场地地质条件、边坡变形控制的难易程度、边坡重要性及安全等级、施工可行性及经济性等因素。

（一）挡土墙

挡土墙是用来抵御侧向土壤或其他类似材料发生位移的构筑物。挡土墙用于场地条件受限制或地质不良的地段，如靠近建筑物（厂房、道路、水利设施等）的场地有高差地段、高路堤地段、滑坡地段等。山区建厂时，由于受地形条件的限制或不良地质等因素影响，修筑挡土墙的较多。由于坡度可以较陡（1:0.4～1:0），有利于节约用地，但建筑费用较高。

1. 挡土墙设计的主要资料

（1）厂区平面布置图，并根据平面布置要求，确定挡土墙平面和立面的布置及基本尺寸。

（2）墙址地形、地质图。一般挡土墙布置简单，可不测绘大比例尺（1:500）地形图。如挡土墙所在位置的地形条件复杂、高差较大，需要在图中研究布置挡土墙位置时，应测绘 1:200～1:500 的地形图。

地质图比例：纵断面图为 1:100、1:200、1:500；横断面图为 1:200。断面间距视地形、地质变化情况而定，宽度根据土压力的计算确定。

对于新建厂和扩建厂，墙址地质资料都是必要的。

（3）地基及填料资料（物理力学指标）和水文资料。

（4）建材资料。

2. 挡土墙形式选择

挡土墙结构形式见表 4-12。

表 4-12　挡土墙结构形式分类

类型	结构示意图	特点及适用范围
重力式	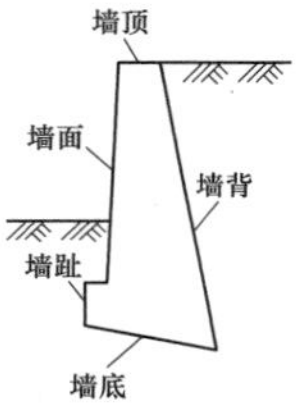 墙顶 墙面 墙背 墙趾 墙底	（1）依靠墙自重承受土压力的作用。 （2）形式简单，取材方便（浆砌片石或混凝土），施工简便，在电厂建设中应用较多。 （3）墙高一般不大于 8m，用在地基良好、非地震和不受水冲的地点
衡重式	 上墙 衡重台 下墙	（1）利用衡重台上的填土和全墙重心后移增加墙身稳定。 （2）墙胸坡陡，下墙背仰斜，可以降低墙高，减少基础开挖量。 （3）适于山区、地面横坡陡的场地，也可用于路肩墙、路堑墙或路堤墙
钢筋混凝土悬臂式	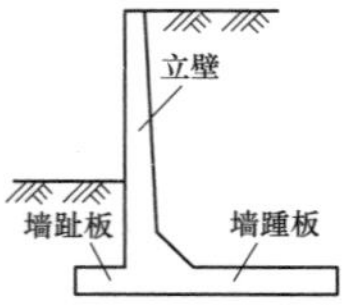 立壁 墙趾板 墙踵板	（1）由立臂、墙趾板和墙踵板组成。 （2）适于石料缺乏地区以及软弱地基，用于高度不大于 6m 的挡土墙
钢筋混凝土扶壁式	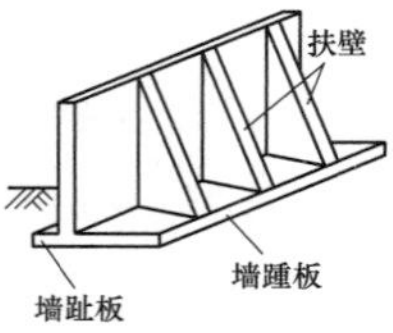 扶壁 墙踵板 墙趾板	（1）由墙踵板、墙趾板和扶壁组成。 （2）高度不大于 10m 的挡土墙考虑用扶臂式。 （3）受力条件好，断面尺寸较小，在高墙时较悬臂式经济
加筋土式	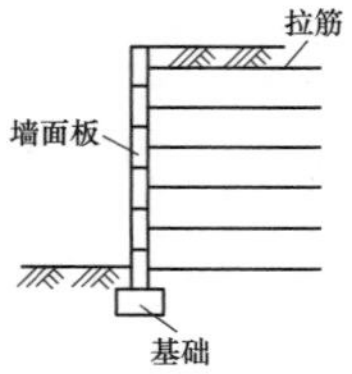 拉筋 墙面板 基础	（1）由墙面板、拉筋和填土组成的复合体结构，利用填土和筋带之间的摩擦力，提高了土的力学性能，使土体保持稳定，能够支承外力和自重。 （2）结构简便、造价低、工期短。 （3）能在软弱地基和狭窄工地上施工，但分层辗压必须与筋带分层相吻合，对填料有选择，对筋带强度、耐腐蚀性、连接等均有严格要求

续表

类型	结构示意图	特点及适用范围
锚杆式	土 岩石 挡板 锚杆 肋柱	（1）由锚杆、挡板和肋柱组成，依靠锚杆锚固在山体内拉住肋柱。 （2）基地受力小，基础要求不高。 （3）属轻型结构，材料节省；挡板和肋柱可以预制，施工方便。 （4）适于石料缺乏地区，以及挡土墙高度超过 12m，或开挖基础有困难地段，常用于抗滑坡及路堑墙
锚定板式	挡板 拉杆 肋柱 锚定板	（1）与锚杆式相似，只是拉杆的端部用锚定板固定于破裂面后的稳定区。 （2）结构轻便，柔性大；填土压实时，钢筋拉杆易弯，产生次应力。 （3）适用于缺乏石料、大型填方工程
板桩式	挡板 桩柱	（1）在深埋的桩柱间用挡土板拦挡土体；桩可用钢筋混凝土桩，钢板柱、低墙或临时支撑可用木板桩；桩上端可为自由端，也可锚定。 （2）适用于土压力大、要求基础深埋、一般挡土墙无法满足要求的高墙及地基密实的地段
地下连续墙式	地下连续墙	（1）在地下挖狭长深槽内充满泥浆，浇筑水下钢筋混凝土墙；由地下墙段组成地下连墙，靠墙自身强度或靠横撑保证体系稳定。 （2）适用于大型地下开挖工程，较板墙可得到更大的刚度和深度

3. 土压力计算

挡土墙由于受土壤侧压力的影响，墙体向外移动，此时作用在墙上的侧压力称为主动土压力，设计时要进行主动土压力的计算。

目前常用的计算主动土压力的方法主要是库仑理论，另外还有朗金方法、第二破裂面理论（用于衡重式挡土墙计算）等。

常用的库仑理论有一个基本假定，即假定墙后填土不变形（但可以破裂），土颗粒沿一破裂面滑下，对挡土墙施以侧压力。但实际上破裂面是曲面，不是平面，因此库仑理论适用于砂性土，用于黏性土地基时，需要加大内摩擦角ϕ，考虑黏结力 C 的影响，用等值内摩擦角ϕ_D 计算。土的内摩擦角应根据试验资料确定，当无试验资料时，可以参照表 4-13 确定。

表 4-13　　土的内摩擦角

填料种类		计算内摩擦角 ϕ（°）	土体重度 γ（kN/m^3）
一般黏性土	$H\leqslant 6m$	35°～40°	17
	$H>6m$	30°～35°	17
砂类土		35°	18
碎石类土或不易风化的岩石弃渣		40°	19
不易风化的石块		45°	19

注　H 为填土高度。

一般黏性土的ϕ_D=35°，但此值随墙（填土）高而变化，宜根据地质勘探资料提出的ϕ、C（kN/m^2）值，通过计算确定ϕ_D。

$$\tan(45°-\phi_D/2)=\sqrt{\gamma H^2\tan^2(45°-\phi/2)-4CH\tan(45°-\phi/2)+4C^2/\gamma}\,/\,\gamma H^2 \quad (4\text{-}9)$$

根据库仑理论，主动土压力可以按下式计算：

$$E_a=0.5\gamma h^2 K_a \quad (4\text{-}10)$$

式中　E_a——主动土压力，kN；

h——挡土墙高度，m；

K_a——主动土压力系数，按照 GB 50330《建筑边坡工程技术规范》进行计算。

4. 重力式挡土墙

重力式挡土墙以自重来维持挡土墙在土压力作用下的稳定，多用浆砌片（块）石砌筑，当地基较好，墙高不大，且当地有石料时，一般优先选用重力式挡土墙。

（1）重力式挡土墙的分类。按墙背的倾斜方位分为仰斜、俯斜、垂直、凸形折线和衡重式五种类型，见图 4-27。

仰斜墙背可以紧贴开挖边坡，使主动土压力最小、墙身结构最经济，而且施工方便，对于地形平坦地段，可以优先选用。但该型挡土墙对于墙背填土地段，施工有一定困难，为此墙背倾斜度不宜大于 1:0.25；另外，当地形较陡时，用该型挡土墙，墙身高度将较高。该型挡土墙在实际工程中应用较多。

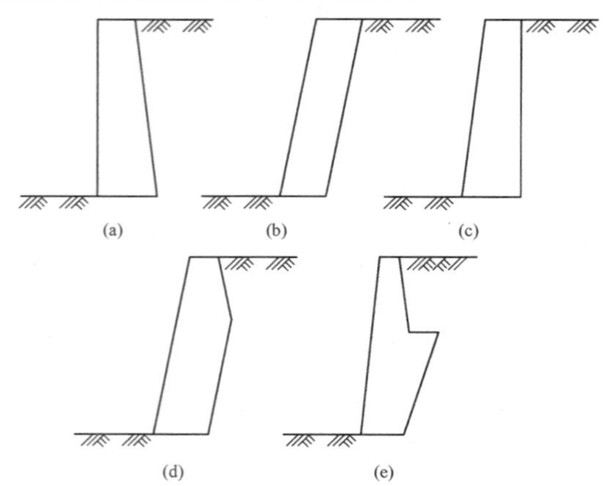

图 4-27 重力式挡土墙墙背形式

（a）俯斜；（b）仰斜；（c）垂直；（d）凸形；（e）衡重式

俯斜墙背需要回填土，而且填土容易，但是主动土压力最大，墙身断面较大，材料用量较多。地形陡时用这种挡土墙较合理。

垂直墙背主动土压力比俯斜墙背小，而比仰斜墙背要大，处于两者之间，施工填土也较容易。

凸形墙背是由仰斜墙背演变而来，上部俯斜、下部仰斜，以减小上部断面尺寸。

衡重式墙背在上下墙间设有衡重台，利用衡重台上填土的重力使全墙重心后移，增加了墙身的稳定。

（2）重力式挡土墙的构造。

1）墙身截面的确定。根据地形、地质及材料来源等，确定墙型。一般可首先考虑仰斜型重力式挡土墙。

假定挡土墙的截面尺寸。首先，应该根据竖向设计确定挡土墙的高度 H，然后根据墙背后的土壤自然稳定性及填土情况，决定挡土墙截面高宽比，并依此比例确定挡土墙的经济断面。

另一种方法为根据竖向设计确定挡土墙的高度 H，然后根据墙背后的土壤和地基土的地质资料、车辆荷载、人群荷载，查表决定挡土墙的截面尺寸［可供选用的有国家建筑标准设计图集 04J008《挡土墙》（重力式、衡重式、悬臂式），以及地区建筑标准］。对于膨胀土地基，挡土墙高度不宜高于 3m。

2）挡土墙的排水。做好挡土墙的排水设计和施工对于挡土墙的安全十分重要。挡土墙的排水设计分为墙顶排水、墙背排水和墙基脚排水三部分。

墙顶地面排水主要是为了减少雨水和地表水下渗使墙承受静水压力，设截水沟，截留墙顶地表水，并进行有组织的排放，一般宜选用混凝土沟，以避免排水沟自身漏水；对墙顶松土应进行夯实，或根据现场情况加设铺砌（三合土或混凝土）；对于膨胀土地基，挡土墙顶面宜铺设混凝土防水层，建筑物基础外边缘至挡土墙的间距应大于 5m。

墙背排水的一般做法是在墙前地面以上设一排泄水孔，墙高时，可在墙上部加设泄水孔，孔径为 50mm×100mm、100mm×100mm、150mm×200mm 或 50～100mm，孔间距为 2～3m，排间距为 2～3m，根据不同地质条件可以加密设置，上下排泄水孔宜错开设置。泄水孔进口处加粗颗粒材料（如砂卵石或碎石）覆盖，或加 0.5m 厚的反滤层，高度为最低泄水孔至墙顶下 0.5m 处；最下排泄水孔位置应高出地面或侧沟内水位 0.3m，纵坡不小于 2%。另一种做法是在墙背加软式透水管排水。

当墙后填料为黏性土且渗水量大，或有冻胀可能时，宜在填料与墙背之间用渗水材料（砂砾或碎石）填筑厚度大于 30cm 的连续排水层，以疏干墙后填料中的水，防止墙背承受静水压力或冻胀压力。排水层的顶部和底部应用 300～500mm 厚的胶泥（或其他不透水材料）封闭，以防止水流下渗。

墙基脚排水主要是避免漏水影响基础，墙前的回填土要分层夯实并设排水沟；墙背最低处的泄水孔下部应敷设渗水性弱的土层（如黏土层），厚度不小于 300mm，并夯实，以免漏水影响挡土墙基础。对于膨胀土地基，挡土墙基坑底应用混凝土封闭，建筑物外墙至挡土墙坡脚支挡结构的间距应大于 3m。

做好施工排水对挡土墙的安全十分重要，应尽可能避开雨季施工。施工前应保持基坑干燥，基础施工完成后，及时回填、夯实。对于膨胀土地基，特别要防止施工用水排入基坑，临时建筑设施及材料等至建筑物外墙距离不应小于 15m。

3）挡土墙的埋深。根据地基土质及水文资料确定，并应符合地基强度和稳定的要求。

对于土质地基，在保证开挖的基底面土质密实，且稳定性和承载力均满足后，其埋置深度不宜小于 0.5m，墙趾顶部的土层厚度不小于 0.2m。

对于冻涨类土地基上的挡土墙，其埋深应在冻结线下不小于 0.25m，同时不小于 1.0m。

对于岩石地基上的挡土墙，可不考虑冻结深度的影响，但应清除已风化表层，基层嵌入地基深度按岩层的坚硬程度和抗风化能力选定，最小埋置深度不宜小于 0.3m。

（3）重力式挡土墙的布置。电厂厂区竖向采用台阶式布置时，厂区内各台阶间的连接及厂区围墙外的边坡防护一般需要设置挡土墙和护坡；挡土墙的布置通常在厂区平面图上进行，如场地地形条件复杂或高差较大，应提供挡土墙纵向布置图。厂外道路的挡土墙布置，通常在道路平面图和路基横断面图上进行。布置前，应收集墙址处的地质和水文资料。

1）挡土墙的位置。厂区内挡土墙的位置应结合台阶高差、场地利用情况、建（构）筑物和管线的布置综合考虑。

厂外道路路堑墙大多设在边沟旁，墙的高度应能保证在设置墙后墙顶以上边坡的稳定。当路堤墙与路肩墙的墙高或截面圬工数量相近，基础情况相仿时，作路肩挡墙较为有利。

当墙身位于弧形地段时，受力情况与平行路基的直线挡土墙不同，受力后沿墙延长切线方向产生张力，容易出现竖向裂缝，宜缩短伸缩缝间距，或考虑其他措施。

2）挡土墙的平面布置。挡土墙的平面图应标注挡土墙的平面位置、地貌和地物（特别是当挡土墙有干扰的建筑物时）等情况。在设计图上还应说明选用挡土墙设计参数的依据，所需的工程材料数量，其他有关材料及施工的要求和注意事项等。如套用国家建筑标准设计图集，应说明图集编号及页次。

3）挡土墙的纵向布置。挡土墙纵断面图应包括的内容为：

a. 确定挡土墙的起讫点或墙长，选择挡土墙与路基或其他结构物的连接方式。

b. 按地基、地形及墙身断面变化情况进行分段，确定沉降缝及伸缩缝的位置。

c. 布置各段挡土墙的基础。墙址处地面有纵坡时，挡土墙的基底宜做成不大于 5%的纵坡。但地基为岩石时，为减少开挖，可在纵向做成台阶，台阶的尺寸随地形变动，但其高宽比不宜大于 1:2。

d. 确定泄水孔的位置，包括数量、间距和尺寸等。

e. 在布置图上应注明各特征断面的编号及墙顶、基础顶面、基底的标高等。

挡土墙立面图见图 4-28。

（4）重力式挡土墙的验算。

1）挡土墙的荷载。

主要荷载：墙身自重、土压力、基底摩擦力；车辆荷载、人群荷载、堆物荷载；浸水挡土墙在正常水位时的静水压力、浮力等。

特殊荷载：地震设防区的地震力；浸水区的水压力等。

国家建筑标准设计图集 04J008《挡土墙》（重力式、衡重式、悬臂式）仅适用于一般地区，未考虑特殊土地区（膨胀土、湿陷性黄土、盐渍土和多年冻土）和特殊荷载。

作用在墙后填料的破坏棱体上的车辆荷载，设计时近似地按均布荷载考虑：

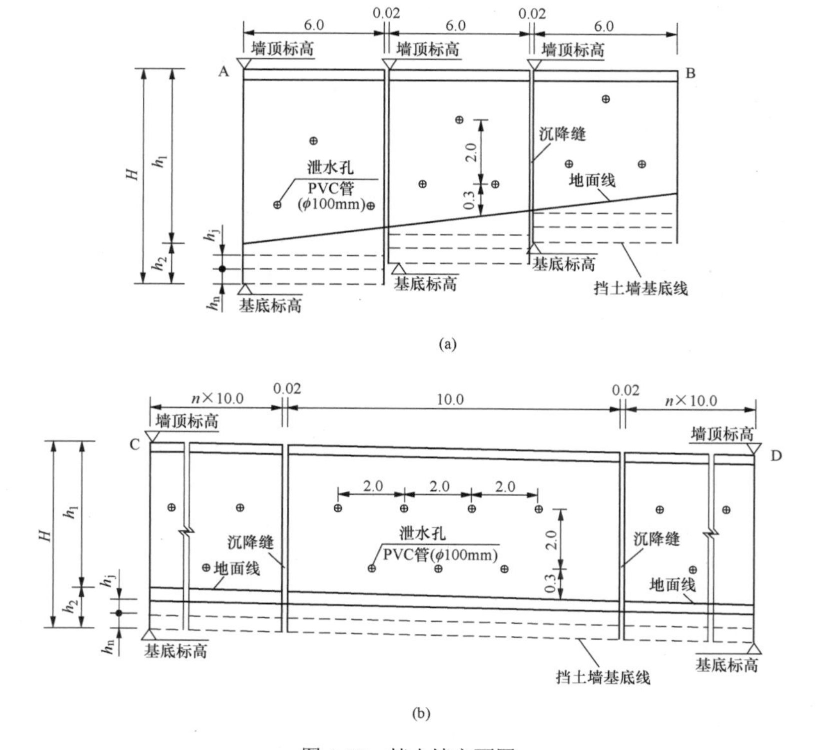

图 4-28　挡土墙立面图

（a）纵向台阶基础；（b）纵向斜坡基础

铁路列车竖向活载，根据 TB 10002《铁路桥涵设计基本规范》的规定换算为当量均布土层厚度计算。

汽车车辆荷载在墙后填料的破坏棱体上的土侧压力，参照 JTG D60《公路桥涵设计通用规范》，按下式换算成等代均布土层厚度 h：

$$h=\Sigma G/(Bl_0\gamma) \tag{4-11}$$

式中 ΣG——布置在 $B\times l_0$ 面积内的车轮总重力，kN；

B——挡土墙的计算长度，m；

l_0——挡土墙后填料的破坏棱体长度，m；

γ——土的容重，kN/m^3。

2）验算挡土墙的强度和稳定性。验算项目主要是地基承载力验算、挡土墙抗滑移稳定性验算、抗倾覆稳定性验算和墙身应力验算，见图 4-29。一般前三项验算是必须进行的，参照 GB 50007《建筑地基基础设计规范》和 GB 50330《建筑边坡工程技术规范》的规定进行下列验算。

a．地基承载力验算：

当轴心荷载作用时，$p\leqslant f$：

$$p=(F+G)/A \tag{4-12}$$

当偏心荷载作用时，$p_{max}\leqslant 1.2f$：

$$p_{max}=(F+G)/A+M/W \tag{4-13}$$

当偏心距 $e>b/6$ 时：

$$p_{max}=2(F+G)/(3la) \tag{4-14}$$

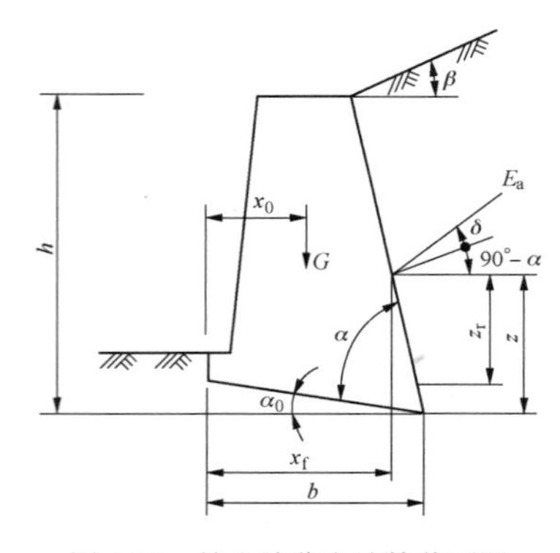

图 4-29 挡土墙稳定验算截面图

当地基有软弱下卧层时：

$$p_z+p_{cz}\leqslant f_z \tag{4-15}$$

式中 p——基础底面处的平均压力设计值；

f——地基承载力设计值；

F——上部结构传至基础顶面的竖向力设计值；

G——基础自重设计值和基础上的土重标准值；

A——基础底面面积；

p_{max}——基础底面边缘的最大压力设计值；

M——作用于基础底面的力矩设计值；

W——抵抗基础底面的力矩；

l——垂直于力矩作用方向的基础底面边长；

a——合力作用点至基础底面最大压应力边缘的距离；

p_z——软弱下卧层顶面的附加力设计值；

p_{cz}——软弱下卧层顶面处土的自重压力标准值；

f_z——软弱下卧层顶面处经深度修正后地基承载力设计值。

b．抗滑移稳定性验算应符合下列要求：

抗滑移安全系数：

$$K_s=(G_n+E_{an})\mu/(E_{at}-G_t)\geqslant 1.3 \tag{4-16}$$

$$G_n=G\cos\alpha_0,\ G_t=G\sin\alpha_0$$

$$E_{at}=E_a\sin(\alpha-\alpha_0-\delta),\ E_{an}=E_a\cos(\alpha-\alpha_0-\delta)$$

式中 K_s——挡土墙抗滑移稳定系数；

E_a——每延米主动土压力合力；

G——挡土墙每延米自重；

α——挡土墙的墙背倾角；

α_0——挡土墙的基底倾角；

δ——土对挡土墙的墙背摩擦角；

μ——土对挡土墙基底的摩擦系数。

c．抗倾覆稳定性验算应符合下列要求：

抗倾覆安全系数：

$$K_t=(Gx_0+E_{az}x_f)/E_{ax}z_f)\geqslant 1.6 \tag{4-17}$$

$$E_{ax}=E_a\sin(\alpha-\delta),\ E_{az}=E_a\cos(\alpha-\delta)$$

$$x_f=b-z\cot\alpha,\ z_f=z-b\tan\alpha_0$$

式中 K_t——挡土墙抗倾覆稳定系数；

b——基底的水平投影宽度；

x_0——挡土墙重心离墙趾的水平距离；

z——土压力作用点离墙踵的高度。

（5）重力式挡土墙的设计和施工要求。

1）挡土墙的墙后填土。墙后填土应选择透水性较强的填料，并与所选用断面的填土类别一致。应清除填料中的草皮、树根和腐殖土等杂质，采用黏土作填料时应掺入不少于 30%的石块或石渣。在非长年冻土地区，墙后填土应选用非冻胀性填料，如炉渣、碎石等。膨胀土墙背填土宜选用非膨胀性土及透水性较强的填料，并分层夯实。

挡土墙回填土必须分层夯实，并达到中密。干密度要求为：砂性（填）土和粉质黏性（填）土不少于 $1.65t/m^3$；碎石土不少于 $2.0t/m^3$；黏性土夹石不少于 $1.9t/m^3$。

2）挡土墙的抗滑、抗倾覆措施。基底力求粗糙，对黏性土地基或潮湿土地基，宜夯填 50mm 厚砂石垫层。

挡土墙的基底应做成逆坡，有利于抗滑稳定，坡度设置要考虑基底排水和对土基的整体破坏（整体滑移），对土质地基一般不大于 0.2:1，对岩质地基一般不大于 0.3:1。

墙趾台阶的主要作用是增大墙底的面积，减少挡土墙对基底的压力，使基底压应力不超过地基承载力；

同时，可以提高挡土墙的抗倾覆和抗滑稳定能力。墙趾台阶的尺寸必须满足基底偏心距 $e \leqslant 0.25B$（未加墙趾前挡土墙基底宽度），墙趾台阶宽度一般不小于200mm。

墙后原地面横坡较陡时，原地面应开挖成台阶，然后再填土，以免填方沿地面滑动。

合理选择墙身形式，以及在地面横坡较缓条件下，适当放缓墙身胸坡和背坡。

在挡土墙的墙底设钢筋混凝土板或在挡土墙的墙背设少量钢筋，减薄墙身，并减少开挖量。

3）挡土墙的地基加强措施。对于土质地基，要求将挡土墙置于老土上，不应放在软土、松土或未经处理的回填土上。在地基开挖时要进行验槽，核实基底土质是否与设计条件一致，如有问题，应根据现场实际情况修改设计。

当基底为回填土时，应分层夯实，在最佳含水量时达到90%以上密实度，并根据试验资料核查地基承载力是否符合设计要求。

当基底为淤泥类软弱土时，可以考虑换土、压石或桩基处理。

考虑到开挖换土的施工及经济合理性，一般换土深度不宜超过 5m 或通过技术经济比较确定其他处理方式。换土材料应根据挡土墙基底压力要求及当地材料选用碎石、卵石、砾石或粗中砂，并有良好级配，夯压密实。膨胀土地基挡土墙基坑坑底应用混凝土封闭，墙顶为混凝土防水层。

桩基处理可以采用打入桩、挖孔桩、钻孔桩、爆扩桩等。打入桩常用预制钢筋混凝土桩和钢管桩，一般适用于均质地基，如中密、稍松砂类土和可塑黏性土。桩长 8～10m。挖孔灌注桩为现场挖孔、现浇或插入预制钢筋混凝土桩。一般适用于无地下水或有少量地下水的土层，铁路部门在抗滑支挡工程中已广为使用。挖孔直径不应小于 1.25m，桩长不应大于 15m。钻孔灌注桩为现浇钢筋混凝土桩，适用于各类土层、岩层地基，但对软土、淤泥和可能发生流砂的土层，应先作施工工艺试验。爆扩桩适用于硬塑黏性土，以及中密、密实的砂类土。通过对桩尖部位用炸药爆扩，扩大桩尖支承面，提高桩的支承力。桩长 3～6m。

4）挡土墙的防断裂措施。

设伸缩缝和沉降缝：不同地基分界处、挡土墙不同高度处以及挡土墙顶部不同荷载分界处，为避免不均匀沉降导致墙身断裂，应设沉降缝。为避免因温度变化和墙体固结收缩变化等作用引起的对挡土墙的破坏，必须设置伸缩缝。伸缩缝和沉降缝的设置间距为10～15m，宽 20～30mm，可以在同一位置合设一道。膨胀土地基变形缝设置间距为 6～10m。缝内可用胶泥填塞，但在渗水量大、填料易于流失，或冻害严重地区，则宜用沥青麻丝、涂以沥青的木板等具有弹性的材料，沿墙的内、外、顶三侧填塞，填塞的深度约为 15cm。

设阶梯：挡土墙的墙基纵坡陡于 5%时，应沿纵向将墙基做成台阶式。

加配钢筋提高挡土墙的刚度（如在挡土墙的墙背设少量钢筋）、调整挡土墙的基础尺寸或埋深以及采用人工地基等，可以尽量减少不均匀沉降，避免墙体断裂。

5. 钢筋混凝土挡土墙

钢筋混凝土挡土墙属轻型结构，包括悬臂式和扶壁式两种形式。悬臂式和扶壁式挡土墙的结构稳定性是依靠墙身自重和踵板上方填土的重力来保证，而且墙趾板也显著地增大了抗倾覆稳定性，并大大减小了基底应力。挡土墙构造简单、施工方便、墙身断面较小、自身质量轻，可以较好地发挥材料的强度性能，能适应承载力较低的地基，适用于缺乏石料及地震地区。由于墙踵板的施工条件，一般用于填方路段作路肩墙或路堤墙使用。

（1）悬臂式挡土墙。

1）悬臂式挡土墙由立壁、墙趾板和墙踵板组成，高度不宜超过 6m。

2）悬臂式挡土墙分段长度不应大于 15m，段间设置沉降缝和伸缩缝。

3）为便于施工，立壁内侧（即墙背）宜做成竖直面，外侧（即墙面）坡度一般为 1:0.02～1:0.05，具体坡度值应根据立壁的强度和刚度要求确定。当挡土墙高度不大时，立壁可做成等厚度。墙顶宽度不得小于0.2m；当墙高大于 4m 时，宜在立壁下部将截面加宽。墙底板一般水平设置，底面水平。墙趾板的顶面一般从与立壁连接处向趾端倾斜。墙踵板顶面水平，但也可做成向踵端倾斜。墙底板厚度不应小于 0.3m。墙踵板宽度宜为墙高的 1/4～1/2，且不应小于 0.5m。墙趾板的宽度一般取墙高的 1/20～1/5。墙底板的总宽度 B 一般为墙高 H 的 0.5～0.7 倍。当墙后地下水位较高，且地基为承载力很小的软弱地基时，B 值可增大到 1 倍墙高或者更大。墙身断面见图 4-30。

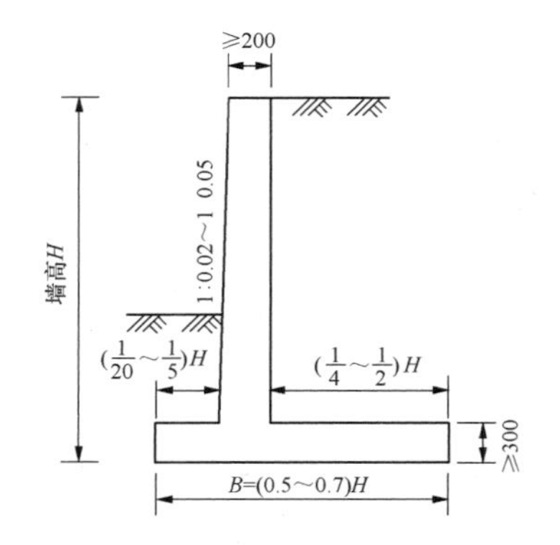

图 4-30 悬壁式挡土墙墙身断面

4）悬臂式挡土墙的整体稳定性通常取决于墙底板的宽度，增大墙底板宽度，可以提高挡土墙的抗滑稳定性和抗倾覆稳定性，减少基底应力。立壁和墙底板厚度除满足墙身构造要求外，主要取决于截面强度要求，按受弯构件配制受力钢筋，设计应按 GB 50010《混凝土结构设计规范》的有关规定执行。

悬臂式挡土墙设计可查阅图集 04J008《挡土墙》（重力式、衡重式、悬臂式）。

（2）扶壁式挡土墙。

1）扶壁式挡土墙的构造与悬臂式挡土墙相近，其高度不宜超过 10m。

2）扶壁间距应根据经济性要求确定，一般为墙高的 1/3～1/2。每段中宜设置三个或三个以上的扶壁，扶壁厚度一般为扶壁间距的 1/8～1/6，且不应小于 0.3m。采用随高度逐渐向后加厚的变截面，也可采用等厚式以利于施工。墙面板宽度和墙底板厚度与扶壁间距成正比，墙面板顶宽不得小于 0.2m，可采用等厚的垂直面板。墙踵板宽一般为墙高的 1/4～1/2，且不应小于 0.5m。墙趾板宽宜为墙高的 1/20～1/5，墙底板板端厚度不应小于 0.3m。

3）扶壁式挡土墙的墙面板、墙趾板、墙踵板按矩形截面受弯构件配筋，而扶肋按变截面“T”形梁配筋。装配式钢筋混凝土扶壁挡土墙设计可查阅图集 07MR402《城市道路装配式挡土墙》。

（3）施工要求。

1）施工时应做好排水系统，避免水软化地基的不利影响，基坑开挖后应及时封闭。

2）施工时应清除填土中的草和树皮、树根等杂物。在墙身混凝土强度达到设计强度的 70%后方可填土，填土应分层夯实。

3）扶壁间回填宜对称实施，施工时应控制填土对扶壁式挡墙的不利影响。

4）挡土墙泄水孔的反滤层应当在填筑过程中及时施工。

6. 加筋土挡土墙

加筋土挡土墙主要适用于高填土地段的边坡防护，与传统的条（块）石、混凝土挡墙相比，可节约工程造价 20%～50%，施工快速、简单，外形美观，可节约土地及大量的建筑材料。

不是任意高填边坡都可以采用加筋土挡土墙的。加筋土挡土墙墙内在宽度约等于墙高、长度大于墙长 1～2m 的范围内，从下至上每隔 0.4～0.5m 分若干层布满了筋带，对于在墙内有大量地下设施或地面建（构）筑物较多的地段，不宜采用加筋土挡墙。

图 4-31 为某工程设计的加筋土挡土墙墙面示意，该工程使用 I 型 LCB 面板，LCB1 为正六边形槽板，LCB2～LCB5 为相应的角隅板。

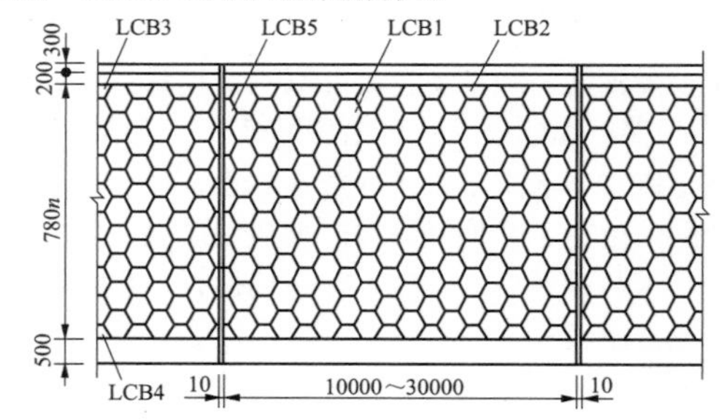

图 4-31　加筋土挡土墙墙面示意图

n—面板层数

（1）加筋土挡土墙的基本构造。

1）面板。一般采用混凝土预制件，其强度等级为 C25，厚度为 16～18cm。面板外形可采用矩形槽板、正六边形槽板。角隅处可采用相应的角隅面板。面板根据配筋不同分为 I 型和 II 型。I 型面板适用于墙高 12m 以内；II 型面板适用于墙高 12～20m。以面板平均厚度 17cm 计，I 型面板耗钢量约为 $78kg/m^3$；II 型面板耗钢量约为 $125kg/m^3$。面板的具体尺寸可自行设计或参照加筋土挡墙工程相关图集确定。

2）筋带。采用强度高、受力后变形小、能与填料产生足够摩擦力、抗腐蚀性能好的 CAT 钢塑复合材料拉筋带，见表 4-14。

3）填料。由于加筋土挡土墙主要适用于高填土地段的边坡防护，而挡土墙的功能主要靠筋带及填料产生的摩擦力发挥作用，因此填料的选择尤为重要。

一般优先采用有一定级配的砾类土、砂类土、碎石土、黄土、中低液限黏土、稳定土及满足质量要求的工业废渣。腐殖土、冻结土、白垩土及硅藻类土等禁止使用。

表 4-14　CAT 钢塑复合材料拉筋带技术指标

型号	规格（mm）	标准拉力（kN）	设计允许			单位质量长度（m/kg）
			拉力（kN）	强度（MPa）	伸长率（%）	
CAT30020A	30×2	>6.2	4.0	67.0	<1.0	12.5
CAT30020B	30×2	>9.3	6.0	100.0	<1.0	11.0
CAT50022	55×2.2	22～24	14.0	127.0	<1.0	5.5

注　数据来源于重庆永固工程拉筋带厂。

填料粒径不宜大于填料压实厚度的2/3，且最大粒径不得大于15cm。填料不得有冻结有机料及生活垃圾。填料的设计参数见表4-15。

表4-15　填料的设计参数表

填料种类	容重（kN/m³）	计算内摩擦角（°）	基底摩擦系数
中低液限黏土	20	30	0.3
砂性土	19	35	0.4
砾碎石类土	21	37	0.4

（2）加筋土挡土墙的施工。

1）各类面板的预制。为节省投资降低工程造价，各类面板要求如数预制。根据设计要求，按水平间距3～4m、垂直间距2～3m交错设置泄水孔，这就要求在LCB1板中要如数确定出带泄水孔的预制面板数。

施工单位须事先根据图纸和实地情况，确定挡土墙的实际高度、长度，计算出各类面板的总块数，再根据各类面板的总块数分别进行钢筋下料和模板造型。

2）基础及基底。加筋土挡土墙基础对地基承载强度的要求不是很高，一般以［σ］为地基的容许承载强度。［σ］值在设计时根据墙高、基底土类、填料类别及安全系数予以确定。如6～20m高的墙体，［σ］值可控制在150～400kPa之间。当基底容许承载强度满足设计要求时，基槽（坑）应整平夯实，按图4-32所示实行C15混凝土现浇即可（B取500mm）；当基底容许承载强度不满足设计要求时，应根据实际情况调整B值。

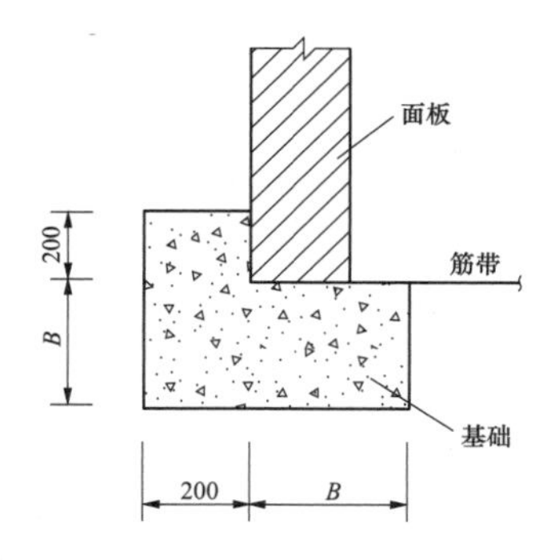

图4-32　基槽（坑）整平夯实示意图

3）面板安装。板的安装是加筋土挡土墙施工的关键工序，直接影响挡土墙的安全、可靠及外形美观。

一般情况下，面板安装时用低强度砂浆砌筑找平。要求同层相邻面板水平误差不大于10mm，轴线偏差为每20延米不超过10mm，面板缝宽10mm。不得在未完成填土作业的面板上安装上一层面板。面板安装时，为防止墙面出现应力集中现象，严禁用坚硬石子及铁片作为调整面板的支垫。为保证面板的平整度，安装时，除轴线方向要拉线作业外，垂直方向也要挂线作业。每安装完两层面板，均应检测轴线偏移情况，做到发现偏差及时调整，不可将偏差累计到墙顶，否则到时就无法再调整了。

4）筋带的扎铺。按设计要求，在一定墙高范围内，筋带的扎铺数是相同的。一束筋带从上、下两块面板的预留孔中穿过（每束的根数由设计确定），孔端用塑料绳将筋带扎紧，尾端对齐后呈扇形放射状铺开，尾端最好用小木条钉牢于地面，筋带孔内的剩余空隙用M5砂浆填塞。筋带在孔（环）上不能绕成死结，铺设时不得卷曲和折曲。筋带铺好以后，要用人工铲料将筋带压牢，铺压厚度不应小于15cm，然后才能动用机械铺填。

5）填料与碾压。机械填料要注意不能将机械开到刚铺好筋带的层面上去，必须依次从外到内铺设填料。机械始终只能在填料上运作，距面板1m范围内禁止机械驶入，也不允许机械翻倒的填料直接撞击面板。

填料按设计要求铺填到位后要认真找平，层面由内侧到外侧要留有0.5%～1%的排水坡度。

碾压分机械碾压和人工夯实两部分。面板内侧1m范围内必须用小型机械或人工夯实，密实度不小于填料最佳密实度的93%；机械碾压时，其压实顺序应先从筋带中部开始，逐步碾压至筋带尾部，再压靠近面板的部位。碾压实行轮迹半叠压式碾压，密实度不小于填料最佳密实度的95%。碾压完成以后，要立即进行填料密实度取样和检测，达不到密实度要求的要重新碾压，直到满足要求为止。决不允许筋带铺设在不满足密实度要求的层面上。

6）总体外观要求。加筋土挡土墙总体外观要求：墙面板光洁无破损、平顺美观、板缝宽窄均匀、线形顺适、沉降缝上下贯通顺直、附属及防水工程齐全。

（3）加筋土挡土墙施工特别注意事项。

加筋土挡土墙的砌筑不像一般重力式挡土墙那样，局部不合格可以局部拆除后返工，多数不合格可以推倒重来。加筋土挡土墙在砌筑完成以后，如果发现墙中有某一块（或几块）面板没有安装好，或安装不合格，返工非常困难。为此，要求在整个挡土墙施工中，每一工序都要特别重视。以下事项要特别引起注意：

1）地下设施的预埋。在施工加筋土挡土墙之前，必须认真、全面地考虑本工程有哪些地下设施有可能进入加筋土范围内，在哪一高程（即相当于加筋土的哪一个层面）进入。当施工到该层面时，及时预埋、预设，否则待挡土墙砌好后，这些设备和设施将很难再进入该区域。如某工程加筋土范围内在–2m层面有站区接地网埋入，到该层面施工时，将接地网事先进行预埋且与层面一起碾压，然后再铺筋带，不可将接地网外露与筋带接触。如有接地极，可能会影响加筋土 2～3 个层面，则应该从最先受影响的层面开始预埋所需接地极构件。

此外，加筋土范围内面层的道路工程也不能忽视。由于道路路基的开挖可能会影响筋带，因此道路基础和垫层也要进行预设。施工面层时，首先按道路设计要求将道路基础和垫层安排就位，加筋土面层筋带正好从道路基础及垫层中间穿过。以后站内道路施工到此处时，就不需要再进行道路基础施工而只铺道路面层即可。

2）认真及时的检测。加筋土挡土墙施工时的检测应该采用跟班作业。检测内容包括填料的含水量、面层的密实度、面板的轴线偏差和垂直度等。填料的含水量直接影响密实效果。因此，在将一批填料运进填料区之前，要进行含水量批测，含水量过高或过低都要进行技术处理，以满足有关规程、规范要求。

填料通过碾压后，面层均需当场进行密实度检测，若达不到设计要求，需进行现场处理，否则不能进行上一面层的施工。

面板安装时的轴线和垂直偏差检测，是在面板每施工两层后进行的。不要认为面板双挂线施工就不会出问题，因为“挂线”受很多外界因素影响，容易出错，所以必须坚持仪器检测。在很大程度上可以这样认为，认真及时的检测是确保加筋土挡土墙施工成功和保证质量的关键。

3）面板的预制和运输。加筋土挡土墙主要靠标准的面板和准确的安装而形成整齐美观的立面。如果面板预制毛糙，将会给施工造成很多麻烦，且会直接影响总体效果。因此面板预制时，要求有条件最好使用钢模板。每块面板在脱模时要及时修整，确保外光内实、外形轮廓清楚、线条顺直。不得有露筋、翘曲、掉角、啃边等现象。面板在运输过程中，要特别注意防止碰撞、倒摔，确实做到文明装卸，保证成品完好无损地运抵施工现场。

4）施工气候的选择。加筋土挡土墙施工最好选择在旱季进行，不能在雨天或阴雨天施工。如果施工时遇到下雨，则必须马上停工，及时用塑料布保护施工现场，如场地过大，不便于保护，雨停以后须待场地恢复到满足继续施工条件时才能继续施工。施工现场必须有及时排除雨水的措施，不允许加筋土层面积水时间过长。

（二）护坡

相邻台阶采用放坡方式连接时，应根据工艺要求、场地条件、台阶高度、岩土的自然稳定条件及其物理力学性质等，经比较确定自然放坡或护坡，原则上首先考虑自然放坡，以节省投资，确有困难时考虑护坡或护坡与挡土墙结合的台阶连接方式。膨胀土边坡设置护坡，可以用干砌或浆砌片石护坡。

1. 建（构）筑物与边坡坡顶的间距

建（构）筑物与边坡坡顶的间距要考虑工艺布置、管沟布置、运行维护、消防、交通运输、绿化及施工等要求，以及建（构）筑物基础侧压力对边坡的影响，以保持边坡的稳定。同时，这种间距与建（构）筑物基础宽度有关，当垂直于坡顶边缘线的基础底面边长 $b\leqslant 3$m 时，其基础底面外边缘线至坡顶的水平距离 a（见图 4-33）不得小于 2.5m（膨胀土不小于 5m），具体尺寸按下式计算：

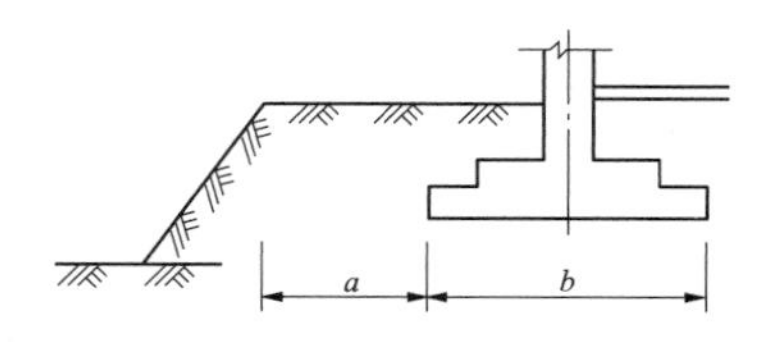

图 4-33　坡顶至基础边缘距离

条形基础　$a\geqslant 3.5b-d/\tan\beta$　（4-18）

矩形基础　$a\geqslant 2.5b-d/\tan\beta$　（4-19）

式中　a——基础底面外边缘线至坡顶的水平距离，m；

b——垂直于坡顶边缘线的基础底面边长，m；

d——基础埋深，m；

β——边坡坡角，（°）。

当基础底面外边缘线至坡顶的水平距离不能满足上述要求，以及边坡坡角大于 45°、坡高大于 8m 时，应通过坡体稳定验算确定基础至坡顶边缘距离和基础埋深。GB 50007《建筑地基基础设计规范》规定地基稳定性可用圆弧滑动面法进行验算，即稳定安全系数应符合下式要求：

$$K=M_R/M_S\geqslant 1.2 \qquad (4\text{-}20)$$

式中　K——稳定安全系数；

M_R——最危险的滑动面上各力对滑动中心所产生的抗滑力矩；

M_S——最危险的滑动面上各力对滑动中心所产生的滑动力矩。

当滑动面为平面时，稳定安全系数 K 应提高为 1.3。

2. 建（构）筑物与边坡坡脚的间距

建（构）筑物与边坡坡脚的间距同样要考虑工艺布置、管沟布置、运行维护、消防、交通运输、绿化及施工等要求，尚应考虑采光、通风、排水及开挖基槽对边坡的影响，且不小于 2m。

3. 边坡的稳定坡度

建设场地的边坡包括挖方边坡和填方边坡两大类。场地挖、填方边坡的坡度允许值应根据地质条件、边坡高度和拟采用的施工方法，结合当地的实际情况和经验确定。

当山体整体稳定、地质条件好、土质（岩石）比较均匀时，挖方边坡宜按表 4-16 和表 4-17 确定。

表 4-16　　岩石开挖边坡坡度允许值

边坡岩体类型	风化程度	坡度允许值（高宽比）		
		H<8m	8m≤H<15m	15m≤H<25m
Ⅰ类	未（微）风化	1∶0.00～1∶0.10	1∶0.10～1∶0.15	1∶0.15～1∶0.25
	中等风化	1∶0.10～1∶0.15	1∶0.15～1∶0.25	1∶0.25～1∶0.35
Ⅱ类	未（微）风化	1∶0.10～1∶0.15	1∶0.15～1∶0.25	1∶0.25～1∶0.35
	中等风化	1∶0.15～1∶0.25	1∶0.25～1∶0.35	1∶0.35～1∶0.50
Ⅲ类	未（微）风化	1∶0.25～1∶0.35	1∶0.35～1∶0.50	—
	中等风化	1∶0.35～1∶0.50	1∶0.50～1∶0.75	—
Ⅳ类	中等风化	1∶0.50～1∶0.75	1∶0.75～1∶1.00	—
	强风化	1∶0.75～1∶1.00	—	—

注　1　边坡岩体类型见 GB 50330—2013《建筑边坡工程技术规范》表 4.1.4 的规定。
　　2　H 为边坡高度。
　　3　Ⅳ类强风化岩体包括各类风化程度的极软岩。
　　4　全风化岩体可按土质边坡坡率取值。

表 4-17　　土质开挖边坡坡度允许值

土的类别		坡度允许值（高宽比）	
		坡高在 5m 以内	坡高在 5～10m
碎石土	密实	1∶0.35～1∶0.50	1∶0.50～1∶0.75
	中密	1∶0.50～1∶0.75	1∶0.75～1∶1.00
	稍密	1∶0.75～1∶1.00	1∶1.00～1∶1.25
黏性土	坚硬	1∶0.75～1∶1.00	1∶1.00～1∶1.25
	硬塑	1∶1.00～1∶1.25	1∶1.25～1∶1.50

注　1　表中碎石土的充填物为坚硬或硬塑状态的黏性土。
　　2　对于砂土或充填物为砂土的碎石土，其边坡坡度允许值均按自然休止角确定。

填土边坡，如基底地质条件好，其边坡的坡度允许值宜按表 4-18 确定。

遇有下列情况之一时，边坡的坡度允许值应另行设计：

（1）边坡高度大于表 4-18 所列规定值。

（2）地下水比较发育或具有软弱结构面的倾斜地层。

（3）岩层层面或主要节理面的倾向与边坡开挖面的倾向一致，且两者走向的夹角小于 45°。

（4）设计地震烈度大于 7 度。

表 4-18　　填方边坡坡度允许值

填土类别	坡度允许值（高宽比）		压实系数
	坡高在 8m 以内	坡高在 8～15m	
碎石、卵石	1∶1.25～1∶1.50	1∶1.50～1∶1.75	0.94～0.97
砂夹石（碎石、卵石占全重的30%～50%）	1∶1.25～1∶1.50	1∶1.50～1∶1.75	0.94～0.97
土夹石（碎石、卵石占全重的30%～50%）	1∶1.25～1∶1.50	1∶1.50～1∶2.00	0.94～0.97
粉质黏土，黏粒含量≥粉土的 10%	1∶1.50～1∶1.75	1∶1.75～1∶2.25	

4. 边坡防护类型

对场地边坡的挖、填与防护工程是现代交通及工程建设中的一个重要环节，处理不好便会由于暴雨、洪水和风暴等原因造成边坡的冲蚀或损坏，不仅容易造成水土流失，严重时还会危及工程的安全及使用寿命。边坡整体稳定但其坡面岩土体易风化、剥落或有浅层崩塌、滑落及掉块等时，应进行坡面防护，边坡坡面防护工程应在稳定边坡上进行。

在我国土地政策法规进一步完善的情况下，工程建设用地受到严格控制，且尽量利用山地、荒地作为工程场址。因此不可避免地造成场地大量的挖、填方边坡及防护工程的产生，如何对工程建设进行有效的边坡防护和绿化处理就显得尤为重要。

边坡坡面防护应根据工程区域气候、水文、地形、地质条件、材料来源及使用条件，采取工程防护和植物防护相结合的综合处理措施。常用防护类型包括植草护坡、骨架内植草护坡、生态护坡、喷浆及喷射混凝土护坡、抹面护坡、干砌或浆砌片石护坡、护墙等。

（1）一般植草护坡。一般植草护坡适应于边坡不陡于 1:1.25，且坡面宜为黏性土壤或铺填 10～20cm 厚黏性土后草皮能很好生长的非黏性土和风化严重的岩石。可以采用种草（子）、移植草被或喷种草子等方法施工；这种护坡方式投资较少，并有利于防尘及环境美化绿化，但对缺水干旱地区宜选择其他的护坡措施。

草种应选用根系发达、茎干低矮、枝叶茂盛、生长能力强的混合多年生草种。草皮厚度一般为 5～10cm，在干旱地区为 15cm。当边坡土质不适宜种草时，可先铺一层种植土，厚 10cm。为使种植土与边坡结合牢固，当边坡坡度陡于 1:2 时，在铺种植土前应将边坡挖成台阶（水平式或锯齿形台阶）状。每块草皮的边缘应切成斜形，草皮底部应尽量铲平，草太高应割矮，并以桩固定。铺种草皮的时间为春季或初夏的雨季。铺种后要经常洒水，直到草皮成活为止。

为便于养护，应在护坡面适当位置设置一浆砌片石肋柱，柱面做成踏步，柱宽一般为 1m、厚 0.5m。

（2）骨架植草护坡。当边坡比较潮湿，含水量较大，易发生滑塌及冲刷比较严重，单铺草皮易被冲毁脱落时，可采用骨架植草护坡。骨架材料可采用浆砌片石或水泥混凝土预制块，骨架内植草。

浆砌片石骨架护坡有方格形、人字形、拱形三种，适用于易受冲刷的土质边坡和风化极严重的岩石边坡，边坡防护范围大、边坡高的地段，边坡坡度不宜陡于 1:0.5。拱形骨架植草护坡平面和立面见图 4-34。

浆砌片石骨架采用 5 号水泥砂浆砌筑，片石强度不低于 30MPa。水泥混凝土预制块一般采用正方形或六边形水泥混凝土空心块。预制正方形混凝土框格，内框边长 550mm，外框边长 650mm，框格宽 50mm、高 150mm；预制六边形混凝土框格，外框边长 300mm，框格宽 50mm、高 150mm。骨架表面与草皮表面要平顺，骨架应嵌入坡面内，使草皮与骨架密贴，防止地表水沿接缝处渗入使草皮受毁。铺草皮最好在春秋季

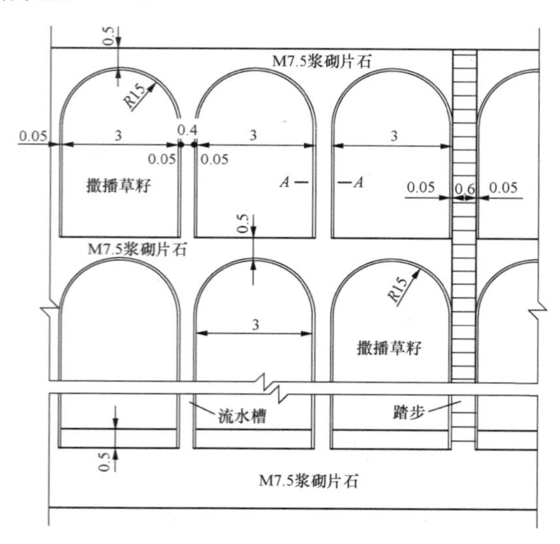

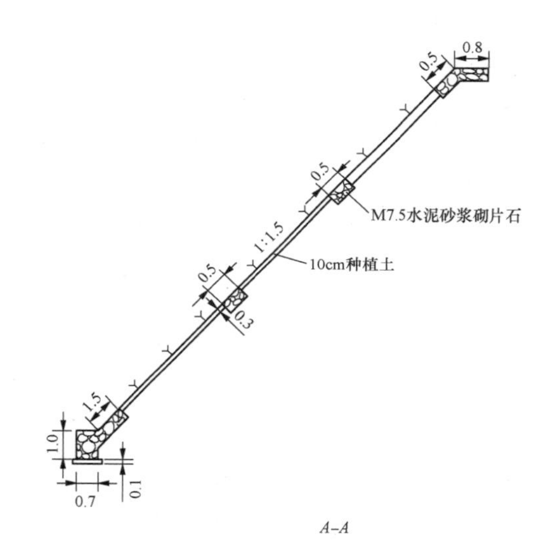

图 4-34　拱形骨架植草护坡（单位：m）

或雨季中进行，不宜在冬季施工。在气候干燥季节，新铺草皮后，应注意浇水直到草皮成活为止。

（3）生态护坡。生态护坡适用于边坡坡度缓于 1:0.75，每级坡高不超过 8m 的土质边坡。生态护坡包括三维植被网护坡和土工格室植草护坡。

三维植被网采用 NSS 塑料三维土工网，其纵横向拉伸强度不得低于 4kN/m，抗光老化等级应达到Ⅲ级。土工网厚度为 5mm，开孔尺寸为 27mm×27mm，其开孔率为 70%，也就是说 30%的坡面被网覆盖，以免受雨水的直接冲击。其优点是造价较低，施工方便，能满足一定的护坡绿化要求。缺点是由于网厚度只有 5mm，所以在草皮未长成之前草籽易被风雨冲蚀，致使表面绿化效果参差不齐。同时，其网眼较大，导致其与草根的连接和啮合作用较小，从而削弱了护坡的整体效果，所以护坡可靠度较低，在暴雨的冲刷下容易产生冲沟现象。

土工格室是 20 世纪 90 年代开始应用的一种新的护坡材料，属于骨架防护的一种。土工格室是由聚乙烯片材经高强度焊接而制成的一种由内部相连的格子组成的三维密封小室结构，用于边坡的作用是稳定边坡和防治边坡向下滑塌以及各种冲蚀和坡面的防护。展开后的小室内可以填充种植土并均匀撒播草籽，能

使边坡充分绿化，达到理想的植被覆盖率。防护效果更佳，其持久性更是直接植草护坡所无法比拟的。带孔的格室还能增加坡面的排水性能，同时，一个个格室壁又恰似一层层挡墙，可以大大缓解水流流速，避免坡面径流的形成。优点是造价低，施工速度快。

土工格室的标准展开尺寸不小于 4m×5m，土工格室高度为 100mm，抗光老化等级达到Ⅲ级，各单元采用插销连接，格室组间连接处抗拉强度不小于 120N/cm。土工格室在铺设时应充分展开，格室内要填满改良土并压实，表层采用人工覆盖潮湿的土壤，并高出格室 10～20mm。

施工宜在春季和秋季进行，应尽量避免在暴雨季节施工，在干旱、半干旱地区应保证养护用水的持续供给。三维植被网护坡立面和断面见图 4-35。

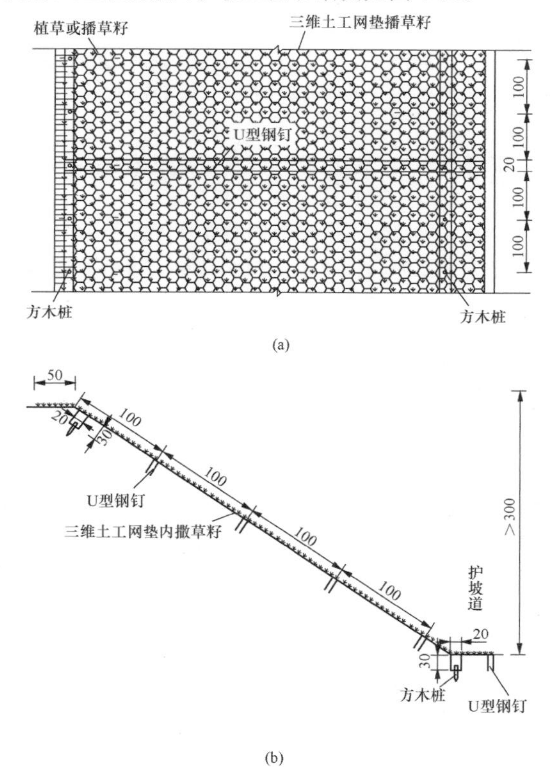

图 4-35　三维植被网护坡（单位：cm）
（a）立面图；（b）断面图

（4）喷浆及喷射混凝土护坡。对于坚硬易风化，但还未遭严重风化的岩石边坡，为防止进一步风化、剥落及零星掉块，采用喷浆或喷射混凝土，使其在坡面上形成一层保护层。该护坡可用在高而陡的边坡上，尤其是对于上部岩层破碎而下部岩层完整的边坡，以及需要大面积防护且较集中的边坡，采用喷浆或喷混凝土防护更为经济；对成岩作用差的黏土岩边坡不宜采用。

喷浆厚度以不小于 2cm 为宜，喷混凝土厚度以 3～5cm 为宜。喷浆或喷混凝土防护的周边与未防护坡面衔接处应严格封闭，可在顶部作 20cm×20cm 的小型截水沟，也可凿槽嵌入岩层内，嵌入深度不应小于 10cm，并和相衔接坡面平顺。坡面防护两侧凿槽嵌入坡面岩层内至少 10cm。坡脚岩石风化严重时，应作高 1～2m、顶宽 40cm、5 号水泥砂浆砌片石护裙。喷浆和喷混凝土前，应将坡面浮土碎石清除并用水冲洗。喷射灰体达到初凝后，立即开始洒水养生，持续 7～10d。喷射作业严禁在结冰季节及大雨天气进行。

（5）抹面护坡。抹面护坡适用于各种易风化而尚未经严重风化的软岩层边坡，如泥岩、页岩、千枚岩、泥质板岩等。防护的边坡坡度不受限制，但坡面要求比较干燥。

抹面材料包括：

1）石灰：采用新出窑烧透的块灰，欠火及过火的均不宜采用。

2）炉渣：采用原煤烧透之后的废渣，含炭量不宜超过 5%，粒径为 3～4mm 且大小均匀，含灰量不宜超过 30%。

3）拉筋：为提高灰层内部及灰层与边坡的黏结，常采用纸筋和麻筋，也可用竹筋代替。拉筋应切成长 3～4cm。

（6）干砌或浆砌片石护坡。

1）干砌片石护坡适用于土质及土夹石边坡，其坡面受地表水冲刷产生冲沟、流泥，或边坡经常有少量地下水渗出，而产生小型溜坍等病害时采用。边坡坡度较缓，一般不陡于 1:1.25。对土质路堑边坡下部的局部嵌补也可采用。

干砌片石厚度一般为 30cm，当边坡为粉土质土、松散的砂和粘砂土等易被冲蚀的土时，在干砌片石的下方应设不小于 10cm 厚的碎石或砂砾垫层。

2）浆砌片石护坡适用于易风化的岩石边坡和土质边坡。边坡坡度不陡于 1:1。浆砌片石护坡断面见图 4-36。

浆砌片石采用 M5 水泥砂浆砌筑。在地下水发育地段采用 M7.5 水泥砂浆砌筑；在严寒地区（气温在 −15℃）以下，采用 M10 水泥砂浆砌筑。

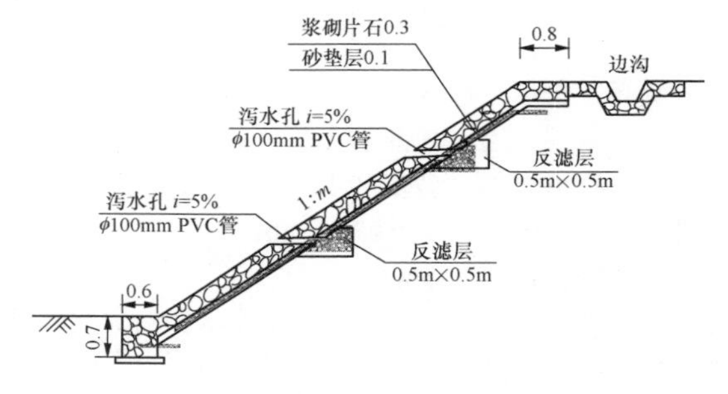

图 4-36　浆砌片石护坡断面示意图（单位：m）

浆砌片石护坡分为等截面护坡和肋式护坡两种。浆砌片石护坡一般采用等截面，厚度为 0.3～0.4m。对于高边坡应分级设平台，每级高度不宜超过 20m，平台宽度视上一级护坡基础的稳固要求而定，为养护方便一般不小于 1m。当护坡面积大，且边坡较陡或坡面变形较严重时，为增强自身稳定性，可采用肋式护坡，其加肋形式有三种：

a．外肋式：用于节理破碎，但边坡凿槽困难的各种易风化岩石边坡。

b．里肋式：用于土质边坡和各种易于风化的软岩质边坡。

c．柱肋式：用于表层发生过溜坍，经刷方修整坡面后的土质边坡。

（7）护墙。

适用于表面易于风化、破碎而没有滑塌问题，并且不宜大开挖为缓坡、稳定的岩石边坡。护坡坡度可以较陡（1:0.3～1:1.1），但墙体不考虑承受墙后侧压力。

护墙高度受边坡坡度和厚度影响：单坡等厚护墙，边坡坡度为 1:0.3～1:0.5 时，墙高不宜超过 6m；边坡坡度为 1:0.75～1:1.1 时，墙高不宜超过 10m。单坡变截面护墙，墙高不宜超过 20m；坡度为 1:0.5 以上可以考虑修建变截面多级布置护墙，总高度可以达到 25～30m，但每级墙高不宜超过 10～12m。同挡土墙一样，护墙要设置伸缩缝和沉降缝，以及墙后排水设施。等厚浆砌片石护墙见图 4-37。

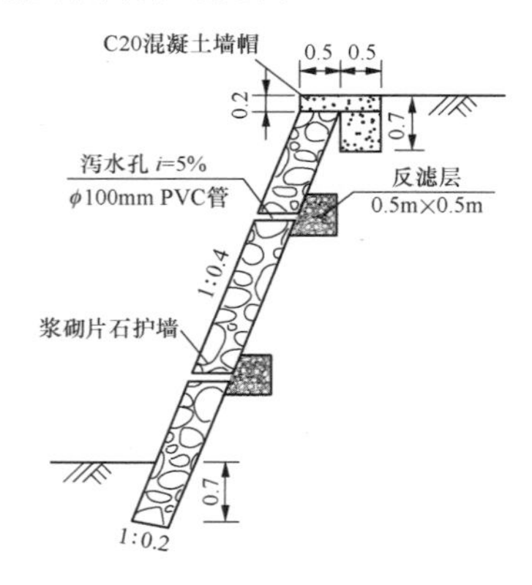

图 4-37　等厚浆砌片石护墙（单位：m）

为增加护墙稳定性，其高度超过 8m 时，在墙背中部设置耳墙一道，护墙高超过 13m 时，设置两道耳墙，间距 4～6m。当墙背坡陡于 1:0.5 时，耳墙宽 0.5m；墙背坡缓于 1:0.5 时，耳墙宽 1.0m。

5．边坡排水

边坡排水包括坡面排水、地下排水和减少坡面雨水下渗等措施。坡面排水、地下排水与减少坡面雨水下渗措施宜统一考虑，并形成相辅相成的排水、防渗体系。

（1）坡面排水。坡面排水设施包括截水沟、排水沟、跌水与急流槽等，应结合地形和天然水系进行布设，并做好进出水口的位置选择。

坡顶截水沟主要是拦截滑坡体外的地表水，宜结合地形进行布设，通常距挖方边坡坡口或潜在塌滑区后缘边界 5m 以外；填方边坡上侧的截水沟与填方坡脚的距离不宜小于 2m；根据需要可设一道或多道截水沟用以分段拦截地表水。截水沟平面布置时，应尽量顺直，并垂直于径流方向；截水沟应与排水沟、桥涵相通，达到沟涵相连，以便有效、全面地控制地表水，使之迅速引离滑坡体范围。

截水沟横断面形式和尺寸大小应根据当地地形和地质情况、汇水面积和地表水的大小以及流速和土壤中水分布的情况，进行汇流量的计算后确定。设计时应对水沟断面，尤其是沟底进行防渗处理，对地质软弱地段进行加固措施的设计，保证截水沟的正常工作。

需将截水沟、边坡附近低洼处汇集的水引向边坡范围以外时，应设置排水沟。

当截、排水沟出水口处的坡面坡度大于 10%、水头高差大于 1.0m 时，可设置跌水和急流槽将水流引出坡体或引入排水系统。

截、排水沟采用梯形断面或矩形断面，沟顶应高出沟内设计水面 200mm 以上，其底宽和顶宽不宜小于 0.5m，深度不宜小于 0.6m，在干燥少雨地区，或岩石路堑中，深度可减至 0.40m，其沟底纵坡不宜小于 0.3%，一般每隔 4～6m 设一沉降缝，用沥青麻筋仔细塞实。截、排水沟需进行防渗处理，砌筑砂浆强度等级不应低于 M7.5，块石、片石强度等级不应低于 MU30，现浇混凝土或预制混凝土强度等级不应低于 C20。

（2）地下排水。地下排水设施包括渗流沟、仰斜式排水孔等。

边坡渗沟适用于地下水埋藏浅或无固定含水层的土质边坡，作用是用以引排边坡上局部出露的泉水或上层滞水，疏干潮湿的边坡，支撑边坡，减轻坡面冲刷。

边坡渗沟深度视边坡潮湿土层的厚度决定，原则上应埋入潮湿带以下较稳定的土层内或地下水位线以下，最好将沟底置于坚硬不透水层内，应当比滑动面低 0.5m，比冻结深度低 0.4m，一般深度不小于 1.5～2.0m。

边坡渗沟断面一般采用矩形，宽度多用 1.2～1.5m，一般不小于 0.8m，其间距取决于地下水的分布、流量和边坡土质等因素，一般采用 6～15m。由于引排的地下水流量较小，故沟底填以大粒径的石料作为排水通道，沟壁作反滤层，迎水侧可采用砂砾石、无砂混凝土、渗水土工织物作反滤层，底部应设置封闭层，其余空间可利用当地卵石、砾石、碎石、粗砂以及过筛的炉渣等渗水性好的材料填充。

仰斜式排水孔用于排除滑坡地下水，具有施工简便、工期短、节约材料和劳动力的特点，是一种经济有效的排水措施。

用于引排边坡内地下水的仰斜式排水孔的仰角不宜小于6°，长度应伸至地下水富集部位或潜在滑动面，排水孔的设置位置和数量应视地下水分布的情况和地质条件而定。排水孔的边长或直径不宜小于100mm，目前国内使用的有直径127mm，孔内设直径107mm的滤水套管，以防孔壁坍塌堵死和有利于泄水，插入孔内的滤水套管可用镀锌钢管、硬质韧性的塑料管或竹管。排水孔外倾坡度不宜小于5%、间距宜为2～3m，并宜按梅花形布置，在地下水较多或有大股水流处，应加密设置。

仰斜式排水孔和泄水孔排出的水宜引入排水沟予以排除，其最下一排的出水口应高于地面或排水沟设计水位顶面，且不应小于200mm。在泄水孔进水侧应设置反滤层或反滤包，反滤层厚度不应小于500mm，反滤包尺寸不应小于500mm×500mm×500mm，反滤层和反滤包的顶部和底部应设厚度不小于300mm的黏土隔水层。

第六节 厂区竖向布置工程实例

一、采用直流供水的电厂主厂房（厂区）设计标高确定实例

1. 工程概况

某电厂位于我国沿海风暴潮严重地区，规划容量为6×1000MW级燃煤机组，本期建设2×1000MW级燃煤机组，循环水系统采用直流供水。

厂址位于港区规划的电厂用地范围内，处于海积平原与冲洪积阶地过渡地带，南北两侧均为高山，西侧毗邻公路，东邻港湾，场地周边地形起伏较大，厂址区域场地自然地面高程为4.0～30.0m。厂址200年一遇高潮位为3.34m。

2. 厂区总平面布置方案

（1）相关外部条件。

1）电厂燃煤采用水运，煤码头卸煤，输煤栈桥运至厂区。

2）取、排水口位于厂区东侧的港湾，循环水系统采用直流供水。

3）电厂以2回500kV级电压接入系统。

（2）厂区总平面布置方案。厂区总平面布置由东向西依次为屋外配电装置区、主厂房区及煤场区的三列式布置格局，主厂房固定端朝南，扩建端朝北，出线向东再转向北，辅助生产区主要集中在厂区固定端，输煤栈桥由主厂房固定端上煤。

主厂房汽机房朝东，面向取、排水口，最大限度降低取、排水工程造价。厂区固定端位于南侧山坡坡脚处，最大限度减少本期工程土石方开挖工程量，降低厂区竖向设计标高。

500kV配电装置和循环水泵房布置在主厂房A列外，配电装置位于扩建端，泵房位于固定端。

厂区设2个出入口，1个人流出入口和1个货流出入口，均位于厂区西侧，电厂人流、货流互不干扰。

3. 厂区防排洪

（1）厂区防洪标准。根据GB 50660—2011《大中型火力发电厂设计规范》第4.3.14条的规定，电厂规划容量大于2400MW且位于风暴潮严重地区，厂区防洪标准（重现期）取200年一遇高潮位，为3.34m。

（2）厂址防洪排涝安全措施。厂址靠海域一侧的围墙外留有150m宽出线走廊用地，自然标高1.0～15.0m，为天然的防浪堤，厂区不需再做防浪堤。

根据GB 50660—2011《大中型火力发电厂设计规范》第4.3.16条的规定，在不设防洪堤的情况下，场平标高最低为3.34m，主厂房区域的室外地坪设计标高最低为200年一遇高潮位3.34m加0.5m，取3.90m。以上标高可确保厂区不受200年一遇高潮位的影响。

根据该工程水文气象报告，在厂址标高高于200年一遇高潮位的情况下，厂址不受内涝水位的影响。

厂区南北两侧均为高山。北侧山体距离本期工程较远，可利用现有天然排洪通道。南侧围墙外需设置截洪沟，排至厂址东侧的港湾和西侧天然冲沟。

厂区雨水采用管道排水系统，全厂由西向东沿道路设雨水干管。当厂区标高高于4.9m时，雨水通过雨水干管自流排至厂区东侧的港湾；当厂区标高低于4.9m时，为确保雨水排水畅通，考虑设雨水泵房，将雨水升压后排至港湾。

4. 主厂房（厂区）设计标高选择分析

（1）竖向布置原则。厂区自然地形为丘包和沟谷相间，竖向布置形式的选择以减少土石方工程量和降低循环水取水扬程为原则。

综合考虑影响厂区标高的各种因素，在保证电厂经济安全运行的前提下，寻求综合费用最经济的合理标高。

（2）竖向布置形式。根据厂区总平面布置方案和场地自然条件，厂区竖向设计采用平坡式布置。

（3）主厂房（厂区）设计标高的选择。

1）影响主厂房（厂区）标高选择的因素分析。

a. 厂址200年一遇高潮位。主厂房区域的室外地坪标高最低为200年一遇高潮位3.34m加0.5m，取3.90m。

b. 厂外道路及输煤栈桥的引接。该工程人流和货流道路进厂段均从西侧公路引接，引接点与厂址场地的高差不大，引接条件较好。厂区距离煤码头较远，因此厂区标

高的变化不会对厂外道路和输煤栈桥的引接带来影响。

c. 循环水系统运行费。该工程为直流供水系统，降低循环水系统取水扬程，即降低厂区标高，有利于降低循环水系统的运行费。因此，循环水系统运行费是影响厂区标高选择的一个重要因素。该工程厂区标高每降低 1m，循环水系统的年运行费减少约 98.63 万元，折算到初投资（按 20 年折算）约 973 万元。

d. 土石方工程量。厂区场地自然标高为 4.0～30.0m，在厂区设计标高取 16.9m 时，挖、填方量基本平衡，此时的土石方工程费用也是最经济的，但 16.9m 的标高对直流供水系统来讲并不经济。如果降低标高，势必增加场平费用，而且会带来弃方，需要考虑弃土场及弃土费用。因此，土石方工程费用是影响厂区标高选择的又一重要因素。

厂区标高在 3.9～16.9m 范围内，标高每变化 1m，厂区土石方工程量及费用计算见表 4-19。

从表 4-19 中所列数据可以看出，标高每降低 1m，场平挖方量增加 $10\times10^4m^3$～$30\times10^4m^3$，弃方增加约 $32\times10^4m^3$，挖方和弃方费用增加 400 万～1028 万元。由于等高线变化的自然特性，造成填挖方量及费用随标高变化关系不是完全的线性关系。但是标高由高往低，每降 1m 所带来的费用差值越大。

表 4-19　　不同标高下土石方工程量及费用

序号	标高（m）	挖方量（$\times10^4m^3$）	填方量（$\times10^4m^3$）	弃方量（$\times10^4m^3$）	挖方费（万元）	弃方费（万元）	弃方租地费（万元）	费用合计（万元）
1	16.9	82	95	0	2460	0	0	2460
2	15.9	92	76	33	2760	90	10	2860
3	14.9	106	59	65	3180	178	20	3378
4	13.9	124	46	97	3720	266	29	4015
5	12.9	143	36	127	4290	348	38	4676
6	11.9	165	27	159	4950	436	48	5434
7	10.9	188	20	191	5640	523	57	6220
8	9.9	213	14	223	6390	611	67	7068
9	8.9	239	9	256	7170	701	77	7948
10	7.9	267	6	288	8010	789	86	8885
11	6.9	295	4	320	8850	877	96	9823
12	5.9	325	2	354	9750	970	106	10826
13	4.9	355	0	388	10650	1063	116	11829
14	3.9	386	0	420	11580	1151	126	12857

注　1　表中场平计算范围为本期场地和主厂房扩建端约 200m 范围内施工安装场地，施工安装场地与主厂区标高一致。

2　挖方单价按 30 元/m^3 计；弃方按每增加 1km 运距 1.37 元/m^3 计；弃方运距按 3km 计。

3　弃方堆高按 5m 计，弃方租地费用按 1000 元/亩计。

e. 尾水电站。当厂区标高较高时，考虑建尾水电站回收部分能量。厂区标高越高，尾水电站的净收益越高。标高每降 1m，尾水电站的净收益将减少约 323 万元。

f. 地基边坡处理工程量。根据厂址地质报告及地基处理形式，厂区标高每降 1m，地基处理费用将减少 200 万～300 万元，边坡处理费将增加约 24 万元。

g. 征地费。随着厂区标高的变化，厂区周围边坡范围将有所变化，标高每降 1m，边坡将向外围扩放约 1m，厂区征地将增加约 4.5 亩，按 8 万元/亩的单价计算，征地费增加约 36 万元。

h. 雨水泵房的设置。当厂区标高低于 4.9m 时，为确保雨水排水通畅，考虑设雨水泵房，费用估算约 1000 万元。

i. 防浪堤。该工程厂址未进入海域，在厂区靠海一侧围墙外，留有 150m 宽的出线走廊用地，自然地面标高约 1～15m，为天然的防浪堤，因此厂区不需要再设防浪堤。

厂区标高变化引起循环水系统运行费、土石方工程费、尾水电站初投资及收益、地基边坡处理费、征地费等相关费用的变化见表 4-20，对应的标高-费用曲线见图 4-38。

j. 填海造地工程。根据开发区填海造地工程可行性研究报告的分析，填海造地工程需要大量土源，在电厂建设与填海造地工程进度相匹配的情况下，电厂可作为填海造地工程的一个土源，若开发区能根据电厂要求，在厂址自行取土，不但会为开发区填海造地工程节省大量费用，同时也可为电厂建设节省大量初投资。

考虑开发区到电厂取土，即厂区场平不计初投资的情况下，厂区标高变化与各因素费用变化见表 4-20，对应的标高-费用曲线见图 4-38。

表 4-20 受标高影响的各因素费用

序号	厂区标高（m）	循环水系统运行费折现（万元）	场平挖方及弃方费（万元）	尾水电站初投资（万元）	尾水电站收益折现（万元）	地基处理费（万元）	边坡处理费（万元）	征地费（万元）	雨水泵房（万元）	初投资合计（万元）	年运行费及收益折现合计（万元）	费用合计（万元）
1	16.9	31612	2460	6409	−8640	5400	205	4356	—	18830（12421）｛16370｝	22972（31612）｛22972｝	41802（44033）｛39342｝
2	15.9	30639	2860	6221	−8129	5100	229	4392	—	18802（12581）｛15924｝	22511（30639）｛22511｝	41313（43220）｛38453｝
3	14.9	29667	3378	6034	−7617	4800	253	4428	—	18893（12859）｛15515｝	22049（29667）｛22049｝	40942（42526）｛37564｝
4	13.9	28694	4015	5846	−7106	4500	277	4464	—	19102（13256）｛15087｝	21588（28694）｛21588｝	40690（41950）｛36675｝
5	12.9	27721	4676	5658	−6595	4200	301	4500	—	19335（13677）｛14659｝	21126（27721）｛21126｝	40461（41398）｛35785｝
6	11.9	26749	5434	5470	−6084	3900	325	4536	—	19665（14195）｛14231｝	20665（26749）｛20665｝	40330（40944）｛34896｝
7	10.9	25776	6220	5282	−5573	3600	349	4572	—	20023（14741）｛13803｝	20204（25776）｛20204｝	40227（40517）｛34007｝
8	9.9	24803	7068	—	—	3300	373	4608	—	15349（15349）｛8281｝	24803（24803）｛24803｝	40152（40152）｛33084｝
9	8.9	23831	7948	—	—	3100	397	4644	—	16089（16089）｛8141｝	23831（23831）｛23831｝	39920（39920）｛31972｝
10	7.9	22858	8885	—	—	2900	421	4680	—	16886（16886）｛8001｝	22858（22858）｛22858｝	39744（39744）｛30859｝
11	6.9	21885	9823	—	—	2700	445	4716	—	17684（17684）｛7861｝	21885（21885）｛21885｝	39569（39569）｛29746｝
12	5.9	20913	10826	—	—	2500	469	4752	—	18547（18547）｛7721｝	20913（20913）｛20913｝	39460（39460）｛28634｝
13	4.9	19940	11829	—	—	2300	493	4788	—	19410（19410）｛7581｝	19940（19940）｛19940｝	39350（39350）｛27521｝
14	3.9	18967	12857	—	—	2100	517	4824	+1000	21298（21298）｛8441｝	18967（18967）｛18967｝	40265（40265）｛27408｝

注 1 征地费按 8 万元/亩计。

2 厂区标高为 9.9m 时，尾水电站的净收益开始出现负值，即尾水电站的年收益折现后（按 20 年折现）已经不能抵消建尾水电站的初投资，因此在标高小于或等于 9.9m 的情况下，不考虑建尾水电站。9.9m 的标高是基于该工程建设年度的基建投资水平和电价所测算的结果，不同工程根据其基建投资水平和具体电价，所计算出的标高会有所不同。

3 厂区标高低于 4.9m 时，为确保雨水排水通畅，考虑设雨水泵房。

4 （）内数据为不考虑尾水电站投资及效益情况下的数据；｛｝内数据为不考虑场平费用情况下的数据。

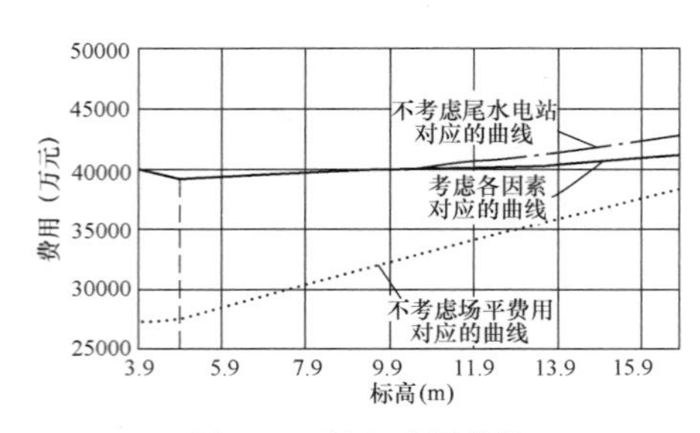

图 4-38　标高-费用曲线

2）厂区设计标高的选择。从表 4-20 以及其对应的标高费用曲线可以看出：

a．当电厂建设相对填海造地工程超前，而且弃土场地落实，开发区允许电厂在厂址 3km 以内的滩涂地弃土，不考虑弃土场租地费用或费用不高时，在建和不建尾水电站的情况下，工程综合投资最节省所对应的厂区标高都是 4.9m。如果弃土场租地费用过高（租地单价≥1.2 万元/亩）或弃土点距厂址太远（≥6km），工程综合投资最节省所对应的厂区标高将会高于 4.9m。

b．当电厂建设滞后于填海造地工程时，如果开发区能到厂址区域取土，则应视可取土石方量的多少，再来分析工程综合投资最节省所对应的厂区标高。

c．在电厂建设与开发区填海造地工程进度相匹配时，如果开发区能够根据电厂要求，自行到电厂取土，不但开发区会为填海造地工程节省大量费用，同时电厂建设也会节省大量初投资，即场平费用。此时综合投资最节省所对应的厂区标高是 3.9m。

5．结论

通过以上分析，可得出以下结论：

（1）在不考虑填海造地工程因素的情况下，在弃土场地落实，开发区允许电厂在厂区 3km 以内的滩涂地弃土，弃土场地租地费用不高的前提下，4.9m 的标高最经济。

（2）在填海造地工程与电厂建设相匹配时，在开发区能够根据电厂要求，自行到电厂取土的前提下，3.9m 的标高最经济。

电厂断面见图 4-39。

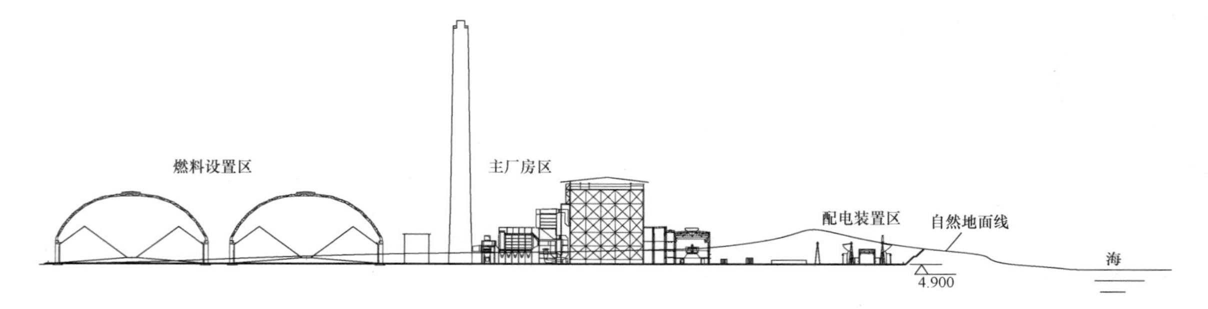

图 4-39　电厂断面示意图（一）

二、厂区竖向布置工程实例

实例一：

某电厂位于长江上游地带，场地由上部浑圆型丘包和下部人工平台组成，上部丘包海拔高程为 217～299m，人工平台海拔高程在 214m 左右。厂址场地相对最大高差 85m。不受厂址附近河流百年一遇洪水影响。

厂区总平面布置将电厂分为三个主要功能区，即主厂区、燃料设施区和厂前建筑区。燃料设施区布置在下部人工平台场地，主厂区（包括主厂房、冷却塔、配电装置及部分辅助生产设施）布置在上部丘包上，厂前建筑区布置在主厂区的东北侧。

根据电厂总平面布置及厂址自然地貌，竖向布置采用台阶式：燃料设施区位于下部人工平台，此区域靠河一侧边界标高维持现状不变，以利用现有的高挡土墙，场地中部及出入口（即汽车卸煤区）适当抬高，与厂外运煤道路标高相协调，以改善运煤条件，减少卸煤沟到煤场的地下输煤廊道工程量，消纳部分土石方；主厂区位于上部丘包，降低标高有利于开拓更多的可用地面积和利于进厂道路引接，但是土石方量增加太多，因此，在保证进厂道路引接纵坡要求的前提下，根据工艺流程及功能区划分，尽量抬高标高，以降低土石方工程量。具体台阶划分如下：主厂房及冷却塔区 262.50m；配电装置区 257.50m；厂前区 250.45m；煤场区 213.80m；燃煤卸车区 218.50m。

厂区及施工区土石方工程量挖方 $255\times10^4m^3$，填方 $237\times10^4m^3$，考虑挖方松散量和基槽余方后，弃方约 $60\times10^4m^3$，用于当地工业园区开发所需填土。

该电厂竖向布置特点鲜明，很好地利用了现有场地资源，在保证安全的前提下做到了厂区土石方工程量、地基处理工程量以及边坡挡土墙工程量最省。厂前建筑区利用自然地貌，采用“吊脚楼”的设计理念，即节省工程投资，又传承了地方文化特色。电厂竖向布置见图 4-40，断面见图 4-41。

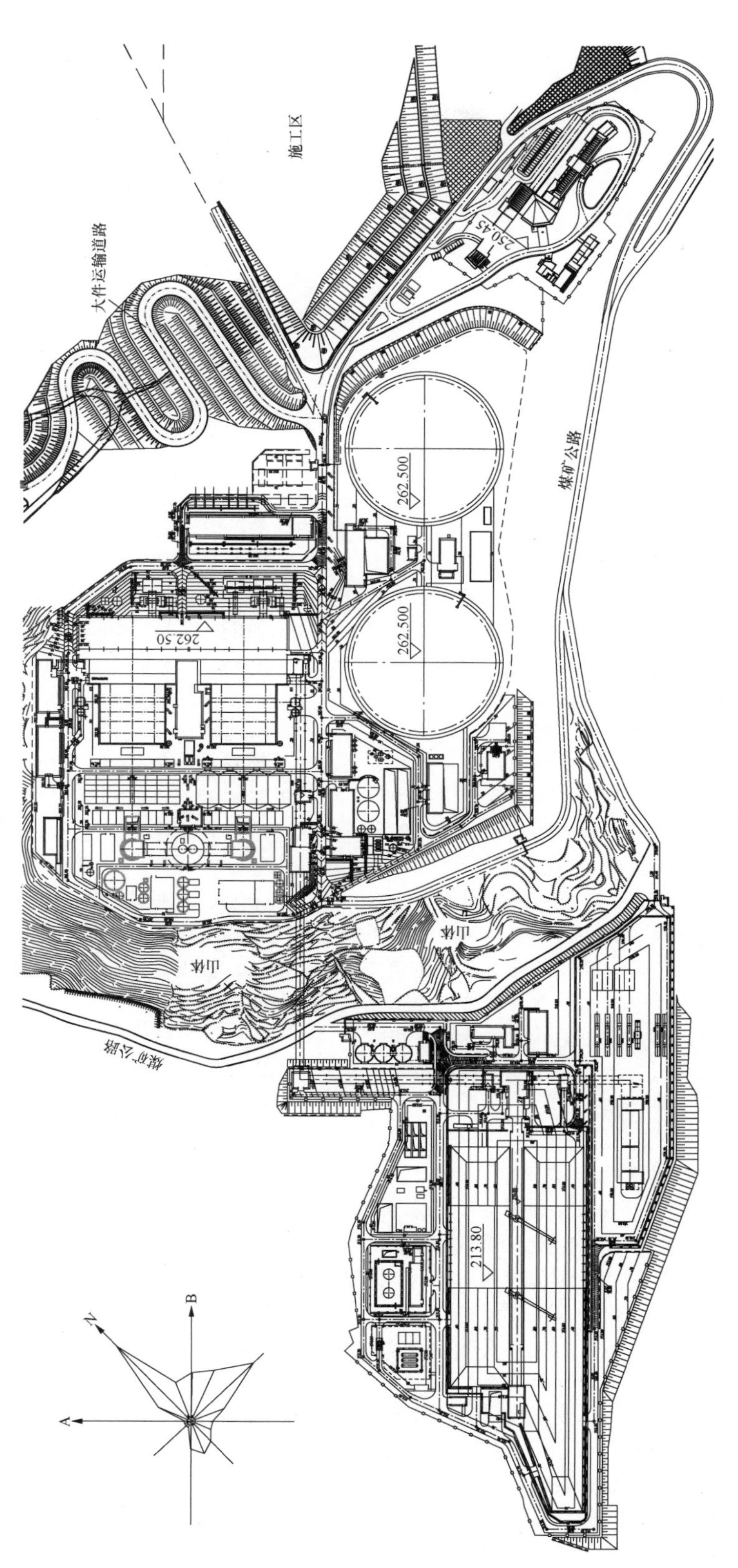

图 4-40 2×600MW 燃煤电厂竖向台阶式布置

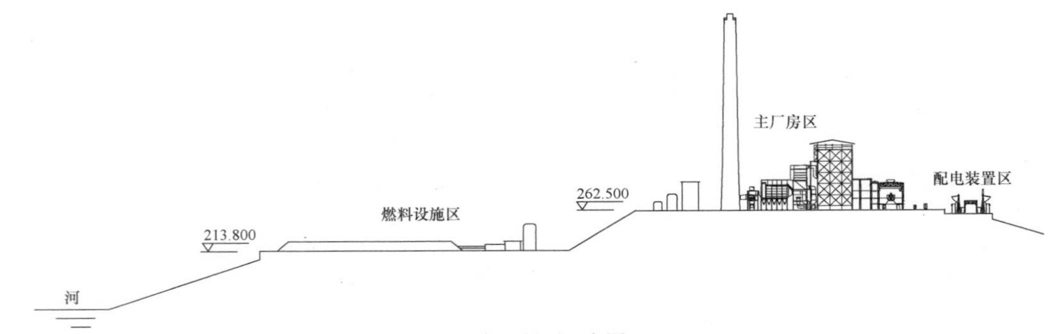

图 4-41　电厂断面示意图（二）

实例二：

某电厂位于云贵高原中部，紧邻煤矿，是一座典型的大型坑口电厂。规划装机容量为 6×600MW，本期按 4×600MW 一次设计，统一规划，分期实施。厂址北邻煤矿工业广场，西侧有河流自北向南通过，南面有不良地质区、严重采空区和古滑坡区，国家铁路从厂区东侧通过，厂址四面受限。厂址场地整体呈 S 形，狭长且不规整。厂址场地为浅山丘陵地貌，地形起伏较大。场地由 7 个山丘和其间的洼地、冲沟以及河滩地组成，山丘、冲沟、洼地纵横分布，交错无序，场地大致分为南部冲沟和北部山地两部分，南部冲沟宽约 400m，场地高差最大达 95m。

厂区固定端朝北，由北向南扩建，汽机房 A 列朝西。主厂房区布置在厂址中部的三个山头处，位于挖方区。配电装置利用河边低洼场地采用低台阶式分别布置在汽机房外的固定端和扩建端。煤场布置在炉后、厂区东北角的山丘处，紧邻煤矿工业广场的贮煤场和选煤厂，采用高台阶式布置。4 个冷却塔位于主厂房炉后、烟囱外侧，2 号塔在固定端，其余 3 个塔在烟囱后部，位于挖方区。锅炉补给水处理站和点火油罐区布置在主厂房固定端。净水站、生活污水处理站和工业废水处理站利用河边低台地布置在配电装置的北面，与配电装置位于同一平台。

根据电厂总平面布置及厂址自然地貌，竖向布置采用台阶式，充分利用地形高差，合理划分台阶，避免高挖深填，使土石方、边坡、地基处理等综合工程量最省。全厂分为 5 个台阶，台阶之间根据高差和地质条件采用挡土墙、护坡连接。台阶划分如下：

汽车卸煤装置区标高为 1454m。

贮煤场区标高为 1429m。

500kV 配电装置区标高为 1410～1413m。

净水站、220kV 配电装置、工业废水和生活污水处理站区标高为 1401～1398m。

主厂房区和其他功能分区联系紧密，布置紧凑，采用一个台阶，设计标高为 1422m。

厂区土石方挖方 $450\times10^4m^3$，填方 $303\times10^4m^3$，余方用于施工场地回填。

电厂竖向布置见图 4-42，电厂断面见图 4-43。

实例三：

某电厂位于云贵高原中部。电厂建设规模为 4×600MW 燃煤机组。厂址地貌为构造剥蚀中低山斜坡，呈大致阶梯状，受近东西向展布的河流及其支流的切割，地形起伏较大且较为破碎。主厂区地段自然地面标高为 1019～1165m，相对高差约 146m。配电装置地段位于河流的左岸，场地自然标高为 1045～1089m，相对高差约 44m。煤场地段位于主厂区的西侧，场地自然标高为 1009～1088m，相对高差约 79m。

主厂房、脱硫设施、冷却塔及辅助附属设施均布置在河流右岸台地上，主厂房、脱硫设施位于挖方区，地质条件好。主厂房纵轴东西向，固定端朝东，扩建端朝西。配电装置布置在河流左岸的运灰道路及进厂大道之间，电气进线通过铁塔穿越冷却塔区跨越河流与配电装置连接。贮煤场、汽车卸煤沟、汽车衡、入厂煤分析楼、煤水处理设施、输煤综合楼等均集中布置在河流左岸台地上，与煤矿工业站相邻，输煤栈桥跨河流垂直于汽机房 A 排直接上煤仓间。

厂区自然地形为北高、南高、中间低，而且地形凌乱，最大高差 146m，厂区竖向布置采用阶梯式。主厂区、配电装置区、煤场区台阶划分如下：

主厂区五个台阶：脱硫区，标高 1085m；烟囱及电除尘器区，标高 1075m；锅炉汽机房区，标高 1065m；上述台阶之间通过 10m 高挡土墙衔接。自然通风冷却塔区，标高 1060m；行政办公区，标高 1055m；上述台阶之间通过 5m 高边坡衔接。

配电装置区标高为 1066.6m，东南侧和西北侧设置约 10m 高挡土墙加护坡处理。

煤场区域标高为 1046m，西北侧为 30m 高填方护坡，护坡坡脚采用抗滑桩；汽车卸煤区标高 1052m；煤场与汽车卸煤区之间采用 6m 高挡墙衔接。

厂区、施工区及河道改道土石方挖方 $585\times10^4m^3$，填方 $643\times10^4m^3$，考虑挖方松散量及基槽余方后，余土 $17\times10^4m^3$，弃至距离厂区 2.8km 的弃土场。

电厂断面见图 4-44，电厂竖向布置详见图 4-45。

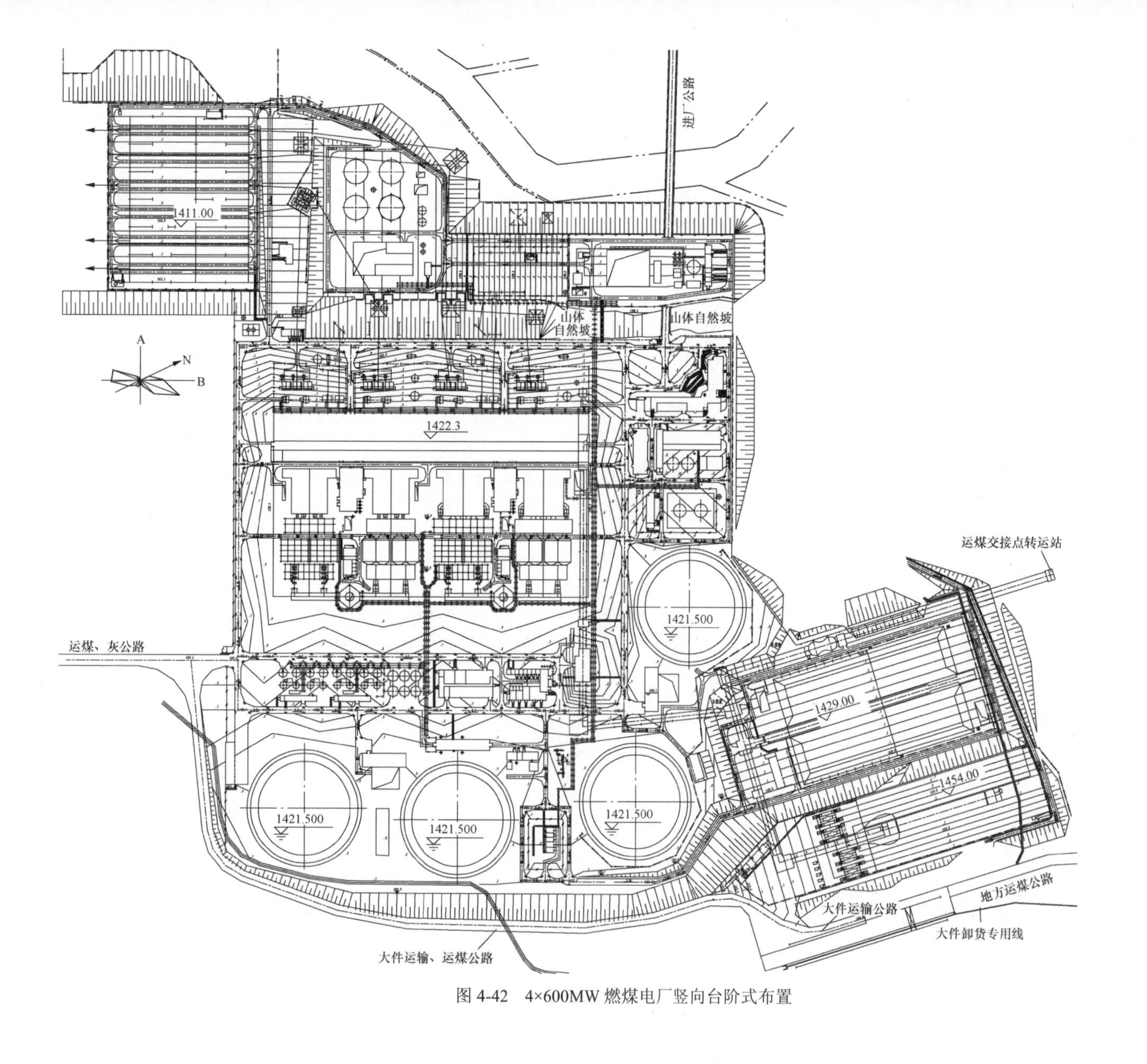

图 4-42 4×600MW 燃煤电厂竖向台阶式布置

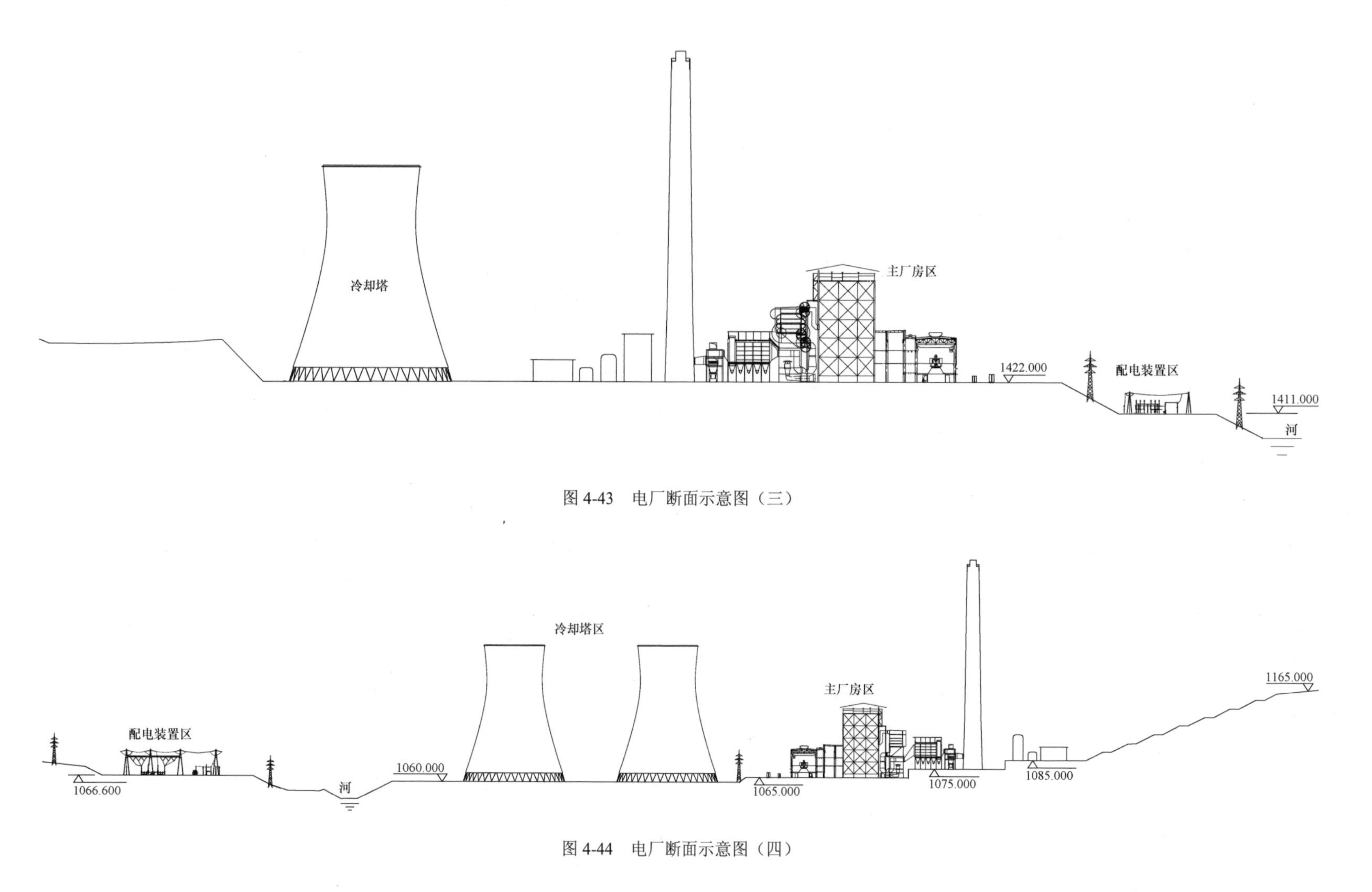

图 4-43　电厂断面示意图（三）

图 4-44　电厂断面示意图（四）

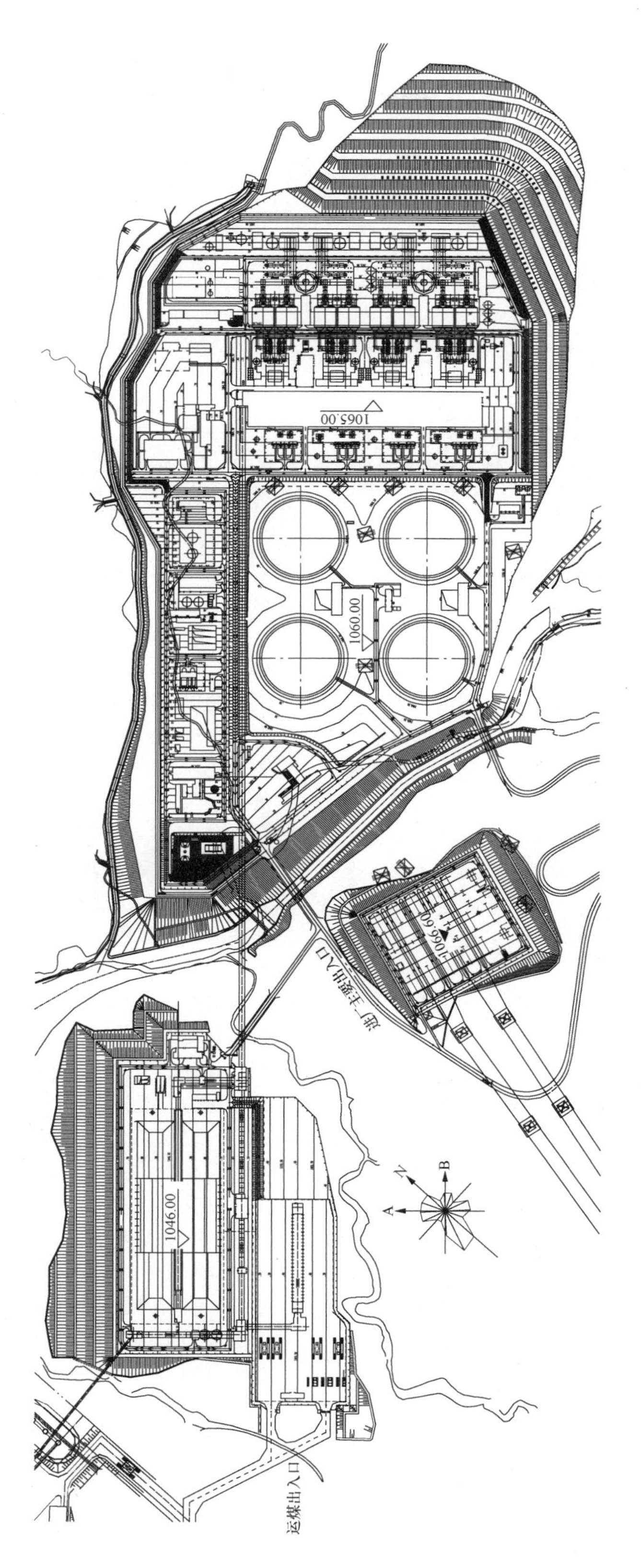

图4-45 4×600MW 燃煤电厂竖向台阶式布置

第五章

厂区管线综合布置

管线综合布置就是将各专业的管线进行总体设计，统一考虑，用最合理、经济、安全、科学的设计方案进行综合布置。管线综合布置通常以总平面布局为基础，可以调整总平面中建（构）筑物和道路等的布置，进而优化总平面布置。

第一节　厂区管线综合布置的基本原则

厂区管线综合布置一般应遵循以下基本原则：

（1）与电厂总平面统一规划，相互协调。管线综合布置应从整体出发，结合规划容量、厂区总平面、竖向、道路和绿化，以及管线的性质、施工维修等基本要求进行统一规划，应尽量使管线之间及其建(构)筑物之间，在平面和竖向上相互协调，在考虑节约集约用地、节省投资、减少能耗的同时，又要考虑安全生产，施工、检修维护方便，并不影响预留发展用地。在合理确定管线位置及其走向时，还应考虑绿化和道路的协调关系。

（2）处理好近远期建设的关系。分期建设的电厂，管线布置应统筹规划，以近期为主、兼顾远期；厂区内的主要管架、管线和管沟应按规划容量统一规划，集中布置，并留有足够的管线走廊；主要管、沟布置不应影响电厂将来的扩建和发展；近期的主要生产性管线不宜穿越扩建场地；远期管线需穿越近期场地时，宜在近期预留管廊空间，满足安全运行和施工的要求。改建或扩建工程中新增加的管线一般应不影响原有管线的使用，必要时应采取相应的过渡措施，并应考虑施工要求及交通运输的正常运行。当管线间距不符合规定时，在确保生产安全并采取措施后，可适当缩小间距。

（3）妥善衔接外部管线。在开发区或园区的电厂，其上下水、供热管道均应与外部规划相衔接，在厂区管线综合规划时就必须妥善衔接好这些外部的管线，使其符合规划、衔接方便。与厂区相接的外部管道主要有雨水、污水、自来水、中水、供热管道、天然气管道等。

（4）选择合适的管线走向和敷设方式。根据管线的不同性质、用途、相互联系及彼此之间可能产生的影响，以及管线的敷设条件，合理地选择管线的走向和敷设方式，力求管线短捷、顺直、适当集中，管线较多时，应尽量利用综合架空管架和综合管沟的形式进行规划布置。互无影响的管线可同沟、同壁布置，也可沿建（构）筑物或其他支架敷设。

（5）处理好管线综合布置的各种矛盾。厂区管线综合布置过程中，当管线在平面或竖向产生矛盾时，一般按照以下原则处理：管径小的让管径大的；有压力的让自流的；柔性的让刚性的；工程量小的让工程量大的；新建的让原有的；检修少的让检修多的；临时的让永久的；分支管线让主管线；无危险的让有危险的。

（6）管线宜呈直线平行于道路、建（构）筑物轴线和相邻管线，应尽量减少交叉。厂区管线布置应尽量缩短主干管线的长度，以减少管线运行中电能、热能的长期消耗；为了减少交叉，方便施工、检修，应尽量与道路、建（构）筑物轴线和相邻管线平行敷设，一般布置在道路行车部分外或将管线分类布置在道路两侧。各种地下管线从建筑向道路中心线方向平行布置的顺序，一般根据管线的性能、埋深深度等决定。同时，干管宜布置在靠近主要用户和支管较多的一侧，尽量减少管线的交叉，减少管线与铁路、道路、明渠等的交叉，需交叉时，一般宜为直角交叉或按工艺要求的交叉角度交叉，在场地条件困难时，可采用不小于45°的交角。

（7）有特殊要求的管线布置应考虑相应措施。各种废水及污水管道应尽量与上水管道分开布置，避免管线附属构筑物之间的冲突。管线附属构筑物（如补偿器、阀门井、检查井、膨胀伸缩节等）应交错布置，避免冲突。具有可燃性、爆炸危险性及有毒介质的管道不应穿越与其无关的建(构)筑物、生产装置、辅助生产及仓储设施、贮罐区等。管道发生故障时，不致发生次生灾害，特别是防止污水渗入生活给水管道或有害、易燃气体渗入其他沟道和地下室内，不应危及邻近建（构）筑物基础的安全，不损害建（构）筑物的基础（当管道内的液体渗漏时，不致影响基础下沉）。

第二节　厂区管线分类及分布

厂区管线由主系统设施区内管线和厂区联络服务性管线组成，主要包括各系统间动力供应、远程控制、生产介质物料供应及其生产附属设施间的联络管线和厂区性公用的生产、生活、消防必须配套建设的管线。厂区管线主要根据电厂总平面布置沿道路两侧布置，连接各个车间。

一、厂区管线分类

厂区管线一般按管线的功能特性及介质特性分类。

（一）按功能特性分类

厂区管线按功能特性分为以下几种：

循环水管：循环水进水管、循环水排水管（沟）及箱涵。

上水管：生产、生活、消防的给水管及生产或生活经过处理后用于喷洒路面和地面的公用水管。

下水管：生产废水、生活污水、雨水管（沟）。

除灰管：水力除灰管和气力除灰管。

除渣管（沟）：水力（湿式）除渣管沟。

化学水管：加药水管（沟）、酸碱管（沟）、锅炉补给水管。

热力管：向厂外供热的管道（蒸汽管或热水管）或厂用辅助蒸汽管。

暖气管：厂区内采暖的暖气管道。

燃油管：锅炉助燃（启动）的供油管道、回油管。

压缩空气管：主要是仪用和检修用压缩空气管等。

电缆：电力电缆、控制和通信电缆。

氢气管：用于发电机冷却的氢气管。

燃气管道：煤气管、天然气管等。

脱硫介质管：石膏排浆管、石灰石浆液管、石灰石浆液回流管、事故浆液返回管、事故浆液管、脱硫废水管、脱硫废水回流管等。

脱硝介质管：氨气管、尿素管、氨水管。

煤泥管。

（二）按介质特性分类

厂区管线按介质特性分为以下几种：

（1）压力管。压力管的种类很多，除下水管及自流的循环进、回水沟外，一般都可归纳为此类。这类管线具有压力，管线在平面上可以转弯，在竖向上也可以根据需要局部凸起或凹下，这为解决管线的交叉矛盾提供了方便。从这方面讲，电缆沟也可归属为此类。

（2）无压力（自流）管。无压力（自流）管线主要有各种下水管，如生活污水、雨水管线等，这类管道中的介质是靠坡度自流的，所以在竖向上要求保证有一定的坡度。管道下降后不经机械提升介质不能上升，管沟始终需要保持纵向坡度，所以管沟越长埋深越深。因此这类管线在立面布置上变化的自由度很小。

（3）腐蚀性介质管线。主要是酸碱管等。此类管线宜尽量集中，应防止渗漏，远离生产和生活给水管，并尽量采用管沟敷设，避免介质渗漏至土壤中。直埋时应尽量低于其他管线，架空时宜布置在其他管线的下方和管架的边侧，其下部不宜敷设其他管线。

（4）易燃、易爆管线。主要包括天然气管、煤气管、油管、氨气管、氢气管等。此类管线须考虑泄漏时对其他管线的干扰，应适当加大间距，并不宜布置在管沟内，以防止泄漏聚集形成爆炸性气体或引起中毒事故。

（5）高温管线。主要是蒸汽管和热水管。此类管线应与电力电缆、燃气管道等保持一定的间距。

二、厂区管线规格及分布

燃煤电厂主要管线常用规格见表5-1。

表5-1　燃煤电厂主要管线常用规格　（mm）

序号	管线、沟道名称	2×300MW	2×600MW	2×1000MW	路径
1	循环水供水管	2×ϕ2400～ϕ2440	2×ϕ3000～ϕ3200	2×ϕ3800	循环水泵房至主厂房
2	循环水排水管	2×ϕ2400～ϕ2440	2×ϕ3000～ϕ3200	2×ϕ3800	循环水泵房至主厂房
3	辅机冷却水管	2×ϕ250	2×ϕ350	4×ϕ150	循环水供排水管接水水交换器或主厂房
4	雨水管	1×ϕ300～ϕ1600	1×ϕ300～ϕ1600	1×ϕ300～ϕ1800	主要分布全厂路网
5	生活给水管	1×ϕ150～ϕ200	1×ϕ150～ϕ200	1×ϕ150～ϕ200	综合水泵房至各车间
6	生活污水压力管	1×ϕ100	1×ϕ150	1×ϕ150	生活用水点至污水处理站
7	生活污水自流管	1×ϕ300	1×ϕ300	1×ϕ300	厂区至生活废水处理站（中间泵站）

续表

序号	管线、沟道名称	2×300MW	2×600MW	2×1000MW	路径
8	工业给水管	1×ϕ300	1×ϕ300	1×ϕ300	综合水泵房至各车间
9	冷却用工业水管	2×ϕ65～ϕ80	2×ϕ65～ϕ80	2×ϕ65～ϕ80	工业水管网至制氢站闭式循环
10	消防水管	1×ϕ300	1×ϕ300	1×ϕ300	消防泵房至全厂路网
11	事故油池排油管（压力管）	1×ϕ65～ϕ100	1×ϕ100	1×ϕ100	事故油池至废水处理站
12	事故油池排油管（无压管）	1×ϕ219	1×ϕ219	1×ϕ219	变压器至事故油池
13	事故油池排水管	1×ϕ100	1×ϕ100	1×ϕ150	事故油池至雨水管
14	上煤排污水管	3×ϕ150	3×ϕ150	3×ϕ150	主厂房、转运站至含煤废水沉淀池
15	工业废水管	1×ϕ273×8	1×ϕ273×8	1×ϕ273×8	机组排水槽至废水站
16	工业回用水管	1×ϕ150	1×ϕ150	1×ϕ150	主厂房至机组排水槽
17	工业废水自流管	1×ϕ219×7	1×ϕ219×7	1×ϕ219×7	化水车间至工业废水处理站
18	生活污水回用水管	1×ϕ100～ϕ150	1×ϕ100～ϕ150	1×ϕ100～ϕ200	
19	含煤煤水回用水	1×ϕ168×6～ϕ219×6	1×ϕ168×6～ϕ219×6	1×ϕ168×6～ϕ219×6	
20	工业废水回用水管	1×ϕ200	1×ϕ200	1×ϕ50～ϕ250	
21	冷却塔回用水管	1×ϕ300	1×ϕ300	1×ϕ300	冷却塔至主厂房区
22	除盐水管（沟）	1×ϕ300	1×ϕ300	1×ϕ300	化水车间至主厂房
23	除盐水管（小管）	1×ϕ65～ϕ100	1×ϕ100	1×ϕ100	化水车间至启动锅炉、尿素站、制氢站、主厂房
24	树脂管	2×ϕ89×4	4×ϕ108	4×ϕ108	化水精处理至主厂房
25	再生冲洗水管	1×ϕ133	1×ϕ133	1×ϕ133	化水车间至主厂房
26	反渗透浓水管	1×ϕ76×4	1×ϕ114	1×ϕ114	化水车间至脱硫岛
27	电缆沟	400×400～1000×1300	700×1000～1200×1000	700×1000～1200×1000	
28	氢气管	2×ϕ38×3	2×ϕ38×3	2×ϕ38×3	制氢站至主厂房
29	氨气管	1×ϕ200	2×ϕ150	2×ϕ150	液氨站（尿素区）至SCR区
30	尿素溶液管	2×ϕ38×3			尿素站至锅炉
31	厂用压缩空气管	1×ϕ200	1×ϕ200	1×ϕ200	空压机房至电除尘器
32	仪用压缩空气管	母管：1×ϕ279×4.5 支管：2×ϕ57×3	母管：1×ϕ279×4.5 支管：2×ϕ57×3	母管 1×ϕ200 支管 2×ϕ65	空压机房至化水车间 压缩空气管主管或空压机房至净水站
33	供油管	1×ϕ159×4.5	1×ϕ159×4.5	1×ϕ159×4.5	油罐区至锅炉
34	回油管	1×ϕ159×4.5	1×ϕ159×4.5	1×ϕ159×4.5	锅炉至油罐区
35	辅助蒸汽管	1×ϕ273×6.5	1×ϕ300	1×ϕ300	启动锅炉至汽机房
36	吹扫蒸汽管	1×ϕ65	1×ϕ65	1×ϕ65	启动锅炉至油罐区
37	渣水管	1×ϕ108×4.0	2×ϕ159×4.5	2×ϕ159×4.5	锅炉炉底至废水站
38	灰管	6×ϕ168	6×ϕ325×12	8×ϕ325×12	电除尘至灰库
39	暖气沟	1400×800	1400×800	1400×800	采暖区

续表

序号	管线、沟道名称	2×300MW	2×600MW	2×1000MW	路径
40	空压机房冷却水进水管道	1×ϕ219×6	1×ϕ219×6	1×ϕ219×6	后烟道区域至空压机房闭式循环水
41	空压机房冷却水回水管道	1×ϕ219×6	1×ϕ219×6	1×ϕ219×6	后烟道区域至空压机房闭式循环水

注 *D* 为外径。

电厂的主厂房是全厂的生产中心，从厂区引入主厂房的管线及从主厂房引出的管线最多，因此主厂房周围的管线也最密集。一般厂区管线主要分布于汽机房A排外侧、主厂房固定端侧、锅炉炉后、主厂房扩建端以及厂区道路两侧。

（一）汽机房A排外侧

一般汽机房 A 排外侧布置的管线有循环水进/排水管（沟）、生产给水管、消防水管、生活排水管、雨水管、事故排油管（沟）、蒸汽管、暖气沟等。与这些管线交叉的有电缆沟、架空组合导线及热网管架等。在这一侧布置管线与地下设施的矛盾较多，对厂区总平面及竖向布置的影响较大。在平面上的矛盾有单项间距与总间距的矛盾，在竖向上有由于管线的交叉而引起的埋设深度与工艺本身要求的矛盾。A 排外管线一般采用直埋和沟道布置。其布置见图 5-1、图 5-2。

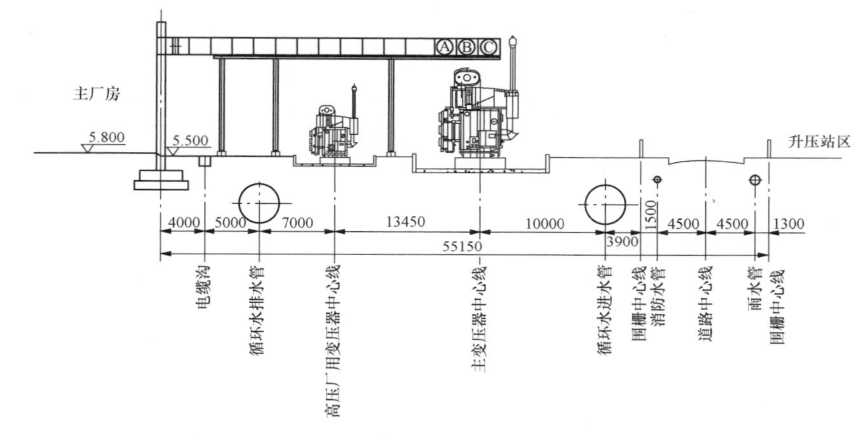

图 5-1 A 排外管线布置示意图一

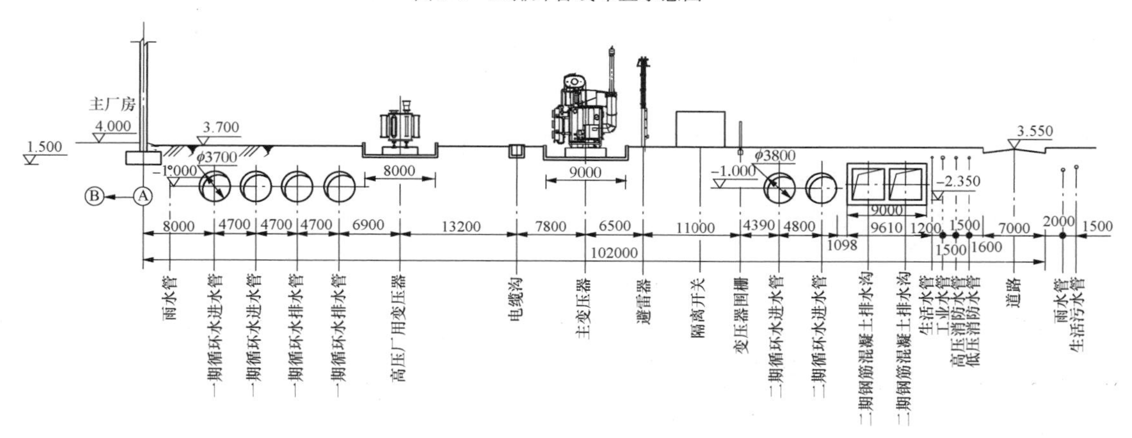

图 5-2 A 排外管线布置示意图二

（二）主厂房固定端侧

主厂房固定端侧地下管线种类较多，在此通过的管线一般管径都不是很大，而且有压力的较多。所以，对在此处的管线除消防水管、下水管及易冻的给水管外，一般均宜采用地上的综合管架进行敷设。这样处理是节省厂区管线占地最显著的措施。

固定端管线一般采用管架和直埋沟道相结合的方式布置，见图 5-3。

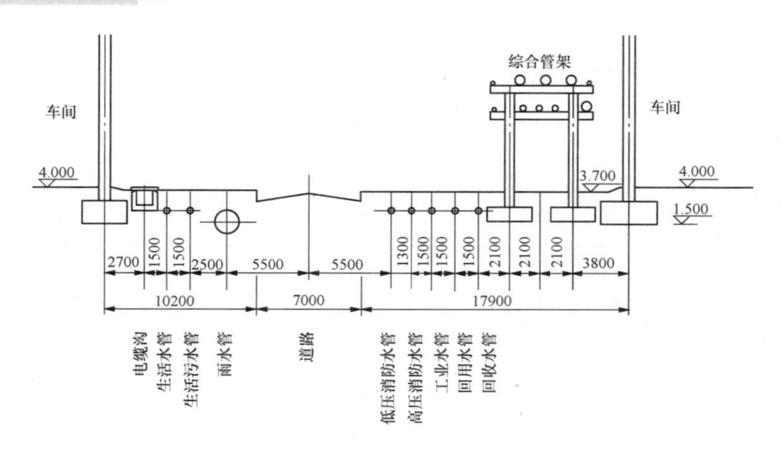

图 5-3　固定端管线布置示意图

（三）锅炉炉后

锅炉炉后各类设备基础密集，300MW 及以上的机组，炉后与除尘器之间应设置检修道路，道路两侧有消防水管、雨水管、生活排水管、生活给水管、生产排水管等。

除尘器下面有冲灰沟或干除灰管的管道支架基础，以及去引风机的电缆沟或电缆支架的基础，其他管线都布置在烟囱的外侧。有的电厂从锅炉侧引入循环水管沟。这一侧地下管线一般应结合引风机、除尘器、烟道支架及烟囱基础的布置及埋深进行布置。

锅炉炉后管线一般采用管架和直埋沟道相结合的方式布置，见图 5-4。

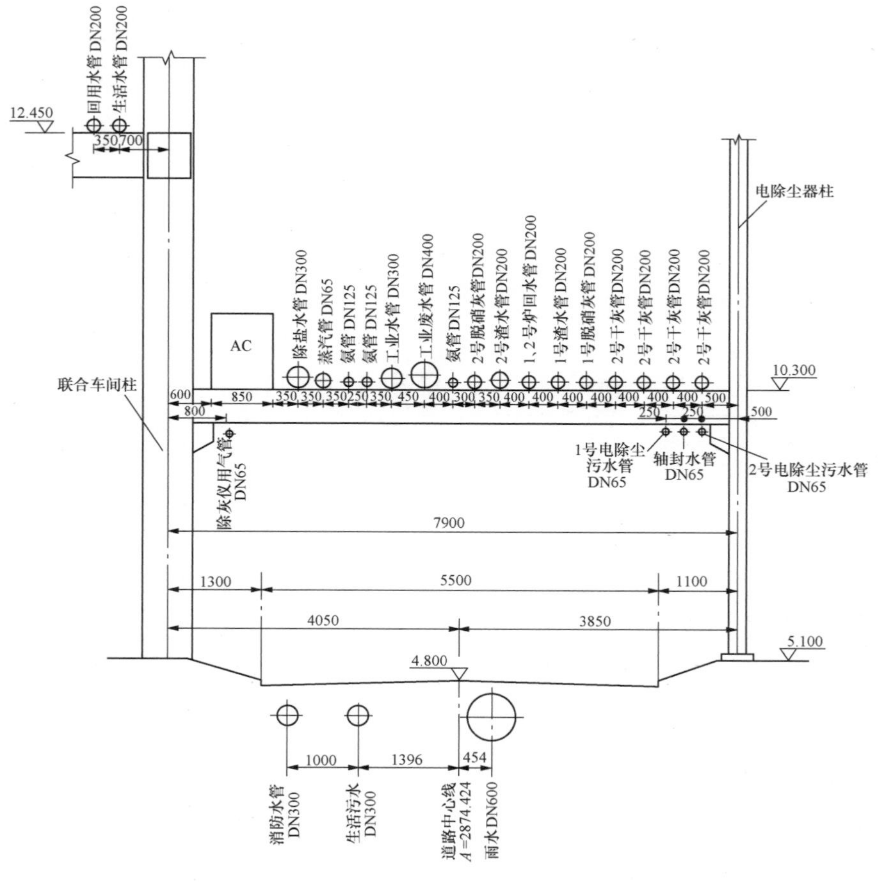

图 5-4　锅炉炉后管线布置示意图

（四）主厂房扩建端

在主厂房的扩建端，一般不宜布置永久性的管线，尤其是沟道和架空管架，以避免影响工程的扩建和本期工程的施工。除必要的消防水管和雨水管外，其他管线均不在此布置。

（五）厂区道路主干道和次干道两侧

由于消防的要求，厂区道路主干道和次干道旁都要设置消火栓，所以消防水管在道路旁埋设。另外全厂性的管线干管都是沿道路设置的，如给水管、雨水管、污水排水管、电缆沟及暖气沟等。

第三节　厂区管线布置方式及要求

厂区管线布置时，应根据当地自然条件、管内介质特性、管径、工艺流程以及施工与维护等因素和技术要求，经综合比较后确定合适的敷设方式。为节约用地，便于检修，方便管理，凡有条件集中架空布置的管线和当地下水位较高，地基土壤具有腐蚀性或基岩埋深较浅且不利于地下管沟施工的区域及改、扩建工程场地狭窄、厂区用地不足时，宜优先采用综合管架进行敷设。地下水位较低、有条件集中地下敷设的管线，也可采用综合地下管廊进行敷设。

一、厂区管线敷设方式选择因素

电厂厂区内管线敷设方式的选择因素较多，一般按下列因素来选择管线的敷设方式：

（1）应考虑管径、运行维修要求以及管内介质的特性。管线内输送的各种物质（液体、气体）有它自身的要求，因此对易燃、易爆、易腐及易冻等管线有其特定的敷设条件。如氢气管、氨气管等易爆，从安全运行考虑，宜直埋或架空敷设。供热管、蒸汽管由于管径大，考虑到运行维护方便，可地上架空敷设。酸碱管易腐蚀，需经常维护检修，宜采用沟道敷设。化学软化水管考虑到运行期间的维护和检修，宜采用沟道或架空敷设。循环水供排水管管径大，宜采用直埋敷设，雨水管等重力流管线大多采用直埋敷设。

（2）应考虑管线路径所处的位置。架空热力管线或架空燃油管道应尽量避免穿越厂区主要出入口处，如须穿越，则应采取适当措施。穿越厂区铁路和道路的管线，架空或地下敷设时，必须考虑运输、人行净空高度以及沟道荷载的要求。

（3）应考虑地区的气象条件。南方多雨地区的地下沟道排水不畅一直是现实中的常见问题。沟道内设计的排水点往往由于淤积或其他原因堵塞，造成长期大量积水，对电厂的日常运行、维护带来隐患。因此，南方多雨地区应尽量少用沟道敷设方式，减少沟道积水。在寒冷地区应考虑冻土对管线的影响，如果采用架空敷设，应考虑管线的保温问题。

（4）因地制宜，适应场地条件。要考虑厂区工程地质条件。在湿陷性黄土地区布置管道时，应防止上、下水管道的渗透和漏水，以免影响建（构）筑物基础下沉，致使建（构）筑物遭受破坏。有条件时应尽量采用地上敷设，也可采用沟道敷设。

对场地紧张的电厂优选采用综合管架敷设方式，可节约大量管线用地。另外管线布置需要良好的地形和地质条件，以利于管线的稳固性，对于不良地形应尽量避免，如塌方、软弱地质等。凡有条件集中架空布置的管线，均宜采用综合管架进行敷设，减少场地处理量。厂区管沟应尽量避免设在回填土地带，如设在回填土地段时，管（沟）垫层必须加以处理。

地下水位较高，土壤具有腐蚀性或基岩埋深较浅且不利于地下管沟施工的地区，宜优先考虑采用综合管架。

（5）满足方便管理、厂容厂貌的要求。采用地面敷设方式，为运行中的日常巡视、维护提供了方便。厂前建筑区附近宜采用全地下敷设，使厂前建筑区视线开阔，厂容美观；生产区整齐、简洁的综合管架和地面支架体现了大型电厂的工业气息和现代化形象。另外有些在城市区域内的电厂，为了满足景观要求，管线以沟道和直埋为主。

（6）方便施工。管线地下敷设的做法，存在大量的管道（沟道）交叉问题，设计繁琐，施工起来也经常反复，很难满足现阶段工期较短的要求。地面（支墩或管架）敷设的形式有效地减少了地下交叉，节约了大量的土石方工程，而且在管架（支墩）的制作、安装上，达到很高的装配化、模块化程度，这些都充分地提高了效率，缩短了工期。

根据电厂调研情况，在厂区被管架包围区域内，如果最高管架净空只有 4.0～4.5m，会造成检修车辆通行困难，建议在主要通道上至少有一处净空应达到 6.0m，以满足大件检修的需要。为节约管架造价，部分区域的管架应适当降低净高至 2.2m（至地坪）。

在寒冷区域电厂的调研情况反馈，由于压缩空气管较长，管径细，冬季容易在转弯处出现结冰现象。化学水区域敷设在管架上的管线应增加电加热保温措施。所以建议严寒地区可考虑使用地下综合管廊。

二、厂区管线敷设及要求

管线布置可采取地上和地下两大敷设方式。地上敷设一般采用地面及架空两种敷设方式，地下敷设一般采用直埋和管沟。管线常用敷设方式的适用条件见表 5-2。

表 5-2　管线常用敷设方式的适用条件

敷设方式			图示	适用条件
地上敷设	地面	平地布置	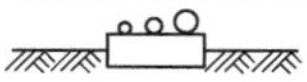	不影响交通的地段
		沿斜坡布置（一）	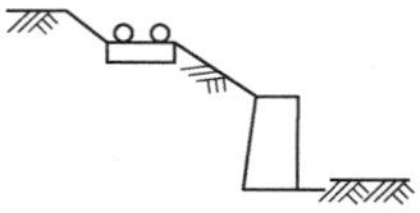	利用斜坡布置管道
		沿斜坡布置（二）	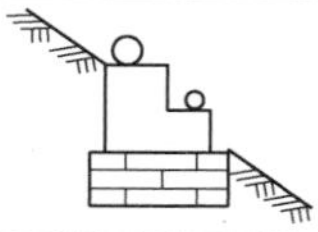	
		沿斜坡布置（三）	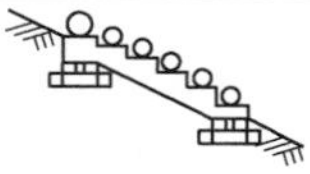	
	架空	墙架	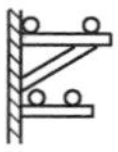	管道数量少且管径小。易燃、易爆、腐蚀性及有毒介质管线不应沿与其无关的外墙敷设
		低管架	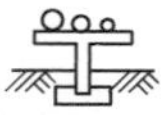	管架高度必须满足运输、人流通行的净空要求
		高管架	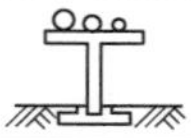	
		高架多层	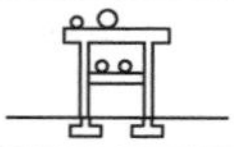	
			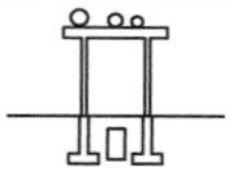	
地下敷设	直埋		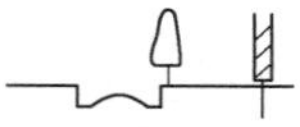	自流、防冻、不经常检修的管线
	沟道	可通行	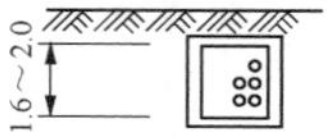 1.6～2.0	一般管线密集的地段或化学水沟、电缆、暖气沟，寒冷和严寒地区较多采用覆土沟
		半通行	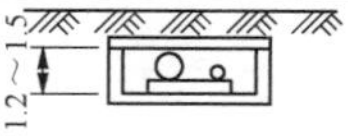 1.2～1.5	
		不通行	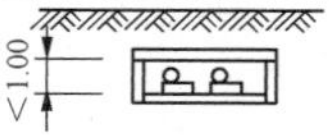 <1.00	
		不通行	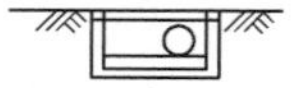	

（一）地上敷设

电厂厂区地上敷设的管线基本为压力管。地上管线包括供热管网、燃油电厂的供油管、某些电厂的酸碱管和天然气管、暖气管或电缆等。地上敷设管线有以下优点：①占地少，土方工程量小；②不受地下水及大气降雨的影响；③维护检修和施工条件好；④竖向上各种管线交叉容易解决。

1. 地上管线布置一般要求

（1）不影响交通运输、人流通行、消防及检修，保证厂区正常运输（公路、铁路）和人流通行。架空管道跨越铁路、道路及人行道的最小垂直净距见表 5-3。

表 5-3　架空管道跨越铁路、道路及人行道的最小垂直净距　（m）

名称		最小垂直净距
铁路轨顶	一般管线	5.5
	易燃、可燃气体及液体管道	6.0
架空输电线路	一般管线	①
	易燃、可燃气体及液体管道	②
道路		5.0③

续表

名称	最小垂直净距
人行道	2.5

注 1 表中净距，管线自最突出部分算起；管架自最低部分算起；道路与人行道均从路面算起。

2 架空管架（管线）跨越电气化铁路的最小垂直净距为6.6m。

①架空输电线路跨越架空一般管线时的最小垂直净距：110kV为3m，220kV为4m，330kV为5m，500kV为6.5m，750kV为8.5m，1000kV为10m。

②架空输电线路跨越架空可燃或易燃、易爆液（气）体管线时的最小垂直净距：110kV为4m，220kV为5m，330kV为6m，500kV为7.5m，750kV为9.5m，1000kV为18m。

③有大件运输要求或在检修期间有大型起吊设施通过的道路，应根据需要确定；在困难地段，在确保安全通行的前提下可小于5m，但不得小于4.5m。

（2）为不影响厂区运输及采光、通风要求。架空管道及其支架任何部分与建（构）筑物之间的最小水平净距见表5-4。

表5-4 架空管道及其支架任何部分与建（构）筑物之间的最小水平净距 （m）

建（构）筑物名称	最小水平净距
建筑物有门窗的墙壁外边或突出部分外边	3.0
建筑物无门窗的墙壁外边或突出部分外边	1.5
铁路（中心线）	3.8
架空输电线路	①
道路	1.0
人行道外沿	0.5
厂区围墙（中心线）	1.0
照明、通信杆柱中心	1.0

注 1 表中距离除注明者外，管架从最外边线算起；道路为城市型时，自路面边缘算起，为公路型时，自路肩边缘算起。

2 本表不适用于低架式、地面式及建筑物支撑式。

3 易燃及可燃液体、气体介质管道的管架与建（构）筑物之间的最小水平净距应符合有关规范的规定。

①架空输电线路与架空管架的最小水平净距应满足最大风偏情况下，110kV为3.5m，220kV为4.3m，330kV为5m，500kV为7.5m，750kV为7.5m，1000kV为10m。架空输电线路与可燃或易燃、易爆液（气）体管线管架的最小水平净距为：开阔地区为最高杆（塔）高；当路径受限制时，在最大风偏情况下，110kV为4m，220kV为5m，330kV为6m，500kV为7.5m，750kV为9.5m，1000kV为13m。

（3）多管共架敷设时，管道的排列方式及布置尺寸应满足安全、美观的要求，并便于管道安装和维修，力求管架荷载分布合理和避免相互影响。

（4）沿建（构）筑物外墙架设的管线，宜管径较小、不产生推力，且建（构）筑物的生产与管内介质相互不能引起腐蚀、燃烧等危险。

（5）厂区架空管线之间的最小水平净距应符合表5-5的规定。厂区架空管线互相交叉时的垂直净距不宜小于0.25m。电力电缆与热力管、可燃或易燃易爆管道交叉时的垂直净距不应小于0.5m，当有隔板防护时可适当缩小。

表5-5 厂区架空管线之间的最小水平净距 （m）

名称	热力管	氢气管	氨气管	天然气管	燃油管	电缆
热力管	—	0.25	0.25	0.25	0.25	1.0
氢气管	0.25	—	0.5	0.5	0.5	1.0
氨气管	0.25	0.5	—	0.5	0.5	1.0
天然气管	0.25	0.5	0.5	—	0.5	1.0
燃油管	0.25	0.5	0.5	0.5	—	0.5
电缆	1.0	1.0	1.0	1.0	0.5	—

注 1 表中净距，管线自防护层外缘算起。

2 表中所列管道与给水管、排水管、不燃气体管、物料管等其他非可燃或易燃易爆管道之间的水平净距不宜小于0.25m，但当相邻两管道直径均较小，且满足管道安装维修的操作安全时可适当缩小距离，但不应小于0.1m。

3 当热力管道为工艺管道伴热时，净距不限。

4 动力电缆与热力管净距不应小于1.0m，控制电缆与热力管净距不应小于0.5m，当有隔板防护时，可适当缩小。

2. 特殊管线的架空敷设要求

易燃、可燃液体及可燃气体管道，不应在与其无生产联系的建筑物外墙或屋顶敷设，不应穿越用可燃和易燃材料建成的构筑物，也不应穿越特殊材料线、配电间、通风间及有腐蚀性管道的设施。这是为了防止管道内危险介质一旦外泄或发生事故，对与其有关的建（构）筑物造成危害，同时也防止上述建（构）筑物内部一旦发生事故，对危险介质的管道造成损坏，从而带来二次灾害。

蒸汽管有时需要考虑热膨胀补偿，在布置时也要特殊考虑。

（1）油管。电厂厂区中油管的主要路径是从油罐区敷设至锅炉（或燃油启动锅炉）。油管架空敷设时，若与道路平行布置，则距道路不应小于1m。另外，油管存在泄漏的安全隐患，因此油管在管架上宜布置在管架的最底层，且不应布置在电缆及热力管道的上方。

（2）天然气管。电厂厂区天然气管的主要路径是从调压站至燃气主厂房或燃气启动锅炉。

厂区架空天然气管与建（构）筑物之间的最小间距见表5-6。

表5-6　厂区架空天然气管与建（构）筑物之间的最小间距　（m）

名称	天然气管
甲、乙类生产厂房或散发火花设施	10
丙、丁、戊类生产厂房	6.0①
铁路（中心线）	6.0
架空电力线路	本段最高杆（塔）高度②
道路	1.5
人行道外沿	0.5
厂区围墙（中心线）	1.5
通信照明杆柱（中心线）	1.0

注　当天然气管在管架上敷设时，水平净距应从管架最外边缘算起；道路为城市型时，自路面边缘算起，为公路型时，自路肩边缘算起。

① 当场地受限制时，架空天然气管道在按照GB 50251《输气管道工程设计规范》的规定采取了有效的安全防护措施或增加管道壁厚后，可适当缩短与丙、丁、戊类生产厂房之间的水平净距，但不得小于3m。

② 指开阔地区。当路径受限制时，在最大风偏情况下，厂区架空天然气管与架空电力线路边导线的最小水平净距：110kV为4m，220kV为5m，330kV为6m，500kV为7.5m，750kV为9.5m，1000kV为13m。

（3）氢气管和氨气管。电厂厂区中供汽轮机用的氢气管一般为2ϕ25～ϕ38的不锈钢管，管道路径是制氢站(供氢站)至主厂房。氨气管道一般供脱硝使用，一般为2ϕ150的碳钢管，管道路径是从液氨站至锅炉的脱硝装置。氢气管和氨气管与其他架空管线的净距要求较高，因此一般布置于最上层或较上层的边缘。氢气管和氨气管与其他管线的净距应满足表5-5的要求。

（4）压缩空气管。厂区压缩空气管通常从ϕ80～ϕ280不等，根据GB 50029《压缩空气站设计规范》的规定，压缩空气管与其他架空管线的净距应满足表5-7的要求。

表5-7　架空压缩空气管道与其他架空管线的净距（m）

名称	水平净距	交叉净距
给水与排水管	0.15	0.10
非燃气体管	0.15	0.10
热力管	0.15	0.10
燃气管	0.25	0.10
氧气管	0.25	0.10
乙炔管	0.25	0.25
穿有导线的电线管	0.10	0.10
电缆	0.50	0.50
裸导线或滑触线	1.00	0.50

注　1　电缆在交叉处有防止机械损伤的保护措施时，其交叉净距可缩小到0.1m。

2　当与裸导线或滑触线交叉的压缩空气管需经常维修时，其净距应为1m。

（5）电缆。电缆在综合管架上采用电缆桥架的方式敷设，电缆桥架的宽度较宽，通常为400～600mm，同时要考虑日后预留出600mm宽检修通道的要求，一般将电缆布置在管架的最顶层且靠近电缆用户的一侧。电缆与管道之间的距离可参考表5-8。

表5-8　电缆与管道之间无隔板防护时允许距离　（m）

电缆与管道		电力电缆	控制及信号电缆
热力管道	平行	1.0	0.5
	交叉	0.5	0.25
其他管道	平行	0.15	0.1

（6）蒸汽管。电厂厂区中的蒸汽管直径通常为ϕ426，另外再加上保温材料约120mm厚，蒸汽管的管径较大。蒸汽管同时还需考虑热膨胀补偿，设计中常在管架上进行π型布置。π型布置一般分为水平布置和垂直布置两种，因此蒸汽管一般布置在管架下层的边缘，从而减少与其他管线的交叉。蒸汽管不应布置在电缆和油管的下方。

3. 架空管道间距

（1）管架的层间距。根据工程经验，依据敷设不同的管道和气候条件，管架层高一般采用1.2～1.8m比较合适。某南方区域电厂管架每层的间距设计值为1.0～1.2m，经过电厂管道安装和运行检修人员的反映，管架的层间距1.0～1.2m虽然可以满足基本要求，但在敷设管径较大的管道的区域层高略显不足，因此在电厂后期机组的设计中管架层间距增加到1.2～1.5m。从施工和运行的反馈意见可知，管架每层间距1.5m是较合理的，能较好地满足安装和运行检修的要求。而在寒冷地区，管架上管道需要考虑保温，管架层高可再适当增大至1.8m。

（2）架空管线之间的间距。管道外壁或管道隔热层最突出部分与管架或框架的支柱、建筑物墙壁的净距取100mm。有侧向位移的管道，要求保温的法兰、阀门、管道配件和管沟内并排布置的管道，应加大管道间距。

在管架上并排布置的大管道（直径$R \geqslant 200$mm）

与小管道（$R\leqslant75$mm）相邻布置时，在满足特殊管道等要求的前提下，管道之间的净距 D 可在150～200mm之间取值，具体可按不同工程的实际情况确定。

两条小管道（$R\leqslant75$mm）相邻布置时，在满足特殊管道等要求的前提下，管道之间的净距 D 可在 100～200mm 之间取值，具体可按不同工程的实际情况确定。

两条中等管道（200mm$\geqslant R\geqslant$75mm）相邻布置时，在满足特殊管道等要求的前提下，管道之间的净距 D 在 150～250mm 之间取值，具体可按不同工程的实际情况确定。

（3）管架的宽度、层数。综合管架的宽度一般介于 1.5～6.0m 不等，具体宽度应结合管道的数量及种类按实际情况确定。针对火力发电厂内管线的数量及特点，并结合实际工程中的设计经验，当综合管架宽度较宽，达到 3.5～6m 时，管架的层数一般为 3～4 层就能容纳下电厂中所有的管线；当综合管架宽度受用地条件限制时，综合管架的层数可为 5 层。另外考虑到节约投资，降低造价的因素，综合管架的层数一般不宜大于 5 层。

（二）地下敷设

1. 地下管线布置的一般要求

（1）便于施工与检修。地下管线（沟）不得平行布置在铁路路基下，不宜平行敷设在道路下面。当布置受限、用地困难时，可将不需经常检修或检修时不需大开挖的管道、管沟平行敷设在道路路面或路肩下面。直埋的地下管线不应平行、重叠布置。

（2）应尽量减小管线埋置深度，但应避免管道内液体冻结。

（3）地下管线、沟道不宜敷设在建（构）筑物的基础压力影响范围内及道路行车部分内。

（4）通行和半通行隧道的顶部设安装孔时，孔壁应高出设计地面 0.15m，并应加设盖板。两人孔最大间距一般不宜超过 75m，且在隧道变断面处，不通行时，间距还应减小，一般至安装孔最大距离为 20～30m。

（5）电缆沟（隧）道通过厂区围墙或和建（构）筑物的交接处，应设防火隔断（防火隔墙或防火门），其耐火极限不应低于 4h。隔墙上穿越电缆的空隙应采用非燃材料密封。

（6）沟道应设有排除内部积水的技术措施。电缆沟及电缆隧道应防止地面水、地下水及其他管沟内的水渗入，并应防止各类水倒灌入电缆沟及电缆隧道内。地下沟道底面应设置纵、横向排水坡度，其纵向坡度不宜小于 0.3%，横向坡度一般为 1.5%，并在沟道内有利于排水的地点及最低点设集水坑和排水引出管。排水点间距不宜大于 50m，集水坑坑底标高应高于下水井的排水出口顶标高 200～300mm。当沟底标高低于地下水位时，沟道应有防水措施。

（7）地下沟（隧）道宜采用自流排水，当集水坑底面标高低于下水道管面标高时，可采用机械排水。

（8）地下沟道应根据结构类型、工程地质和气温条件设置伸缩缝，缝内应有防水、止水措施。各类沟道伸缩缝间距可按表 5-9 采用。

（9）不同性质地下管线（沟）宜按照下列要求进行敷设：

1）不宜或不应敷设在同一沟道内的管线可按表 5-10 确定。

表 5-9　混凝土、钢筋混凝土与砖地沟伸缩缝间距　（m）

地沟温度条件			混凝土地沟		钢筋混凝土地沟	砌块地沟
			现浇地沟（配构造筋）	现浇地沟（无构造筋）	整体地沟	≥Mu10 砖
不冻土层内			25	20	30	50
冻土层内	年最高、最低平均气温差	≤35℃	20	15	20	40
		>35℃	15	10	15	30

表 5-10　不宜或不应同沟敷设的管线

管线名称	不宜同沟	不应同沟
暖气管	燃油管	冷却水管、酸碱管、电缆
供水管	排水管、高压电力电缆	燃油管、酸碱管、电缆
燃油管	给水管、压缩空气管	酸碱管、电缆
电力、通信电缆	压缩空气管	燃油管、酸碱管

2）氨气管采用沟道敷设时，应采取防止氨气在沟道内积聚的措施，并在进出装置及厂房处密闭隔断。氨气管道不应与电力电缆、热力管同沟敷设。

3）给水管道布置在排水管道之上。

4）具有酸性或碱性的腐蚀性介质管道，应在其他管线下面。

5）天然气管、煤气管、氢气管不宜在沟内敷设。

6）地下厂区管线位置宜按下列顺序自建筑红线向道路侧布置：①电力电缆；②压缩空气；③氢气管；

④生产及生活等上水管；⑤工业废水管；⑥生活污水管；⑦消防水管；⑧雨水管；⑨照明及电信杆柱。

（10）地下管线交叉时一般应满足下列要求：

1）各种管线不应穿越可燃或易燃液（气）体沟道。

2）非绝缘管线不宜穿越电缆沟、隧道，必须穿越时应有绝缘措施。

3）可燃、易燃气体管道应在其他管道上方交叉通过。

4）热力管道应在可燃气体管道及给水管道上方交叉布置。

5）电缆应在热力管道下面及其他管道上方通过。

6）地下管线（或管沟）穿越铁路、道路时，应符合下列要求：

a．管顶至铁路轨底的垂直净距不应小于1.2m。

b．管顶至道路路面结构层底的垂直净距不应小于0.5m。

c．穿越铁路、道路的管线当不能满足上述要求时，应加防护套管（或管沟），其两端应伸出铁路路肩或路堤坡脚以外，且不得小于1m。当铁路路基或道路路边有排水沟时，其套管应延伸出排水沟沟边1m。

2. 地下管线的间距

地下管线至与其平行的建（构）筑物、铁路、道路及其他管线的水平距离，应根据工程地质、基础形式、检查井结构、管线埋深、管道直径、管内输送物质的性质等因素综合确定。

（1）地下管线之间的最小水平净距见表5-11。

（2）地下管线与建（构）筑物之间的最小水平净距见表5-12。

表5-11　地下管线之间的最小水平净距　（m）

名称		给水管（mm）				排水管（mm）			热力管（沟）
		<75	75～150	200～400	>400	生产废水管与雨水管<800（污水管<300）	生产废水管与雨水管800～1500（污水管400～600）	生产废水管与雨水管>1500（污水管>600）	
给水管（mm）	<75	—	—	—	—	0.7	0.8	1.0	0.8
	75～150	—	—	—	—	0.8	1.0	1.2	1.0
	200～400	—	—	—	—	1.0	1.2	1.5	1.2
	>400	—	—	—	—	1.0（1.2）	1.2（1.5）	1.5（2.0）	1.5
排水管（mm）	生产废水管与雨水管<800（污水管<300）	0.7	0.8	1.0	1.0（1.2）	—	—	—	1.0
排水管（mm）	生产废水管与雨水管800～1500（污水管400～600）	0.8	1.0	1.2	1.2（1.5）	—	—	—	1.2
	生产废水管与雨水管>1500（污水管>600）	1.0	1.2	1.5	1.5（2.0）	—	—	—	1.5
热力管（沟）		0.8	1.0	1.2	1.5	1.0	1.2	1.5	—
天然气管		1.5	1.5	1.5	1.5	2.0	2.0	2.0	2.0
压缩空气管		0.8	1.0	1.2	1.5	0.8	1.0	1.2	1.0
氢气管、氨气管		0.8	1.0	1.2	1.5	0.8	1.0	1.2	1.5
电力电缆	直埋电缆	1.0	1.0	1.0	1.0	1.0	1.0	1.0	2.0
	电缆沟（排管）	0.8	1.0	1.2	1.5	1.0	1.2	1.5	1.0
通信电缆	直埋电缆	0.5	0.5	1.0	1.2	0.8	1.0	1.0	2.0
	电缆沟（排管）	0.5	0.5	1.0	1.2	0.8	1.0	1.0	0.6

续表

名称	给水管（mm）				排水管（mm）			热力管（沟）
	<75	75～150	200～400	>400	生产废水管与雨水管<800（污水管<300）	生产废水管与雨水管800～1500（污水管400～600）	生产废水管与雨水管>1500（污水管>600）	
油管（沟）	1.0	1.0	1.0	1.0	1.0	1.0	1.0	1.0
酸、碱、氯管（沟）	1.0	1.0	1.0	1.0	1.0	1.0	1.0	1.0

名称		天然气管	压缩空气管	氢气管、氨气管	电力电缆		通信电缆		油管（沟）	酸、碱、氯气管（沟）
					直埋电缆	电缆沟（排管）	直埋电缆	电缆沟（排管）		
给水管（mm）	<75	1.5	0.8	0.8	1.0	0.8	0.5	0.5	1.0	1.0
	75～150	1.5	1.0	1.0	1.0	1.0	0.5	0.5	1.0	1.0
	200～400	1.5	1.2	1.2	1.0	1.2	1.0	1.0	1.0	1.0
	>400	1.5	1.5	1.5	1.0	1.5	1.2	1.2	1.0	1.0
排水管（mm）	生产废水管与雨水管<800（污水管<300）	2.0	0.8	0.8	1.0	1.0	0.8	0.8	1.0	1.0
排水管（mm）	生产废水管与雨水管 800～1500（污水管 400～600）	2.0	1.0	1.0	1.0	1.2	1.0	1.0	1.0	1.0
	生产废水管与雨水管>1500（污水管>600）	2.0	1.2	1.2	1.0	1.5	1.0	1.0	1.0	1.0
热力管（沟）		2.0①	1.0	1.5	2.0	1.0	2.0	0.6	1.0	1.0
天然气管		—	1.5	1.5	1.5	1.5	1.5	1.5	1.5	1.5
压缩空气管		1.5	—	1.5	1.0	1.0	0.8	1.0	1.5	1.0
氢气管、氨气管		1.5	1.5	—	1.0	1.5	1.0	1.0	1.5	1.5
电力电缆	直埋电缆	1.5	1.0	1.0	—	0.5	0.5	0.5	1.0	1.0
	电缆沟（排管）	1.5	1.0	1.5	0.5	—	0.5	0.5	1.0	1.0
通信电缆	直埋电缆	1.5	0.8	1.0	0.5	0.5	—	—	1.0	1.0
	电缆沟（排管）	1.5	1.0	1.0	0.5	0.5	—	—	1.0	1.0
油管（沟）		1.5	1.5	1.5	1.0	1.0	1.0	1.0	—	1.5
酸、碱、氯管（沟）		1.5	1.0	1.5	1.0	1.0	1.0	1.0	1.5	—

注 1 表列间距均自管壁、沟壁或防护设施的外缘或最外一根电缆算起；管径是指公称直径；表中“—”表示间距根据工艺专业要求及施工、运行检修等因素确定。

2 特殊情况下，当热力管（沟）与直埋电缆间距不能满足本表规定时，在采取隔热措施后可酌减且最多减少 50%；当热力管为工艺管道伴热时，间距不限；仅供采暖用的热力沟与电力电缆、通信电缆及电缆沟之间的间距可减少 20%，但不得小于 0.5m。

3 局部地段直埋电缆用隔板分隔或穿管后，与给水管、排水管、压缩空气管的间距可减少到 0.5m。

4 表列数据是按给水管在污水管上方制定。生活饮用水给水管与生产、生活污水管的间距应按本表数据增加 50%；当给水管与排水管共同埋设的土壤为砂土类，且给水管的材质为非金属或非合成塑料时，给水管与排水管的间距不应小于 1.5m。

5 110kV 及以上的直埋电力电缆应按表列数据增加 50%。

6 表中天然气管指设计压力大于或等于 1.6MPa 的天然气管，设计压力小于 1.6MPa 的天然气管与其他管线之间的距离按 GB 50028《城镇燃气设计规范》的有关规定执行。

①天然气管至热力管沟（外壁）的间距不应小于 4.0m。

表 5-12 地下管线与建（构）筑物之间的最小水平净距 （m）

名称	给水管（mm）			排水管（mm）				热力管（沟）	天然气管	压缩空气管	氢气管、氨气管	直埋电缆	电缆沟（排管）	油管（沟）	酸、碱、氯管（沟）
	<150	200～400	>400	生产废水管与雨水管<800（污水管<300）	生产废水管与雨水管800～1500	污水管400～600	生产废水管与雨水管>1500（污水管>600）								
建（构）筑物基础外缘	1.0	2.5	3.0	1.5	2.0	2.0	2.5	1.5	13.50①	1.5	④	0.6⑥	1.5	3.0	3.0
铁路（中心线）	3.3	3.8	3.8	3.8	4.3	4.3	4.8	3.8	②	2.5⑤	2.5⑤	3.0（10.0）⑤	2.5⑤	3.8	3.8
道路	0.8	1.0	1.0	0.8	1.0	0.8	1.0	0.8	1.5	0.8	0.8	1.0⑥	0.8	1.5	1.0
管架基础外缘	0.8	1.0	1.0	0.8	0.8	1.0	1.2	0.8	1.5	0.8	0.8	0.5	0.8	1.5	1.5
通信照明杆柱（中心）	0.5	1.0	1.0	0.8	1.0	1.0	1.2	0.8	1.0	0.8	0.8	1.0⑥	0.8	1.0	1.0
围墙基础外缘	1.0	1.0	1.0	1.0	1.0	1.0	1.0	1.0	1.0	1.0	1.0	0.5	1.0	1.0	1.0
排水沟外缘	0.8	0.8	1.0	0.8	0.8	0.8	1.0	0.8	1.0	0.8	0.8	1.0⑥	1.0	1.0	1.0
高压电力杆柱或铁塔基础外缘	0.8	1.5	1.5	1.2	1.5	1.5	1.8	1.2	1.0（5.0）③	1.2	2.0	4.0⑥	1.2	2.0	2.0

注 1 表列间距除注明者外，管线均自管壁、沟壁或防护设施的外缘或最外一根电缆算起；道路为城市型时，自路面边缘算起，为公路型时，自路肩边缘算起。

2 表列埋地管道与建（构）筑物基础外缘的间距，均指埋地管道与建（构）筑物的基础在同一标高或其以上时，当埋地管道深度大于建（构）筑物的基础深度时，应按土壤性质计算确定，但不得小于表列数值。

3 表中天然气管与建（构）筑物的间距除应符合 GB 50028《城镇燃气设计规范》的有关规定外，管道的安全设计还应满足 GB 50251《输气管道工程设计规范》的要求。

①指设计压力大于或等于 1.6MPa 的天然气管距建筑物外墙面（出地面处）的距离。当按 GB 50251《输气管道工程设计规范》采取有效的安全防护措施或增加管道壁厚后，与建筑物的距离可适当减小，但与建（构）筑物基础外缘的最小水平净距应为 3.0m；设计压力小于 1.6MPa 的天然气管与建筑物的水平净距应按《城镇燃气设计规范》GB 50028 的有关规定执行。

②天然气管与铁路路堤坡脚的最小水平净距为：设计压力小于或等于 1.6MPa 时，为 5m；设计压力小于或等于 2.5MPa 且大于 1.6MPa 时，为 6m；设计压力大于 2.5MPa 时，为 8m。

③括号内为与大于 35kV 电杆（塔）基础外缘的距离。

④氢气管、氨气管与有地下室的建筑物基础和通行沟道外缘的最小水平净距为 3.0m，与无地下室的建筑物基础外缘的最小水平净距为 2.0m。

⑤指距铁路轨外缘的距离；括号内为距直流电气化铁路路轨的距离。

⑥特殊情况下，可酌减且最多减少 50%。

（3）地下管线与建筑物基础之间的水平间距验算。

1）管线埋深大于建（构）筑物基础埋深时，其水平间距 L（见图 5-5）按下式计算：

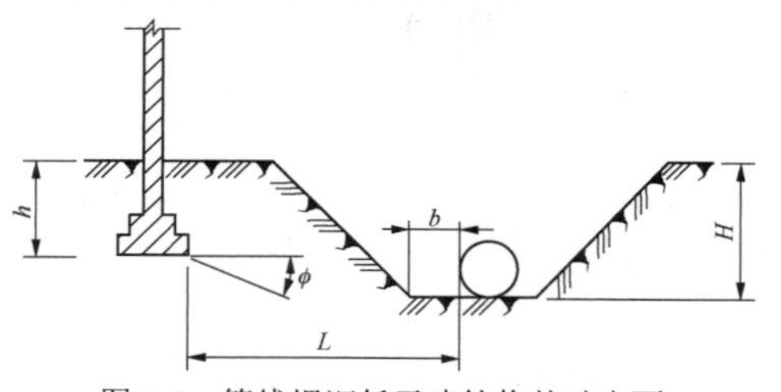

图 5-5　管线埋深低于建筑物基础底面

$$L=\frac{H-h}{\tan\phi}+b \tag{5-1}$$

式中　L——管线与建筑物基础边缘之间的水平距离，m；

H——管线敷设深度，m；

h——建筑物基础砌置深度，m；

ϕ——土壤内摩擦角，见表 5-13，（°）；

b——管线施工宽度，见表 5-14，m。

2）埋深不同的无支撑管道之间的水平间距 L（见图 5-6）按下式计算：

表 5-13　　**土壤内摩擦角 ϕ**

土壤类别				土壤的内摩擦角 ϕ						
				e_0=0.4～0.5	e_0=0.5～0.6	e_0=0.6～0.7	e_0=0.7～0.8	e_0=0.8～0.9	e_0=0.9～1.0	e_0=0.9～1.1
砂类土	粗砂			40	38	36				
	中砂			38	36	33				
	细砂			36	34	30				
	粉砂			34	32	26				
黏性土	粉质黏土	塑限含水量 W_p（%）	<9.4	28	26	25				
	亚黏土		9.5～12.4	23	22	21				
			12.5～15.4	22	21	20	19			
			15.5～18.4		20	19	18	17	16	
			18.5～22.4			18	17	16	15	
			22.5～26.4				16	15	14	
			26.5～30.4					14		13

注　e_0 为孔隙比。

表 5-14　　**管线施工宽度 b**

管径（mm）	b 值（m）
100～300	0.4
350～450	0.5
500～1200	0.6

$$L=m\Delta h+B \tag{5-2}$$

式中　L——管线之间的水平间距；

m——沟槽边坡的最大坡度；

Δh——两管道沟槽槽底之间高差，m；

B——两管道施工宽度之和（$B=b_1+b_2$），见表 5-15。

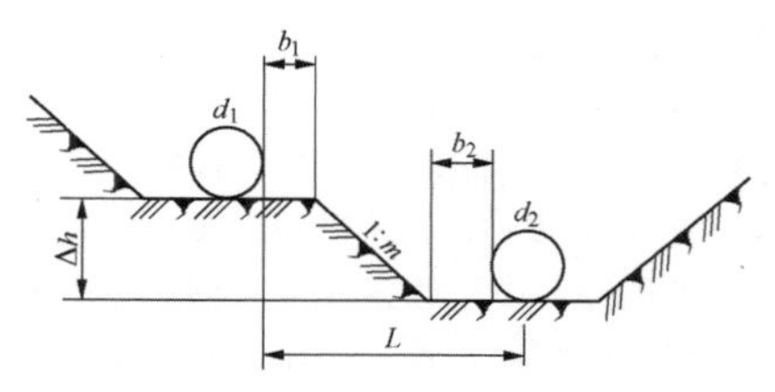

图 5-6　无支撑管道之间水平间距

表 5-15　　**管道施工宽度之和 B**　　（m）

项目		管径 d_1（mm）		
		200～300	350～450	500～1200
管径 d_2（mm）	200～300	0.7	0.8	0.9
	350～450	0.8	0.9	1.0
	500～1200	0.9	1.0	1.1

3. 循环水管布置

（1）循环水管的特点。循环水管作为厂内最主要的管线之一，通常采用一台机组配一条进水管、一条排水管（沟）。它具有以下特性：

1）管径大。循环水管常用直径尺寸：300MW级机组约2.4m，600MW级机组约3.0m，1000MW级机组约3.8m。其管径列于厂区管径之首，故平面及管线布置时最先考虑其路径。

2）埋深大。由于循环水管管径大、施工早，需考虑场地上其他管线与循环水管平面交叉问题，一般循环水管覆土深度约2m，开挖深度可达6m。当考虑大件或重载交通通过时，还需要加固处理。

3）材质要求高。通常情况下采用钢管，有时也可采用钢套筒钢筋混凝土管（PCCP）。

4）开挖和回填要求高。由于循环水管埋深大，根据地质条件的不同，考虑开挖坡度在1:1～1:2之间，特别是在扩建机组时，与周边的建（构）筑物需要考虑相应的施工距离。少数情况下，可采用支护桩进行处理。在回填时，为了确保压实度，管底需要铺垫300mm厚的粗砂垫层，管的两侧采用中粗砂分层夯实的方法。

（2）循环水管的敷设。循环水管是连接循环水泵房与汽机房的管线，所以循环水管的敷设取决于两者之间的相对位置关系。无论是直流冷却系统，还是循环冷却系统，循环水泵房相对主厂房通常有以下三种布置方式：

1）汽机房A排外。循环水泵房布置在汽机房A排外，循环水管垂直穿过A排外环形道路后，沿A排纵轴线进入主厂房，其长度是各种布置方式较为短捷的一种，但同时给配电装置的出线带来困难。

根据实际布置，循环水泵房与配电装置的布置关系可采用：①在场地允许的情况下，循环水泵房与配电装置并列布置在主厂房A排外，见图5-7；②若受到冷却塔的限制，配电装置布置在冷却塔与主厂房之间或冷却塔的外侧，见图5-8；③配电装置布置在主厂房固定端，高压出线从A排引出后转角接入配电装置，见图5-9；④将配电装置布置在锅炉房外侧，主变压器布置在A排外，高压进线跨越主厂房接入配电装置；⑤当汽轮发电机纵向布置且锅炉露天时，主变压器可利用炉侧空地布置，高压进线从两台炉之间接入配电装置，这种方式应注意解决防火防爆和检修问题；⑥小型电厂可将主变压器布置在锅炉房外侧，用电缆或硬母线与发电机出线小室连接。

某电厂工程厂区采用三列式顺岸布置，循环水泵房布置在主厂房A排外。循环水管线布置在A排外，向西通入长江。一期循环水管短捷，2×1000MW机组循环水进水管长约2×230m，循环水排水管（沟）长约600m，造价投资省。同时，为了减少二期循环水管建设对一期生产运行的影响，将一期A排外的二期循环水管与一期循环水管统一建设，减小二期施工对电厂一期工程运行的影响。布置实例见图5-10。

2）主厂房固定端。沿江电厂可以利用靠近水源地优势，一般主厂房固定端面向循环水泵房，进出水管紧靠A排布置方式较为经济，但要注意与变压器之间的布置关系，当场地受限时，可以考虑将循环水管布置在变压器下，变压器基础做相应的结构处理。

该布置方式的优点是便于安排配电装置、出线走廊和上煤设施，可采用常规的三列式布置，从而有利于电厂扩建；缺点是扩建机组进、排水管沟长，为了兼顾扩建机组的循环水管廊，一期主厂房A排外的空间需要加大，扩建施工时还需要增加相应的措施。

某电厂一期工程总平面布置考虑地质条件，因地制宜，将主厂房和冷却塔同时布置在基岩上，采用了冷却塔与主厂房平行布置的方式，中央水泵房正对锅炉。循环水管线较短，2×1000MW机组循环水进水管长约2×250m，循环水排水管长约500m。布置实例见图5-11。

3）锅炉后侧。无论采用哪一种循环方式，循环水泵房均布置在炉后，通常每根循环水管管线长度较前两种方式增长150～300m，工程造价会增加。若采用冷却塔再循环系统，在环境影响评价的许可下，可采用烟塔合一方案。

循环水泵房布置在炉后时，循环水管有两种布置路径：①进水管绕至主厂房固定端，从A排外进入汽机房；②进水管从炉后直接穿过锅炉房，进入汽机房。

某工程厂区采用三列式布置，采用烟塔合一方案，将两座冷却塔布置炉后，其布置满足循环水及烟气脱硫系统的工艺要求。循环水管沿主厂房区域固定端，从A排外向炉后引接入中央水泵房及冷却塔。该布置循环水管较长，2×1000MW机组循环水进水管长约2×450m，循环水排水管长约1000m。布置实例见图5-12。

某电厂一期工程采用间接空冷塔、烟囱及脱硫吸收塔集中布置，烟塔合一。冷却塔布置在炉后。1号机的循环水管布置在主厂房固定端，由汽机房向炉后布线，接入中央水泵房及冷却塔。2号机循环水管布置在两炉之间，部分管线压在侧煤仓下。循环水进水管长约550m，循环水排水管长约600m。布置实例见图5-13。

4. 特殊地区的地下管线布置

（1）湿陷性黄土地区管道布置。

室外管道宜布置在防护范围外。埋地管道与建筑物之间的防护距离见表5-16。

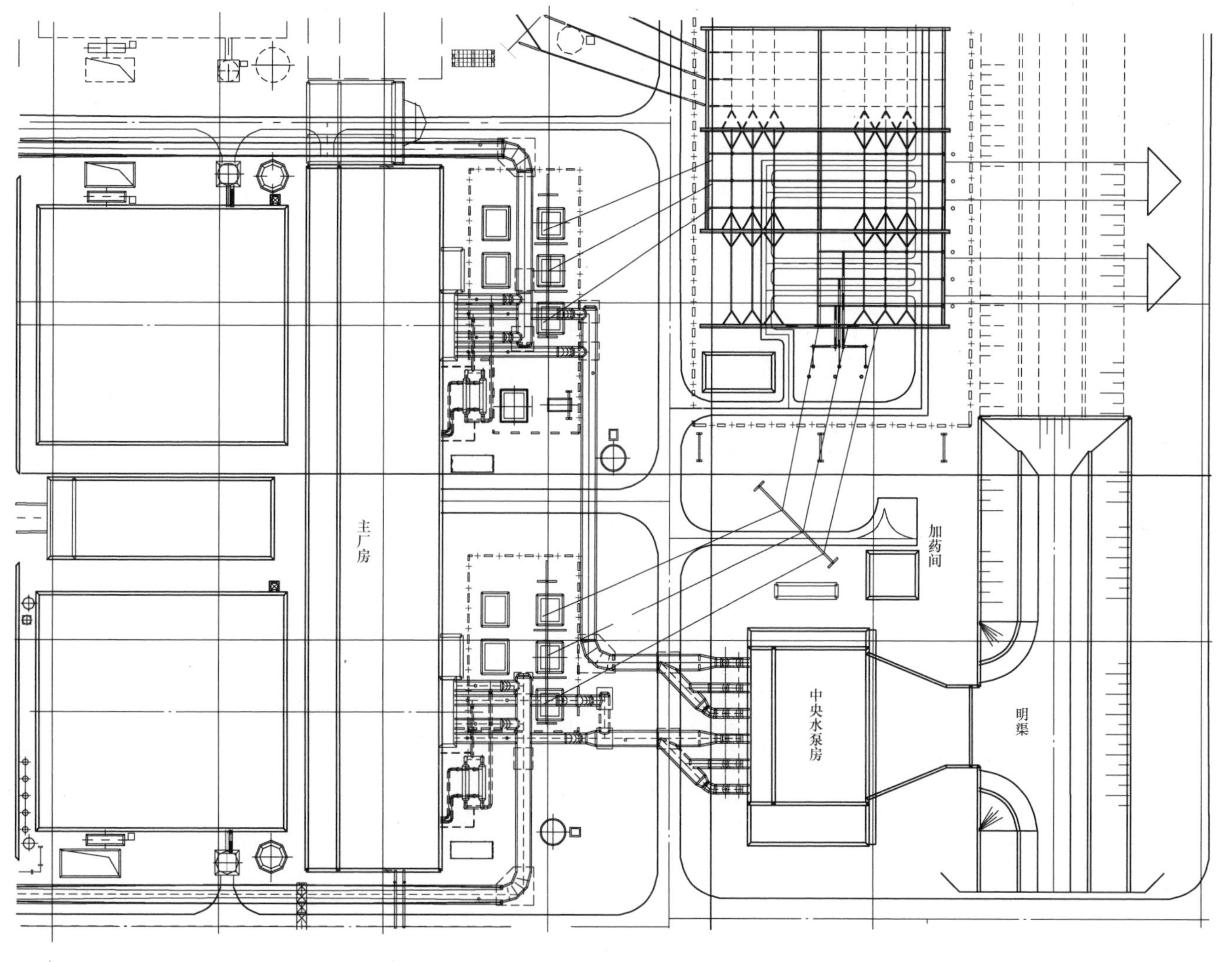

图 5-7 循环水泵房与配电装置平行布置在 A 排外

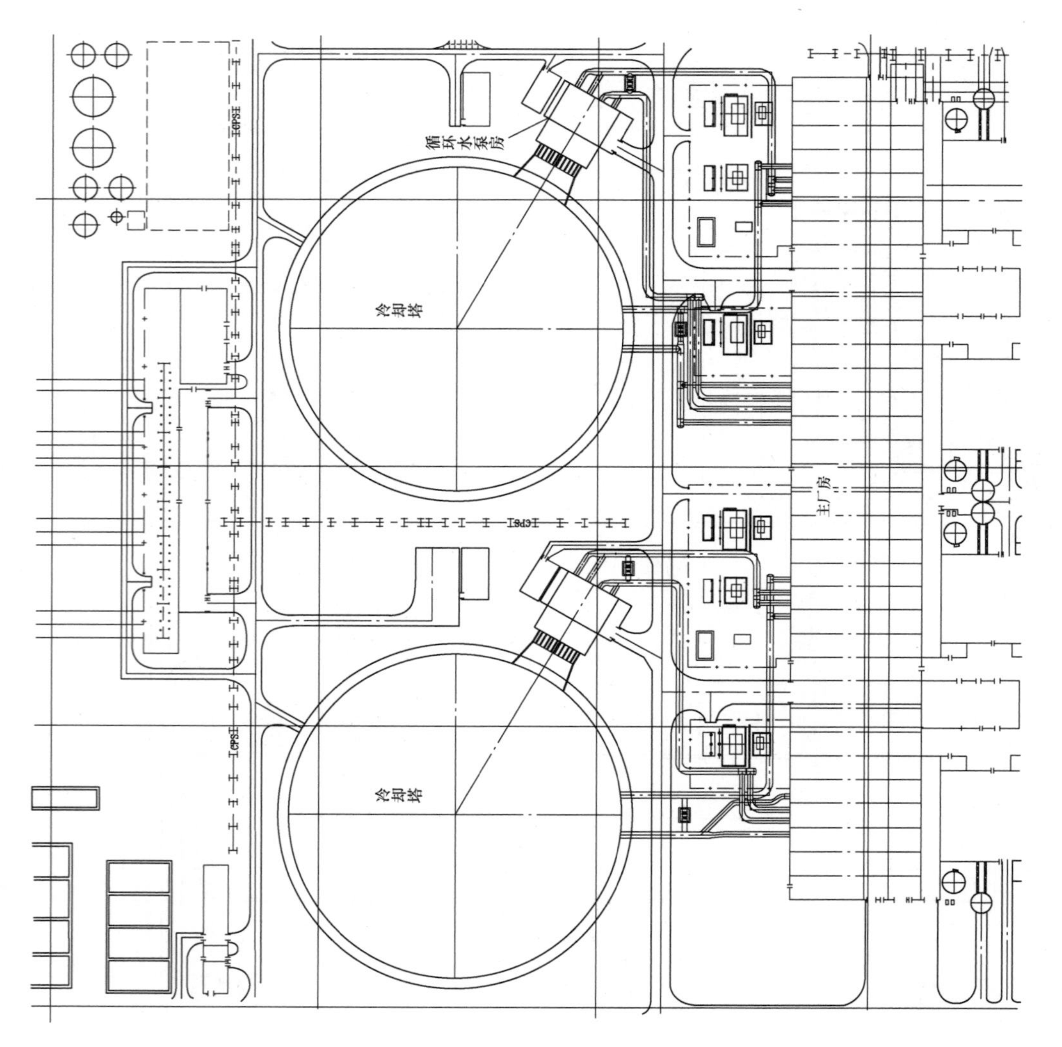

图 5-8　冷却塔布置在 A 排外，配电装置布置在冷却塔外侧

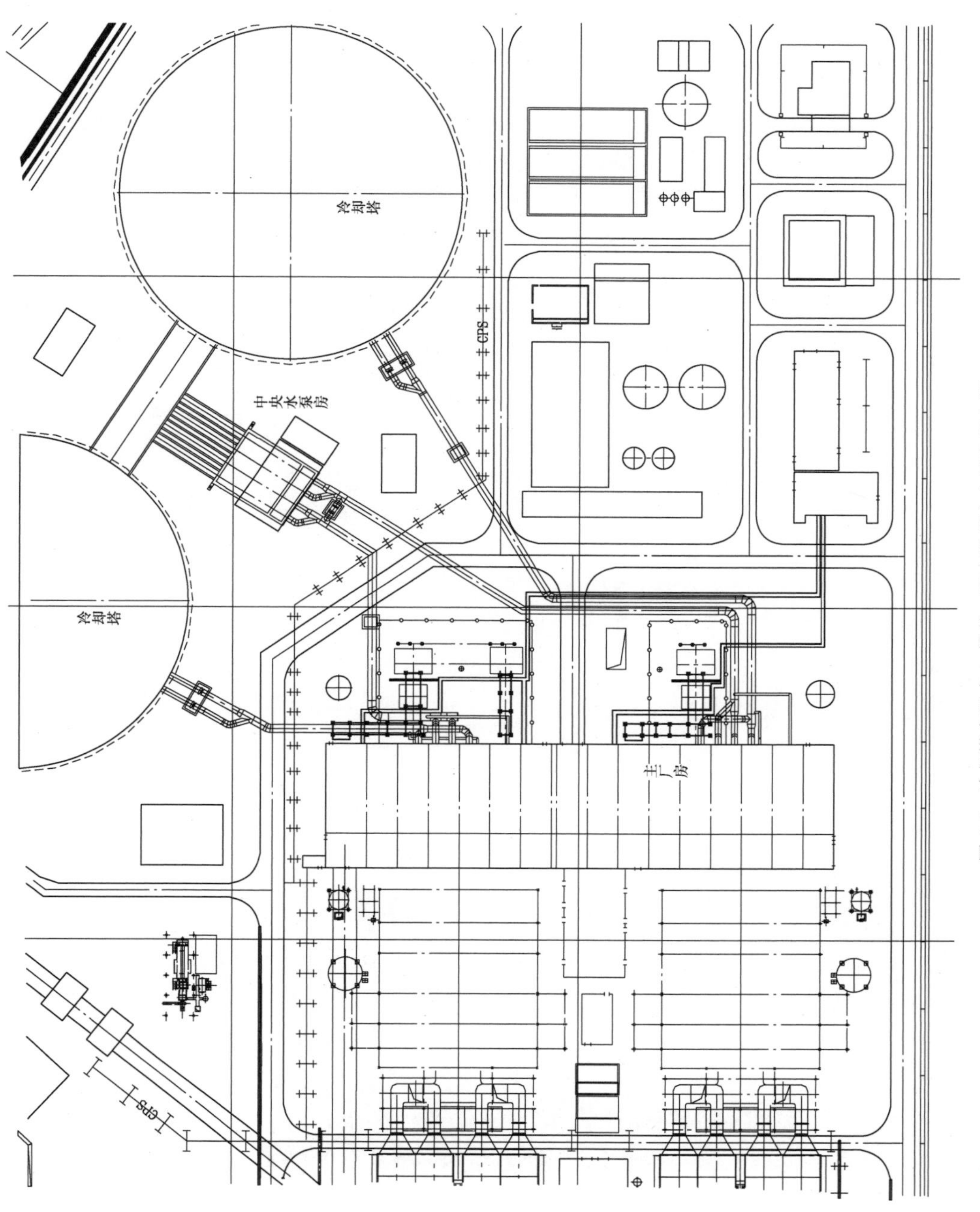

图 5-9 冷却塔布置在 A 排外，配电装置在主厂房固定端

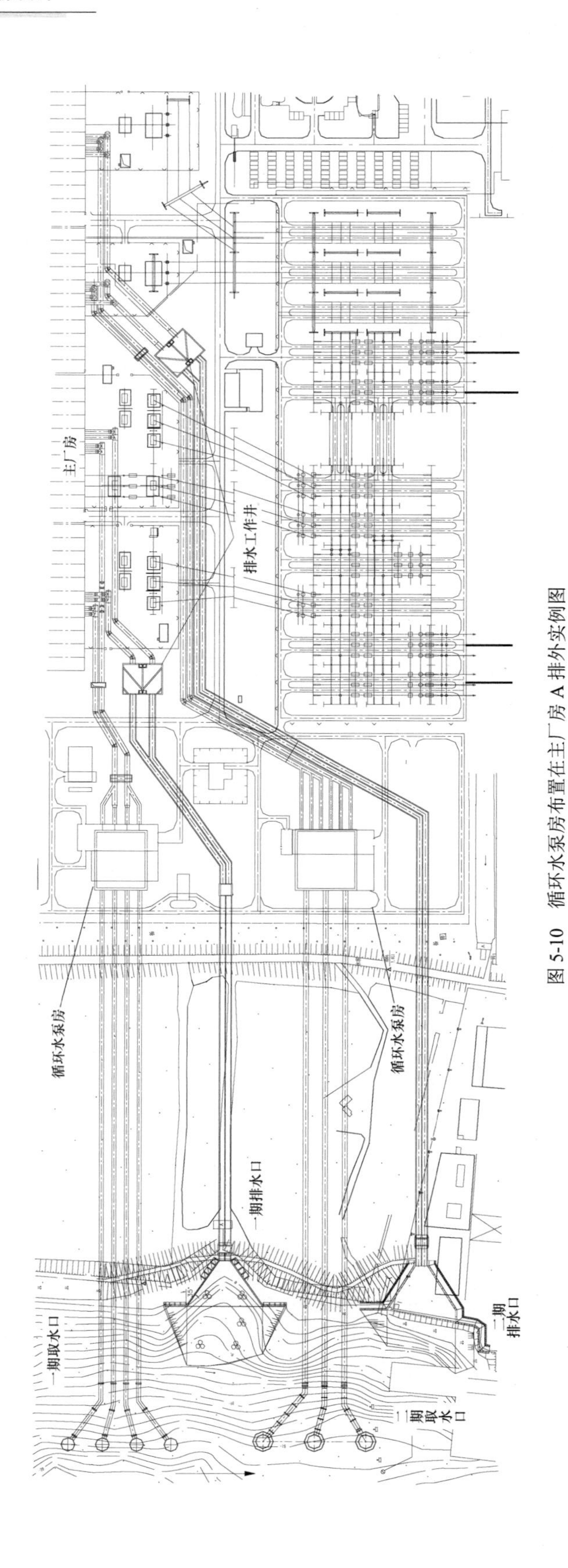

图 5-10　循环水泵房布置在主厂房 A 排外实例图

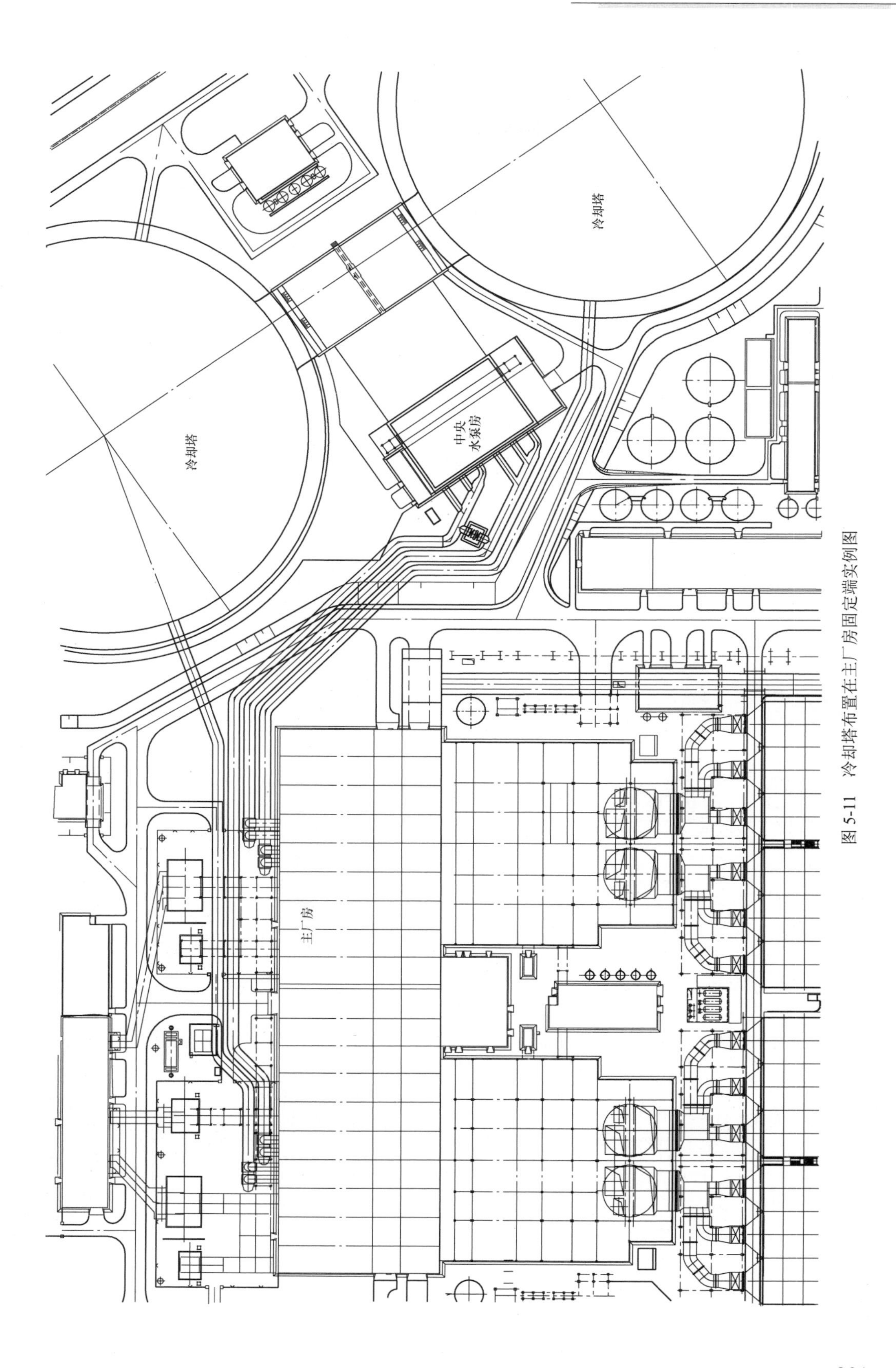

图 5-11 冷却塔布置在主厂房固定端实例图

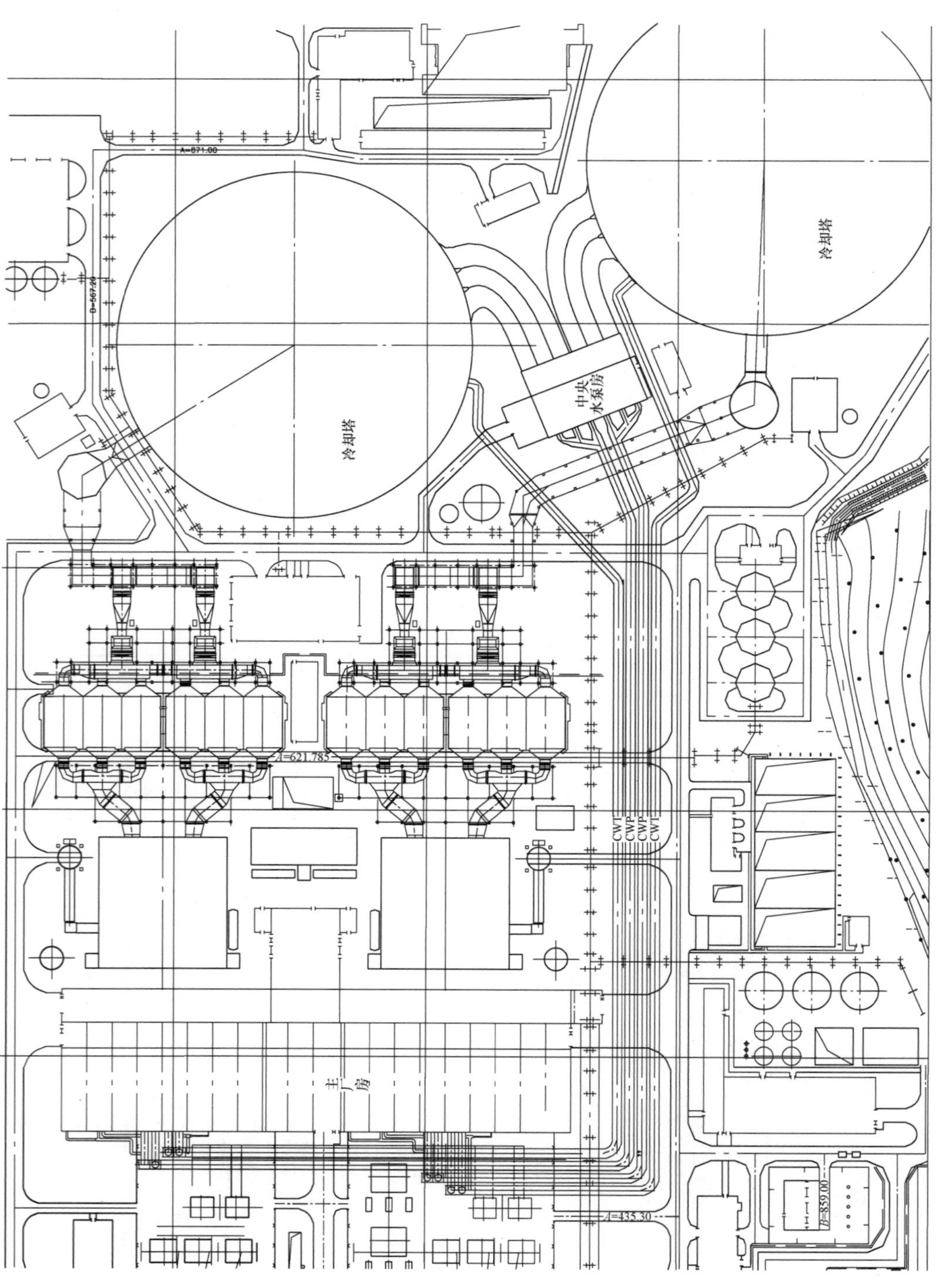

图 5-12　冷却塔布置在炉后实例图（一）

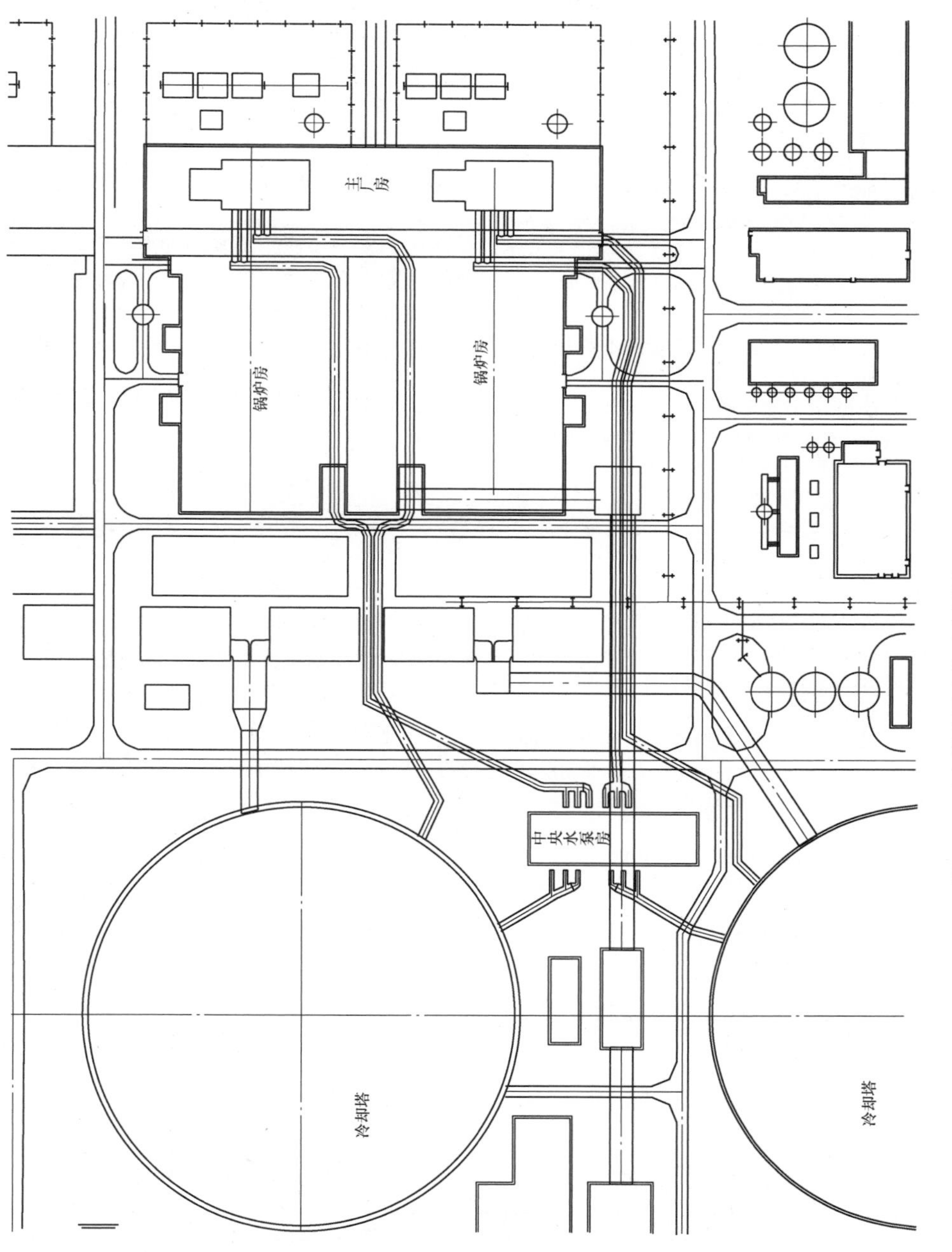

图 5-13　冷却塔布置在炉后实例图（二）

表 5-16　埋地管道与建筑物之间的防护距离　（m）

建筑类型	地基湿陷等级			
	Ⅰ	Ⅱ	Ⅲ	Ⅳ
甲			8～9	11～12
乙	5	6～7	8～9	10～12
丙	4	5	6～7	8～9
丁		5	6	7

注　1　陇西地区和陇东陕北地区，当湿陷性土层的厚度大于 12m 时，压力管道与各类建筑之间的防护距离宜按湿陷性土层的厚度值采用。

2　当湿陷性土层内有碎石土、砂土夹层时，防护距离可大于表中数值。

3　采用基本防水措施的建筑，其防护距离不得小于一般地区的规定。

4　防护距离的计算，对建筑物，宜自外墙轴线算起；对高耸结构，宜自基础外缘算起；对水池，宜自池壁边缘（喷水池等宜自回水坡边缘）算起；对管道、排水沟，宜自其外壁算起。

5　建筑物应根据其重要性、地基受水浸湿可能性大小和在使用上对不均匀沉降限制的严格程度，分为甲、乙、丙、丁四类。

甲类建筑：高度大于 40m 的高层建筑、高度大于 50m 的构筑物、高度大于 100m 的高耸结构、特别重要的建筑、地基受水浸湿可能性大的重要建筑、对不均匀沉降有严格限制的建筑。

乙类建筑：高度 24～40m 的高层建筑、高度 30～50m 的构筑物、高度 50～100m 的高耸结构、地基受水浸湿可能性较大或可能性小的重要建筑、地基受水浸湿可能性大的一般建筑。

丙类建筑：除乙类以外的一般建（构）筑物。

丁类建筑：次要建筑。

临时水管道至建筑物外墙的距离，在非自重湿陷性黄土场地，不宜小于 7m；在自重湿陷性黄土场地，不应小于 10m。

（2）膨胀土地区管道布置。

1）尽量将管道布置在膨胀性较小的和土质较均匀的平坦地段，宜避开大填、大挖地段和自然放坡坡顶处。

2）管道距建筑物外墙基础外缘的净距不应小于 3m。

第四节　厂区管线布置设计实例

火力发电厂管线繁多，布置复杂。本节结合不同地区、不同容量的工程厂区综合管线布置实例，对厂区管线种类、分布情况、敷设方式等内容，以及电厂实际运行中管线布置存在的不足进行了相关介绍。

一、南方山区 2×1000MW 湿冷燃煤电厂实例

某电厂建设规模 4×1000MW 机组，已经建设 2 台机组，厂区管线采用直埋、管沟及架空三种方式，以架空为主。

1. 直埋和管沟

地下敷设管线主要位于 A 排区域、扩建端和烟囱后区域。循环水供排水管、消防水管、雨水管等采用直埋。采用沟道敷设管线主要是酸碱管和部分电缆沟。

A 排外：A 排至行政办公楼之间宽度为 65m（中间有一条 7m 宽的道路），共布置了 11 根管线，包含循环水管、事故排油管、雨水管、工业水管、循环水补充水管、消防水管、生活污水管和生活给水管等。A 排外管线布置断面见图 5-14。

固定端从主厂房至冷却塔之间宽度为 61.85m（中间有一条 7m 宽的道路），共布置了 10 根管线，主要包

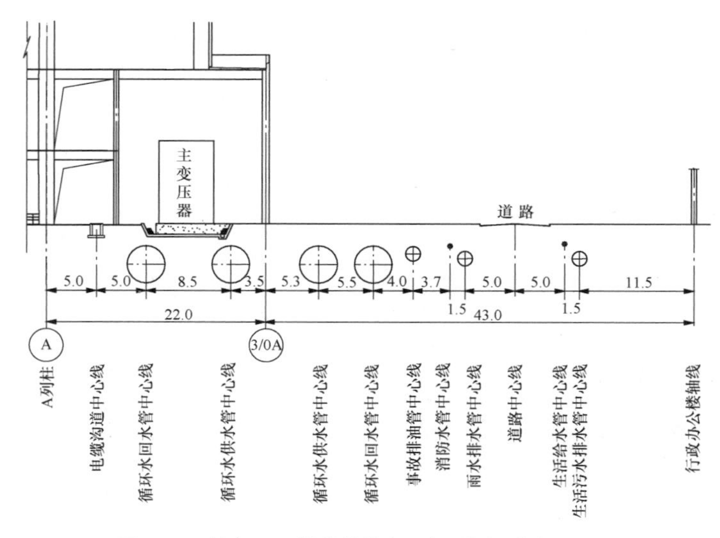

图 5-14　某电厂 A 排外管线布置断面图（单位：m）

含循环水管、雨水管、消防水管、灰场雨水管、引风机回用水管、复用水管和生活给水管等。固定端管线布置断面见图 5-15。

扩建端：从围墙至尿素车间边宽度为 20.85m（中间有一条 7m 宽的道路），布置了 8 根管线，主要包含雨水管、消防水管、酸碱废水回用水管、工业水管、化学水管、复用水管、废水管和酸碱管沟。

烟囱后区域：石膏脱水及废水处理车间至圆形煤场边宽度为 22.2m（中间有一条 7m 宽的道路），布置了 8 根管线，主要包含生活给水管、废水管、反洗回收水管、酸碱废水回用水管、生活污水管、消防水管、雨水管和圆形煤场消防水管。此区域个别管中心之间有些只有 0.5m，管线走廊宽度稍显紧张。

2. 架空管线

采用架空的管线主要有灰管、蒸汽管、油管、工业水管、氢气管、动力及控制电缆等。管架形式多样，大部分为混凝土结构多层门型架，跨道路净空标高不小于 5.0m，双层管架层高为 1.5m，三层管架层高为 1.0m。局部地段也有单柱支架等。主要管架有 5 条，覆盖氢站、点火油罐区、水区。沿途管线基本可采用架空敷设。厂区管架布置见图 5-16。

管架 1：在电厂固定端锅炉侧至圆形煤场端部布置了一条 3.5m 宽的双层管架，层高 1.5m，第一层标高 5.5m。为了节约用地，大部分管架布置在输煤栈桥下，主要敷设各种工艺水管和电缆等管线（16 根管和电缆桥架）。固定端管架断面及照片见图 5-17、图 5-18。

管架 2：在扩建端的电除尘侧至两个圆形煤场之间的启动锅炉布置了另一条 2m 宽的三层管架，中间联系了灰库区，层高 1.0m，第一层标高 5.5m，主要敷设灰管、电缆、启动锅炉油管和启动蒸汽管等管线（14 根管和电缆桥架）。灰管布置在第一层和第二层。管架断面及照片见图 5-19、图 5-20。

管架 3：在固定端的锅炉侧至两个冷却塔之间的点火油罐区布置了一条 2m 宽的双层管架，层高 1.5m，第一层标高为 5.0 和 5.5m（两段不同标高）。主要敷设电缆、辅助蒸汽管、工业水管、油管线（7 根管和电缆桥架）等。油管架断面及照片见图 5-21、图 5-22。

管架 4：在引风机与电除尘器之间布置了一条管架立在电除尘柱子上。电除尘支架断面及照片见图 5-23、图 5-24。

管架 5：在圆形煤场后面沿着输煤栈桥布置了一条管架，主要敷设电缆，减少了沟道。单柱电缆桥架断面及照片见图 5-25、图 5-26。

二、南方沿海 4×1000MW 直流循环燃煤电厂实例

某电厂建设规模 6×1000MW 机组，已经建成 4×1000MW 机组。厂区管线采用直埋、管沟及架空三种方式，以架空为主。

1. 直埋和管沟

埋地管线主要位于 A 排区域、扩建端和烟囱后区域。采用直埋的管线主要有循环水供排水管、部分消防水管、雨水管、照明电缆，采用沟道敷设管线主要是酸碱管和部分电缆沟。A 排外直埋和沟道平面布置和断面见图 5-27、图 5-28。

2. 架空管线

采用架空的管线主要有灰管、蒸汽管、油管、工业水管、氢气管、动力及控制电缆等。管架大部分为钢结构多层门型架，跨道路净空标高不小于 5.0m，层高为 1.2m。局部地段也有单柱支架和矮支墩沿地面敷设等，但此电厂由于在海边，受盐雾腐蚀大，基本上每年都必须重新刷防腐油漆，维护工作量大。主要管架有 5 条，覆盖氢站、点火油罐区、氨区、灰库以及水区。沿途管线基本可采用架空敷设。由于采用海水脱硫，烟囱后没有布置管架。管架平面布置见图 5-29。

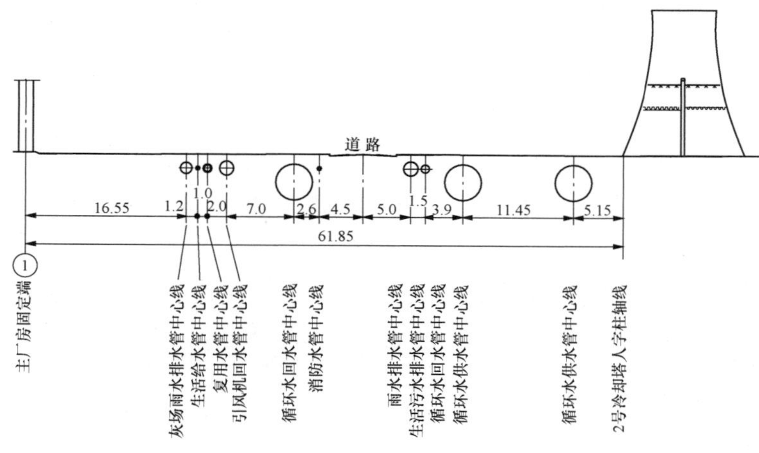

图 5-15　某电厂固定端管线布置断面图（单位：m）

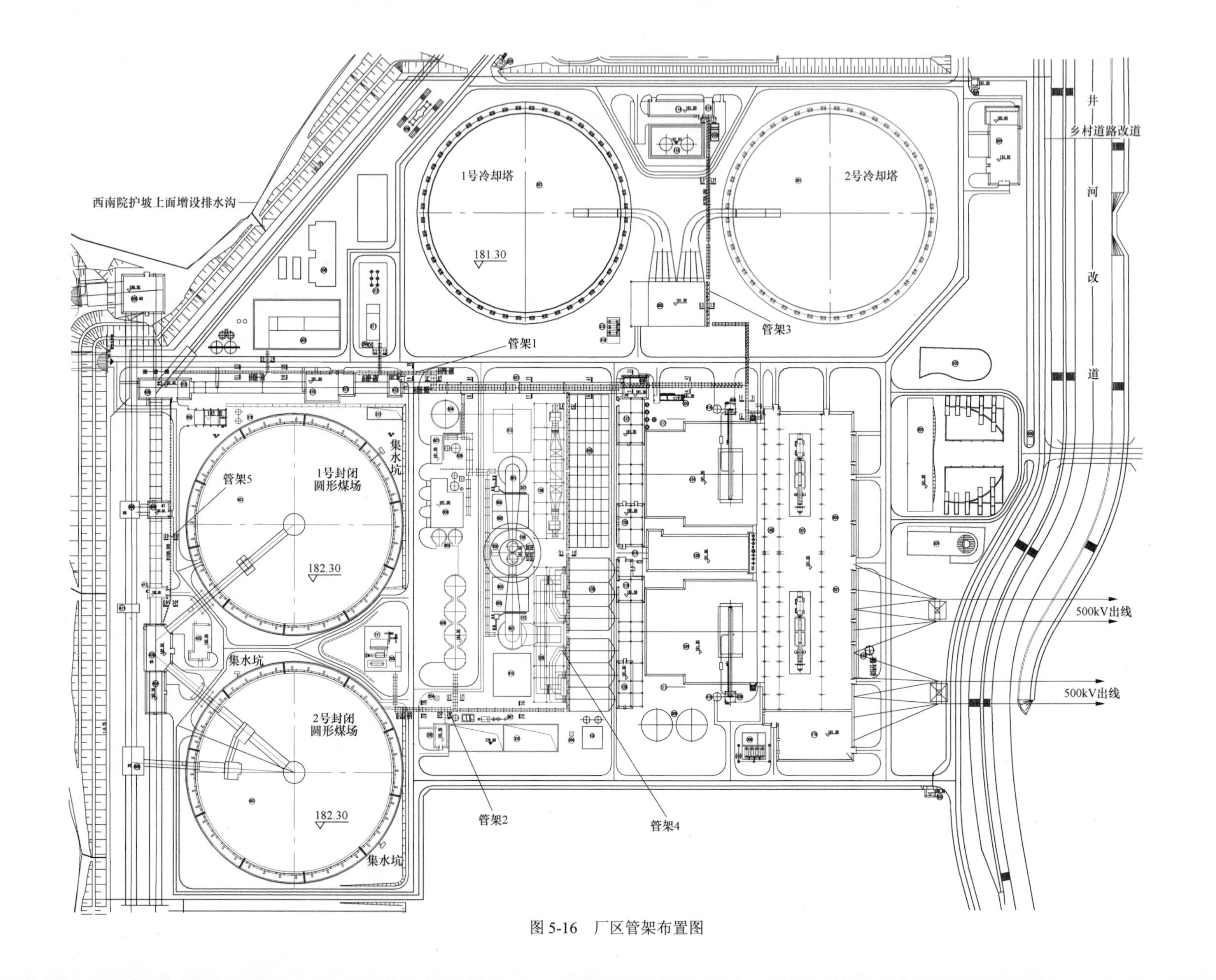

图 5-16 厂区管架布置图

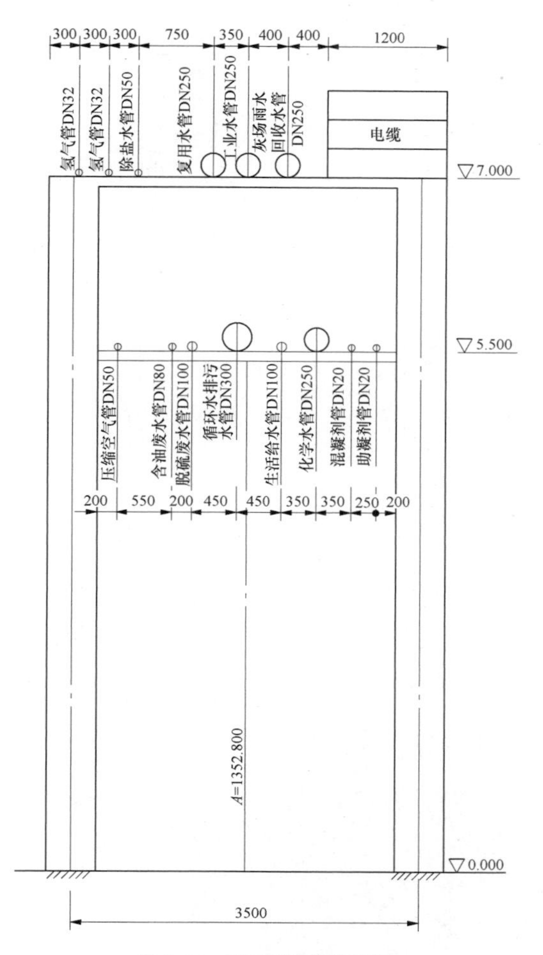

图 5-17　固定端管架断面图

图 5-18　固定端管架照片

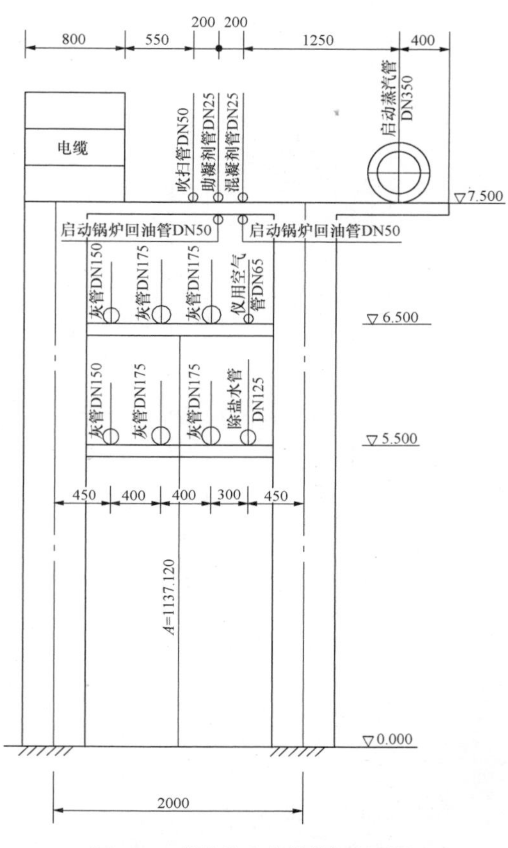

图 5-19　蒸汽管和灰管管架断面图

图 5-20　蒸汽管和灰管管架照片

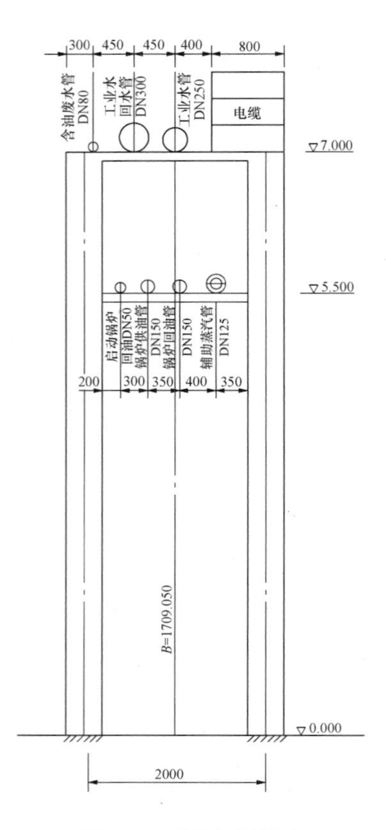

图 5-21　油管架断面图

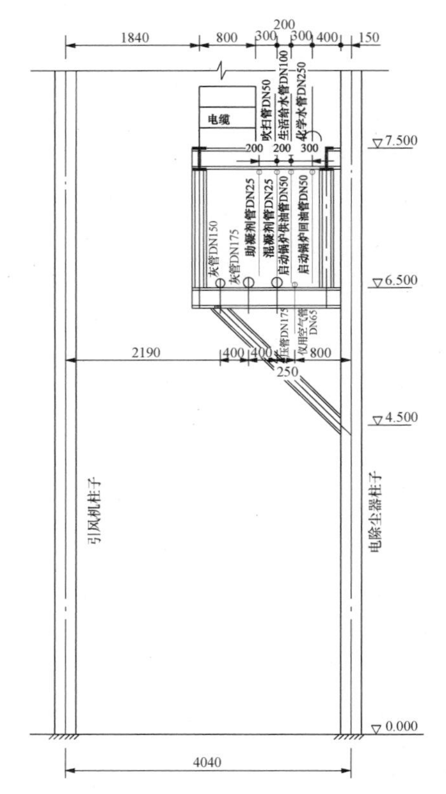

图 5-23　电除尘支架断面图

图 5-22　油管架照片

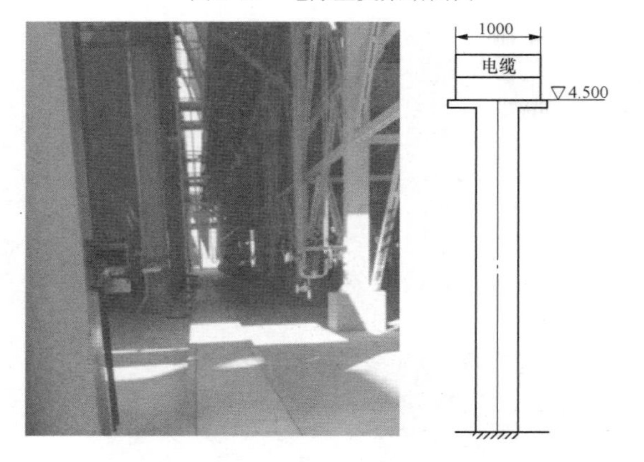

图 5-24　电除尘支架照片　　图 5-25　单柱电缆桥架

图 5-26　单柱电缆桥架照片

管架 1：在电厂固定端锅炉侧与灰库之间布置了一条主管架，此管架采用钢结构，宽 3m，共 5 层，层高为 1.2m，在管架下方还布置了酸碱沟，主要敷设各种工艺水管和电缆等管线。管架断面及照片见图 5-30、图 5-31。

管架 2：在条形煤场沿明渠边布置了三层的矮管架，宽 3m，层高 1m，不影响交通，节省造价，具体见图 5-32、图 5-33。

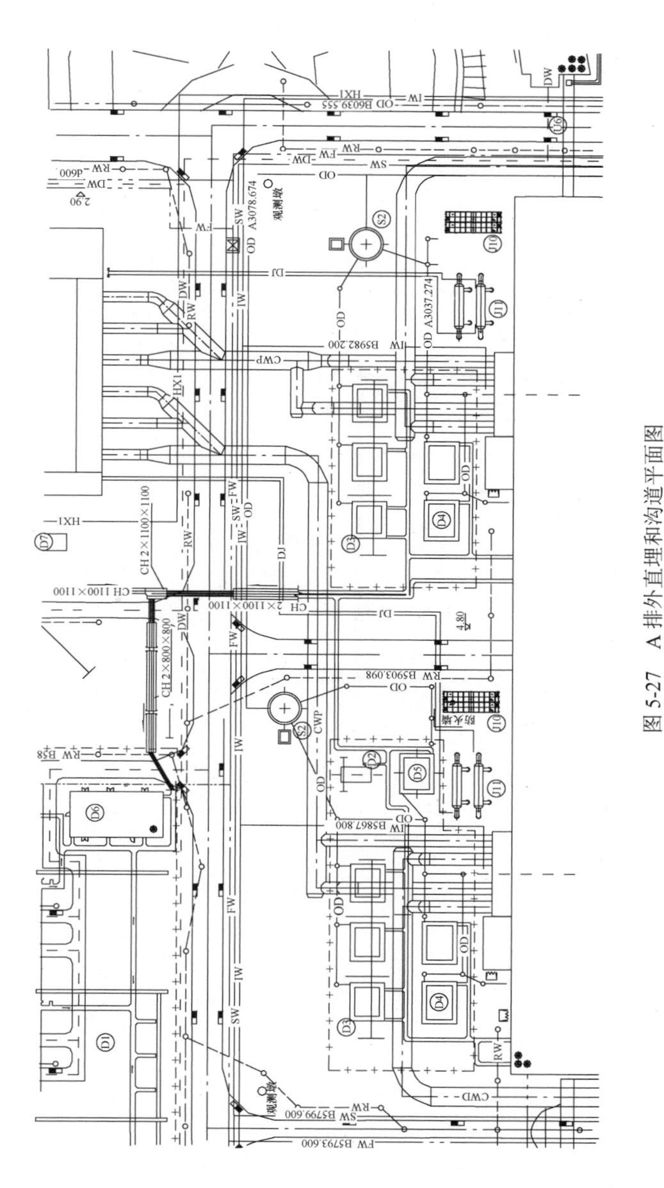

图 5-27 A排外直埋和沟道平面图

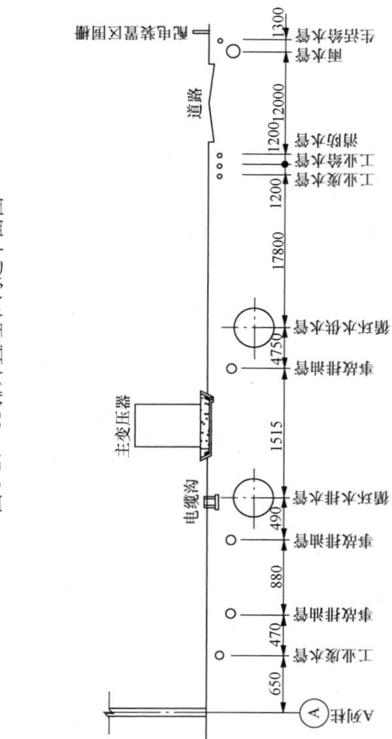

图 5-28 A排外直埋和沟道断面图

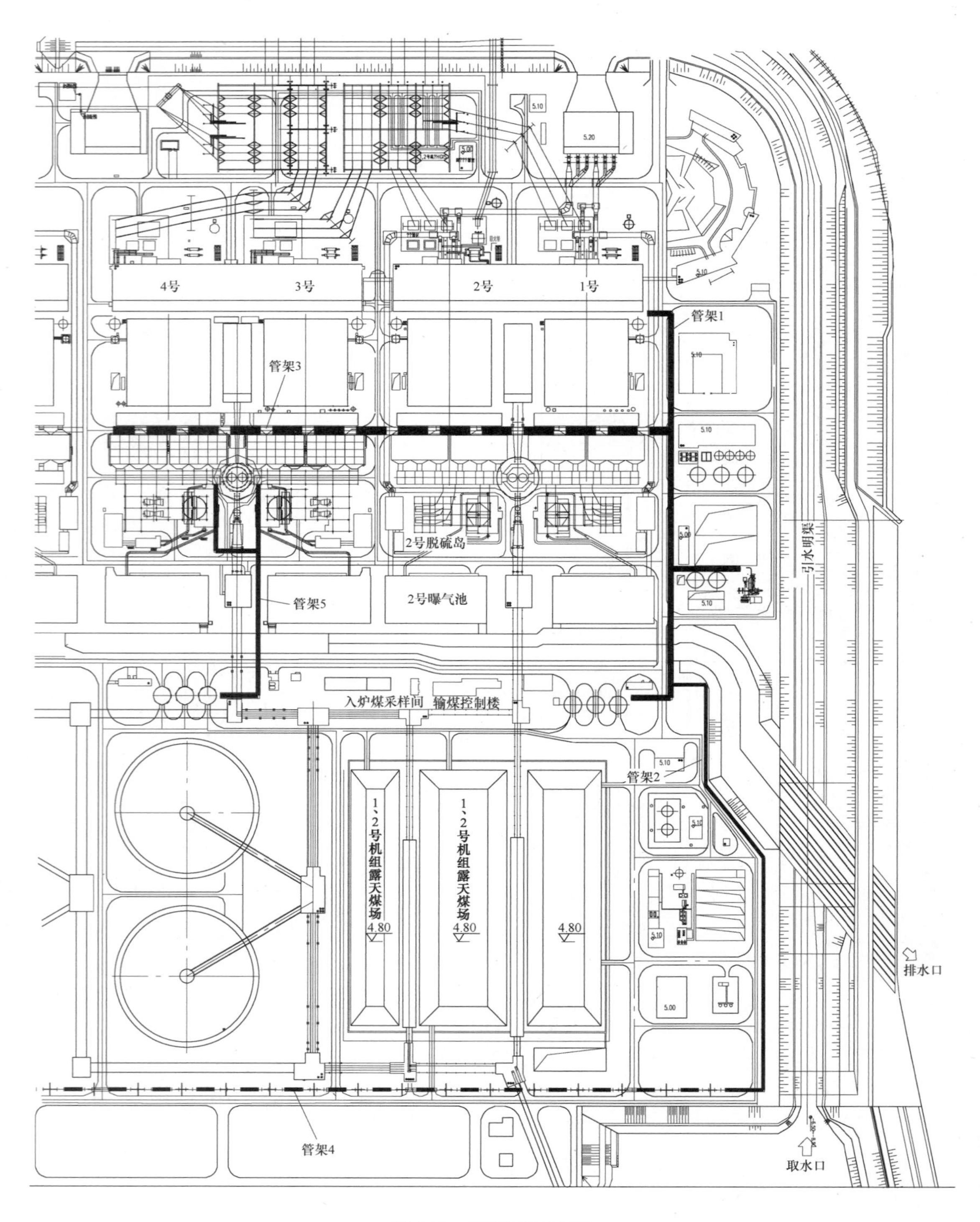

图 5-29　管架平面布置图

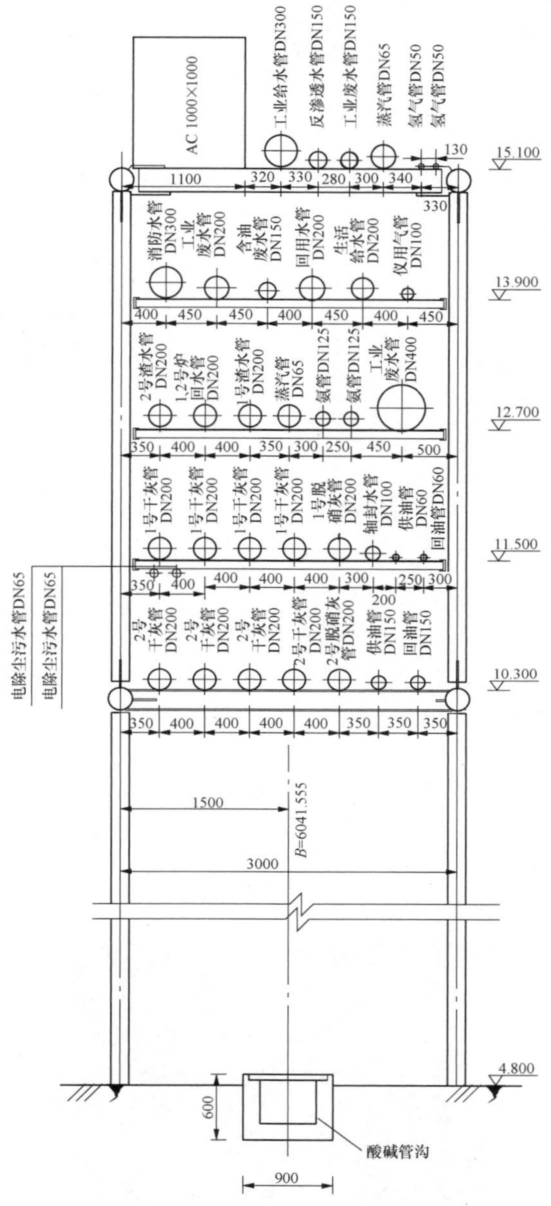

图 5-30 固定端管架 1 断面图

图 5-31 固定端管架 1 照片

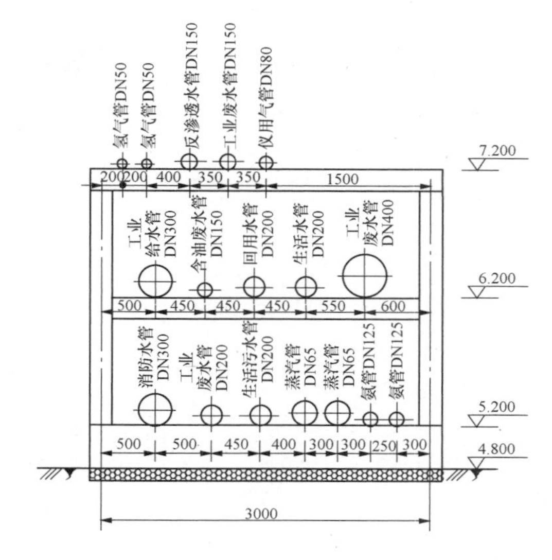

图 5-32 矮管架断面图

图 5-33 矮管架照片

管架 3：在引风机与电除尘器之间布置了一条管架，此管架直接横跨在电除尘和引风机之间，宽 7.9m，高约 5m，具体见图 5-34、图 5-35。

管架 4：在条形煤场南侧沿防风抑尘网、地面布置矮支墩和电缆支架，具体见图 5-36～图 5-39。

三、寒冷地区 2×600MW 间接空冷燃煤电厂实例

某电厂建设规模 4×600MW 机组，厂区管线采用直埋、管沟及架空三种方式，以架空为主。

1. 直埋和管沟

采用直埋的管线主要有循环水供排水管、间冷塔供排水管、消防水管、部分生活上下水及雨水管、绿化水管、煤水回用水管、原水管等。采用沟道敷设的管线主要是部分电缆和化学水管等。

道路边至直埋管线的距离主要为 1.5m，个别区

域为 1.0m。直埋管线至建筑物的距离≥2.0m，个别区域为 1.5m。管线之间的距离主要为 1.5m，个别管线为 0.8m，极端距离为 0.5m。

寒冷地区的电缆沟多采用覆土电缆沟，表层土进行绿化处理，厂区基本看不到沟道，绿化植草美观、整体性强。

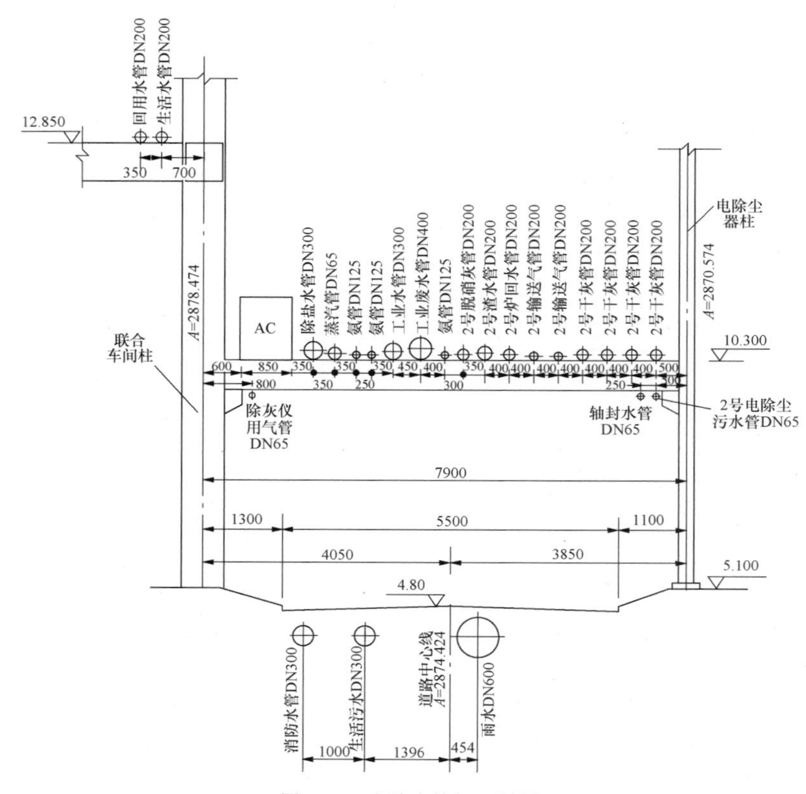

图 5-34　电除尘管架 3 断面

图 5-35　管架 3 照片

图 5-37　矮支墩照片

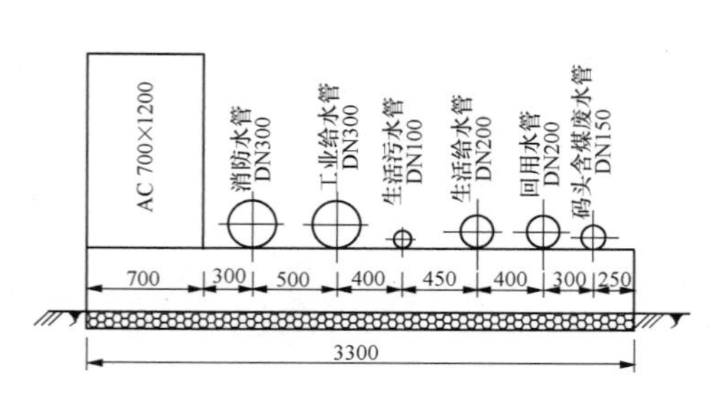

图 5-36　矮支墩断面

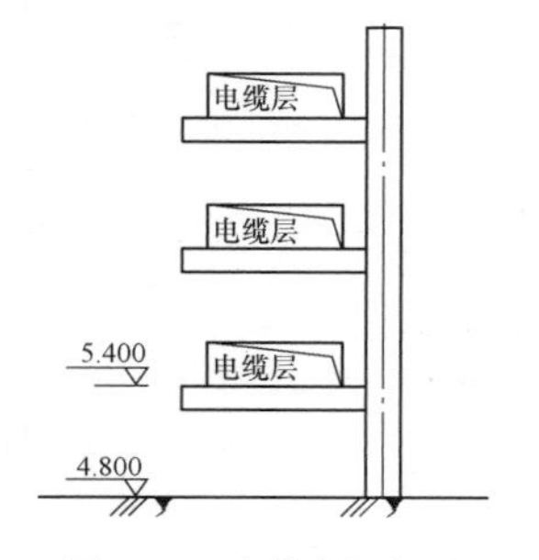

图 5-38　电缆支架断面

图 5-39 电缆支架照片

埋地管线主要位于 A 排区域、扩建端和烟囱后区域。

A 排外：主厂房 A 排至配电装置围栅的距离为 97.2m（中间有一条 7m 宽的道路和台阶边坡），布置了 24 根管（沟），包含循环取排水管、间冷塔取排水管、电缆沟(双沟)、化学水管、生活水管、工业水管、高低压消防水管、事故排油管、雨水管、生活污水管、绿化水管等。A 排外直埋和沟道断面见图 5-40。

固定端：集控楼边至化水楼边的距离为 31.9m（中间有一条 7m 宽的道路），布置了 14 根管，主要包括工业水管、生活污水管、电缆沟、间冷塔取排水管、生活水管、消防水管、雨水管、工业水管、化学水管、绿化水管等。固定端管线断面见图 5-41。

扩建端：汽机房至路边的距离为 18.1m，布置了 7 根管，主要包含雨水管、生活污水管、工业水管、绿化水管、生活水管、煤水回用水管等。

通过现场调研，据运行单位反映，在化水车间区域的酸碱沟由于腐蚀作用，有渗出至邻近的电缆沟内的情况，建议提高酸碱沟道的防腐保护，并拉大与其他相邻管沟的距离。

2. 架空管线

采用架空的管线主要有部分电缆、蒸汽管、灰管、氨气管、氢气管、压缩空气管、油管、工业水管、除盐水管等。管架大部分为钢结构多层门型架，跨道路净空标高为 6.0m，不影响各类车辆通行。管架层高 1.8m，有利于检修维护。

厂区南北向布置了主管架贯穿辅助生产区，东西向布置了 4 条支管架（A 排外、炉侧、电除尘侧和烟囱后）。有部分区域采用墙面式支架布置电缆和管道。管架平面布置见图 5-42。

管架规划路径合理，钢结构轻巧，布线宽松、整齐，各管线标示清晰。部分管线的保温层之间基本相贴，管与管之间没有太多检修空间。炉后管线断面见图 5-43。

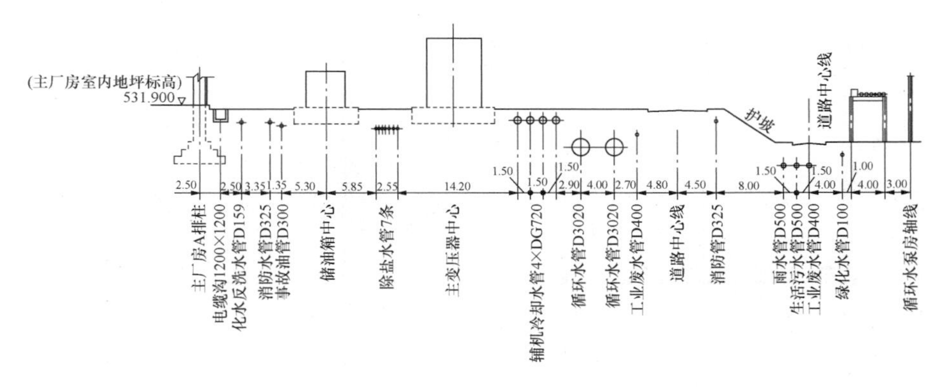

图 5-40 A 排外直埋和沟道断面图（单位：m）

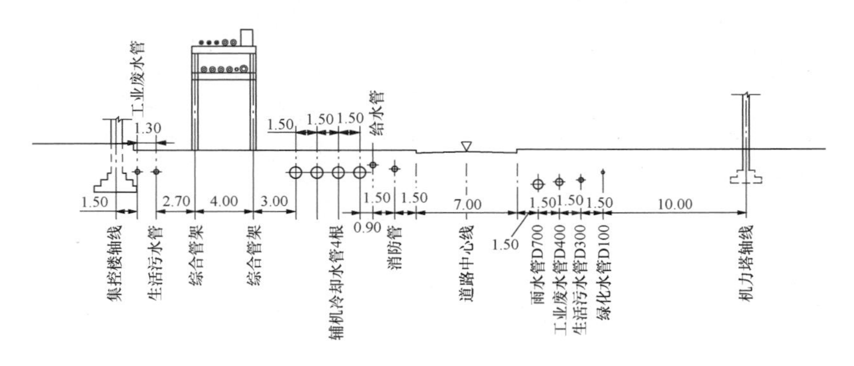

图 5-41 固定端管线断面图（一）（单位：m）

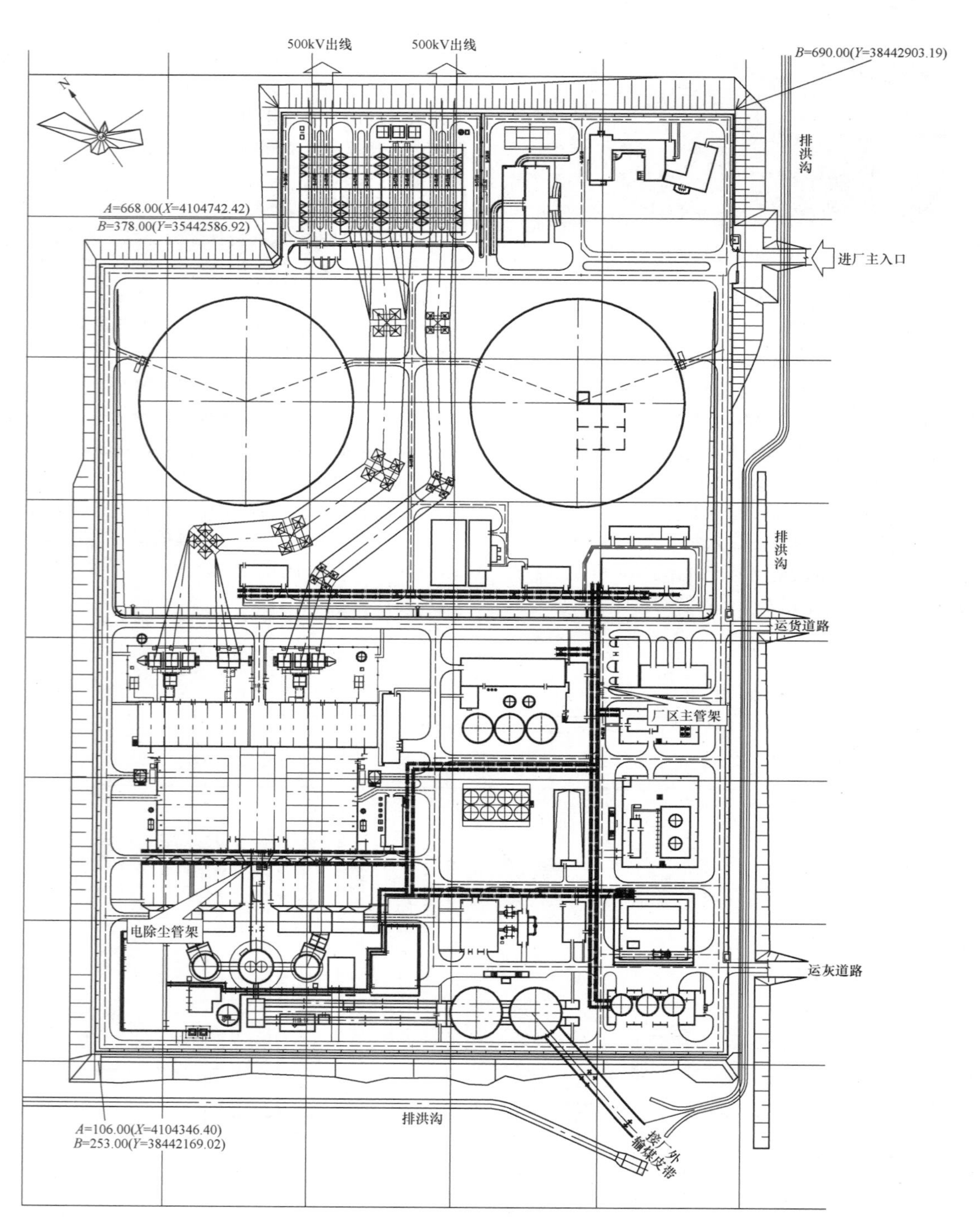

图 5-42 管架平面布置图

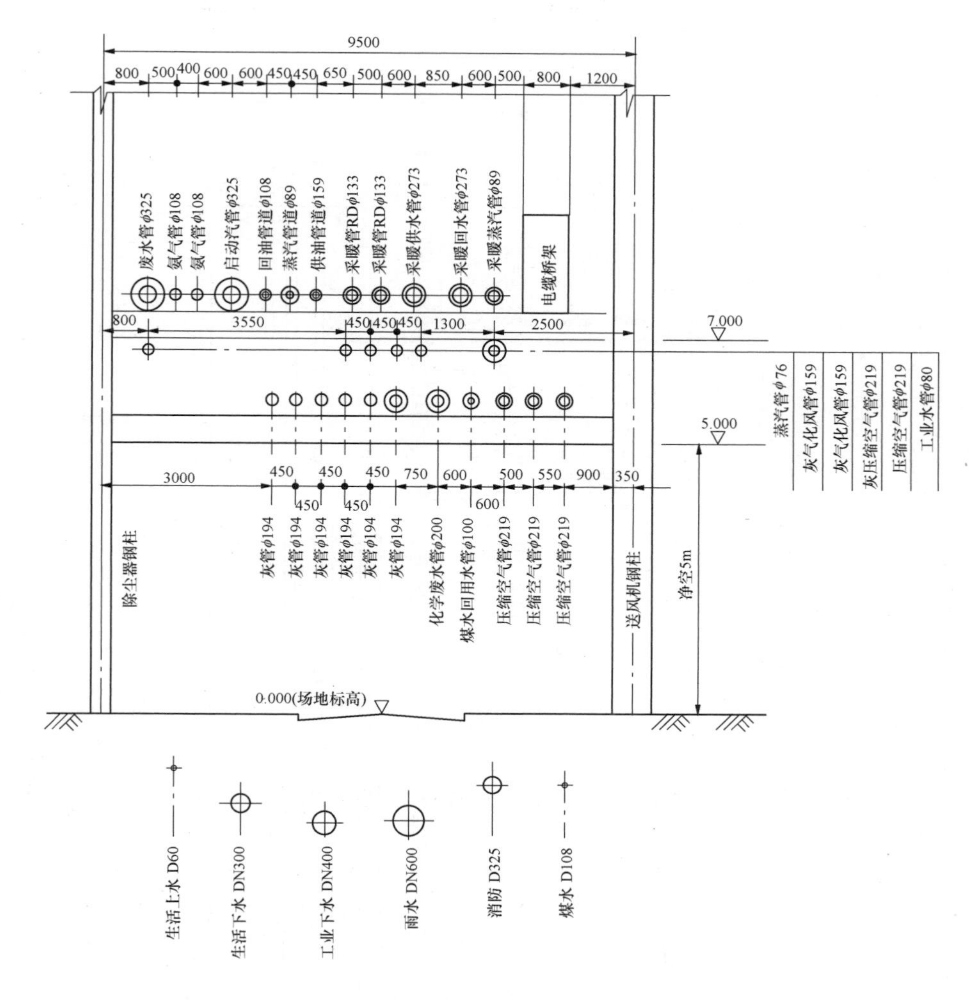

图 5-43　炉后管线断面图

四、严寒地区 2×350MW 湿冷燃煤电厂实例

某电厂建设规模 4×350MW 机组，一期建设 2×350MW 机组，厂区管线采用直埋、管沟及架空三种方式，以架空为主。

1. 直埋和管沟

埋地管线主要位于 A 排区域、扩建端和固定端区域。道路边至管线的距离主要为 1.5m，个别区域为 1.0m。管线至建筑物的距离≥3.0m，个别区域为 1.5m。管线之间的距离主要为 1.5m，个别管线为 0.5～0.8m。

A 排外：A 排至配电装置围栅的距离为 69.6m（中间有一条 7m 宽的道路），布置了 17 根管(沟)，包含循环水管、电缆沟、生活水管、工业水管、高低压消防水管、事故排油管、雨水管、生活污水管、绿化水管等。A 排外管线平面布置和断面见图 5-44 和图 5-45。

固定端：汽机房边至办公楼边的距离为 31.88m，布置了 13 根管，主要包括循环净污水管、工业水管、高低压消防水管、雨水管、生活污水管、工业回水管、生活水管、采暖管、补给水管和电缆沟等。固定端管线断面见图 5-46。

扩建端：汽机房至路边的距离为 14.2m，布置了 7 根管，主要包含电缆沟、工业回水管、生活水管、生活污水管、工业水管、高低压消防水管、雨水管。

2. 架空管线

采用架空的管线主要有部分电缆、蒸汽管、灰管、氨气管、压缩空气管、油管、工业水管、除盐水管等。综合管架平面走向见图 5-47。

固定端管架采用高架多层混凝土柱钢架形式，底层净空大部分为 4.5m。固定端管架断面和照片见图 5-48、图 5-49。

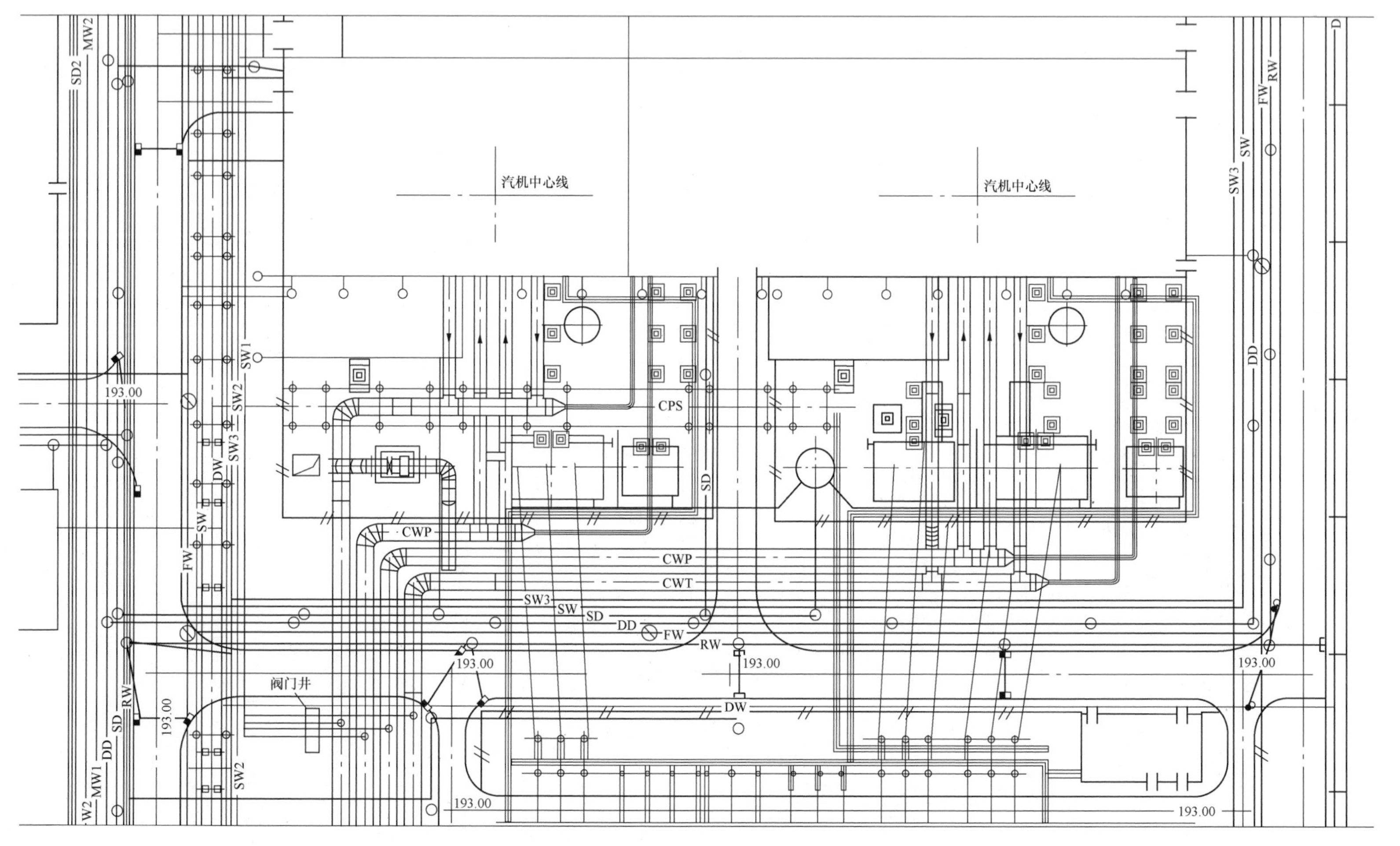

图 5-44 A 排外管线平面布置图

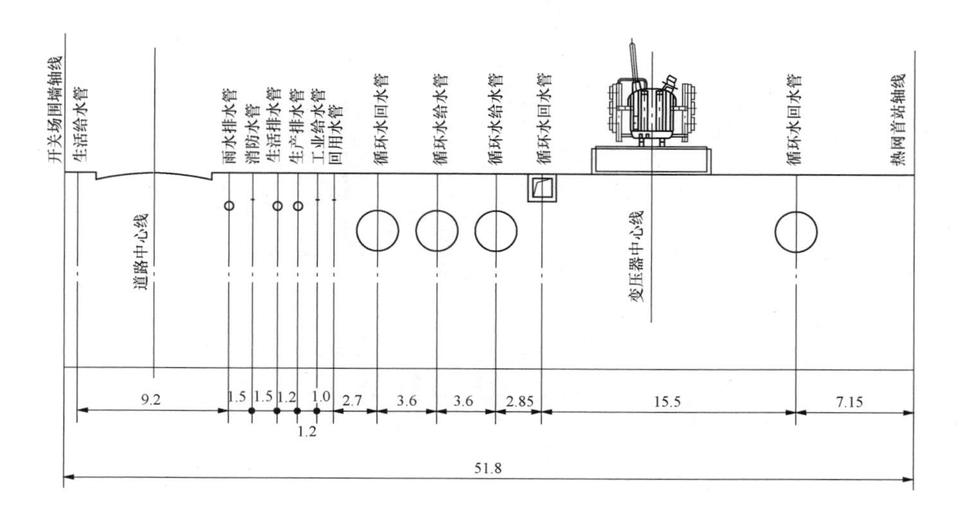

图 5-45 A 排外管线断面图（单位：m）

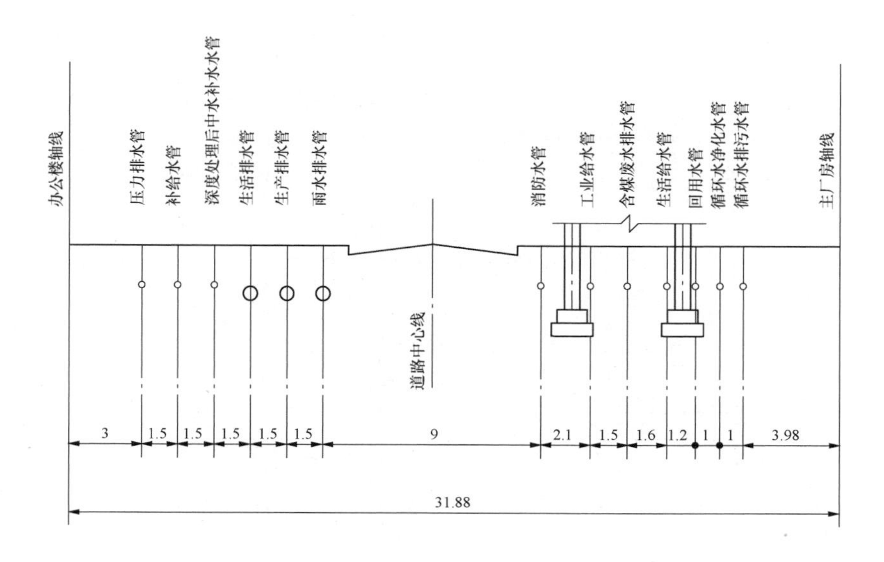

图 5-46 固定端管线断面图（二）（单位：m）

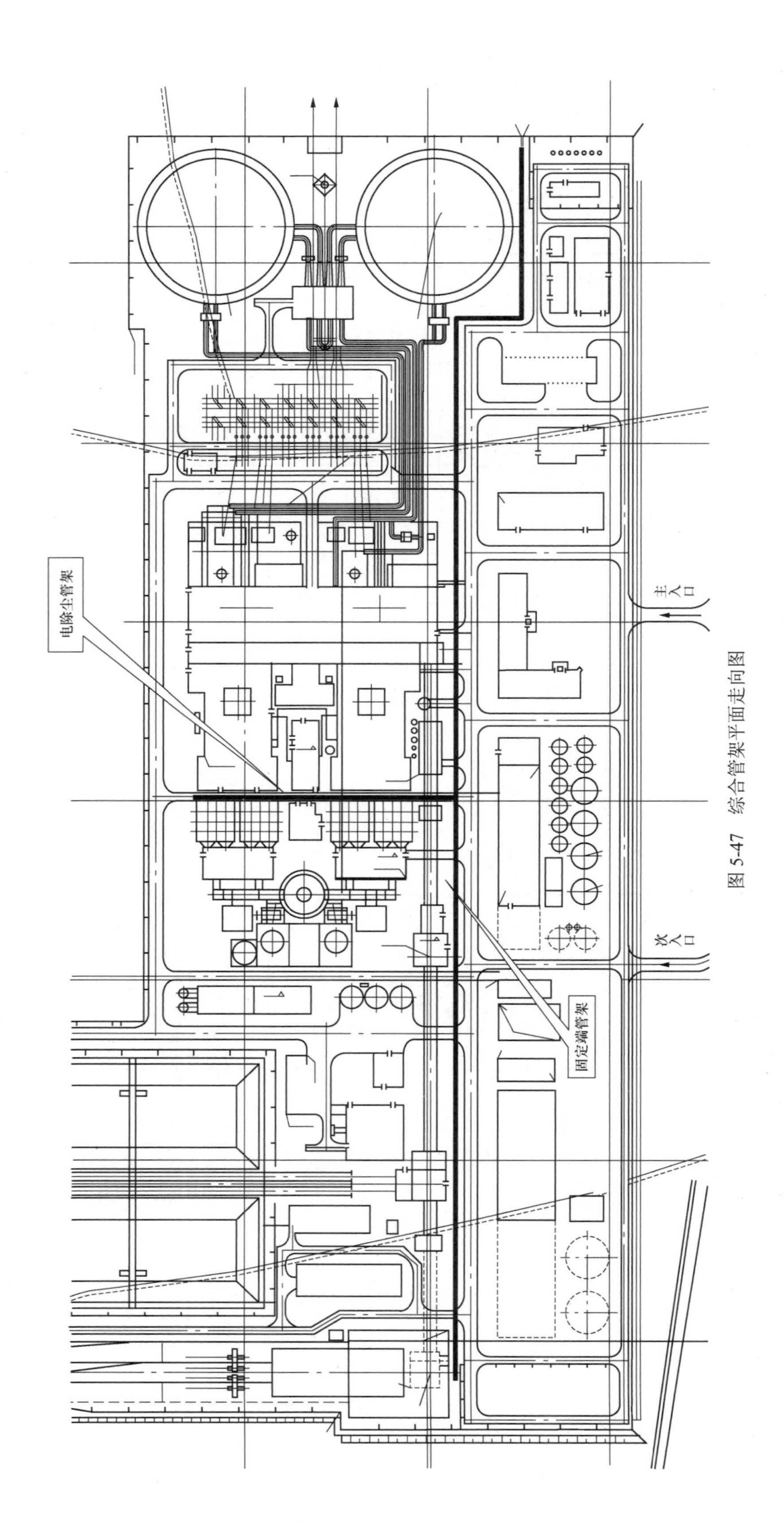

图 5-47　综合管架平面走向图

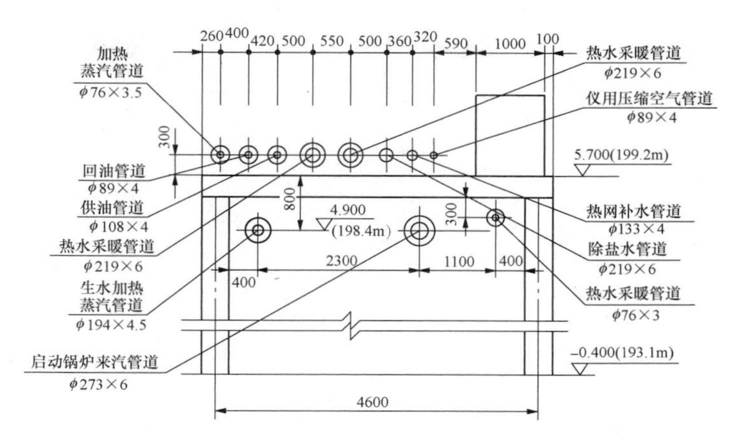

图 5-48　固定端管架断面图

图 5-49　固定端管架照片

第六章

交　通　运　输

火力发电厂的交通运输是总图运输设计工作的一个重要内容。我国火力发电厂燃料、材料及设备一般多采用铁路、水路、公路等运输方式，燃料也有采用皮带运输的，灰渣一般采用皮带、公路、水路等运输方式。总图运输设计人员应按照使火力发电厂的交通运输达到顺畅、安全、经济、合理的原则，根据厂址所在区域的铁路网络、海港与河流以及公路网现状及其发展规划，结合电厂所处的自然条件和厂区总平面布置的要求，综合考虑电厂近期和远期的建设规模、生产、施工和生活的需要，经技术经济比较后，进行统筹规划、协调一致，合理选择交通运输方式。

第一节　交通运输方式

发电厂的交通运输系统是影响和制约厂区总平面布置的主要因素。厂区附近铁路干线走向、铁路车站位置、港口码头条件、公路网现状与发展规划以及主要燃料来源等对发电厂的选址位置、厂区方位和厂区总平面布置外形，以及厂区内具体建（构）筑物的布置都有很大影响，并与电厂的改造和扩建紧密相关。我国的发电厂建设经验表明，燃料运输方式的选择及其运输系统的布置是确定电厂用地规模、厂区建（构）筑物布置及厂区外形等的重要因素。一个与电厂最终规模相适应的，满足电厂运行管理要求的运输方式和运输系统，对电厂的总体规划与厂区总平面布置格局、对节约集约用地与减少工程投资都有很大意义。

一、发电厂常用的燃料运输方式

我国燃煤发电厂常用的运输方式有以下几种：

（1）铁路运输。铁路运输具有运量大、速度快、运费适中（比公路运输费用低，比水路运输费用高）、建设期较长和用地较多等特点。我国燃煤火力发电厂的年运输量一般均在 150 万 t 以上，除了沿江、沿海地区的电厂外，我国大多数电厂仍采用以铁路为主的运输方式。

（2）公路运输。公路运输具有灵活性大、适应性强的特点，尤其是距离煤矿较近的坑口电厂，采用公路运输可以有效降低基建成本。近年来，公路运输能力随着汽车载重量的提高而增大，加上小窑煤的价格优势，使很多电厂放弃了铁路运输而改用公路。为了进一步降低成本，一些电厂还组织了汽车运输的油料供应和汽车修理业务，这些都构成了对铁路运输的冲击。应当指出，采用长距离公路运输不仅会增加公路网运输压力，而且也会造成对公路沿线的环境影响，其社会、经济效益都是不如采用铁路运输方式的。国务院在《打赢蓝天保卫战三年行动计划》中已明确，新、改、扩建涉及大宗物料运输的建设项目，原则上不得采用公路运输。

（3）水路运输。水路运输具有建设快、投资省、运量大、运费低、用地少等优点，是南方沿江、沿海地区电厂燃料的主要运输方式。水路运输同陆路运输相比，其运费一般为陆路运输的 30%，不足之处是受地理条件的限制、航道水位变化的影响较大，其次是运输速度较慢。

水路运输主要考虑的因素是码头位置的选择与布置，应根据城镇规划、电厂总体规划、运输货物种类、运输量、船型、工艺布置、自然条件等进行综合分析研究。

（4）带式运输。带式输送机是一种可连续利用，而且可通过输送带不停运转来输送物料的输送机。带式输送具有输送能力大、单机长度长、能耗低、结构简单、便于维护、对地形的适应能力强、运行平稳可靠、运行费用低、易于实现远方或自动控制以及维修方便等优点。随着大功率、长距离带式输送机的发展，包括煤电基地等一些运距近、供煤点集中的坑口电厂采用带式输送机是进行厂外燃煤运输的首选，不仅减少了转运环节和投资，也减少了电厂用地规模。

二、燃料运输方式的选择及考虑因素

发电厂燃料运输方式主要是根据建厂地区的燃料来源、交通运输现状和发展规划、自然条件、建设规模以及运营管理等要求进行选择。以燃煤火力发电厂

为例，一般应考虑以下几方面内容：

（1）输煤工艺要求。燃煤发电厂输煤工艺系统是根据煤源及其流向、煤炭运量与运输距离，以及厂区周边交通运输条件等确定电厂采用的煤炭接卸及储运方式的，即发电厂的运煤系统要结合燃煤运输方式和输煤工艺流程来确定，输煤作业方式一经确定，相应的厂内煤炭接卸及储存方式也随之确定。

（2）运输量和大件设备运输要求。燃煤运量是电厂总图运输设计的基本资料，也是确定和选择运输方式的重要依据。不同运量的电厂可以按照运量要求选择运输方式和计算运输车辆的数量，并由各种不同运输方式的组合来构建电厂的运输系统。

对于电厂的大件超限设备，也应在选择运输方式时予以考虑，提出运输措施。

电厂建设期间基建材料及设备运输方式应因地制宜，根据技术经济比较做出最佳选择，不一定与燃料运输方式一致，比如：

1）当铁路繁忙、超限超重，铁路部门不同意安排大件运输时，或沿线工程改造费用过大，而水运或公路运输有方便条件时（机车车辆及铁路相关限界要求见附录A）。

2）燃料采用水运，引桥不适应大件运输，附近岸线又不具备建设大件码头的条件，而铁路接轨比较方便，修建限期使用的铁路或公路能适应大件运输时。

3）燃料采用铁路运输的扩建厂，施工场地受到限制，铁路不便引入，而码头或公路能承担建设期间运输时。

在同一个发电厂内，应尽量减少运输种类，以降低工程投资，减少管理机构、人员和相互干扰。

（3）地区运输条件。发电厂的运输方式首先应当考虑建厂地区的运输条件及与其连接的可能性。例如有接轨条件的地方才有可能采用铁路运输；靠近煤矿的电站才有可能采用公路或皮带运输；沿江、沿海或附近能开辟人工运河的电厂才有可能选择水路运输。

电厂选择的运输方式须能满足规范规定的燃煤贮量要求，考虑选择在单位时间内可以提供较大运输能力的方式。一般来讲，带式运输和道路运输适合于近距离运输；铁路运输和海路运输适合于长距离运输。当煤源与厂址的距离超过100km时，可根据厂区周边的铁路、水运等交通运输条件，采用铁路运输或水路运输；当煤源与厂址的距离在50km之内时，可采用公路运输；煤源与厂址的距离约为8km时，可采用皮带运输。

近年来，各地政府均把道路交通建设当作地区发展经济的主要工作，各地的公路建设都有了很大的改观。由于公路交通具有灵活性大、适应性强的特点，尤其是短距离运输可以有效降低基建与运行成本，因此很多电厂采用了公路运输方式。

（4）自然条件、建设条件和投资影响。发电厂运输方式的选择与当地的自然条件及建设条件相关。地形、地面附着物、地质、水文、气象等条件的优劣直接影响到铁路或公路的技术标准、土石方工程量、拆迁量与施工进度。仅就地形条件而言，不同的运输方式对建设场地的坡度要求也不尽相同：铁路运输爬坡能力小，要求场地比较平坦；汽车运输则对场地坡度有较大的适应能力；管带运输对场地高差适应能力最强。在进行两种以上运输方式的比选时，自然条件与建设条件是进行技术经济比较不可缺少的因素。

（5）厂区环境和管理。发电厂燃煤运输系统及设备机具会对电厂环境产生直接影响，如采用汽车运煤时，车辆组织与车流疏导、煤尘治理效果等均需要有得当的措施。

第二节 铁 路 运 输

燃煤发电厂铁路运输的特点是运输品种和运输方向单一，主要运送的货物是燃煤或燃油，此外尚有少量锅炉点火用油及化学药品。电厂建设期间有一些大件设备及部分施工材料也可利用专用线运抵电厂。修建铁路专用线不仅要进行当前条件下不同运输方式的技术经济比较，还要着眼于未来有可能出现的变化，注意专用线的选用标准，避免出现运量大而铁路等级低或是运量小而铁路等级高的现象。

一、电厂铁路运输组织

燃煤发电厂的铁路运输组织要保证供应电厂生产过程中所需要的燃料和建设期间的设备与原材料按时进厂。铁路运输组织合理，厂内铁路配线短捷，就有利于提高劳动生产率和降低运行成本。

（一）运输组织及相关内容

1. 运输组织方式

按照车辆运输范围、车辆类型及编组方式，电厂列车一般分为以下4种运输组织方式。

（1）直达列车。直达列车是指列车的质量达到牵引质量，途经各编组站或区段站时不进行解列和编组的列车，由本务机车直接牵引进厂。按照设计年度煤炭始发、终到量推算车流量，原则上尽可能组织煤炭列车的始发直达，以减少车流在途中编组站的改编作业，提高运输效率，加速煤炭送达。当电厂运输量较大、行车数量较多时，应考虑直达满轴进厂。

（2）小运转列车。在技术站和邻接区段规定范围内的几个车站开行的非正规列车，称为区段小运转列车；在枢纽内各站间开行的列车，称为枢纽小运转列车。电厂的小运转列车是指在干线上行驶的满轴列车到达编组站或区段站后，经过改编用调车机车将其送进电厂的列车。改编后的列车牵引质量较小，往往引起电厂每天进厂列车数量增加，一般只用于中、小型电厂或受厂区地形条件限制而需将列车解列分组进厂的电厂。

（3）固定成组列车。固定成组列车是指固定于装车和卸车点之间运输的列车。一般坑口电站多采用此种方式并以底开门车为多。

（4）调车列车。调车列车是指按调车作业方式运行的列车，一般是指由接轨站至电厂站之间采用车辆交接的作业方式。

2. 输送能力

机车车辆在一昼夜内所能运送的最大列车数、货物吨数。

3. 通过能力

铁路区段内各种固定设备在一昼夜中所能通过或接发的最大列车数或列车对数。

4. 技术速度

列车或机车在区段内运行，不包括在分界点停留时间的平均速度。

5. 铁路车站及分类

铁路车站是指设有配线，能够办理列车通过和到发、列车技术作业及客货运业务的分界点。

路网铁路车站按设备和作用分为编组站、区段站、中间站（包括会让站、越行站）；按业务性质分为货运站、客运站、客货运站；按作业量和复杂性分为特等、一等、二等、三等、四等和五等站；按线路和车场布置分为横列式、纵列式和混合式车站；按车站位置分为贯通式和尽头式车站。

（1）编组站。编组站是设有强大调车设备、进行大量解编作业的车站。编组站属于铁路内部的技术站性质，主要业务是负责列车的解体和编组。一般设在干线交叉点或大中城市、工矿企业、港湾码头等车流大量集散的地区。

（2）区段站。区段站是路网牵引区段分界处设有机务设备的车站，其基本任务是使直达、直通列车迅速换挂机车和更换乘务组，进行技术和货运检查，按运行图正点接发车。此外还办理较为繁忙的客货运输和区段中小站车流的解编以及机车车辆的检修作业。两区段站之间的距离一般为200～400km。区段站按其作业性质及作业量可分为无解编作业区段站和有解编作业区段站。

（3）中间站。设在两个区段站之间，是牵引区段内设有配线的中小站。它的主要作用是提高区间通过能力及为铁路沿线经济建设服务。Ⅰ、Ⅱ级铁路中间站的平均距离一般为8～15km。它办理列车的接发、会让、越行及运行调整和一些客货运业务。

中间站分为两类：一类为无摘挂作业的中间站，即会让站，一般担任列车的通过、会让和越行，不办理整车的摘挂作业；另一类为有摘挂作业的中间站，除担任无摘挂作业中间站的同样工作外，还办理零摘列车的车辆摘挂和取送作业。

6. 线路长度

在电厂专用线设计中会经常遇到线路长度设计的问题，常用的线路长度有全长、铺轨长度、有效长度和建筑长度。

（1）全长是指车站线路一端的道岔基本轨接头至另一端的道岔基本轨接头的长度。如为尽头式线路，则指道岔基本轨接头至车挡的长度。全长也可以是线路一端的道岔中心到线路另一端道岔中心的长度。

确定线路全长，主要是为了设计时便于估算工程造价，比较设计方案。

（2）线路全长减去该线路上所有道岔的长度，叫做铺轨长度。

（3）有效长度是指在线路全长范围内可以停留机车车辆而不妨碍邻线行车的部分。有效长度的起止范围通常受到警冲标、道岔尖轨始端、出站信号机、车挡、车辆减速器的影响。

（二）行车组织

1. 牵引质量

牵引质量是机车的牵引标准，是指一定类型的机车在一定的限制坡度条件下所能牵引车辆的总吨数，它与线路的限制坡度、机车类型有关。各铁路路线或同一铁路线的各区段，其牵引质量各不相同。电厂铁路专用线的牵引质量按以下几种情况考虑：

（1）当电厂铁路专用线在国家铁路网接轨时，有下列两种情况：

1）当满轴直达列车进入电厂时，应与接轨路网线的牵引质量取得一致，以便列车不改变列车质量直达厂内；

2）解编分组进厂或按调车办理时，应根据列车运行方式，与铁路局或铁路产权单位协商确定。

（2）当电厂铁路专用线直接由煤矿引入电厂时，有下列两种情况：

1）煤由煤矿运输部门运输时，应以煤矿的牵引质量为准；

2）当电厂自备机车、车辆自成运输系统时，则要根据线路限制坡度，机车类型，电厂自备机车、车辆等技术资料进行牵引计算后，确定其牵引质量。

2. 列车种类选择原则

（1）列车种类选择应保证电厂生产对燃料、材料和其他辅助材料的运输要求，安全、迅速地把货物送到需要的地点，对运抵电厂的燃煤应最大限度地组织整列直达运输。

（2）经济合理地使用机车、车辆，加速车辆周转，避免不合理运输，充分发挥各项设备的能力。燃煤宜采用固定成组列车运输。车列的组成和数量应根据卸车方式、货位长度、煤场储量、卸煤设备性能和线路条件等因素确定。

（3）非整列到达的燃煤、货运量不大的物资和排出空车等零散作业，宜采用小运转列车运行。

（4）接轨站与电厂间的取送作业。目前常采用整列直达列车进厂，减少作业环节，提高作业效率；也有采用自备机车，在接轨站与电厂间进行送重、取空作业的。

3. 车辆类型选择

（1）根据燃煤量大小和装卸方法选择适宜的车辆类型。选用的车型主要考虑电厂内的卸车及货位条件。如采用翻车机方式卸煤时就不能选择底开门车。

（2）电厂兼有其他铁路运输作业业务时，对于沉重的货物应尽量使用重型车辆；轻浮货物宜使用大容积车辆；长大设备或集装箱应使用平车。

（3）电厂常用的车辆类型见表6-1。

表6-1　电厂常用车辆类型

使用车型	货物名称	载重量（t）
特种车型	建设期间的大件设备	200～380
平车	建设期间的一般设备与材料	60
棚车	水泥、耐火材料、化学药品	60
罐车	点火用重油	50
罐车	其他液体货物	50
底开门车	燃煤（使用卸煤沟卸煤）	60～80
敞车	燃煤（使用翻车机等卸煤）	60～80

4. 电厂自备机车或车辆的原则

具有下列条件时方可考虑自备机车或车辆：

（1）电厂的燃料运输宜由铁路部门统管，但具体情况不具备统管条件时，可自备适当数量的机车。

（2）接轨站没有调机设备，取送车次数频繁，本务机车不能承担时，可自备适当数量的机车。

（3）厂内卸车货位较多，需经常移动车辆或二次搬运、倒煤、配煤时，可自备相应的机车和车辆。

（4）有需定期进出厂的货物（如大量的酸、碱、盐等化学药品，排灰除渣用铁路装运等），用铁路局车辆不能保障及时配车或需特殊车辆时，可自备适当数量的专用车辆。

二、电厂铁路运输管理方式

电厂铁路专用线的运营管理方式各地不尽相同。实行计划经济时期，绝大多数电厂的专用线归铁路部门统一管理。实行市场经济后，铁路部门不再无偿受理工矿企业专用线的统一管理工作而改为有偿服务，名称相应改为代为管理，简称代管。有的电厂自行管理，简称分管。分管的范围多是由接轨站至电厂站这一区段内的行车组织、车辆整备等；少量有条件的煤-电-路一体化的电厂分管范围则扩展到整个运煤铁路。

（一）两种运营管理方式的比较与基本作业

（1）铁路部门统一管理（统管）或代为管理（代管）。由铁路局或工矿企业专用线产权单位代为管理方式是指电厂厂内外铁路运输业务除卸车作业外，均由铁路部门统一管理。电厂与铁路部门签订委托管理协议，支付管理费用。专用线产权属于电厂，电厂一般不自备机车（或是电厂购买了机车后交由铁路部门使用），由铁路部门将煤（油）车直接送到电厂卸车地点。路厂之间实行货物交接，线路的维修工作也委托铁路方面负责。

（2）电厂自行管理（分管）。电厂与铁路局或工矿企业专用线产权单位各自分开管理，电厂自主经营管理厂内运输，路厂在固定地点进行车辆交接，电厂自备机车到交接站（场）取送车辆，厂内调车作业也由电厂自备机车承担。电厂铁路设施有的是电厂内部人员维修，有的是委托铁路部门维修。

（3）运营管理方式比较。由于管理方式不同，线路布置、设备要求、劳动定员等均有所不同。从对一些电厂统管和分管的各项指标进行的综合比较与统计分析中可以看到，分管的铁路比统管的铁路有“五多”，即股道多、机车多、定员多、占地多、年维修费用多，这不仅增加了电厂的基建投资，也提高了运输成本。专用线统管可以有效缩短车站一次作业时间，有条件时本务机车可以直接进厂，这对加速车辆周转、提高运输效率、保障运行安全都有较大的意义，是符合发挥专业化优势、推动路电联合方针的举措。因此，从长远和全局考虑，今后新建发电厂的铁路运输在正常情况下还是以尽量采取由铁路部门统一管理的方式为好。在特殊的情况下，并具有充分的技术经济比较和论据后，可考虑采用分管方式。

电力体制改革后，各大电力集团公司根据各自电厂面临的实际情况和自身需要，不再恪守专用线一定要由铁路部门代管的模式。一些煤电联营或煤电一体化的新建电厂更多地采用了煤-电-运方式，电厂自备机车，专用线实行分管。电厂铁路运输由铁路运营部门统一管理，在全国大多数电厂都有了较成熟的经验。为充分发挥统管的优势，尚应注意以下事宜：

（1）在技术经济合理的前提下，厂内卸煤设施及排空能力要为加速机车与车辆的周转创造条件。

（2）寒冷地区要解决好煤的解冻和卸冻煤的问题。

（3）在日常运行管理方面，应健全路厂联合办公机构，以利于路电之间的协调与协作。

（二）电厂列车交接

电厂煤（油）车进入厂内卸车线前一般要先停放在规定的交接线上，与路局或工矿铁路运输管理部门办理交接作业，然后再将列车分送到卸煤线上卸煤。交接方式及交接地点的选择应根据电厂规模、运量、列车作业量等因素确定，通常有货物交接与车辆交接两种方式。

（1）货物交接。货物交接是专用线统管的主要标志。由铁路一方将到达列车上的货物（燃煤或燃油）交给电厂，由路网机车承担电厂的取送车辆及调车作业（也有少数电厂自备机车进行调车作业），交接地点常在厂内卸车线。简单说是只交货、不管车，电厂一般不备机车。

（2）车辆交接。车辆交接是专用线分管的主要标志。铁路一方将到达列车上的货物及车辆一同交给电厂，电厂用自备调机承担取送车辆及调车作业。当电厂列车到达交接站后，路厂双方办理交接手续，然后由自备机车将整列车（或分组）送往卸车线，卸完后再由自备机车将空车（或调集编组后）送回交接站交给路方。车辆交接方式运行较复杂，电厂需要为此增加铁路行车的岗位和定员，适用于专用线完全由电厂自己管理的模式。

（3）交接地点、交接线和交接站。设置厂前交接站的电厂交接作业复杂，交接站线路利用率低。为了降低铁路投资、简化作业，应统筹考虑接轨站线路和厂内线路的使用。许多已建成的电厂没有设置厂前交接站和自备机车，运行良好，故一般情况下发电厂不宜设置厂前交接站。

实行货物交接时，宜在电厂厂内线上进行。当交接作业在电厂内进行时，可利用到发线交接，必要时也可设厂内交接线。当交接作业在接轨站进行时，一般在站内专设的交接线上交接。直达列车和大组车流也可在到发线上交接。当在接轨站上交接车辆时，为了不影响路网铁路运输作业，一般在专设的发电厂货物线上进行，这既方便加速路网机车周转，又便于划清路厂双方责任。

实行车辆交接时，可根据运量、地形、对其他作业影响的程序等具体情况，分别确定在发电厂内、接轨站或设单独交接场进行交接。直达列车和大组车流如果在发电厂内交接，一般可在卸车线上进行，这样行程量少，可简化作业；少数设有厂前站的电厂，为了避免不必要的转线，也可在站厂之间设交接站进行车辆交接。此外还有一种情况：当电厂煤车由区段列车或摘挂列车运送时，宜在接轨站内办理交接。

路电双方的交接站布置形式一般应符合下列要求：

1）应与车流顺向，尽量避免迂回折角，一般与卸车场纵列布置较好。

2）简化交接程序，减少对路网作业干扰。

3）进路顺直，取送作业行程短，避免和减少倒运，加速车辆周转，投资与工程量较少。

4）本期布局合理，又要在场地和技术条件上预留发展的可能。

5）便于路厂双方人员联系。

交接站宜设三条线，即一重、一空、一走行，其有效长度应根据接轨站路网的实际牵引质量、机车和车辆类型计算列车长度，考虑停车不准确等因素来确定，不应简单套用路网车站到发线的有效长度。

交接站一般应设在直线上，以简化接发车、调车及列检等作业，减少中转联系信号，保证行车安全。在场地受到限制、山区地形复杂时，为少占农田和降低土石方工程量，有时需采用曲线交接站，并选取半径大些的曲线。虽可能增加一些基建投资，但从保证作业安全、提高运输效率、减少养护工作量看还是合适的。为保障行车安全，交接站原则上不应设在反向曲线上。

三、电厂铁路专用线接轨

（一）不同阶段的接轨联系和委托

按照《铁路专用线专用铁路管理办法》的规定，企业若在新建铁路上修建专用线，其可行性研究报告和接轨方案应报主管铁路局批准。在铁路主要繁忙干线的车站，新建、改扩建专用线，影响干线、车站、枢纽通过能力时，报国家铁路总公司批准。电厂专用线前期阶段的接轨联系工作应先于电厂的全面设计工作，以保证与电厂设计成品的交出进度同步。在电厂的初步设计阶段更要提前进行此项工作，一般应在“五通一平”阶段完成专用线的初步设计；在电厂施工图设计开始之初，专用线应基本具备运送大件设备和施工材料的条件。

1. 前期阶段接轨联系

（1）初步可行性研究阶段的主要工作如下：

1）协助建设单位在几个地区或指定地区分别向拟接轨点所属铁路局或有关单位（如工矿企业铁路专用线的产权单位，下同）介绍电厂修建意图、电厂远近期大致运量和电厂对铁路的其他要求等。

2）向所属铁路局或有关单位了解已交付运营的铁路接轨站的站内路布线、接轨点标高及站场设施等情况；或向有关铁路设计单位了解正在规划或设计中的铁路建设意图、线路走向、车站布置等情况。

3）向铁路局或有关单位征得允许接轨的意见，必要时可请该铁路局或设计单位技术部门派员参加专用线建设的讨论会，共同研究接轨的可能性。要取得书面同意意见。

（2）可行性研究阶段的主要工作如下：

1）向专用线接轨点所属铁路局或铁路设计单位提供电厂区域位置、远近期规模及运量和对铁路的其他要求、接轨的初步意见等。有条件时提供电厂建设期间超级超限设备的尺寸和质量，和铁路局初步商定大件设备的运输方案。

2）由建设项目所在地铁路局或铁路设计单位、施工单位（有条件时）共同研究接轨方案，取得接轨协议文件，为编制和审批设计任务书提供依据。

3）联系接轨单位。在已经交付运营的国家铁路上接轨，与该区段铁路管理局接洽，委托当地铁路局向铁道部办理接轨申请。在正在规划、设计及尚未交付运营的国家铁路上接轨，委托该区段铁路的设计单位向铁道部办理接轨申请。在其他工矿企业自备铁路上接轨时，与产权单位及设计单位接洽，并取得铁路产权单位同意接轨的协议。

4）申请接轨时应当提供的资料。申请接轨时可向电厂所属地段的铁路局或设计院索取印有各种要求的固定格式文本，或参照表6-2与表6-3办理接轨事宜。办理专用线的行政许可申请书时，需使用铁路总公司规定的统一格式文本。

表6-2　　铁路专用线接轨申请表

1	修建单位					
2	铁路专用线名称					
3	专用线接轨车站名称					
4	修建铁路专用线文件依据					
5	专用线运输量（万t/年）		运入		运出	
			上行	下行	上行	下行
6	投产时间	近期				
		远期				
7	专用线修建长度（km）	正线				
		站线				
8	装卸线股道数量及有效长度					
9	装卸设备及其能力					
10	一次装卸作业时间					
11	机车、车辆自备租用或由铁路局办理					
12	通信信号方式					
13	铁路专用线养护维修自办或委托铁路代办					

注　1　由建设单位编制铁路专用线接轨申请书，分送所在铁路局，并附接轨示意图。
　　2　如需委托铁路办理养护或管理时，修建单位需拨给维修管理单位劳动力及工资指标，并签订委托协议书。

表6-3　　委托铁路设计资料表

委托单位	起迄地点	新建或改建	建设年度	厂外线长度（km）	厂内线长度（km）	工程设计任务书批准依据	年运输量（万t）	委托设计范围	设计阶段	要求设计完成日期	有无自备机车及型号	备注

除上述表格外，尚应提供电厂区域位置图、总体规划图（局部）、总平面布置图（局部），并注明初步拟定的厂内线及厂外线连接点的坐标、方位、标高及对线路纵坡的要求。提交铁路方面的电厂运量应以列入设计任务书中确定的规划容量作为计算运输量的依据。当分期建设时，应分别计算运输量。

2. 初步设计阶段与铁路局或铁路管理部门商定的主要问题

电厂开展初步设计时，需向铁路部门提供初步确定的厂内线及厂外线连接点的坐标、方位、标高，并明确穿越铁路路基的管线（或跨越线路的架空管架）位置、管径、管材、介质和防护要求，提供厂区防排洪规划、厂区绿化和厂区管线与厂内线相关的各种资料和要求，电厂初步设计一经审定，即将审定后的总图资料提交铁路设计单位，以利于进行电厂专用线施工图设计。

在进行电厂初步设计之初即应向铁路局或铁路管理部门商定以下事项，并取得专用线设计与建设过程中的相关协议：机车协作；机车车辆维修；交接方式；线路维修；通信和信号；车站水、暖、电的供应；职工福利设施的配置；大件设备运输协议，如路网机车驶进厂区时应根据机车型号商定电厂厂内线的主要技术标准；其他双方商定的事项。

（二）接轨位置选择

电厂铁路专用线与路网铁路接轨或与另一工业企业铁路接轨时，接轨点位置的选择应根据衔接处铁路的运量大小、货流和车流的密度及其运行方向、电厂厂址位置、总平面布置及具体地形条件进行全面比选确定，并应使电厂运煤重车不改变其运行方向即能通过接轨点，避免在接轨点产生折角运输，以及不必要地改变列车头尾的作业。在接轨站内，应减少干扰干线接发列车和调车作业。

1. 常用接轨方式

（1）在到发线、调车线及牵出线接轨。当铁路货运量较大或有大组或整列车时，可接入接轨站的到发线，即接入道岔咽喉区，并与到发场有直接进路，以便于大组和整列车进出电厂专用线。如货运量较小，一般均需进行解编作业。为了不影响发线作业，电厂铁路可在调车线、指定的其他线或不繁忙的牵出线上接轨。

（2）区间正线上接轨。新建电厂专用线一般不应在路网铁路的区间线路上接轨。这是因为道岔是轨道的薄弱环节，区间线路行车速度快，铺设道岔就增加了不安全因素，而且影响区间通过能力，也不便管理。

只有在发电厂铁路专用线与接轨正线的运量均不大，而引向邻近车站工程过于艰巨的情况下，经铁路主管单位同意，方可在区间正线上接轨。但为了行车安全和管理方便，在接轨点应开设车站或设置线路所（辅助所）。如新建专用线在运营初期与接轨的路网铁路运输量均较小，且专用线基建工程又十分艰巨时，经该管段铁路部门同意，报铁路总公司备案后，方可在区间接轨，但在接轨点应开设车站或设置线路所。此外，当电厂专用线与另一其他企业专用线均按调车方式办理行车时，可在其他专用线的区间接轨，但应取得该管理单位同意。

电厂铁路专用线在工业企业铁路线路上接轨时，如两者均按调车方式办理，经该线路产权单位同意，可在中途接轨而无需开设车站或线路所（辅助所）。

（3）安全线。当电厂铁路专用线必须在区间接轨或与站内正线、到发线接轨时，为保证行车安全，应在接轨线路上设置安全线。

2. 接轨站规模要求

路网区段站上线路及货物业务设备齐全，有调车机车，便于办理货物作业及电厂的车辆取送，因此电厂专用线首选在区段站接轨。路网中间站的设备规模较小，一般无调机，电厂列车的取送往往需要使用路网的本务机车，对路网运输和电厂列车的取送都有影响。若接轨于仅进行会让、越行作业的中间站，由于电厂专用线的接轨往往需要增设线路设备，由此就要提高车站等级，增加了电厂总投资。中间站与区段站相比虽有上述不足，但因它们遍布于铁路沿线，相遇机会最多，因此仍是电厂专用线接轨的主要对象。

3. 接轨位置的具体选定与要求

当电厂专用线与路网区段站接轨时，应使专用线以最短行程取送车辆，尽量避免或减少对车站咽喉区的交叉和干扰。当有几条厂外线接轨时，应在集中后与区段站接轨。

（1）专用线与区段站接轨有以下 3 种情况：

1）当专用线初期运量不大（不足 50 万 t/年）、取送车次数较少，且货场的牵出线具备接轨条件时，可在牵出线上接轨，力求专用线和货场到车作业可以同时进行。

2）当专用线运量较大、取送车次数较多时，专用线可直接连接编组场和编组场外侧的车辆停留场，以便使电厂车辆直接从编组场送出或取回。

3）当专用线以整列到发为主时，可直接与到发线接轨，电厂列车的接发作业可直接在到发线办理。

（2）专用线与中间站接轨。接轨点一般选在中间站的到发线或车站两端的咽喉区，也可在车站的牵出线上。在正线的咽喉区接轨时，接轨点应在车站进站信号机以内。当有几条专用线同时接轨时，最好集中设置在车站的一个区域内，并与货场设在同侧同端。当中间站内有较多的旅客列车停站时，接轨点应尽量避免选在与站房同侧的到发线上。若必须在现有车站站房一侧接轨，为了避免与正线发生干扰和影响通过能力，宜将站房迁移至另一侧。

（3）接轨站站坪坡度要求。为了作业安全，车站应设在平道上。因地形、地质、水文条件以及改建时受既有建筑物的限制，车站必须设在坡道上时，车站站坪应设在不大于 1‰的坡道上。

（4）接轨站平面线形要求。车站和车场一般应设在直线上，但在地形复杂的山区，为了少占农田和避免大量土石方工程，曲线车站不可避免。因此除了有大量调车作业的接轨站和车场的曲线半径需保持必要的标准外，其他站场允许降低标准，可布置在半径不小于600m的曲线上。

由于地形条件限制，牵出线有时不得已设在曲线上，对于办理编解作业的调车牵出线，因作业比较复杂、繁忙，曲线应尽量采用较大的半径。在困难条件下，可设在半径不小于600m的曲线上；特别困难时，可设在半径不小于500m的曲线上。仅供列车转线及取送作业的牵出线，因作业比较简单，可设在半径不小于300m的曲线上。

电厂站内的牵出线也应按上述标准进行设计。但在困难条件下，当路网机车不进入电厂，而且作业不太复杂时，可布置在半径不小于300m的曲线上；对仅进行列车转线及取送作业而无车辆摘挂的牵出线，则可设在半径不小于200m的曲线上。若牵出线设在反向曲线上，调车作业时，牵出线两侧通视条件均不好，既不安全，也影响作业效率，所以牵出线不得设在反向曲线上。

（5）接轨需要注意的其他问题。尽量不在路堑地段的车站接轨。注意接轨点与厂区铁路系统的标高差，以保证专用线厂外段线路纵坡设计的技术要求，减少工程量。

4. 设置立交疏解的条件

根据原铁道部和中国铁路总公司的规定：“严格控制在繁忙干线和时速200km及以上客货混跑干线上新建铁路专用线。确需新建的，原则上采用铁路专用线与正线立交疏解的接轨方案，尽量避免或减少铁路专用线作业对正线行车安全和运输能力的影响”。因此，火力发电厂铁路专用线在繁忙干线和时速200km及以上客货混跑干线上接轨时，应考虑铁路专用线与正线设置立交疏解的条件。

5. 接轨实例

实例一：电厂与货场同侧（见图6-1）

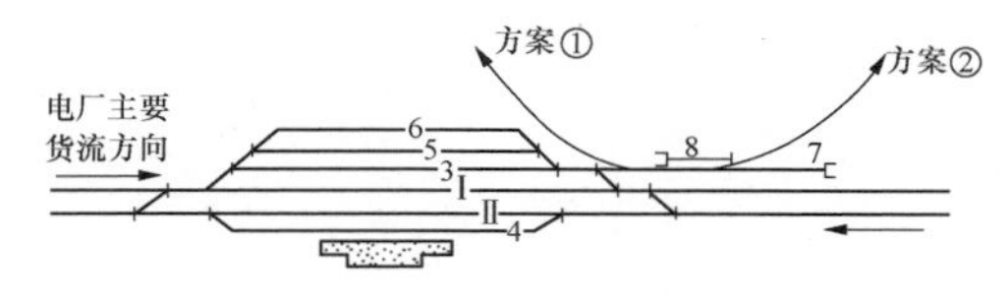

图6-1 专用线接轨实例一

Ⅰ、Ⅱ—正线；3、4、5—到发线；6—货物线；7—牵出线；8—安全线

方案①：干线货流方向与进厂方向相反，取送车作业需经牵出线，需折角运输。

方案②：干线货流方向与进厂方向一致，货物列车可直接进入电厂，一般推荐采用此种方案。

实例二：电厂与货场位于车站正线的同侧（见图6-2）

干线货流到达方向与去电厂方向一致，货物列车可直接进入电厂。电厂与货场位于车站正线的同侧，避免了调车作业正线的交叉。电厂取送车与到发线3线有干扰，电厂接发车必须等3线腾空。

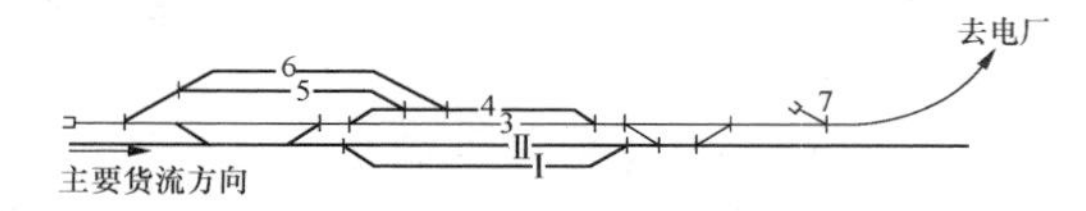

图6-2 专用线接轨实例二

Ⅰ、Ⅱ—正线；1、3、4—到发线；5、6—货物线；7—安全线

实例三：专用线在车站到发线前的梯线上接轨（见图6-3）

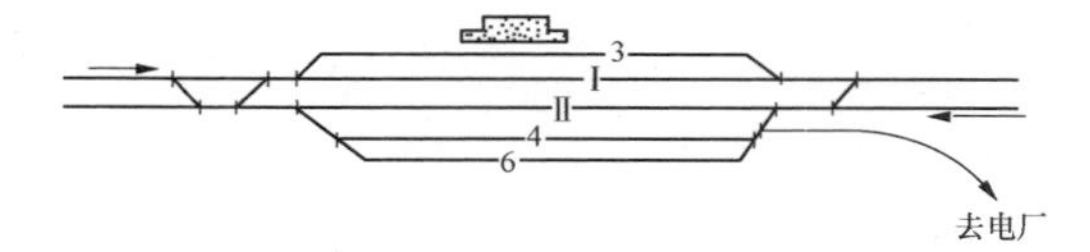

图6-3 专用线接轨实例三

Ⅰ、Ⅱ—正线；3、4、6—到发线

干线货流到达方向与去电厂方向一致，专用线在车站到发线前的梯线上接轨，电厂取送车对4、6线有干扰，电厂发车必须等4、6线腾空，受到的制约较大。

实例四：电厂铁路由牵出线上接轨（见图6-4）

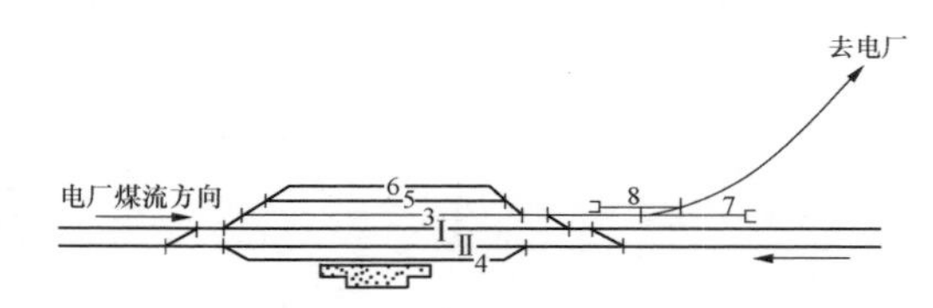

图6-4 专用线接轨实例四

Ⅰ、Ⅱ—正线；3、4、5—到发线；6—货物线；7—牵出线；8—安全线

该厂的接轨特点：干线货流方向与进厂方向一致，货物列车可直接进入电厂。

实例五：不理想的接轨示例（见图6-5）

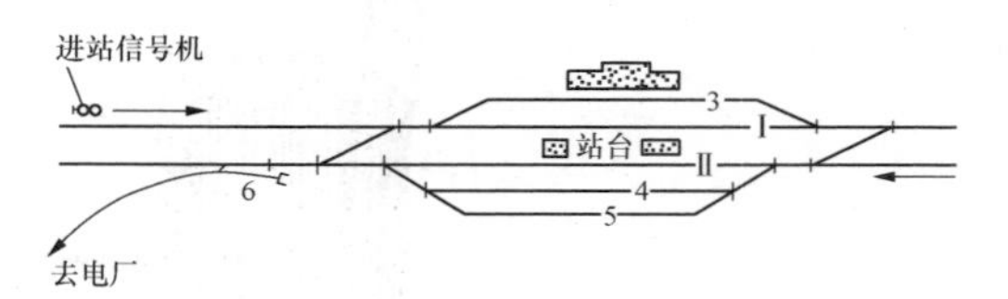

图6-5 专用线接轨实例五

Ⅰ、Ⅱ—正线；3、4—到发线；5—货物线；6—安全线

电厂车辆对正线Ⅱ行车与接发列车均有干扰，一般仅当车站作业量小，通过列车对数不多，且电厂运量较小时采用。

实例六：专用线接轨立交疏解示例（见图6-6）

铁路干线现阶段为单线。当干线货流到达方向与去电厂方向一致时，货物列车可直接进入电厂；当干线

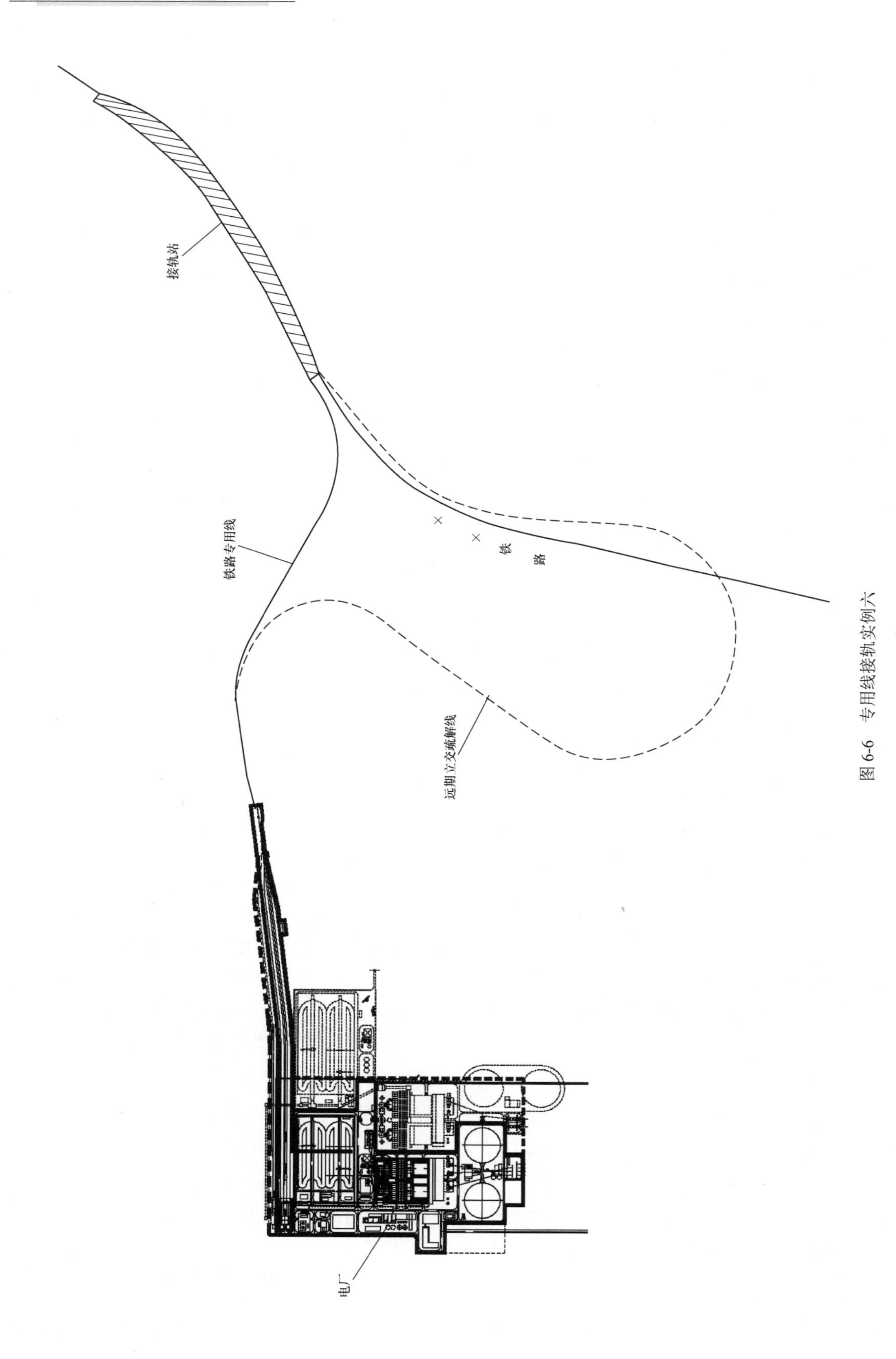

图 6-6　专用线接轨实例六

货流到达方向与去电厂方向不一致时，货物列车在接轨站需要折角运输进入电厂，并视接轨站到发作业能力，考虑是否需要在接轨站增设相应到发线。这种接轨方式，近期电厂铁路专用线对接轨站没有影响，但若远期铁路干线设置复线后，货物列车的进入或排空会切割接轨站的正线。如果正线能力利用率超过80%，属于繁忙干线，电厂铁路列车的进入或排空将会影响正线列车运行。故在近期设计时就规划了远期设置立交疏解的条件，以便地方政府规划部门做好预留立交疏解的规划，对远期立交疏解线的路径进行保护。

四、电厂专用线设计要点

电厂铁路专用线的重点是厂外线，即电厂与路网铁路、码头、其他企业专用线及燃料基地相连的，至电厂厂内线进线咽喉的一段线路。厂外线的起点为引出端咽喉道岔，终点为电厂站进厂端咽喉道岔。厂内铁路的设计见本章厂内铁路配线的相关内容。

（一）设计通则

电厂铁路专用线在满足电厂运输需要和有条件的前提下，要改变“专用线”专用的观念，充分发挥电厂专用铁路的设备潜力和作用，便于相邻工业企业共同使用和为沿线地方运输服务。这不仅可以减少建设不必要的铁路（或是重复建设），而且可以给电厂带来相应的经济效益。

电厂专用线的设计一般多委托铁路设计单位进行，作为建设单位或电厂的主体设计单位应着重把握下列事项，具体操作时可采用通过向有资质的第三方咨询的方式：

（1）厂外线的设计应根据沿线地形、地质、水文等自然条件，使线路短、工程量小。地形条件是主要因素，例如山区铁路地形复杂、坡陡弯急等，在保证运营安全的前提下，注意使线路的曲线半径与周边地形相适应。适当地选取较小半径的曲线，既可避免破坏山体，影响环境，也可减少工程量，节约投资。

（2）尽量避免与人流、货流频繁的道路交叉，以便利交通和保证运输安全。交通事故的发生往往是在人流、货流频繁的交叉路口，尤其是在城镇附近地区，线路选线应尽量避让主要道路，减少交叉。

（3）避免修建大中型桥及隧道等人工构筑物，为加速铁路施工创造有利条件。铁路线为了避免跨越大中型桥梁而要延长线路增加工程量时，则应通过全面的技术经济比较后确定。

（4）应考虑电厂规划容量发展的要求。电厂铁路专用线的运输能力应考虑到电厂进一步发展的要求，避免由于电厂的进一步扩建而要对厂外铁路专用线进行全线技术改造，既影响电厂煤的运输，又增加电厂投资。

（二）铁路等级和主要技术标准

厂外铁路专用线根据电厂规划容量的运输量按表6-4划分等级。

铁路等级是决定线路设计的主要技术标准。轨道类型、曲线半径、限制坡度等均随着线路等级的不同而不同。各级铁路专用线修建标准，应符合GB 50012《Ⅲ、Ⅳ级铁路设计规范》的规定。

表6-4　　发电厂铁路等级划分

铁路等级	燃料年运输量（万t）
Ⅲ	≥5且<10
Ⅳ	<5

对于长距离输煤（一般指煤-电-路一体化的企业）的电厂专用线，当各段所通过的货运量不同时，为使线路运输与需要的运输能力相协调，避免浪费，可以按照各段货运量确定相应的铁路等级，以满足根据运输组织所确定的牵引质量的需要。但要注意防止技术标准过于杂乱，以免引起运营维修困难或其他不便。

（三）铁路主要技术标准

专用线的主要技术标准是作为铁路建筑物和设备类型、能力与规模的基本标准，包括9个基本项目，应根据发电厂最终规模时的燃料运量需要和确定的专用线等级在设计中经过综合比选确定：正线数目；牵引种类；机车类型；限制坡度；最小曲线半径；车站分布；机车交路；到发线有效长度；闭塞类型。电厂专用线的正线数目一般为单线。

1. 线路的限制坡度

线路坡度中的限制坡度是指列车满载时的最小行驶时速所能克服的最大坡度，它对线路的走向、长度、车站分布、工程投资以及专用线的输送能力和运营指标都有很大影响，一经修建就不易改动。考虑线路限坡时，应根据专用线等级和远期输送要求，结合地形、机车类型、相邻线的限坡、牵引质量、电厂运输量的要求，（对大型火力发电厂应考虑整列车进厂要求）拟订各种不同限坡的方案，经过比选确定。

确定限制坡度时，要考虑专用线的牵引质量与相邻铁路相协调，尽量采用电厂专用线接轨区段的限制坡度。在地形困难地段可采用加力牵引。当专用线较长（跨越多个分管路局），采用同一限坡后投资过大时，可用调整机车类型的办法统一协调牵引质量，或者分区段选择不同的限制坡度。

线路的限制坡度应根据铁路等级、牵引种类、地形条件和运输要求比选确定，并应考虑与相邻铁路牵引质量相协调。

线路的限制坡度不应超过表6-5的规定。

表 6-5　　线路最大坡度　　(‰)

铁路等级	牵引种类	
	内燃	电力
Ⅲ	18	25
Ⅳ	30	30

2．铁路区间线路最小曲线半径

铁路区间线路最小曲线半径应根据工程条件和设计行车速度比选确定，但不得小于表 6-6 的规定。

表 6-6　　铁路区间线路最小曲线半径　　(m)

路段设计行车速度（km/h）		120	100	80	60、40
最小曲线半径	一般地段	1200	800	600	500
	困难地段	800	600	500	300

注　行车速度低于 40km/h，按调车办理。

3．路基面宽度

路基面宽度应符合下列要求：

（1）区间路基面宽度应根据铁路等级、远期采用的轨道类型、道床标准、路基面形式、路肩宽度和线路间距经计算确定。

新建铁路的路肩宽度，Ⅲ级铁路的路堤不应小于 0.8m，路堑不应小于 0.6m；Ⅳ级铁路的路堤不应小于 0.7m，路堑不应小于 0.5m。

新建铁路的区间直线单线路基面宽度应采用表 6-7 的数值。

表 6-7　　区间直线单线路基面宽度

铁路等级			单线					
			土质路基			岩石、渗水土路基		
			道床厚度	路基面宽度		道床厚度	路基面宽度	
				路堤	路堑		路堤	路堑
Ⅲ	次重型		0.45	7.0	6.6	0.30	6.4	6.0
	中型		0.40	6.8	6.4	0.25	6.2	5.8
Ⅳ	轻型	A	0.35	6.0	5.6	0.25	5.6	5.4
		B	0.30	5.8	5.4	0.25	5.6	5.4

注　1　路堑自线路中心沿轨枕底面水平至路堑边坡的距离，一边不应小于 3.5m（曲线地段是指曲线外侧）。
2　年平均降水量大于 400mm 地区的易风化泥质岩石应采用土质路基标准。
3　土质路基是指有细粒土和粉土以及含量大于或等于 15%的碎石类土、砂类土等的细粒土组成的路基。

（2）区间单线曲线地段的路基面宽度，应在曲线外侧按表 6-8 的规定加宽。

表 6-8　　曲线地段路基外侧加宽值　　(m)

铁路等级	曲线半径 R	加宽值
Ⅲ	$R \leqslant 600$	0.6
	$600<R \leqslant 800$	0.5
	$800<R \leqslant 1000$	0.4
	$1000<R \leqslant 2000$	0.3
	$2000<R \leqslant 5000$	0.2
	$5000<R \leqslant 8000$	0.1
Ⅳ	$300<R \leqslant 400$	0.5
	$400<R \leqslant 600$	0.4
	$600<R \leqslant 800$	0.3
	$800<R \leqslant 1000$	0.2
	$1000<R \leqslant 2000$	0.1

（3）站场路基面宽度按配线设计确定，应符合下列规定：

1）站线中心线至路基边缘的宽度应满足下列要求：车场最外侧线路不应小于 3m；牵出线有调车人员上、下车作业的一侧不应小于 3.5m。

2）站内联络线和机车走行线等单线的路基面宽度：土质路基不应小于 5.6m；硬质岩石路基不应小于 5m。

3）站线路基的路基填料和压实度应按Ⅱ级铁路路基标准设计，路基基床表层厚度为 0.3m，基床底层厚度为 0.9m，基床总厚度为 1.2m。

4．发电厂道岔

发电厂道岔的轨型应与连接的主要线路的轨型一致。

道岔号数应符合 GB/T 1246《铁路道岔号数系列》的有关要求。发电厂一般铁路线上，单开道岔不应小于 9 号（导曲线半径不小于 180m）。

道岔与其连接曲线间插入直线段长度应符合表 6-9 的规定。

道岔与其相邻的缓和曲线间，可不插入直线段。

（1）道岔类型。根据用途和平面形状，道岔分为以下几种类型：

1）普通单开道岔，即将一条铁路分为两条，其中主线为直线，侧线向左或向右分开的道岔，见图 6-7。

2）普通对称道岔，即将主线向左、右两侧对称分开的道岔，见图 6-8。

3）三开道岔，即将一条铁路分为三条，左、右两侧对称分开的道岔。

4）交分道岔，即两平面直线在斜交成菱形交叉的基础上，增设两组双转辙器和两条方向不同的侧线，以便使列车既可以顺交叉轨道直向运行，也可以沿曲线转入侧线运行的道岔，见图 6-9。

表 6-9　　**道岔前后至圆曲线最小直线段长度**

序号	道岔前后圆曲线半径 *R*（m）	轨距加宽（mm）	最小直线段长度（m）					
			一般地段			困难地段		
			轨距加宽或曲线超高递减率 2‰			曲线超高递减率 2‰ 轨距加宽递减率 3‰		
			岔前	岔后		岔前	岔后	
			木、混凝土岔枕	木岔枕	混凝土岔枕	木、混凝土岔枕	木岔枕	混凝土岔枕
1	*R*≥350	0	2	2	0	0	2	0
2	350>*R*≥300	5	2.5	4.5	2.5	2	4	2
3	*R*<300	15	7.5	9.5	7.5	5	7	5

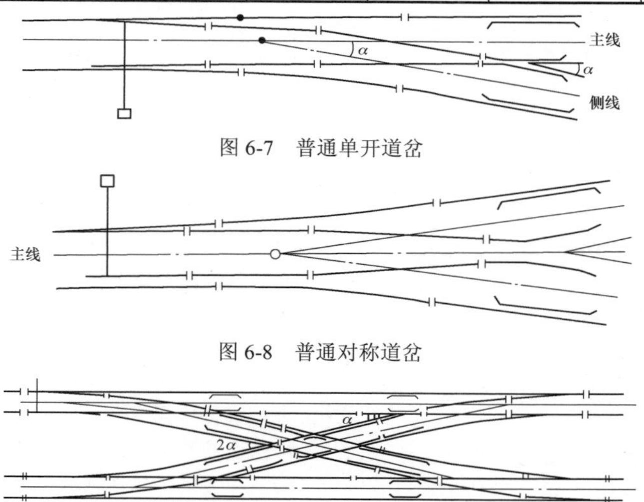

图 6-7　普通单开道岔

图 6-8　普通对称道岔

图 6-9　交分道岔

5）交叉渡线，即由四组相同号数的单开道岔和一组菱形交叉的线路组成，是两组方向相反的单渡线交叉重叠在一起的线路设备，供两条铁路线上的列车双向串线用。

道岔侧向允许通过速度用导曲线半径来控制，9 号道岔的导曲线半径为 180m，尖轨为直线型，尖轨尖端轨距加宽 15mm，尖轨跟端结构为活接头，道岔平面和轨面的几何不平顺度满足工矿企业的使用需要，因此一般情况下电厂专用线均应使用 9 号道岔。

表 6-10、表 6-11 为常用普通单开道岔和普通 9 号对称道岔的主要尺寸，供设计参考。

表 6-10　　**普通单开道岔主要尺寸**

道岔辙叉号	钢轨类型（kg/m）	辙叉角 α	沿线路中心导曲线半径（mm）	道岔全长（mm）	道岔始端至道岔中心距（mm）	道岔中心至辙叉跟端距（mm）
9	50	6°20′25″	180000	28848	13839	15009
12	50	4°45′49″	330000	36815	16853	19962

表 6-11　　**普通 9 号对称道岔主要尺寸**

道岔辙叉号	钢轨类型（kg/m）	辙叉角 α	沿线路中心导曲线半径（mm）	道岔全长（mm）	道岔始端至道岔中心距（mm）	道岔中心至辙叉跟端距（mm）	基本轨前至尖轨尖（mm）	沿线路中心导曲线长（mm）	道岔跟端至末根岔枕距（mm）
9	50	6°20′25″	180000	25358	10329	15009	1280	12645	7335

（2）普通单开道岔构造简介。一组单开道岔主要由转辙器、连接部分、辙叉、护轨及岔枕组成，见图6-10。

道岔始端（岔头）：转辙器尖轨尖端前基本轨轨缝中心处称为岔头。

道岔终端（岔尾）：辙岔跟轨缝中心处称为岔尾。

左开道岔与右开道岔：站在岔头面向岔尾，凡侧线位于直线左侧的称为左开道岔，凡侧线位于直线右侧的称为右开道岔。

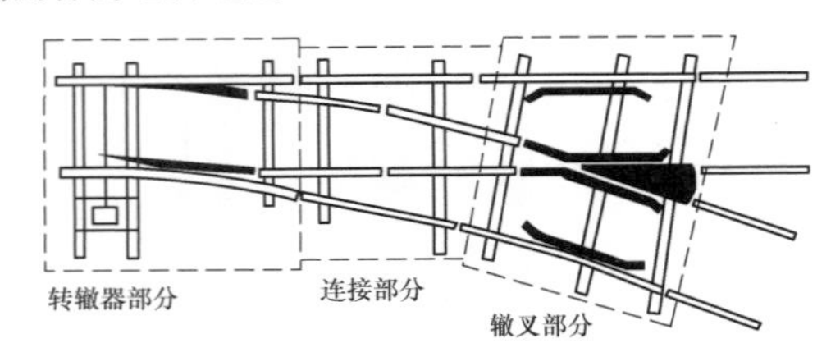

图6-10 普通单开道岔构造

道岔类型和道岔号数的选择，应根据列车运行的方式和通过速度来确定，并符合GB/T 1246《铁路道岔号数系列》的有关规定。根据现行标准，我国铁路道岔号数的标准是9、12、18号三种，小于9号的道岔已基本退出使用。道岔允许通过速度分为直向和侧向两种，道岔直向允许通过速度一般为100km/h，侧向允许通过速度一般为50～100km/h。

（3）道岔总布置图。道岔总布置图是进行道岔施工和检查道岔的主要技术依据，在图中应绘出并标注下列内容：

1）道岔全长，道岔前部、后部实际长度，道岔前部、后部理论长度，道岔理论长度，尖轨尖端前基本轨长度，辙叉理论尖端前直线段长度，导曲线外轨工作边半径，道岔中心。

2）各部分的钢轨长度、尖轨长度、辙叉趾长、辙叉跟长、护轨长度、全部岔枕根数与长度、全部岔枕间距等。

3）道岔主要控制轨距，如尖轨尖端轨距及其向外递减距离，尖轨跟端直、侧向轨距及直股递减距离等。

4）导曲线起点处的支距、导曲线每隔2m的横距及与之对应的支距，以及导曲线终点的横距、导曲线内安装轨撑的位置和设置绝缘接头的位置等。

5）转辙角及重点轨缝值。

此外，总布置图中还应列有必要的图注和材料明细表，注明图中各种符号代表的意义，说明各组成部件的名称、数量及规格、质量等。

图6-11为12号单开道岔的总布置图。

5. 桥梁、涵洞和隧道

（1）桥梁。为有利于设计、施工与维护，一般情况下每座桥梁宜采用结构简单、跨距相等的标准桥梁。遇有航运要求、复杂基础工程或其他特殊要求时，方考虑选用不等跨桥梁。桥长按长度分类：特大桥，桥长500m以上；大桥，桥长100～500m；中桥，桥长20～100m；小桥，桥长20m及以下。

跨越一条河谷原则上只设置一座桥，但在有利的情况下且依据充分时，可以在滩地或支岔上分设桥涵。当跨越常年流水的中小河流以及洪水流量较大、有漂流物（或泥石流）阻塞时，宜建桥梁。当专用线纵断面受到限制，不宜设高路堤时，宜设小桥，以降低高度，加大宽度，来适应流量要求。桥梁的中心线宜与洪水流向成正交，以避免桥头形成水袋，产生三角回流，威胁桥梁安全。接轨站或电厂站内的立交桥以及跨越交通繁忙道路的桥，不宜采用明桥面。位于重要城镇和大型工矿居住区的桥梁，应注意造型美观。

铁路桥与公路桥以分建为宜，如需合建，应提出充分的理由、依据和必要的技术经济比较方案报上级主管部门审批。

桥梁与涵洞的设计洪水频率按照表6-12考虑。

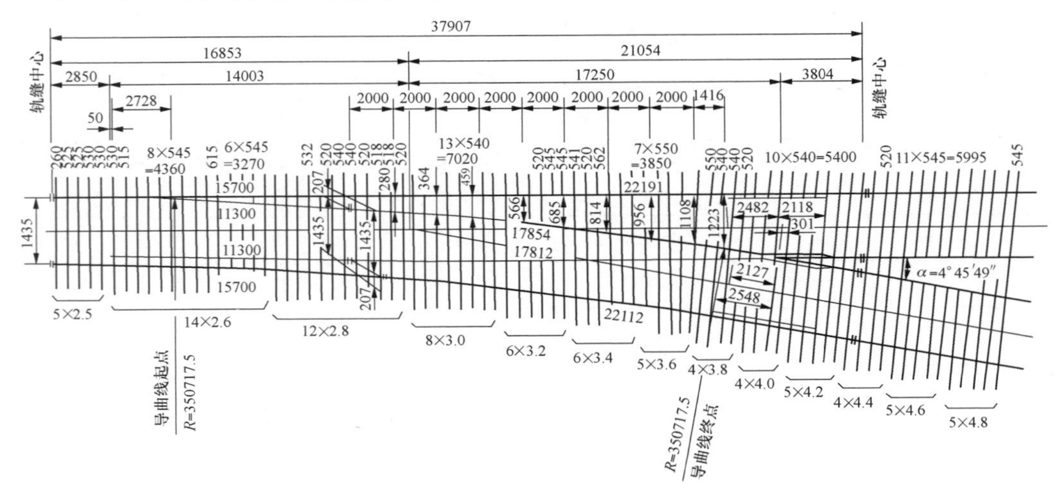

图6-11 12号单开道岔总布置图

表 6-12 桥梁与涵洞设计洪水频率

序号	铁路等级及分类	设计洪水频率		检算洪水频率
		桥梁	涵洞	特大桥（或大桥）属于技术复杂修复困难或重要者
1	重车方向年货运量为10万t及以上的Ⅰ级铁路、工业企业生产不允许中断行车的铁路	1/100	1/50	1/300
2	重车方向年货运量为10万t以下的Ⅰ级铁路和Ⅱ、Ⅲ级铁路	1/50	1/50	1/100
3	限期使用的施工安装铁路	1/25	1/25	不做检验

（2）小桥涵位置选择：

1）小桥涵位置应服从线路走向。

2）桥位应尽量选在河流的直线部位，并与之正交，桥位应在河流急弯的上游，距急弯大于1～1.5倍河宽。

3）桥位尽量选在河床较窄、河岸稳固地带。

4）应尽量选择有利地形，减少桥头路基土石方。

5）一般不宜改变天然河道。

6）建筑材料要考虑能就地取材。

7）有人畜经过的桥涵，除考虑流量需要的孔径外，还应考虑通行的要求。

为车辆、人、牲畜跨越的立交桥涵，其尺寸按表6-13的控制尺寸考虑，一般不宜减小，要求路基高度与其适应。

表 6-13 通行各种车辆、人、牲畜的桥涵尺寸

名称	高度（m）	宽度（m）	备注
人、牛、马、羊	2.5	3.0	农村大车可通过
骆驼	3.2	3.0	
小轿车	2.3	2.3	吉普车可用此标准
卡车（货车）	3.0	3.0	
装有草秸的货车	4.0	3.0	
联合收割机	3.7	4.4	
公共汽车（客车）	3.0	3.2	
无轨电车	5.5	3.2	
消防汽车	4.0	4.0	
单线铁路（蒸汽或内燃牵引）正线	5.5	按限界	
走行线（蒸汽或内燃牵引）	5.0	按限界	
单线铁路（电气牵引）正线	6.55	按限界	高度最小为6.2m
公路	5.0	按路宽	

注 本表与后续立交桥下乡村道路净空有所不同，使用时注意其区别。

（3）隧道。隧道是永久性的大型工程项目，工程地质条件对隧道位置的选择影响很大，应选择在岩性较好、稳定的地层地段，避免使隧道在断层破碎带、含水层等工程地质、水文地质复杂和不良地质地段中穿越；如不能绕开，应尽量缩短穿越长度，并采取可靠的工程措施，以确保施工及运营安全。确定隧道位置时，必须重视洞口位置的选择。洞口位置不当会造成洞口经常塌方，很难整治。一般来说隧道宜早进洞，晚出洞。隧道长度和施工期限是电厂专用线控制工期的瓶颈，为加快施工进度，可以通过技术经济比较研究选用斜井、竖井或平行导坑的辅助方法。

电厂专用线常见的另一种形式是明洞，一般适用于洞顶覆盖层较薄，难以用暗挖法施工的地段；受塌方、落石威胁的洞口或路堑；有立交需要的特殊地段等。明洞的结构类型应根据地形、地质、安全、经济及施工条件等，通过技术经济比较后确定。明洞洞顶覆盖层的厚度应根据明洞的用途和要求确定，但不能小于1.50m。

6. 站场及线路标志设置要求

（1）站场。专用线站场的设置应做到近期工程布局合理、运营便利、节省投资，并考虑远期发展，预留用地。

一般车站的配线多采用横列式布置，对规模较大、组成比较复杂的煤炭集运站，可根据具体情况选用纵列式或混合式布置。需要布置货场时，其位置宜靠近主要货源，符合货物流向。

站场到发线的有效长度直接影响专用线的牵引质量，从而影响列车对数、运输能力和运行指标，影响到发线有效长度的主要因素如下：

1）运量需求。当列车对数一定时，运量需求大的线路牵引质量大，列车长度长，要求到发线有效长度长。运输需求与专用线等级有关，铁路等级高的专用线运量要求大。

2）列车长度。列车长度包括机车长度与车辆长度。对于机车来说，大功率机车牵引力大，牵引质量大，列车长度长，要求到发线有效长度长。对于车辆，大型货车每延米列车质量大，牵引质量一定时，列车长度和到发线有效长度较短。过去电厂使用的车辆多

为小型车辆，每延米列车质量为4～5t，目前C62A和C61型每延米列车质量已分别达到6.1t和7.0t，而25t轴重的大型货车则达到每延米7.5t。

3）限制坡度。机车类型一定时，限制坡度大则牵引质量小，列车和到发线有效长度安全停车附加距离短。

4）安全停车附加距离。安全停车附加距离大时，到发线有效长度长。安全停车附加距离与牵引质量有关。目前的安全停车附加距离为30m，这是根据过去平均牵引质量确定的，现在平均牵引质量普遍比过去有较大提高，列车动能增大，故安全停车附加距离宜经过计算适当增大。

5）空车率。牵引质量一定时，空车率大，则列车和到发线有效长度长。

6）相邻铁路到发线有效长度。专用线与相邻铁路到发线有效长度协调一致，可以减少换重作业和停留时间，减少煤车在途时间和相关费用，为远程直达煤车运输创造条件。

7）经济合理性。运量一定时，到发线有效长度长会增大车站的工程投资，也会增加车辆集结的时间和费用，电厂专用线在确定有效长度时要重点把握的原则是：根据运量需要、列车长度、安全附加距离确定，并宜与相接轨线路的有效长度协调。对于厂内线，主要是考虑列车长度和安全附加距离。

（2）线路标志。线路标志是用来表明铁路建筑物及设备状态或位置的标志；信号标志是对机车车辆操纵人员起指示作用的标志。因机车司机的位置在左侧，为司机瞭望便利，所以标志应设在列车运行方向的左侧。

为不妨碍列车的顺利通过，标志应设在建筑限界以外。线路、信号标志（警冲标除外）应设在距钢轨头部外侧不小于2m处。对于曲线标等不超过钢轨顶面的标志，为不妨碍某些特种车辆（如底开门车等）在工作状态时顺利通过，可设在距钢轨头部外侧不小于1.35m处。

警冲标设置位置，两会合线路线间距离为4m时，该标志设在两条线路的中间；线间距离不足4m时，设在两线路中心线最大间距的起点处。

7. 机车和车辆

机车和车辆的有关内容已在前文述及，这里就燃料运输所需机车车辆提出几点注意事项：

（1）本务机车应与燃料运输经行区段配备的机型一致，以便于调度运行和就近检修。

（2）如果列车直接进厂，本务机车的性能还要与专用线的技术条件相适应。

（3）调车用机车的选型，视其作业范围、需牵引的最多车辆数、线路特征、气候条件、供货来源、检修条件等经牵引计算确定。

（4）机车种类（蒸汽、内燃、电气）及形式（能力）的选择，尚应考虑远期运量提高和牵引定数的提高引起的改变。各类型机车与车辆的技术参数见表6-14～表6-16。

表6-14　电力与内燃机车部分主型机车的主要技术参数

牵引种类	机车类型	用途	功率（kW）	持续速度（km/h）	最高速度（km/h）	持续牵引力（kN）	启动牵引力（kN）
电力	SS_1	客货	3780	43	90	301.1	487.4
	SS_3	客货	4350	48	100	317.5	490.0
	SS_4	货	6400	51.5	100	436.5	628.0
	SS_{4B}	货	6400	50	100	449.3	628.0
	SS_{6B}	客货	4800	50	100	337.5	485.0
	SS_7	客货	4800	48	100	351.0	485.0
	SS_8	客	3600	99	170	124.4	190.0
内燃	DF_4	客货	2426	26.3 21.9	120 100	302.0	362.4 434.9
	DF_{4B}	客货	2426	28.5 21.6	120 100	243.0 324.0	327.5 435.0
	DF_{4E}	货	4860	22.0	100	630.0	850.0
	DF_6	货	2941	22.2	118	360.0	435.0
	DF_8	货	3309	30.4	100	314.0	441.0
	DF_{10D}	货	4260	27.7	100	455.0	718.0
	DF_{11}	客	3680	65.5	170	160.0	245.0

表 6-15　　敞 车 技 术 参 数

车型	自重（t）	载重（t）	容积（m^3）	车内 长×宽×高（mm×mm×mm）	最大 宽×高（mm×mm）	车辆 全长（m）	轴数	车体材质	构造 速度（km/h）	最小曲 线半径（m）	地板面至 轨面高（mm）	5000t 列车编组 辆×数
C60	17.2	60	67.4	12920×2820×1850	3160×3137	13.908	4	全钢	90	145	1147	62
C62	20.6	60	68.8	12488×2798×2000	3190×2993	13.442	4	全钢	100	145	1079	62
C63	22.5	61	70.7	10300×2890×2375	3184×3446	11.986	4	耐候钢	100	145	1079	60
C64	22.5	61	73.3	12490×2890×2050	3242×3142	13.438	4	全钢	100	145	1073	60
C70	23.8	70	77	13000×2892×2050	3242×3143	13.976	4	强钢	120	145	1083	53
C76	24	76	81.75	10520×2974	3184×3592	12.000	4	高强钢	100	145	1083	53
C80	20	80	87	10728×2946	3184×3793	12.000	4	铝合金	100	145	1083	51

表 6-16　　底 开 门 车 技 术 参 数

车型	自重（t）	载重（t）	容积（m^3）	车内长×宽×高（mm×mm×mm）	最大宽×高（mm×mm）	钩舌内侧距离（mm）	轴数	车体材质	构造速度（km/h）	最小曲线半径（m）	转向架中心距（mm）	地板面至轨面高（mm）	车门宽×高（mm×mm）
K18	22	60	63	上 10480×2950×2360	3240×3400	13942	4	全钢	85	145	10000	1163	底开门 3000×575
K18GD2	24	60	64.2	上—	3536×3210	14738	4	全钢	85	145	10500		
K70	27	73	—	—	3240×3693	14742	4	全钢			10500		

注　K18GD2 型底开车机构比 K18 型有多处改进，是发电厂运煤的主要车型。

8. 供电、给水和排水

铁路专用线的电力供应宜优先采用本企业电源，有困难时可采用地方电源（含通信）。

给水和排水一般来说均独立设置，根据需要设置的厂前站且离电厂很近时除外。沿线车站、工区等处的给水应根据具体情况因地制宜解决。排水设施应尽可能利用当地其他的排水系统，不能利用时则由铁路部门统一排放。其排放标准应符合有关规定。

9. 闭塞方式

铁路专用线的信号机、联锁装置、闭塞装置是保证行车安全、提高运营效率和加强通过能力的重要设备。闭塞类型分为自动闭塞、半自动闭塞、电气路签闭塞、电话闭塞四种。目前电气路签闭塞仅在个别的专用线上使用，多数专用线是半自动闭塞。电话闭塞是当主要闭塞设备不能使用时的临时闭塞措施，故闭塞方式以自动闭塞、半自动闭塞为主。根据 GB 50012《Ⅲ、Ⅳ级铁路设计规范》的规定，工业企业铁路的正线或联络线的区间闭塞方式一般采用自动闭塞或半自动闭塞。

半自动闭塞主要应用于单线铁路，投资也较少。单线铁路采用自动闭塞时如果没有采用追踪运行图，则并不能增加通过能力，投资费用也较大，不能充分发挥自动闭塞的作用。而采用追踪运行图则要增加站线以停放会让列车，因此电厂专用线应首选半自动闭塞。

为避免行车人员办理区间闭塞作业的复杂化，并有利于司机确认信号，防止对信号显示产生混淆和误认，在一个区段内应采用同一种闭塞类型。

10. 铁路用地

以下为涉及铁路用地的有关主要规定和注意事项：

（1）专用线用地必须执行国家建设征用土地的现行规定。分期修建的铁路建筑物和设备所需用地应分期征用。将未来发展需要的土地划为保留用地，并明确在保留用地范围内不得修建永久性房舍或多年成长的贵重林木。

（2）路基用地宽度：路堑从堑顶边缘至用地界的距离不应小于 1m，路堤以天然护道外 1m 为界。当有取土坑、天沟、排水沟时，则以最外边至用地界的距离不应小于 1m。

（3）当线路两侧有不良地质或人工坑洞等影响路基稳定时，应根据工程需要确定用地范围。在遭受风沙和雪害地带，要考虑栽种防护林带、安装防砂栅栏或防雪栅栏的用地。

（4）通过林区的铁路，其用地宽度应根据线路具体情况结合林区防火规定确定。每侧用地宽度一般由线路中心线算起：有林地带不应小于 40m（从防火需要考虑，30m宽的防火通道是可以满足要求的，但为防止高达20～30m的大树被狂风吹倒后影响铁路建筑物或通信线路，因此规定不小于40m)；无林地带（含草地和沼泽地）不应小于20m。

（5）给水、排水建筑物用地应注意环境条件，水源和给水所用地应适当留有发展余地。

（6）距线路、站场较远的独立生活区，给排水设施、通信站、水电段等，可按建筑物的外围道路（包括侧沟）以外1～5m或外墙边5m为用地范围。

（7）设置平交道、改移公路以及隧道的弃渣等应考虑取弃土的需要。

（8）弃土堆、取土坑、隧道弃渣、给排水管网及地下管线或附属工程所用土地，当能恢复耕种时，应划归地方，不划入专用线用地范围内。

（9）在专用线用地范围的最外边缘，每隔100～200m及用地宽度变换处，设置电厂专用线用地界限标志。

（10）在城镇划定电厂专用线用地时，应与建设规划相配合，并取得协议。具体操作时，凡有荒地的，不得占用耕地；可以利用劣地的，不得占用良田，尤其不能占用菜地、园地、精养鱼塘、果木林地等经济效益高的土地。设计人员要千方百计地考虑节约用地的措施，并为农田灌溉和水土保持创造条件。

（11）铁路线路安全保护区。铁路线路安全保护区不同于铁路用地，不涉及土地权属，只是为了保障铁路运输安全而设置的一个特定区域，在这个区域内禁止从事危及铁路运输安全的活动和行为。《铁路运输安全保护条例》规定，铁路线路安全保护区的范围，从铁路线路路堤坡脚、路堑坡顶或者铁路桥梁外侧起向外的距离分别为：

1）城市市区，不小于8m。

2）城市郊区居民居住区，不小于10m。

3）村镇居民居住区，不小于12m。

4）其他地区，不小于15m。

铁路运输企业应当在铁路线路安全保护区边界设立标桩，并根据需要设置围墙、栅栏等防护设施。

五、检斤设备布置

为加强电厂管理与经济核算，电厂每天入厂煤、来油及其他材料数量都应进行准确计量并进行记录。电厂铁路运输设计，应考虑轨道衡及其相关设施和线路的设置。轨道衡及轨道衡线路的布置应符合下列要求：

（1）发电厂应设置轨道衡，其位置宜单独设置在卸车车场道岔咽喉区之前或翻车机前的重车线上。单独设置的轨道衡应采用无基坑动态电子轨道衡，必要时可选用公铁两用或动静两态的轨道衡，以兼顾发电厂其他物品的称重计量。

（2）单独设置的轨道衡线应为贯通式，轨道衡两端线路宜为平直段，在紧靠衡器两端设整体道床等加强线路，并应符合所使用的轨道衡技术条件。当厂区线路布置困难时，可采用无基坑曲线微机动态轨道衡，其线路曲线半径不应小于200m。

轨道衡一般设在厂内铁路站场咽喉区前部，以便称重车辆能流水作业。也有装在重车线上的，线路要适当延长，当卸车线不止一条时，则每条线上都要装设。当受场地条件限制，无法在咽喉区前部设置轨道衡时，也可在翻车机上设置翻车机衡，进行检斤作业。

无基坑式轨道衡是一种新式结构，取消了基坑，其基础结构深度一般为0.8m左右，底层是经过强力压实的嵌面结构，具有较高的承载能力，基础上部多为乳化沥青路面结构，具有很大的抗变形能力。其特点是：基础不深挖、工程量小，施工周期短；不搭雨蓬，土建投资少；结构简单，节省钢材；安装、调整、维修方便，不影响邻近股道列车的正常运行；取装传感器方便，检修不中断线路通车。

为便于流水作业，轨道衡线路设计为通过式。轨道衡线路的长度应根据线路配置方式、轨道衡类型（动态、静态各种类型）、称重方式（连续称量或单辆称量）和一次称重的车列最多辆数等条件确定。为了保证称重的精度，车辆在进入轨道衡的前后要保持严格的水平和顺直段，这个长度在不同类型的产品上要求不一样，在工程实例中，既有轨道衡两端平直线长度为20～50m的，也有长达200m的，很不统一。JJG 234《动态称量轨道衡检定规程》对线路条件无规定，衡器制造厂则要求轨道衡两端平直线长度各不短于70～80m，现场做法也不一致。根据调查实测资料，动态轨道衡两端平直线长度大多为70～80m，有少数超过100m，并紧靠衡器两端各设25～50m整体道床加强段。有些轨道衡线在整体道床加强段25m之外，还接着铺设20～25m长的混凝土宽枕过渡段。从既有轨道衡线的调查资料可以看出，无论是静态衡还是动态衡，紧靠衡器两端的线路均需加强轨道，其长度不小于25m。加强措施有采用整体道床、混凝土宽枕、碎石道床等，要根据供货厂家提供的资料进行设计。

轨道衡线与其磅房一侧的相邻线路中心线间距离，应根据磅房尺寸及建筑限界确定。

曲线无基坑微机动态轨道衡安装在铁路曲线地段，以适应场地狭窄、铁路平面不能布置直线段的情况，台面轨根据平面曲线半径要求弯曲，并与引轨、台面轨组成圆滑、不变曲率的圆曲线，而且要求曲线半径大于或等于200m。曲线无基坑微机动态轨道衡增加了总图铁路布置的灵活性。

图6-12为某电厂使用的轨道衡的平面布置位置，供设计参考。

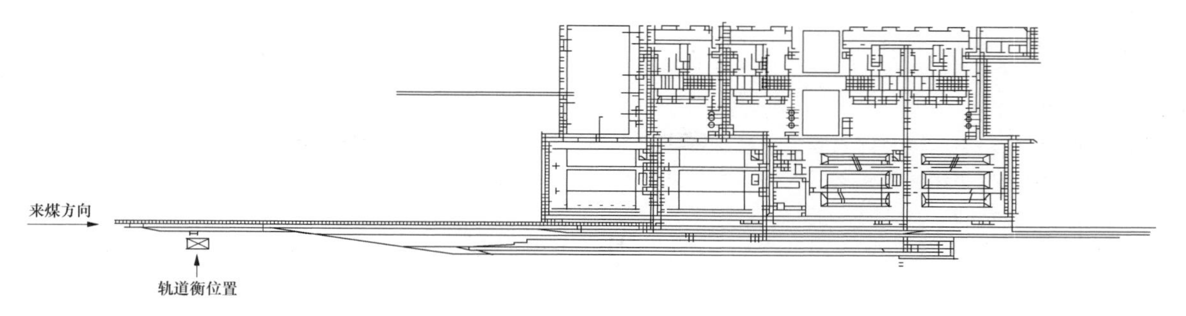

图 6-12 某电厂轨道衡的平面布置

六、厂内铁路配线

（一）影响厂内铁路配线的因素

1. 电厂运输量

厂内线路布置应考虑加速机车、车辆的周转，即在进厂前后两列车的间隔时间内尽快完成一列列车的各项作业；要适应卸煤机械化的要求，并提高卸车能力；要考虑到重车的解体和空车的编组；要考虑列车的作业尽量相互不发生干扰，即尽可能地能进行平行作业。由于大型电厂运输量大、调车作业量大，在不设厂前交接站的厂内站对厂内配线数量及形式要求较高，既要满足列车到发、交接、解列、编组、过磅、卸煤、转线等作业要求，又要满足列车送重车、取空车的要求，因此不设厂前交接站的电厂厂内铁路配线数量往往较多。中小型电厂运输量小，每日半列至两列车运量即可满足电厂燃煤要求；铁路专用线短，一般为 5～10km，可按调车作业办理；厂内铁路配线比较简单，一般 1～2 股道即可满足铁路运输要求。有的中型电厂，接轨站为编组站且股道较多，或车辆股道较少，但有可能增加股道，又有调车机车可供电厂使用时，则厂内铁路配线在取得铁路部门的同意后，可按 1/3～1/2 列车进厂考虑。与大型电厂相比，厂内铁路配线数量少，有效长度短，厂内作业简单。

2. 路网行车组织和接轨站

（1）路网行车组织的影响。路网行车组织与电厂供煤有关。电厂供煤可能有以下几种情况：

1）电厂用煤全部组织直达列车；

2）电厂用煤由几个煤矿供应，其中一部分煤矿组织直达列车，另一部分煤矿仅能以成组形式供煤；

3）电厂与附近其他企业合组一列直达车。

以上几种供煤情况，来车数量和来车间隔时间不同，为适应一定幅度的变化，电厂厂内铁路配线应考虑以下几点：

1）列车整列进厂时，要考虑到第一列列车未卸完煤时第二列列车进厂的可能性；

2）不同种类的煤卸在不同的地点，即考虑不同煤源对铁路配线的要求；

3）在厂内同时进行不同作业时，对厂内铁路配线的要求；

4）配线股道数量要满足不同列车到发的要求。

（2）接轨站的影响。根据接轨站的不同情况，厂内铁路配线也有所不同。

当接轨站允许电厂煤车占用车站股道进行列车解列、分组进厂，且专用线较短时，煤车可按照电厂卸煤装置的卸车能力分批送入电厂，厂内线有效长度可按进厂实际车辆数计算。

当线路短、视距好时，为减少机车调车作业，煤车可顶送进厂，厂内线可设置成尽端线。

当接轨站不允许电厂煤车在车站解列、分组进厂时，厂内线有效长度应能满足容纳整列车的要求。当列车牵引进厂时，应设机车调头线。

当煤源分散时，还应考虑其他煤矿接踵来煤的可能。

当电厂采用翻车机卸煤设施时，根据干线列检所分布情况，考虑与车站共同设立或单独设立简易列检所及相应的线路。

当电厂有自备机车，机车上煤、上水、上砂、清灰、临时修理等作业需在厂内进行时，需设置相应的设备和线路。

3. 卸煤设施

厂内卸煤装置多，配线相应增多。

（1）翻车机卸煤。翻车机的最大优点是解决了卸煤的机械化问题。厂内一般配线为重车线、空车停车线、机车走行线。为了不影响翻车机的正常运转效率，采用这种卸煤方式时，首先要在车辆选型时做到统一车型。

（2）龙门抓卸煤机。龙门抓卸煤机（或称桥式抓、装卸桥）卸煤方式灵活，除用作卸车外，还可作为储煤、上煤和混煤用，适用于中小型电厂。一般的厂内铁路配线比较简单，有两股尽端线或两个卸煤栈台配合龙门抓。这种卸煤设备，一般卸一节（50t）车需要 10min 左右。由于受到出力的影响，每卸一列车需要有一定的卸车时间，因此如第一列列车在厂内未卸完而第二列列车接着进厂时，就会造成车辆在厂内停留待卸，从而延长车辆周转时间。

（3）螺旋卸车机。螺旋卸车机可配卸煤沟，特点是厂内线股道少，配线简单。

（4）底开门车配卸煤沟。底开门车K18型煤漏斗专用车多用于矿口电厂以及煤源固定、运距短的大中型电厂，一般采用小运转方式。厂内卸煤设备采用卸煤沟，可以边走边卸。

（二）厂内铁路配线原则

（1）应与发电厂总体规划、工艺设计、行车组织相协调，按发电厂的规划容量统一规划，分期建设，满足铁路技术作业和卸车能力的需要。

（2）卸煤铁路宜位于厂区贮煤场和运煤系统的外侧，以利于分期扩建。其配线应根据发电厂耗煤量、行车组织、列车牵引质量与煤列长度、卸煤设备类型、调车作业及列车交接方式等确定。

（3）发电厂一般应由路网本务机车担当煤列的送重车、取空车及列车对位作业。厂内不宜设置调车机车及其整备设施。

（4）厂内铁路配线应合理紧凑，主要线群道岔应集中布置，减少扇形地带。

（5）厂内卸煤铁路站场一般宜布置在平、直线上。当受到自然地形或厂区周边条件约束时，也可布置在半径不小于600m的曲线上，特别困难的条件下，曲线半径不应小于500m。站场纵坡不应大于1‰。

（6）根据燃煤运输量、接轨站状况、运输管理方式及厂区铁路布置条件，发电厂一般宜采用整列车进厂；当发电厂厂内受地形限制，厂区铁路线不能容纳整列车时，可采用半列进厂。

（三）厂内卸煤铁路配线形式

厂内卸煤铁路配线形式要根据用地、地形、接轨条件和交接方式以及卸煤方式等综合因素确定。我国燃煤火力发电厂在国家铁路或地方铁路上接轨的，一般厂内采用翻车机卸煤方式，而在矿区铁路上接轨的，除厂内大多采用翻车机卸煤方式外，也有采用卸煤沟卸煤方式的。

1. 翻车机卸煤铁路配线形式

采用翻车机卸煤的铁路配线主要有折返式和贯通式两种形式。贯通式卸煤作业效率较高，但用地规模大，轨道铺设量大，工程投资高；折返式卸煤作业效率虽不如贯通式高，但用地规模小，轨道铺设量少，工程投资低。

（1）折返式。目前我国燃煤铁路运输发电厂的厂内卸煤方式一般常规采用折返式翻车机卸煤方式，并根据翻车机配置数量确定铁路站场配线数量，如采用2台折返式翻车机卸煤的发电厂，其厂内铁路卸煤配线为2条重车线、2条空车线和1条机车走行线。按铁路部门的要求，在满足5000t整列直达煤列在厂内到发作业的有效长度为1050m的要求时，厂内铁路站场的用地面积为4.85hm^2，如图6-13所示。正常情况下，每台单车翻车机的作业效率为每小时20～25节，如一列5000t整列直达煤列在3～3.5h内即可完成煤列的翻卸和检车作业，满足铁路部门对煤列排空时间的要求。

（2）贯通式。贯通式翻车机卸煤的厂内铁路配线，其在翻车机两侧均应满足5000t整列直达煤车到发作业的有效长度为1050m的要求，其厂内铁路站场的用地面积为7.83hm^2，如图6-14所示。与厂内铁路卸煤配线采用折返式设计相比，贯通式厂内铁路卸煤站场的用地面积增加约3hm^2。厂内铁路卸煤配线采用贯通式布置方案不仅不利于节约集约用地，而且由于厂内铁路配线长达约2.50km，使得自然地形条件较为复杂的火力发电厂的厂区总平面布置非常困难或成为厂址选择的颠覆性因素。

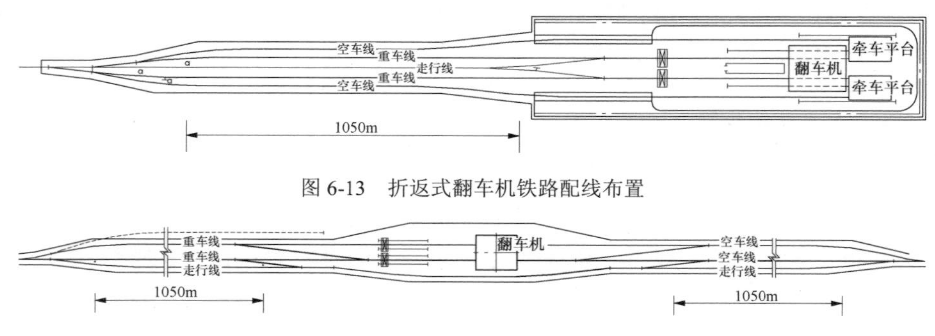

图6-13　折返式翻车机铁路配线布置

图6-14　贯通式翻车机铁路配线布置

目前燃煤发电厂采用折返式翻车机的卸车效率完全能够满足铁路部门对排放空车的时间要求，因此采用翻车机卸车方式的厂内铁路配线宜采用折返式布置方案，既可满足卸煤作业效率的需要，又有利于节约用地。

2. 卸煤沟卸煤铁路配线形式

采用卸煤沟卸煤的铁路配线通常为贯通式，也有采用尽端式的。其铁路配线的特点基本与采用贯通式和折返式翻车机卸煤的相同。

（1）贯通式。贯通式卸煤沟的厂内铁路配线应根据运煤专业卸煤沟的设置情况而定，一般设置为双线卸煤线、1条机车走行线和1条到发线，卸煤线的有效长度为2倍的整列直达煤车长度减去卸煤沟的长度，到发线的有效长度需要满足整列直达煤车停留作业的需要，如图 6-15 所示。

与采用贯通式翻车机卸煤的厂内铁路配线相同，贯通式卸煤沟满足 5000t 整列直达煤列接卸作业的厂内铁路卸煤站场铁路配线也基本约为 2.50km，用地规模大，轨道铺设量大，工程投资高，不利于节约集约用地，而且使得自然地形条件较为复杂的厂区总平面布置非常困难或成为厂址选择的颠覆性因素。

（2）尽端式。尽端式卸煤沟的厂内铁路配线也应根据运煤专业卸煤沟的设置情况而定，通常设置为双线卸煤线和 2 条到发线，卸煤线的有效长度需要根据卸煤沟的长度确定，到发线的有效长度一般需要满足整列直达煤车停留作业的需要，也有因地形及周边环境条件受限，采用半列车长度，如图 6-16 所示。

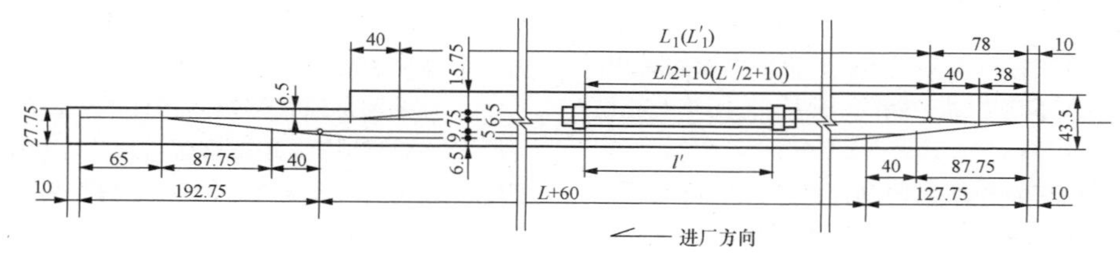

图 6-15 贯通式卸煤沟铁路配线布置（单位：m）

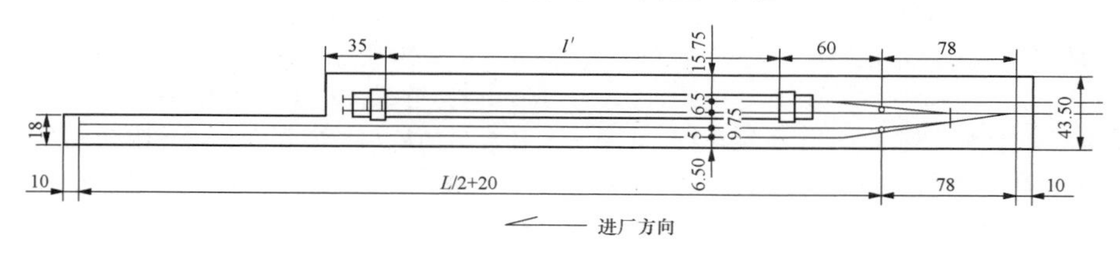

图 6-16 尽端式卸煤沟铁路配线布置（单位：m）

尽端式卸煤沟的厂内铁路配线长度与折返式翻车机的厂内铁路配线长度基本相同，其用地规模小，轨道铺设量少，工程投资低，但卸煤作业效率不如贯通式卸煤沟高。

（四）厂内铁路配线数量

厂内铁路配线数量主要取决于卸煤方式，通常情况下翻车机卸煤要求的配线数量多于底开门车配卸煤沟的配线数量。一般影响配线数量的因素有：燃煤来源、品种及波动情况，燃煤运输距离；按照每日运量折算的进厂煤车平均间隔；列车牵引质量（编挂车辆数目）；车辆形式；接轨站的类型、规模和到电厂的距离；交接方式（以确定有无调车机车和整备线）；卸车机械能力和方式（以确定列车是否需要解列和卸车时间）；检斤设备及布置要求；厂内站布置形式（横列或纵列，混合或折返）；煤源点到电厂间的冬季气候情况（有无冻煤）；大件设备和施工材料倒运情况；厂内调车作业和机车整备情况。

根据上述因素，新建电厂的厂内铁路配线数量可按表 6-17 考虑。

表 6-17 新建电厂的厂内铁路配线数量

序号	线路名称	大中型电厂		备注
		需要程度	配线数量	
1	到发线	需要	按计算	包含轻车与重车
2	走行线	需要	1	机车走行
3	混煤线	与方案有关	按作业要求	
4	牵出线	需要	1～2	
5	轨道衡线	可与到发线合并	1	
6	卸煤线	需要	1～2	
7	施工安装线	与方案有关	1～2	包括汽轮机与锅炉
8	材料线	与方案有关	可不设	
9	燃油线	与方案有关	1	
10	解冻线	与方案有关	1	
11	变压器检修线	与方案有关	可不设	
12	安全线	与方案有关	1	
13	机车整备与列检线	与方案有关	可不设	
14	异型车卸车线	与方案有关	1	

到发线数量可按下式计算：

$$M = \frac{NT}{nt} \tag{6-1}$$

其中 $t=t_1+t_2+t_3+t_n$

式中 M——到发线数量；

N——经过电厂站的列车对数；

T——每对列车占用到发线的全部时间，min；

n——昼夜工作班数；

t——每班工作时间，min；

t_1——列车到达需要的时间，厂内运输采用6min；

t_2——列车在厂内办理作业时需要停留的时间，在不考虑煤车解列时按照10～15min计算；

t_3——列车发车所需时间，按5～7min计算；

t_n——考虑编组、解列、解冻、检修等作业需要的时间。

式（6-1）中，nt 按1440min计算。

（1）采用翻车机卸车时，铁路配线布置应遵循下列规定：

1）单车翻车机配1条重车线、1条空车线、1条机车走行线；双车翻车机配2条重车线、2条空车线、1条机车走行线；重、空车线宜采用折返式布置。

2）单车翻车机空、重车线线间距在翻车机附近为11m；双车翻车机空、重车线线间距在翻车机附近为13m，其余地段均宜为5.5m或5.0m。

3）不宜设异型车卸煤线，必要时可利用空车线兼做异型车卸煤。

（2）采用底开门车配卸煤沟卸煤时，宜按下列要求配线：

1）应采用固定车底、循环车组、不解体列车调车作业方式。

2）当采用单线卸煤沟时，重车、卸车、空车可共用一线。

3）当采用双线卸煤沟时，可采用尽端式或带牵出线的贯通式布置，并设2条重（空）车线或2条重车线加1条空车线及1条牵出线。

（3）采用卸煤沟配螺旋卸车机时，应设卸车线和调车线。

（五）厂内铁路配线有效长度

发电厂厂内铁路站场配线的有效长度应根据铁路行车组织、路网机车牵引质量、列车车型及编挂车辆数、厂内卸车设备及配线，并结合厂区自然地形及周围环境等确定。

（1）采用折返式翻车机卸煤的铁路配线，其有效长度为一次进厂列车长度另加机车长度和列车停车附加安全距离30m。

（2）采用贯通式卸煤沟卸煤的铁路配线：

1）单线卸煤沟卸车有效长度为10节车辆长度。配线有效长度为计算的列车长度另加机车长度和列车停车附加安全距离30m。

2）双线卸煤沟每线卸车有效长度应与卸煤沟配套，线路有效长度为计算的列车长度另加机车长度和列车停车附加安全距离30m。

3）重车、空车牵出线有效长度为计算的半列车长度另加机车长度和列车停车附加安全距离20m。

（3）主要线路的有效长度起止点可按表6-18确定。

表6-18　主要线路有效长度起止点

序号	线路类型		起点	终点
1	翻车机线路	有走行线	信号机（警冲标）	信号机（警冲标）
		无走行线	信号机（警冲标）	清车底设施或牵车设备起点
2	卸煤沟线路	尽端式	信号机（警冲标）	信号机（警冲标）
		贯通式	信号机（警冲标）	车挡

（六）厂内卸煤铁路配线实例

1. 厂内铁路站场常规布置

燃煤发电厂厂内铁路站场一般宜采用直线布置，如图6-17所示。

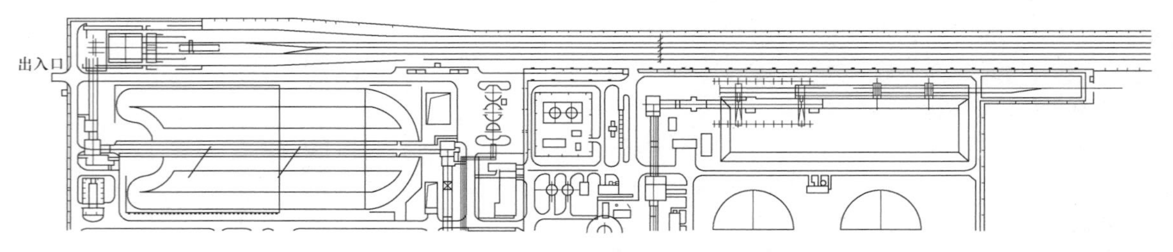

图6-17　2台折返式翻车机厂内铁路站场常规布置

2. 厂内铁路站场曲线布置

（1）某热电厂（2×350MW）厂内铁路站场受地形条件和周边企业限制，厂内铁路站场采用直线布置受到约束，只能采用半径为800m的曲线布置方式，有效长度为1050m，线间距为空车线与重车线6m，空车线与机车走行线5m。据了解，2013年投运至今，运行情况良好。厂内铁路站场曲线布置如图6-18所示。

（2）某热电厂（2×350MW）厂内铁路站场布置受厂区周边企业影响，厂内铁路站场无法实现直线布置，只能采用半径为600m的曲线布置方式，有效长度为620～770m，线间距为5.50m。2009年投运至今，运行情况良好。厂内铁路站场曲线布置如图6-19所示。

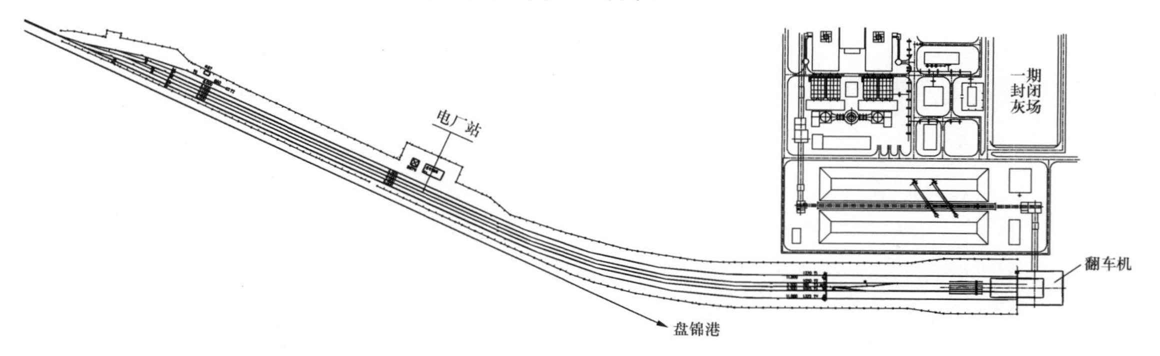

图6-18 厂内铁路站场曲线布置一

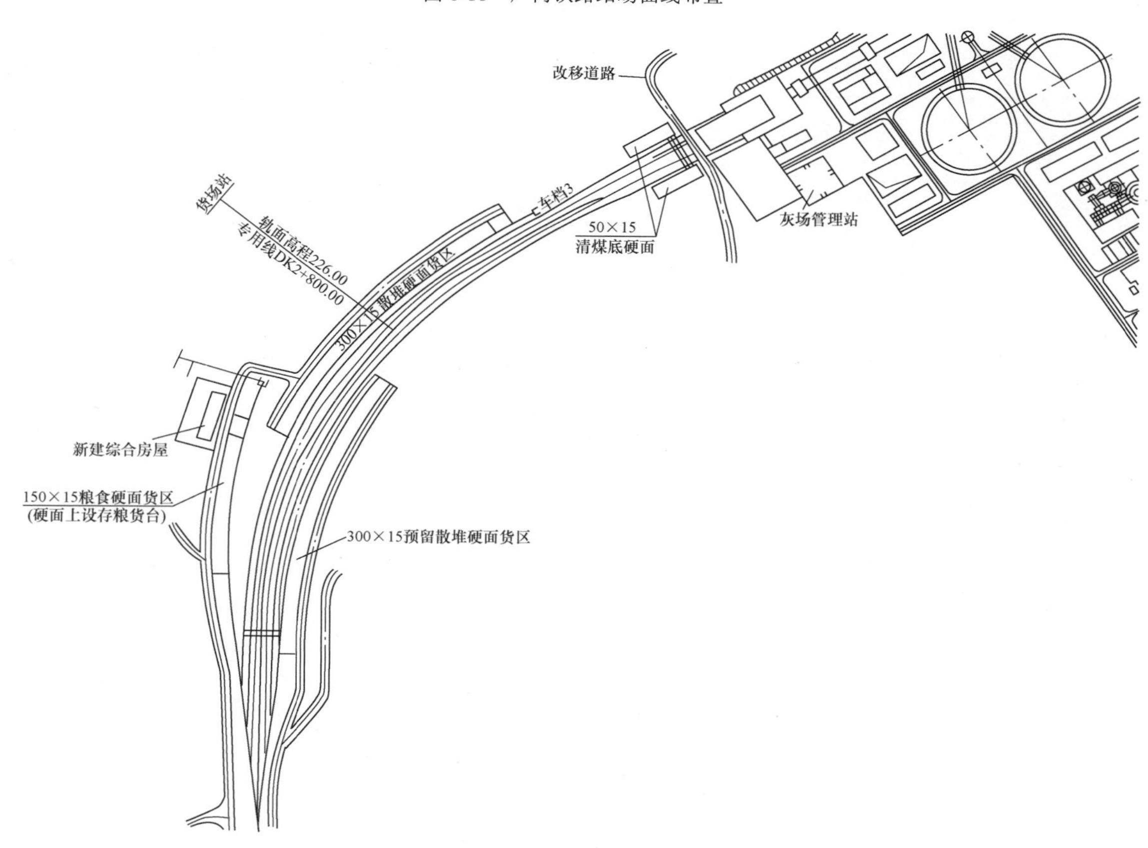

图6-19 厂内铁路站场曲线布置二

3. 厂内铁路站场翻车机布置位置

某电厂（2×600MW）燃煤采用铁路运输。根据接轨站的位置，铁路专用线由西向东进入电厂站，而根据厂区自然地形和地质条件，主厂区布置在西侧。若采用将翻车机常规布置在厂内铁路站场东侧尽端方案，则与煤场相连的输煤栈桥长度为850m，如图6-20所示。而采用将翻车机布置在厂内铁路站场（进厂咽喉区）西侧方案，输煤栈桥长度仅为200m。经综合技术经济比较，采用将翻车机布置在厂内铁路站场西侧方案，节省工程投资约1060万元，如图6-21所示。方案投资差异比较见表6-19。

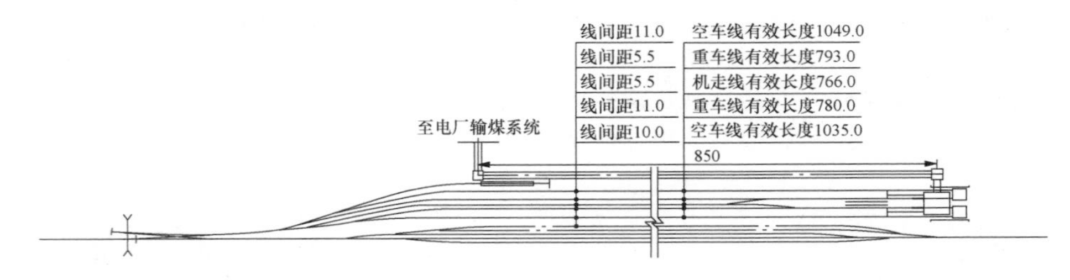

图 6-20　翻车机东置方案（单位：m）

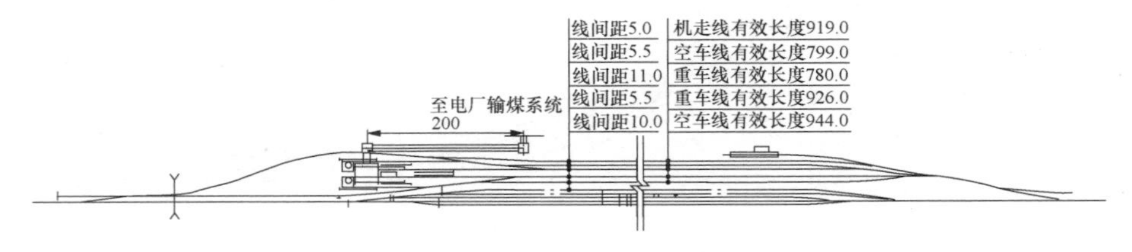

图 6-21　翻车机西置方案（单位：m）

表 6-19　　　方案投资差异比较

项目	翻车机东置方案	翻车机西置方案
铁路投资比较	11339 万元	13179 万元
设备投资比较	4700 万元	3500 万元
带式输送机	2 条，每条长 850m	2 条，每条长 200m
其余附属设施	电缆、水冲洗管道、消防多	电缆、水冲洗管道、消防少
土建投资	4200 万元	2500 万元
翻车机室	一座	一座
栈桥	长 950m	长 300m
转运站数量	2 个	2 个
投资总额	20239 万元	19179 万元
投资差额	+1060 万元	0 元

第三节　公　路　运　输

道路是电厂建设不可缺少的条件之一，对采用汽车运煤、运灰的电厂来说尤为重要。电厂道路分为厂外道路和厂内道路。厂外道路包括电厂厂区与公路、城市道路、其他厂矿企业等相连接的对外道路，厂区和生活区等之间的联络道路，通往本厂外部各种辅助设施（水源地、灰场、总变电所等）的辅助道路。厂内道路为厂（场）区的内部道路。

一、厂外道路运输

厂外道路应满足电厂生产（包括检修、安装）和其他交通运输的需要。对电厂基本建设期间的超限货物(大件、重件)运输，可根据具体情况，适当考虑。厂外道路建筑限界见附录 B。

（一）道路分级及主要技术指标

1. 道路分级

依据 GBJ 22《厂矿道路设计规范》的要求，厂外道路按照交通功能和服务功能，可分一级、二级、三级、四级和辅助道路五个等级。

（1）具有重要意义的国家重点厂矿企业区的对外道路，需供汽车分道行驶，并部分控制出入、部分立体交叉时，宜采用一级厂外道路。

（2）大型联合企业，钢铁厂、油田、煤田、港口等的主要对外道路，宜采用二级厂外道路。

（3）大、中型厂矿企业的对外道路，宜采用三级厂外道路。

（4）小型厂矿企业的对外道路，本厂矿企业分散的厂（场）区、居住区等之间的联络道路，宜采用四级厂外道路。

（5）通往本厂矿企业外部各种辅助设施（如水源地、总变电站、炸药库等）的辅助道路，宜采用辅助道路的技术指标。

按照上述标准，并结合电厂交通运输的实际情况，电厂厂外道路等级一般按下列要求采用：

（1）位于城市道路网规划范围内的厂外道路，应按现行的城市道路设计规范执行；位于公路网规划范围内的厂外道路，应按现行的公路设计规范执行。

（2）发电厂的主要进厂道路与运煤、灰渣及石膏运输道路宜分开布置，应与通向城镇的现有公路相连接，其连接宜短捷且方便行车，还宜避免与铁路线交叉，当不能避免时宜采用立交方式。主要进厂道路应按三级厂矿道路标准建设，并宜与相连接的公路或城市道路标准相协调。

（3）汽车运输灰渣及石膏的道路可利用厂区周边

现有的道路或按三级厂矿道路标准建设。

（4）全部采用汽车运煤的发电厂宜设专用运煤道路，专用运煤道路标准宜与地方道路标准相协调，并宜按表 6-20 的规定执行。

表 6-20 厂外专用运煤道路设计基本标准

日平均运煤量（万 t）	日平均交通量（辆）	小时交通量（辆）	公路等级	路基宽度（m）		路面宽度（m）		最大纵坡（%）	
				平原微丘	山陵重丘	平原微丘	山陵重丘	平原微丘	山陵重丘
>5	>5000	>208	厂矿一级，四车道	23	19	2×7.5	2×7	4	6
2～5	2000～5000	83～208	厂矿二级，两车道	12	8.5	9	7	5	7
<2	<2000	<83	厂矿三级，两车道	8.5	7.5	7	6	6	8

（5）厂区至厂外排水设施、水源地、码头、灰场之间，以及沿厂外栈桥或灰渣管线等应设置维护检修道路。维护检修道路可利用现有道路或按四级厂矿道路标准建设，在交通量小或困难路段，也可按辅助道路标准建设。

2. 道路主要技术指标

厂外道路的主要技术指标宜按 GBJ 22《厂矿道路设计规范》的规定执行，各项主要技术指标按表 6-21 的要求采用。

表 6-21 厂外道路主要技术指标

厂外道路等级	一级			二级		三级		四级	辅助道路
计算行车速度（km/h）	100	80	60	80	60	40	30	20	15
路面宽度（m）	7.5	7.5	7.0	7.5	7.0	7.0	6.5	6.0	3.5
最小路基宽度（m）	9.0	9.0	8.0	8.5	8.0	8.0	7.5	7.0	4.0
一般最小圆曲线半径（m）	700	400	200	400	200	100	65	30	—
极限最小圆曲线半径（m）	400	250	125	250	125	60	30	15	15
不设超高的最小圆曲线半径（m）	4000	2500	1500	2500	1500	600	350	150	—
停车视距（m）	160	110	75	110	75	40	30	20	15
会车视距（m）	320	220	150	220	150	80	60	40	—
最大纵坡（%）	4	5	6	5	6	7	8	9	9

注 1 当厂外道路作为干线道路时，一级厂外道路设计速度宜为 100km/h 或 80km/h，二级厂外道路设计速度宜为 80km/h，三级厂外道路设计速度宜为 40km/h；当厂外道路作为集散道路时，根据混合交通、平面交叉等因素，一级厂外道路设计速度宜为 80km/h 或 60km/h，二级厂外道路设计速度宜为 60km/h，三级厂外道路设计速度宜为 30km/h。

2 表中路基、路面宽度，除辅助道路按单车道外，其余道路均按双车道考虑，不设中间带。

（二）路线

1. 选线原则

（1）一般规定。

1）厂外道路选线应坚持节约用地的原则，不占或少占耕地，尽量利用荒地、空地、劣地和已有道路路基。

2）厂外道路的线路应根据发电厂近期和远期规模、城镇总体规划、发电厂总体规划以及所处的自然条件统筹规划，进行选定。要合理利用地形、地势，正确运用技术标准，做到安全便捷，经济合理，并应考虑到基建施工和邻近企业及社会的交通方便。

3）路线设计应在保证行车安全、舒适、迅速的前提下，使工程数量小、造价低、营运费用省、效益好，并有利于施工和养护。在工程量增加不大时，应尽量采用较高的技术指标，不应轻易采用最小指标或低限指标，也不应片面追求高指标。

4）线路基本走向的选择，应根据指定的路线走向（路线起、终点和中间主要控制点）和道路等级，及其在公路网中的作用，以及水文、气象、地质、地形等自然条件，由面到带，从所有可能的路线方案中，通过调查、分析、比选，确定一条最优路线方案。

5）应尽量避免在开采、爆破危险区段内通过，并应尽量避开地质不良地段和地下活动采空区；坑口电厂尤其应注意道路路径尽量不压矿藏；应避免修建大、中型桥及隧道等人工构筑物。

6）选线应重视环境保护，注意由于道路修筑以及汽车运行所产生的影响与污染等问题。通过名胜风景区的厂外道路，应与周围环境、景观相协调，注意保护原有自然状态。遇有历史文物古迹处应绕行，并尽量避免与运输繁忙的铁路或公路相交叉，应尽可能不穿越居民区，尽量少拆房屋。

7）选线时应对工程地质和水文地质进行深入勘测，查清其对厂外道路工程的影响。对于滑坡、崩塌、岩堆、泥石流、岩溶、软土、泥沼等严重不良地质地段和沙漠、多年冻土等特殊地区，应慎重对待，一般情况下路线应设法绕避。当必须穿过时，应选择合适的位置，缩小穿越范围，并采取必要的工程措施。

（2）各类地形选线要点。

1）平原区的选线。平面线形应采用较高的技术指标，尽量避免采用长直线或小偏角，但不应为避免长直线而随意转弯。在避让局部障碍物时，要注意线形的连续、舒顺。纵面线形应结合桥涵、通道、交叉等构造物的布局，合理确定路基设计高度，纵坡不应频繁起伏，也不宜过于平缓。

2）微丘区的选线。平面线形应充分利用地形，处理好平、纵线形的组合。不应迁就微小地形，造成线形曲折，也不宜采用长直线，造成纵面线形起伏。

3）重丘区的选线。重丘区选线活动余地较大，应综合考虑平、纵、横三者的关系，恰当地掌握标准，提高线形质量。设计中应注意：

a．路线应随地形的变化布设，在确定路线平、纵面线位的同时，应注意横向填挖的平衡。横坡较缓的地段，可采用半填半挖或填多于挖的路基；横坡较陡的地段，可采用全挖或挖多于填的路基。同时还应注意纵向土石方平衡，以减少废方和借方。

b．平、纵、横三个面应综合设计，不应只顾纵坡平缓，而使路线弯曲，平面标准过低；或者只顾平面线型短捷、纵坡平缓，而造成高填深挖，工程过大；或者只顾工程经济，过分迁就地形，而使平、纵面过多地采用极限或接近极限的指标。

（3）全线总体布局。在路线走向和道路等级确定后，应对全线总体布局做出设计，其要点如下：

1）根据厂外道路功能、等级和地形特征，确定计算行车速度。

2）路线起终点除必须符合路网规划要求外，对起、终点前后一定长度范围内的线形必须做出接线方案和近期实施的具体设计。

3）合理划定设计路段长度，恰当选择不同设计路段的衔接地点，处理好衔接处前后一定长度范围内的线形设计。

4）根据交通量及运行需要确定车道数。

5）调查沿线主要城镇规划，确定同其连接的方式、地点。

6）调查沿线交通、社会、自然条件，确定立体交叉位置及其同连接道的连接方式。

2．路线设计要点

厂外道路的最小圆曲线半径，应采用大于或等于表 6-21 中所列一般最小圆曲线半径。当受地形或其他条件限制时，可采用表 6-21 中所列极限最小圆曲线半径。

通过居民区或接近厂区、居住区的厂外道路，其平面布线受地形或其他条件限制时，可设置限制速度标志，并可按该限制速度采用相应的极限最小圆曲线半径。

改建道路利用原有路段时，设计行车速度为 30km/h 的三级厂外道路极限最小圆曲线半径可采用 25m；设计行车速度为 40km/h 的三级厂外道路极限最小圆曲线半径可采用 45m。

在平坡或下坡的长直线段的尽头处，不得采用小半径的曲线，当受地形或其他条件限制需要采用小半径的曲线时，应设置限制速度标志，并应在弯道外侧设置挡车堆等安全设施。

直线与小于表 6-21 中所列不设超高的最小圆曲线半径的圆曲线相衔接，宜设置缓和曲线。设计行车速度小于或等于 30km/h 的厂外道路可不设缓和曲线，用超高、加宽缓和段相连接。超高、加宽、缓和段长度的计算，均应符合 GBJ 22《厂矿道路设计规范》的相关规定。

厂外道路的纵坡，不应大于表 6-21 的规定。受场地等条件限制时，四级厂外道路的最大纵坡可增加 1%，辅助道路的最大纵坡可增加 2%，但应设置相应的安全设施。海拔 2000m 以上地区或寒冷冰冻、积雪地区，最大纵坡不应大于 8%。厂外道路越岭路线连续上坡（或下坡）路段，任意连续 3km 路段的平均纵坡不应大于 5.5%。

厂外道路的最小坡长和最大坡长应符合表 6-22 和表 6-23 的规定。

表 6-22　　厂外道路的最小坡长

设计速度（km/h）	100	80	60	40	30	20	15
最小坡长（m）	250	200	150	120	100	60	50

表 6-23　　不同纵坡的最大坡长　　（m）

设计速度（km/h）		100	80	60	40	30	20	15
纵坡坡度（%）	4	800	900	1000	1100	1100	1200	1200
	5	600	700	800	900	900	1000	1000
	6	—	500	600	700	700	800	800
	7	—	—	—	500	500	600	600
	8	—	—	—	300	300	400	400
	9	—	—	—	—	200	300	300
	10	—	—	—	—	—	200	200
	11	—	—	—	—	—	—	150

道路连续上坡或下坡，且坡度不小于 5%时，应在不大于表 6-23 规定的纵坡长度之间设置缓和坡段。缓和坡段的坡度应不大于 3%、坡长应不小于 100m。

厂外道路纵坡变更处均应设置竖曲线；辅助道路在相邻两个坡度代数差大于 2%时，也应设置竖曲线。竖曲线半径和长度应符合表 6-24 的规定。竖曲线半径应采用大于或等于表6-24中所列一般最小值；当受地形条件限制时，可采用表 6-24 中所列极限最小值。

表 6-24　竖曲线最小半径和长度

计算行车速度（km/h）		100	80	60	40	30	20	15
凸型竖曲线最小半径（m）	一般值	10000	4500	2000	700	400	200	100
	极限值	6500	3000	1400	450	250	100	
凹型竖曲线最小半径（m）	一般值	4500	3000	1500	700	400	200	100
	极限值	3000	2000	1000	450	250	100	
竖曲线长度（m）	一般值	210	170	120	90	60	50	15
	极限值	85	70	50	35	25	20	

厂外道路的竖曲线与平曲线组合时，竖曲线宜包含在平曲线之内，且平曲线应略长于竖曲线。凸形竖曲线的顶部或凹形竖曲线的底部，应避免插入小半径圆曲线，或将这些顶点作为反向曲线的转向点。在长的平曲线内应避免出现几个起伏的纵坡。

（三）路基

路基应根据电厂道路性质、使用要求、材料供应、自然条件（包括气候、地质、水文）等，结合施工方法和当地经验，提出技术先进、经济合理的设计。设计的路基，应具有足够的强度和良好的稳定性。对影响路基强度和稳定性的地面水和地下水，必须采取相应的排水措施，并应综合考虑附近农田排灌的需要。修筑路基取土和弃土时，应不占或少占耕地，防止水土流失和淤塞河道，并宜将取土坑、弃土堆平整为可耕地或绿化用地。

1. 路基设计防洪标准

沿河及受水浸淹的路基的路肩边缘标高，应高出计算水位 0.5m 以上。设计水位可按下列设计洪水频率确定：

（1）厂外道路的设计洪水频率，与发电厂相衔接的重要厂外道路宜按 50 年一遇；三级厂外道路可采用 25 年一遇；四级厂外道路和辅助道路可按具体情况确定。

（2）对国民经济具有重大意义的厂外道路的设计洪水频率，可根据具体情况适当提高。

（3）当道路服务年限较短时，厂外道路的设计洪水频率可根据具体情况适当降低。

2. 路基横断面

厂外道路的路基、路面宽度，宜按表 6-25 的要求采用。路肩宽度最小值应符合表 6-25 的要求。

表 6-25　路肩宽度最小值

设计速度（km/h）	100	80	60	40	30	20、15
路肩宽度（m）	0.75	0.5	0.5	0.5	0.5	0.25（单车道） 0.5（双车道）

在行人和非机动车较多的路段，可根据实际情况加固路肩或适当加宽路基、路面，设置非机动车道和人行道。接近发电厂主要入口的道路，其路面宽度可与相衔接的厂内主干道路面宽度相适应。

道路路基宽度为车道宽度与路肩宽度之和，当设有错车道、侧分隔带、非机动车道、人行道等时，应计入这些部分的宽度。

对于寒冷冰冻、积雪地区的厂外道路，特别是在纵坡大而长的路段，其路基宽度可根据具体情况适当加宽。

四级厂外道路，在工程艰巨或交通量较小的路段，路面宽度可采用 3.5m，但应在适当的间隔距离内设置错车道路。交通量极少、工程艰巨的辅助道路，其路面宽度可采用 3m，辅助道路应根据需要设置错车道。错车道宜设在纵坡不大于 4%的路段；任意相邻两个错车道间应能互相通视，其间距不宜大于 300m；错车道的尺寸应符合图 6-22 的规定。

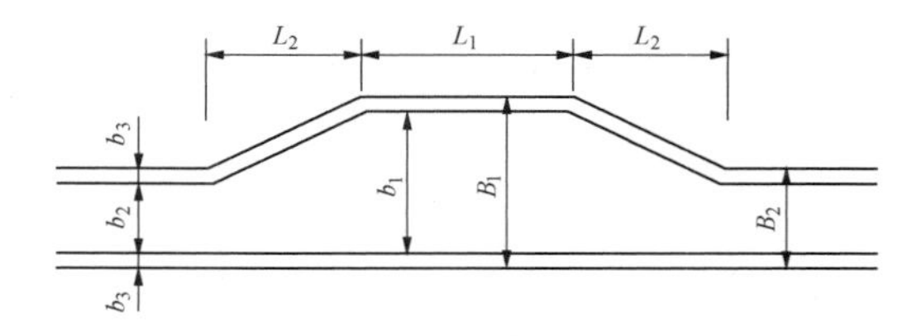

图 6-22　错车道布置图

L_1—等宽长度，不得小于行驶车辆中最大车长的 2 倍，且不得小于 20m；L_2—渐宽长度，不得小于行驶车辆中最大车长的 1.5 倍，且不得小于 15m；B_1—双车道路基宽度；B_2—单车道路基宽度；b_1—双车道路面宽度；b_2—单车道路面宽度；b_3—路肩宽度

路基横断面的各部尺寸，除路基宽度应按各类道路的规定采用外，其余尺寸均应根据气候、土质、水文、地形等确定。

路堑边坡坡度应根据自然条件、土石类别及其结构、边坡高度、施工方法等确定。当地质条件良好且土质均匀时，厂外道路的路堑或路堤边坡坡度可按表 6-26～表 6-29 的规定采用。

表 6-26　　土质路堑边坡坡率

土的类别		边坡坡率
黏土、粉质黏土、塑性指数大于3的粉土		1:1
中密以上的中砂、粗砂、砾砂		1:1.5
卵石土、碎石土、圆砾土、角砾土	胶结和密实	1:0.75
	中密	1:1

注 1 本表适用于高度不大于20m土质边坡。
2 边坡高度大于20m，或黄土、红黏土、高液限土、膨胀土等特殊土质挖方边坡形式及坡度应按现行公路设计规范的有关规定确定。

表 6-27　　岩质路堑边坡坡率

边坡岩体类型	风化程度	边坡坡率	
		H<15m	15m≤H≤30m
Ⅰ类	未风化、微风化	1:0.1～1:0.3	1:0.1～1:0.3
	弱风化	1:0.1～1:0.3	1:0.3～1:0.5
Ⅱ类	未风化、微风化	1:0.1～1:0.3	1:0.3～1:0.5
	弱风化	1:0.3～1:0.5	1:0.5～1:0.75
Ⅲ类	未风化、微风化	1:0.3～1:0.5	—
	弱风化	1:0.5～1:0.75	—
Ⅳ类	弱风化	1:0.5～1:1	—
	强风化	1:0.5～1:1	—

注 本表适用于高度不大于30m、无外倾软弱结构面的岩质边坡。

表 6-28　　路堤边坡坡率

填料类别	边坡坡率	
	上部高度≤8m	下部高度≤12m
细粒土	1:1.5	1:1.75
粗粒土	1:1.5	1:1.75
巨粒土	1:1.5	1:1.5

注 本表适用于地质条件良好，边坡高度不大于20m的路堤。

表 6-29　　填石路堤边坡坡率

填石料种类	边坡高度（m）			边坡坡率	
	全部高度	上部高度	下部高度	上部高度	下部高度
硬质岩石	20	8	12	1:1.1	1:1.3
中硬岩石	20	8	12	1:1.3	1:1.5
软质岩石	20	8	12	1:1.5	1:1.75

3. 路基压实

路基应具有足够的压实度。当路基修筑后即铺路面时，厂外道路路基填料最小强度及压实度可按表6-30的规定采用。

表 6-30　　路基填料最小强度和压实度

项目类别	路面底面以下深度（m）	填料最小强度（CBR）			压实度（%）		
		一级厂外道路	二级厂外道路	其他厂外道路	一级厂外道路	二级厂外道路	其他厂外道路
填方路基	0～0.3	8	6	5	≥96	≥95	≥94
	0.3～0.8	5	4	3	≥96	≥95	≥94
零填和挖方路基	0～0.3	8	6	5	≥96	≥95	≥94
	0.3～0.8	5	4	3	≥96	≥95	—
上路堤	0.8～1.5	4	3	3	≥94	≥94	≥93
下路堤	1.5以下	3	2	2	≥93	≥92	≥90

注 1 表列压实度是按JTG E40《公路土工试验规程》中重型击实试验求得的最大干密度的压实度。
2 厂内道路路基填料最小强度和压实度也可按本表的规定采用。
3 厂外道路和厂内道路铺筑沥青混凝土和水泥混凝土路面时，其压实度应采用二级厂外道路的规定值。

4. 特殊地区路基

（1）软土路基。软土路基具有含水量高、渗透性弱、压缩性大、抗剪强度低、灵敏度高等特点。位于软土路基上的道路最常见的问题是路基沉降，路基工后沉降应符合表6-31的要求，如不满足要求，应对沉降进行处置。

表 6-31　　路基工后沉降量　　（m）

厂外道路等级	工程位置		
	桥台与路堤相邻处	涵洞、箱涵处	一般地段
三、四级	≤0.20	≤0.30	≤0.50

软土路基处理方法很多，常用的处理方法包括置换法、排水固结法、复合地基法、强夯法等。

1）置换法适用于软弱土层的厚度不是很大的情况。将基础以下处理范围内的软弱土层部分或全部挖去，然后分层置换强度较大的砂、碎石、素土、灰土、高炉干渣、粉煤灰或其他性能稳定、无侵蚀性的材料，并压（夯、振）实至要求的密实度。置换法适用于淤泥、淤泥质土、湿陷性黄土、素填土、杂填土地基及暗沟、暗塘等的浅层处理。全部置换法的处理深度通常宜控制在3m以内，且呈局部分布的软土。

某电厂进厂道路位于软土地区，土基采用置换法处理后的路面结构见图6-23。

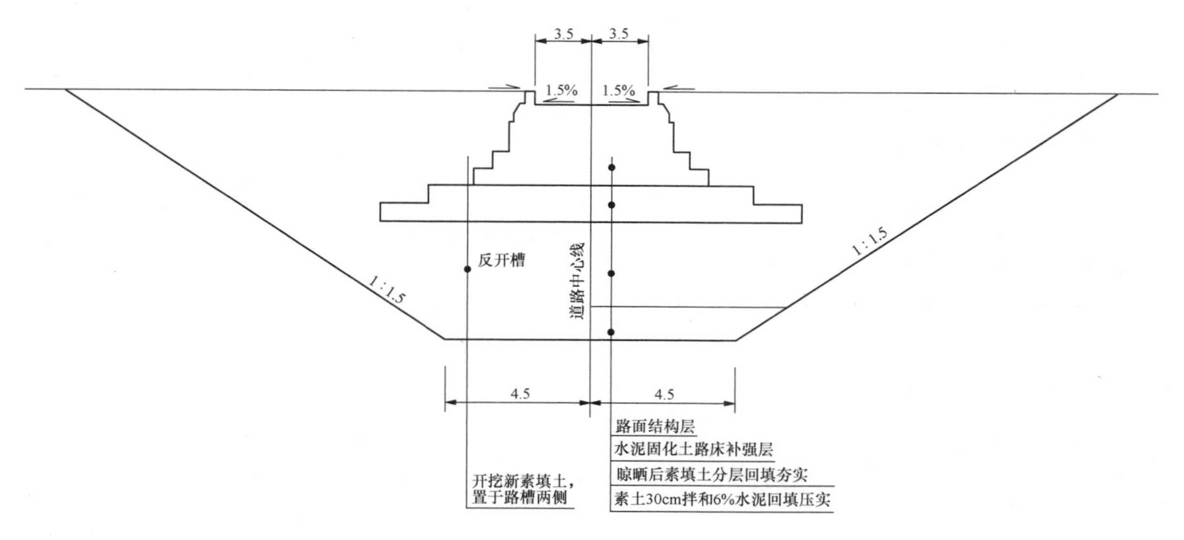

图 6-23 软基处理示意图（单位：m）

2）排水固结法是在地基中设置砂井或塑料排水带等竖向排水体，然后在场地上先行加载预压，使土体中的孔隙水排出，逐渐固结，地基发生沉降，同时强度逐步提高的方法。该方法适用于处理各类淤泥、淤泥质土及冲填土等饱和黏性土地基。

3）复合地基是指天然地基在地基处理过程中部分土体得到增强，加固区是由天然地基和增强体两部分组成的人工地基。复合地基法通常包括砂桩挤密法、碎石挤密桩法、水泥搅拌桩法、水泥粉煤灰碎石桩法等。

a．砂桩挤密法是指用振动、冲击或水冲等方式在软弱地基中成孔后，再将砂挤压入已成的孔中，形成大直径的砂所构成的密实桩体。该方法适用于处理松砂、杂填土和黏粒含量较少的黏性土地基，但对于饱和软黏土应慎重选用。砂桩最常用的布置方式有等边三角形和正方形两种，桩直径多采用 300～800mm，间距一般为 1.0～2.5m。

b．碎石挤密桩加固软弱地基主要是利用夯锤垂直夯击填入孔中的碎石，夯击能量通过碎石向孔底及四周传递，将孔底及桩周围的土挤密，并有一些碎石挤入碎石桩四周的软土中，形成碎石桩的同时，桩周也形成一个与碎石胶结的挤密带，提高原地基的承载力，碎石桩与桩间地基土形成复合地基，共同承担上部荷载。对于大面积场地处理，桩位宜采用等边三角形布置，桩直径多采用 300～1100mm，间距一般为 1.0～2.5m。

c．水泥搅拌桩法包括喷浆型搅拌法和喷粉型搅拌法。喷浆型搅拌法是指将水泥加入水后，以水泥浆的形式拌入软土中的深层搅拌法。喷粉型搅拌法是通过专用的粉体搅拌机械，用压缩空气将水泥粉均匀地喷入所需加固的软土地基中，凭借钻头翼片的旋转使水泥粉和软土充分混合，形成水泥土搅拌桩。采用粉喷桩法时，深度不宜超过 12m；采用喷浆法时，深度不宜超过 20m。水泥土搅拌法最适宜于加固各种成因的饱和软黏土。

d．水泥粉煤灰碎石桩（cement flyash gravel pile）简称 CFG 桩，是在碎石桩基础上加进一些石屑、粉煤灰和少量水泥，加水拌和制成的一种具有一定黏结强度的桩，和桩间土、褥垫层一起形成复合地基。CFG 桩适应范围广，可用于杂填土、饱和及非饱和黏性土、粉土、砂性土及湿陷性黄土地基。

4）强夯法通过反复将一个 8～40t 的重锤（最重可达 200t），以 6～40m 的落距（最高可达 40m）自由落下，对地基土施加很大的冲击和振动能，一般能量为 500～800kJ。该方法适用于碎石土、砂土、低饱和度的粉土与黏性土、湿陷性黄土、杂填土和素填土等地基的处理。

（2）湿陷性黄土路基。湿陷性黄土的最大特点是在土的自重压力或土的附加压力与自重压力共同作用下受水浸湿时，将产生急剧而大量的附加下沉。湿陷性黄土地基处理设计，应根据道路等级、湿陷等级、处理深度要求、施工条件、材料来源及对周围环境的影响等，按表 6-32 确定处理措施。

表 6-32 湿陷性黄土地基常用处理措施

处理措施	适用范围	有效加固深度（m）
换填垫层法	地下水位以上，局部或整片处理	1～3
冲击碾压	饱和度 $S_r \leq 60\%$ 的Ⅰ、Ⅱ级非自重和Ⅰ级自重湿陷性黄土	0.5～1，最大 1.5
表面重夯		1～3

续表

处理措施	适用范围	有效加固深度（m）
强夯法	地下水位以上，饱和度 S_r≤60%的湿陷性黄土	3～6，最大 8
挤密法（灰土、碎石挤密桩）	地下水位以上，饱和度 S_r≤65%的湿陷性黄土	5～12，最大 15
桩基础	桥涵、挡土墙等构造物基础	≤30

（3）膨胀土路基。膨胀土是在地质作用下形成的一种主要由亲水性强的黏土矿物组成的多裂隙并具有显著膨胀性的土体。路基中膨胀土浸水膨胀易使边沟、零填和浅填浅挖路基及路面、涵洞洞身和铺砌层等发生隆起、开裂、凸胀变形，因此在施工前必须对膨胀土路基进行处理，处理方法包括：

1）清表压实。挖除路基范围内的树根、灌木，清除表土，挖除淤泥，排除积水，填平、夯实坑穴，切断地下水或降低地下水位，清除深度一般不小于 30cm，然后对基底进行压实，必要时可将地基土翻松、打碎，再整平、压实。

2）换填处理。对挖方和填高不足 1m 的低填路段的地基，应采用换填法处理。换填材料应为非膨胀土或经改良后的膨胀土，如可采用 1.0m 厚左右的砂砾垫层换填。

3）改性处理。对作为地基或用作填料的膨胀土可以采用化学方法进行改性处理，用于膨胀土改性的添加剂材料主要有石灰、水泥、粉煤灰等。一般情况下，石灰剂量宜控制在 4%～10%。

（4）盐渍土路基。盐渍土路基在地表水、地下水、环境温度及动载变化的综合作用下，极易产生盐胀、翻胀及溶陷等病害，盐分是导致盐渍土具有盐胀、溶陷等病害的根源。盐渍土路基处理设计应符合下列要求：

1）地基盐胀率和沉陷量符合规定要求的盐渍土路段，应对盐渍土地基表层聚积的盐霜、盐壳、生长的耐盐碱植被等进行清表处理，并换填砂砾，清除深度宜为 0.3～0.5m。

2）盐胀率不符合规定的盐渍土路段，可采取加大清除深度、换填非盐胀性土、适当提高路基高度等处理措施。

3）溶陷量不满足规定的盐渍土路段，可采取清表、冲击压实、浸水预溶、地基置换、强夯等处理措施，并做好路基排水设计。

4）盐渍化软弱地基，可采取换填、水泥稳定碎石层、强夯置换、砾（碎）石桩等地基处理措施。地基处理后的工后沉降应符合表 6-31 的要求。

5）采用路堑或零填路基时，应对路床范围内的盐渍土进行超挖换填水稳性良好的不含盐材料、设置隔断层等处理。隔断层按其材料的透水性可分为透水与不透水两种，透水隔断层的材料为砾（碎）石、砂砾、砂，不透水隔断层的材料为土工合成材料（土工膜、复合土工膜、防排水板等）、沥青砂。

（5）季节冻土路基。季节冻土地区道路病害的主要根源之一是路基的冻胀和融沉。冻胀对道路的破坏作用主要是在春融期，春融引起路基土层的含水率增大，路基强度大幅下降，在汽车动荷载的作用下，路面出现裂缝、翻浆、沉陷、车辙、拥包等病害。

路基容许总冻胀量，对于水泥混凝土路面不应大于 30mm，沥青混凝土路面不应大于 50mm。如不满足上述要求，可采取下列措施：

1）引排地表积水或降低地下水位。

2）设置防冻垫层、毛细水隔断层、排水层等。

3）在冻胀深度范围内，采用不冻胀或弱冻胀土作填料。

4）采用聚苯乙烯泡沫塑料板隔温层。

（四）路面

1. 路面分类

通常按路面面层的使用品质、材料组成类型及结构强度和稳定性，将路面分为高级、次高级、中级、低级四个等级。高级路面指用水泥混凝土、沥青混凝土、厂拌沥青碎石或整齐石块或条石作面层的路面。次高级路面指用沥青贯入碎(砾)石、路拌沥青碎(砾)石、半整齐石块、沥青表面处治等作面层的路面。中级路面指用水结碎石、泥结或级配碎（砾）石、不整齐石块、其他粒料等作面层的路面。低级路面指用各种粒料或当地材料改善土，如炉渣土、砾石土和砂砾土等作面层的路面。

2. 路面的选择

电厂厂外道路路面的选择，一般着重考虑道路施工、材料选择、维修条件等要求，通常采用耐久性好、施工维修简单的水泥混凝土路面；在道路施工维修条件较好及沥青材料来源方便时，也采用沥青混凝土、沥青表面处治路面。用于检修及交通量少的辅助道路宜采用中、低级路面。

纵坡较大或圆曲线半径较小的路段，可采用块石路面。经常行驶履带车的道路，可采用块石路面或低级路面。在埋有地下管线并需经常开挖检修的路段，一般选用预制水泥混凝土块路面或块石路面。

电厂厂内道路路面因厂区景观及防尘要求，常采用沥青混凝土路面和水泥混凝土路面。

3. 路面结构层

路面结构层应根据电厂道路性质、使用要求、交通量及其组成、自然条件、材料供应、施工能力、养护条件等，结合路基进行综合设计，并应参考条件类似的厂矿道路的使用经验和当地经验，提出技术先进、经济合理的设计。

（1）设计车辆与交通分析。

1）设计车辆。按照 GB 1589《汽车、挂车及汽车列车外廓尺寸、轴荷及质量限值》的要求，三轴载重车总重不超过 25t，四轴自卸车总重不超过 31t，六轴半挂车总重不超过 49t，同时对公路运输车辆的轴荷限值也做了详细规定，见表 6-33。

表 6-33　汽车及挂车单轴、二轴组及三轴组的最大允许轴荷

类型			最大允许轴荷（kg）
单轴	每侧单轮胎		7000
	每侧双轮胎	非驱动轴	10000
		驱动轴	11500
二轴组	轴距<1000mm		11500
	轴距≥1000mm，<1300mm		16000
	轴距≥1300mm，<1800mm		18000
	轴距≥1800mm（仅挂车）		18000
三轴组	相邻两轴之间距离≤1300mm		21000
	相邻两轴之间距离>1300mm，且<1400mm		24000

经过现场调查和资料收集，电厂运煤和运灰常用车辆包括三轴载重车、四轴自卸车和六轴半挂车，车辆平面示意图见图 6-24，部分常用车辆设计参数见表 6-34。

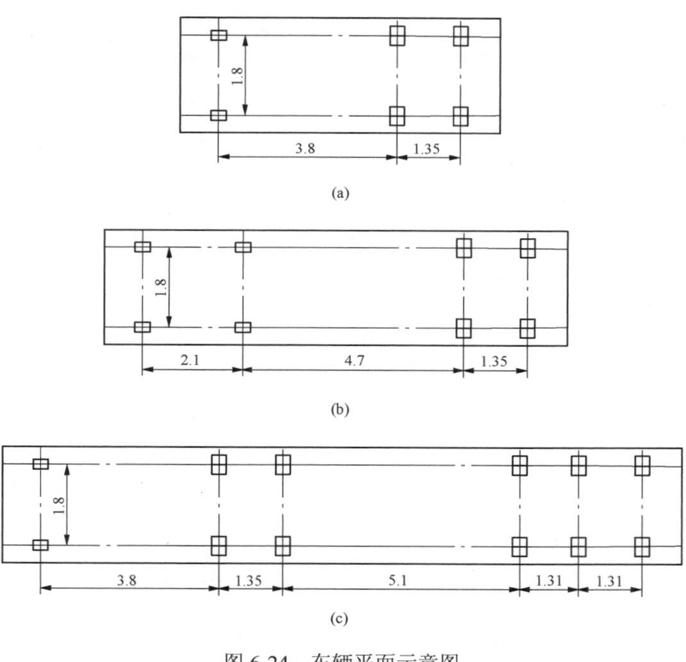

图 6-24　车辆平面示意图

（a）三轴载重车；（b）四轴自卸车；（c）六轴半挂车

表 6-34　电厂部分常用载重汽车设计参数

车型	质量（kg）	满载后总质量（kg）	轴距（mm）	轮组	轴载分配（满载）（kg）			备注
					前轴	中轴	后轴	
一汽解放 CA3250P66	12430	25000	4800+1350	前轴：单轴单轮 后轴：双轴双轮	7000	—	18000	
福田欧曼 BJ3259DLP	12020	25000	3825+1350	前轴：单轴单轮 后轴：双轴双轮	7000	—	18000	
东风天龙 DFH5258ZLJA	12500	25000	4050+1350	前轴：单轴单轮 后轴：双轴双轮	7000	—	18000	

续表

车型	质量（kg）	满载后总质量（kg）	轴距（mm）	轮组	轴载分配（满载）（kg）			备注
					前轴	中轴	后轴	
上汽红岩 CQ3255HTG384	12030	25000	3800+1400	前轴：单轴单轮 后轴：双轴双轮	7000	—	18000	
一汽解放 CA3310P66	15390	31000	2100+4700+1350	前轴：单轴单轮 中轴：单轴单轮 后轴：双轴双轮	6500	6500	18000	
东风大力神 DFL3318A12	14880	31000	1850+4200+1350	前轴：单轴单轮 中轴：单轴单轮 后轴：双轴双轮	6500	6500	18000	
中国重汽 HOWOT7H	15400	31000	1950+4200+1400	前轴：单轴单轮 中轴：单轴单轮 后轴：双轴双轮	6500	6500	18000	
上汽红岩 CQ3315HTG466	15220	31000	1800+4600+1400	前轴：单轴单轮 中轴：单轴单轮 后轴：双轴双轮	6500	6500	18000	
中集华骏 ZCZ9401XXYHJB	17370	49000	3800+1350+8030+1310+1310	前轴：单轴单轮 中轴：双轴双轮 后轴：三轴双轮	7000	18000	24000	
中集华骏 ZCZ9401GFLHJB	17770	49000	3800+1350+5100+1310+1310	前轴：单轴单轮 中轴：双轴双轮 后轴：三轴双轮	7000	18000	24000	罐体有效容积 $40m^3$
宇通 YTZ9401GSL40	10800	40000	3800+1350+5135+1310+1310	前轴：单轴单轮 中轴：双轴双轮 后轴：三轴双轮	6500	9500	24000	罐体有效容积 $40m^3$
宇通 YTZ9401GSL60	14100	49000	3450+1350+8090+1310+1310	前轴：单轴单轮 中轴：双轴双轮 后轴：三轴双轮	7000	18000	24000	罐体有效容积 $60m^3$
重汽系列 （后翻）	17000	55000	1800+4600+1350	前轴：单轴单轮 中轴：单轴单轮 后轴：双轴双轮	7000	18000	30000	仅限矿区内使用
欧曼系列 （侧翻）	25000	109500	3300+1350+6800+1310+1310	前轴：单轴单轮 中轴：双轴双轮 后轴：三轴双轮	14000	30000	65500	仅限矿区内使用

2）交通分析。

电厂运行期间的车辆以载重汽车为主，包括维修检修车辆、燃油、酸碱、灰渣等运输车辆，如燃煤采用汽车运输，还应包括燃煤运输车辆。交通量分析是路面设计的第一步，主要是根据所具有的交通量统计或预测资料确定路面设计年限内累计标准轴载作用次数。

电厂采用水泥混凝土路面，当车辆轴载不超过表6-34中限值时，可按疲劳断裂设计标准进行结构分析，以100kN单轴双轮组荷载作为设计轴载。在调研中发现，电厂道路上的超载现象时有发生，尤其是运煤车辆采用特重轴载车辆。由于水泥混凝土路面的疲劳损伤量对轴重很敏感（与轴重比成16次方的关系），对于特重轴载采用100kN设计轴载进行设计时，基准期内的设计轴载累计作用次数往往会达到天文数字。为了避免出现这种情况，对于行驶特重轴载车辆的道路，宜选取载重车中占主要份额特重车型的轴载作为设计轴载。

电厂部分运煤、运灰车辆轴载换算为设计轴载的设计基准期内累计作用次数见表6-35。表中设计基准期均采用30年，且在基准期内每年的交通量不增长。

电厂采用沥青混凝土路面，当车辆轴载不超过限值时，以100kN单轴双轮组荷载作为设计轴载。对于采用特重轴载车辆运煤或灰渣的电厂道路，应根据实际情况，经论证单独选用设计计算参数。

电厂部分运煤、运灰车辆轴载换算为设计轴载的设计基准期内累计作用次数见表6-36。表中设计基准期均采用15年，且在基准期内每年的交通量不增长。

表 6-35　水泥混凝土路面设计基准期内设计轴载累计作用次数

序号	电厂容量（MW）	年利用小时数（h）	年燃煤量（$\times10^4$t/年）	年灰渣量（$\times10^4$m^3/年）	设计基准期内设计轴载累计作用次数（万次）				
					燃煤运输车辆			灰渣运输车辆	
					一汽解放 CA3250P66	中国重汽 HOWOT7H	中集华骏 ZCZ9401XXYHJB	一汽解放 CA3310P66	中集华骏 ZCZ9401GFLHJB
1	2×100	5500	69.2	13.1	61.8	49.6	30.1	9.4	5.8
2	2×125	5500	79.4	15.1	70.9	56.9	34.5	10.8	6.6
3	2×200	5500	127.7	24.3	114.0	91.5	55.5	17.4	10.7
4	2×300	5500	187.6	35.6	167.4	134.4	81.6	25.5	15.7
5	2×600	5500	322.4	61.3	287.7	231.0	140.2	43.9	27.0
6	2×1000	5500	517.0	98.2	461.4	370.5	224.8	70.3	43.3

注 1 表中年燃煤量按发热量为16748kJ/kg的烟煤估算，年灰渣量是按19%灰分比计算的数据。设计基准期内设计轴载累计作用次数可以按照燃煤量和灰渣量的数值运用内插法计算。

2 表中车辆设计参数取自表6-34。

表 6-36　沥青混凝土路面设计基准期内设计轴载累计作用次数

序号	电厂容量（MW）	年利用小时数（h）	年燃煤量（$\times10^4$t/年）	年灰渣量（$\times10^4$m^3/年）	设计基准期内设计轴载累计作用次数（万次）				
					燃煤运输车辆			灰渣运输车辆	
					一汽解放 CA3250P66	中国重汽 HOWOT7H	中集华骏 ZCZ9401XXYHJB	一汽解放 CA3310P66	中集华骏 ZCZ9401GFLHJB
1	2×100	5500	69.2	13.1	226.9	217.2	126.8	41.3	24.4
2	2×125	5500	79.4	15.1	260.3	249.2	145.4	47.3	28.0
3	2×200	5500	127.7	24.3	418.7	400.3	233.9	76.1	45.0
4	2×300	5500	187.6	35.6	615.1	588.8	343.6	111.8	66.1
5	2×600	5500	322.4	61.3	1057.0	1011.9	590.4	192.2	113.6
6	2×1000	5500	517.0	98.2	1695.1	1622.7	946.8	308.1	182.2

注 1 表中年燃煤量按发热量为16748kJ/kg的烟煤估算，年灰渣量是按19%灰分比计算的数据。设计基准期内设计轴载累计作用次数可以按照燃煤量和灰渣量的数值运用内插法计算。

2 表中车辆设计参数取自表6-34。

（2）水泥混凝土路面设计。

1）设计步骤。

a. 根据电厂规模、灰渣量及运输方式、燃煤量及运输方式，计算运输车辆换算为标准轴载的累计作用次数，并按表6-37确定交通荷载等级。

表 6-37　水泥混凝土路面交通荷载分级表

交通荷载等级	极重	特重	重	中等	轻
设计基准期内设计轴载（×100kN）累计作用次数（万次）	$>1\times10^6$	$>1\times10^6$～2000	2000～100	100～3	<3

b. 依据地质勘察报告中土的类别和含水量，确定土基回弹模量，并依据交通等级判断土基回弹模量是否满足路床顶面综合回弹模量的要求；如不满足，应采取换填或使用低剂量无机结合料改善土基。依据地质勘察报告中地下水位深度，判断土基的干湿类型，对于潮湿、过湿状态的土基，应采取换填或使用低剂量无机结合料改善土基。

c. 依据公路自然区划，确定厂区所在地的自然区划。

d. 依据使用要求、交通荷载等级、公路自然区划、材料供应、施工能力等，综合确定基层和底基层材料和厚度，经计算确定水泥混凝土面层厚度。

e. 寒冷地区应验算防冻厚度。如不满足要求，应增加基层和底基层的厚度或加设垫层。

f. 接缝设计。依据道路宽度和面层厚度，选用拉杆和传力杆尺寸。

2）路面结构层。电厂常用的水泥混凝土路面结构层见表6-38。

表 6-38　　水泥混凝土路面结构层

基层	底基层	交通等级	路面结构层厚度（cm）		
			面层	基层	底基层
级配碎石（砾石）	天然砂砾、未筛分碎石、填隙碎石	轻、中等	21～25	20	20
级配碎石（砾石）	石灰土、二灰土、水泥土	轻、中等	20～25	20	20
二灰级配碎石（砂砾） 水泥稳定碎石（砂砾）	未筛分碎石、填隙碎石、级配碎石（砾石）	轻、中等	21～25	20	20
二灰级配碎石（砂砾） 水泥稳定碎石（砂砾）	未筛分碎石、填隙碎石、级配碎石（砾石）	重	24～30	20	20
		特重		30	
二灰级配碎石（砂砾） 水泥稳定碎石（砂砾）	石灰土、二灰土、水泥土	轻、中等	20～25	20	20
二灰级配碎石（砂砾） 水泥稳定碎石（砂砾）	石灰土、二灰土、水泥土	重	24～29	20	20
		特重		30	
二灰级配碎石（砂砾）	二灰级配碎石（砂砾）	中等	22～25	20	20
二灰级配碎石（砂砾）	二灰级配碎石（砂砾）	重	23～29	20	20
		特重		30	
水泥稳定碎石（砂砾）	水泥稳定碎石（砂砾）	中等	22～25	20	20
水泥稳定碎石（砂砾）	水泥稳定碎石（砂砾）	重	23～29	20	20
		特重		30	
贫混凝土	填隙碎石、级配碎石（砾石）	特重	24～29	20	20
贫混凝土	石灰土、二灰土、水泥土	特重	24～28	20	20
贫混凝土	二灰级配碎石（砂砾）	特重	24～27	20	20
贫混凝土	水泥稳定碎石（砂砾）	特重	24～27	20	20

（3）沥青混凝土路面设计。

1）设计步骤。

a．根据电厂规模、灰渣量及运输方式、燃煤量及运输方式，计算运输车辆换算为标准轴载的累计作用次数，并按表 6-39 确定交通荷载等级。

表 6-39　沥青混凝土路面交通荷载分级

交通荷载等级	特重	重	中等	轻
设计基准期内设计轴载累计作用次数（万次）	>2500	1200～2500	300～1200	<300

b．依据地质勘察报告中土的类别和含水量，确定土基回弹模量，并依据交通等级判断土基回弹模量是否满足路床顶面综合回弹模量的要求；如不满足，应采取换填或使用低剂量无机结合料改善土基。依据地质勘察报告中地下水位深度，判断土基的干湿类型，对于潮湿、过湿状态的土基，应采取换填或使用低剂量无机结合料改善土基。

c．依据使用要求、公路自然区划、材料供应、施工能力等，综合确定基层和底基层材料；计算沥青混凝土路面厚度，确定结构层各层厚度。

d．寒冷地区验算防冻厚度。如不满足要求，应增加基层和底基层的厚度或加设垫层。

2）路面结构层。电厂常用的沥青混凝土路面结构层参见表 6-40。

次高级、中级柔性路面可用于检修及交通量少的电厂道路，常用结构层见表 6-41。

（4）路面结构层的最小厚度。路面结构层的厚度应不小于最小稳定厚度。各结构层的最小厚度见表 6-42。

表 6-40　　沥青混凝土路面结构层

面层	基层	底基层	交通等级	路面结构层厚度（cm）		
				面层	基层	底基层
单面层	级配碎石（砾石）	天然砂砾、未筛分碎石、填隙碎石	轻	4	20～30	20～36

续表

面层	基层	底基层	交通等级	路面结构层厚度（cm）		
				面层	基层	底基层
单面层	级配碎石（砾石）	天然砂砾、未筛分碎石、填隙碎石	轻	5	20～28	20～33
				6	20～26	24～30
				7	20～24	22～28
				8	20～23	20～26
	级配碎石（砾石）	石灰土、二灰土、水泥土	轻、中等	4	10	15～27
				5	12	27～29
				6	12	26～28
				7	12	25～27
				8	12	23～25
	二灰级配碎石（砂砾）+水泥稳定碎石（砂砾）	未筛分碎石、填隙碎石、级配碎石（砾石）	轻	4	20	25
				5	20	20～24
				6	20	20～23
				7	20	20～22
				8	20	20
			中等	9	20	23～25
				10	20	22～24
	密级配沥青碎石+级配碎石	天然砂砾、未筛分碎石、填隙碎石	中等	8	20	23～30
				9	20	20～28
				10	20	20～25
双面层	二灰级配碎石（砂砾）+水泥稳定碎石（砂砾）	石灰土、二灰土、水泥土	中等	4+8	20	28～34
				5+10	20	32～38
			重	8+10	20	34～37
			特重	8+10	30	20～30
	密级配沥青碎石+二灰级配碎石（砂砾）	石灰土、二灰土、水泥土	特重	8+10	10+（22～34）	20
				4+8	12+（24～34）	
	密级配沥青碎石+水泥稳定碎石（砂砾）	石灰土、二灰土、水泥土	特重	8+10	10+（22～34）	20
				4+8	12+（24～34）	

表 6-41　　次高级、中级柔性路面典型结构层

柔性路面等级	典型结构组合图式	结构层次	路面材料类型	厚度（cm）
次高级路面		面层	冷拌沥青碎（砾）石或沥青贯入碎（砾）石	4～10
		基层	水泥稳定砂砾或泥灰结碎（砾）石或工业废渣	15～30
		底基层	石灰土或工业废渣或干压碎石	计算确定
		面层	沥青碎（砾）石表面处治	3
		基层	泥灰结碎（砾）石或泥结碎（砾）石	15～30
		底基层	石灰土或工业废渣或干压碎石	计算确定

续表

柔性路面等级	典型结构组合图式	结构层次	路面材料类型	厚度（cm）
中级路面		面层	泥结碎（砾）石或级配砾（碎）石	15～30
		基层	工业废渣或混铺块碎石	计算确定

表 6-42　路面结构层的最小厚度

结构层名称		层位	最小厚度（cm）	结构层适宜厚度（cm）
沥青混凝土	细粒式	面层	2.5	2.5～4
	中粒式	面层	4	4～6
	粗粒式	面层	5	5～8
热拌沥青碎石	细粒式	面层、基层	2.5	2.5～4
	中粒式	面层、基层	4	4～6
	粗粒式	面层、基层	5	5～8
沥青贯入式碎（砾）石		面层、基层	4	4～8
沥青表面处治	单层式	面层	1	1～1.5
	双层式	面层	1.5	1.5～2.5
	三层式	面层	2.5	2.5～3
沥青上拌下贯式		面层	6	6～10
沥青砂		面层	1	1～1.5
水泥稳定类		基层、底基层	15	16～20
石灰稳定类		基层、底基层	15	16～20
石灰工业废渣稳定类		基层、底基层	15	16～20
级配碎、砾石		基层、底基层	8	10～15
泥结碎石		面层、基层	8	10～15
碎（砾）石石灰土粒料		面层	8	
		基层	8	
整齐石块		面层	10～12	
半整齐、不整齐石块		面层	10～12	
手摆大石块		基层	12～16	
填隙碎石		基层、底基层	10	10～12
混凝土面板		面层	18	18～40

（五）桥涵

公路桥涵设计应贯彻国家有关法规和公路技术政策，根据厂外道路性质、使用要求和将来的发展需要，按适用、经济、安全和美观的要求设计；必要时应进行方案比较，确定合理的方案。桥涵形式的采用，应根据地形、地质、水文等情况选择，并符合因地制宜、就地取材、便于施工和养护的原则。桥涵设计应适当考虑农田排灌的需要。对靠近村镇、城市、铁路、公路和水利设施的桥梁，应结合各有关方面的要求，适当考虑综合利用。

1. 设计要求

（1）桥梁及涵洞分类。特大、大、中、小桥及涵洞，应根据单孔跨径或多孔跨径总长按表 6-43 进行分类。

表 6-43　桥 梁 及 涵 洞 分 类

桥涵类别	多孔跨径总长 L（m）	单孔跨径 L_k（m）
特大桥	L>1000	L_k>150

续表

桥涵类别	多孔跨径总长 L（m）	单孔跨径 L_k（m）
大桥	$100 \leqslant L \leqslant 1000$	$40 \leqslant L_k \leqslant 150$
中桥	$30<L<100$	$20 \leqslant L_k<40$
小桥	$8 \leqslant L \leqslant 30$	$5 \leqslant L_k \leqslant 20$
涵洞	—	$L_k<5$

注 1 单孔跨径系指标准跨径。

2 梁式桥、板式桥的多孔跨径总长为多孔标准跨径的总长；拱式桥为两岸桥台内起拱线间的距离；其他形式桥梁为桥面系行车道长度。

3 管涵及箱涵无论管径或跨径大小、孔数多少，均称为涵洞。

4 标准跨径：梁式桥、板式桥以两桥墩中线之间桥中心线长度或桥墩中线与桥台台背前缘线之间桥中心线长度为准；拱式桥和涵洞以净跨径为准。

（2）公路桥涵应根据不同种类的作用（或荷载）及其对桥涵的影响、桥涵所处的环境条件，按持久、短暂、偶然三种设计状况对其进行相应的极限状态设计。

（3）按持久状况承载能力极限状态设计时，公路桥涵结构的设计安全等级，应根据结构破坏可能产生的后果的严重程度划分为三个设计等级，并不低于表6-44的规定。

表 6-44 公路桥涵结构的设计安全等级

设计安全等级	桥涵结构
一级	特大桥、重要大桥
二级	大桥、中桥、重要小桥
三级	小桥、涵洞

注 1 本表所列特大、大、中桥等是按表6-43中的单孔跨径确定的，对多跨不等跨桥梁，以其中最大跨径为准。

2 本表冠以“重要”的大桥和小桥，是指高速公路、一级公路、国防公路上及城市附近交通繁忙公路上的桥梁。

3 同一桥涵结构构件的安全等级宜与整体结构相同，有特殊要求时可部分调整，但调整后的级差不得超过一级。

（4）桥涵布置。

1）特大、大桥桥位应选择河道顺直稳定、河床地质良好、河槽能通过大部分设计流量的地段；桥位不宜选择在河汊、沙洲、古河道、急湾、汇合口、港口作业区及易形成流冰、流木阻塞的河段，以及断层、岩溶、滑坡、泥石流等不良地质的河段。

2）中、小桥桥位的选择，宜服从路线总方向，应根据河流特性和桥址具体情况作全面分析比较。特殊地区选择桥位时，应综合考虑各种因素。小桥涵位置的选择，应服从路线布设。

3）桥梁纵轴线宜与洪水主流流向正交。对通航河流上的桥梁，其墩台沿水流方向的轴线应与最高通航水位时的主流方向一致。当斜交不能避免时，交角不宜大于5°；当交角大于5°时，宜增加通航孔净宽。

4）电厂厂外道路大、中、小桥和涵洞上的线形及其与道路的衔接，应符合路线设计的要求。桥头两端引道线形，宜与桥上线形相配合。大、中桥上的线形，宜采用直线。当桥位受两岸地形条件限制时，可采用弯桥、坡桥、斜桥。大、中桥桥面纵坡不宜大于4%；桥头引道纵坡不宜大于5%。有混合交通繁忙处，桥面纵坡和桥头引道纵坡均不得大于3%。

（5）桥涵设计洪水频率应符合下列规定：

1）厂外道路的桥涵设计洪水频率应按表6-45的规定采用。

2）二级厂外道路的特大桥及三、四级厂外道路的大桥，在水势猛急、河床易被冲刷的情况下，可提高一级洪水频率验算基础冲刷深度。

3）三、四级厂外道路，当交通容许有限度的中断时，可修建漫水桥或过水路面。漫水桥和过水路面的设计洪水频率，应根据容许阻断交通的时间长短和对上下游农田、城镇、村庄的影响，以及泥沙淤塞桥孔、上游河床的淤高等因素确定。

4）辅助道路的桥涵设计洪水频率，可采用四级厂外道路的桥涵设计洪水频率。

5）厂内道路的桥涵设计洪水频率，应与厂内总图设计采用的设计洪水频率相适应。

表 6-45 桥涵设计洪水频率

道路等级	设计洪水频率				
	特大桥	大桥	中桥	小桥	涵洞及小型排水构造物
一级道路	1/300	1/100	1/100	1/100	1/100
二级道路	1/100	1/100	1/100	1/50	1/50
三级道路	1/100	1/50	1/50	1/25	1/25
四级道路	1/100	1/50	1/50	1/25	不作规定

（6）桥涵孔径。桥梁全长规定为：有桥台的桥梁为两岸桥台侧墙或八字墙尾端间的距离；无桥台的桥梁为桥面系长度。当标准设计或新建桥涵的跨径在50m及以下时，宜采用标准化跨径。桥涵标准化跨径规定如下：0.75、1.0、1.25、1.5、2.0、2.5、3.0、4.0、5.0、6.0、8.0、10、13、16、20、25、30、35、40、45、50m。

（7）桥涵净空。位于大、中城市郊区的厂外道路的桥涵净空，应适当考虑城市规划的要求。弯道上的桥梁的桥面宽度，应按路线设计要求予以加宽。当单车道桥梁需要双向行车时，桥头两端应根据需要设置错车道。公路型厂外道路上的涵洞和跨径小于 8m 的单孔小桥（一级厂外道路除外），应与路基同宽。桥上人行道的设置，应根据需要确定。人行道宽度可采用0.75m或1m；当人行道宽度超过1m时，宜按0.5m的倍数递增。设置人行道的桥梁，应设置栏杆。不设置人行道的桥梁，可根据具体情况设置栏杆和安全带。与路基同宽的涵洞和小桥，可仅设置缘石或栏杆。漫水桥和过水路面均不宜设置人行道，但应设置柱式护栏。

一、二级厂外道路上的桥梁净空高度应为 5.0m，三、四级厂外道路上的桥梁净空高度应为 4.5m。

桥下净空高度应根据计算水位（设计水位计入壅水、浪高等）或最高流冰水位加安全高度确定。

跨越江河的桥梁的桥下净空高度应满足通航要求。

2. 荷载标准

（1）桥涵设计采用的荷载分为永久荷载、可变荷载、偶然荷载三类，按表 6-46 执行。

表 6-46　荷载分类

编号	荷载分类	荷载名称
1	永久荷载	结构重力（包括结构附加重力）
2		预加力
3		土的重力
4		土侧压力
5		混凝土收缩及徐变作用
6		水的浮力
7		基础变位作用
8	可变荷载	汽车荷载
9		汽车冲击力
10		汽车离心力
11		汽车引起的土侧压力
12		人群荷载
13		汽车制动力
14		风荷载
15		流水压力
16		冰压力
17		温度（均匀温度和梯度温度）作用
18		支座摩阻力
19	偶然荷载	地震作用
20		船舶或漂流物的撞击作用
21		汽车撞击作用

（2）桥涵设计对不同的荷载应采用不同的代表值。

1）永久荷载应采用标准值作为代表值。

2）可变荷载应根据不同的极限状态分别采用标准值、频遇值或准永久值作为代表值。承载能力极限状态设计及按弹性阶段计算结构强度时，应采用标准值作为可变荷载的代表值。正常使用极限状态按短期效应（频遇）组合设计时，应采用频遇值作为可变荷载的代表值；按长期效应（准永久）组合设计时，应采用准永久值作为可变荷载的代表值。

3）偶然荷载取其标准值作为代表值。

（3）各种荷载的代表值按下列规定取用：

1）永久荷载的标准值，对于结构自重（包括结构附加重力），可按结构构件的设计尺寸与材料的重力密度计算确定。

2）可变荷载标准值应按 JTG D60《公路桥涵设计通用规范》中的有关规定执行。可变荷载频遇值为可变荷载标准值乘以频遇值系数 ψ_1。可变荷载准永久值为可变荷载标准值乘以准永久值系数 ψ_2。

3）偶然荷载应根据调查、试验资料，结合工程经验确定其标准值。

（4）荷载的设计值规定为荷载的标准值乘以相应的荷载分项系数。各种荷载效应的分项系数参见 JTG D60《公路桥涵设计通用规范》中的有关规定。

（5）桥涵结构设计应考虑结构上可能同时出现的荷载，按承载能力极限状态和正常使用极限状态进行荷载效应组合，取其最不利效应组合进行设计。各种荷载组合参见 JTG D60《公路桥涵设计通用规范》中的有关规定。

（6）可变荷载中汽车荷载的计算图式、荷载等级及其标准值、加载方法和纵横向折减等应符合下列规定：

1）汽车荷载分为公路-Ⅰ级和公路-Ⅱ级两个等级。

2）汽车荷载由车道荷载和车辆荷载组成。车道荷载由均布荷载和集中荷载组成。桥梁结构的整体计算采用车道荷载；桥梁结构的局部加载、涵洞、桥台和挡土墙土压力等的计算采用车辆荷载。车辆荷载与车道荷载的作用不得叠加。

3）各级公路桥涵设计的汽车荷载等级应符合表 6-47 的规定。

表 6-47　各级公路桥涵的汽车荷载等级

公路等级	一级公路	二级公路	三级公路	四级公路
汽车荷载等级	公路-Ⅰ级	公路-Ⅱ级	公路-Ⅱ级	公路-Ⅱ级

二级公路为干线公路且重型车辆多时，其桥涵的设计可采用公路-Ⅰ级汽车荷载。

四级公路上重型车辆少时，其桥涵设计所采用的公路-Ⅱ级车道荷载的效应可乘以 0.8 的折减系数，车辆荷载的效应可乘以 0.7 的折减系数。

4）车道荷载的计算图示见图 6-25。

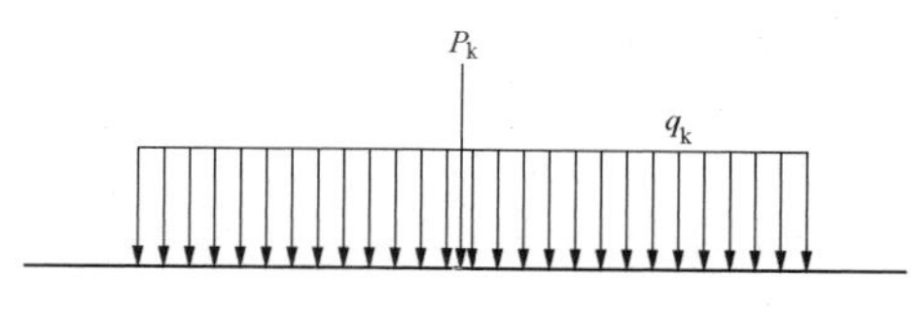

图 6-25　车道荷载计算图示

a．公路-Ⅰ级车道荷载的均布荷载标准值为 q_k=10.5kN/m。集中荷载标准值按以下规定选取：桥梁计算跨径不大于 5m 时，P_k=180kN；桥梁计算跨径不小于 50m 时，P_k=360kN；桥梁计算跨径为 5～50m 时，P_k 采用直线内插法求得。计算剪力效应时，上述集中荷载标准值 P_k 应乘以 1.2 的系数。

b．公路-Ⅱ级车道荷载的均布荷载标准值 q_k 和集中荷载标准值 P_k 按公路-Ⅰ级车道荷载的 0.75 倍采用。

c．车道荷载的均布荷载标准值应满布于使结构产生最不利效应的同号影响线上；集中荷载标准值只作用在相应影响线中一个最大影响线峰值处。

5）车辆荷载的立面、平面尺寸见图 6-26，主要技术指标规定按表 6-48 执行。公路-Ⅰ级和公路-Ⅱ级汽车荷载采用相同的车辆荷载标准值。

表 6-48　车辆荷载的主要技术指标

项目	单位	技术指标	项目	单位	技术指标
车辆重力标准值	kN	550	轮距	m	1.8
前轴重力标准值	kN	30	前轮着地宽度及长度	m	0.3×0.2
中轴重力标准值	kN	2×120	中、后轮着地宽度及长度	m	0.6×0.2
后轴重力标准值	kN	2×140	车辆外形尺寸（长×宽）	m	15×2.5
轴距	m	3+1.4+7+1.4			

6）车道荷载横向分布系数应按设计车道数参照图 6-27 布置车辆荷载进行计算。

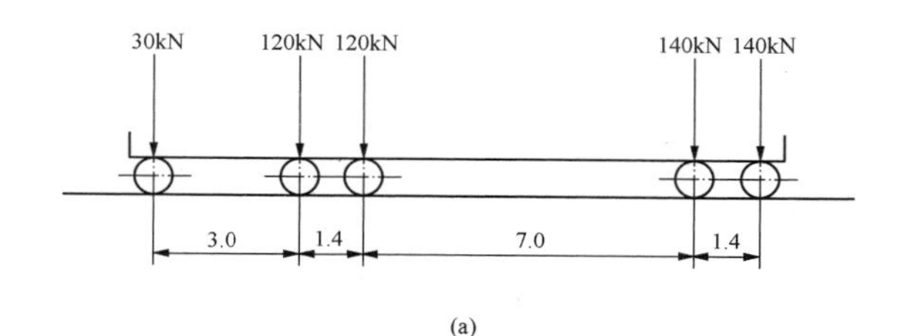

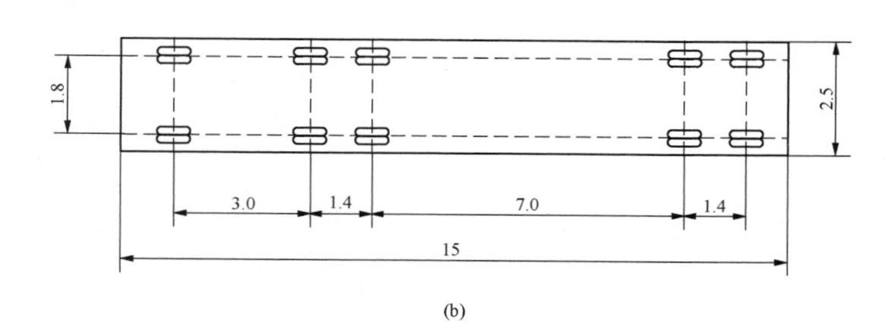

图 6-26　车辆荷载的立面、平面尺寸（单位：m）

（a）立面尺寸；（b）平面尺寸

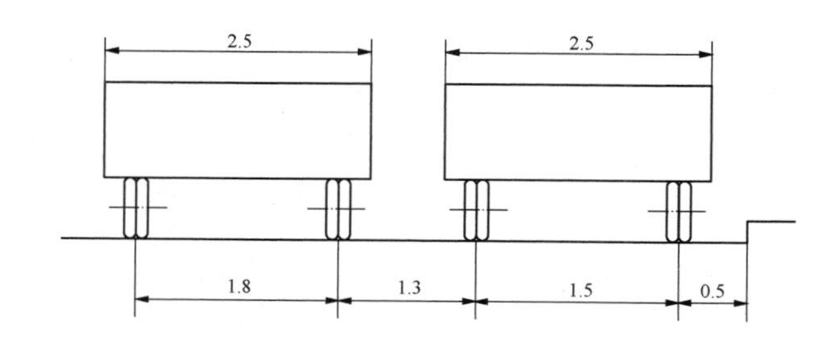

图 6-27　车辆荷载横向布置（单位：m）

7）桥涵的人群荷载标准值应按下列规定采用：

a．当桥梁计算跨径小于或等于 50m 时，人群荷载标准值为 3.0kN/m^2；当桥梁计算跨径大于或等于 150m 时，人群荷载标准值为 2.5kN/m^2；当桥梁计算跨径在 50～150m 之间时，人群荷载标准值采用直线内插法求得。对跨径不等的连续结构，以最大计算跨径为准。

位于城镇郊区行人密集地区的桥梁，人群荷载标准值取上述规定值的 1.15 倍。

专用人行桥梁，人群荷载标准值为 3.5kN/m^2。

b．人群荷载在横向应布置在人行道的净宽度内，在纵向施加于使结构产生最不利荷载效应的区段。

c．人行道板（局部构件）可以一块板为单元，按标准值为 4.0kN/m^2 的均布荷载计算。

d．计算人行道栏杆时，作用在栏杆立柱顶上的水平推力标准值取 0.75kN/m；作用在栏杆扶手上的竖向力标准值取 1.0kN/m。

8）其他可变荷载的具体要求参见 JTG D60《公路桥涵设计通用规范》中的有关规定。

9）偶然荷载的地震动峰值加速度等于 0.10、0.15、0.20、0.30g 地区的公路桥梁，应进行抗震设计。地震动峰值加速度大于或等于 0.40g 地区的公路桥梁，应进行专门的抗震研究和设计。地震动峰值加速度小于或等于 0.05g 地区的公路桥梁，除有特殊要求者外，可采用简易设防。做过地震小区划的地区，应按主管部门审批后的地震动参数进行抗震设计。公路桥梁地震荷载的计算及结构的设计，应符合现行公路工程抗震设计相关规范的规定。其他偶然荷载的具体要求参见 JTG D60《公路桥涵设计通用规范》中的有关规定。

（六）厂外道路用地

厂外道路用地的征用，必须遵循国家现行的建设征用土地办法及补充规定，并必须与地方有关部门取得协议。道路用地面积应符合《公路工程项目建设用地指标》（建标〔2011〕124 号）的规定。

厂外道路用地的范围，应为路堤两侧边沟、截水沟外边缘（无边沟、截水沟时为路堤或护坡道坡脚）以外或路堑两侧截水沟外边缘（无截水沟时为路堑坡顶)1m 的范围内。高填深挖路段，应根据路基稳定计算确定用地范围。

二、厂内道路

（一）厂内道路分类

厂内道路一般分为主干道、次干道、支道、车间引道和人行道。

（1）主干道为连接厂区主要出入口的道路，或交通运输繁忙的全厂性主要道路。

（2）次干道为连接厂区次要出入口的道路，或厂内车间、仓库、码头等之间交通运输较繁忙的道路。

（3）支道为厂区内车辆和行人都较少的道路以及消防道路等。

（4）车间引道为车间、仓库等出入口与主、次干道或支道相连接的道路。

（5）人行道为行人通行的道路。

（二）厂内道路布置的基本要求

（1）应照顾到各生产区域的合理分区。

（2）货流与人流兼顾，合理分散货流与人流，使货流畅通、人行方便、交通安全。

（3）满足生产要求，符合生产工艺流程，使厂内外运输畅通、运距短捷、运输安全、联系方便、工程量小。

（4）应尽可能平行于主要建（构）筑物布置，要考虑管线布置和绿化方面的要求，并与之相互协调，使车间引道联系方便。

（5）应使厂内道路相互衔接、连成路网，并通过不少于 2 个不同方向的出入口与厂外道路系统连接。通常以厂区固定端的出入口为主要出入口，并以通过主要出入口的道路作主要进厂干道。厂内燃油罐区的道路一般应有一出口与厂外公路相通。

（6）应符合消防要求，尽可能使运输道路与消防道路相结合、消防通道与道路相连通，使消防车辆能迅速到达厂内各建（构）筑物及场地。在主厂房、配电装置、贮煤场和油罐区周围应设环行道路或消防车通道。对单机容量为 300MW 及以上的机组，在炉后与除尘器之间应设置单车道路。

（7）应使各建筑物的车间引道连接方便。

（8）应尽可能采用正交和环形布置。当为尽头式布置时，应在道路尽头设置回车场。发电厂的主厂房和贮煤场如设环行道路确有困难时，其四周仍应有尽端式道路或通道，并增设回车道或回车场。回车场面积应根据汽车最小转弯半径和路面宽度确定。

（9）应与竖向布置相协调，有利于道路和场地雨水的排泄，有利于阶梯布置的道路联系通畅。

（10）应尽量减少与铁路（尤其是运输作业繁忙的铁路）交叉。

（11）要满足厂内道路主要技术标准的要求，应符合防火、卫生、防震和防爆等规范的要求。

（12）在满足运输的条件下，应尽量减少道路的铺筑面积，以节省投资和用地。

（13）厂区主干道宜采用城市型，其他道路可根据竖向布置要求采用城市型或公路型。其路面可根据具体情况采用水泥混凝土或沥青路面。路面各层的结构及厚度可根据 JTG D40《公路水泥混凝土路面设计规范》和 JTG D50《公路沥青路面设计规范》计算确定。

（14）应特别注意创造条件使基建施工用的道路能与永久性道路相结合。施工区应设置单独的进厂道路。对扩建电厂的施工通道布置，应减少对已运行电厂的干扰，应能有利于生产、方便施工。

（三）厂内道路的主要技术要求和指标

1. 道路平面

（1）计算车速。发电厂厂内主、次干道的计算行车速度宜采用 15km/h。

（2）道路宽度。道路宽度即行车部分的宽度，主要根据道路的种类和形式确定。各种形式的道路宽度见表 6-49。

表 6-49　厂内道路路面宽度

厂内道路类别	电厂规模	路面宽度（m）
主干道	大型	7.0～9.0
	中型	6.0～7.0
	小型	6.0～7.0
次干道	大型	6.0～7.0
	中型	4.5～7.0
	小型	4.5～6.0
支道、引道	大、中、小型	3.0～4.5
人行道	大、中、小型	1.0～2.0

注 1 主干道—厂区主要入口通往主厂房或办公楼的入厂主要道路。
2 次干道—连接各生产区的道路及主厂房四周的环行道路。
3 支道—车辆和行人都较少的道路以及消防道路等。
4 引道—车间、仓库等出入口与主、次干道或支道相连接的道路；宽度应与车间大门宽度相适应。
5 人行道—只有行人来往的道路。
6 当混合交通干扰较大时，宜采用上限；当混合交通干扰较小或沿干道设置人行道时，宜采用下限。

厂区主要出入口处主干道行车部分的宽度，宜与相衔接的进厂道路一致，或采用 7m；主厂房周围的环行道路宽度，宜采用 7m，困难情况下也可采用 6m；次要道路的宽度宜为 4m，困难情况下也可采用 3.5m；通向建筑物出入口处的人行引道的宽度宜与门宽相适应。

依靠水路运输，并建有重件码头的大型发电厂，从重件码头引桥至主厂房周围环行道路之间的道路标准，应根据大件运输方式合理确定，其宽度宜采用 6～7m。

厂内主干道在人流集中地段，应设置人行道，其宽度可采用 1.5m，其他地段的人行道不宜小于 1m。当人行道的纵坡大于 8%时，宜设置粗糙面层或踏步。

（3）平曲线。厂内道路设计所采用的各种设计车辆的基本外廓尺寸可按表 6-50 的规定采用。

表 6-50　设计车辆外廓尺寸　(m)

车辆类型	总长	总宽	总高	前悬	轴距	后悬
小客车	6	1.8	2	0.8	3.8	1.4
载重汽车	12	2.5	4	1.5	6.5	4
铰接列车	18.1	2.55	4	1.5	3.3+11	2.3

注 1 铰接列车的轴距（3.3+11）m：3.3m 为第一轴至铰接点的距离，11m 为铰接点至最后轴的距离。
2 自行车的外廓尺寸采用长 1.93m、宽 0.6m、高 2.25m。

厂内道路最小圆曲线半径，当行驶单辆汽车时，不宜小于 15m；当行驶拖挂车时，不宜小于 20m。在平坡或下坡的长直线段的尽头处，不得采用小半径的圆曲线。当受场地条件限制需要采用小半径的圆曲线时，应设置限制速度标志等安全设施。

厂内道路的平面转弯处，可不设超高、加宽。

厂内道路转弯应尽量采用较大半径，路面内边缘半径一般可取 12m。

厂内道路交叉口路面内边缘的转弯半径大小应根据车辆种类确定。按不同车种规定的交叉口路面内边缘最小转弯半径见表 6-51。

表 6-51　交叉口路面内边缘最小转弯半径　(m)

行驶车辆类别	路面内边缘最小转弯半径
载重 4～8t 单辆汽车	9
载重 10～15t 单辆汽车	12
载重 4～8t 汽车带一辆载重 2～3t 挂车	12
载重 15～25t 平板挂车	15
载重 40～60t 平板挂车	18

注 1 车间引道及场地条件困难的主、次干道和支道，除陡坡处外，表列路面内边缘最小转弯半径可减少 3m。
2 行驶表列以外其他车辆时，路面内边缘最小转弯半径应根据需要确定。
3 车间引道宽度应与车间大门宽度相适应，转弯半径不应小于 6m。

厂内道路宜避免设置回头曲线。当受场地条件限制需要采用回头曲线时，可按辅助道路的技术指标设计。但最小主曲线半径应根据有无汽车拖挂运输，分别采用 20m 或 15m，会车视距应根据双车道或单车道，分别采用 30m 或不考虑；双车道路面加宽值，应根据双车道或单车道，分别采用 3m 或 1.5m。

（4）停车场。回车场、停车场当采用尽端式道路时，为使车辆调头方便，一般应在道路的末端设置回车场。回车场的各种形式见图 6-28。图中尺寸适用于一般载重汽车。当采用其他形式车辆时，可根据其性能需要，适当调整。

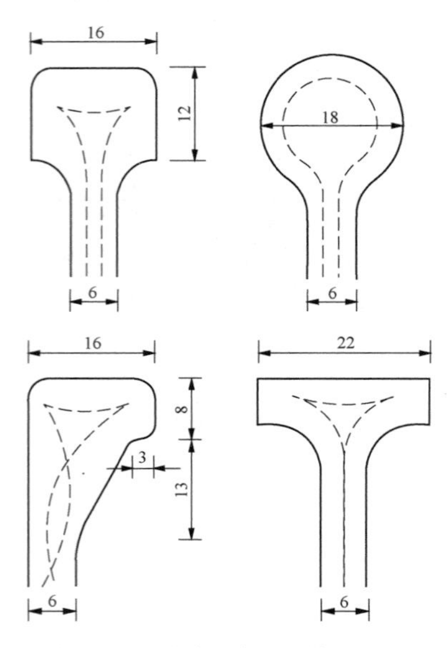

图 6-28　尽头式回车场（单位：m）

停车场主要供车辆停放用以及货物装卸进行调转用，所以在汽车库、消防车库、堆场、材料库附近常设置停车场。图 6-29 为各类形式的停车场。

各类停车场尺寸见表 6-52，停车场设计车型及外廓尺寸见表 6-53，车辆停放纵、横向净距见表 6-54。

表 6-52　各类停车场尺寸　（m）

汽车类型	垂直式		平行式		斜式（60°）	
	b_1	L_1	b_2	L_2	b_3	L_3
普通汽车	3.5	13.0	3.5	16.0	4.0	12.1
中型汽车	3.5	9.7	3.5	12.7	4.0	9.3
小型汽车	2.8	6.0	2.8	7.0	3.2	5.9
微型汽车	2.6	4.2	2.6	5.2	3.0	4.3

注　1　微型汽车包括微型客货车、机动三轮车。
2　中型汽车包括中型客车、旅游车和装载 4t 以下的货运汽车。
3　小型汽车为一般小轿车。
4　普通汽车为一般载重车。

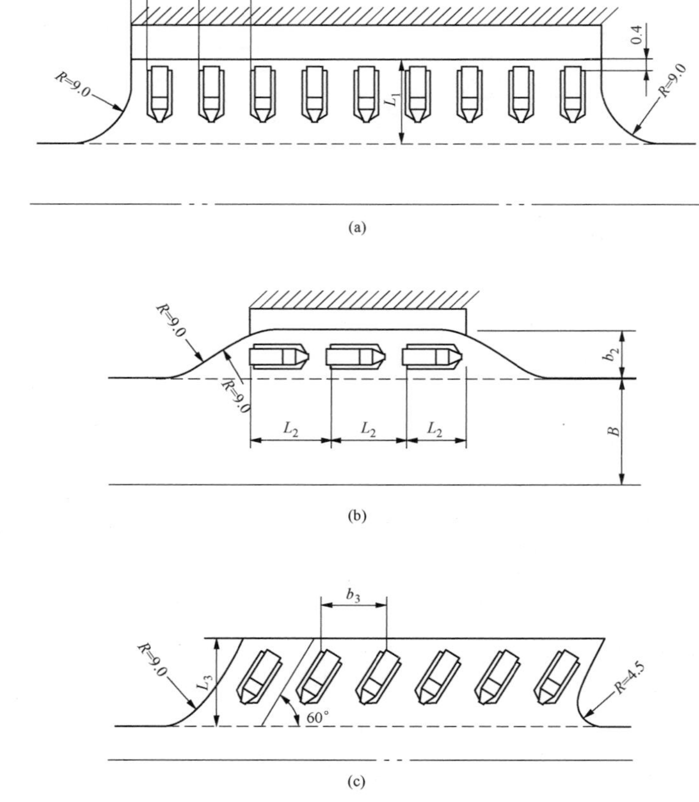

图 6-29　各类停车场（单位：m）
（a）垂直式道旁停车场或装卸站台前停车场；（b）平行式道旁停车场或装卸站台前停车场；
（c）斜式（60°）道旁停车场

表 6-53 停车场设计车型及外廓尺寸 (m)

设计车型	总长	总宽	总高
微型汽车	3.2	1.6	1.8
小型汽车	5.0	1.8	1.6
中型汽车	8.7	2.5	4.0
普通汽车	12.0	2.5	4.0

表 6-54 车辆停放纵、横向净距 (m)

项目		设计车型	
		微型汽车、小型汽车	中型汽车、普通汽车
车间纵向净距		2.0	4.0
背对停车时车间尾距		1.0	1.0
车间横向净距		1.0	1.0
车与围墙、护栏及其他构筑物间	纵净距	0.5	0.5
	横净距	1.0	1.0

（5）道路与道路平交。

1）道路与道路平交应尽量采用正交，当斜交不可避免时，其交角的锐角应大于 45°；只有在特殊困难情况下，非主导车流方向的车辆不多时，其夹角才可以小于 45°，但连接半径应能满足所通过车型的要求。

2）厂区道路与道路平交一般设在水平地段。在受地形限制时，也可设在较平缓的坡段。在紧接水平地段处的纵坡一般应不大于 3%，困难地段应不大于 5%。

3）道路与道路平交时，应首先考虑主要道路的技术条件，如合理布置纵坡、道路排水。

（6）视距。视距即在交叉口处，使司机能看见侧面来车的距离，一般不小于 20m。在司机视线范围内不应设置任何妨碍视线的建（构）筑物和植树；超过 1.2m 视线高度的障碍及遮挡物应予以清除，以保证行车安全。最小计算视距见表 6-55。

表 6-55 最 小 计 算 视 距 (m)

视距类别	最小计算视距
停车视距	15
会车视距	30
交叉口停车视距	20

注 1 当受场地条件限制、采用会车视距困难时，可采用停车视距，但必须设置分道行驶的设施或其他设施（如反光镜、限制速度标志、鸣喇叭标志等）。

2 当受场地条件限制时，交叉口停车视距可采用 15m。

（7）道路与相邻建（构）筑物的最小距离。为保证道路的行车安全，减小道路对建(构)筑物的影响，道路与建（构）筑物间应保持一定的距离。其最小距离见表 6-56。

表 6-56 道路与相邻建（构）筑物的最小距离 (m)

序号	相邻建（构）筑物名称			最小距离
1	建筑物的外墙、构筑物的外边缘		当建筑物面向道路一侧无出入口时	1.5
			当建筑物面向道路一侧有出入口但无汽车引道时	3
			当建筑物面向道路一侧有出入口且有汽车引道时	7～9
			有铁道引入线经常取送车作业的车间与运输繁忙的道路之间	20
			自然通风冷却塔	10
			机力通风冷却塔	15
			贮煤场	5
			制氢站、乙炔站、贮氢罐、点火油罐、露天油库	10
2	标准轨距铁路中心线			3.75
3	窄轨铁路中心线			3
4	围墙	当围墙有汽车出入口时，出入口附近的围墙		6
		当围墙无汽车出入口时	需设围墙照明电杆	2
			不设围墙照明电杆	1.5

续表

序号	相邻建（构）筑物名称		最小距离
5	树木	乔木	1
		灌木	0.5
6	各类管线支架		1～1.5

注 1 表中最小净距：城市型厂内道路自路面边缘算起，公路型厂内道路自路肩边缘算起。
2 跨越公路型厂内道路的单个管线支架外边缘至路面边缘最小净距可采用1m。
3 生产工艺有特殊要求的建（构）筑物及管线至厂内道路边缘的最小净距，应符合现行有关规定的要求。
4 当厂内道路与建（构）筑物之间设置边沟、管线等或进行绿化时，应按需要另行确定其净距。
5 当道路有不铺砌的明沟时，边沟外坡坡顶距离围墙不应小于1.5m，距离建筑物基础不应小于3.0m，铺砌的沟不受此限制。
6 消防车道与房屋距离一般不宜小于5.0m，也不宜大于25m。

（8）汽车衡的布置要求。汽车衡位置应布置于重车行驶方向的右侧，如属厂内外运输，一般应布置在出入口处。汽车衡应靠近道路路肩外侧布置，当有遮雨棚时，遮雨棚设计应按厂矿道路建筑限界要求设计。汽车衡表面须高出路肩至少150mm，其进车端道路平坡直线段的长度不宜小于2辆车长，困难条件下，不应小于1辆车长；出车端的道路应有不小于1辆车长的平坡直线段。汽车衡外侧应有保证其他车辆通过的宽度。进入汽车衡坑内的水，应有自流排出条件。

（9）人行道。

1）人行道设置的条件。大、中型电厂的主、次干道，当人流集中、厂内道路混合交通量较大，影响机动车行驶和行人安全时，应沿道路两侧或一侧设置人行道。

经常通过行人而没有道路的地方，应设置人行道。

2）人行道设置的技术要求。人行道宽度一般不应小于0.75m；当需超过1.5m时，可按0.5m的倍数递增，一般不大于2.5m。沿主干道设置的人行道宽度可采用1.5m；其他的人行道宽度不宜小于0.75m。单独设置的人行道，当同时需行驶自行车时，应适当增加自行车道宽度，并满足自行车行驶和纵坡要求。公路型道路路肩兼做人行道时，应按人行道要求适当增加宽度。在人行道上平行于道路埋设成行电杆等柱状物时，应增加人行道宽度0.5～1.0m。道路两侧人行道纵坡一般与道路纵坡相同。单独设置的人行道最大纵坡一般为8%，在困难条件下，当纵坡大于8%时，宜设置粗糙面层或踏步，人行道的危险地段应设置栏杆。人行道的横坡宜采用1%～2%。

2. 道路纵断面

厂内道路纵断面的设计，应以道路具有较好的行驶条件和利于场地排水为原则。

为使厂内道路具有较好的行车条件，应尽可能采用较小的纵坡，厂内各类道路的最大纵坡不宜大于表6-57中的数值。

表6-57　厂内道路最大纵坡

厂内道路类别	主干道	次干道	支道、车间引道
最大纵坡（%）	6	8	9

注 1 当场地条件困难时，次干道的最大纵坡可增加1%，主干道、支道、车间引道的最大纵坡可增加2%。但在海拔2000m以上地区，不得增加；在寒冷冰冻、积雪地区，不应大于8%。交通运输较繁忙的车间引道的最大纵坡不宜增加。
2 经常运输易燃、易爆危险品专用道路的最大纵坡不得大于6%。

道路变坡点间的距离不宜太小，一般控制在50m以上较好，以避免锯齿形纵断面。当道路采用的纵坡较大时，为保证行车安全，应对坡长予以限制，对坡长的限制要求见表6-58。厂内道路纵坡连续大于5%时，应在不大于表6-58所规定的长度处设置缓和坡段。缓和坡段的坡度不应大于3%、长度不宜小于50m。

表6-58　纵坡限制坡长

纵坡（%）	限制坡长（m）
>5～6	800
>6～7	500
>7～8	300
>8～9	200
>9～10	150
>10～11	100

厂内道路最小纵坡可为平坡，但为了利于排水，以不小于0.3%为宜。

厂内道路转弯处的纵坡一般不考虑折减，但小半径转弯处及交叉口处，应采用较小的纵坡。当主、次干道和支道纵坡变更处的相邻两个坡度代数差大于2%时，应设置竖曲线。竖曲线半径不应小于100m，竖曲线长度不应小于15m。竖曲线最小半径见表6-59。

表 6-59 竖曲线最小半径

竖曲线种类	竖曲线最小半径（m）
凸型	300
凹型	100

经常通行大量自行车的厂内道路的纵坡，宜小于2.5%；最大纵坡不应大于 3.5%。当纵坡为 2.5%～3.5%时，限制坡长应符合表 6-60 的规定。

表 6-60 自行车道纵坡限制坡长

纵坡（%）	2.5	3.0	3.5
限制坡长（m）	300	200	150

3. 道路横断面

（1）横断面的形式。厂内道路横断面分为城市型及公路型两种。

城市型道路设有路缘石，并采用暗管或暗沟排水系统；在一般情况下占地少，可使场地布置紧凑、整洁、美观，但造价较高。在下列条件下可以选用：

1）附近有雨水排水管可利用时。

2）厂区地下水位较高，采用公路型明沟且较深时。

3）厂区中心建筑物密度较大的地带。

4）湿陷性黄土地区。

5）厂区内对清洁、美观有要求的地带。

公路型道路在道路的两侧不设路缘石而设路肩，并采用明沟排水系统；一般造价较低，但占地较多。在下列条件下可以选用：

1）路附近无雨水排水管道可利用时。

2）厂区边缘的地带。

3）贮煤场附近，易受含煤粉雨水影响的道路。

4）施工期间的道路和扩建的道路。

发电厂厂区布置一般都比较紧凑，并要求整洁、美观，因此厂区内的主要道路多采用城市型。次要道路采用的形式视具体情况而定。

（2）道路路拱及路拱坡度。水泥混凝土路面，可采用直线型路拱；沥青路面和整齐块石路面，可采用直线加圆弧型路拱；粒料路面、改善土路面和半整齐、不整齐块石路面，可采用一次半抛物线型路拱。道路路拱坡度应以有利于路面排水和行车平稳为原则，根据路面面层类型和当地自然条件确定。各类道路路拱坡度见表 6-61。

表 6-61 各类道路路拱坡度

路面面层类型	路拱坡度（%）
水泥混凝土路面	1.0～2.0
沥青混凝土路面	1.0～2.0
其他沥青路面	1.5～2.5
整齐块石路面	1.5～2.5
半整齐、不整齐块石路面	2.0～3.0
粒料路面	2.5～3.5
改善土路面	3.0～4.0

注 1 在经常有汽车拖挂运输的道路上，应采用下限。

2 在年降雨量较大的道路上，宜采用上限；在年降雨量较小或有冰冻、积雪的道路上，宜采用下限。

穿越（或邻接）厂区的道路和单车道厂内道路的路拱形式，可采用单向直线型路拱。路拱坡度宜采用1%～3%，或与场区的地面坡度相同。路肩横向坡度，当路面采用直线型路拱或直线加圆弧型路拱时，宜比路拱坡度大 1%～2%（但在少雨地区或有较多慢速车辆混合行驶的路段，宜比路拱坡度大 0.5%或与路拱坡度相同）；当路面采用一次半抛物线型路拱时，宜采用路拱坡度的 1.5 倍；当路面采用单向直线型路拱时，宜与路拱坡度相同（但邻接边沟的一侧，宜比路拱坡度大 1%～2%）。

（3）道路净空要求。当电厂道路与铁路立体交叉并从铁路桥下穿行时，净宽为路面和路肩（或人行道）的总宽；跨线桥下的净空，在路肩或人行道上不应小于 2.5m，在路面上一般为 5m。

当电厂道路在管线、天桥、运煤栈桥等构筑物下穿行时，路面上的净高一般不应小于 5m，在困难地段可采用 4.5m，有大件运输要求或在检修期间有大型起吊设施通过的道路，应根据需要确定。

4. 厂内道路路面设计

（1）路面分类。路面按性质可分为柔性和刚性两种：刚性路面指刚度较大、抗弯拉强度较高的路面，一般指水泥混凝土路面；柔性路面指刚度较小、抗弯拉强度较低，主要靠抗压、抗剪强度来承受车辆荷载作用的路面，主要指沥青混凝土、沥青表面处治路面。

（2）路面的选择。发电厂厂内道路路面的选择，一般着重考虑道路施工、材料选择、维修条件及厂容的要求，常采用耐久性好、施工维修简单的水泥混凝土路面。在道路施工维修条件较好及沥青材料来源方便时，也可采用沥青混凝土、沥青表面处治路面。

路面各层的结构及厚度可根据 JTG D40《公路水泥混凝土路面设计规范》和 JTG D50《公路沥青路面设计规范》的相关规定计算确定。

（3）永临结合路面设计。厂区道路中考虑永临结合的主干道路面，考虑到施工期道路的损坏情况，一般先施工一层水泥混凝土面层，待施工结束后，按照路面设计标高施工第二层水泥混凝土或沥青混凝土。

1）水泥混凝土路面加铺方案。对于设计方案为水泥混凝土路面的主干道，主干道作为永临结合道路时，施工道路的做法与永久道路完全相同，区别在于施工道路路面标高要比厂区道路最终设计标高低，用于施工结束后加铺第二层水泥混凝土路面。

由于施工道路路面是参照永久路面设计施工的，即交通荷载为设计基准期内累计轴载作用，在施工期内正常使用的条件下，路面损坏状况和接缝传荷能力等级一般为优良，因此可采用结合式水泥混凝土加铺方案或沥青混凝土加铺方案。

当厂区所在地无沥青混凝土拌和站，且预计在施工期间有可能对施工道路破坏较严重时，应考虑采用分离式水泥混凝土加铺方案。

水泥混凝土路面加铺方案见图 6-30。

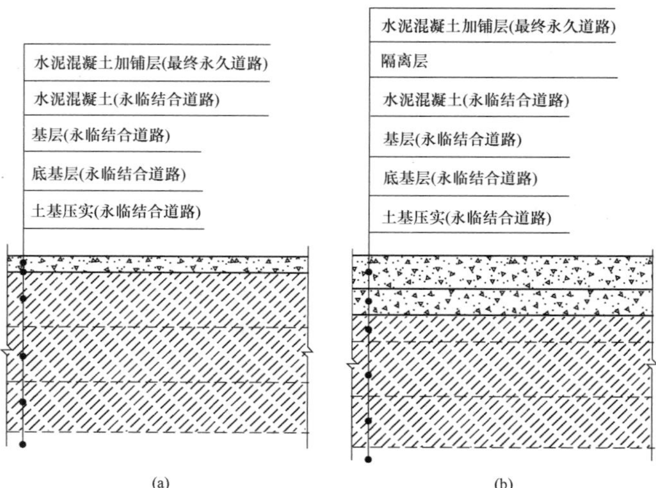

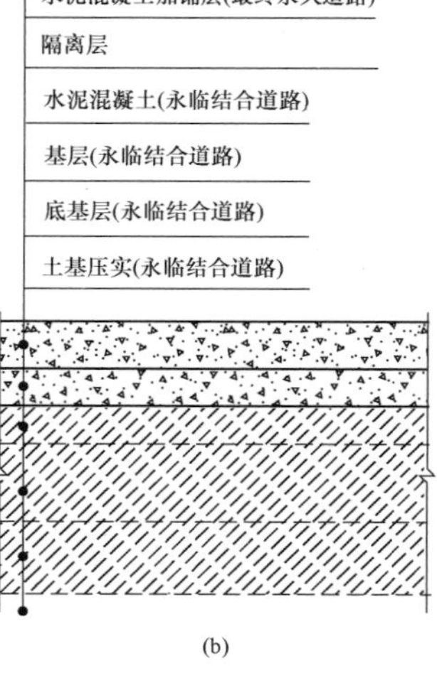

图 6-30　水泥混凝土路面加铺方案

（a）结合式；（b）分离式

加铺层铺筑前应更换破碎板，修补和填封裂缝，磨平错台，压浆填封板底脱空，清除旧混凝土面层表面的松散碎屑、油迹或轮胎擦痕，剔除接缝中失效的填缝料和杂物，并重新封缝。

a．结合式水泥混凝土加铺层结构设计。

（a）采用铣刨、喷射高压水或钢珠、酸蚀等方法，打毛清理旧混凝土面层表面，并在清理后的表面涂敷黏结剂，使加铺层与旧混凝土面层结合成整体。

（b）加铺层的接缝形式和位置应与旧混凝土面层的接缝完全对齐，加铺层内可不设拉杆或传力杆，加铺层的厚度宜为 100mm。

b．分离式水泥混凝土加铺层结构设计。

（a）在旧混凝土面层与加铺层之间应设置隔离层。隔离层材料可选用沥青混凝土或油毡等，不宜选用砂砾或碎石等松散粒料。

（b）分离式水泥混凝土加铺层的接缝形式和位置，应按新建混凝土面层的要求布置。

c．沥青加铺层结构设计。

（a）沥青加铺层可设单层或双层密集配沥青混合料面层，厚度宜为 80mm。

（b）沥青加铺层与水泥混凝土面板之间宜洒布改性沥青，加强层间结合，避免层间滑移。

（c）为减缓反射裂缝，在旧混凝土板顶部应设玻璃纤维格栅或土工织物夹层。采用的土工合成材料的技术要求和施工要求应符合 JTJ/T 019《公路土工合成材料技术规范》的相关规定。

2）沥青混凝土路面加铺方案。对于设计方案为沥青混凝土路面的主干道，主干道作为永临结合道路时，施工道路的面层可采用水泥混凝土面层。水泥混凝土面层厚度宜为 150mm，其沥青加铺层厚度与永久道路沥青路面厚度相同。

水泥混凝土面层应设置纵、横缝，并灌入填缝料，其上应设置热沥青或改性乳化沥青、改性沥青黏结层等。

沥青混凝土路面加铺方案参见图 6-31。

加铺层铺筑前应更换破碎板，修补和填封裂缝，磨平错台，压浆填封板底脱空，清除旧混凝土面层表面的松散碎屑、油迹或轮胎擦痕，剔除接缝中失效的填缝料和杂物，并重新封缝。

旧混凝土路面板需进行处治后作为基层使用，措施如下：

a．清除旧混凝土面层表面的松散碎屑、油迹或轮胎擦痕；

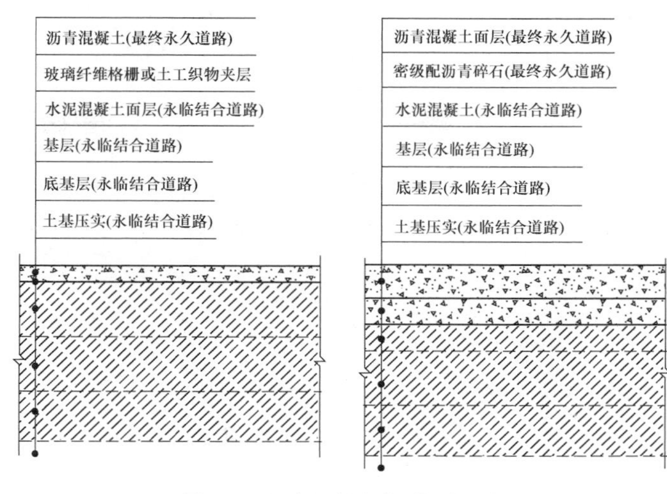

图 6-31 沥青混凝土路面加铺方案

b．修补和填封裂缝，剔除裂缝中碎裂的板块和杂物，并重新填充，填缝料可选用水泥浆和热沥青；

c．对于板底脱空的板块，可以采用压浆填封的方式，压浆材料可选用水泥浆，要求压浆材料无收缩，可以产生微膨胀；也可以采用碎石化的处置方法，将脱空板块打碎后压实，破碎后最大粒径不应大于 400mm。

d．对于已破碎的路面板，如板底无脱空且满足强度及稳定要求的，可在修补和填封裂缝后直接作为基层使用。对于缺损严重、缺损面积大的路面，应按原设计修复路面板；对于缺损面积较小的路面，应挖除路面层，使用水泥稳定碎石（砂砾）填充后压实。

（四）厂区道路存在的问题

调研中发现，在厂区道路设计时，由于与外部接口设计单位配合不到位，导致部分建（构）筑物位于道路上。某电厂燃煤铁路运输，厂内为电气化铁路，靠近厂区一侧的接触网支柱位于道路上，支柱与邻近管架的间距不足 3m，车辆通行困难，现场照片见图 6-32。某电厂水路来煤，码头至煤场的输煤栈桥基础位于道路上，为了减少对交通安全的影响，道路被迫改道和加宽，现场照片见图 6-33。

图 6-32 接触网支柱位于道路上

图 6-33 输煤栈桥基础位于道路上

在电厂调研时发现，电厂运输车辆超载现象时有发生，其中四轴自卸车满载总重能达到 70～90t，六轴半挂车满载总重能达到 110～150t。路面损坏一般由行车荷载、环境（温度和温度）、材料、结构和构造等多方面因素单独或综合作用所造成，车辆超载通常是厂区道路路面损坏的主要原因。目测仅能鉴别损坏类型和轻重程度。

1．水泥混凝土路面

厂内常见的水泥混凝土路面损坏类型参见表 6-62，现场照片见图 6-34～图 6-37。

表 6-62 水泥混凝土路面损坏类型

损坏类型	描述
纵向裂缝	平行于路中线，通常由基础沉降或者荷载和温度共同作用所引起
横向和斜向裂缝	垂直于或斜向路中线，由荷载和（或）温度作用所引起
角隅断裂	从角隅到裂缝两端的距离小于板边长的 1/2
交叉裂缝和破碎面板	板被裂缝分割为 4 块以上

续表

损坏类型	描述
起皮	上层3～13mm深的混凝土品质变坏而脱落
沉陷	路表面局部面积的下沉，由地基不均匀沉降所引起
胀起	因冻胀或膨胀土膨胀而隆起
接缝破碎	邻近接缝60cm范围内板边缘混凝土的开裂、断裂或成碎属，通常不扩展到整个板厚。由传荷设施设计或施工不当，缝隙内进入坚硬材料阻碍膨胀，耐久性裂缝使混凝土崩解等原因
填缝料损坏	接缝内填缝料挤出、缺损、老化，未与混凝土黏结

图6-34　道路面板破碎和沉陷一

图6-35　道路面板破碎和沉陷二

图6-36　运灰道路路面接缝损坏

图6-37　运灰道路路面交叉裂缝

改进措施：对已损坏的路面板应进行维修。对露骨的面板可用沥青修补；对出现交叉裂缝和破碎的面板，程度较轻时可对裂缝或接缝进行填封，程度较重时应换板。由于水泥混凝土路面的疲劳损坏对轴重很敏感（与轴重比成16次方关系），因此在路面设计中，应重视重载、超载车的设计轴载累计作用次数的计算，对运行期交通量准确估算，使路面结构能够满足交通量增长的需要。对特殊地区不满足设计要求的土基应进行处理。对地下水位高或有地下泉眼的路段，应增设路面内部排水设施，包括排水基层、隔离层、边缘纵向排水盲沟和排水管等。

2. 沥青混凝土路面

厂内常见的沥青混凝土路面损坏类型见表6-63，现场照片见图6-38、图6-39。

表6-63　　沥青混凝土路面损坏类型

损坏类型	描述
横向裂缝	近似垂直路中线，通常由施工接缝、低温缩缝、基层裂缝反射所引起
纵向裂缝	大致平行路中线，通常由施工接缝、下卧层沉降、承载力不足所引起
龟裂	一系列相互交叉的裂缝将面层分割成锐角多边形小块，其最长边小于30cm，荷载疲劳作用所引起
沉陷	路表面的局部凹陷，由地基沉降所引起
车辙	路表面沿轮迹的凹陷变形，由行车荷载作用下路面结构层的永久变形和路基的塑性变形引起

图6-38　路面纵向裂缝图

图 6-39　地下沟道盖板处反射裂缝

改进措施：各地区的温度状况不同，各路段的交通条件和现有路面的结构状况也不相同，因而反射裂缝的产生有可能主要是温度原因引起的，也有可能主要是荷载作用引起的，或者是温度和荷载共同作用所造成的。对于主要因温度原因而引起反射裂缝的情况，可以采用降低加铺层与旧面层间黏附阻力以及增加加铺层抗拉强度的措施。而对于主要因荷载作用而产生反射裂缝的情况，则应采用降低接缝处板边弯沉量和弯沉差以及增加加铺层弯拉强度和剪切强度的措施。应依据加铺层路段的具体情况和条件，分析出现反射裂缝的可能原因，从而针对性地提出相应的预防或延缓措施。设计时，预防或延缓旧混凝土面层上沥青加铺层反射裂缝的措施有以下几种：①在沥青加铺层上锯切横缝；②采用厚加铺层：③设置裂缝缓解层；④破碎和固定旧混凝土面层；⑤设置各种夹层。

对裂缝或接缝进行填封，防止雨水侵入。

对特殊地区不满足设计要求的土基应进行处理。

三、地坪设计

（一）一般规定

（1）屋外配电装置区内宜根据工艺要求设置操作地坪，地坪可采用草坪、碎石、卵石铺砌及混凝土方砖或灰土封闭处理措施。

由于配电装置区存在较大的接地故障入地电流的可能性，接触电位差和跨步电位差可能会高于安全限值，此时需要在高压变压器及配电装置区域、人经常操作设备的地方，根据相关要求设置绝缘高阻地坪。

屋外配电装置场地处理，南方电厂以种植草坪居多，北方地区普遍反映冬季干燥，草坪易于干枯，存在安全隐患，在海边等盐碱度较高的环境中，草坪成活率低。在这两种地区，可铺砌混凝土地坪或碎石、卵石地坪。

（2）除尘器、引风机、脱硫设施区场地，除设备和建（构）筑物之外，地下沟管道较多，生产人员活动也较多，为运行和维护方便，应视情况，局部做混凝土地坪；对地下管线较多，又需检修的地方，可用混凝土预制块铺砌，便于拆除、检修地下管道。

（3）变压器检修范围内的场地宜做混凝土或碎石地坪。

（4）卸酸碱场地宜采用花岗岩或耐酸混凝土铺砌地坪。

（5）煤场应按地基土质条件进行场地处理。煤场地坪的处理，面积很大，投资也高，因此提倡用简易地坪，可采用素土碾压，也可采用炉渣、煤矸石、二灰土（石灰、粉煤灰、黏土，其配合比为 1:4:5）、2:8 灰土等，视当地材料而定，但应注意厚度在 400mm 左右为宜，以防推煤机等设备铲透。当环保有特殊要求时，需采用相应措施。

当煤场为非混凝土地坪时，煤场地下煤斗四周 5m 范围内宜采用混凝土地坪。露天堆场和露天作业场地宜做混凝土或碎石地坪。

（6）液氨区、制（供）氢站区、天然气调压站内道路、地坪应采用现浇混凝土。

（7）油罐区汽车卸油场地应采用现浇混凝土地面。

（8）直接空冷平台下宜采用现浇混凝土地坪或采用碎石、卵石铺砌。

（二）常用地坪做法

按照国家标准图集 05J909《工程做法》的要求，常用的厂区地坪做法见表 6-64。

表 6-64　常用厂区地坪做法

类型	构造做法（由上至下）	备注
草坪	（1）天然草坪。 （2）100～300mm 厚种植土。 （3）素土压实	
碎石地坪	（1）50～100mm 厚碎石或卵石。 （2）素土压实	
混凝土地坪	（1）60mm 厚 C25 混凝土，按 2m 分仓跳格浇筑。 （2）150mm 厚石灰土或二灰土。 （3）素土压实	（1）做法适用于人行区域。 （2）通车区域的地坪做法与厂区道路路面结构相同
混凝土砖地坪	（1）60mm 厚混凝土路面砖，缝宽 5～10mm，石灰粗砂灌缝，撒水封缝。 （2）30mm 厚 1:3 干硬性水泥砂浆或中砂。	做法适用于人行区域

续表

类型	构造做法（由上至下）	备注
混凝土砖地坪	（3）200mm厚石灰土二灰土或级配碎石（砂砾），也可采用150mm厚水泥稳定碎石（砂砾）。 （4）素土压实	做法适用于人行区域
混凝土砖地坪	（1）60～80mm厚混凝土路面砖，缝宽5～10mm，石灰粗砂灌缝，撒水封缝。 （2）30mm厚1:3干硬性水泥砂浆或中砂。 （3）250mm厚石灰土二灰土或级配碎石（砂砾），也可采用200mm厚水泥稳定碎石（砂砾）。 （4）素土压实	做法适用于停车区
嵌草砖地坪	（1）80mm厚嵌草砖，孔内填黄土拌草子种子。 （2）30mm厚1:1黄土粗砂层。 （3）100mm厚1:6水泥豆石（无砂）大孔混凝土。 （4）300mm厚天然级配碎砾石。 （5）素土压实	做法适用于停车区
花岗岩地坪	（1）100～120mm厚花岗石板。 （2）30mm厚1:3干硬性水泥砂浆。 （3）150mm厚C25混凝土，按4～6m分仓跳格浇筑。 （4）150mm厚碎石灌M2.5混合砂浆。 （5）150mm厚3:7灰土或200厚级配砂石。 （6）素土压实	做法适用于停车区

第四节　水　路　运　输

水路运输具有建设快、投资省、运量大、运费低、用地少等优点，是电厂燃料的主要运输方式之一。

水路运输同陆路运输相比，其缺点是受地理条件的限制，受航道水位变化的影响，其次是运输速度较慢。因此，采用水路运输燃料的电厂，必须考虑航道通航的可靠性和安全性。

水路运输按港口不同的水文特性采用不同的设计规范：以潮汐为主的海港和以潮流为主而停靠海轮的河港，采用JTS 165《海港总体设计规范》；具有河流水文特性的河港，采用JTJ 212《河港工程总体设计规范》；以潮汐为主停靠内河船舶的河口港，以及既有河流水文特性，又受潮汐影响停靠海轮的河港，根据不同情况，采用JTS 165《海港总体设计规范》、JTJ 212《河港工程总体设计规范》或GB 50139《内河通航标准》。

一、航道、码头的位置选择

（一）航道

1. 航道选择

（1）航道选线应结合港口总体规划，适当留有发展余地。在满足船舶航行安全的前提下，结合当地自然条件、引航距离、航标设置、挖泥工程量、施工条件和维护费用等因素综合分析确定。

（2）航道选线应全面分析当地自然资料，宜利用天然水深，避免大量开挖岩石、暗礁和地质不稳定的浅滩，并对航道泥沙回淤做出论证。通常情况下应减小强风、强浪和水流主流向与航道轴线的交角。

（3）单向或双向航道的选择，应根据船舶航行密度、进出港船型比例、乘潮条件、航道长度、助航设施和交通管理等因素，经技术经济论证确定。

（4）航道轴线宜顺直，避免多次转向。当受地形、地质条件限制必须多次转向时，宜采取减少转向角、加长两次转向间距、加大回旋半径或适当加宽航道等措施，使其达到设计要求。

（5）受潮汐影响的河口航道，宜利用天然深槽，当穿越河口浅滩时，应着重分析河流、海洋动力和泥沙对航道的影响，并进行河口演变稳定性分析。必要时应通过模型试验，采取适当的工程措施。

（6）对有冰冻的港口，航道选线应注意排冰条件和冰凌对船舶航行的影响。

2. 海港航道

（1）海港航道通航宽度由航迹带宽度、船舶间富余宽度和船舶与航道底边间的富余宽度组成，见图6-40。单线和双线航道宽度可分别按式（6-2）和式（6-3）计算。航道较长、自然条件较复杂或船舶定位较困难时，可适当加宽；自然条件和通航条件较有利时，经论证可适当缩窄。河港航道的尺度应按GB 50139《内河通航标准》和JTJ 312《航道整治工程技术规范》的相关规定确定。

单线航道　　$W=A+2c$　　（6-2）

双线航道 $W=2A+b+2c$ （6-3）

$A=n\ (L\sin\gamma+B)$

式中 W——航道通航宽度，m；

A——航迹带宽度，m；

c——船舶与航道底边线间的富余宽度，采用表 6-65 中的数值，m；

b——船舶间富余宽度，取设计船宽 B，当船舶交汇密度较大时，船舶间富余宽度可适当增加，m；

n——船舶飘移倍数，采用表 6-66 中的数值；

L——设计船长，m；

γ——风、流压偏角，采用表 6-65 中的数值，(°)；

B——设计船宽，m。

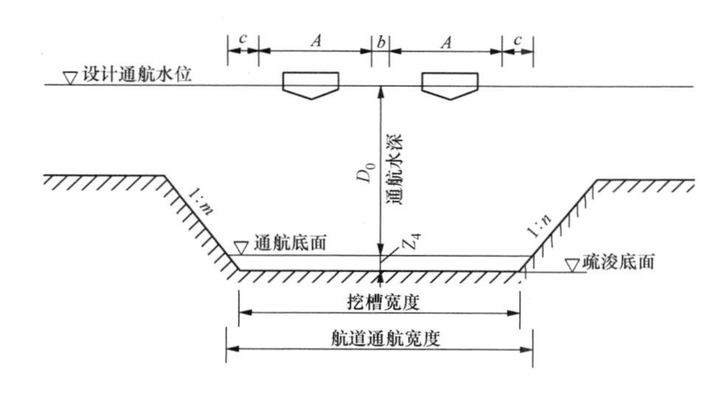

图 6-40 航道设计基本尺度

D_0—通航水深（m）；Z_4—备淤富余深度（m）；m、n—疏浚边坡比

表 6-65 船舶与航道底边线间的富余宽度 c

项目	杂货船或集装箱船		散货船		油船或其他危险品船	
航速（km）	≤6	>6	≤6	>6	≤6	>6
c（m）	0.50B	0.75B	0.75B	B	B	1.50B

注 对于坚硬黏性土、密实砂土及岩石底质等硬质底质和边坡坡度大于 1:2 情况下的航道，船舶和航道底边间的富余宽度 c 应适当增大。

表 6-66 船舶漂移倍数 n 和风、流压偏角 γ 值

风力	横风≤7 级				
横流流速 V（m/s）	V≤0.10	0.10<V≤0.25	0.25<V≤0.50	0.50<V≤0.75	0.75<V≤1.00
n	1.81	1.75	1.69	1.59	1.45
γ（°）	3	5	7	10	14

注 1 斜向风、流作用时，可近似取其横向投影值查表。

2 考虑避开横风或横流较大时段航行时，经论证，航迹带宽度可进一步缩小。

（2）海港航道水深分通航水深和设计水深（见图 6-41），应分别按式（6-4）和式（6-5）计算：

航道通航水深 $D_0=T+Z_0+Z_1+Z_2+Z_3$ （6-4）

航道设计水深 $D=D_0+Z_4$ （6-5）

式中 D_0——航道通航水深，m；

T——设计船型满载吃水，m；

Z_0——船舶航行时船体下沉值，按图 6-42 采用，m；

Z_1——航行时龙骨下最小富余深度，采用表 6-67 中的数值，m；

Z_2——波浪富余深度，采用表 6-68 中的数值，m；

Z_3——船舶装载纵倾富余深度，杂货船和集装箱船可不计，油船和散货船取 0.15，m；

D——航道设计水深，m；

Z_4——备淤富余深度，应根据两次挖泥间隔期的淤积量确定，m（对于不淤港口，可不计备淤深度；有淤积的港口，备淤深度不宜小于 0.4m）。

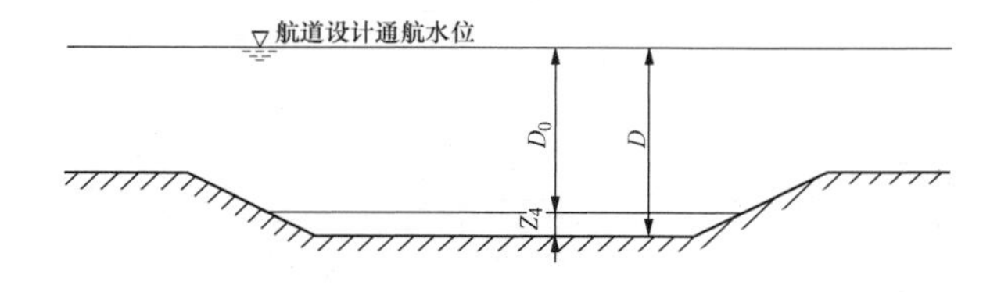

图 6-41 航道通航水深与设计水深

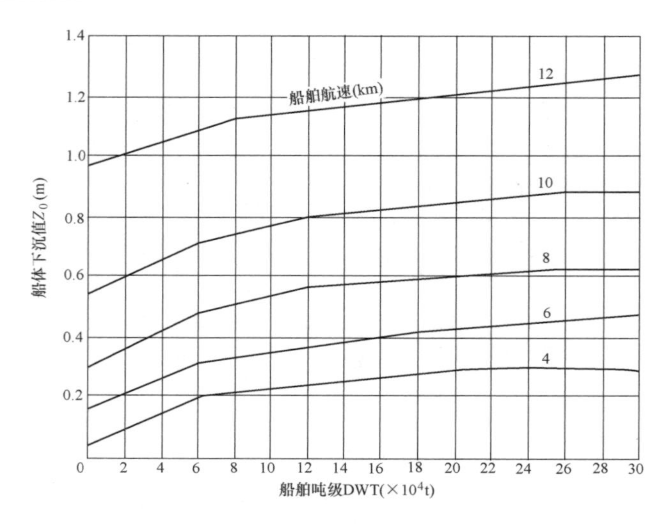

图 6-42　船舶航行时船体下沉值

表 6-67　航行时龙骨下最小富余深度 Z_1　（m）

土质特征	船舶吨级（t）				
	DWT<5000	5000≤DWT<10000	10000≤DWT<50000	50000≤DWT<100000	100000≤DWT<300000
淤泥土、软塑性土、可塑性土、松散沙土	0.20	0.20	0.30	0.40	0.50
硬塑黏性土、中密砂土	0.30	0.30	0.40	0.50	0.60
坚硬黏性土、密实砂土、强风化岩	0.40	0.40	0.50	0.60	0.70
风化岩、岩石	0.50	0.60	0.60	0.80	0.80

表 6-68　船、浪夹角 ψ 与 $Z_2/H_{4\%}$的变化系数

ψ（°）	0（180）	10（170）	20（160）	30（150）	40（140）	50（130）	60（120）	70（110）	80（100）	90（90）
$Z_2/H_{4\%}$（$T\leqslant 8$s）	0.24	0.32	0.38	0.42	0.44	0.46	0.48	0.49	0.50	0.52
$Z_2/H_{4\%}$（$T\leqslant 10$s）	0.55	0.65	0.75	0.83	0.90	0.97	1.02	1.08	1.10	1.15

注　1　当 DWT<10000t 时，表中的数值应增加 25%。
2　当波浪平均周期 8s<T<10s 时，可内插确定 $Z_2/H_{4\%}$的取值。
3　当波浪平均周期 T>10s 时，应对 Z_2 进行专门论证。
4　$H_{4\%}$为码头前允许停泊的波高（m）。

（3）不同岩土类别航道边坡坡度可参考表 6-69 中的数值确定。对情况复杂的航道边坡应通过试验或按类似岩土特性和水文条件的现有航道确定坡度。航道开挖较长且岩土特性有明显区别时，可根据实际情况分段采用不同边坡坡度；航道开挖较深且岩土特性有明显区别时，可采用变坡度设计。

（4）国内外主要海港航道现状见表 6-70。

（5）散货船设计船型尺度见表 6-71。

表 6-69　不同岩土类别航道边坡坡度

岩土类别	岩石名	状态	岩土有关指数				边坡坡度
			标准贯入击数 N	天然重度（kN/m^3）	天然含水率 ω（%）	孔隙比 e	
淤泥土类	流泥	流态		<14.9	85<ω≤150	e>2.4	1:25～1:50
	淤泥	很软	<2	<16.6	55<ω≤85	1.5<e≤2.4	1:8～1:25
	淤泥质土	软	≤4	≤17.6	36<ω≤55	1.0<e≤1.5	1:3～1:8

续表

岩土类别	岩石名	状态	岩土有关指数				边坡坡度
			标准贯入击数 N	天然重度（kN/m^3）	天然含水率 ω（%）	孔隙比 e	
黏性土类	黏土	中等	≤8	≤18.7	—	—	1:2～1:3
	粉质黏土	硬坚硬	≤15 >15	≤19.5 >19.5	—	—	
	黏质粉土	软 中等	≤4 ≤8	≤17.6 ≤18.7	—	—	1:3～1:8
		硬 坚硬	≤15 >15	≤19.5 >19.5	—	—	1:1.5～1:3.0
砂土类	砂质粉土	极松 松散	≤4 ≤10	≤18.3 ≤18.6	—	—	1:5～1:10
		中密 密实	≤30 >30	≤19.6 >19.6	—	—	1:2～1:5
	粉砂、细砂、中砂、粗砂、砾砂	极松 松散	≤4 ≤10	≤18.3 ≤18.6	—	—	1:5～1:10
		中密 密实	≤30 >30	≤19.6 >19.6	—	—	1:2～1:5
岩石类	软质岩石	$R_C<30$MPa					1:1.5～1:2.5
	硬质岩石	$R_C\geqslant30$MPa					1:0.75～1:1.00

注 1 R_C 为单轴饱和抗压强度；

2 对黏质粉土和砂质粉土，航道开挖深度超过 5m 时，可采用相对较陡的航道边坡数值。

3 通常情况下有掩护航道和开敞航道边坡坡度可不考虑波浪和水流作用的影响；但对有强浪和强流作用的开敞航道边坡坡度宜适当放缓。

表 6-70　　国内外主要海港航道现状

航道名称	航道尺寸			最大通航船型（万 t）	备注
	宽度（m）	水深（m）	长度（km）		
天津港主航道	150	11.0	27.4	5.0	
秦皇岛主航道	120	13.5	6.7	5.0	
西航道	100	12.0	4.9	3.5	
东航道	120	13.5	4.7	5.0	
老航道	100	10.0	3.1	2.0	
煤三四期航道	200	16.5	16.8	10.0	
青岛港大港航道	120	10.6	1.5	3.5	
前湾航道	140	12.3	2.56	5.0	
日照港煤码头航道	200	15.5	2.4	10.0	
杂货航道	120	9.0	4.1	2.0	
烟台港南航道	80	8.7	2.9	1.0	
北航道	100	10.2	3.8	3.5	
连云港航道	160	8.0	10.5	2.5	
汕头港港外航道	200～500	4.7～7.0	9.4	—	
港内航道	350～500	5.0～8.0	9.15	—	

续表

航道名称	航道尺寸			最大通航船型（万 t）	备注
	宽度（m）	水深（m）	长度（km）		
防城港	80	7.5	13.15	2.5	
三亚港	45	7.0	1.25	1.0	
洋浦港	100	9.2	8.1	2.0	
高雄港南航道	160	16.0	16.0	10.0	
北航道	75	11.0	—	3.5	
台中港主航道	300	13.0	1.6	10.0	
日本东京主航道	300	12.0	—	3.5	第一航路
日本神户港航道	170～400	12.0～13.0	—	5.0	
日本大阪港主航道	300	12.0	—	3.5	
日本苫小牧港外港	300	14.0～14.5	1.6	6.0	
日本鹿岛港外港航道	480	22.0～24.0	—	25.0	
美国纽约港航道	209	13.8	—	5.6	
美国长滩港航道	213	15.8	4.45	14.0	
美国莫比尔港航道	168	16.8	—	15.0	
美国洛杉矶港	200	10.5	—	1.5	
荷兰鹿特丹港欧洲航道	400～600	22.0～24.0	—	20.0	
澳大利亚弗里曼杜尔港	150	11.0	2.0	3.5	
以色列阿什杜德港	310	23.0	2.0	15.0	
英国贝尔港斯特港	120	8.4	—	—	
德国不来梅港	100	11.7	—	—	
新加坡港	250	10.0	—	3.5	
门亚丁港	183	11.6	2.67	4.2	
象牙海岸阿比浪港	300	10.0	—	—	第一航路
土耳其伊斯肯德伦港	170	7.6	—	1.0	
南外东伦敦港	122	10.6	—	3.5	
阿拉伯联合共和国亚历山大港大航道	183	11.0	2.32	3.5	

表 6-71　　散货船设计船型尺度

船舶吨级 DWT（t）	设计船型尺度（m）			
	总长 L	型宽 B	型深 H	满载吃水 T
2000（1501～2500）	78	14.3	6.2	5.0
3000（2501～4500）	96	16.6	7.8	5.8
5000（4501～7500）	115	18.8	9.0	7.0
10000（7501～12500）	135	20.5	11.4	8.5
15000（12501～17500）	150	23.0	12.5	9.1
20000（17501～22500）	164	25.0	13.5	9.8
35000（22501～45000）	190	30.4	15.8	11.2

续表

船舶吨级 DWT（t）	设计船型尺度（m）			
	总长 L	型宽 B	型深 H	满载吃水 T
50000（45001～65000）	223	32.3	17.9	12.8
70000（65001～85000）	228	32.3	19.6	14.2
100000（85001～105000）	250	43.0	20.3	14.5
120000（105001～135000）	266	43.0	23.5	16.7
150000（135001～175000）	289	45.0	24.3	17.9
200000（175001～225000）	312	50.0	25.5	18.5
250000（225001～275000）	325	55.0	26.5	20.5
300000（275001～325000）	339	58.0	30.0	23.0
350000	342	63.5	30.2	23.0

注 350000t 散货船的船型尺度为实船资料（实船载重吨为 364767t），供参照使用。

3. 内河航道

（1）内河航道按可通航内河船舶的吨级划分为 7 级，电厂运输常用前 4 级，具体等级划分应符合表 6-72 的规定。

表 6-72　　航道等级划分

航道等级	I	II	III	IV
船舶吨级（t）	3000	2000	1000	500

注 1 船舶吨级按船舶设计载重吨确定。
2 通航 3000t 级以上船舶的航道列入 I 级航道。

（2）天然和渠化河流航道尺度（见图 6-43）不得小于表 6-73 所规定数值。

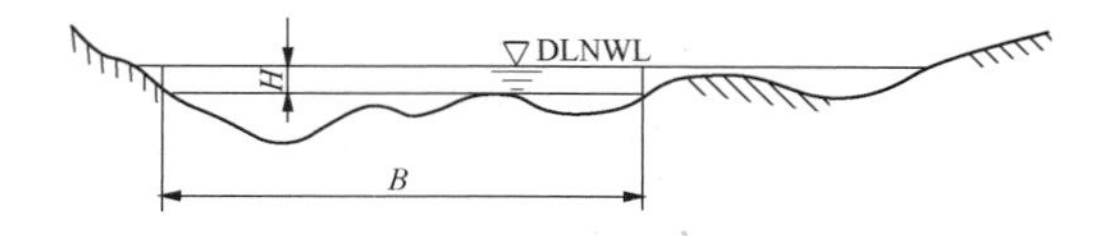

图 6-43 天然和渠化河流航道横断面图

H—航道水深；B—航道宽度；DLNWL—设计最低通航水位

表 6-73　　天然和渠化河流航道尺度　　（m）

航道等级	船舶吨级（t）	代表船型尺度（总长×型宽×设计吃水）	船舶、船队尺度（长×宽×设计吃水）	航道尺度			
				水深	直线段宽度 单线	直线段宽度 双线	弯曲半径
I	3000	驳船 90.0×16.2×3.5	406.0×64.8×3.5	3.5～4.0	125	250	1200
			316.0×48.6×3.5		100	195	950
		货船 95.0×16.2×3.2	223.0×32.4×3.5		70	135	670
II	2000	驳船 75.0×16.2×2.6 货船 90.0×14.8×2.6	270.0×48.6×2.6	2.6～3.0	100	190	810
			186.0×32.4×2.6		70	130	560
			182.0×16.2×2.6		40	75	550
III	1000	驳船 67.5×10.8×2.0 货船 85.0×10.8×2.0	238.0×21.6×2.0	2.0～2.4	55	110	720
			167.0×21.6×2.0		45	90	500
			160.0×10.8×2.0		30	60	480
IV	500	驳船 45.0×10.8×1.6	167.0×21.6×1.6	1.6～1.9	45	90	500
			112.0×21.6×1.6		40	80	340
		货船 67.5×10.8×1.6	111.0×10.8×1.6		30	50	330
			67.5×10.8×1.6				

注 1 本表所列航道尺度不包含黑龙江水系和珠江三角洲至港澳线内河航道尺度，黑龙江水系和珠江三角洲至港澳线内河航道尺度按 GB 50139—2014《内河通航标准》第 3.0.2 条的有关规定确定。
2 当船队推轮吃水等于或大于驳船吃水时，应按推轮设计吃水确定航道水深。
3 流速 3m/s 以上、水势汹涌狂乱的航道，直线段航道宽度应在本表所列宽度的基础上适当加大。
4 航道最小弯曲半径应按 GB 50139—2014《内河通航标准》第 3.0.5 条的有关规定确定。

（3）限制性航道尺度（见图6-44）不得小于表6-74所规定数值。

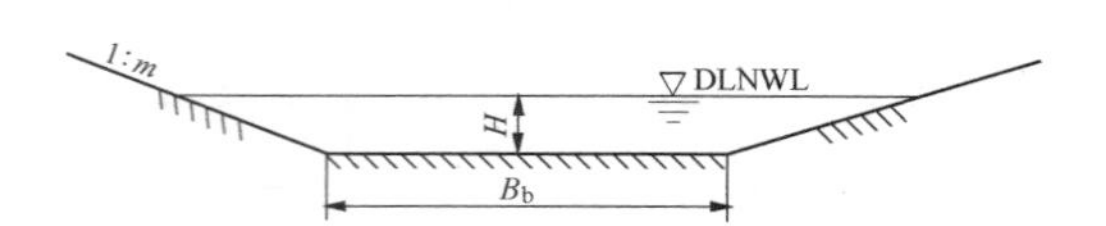

图6-44　限制性航道横断面图

H—航道水深；B_b—航道底宽；m—边坡系数；

DLNWL—设计最低通航水位

表6-74　限制性航道尺度　（m）

航道等级	船舶吨级（t）	代表船型尺度（总长×型宽×设计吃水）	船舶、船队尺度（长×宽×设计吃水）	航道尺度		
				水深	直线段双线底宽	弯曲半径
Ⅱ	2000	驳船 75.0×14.0×2.6 货船 90.0×15.4×2.6	180.0×14.0×2.6	4.0	60	540
Ⅲ	1000	驳船 67.5×10.8×2.0 货船 80.0×10.8×2.0	160.0×10.8×2.0	3.2	45	480
Ⅳ	500	驳船 42.0×9.2×1.8 货船 47.0×8.8×1.9	108.0×9.2×1.9 47.0×8.8×1.9	2.5	40	320

注　航道最小弯曲半径应按GB 50139—2014《内河通航标准》第3.0.5条的有关规定确定。

（4）内河航道尺度的确定，尚应满足下列要求：

1）天然和渠化河流航道水深应根据航道条件和运输要求，通过技术经济论证确定。对枯水期较长或运输繁忙的航道，应采用表6-73所列航道水深幅度的上限；对整治比较困难的航道，应采用表6-73所列航道水深幅度的下限，但在水位接近设计最低通航水位时，船舶应减载航行。当航道底部为石质河床时，水深值应增加0.1～0.2m。

2）内河航道的线数应根据运输要求、航道条件和投资效益分析确定。除整治特别困难的局部河段可采用单线航道外，均应采用双线航道。当双线航道不能满足要求时，应采用三线或三线以上航道，其宽度应根据船舶通航要求研究确定。

3）内河航道弯曲段的宽度应在直线段航道宽度的基础上加宽，其加宽值应通过分析计算或试验研究确定。

4）内河航道的最小弯曲半径，应采用顶推船队长度的3倍、货船长度的4倍、拖带船队最大单船长度的4倍中的最大值。在条件受限河段，航道最小弯曲半径不能达到上述要求时，航道宽度应加大，加大值应经专题研究确定。流速3m/s以上、水势汹涌狂乱的山区性河流航道，其最小弯曲半径应采用顶推船队长度的5倍、货船长度的5倍中的最大值。

5）限制性航道的断面系数不应小于6，流速较大的航道不应小于7。

（5）内河中通航海轮或3000t级以上内河船舶的河段，其航道尺度应根据通航船型、通航船舶密度、航道自然条件和通航安全要求等因素论证确定。

（6）水上过河建筑物的布置和通航净空尺度。

1）水上过河建筑物的布置应符合下列规定：

a. 水上过河建筑物的布置不得影响和限制航道的通过能力。通航孔的布置应满足过河建筑物所在河段双向通航的要求。在水运繁忙的宽阔河流上，通航孔的布置应满足多线通航的要求；在限制性航道上，应采取一孔跨过通航水域。

b. 水上过河建筑物的墩柱不应过于缩小河道的过水面积，墩柱纵轴线宜与水流流向平行，墩柱承台不得影响通航安全，不得造成危害船舶航行的不良水流。

c. 水上过河建筑物轴线的法线方向与水流流向的交角不宜超过5°。

2）水上过河建筑物的通航净空尺度见图6-45不应小于表6-75和表6-76所规定的值。

表6-75　天然和渠化河流水上过河建筑物通航净空尺度　（m）

航道等级	代表船舶、船队	净高	单向通航孔			双向通航孔		
			净宽	上底宽	侧高	净宽	上底宽	侧高
Ⅰ	4排4列	24.0	200	150	7.0	400	350	7.0
	3排3列	18.0	160	120	7.0	320	280	7.0
	2排2列		110	82	8.0	220	192	8.0
Ⅱ	3排3列	18.0	145	108	6.0	290	253	6.0
	2排2列		105	78	8.0	210	183	8.0
	2排1列	10.0	75	56	6.0	150	131	6.0
Ⅲ	3排2列	18.0* 10.0	100	75	6.0	200	175	6.0
	2排2列	10.0	75	56	6.0	150	131	6.0
	2排1列		55	41	6.0	110	96	6.0
Ⅳ	3排2列	8.0	75	61	4.0	150	136	4.0
	2排2列		60	49	4.0	120	109	4.0
	2排1列 货船		45	36	5.0	90	81	5.0

注　黑龙江水系、珠江三角洲至港澳线内河水上过河建筑物通航净空尺度见GB 50139—2014《内河通航标准》第5.2.2条的相关规定。

*　仅适用于长江。

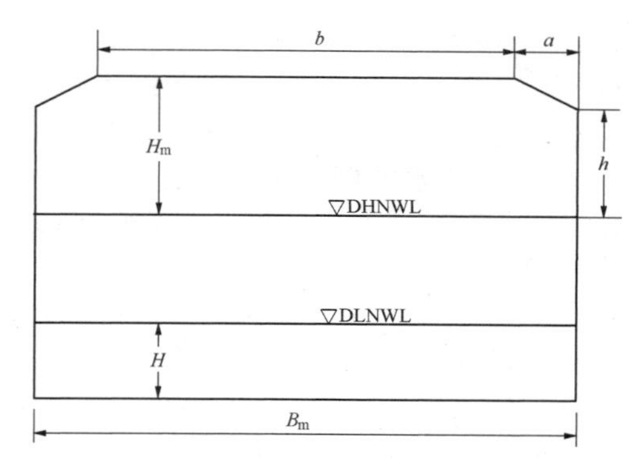

图 6-45 通航净空示意图

B_m—水上过河建筑物通航净宽；H_m—水上过河建筑物通航净高；H—航道水深；b—上底宽；a—斜边水平距离；h—侧高；DHNWL—设计最高通航水位；DLNWL—设计最低通航水位

表 6-76 限制性航道水上过河建筑物通航净空尺度（m）

航道等级	代表船舶、船队	净高	双向通航孔		
			净宽	上底宽	侧高
Ⅱ	2 排 1 列	10.0	70	52	6.0
Ⅲ	2 排 1 列	10.0	60	45	6.0
Ⅳ	2 排 1 列	8.0	55	45	4.0
	货船				

注 三线及三线以上的航道，通航净宽应根据船舶通航要求研究确定。

（7）通航水位。

1）天然河流设计最高通航水位的确定应符合下列规定：

a. 不受潮汐影响和潮汐影响不明显的河段，设计最高通航水位的洪水重现期应按表 6-77 的规定确定。

表 6-77 设计最高通航水位的洪水重现期

航道等级	Ⅰ～Ⅲ	Ⅳ、Ⅴ	Ⅵ、Ⅶ
洪水重现期（年）	20	10	5

注 对出现高于设计最高通航水位历时很短的山区性河流，Ⅲ级航道洪水重现期可采用 10 年；Ⅳ级和Ⅴ级航道可采用 3～5 年；Ⅵ级和Ⅶ级航道可采用 2～3 年。

b. 潮汐影响明显的河段，设计最高通航水位应采用年最高潮位频率为 5%的潮位，按极值Ⅰ型分布律计算确定。

2）天然河流设计最低通航水位的确定应符合下列规定：

a. 不受潮汐影响和潮汐影响不明显的河段，设计最低通航水位应采用综合历时曲线法计算确定，其多年历时保证率应符合表 6-78 的规定；采用保证率频率法计算确定，其年保证率和重现期应符合表 6-79 的规定。

表 6-78 设计最低通航水位的多年历时保证率

航道等级	Ⅰ、Ⅱ	Ⅲ、Ⅳ
多年历时保证率（%）	≥98	95～98

表 6-79 设计最低通航水位的年保证率和重现期

航道等级	Ⅰ、Ⅱ	Ⅲ、Ⅳ
年保证率（%）	99～98	98～95
重现期（年）	10～5	5～4

b. 潮汐影响明显的河段，设计最低通航水位应采用低潮累积频率为 90%的潮位。

（二）码头位置的选择

1. 一般规定

（1）应根据城镇规划、电厂总体规划、运输货物种类、运输量、船型、工艺布置统一考虑。

（2）应根据选址区域地形、地质、地震、地貌、水文、气象等自然条件，进行综合分析研究。

（3）应选在河床（海岸）稳定、水流平顺、有天然掩护、波浪和水流作用小、泥沙运动较弱、水深适中、水域较宽的河段。无天然掩护条件，采用开敞式码头时，宜选在天然水深条件较好，波浪、水流对船体影响较小、离岸较近的水域。在冰冻地区应考虑冰凌对港口的影响，并应避免选择在游荡性的河段上建码头。

（4）应选在地质条件良好，无活动性断裂带地段。软土地带，宜避开软土层较厚的地段建设码头。

（5）应充分利用水域、陆域条件，综合规划码头、循环水取水、排水口位置，新建电厂应通过模型试验和数模计算验证确定。

2. 水域条件

河道特性对于码头选址的影响很大，码头应建在河床（海岸）稳定、水流平顺、河道较宽的水域，应注意远近期规划及河床、海岸线的冲淤情况。

常见的几种河型及其选址原则如下：

（1）平原河流。

1）顺直微弯型（即河滩型河段），见图 6-46。这种河段，港址应选在深槽稍下游的水深较好的 *A* 处，以免淤积。特别是要注意上游边滩 *D* 处向下游移动。必要时应采取措施（如在 *B*、*C* 处做护岸等），以固定有利的滩形。

2）弯曲型。这种河段，港址选择可按下列两种情况分别考虑：

a. 有限弯曲型，见图 6-47。这种河段宜于建港。港址应选在凹岸弯顶偏向下游一些的 *A* 处，不应选在凸岸，以免淤积。如有顶冲崩塌的可能，应在港区及

其上游河岸 *B* 处做护坡工程。

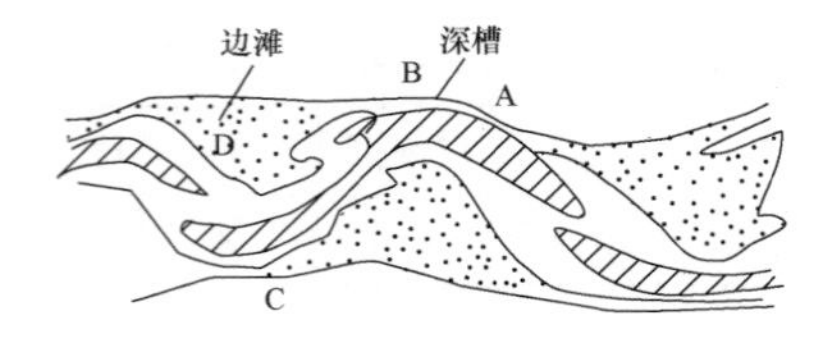

图 6-46　顺直微弯型河段

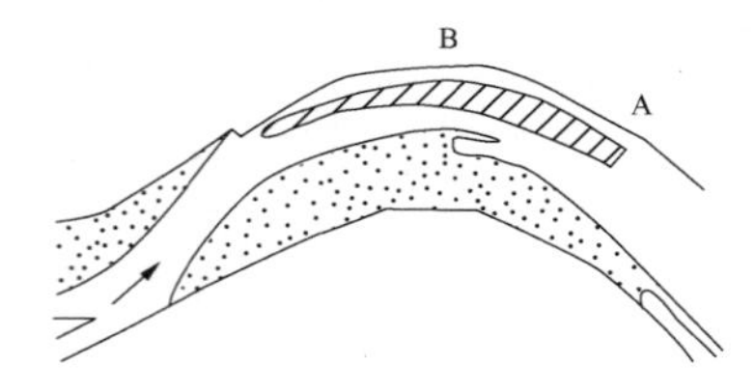

图 6-47　有限弯曲型河段

b．婉曲型，见图 6-48。在婉曲型河段上一般不宜建港。当必须建港时，港址选择的原则与有限弯曲型河段相同，即在 A 处建港，B 处护岸。必要时尚应采取整治措施（如在曲颈处做护岸 C 及横堤 D 等）。

c．分汊型，见图 6-49。在分汊型河段上建港时，应慎重对待。港址应选在比较稳定（或发展）的一汊内的 *A* 处，但仍应考虑汊道整治，包括护岸工程 B 及固定汊道流量和沙量分配的工程等，以固定有利的趋势。不应选在明显处于衰亡阶段的汊道内。汊道口门前的单一河床处可以建港，如 C 处，但应注意上游有无边滩下移以及上下游汊道变迁的影响，如有冲刷的可能，应进行相应的整治。

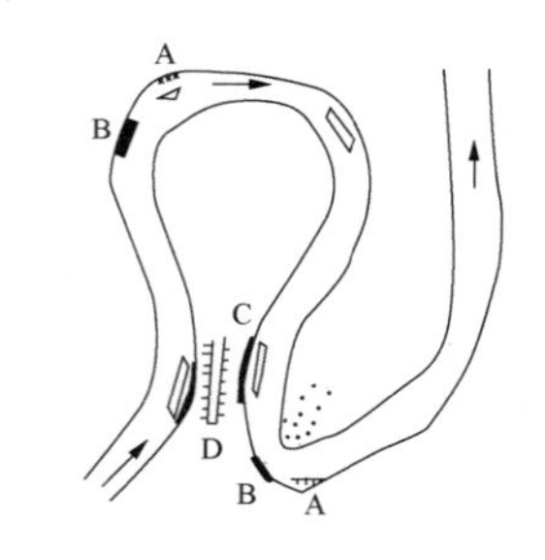

图 6-48　婉曲型河段

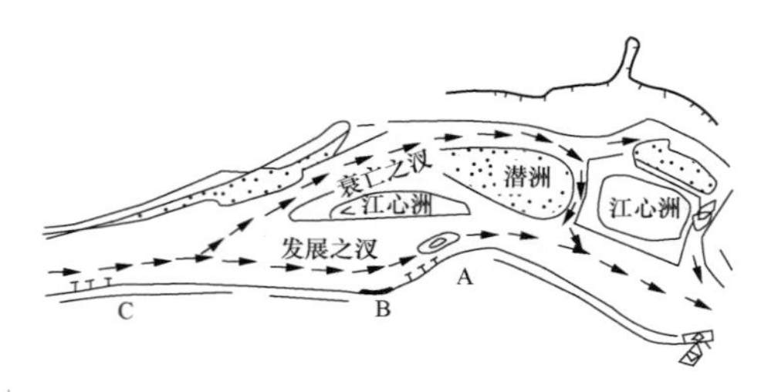

图 6-49　分汊型河段

（2）山区河流。

1）非冲积性河段，见图 6-50。在山区河流非冲积性河段上，港址选择主要取决于航行条件，一般选在急流卡口上游的缓水段上或选在水深、水流平缓、枯水无淤积的沱内，不应选在流态不良的地方。港址选在沱内时，所有水工建筑物的高程及位置都应妥善布置，以免破坏沱内的水流条件，造成淤积，必要时，洪、枯水期作业点可分别设置。

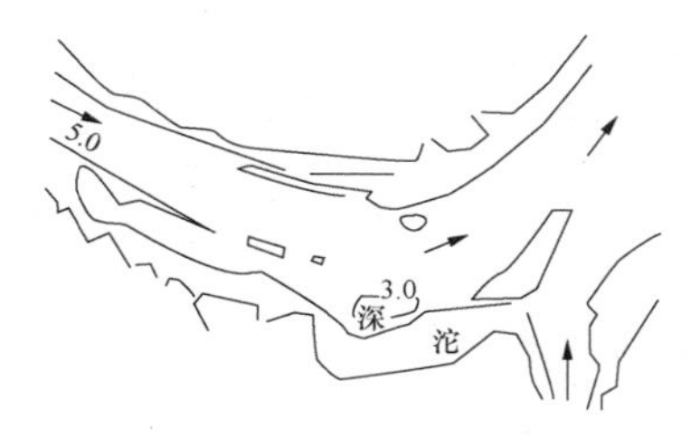

图 6-50　山区非冲积性河段

2）半冲积性河段。这种河段，港址选择可按下列三种情况分别考虑：

a．顺直微弯河段，见图 6-51。在这种河段上，港址宜选在两边滩间深槽偏向下游一些的 A 处，不宜选在边滩一侧。

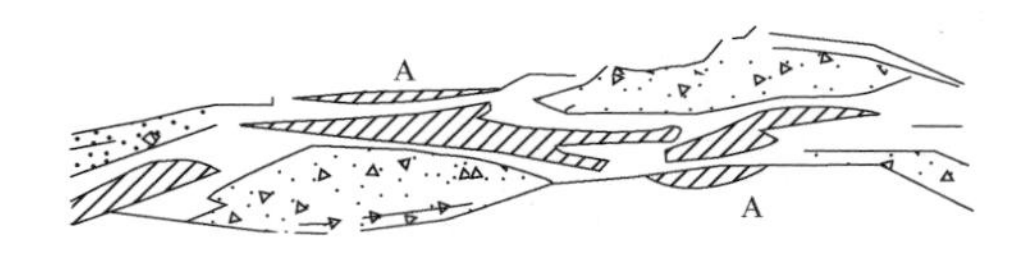

图 6-51　山区半冲积性顺直微弯河段

b．弯曲型河段。港址可参考上述平原河流的有限弯曲型河段及山区河流的非冲积性河段来选择。

c．分汊型河段。港址可参考上述平原河流之分汊型河段及山区河流的非冲积性河段来选择。

（3）河网地区的河流。河网地区的河流，水位变幅小、水流平缓、含沙量小、河床稳定，因而建港条件较好。但选址时应注意保持主航道畅通，当河道狭窄，来往船舶多时，应尽量利用河汊或洼地修建挖入式港池。

（4）湖泊港。湖泊港选址时，除满足一般港址要求外，还应注意风浪对船舶靠离码头及装卸作业的影响，必要时可考虑设置防浪设施或采用挖入式港池。

（5）水库港。水库港选址时，除满足一般港址要求外，还应注意选在避风条件好和不受泄洪影响的地区。不应选在水库末端的回水变动区易产生淤积的地方。

（6）封冻河流。封冻河流上的港址选择，除应考虑一般河流上的选址要求外，还应考虑流水和冰坝的影响。港址不应选在经常发生冰坝的河段（桥梁及河床缩窄处的水工建筑物上游附近），或历年受流冰危害比较严重的河段。

（7）支流与干流交汇处附近。在支流与干流交汇处附近建港时，应考虑干、支流来水来砂的相互影响。如多年资料表明该处无异常淤积，则可以建港，否则不宜建港。当需在此建港时，应采取必要的治理措施。港址一般不选在码头和河岸凸嘴下游附近容易淤积的地方。

（8）海域。海域条件是指建港或建码头地区和航道的水文、气象及工程地质条件，包括潮位、潮流（水流）、冰情，风、气温、相对湿度、降水、雾、水质、工程地理条件、地震等。

按自然条件分类的海岸港是位于一般海岸、海湾内的港口，如我国的秦皇岛港、大连港、天津新港等。海岸港根据所在边区地质条件的不同，又可分为砂质、岩质及淤泥质三类港口。

海港中大型散货码头的选址，应优先考虑利用天然水域，尤其是泊位较少的情况更应如此，港址应具备的条件，包括：①水深及水域面积应尽可能满足要求；②有一定的天然掩护条件或大浪天较少、流速较小，有足够的作业天数；③码头位置距岸边较近，以减少引堤或栈桥的长度；④环境容量能适应码头建成后的影响；⑤陆域场地要满足建设堆场以及管理区的需要；⑥要具备疏运系统引入港区的条件以及满足营运需要的港外附属设施的条件；⑦水域范围内应无大量炸礁工程及碍航障碍物。

二、码头的布置及形式

（一）码头形式选择

码头的基本形式有固定码头与浮码头两大类。

1. 固定码头

固定码头是一总称，可按不同分类方法，分成许多形式。按照码头岸线的布置可分为：与岸线平行的顺岸式码头，见图 6-52（a）；与岸线垂直或斜角伸入水中的突岸式码头，见图 6-52（b）；挖入岸边陆地的港池式码头，见图 6-52（c）。

上述三种形式中，顺岸式码头是最简便的布置形式，填挖的土方量最少，船舶进出、调头及停靠作业方便。但当需要的泊位数很多时，占用岸线很长。突岸式码头是自岸边伸入水中的一种布置形式，虽可减少占用岸线的长度，但在江河中由于码头自岸边突进影响水流和航行，而且易于造成淤积，因此很少采用。港池式码头同样可在较短的岸线范围内获得所需要的码头长度，缺点是船舶进出不便，而且土方量很大。

电厂码头一般采用顺岸式布置。

按照码头断面轮廓可分为直立式、斜坡式、半斜坡式、半直立式和双级式等几种形式，见图 6-53。从工程实践看，电厂一般采用直立式，其他形式用得很少，故在此不予详述。

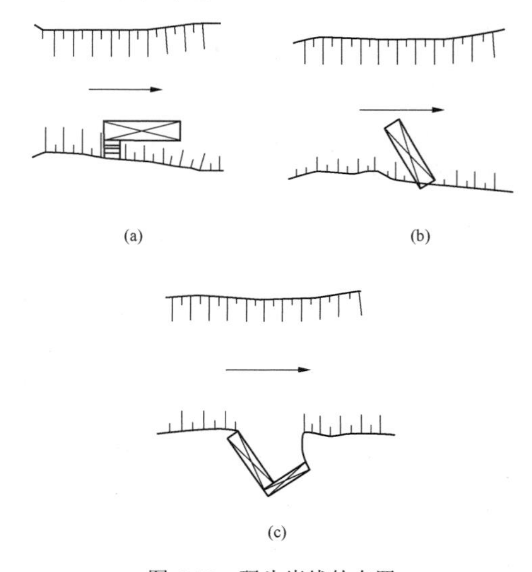

图 6-52 码头岸线的布置

（a）顺岸式码头；（b）突岸式码头；（c）港池式码头

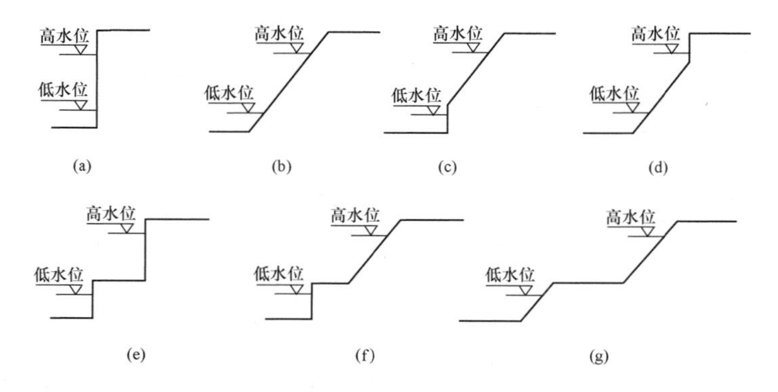

图 6-53 码头断面形式简图

（a）直立式；（b）斜坡式；（c）半斜坡式；（d）半直立式；

（e）双极式 a；（f）双极式 b；（g）双极式 c

直立式码头前沿水域的水深较大，便于大船停靠，不仅海港中广泛使用，而且当码头面至设计低水位的高差在12m以下、河床稳定、岸坡较陡时，也可在内河采用。在直立式码头中，常用的结构形式有重力式、高桩框架式。这两种形式，结构坚固耐用，并能在其顶部安装各种装卸设备，缺点是造价高、工程量大，特别是在水位差变幅较大的河段上造价更高。

在具体工程设计中，应根据货种、货运量的大小、船舶类型、航道自然条件、装卸设备及施工条件等因素综合分析，进行技术经济比较后确定。

2. 浮码头

浮码头主要由趸船、联桥组成，用锚固定于水中，用链系在岸上，趸船可随水位高低而升降，船舶也可随水位变化而安全停靠。

当水位差不超过5～6m时，可采用单跨联桥式。联桥跨径取决于水位差的大小和联桥允许坡度。联桥最大坡度不宜大于5%，人型桥坡度不宜大于20%。

当水位变化在8～10m或更大时，单跨已无法满足要求，可由几个活动桥段组成多跨联桥。联桥支承在龙门架上，架顶安装调节桥座的起重葫芦，在桥座调节到适当位置后予以固定。

当水位涨落不大时，只需调节与趸船直接相连的桥跨；当水位涨到超过该桥的允许坡度时，应同时调整其他桥跨。

浮码头结构简单、施工方便。目前，除钢质趸船外，国内已大批生产钢丝网混凝土趸船，并有系列产品。这种趸船的钢材消耗和总造价只有钢质趸船的50%，维修工作量少、不生锈。趸船长度一般为25～80m，宽为7～20m。其上可放置较为轻型的卸船机械。

浮码头有造价低廉的优点，但在使用上有其局限性。由于趸船工作稳定性较差，承载量较小，故卸船机械化受到一定限制，且停靠船舶的吨位也不能过大，并且码头需随水位变化而升降，这就增加了码头的管理作业。鉴于上述情况，故这种形式在大、中型电厂的燃煤码头中很少采用。

（二）码头布置

（1）码头布置应符合下列要求：

1）码头布置应按发电厂规划容量，统筹安排水域和陆域各项设施。宜以近期为主、远近结合，留有与总体规划相适应的泊位扩建条件。改、扩建码头时，应充分利用既有设施和方便施工。

2）码头的总体设计应节约用地，合理使用岸线。

3）码头宜布置在循环水取水口的下游，并与循环水排水口之间保持必要的距离，应防止循环水排水直接冲击船只。

4）当岸线长度受到限制时，在设有可靠的安全措施条件下，经技术经济论证合理，可采用多功能综合码头。

5）河港及海港码头的位置，宜缩短与陆域连接的引桥长度。引桥宽度需按规划容量留出运煤皮带廊道及检修通道。

6）码头的轴线方位宜与风、浪、水流的主导方向一致，无法同时满足时，应服从其主要影响因素。

（2）河港码头前沿停泊水域不应占用主航道，其宽度应按下列规定确定：

1）水流平缓河段的码头前沿停泊水域宽度可取设计船型宽度的2倍；

2）水流较急河段的码头前沿停泊水域宽度可取设计船型宽度的2.5倍；

3）在同一泊位并靠多艘船舶时，码头前沿停泊水域宽度可取并靠船舶总宽度加1倍设计船型宽度，计算时，并靠船舶应按设计船型考虑；

4）当装卸采用水上作业船舶时，码头前沿停泊水域应另加装卸作业船舶的宽度；

5）油品码头的停泊水域宽度应适当加宽。

海港码头前沿停泊水域为码头前2倍设计船宽B的水域范围，见图6-54。对回淤严重的港口，根据维护挖泥的需要，此宽度可适当增加。

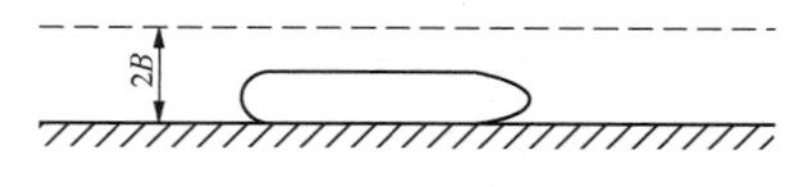

图6-54　码头前沿停泊水域的宽度

（3）顺岸码头端部泊位的水域边线与码头前沿线宜成30°～45°夹角，见图6-55。当航道离码头较远，并有拖船配合作业时，α值可适当加大。港池顶端泊位的α可不受上述规定限制。

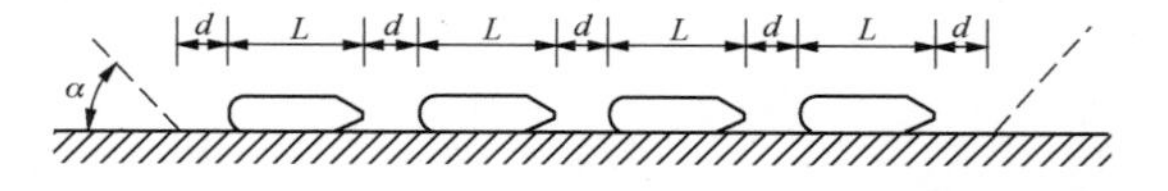

图6-55　顺岸码头端部泊位的水域边线与码头前沿夹角

L—设计船型长度（m）；d—泊位富余长度（m）

（4）河港单船或硬绑顶推船队回旋水域沿水流方向的长度，不宜小于单船或船队长度的2.5倍；当流速大于1.5m/s时，回旋水域长度可适当加大，但不应大于单船或船队长度的4倍。回旋水域沿垂直水流方向的宽度不宜小于单船或船队长度的1.5倍；当船舶为单舵时，回旋水域宽度不应小于其长度的2.5倍。软拖船队回旋水域长度、宽度可适当减小。回旋水域宜布置在码头附近。

海港船舶回旋水域应设置在进出港或方便船舶靠离码头的水域。其水域尺度按表6-80确定。

表 6-80　海港船舶回旋水域尺度

适用范围	回旋圆直径
掩护条件较好、水流不大、有港作拖轮协助的水域	（1.5～2.0）L
掩护条件较差的码头	2.5L
允许借码头或转头墩协助转头的水域	1.5 L
受水流影响较大的港口	应适当加长转头水域沿水流方向的长度，宜通过操船试验确定加长尺度；缺乏试验依据时，沿水流方向的长度可取（2.5～3.0）L

注　1　回旋水域可占用航行水域，船舶进出频繁时，经论证可单独设置。

2　没有侧推及无拖轮协助的情况，船舶回旋圆直径可取（2.0～3.0）L，掩护条件差时，可适当增大。

3　L 为设计船长（m）。

（5）河网地区挖入式港池水域包括船舶停泊水域、回旋水域、航行水域等。港池宽度可按下列规定确定：

1）在港池同一侧布置 1 个泊位，不在港池内调头时（见图 6-56）：

$$B_c=nB+b \qquad (6\text{-}6)$$

式中　B_c——挖入式港池宽度，m；

n——在同一断面内港池两侧停靠船舶的数量；

B——设计船型宽度，m；

b——船舶之间或船舶与对侧岸壁之间的富余宽度，宜取 2～4，m。

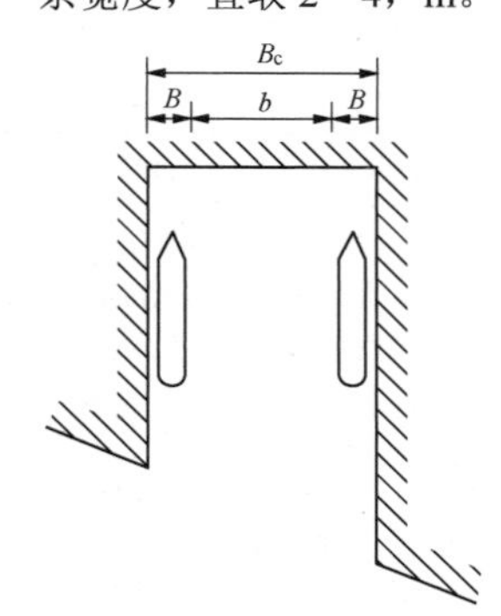

图 6-56　不在港池内调头的港池宽度示意图

2）在港池同一侧布置 2 个或 2 个以上泊位，在港池内调头时（见图 6-57）：

$$B_c=(n-1)B+B_x+B_h \qquad (6\text{-}7)$$

式中　B_c——挖入式港池宽度，m；

n——在同一断面内港池两侧停靠的船舶数量；

B——设计船型宽度，m；

B_x——船舶在港池内调头的回旋水域宽度，可取 1.2～1.5 倍设计船型长度，m；

B_h——船舶航行水域宽度，可取设计船型宽度的 2 倍，m。

当港池一侧布置的泊位数小于或等于 3 个时，可不设航行水域。

注：在同一断面内港池两侧停靠的船型不同时，式（6-7）中（n–1）B 应为 n 艘不同船型宽度的总和减去其中一艘最小船型宽度。

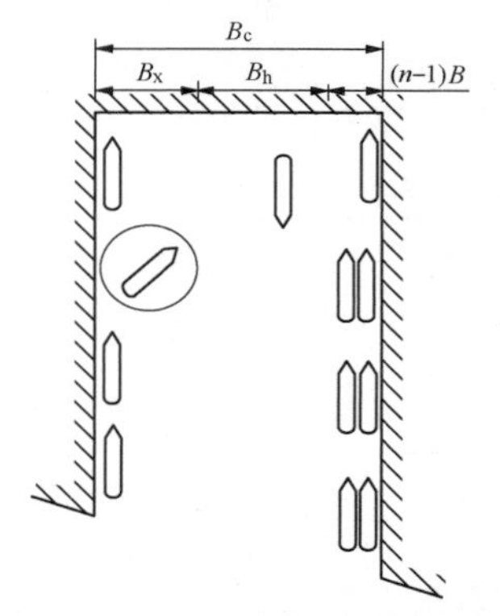

图 6-57　在港池内转头的港池宽度示意图

3）在港池端部顺港池宽度方向布置泊位时，港池的宽度应满足泊位长度的布置要求。

4）在港池内进行水上过驳或设置锚地时，港池宽度可适当加宽。

5）港池口门处的泊位不应占用航道水域。

（6）码头泊位长度（图 6-58），应满足船舶安全靠离、系缆和装卸作业的要求。独立布置的单个泊位长度可按下式计算：

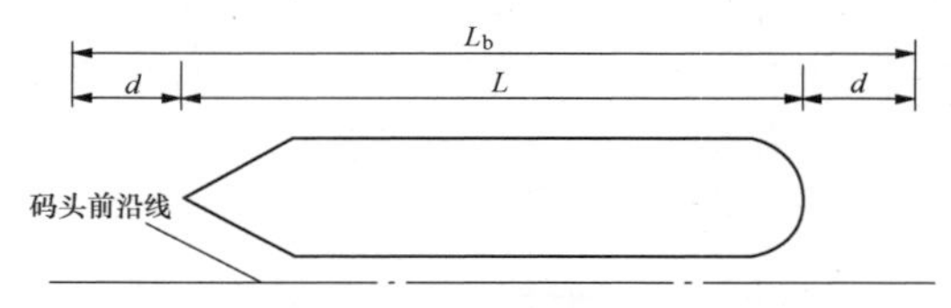

图 6-58　单个泊位长度示意图

$$L_b=L+2d \qquad (6\text{-}8)$$

式中　L_b——泊位长度，m；

L——设计船型长度，m；

d——泊位富余长度，m。

海港一字形布置泊位的富余长度 d 可按表 6-81 的规定确定。对半开敞式和开敞式码头，d 值适当加大，可取设计船宽 B。

表 6-81　海港一字形布置泊位富余长度 d　（m）

L	<40	41～85	86～150	151～200	201～230	231～280	281～320	>320
d	5	8～10	12～15	18～20	22～25	26～28	30～33	35～40

注　除考虑系缆要求外，泊位两端端部尚应考虑系缆安全要求，必要时可增加 2m 左右的带缆操作安全距离；码头两端单独设置首尾系缆墩时，泊位长度尚应计入首尾缆墩系船设施外侧的结构长度。

河港泊位的富余长度应按下列规定确定：

普通泊位的富余长度可按表 6-82 取值。

表 6-82　河港普通泊位的富余长度　（m）

设计船型长度 L		$L≤40$	$40<L≤85$	$85<L≤150$	$150<L≤200$
富余长度 d	直立式码头	5	8～10	12～15	18～20
	斜坡码头或浮式码头	8	9～15	16～25	26～35

注　相邻两泊位船型不同时，d 值应按较大船型选取。

油品泊位的富余长度不应小于表 6-83 中的数值。

表 6-83　河港石油化工泊位的富余长度　（m）

设计船型长度 L	$L≤110$	$110<L≤150$	$150<L≤182$
富余长度 d	25	35	40

注　相邻两泊位船型不同时，d 值应按较大船型选取。

在同一码头线上一字形（见图 6-59）连续布置泊位时，其码头总长度宜根据到港船型尺度、码头掩护情况等，按下列公式确定：

端部泊位　　$L_b=L+1.5d$　　（6-9）

中部泊位　　$L_b=L+d$　　（6-10）

式中　L_b——泊位长度，m；

L——设计船长，m；

d——富余长度，m。

注 1：端部泊位尚应考虑带缆操作的安全要求。

注 2：上述泊位长度的计算不适用于油品码头和危险品码头。

注 3：两相邻泊位船型不同，d 值应该按较大船型选取。

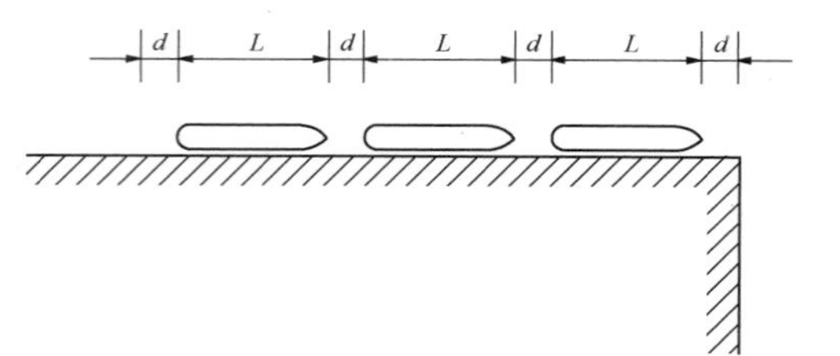

图 6-59　连续布置多泊位长度示意图

海港码头布置成折线时，其转折处的泊位长度（见图 6-60）应满足船舶靠离作业的要求，根据码头结构形式及转折角度确定，并应符合下列规定：

1）直立式岸壁折角处的泊位长度，应按下式确定：

$$L_b=\xi L+d/2 \quad (6\text{-}11)$$

式中　L_b——泊位长度，m；

ξ——船长系数，采用表 6-84 中的数值；

L——设计船长，m；

d——富余长度，m。

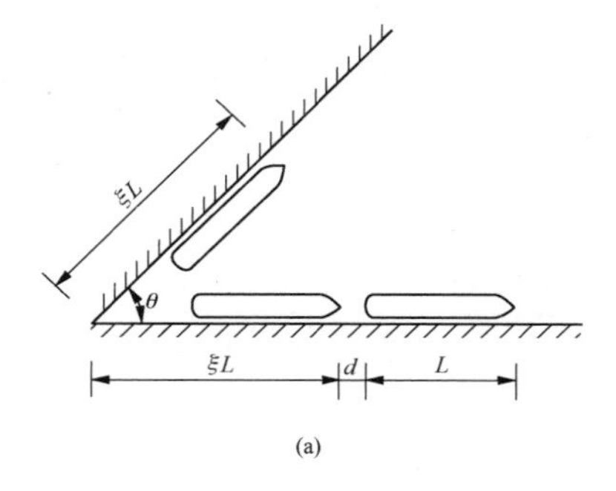

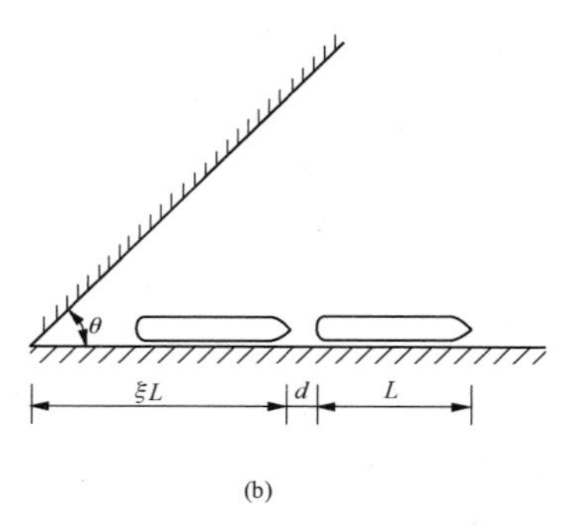

图 6-60　海港直立式岸壁折角处的泊位长度

（a）双侧停船；（b）单侧停船

表 6-84　船长系数 ξ

两直立式岸壁间夹角 θ		60°	70°	90°	120°	150°
双侧停船	DWT>5000t	1.45	1.35	1.25	1.15	1.10
	DWT≤5000t	1.55	1.40	1.30	1.20	1.15
单侧停船	DWT>5000t	1.30	1.25	1.20	1.13	1.10
	DWT≤5000t	1.40	1.30	1.25	1.18	1.15

注 1　对 1000t 级以下船舶，折角处的富余长度可适当减少；对大型船舶，船长系数可通过操船模拟试验论证确定。

2　对于油轮或其他危险品码头，船长系数可适当加大。

3　DWT 是指船舶载重吨级。

2）直立式码头与斜坡式护岸或水下挖泥边坡边线的夹角 $\theta≥90°$时，靠近护岸处的泊位长度（见图 6-61）可按式（6-9）确定。

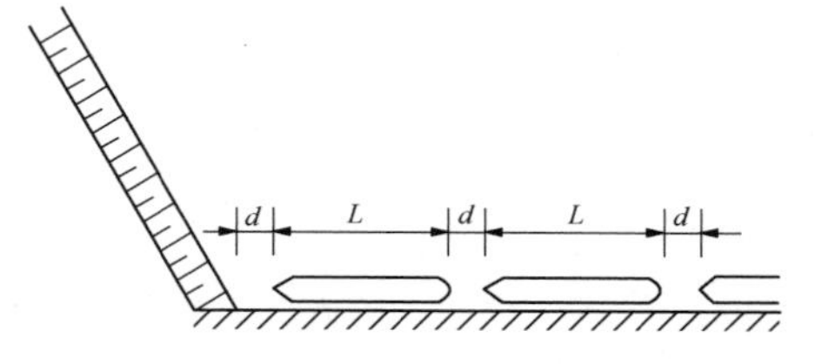

图 6-61　海港直立式码头与斜坡护岸处的泊位长度

河港码头前沿线布置成折线或与护岸相交，转折处的泊位富余长度可按下列规定确定：

3）两码头前沿线成折线相交时（见图 6-62），其转折处富余长度可按表 6-85 确定。

表 6-85 码头前沿线相交转折处的富余长度 d_0

转折处夹角 θ	$90° \leq \theta \leq 120°$	$120° < \theta \leq 150°$	$\theta > 150°$
转折处富余长度 d_0	（1.5～1.0）d	$0.7d$	$0.5d$

注 1 d 为泊位富余长度（m），应按表 6-82 和表 6-83 确定。
2 θ 为两码头前沿线的夹角，$\theta<90°$ 时，d_0 应适当加大；$\theta<120°$ 时，d_0 不得小于设计船型宽度。

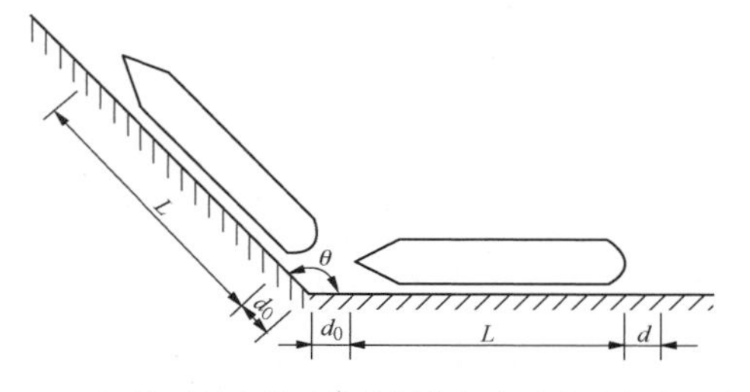

图 6-62 河港两码头前沿线成折线相交时富余长度示意图

4）河港码头前沿线与护岸成折线相交（见图 6-63），夹角大于或等于 90°时，转折处富余长度可取泊位富余长度；夹角小于 90°时，转折处富余长度应适当加大。护岸端转折处富余长度的起点应自岸坡线上满足设计水深的地点起算。

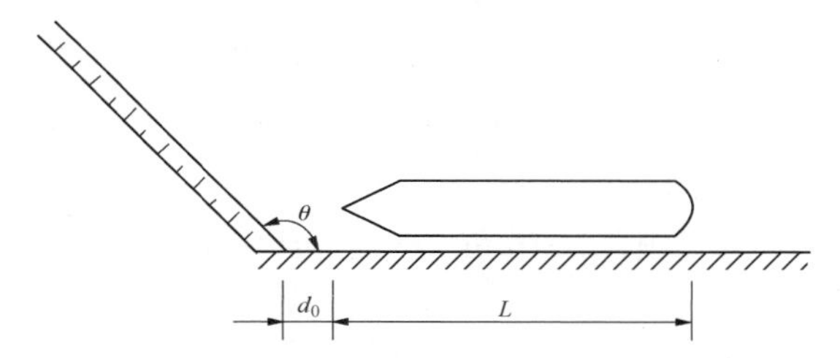

图 6-63 河港码头前沿线与护岸相交时富余长度示意图
d_0—转折处富余长度（m）；θ—码头前沿线与护岸的夹角（°）

5）海港单个蝶形布置泊位长度 L_b 可取 1.1～1.3 倍设计船长（见图 6-64）。必要时，宜通过模型试验优化确定。

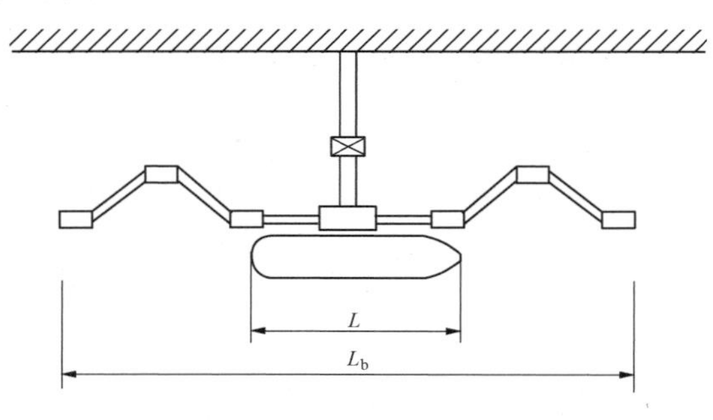

图 6-64 海港蝶形布置的墩式码头

（7）油品码头与其他货种码头的船舶净距离不应小于表 6-86 的规定。

表 6-86 油品码头与其他货种码头的船舶净间距（m）

<table>
<tr><th colspan="3">油品类型</th><th>安全距离</th></tr>
<tr><td rowspan="2">甲</td><td>A</td><td>15℃时的蒸汽压力>0.1MPa</td><td rowspan="3">150</td></tr>
<tr><td>B</td><td>闪点<28℃（甲$_A$类以外）</td></tr>
<tr><td>乙</td><td colspan="2">28℃≤闪点<60℃</td></tr>
<tr><td>丙</td><td colspan="2">闪点≥60℃</td><td>100（150）</td></tr>
</table>

注 1 船舶净间距是指油品泊位与相邻其他泊位设计船型船舶间的最小净距。
2 括号中的数值为介质设计输送温度在其闪点以下 10℃范围内危险性分类为丙类的码头与其他货种码头的船舶净间距。
3 500t 级以下油品码头与其他货种码头的船舶净间距可取表中数值的 50%。
4 受条件限制布置有困难，需减小安全距离时，必须经论证后采取必要的安全措施。
5 在内河货运码头下游，甲、乙类油品码头与其他货种码头的船舶净间距为 75m，丙类油品码头与其他货种码头的船舶净间距为 50m。

甲、乙类油品码头前沿线与陆上储油罐的防火间距不应小于 50m。

液化天然气泊位与液化石油气泊位以外的其他货类泊位的船舶间距不应小于 200m。

（8）海港锚地按位置可划分为港外锚地和港内锚地。锚地位置应选在靠近港口，天然水深适宜，海底平坦，锚抓力好，水域开阔，风、浪和水流较小，便于船舶进出航道，并远离礁石、浅滩以及具有良好定位条件的水域。

锚地边缘距航道边线的安全距离：港外锚地不应小于 2 倍设计船长；港内锚地采用单锚或单浮筒系泊时不应小于 1 倍设计船长，采用双浮筒系泊时不应小于 2 倍设计船宽。

单锚系泊时，每个锚位所占水域为一圆面积（见图 6-65），其半径按式（6-12）和式（6-13）计算。

风力不大于 7 级时：$R=L+3h+90$ （6-12）

风力大于 7 级时：$R=L+4h+145$ （6-13）

式中 R——单锚水域系泊半径，m；
L——设计船长，m；
h——锚地水深，m。

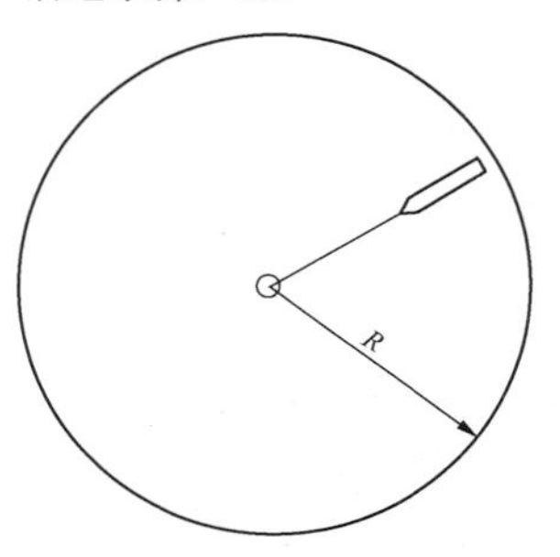

图 6-65 单锚系泊水域尺度

单浮筒系泊水域的系泊半径（见图 6-66）按式（6-14）计算：

$$R=L+r+l+e \tag{6-14}$$

式中 R——单浮筒水域系泊半径，m；

r——由潮差引起的浮筒水平偏位，m（每米潮差可按 1m 计算）；

l——系缆的水平投影长度，m（DWT≤10000t 时取 20m；10000t<DWT≤30000t 时取 25m；DWT>30000t 时可适当增大）；

e——船尾与水域边界的富余距离，m。

双浮筒系泊水域尺度（见图 6-67）可按式（6-15）和式（6-16）计算：

长度 $$S=L+2(r+l) \tag{6-15}$$

宽度 $$a=4B \tag{6-16}$$

式中 B——设计船宽，m。

（9）河港码头前沿设计高程应为码头设计高水位加超高。超高值宜取 0.1～0.5m。码头设计高水位标准按表 6-87 确定。

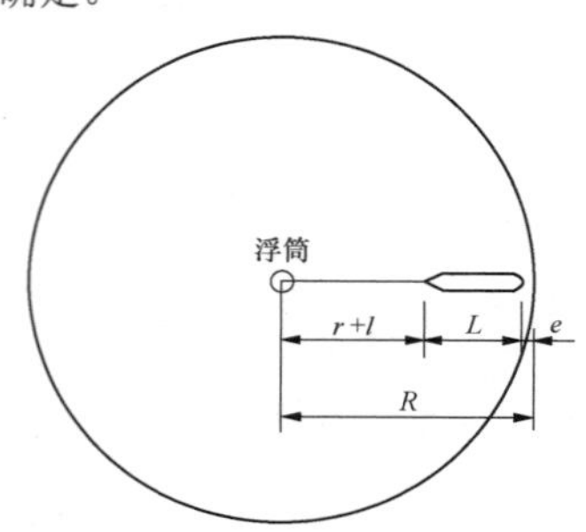

图 6-66 单浮筒系泊水域尺度

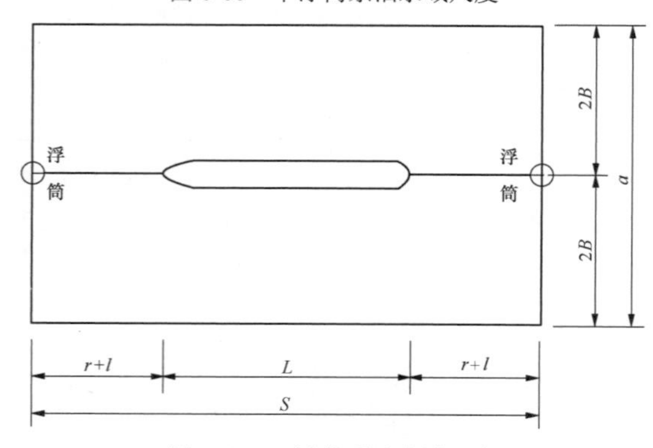

图 6-67 双浮筒系泊水域尺度

平原河流、山区河流、运河和潮汐影响不明显的感潮河段的码头前沿设计水深可按下式计算：

$$D_m=T+Z+\Delta Z \tag{6-17}$$

式中 D_m——码头前沿设计水深，m；

T——船舶吃水，根据航道条件和运输要求可取船舶设计吃水或枯水期减载时的吃水，m（设计船型为进江海船时，船舶吃水还应考虑由于咸淡水密度差而增加的吃水值，海水密度按 1.025t/m^3 计）；

Z——龙骨下最小富余深度，可按表 6-88 选用，m；

ΔZ——其他富余深度，m。

表 6-87 平原河流、河网地区和山区河流码头设计高水位

码头受淹损失类别	码头设计高水位			
	平原河流、河网地区	山区河流		
	重现期（年）	斜坡式、直立式重现期（年）	分级直立式多年历时保证率（%）	
			高水级	低水级
一类	50	20	0.5	10～30
二类	20	10	1	
三类	10	5	2	

注 一类为码头受淹将造成生产、货物和设备重大损失的码头；二类为码头受淹将造成生产、货物和设备一定损失的码头；三类为码头受淹将造成生产、货物和设备损失较小的码头。

表 6-88 龙骨下最小富余深度 （m）

设计船型吨级 DWT（t）		100≤DWT<500	500≤DWT<3000
河床质	土质	0.20	0.30
	石质	0.30	0.50

注 设计船型载货量大于 3000t 时，Z 值可适当加大；码头前沿河底有石质构筑物时，Z 值应按石质河床考虑。

其他富余深度应考虑下列因素取值：

1）波浪富余深度是因波浪作用导致船舶下沉量的富余深度。对波浪较大的河口、库区、湖区和水域开阔的港口的波浪推算，按 JTJ 214《内河航道与港口水文规范》执行。

2）散货船和油轮码头，因船舶配载不均匀，应增加船尾吃水，其值取 0.10～0.15m。

3）码头前沿可能发生回淤时增加的备淤富余水深。备淤富余深度应根据回淤强度、维护挖泥间隔期及挖泥设备性能确定，其值不小于 0.2m。

（10）海港码头前沿顶高程应满足当地大潮时码头面不被淹没，便于作业、结构安全和码头周边衔接等要求，并应根据当地潮汐、波浪、泊位性质、船型、装卸工艺、船舶系缆、陆域高程、防汛等要求确定。码头前沿顶高程计算根据所采用波浪和潮位组合标准的不同，应按基本标准和复核标准分别计算。潮位与波浪组合的标准及富余高度可按表 6-89 确定。

按上水标准控制的码头前沿顶高程可按下式计算：

$$E=\mathrm{DWL}+\Delta w \tag{6-18}$$

式中 E——码头前沿顶高程，m；

DWL——设计水位，按表 6-89 取值，m；

Δw——上水标准的富余高度，m，按表6-89取值。

表6-89 潮位与波浪组合的标准及富余高度

组合情况	上水标准		受力标准		
	设计水位	富余高度Δw	设计水位	波浪重现期	富余高度ΔF
基本标准	设计高水位	一般情况可取10～15年重现期波浪的波峰面高度，并不小于1.0m；掩护良好的码头可取1.0～2.0m	设计高水位	50年	0～1.0m
复核标准	极端高水位	一般情况可取2～5年重现期波浪的波峰面高度；掩护良好的码头可取0～0.5m	—	—	—

注 1 上水控制标准是指根据码头的重要性、作业特点等要求，在一定的潮位和波浪组合下，按码头面上水可接受的程度设定的码头前沿顶高程控制标准。受力控制标准是指根据码头结构（尤其是透空式码头上部结构）在波浪作用下受力安全要求设定的码头前沿顶高程控制标准，受力控制标准也可以说是码头结构强度设计和设定的波浪条件互相适应和妥协的结果。
2 按受力标准设计时，波浪波列累积频率为波高的1%；按上水标准设计时，波浪波列累积频率为波高的4%。
3 对于风暴潮增水情况明显的码头，应在设计高水位基础上考虑增水影响。
4 受力标准的波浪重现期采用结构设计的规定，一般为50年，有特殊要求时，可相应调整。

按受力标准控制的码头前沿顶标高可按下式计算：

$$E=E_0+h \tag{6-19}$$

$$E_0=\mathrm{DWL}+\eta-h_0+\Delta F \tag{6-20}$$

式中 E——码头前沿顶高程，m；

E_0——上部结构受力计算的下缘高程，m；

h——码头上部结构高度，m；

DWL——设计水位，按表6-89取值，m；

η——水面以上波峰面高度，m；

h_0——水面以上波峰面高出上部结构底面的高度，m；

ΔF——受力标准的富余高度，按表6-89取值，m。

海港码头前沿设计水深按下列公式确定：

$$D=T+Z_1+Z_2+Z_3+Z_4 \tag{6-21}$$

$$Z_2=K_1H_{4\%}-Z_1 \tag{6-22}$$

$$Z_2=K_1H_{4\%} \tag{6-23}$$

式中 D——码头前沿设计水深，m；

T——设计船型满载吃水，m（对杂货船，根据具体情况经论证，可考虑实载率对吃水的影响；对河口港可考虑咸淡水比重对设计船型吃水的影响）；

Z_1——龙骨下最小富余深度，采用表6-90中的数值，m；

Z_2——波浪富余深度，宜按实测或模拟结果确定，m［也可采用估算方法确定，对于良好掩护的情况，可采用式（6-22）计算，且当计算结果为负值时，取Z_2=0；对于开敞情况，可采用式（6-23）估算；部分掩护情况，也可根据经验对式（6-23）的结果适当折减后采用，但不应小于式（6-22）的值］；

Z_3——船舶因配载不均匀而增加的船尾吃水值，m（干散货船和液体散货船取0.15m，滚装船采用表6-91中的数值，其他船型可不计）；

Z_4——备淤富余深度，根据回淤强度、维护挖泥间隔期的淤积量计算确定，m（对于不淤港口，可不计备淤深度；有淤积的港口，备淤深度不宜小于0.4m）；

K_1——系数，顺浪取0.3，横浪取0.5～0.7；

$H_{4\%}$——码头前允许停泊的泊高，m（泊列积累频率为4%的泊高，根据当地波浪和港口条件确定）。

表6-90 龙骨下最小富余深度 Z_1 （m）

海底底质	Z_1	海底底质	Z_1
淤泥土	0.20	含砂或含黏土的块状土	0.40
含淤泥的砂、含黏土的砂和松砂土	0.30	岩石土	0.60

注 对重力式码头，Z_1应按岩石土考虑。

表6-91 滚装船配载不均而增加的船尾吃水值 Z_3 （m）

船舶吨级		Z_3
DWT（t）	GT（t）	
≤1000	≤3000	0.30
>1000	>3000	0.20

注 划分船舶吨级时，货物滚装船采用DWT、汽车滚装船和客运滚装船采用GT。

（11）开敞式大型码头前沿设计水深尚不宜小于船舶满载吃水值的1.1倍，必要时应经物理模型验证。

三、码头装卸设施

煤炭是电厂码头中大宗散装运输物料的主要品种，由于水路运输存在着运量大、运输成本低、交通便捷的优势，通常沿海、沿江电厂采用码头运煤方式的同时，相应地内陆一些地区，也会考虑铁路、水路联运等方式。另外，电厂还会考虑修建重件或综合码头，主要为电厂大件或散货的运输提供条件。

（一）卸船设施

煤炭、矿石码头卸船机的选型应根据泊位要求的通过能力、设计船型、码头布置及物料的物理特性，以及工艺系统设计对卸船机的要求等进行多方案比选。煤炭、矿石卸船机分周期性作业机械和连续性作业机械两大类，由于电厂来煤的粒径不同，所以均采用适应性较强的周期性作业机械。下面介绍有关常用的周期性卸船机和连续式卸船机。

1. 周期性卸船机

（1）门座起重机（带抓斗）。该机多用于通用性码头，对货种适应性较强。卸矿石一般选用起重量应在10t以上，适应较小船型。常用的门座起重机种类较多，起重量为5、10、16、25、40t，伸臂为25、30、33m等多种。门座起重机示意图见图6-68。

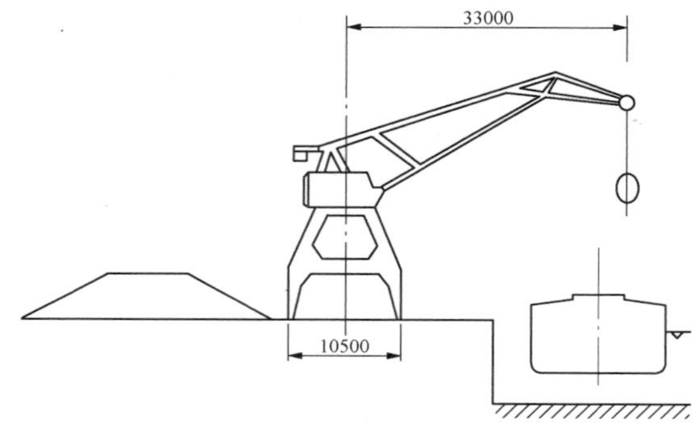

图6-68　门座起重机示意图

（2）带斗门座起重机。该机本身设有接料斗和机上带式输送机，物料经抓斗卸至机上接料斗，再经机上带式输送机将物料送到岸边带式输送机上。该机适合船型不超过5万t级，一般一个泊位可配备2～4台。根据船型大小决定台数，若配备台数过多，作业会受到干扰，其单机效率有可能降低。泊位年通过能力在6.0×10^6t以下时选用。带斗门座起重机示意图见图6-69。

（3）桥式抓斗卸船机。桥式抓斗卸船机（见图6-70）依靠小车运行实现抓斗的水平移动，一般小车运行速度为150～180m/min，外伸距为30～40m，卸船效率较高。该机目前在国内外煤炭矿石码头的卸船作业中得到广泛采用。其卸船单机效率一般为500～3000t/h，适应船型为3万～30万t，一般每个泊位设2台，泊位年通过能力为5.0×10^6～12.0×10^6时选用。

（4）三种卸船机能力与船型、码头通过能力关系见表6-92。

表6-92　三种卸船机能力与船型、码头通过能力关系

项目	门座起重机	带斗门座起重机	桥式抓斗卸船机
单机能力（t/h）	180～320	600以下，个别达1050	500～2500
适应船型（t）	30000	50000以下	30000～200000
码头通过能力（$\times10^4$t/年）	80～180	600以下	500～1200

桥式抓斗卸船机具有工作效率高、自动化程度高以及较为环保的优势，故目前电厂采用居多。

2. 连续式卸船机

（1）斗轮式卸船机。斗轮式卸船机通过固定在回转船垂直臂架上的斗轮，将物料由船舱内挖取，经垂直壁架内的波纹挡变胶带输送机提升后，经水平臂架带式输送机送至卸料漏斗，再通过门架上带式输送机卸到岸边带式输送机上送至后方堆场，从而实现全部物料稳定而连续的卸船作业，见图6-71。

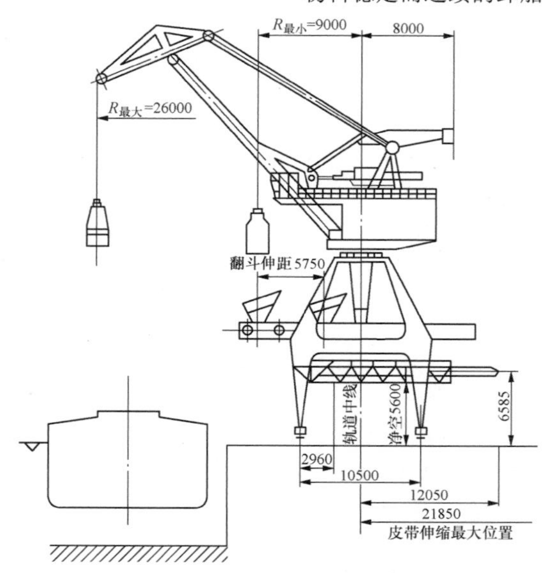

图6-69　带斗门座起重机示意图

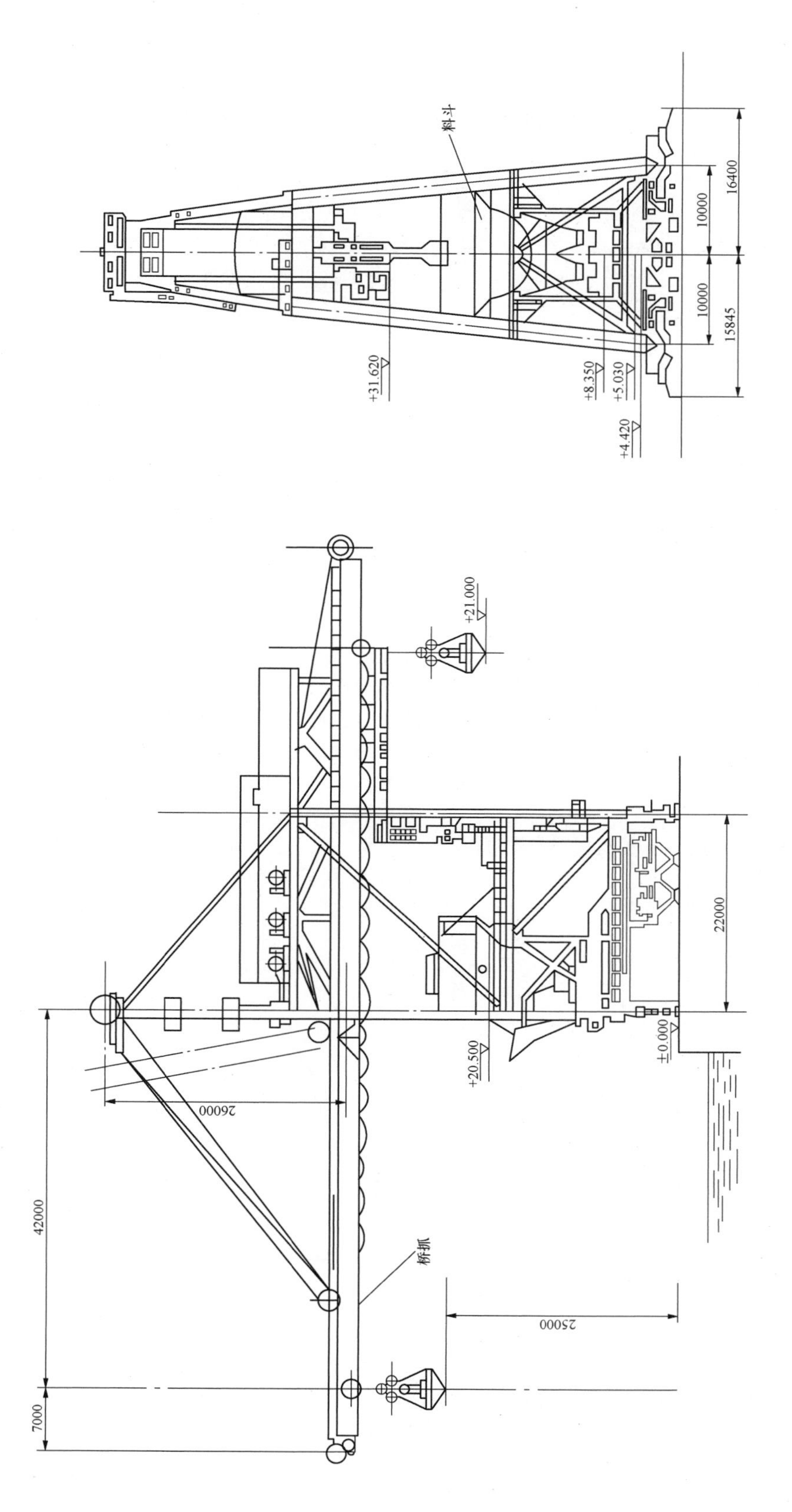

图 6-70　桥式抓斗卸船机示意图

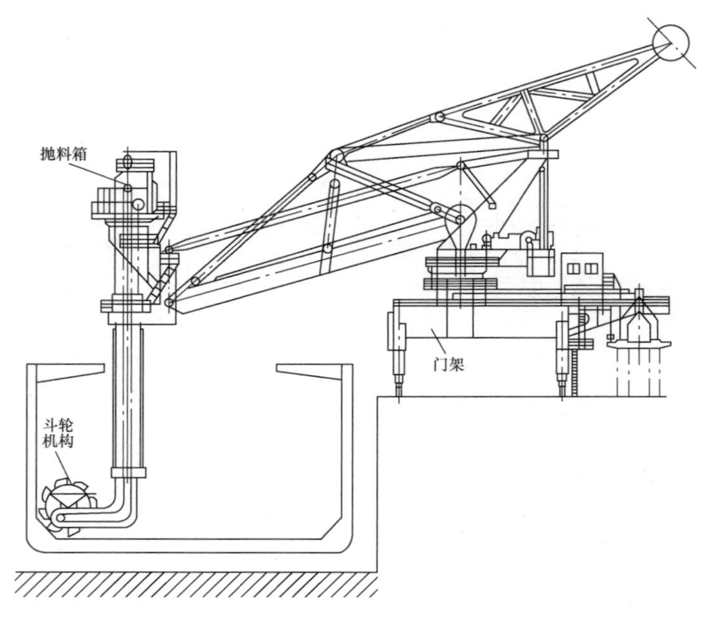

图 6-71　斗轮式卸船机示意图

（2）螺旋式卸船机。螺旋式卸船机是在卸船机的垂直臂架和水平臂架上装有螺旋叶片式输送机（见图 6-72），在垂直臂架的头部设有反向螺旋喂料器，喂料器是由 2 片或 3 片高强度材料制作的螺旋组成，并且喂料器头部结构应具有较大的强度和刚度。

（3）链斗式卸船机。链斗式卸船机取料及垂直提升是采用钢制链斗，经传动链驱动，将物料由船舱内连续卸到机上皮带机上。该机大车沿轨道行走，对准船舱进行卸料作业，垂直臂可以摆动±30°，使链斗达到船舱内的角落卸料。水平臂架可以变幅，工作变幅角度根据物料允许的输送角度和潮位变化确定，非工作状态变幅角度要考虑整机脱离船舶和不影响船舶的靠和离。另外该机还具有旋转功能，以便于卸船作业和修理。

链斗式卸船机适用于堆密度小、粒度小的物料，如煤炭等物料，卸矿石用得较少。链斗式卸船机示意图见图 6-73。

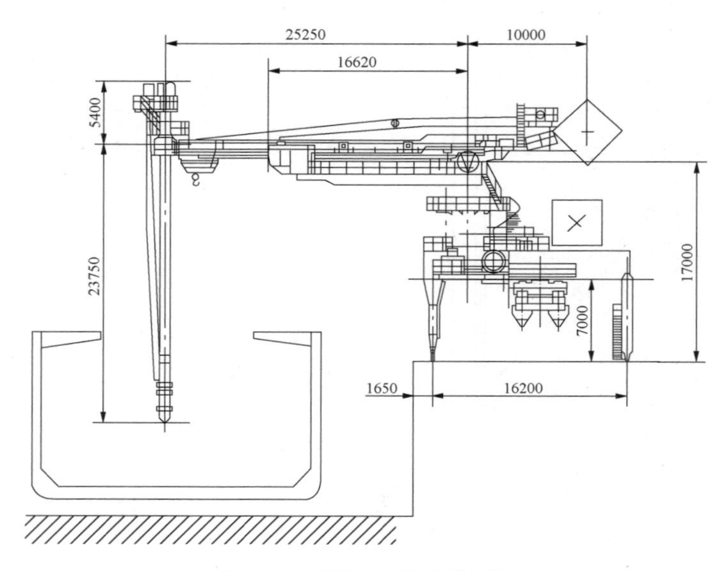

图 6-72　螺旋式卸船机示意图

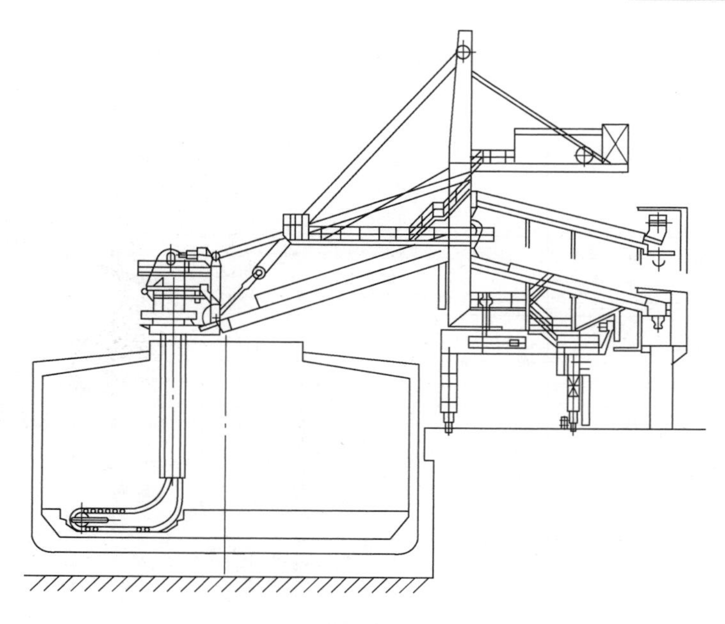

图 6-73 链斗式卸船机示意图

（4）斗轮、螺旋、链斗式卸船机比较见表 6-93。

表 6-93 斗轮、螺旋、链斗式卸船机比较

项目	斗轮式卸船机	螺旋式卸船机	链斗式卸船机
适应船型（t）	50000～250000	100000 以下	100000 以下
单机能力（t/h）	600～3000	2000	300～2500
清舱量	大	小	小
适应物料粒度范围	大	小	小
适应物料堆密度（t/m^3）	约 2.5	约 1.2	约 1.2

3. 自卸船

自卸船是一种船体本身带有卸料装置，可以把物料卸至码头，并且具有特殊货舱结构和卸货设备，能以连续输送方式卸货的干散货运输船舶。

自卸船的典型卸货系统是以带式输送机为主体的自卸系统。它的工作过程通常是将堆存于斗形货舱内的散货依靠重力，通过若干个液压操纵的斗门喂入位于舱底的纵向输送带，送往船的首部或尾部，然后直接地或通过横向输送机，将货物输入环状皮带机提升到甲板高度，再通过卸料臂上的输送带投送至岸上的接受装置或堆场。自卸系统因所采用的喂料装置、输送带、提升和投送机构的不同而具有多种形式。现代大型自卸船的输送带宽度可达 3m，卸货效率一般为每小时 4000～6000t，最高的可达 20000t。图 6-74、图 6-75 为两种不同的自卸船总布置图。自卸船实例照片见图 6-76。

自卸船与同样载重量的常规散货船相比，它的主尺度和空载排水量都大，造价也高。自卸船主要靠卸货效率高和周转快获得良好的经济效益，同时可以节省到货码头的设备投资，是一种资源节约型、环境友好型的船型。自卸船一般适用于航程较短和到货码头设备较差的航线。

4. 常见重件码头的卸船设施

电厂在合适地点新建（改建）大件专用码头，大件设备首先通过水路直运至大件码头卸船装车，最后经公路短驳到工地。卸船设施主要有特种运输船（重吊船）自备吊车、浮吊、龙门吊、桅杆吊和旋转吊等。

（1）特种运输船（重吊船）自备吊车卸船装车。目前国际海运船舶中有专门用于重大件设备运输的特种运输船（重吊船），船舶吊车的卸重能力达到单件 1600t。

采用重吊船船吊卸船装车，可以避免长途调遣大型浮吊，节约装卸费用。但重吊船数量相对较少，尤其 800t 以上重吊船数量更少，属于稀缺资源，租船费用相对较高。若要使用重吊船，需要在数月甚至一年时间之前提前订舱。船舶 640t 重吊作业半径示意图见 6-77。

（2）大型浮吊卸船。国外供货设备可以采用特种运输船（重吊船运输）并实现港口装卸。我国现有内贸运输船舶中尚无重吊船，因此国内制造的大件设备装卸需要使用其他吊装工具进行，其中较常用的是大型浮吊。

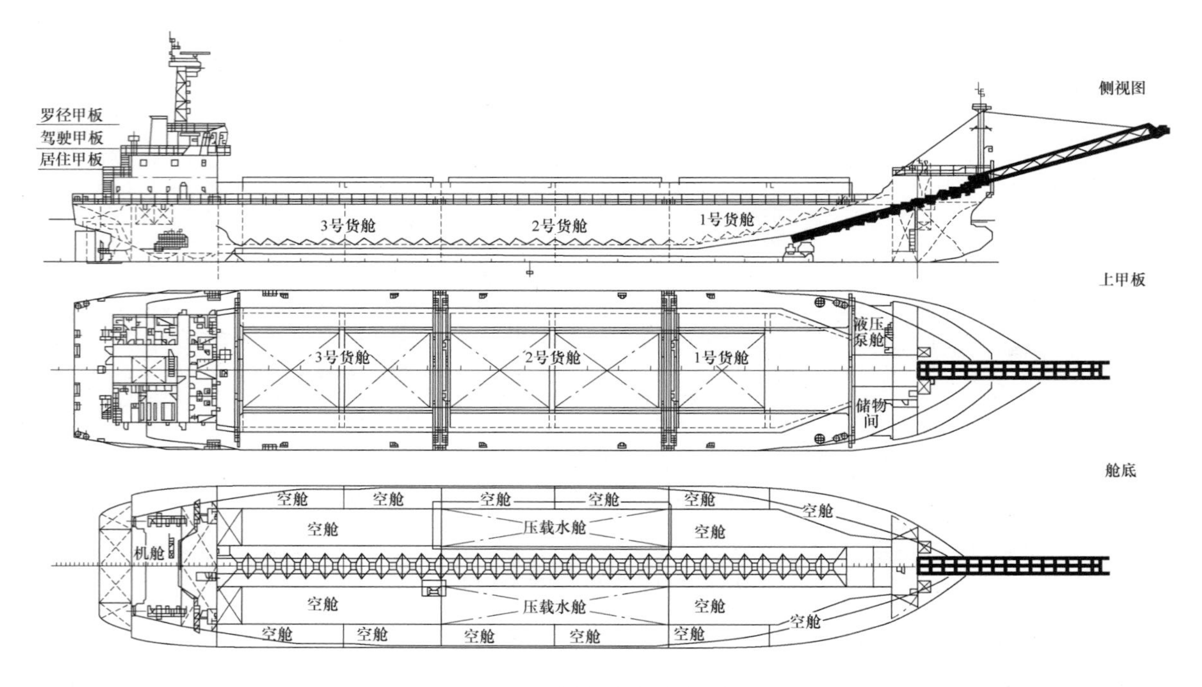

图 6-74　皮带自卸船总布置图

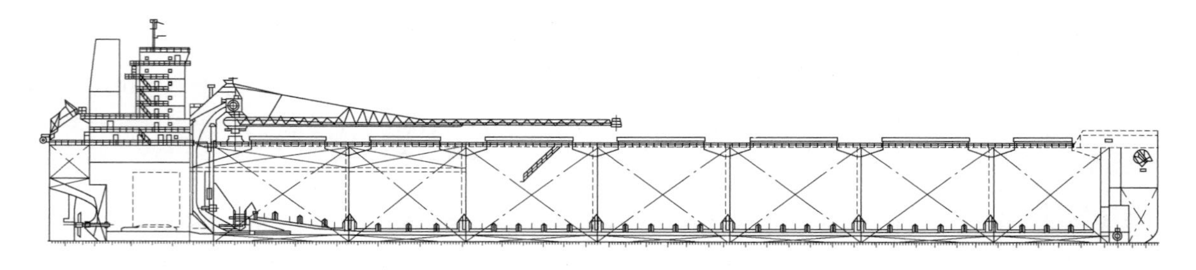

图 6-75　70000t 级自卸船型总布置图

图 6-76　某型自卸船照片

采用浮吊卸船，大件码头的设计不用考虑过于集中的岸吊承载力而使码头的造价减少。码头的承载力考虑单一，只是运输大件设备平板车的荷载，即车辆荷载。码头占用面积小，结构要求不高。但浮吊由于其流动性大、航速慢、调遣时间长等因素，设备中转作业时间可控性相对较差。

1300t 浮吊照片见图 6-78。

（3）龙门吊卸船。目前，国内的核电设备制造企业均用龙门吊装卸重大件设备。龙门吊由于不依赖建筑物，被广泛应用在露天工地、海港码头和隧道中的起吊施工场所。龙门吊在起吊设备时比较平稳、安全，且占地面积少，不受码头前沿水位限制。但丰水期和枯水期落差较大时，为适应不同时期的水位，码头装卸平台就必须深入河床，或增大疏浚的工作量。另外，由于龙门吊具有造价高、水工和土建结构的投资较大等特点，一般用于较为繁忙的重件码头吊装。核电厂重件码头上的龙门吊照片见图 6-79。

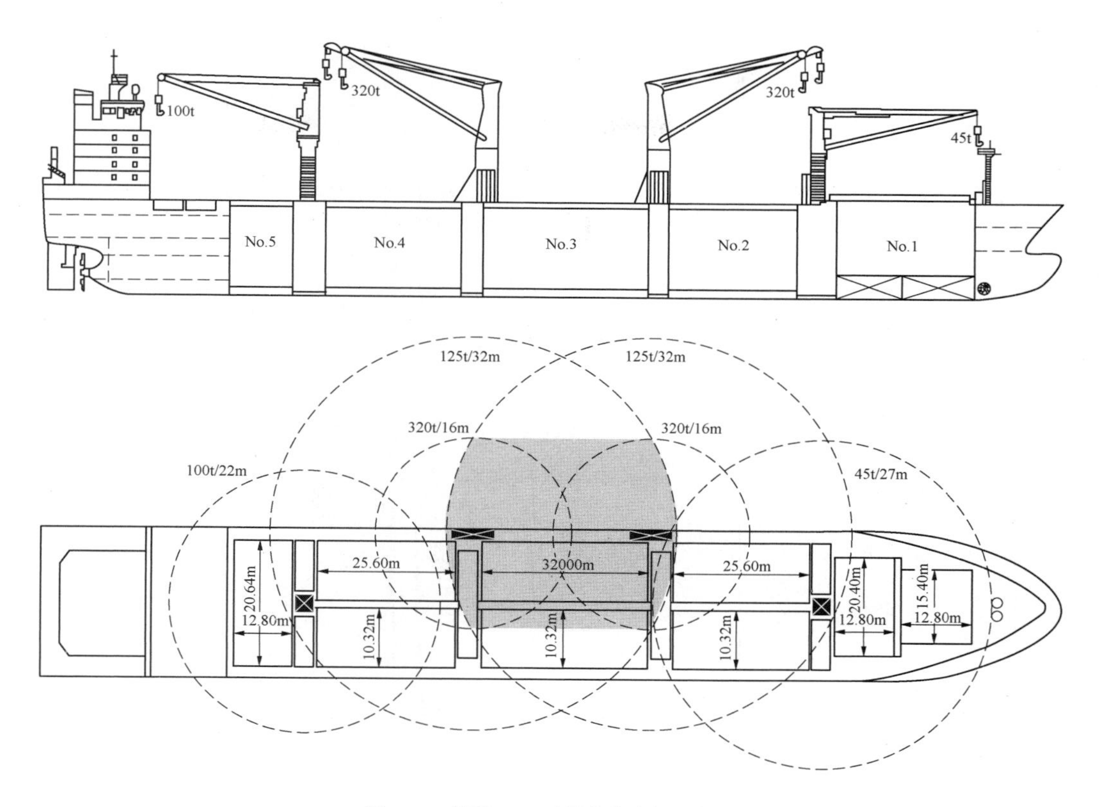

图 6-77　船舶 640t 重吊作业半径示意图

图 6-78　1300t 浮吊照片

图 6-79　核电厂重件码头上的龙门吊照片

（4）桅杆吊卸船。桅杆吊具有结构简单、起重能力大、设备本身和码头造价相对低等特点，而且拆卸方便，维护简单。但桅杆吊相对于龙门吊和旋转式岸吊安全性较差，占地面积纵向区域大，桅杆和锚绳基础要求高，对于防洪重要的河流受到一定的限制。

桅杆吊由后背滑轮组、迎头滑轮组、卷扬机、锚点、基础和桅杆自身结构等组成，由于后背滑轮组的锚点距离吊装平台较远，要求作业场地较大，特别适用于港池作业。对于河岸斜坡式码头应考虑不同季节时水位对吊装的影响。当水位年际落差较大时，可采用高桩平台式。设备运动水平方向为直线式，即桅杆只能变幅。700t 桅杆吊码头示意图见图 6-80。

（5）旋转吊卸船。目前，大型吨位的固定旋转吊在电厂的重件码头安装得比较多。该起重机结构简单，力传递清晰，有足够的强度、刚度、整体稳定性、局部稳定性和足够的抗倾覆稳定性的能力，整机性能安全可靠，维护保养方便。

码头相比桅杆吊占地面积小，地基传力清晰，安全性能好，但设备造价比桅杆吊高，码头宽度要求较桅杆吊宽，后方为平板车摆放点，设备卸船装车时需

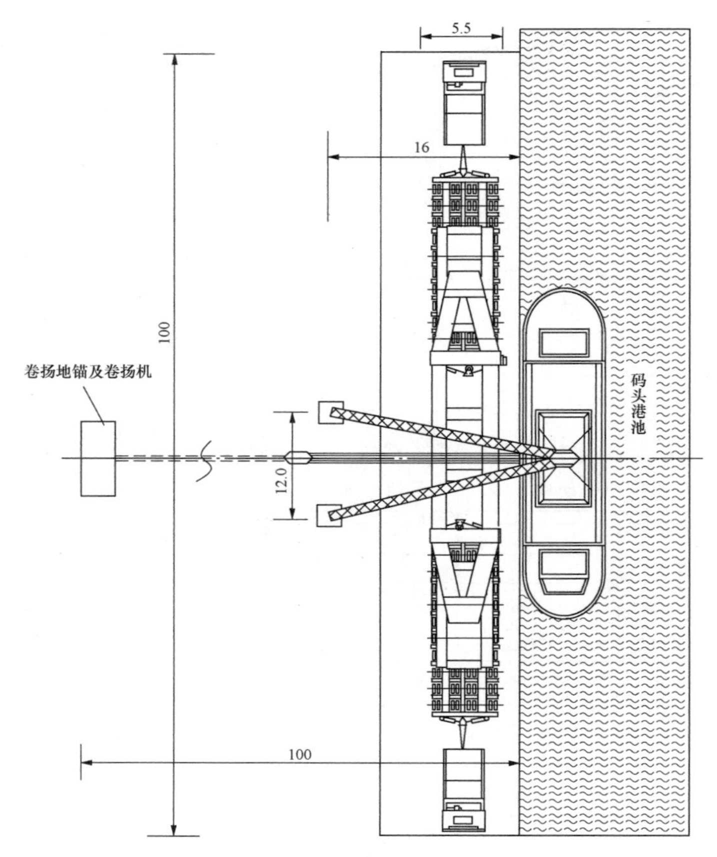

图 6-80 700t 桅杆吊码头示意图（单位：m）

旋转 180°装上平板车。重件码头 800t 旋转吊照片见图 6-81。

图 6-81 重件码头 800t 旋转吊照片

目前电厂内大件码头主要采用浮吊、龙门吊和桅杆吊三种设施。

（二）装船设施

大宗散货专业装船码头应采用连续式装船机装船，主要有固定式装船机、移动式装船机和摆动式装船机（摆动式装船机中有直线式和弧线式两种）三类。它们由于承接码头上的带式输送机转送的物料，并装入船舱。装船作业的基本要求是：在不移船（特别的驳船装船码头除外）的情况下，装船机的装载点能覆盖设计船型的全部舱口，排揣在不同水位情况下进行装载作业。一般的专业化装船泊位都采用 1 个泊位 1～2 台装船机的少机配备方式。

（1）固定式装船机。固定式装船机（见图 6-82）指装船机机身不能移动的固定墩式装船机、桅杆式装船机等。这种装船机的底座有的就是在码头的靠船墩上设有装船塔架、臂架，臂架由固定臂与伸缩臂组成，内设带式输送机，臂架端部设可伸缩溜筒；有的固定式装船机的塔架和臂架都装在旋转平台上，也有的塔架为固定式，臂架装置在可旋转的构架上。

目前桅杆式装船机较为普遍，其结构简单，装船臂可随桅杆式塔架在一定范围内旋转，并通过钢丝绳的升降使臂架略有俯仰。

（2）移动式装船机。移动式装船机（见图 6-83）以其沿码头前沿行走为特征，与固定式装船机相比，大大提高了装载作业的覆盖面和作业的灵活性。移动

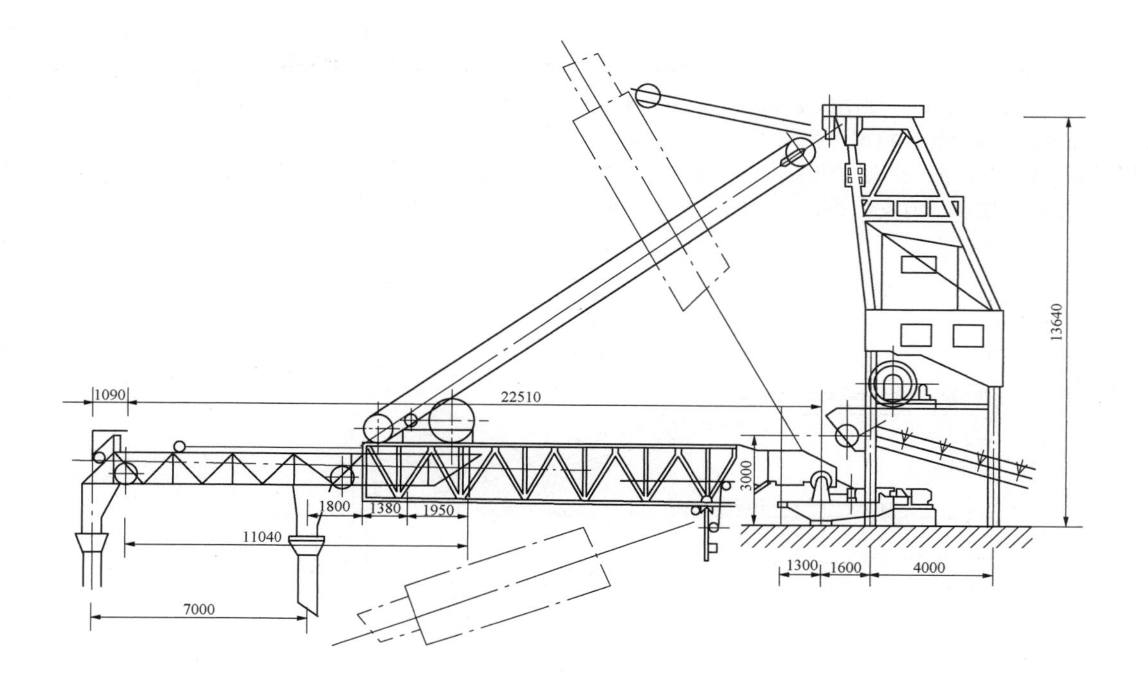

图 6-82 固定式装船机

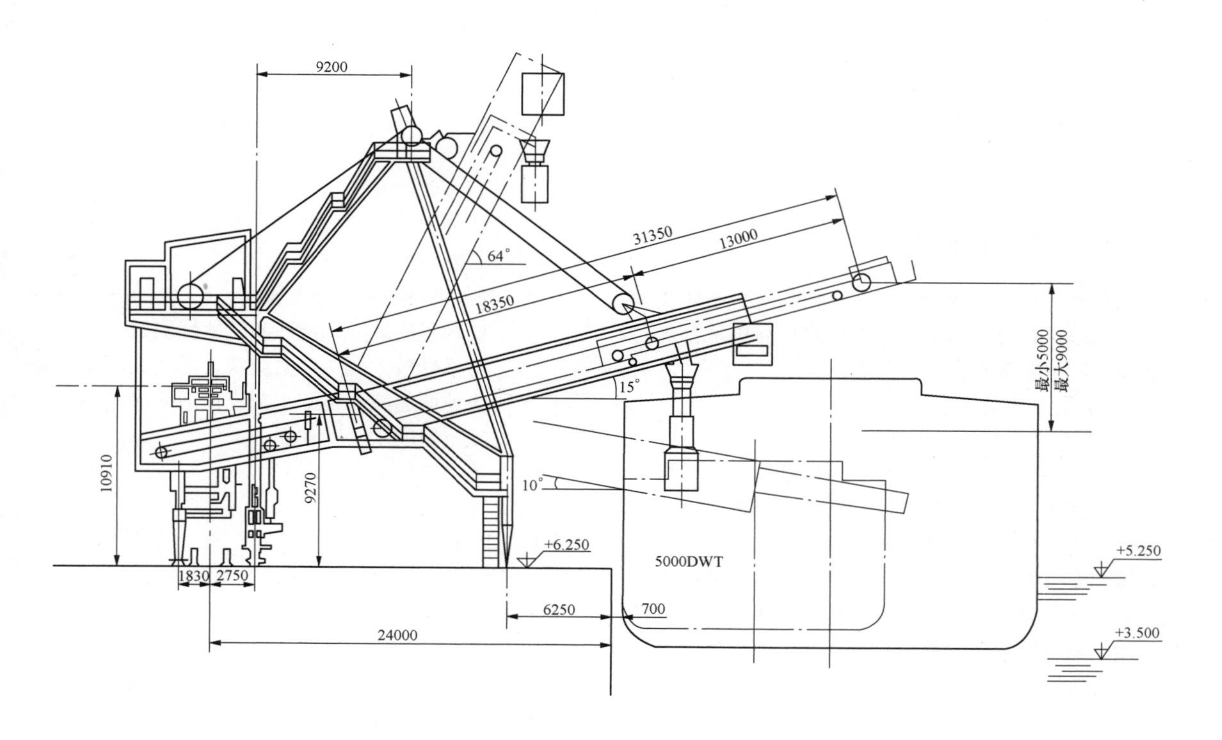

图 6-83 移动式装船机

式装船机一般具有大车走行，臂架俯仰、伸缩，装载溜筒，机上胶带输送机及尾车等机构，以满足装船作业的基本功能。该装船机为采用最多的机型。

（3）摆动式装船机。摆动式装船机（见图 6-84）由一大跨度的钢质桥架和置于桥架上方的带有装船臂架的移动小车组成。桥架与码头岸线呈垂直布置，后支点为水平铰点，前支腿为走行车轮，在走行机构的驱动下，沿码头前沿的轨道往返运行，使整个桥架绕后铰点左右摆动。摆动式装船机是为外海无掩护的装船点而设计。装船机本体结构比较庞大，但码头水工结构工程简单，施工快，工程总造价比较便宜。

目前电厂内石膏、渣等副产品可采用固定式装船机和移动式装船机两种设施。

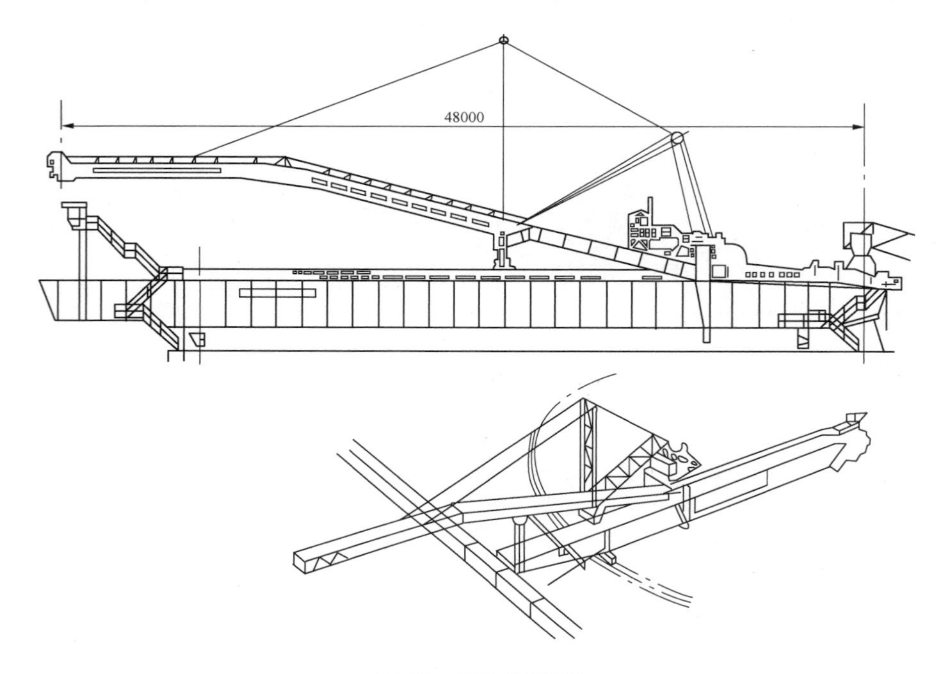

图 6-84　摆动式装船机

四、码头结构形式

码头建筑物的结构形式繁多，按其受力条件及工作特点大致可划分为重力式、板桩式、高桩承台式、墩式以及浮码头等几种主要类型。

（一）重力式码头

1. 重力式码头的结构特点及适用条件

重力式码头是靠结构自重（包括结构自身及其相应填料的荷重）来抵抗建筑物的滑动和倾覆。由于结构基础应力首先直接传给上部地基，对上部地基和其下卧层都要求有较高的承载（垂直承载和水平承载）能力，因此它要求有比较良好的地基，适用于各类岩基，沙、卵石地基和硬黏土地基。

重力式码头一般由墙身、胸墙、基础、墙后减压棱体和码头设备等组成。

重力式码头的结构形式主要取决于墙身结构。在海港码头中，主要有方块、空箱、沉箱、扶壁、大直径圆筒等几种主要的结构形式。沉箱码头在国内外应用广泛，其断面如图 6-85 所示。

2. 重力式码头的主要优点

（1）结构坚固耐久，抗冻和抗冰性能好。

（2）可承受较大码头地面荷载，对较大的集中荷载以及码头地面超载和装卸工艺变化适应性较强。

（3）抵抗船舶水平荷载能力大。

（4）施工比较简单。

（5）维修费用少。

（二）板桩式码头

1. 板桩式码头的结构特点及适用条件

板桩式码头的结构特点是依靠板桩入土部分的横向土抗力和安设在上部的锚定结构来保持其整体稳定性，除特别坚硬或软弱的地基外，均可采用。过去由于板桩都用打入法施工，故钢筋混凝土板桩的断面设计受到限制，因此多用于中小型码头。对于深水码头，要求板桩有较大的抗弯能力，此时可采用圆形钢管桩

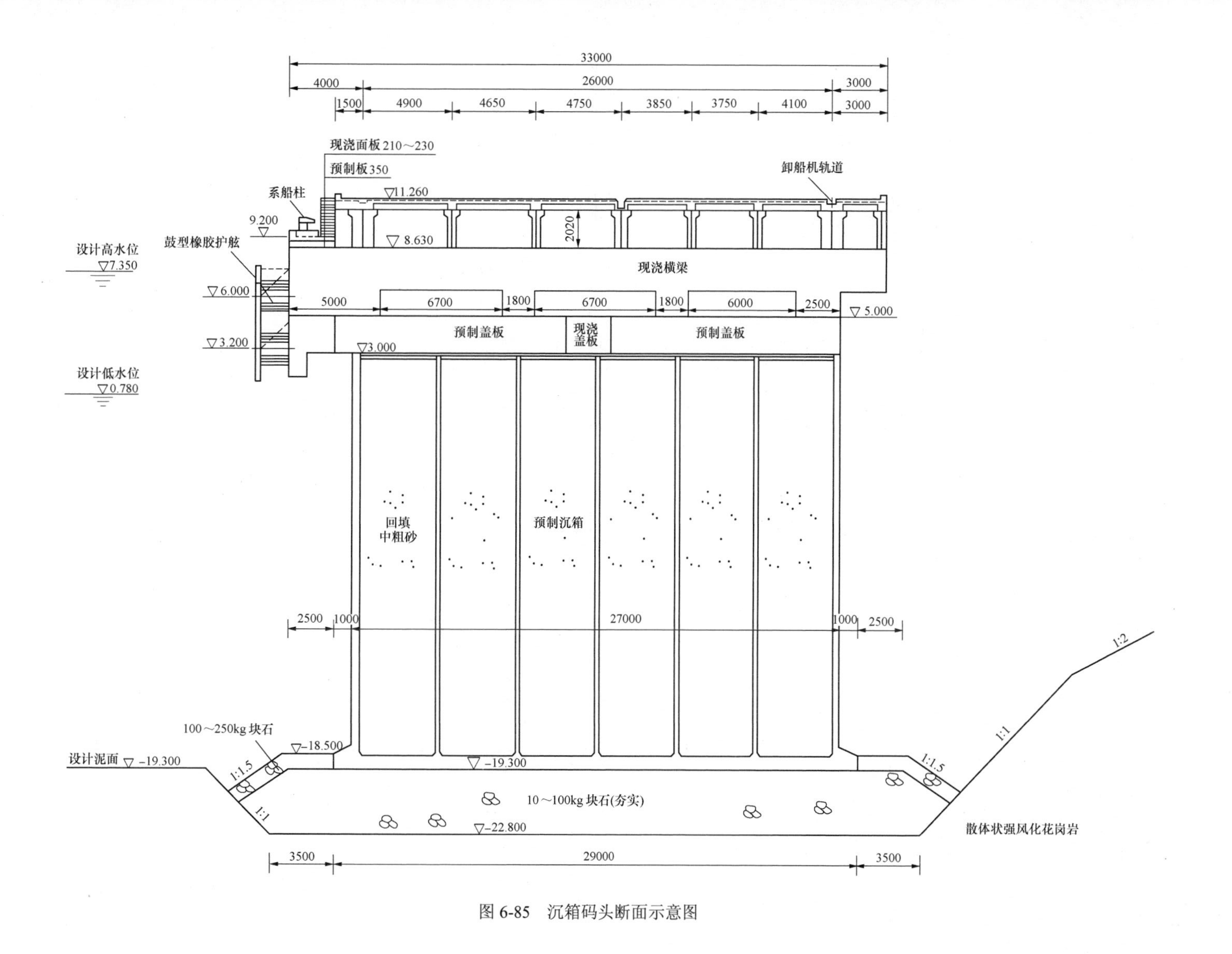

图 6-85 沉箱码头断面示意图

或组合型钢板桩截面；对于可在陆上施工的深水板桩式码头，可采用先成孔后栽桩（或就地浇筑）的板桩结构。根据目前陆上吊机的起重能力，钢筋混凝土预制板桩的结构断面厚度可达 1m 以上。

板桩式码头主要由板桩、拉杆、锚定结构、胸墙（或帽梁和导梁）及码头设备组成。

板桩式码头的结构形式按锚定结构的形式可分为无锚板桩、单拉杆锚定板桩、双拉杆（多拉杆）锚定板桩及斜拉桩式锚定板桩。其中，最常用的是带有单拉杆锚定的板桩式码头结构。在采用钢筋混凝土板桩时，应尽量利用预应力钢筋混凝土，海港码头若采用钢板（管）桩结构，尚应考虑防腐措施。图 6-86 为单拉杆锚定板桩式码头断面示意图。

2. 板桩式码头的主要优点

（1）结构简单，材料节省。

（2）施工设备较简单，施工速度快，对开挖式港池可在陆上施工。

（3）在一般的情况下工程造价较低。

（三）高桩承台式码头

1. 高桩承台式码头的结构特点及适用条件

高桩承台式码头的结构特点是利用打入地基一定深度的桩，将作用在码头上的荷载传至地基中。这种结构类型在现有码头中占有很大比例，我国沿海有近代沉积地层的港口多采用高桩码头，它是在具有较深厚的软土地基上修建码头的合理结构形式。当上部软土层下卧有硬土或砂层时，可大大提高桩基承载力，使此种结构的优点更为突出。以往由于打桩设备能力及桩身材料的限制，使桩基无法打入较坚硬的土层，现在由于大能量桩锤的出现以及钢桩的应用，使桩基可以沉入硬亚黏土或中等密实的砂层，因此增强了高桩承台式码头对地基条件的适应性。

高桩承台式码头主要由上部结构（桩台或承台）、桩基以及岸坡（包括接岸结构）等部分组成。图 6-87 为高桩承台式码头的断面示意图。

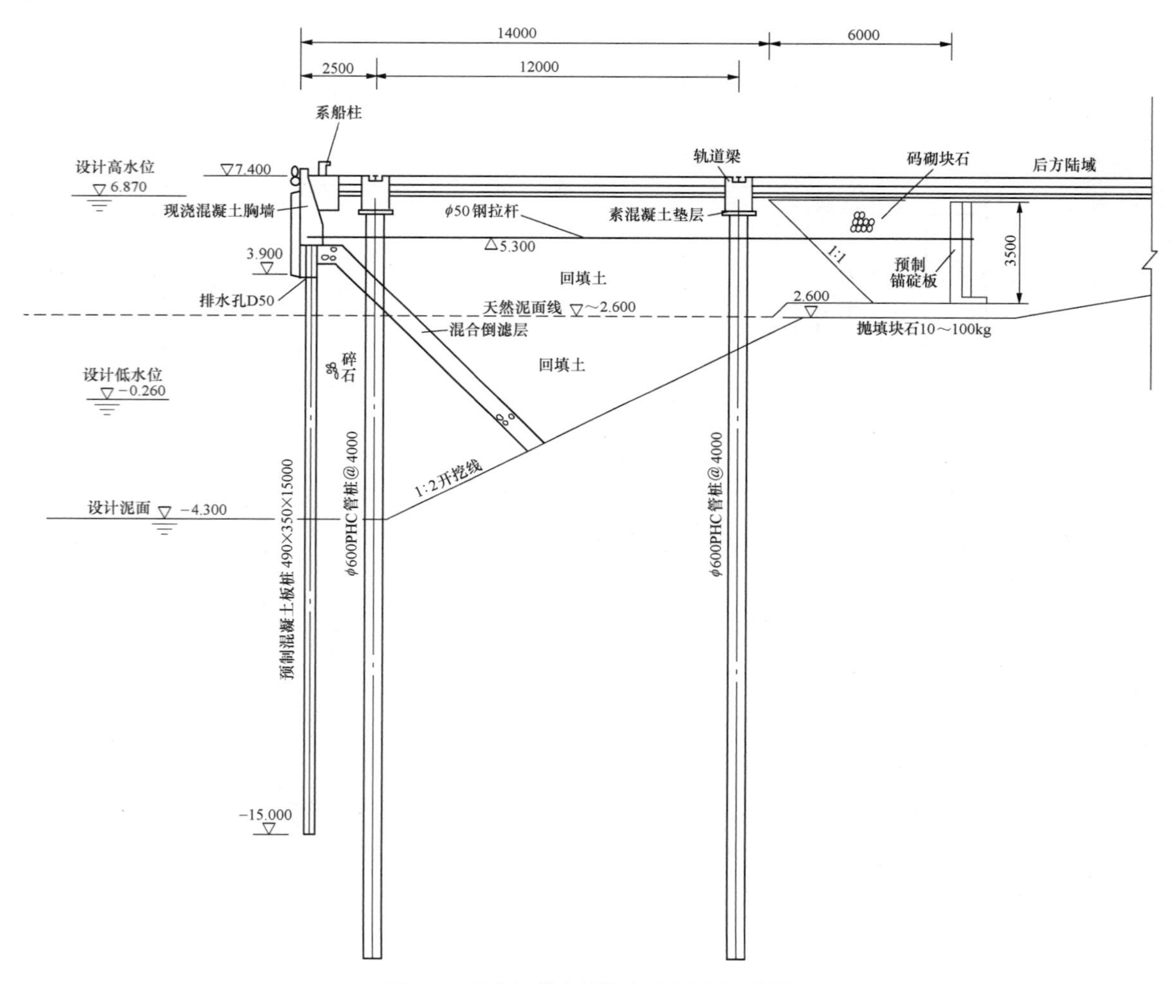

图 6-86 单拉杆锚定板桩式码头断面示意图

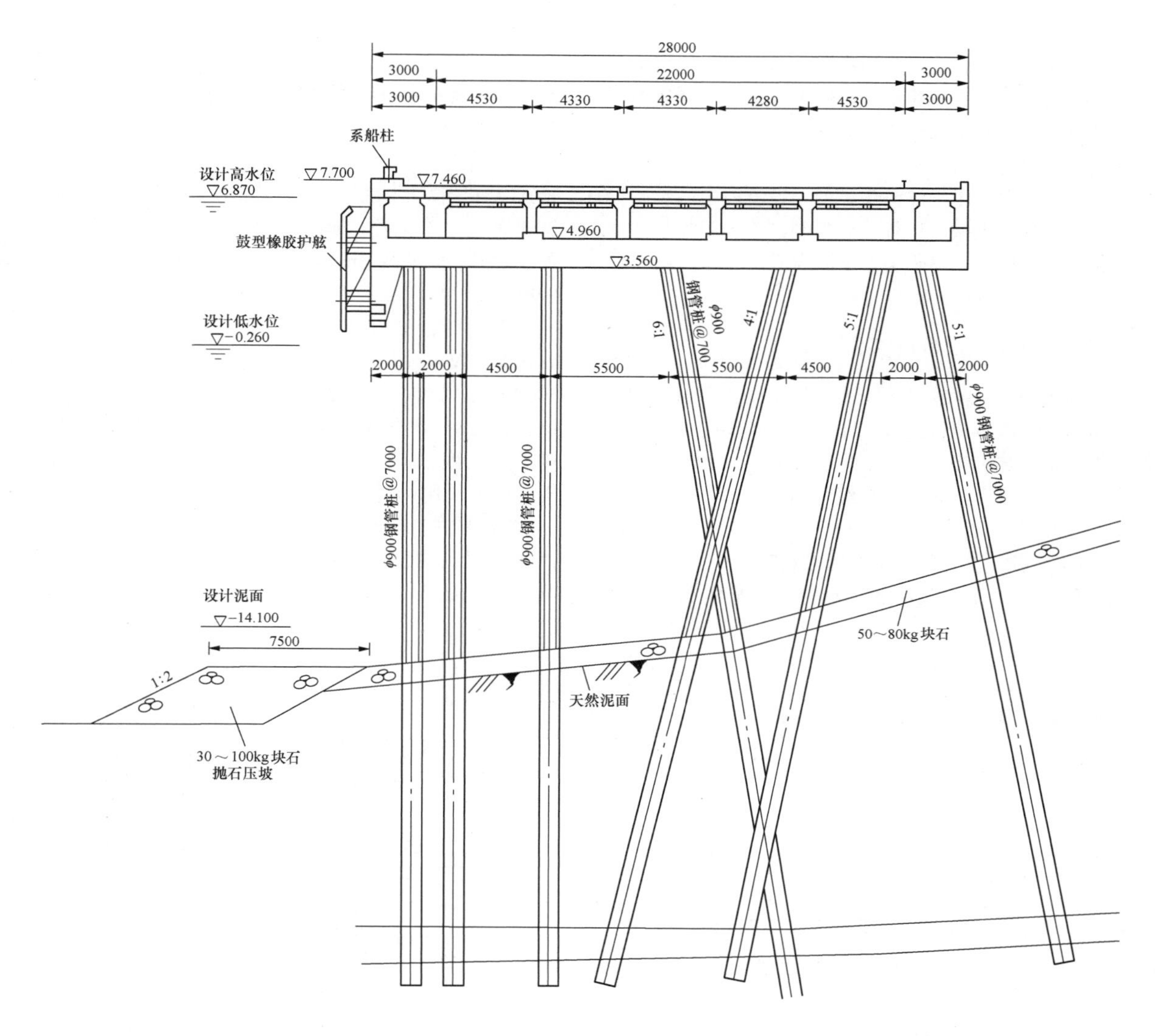

图 6-87 高桩承台式码头断面示意图

2. 高桩承台式码头的主要优点

（1）适用于任何可以打桩的地基，特别是在软基上修建码头多采用这种结构形式。

（2）为透空式结构，消波性能好，能改善港口码头的泊稳条件。

（3）上部结构预制构件小，质量轻，施工不需大型起重船舶，构件预制装配程度高。

（4）砂石用料少，对缺乏砂石料来源的地区尤为经济。

（四）墩式码头

墩式码头由分离的基础墩（引桥墩和码头墩）和上部跨间结构组成。墩式码头是液体（原油、成品油）、散货（煤炭、矿石）码头的主要结构形式。近来由于液体船和散货船向大型化发展，一些专业船舶通常需要 20～30m 的泊位水深。当前世界上修建此类港口的趋势是向深海发展，但在深海修建防波堤耗资巨大，施工困难，工期又长。由于大型船舶的抗风能力强，散货装卸泊稳条件要求低，因此这些码头往往建成无掩护的开敞式码头。一方面由于散货一般采用皮带机和管道连续性装卸作业，除专用的装卸设备外，在码头上不需设置堆场和其他装卸设备，因此采用墩式码头最为经济；另一方面开敞式码头受波浪力的作用巨大，墩式结构可以减小结构的波浪力和水面的壅高。墩式码头在电厂中应用较少。图 6-88 为墩式码头的示意图。

（五）浮码头

浮码头由趸船、趸船的锚系和支撑设施、引桥及护岸等部分组成。浮码头的特点是趸船随水位涨落而升降，因此使码头面和水面之间可以保持一个定值，特别适合于停靠干舷较小的船舶。浮码头较多地用于水位差较大的港口，常作为客、客货、油、渔船以及工作船码头等。由于浮码头不便于设置固定的装卸设备和流动装卸机械，运行受到限制，不宜用作装卸量较大的货运码头。浮码头在电厂中应用较少。图 6-89 为浮码头的示意图。

五、码头的布置实例

实例一：江苏某电厂一期工程建设 2 台 1000MW 超超临界一次再热机组，二期扩建 2 台 1000MW 超超临界二次再热机组。一、二期分别建有 50000t 级煤码头，且一期建有一座 2000t 级和两座 1000t 级综合码头。码头采用高桩码头结构形式。码头泊位水深 –20.0m 左右。码头平面布置见图 6-90。

实例二：浙江某电厂一期工程建设 2 台 1000MW 超超临界燃煤发电机组。配套建设有一座 35000t 级卸煤码头及一座 3000t 级综合码头。码头采用高桩码头结构形式。煤码头泊位水深 –15.5m 左右，大件码头泊位水深 –9.7m 左右。码头平面布置见图 6-91。

实例三：上海某电厂拆除老机组后新建有 2×300MW 机组。拆除原 2000t 级煤码头，就地新建 20000t 级煤码头 1 个泊位。码头采用高桩码头结构形式。码头泊位水深 –9.5m 左右。码头平面布置见图 6-92。

实例四：浙江某电厂一、二期工程连续建设 4×1000MW 超超临界燃煤发电机组。同时建设两座 50000t 级码头，一座 3000t 级综合码头。三期工程拟扩建 2×1000MW 超超临界燃煤发电机组，同时拟扩建一座 150000t 级卸煤泊位和两座 3000t 级码头。码头采用高桩码头结构形式。煤码头泊位水深 –18.0m 左右，综合码头泊位水深 –10.0m 左右，拟扩建煤码头泊位水深 –20.0m 左右。码头平面布置见图 6-93。

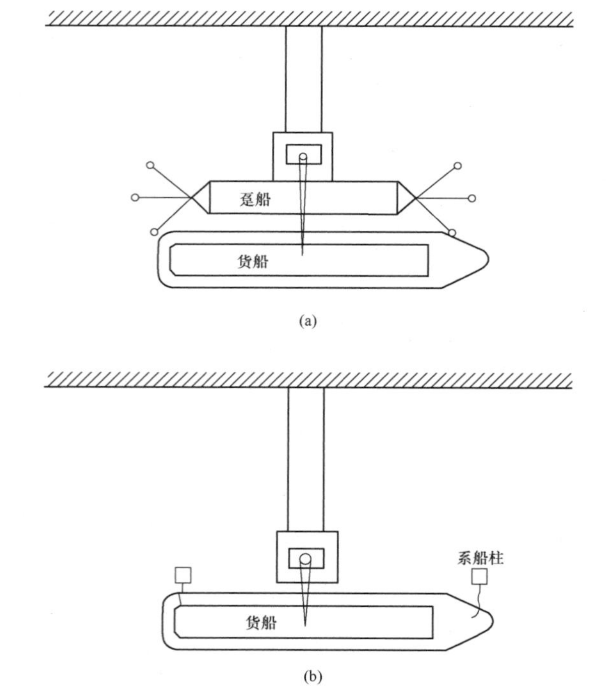

图 6-88 墩式码头示意图

（a）独立墩式码头（设趸船）；（b）独立墩式码头（不设趸船）

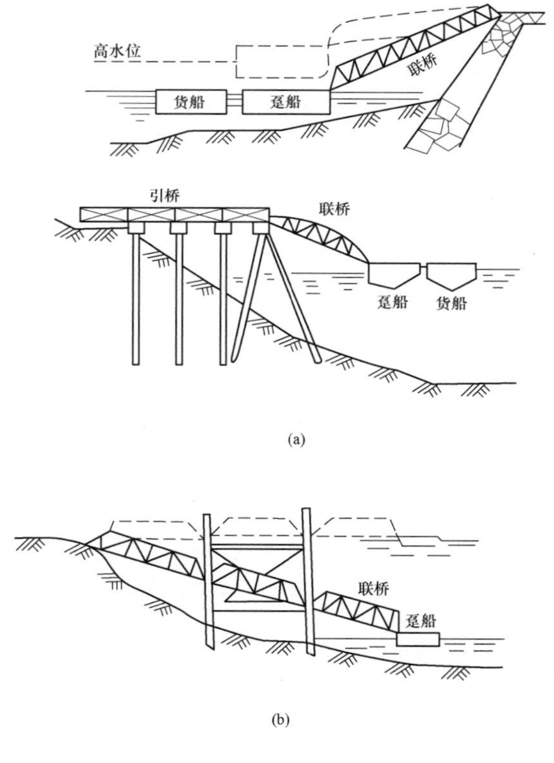

图 6-89 浮码头示意图

（a）单跨联桥式；（b）多跨联桥式

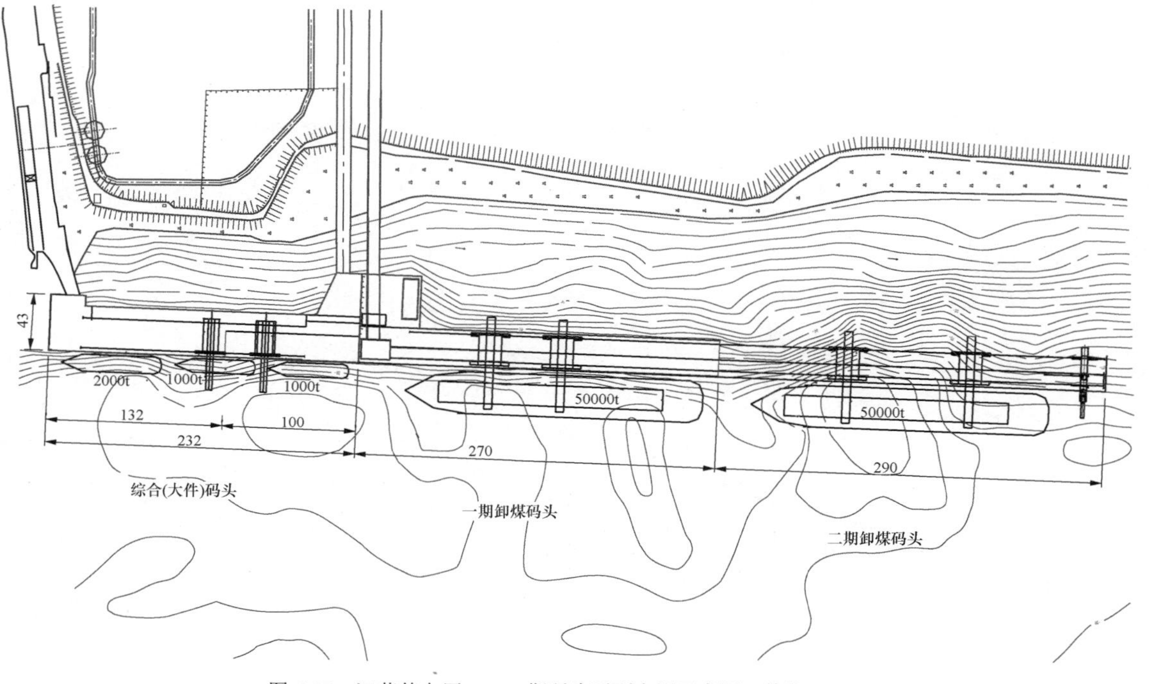

图 6-90　江苏某电厂一、二期码头平面布置示意图（单位：m）

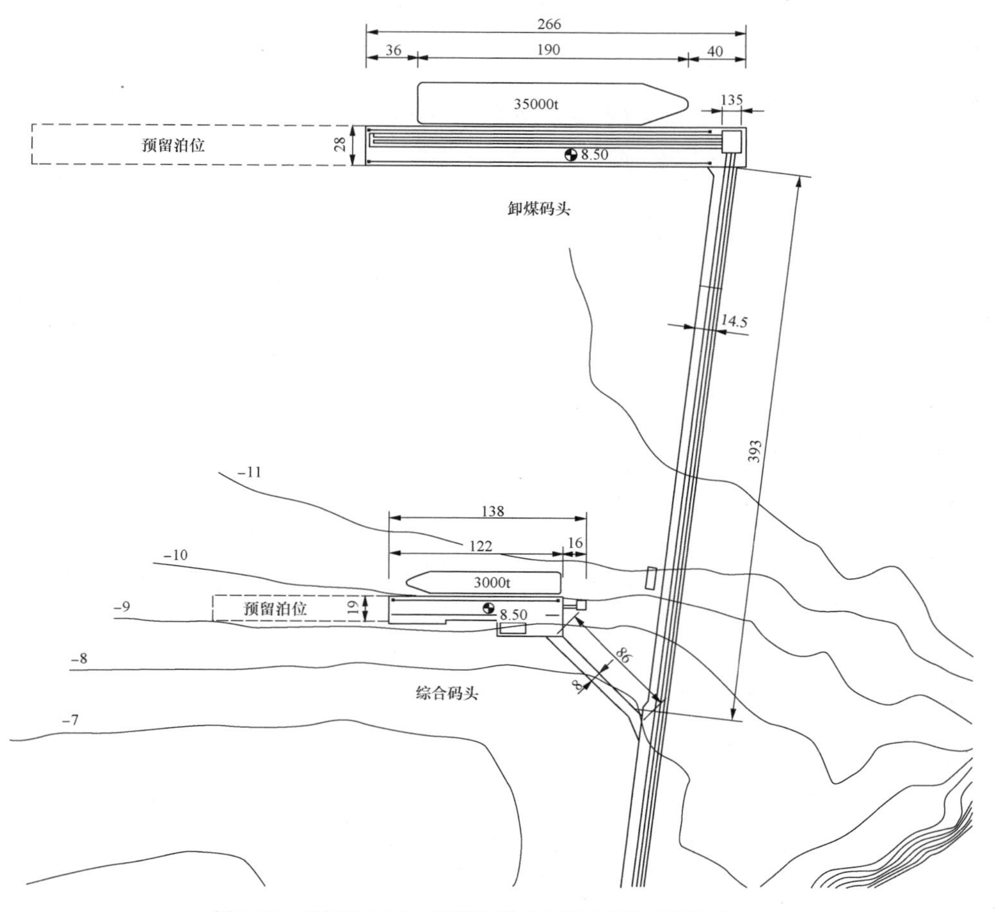

图 6-91　浙江某电厂一期码头平面布置示意图（单位：m）

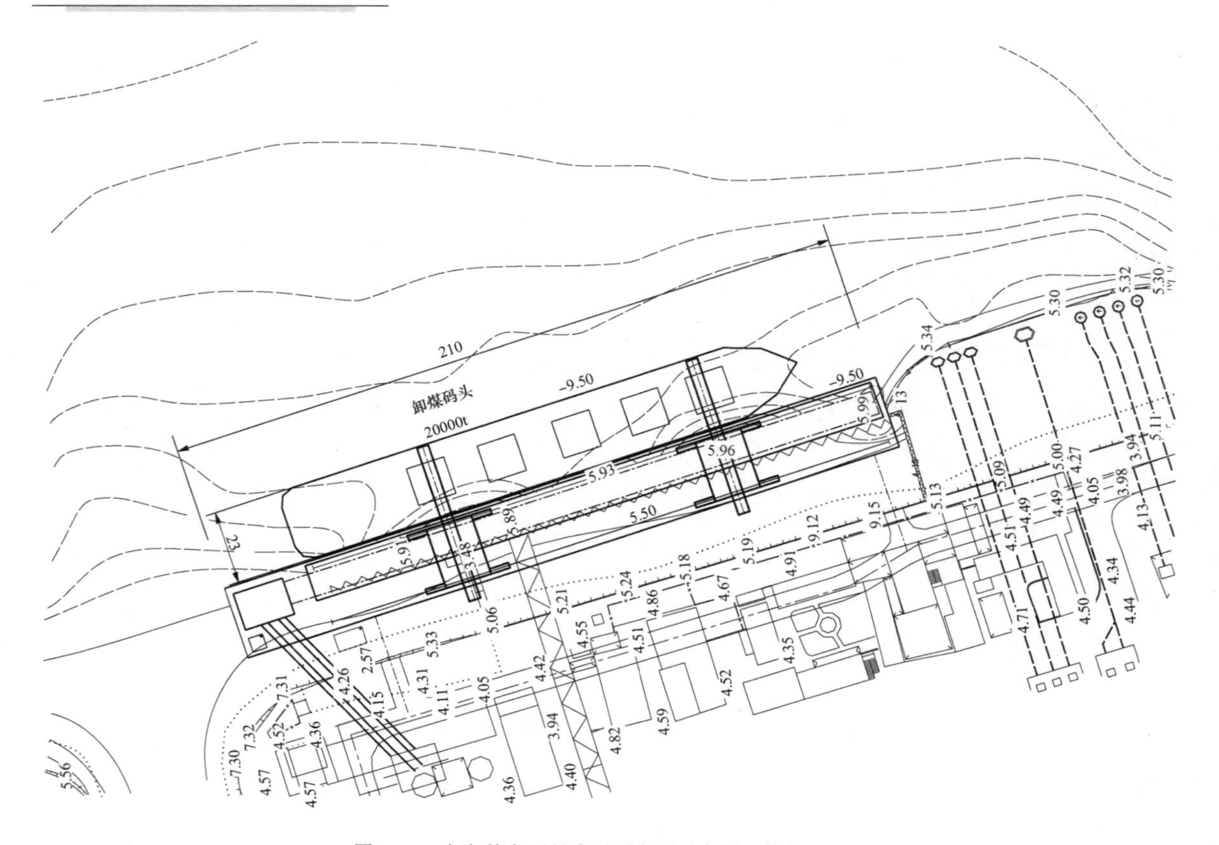

图 6-92　上海某电厂码头平面布置示意图（单位：m）

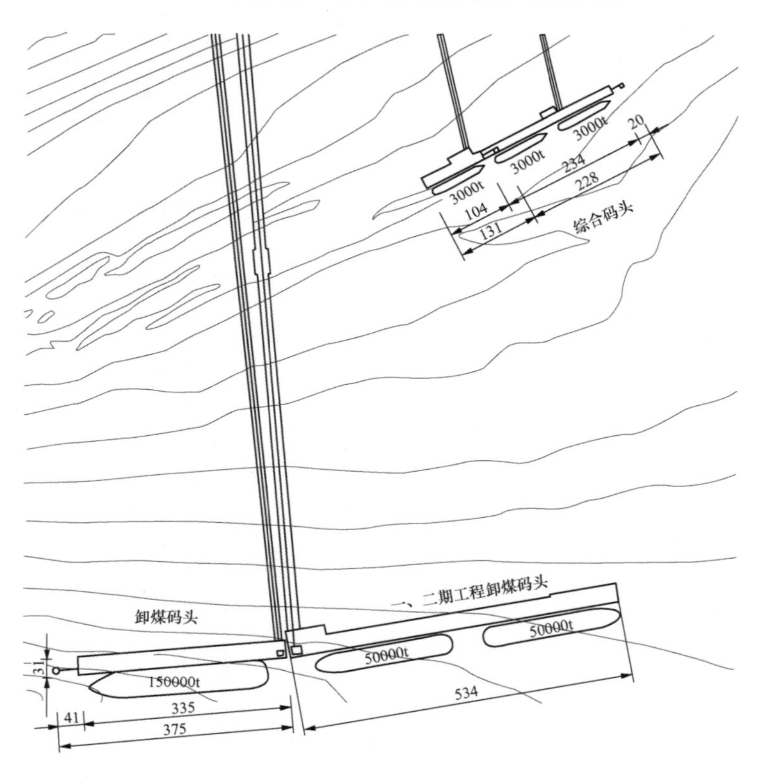

图 6-93　浙江某电厂三期码头平面布置示意图（单位：m）

第五节　带　式　运　输

带式输送机是一种利用连续且具有挠性的输送带不间断运转以输送物料的输送机。带式输送机的输送能力大、单机长度长、能耗低、结构简单、便于维护、对地形的适应能力强，能输送各种散状物料，是广泛应用的一种输送机。

用带式输送机输送散堆物料，具有均匀连续、生产率高、运行平稳可靠、费用低、易于实现远方自动控制以及维修方便等优点。因此火力发电厂厂内均采用带式输送机输送燃煤。随着大功率、长距离带式输送机的发展，一些运距近、供煤点集中的坑口电厂也使用带式输送机进行厂外的燃煤运输，减少了转运环节、节约投资，且减少了电厂用地。

一、带式输送机常见类型

电厂厂外带式输送机有以下三种常见形式：普通带式输送机、管状带式输送机、大曲线带式输送机。电厂厂内设有煤场或其他缓冲设施时，厂外带式输送机可单路布置；如电厂厂内未设置煤场或其他缓冲设施，厂外带式输送机应双路布置。不同容量厂外带式输送机参数可参考表6-94选择。

表6-94　不同容量厂外带式输送机参数

机组容量（MW）	皮带宽度（mm）	管状带管径（mm）
2×300	1000	400
2×600	1200～1400	400～500
2×1000	1400～1600	500～600

（一）普通带式输送机

普通带式输送机是指由驱动装置、输送带、滚筒、托辊、张紧装置、钢支架等组成的连续运输物料的机械设备。

1. 工艺介绍

普通带式输送机的路径需直线布置，变更输送方向时必须增设转运站，见图6-94。常规采用封闭栈桥，见图6-95，露天布置时需设置防风及防雨雪设施，提升角度不大于16°。

2. 适用条件

普通带式输送机适用于煤矿与电厂之间运输距离较近、地形平坦、气候条件较差及运输路径无拐弯等情况，输送的直线距离小于300m可优先选用。

（二）管状带式输送机

管状带式输送机是由呈六边形布置的托辊强制胶带裹成边缘互相搭接成“O”形的圆管状输送带，其剖面见图6-96。

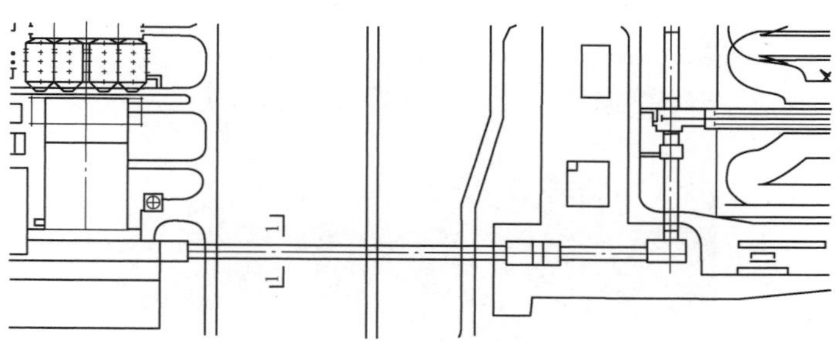

图6-94　普通带式输送机平面布置示意图

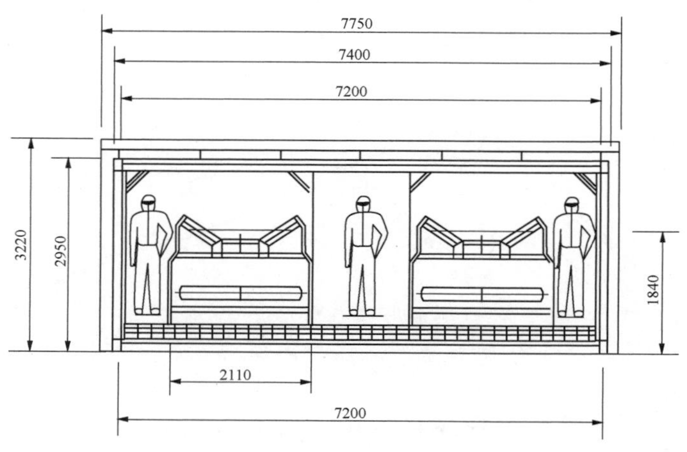

图6-95　普通带式输送机1-1剖面图

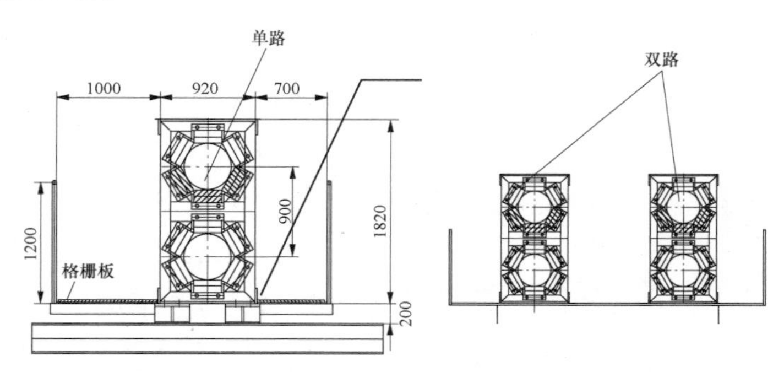

图 6-96　管状带式输送机剖面图

1. 工艺介绍

管状带式输送机输送燃煤为全封闭运输（见图 6-97），不易撒漏，适应复杂地形的能力极强，提升角度最大可达 30°，厂外输送时多采用露天布置，其平面可水平转弯，转弯半径一般为管径的 300～900 倍，其平面布置见图 6-98。可跨河、跨道路，最大跨度可达 80m，见图 6-99。要求来煤粒径为管径的 1/3 以下，头尾展开段较长，分别需要约 30～50m，且展开段皮带倾角不宜大于 16°。

2. 适用条件

煤矿与电厂之间的运输距离较远、地形起伏较大、运输路径不能直线布置或需要跨铁路、河流、沟壑时，可采用管状带式输送机方案。一般情况下，当运输距离大于 300m 时，其综合造价低于普通带式输送机及栈桥的造价。

（三）大曲线带式输送机

大曲线带式输送机类似于普通带式输送机加装密封罩的情况，输送原理及设备组成基本同普通带式输送机。

图 6-97　管状带式输送机实景图（一）

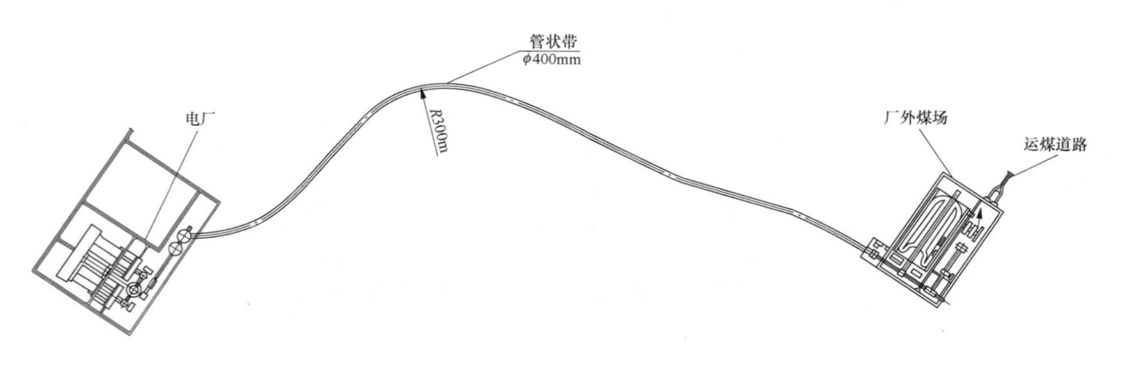

图 6-98　管状带式输送机平面布置示意图

图 6-99　管状带式输送机实景图（二）

1. 工艺介绍

大曲线带式输送机可按空间曲线布置，受地形限制较小，但水平转弯半径很大，一般为带宽的 800～1500 倍，设有防雨罩，栈桥露天布置，提升角度同普通带式输送机。其平面布置见图 6-100，剖面见图 6-101，实景见图 6-102。

2. 适用条件

大曲线带式输送机适用于煤矿与电厂之间运输距离较远、地形较平坦、运输路径不能直线布置但可通过较大转弯半径布置的情况。若将带式输送机沿着地面走势铺设，还可省去栈桥的造价。该方案可为室内（外）布置，对煤的粒径要求不严格，但适应复杂地形的能力一般，提升角度不大于 16°，转弯半径大。

二、各方案皮带参数及经济性比较

厂外带式输送机采用何种来煤方式需结合当地气候条件、地形条件、来煤煤质、运输距离等因素，经过专题论证并进行技术经济比较后确定，其经济性比较可参考表 6-95 进行。

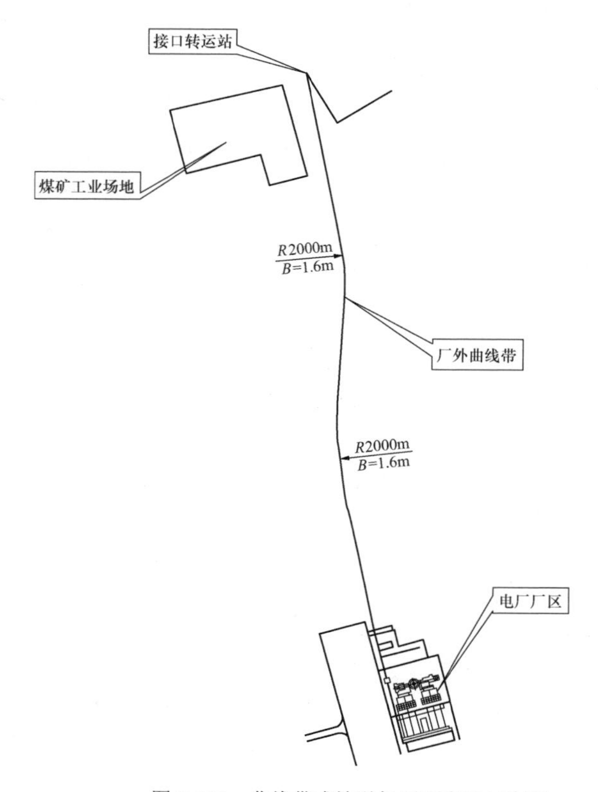

图 6-100　曲线带式输送机平面布置示意图

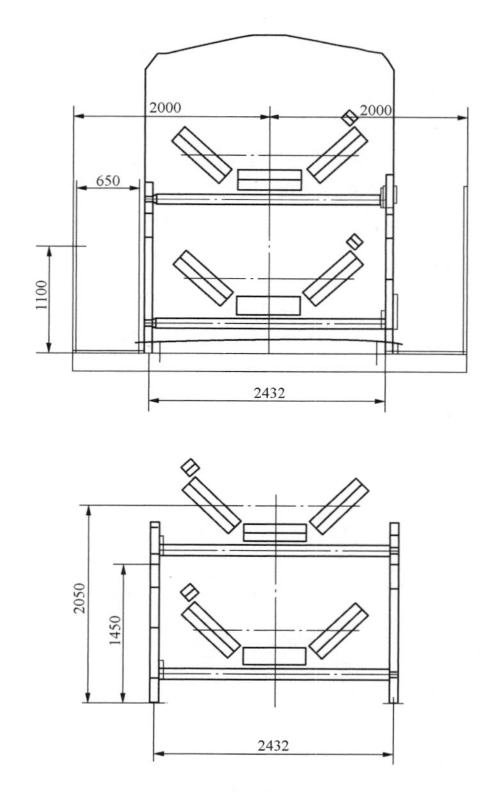

图 6-101　曲线带式输送机剖面图

图 6-102　大曲线带式输送机实景图

表 6-95　　带式输送机经济性比较

带式输送机形式	经济性比较	备注
普通带式输送机	（1）经济性较好。 （2）不同的带宽和出力，设备造价（单路）为 0.4 万～0.8 万元/m。土建费用：混凝土栈桥 2.5 万～3.1 万元；钢结构 2.8 万～5 万元	2015 年价格水平
管状带式输送机	（1）超过 300m 时价格有一定优势。 （2）根据不同的管径及出力，综合造价（含钢结构敞开式栈桥费用）：单路布置 2 万～3.2 万元/m；双路布置 2.8 万～4.5 万元/m	
长距离曲线带式输送机	基本同普通带式输送机，设备价格略高，若沿地形走势铺设，可省去栈桥造价	

三、设计应注意的问题

（1）在厂外带式输送机的路线选择上，应优先选用地势平坦、转折少、运输距离短的路线，以降低电耗、节约投资。

（2）布置厂外带式输送机的驱动装置时，应便于运行、检修、管理，带式输送机沿线宜设置运送零部件或检修机具的道路，条件困难时道路可局部断开或绕行。

（3）充分考虑当地地形条件，考虑跨铁路、道路、河流时的高度安全距离，采取有效措施防止人为或者野外动物等对设备的破坏。

（4）与煤矿设计院配合好分界点的位置，分别明确工艺分界和土建分界。与煤矿的分界点如设在厂外，宜为煤矿工业场地转载点内落煤漏斗下口，该转运站属煤矿建设范围；与煤矿的分界点如设在厂内，宜为入厂第一个转运站落煤漏斗下口，该转运站属电厂建设范围。

第七章

厂区绿化规划

厂区绿化设计是根据电厂的场地条件和周围环境等因素，通过设计构思和创意加工等手段，对厂区整体环境进行规划，让环境为建筑群体空间增添色彩，使厂区建筑群体形成一个和谐宜人、舒适美观的环境空间，并有助于改善劳动条件、保护人的身心健康，具有明显的社会经济意义。

第一节　一　般　规　定

（1）发电厂的绿化布置应根据发电厂规划容量、生产特点、总平面及管线布置、环境保护、美化厂容的要求和当地自然条件、绿化状况，因地制宜地统筹规划，分期实施。扩建和改建发电厂宜保留原有的绿地和树木。

（2）发电厂的进厂主干道、厂区主要出入口、生产管理区、主要建筑入口附近、主厂房区、贮煤场周围等宜进行重点绿化。

（3）绿化布置的平面规划与空间组织，应与发电厂建筑群体和环境相协调，合理确定各类树木的比例与配置方式。

（4）绿化布置应在不增加建设用地的前提下，充分利用厂区场地和进厂道路两侧进行绿化。

（5）发电厂的绿化规划应符合下列要求：

1）减轻生产过程所产生的烟、尘、灰、有害气体和噪声污染，净化空气，保护环境，改善卫生条件；

2）调节气温、湿度和日晒，抵御风沙，改善小区气候；

3）加固坡地堤岸，稳定土壤，防止水土流失；

4）美化厂容，创造良好的工作、生活环境；

5）不应妨碍生产操作、设备检修、交通运输、管线敷设和维修，不应影响消防作业和建筑物的采光、通风；

6）特殊地质条件地区，绿化浇灌不应影响建（构）筑物的基础稳定。

（6）厂区绿地率：不应小于15%，且不应大于20%。

第二节　设　计　要　求

（1）厂区要出入口、主要建筑入口附近的绿化宜配置观赏性和美化效果好的常绿树。

（2）汽机房外侧管廊等地下设施集中处的绿化，宜选择低矮、根系浅的灌木及花草。

（3）屋外配电装置场地的绿化应以覆盖地被类植物为主，并满足电器设备安全距离的要求。

（4）在不影响冷却效果和不污染水质的前提下，宜对冷却塔区的空地进行绿化。湿式冷却塔周围宜种植喜湿、常绿灌木及地被类植物。

（5）化学水处理室、酸碱罐区周围应种植抗酸碱性强的树木。

（6）空气压缩机室两侧宜布置防噪绿篱，压缩空气、氢气贮气罐的向阳面宜用绿化遮阳。对空气清洁度要求较高的建筑附近不应种植散布花絮、绒毛等污染空气的树木。

（7）燃油库区不应植树，消防车道与库区围墙之间不宜植树。

（8）液氨区、天然气调压站围墙内不宜绿化。

（9）贮煤场、干灰作业场、碎煤机室等散发粉尘的场所，宜选择抗SO_2性强、具有滞尘效果的常绿乔木。

（10）沿江、河、湖、海发电厂的堤坝及取、排水建（构）筑物的岸边宜进行绿化。

（11）挡土墙、护坡宜进行垂直绿化。

（12）厂区绿化应结合地下设施布置进行，并满足带电安全间距的要求。树木与建（构）筑物及地下管线的间距应按表7-1确定。

表7-1　树木与建（构）筑物及地下管线的间距　（m）

序号	建（构）筑物和地下管线名称	最小间距	
		至乔木中心	至灌木丛中心
1	建筑物外墙：有窗	3.0～5.0	1.5
2	建筑物外墙：无窗	2.0	1.5

续表

序号	建（构）筑物和地下管线名称	最小间距	
		至乔木中心	至灌木丛中心
3	挡土墙顶内和墙角外	2.0	0.5
4	高 2m 及以上的围墙	2.0	1.0
5	标准轨铁路中心线	5.0	3.5
6	道路路面边缘	1.0	0.5
7	排水明沟边缘	1.0	0.5
8	人行道边缘	0.5	0.5
9	给水管	1.0～1.5	不限
10	排水管	1.5	不限
11	热力管	2.0	2.0
12	天然气管	2.0	1.5
13	压缩空气管	1.5	1.0
14	电缆	2.0	0.5
15	冷却塔	进风口高度的 1.5 倍	不限
16	天桥、栈桥的柱及电杆中心	2.0～3.0	不限

（13）绿化栽植或播种前，应对该地区的土壤理化性质进行化验分析，采取相应的土壤改良、施肥和换土等措施。绿化栽植土壤有效土层厚度应符合表 7-2 规定。

表 7-2　绿化栽植土壤有效土层厚度

项次	项目	植被类型		土层厚度（cm）	检验方法
1	一般栽植	乔木	胸径≥20cm	≥180	挖样洞，观察或尺量检查
			胸径<20cm	≥150（深根） ≥100（浅根）	
		灌木	大、中灌木、大藤本	≥90	
			小灌木、宿根花卉、小藤本	≥40	
		棕榈内		≥90	
		竹类	大径	≥80	
			中、小径	≥50	
		草坪、花卉、草本地被		≥30	
2	设施顶面	乔木		≥80	
		灌木		≥45	
		草坪、花卉、草本地被		≥15	

（14）栽植基础严禁使用含有害成分的土壤，除有设施空间绿化等特殊隔离地带，绿化栽植土壤有效土层下不得有不透水层。

（15）园林植物栽植土应包括客土、原土利用、栽植基质等。栽植土应符合下列规定：

1）土壤 pH 值应符合本地区栽植土标准或按 pH 值为 5.6～8.0 进行选择。

2）土壤全盐含量应为 0.1%～0.3%。

3）土壤容重应为 1.0～1.35g/cm^3。

4）土壤有机质含量不应小于 1.5%。

5）土壤块径不应大于 5cm。

第三节　绿　化　布　置

一、绿化布置中点、线、面的结合问题

对于整个城镇的绿化规划而言，电厂厂区的绿化仅仅是一个点，电厂厂区的绿化必须服从城镇绿化的总体布局。同时，电厂的绿化规划好坏与否也足以影响城镇绿化规划的质量，因为它是城镇绿化总体规划的一个组成部分。因此，在树种的选择、植物的配置方式以及艺术造型的处理等方面都要注意到与城镇绿化总体规划相协调，也就是要注意到点和面的统一。

就电厂厂区本身的绿化布置而言，也存在着点、线、面的关系。电厂主要入口处的重点绿化区域、贮煤场附近的防护林带以及扩建区和循环水给排水管道上的大片绿化构成了厂区的“绿化面”，干道两边的高大乔木、划分各生产区域的绿色屏障是厂区绿化中的“线”，办公楼周围绿篱中的独株观赏性植物、品种繁多的花卉以及姿态雄奇的百年大树，都是厂区绿化中的“点”。三者必须互相联系、互相延续、互相叠加、互相映衬，既做到面中有点，突出重点，又做到线上有面，连贯不断，使整个厂区的绿化有机地结合在一起，浑然一体。

二、绿化配置方式的合理选用

绿化的配置方式主要应考虑降低有害气体和噪声向周围地区扩散，应根据其危害性大小，当地的风向、风速、地形等具体情况以及防护要求来配置。一般配置方式有不透风、透风及半透风三种：

（1）不透风绿化带。由枝叶稠密的乔木和大量的灌木混交种植而成。它可以显著地降低风速，使空气中的灰尘不被风力带走，而是逐渐下沉落地，有害气体由于风速突然降低而沿着地面流动，逐渐被植物吸收。另外，由于树木特别稠密，气流一旦越过，就会产生涡流，又立即恢复原来的速度，故这种配置方式的防风效果不及透风及半透风的绿化带，但吸收噪声和滞缓粉尘或有害气体的效果较好。

（2）透风绿化带由枝叶较稀疏的树木组成，其特

点与不透风绿化带正好相反。

（3）半透风绿化带。在透风绿化带两旁增植灌木。透风式或半透风式的绿化带，由于枝叶稀疏，不会产生涡流，但是风通过树木时，枝干的阻力会减小风速，因而防风的效果要比不透风绿化带好。

鉴于上述三种绿化带的不同特点，在电厂绿化带的配置中常常采用混合布置，即采取组合的方式，一般将透风绿化带设置在厂区的上风侧，不透风绿化带设置在厂区的下风侧，从而发挥最大的防护效率。此外，为了增强防护的效果，乔、灌木最好交叉种植，以减少各行间的空隙。

三、植物品种与种植间距的选择

1. 选择适宜的植物品种

发电厂选择树种应根据当地环境和自然条件确定，宜符合下列要求：

（1）具有较强的适应周围环境及净化空气的能力；

（2）生长速度快，成活率高；

（3）易于繁殖、移植和管理，维护量小；

（4）观赏树的形态、枝叶应具有较好的观赏价值；

（5）符合消防、卫生和安全要求。

结合绿化经验及实际效果，应注意以下问题：

（1）根据各种植物对环境的适应性，生长速度，抗有害气体、烟雾和粉尘的性能，耐火防爆的特点以及长成以后的高度，树冠的大小形状和观赏特点等选择树种。例如，对有害气体的抗性，要数大叶黄杨和女贞最好；隔音效果则以雪松为佳，但该树对 SO_2 的抗性稍差；泡桐生长速度快，但不是常绿树，冬季落叶；法桐、柳杉杀菌能力强，防火性能好；枫树树高叶密，防尘较好，而且秋季成片红叶又具有较强的观赏性。此外，榕树、广玉兰、龙柏、龙爪槐、海棠等观赏植物都也各具特色。

（2）按照树木四季生长情况，合理配置常绿树与落叶树，针叶树与阔叶树，使绿化在不同季节里都能成为绿色屏障而发挥其应有的作用。例如，经常作为厂区主干道两旁绿化物的悬铃木（即法桐），是一种高大的落叶乔木，高的可达30m左右，枝条舒展，树冠宽阔，有较好的遮阳作用。该树适应性较强，叶上绒毛较多，能抗一般烟尘，具有防暑降温、防尘护路等作用，虽然冬季落叶，但矛盾已不突出。又如，大叶黄杨是一种抗有害气体较强的常绿灌木，一般作为绿篱或丛植于花坛及草坪的角隅与边缘，并可修剪成各种形状来点缀草坪。

此外，还要采取速生树和慢长树相搭配栽植的办法，种速生树可迅速成荫成材，但树的寿命短，需分批更新；更新时，用慢生树逐渐代替速生树，以全面达到绿化的效果。

（3）采取乔木与灌木结合，树木与花果、草坪兼顾的办法。灌木一般生长速度快，易见收效。低矮稠密的灌木常常与高大的乔木相互搭配，组成抗污染和防风的绿化带。例如女贞抗污染能力强，而且有一定的隔声能力，常可作为行道树、绿篱或配置在防尘、隔声绿带的小乔木层中。

2. 种植间距

树木种植间距应按表7-3确定。

表7-3　树木种植间距　（m）

名称		栽植间距	
		株距	行距
乔木	大	8.0	6.0
	中	5.0	3.0
	小	3.0	3.0
灌木	大	1.0～3.0	≤3.0
	中	0.75～1.5	≤1.5
	小	0.3～0.8	≤0.8
乔木与灌木		>0.5	

四、绿化造型艺术的运用

修剪是对树木进行艺术处理的一种重要手段，目的是使植物按人们预想的姿态定向生长，例如龙爪槐的形成，就是人的意志的体现。

根据艺术处理的要求，将植物修剪成各种不同的形状，如伞形、球形、锥形、菌形等等。在绿化布置的不同区段，选择不同的形状，加以组合，使整个绿化布置丰富多彩。例如，在北京地区用侧柏、黄杨修剪成各种形状的单株和各种断面的绿篱，使绿化的造型更加丰富优美。又如扫帚苗本身是球形的灌木，可以修剪成各种形状，点缀在大片的绿地上，其色彩随着季节有很大变化，夏季呈翠绿色，秋天则由红变黄，使大片草坪增色不少。

五、重点区段的绿化布置

电厂绿化布置的区段主要是厂区道路及厂前主要出入口。

1. 电厂道路的绿化布置

道路绿化在整个电厂绿化中占很大比重，是构成电厂厂区面貌的重要因素之一，而且又与管线布置关系极为密切，因此必须很好地处理，使其实用、经济美观，富有表现力。厂区道路的绿化应注意下列几点：

（1）防止道路扬起的尘土飞向两侧的车间。

（2）不影响道路照明及各种管线的敷设，不使高而密的树冠与照明、管线交错，以免互相影响，发生危险。

（3）在不影响附近建筑物天然采光的情况下，尽量覆盖或遮蔽建筑物的墙面及人行道。

（4）在道路交叉口附近不应布置妨碍司机视线的高大树木。

（5）应选择抗污染能力强、生长迅速、成活率高的品种。

（6）树木应根据厂区的空间艺术处理修剪成需要的形式，以满足美观要求。

（7）绿化带的矮篱、花墙和花带的长度，一般不宜超过 100m，并在其间留出空隙，以便穿越。

厂区道路绿化的布置方式一般有以下几种：中间车行道，两边人行道，车行道与人行道以绿地间隔；一边车行道，一边人行道，或一条车行道兼人行道。

人行道两旁的绿化，通常为高大稠密的乔木，使其形成行列式的林荫，以减少阳光的直射。在狭长的道路上，为了避免由于种植同一种树木而形成单调感，以及为了打破狭长的封闭感，通常采用各种不同的树木间隔种植，每隔 30m 左右适当留出空地，铺设草坪和花坛。

在行车路交叉口处，一般在 14～20m 距离以内应栽植不高于 1m 的树木，以免遮挡视线，影响行车安全。

厂区主干道与次要道路的绿化应有区别，前者的树种应好一些，品种也应丰富一些，后者在树种选择上宜少一些和简单一些。

2. 电厂主要出入口区域绿化

电厂主要出入口处，一般宜将树木井然有序地沿马路成行布置，形成林荫大道，将行人引向厂区。入口大门的两侧一般宜布置单株的观赏植物，并配以门柱、花格、门灯等建筑小品，在传达室旁边布置条形花坛，以突出入口。炎热地区的出入口处，一般用大树冠乔木等来遮阳。办公楼前一般宜布置草坪、花坛及观赏性单株植物；有条件时还可以设置一些花卉盆景，使其成为电厂主要出入口区域的中心绿化区。食堂附近可适当布置小片的草坪和花圃，四周隔以黄杨绿篱，使其成为饭后休息散步的良好场所。车库停车场周围宜布置较高大的阔叶树，以减少日光对车辆的照射。

第四节　厂区绿化用地计算面积及绿地率

一、厂区绿化用地计算面积

厂区绿化用地计算面积（m^2）=乔木、灌木绿化用地计算面积（m^2）+花卉、草坪绿化用地计算面积（m^2）+花坛绿化用地计算面积（m^2）。

（1）乔木、灌木绿化用地计算面积按表 7-4 计算。

（2）花卉、草坪绿化用地及乔木、灌木、花卉、草坪混植的绿化用地计算面积，按绿地周边界限所包围的面积计算。

（3）花坛绿化用地计算面积按花坛用地面积计算。

表 7-4　乔木、灌木绿化用地计算面积

植物类别	用地计算面积（m^2）
单株乔木	2.25
单行乔木	1.50L
多行乔木	（B+1.50）L
单株大灌木	1.00
单株小灌木	0.25
单行绿篱	0.50L
双行绿篱	（B+0.50）L

注　L 指绿化带长度，m；B 指总行距，m。

二、厂区绿地率

厂区绿地率计算公式如下：

$$厂区绿地率=\frac{厂区绿化用地计算面积}{厂区用地面积}\times 100\%$$

第五节　厂区绿化实例

一、实例一

某 2×300MW 燃煤电厂位于南方沿海区域，绿化用地面积约 23000m^2，绿地率为 16.15%。

建设单位聘请专业绿化设计单位对全厂绿化进行了设计。结合电厂所在地气候特点选用当地的树种，根据电厂的功能分区和绿化的不同要求，有侧重地进行厂区绿化，绿化效果好，主要为：主入口及厂前建筑区重点绿化，以植物造景为主，配以少量建筑小品点缀；主厂房固定端绿化与厂前的绿化协调配合，汽机房外侧选择低矮、根系浅的灌木及花草；煤场及碎煤机室等区域选择抗 SO_2 性强、具有滞尘效果的常绿乔木。厂区绿化规划见图 7-1。

二、实例二

某燃机电厂位于南方沿海区域，绿化用地面积约 45500m^2，绿地率为 22.87%，由于将二期预留场地进行了统一绿化，因此厂区绿地率较高。

建设单位聘请专业绿化设计单位对全厂绿化进行了设计，全厂除建（构）筑物、道路、硬化地坪外的所有区域均进行了绿化；厂前建筑区布置了花圃、草坪及观赏性植物；主厂房外侧至环形道路路边的范围，种植了草皮和间植低矮、根系浅的灌木及花草；其余环形道路两侧种植低矮乔木及绿篱；GIS、天然气调压站、天然气供气末站区域以植草绿化地坪为主，辅以低矮乔木。厂区绿化规划见图 7-2。

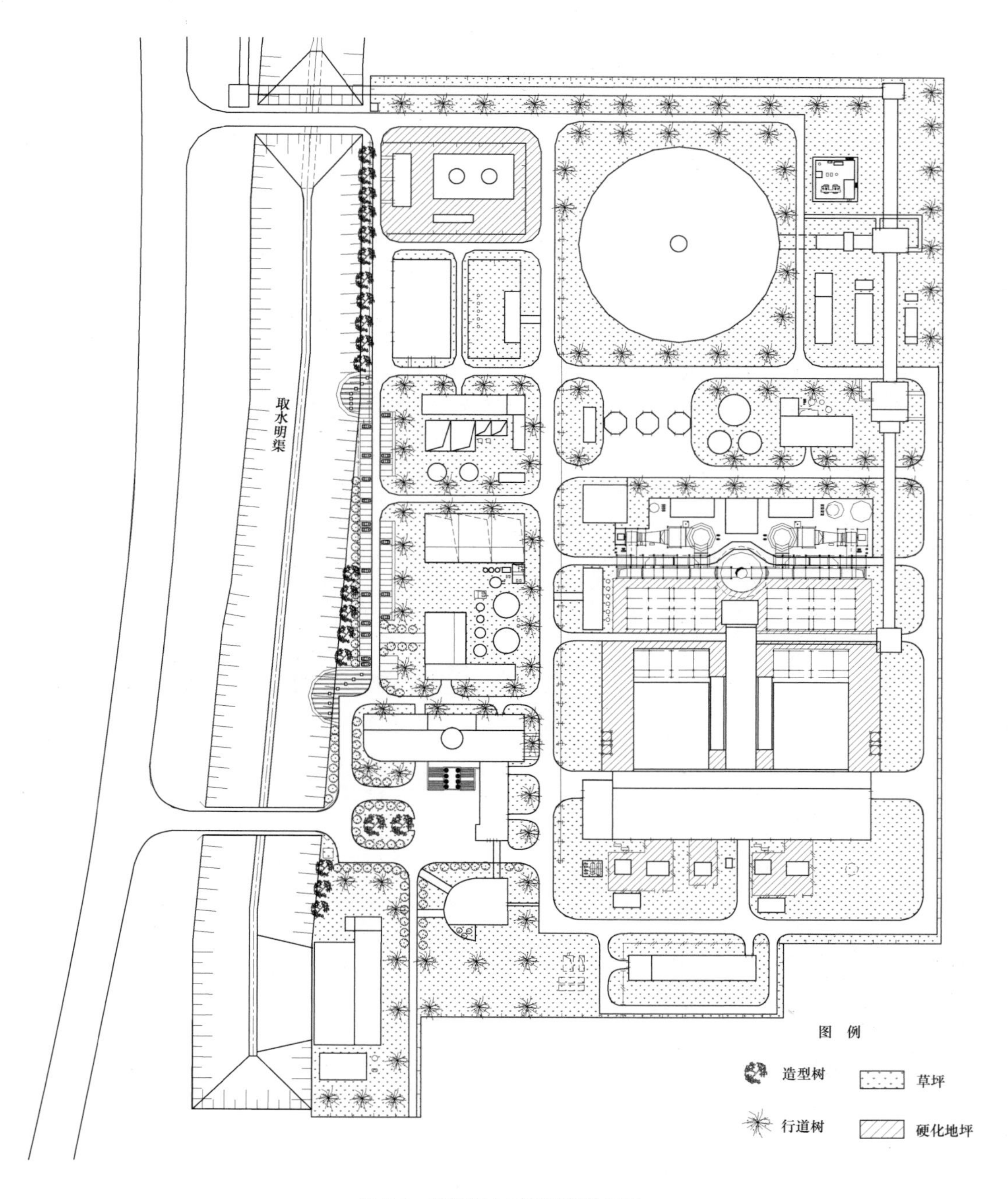

图 7-1 某燃煤电厂厂区绿化规划

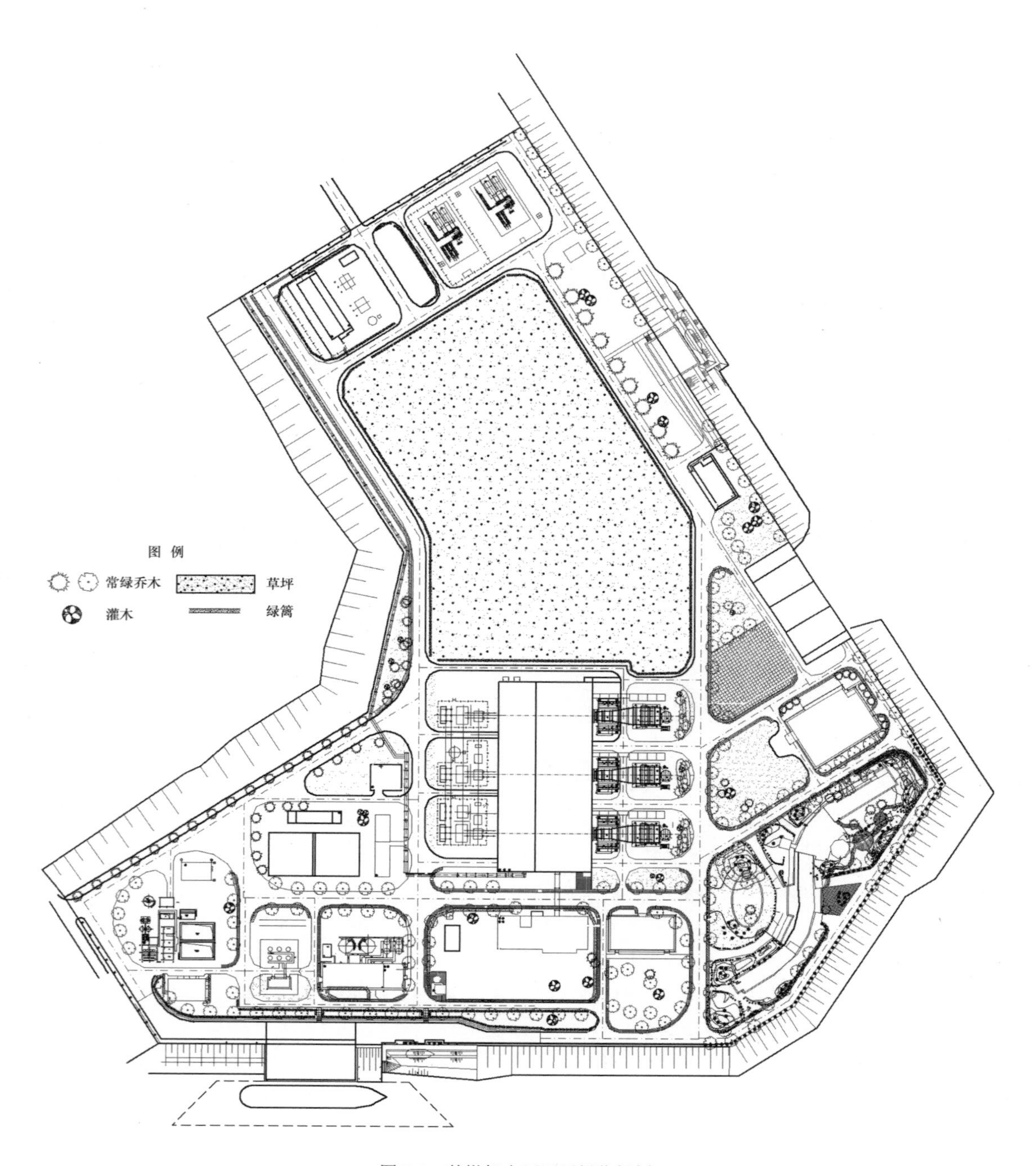

图 7-2 某燃机电厂厂区绿化规划

附　　录

附录A　铁　路　限　界

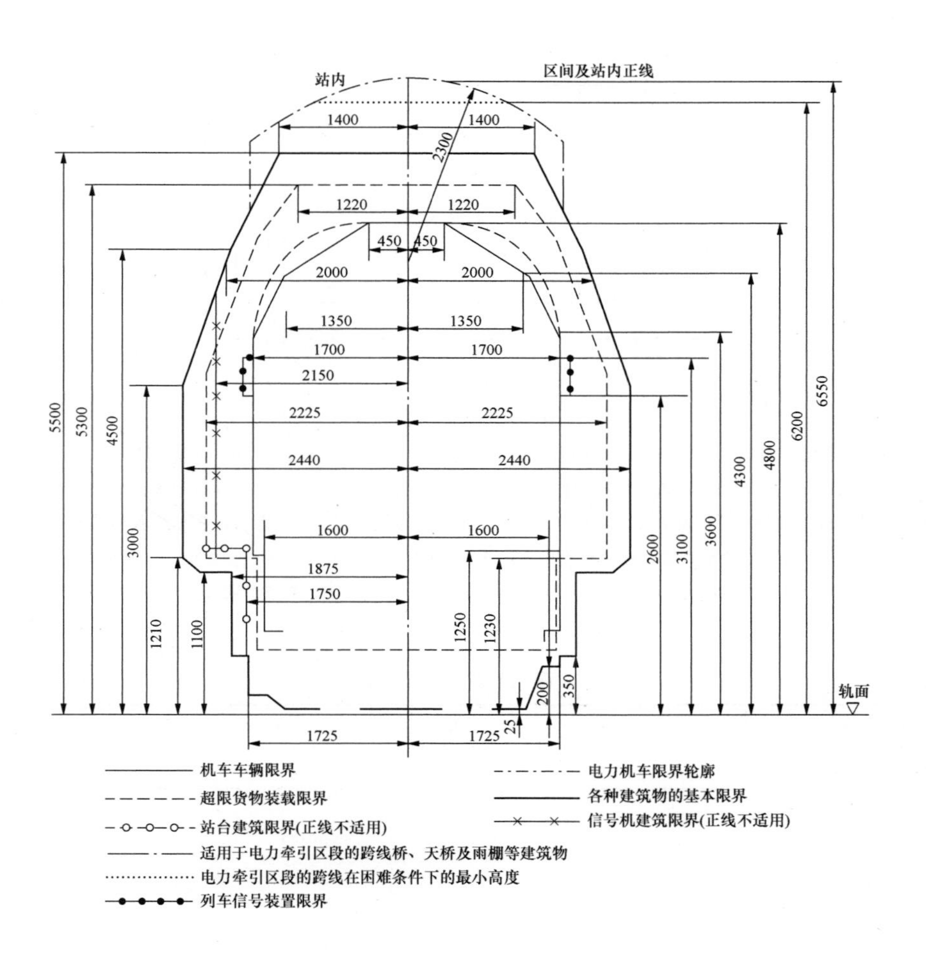

图 A-1　铁路限界

附录B 厂外道路建筑限界

厂外道路（包括桥梁、隧道）建筑限界，应按GBJ 22《厂矿道路设计规范》和有关公路的设计规范执行。

厂外道路中的辅助道路、厂内道路建筑限界，应符合图B-1的规定。

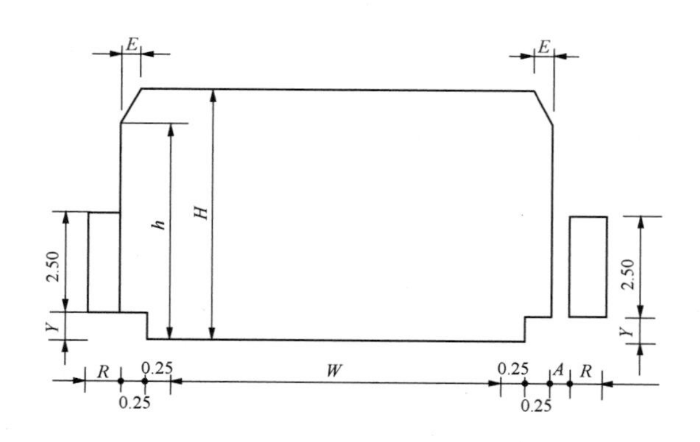

图B-1 厂矿道路建筑限界

W—路面宽度（应包括弯道路面加宽），不计入弯道路面加宽时，单车道桥头引道、隧道引线的路面宽度不得小于3.5m，即桥面净宽、隧道净宽不得小于4m；*R*—人行道宽度，人行道可根据需要两侧同时设置，或仅一侧设置，或两侧均不设置；*H*—净空高度，应按行驶车辆的最大高度或车辆装载物料后的最大高度另加0.5～1m的安全间距采用（安全间距，可根据行驶车辆的悬挂装置确定），并不宜小于5m（如有足够依据确保安全通行时，净空高度可小于5m，但不得小于4.5m）；*h*—净空侧高，可按净空高度减小1m采用；*E*—净空顶角宽度，可按表B-1的规定采用；*Y*—净空路缘高度，可采用0.25m；*A*—设置分隔设施（包括下承式桥梁结构、绿化带）所需要的宽度，可根据需要确定。

表B-1　　净空顶角宽度

路面宽度（m）	<4.5	4.5～9.0	>9.0
净空顶角宽度（m）	0.50	0.75	1.50

主要量的符号及其计量单位

量 的 名 称	符号	计量单位	量 的 名 称	符号	计量单位
水泵流量	Q	m^3/s	土的容量	γ	kN/m^3
时间	t	min，h	宽度	B	m
重力加速度	g	m/s^2	高度	H	m
效率	η_1	%	稳定安全系数	K	
径流系数	ϕ		力矩	M	kN·m
设计暴雨强度	q	$L/（s\cdot hm^2）$	船舶吨级	DWT	t
水力坡降	i		天然含水率	ω	%
粗糙系数	n		孔隙比	e	

参　考　文　献

[1] 武一琦．火力发电厂厂址选择与总图运输设计．北京：中国电力出版社，2006．

[2] 中国电力规划设计协会，武一琦，杨旭中，张政治．电力设计专业工程师手册　火力发电部分　土水篇．北京：中国电力出版社，2011．

[3] 顾民权．海港工程设计手册．北京：人民交通出版社，1994．

[4] 黄生文．公路工程地基处理手册．北京：人民交通出版社，2005．

[5] 交通部第二公路勘察设计院．公路设计手册　路基．2 版．北京：人民交通出版社，1996．

[6] 姚祖康．公路设计手册　路面．3 版．北京：人民交通出版社，2006．

[7] 中国建筑标准设计研究院．工程做法．北京：中国计划出版社，2005．

[8] 陈忠达．公路挡土墙设计．北京：人民交通出版社，1999．

[9] 魏庆朝．铁路车站（铁道工程专业方向适用）．北京：中国建筑工业出版社，2015．

[10] 中国华电集团公司．大型燃气-蒸汽联合循环发电技术丛书综合分册．北京：中国电力出版社，2009．